生物学与生活

（第 10 版）（修订版）

Biology: Life on Earth, Tenth Edition

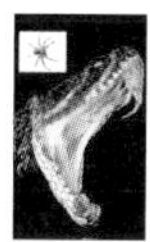

[美] Teresa Audesirk　Gerald Audesirk　Bruce E. Byers　著

钟　山　闫宜青　等译

電子工業出版社

Publishing House of Electronics Industry

北京 · BEIJING

内 容 简 介

生物学是自然科学的一个门类，是研究生物的结构、功能、发生和发展的规律，以及生物与周围环境的关系等的科学。本书是生物学的简介性图书，全书通过结合身边的具体实例，介绍了细胞、遗传、进化与生物多样性、行为和生态等内容。本书的特点是，详细介绍了与人类生活密切相关的生物学问题。在人类作为地球主宰而目空一切、为解决食物而日益关注转基因的今天，了解生物学及物种多样性，对人与自然共存具有重要的现实意义。

本书结合人类生活，通过丰富的图表，为我们解答了生物学的研究意义及生物学对人类自身的影响，可作为高等学校相关专业学生的教材，也可供相关人员自学或作为高中学生的科普读物。

Authorized translation from the English language edition, entitled Biology: Life on Earth, Tenth Edition by Teresa Audesirk, Gerald Audesirk, Bruce E. Byers, published by Pearson Education, Inc., Copyright © 2014 by Pearson Education, Inc.

All Rights Reserved. This edition is authorized for sale and distribution in the People's Republic of China (except Hong Kong SAR, Macau SAR and Taiwan). No part of this book may be reproduced or transmitted in any forms or by any means, electronic or mechanical, including photocopying recording or by any information storage retrieval systems, without permission from Pearson Education, Inc.

CHINESE SIMPLIFIED language edition published by PUBLISHING HOUSE OF ELECTRONICS INDUSTRY, CO., LTD., Copyright © 2023.

本书中文简体字版专有出版权由Pearson Education（培生教育出版集团）授予电子工业出版社在中国大陆地区（不包括香港、澳门特别行政区及台湾地区）独家出版发行。未经出版者预先书面许可，不得以任何方式复制或抄袭本书的任何部分。

本书封面贴有Pearson Education培生教育出版集团激光防伪标签，无标签者不得销售。

版权贸易合同登记号　图字：01-2014-7566

图书在版编目（CIP）数据

生物学与生活：第 10 版/（美）特丽莎 •奥德斯克（Teresa Audesirk），（美）吉拉德 •奥德斯克（Gerald Audesirk），（美）布鲁斯 • E. 布耶斯（Bruce E. Byers）著；钟山等译. —修订版. —北京：电子工业出版社，2023.8

书名原文：Biology: Life on Earth, Tenth Edition

ISBN 978-7-121-46036-4

Ⅰ. ①生…　Ⅱ. ①特…　②吉…　③布…　④钟…　Ⅲ. ①生物学－普及读物　Ⅳ. ①Q-49

中国国家版本馆 CIP 数据核字（2023）第 138702 号

责任编辑：谭海平
印　　刷：北京市大天乐投资管理有限公司
装　　订：北京市大天乐投资管理有限公司
出版发行：电子工业出版社
　　　　　北京市海淀区万寿路 173 信箱　　邮编：100036
开　　本：787×1092　1/16　　印张：31　　字数：873 千字
版　　次：2016 年 9 月第 1 版（原著第 10 版）
　　　　　2023 年 8 月第 2 版
印　　次：2024 年 9 月第 3 次印刷
定　　价：159.00 元

凡所购买电子工业出版社图书有缺损问题，请向购买书店调换。若书店售缺，请与本社发行部联系，联系及邮购电话：（010）88254888，88258888。

质量投诉请发邮件至 zlts@phei.com.cn，盗版侵权举报请发邮件至 dbqq@phei.com.cn。

本书咨询联系方式：（010）88254552，tan02@phei.com.cn。

译 者 序

你或许知道什么是地球上最简单的生物，但你是否知道在遥远的非洲加蓬，埃博拉病毒在一夜之间席卷了整个村落？你或许听说过显性和隐性遗传，但你是否知道风华正茂的美国女排国家队队长的陨落是因为一种罕见的遗传病？你或许被告知自然保护区的重要性，但你是否知道通过保护卡茨基尔山脉的天然水库，纽约市政府节省了数十亿美元？你或许熟知生物多样性的意义，但你是否知道世界上颜值最高的动物——帝王蝶从美国东部到墨西哥中部的迁徙奇观将可能不复存在？

由美国科罗拉多大学丹佛分校Audesirk夫妇和麻省大学阿姆斯特分校Bruce E. Byers联合编写的本书，是在美国大学生中享有盛誉的通识读物。全书分为4篇共30章，内容涵盖细胞、遗传、进化和生物多样性、行为与生态学等。

第1章介绍生命、进化、科学等基本概念。第2～8章构成第一篇"细胞是生命体的基本单位"：第2章介绍这些物质的基本组成和生命之间的关联；第3章介绍组成生物体的重要大分子碳水化合物、蛋白质、脂肪、核酸等；第4章介绍细胞的一些基本特性以及真核细胞和原核细胞的主要特征；第5章介绍作为细胞边界的细胞膜的结构和其物质运输功能以及细胞连接的基础知识；第6章介绍在细胞中进行的能量流动以及生物催化剂——酶的作用；第7章介绍作为生物圈中绝大多数生物的直接或间接能量来源的光合作用过程；第8章介绍糖酵解和细胞呼吸作用两个重要的生命过程。

第9～13章构成第二篇"遗传"：第9章介绍两种主要的细胞分裂方式（有丝分裂与减数分裂）；第10章介绍遗传的物质基础和基本规则；第11章介绍作为最重要的遗传分子DNA的发现、结构和功能及其复制和突变机制；第12章介绍基因的转录和翻译过程以及细胞对二者的调控作用；第13章介绍生物技术的含义及其在法医学、农业等方面的应用，同时介绍现代生物技术面临的一些问题。

第14～24章构成第三篇"生命的进化和多样性"：第14章介绍达尔文之前的进化思想，以及达尔文和华莱士提出的进化机制；第15章从种群的层面上对进化的原理进行阐述；第16章主要介绍物种的概念、新物种的形成以及物种的灭绝；第17章介绍生命从最早的非生命物质发展而来，直到进化出人类的过程；第18章介绍科学家对生物进行命名和分类的方法；第19章介绍多种多样的原核生物和病毒、类病毒和朊病毒；第20章介绍原生生物的概念与分类；第21章主要介绍植物的关键特征、进化史以及主要种类；第22章介绍真菌的特征、主要种类和它们对其他生物（包括人类）造成的影响；第23章除了介绍无脊椎动物的分类，还阐述标记动物进化树上的分支的几大解剖学特征，如体腔等；第24章介绍多种多样的脊椎动物的特征。

第25～30章构成第四篇"行为与生态学"：第25章介绍动物的多种行为，包括交流、繁殖、嬉戏等；第26章介绍包括人类在内的种群大小增长和被调节的方式，以及种群的空间和年龄分布；第27章介绍群落中的捕食、竞争、寄生和互利共生等相互作用关系，以及这些关系随时间流逝而引起的变化——演替；第28章介绍能量通过光合作用进入生态系统后，借助营养关系在生态系统中流动的过程，以及碳、氮、磷元素在生态系统中的循环过程，还介绍营养物循环被人类扰乱的后果；第 29 章主要介绍地球上千姿百态的陆生生物群系和水生生物群系；第 30 章介绍生物多样性的重要性以及保护生物多样性刻不容缓的局势。

本书不仅内容全面、插图精美、讲解生动，而且选材贴近生活实际，是“生物学导论”课程教材的不二之选。

在本书的整个翻译过程中，钟山、闫宜青做了大量工作，也得到了宋琰娟和陈玥西的帮助，在此表示衷心的感谢。由于译者水平有限，错误和不当之处敬请广大读者批评指正。

目录

CONTENTS

第二篇　遗　　传

第三篇　生命的进化和多样性

第四篇　行为与生态学

第1章 绪 论

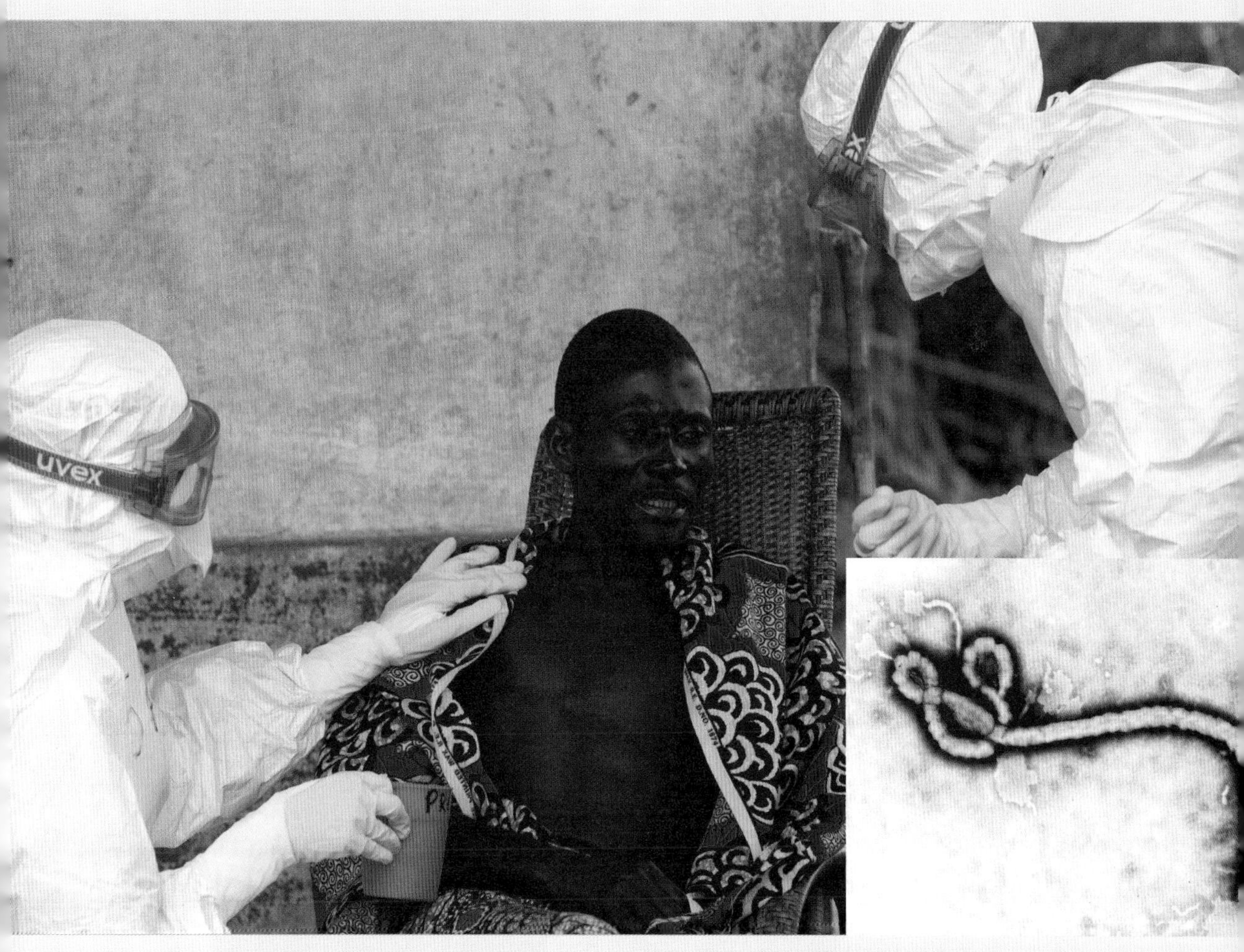

埃博拉病毒的感染性极强，医生必须穿戴特殊的防护服才能接近感染者

1.1 什么是生命

Biology（生物学）一词由两个希腊词根 bio 和 logy 构成，其中 bio 的意思是生命，而 logy 的意思是学问的研究。但是，生命是什么？查查字典就知道，生命定义为有生命力与无生命力相对的一种状态，但是这种生命力又如何定义呢？因此，要为生命给出一个确切的定义是非常困难的，许多生物学家对此束手无策。然而，生物学家都认同的一点是，生命或生命体或生物（Organism）都拥有一些特定的属性，这些属性共同定义了生命：

- 生命体需要物质和能量以维持生存。
- 生命体需要复杂的调节机制来维持自身的生存。
- 面对刺激，生命体会有所应对和保护自己。
- 生命体会生长。
- 生命体会繁衍后代。
- 生命体有进化的能力。

当然，很多不具有生命的物体也可能有上面这些属性中的几个。例如，晶体可以生长，符合第 4 个属性；灯泡需要获得电能，然后转换成光能和热能，符合第 1 个属性。然而，符合以上全部 6 个属性的只有生物。

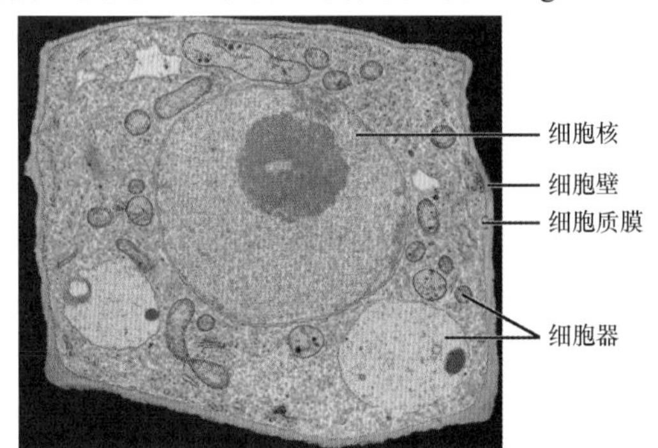

图 1.1 细胞是生命最小和最基本的单位。这是一幅植物细胞（真核细胞）的模式图，其表面由一层起支撑作用的细胞壁包裹（图中呈蓝色），细胞壁同时还将植物细胞一个一个地隔开。动物的细胞是没有细胞壁的。细胞壁内部是一层细胞膜，所有细胞都有细胞膜，细胞膜控制物质和能量的流入与流出。细胞中还包含众多高度分化的、功能细致的细胞器，包括细胞核，这些细胞器都在液体环境下发挥作用

早在 19 世纪，科学家就能用简单的显微镜来观察生物，并且发现细胞是生命最小和最基本的单位（见图 1.1）。细胞膜将细胞（cell）与周围的其他细胞和其他微环境物质分开，里面是蕴含丰富化学物质的液体环境，包裹着结构复杂的细胞器。这些化学物质和细胞器在细胞内精密地运转，保证细胞自身的生存和繁衍。

虽然单细胞生物是地球上数量最庞大的群体，但是科学家会选取一些多细胞的模式生物进行研究，譬如图 1.2 中的水蚤。水蚤很小，大概与本书中的句号差不多大。接下来的章节将深入介绍生物的各个属性。

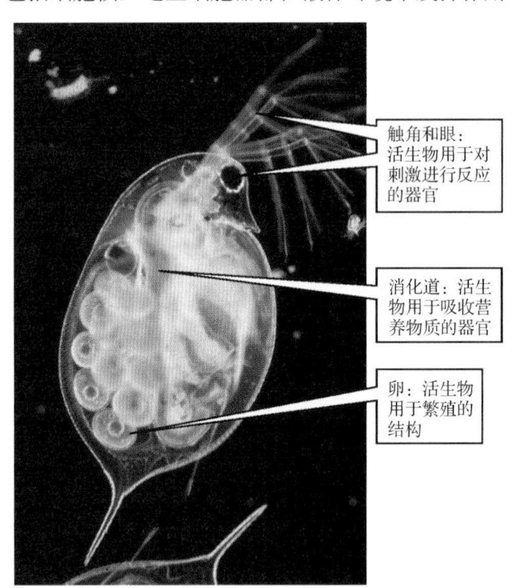

图 1.2 生命的特征。水蚤通过以能进行光合作用的生物为食来获取能量，维持自己的生存和发育。可以看到，水蚤的胃中有大量的绿色生物，后者就是它的食物。水蚤的眼睛和触角用于对外界的刺激做出反应。图中的雌性水蚤怀有大量的卵，这些卵会发育成很多水蚤。水蚤经过漫长的进化，几乎已完全适应环境

1.1.1 生物需要物质和能量以维持生存

物质和能量是生物赖以生存的基础。生物需要从空气、土壤、水源甚至其他生物那里获取一些基础的营养物质（如矿物质、水等）来维持自身的新陈代谢和生长发育。物质是守恒的，既不会凭空多出，又不会凭空消失，只是在生物与生物之间或者生物与环境之间不停地循环转化（见图 1.3）。

生物要维持生命，就需要源源不绝的能量。只有有了足够的能量，生物才能进行各种宏观和微观

活动，如行走、奔跑、开花、结果等。归根结底，生物的能量来自太阳。有一类生物，也就是植物，可以通过光合作用（photosynthesis）直接获取和存储光能，用来维持自身的生存和繁衍，同时也作为其他生物（如动物和真菌）的物质和能量的来源。因此，与物质不同的是，能量的流动是单向的，它首先由太阳流向可以直接吸收光能的植物，接着由植物流向以植物为食的植食动物，然后流向以动物为食的肉食动物，最后以热量的方式释放到大自然中。物质循环和能量流动的具体方式如图 1.3 所示。

图 1.3　物质循环和能量流动的具体方式。能量的流动是单向的，首先由太阳流向可以直接吸收光能的植物（黄色箭头所示），接着由植物流向以植物为食的植食动物，然后流向以动物为食的肉食动物（红色箭头所示），最后以热量的方式释放到大自然中。相比之下，物质是在生物与生物之间或者生物与环境之间循环流动的（紫色箭头所示）

1.1.2　生物需要复杂的调节机制来维持自身的生存

为什么图书的纸张与所谓的生物体如此不同？答案是生物需要源源不绝的能量注入来维持其基本的形态和功能，而图书的纸张则不需要（这些问题将在第 6 章中重点讲解），这就决定了生物是如此地复杂和与众不同。具体地说，为了让生命的最基本单位——细胞可以正常工作，在细胞内时刻发生着无数的化学反应，这些化学反应的原材料需要细胞膜从外部运入，与此同时，化学反应产生的代谢产物和废料也需要经细胞膜运出。然而，动物，包括人类，则需要大量的能量来维持体温恒定，进而使细胞内的化学反应可以正常有序地进行。在炎热的夏天和剧烈运动后，为了维持体温，我们就需要出汗或者冲澡（见图 1.4）。而当寒冬到来时，为了维持体温，我们需要吃更多的食物，以获得更多的能量。因此，生命体都需要一个近乎绝对稳定的内在环境来维持细胞的正常运转，进而维持生命。

图 1.4　生物需要维持恒定的体温。剧烈运动后的运动员通过出汗和冲凉水来降温

1.1.3　面对刺激，生物会有所应对和保护自己

生物为了获取物质和能量让自己生存下去，必须应

对外界环境的各种刺激。动物通过一些高度分化的、能够行使特殊功能的细胞，感知来自外界与自身的各种刺激，包括光、温度、声音、重力、触感、化学物质等。例如，当大脑感觉到血糖较低时（这是一种内在刺激），就会促使你闻到食物的香气（这是一种外在刺激）时咽口水。人类和动物拥有强大的神经系统和运动系统，可以有效地应对外界的各种刺激，而植物、真菌和单细胞生物这些缺少神经和运动系统的生物也有自己应对外界刺激的独特方式。例如，放在窗台上的小绿植会渐渐地朝窗外太阳的方向生长，因为这样做有助于它们获得更多的光能（见图 1.5）。细菌作为最小和最简单的生命形式之一，也会让自己从恶劣的环境向适宜的环境运动。

图 1.5 小绿植的向光性。小绿植通过朝窗外太阳的方向生长来获得能量

1.1.4 生物会生长

在生命中的某些阶段，生物会慢慢变大，这就是生物的生长。例如，图 1.2 中的水蚤也曾像其体内的一粒卵那么大。当然，生物的生长需要从外界获得大量的、源源不绝的物质和能量。细菌等单细胞生物通常通过分裂的方式生长，即先复制自身的结构，然后分裂。无论是动物还是植物，它们复制自身的结构的方式都极为类似。另外，生物体生长的原因还可能是细胞虽然没有分裂，但细胞自身渐渐变大，例如动物的脂肪细胞和肌肉细胞或者植物的物质存储细胞。

1.1.5 生物会繁衍后代

生物繁衍后代的方式多种多样，如单细胞生物分裂、植物结果、动物产卵（见图 1.2）或孕育胎儿（见图 1.6）。虽然方式多种多样，但最终的结果往往是相似的，即它们都产生和自己基本相同的后代。无论是简单的单细胞细菌、多细胞真菌，还是复杂的人类，都会从上一代那里继承相同的生活模式和繁衍后代的能力——从源头上说，它们原封不动地继承了一种称为脱氧核糖核酸（也称 **DNA**）的物质（见图 1.7）。生物体的每个细胞内都含有整套的 DNA，后者就像是建造大厦的蓝图一样，指导着生物体的生长和发育。

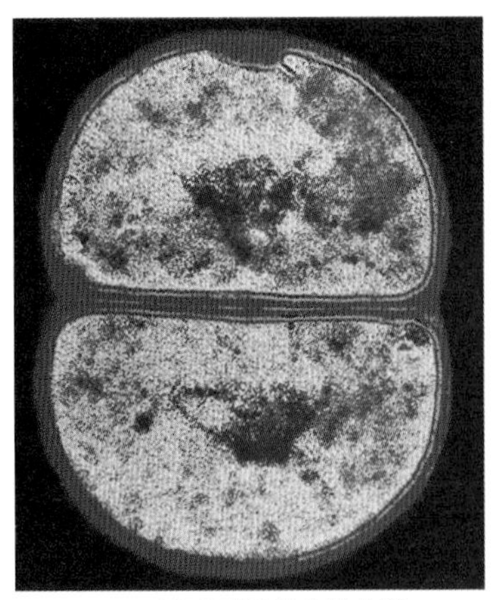

(a) 正在分裂的链状锁球菌

(b) 蒲公英产生的种子

(c) 大熊猫及其幼仔

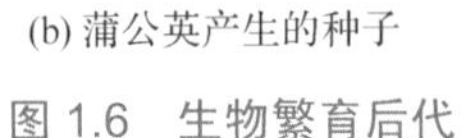

图 1.6 生物繁育后代

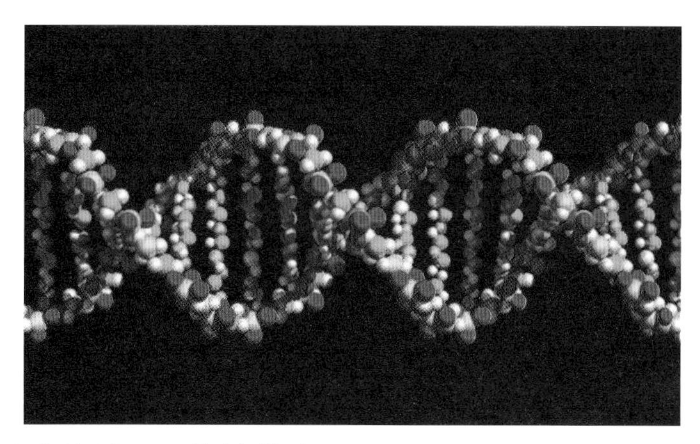

图 1.7　DNA。图中所示为 DNA 的球棍模型，DNA 分子是遗传的基础。正如该结构的发现者、著名物理和生物学家沃森（James Watson）所说：生命本身就应该像该结果一样完美无缺和妙不可言

1.1.6　生物都有进化的能力

进化（evolution）是指现代生物逐渐由古代的另一种生物演化而来的过程。在生物代代相传的过程中，如果一个种群（population）的 DNA 发生变化，而这种变化使得该种群区别于同类生物，那么这个种群就发生了进化。沧海桑田，斗转星移，我们居住的这个星球上的物种如此多种多样，就是进化不断积累的结果。可以说，进化是生物学中最基础、最重要的概念。下一节重点介绍进化这一概念。

1.2　什么是进化

我们居住的星球上之所以存在数目庞大、丰富多彩的生命，得益于生物可以进化这一特点。与此同时，地球上的物种之间存在惊人的相似性，这也得益于进化。例如，人类和大猩猩无论是在外形上还是在生理习惯上都有诸多相似之处。科学家研究发现，人类和大猩猩的 DNA 的相似程度高达 95%，这一事实强有力地证明了人类和大猩猩很可能拥有相同的祖先（见图 1.8），但是，在漫长的进化过程中，人类和大猩猩分道扬镳，走上了不同的进化之路。那么，进化是如何发生的呢？

图 1.8　大猩猩和人类存在亲缘关系

1.2.1　生物进化的三个步骤

生物不由自主的、命中注定的进化，通常包含三个步骤：第一步，生物体自身的 DNA 发生突变；第二步，这种突变遗传给自己的后代；第三步，后代经历自然选择，发现这种突变更加适应环境，于是将该突变保留下来，遗传给后代，繁衍生息，渐渐成为一个新物种。下面详细介绍这三个步骤。

1. DNA 突变是进化的源头

我们周围的小伙伴是不是都很特别、都很不简单？我们周围的狗是不是大小、形状、颜色

等都不一样？它们各不相同的部分原因是由环境因素导致的，但归根结底地说，是由它们的遗传信息即基因（gene）的不同导致的。基因的化学本质是DNA片段，这是遗传最基本的单位。一个细胞在进行分裂前，必须先将自己的遗传物质原封不动地复制出来，再传递给子代细胞。就如人类按照设计图纸建造楼房时也可能犯错一样，DNA在复制过程中也会或多或少地犯错。DNA在复制过程中所犯的错误被生物学家称为突变（mutation）。DNA发生损伤时，同样会造成突变。例如，阳光中的紫外线、植物中的辐射残留或者烟草中的有害化学物质，都可能造成DNA损伤。建造楼房时，一个小小的错误就有可能导致楼房的整体结构发生变化；细胞的DNA发生突变会使得该细胞有别于自己的亲代细胞，这种区别有时是微小和可以忽略不计的，有时却会带来毁灭性的灾难。

2. 有些突变是可以遗传的

如果生殖细胞（精子或卵细胞）的基因发生突变，这个突变就会由亲代传递给子代，这样的突变称为可遗传突变。这时，子代的每个细胞都存在这样的可遗传突变，使得它们与亲代存在或多或少的不同。有些可遗传突变对生物体是有害的，会造成遗传病，譬如人类的血友病、镰刀形贫血症或囊性纤维化等；有些突变对机体几乎没有影响，譬如有的突变会让狗毛的颜色发生变化，这种突变称为中性突变或无义突变。今天，地球上的物种之所以如此门类繁多，就是由无数代无义突变的积累导致的。自然界中也存在这样的情况，即基因发生突变后，生物可以更好地适应环境或者繁育更多的后代，这样的小概率事件就是进化的基础。

3. 有些突变对生物大大有利

生物进化史上最重要的一环——自然选择（natural selection）指的是，如果某些基因突变会使生物更好地适应环境，或者可以繁育更多的后代，这些生物就比未突变的生物更优良，神奇的大自然就会将这样的生物选择出来，而逐渐淘汰其他生物。这些突变代代相传后，这种生物就发生了进化。那么这种情况具体是怎样发生的呢？

生物进化进程的一种场景大概是这样的：远古时期的海狸和其他哺乳动物一样，门牙都较短。有只海狸发生了基因突变，其后代的门牙变长；门牙越长，就越有利于将树咬断。这样的海狸就既可以建造更大、更牢固的窝，又可以捕食更多的猎物。于是，在恶劣的环境中，这些长门牙海狸活下来并成功繁衍后代的概率就更大一些；当然，它们的后代也遗传了长门牙这一特征。随着时间的流逝，长门牙海狸越来越多且开始占主导地位，而短门牙海狸渐渐退出历史舞台。

下面解释生物学中“适应”（adaptation）一词的意思：如果生物体改变自身的结构、生理活动或行为后，可以生存得更好并繁衍更多的后代，那么这样的改变就称为适应。生物的适应可谓是千姿百态、令人惊叹，例如小鹿纤长的四肢、老鹰宽广的翅膀和红杉粗壮的枝干。生物的这些适应行为可以帮助它们躲避天敌、捕食猎物，或者更加接近阳光以获得能量。今天我们看到的生物千姿百态的适应性，都是亿万年自然选择的结果，也是有利突变累积的结果。

当然，现在可让生物更好地生存的一些适应，未来也许是有害的。如果地球环境发生了翻天覆地的变化（如温室效应导致的全球变暖），生物就需要进化出与之相适应的特征来适应环境，以便更好地生存。具体地说，如果有的生物发生基因突变，且这些突变会使得生物更适应全球变暖这样的气候，这些生物就会被自然选择出来，发展壮大而成为新的物种。

同一物种的生物如果生存在不同的环境中，就会面临不同的自然选择。当环境差异足够大、经历的时间足够长时，这两个种群就会渐渐地演变成截然不同的两个物种。也就是说，一个新物种就这样诞生了。

另一种情况是，当环境发生翻天覆地的变化时，如果与之相适应的生物突变未发生，该物种就有可能面临灭绝的危险，即该物种会渐渐消失在历史长河中，再也不会出现。在1亿年前，地球曾是恐龙的天下，但它们的进化速度未跟上环境的变化，于是灭绝（extinct）了（见图 1.9）。近几十年来，人类移山填海、砍伐森林，将热带雨林开垦为农田，虽然短时间内让人类获益，却大大加速了环境的恶化。生物的进化速度远远跟不上人类对自然环境的破坏速度，因此目前地球上物种的灭绝速度进入前所未有的高速时期（详见第 30 章）。

著名生物学家杜布赞斯基（Theodosius Dobzhansky）说过：*如果没有生物进化的概念，那么生物学这门学科将不复存在*。19 世纪中叶，英国博物学家达尔文（Charles Darwin）和华莱士（Alfred Russel Wallace）首次提出了生物进化理论。从那时起，科学家就从各个方面给予了生物进化理论的事实支撑，如化石、地质学研究、放射性测年，以及当代生物学中的遗传学、分子生物学、生物化学和杂交试验研究等。若有人认为生物进化学说不过是一个理论，则其一定是大错特错了。

图 1.9　霸王龙属雷克斯龙化石。关于恐龙灭绝的原因，目前最流行的假说是在 1 亿年前，有颗小行星撞击了地球，使得地球的生态环境发生了翻天覆地的变化。图中的霸王龙属雷克斯龙化石目前保存在美国洛杉矶国家历史博物馆中，其名为 Thomas，2003 年到 2005 年发掘于蒙大拿州，质量约为 3100 千克，长约 10 米，大概死于 6.8 亿年前，死时约 17 岁

1.3　科学家是如何进行生物学研究的

生物学研究包罗万象，且每类研究都需要特定的知识积累。我们可以说，对于生命的各个层面，都有相应的生物学研究（见图 1.10）。在规模较大的大学中，生物学家研究的内容小到对分子生物学的研究（如 DNA 突变导致生物发生何种变化），大到对生物圈的研究（如环境和气候变化如何影响地球上生物的相对分布）。

1.3.1　生物学研究的多个层面

图 1.10 显示了生物学研究的多个层面。从最下面的一层开始，我们可以看出每层都是其上一层的研究基础，而上一层又比下一层更复杂、更具体。每个生物学分支基本上都包含图中不止一个层面的内容，详见后面的章节。

所有物质都是由元素（element）构成的，而元素指的是什么呢？元素指的是物质的独立的最小单位，它不能分割或转化成更小的成分。截至目前，科学家认为原子（atom）是物质的最小元素，它无法再被分割和转化为更小的结构，且具有元素的所有特性。例如，我们知道钻石其实是由碳元素构成的，它的最小结构就是碳原子。原子通过一些独特的连接方式组成分子（molecule）。例如，一个氧原子和两个氢原子可以组成一个水分子，而多种生物大分子（如蛋白质和 DNA）可以组成一个细胞。前面说过，细胞是生命体的最基本的单位。不考虑低等的单细胞生物，形态、结构和功能相同或相似的细胞可以形成组织（tissue）。例如，胃壁的上皮组织就是由上皮细胞构成的。几种组织共同完成一个或多个相对独立的功能时，所形成的结构就称为器官（organ），如整个胃。多个器官协调作用，共同完成一项或多项复杂的生命活动时，就称为器官系统（organ system），例如胃就属于消化系统。

生物学研究也会上升到种群的层面。种群指的是什么？种群指的是一群同一类型的生物或者

属于同一物种的生物，在相同的环境下生存、交流和繁衍后代。物种的概念相对宽泛一些，只要能进行交配并能成功地繁衍后代的生物都可称为物种（species），而不管它们生活在什么地方。比物种和种群更大的概念称为群落（community），指的是生存在同一区域或同一环境下的所有生物，它们之间也许互惠互利，也许其中的一些是另一些的天敌。再大一些的概念称为生态系统（ecosystem），指的是群落及群落中生物所生存的环境的总和。当然，最大的概念称为生物圈（biosphere），指的是地球上的所有生物及其生存的环境。

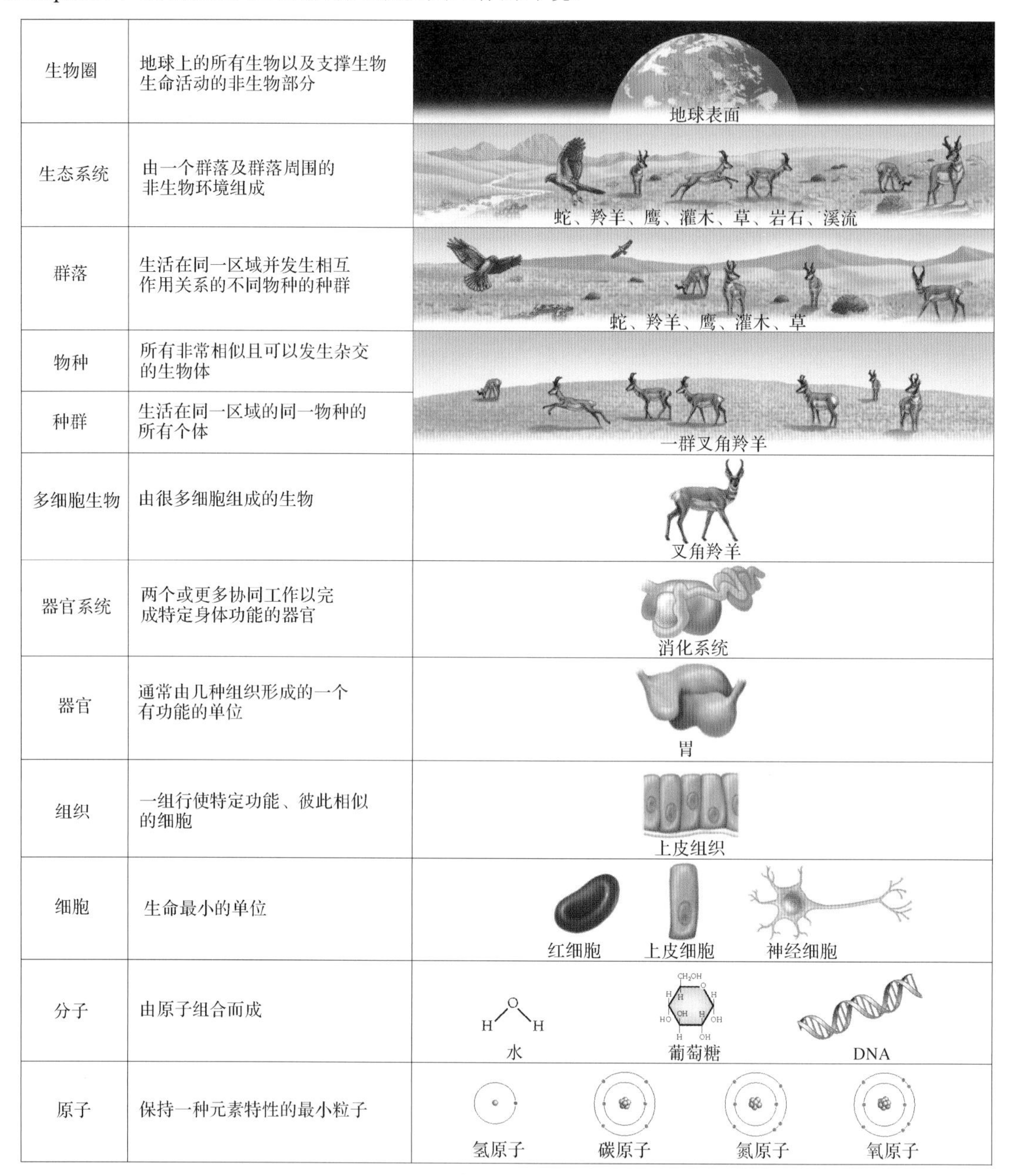

图 1.10　生物学研究的多个层面。每层都是其上一层的研究基础，而上一层又比下一层更复杂、更具体

1.3.2　生物学家按生物在进化过程中的亲缘关系对其分类

虽然所有生物都具有相同的特征（1.1 节中提到的 6 个属性），但是在漫长的进化过程中，生

物进化出了千姿百态的生命形式。生物学家按生物在进化过程中的亲缘关系对其分类。首先将所有生物分为三大类或者三个域（domain），即真细菌域、古细菌域和真核生物域。这种分类也称三域系统（见图 1.11）。

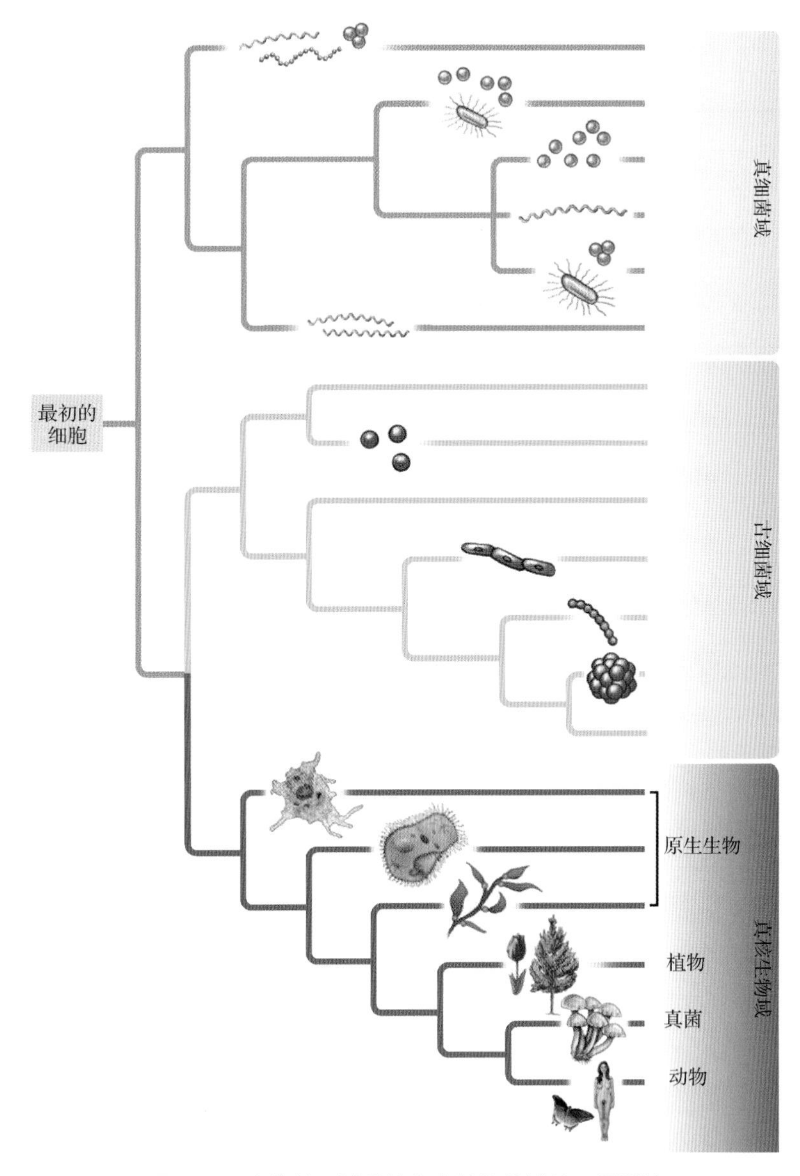

图 1.11　生物的三域系统和真核生物域的三界系统

三域系统的分类依据是，组成生物的细胞是不同类型的。真细菌域和古细菌域中的生物都是由单个简单细胞构成的。在分子生物学层面看，这两个域中的生物的细胞有着本质区别，说明它们在远古时期就已分道扬镳。

与这两个域中的生物相比，真核生物域中的生物是由一个或多个复杂的细胞构成的。目前，地球上相对高等的物种都属于真核生物域，它可分为几类，其中一类称为原生生物，而剩下的生物又被分为三类，或者称为三界（kingdom），分别是真菌界、动物界和植物界（第三篇将重点介绍生命的多样性及其进化历程）。

对于某个已有的生物，科学家应该将其归类到哪个域中的哪个界呢？判断标准有三个：第一，细胞类型，即是简单细胞还是复杂细胞；第二，生物类型，即是单细胞生物还是多细胞生物；第三，生物获取能源的方式，比如是通过光合作用供给自身能量（自养）还是通过捕食其他生物获得能量（异养）（见表 1.1）。

表 1.1 生物分类依据小结

域	界	细胞类型	细胞数量	获取能量的方式
真细菌域	无	原核细胞	单个细胞	自养或异养
古细菌域	无	原核细胞	单个细胞	自养或异养
真核生物域	真菌界	真核细胞	多个细胞	异养，蚕食食物
	动物界	真核细胞	多个细胞	异养，消化食物
	植物界	真核细胞	多个细胞	自养
	原生生物	真核细胞	单个细胞或多个细胞	自养或异养

注：原生生物是一类特殊的生物，详见第 20 章的介绍。

1. 通过细胞类型区分真细菌域、古细菌域与真核生物域中的生物

所有细胞都具有相同的特点。例如，所有细胞的外层都包裹着一层薄薄的分子，这些分子称为质膜（plasma membrane）；又如，所有细胞的遗传物质都是 DNA；再如，所有细胞都包含着众多的细胞器（organelle），这些细胞器形态各异，功能也不尽相同，有的可以进行生物大分子的合成，有的可以消化食物，有的可以为生物体提供能量（见图 1.1）。

细胞一般分为两类：一类称为原核细胞，另一类称为真核细胞。相对来说，真核细胞要复杂得多，它含有多种细胞器，且这些细胞器外部由独立的膜所包裹，可以行使相对复杂和独立的功能。英文单词 Eukaryotic（真核的）由两个希腊词根组成：一个是 eu，意思是“真的”，另一个是 kary，意思是“细胞核”。顾名思义，原核细胞（prokaryoticells）和真核细胞的区别是真核细胞含有细胞核，即一个由核膜包裹的、含有细胞几乎全部 DNA 的细胞器。真核细胞域中的生物都是由真核细胞构成的，而原核细胞要简单得多，且个头通常也较小，细胞器外面通常不被膜结构包裹。如其希腊词根 pro 的意思（即“前”）那样，原核生物的细胞中没有成型的细胞核。真细菌域和古细菌域中的生物都是由原核细胞构成的，虽然肉眼看不到它们，但它们却是种类最繁多、数量最庞大的生物域。

2. 多细胞生物只存在于真核生物域

真细菌域和古细菌域中的生物都是单细胞生物。虽然有些单细胞生物是成群存在的，但与多细胞生物各细胞之间的联系与合作相比，它们之间的联系与合作要少得多，也简单得多。虽然原生动物属于真核生物域，但有不少却是单细胞生物。动物界、植物界和绝大多数真菌界中的生物都是多细胞生物，它们的生存和繁衍都依赖于自身多种细胞之间的紧密交流与无间合作。

3. 真核生物获得能量的方式多种多样

科学家是如何区分动物界、植物界和真菌界中的生物的？答案是通过它们获得能量的不同方式。也就是说，植物是自养获能的，而动物和真菌是异养获能的（见表 1.1）。当然，动物和真菌的异养是有所不同的：前者的异养是吃进和消化食物，后者的异养是慢慢蚕食。植物和部分真细菌域和古细菌域中的生物都靠自养，即通过光合作用将光能转化成自身所需的能量。异养生物自身无法进行光合作用，只能依靠吃掉其他生物来获得能量。真菌首先在体外将食物分解为小分子，然后透过质膜吸收这些小分子，真细菌域和古细菌域中的部分生物也是靠这种方式获得能量的。而动物（包括一些原生生物）则是将食物吃进体内，然后在体内进行消化。

4. 生物学家用双名法为生物命名

生物学家将生物分门别类地进行归纳：从前面介绍的域和界，到门、纲、目、科、属、种，一层比一层更细致、更具体。属和种是生物的最小类别，同种生物指的是相同种的可以相互交配产生后代的生物，同属生物指的则是不同种但拥有很多相似特点的生物。为了合理且精确为生物命名，科学家采用了双名法：名称中既包含属又包含种，属名首字母大写，且属名和种名都用斜体。例如，图 1.2 中的水蚤（water flea）是其俗称，其学名为 *Daphnia longispina*，其中 *Daphnia* 是其属名（同属有许多种水蚤），*longispina* 是种名（特指这种拥有长尾状刺的水蚤）。又如，人类的学名为 *Homo sapiens*，我们是 *Homo* 属的唯一成员，也是 *sapiens* 种的唯一成员。

1.4 什么是科学

科学（science）指的是什么？科学指的是通过观察和实验，对我们生存的环境及其中生物的起源、结构和行为进行系统的研究。

1.4.1 科学基于以下公理：一切自然事件皆有起因

在古代，人们认为一切自然事件都由超自然力操控。古希腊人认为，天神宙斯是世界的主宰，他可以控制雷电，而癫痫发作则代表神祇的降临。在中世纪，人们认为生命可由非生命物质直接演化而来，譬如腐肉上会生蛆。

科学的概念刚好相反。自然界中的一切事件都可通过科学的观察研究得到科学的解释。例如，雷电是自然界的一种放电现象，癫痫是神经细胞持续活化而导致的一种脑病，而蛆是由苍蝇产在腐肉中的卵孵化而来的。

1.4.2 科学研究需要大量科学方法作为工具

即使我们现在仍然无法解释很多自然现象，但“一切自然事件皆有起因”这一公理已得到认可。为了更好地了解世界和更好地解释各种自然事件，科学家（包括生物学家）采取了能采取的所有方法。科学方法可归纳为六步，即观察（observation）、质疑（question）、假说（hypothesis）、预测（prediction）、实验（experiment）和结论（conclusion）。这六步之间既有区别又有联系。科学研究从观察一种自然现象开始，观察后通常会提出问题，如“这种现象是如何发生的？”；接着，通过早期的调查研究及与同事或同行讨论，经严谨而漫长的思考后，科学家往往会给出一个假说。假说指的是科学家对该自然现象的成因所做的猜测，但通常没有具体的证据来支持这个猜测。只有假说发展为预测时，该假说才有意义。预测指的是科学家通过一些具体的实验来证明假说中的可能性是正确的。一般来说，预测需要用严密的观察和科学实验来支持。如果实验结果与预测相同，假说便得到证实，进而得出结论（即这种自然现象的成因）。如果实验结果与预测相反，就要重新提出假说。为了使结论真实可信，实验结果必须是可以重复的，不仅原创者可以重复，同领域的其他科学家也可以重复。在日常生活中，我们也像科学家那样采用科学方法来处理问题，只是没有那么严密而已。

1.4.3 生物学家用对照实验来验证假说

成功的对照实验通常包含两个实验组：一组称为对照组或基准组，组中的所有变化因素都必须恒定；另一组称为实验组，组中只有一个变量，其他因素通常是恒定的，通过该变量的变化得到不同的结果，从而验证假说。

正确且有效的实验通常必须是可以重复的，不仅可被实验的原创者重复，而且可被其他科学家重复。为了确保这一点，科学家的实验都要经过反复验证，即同时设立多个实验组和对照组，条件相同组别结果的一致性越高越好。

如果科学家无法交流其科学结果与见解，科学就没有意义。成功科学家通常会在国际刊物上发表成果，并详细解释他们是如何得到这些成果的。这样，其他科学家就可验证这些工作，从中得到启发，进而进行更深入的研究。

虽然采用这种设立对照组并在实验组中设定变量的实验方法解决了无数科学问题，但这种方式也有其局限性。注意，科学家通常不是很确定是否穷举了所有变量，或者是否研究了所有可能发生的现象。因此，科学家通常需要根据新发现的科学成果来修正已有的结论。

1.4.4 生物理论经过严密的验证

科学家口中的假说与日常生活中我们接触到的不太一样。例如，华生医生问夏洛克·福尔摩斯："你有什么理论证实他是这起案件的凶犯？"从科学的角度说，华生不能用"理论"一词，而只能用"假说"一词，因为假说仅依靠一些线索和片面的证据就可得到，而科学理论必须通过严谨、全面且可重复的观察和实验对自然现象进行完整而可信的解释。简而言之，科学理论可以称为自然界的法律，即自然界的基本法则，是一切科学研究的基础。例如，大名鼎鼎的原子理论（所有物质都由原子构成）和万有引力理论（物体之间存在引力）是物理学的基石，而细胞理论（所有生命体都由细胞构成）和进化理论（见 1.2 节）是生物学的基石。科学家将这些称为"理论"而非"事实"，因为科学研究需要实事求是，随着科学家研究的不断广泛和深入，一旦这些理论被证实是不全面的或者不正确的，这些理论就会及时地得到修正或重建。

基础理论需要随新的科学发现而不断修正，这样一个当代的例子是朊病毒（一种具有感染能力的蛋白质）的发现。20 世纪 80 年代前，人们所了解的具有感染性的致病因素（包括细菌、病毒等）都是通过复制自身的遗传物质如 DNA 来完成扩增和感染的；1982 年，加州大学洛杉矶分校著名神经生物学家布鲁希纳（Stanley Prusiner）发现，羊瘙痒症（一种多发于羊的导致其脑功能严重退化的传染性疾病）是通过不含任何遗传物质的蛋白质引发和传染的。有趣的是，布鲁希纳最初提出的假说是"羊瘙痒症由一种特别的病毒引起"，但其所有实验结果都与其假说相悖。那时，整个科学界对传染性蛋白质这一概念闻所未闻，因此布鲁希纳的成果并未得到广泛认可。布鲁希纳及其同事花了近二十年的时间来证实和完善自己的工作，力图让整个科学界认同他们的理论。功夫不负有心人，1997 年，布鲁希纳因为提供朊病毒理论而获得诺贝尔生理医学奖。

当代科学界认为，朊病毒是疯牛病（BSE）的致病因素，疯牛病不仅导致了牛类死亡，而且导致两百多位食用感染牛肉的人死亡。同样，克雅二氏病（CJD）也由朊病毒导致。因此，随着科学理论的不断更新与完善，人们对疾病的发生、发展的认识会更深入和更透彻。

1. 科学理论需要归纳推理与演绎推理

科学理论通常是通过归纳推理得到的。归纳推理指的是通过众多的观察和实验，得出一个放之四海而皆准的理论。例如，科学家之所以提出地球引力理论，是因为观察到物体都会落到地面上，而不会飞到天空中。科学家之所以提出细胞理论，是因为观察到的所有生命体都由一个或多个细胞构成，而不由细胞构成的物体则不具有生命的特征。

科学理论一旦建立，就可用来进行演绎推理。在科学界，演绎推理通常是指设计一些新实验并用一个成熟的理论来猜测或推测这些实验结果的推理过程。例如，根据细胞理论，如果科学家发现一个新物体具有生命的所有特征，他们就可推测这个物体是由细胞构成的。当然，这个新物体是否真由细胞构成，必须得到严谨而全面的论证。

2. 科学理论也可被推翻

科学家之所以将自然科学的基础称为"理论"而非"公理"，是因为理论有可能被推翻，而公理则基于人类的信仰，它们是生而存在的。

1.4.5 科学是一种人类活动

科学家也是人，他们和普通人一样会骄傲、恐惧、雄心万丈。因为雄心万丈，沃尔森（James Watson）和克里克（Francis Crick）发现了 DNA 双螺旋模型，从而奠定了整个现代生物学的基础（详见第 11 章）。毫无预料的意外、足够幸运的猜测、与已知理论相悖的现象，以及科学家的好奇心和聪明才智，是科学进步的动力。有时，犯错也会导致科学的进步。

例如，微生物学家通常研究纯培养物，即在无细菌和真菌污染的培养皿中进行单一微生物的培养研究。通常情况下，如果因为操作等原因造成其他微生物污染，该培养物会被直接扔掉。20 世纪 20 年代晚期，因为一个被污染的培养物，苏格兰微生物学家弗莱明（Alexander Fleming）完成了现代史上最伟大的医学发现之一。

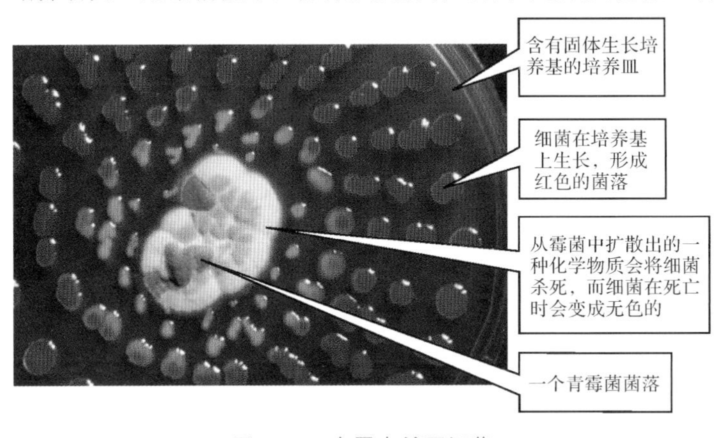

图 1.12 青霉素杀死细菌

弗莱明的一个纯培养物被称为 *Penicillium* 的真菌污染，但他并未直接将其扔掉，而是细心地发现其他细菌在这种真菌周围无法生长（见图 1.12）。于是，他问自己："为什么在有 *Penicillium* 的区域细菌不生长？" 弗莱明猜测，*Penicillium* 也许可以分泌一种杀死细菌的物质。为了验证该假说，弗莱明做了以下实验：首先，在液体培养基中培养 *Penicillium*，接着过滤 *Penicillium*，然后将该培养基倒入培养细菌的培养基。结果显而易见：液体培养基中的某种成分可以杀死细菌，从而验明了他的假说，即 *Penicillium* 可以分泌一种杀死细菌的物质。进一步的工作产生了世界上第一种抗生素，即盘尼西林或青霉素。

弗莱明的实验是科学研究的一个经典案例，若没有偶然的错误、细致的观察及探求问题答案的好奇心，青霉素也就不会被发现。作为第一种抗生素，青霉素挽救了无数人的生命。

1. 生物学知识照亮人类生活

很多人认为，科学是高大上的，是神秘而不可触摸的，与普通人没什么关系，因此产生了强烈的畏惧心理。其实不然，科学就发生在我们的身边。例如，鲁冰花的两个花瓣将雌蕊和雄蕊包住。鲜花盛开时，蜜蜂依靠自身的重力打开花瓣后，花粉就粘到蜜蜂的腹部；成熟的雌蕊一般都会长出花瓣而暴露在外，当蜜蜂到来时，顺便就带来了富含精细胞的花粉。于是，鲁冰花就完成了开花和结果的过程（见图 1.13）。

图 1.13 鲁冰花。鲁冰花由蜜蜂帮助传播花粉

鲁冰花的开花和结果过程神秘吗？答案是否定的。相反，科学发现的过程充满乐趣。例如，有一次，本书的作者正蹲在花丛边观察鲁冰花，一位路过的老人好奇地问我们在看什么，我们详细地向他解释后，他也兴致勃勃地找到一朵绽放的鲁冰花进行观察。

本章力图让大家明白科学就在我们身边，只要用心地观察和理解，就能找到乐趣。但要注意的是，生物学是一门新兴学科，它一直在发展和变化。不要将生物学当作需要死记硬背的教条知识，而要当作了解自己、了解身边生命的途径。

复习题

01. 什么属性是所有生命形式共有的？
02. 为什么生物体需要能量？能量从哪里来？
03. 定义进化，并解释使进化不可避免的三种自然现象。
04. 生命的三个域是什么？
05. 原核细胞和真核细胞有什么区别？分别可在哪个域中找到？
06. 哪个（些）界是异养的？哪些是自养的？
07. 科学理论和假说的区别是什么？为什么科学家将基本的科学原理称为“理论”而非“事实”？
08. 解释归纳推理和演绎推理之间的区别，并分别提供一个例子（真实的或假设的）。
09. 列出科学方法中的步骤，并简要说明每个步骤。

第一篇

细胞是生命体的基本单位

仅仅一个细胞就可成为一个独立而复杂的生命体，比如生活在淡水环境中的原生动物 ***Dendrocometes***。它可以将自己牢牢地固定在淡水鱼虾的腮上，并伸出触角一样的东西在水中获取食物。

“每个细胞都传承了它远古祖先的全部智慧。”

——Max Delbrück

第2章 原子、分子与生命

日本福岛核电站发生爆炸后，现场一片狼藉

2.1 什么是原子

如果用铅笔在纸上写下“原子”两个字，这两个字就是由石墨（碳的一种形式）构成的。现在，想象不断地分割碳，直到它无法再分，于是得到的就是一个一个的碳原子。碳原子非常小，1亿个碳原子排成一行，其长度也不到1厘米。每个碳原子的结构都是相同的。

2.1.1 原子是元素的基本结构单位

下面介绍元素和原子的概念。元素（element）是指既不能再分解成更简单的东西，又不能通过化学反应转换成其他东西的物质，即元素是物质的最简单形式。物质是由一种或多种元素组成的。原子（atom）是元素的最小单位，并且每个原子都具有该元素的所有性质。也就是说，元素是原子的宏观体现，原子是元素的微观表达。

人们在自然界中发现了92种元素，每种元素都有自己的元素符号（如铅的元素符号是Pb）。表2.1中列出了生命体中的常见元素。

表2.1 生命体中的常见元素

元　素	原子序数[1]	质量数[2]	在人体中的含量	元　素	原子序数[1]	质量数[2]	在人体中的含量
氧（O）	8	16	65	硫（S）	16	32	0.25
碳（C）	6	12	18.5	钠（Na）	11	23	0.15
氢（H）	1	1	9.5	氯（Cl）	17	35	0.15
氮（N）	7	14	3.0	镁（Mg）	12	24	0.05
钙（Ca）	20	40	1.5	铁（Fe）	26	56	痕量
磷（P）	15	31	1.0	氟（F）	9	19	痕量
钾（K）	19	39	0.35	锌（Zn）	30	65	痕量

1．原子序数指的是原子核中质子的数量；2．质量数指的是质子和中子的数量之和。

2.1.2 原子由更小的粒子构成

原子由更小的粒子构成，包括不带电荷的中子（n）、带一个正电荷的质子（p^+）和带一个负电荷的电子（e^-）。原子整体上不带电荷，因为质子和电子的电荷发生了中和。由于这些粒子微乎其微，科学家定义了这个微观世界的单位，称为原子质量单位。表2.2中给出了各粒子的质量和电荷量，其中质子和中子的质量都定义为1。电子的质量一般来说可以忽略，因为它与质子和中子的质量相比不值一提。原子的质量数指的是质子和中子的数量之和。

质子和中子一般处在原子的核心部位，它们共同组成原子核。电子则围绕原子核高速运动。图2.1中显示了两个最简单的原子——氢原子和氦原子。图中的轨道模型仅为示意图，电子和原子核离得并不那么近：如果将句点“.”视为原子核，那么电子就在约10米远的地方。

表2.2 各粒子的质量和电荷量

粒　子	质量（原子质量单位）	电　荷
中子（n）	1	0
质子（p^+）	1	+1
电子（e^-）	0.00055	−1

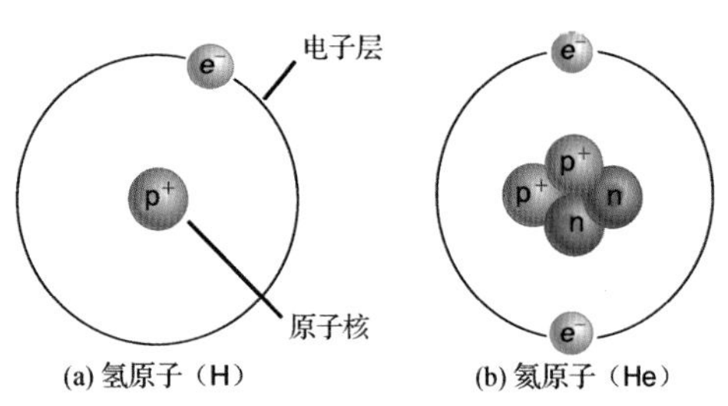

图2.1 原子模型。(a)氢原子的轨道模型，它含有1个质子和1个电子。(b)氦原子的轨道模型

2.1.3 元素用原子序数来定义

原子序数指的是原子核中质子的数量。一般来说，科学家用原子序数来区分不同的元素。例如，每个氢原子都有 1 个质子，每个碳原子有 6 个质子，每个氧元素有 8 个质子，因此这三种元素的原子序数分别是 1、6 和 8。

2.1.4 同位素是质子数相同但中子数不同的同种元素

虽然每种元素都拥有确定的质子数，但同种元素的中子数有可能不同。质子数相同但中子数不同的原子互称同位素（isotope）。科学家用不同的质量数来区分不同的同位素，而质量数常以上标的形式写在原子符号的左上方。

1．有些同位素具有放射性

绝大多数同位素是稳定地存在于自然界中的，即它们的原子核不会自发地发生变化。少数同位素具有放射性，即它们的原子核会自发地裂变或衰减。众所周知，放射性衰变会释放原子核中的粒子，且伴随着惊人的能量释放。前面说过，元素并不能通过普通的化学反应转变为其他元素，因为化学反应并不能改变元素的原子核。而通过放射性衰变，一种元素就可转变为另一种元素。例如，基本上所有的碳都以稳定状态的 ^{12}C 存在，但碳有一种同位素称为碳 14，即 ^{14}C（1 万亿个 ^{12}C 中有 1 个 ^{14}C），这种同位素有 6 个质子和 8 个中子，是由宇宙射线产生。经过几千年，^{14}C 的原子会自发地裂变为氮原子。另外，生物体内也存在一定比例的 ^{14}C，当生物死去后，体内的 ^{14}C 自发地衰变，其含量会越来越低。因此，科学家通过比例 $^{14}C/^{12}C$ 来确定或推算一些史前生物的生存年代（见第 17 章），如推算木乃伊、远古树木和化石的年龄，或者推算由木头或骨骼制成的早期工具的年龄。

在一些日常研究中，科学家会将放射性同位素植入生物体，通过跟踪同位素的运动来研究一些基本的生命活动。例如，科学家通过研究放射性同位素标记的 DNA 和蛋白质，最终确定 DNA 是细胞内的遗传物质（见第 11 章）。虽然使用同位素具有一定的危险性，但这是当代医学必不可少的手段之一。

2．有些同位素会损伤细胞

在同位素衰变的过程中，伴随着大量的能量释放，而这些能量则会损伤细胞的 DNA，引发基因突变（见第 1 章）。福岛核电站周围的水和空气都含有大量的放射性物质，因此附近的居民都有患癌的可能。

2.1.5 原子核和电子在原子中相互依存

原子的原子核和电子是相互依存的。除非是在衰变而具有放射性，正常的原子核极其稳定。常见的能量如光能、热能或电能，绝对不会对原子核造成影响。因为原子核的稳定性，碳元素（^{12}C）无论是成为钻石、石墨、二氧化碳还是成为糖类，仍然是碳元素。与之相对，电子无时无刻不在变化，它们可以获得能量，也可以释放能量，甚至可以与其他原子形成化学键，详见后面的介绍。

1．电子环绕原子核运动

电子在原子核周围的三维空间内围绕原子核运动，电子的运动区域称为电子层。简单地说，就像行星围绕绕太阳运动那样，电子围绕原子核运动，不同的电子在不同的环状轨道上高速运动，即在不同的电子层上运动（见图 2.2）。每个电子层都有与之对应的能量级别，离原子核越远，能量就越高。我们可以这样理解：一个个电子层就像是一个个台阶，每爬一个台阶都需要一定的能量，爬得越高，自身携带的能量就越多，当然也越不稳定，若从台阶上摔下，自然摔得越重。和人在楼梯上一样，离原子核越近，也就是离地面越近，就越稳定，能量就越低。反之，离原子核越远，就越不稳定，能量就越高。

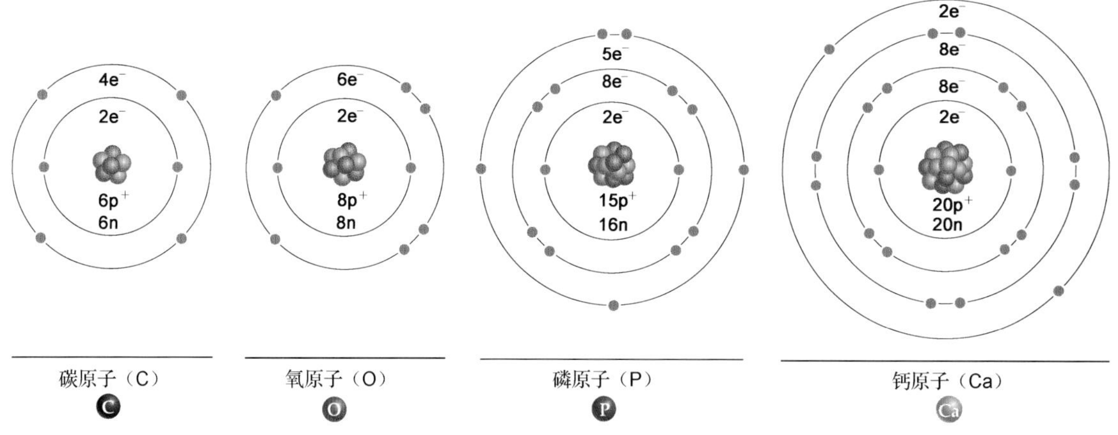

图 2.2 原子的电子层。绝大部分原子都有两个或两个以上的电子层，第一层即离原子核最近的电子层可以容纳两个电子，第二层最多可以容纳 8 个电子

2．电子可以获取和释放能量

如果原子被光能或热能激发，其外层的电子就有可能从能量低的电子层跃迁到能量高的电子层。接着，电子又会不自觉地回到原来的电子层，并释放能量。能量通常以光能的形式释放（见图 2.3）。

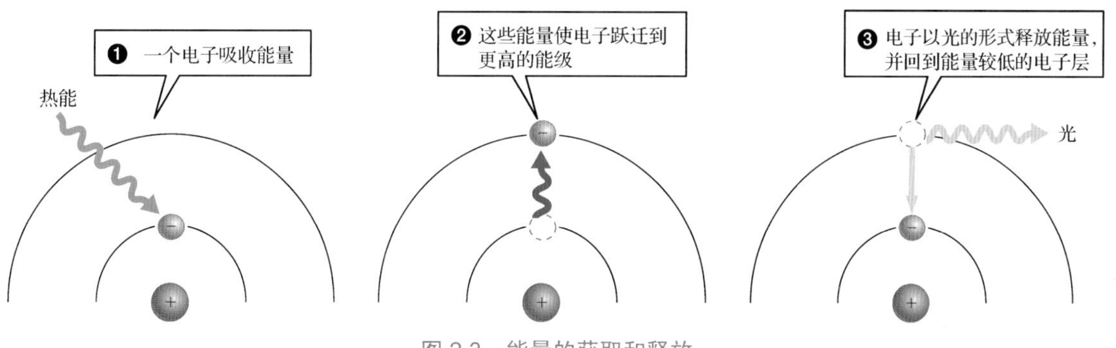

图 2.3 能量的获取和释放

我们按电源开关时，实际上就应用了电子的这种跃迁能力。逐渐退出历史舞台的白炽灯是电子跃迁的一个绝好例子。对 100W 的灯泡来说，当电子通过纤细的钨丝时，温度将高达 2500℃。这些热能将使得钨丝中的一些电子跃迁到更高的能级，而当这些电子回到自身所在的能级时，多余的能量将以光能的形式释放，使灯泡发光。然而，对白炽灯来说，90%的能量都会以热能而非电能的形式释放，因此白炽灯不是一种节能的光源。

3．原子序数越大，电子层数量越多，离原子核也就越远

每个电子层都可以容纳一定数量的电子。离原子核最近的原子层只能容纳 2 个电子，远一些的电子层最多可以容纳 8 个电子。电子首先填满离原子核最近的电子层，然后向外依次填充各个电子层。于是，原子就处于相对最稳定的状态。为了中和正电荷，对质子数量越多的元素来说，相应的电子数量就越多，电子层数也就越多。

氢原子有 1 个电子，氦原子有 2 个电子，这些电子都位于离原子核最近的那个电子层中（见图 2.1）。能级较高的第二个电子层最多可以容纳 8 个电子，因此碳原子的 6 个电子，其中的 2 个电子位于第一个电子层中，剩下 4 个电子位于第二个电子层中（见图 2.2）。

2.2 原子是如何相互作用而形成分子的

我们见到的物质基本上都由分子组成，而分子则由一种或几种原子相互作用而成。例如，氧分子由两个氧原子组成，水分子由两个氢原子和一个氧原子组成。那么，分子是如何形成的呢？

2.2.1 原子形成分子以填补外层电子层的空缺

当电子位于离原子核最近的电子层中时，原子是最稳定的。如果原子的电子层都处于饱和状态，即每个位置都被电子占据，那么该原子也相对稳定，不太可能和其他原子发生相互作用。对大部分元素来说，为了使原子对外不带电荷，电子与要质子的电性中和，于是电子就更倾向于占据离原子核近的电子层，导致离原子核较远的电子层中的电子数通常都是不饱和的。原子通常遵循下面两条原则：

- 如果一个原子的最外电子层中的电子是饱和的，它就处于极度稳定的状态，不太可能和其他原子发生相互作用（例如，图 2.1 中的氦原子是十分稳定的原子，不太可能和其他原子发生相互作用），这样的元素称为惰性元素。
- 如果一个原子的最外电子层中的电子是不饱和的，它就处于不稳定的状态，很可能和其他原子发生相互作用（例如，图 2.1 中的氢原子不稳定，常与其他原子形成氢分子或水分子），这样的元素称为活性元素。

2.2.2 原子之间依靠化学键形成分子

化学键是什么？化学键是指原子间的引力，这样的引力会使原子间紧密连接而成为分子。当活性原子获得电子、丢失电子或与其他原子共享电子，使得原子处于相对不活跃的状态时，就形成了化学键。目前，科学家定义了三类重要的化学键，即离子键、共价键和氢键（见表 2.3）。

表 2.3 生物分子中的化学键

化学键类型	相互作用类型	例　　子
离子键	电子在原子间传递，形成正离子和负离子，正负离子因电性相反而互相吸引，形成离子键	钠离子和氯离子形成稳定的氯化钠
共价键	原子间共享电子	
非极性共价键	共享电子在原子间平均分布	两个氢原子形成氢分子
极性共价键	共享电子在原子间的分布具有倾向性	两个氢原子和一个氧原子形成水分子
氢键	极性分子中氢原子与氮原子或氧原子之间的吸引力。氢原子微弱的正电性吸引邻近分子中带负电性的氮原子和氧原子	水分子中的氢原子吸引邻近水分子中的氧原子

2.2.3 离子之间可以形成离子键

所有原子（包括活性原子）的电子数量和质子数量相等，因此对外不带电荷，即对外显示电中性。如果一个原子的最外电子层中的电子很少，那么该原子倾向于丢失最外层的电子而处于相对稳定的状态。相反，如果一个原子的最外电子层中的电子很多，接近饱和，那么这样的原子倾向于获得一个或几个最外层的电子而处于相对稳定的状态。如果一个原子获得了更多的电子，其电子数量就会多于质子数量而带负电。相反，如果一个原子丢失了最外层的电子，其电子数量就会少于质子数量而带正电。一个原子丢失或获得电子后，就不能称为原子，而应称为离子。带有相反电性的正离子和负离子会互相吸引，而正负离子之间因电性相反而产生的吸引力称为离子键。例如，盐罐中的白色晶体是氯化钠晶体，它就是通过离子键形成的。钠原子的最外层有一个电子，丢失这个电子后就处于稳定状态，形成带一个正电荷的钠离子。氯原子的最外层中缺少一个电子，获得一个电子后处于稳定状态，形成带一个负电荷的氯离子。钠离子和氯离子带有相反的电荷，所以可以通过离子键形成结构更稳定的氯化钠（见图 2.4）。具体地说，钠原子失去一个电子，而氯原子从钠原子那里得到一个电子。后面会讲到水可以打破离子键，因此当食盐溶于水时，氯化钠分子就解离为钠离子和氯离子。由于生物大分子通常要在有水的环境中发挥作用，绝大部分生物分子由共价键构成，而不由遇水就解离的离子键构成。

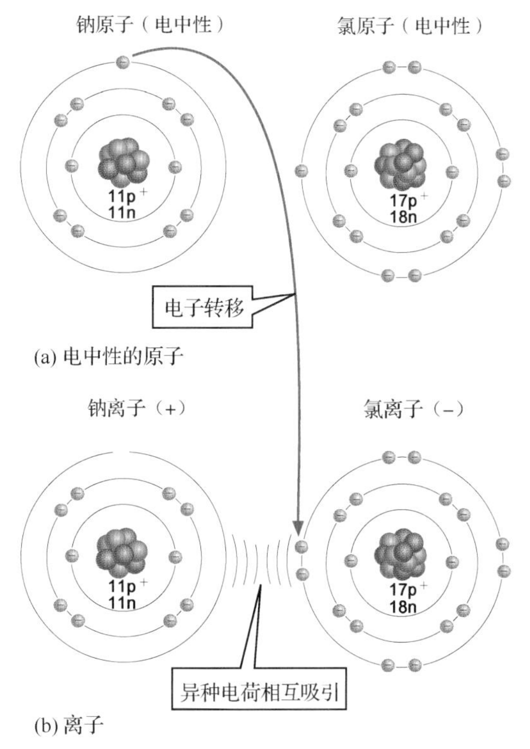

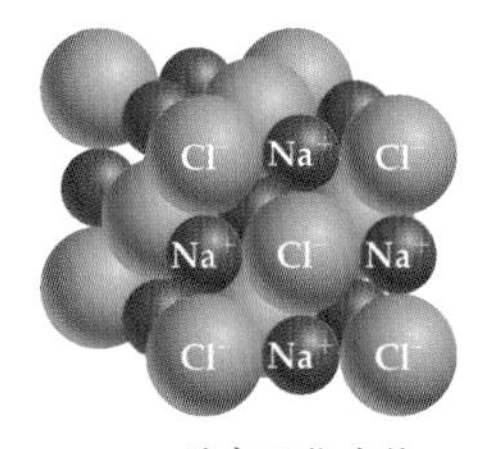

(c) 一种离子化合物：NaCl（氯化钠）

图 2.4 离子及离子键的形成。(a)钠原子的最外电子层中只有一个电子，氯原子则有 7 个电子。(b)钠原子失去最外层的电子后处于稳定状态，形成带一个正电荷的钠离子。氯原子的最外层获得一个电子后处于稳定状态，形成带一个负电荷的氯离子。(c)带相反电荷的离子相互吸引，因此钠离子和氯离子相互吸引，形成氯化钠，即我们看到的氯化钠晶体

2.2.4 原子之间共享电子而形成共价键

原子之间也可通过共享电子而处于相对稳定的状态，此时被共享的电子使原子的最外电子层处于饱和状态。这样形成的化学键称为共价键（见图 2.5）。大部分生物大分子（如蛋白质、糖类和脂类）的原子都是通过共价键连接的（见表 2.4）。

2.2.5 原子间通过共价键形成极性分子或非极性分子

相同元素的所有原子，或者不同元素的特定原子，只要均等地共享电子，它们之间形成的化学键就是非极性共价键。例如，每个氢原子的最外电子层中都只有一个电子，如果两个氢原子共同且均等地享有两个电子，它们的最外电子层就相当于拥有两个电子而处于相对稳定的状态，这时它们形成的化学键就是非极性共价键（见图 2.5a），形成的分子就是氢分子。因为两个氢原子的原子核完全相同，它们的共享电子不会偏向其中任何一个氢原子，所以这个分子不带电荷。另外，氧分子、氮分子、二氧化碳分子和一些油脂类或脂肪类的生物大分子属于非极性共价键形成的非极性分子（见第 3 章），对这些非极性分子来说，它们的每个原子核对共享电子的吸引力差不多，共享电子不偏向任何一个原子核。

有些分子并不均等地共享电子，因此它们的原子核对电子的吸引力并不一致。因此，这样的共享电子有一定的偏向性，形成的化学键是极性共价键（见图 2.5b）。虽然极性分子本身对外并不显示电性，但由极性共价键形成的分子自身带有极性。例如，对水分子来说，共享电子由两个氢原子和中间的氧原子共享，因为氧原子对电子的吸引力大于两个氢原子，所以电子在氧原子周围环绕的时间高于氢原子，因此，氧原子一边带有微弱的负电性，而氢原子一边带有微弱的正电性（见图 2.5b）。

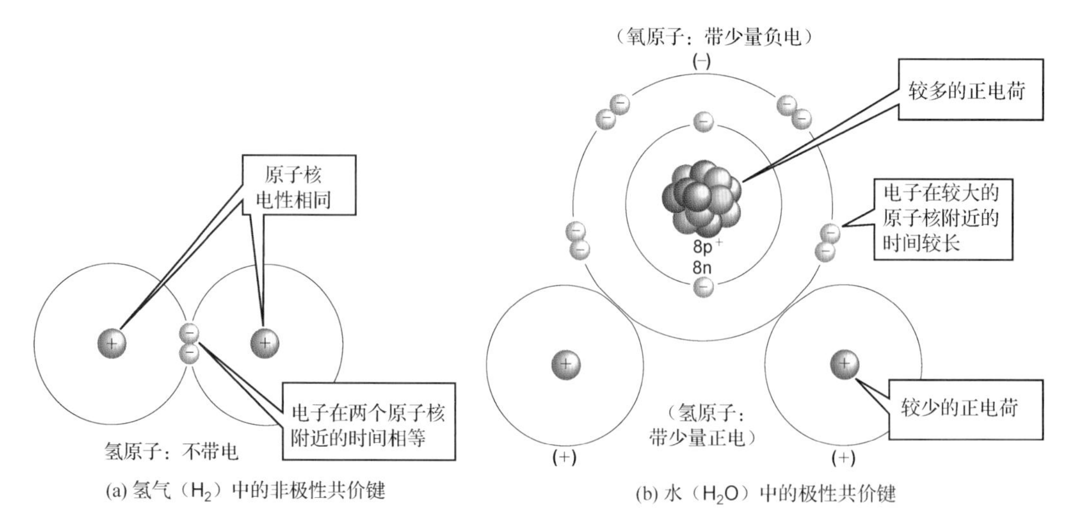

图 2.5　原子之间通过共享电子形成共价键。(a)对于氢分子，一个氢原子与另一个氢原子对等地共享两个电子，形成非极性共价键。(b)对于水分子，氧原子在外层电子层中缺少两个电子，所以氧原子可以和两个氢原子通过共价键形成一个水分子。相较于氢原子，氧原子对电子更有吸引力，电子向氧原子方向偏移，即氧原子带有微弱的负电，而氢原子带有微弱的正电，进而形成极性共价键

表 2.4　生物分子中的电子和化学键

原　子	最外电子层中可容纳的电子数量	最外电子层中的实际电子数量	通常形成的共价键数量
氢原子	2	1	1
碳原子	8	4	4
氮原子	8	5	3
氧原子	8	6	2
硫原子	8	6	2

下面介绍自由基的概念。最外电子层中存在空缺的原子核分子处于很不稳定的状态，有时会形成一类称为自由基的物质。自由基非常活跃，甚至可以打破化学键，因此会解离分子。在生物体内，能量合成和释放的同时会形成大量的自由基。这些能量反应对生物体是必需的；然而，如果这些自由基过度积累，就会伤害生物体，造成疾病、衰老和死亡。

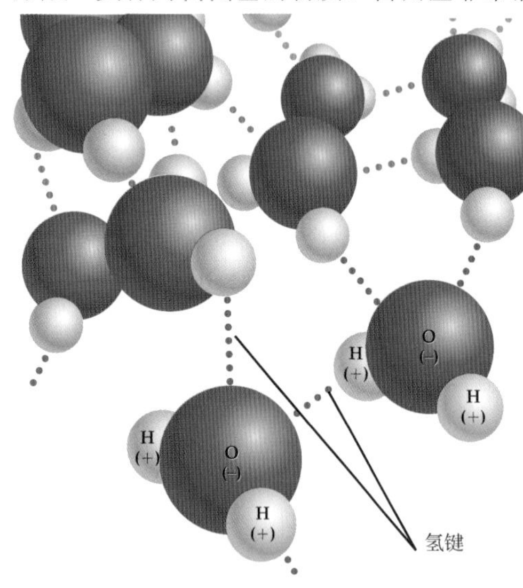

图 2.6　水分子之间的氢键。水分子中的氢原子与邻近水分子的氧原子因电性相反而形成氢键，使水成为相互关联的网络体系。随着水的流动，氢键被不断地打破和重组

2.2.6　氢键是特定极性分子间的引力

生物大分子（包括糖类、蛋白质类和核酸）之间（通常是氢原子和氧原子之间或氢原子和氮原子之间）会形成大量的极性共价键。在这种情况下，氢原子通常带有微弱的正电性，而氧原子或氮原子带有微弱的负电性。众所周知，带有相反电性的原子之间相互吸引，所以氢键是带有微弱正电性的氢原子和邻近带有微弱负电性的氧原子或氮原子之间的吸引力。例如，水分子之间会形成氢键。水分子中的氢原子与邻近水分子的氧原子因为电性相反而形成氢键，使得水成为相互关联的网络体系（见图 2.6）。因此，水分子之间的氢键就让水分子具有了一些与众不同的性

质。下面介绍生物大分子的不同部分之间、生物大分子与邻近生物大分子之间、生物大分子与水分子之间的氢键是如何形成的，以及这样的氢键为何对地球上的生命至关重要。

2.3 为什么水对生命如此重要

自然学家艾斯利（Loren Eiseley）说过，“如果说我们这个星球上存在什么奇迹，那么这个奇迹一定与水有关。”水如此神奇、不可或缺和与众不同的原因是，水分子的极性和水分子之间的氢键。下面具体介绍是什么让水如此与众不同的。

2.3.1 水分子之间相互吸引

因为存在氢键，水分子之间相互吸引而形成一个整体。然而，如广场舞者会随时变换自己的位置和共舞的对象那样，氢键也会如此。氢键随时解离和重新形成，使水可以流动。与此同时，氢键也使相同的水分子紧密结合在一起，形成一种内聚力，这种内聚力在地球的生命体中起到至关重要的作用。植物根部吸收的水分是怎样到达植物顶端的，尤其是对高达 100 米的红杉来说（见图 2.7a）？答案是，在联系根、茎和叶的细小管道中充满了水分。当水分从叶面蒸发到大气中时，紧挨的水分子会拉动下一个水分子到达叶面，以此类推，就形成了类似链条的结构，这时起作用的就是水分子的内聚力。在植物的细小管道中，水分子之间的氢键的作用力要大于水分子本身的重力，所以该链条不会断裂。如果没有水分子的内聚力，地球上就不存在相对较高的植物。

水分子之间的内聚力同样也是水的表面张力的成因。顾名思义，水的表面张力是指维持水的表面完整性，使表面不破裂的力。因为水的表面张力，落叶可以漂浮在水面上，蜘蛛和昆虫可以游荡在水面上，甚至蜥蜴可在水面上快速奔跑（见图 2.7b）。

(a) 内聚力使水能够到达树的顶端

(b) 内聚力导致表面张力的形成

图 2.7　水分子之间的内聚力。(a)内聚力使水分子从树根到达树冠；(b)内聚力是表面张力的成因

2.3.2 水分子可与其他生物大分子相互作用

溶剂是可以溶解其他物质的物质，也就是说，溶剂可将某种物质解离为原子或分子形式，然后包围在这些原子或分子周围。当溶剂中含有一种或多种物质时，就称为溶液。因为独特的极性性质，水是极性分子和离子的完美溶剂。很多对生命至关重要的大分子都溶于水，包括蛋白质、盐类、糖类、氧气和二氧化碳。这些分子在水中自由运动，彼此相互接触和碰撞，为进一步发生的化学反应提供丰富的物质基础。

食盐是如何溶于水的？通常情况下，食盐晶体由带正电荷的钠离子和带负电荷的氯离子组

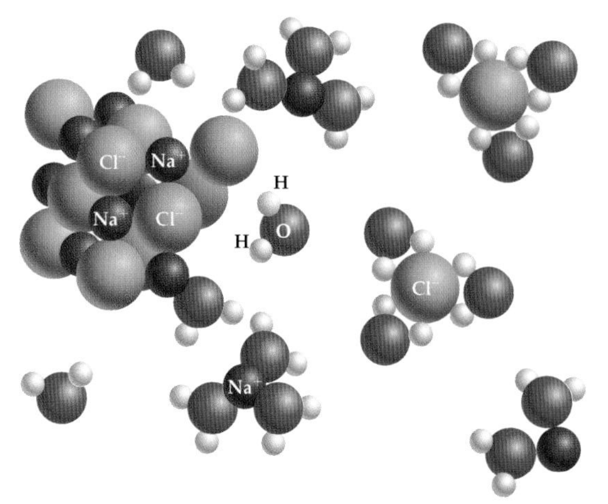

图 2.8　水是优良的溶剂。当食盐晶体进入水中时，水中带正电荷的氢原子吸引带负电荷的氯离子，带负电荷的氧原子吸引带正电荷的钠离子。作为溶剂，水分子紧紧环绕在氯离子和钠离子的周围，使氯离子和钠离子很难再碰触和结合，于是食盐晶体解离而溶于水中

成，它们因正负电荷的吸引力而形成结晶。当食盐晶体进入水中时，水中带正电荷的氢原子吸引带负电荷的氯离子，而带负电荷的氧原子吸引带正电荷的钠离子。作为溶剂，水分子紧紧环绕在氯离子和钠离子的周围，使氯离子和钠离子很难再碰触和结合，于是食盐晶体解离而溶于水中（见图 2.8）。

因为极性相反的原子相互吸引，而水中带正电荷的氢原子和带负电荷的氧原子能够很好地吸引带相反电荷的原子或离子，所以水是极性分子的良好溶剂。与此同时，我们称这些能够很好地溶于水中的极性分子和离子具有亲水性。大部分生物大分子都具有亲水性，它们可以很好地溶于水中。

氧气和二氧化碳是非极性的，但它们对生物体内的化学反应至关重要。它们是怎样溶于水中的？氧分子和二氧化碳分子小到可以填充水分子间的空隙而不打破水分子间的氢键。在冰天雪地的时节，鱼之所以能在冰面下生存和游动，是因为水中有溶解的氧气，且鱼代谢的二氧化碳也会溶于水中。

另一些生物大分子（如油脂和脂类）是由非极性共价键构成的，它们是非极性分子且不溶于水，因此具有疏水性。对于疏水性分子，水也具有特殊的作用。就像学生时代小伙伴结成各个小团体且不同小团体彼此互不理睬那样，水分子通过氢键紧密地结合在一起，将非极性的油脂排除在外。于是，这些油脂不得不聚集成团，并被水分子包围（见图 2.9）。这种油脂分子被水分子排除在外而聚集成团的现象称为疏水反应。生物的细胞膜的结构非常特别，即同时具有亲水性和疏水性，详见第 5 章中的介绍。

图 2.9　水和油脂不能互溶。明黄色油脂被倒入水中后，因为水和油脂互不相溶，油脂仍呈油滴状，且因比水轻而逐渐浮出水面

2.3.3　水起到维持温度恒定的作用

水分子之间的氢键使得水可以起减少温度变化、维持温度恒定的作用。

1. 水温升高需要大量能量

使 1 克物质的温度升高 1℃所需的能量定义为该物质的比热。水的比热非常高，说明水温升高 1℃所需的能量要比其他大部分物质升高℃所需的能量多。为什么？

对温度高于热力学零度（约–273℃）的任何物质来说，因为热量的存在，其分子或原子一直处于运动状态。水的温度越高，水分子的运动就越剧烈。因为水分子之间依靠氢键连接，水分子运动得越剧烈，打破水分子之间的氢键的频率就越高。打破氢键需要大量的能量，因此用于升高水温的能量就不多。相对于水这样的极性分子，相同的能量可使非极性分子的温度升高更多。例如，水温升高 1℃所需的能量，可使相同质量的花岗岩的温度升高约 5.3℃。水的这种高比热使得

水分占大部分成分的生命体的温度保持相对稳定的状态，如在阳光普照的炎热夏天体温不至于升得过高（见图 2.10）。对人类来说，体温升得过高绝对不是值得开心的事情，因为人体只在很小的温度范围内才能正常运转。

图 2.10　水可以维持体温恒定，带走体表的热量。水的高比热可以避免沙滩上人被阳光灼伤。同时，汗水蒸发会带走大量的热量，对维持体温恒定也有一定的作用

2. 水分蒸发需要大量能量

皮肤上的汗水蒸发会让人觉得凉爽无比，为什么？因为水的汽化热很高。汽化热是物质蒸发所需的热量（即从液态转化为气态所需的热量）。因为水是极性分子，要使水蒸发为水蒸气，就要打破水分子之间的氢键，而这需要大量的能量。水分蒸发时人们感觉凉爽的原因是，被蒸发的水分子处于高速运动中（即很热），而未蒸发的水分子则处于低速运动中（即凉爽），这就是水分蒸发带来的凉爽效应。

2.3.4　水可以形成冰

固态水（即冰）同样很特殊。绝大部分液体转化为固体后，密度都会变大，而水则与众不同。水转化为固态冰后，密度反而减小。水结冰后，每个水分子都与周围的 4 个水分子形成稳定的氢键，空间上形成开放式的六边形结构。也就是说，冰的每个水分子之间的距离要大于液态水的距离，所以固态冰要比液态水的密度小（见图 2.11）。

每当寒冬降临，池塘和湖泊开始结冰，漂浮在水面上的冰层因隔绝寒冷的空气而延缓了冰下水体的冻结，进而让鱼和其他水生生物在冰层之下平安地度过寒冬（见图 2.12）。如果冰的密度大于水的密度，池塘和湖泊就会从底部开始结冰，直到水面，使得水生动植物被活活冻死，高海拔地区的海洋底部覆盖终年不化的冰层。

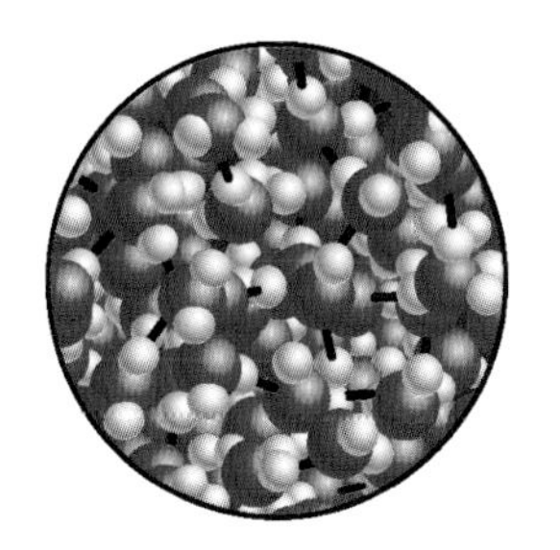

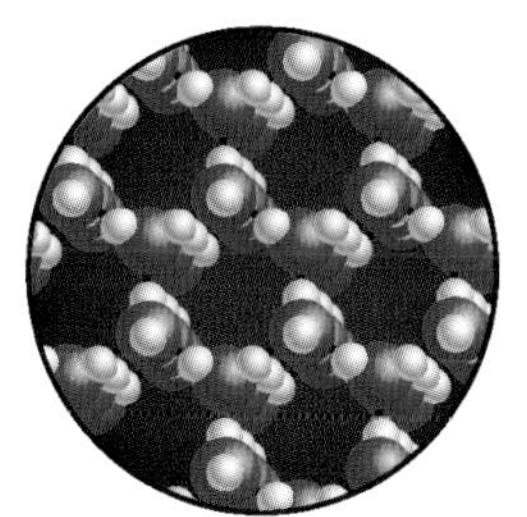

图 2.11　液态水分子（左）和固态水分子（右）

图 2.12　冰漂浮于水面上

2.3.5　水溶液可以呈酸性、碱性或中性

通常情况下，部分水分子是以离子状态即氢离子（H^+）和氢氧根（OH^-）状态存在的（见图 2.13）。在纯水中，氢离子和氢氧根的浓度相同，这时水呈中性。如果在水中加入某些可以形成氢离子或氢氧根的物质，水溶液的电性虽然仍呈中性，但水中氢离子和氢氧根的浓度不再相同。

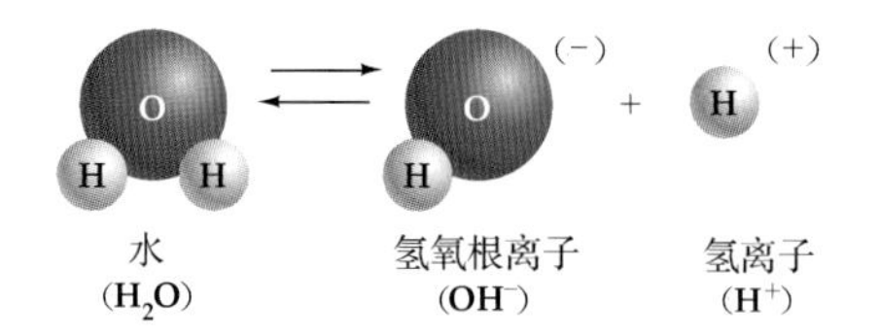

图 2.13 有些水分子通常是以离子状态存在的

在这种水溶液中，氢离子的浓度超过氢氧根的浓度，溶液呈酸性。因此，我们就将酸定义为加入水中后可以释放氢离子的物质。例如，如果将盐酸（HCl）加入水中，那么所有的盐酸分子都会分解成氢离子和氯离子。在这种情况下，水溶液中的氢离子浓度远高于氢氧根的浓度，盐酸溶液呈酸性。又如，富含柠檬酸的柠檬水或者富含醋酸的食用醋尝起来都是酸酸的，因为舌头上的味蕾感受到了过多的氢离子。龋齿是怎样形成的？答案是口腔中的细菌在分解残存的食物时释放了大量的酸性物质，这些酸性物质会腐蚀牙齿，导致龋齿。

如果水溶液中的氢氧根浓度超过氢离子，溶液就呈碱性。相反，碱是能够释放与氢离子相结合的氢氧根离子，进而降低氢离子浓度的物质。例如，将常见的烧碱（即氢氧化钠）加入水中，氢氧化钠就会迅速分解为氢氧根离子和钠离子，而氢氧根离子和水中的氢离子相结合后，就降低了氢离子的浓度，使得溶液呈碱性。去污剂中常常含有大量的碱性物质。有些碱性物质还可作为药品，例如有种抗酸剂称为 Tums，它可以中和食道和胃中的酸，起到保护消化道黏膜的作用。

pH 值是用来定义溶液酸碱度的数值，它从 0 到 14，分为 15 级（见图 2.14）。当某种溶液的 pH 值是 7 时，这种溶液就是中性的，其氢离子和氢氧根离子的浓度相等。酸性溶液的 pH 值小于 7，碱性溶液的 pH 值大于 7。pH 值每减小 1，溶液中的氢离子浓度就增大 10 倍。例如，如果果汁的 pH 值是 3，那么果汁中的氢离子浓度就是纯水（其 pH 值是 7）中的 10000 倍。

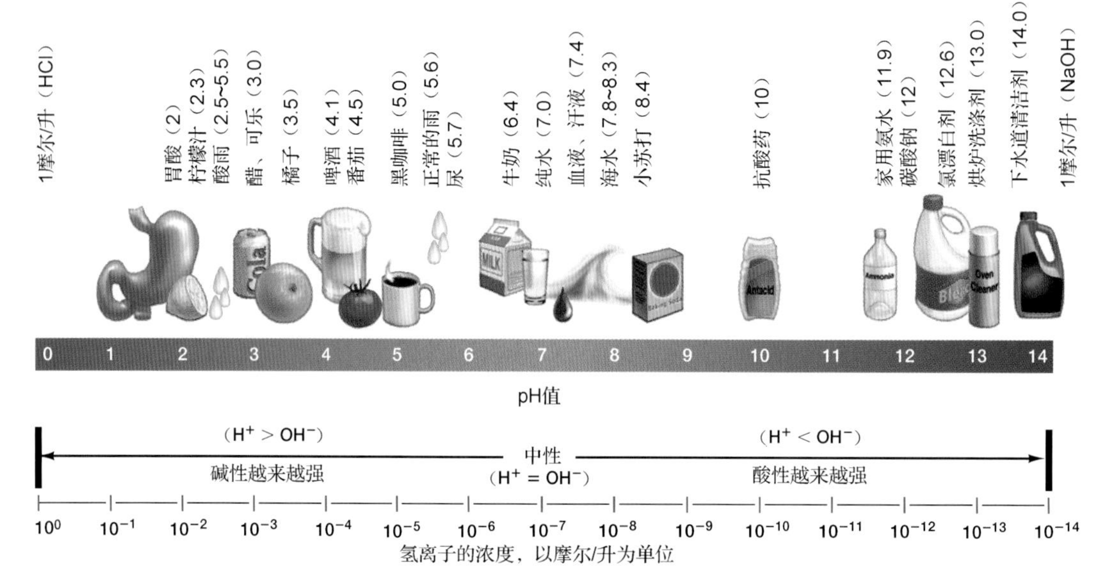

图 2.14 pH 值的范围。pH 值反映溶液中氢离子的浓度。pH 值是溶液中氢离子浓度的负对数。pH 值每变化 1，溶液中氢离子的浓度就变化 10 倍。例如，pH 值为 2.3 的柠檬汁中的氢离子浓度约为 pH 值为 3.5 的橘子汁中的 10 倍。美国东北部最严重酸雨中的氢离子浓度约为普通降雨的 1000 倍

在一种溶液中加入定量的酸或碱后，如果这种溶液的氢离子浓度保持不变且 pH 值维持恒定，那么这种溶液就是一种缓冲液。具体地说，如果加入酸，多余的氢离子就会被缓冲液中的氢氧根中和；如果加入碱，缓冲液就会释放一些氢离子，与这些氢氧根中和形成中性水。哺乳动物（包括人类）需要使自身体液的 pH 值恒定，即保持体液呈微碱性（pH 值约为 7.4）。如果血液的 pH 值低于 7 或者高于 7.8，就活不成，因为 pH 值的微小变化会使各种生物大分子的结构和功能发生翻天覆地的变化。人体中的每个细胞每时每刻都在发生化学反应，释放或吸收大量的氢离子，但人体也有不同的缓冲液起维持 pH 值恒定的作用。

复习题

01. 根据表 2.1，说出氧、氢、氮中有多少个中子。
02. 区分原子和分子，区分元素和化合物，区分质子、中子和电子。
02. 定义同位素并描述放射性同位素的性质。
03. 比较共价键和离子键。
04. 解释极性共价键是如何形成氢键的，并举例说明。
05. 为什么水能吸收大量的热而温度几乎不升高？水的这种性质叫什么？
06. 描述水是如何溶解盐的。
07. 定义 pH 值、酸、碱和缓冲液。当溶液中加入氢离子或氢氧根离子时，缓冲液如何减小 pH 值的变化？为什么这种现象在生物体中很重要？

第3章　生物大分子

饲料中混有感染瘙痒病的羊肉后，牛就会罹患疯牛病

3.1 为什么碳元素在生物大分子中至关重要

我们都见过有机水果和蔬菜，这些水果和蔬菜在生长过程中不添加任何化肥和杀虫剂。在化学的世界里，“有机”一词的含义截然不同。如果一种物质的分子以碳原子为骨架，且连接了若干氢原子，那么这种物质就是有机的，称为有机物。有机物通常是生物体合成的，或者是生物体生长发育必不可少的物质。无机物分子基本上不含碳原子（如水和氯化钠）或氢原子（如二氧化碳）。通常，相较于有机物，无机物的种类较少，且结构也相对简单。

我们的生命神秘而妙不可言，它是由无数种类和数量的分子进行极其复杂多样的反应和相互作用而构成的。分子之间为什么会发生相互作用？这是由这些分子的结构及由结构决定的化学性质决定的。当细胞中的两个分子发生相互作用时，它们的结构和化学性质也发生相应的变化。总之，细胞内无数分子之间发生的相互作用及相互作用引起的变化，导致了细胞的诸多功能和属性，如获得和使用能量、清除代谢产物、活动、生长及繁衍后代。下面介绍这些复杂多样的作用与反应，这些作用与反应基本上都由碳原子所构成的种类繁多的分子参与、调节和决定。

3.1.1 复杂多样的有机物分子由碳原子之间形成的化学键决定

当一个原子的最外电子层中的电子未处于饱和状态时，该原子是极不稳定的（见第 2 章）。不稳定的原子之间会发生相互作用，通过共享电子的方式填充满自身的最外电子层，使得自身处于相对稳定的状态。两个原子之间是共享 2 个电子、4 个电子还是 6 电子，形成一个共价键、两个共价键还是三个共价键，是由这两个原子的最外电子层中的电子空缺数量决定的。图 3.1 中给出了生物大分子中最常见的 4 种原子（氢、碳、氮、氧）可以形成的共价键的种类。可以看到，碳原子可能形成的共价键的种类最多。地球上的有机物之所以如此种类繁多、数量庞大，与碳原子形成的多种共价键密不可分。碳原子的最外电子层中有 4 个电子，表明其最外电子层中仍旧缺少 4 个电子，碳原子要处于稳定状态，最多可以和 4 个其他原子形成 4 个单键，或者可以和少于 4 个原子形成双键或三键。因此，有机物分子的空间结构复杂多样，如有分支的链条形、环形、折叠形或螺旋形。

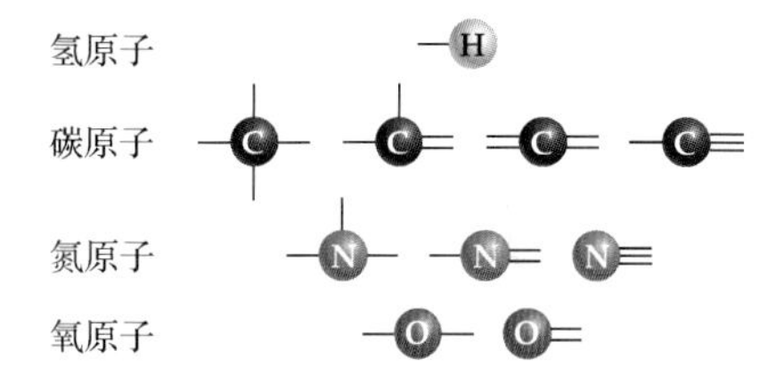

图 3.1 化学键的类型。生物大分子中最常见的 4 种原子（氢、碳、氮、氧）可以形成的共价键的种类。其中，一条横线表示两个原子之间共用一个电子对，形成一个共价键；两条平行横线表示两个原子之间共用两个电子对，形成两个共价键，又称双键；三条平行横线表示两个原子之间共用三个电子对，形成三个共价键，又称三键

在有机物分子中，与碳骨架相连的是该有机物的功能基团，又称官能团。表 3.1 中列出了生物大分子中最常见的官能团。一般情况下，官能团相较于碳骨架更不稳定，且比较容易发生化学反应，因此不同的官能团决定了不同有机物分子的性质和化学反应类型。

表 3.1 生物大分子中最常见的官能团

官能团	结构	性质	主要的分子类型
羟基	—O—H	极性；通常参与脱水缩合和水解；形成氢键	糖类、多糖类、核酸、乙醇、一些氨基酸、固醇类
羰基	C=O	极性；使得分子具有亲水性	糖类（多为直线型糖类）、固醇类荷尔蒙、一些维生素
羧基（离子形式）	C(=O)O⁻	极性，酸性；呈现负电性的氧原子容易和氢离子结合，形成羧酸；形成肽键	氨基酸、脂肪酸、羧酸类（如醋酸或柠檬酸）

（续表）

官 能 团	结 构	性 质	主要的分子类型
氨基		极性，碱性；通过与氢离子结合而离子化；形成肽键	氨基酸、核酸、很多蛋白质
巯基		非极性；在蛋白质中形成二硫键	半胱氨酸（一种氨基酸）、很多蛋白质
磷酸基		极性，酸性；在核酸分子中连接核苷酸；形成 ATP 中的高能磷酸键	磷脂类、核苷酸、核酸
甲基		非极性；参与甲基化反应，与 DNA 分子中的核苷酸连接，改变基因的表达情况	固醇类、DNA 分子中甲基化的核苷酸

3.2 有机物分子是如何形成的

复杂的生物大分子是由数量庞大的原子逐个相连而成的，生命的运转要比将这些大分子连在一起复杂得多、有效得多，当然也神秘得多。像一列火车由多节车厢连接而成那样，小有机物分子（如单糖类和氨基酸）可以通过相互作用形成更大的生物分子（如多糖和蛋白质）。科学家将最简单的有机物结构称为单体，将单体之间相互作用形成的大分子称为聚合物。

3.2.1 聚合物通过脱水缩合形成、通过水解分解

生物大分子的多个亚基之间通常是通过脱水缩合反应来彼此连接的。脱水缩合反应是指一个亚基去除一个氢离子，而与之相连的另一个亚基去除一个羟基，这样，两个亚基的原子的最外电子层就处于不饱和状态。当这两个亚基相互结合时，共用电子对就会填补最外电子层中的空缺，形成共价键。被去除的氢离子和羟基形成一个水分子，如图 3.2 所示。这也解释了该化学反应被称为脱水缩合（dehydration synthesis）的原因，即两个亚基通过脱去一个水分子而连接在一起，形成新的生物大分子。

与脱水缩合相对应的化学反应称为水解（hydrolysis），其作用是分离生物大分子的不同亚基。一个水分子为第一个亚基贡献一个氢离子，为第二个亚基贡献一个羟基（见图 3.3）。人类消化道中的酶类就是通过水解消化食物的。例如，苏打饼干中的淀粉是由大量葡萄糖（一种单糖）通过脱水缩合形成的（见图 3.8），我们的唾液和小肠液中富含丰富的水解酶类，它们可将淀粉分解为简单的葡萄糖，从而被人体吸收。

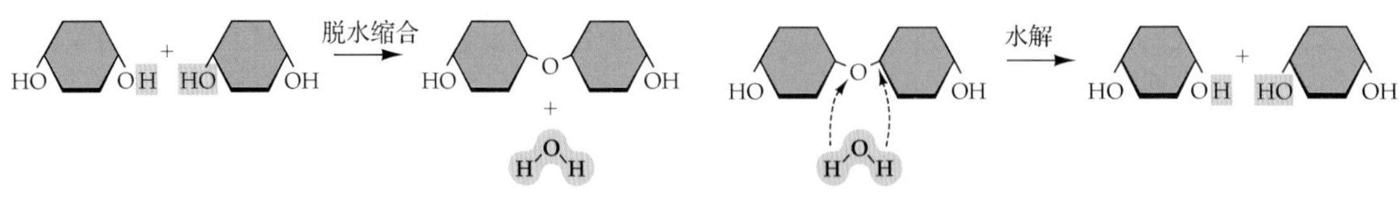

图 3.2 脱水缩合　　　　图 3.3 水解

虽然生物大分子种类繁多，但基本上可以分为 4 类：碳水化合物、脂类、蛋白质和核酸（见表 3.2）。

表 3.2　4 类基本的生物大分子

生物大分子的类型和结构	生物大分子的亚型及其结构	实　例
碳水化合物：通常由碳原子和氢原子构成，碳原子和氢原子形成$(CH_2O)_n$*这样的结构	单糖：一般形式是 $C_6H_{12}O_6$	葡萄糖、果糖、半乳糖
	二糖：两个单糖结合形成	蔗糖
	多糖：多个单糖形成链状结构（单糖多为葡萄糖）	淀粉、糖原、纤维素
脂类：碳原子和氢原子的含量很高，绝大部分脂类是非极性的且不溶于水	甘油酸三酯：三个脂肪酸分子与一个甘油分子相连	油、脂肪
	蜡：多个脂肪酸分子与长链醇类分子相连	植物角质中的蜡
	磷脂：极性磷酸基团和两个脂肪酸分子与一个甘油分子相连	细胞膜上的磷脂
	固醇：官能团连接到碳原子形成的 4 个环状骨架	胆固醇、雌激素、睾丸激素
蛋白质：含有一个或一个以上的氨基酸链，功能通常由其形成的四级结构决定	肽类：短链氨基酸	后叶催产素
	多肽：长链氨基酸	血红蛋白、角蛋白
核苷酸/核酸	核苷酸：由一个五碳糖（核糖或脱氧核糖）、一个含氮的碱基和一个磷酸基团组成	三磷酸腺苷（ATP） 环化单磷酸腺苷（cAMP）
	核酸：通过共价键将一个核苷酸分子的磷酸基团和下一个核苷酸分子的五碳糖连接在一起而形成的多聚体	脱氧核糖核苷酸（DNA） 核糖核苷酸（RNA）

*n 表示分子骨架中的碳原子数量。

3.3　什么是碳水化合物

碳水化合物分子通常由碳原子、氢原子和氧原子构成，且碳、氢、氧三者的比例约为 1∶2∶1。这个比例也解释了碳水化合物一词的由来，即我们可以简单地将其理解为“碳加水”。碳水化合物要么是简单的水溶性小分子糖类，要么是糖类的多聚物，譬如淀粉。如果一种碳水化合物仅含一个糖分子，这种碳水化合物就称为单糖。当两分子单糖结合在一起时，就组成一分子二糖。当然，单糖和二糖都称为糖类。如果我们将方糖加入咖啡，方糖会慢慢溶解，因为糖类具有亲水性。具体地说，因为糖类中的羟基是极性的，可以和呈现极性的水分子形成氢键（见图 3.4）。

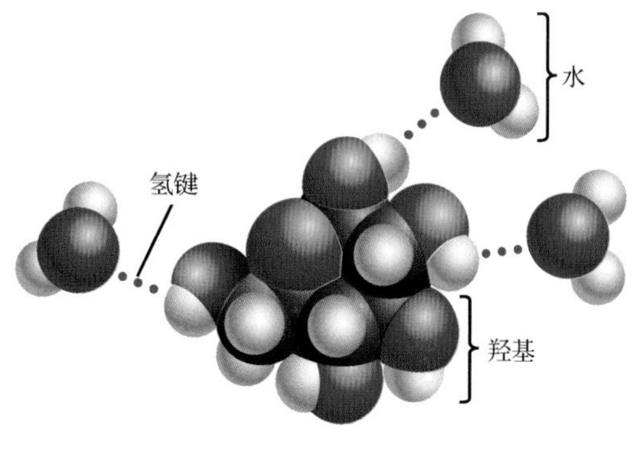

图 3.4　糖类可溶于水。糖类中的羟基是极性的，可以和呈现极性的水分子形成氢键而溶于水

由多个单糖形成的多聚物称为多糖。大部分多糖在室温下不溶于水。在细胞中，淀粉作为一种存储能量的分子存在。其他多糖可以作为植物、真菌和细菌的细胞壁成分，作用是使细胞壁更强韧。还有一些多糖可以形成昆虫和虾蟹的外壳，起到保护这些生的物弱小身躯的作用。

3.3.1　不同的单糖具有相同的分子式和不同的结构

单糖的碳骨架含有 3～7 个碳原子，而大部分碳原子都会连接一个氢原子和一个羟基。因此，糖类的分子式大多遵循$(CH_2O)_n$这样的形式，其中 n 代表该分子的碳骨架中的碳原子数量。当一个糖类分子溶于水中时，譬如溶于细胞的细胞质中时，其碳骨架通常形成环状结构。图 3.4 和图 3.5 中显示了最简单糖类（葡萄糖）分子结构的不同表示形式。当我们在后文中看到类似于图 3.5 所示的表示形式时，要注意长链或环状骨架的每个节点都表示一个碳原子。

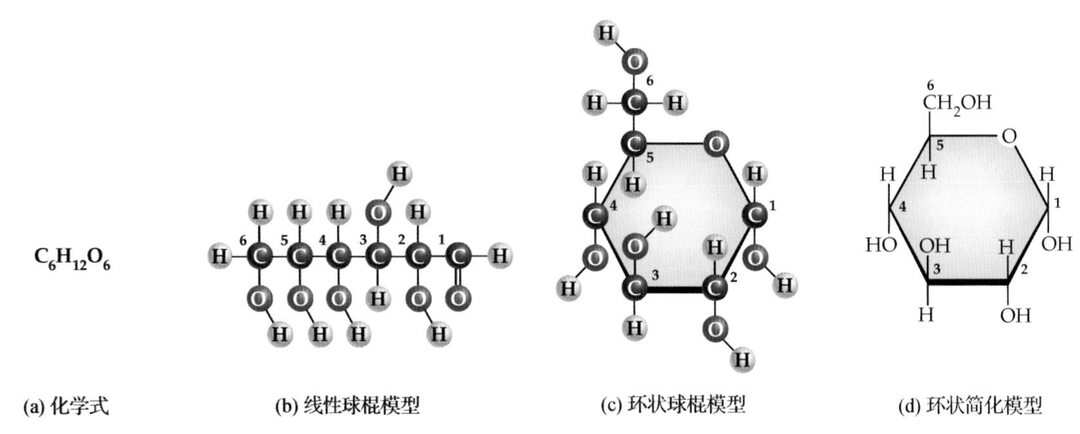

图 3.5 葡萄糖分子结构的不同表示形式。为了更好地研究物质的结构和特性，化学家设计了分子结构的不同表示形式。(a)葡萄糖的化学式或分子式；(b)当葡萄糖处于晶体状态时，通常呈线性结构；(c)环状葡萄糖的一种表示形式；(d)环状葡萄糖的另一种表示形式。当葡萄糖溶于水时，将呈环状结构。在图(d)中，每个节点代表一个碳原子，并用阿拉伯数字对碳原子进行编号。图 3.4 中显示的是葡萄糖的空间三维结构模型

葡萄糖是生命体中最常见的糖类，也是细胞中最主要和最重要的储能物质。葡萄糖含有 6 个碳原子，因此其分子式是 $C_6H_{12}O_6$。生物也会合成其他的单糖，这些单糖和葡萄糖具有相同的分子式，但结构却大相径庭。例如，一些植物通过果糖存储能量，这也是水果、果汁、甜菜和蜂蜜有甜味的原因。哺乳动物的乳汁中含有丰富的半乳糖，这是幼年哺乳动物最主要的能量来源（见图 3.6）。在细胞中，果糖和半乳糖只有在转化为葡萄糖后，才能作为能量物质被生物直接利用。

核糖和脱氧核糖也是常见的单糖，它们分别存在于 DNA 和 RNA 分子的核酸中。与葡萄糖不同的是，核糖和脱氧核糖都是五碳糖。如图 3.7 所示，脱氧核糖比核糖少一个氧原子，这是脱氧核糖分子中的一个羟基被一个氢原子取代的结果。

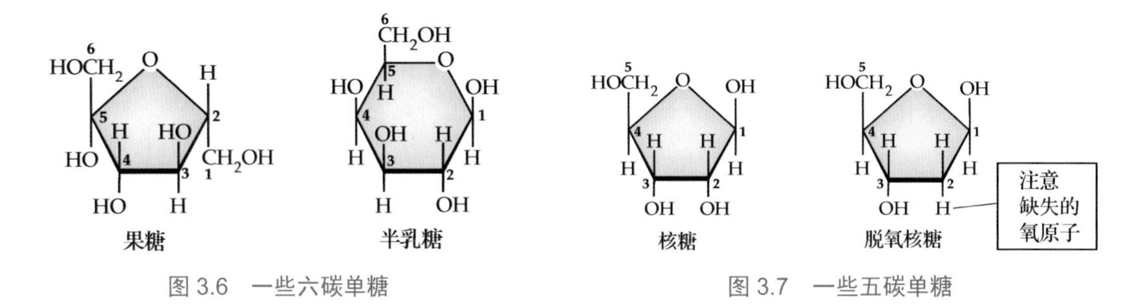

图 3.6 一些六碳单糖

图 3.7 一些五碳单糖

3.3.2 二糖是两个单糖通过脱水缩合连接形成的

单糖可以通过脱水缩合连接形成二糖或多糖（见图 3.8）。二糖通常作为暂时存储能量的物质而存在，尤其是在植物中。当生物需要能量时，二糖就会通过水解分解为相应的单糖，最终转化为葡萄糖（见图 3.3），然后，细胞通过代谢葡萄糖，释放其化学键中蕴含的能量，供生物体生存和繁衍。下面具体介绍这一过程。假设你早餐吃了加奶油的吐司和加方糖的咖啡，吐司中的奶油富含乳糖（由一个葡萄糖分子和一个半乳糖分子脱水而成），方糖的主要成分是蔗糖（由一个葡萄糖分子和一个果糖分子脱水而成），主要提炼自甜菜和甘蔗。麦芽糖是由两个葡萄糖分子脱水形成的，在自然界中的含量非常稀少，但是淀粉在生物体中通过淀粉酶分解成麦芽糖，而吐司就是由淀粉所制成的。其他消化酶类可将麦芽糖分解为葡萄糖，这样，细胞就可吸收这些葡萄糖，分解它们，释放能量，供给基本的生命需要。

如果你正在减肥，也可在咖啡和吐司中加入人造糖类，这些替代品只提供类似的风味，但不能作为供给能量的物质。

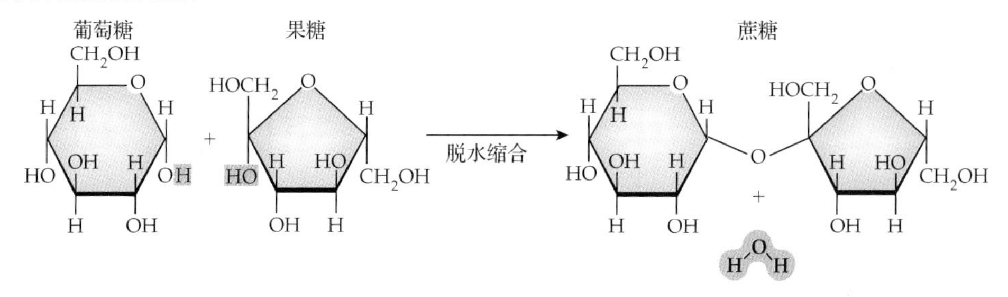

图 3.8　二糖的形成过程。一个蔗糖分子是由一个葡萄糖分子和一个果糖分子脱水而成的，其中葡萄糖分子脱去一个氢原子，果糖分子脱去一个羟基。脱下的氢原子和羟基形成一个水分子，两个环状的单糖通过仅剩的一个氧原子连接在一起，形成稳定的单键

3.3.3　多糖是由多个单糖结合而成的链状结构

吃一口甜甜圈，咀嚼几分钟，就会发现甜甜圈越来越甜。这是为什么呢？因为我们的口腔中会分泌唾液淀粉酶，这种酶可将甜甜圈中的淀粉水解为麦芽糖和葡萄糖，而麦芽糖和葡萄糖尝起来是甜甜的。植物通常采用淀粉作为储能物质（见图 3.9），而动物往往采用与淀粉类似的一种多糖（糖原）作为储能物质。当然，淀粉和糖原都是葡萄糖分子的多聚形式，但二者也是有明显区别的。淀粉通常在植物的根部和种子中形成，是由几百万个葡萄糖分子形成的，其碳骨架呈带有分支的链状结构。糖原通常存储在动物（包含人类）的肝脏和肌肉中，和淀粉一样，其碳骨架也呈链状结构，但糖原碳骨架的分支要比淀粉的多得多。

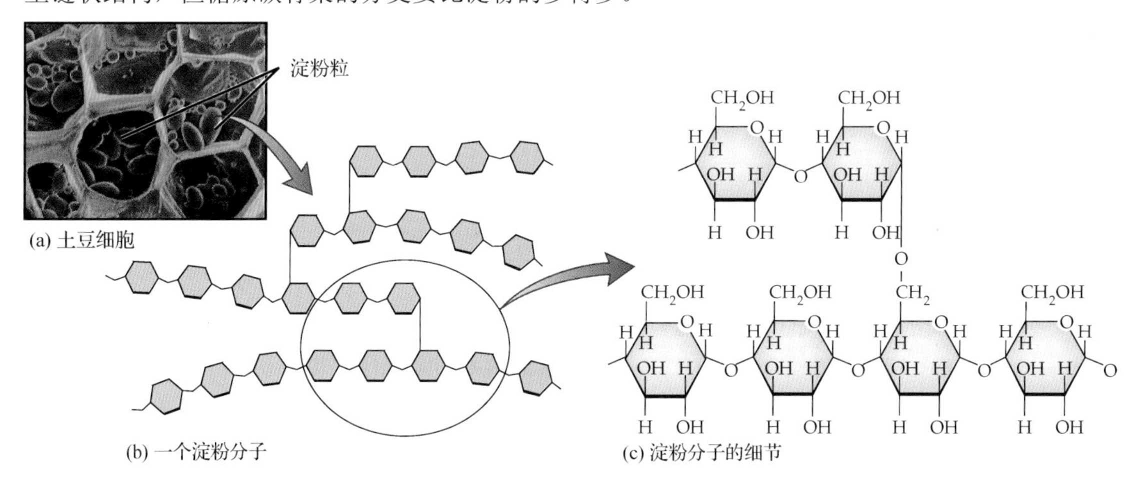

图 3.9　淀粉的结构和功能。(a)土豆中的大量淀粉是其存储能量的方式，可使土豆度过寒冷的冬天后在春天发芽。(b)淀粉分子的一部分。淀粉通常由数百万个葡萄糖分支形成，其碳骨架呈带有分支的链状结构。(c)图(b)所示部分的具体结构。注意观察淀粉中葡萄糖分子的连接方式与纤维素有何不同（见图 3.10）

对很多生物来说，多糖也可作为一种结构支架物质，最重要和最常见的多糖类结构物质是纤维素，它可组成植物细胞的细胞壁和白花花的棉朵，乔木树干的近一半成分也是纤维素（见图 3.10）。科学家预测，地球上的植物每年可以合成万亿吨纤维素，这使得纤维素成为地球上含量最丰富的有机物之一。

像淀粉一样，纤维素是葡萄糖的多聚形式。但是，仔细比较图 3.9c 和图 3.10d 就会发现，纤维素中的每个葡萄糖分子都是上下颠倒的。虽然绝大多数动物都能消化和分解淀粉，但是没有哪种高等脊椎动物能够合成和分泌相应的酶类来消化与分解纤维素。有些动物（如像牛和白蚁）的

身上或体内寄生了一些可以消化纤维素的微生物，微生物分泌的酶类可将纤维素消化为葡萄糖而被这些动物利用。纤维素可以完好无损地通过人类的消化系统并最终排出体外，并不为人类提供任何能量，但纤维素可以帮助人类的肠道排泄，防止便秘。

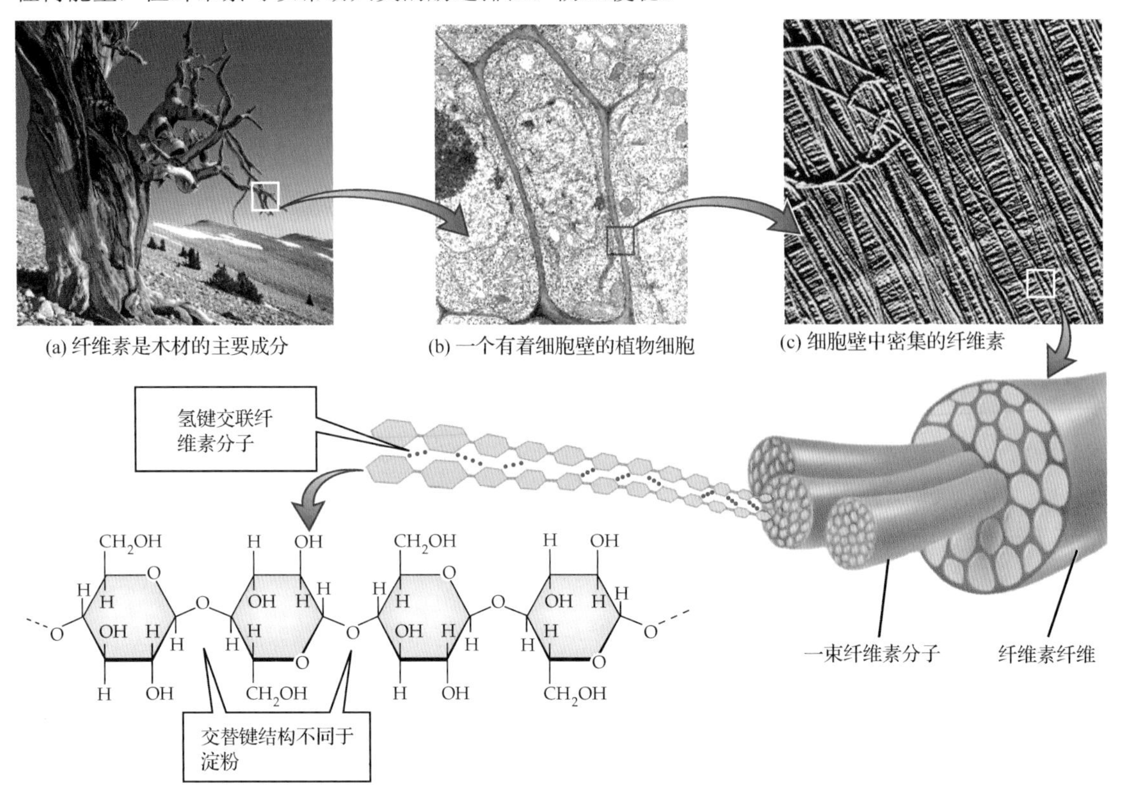

图 3.10　纤维素的结构和功能。(a)加州一棵树龄至少为 3000 年的芒松，其树干基本上都由纤维素组成。(b)每个植物细胞的细胞壁都由纤维素构成。(c)植物细胞壁中的纤维素排列成纤维状，且有一定角度的倾斜，这使得每个植物细胞都不必承受过大的压力。(d)每个纤维素分子都由 10000 多个葡萄糖分子聚合形成。注意观察纤维素中葡萄糖分子的连接方式与图 3.9c 中的淀粉有何不同

一些昆虫、蟹类和蜘蛛的外壳由甲壳素组成。甲壳素是在一种葡萄糖分子加入一个含氮的官能团后，多聚化而成的（见图 3.11）。一些真菌（如蘑菇）的细胞壁中也存在甲壳素。

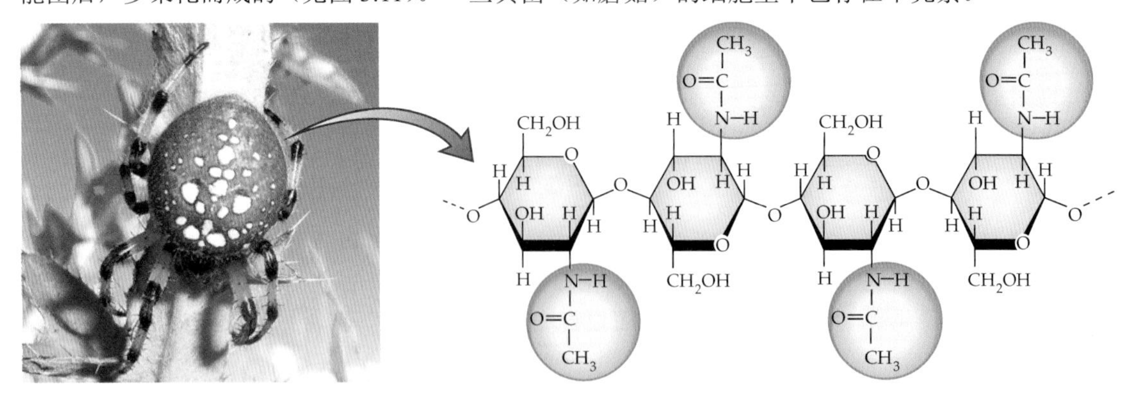

图 3.11　甲壳素的结构和功能。甲壳素和纤维素的葡萄糖分子连接构象是相同的。甲壳素的葡萄糖分子连接一个含氮的官能团（图中呈绿色），这个官能团取代了原有羟基的位置。具有一定伸缩性的坚硬甲壳素可以保护许多身躯柔嫩的生物，如一些昆虫、蟹类、蛛类和大部分真菌

碳水化合物还可构成一些大分子化合物。例如，细胞膜上就镶嵌有许多连接碳水化合物的蛋白质，稍后介绍的核酸中也含有大量的糖类分子。

3.4 什么是脂类

脂类的主要成分基本上是碳元素和氢元素，其中碳元素和氢元素以非极性碳碳键和碳氢键连接在一起。这样的非极性区域使得脂类具有疏水性，因此很难溶于水。有些脂类能够存储能量，有些脂类能在植物和动物体表形成防水保护层，有些脂类是细胞膜的主要成分，还有一些脂类是激素。脂类可以人为地分为三大类：第一类是油脂、脂肪和蜡，第二类是磷脂类，第三类是固醇类。

3.4.1 油脂、脂肪和蜡是仅含碳、氢和氧三种元素的脂类

组成油脂、脂肪和蜡这些物质的仅有三种元素：碳、氢和氧。这些脂类都含有一个或多个脂肪酸基团，即含有以碳元素为骨架的碳氢长链，末端连有一个羧酸基团（$-COOH$）。甘油是由三个碳原子组成的小分子，一个分子的甘油和三个分子的脂肪酸亚基通过脱水缩合连在一起，形成油脂分子或脂肪分子（见图 3.12）。因为这样的结构，油脂和脂肪也称三羧酸甘油酯。

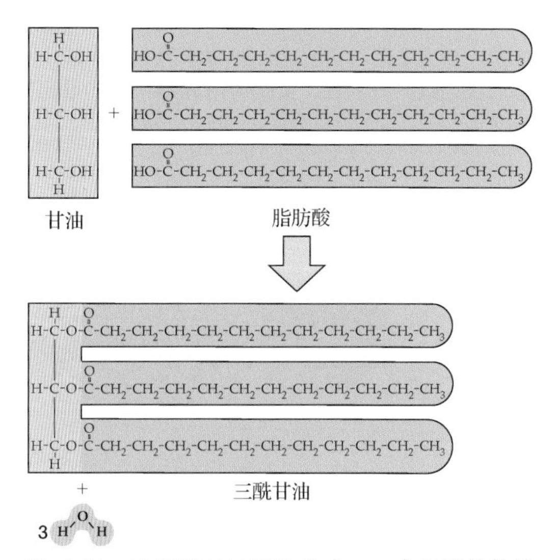

图 3.12 三羧酸甘油酯的合成。一个分子的甘油和三个分子的脂肪酸亚基通过脱水缩合而连在一起，形成三羧酸甘油酯

脂肪和油脂通常可作为存储能量的物质。1 克脂肪和油脂蕴含的能量约为糖类或蛋白质的 2 倍（具体地说，1 克脂肪含 9 卡路里的能量，而 1 克糖类或蛋白质只含 4 卡路里能量）。例如，对图 3.13a 中的熊来说，其皮下存储的脂肪足以让其度过寒冬。对人类来说，为避免存储过多的脂肪导致肥胖，往往食用脂类的替代物。

脂肪（如黄油和猪油）基本上源于动物，而油脂（如玉米油、菜籽油和大豆油）基本上源于植物的种子。脂肪和油脂最主要的区别是，在室温条件下，脂肪是固态的，而油脂是液态的，这由它们的脂肪酸基团的结构决定。对脂肪来说，如果脂肪酸基团中的碳原子与碳原子、碳原子与氢原子都以单键连接在一起，这样的脂肪酸就称为饱和脂肪酸，因为它们拥有足够多的氢原子而不能容纳更多的氢原子。饱和脂肪酸链是直线形的，这样的结构可使脂肪分子中的三条脂肪酸长链尽可能地紧密靠近，这就是脂肪分子在室温下呈固态的原因（见图 3.14a）。

如果脂肪酸的碳骨架上有一些双键，即连接到碳骨架的氢原子数量相对较少，这样的脂肪酸就称为不饱和脂肪酸。对由不饱和脂肪酸链形成的脂类分子来说，脂肪酸长链并不是直线形的，而是锯齿状的（见图 3.14b）。油脂之所以在室温下呈液态，是因为这种锯齿状脂肪酸长链会使得油脂分子呈松散状态。工业上的氢化反应（人为地打破不饱和脂肪酸上的双键）在碳原子上加上氢原子，使这些原本不饱和的碳原子饱和，将液态油脂转化为固态脂肪，但与油脂相比，脂肪不利于人类的健康。

虽然蜡的化学性质和脂肪的较为相似，但人类和绝大多数动物都没有能够消化和分解蜡的酶类。蜡的碳骨架是非常饱和的，所以在正常的户外环境下蜡是固态的，蜡可在陆生植物的叶片和根表面形成防水层。有的动物能够合成蜡，这种蜡可为有些动物的皮毛和昆虫的外骨骼提供防水功能。蜜蜂用蜂蜡建造自己的六边形蜂巢，以存储蜂蜜和繁衍后代（见图 3.13b）。

(a) 脂肪　　　　(b) 蜂蜡

图 3.13　自然界中的脂类。(a)一头胖乎乎的灰熊正要冬眠，如果不用脂类而用相同质量的碳水化合物来存储能量，那么冬眠过后它也许连爬行的力气都没有。(b)蜡是饱和度很高的脂类，在正常的户外环境下，蜡呈固态。因为蜡具有韧性，蜜蜂可用蜂蜡来建造自己的六边形蜂巢

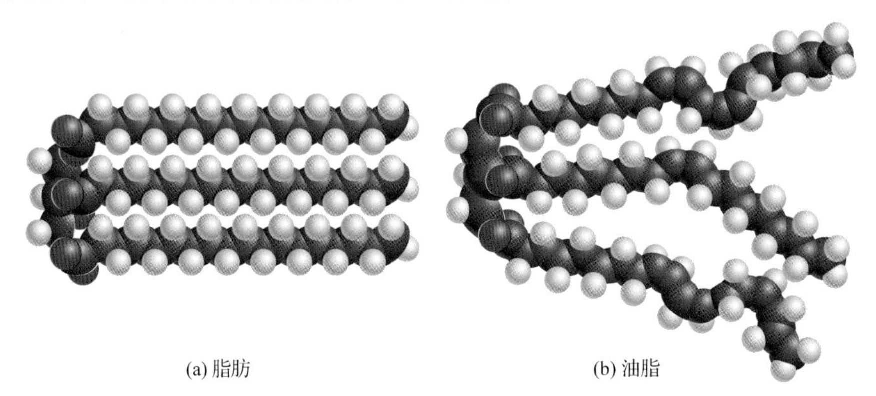

(a) 脂肪　　　　(b) 油脂

图 3.14　脂肪和油脂。(a)脂肪的脂肪酸长链是直线形的。(b)油脂的脂肪酸长链的碳骨架中含有一些双键，使得脂肪酸长链是锯齿状的。油脂之所以能在室温下呈液态，是因为这种锯齿状脂肪酸长链会使得油脂分子呈松散状态

3.4.2　磷脂类含有亲水的头部基团和疏水的尾部基团

每个细胞的外部都包裹着由不同磷脂分子组成的细胞膜。磷脂分子的结构与油脂分子的类似，但磷脂分子中的一条脂肪酸长链被取代，取代它的通常是连有一些含氮元素的官能团的磷酸基团（见图 3.15）。因此，磷脂分子有两种截然不同的末端：一种是两个非极性的脂肪酸末端，具有疏水性；另一种是含有磷酸基团和含氮官能团的末端，也称头部，头部呈极性，且具有亲水性（磷脂分子的这种性质对细胞膜的结构和功能至关重要，详见第 5 章）。

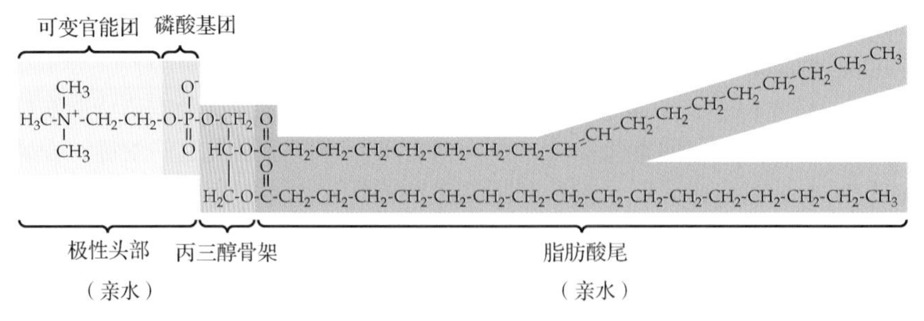

图 3.15　磷脂类。磷脂类的甘油骨架上连有两个疏水的长链脂肪酸和一个亲水且具有极性的头部基团（图中的黄色部分），头部基团通常由一个磷酸基团和一个含氮的官能团组成。磷酸基团呈负电性，而含氮官能团呈正电性，于是亲水极性头部对外不显示电性，同时使得头部基团具有亲水性

3.4.3 固醇类含有 4 个稠合的碳环

所有固醇都由 4 个碳原子环结构构成。如图 3.16 所示，这些碳环连有一些官能团，共享一条边或多条边。一种常见的固醇是胆固醇，它是动物细胞的膜类组分的重要成分之一（见图 3.16a）。人类大脑成分的 2%是胆固醇，它是神经细胞的绝缘层（即髓鞘）中富含脂类的膜结构的重要成分。胆固醇也是细胞合成其他固醇类分子的原材料，如女性产生的雌激素和男性产生的睾丸激素（见图 3.16b 和 c）。结构不正确的胆固醇是心血管疾病发生和发展的元凶。

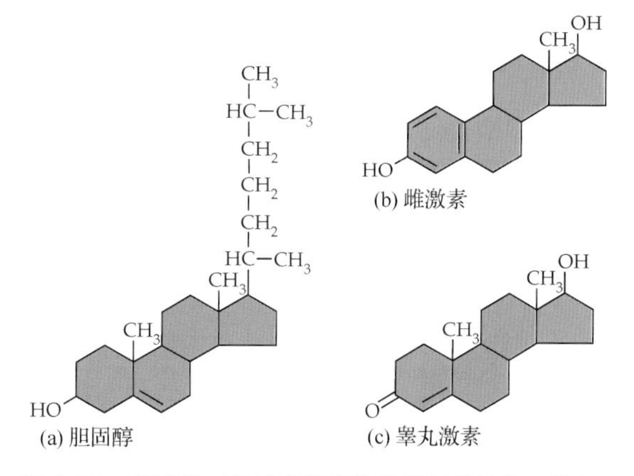

图 3.16 固醇类。所有固醇都具有相似的结构，都由 4 个碳原子环结构构成。这些碳环连有一些官能团，且共享一个边或多个边。(a)胆固醇，它是细胞合成其他固醇类分子的原材料。(b)雌性荷尔蒙，雌激素。(c)雄性荷尔蒙，睾丸激素。这两种性激素的结构有诸多相似之处

3.5 什么是蛋白质

蛋白质分子由氨基酸长链构成。科学家预测，人体至少含有十几万种蛋白质，每种蛋白质都发挥着独特的功能，并且至关重要，缺一不可（见表 3.3）。绝大多数细胞自身都会合成数以百计的不同酶类，而酶类基本上是蛋白质。这些酶类可以催化细胞中发生的不同化学反应。有些蛋白质是细胞的结构物质，例如角蛋白，它是组成毛发、犄角、指甲、鳞片和羽毛的主要成分（见图 3.17）。桑蚕丝的主要成分也是蛋白质，它是由桑蚕分泌的丝状物。蜘蛛也可分泌主要成分为蛋白质的蛛丝来编织蛛网。蛋白质还可作为营养物质，如蛋清中的白蛋白和乳汁中的酪蛋白可为动物和人类的生长提供必不可少的养料。另外，还有一些功能各异的蛋白质，如血液中的血红蛋白起运输氧气的作用，肌肉组织中的肌动蛋白和肌球蛋白形成丝状结构来牵拉肌肉，进而让动物和人类自由行走；有些蛋白质是激素，如胰岛素和生长激素；有些蛋白质是抗体，它们是免疫系统的重要组成成分，能够抵抗外来病菌的入侵；当然，极少数蛋白质是有毒和有害的，如响尾蛇蛇毒。

表 3.3 蛋白质的功能

功　能	实　例
结构	角蛋白（组成毛发、犄角、指甲、鳞片和羽毛）
运动	肌动蛋白和肌球蛋白（常见于肌肉细胞中，牵拉肌肉）
防御	抗体（常见于循环系统中，抵抗入侵机体的病菌，有些可以中和毒素）；毒素（常见于有毒生物中，抵抗天敌和其他狩猎者）
存储能量	白蛋白（常见于蛋清中，为胚胎提供营养）
信号传导	胰岛素（由胰岛分泌，促进细胞对葡萄糖的吸收）
催化作用	淀粉酶（常见于唾液和小肠液中，消化和分解碳水化合物）

(a) 毛发

(b) 犄角

(c) 蛛丝

图 3.17 作为结构物质的蛋白质。角蛋白是一种常见的结构蛋白质，主要存在于(a)毛发、(b)犄角和(c)蛛丝中

3.5.1 蛋白质由氨基酸长链构成

蛋白质是氨基酸的聚合物，氨基酸之间依靠肽键相互连接。所有氨基酸都有相同的功能结构，即一个碳原子连接一个氢原子、一个含氮的氨基（$-NH_2$）、一个羧基（$-COOH$）和一个其他的基团（$-R$）。其他的基团（R 基团）不同，氨基酸也就不同（见图 3.18）。

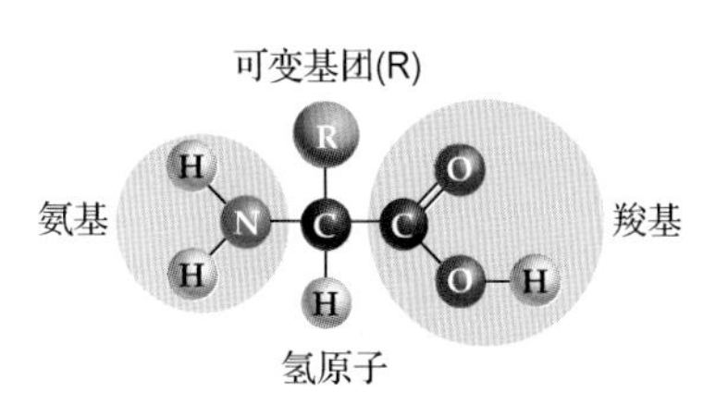

图 3.18 氨基酸的结构

在生物体中大约可以找到 20 种氨基酸。不同的 R 基团会使得氨基酸拥有不同的性质（见图 3.19）。有些氨基酸具有亲水性，在水中是可溶的，因为其 R 基团具有极性。有些氨基酸具有疏水性，因为其 R 基团是非极性的，在水中是不可溶的。有种氨基酸是半胱氨酸（见图 3.19c），其 R 基团含有巯基，所以半胱氨酸分子与半胱氨酸分子之间可以形成二硫键，下二硫键在蛋白质的结构形成过程中扮演着非常重要的作用。

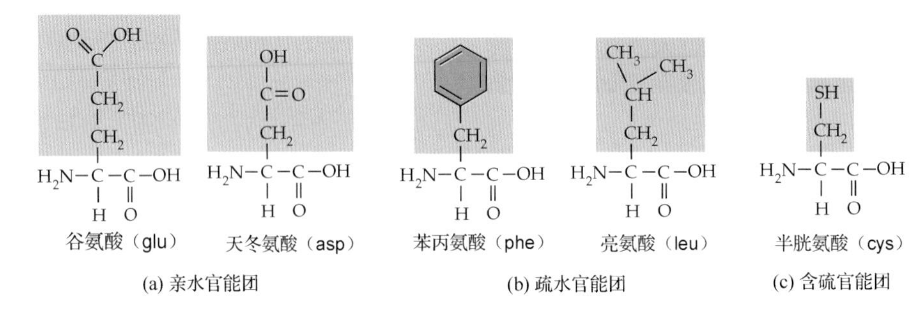

图 3.19 多种多样的氨基酸。氨基酸的多样性取决于其 R 基团（图中蓝色背景中的基团）。R 基团可能是(a)亲水的或(b)疏水的。(c)半胱氨酸的 R 基团中含有一个硫原子，它可与其他半胱氨酸的硫原子形成共价键，这种共价键称为二硫键

3.5.2 氨基酸通过脱水缩合形成蛋白质

和多糖与脂类一样，蛋白质也是通过脱水缩合形成的。对蛋白质来说，氨基酸的氨基（$-NH_2$）中的氮原子与另一个氨基酸的羧基（$-COOH$）中的碳原子结合，其中氨基脱去一个氢原子，羧基脱去一个羟基，形成一个水分子（见图 3.20）。这时，氮原子与碳原子形成的化学键称为肽键（$-NH-CO-$）。由少数氨基酸（不到 50 个氨基酸）形成的氨基酸短链称为多肽，由两个氨基酸通过脱水缩合而成的分子称为肽分子。随着氨基酸数量的不断增多，肽链的长度不断加长，直到形成长多肽链。细胞中的多肽链有的可以长达几千个氨基酸，一个蛋白质中通常含有一个或几个多肽链。

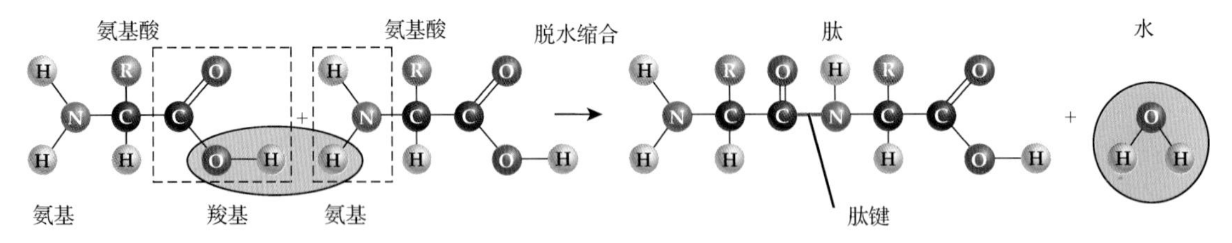

图 3.20 蛋白质合成。蛋白质也是通过脱水缩合形成的。一个氨基酸的氨基（$-NH_2$）中的氮原子与另一个氨基酸的羧基（$-COOH$）中的碳原子结合，氨基脱去一个氢原子，羧基脱去一个羟基，形成一个水分子并脱去

3.5.3 蛋白质可以形成多达四级的结构

氨基酸的 R 基团之间的相互作用会使得氨基酸长链扭曲变形和折叠，不同氨基酸长链之间也

会相互交联，这就使得蛋白质有了三级结构。蛋白质可以形成多达四级的结构，分别称为一级结构、二级结构、三级结构和四级结构（见图 3.21）。蛋白质的氨基酸序列是蛋白质的一级结构（见图 3.21a），它取决于细胞中的遗传物质（即 DNA）。蛋白质的二级结构是由多肽链形成的简单空间结构，这种空间结构主要有两种：一种称为螺旋结构，另一种称为折叠结构。二级结构是依靠氨基酸的极性官能团之间的氢键形成和维持的。例如，缠绕成圈的二级结构称为螺旋结构，人类毛发中的角蛋白和血液中的血红蛋白都形成螺旋结构（见图 3.21b）。多肽链之所以形成螺旋结构，是因为氨基酸中的羰基（带有弱负电）中的氧原子和相邻的氨基酸的氨基（带有弱正电）中的氢原子之间可以形成氢键，这个氢键维持了多肽链的螺旋结构。另一些蛋白质（如蚕丝蛋白）形成的二级结构并不是螺旋结构，而是折叠结构，即其多肽链反复重复，形成了像风琴褶一样的折叠结构，这种结构也是依靠氢键来形成和维持的（见图 3.22a）。

除了二级结构，很多蛋白质还会形成三级结构（见图 3.21c）。蛋白质的三级结构主要由其二级结构和蛋白质所处的环境决定。如果蛋白质存在于水溶液中，如存在于细胞内细胞质的水性环境中，那么它倾向于暴露自己的亲水基团，而包裹自己的疏水基团。相反，如果蛋白质镶嵌在主要由磷脂双分子层构成的细胞膜上，那么它倾向于暴露自己的疏水官能团，以便被磷脂分子的疏水尾部包容。二硫键同样也是蛋白质形成三级结构的原因之一，当多肽链中含有半胱氨酸时，在不同位置的半胱氨酸中，R 基团的硫原子会相互联系而形成二硫键。角蛋白的三级结构主要由二硫键形成和维持。

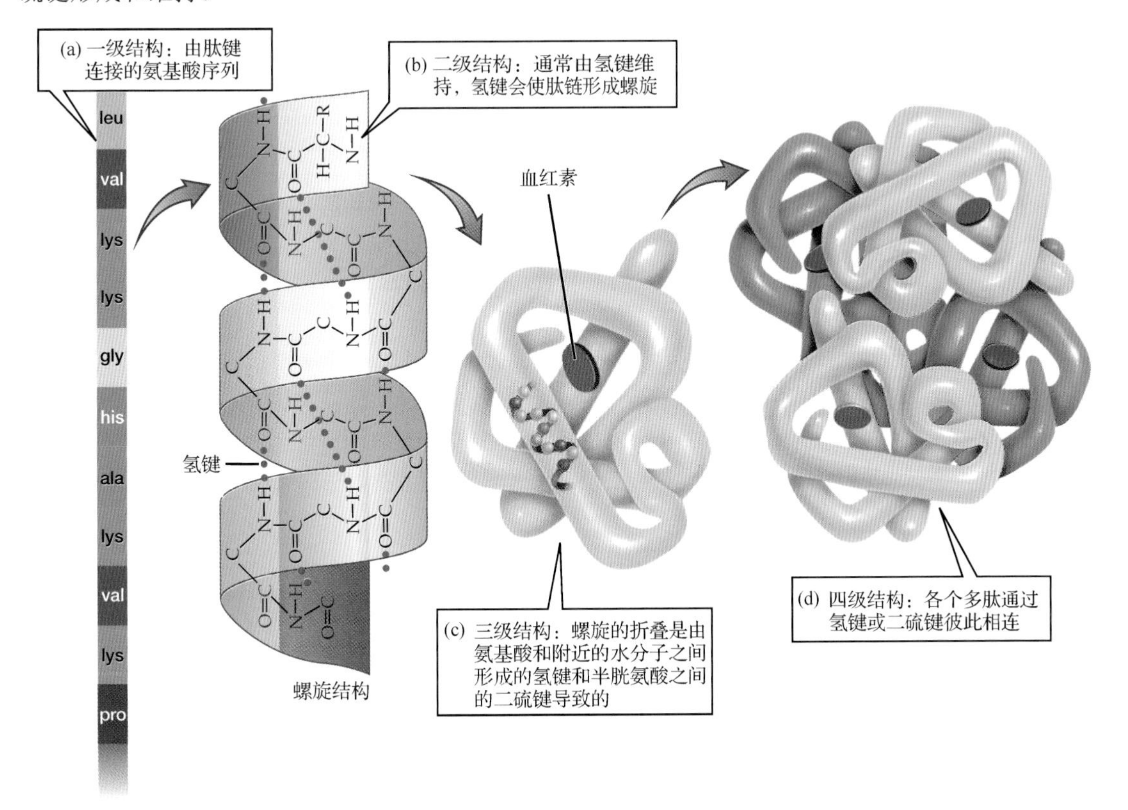

图 3.21 蛋白质的四级结构。血红蛋白是血液中红细胞的载氧蛋白，图中的红点表示含有铁元素的血红素，它可以结合氧分子

蛋白质的空间结构还可能有第四级，即四级结构。能够形成四级结构的蛋白质通常拥有多条多肽链，多肽链之间通过氢键、二硫键或者相反电性之间的相互作用而连在一起，形成四级结构。

例如，血红蛋白由 4 个多肽链构成，这 4 个多肽链通过氢键连在一起，形成血红蛋白的四级结构（见图 3.21d）。血红蛋白的每个多肽链中都包含一个含铁元素（称为血红素）有机物分子（见图 3.21c 和 d 中的红点），每个血红素分子都能携带一个氧分子（即两个氧原子），这就是血红蛋白可以输送氧气的原因。

有很多蛋白质（如酶或激素）需要与许多其他的分子一起作用才能行使功能。因为蛋白质的生物功能分工极其精确和具体，所以它们的三维结构决定了它们只能与一些具有特定结构的分子相互作用，就像一把钥匙配一把锁那样。科学家发现，很多蛋白质的结构是可以发生变化的，但它们的一级结构除外，即氨基酸序列不会发生变化。一些空间结构可以发生变化的蛋白质或者蛋白质的某个部分，可以和不同的分子相互作用，就像万能钥匙能够开好几把锁那样。有些作为结构骨架的蛋白质［如蚕丝蛋白（见图 3.22b）］通过一些空间结构可变的部分来连接折叠结构，从而保证蚕丝蛋白可以被拉伸和延展。虽然大部分蛋白质的具体空间结构还不是很清楚，但是科学家（尤其是分子生物学和信息学专家）预测，人体中约三分之一的蛋白质本身（或其某部分）的空间结构可以发生变化。

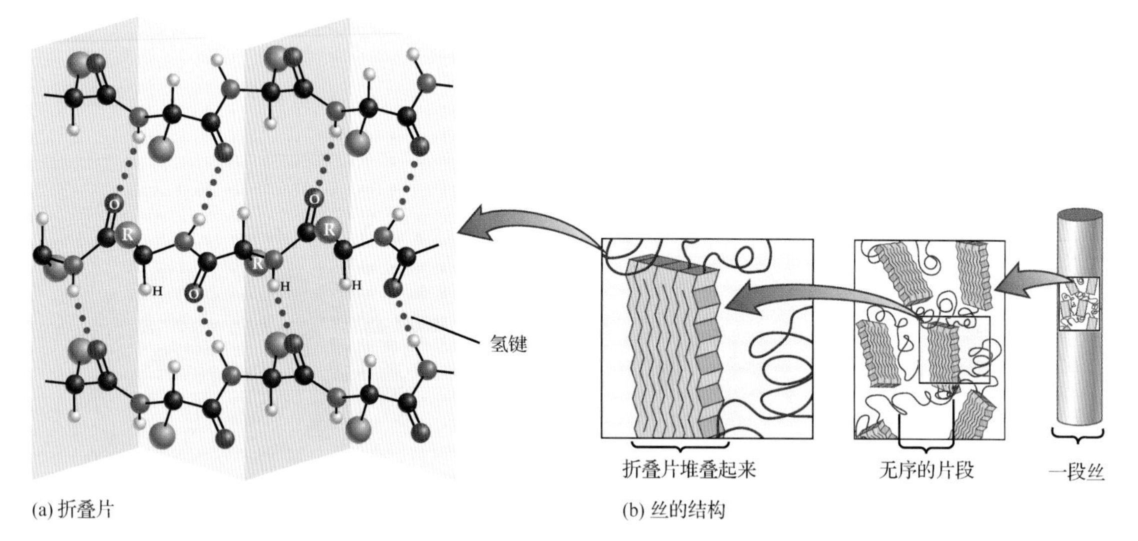

图 3.22 蚕丝蛋白的折叠结构。(a)在折叠片中，一条多肽链反复重复并折叠成风琴褶那样的结构，折叠的相邻部分通过氢键相互靠近联系，R 基团则轮流出现在折叠片的上部和下部。(b)蚕丝蛋白通过一些空间结构可变的部分连接折叠片，折叠片不能拉伸和延展，空间结构可变的部分则可以拉伸，因此蚕丝蛋白具有一定的柔韧性

3.5.4 蛋白质的功能与其三维立体结构相关

蛋白质拥有的不同 R 基团氨基酸的数量和确切位置，决定了该蛋白质的三维立体结构和功能。例如，血红蛋白中拥有特定 R 基团的氨基酸必须精准地出现在特定的位置，才能与含铁元素的血红素相连，起到载氧的作用。相反，血红蛋白分子外部呈极性的氨基酸，可使得血红蛋白分子不溶于红细胞内的水性环境中。因此，如果血红蛋白的一个氨基酸发生了突变，只要突变后的氨基酸仍然是疏水的，对血红蛋白功能的影响就不大；如果突变后的氨基酸是亲水的，对血红蛋白功能的影响就是毁灭性的（人类的这种疾病称为镰刀形贫血病，罹患这种疾病的病人非常痛苦，详见第 10 章和第 12 章）。

蛋白质的变性是指蛋白质的三维立体结构发生了根本性变化，仅有一级结构即氨基酸序列未发生变化。蛋白质变性后，蛋白质的各级高级结构的作用就会变得显而易见。具体地说，变性的蛋白质的各种性质都会发生翻天覆地的变化，同时不再具备变性前的功能。例如，鸡蛋的蛋清中

含有一种称为白蛋白的蛋白质，如果将鸡蛋煎熟，热量就会使氢键打开，破坏白蛋白的二级结构和三级结构，导致白蛋白变浑，最后变为固态。变性后的白蛋白不能作为孵化小鸡的能量物质，因此熟鸡蛋不会孵出小鸡。又如，头发中的角蛋白在烫染后也会变性，对毛发产生不可逆的伤害。人类可运用热能、紫外线或呈强酸性和高渗性的溶液来让细菌和病毒的蛋白质变性，进而起杀毒、灭菌的作用。例如，听装食物一般通过高温来消毒，水源一般通过紫外线来消毒，腌黄瓜则是用高盐和强酸性溶液浸泡来起消毒与抑制细菌生长作用的。

3.6 什么是核苷酸、什么是核酸

核苷酸分子主要由三部分构成：一个五碳糖、一个磷酸基团和一个含氮碱基。碱基是由碳原子和氮原子相连而成的环状结构，其上的碳原子连有一些官能团。科学家根据核苷酸分子中五碳糖的结构将核苷酸人为地分为两类：脱氧核糖核苷酸和核糖核苷酸（见图 3.7）。脱氧核糖核苷酸的碱基有 4 个，分别是腺嘌呤、鸟嘌呤、胞嘧啶和胸腺嘧啶。核糖核苷酸的碱基也有 4 个，分别是腺嘌呤、鸟嘌呤、胞嘧啶和尿嘧啶。腺嘌呤和鸟嘌呤是双环结构的，胞嘧啶、胸腺嘧啶和尿嘧啶是单环结构的（见图 3.25）。图 3.23 中给出了腺嘌呤脱氧核糖核苷酸的具体分子结构。核苷酸的功能多种多样，可作为存储能量的载体、胞内信号转导的信使，或者作为核酸的单体。

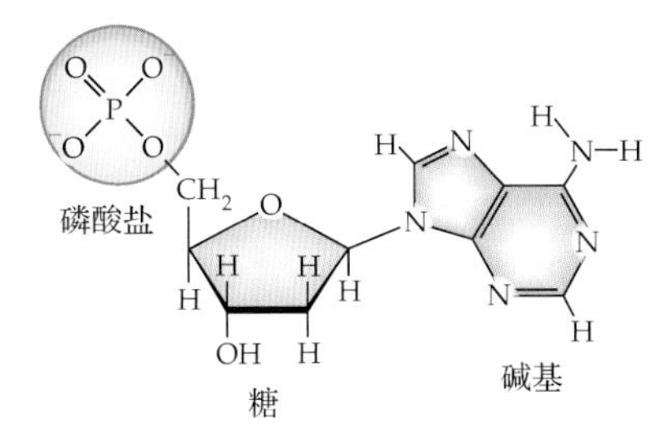

图 3.23 脱氧核糖核苷酸

3.6.1 核苷酸作为存储能量的载体、胞内信号转导的信使

三磷酸腺苷（俗称的 ATP）是一种含有三个磷酸基团的核糖核苷酸（见图 3.24）。在细胞中，当储能物质（如葡萄糖分子）分解和释放能量时，通常会反应生成 ATP。ATP 将能量存储在其磷酸基团之间的高能磷酸键中。当最外面的磷酸基团脱去时，会释放大量能量，供给细胞进行其他耗能反应，如将氨基酸合成为蛋白质。

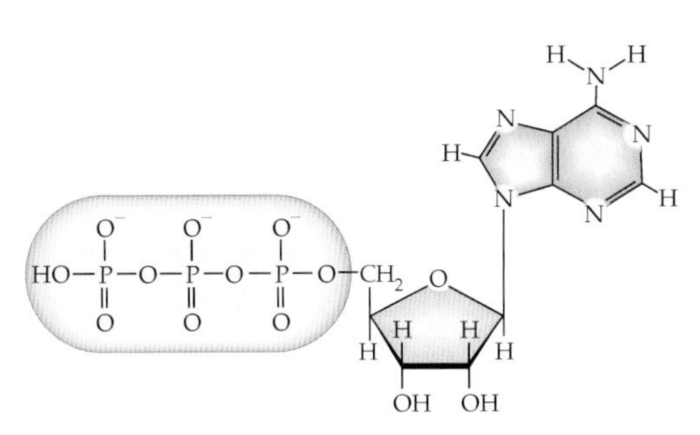
图 3.24 载能分子 ATP

有种核糖核苷酸称为环磷酸腺苷（cAMP）。cAMP 通常作为细胞内的第二信使分子存在。很多荷尔蒙是通过活化 cAMP 接着启动一系列下游反应来发挥作用的。

有的核苷酸（如 NAD^+和 FAD）是电子载体，因为它们能以高能电子的形式传递能量。它们含有的能量和高能电子可用于合成 ATP。

3.6.2 DNA 和 RNA 都是核酸

通过脱水缩合可将各个核苷酸（即核苷酸单体）串联起来，这种核苷酸的多聚物称为核酸。在核酸中，一个核苷酸单体的磷酸基团中的氧原子和下一个核苷酸单体的五碳糖通过共价键相连。脱氧核糖核苷酸的多聚物称为脱氧核糖核酸，即 DNA。一个 DNA 分子含有数以百万计的脱氧核糖核苷酸单体（见图 3.25）。所有细胞的细胞核中都含有 DNA 分子。一个 DNA 分子是由两条脱氧核糖核苷酸长链构成的，这两条长链通过氢键相互环绕形成双螺旋结构（见图 3.24）。DNA 的核苷酸序列可以指导每个生物体内的蛋白质合成。核糖核苷酸的单链称为核糖核酸，即 RNA。它们通常以 DNA 为模板进行复制，直接指导蛋白质的合成（详见第 11 章和第 12 章）。

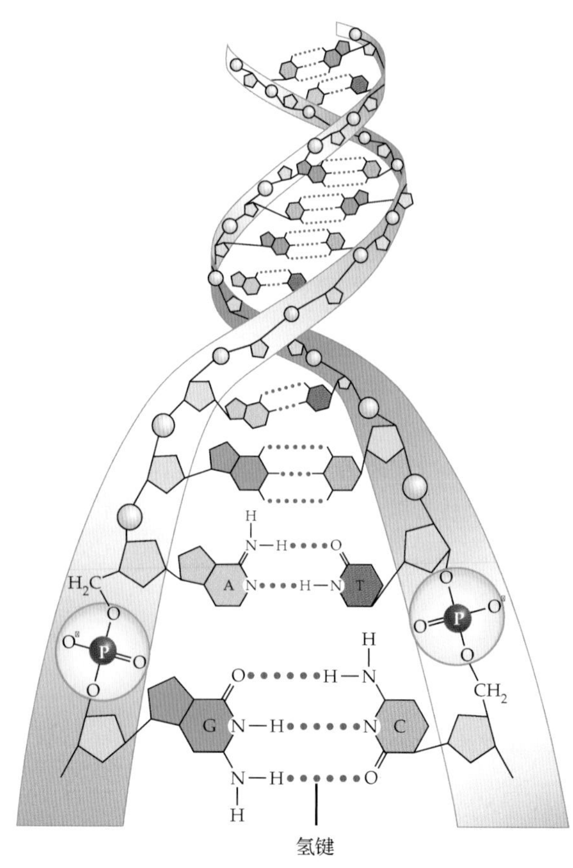

图 3.25　脱氧核糖核酸。就像两条相互环绕的环形楼梯那样，DNA 分子是通过氢键联系的双螺旋结构。它的氢键主要是在两条核苷酸链的碱基之间形成的。图中，碱基用大写首字母表示：A 表示腺嘌呤，T 表示胸腺嘧啶，C 表示胞嘧啶，G 表示鸟嘌呤

复习题

01. “有机”一词对化学家来说意味着什么？

02. 列出生物分子的四种主要类型，并给出每种类型的例子。

03. 核苷酸在生物体中扮演什么角色？

04. 脂肪和油有何异同？它们的不同如何解释它们在室温下是固体还是液体？

05. 描述并比较脱水缩合和水解，举例说明由每种化学反应形成的物质，并描具体的反应。

06. 区分单糖、双糖和多糖，并各举两个例子。

07. 描述由氨基酸合成蛋白质的过程，并描述蛋白质的一级、二级、三级和四级结构。

08. 我们在自然界中的什么地方发现了纤维素？在哪里可以找到甲壳素？这两种聚合物的哪些方面相似？哪些方面不同？

09. 头发由卷发器晾干和烫发时，角蛋白分子之间的哪种键发生了变化？

第 4 章　细胞的结构与功能

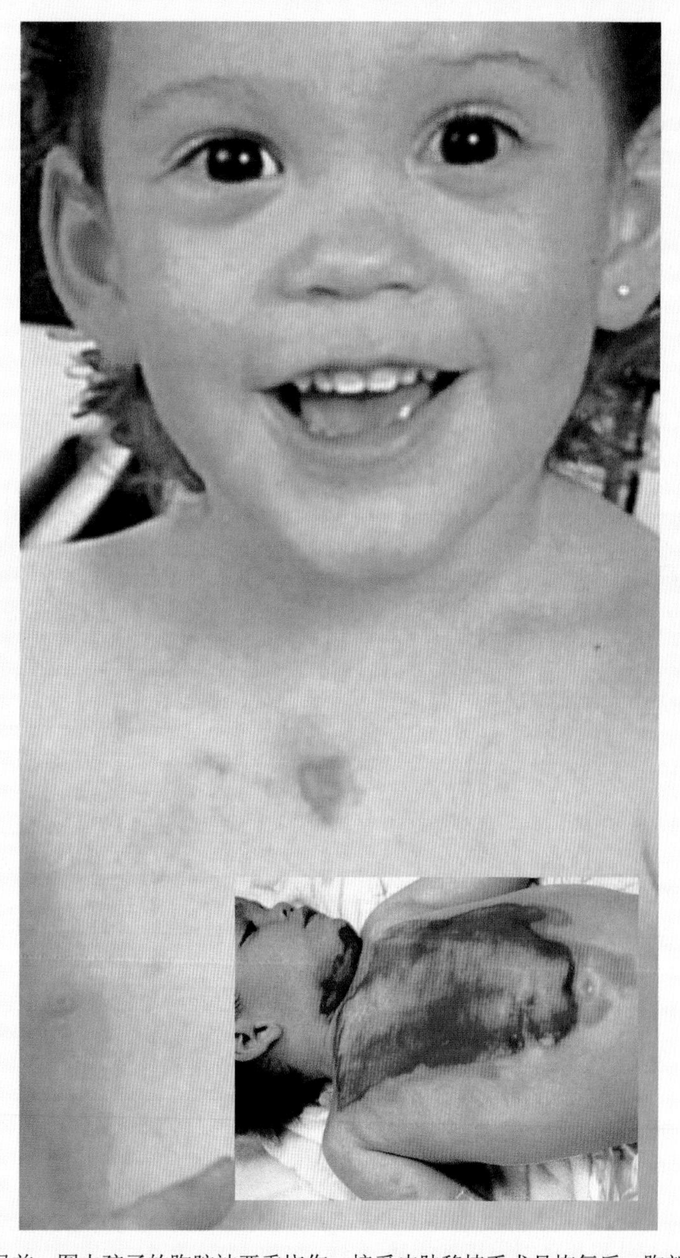

在拍这张照片的 6 个月前，图中孩子的胸腔被严重烧伤。接受皮肤移植手术且恢复后，胸部的疤痕基本已看不到

4.1 什么是细胞学说

细胞是微观层面的存在，直到17世纪中叶发明第一台显微镜后，人类才真正观察到细胞。观察到细胞仅仅迈出了探索微观世界的第一步。1838年，德国著名生物学家施莱登（Matthias Schleiden）就给出了这样的结论：细胞及由细胞制造和分泌的物质构成植物最基本的结构，同时，植物之所以生长，是因为细胞数量增加了。1839年，德国著名生物学家施旺（Theodor Schwann）将这一结论推广到了动物细胞。施莱登和施旺的工作奠定了细胞学说的基础，统一了生物细胞，提出了“细胞是生命的最基本单位”这一概念。1855年，德国著名物理学家魏尔肖（Rudolf Virchow）将细胞学说加以完善，提出了“所有细胞都来源于已经存在的细胞”这一理论。自此，细胞学说这一生物学最基础和最重要的学说就发展和完善起来了。

细胞学说包含如下三个基本理论：

- 每个生物都由一个或多个细胞构成。
- 单细胞生物是最小的生物，多细胞生物是由一个一个的细胞构成的，细胞是单细胞生物的最小功能单位。
- 所有细胞都来源于已经存在的细胞。

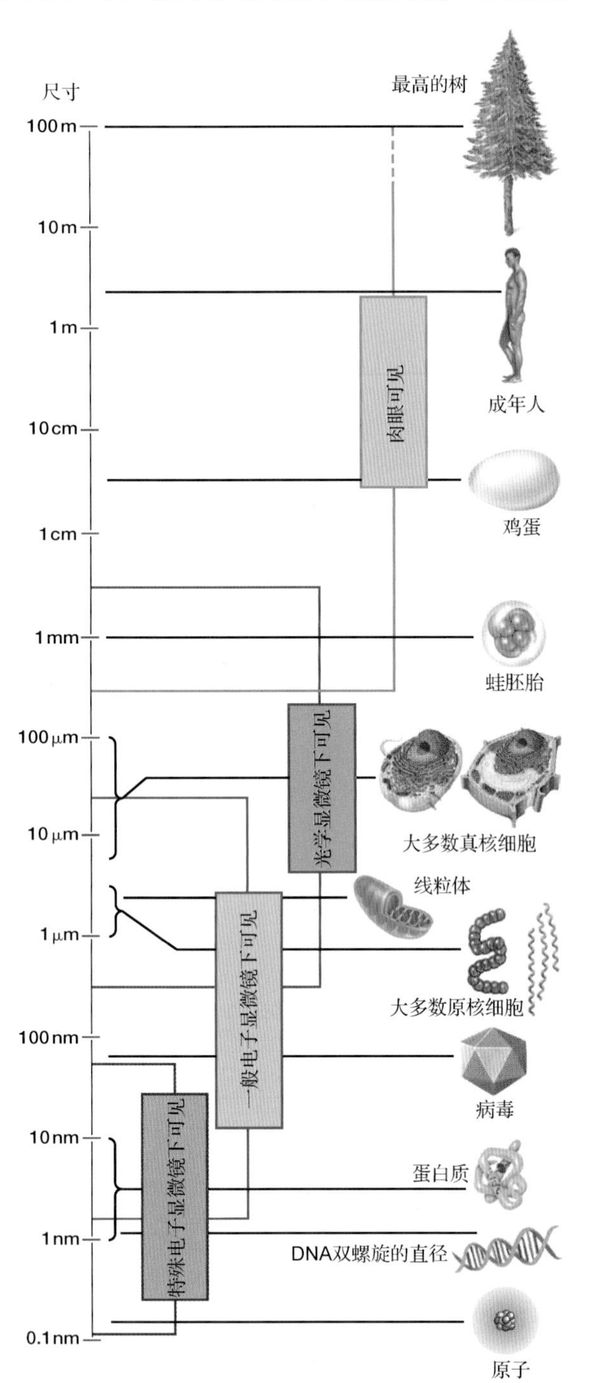

图4.1　与生物相关的不同尺寸。生物的尺寸大到几百米（如参天大树），小到几微米（如大多数细胞），最小到几纳米（如一些大分子）

4.2 细胞的基本特性是什么

所有的生物，小到只在显微镜下才能看到的细菌和病毒，大到人类甚至参天大树，都是由细胞组成的。细胞可以实现大量不同的功能，包括获取能量和营养、合成生物大分子、排出代谢废物、与其他种类的细胞相互作用完成更复杂的功能，以及繁衍生息。

如图4.1所示，绝大部分细胞的尺寸都为1～100微米。为什么绝大部分细胞都如此微小呢？答案是细胞需要依靠细胞膜来获得能量和营养并排出代谢废物，即依靠细胞膜与外界进行物质与能量的交换，而很多营养物质和代谢废物是靠简单的扩散来与外界进行交换的。扩散过程很容易理解，即溶解在水中的分子从含量高的区域逐渐向含量低的区域运动（详见第5章）。扩散是相对较慢的进程，为了满足细胞自身与外界交换的需要，细胞与外界的接触面积要尽可能大，以便与外界尽可能地密切接触。

4.2.1 所有细胞都具有共同的特征

在进化之初，所有细胞都来源于共同的祖先。现在的细胞包括细菌和古细菌这些简单的原核生物，也包括那些复杂的细胞，如真菌、植物和动物这些真核生物的细胞。如后文所示，所有细胞都具有共同的特征。

1. 细胞由细胞膜包裹并通过细胞膜与外界交互

每个细胞外面都包裹着一层膜结构，称为细胞膜或质膜。细胞膜非常薄，可以流动（见图 4.2）。细胞膜和细胞内其他膜的结构比较类似，都是由磷脂分子和固醇分子构成的双层膜结构，其间镶嵌着很多不同的蛋白质。细胞膜具有如下重要功能：

- 将细胞的内容物与外界分隔开。
- 调节细胞的物质流动和交换。
- 完成与其他细胞和外界环境之间的信息交流。

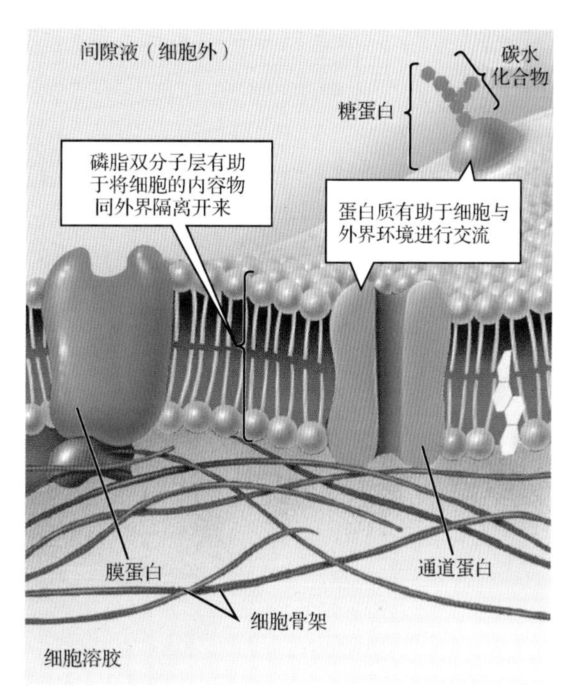

图 4.2 细胞膜。细胞膜包裹着细胞。所有细胞膜都具有相同的结构，即它是由磷脂分子和固醇分子构成的双层膜结构，其间镶嵌着很多不同的蛋白质。细胞膜由细胞骨架支撑

细胞膜的磷脂分子和蛋白质分子具有独特的功能。磷脂双分子层将细胞与其外界环境分隔开，维持多种分子在细胞内外的浓度差，为物质扩散提供必要的条件。与之相对，镶嵌在磷脂双分子层中的蛋白质分子形成不同的类似于通道的结构，这些通道可使细胞与外界环境进行更好的交流和物质交换。一些蛋白质分子允许特定的分子或离子直接通过，而其他蛋白质可以接收外界的信号并向细胞内传递，启动或者促进细胞内的一系列化学反应（细胞膜的具体功能详见第 5 章）。

2. 所有细胞都有细胞质

细胞膜之内、细胞核之外的所有液体和细胞器都是细胞质的组成成分（见图 4.3 和图 4.4）。对于所有的原核细胞和真核细胞，它们的细胞质中的液体成分，包括液体中溶解的蛋白质、脂类、碳水化合物、糖类、氨基酸和核酸（见第 3 章中的介绍），称为细胞溶胶。绝大部分细胞的代谢活动（即维持细胞生存和繁衍的绝大部分生物化学反应）都在细胞溶胶中发生。例如，细胞需要合成数量庞大和多种多样的蛋白质，这些蛋白质可作为支撑细胞的细胞骨架，也可作为细胞膜的组成成分，还可作为催化多种生物化学反应必不可少的酶。

3. 所有细胞都以 DNA 为遗传物质，而 RNA 复制遗传信息并指导蛋白质的合成

DNA 是细胞的遗传物质，即 DNA 中存储了细胞的全部遗传信息。类似于建造大厦的蓝图，这些遗传信息既可以指导细胞构建自己的各个部分，又可以指导细胞分裂以产生更多的细胞（见第 3 章和第 11 章）。具体地说，细胞的遗传信息由不同的基因承载，而基因由特定的核苷酸序列构成。当细胞分裂时，初代细胞（也称母细胞）原封不动地复制一份自己的遗传信息并传递给子细胞。RNA 的分子结构和 DNA 的比较类似，它可复制基因包含的信息，指导蛋白质的合成。所有细胞都有 DNA 和 RNA。

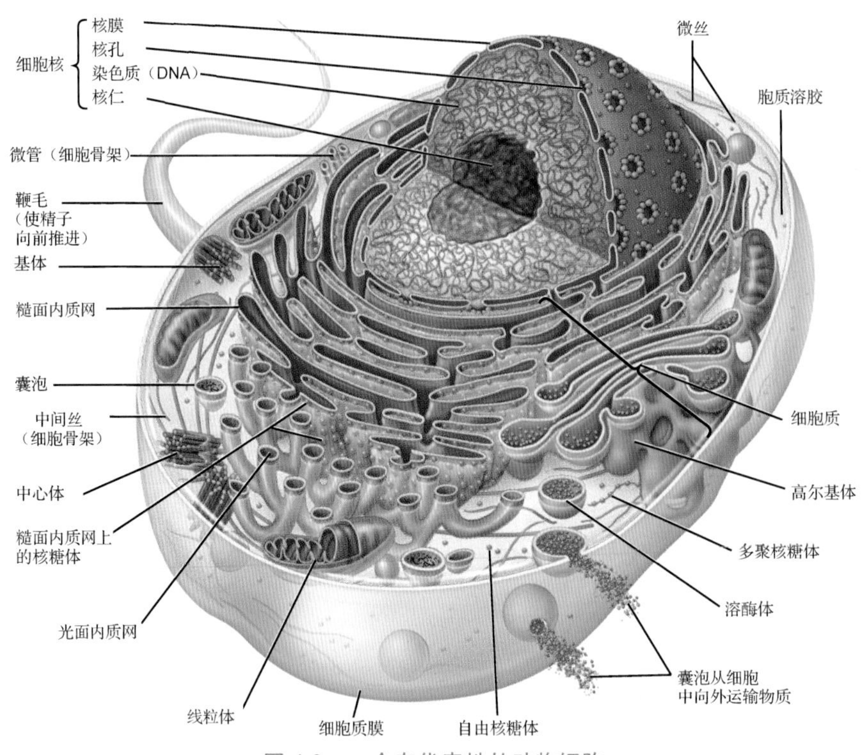

图 4.3　一个有代表性的动物细胞

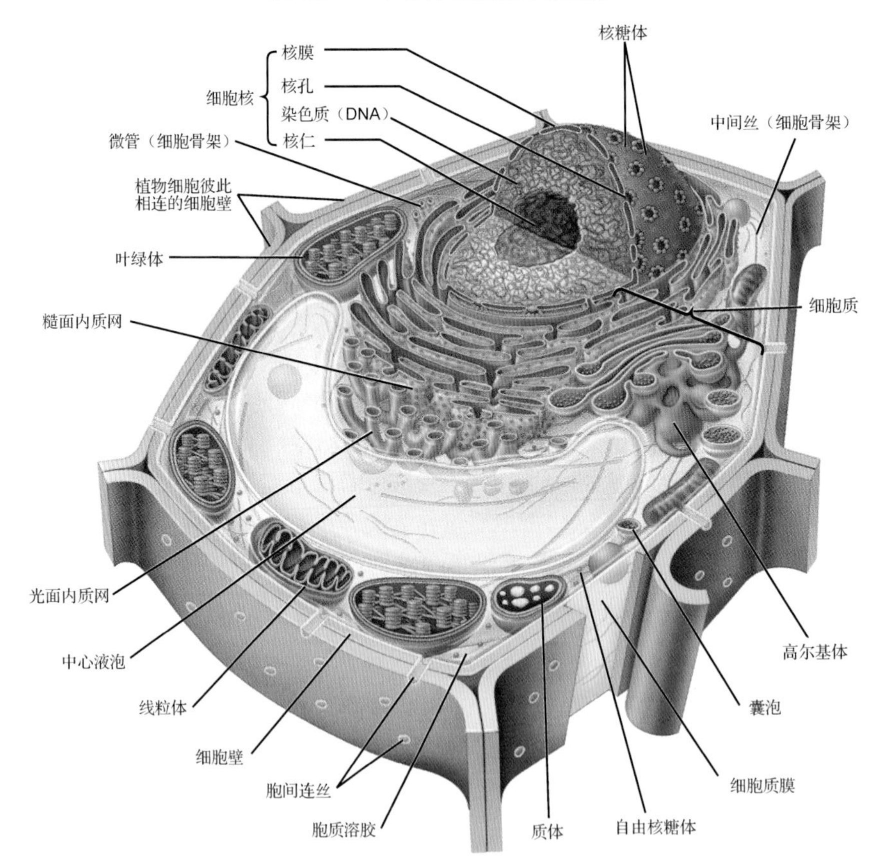

图 4.4　一个有代表性的植物细胞

4.2.2 细胞分为两种基本类型：原核细胞和真核细胞

地球上所有的生命体要么由原核细胞组成，要么由真核细胞组成。原核细胞是指没有细胞核的细胞（见图 4.19），可以组成细菌或古生菌这些最简单的生命形式。真核细胞是指有真正细胞核的细胞（见图 4.3 和图 4.4），它远比原核细胞复杂，可以组成动物、植物、真菌和原生生物。如其名称所示，原核细胞和真核细胞最显著的差别是是否存在细胞核，即其遗传物质是否存在于一个由膜结构包裹的细胞器中。真核细胞的遗传物质存在于由膜结构包裹的细胞核中，而原核细胞并无细胞核这一结构。细胞核和细胞中其他由膜结构包裹的结构都可称为细胞器。细胞器的存在和发展使得真核细胞的结构更复杂。表 4.1 中小结了原核细胞和真核细胞的主要特点。

表 4.1 原核细胞和真核细胞的主要特点

结　构	功　能	原核细胞	真核细胞：植物	真核细胞：动物
细胞表面				
细胞壁	保护和支撑细胞结构	存在	存在	不存在
纤毛	使细胞沿液体的流向运动，或者使液体流过细胞表面	不存在	不存在（大多数情况）	存在
鞭毛	使细胞沿液体的流向运动	存在[1]	不存在（大多数情况）	存在
细胞膜（质膜）	分隔细胞的内容物和外界环境，调节细胞与外界环境的物质交换，调节细胞之间的相互作用	存在	存在	存在
遗传物质的分布				
遗传物质	编码组装细胞及调控细胞运动的遗传信息	DNA	DNA	DNA
染色体	主要由 DNA 构成，控制 DNA 的转录等	单链、环状、无蛋白质	线状、有蛋白质	线状、有蛋白质
细胞核*	包括染色体和核仁	不存在	存在	存在
核膜	包裹细胞核，调节细胞核与核外的物质交换	不存在	存在	存在
核仁	合成核糖体	不存在	存在	存在
细胞质结构				
核糖体	为蛋白质合成提供场所	存在	存在	存在
线粒体*	通过有氧代谢来制造能量	不存在	存在	存在
叶绿体*	进行光合作用	不存在	存在	不存在
内质网*	合成膜结构、蛋白质和脂类	不存在	存在	存在
高尔基体*	修饰、分选和装配蛋白质与脂类	不存在	存在	存在
溶酶体*	包含多种消化酶，可以消化食物和废弃的细胞器	不存在	不存在（绝大多数情况）	存在
色素体*	存储食物和色素	不存在	存在	不存在
中心液泡*	包含水分和代谢废物，提供膨压以支撑细胞	不存在	存在	不存在
其他小泡和液泡*	转运细胞内分泌的大分子，包含通过吞噬作用获得的食物等	不存在	存在	存在
细胞骨架	维持和支撑细胞的基本形态，初步定位细胞内的各个结构	存在	存在	存在
细胞中心粒	为纤毛和鞭毛制造基体	不存在	不存在（大多数情况）	存在

[1] 有的原核细胞也含有鞭毛结构，但原核细胞的鞭毛结构与真核细胞的相比不含微管，运动方式也较简单。

* 所有这些结构都是细胞器，它们都被膜结构包裹，且只有真核细胞才有细胞器。

4.3 真核细胞的主要特征是什么

既然真核细胞组成动物、植物、原生动物和真菌，那么这些细胞的种类肯定繁多且各式各样。有些原生动物是单细胞生物，仅有一个真核细胞。一个真核细胞复杂到足以完成生命的所有活动。在所有多细胞生物中都存在种类庞大的真核细胞，这些细胞高度分化，行使着不同的功能。本节重点介绍植物细胞和动物细胞。

所有真核细胞的细胞质都含有多种多样的细胞器（如细胞核和线粒体），这些细胞器可在细胞中完成不同的功能。在表 4.1 中，细胞器用符号“*”表示。图 4.3 中显示了动物细胞的模式图，图 4.4 中显示了植物细胞的模式图。动物细胞的一些结构（如细胞中心粒、溶酶体、纤毛和鞭毛）在植物细胞中是没有的；而植物细胞的一些结构（如中心液泡、细胞壁、包括叶绿体在内的色素体等）在动物细胞中也是没有的。

4.3.1 有些真核细胞需要依靠细胞壁来支撑细胞结构

植物、真菌和一些原生动物的外表面（即细胞膜外面）覆盖着细胞壁。细胞壁是一层没有生命的、相对坚硬的外壳状结构。原生动物的细胞壁可能由纤维素、蛋白质或者光滑明亮的硅分子构成（详见第 20 章）。如图 4.4 所示，植物细胞的细胞壁基本上由纤维素构成，而真菌的细胞壁绝大部分由甲壳素构成（见第 3 章）。原核细胞也有细胞壁，它们通常由脂多糖构成。

细胞壁可以保护脆弱的细胞膜及细胞膜内的物质。细胞壁通常是多孔结构的，可让氧气、二氧化碳和溶解了各种分子的水自由顺畅地通过。胞间连丝是植物细胞壁中开的小口，相邻细胞的细胞膜伸入孔中，彼此相连（见图 4.4）。

4.3.2 细胞骨架维持细胞形态、支撑细胞结构和调控细胞运动

细胞骨架是细胞质内蛋白质纤维的支架（见图 4.5）。细胞骨架蛋白主要分为三类：微丝（主要由肌动蛋白构成）、中间纤维（构成中间纤维的蛋白质多种多样）和微管（主要由微管蛋白构成），详见表 4.2 中的说明。

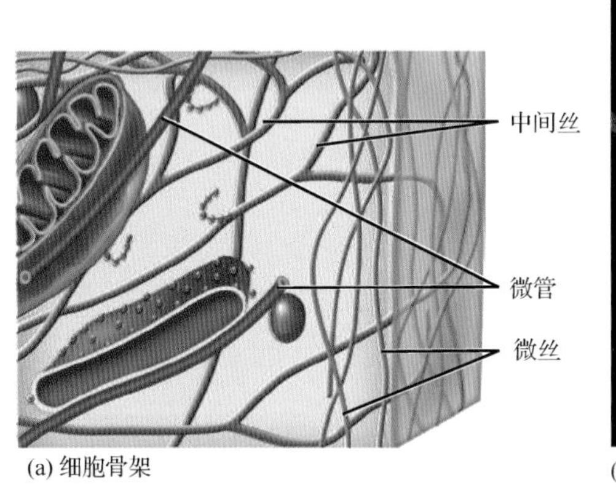

(a) 细胞骨架

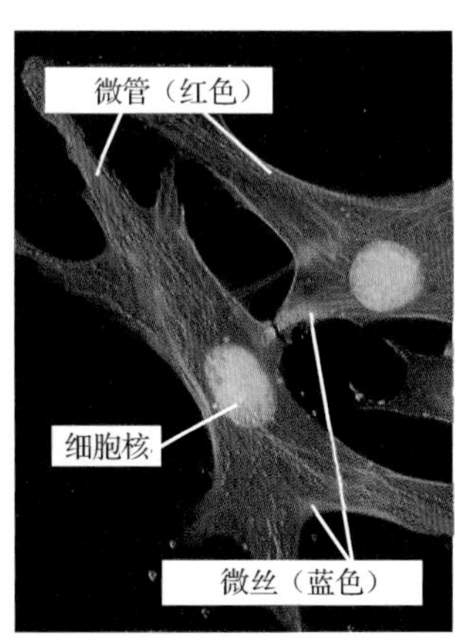

(b) 光学显微镜下的细胞骨架

图 4.5 细胞骨架。(a)真核细胞的细胞骨架含有三类蛋白质：微丝、中间纤维和微管。(b)通过对细胞进行荧光染色，可以标记出细胞的微管、微丝和细胞核

细胞的骨架结构可以调控多种细胞活动，具体如下：

- **细胞形状**。对于没有细胞壁的细胞，由中间纤维构成的细胞骨架可以支撑和决定细胞的形状。
- **细胞运动**。细胞的运动是通过微丝和微管的不断聚合和解聚及微丝和微管之间相对位置的

变化实现的。例如，微管可以控制鞭毛和纤毛的运动，微丝可以改变细胞的形状、收缩肌肉细胞。

- **细胞器运动**。微管可将细胞内的细胞器由一个位置转运到其他位置，如微管可以转运液泡和线粒体。
- **细胞分裂**。微管可以引导染色体的运动，微丝则参与细胞分裂为两个子代细胞的过程（细胞分裂见第 9 章）。

表 4.2　真核细胞的细胞骨架的主要成分

结　构	分　布	蛋白质类型	主要功能
微丝	缠绕在一起的蛋白质双链，直径约为 7 纳米	肌动蛋白 亚基	调控肌肉收缩，改变细胞形状，分裂细胞
中间纤维	蛋白质亚基相互缠绕为螺旋形，分成四组后再相互缠绕。直径约为 10 纳米	根据细胞的功能和类型不同而有所区别 亚基	为细胞形状的维持提供支撑作用
微管	螺旋形管状结构，由两组蛋白质亚基构成，直径约为 25 纳米	微管蛋白 亚基	在细胞中转运细胞器，鞭毛和纤毛的重要成分，在细胞分裂中引导染色体运动

4.3.3　鞭毛和纤毛使细胞沿液体的流向运动，或使液体流过细胞表面

鞭毛和纤毛的结构类似于毛发，可以介导细胞在水流中的运动，也可以使液体流过细胞表面。在哺乳动物中，纤毛通常出现在呼吸道和女性的生殖系统中，鞭毛则存在于男性的精子中。对于原生动物，鞭毛和纤毛十分常见。鞭毛和纤毛由细胞膜的延伸部分覆盖，其中也有细胞骨架中的微管作为支撑。每根鞭毛或纤毛都是由 9 对相互融合的微管环绕而成的环状中空结构，中间也有一对彼此分开的微管（见图 4.6）。

鞭毛和纤毛可以持续不停地波动。运动所需的能量来自线粒体，线粒体通常分布在基体周围，紧靠细胞膜。纤毛和鞭毛是如何运动的？如图 4.6 所示，鞭毛和纤毛外部有一些微小的侧足，它们连接相邻的微管对，利用 ATP 分解释放的能量不断地弯曲和伸直，实现在微管上的行走，进而导致鞭毛和纤毛弯曲。

总体来说，相较于鞭毛，纤毛较短，

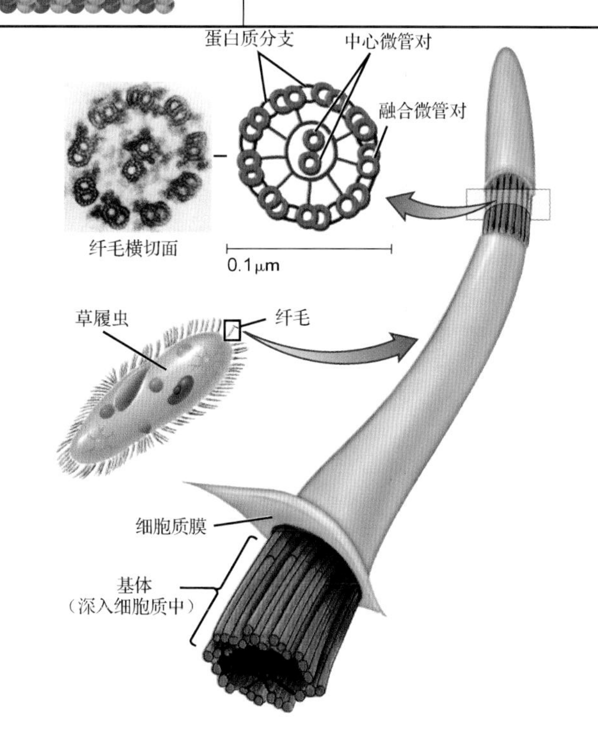

图 4.6　纤毛和鞭毛。每根鞭毛或纤毛都是由 9 对相互融合的微管环绕而成的环状中空结构，中间还有一对彼此分开的微管。鞭毛和纤毛外部有一些微小的侧足，它们连接相邻的微管对，利用 ATP 分解所释放的能量不断地弯曲和伸直，实现在微管上的行走，进而导致鞭毛和纤毛弯曲。每根鞭毛和纤毛都来源于基体。基体通常由 9 组微管三聚体环绕而成（图中只显示了纤毛）

数量也较多。纤毛就像划艇上的船桨那样，可在周围的液流中划动，进而带动细胞向前游动。与纤毛相比，鞭毛较长，并且一个细胞一般只有一根或两根鞭毛。鞭毛就像电动船上的马达那样推动细胞向前运动（见图 4.7b）。

有些单细胞生物（如草履虫）通过纤毛在液体中游动。其他单细胞生物一般通过鞭毛运动，并且基本上所有动物的精子都通过鞭毛游动（见图 4.7b 中的右图）。对动物来说，具有纤毛的细胞不仅可以在液体中游动，而且可以阻挡流过细胞表面的固体物质。拥有纤毛的细胞形成了类似牡蛎的腮一样的结构，后者被牡蛎用来使富含食物和氯气的水流动起来，以获得食物和氯气。例如，分布在雌性脊椎动物阴道中的细胞可以将卵子输送到子宫中，分布在大部分陆生脊椎动物呼吸道中的细胞可将呼吸道中的微生物以痰的形式排出体外（见图 4.7a 中的右图）。

每根鞭毛和纤毛都来源于基体。基体通常由 9 组微管三聚体环绕而成。在细胞内，基体通常紧挨着细胞膜（见图 4.6）。基体由中心体产生，奇妙的是，中心体的结构和基体的结构基本上相同。在动物细胞中，中心体通常位于细胞核的周围（见图 4.3）。科学家普遍认为，中心体的主要功能是在细胞分裂时调控细胞骨架蛋白的分布。

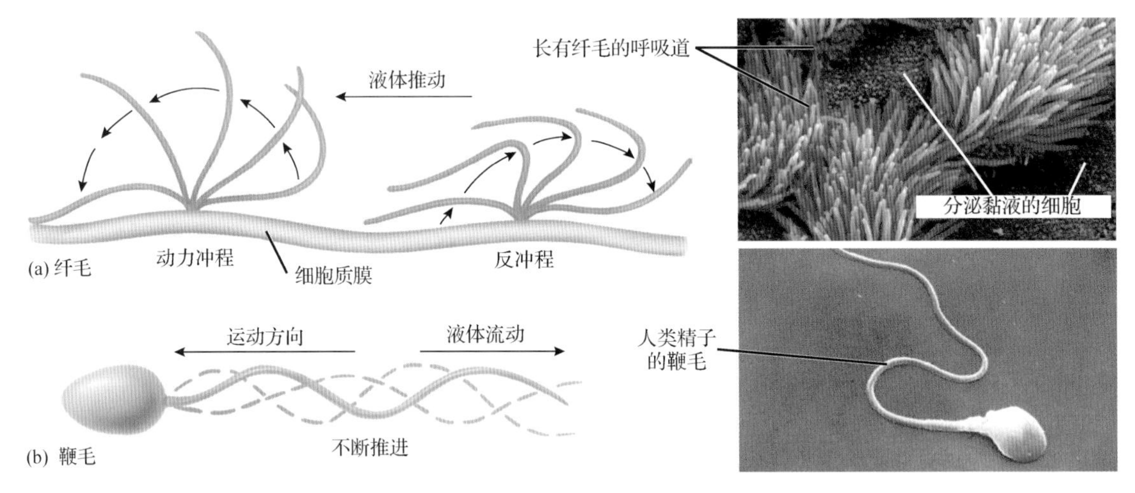

图 4.7 纤毛和鞭毛的运动。(a)左图：纤毛就像船桨提供平行于细胞模的力，使液体流过细胞表面，而产生的反冲又使纤毛回到原位，就像游泳者挥动手臂那样；右图：气管中纤毛的电子显微图像，它将痰排出体外，并清除进入气管的固体颗粒。(b)左图：鞭毛以波动的形式运动，在垂直于细胞膜的方向提供源源不绝的动力，因此精子的鞭毛可驱动其不断前行；右图：人类精子的显微图像

4.3.4 含有 DNA 的细胞核是真核细胞的控制中心

细胞的 DNA 存储了构建该细胞所需的全部遗传信息，还编码了细胞生存和分裂所需的全部化学反应。DNA 中存储的全部遗传信息并不是细胞每时每刻都要用到的。对多细胞生物来说，根据细胞的发育阶段、外界环境和自身功能的不同，用到的遗传信息不尽相同。另外，真核细胞的 DNA 基本上全部都在细胞核中。

细胞核是细胞中最大的细胞器，其结构主要分为三部分（见图 4.8），即核膜、染色质和核仁。

1. 细胞核的核膜实现物质的选择性交换

细胞核是通过核膜与细胞中的其他成分分离的。核膜是双层膜结构的，上面分布着由蛋白质组成的核孔。水分子、离子和一些小分子可以核孔自由地出入细胞核，但生物大分子（尤其是蛋白质、核糖体和 RNA）不能通过核孔自由地出入细胞核，而必须通过一组称为核孔复合物的结构，

该结构就像是看门人把守在核孔旁边。每个核孔基本上都有一组核孔复合物（见图 4.8b）。核糖体通常散布在核膜的外膜及与外膜相连的粗面内质网上（见图 4.3 和图 4.4）。

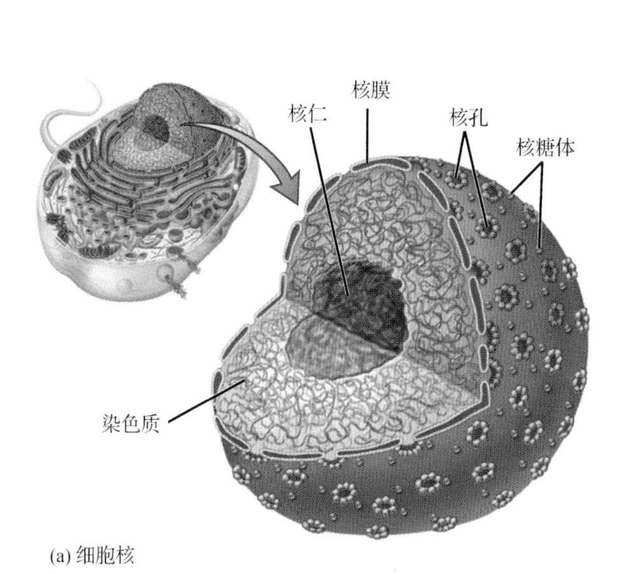

(a) 细胞核

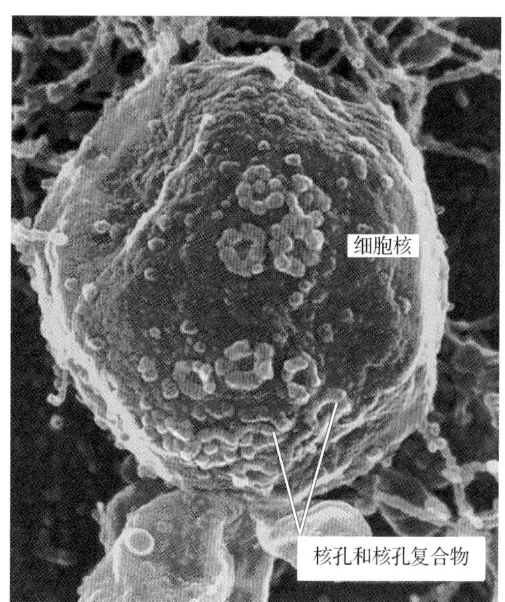

(b) 酵母细胞的细胞核

图 4.8　细胞核。(a)细胞核被核模包裹，核膜上有一些称为核孔的小孔。核膜内部有染色质和几个核仁。(b)酵母细胞的电子显微图像。核孔的看门人即核孔复合物被染成粉色，分布在核孔的周围

2. 染色质由 DNA 长链和其上的蛋白质构成

将细胞核染色并在光学显微镜下观察，就会发现细胞核中有些颜色很深的物质，科学家称这种物质为染色质（即可以染上很深颜色的物质）。生物学家还指出，染色质是由染色体构成的，而染色体则由 DNA 分子和其上连接的蛋白质构成。当细胞不分裂时，染色体呈细长的丝状。在光学显微镜下，这些丝彼此缠绕而无法区分开来。当细胞分裂时，每条染色体被压缩成致密的条状结构，且这样的结构可在光学显微镜下观察到（见图 4.9）。

DNA 上的基因由特定的核苷酸序列构成，为细胞中必须合成的大量蛋白质提供充足的模板。有些这样的蛋白质形成细胞所需的结构成分，有些这样的蛋白质则调节物质的跨膜运输，另一些这样的蛋白质是细胞中的生物化学反应所必需的酶。

蛋白质是在细胞质中合成的，但 DNA 只存在于细胞核中。这就意味着携带蛋白质合成所需遗传信息的物质必须穿过核膜才能进入细胞质。为此，DNA 携带的遗传物质首先被转录为信使 RNA（mRNA），mRNA 然后通过核孔进入细胞质。在细胞质中，mRNA 的核苷酸序列可以直接介导蛋白质的合成。蛋白质的合成过程发生在核糖体中（见图 4.10）。蛋白质合成的相关内容见第 12 章。

3. 核糖体在核仁中完成装配

真核细胞的细胞核中至少有一个核仁（见图 4.8a）。核糖体在核仁中完成合成和装配。核仁中主要成分有：核糖体 RNA（rRNA）和蛋白质，已合成和正在合成的核糖体，携带编码 rRNA 的基因的染色体部分。

核糖体较小，含有一种只在核糖体中出现和行使功能的 RNA，即 rRNA，当然还有一些必备的蛋白质成分。每个核糖体就像是一家合成蛋白质的工厂。就像一家工厂可以生产多种产品一样，

核糖体也可生产数量可观的不同蛋白质（当然，这取决于与之相连的 mRNA）。在电子显微镜下观察时，核糖体就像是许多颜色很深的颗粒，单个或成群地分布在核膜和粗面内质网上（见图 4.11）。还有一些核糖体以多聚核糖体（即很多核糖体聚集在一起）的形式存在，就像一颗一颗珠子穿在 mRNA 上（见图 4.10）。

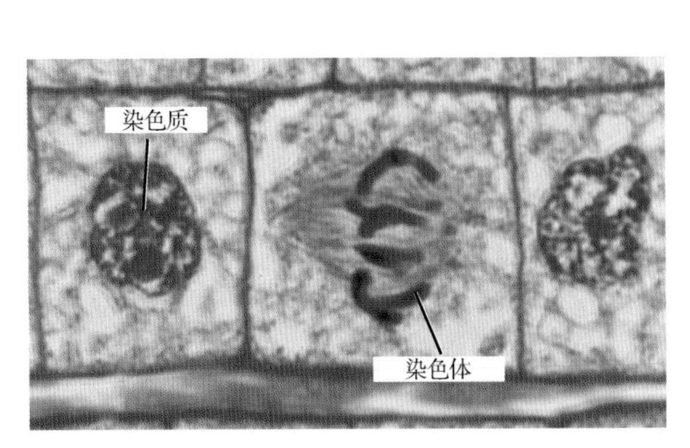

图 4.9 染色体。洋葱根尖细胞的显微图像，深色部分是染色质。中间的细胞正在分裂，其染色体清晰可见；在两侧的两个细胞中，染色体分布在细胞核中

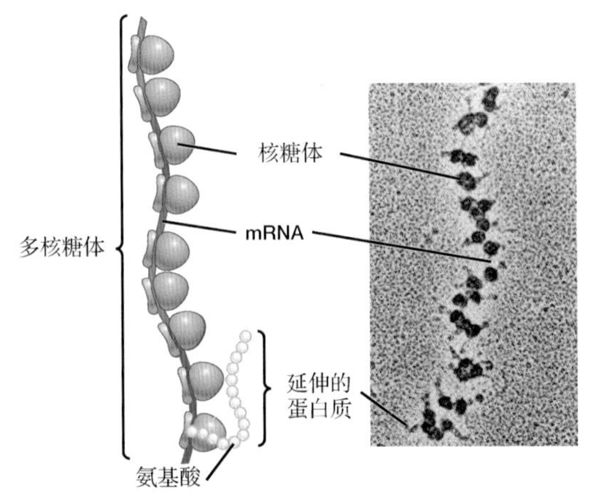

图 4.10 多核糖体。多个核糖体沿信使 RNA 分子排列，形成多核糖体。右图所示为电子显微图像，可以看到每个核糖体都在合成蛋白质，新合成或正在合成的蛋白质是图中与核糖体垂直的结构

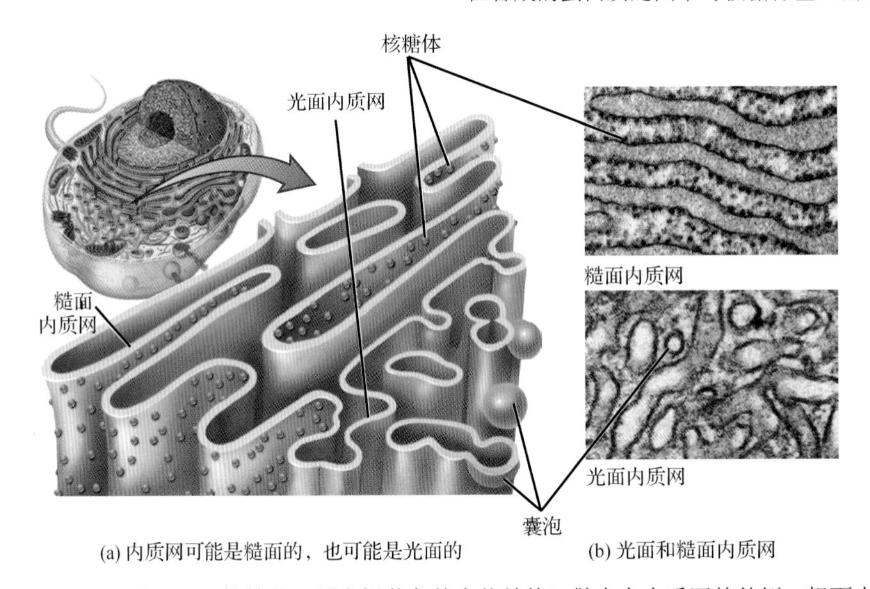

图 4.11 内质网。(a)核糖体（图中橘黄色的点状结构）散布在内质网的外侧。粗面内质网与核膜相连，光面内质网不像粗面内质网那样有很多褶皱，而倾向于呈光滑的圆筒状，常与粗面内质网相连。(b)光面内质网、粗面内质网及其囊泡的电子显微镜图像

4.3.5 真核细胞的细胞质中的膜结构形成细胞中的内膜系统

所有真核细胞的内部都含有膜结构，这些膜结构有机地联系了细胞质中的成分，称为内膜系统。内膜系统可以将生物大分子与细胞质中的其他成分分开，为细胞内的生物化学反应有序进行提供空间和时间上的支持。内膜系统将细胞质分割成许多不同的区域，每个区域内都会有种类繁多、数量庞大的生物大分子正在合成和装配。具有流动性的液态膜结构使得不同内膜结构之间能

够相互融合，于是就可在内膜系统上实现物质的交流与互换，同时实现物质在细胞内外的交流与互换。

内膜系统还可形成一种临时性的囊状结构，这种结构称为囊泡。囊泡的主要作用是将细胞内的生物分子包裹在囊泡中，从一个区域运送到另一个区域。囊泡也可与细胞膜融合，将内部的物质输送到细胞外（见图 4.14），这个过程称为胞吐（见第 5 章）。与胞吐相对的生物过程称为胞吞，是指细胞膜可以通过包裹细胞外的物质而形成囊泡结构（见图 4.13），囊泡再进入细胞质中（见第 5 章）。囊泡是如何知道要去哪里、要将物质输送到哪里的呢？科学家发现，膜结构上有一类分子，它们就像是邮件的邮寄地址，指引囊泡去往哪里及将物质投递到哪里。

细胞的内膜系统的主要功能是合成、转运和排出细胞内的生物大分子，也可分解一些胞内废弃的骨架成分。内膜系统主要包括核膜及前面提到的囊泡、内质网、高尔基体和溶酶体。

1. 内质网在细胞质中形成由膜结构封闭的细胞器

内质网是一系列相互连接并纠缠的膜结构，内质网中数量繁多的泡状结构和管道状结构将内质网布置得像迷宫（见图 4.11）。细胞中一半的膜结构基本上都被内质网的膜占据，因此内质网在合成、修饰和转运细胞内生物大分子的过程中起至关重要的作用。例如，细胞中构成膜结构的磷脂分子和蛋白质分子基本上都是在内质网上合成的，内质网然后形成泡状结构，将这些脂类分子和蛋白质分子运输出去。从内质网开始，包裹生物大分子的囊泡经过高尔基体、溶酶体（即细胞中的消化场所）和细胞膜。囊泡与这些细胞内的膜结构融合的过程，就是膜结构从内质网向这些膜结构转移的过程。

（1）*粗面内质网*。粗面内质网来源于分布有核糖体的核膜（见图 4.3），在面对细胞质的一面分布着大量的核糖体，因此在电子显微镜下观察时，粗面内质网显得很粗糙。对细胞来说，粗面内质网是最重要的蛋白质合成场所，同时行使蛋白质修饰和蛋白质转运的功能。蛋白质分子在内质网上合成后，要么被分泌到细胞外部，要么被运送到细胞中的其他地方而被细胞自身所用。无论用途是什么，这些蛋白质都要先进入内质网的内部进行修饰和包装，并形成三维结构（关于蛋白质的三维结构见第 3 章）。最终，装配好的蛋白质聚集在内质网的凹槽中，等待囊泡的包裹，并向高尔基体运输。有些蛋白质成了可以介导生物分子和离子出入的通道蛋白，有些蛋白质成了细胞内或细胞外的消化酶类。例如，对胰腺细胞来说，胰岛素就是在粗面内质网中合成并最终分泌到细胞外的；而对血液中的白细胞来说，生物体用以攻击病原体的抗体就是在白细胞的粗面内质网中合成的。

（2）*光面内质网*。大部分细胞中没有光面内质网。光面内质网上没有核糖体。对有光面内质网的细胞来说，这个结构是高度分化且分布广泛的。在有些细胞中，光面内质网可以合成大量的脂类，如固醇类激素。具体地说，性激素是由哺乳动物的性器官细胞中的光面内质网产生的。肝脏细胞中同样含有丰富的光面内质网，可以产生和分泌大量的酶类，而这些酶类可以起解毒作用，譬如可以分解酒精和代谢产生氨气。在肌肉细胞中，光面内质网的体积相对较大，主要用来存储钙离子，因为钙离子的释放可以介导肌肉的收缩运动。

2. 在高尔基体中完成对重要分子的修饰、分选和装配

高尔基体是以意大利著名物理和细胞生物学家 Camillo Golgi 的名字命名的。Camillo Golgi 早在 1898 年就发现了高尔基体是一个特殊的膜结构细胞器，其中含有众多独立存在或者相互交织的泡状结构（见图 4.12）。如果整个内膜系统是蛋白质和其他生物大分子的装配车间，那么高尔基体就是车间的最后一道工序，即包装产品、贴上标签并运输出去。来自粗面内质网的囊泡与高尔基体的外膜融合，在成为高尔基体膜结构的一部分的同时，将其内容物释放到高尔基体的内部。这

些蛋白质分子在高尔基体内部进行再修饰和再加工。最终，这些蛋白质分子以被囊泡包裹的形式在高尔基体的另一侧被分泌出来，并被细胞自身利用，或者分泌到细胞外。

高尔基体有如下几个功能：

- 修饰功能。这是高尔基体最重要的功能之一，可为蛋白质分子加上碳水化合物，形成糖蛋白。
- 分选功能。高尔基体可以根据不同的功能区分来自粗面内质网的蛋白质。譬如，高尔基体可将最终进入溶酶体的消化酶类和最终分泌到细胞外的激素类区分开。
- 转运功能。高尔基体将蛋白质等生物大分子包裹到囊泡中，然后输送到细胞的其他部位发挥作用，或者输送到细胞膜处，通过细胞膜分泌到细胞外。

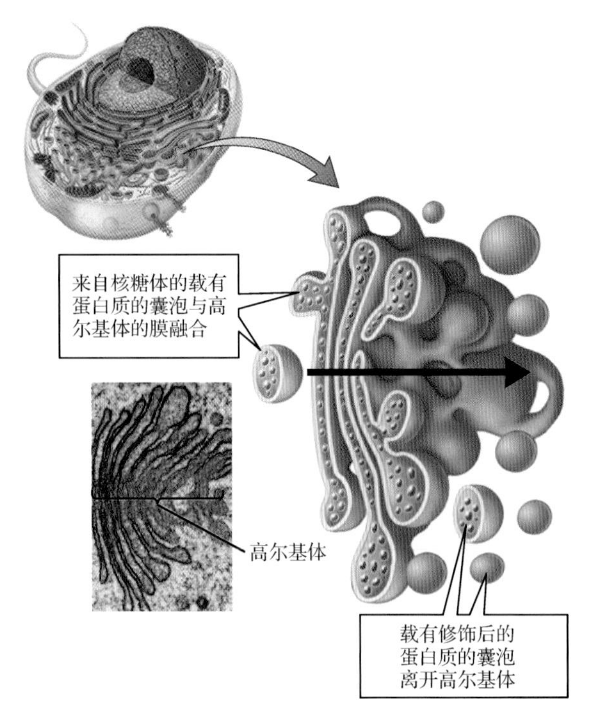

图 4.12 高尔基体。高尔基体包含众多独立存在或者相互交织的泡状结构。囊泡可将膜结构和其包裹的生物大分子从内质网送入高尔基体。箭头表示囊泡的运送方向，生物大分子在高尔基体中进一步修饰和分选。最后，囊泡在与内质网相反的一面形成并进入细胞质

3. 分泌蛋白在细胞中移动时被修饰

细胞中的内膜系统的各个组分是如何协同工作的？下面介绍抗体是如何产生和分泌到细胞外的。如图 4.13 所示，抗体是白细胞产生和分泌的糖蛋白，它可与来自外界的入侵者（如病原微生物）结合，进而消灭入侵者。抗体在白细胞粗面内质网的核糖体中合成，然后被包裹到在内质网中形成的囊泡中。囊泡到达高尔基体后，与高尔基体的膜结构融合，在增强高尔基体的膜结构的同时，将抗体释放到高尔基体的内部。在高尔基体中，抗体被添加上糖基，形成糖蛋白。接着，这些被修饰的抗体被重新包裹到囊泡中。包含已修饰抗体的囊泡移到细胞膜处，与细胞膜融合，最终将抗体释放到细胞外，也就是血液中。

4. 溶酶体是细胞内的消化系统

溶酶体是与细胞膜相连的囊状结构，它可以分解小到食物分解后的分子和大到入侵的细菌。溶酶体中含有几十种不同的酶类，基本上可以分解所有类型的生物分子。溶酶体中的消化酶类是在内质网上合成的，且以囊泡的形式运输到高尔基体中。在高尔基体中，分选出消化酶类后（即与其他蛋白质分开），以囊泡的形式运输到溶酶体中（见图 4.14）。

许多动物和原生生物的细胞通过内吞作用来获取食物，即直接将细胞外的大颗粒吞噬到细胞中。具体地说，细胞膜先包裹住细胞外的大颗粒，然后像挤丸子那样将包裹大颗粒的膜结构以囊泡的形式挤入细胞，而这种在细胞中形成的囊泡称为食物泡（见图 4.14）。溶酶体可与这些食物泡融合，溶酶体中的消化酶类接着将这些大颗粒消化成小分子，如氨基酸、单糖和脂肪酸等。溶酶体也可消化一些对细胞本身有害的东西，如代谢废物和入侵的病原微生物等。也就是说，溶酶体将这些东西消化成细胞本身可以利用的小分子，然后这些小分子通过溶酶体膜进入细胞质，参与细胞的代谢过程。

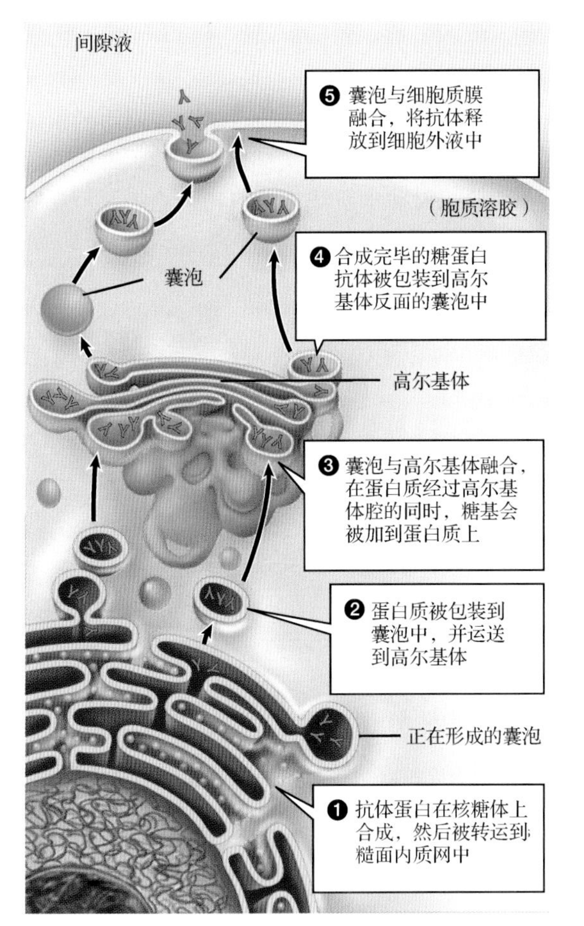

图 4.13　一种蛋白质分子通过细胞的内膜系统生成并分泌到细胞之外。抗体的产生和分泌是这个过程的最好例子

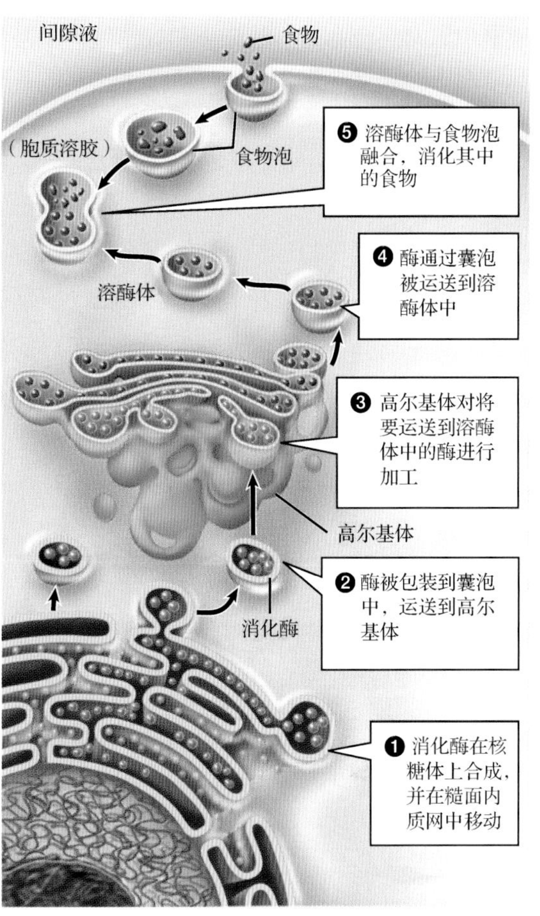

图 4.14　溶酶体和食物泡的形成和功能都依赖于内膜系统

4.3.6　液泡的功能多种多样，包括调节水分、存储物质和支撑细胞结构

有些液泡是临时出现的大型囊泡，如食物泡（见图 4.14）。下面介绍一些作为细胞固有成分存在的液泡，淡水原生生物和植物细胞通常拥有这类液泡。

1．淡水原生生物的液泡通常具有伸缩性

淡水原生生物（如草履虫）具有伸缩性很强的液泡，每个液泡都有一个具有收集功能的收集管、一个具有存储功能的中央储液器，以及一个具有输出功能且与细胞膜相连的导管（见图 4.15）。淡水通过原生生物的细胞膜持续地渗入液泡，这个过程称为渗透，详见第 5 章。如果细胞本身不具有排水功能，持续渗入的淡水很快就会将细胞涨破。原生生物可将细胞质中的盐类通过收集管泵入液泡，但这个过程需要细胞提供能量。渗透作用将水分吸入中央储液器。当液泡的中央储液器充满时，液泡就会收缩，将多余的水分通过细胞膜上的小孔排出细胞。

2．植物细胞都有中央液泡

对绝大多数成熟的植物细胞来说，中央液泡约占细胞体积的三分之一，甚至更多（见图 4.4）。中央液泡行使如下功能：液泡膜帮助调节细胞质中的离子浓度，也可将代谢废物和有毒物质吸入液泡的水分环境中。有些植物在中央液泡中存储苦涩的物质，因此动物不太喜欢以这些植物为食。

液泡中通常还会存储一些糖类和氨基酸，但是细胞不会立刻用到这些糖类和氨基酸。另外，存储在液泡中的花青素和花紫素通常是花朵颜色丰富多彩的原因。

中央液泡通常还起支撑细胞的作用。溶解在液泡中的物质起吸收水分的作用，液泡中的水压（即液泡的膨胀压）起压迫细胞壁的作用。一般来说，细胞壁具有一定的柔韧性，水压、细胞的总体形状及其坚韧性，基本上都要依靠液泡的膨胀压。因此，对非木质结构的植物细胞来说，膨胀压维持着这些细胞的形态。

4.3.7 线粒体从食物分子中提取能量，叶绿体直接捕获太阳能

所有的真核细胞都有线粒体，线粒体可将储能物质（如糖类）转化为高能 ATP 分子。植物细胞和一些原生生物还有叶绿体，叶绿体可直接捕获太阳能，然后将这些能量存储在糖类分子中。

许多生物学家倾向于内共生体学说，其具体内容将在第 17 章中介绍。简单地说，这个学说认为线粒体和叶绿体都由原核细菌演化而来。大约在 17 亿年前，一些原核生物寄居在其他原核生物的体内，形成了内共生关系。无论是线粒体还是叶绿体，都具有双层膜结构，于是科学家猜测外层膜可能源于宿主，而内层膜源于原本的原核生物。线粒体、叶绿体与原核生物之间具有高度的相似性：线粒体和叶绿体的尺寸与正常原核生物的类似，直径都为 1～5 微米。线粒体和叶绿体都具有独立合成 ATP 的酶类，这对独立的生物（即原核生物）来说也是必不可少的。最后，线粒体和叶绿体包含的遗传物质和核糖体与原核生物的十分类似，但与真核细胞的具有显著差别。

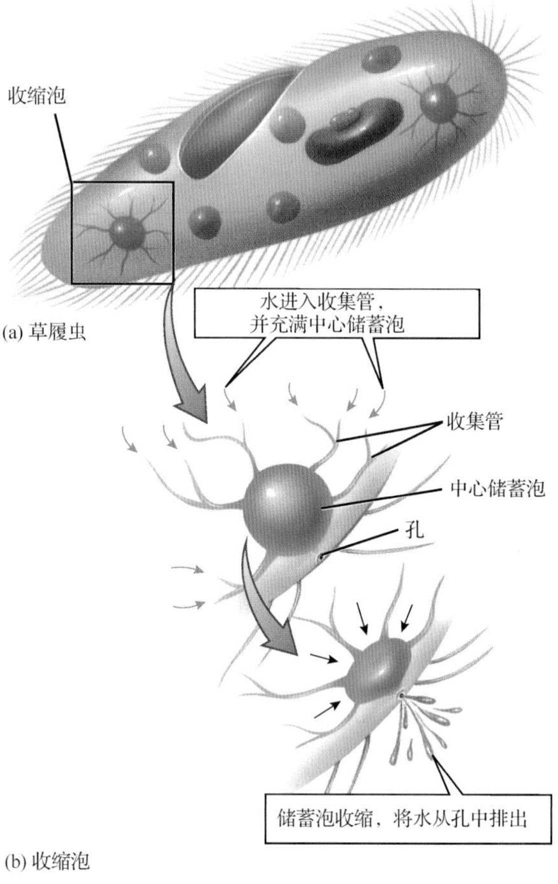

图 4.15 许多原生生物都具有伸缩性的大液泡。(a)单细胞原生生物草履虫生活在水池和湖泊这些淡水环境中。(b)具有伸缩性的大液泡结构能吸收和排出分子

1. 线粒体使用食物分子的能量合成 ATP

所有真核细胞都包含线粒体。线粒体这个细胞器常被科学家称为细胞的动力工厂，因为它们的主要功能就是从食物分子中获取能量，合成具有高能磷酸键的 ATP。代谢越快的细胞，线粒体的含量就越高，如肌肉细胞；代谢越慢的细胞，线粒体的含量就越低，如软骨。

线粒体是双层膜结构的（见图 4.16），外层膜很光滑，内层膜则形成深深的沟壑。这两层膜将线粒体分成两个相对封闭和独立的部分，即两层膜之间的膜间区域和内膜内的线粒体基质部分。一些分解高能分子的化学反应发生在线粒体基质部分中，其他化学反应则发生在连有大量酶类的内层膜沟壑部分中（线粒体在产能过程中的作用将在第 8 章中介绍）。

2. 叶绿体是植物光合作用的场所

光合作用是直接捕获太阳能并将太阳能转化为细胞可直接利用的能量的反应。光合作用通常发生在植物细胞和一些原生生物中。叶绿体也是具有双层膜结构的细胞器（见图 4.17），其内层膜

包裹的液体称为基质。叶绿体基质中存在大量的褶皱和膜状囊泡结构，每个独立的囊泡结构都称为一个类囊体，而一叠这样的类囊体称为一个叶绿体基粒。

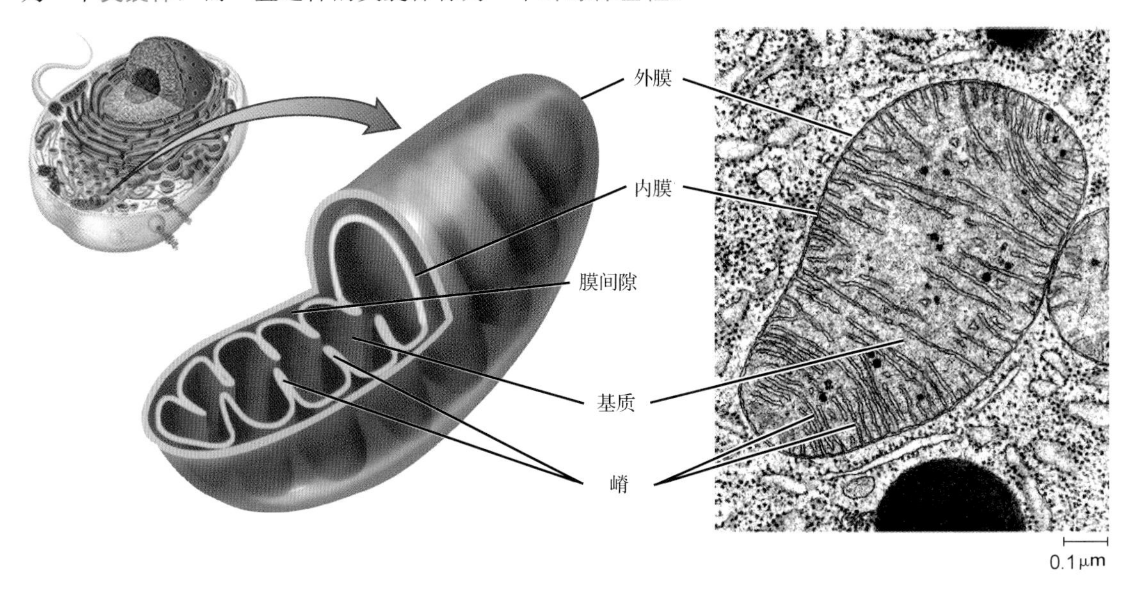

图 4.16　线粒体。线粒体是双层膜结构的。两层膜将线粒体分成两个相对封闭和独立的部分。线粒体的外层膜很光滑，而内层膜则形成深深的沟壑。这些结构在右侧的电子显微图像中清晰可见

类囊体膜上有一种色素分子，即大名鼎鼎的叶绿素，它是植物呈绿色的原因。植物光合作用时，叶绿素捕获太阳能，将太阳能传递给类囊体中的其他分子。这些分子将能量传递给 ATP 和其他能量载体。这些能量载体遍布于叶绿体的基质中，在基质中能量则用于将二氧化碳和水合成为碳水化合物。

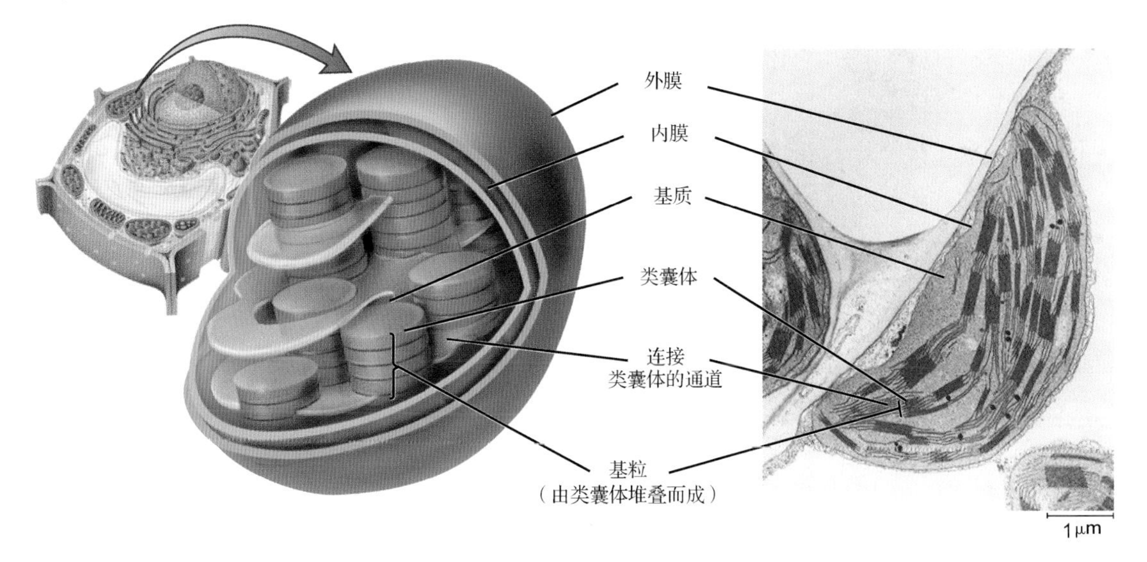

图 4.17　叶绿体。叶绿体是双层膜结构的，内层膜包裹的液体是基质

4.3.8　植物利用质体来存储某些物质

叶绿体是高度分化的质体，因为它只存在于植物和某些原生生物中（见图 4.18）。植物和原生生物也利用非叶绿体的质体来存储某些物质，如让水果呈多种色彩的色素（黄色、橘红色或红

色）。随着植物一年又一年的生长，质体中就会存储植物光合作用的产物。大部分植物会将光合作用合成的葡萄糖转化为淀粉存储起来，而淀粉就存储在质体中。例如，土豆基本上由富含淀粉的质体细胞组成。

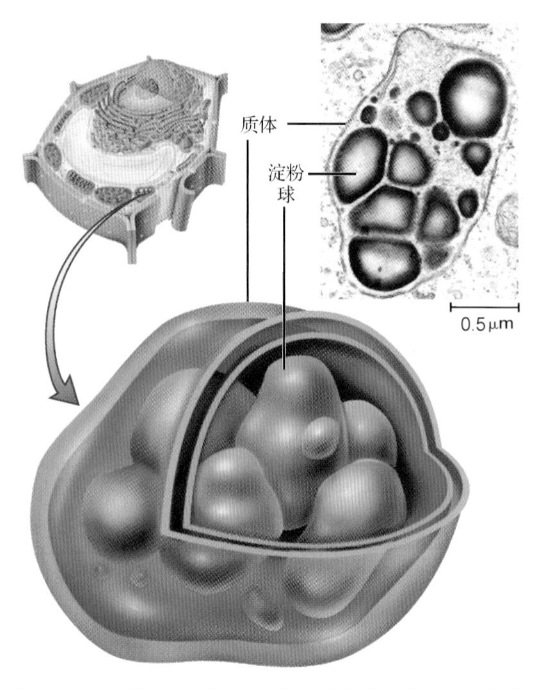

图 4.18　质体。质体通常存在于植物细胞和一些原生生物中。质体也是双层膜结构的。叶绿体是我们最熟悉的质体。其他类型的质体可以存储不同的物质，如淀粉存储在土豆细胞的质体中，在右侧电子显微图像所示的土豆细胞中，基本上都是富含淀粉的质体

4.4　原核细胞的主要特征是什么

大部分原核细胞都非常小，直径一般不超过 5 微米，而真核细胞的直径一般为 10～100 微米。原核细胞的内部结构要比真核细胞的简单（见图 4.19）。总体来说，原核细胞与真核细胞最主要的区别是，原核细胞中基本上没有具有双层膜结构的细胞器。

真细菌域和古细菌域的成员基本上由单个原核细胞构成。古细菌和细菌的结构比较相似，但最近的研究表明，二者在许多主要生物大分子上有较大的区别。当前的观点认为，它们是两大类截然不同的生物。古细菌通常生活在一些极端的环境（如温泉或牛胃）中，但在正常环境（如泥土和海洋）中，科学家发现的古细菌越来越多。另外，值得注意的是，没有一种古细菌是致病菌。

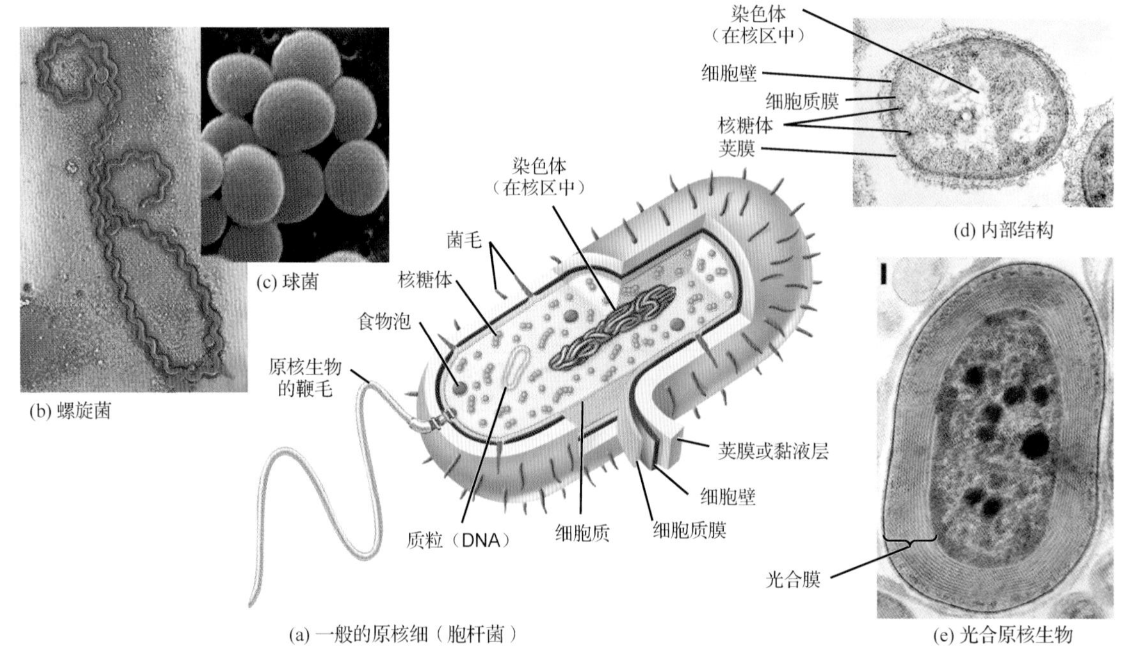

图 4.19　原核细胞比真核细胞更简单。原核细胞的形态多种多样，如(a)杆状的杆菌、(b)螺旋状的螺旋菌和(c)球状的球菌。(d)和(e)所示为电子显微图像，(e)中显示了含有内膜结构的光合细菌的内部结构

4.4.1 原核细胞具有特殊的表面特征

所有原核细胞基本上都由一层坚硬的细胞壁包裹。细菌的细胞壁由肽聚糖构成。肽聚糖是一种独特的分子，其主要结构是由短肽连接的糖链，糖链上还连接有氨基酸基团。细胞壁的主要功能是保护细胞不受侵害，还起到维持细胞基本形态的作用。原核细胞的形态约有三种：棒状的杆菌（见图 4.19a）、螺旋状的螺旋菌（见图 4.19b）和球状的球菌（见图 4.19c）。有些抗生素［包括大名鼎鼎的盘尼西林（即青霉素）］之所以可以抵御细菌入侵，是因为它们可以影响细菌细胞壁的合成，进而破碎细菌。虽然原核细胞没有纤毛，但有些细菌和古细菌具有鞭毛结构，但这种鞭毛与真核细胞的鞭毛截然不同（见第 19 章）。

许多细菌可以分泌多糖，这些多糖也可以包裹细菌，在它们的细胞壁之外形成荚膜或者黏液层。荚膜和粘液层非常类似，只是荚膜的结构更致密，也更难去除。有些细菌会导致蛀牙、腹泻、肺炎或尿道感染，荚膜和黏液层可以帮助它们吸附在宿主的组织（即牙齿表面、小肠壁、肺部和膀胱）上。荚膜和黏液层会让细菌吸附在物体表面而成片存在，例如在不经常清洗的马桶中，它们可以保护细菌不被风干。

许多细菌表面都有“菌毛”，菌毛是细菌的一种表面蛋白质，对细菌起保护作用（见图 4.19a）。科学家将菌毛分为两类：一类是黏附菌毛，另一类是性菌毛。黏附菌毛短而多，和荚膜与黏液层一样，黏附菌毛可以帮助细菌吸附在其他物体的表面上，对一些致病菌来说，这些菌毛可以帮助细菌吸附在机体组织的表面上。一些细菌可以形成性菌毛，性菌毛通常较长且数量稀少。细菌的性菌毛将其与周围的同类细菌联系起来，彼此的细胞膜然后形成孔状结构，细菌的遗传物质（即质粒）于是就可通过这样的孔道彼此交流和交换。关于原核细胞的更多内容，见第 19 章。

4.4.2 原核细胞比真核细胞具有较少的特化细胞质结构

原核细胞的细胞质中有一个称为类核的区域（见图 4.19a），其主要成分是 DNA，也包括少量的 RNA 和蛋白质。类核中的 DNA 通常以单一的环状染色体形式存在，这个螺旋环状的 DNA 长链几乎包含了细菌的所有遗传信息。与真核细胞不同的是，原核细胞的类核并无膜结构将其与细胞质分开。原核细胞独特的特性由类核的质粒决定。例如，有些致病菌包含的质粒可以合成使抗生素失活的物质，这就让致病菌更难被杀死。

细菌的细胞质中有核糖体这种细胞器（见图 4.19a）。虽然与真核细胞一样，原核细胞的核糖体的主要功能也是合成蛋白质，但细菌的核糖体体积更小，包含的 RNA 和蛋白质也有所不同。这些核糖体与真核细胞的线粒体和叶绿体中的核糖体更相似，而这也为前面提到的内共生学说提供了依据。原核细胞中同样也有食物泡这样的结构，它可以存储一些高能分子（如糖原），但这种囊泡结构没有膜结构包裹。

虽然原核细胞基本上没有含膜结构的细胞器，但有些细菌生物化学反应所需的酶类会分布在膜结构上。这些酶类会以特定的位置和顺序排列在膜结构上。例如，光合细菌有丰富的内膜结构，捕获光能的蛋白质和合成高能分子所需的酶类以特定的顺序排列分布在内膜上（见图 4.19e）。近期的研究表明，细菌也存在细胞骨架。虽然细菌的细胞骨架蛋白与真核细胞的有所不同，但它们的功能基本上相同，如在细胞分裂过程中起作用。

要回顾原核细胞和真核细胞的区别，可参阅表 4.1。

复习题

01. 细胞理论的三个原则是什么？

02. 哪些细胞质结构是植物和动物细胞共有的？哪些只在一种类型中发现而在另一种类型中没有？
03. 命名真核细胞骨架的蛋白质，并描述它们的相对大小和主要功能。
04. 描述细胞核及其各组成部分的功能，包括核膜、染色质、染色体、DNA 和核仁。
05. 线粒体和叶绿体的功能是什么？为什么科学家相信这些细胞器起源于原核细胞？这个假设叫什么？
06. 核糖体的功能是什么？他们在细胞的什么地方被发现？它们是否仅限于真核细胞？
07. 描述内质网和高尔基体的结构与功能，以及它们是如何协同工作的。
08. 溶酶体是如何形成的？它们的功能是什么？
09. 画出真核生物纤毛和鞭毛的结构，描述它们是如何移动的及移动实现了什么。

第 5 章　细胞膜的结构与功能

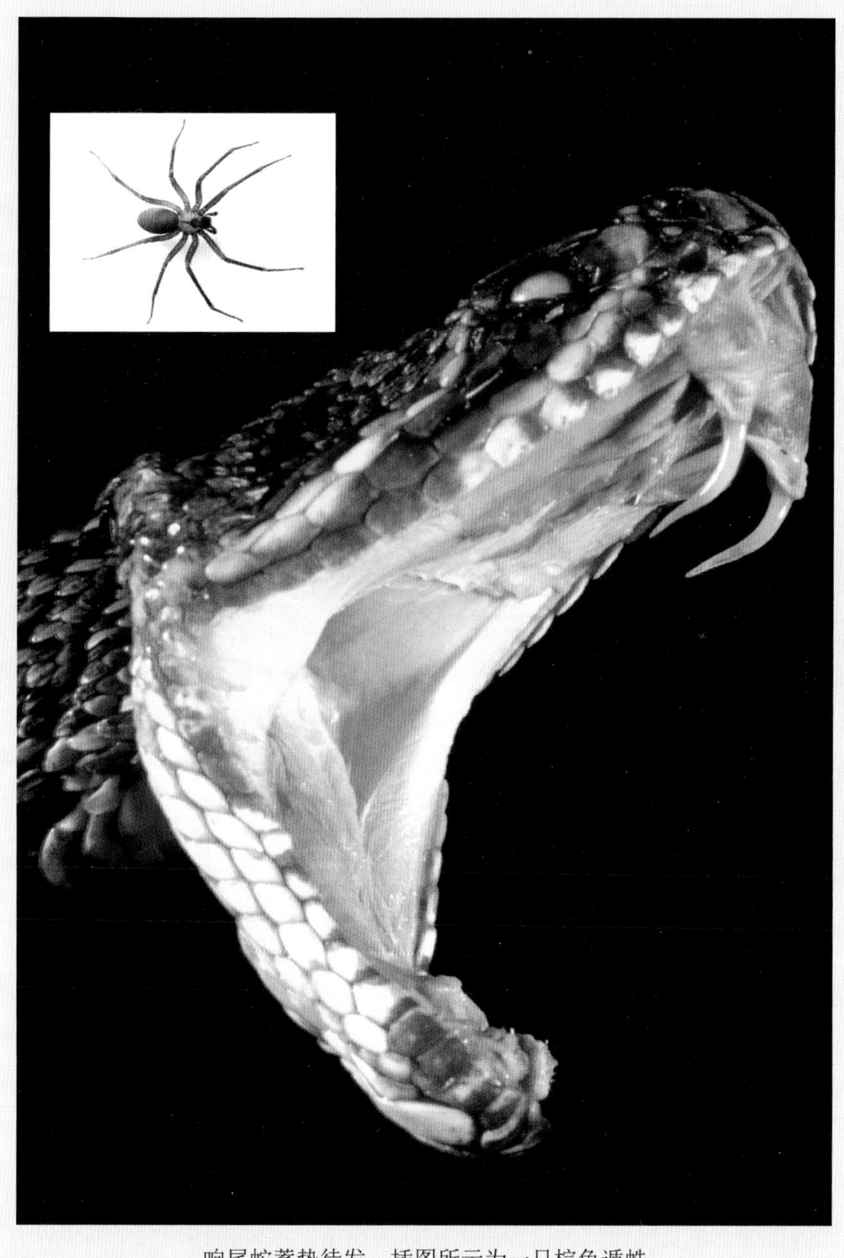

响尾蛇蓄势待发。插图所示为一只棕色遁蛛

5.1 细胞膜的结构是如何与其功能相关的

细胞的所有膜都有着相似的基本结构：蛋白质悬浮在磷脂双分子层中（见图 5.1）。磷脂负责隔离细胞内容物，而蛋白质则负责选择性地与环境交换物质或进行信息交流，控制与细胞膜相关的生物化学反应及形成细胞间的联系。

所有细胞及真核细胞内的细胞器都被膜包围。细胞膜行使多种重要的功能：

- 选择性地将膜包围的细胞器的内容物与细胞质基质、细胞内容物和细胞间液隔开。
- 调节细胞与细胞间液、膜包围的细胞器和细胞质基质之间所需的物质交换。
- 使得多细胞有机体的不同细胞之间发生交流。
- 创建细胞内和细胞间的黏附位点。
- 调节许多生物化学反应。

细胞膜的结构十分纤薄，10000 层细胞膜堆叠后的厚度勉强与一页纸的厚度相当。细胞膜不仅仅是单一的薄片，也具有复杂的结构，且不同的部分行使不同的功能。细胞膜在不同的组织中存在差异，它们的结构在受到外界环境应激时也能动态地变化。

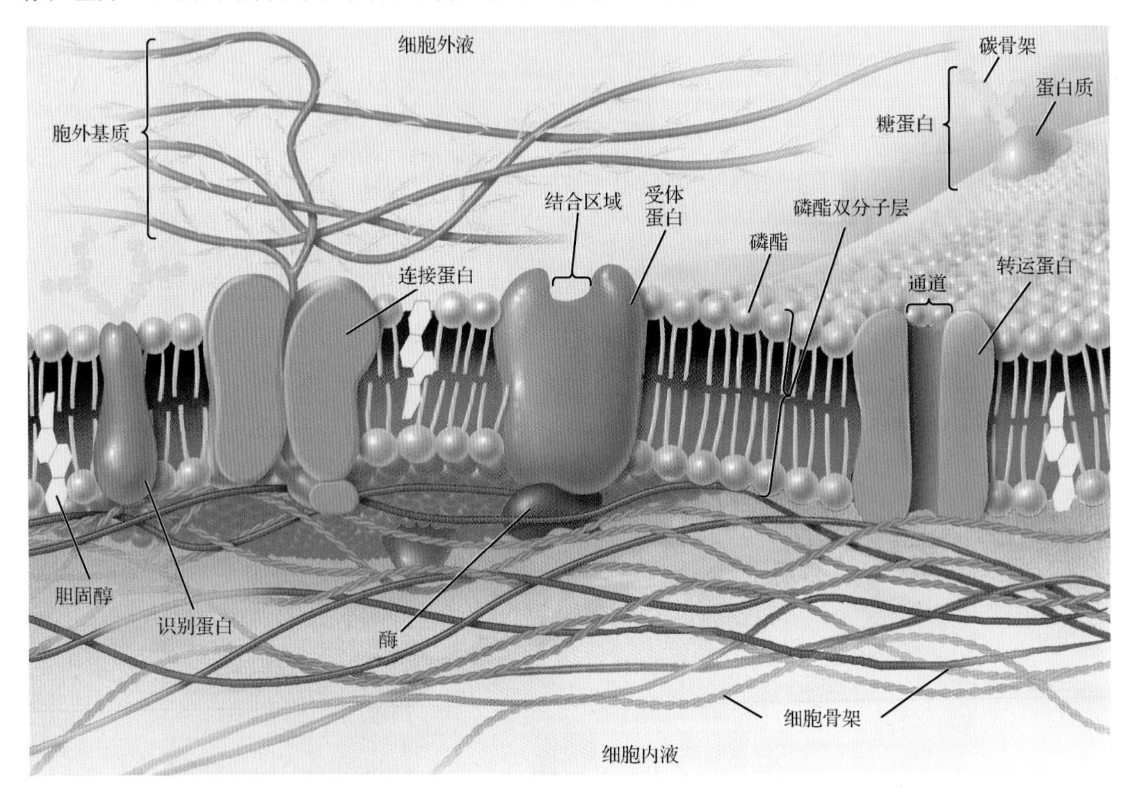

图 5.1 细胞质膜。细胞质膜由磷脂双分子层和少量胆固醇分子组成，其中镶嵌着多种蛋白质（蓝色）。很多蛋白质表面连接了糖分子，它们与蛋白质结合形成糖蛋白。图中显示了酶、识别蛋白、连接蛋白、受体蛋白和转运蛋白

5.1.1 细胞膜是流动镶嵌结构，蛋白质在脂质分子层内移动

20 世纪 70 年代以前，尽管细胞生物学家知道细胞膜主要由蛋白质和脂质组成，但不知道这些分子是如何形成膜结构的。1972 年，辛格（S. J. Singer）和尼克尔森（G. L. Nicolson）提出了细胞膜的流动镶嵌模型，也是现在认为比较接近实际的模型。流体指任何分子间可以发生相互运动

的物质；流体包括气体、液体和细胞膜，分子可以在薄层中自由移动。依据流动镶嵌模型，细胞膜由磷脂双分子层形成的流体组成。多种不同的蛋白质在磷脂双分子层中形成一种称为嵌合体或拼接体的结构。磷脂和蛋白质都可以相对运动（见图 5.1）。

5.1.2 磷脂双层隔离细胞的内容物与外界

一个磷脂分子包含性质极为不同的两部分：一个极性且亲水（吸引水）的“头部”和一对非极性且疏水的脂肪酸“尾部”。细胞膜包含多种与图 5.2 所示结构相似的磷脂。

细胞膜磷脂的这种排列方式是由所有细胞都浸在水溶液中这一事实造成的。例如，单细胞有机体可以在淡水或海水中生存，且水还可浸透环绕植物细胞的细胞壁。

动物细胞质膜的外层与水性的组织液（类似于不含细胞或大蛋白的血液的微盐溶液）相接触。在质膜的内侧，细胞质基质（细胞质的液体部分）几乎全是水。在这种水环境中，磷脂自发地组装形成称为磷脂双分子层的双层结构（见图 5.3）。水与亲水的磷脂头部形成氢键，使磷脂头部的两侧朝向水。磷脂疏水的尾部在双层分子间聚集成簇。

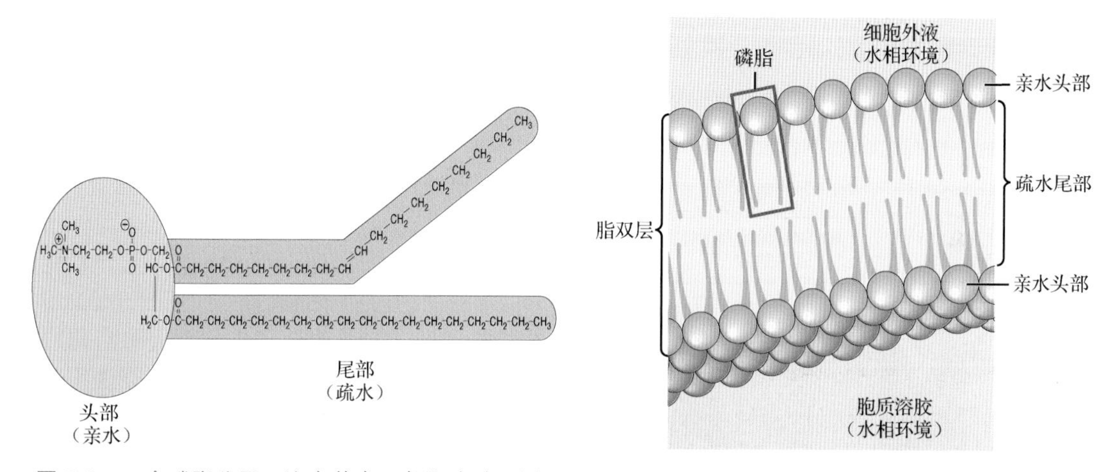

图 5.2 一个磷脂分子。注意其中一条脂肪酸“尾部”的一个双键导致了该尾部弯曲

图 5.3 细胞膜的磷脂双分子层

细胞膜的组分会不断地改变位置。磷脂分子移动得相对较快，而大蛋白移动得较慢。要理解这一运动，首先就要知道当温度高于热力学零度（约–273°C）时，原子、分子和离子时刻都在做随机运动。随着温度的升高，它们移动的速度加快；当达到对生命有利的温度时，这些粒子就会移动得相当快。

磷脂分子彼此之间并未结合，因此在体温状态下，持续的随机运动会使得它们可以近乎自由地移动，但它们会维持固有的方向，且只有少数会在两层膜之间翻转。脂双层的柔韧性和流体性质对其功能尤其重要。当我们呼吸、移动双眼或者翻动书页时，体内的细胞就在改变形状。如果质膜处于僵硬状态，细胞就会破裂并死亡。这种流动性也可使膜包围的小体将物质运入细胞，在细胞内携带物质，并将它们运出细胞，该过程中伴随着膜融合过程（见第 4 章）。大多数膜的强度与室温下的橄榄油相似。但是，当将它放入冰箱冷藏时，橄榄油就会变为固态。那么当有机体遇到寒冷的环境时，细胞膜会发生什么改变呢？

所有的动物细胞膜结构都含有胆固醇（见图 5.1），在质膜中尤其丰富。胆固醇与磷脂的相互作用使得细胞膜更加稳定，进而使得它在高温时的流动性下降、低温时的流动性上升。高胆固醇含量能够降低膜对亲水性物质和较低含量时扩散通过的小分子物质的通透性。这样，细胞通过稍后描述的选择性转运蛋白，就可以更好地控制物质的出入。

少数疏水性生物分子可以直接经由扩散通过磷脂双层，包括固醇激素，如雌激素和雄酮（见第 3 章）及脂类可溶性维生素。细胞利用的多数分子（包括盐类、氨基酸和糖类）都是亲水性的，即它们是极性的且水溶性的。这类物质无法通过非极性的疏水磷脂双层的脂肪酸尾部。这些物质进出细胞都依赖于“镶嵌”在细胞膜上的蛋白的协助。

5.1.3 多种蛋白在细胞膜上形成镶嵌图案

成千上万种不同的膜蛋白镶嵌或黏附在细胞膜磷脂双层的表面。一些外膜蛋白还带有朝向外侧的糖基（分支结构见图 5.1），这些蛋白称为糖蛋白（glycoproteins）。膜蛋白按功能可分为 5 种主要的类型：酶、受体蛋白、识别蛋白、连接蛋白和转运蛋白。

1. 酶

能够催化生物分子合成或分解的化学反应的蛋白质称为酶（见第 6 章）。虽然多数酶位于胞浆内，但仍有一些酶横跨细胞膜或者黏附在膜表面。例如，一些位于质膜上的酶参与合成细胞外基质，后者是一种由蛋白质和糖蛋白纤维形成的填充动物细胞外间隙的网络（见图 5.1）。小肠黏膜细胞负责营养物质的吸收，细胞质膜上的酶在该过程中则起消化碳水化合物、蛋白质等的作用。

2. 受体蛋白

多数细胞具有多种类型的跨膜受体蛋白（其中包括糖蛋白，见图 5.1）。受体蛋白使得细胞能够对血液中携带的特异信号分子（如激素）产生应答。当合适的信号分子结合至受体蛋白时，受体通过改变形态而被活化，这一活化随后造成细胞内的一系列应答（见图 5.4）。应答可导致膜上的通道打开或关闭，酶活化或失活。一些激素与受体蛋白结合可以促进细胞分裂。免疫细胞表面的受体蛋白可与入侵的细菌或病毒的表面结合而将其破坏。

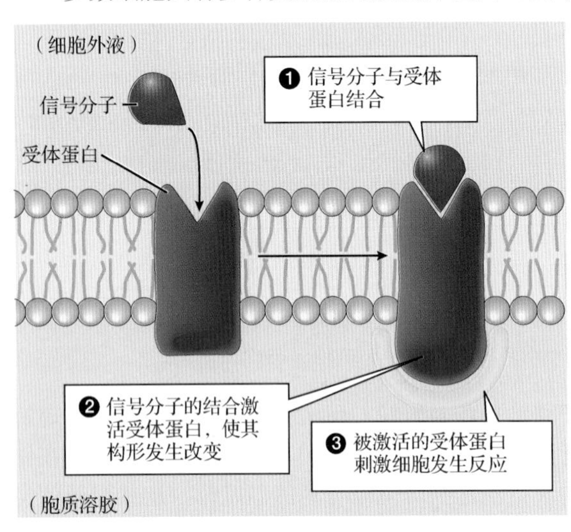

图 5.4　受体蛋白的激活

信号分子与受体蛋白结合通常会引起细胞内一系列复杂的生物化学反应。例如，肾上腺素在应激状态下会被释放，例如你可能经历过一个类似抢劫犯模样的人从黑暗的胡同向你走来的情形。肾上腺素与肌肉细胞上的特异受体结合，活化合成信使分子环磷酸尕苷 cAMP 的酶（见第 3 章），促使糖原分解成葡萄糖。葡萄糖进一步分解，释放的能量存储在三磷酸腺苷 ATP 中（见第 3 章）。ATP 为肌肉收缩提供能量。

3. 识别蛋白

识别蛋白是作为鉴别标签的糖蛋白（见图 5.1）。每个有机体的细胞都具有证明“自身”的特异性糖蛋白。免疫细胞耐受自身细胞并攻击入侵的细胞（如细菌），它们的膜表面具有不同的识别蛋白。要成功进行移植手术，供体重要的识别糖蛋白必须与受体的一致，这样移植的器官才不会被受体的免疫系统攻击。

4. 连接蛋白

多种类型的连接蛋白以不同的方式锚定在细胞膜上。一些连接蛋白通过连接质膜与细胞骨架来维持细胞的形态。其他连接蛋白横跨质膜，将细胞内的骨架与胞外基质连接起来，帮助细胞锚定了组织中的特定位置（见图 5.1）。连接蛋白还可在相互接触的细胞间形成连接，详见后面的介绍（见图 5.16）。

5. 转运蛋白

转运蛋白（见图 5.1）横跨磷脂双分子层并调控亲水分子的跨膜运动。一些转运蛋白会形成可以打开或关闭的孔洞（通道），允许特异物质通过膜。其他转运蛋白会与物质结合以引导它们通过膜，有时需要细胞提供能量。本章后面会继续介绍转运蛋白。

5.2 物质是如何通过细胞膜的

一些物质（尤其是游离的分子或离子）可以通过扩散或特定的转运蛋白穿过细胞膜。为了提供一些背景知识，下面先给出几个定义：

- 溶质是可以溶解（扩散成单个原子、分子或离子）于溶剂中的一类物质，溶剂是一类可以溶解溶质的流体（通常是液体）。所有的生物学过程都在水中发生，多种溶质都可溶于其中，有时也称通用溶剂。
- 某种物质的浓度是指一定量的溶剂中所含溶质的量。例如，糖溶液的浓度以一种给定容积溶液中所含的糖分子数量来表示。
- 梯度是两个相邻区域特定属性的一种差异，如温度、压力、电荷或溶质在流体中的浓度。形成梯度需要消耗能量。随着时间的推移，梯度会被打破，除非有能量供应来维持梯度或有完美的屏障将其隔开。例如，温度梯度随着热能从高温区域传递至低温区域而被打破。电势驱使带电离子向带相反电荷的区域移动。浓度或压力梯度导致分子或离子从一个区域移向另一个区域，以平衡彼此的不同。细胞使用耗能转运蛋白产生并维持浓度梯度或者膜两侧不同的溶质浓度。

5.2.1 梯度使流体中的分子产生扩散现象

回顾可知原子、分子和离子都在不停地进行随机的热运动。因此，溶液中的分子和离子会不断撞击彼此及周围的结构。随着时间的流逝，溶质的随机运动产生一个从高浓度区域向低浓度区域的净流动，这个过程称为扩散。浓度梯度越大，扩散的速率就越快。如果没有什么因素（如电势、压力差或物理屏障）抑制这个过程，分子的随机运动就会继续进行，直到溶质在整个流体中扩散均匀。与重力相似，分子从高浓度区域移向低浓度区域被称为向浓度梯度“低”的方向进行。

为了观察扩散过程，我们可以将食用色素滴到一杯水中（见图 5.5）。随机运动促使染料分子同时向染料液滴内外移动，但存在从染料向水和从水向染料的净流动，各自向其浓度梯度低的方向进行。染料的净流动持续进行，直到它在水中均匀扩散开来。如果比较染料在热水与冷水中的扩散，就会看到高温能够增加扩散速率，因为高温会使分子移动得更快。

5.2.2 跨膜运输包括被动运输和耗能运输

细胞膜两侧离子和分子的梯度对生命十分重要，不存在这种梯度的细胞会死亡。细胞膜上的蛋白质必须不断地消耗能量来创造并维持这些浓度梯度，因为许多生物化学过程都依赖于梯度。例如，神经元依靠特定的离子向低浓度梯度方向流动来产生电信号，这是感觉、运动和思考的基础。质膜被描述成具有选择透过性，因为质膜上的蛋白质选择性地允许特定的离子或分子通过或透过。质膜的选择透过性形成了维持细胞梯度特性的屏障。

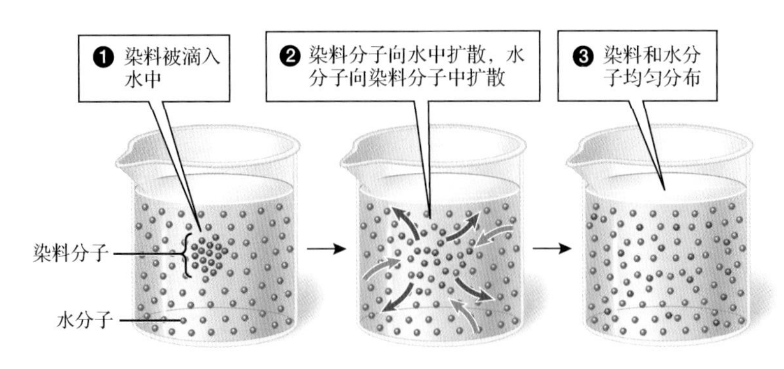

图 5.5　染料在水中的扩散

细胞的质膜以两种不同的方式让物质通过：被动运输和耗能运输（见表 5.1），前者是指物质沿浓度梯度下降的方向扩散通过细胞膜；后者需要细胞消耗能量将物质运入或运出细胞，且通常是沿浓度梯度上升的方向进行的。

表 5.1　跨膜运输

被动运输	物质沿浓度、压力或电势梯度下降的方向跨膜运输，不需要细胞提供能量
简单扩散	水、可溶性气体或脂溶性分子跨过膜的脂双层
协助扩散	水、离子或水溶性分子通过通道或载体蛋白跨膜
渗透	水从选择透过性膜自由水浓度较高的一侧扩散到自由水浓度较低的一侧
耗能运输	需要由细胞提供能量（通常由 ATP 提供）才能进行的物质运输
主动运输	单个小分子或离子通过跨膜蛋白进行逆浓度梯度下降的方向运输
内吞	液体、特殊液体或粒子进入细胞的方法，质膜通过形成囊泡并从质膜上脱离进入细胞，将物质吞噬
胞吐	粒子或大分子移动到细胞外的方法；细胞内的膜结构将物质包裹起来，移动到细胞表面并与质膜融合，使其内容物能够扩散出去

5.2.3　被动运输包括简单扩散、协助扩散和渗透

扩散发生在流体内或者扩散物质可以透过的膜的两侧。许多分子受胞质与组织液之间的不同浓度驱使，通过扩散跨过质膜。

1. 一些分子通过简单扩散跨膜

有些分子直接扩散通过细胞膜的磷脂双分子层，这个过程称为简单扩散（见图 5.6a）。不带电荷的小分子（如水、氧气和二氧化碳）可通过简单扩散跨过细胞膜。脂溶性分子，无论多大，都可采用这种方式。这类分子包括乙醇（存在于酒精饮料中），维生素 A、D 和 E 以及固醇类激素（见第 3 章）。更大的浓度梯度、更高的温度、更小的分子、更好的脂溶性都可增大简单扩散的速率。

水作为一种极性分子是如何直接通过疏水脂双层的呢？水分子非常小，且它在胞质和组织液中大量存在，有些会进入磷脂分子尾部的疏水区域附近，而水分子的随机运动使得它们可以通过细胞膜。因为水分子通过磷脂双分子层的简单扩散相对较慢，许多细胞都含有特异的水转运蛋白，详见后面的介绍。

2. 一些分子使用膜转运蛋白协助扩散通过细胞膜

细胞膜的磷脂双层对大极性分子（如糖）和离子（如 K^+、Na^+、Cl^-和 Ca^{2+}）几乎是不通透的。这些物质所带的电荷导致水分子（极性）成簇地环绕它们，形成一个大聚集体而无法直接通过磷脂双分子层。因此，离子和极性分子必须使用特定的转运蛋白穿过细胞膜，这个过程称为协助扩

散或易化扩散。有两种类型的蛋白参与协助扩散：载体蛋白和通道蛋白。这些转运蛋白并不消耗能量，仅仅协助物质向低浓度梯度方向的细胞内或细胞外扩散。

载体蛋白横跨细胞膜并具有与特定离子或分子（如糖分子或蛋白质）松散结合的结构域。这种结合使载体蛋白改变形态并将与其结合的分子运送到细胞膜的另一侧。例如，质膜上的葡萄糖载体蛋白允许这种糖从组织液扩散到细胞内，以满足细胞的能量需求（见图 5.6b）。

通道蛋白在细胞膜上形成孔洞。例如，线粒体和叶绿体的膜具有允许多种水溶性物质通过的孔道。相反，离子通道蛋白较小且具有高度选择性（见图 5.6c），所有细胞在其膜的两侧都维持着多种不同离子的浓度梯度。许多离子通道通过保持关闭状态来维持这种梯度，直到受到特定的刺激（如神经冲动）才打开。离子通道蛋白具有选择性是因为其内部的直径限制了能够通过的离子大小，某些通道蛋白孔洞内的氨基酸带有弱电荷，可以吸引特定的离子而排斥其他的离子。例如，Na^+通道内的一些氨基酸带有弱负电荷，可以吸引 Na^+而排斥 Cl^-。

许多细胞具有特异性的水通道蛋白，称为水通道（见图 5.6d）。狭窄的水通道对小水分子具有选择性。水通道蛋白内的一些氨基酸带有弱正电荷，可以吸引水分子的阴极而排斥阳极。

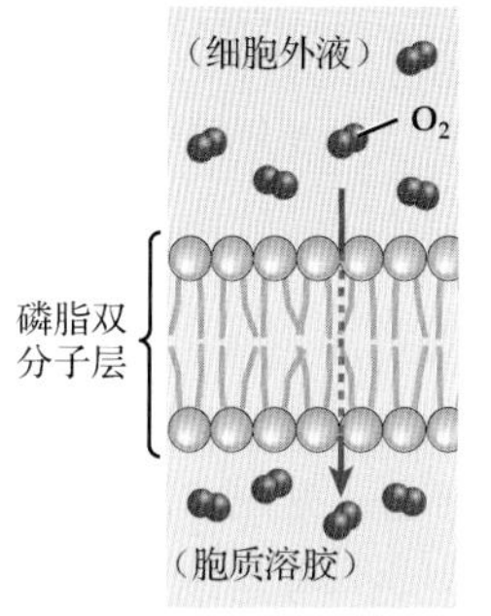

(a) 透过脂双层的简单扩散

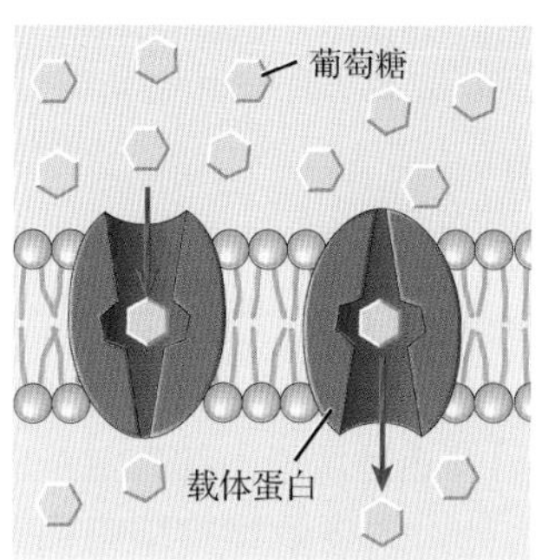

(b) 经载体蛋白的协助扩散

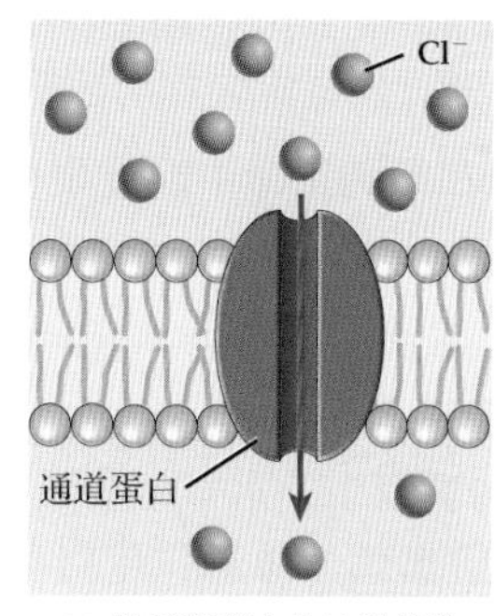

(c) 经通道蛋白的协助扩散

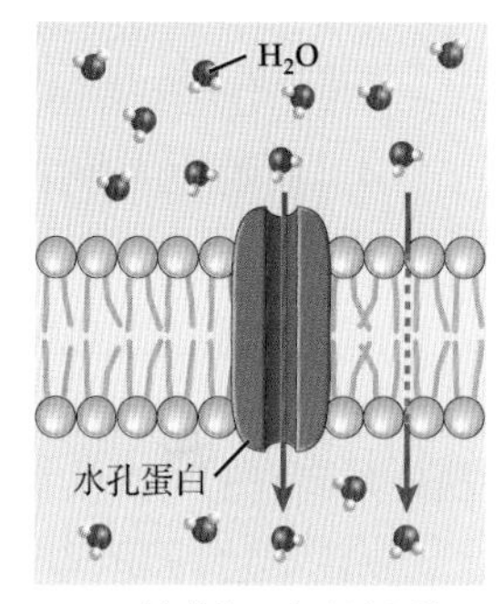

(d) 经磷脂双分子层上的水孔蛋白的渗透作用

图 5.6 跨膜扩散的几种方式。(a)不带电荷或脂溶性的小分子直接通过简单扩散跨膜运动，图中的氧气分子从细胞间隙液中沿浓度梯度下降的方向扩散到细胞中（红色箭头）。(b)载体蛋白有着结合特定分子（如图中的葡萄糖）的位点。与被转运分子结合会使得载体的形状发生变化，使该分子发生沿浓度梯度下降的方向跨膜扩散。(c)氯离子经由通道蛋白进行协助扩散跨膜，图中的氯离子通过通道蛋白在细胞内沿浓度梯度下降的方向扩散。(d)渗透是水的扩散。水分子可直接通过简单扩散跨过磷脂双分子层，或者通过协助扩散在水通道蛋白的帮助下更快地通过脂双层

3. 渗透是水分子跨过选择透过性膜的扩散过程

渗透是水分子在存在浓度、压力或温度梯度时跨过选择透过性膜的扩散过程。下面主要介绍水从高浓度区域渗透到低浓度区域的过程。

一种溶液具有“高的水浓度”或“低的水浓度”是什么意思？答案很简单：纯水具有最高的水浓度。任何溶解于水中的物质（溶质）都会通过替换特定容积内的一些水分子而使浓度降低。极性溶质或离子也能吸引水分子，导致水分子无法自由地通过膜。因此，溶质的浓度越高，能够通过膜的水浓度就越低，导致从具有更多自由水分子（低溶质浓度）的溶液向具有更少水分子（高溶质浓度）的溶液的净流动。例如，水会通过渗透从溶解有更少糖分子的溶液向溶解有更多糖分子的溶液运动。因为低糖溶液中含有更多的自由水分子，更多的水分子会与那侧的选择透过性膜发生碰撞并通过膜。溶质在水中的浓度决定了溶液的渗透压或吸引水通过膜的趋势。溶质的浓度越高，渗透压就越高。

具有相同溶质浓度的溶液（由此具有相同的水浓度）之间是等渗的。当等渗溶液使用可以透过水的膜分离时，它们之间不会产生水的净流动（见图 5.7a）。当用水特异性通透膜分离具有不同溶质浓度的溶液时，称具有较高溶质浓度的溶液为高渗溶液（见图 5.7b），而称具有较低溶质浓度

的溶液为低渗溶液（见图 5.7c）。水倾向于从水通透性膜的低渗溶液一侧移向高渗溶液一侧。

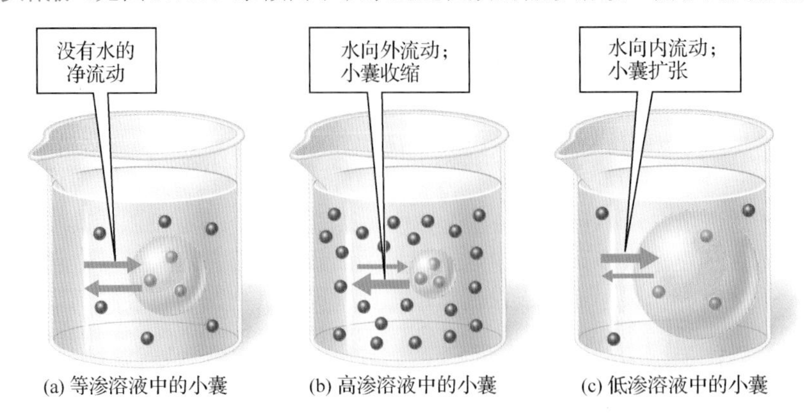

图 5.7　溶质浓度在渗透过程中的作用。我们使用三个由对水选择性通透的膜组成的小囊进行实验，这种膜对糖不通透（糖分子用红色小球表示）。首先在每个小囊中装入等量的等浓度糖水，然后将每个小囊浸入含有不同浓度糖水的烧杯：(a)与小囊中的糖水等渗，(b)相对于小囊中的糖水是高渗溶液，(c)相对于小囊中的糖水是低渗溶液。图中显示了 1 小时后的结果，蓝色箭头指示水进出小囊的相对运动方向

4．质膜的渗透作用在细胞生命中起重要作用

质膜的渗透作用对许多生物学过程十分重要，包括植物根部对水的摄取、小肠消化吸收水以及肾脏中对水的重吸收。此外，生活在淡水中的有机体必须时刻消耗能量以对抗渗透作用，因为它们的细胞对周围环境来说是高渗的。例如，单细胞生物草履虫会使用细胞中的能量将胞质中的盐分泵到它们可以收缩的囊泡中。水发生渗透作用并通过质膜上的孔道挤出细胞（见图 4.15）。

几乎所有的植物细胞都通过渗透作用吸收水分。大多数植物细胞都有一个大的中央液泡，组成该液泡的膜上富含水通道。水中溶解的物质存储在液泡中，使得它相对于周围的胞质是高渗的，而胞质相对于细胞周围的组织液通常也是高渗的。因此，水会通过渗透作用流入胞质，进而进入液泡，在细胞内形成膨胀压。膨胀压使细胞膨胀，造成细胞质膜与细胞壁紧密相接（见图 5.8a）。例如，如果忘记给室内的盆栽植物浇水，其细胞质和液泡就会丢失水分，造成细胞收缩，进而与细胞壁间形成空隙。就像漏气的气球那样，失去膨胀压后的植物会发蔫（见图 5.8b）。现在，你应该知道为什么商店总是在绿色蔬菜上喷水：喷水可使植物的中央液泡更加饱满，进而显得新鲜。

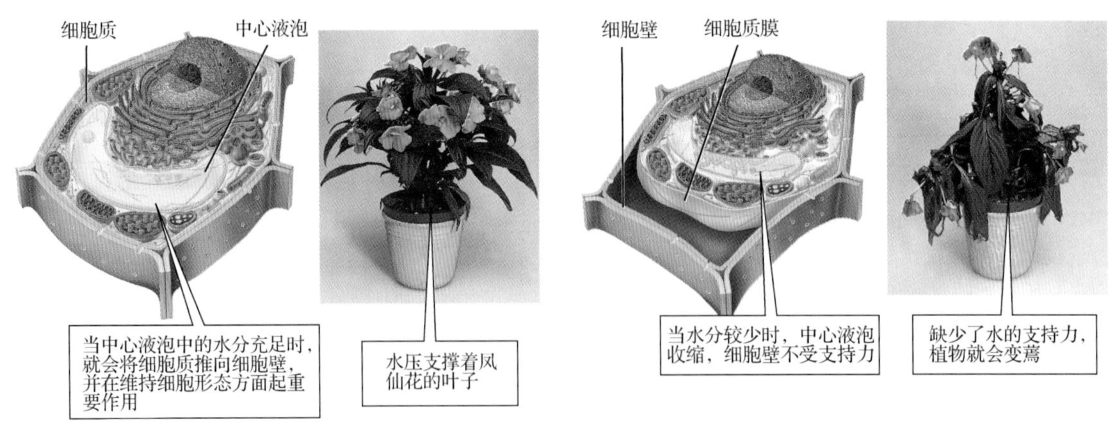

图 5.8　植物细胞中的膨胀压。水通道蛋白使得水能够迅速进出液泡。(a)水的膨胀压支撑细胞乃至整株植物。(b)由于脱水的缘故，细胞和植物失去了膨胀压及其带来的支撑

在动物体内，组织液通常与细胞质是等渗的。尽管特定溶质的浓度在细胞内外很少相同，水和溶质的总浓度却是相同的。因此，总体上水并无进出细胞的趋势。为了证明维持脆弱的细胞及其周围的组织液保持等渗状态的重要性，我们可将细胞置于溶质浓度不同的溶液中进行观察。在等渗盐溶液中，红细胞（质膜表面有大量水通道蛋白）维持正常的大小（见图 5.9a）。然而，如果盐溶液对于红细胞的细胞质是高渗的，水就会通过渗透离开细胞，使细胞萎缩（见图 5.9b）。相反，如果将细胞浸入低渗盐溶液，就会使细胞随着水扩散进来而肿胀，甚至破裂（见图 5.9c）。

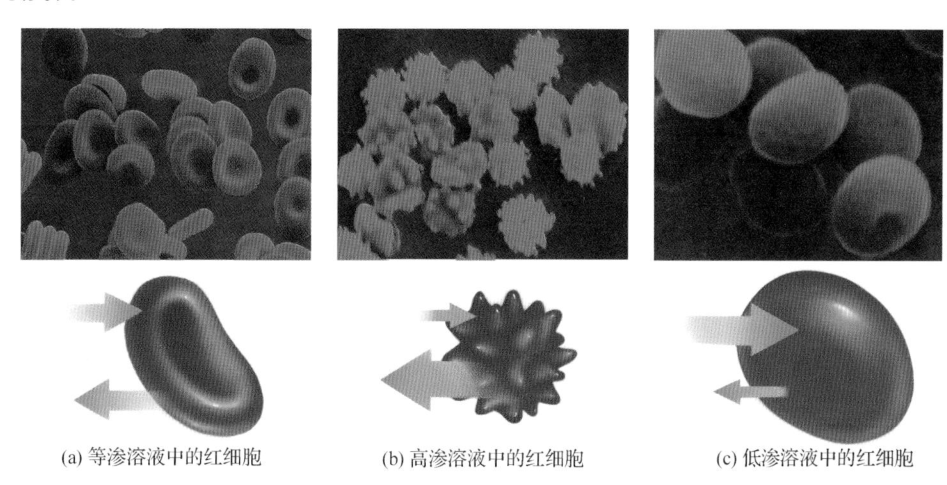

(a) 等渗溶液中的红细胞　(b) 高渗溶液中的红细胞　(c) 低渗溶液中的红细胞

图 5.9　渗透对红细胞的作用。(a)红细胞浸入与其等渗的溶液，可保持其存在凹陷的正常形状。(b)将细胞放入高渗溶液后，离开细胞的水比进入细胞的水多，细胞萎缩。(c)将细胞放入低渗溶液后，细胞肿胀

5.2.4　耗能运输包括主动运输、内吞和胞吐

大量的细胞活动都需要耗能活动的支持，如主动运输、内吞和胞吐，这些耗能活动对维持生命是必需的，对维持浓度梯度、吸收食物、排出废物及在多细胞有机体中与其他细胞交流也是十分重要的。

1. 细胞利用主动运输维持浓度梯度

通过建立浓度梯度并允许离子在特定情况下沿梯度降低的方向运动，细胞得以调控生物化学反应，对外部刺激产生应答并且获得与存储化学能量。存储在离子梯度中的能量为神经元的电信号、肌肉收缩及线粒体和叶绿体中 ATP 的产生提供动力（见第 7 章和第 8 章）。然而，梯度并不是自发形成的，而需要跨膜的主动运输。

在主动运输过程中，膜蛋白通过消耗能量将分子或离子沿浓度梯度上升的方向跨膜运输，即物质从低浓度区域运往高浓度区域（见图 5.10）。例如，所有细胞必须获取一些环境中比胞质内浓度低的营养物质。此外，许多离子（如 Na^+和 Ca^{2+}）通过主动运输使得它们在胞质中维持比组织液中低的浓度。神经细胞维持较高的离子浓度梯度，因为当通道打开产生电信号时，需要离子快速、被动地流动。离子通过扩散出入细胞后，它们的浓度梯度必须通过主动运输重置。

主动运输蛋白横跨细胞膜且有两个结合结构域：第一个结构域与一个特定的分子或原子结合，如钙离子（Ca^{2+}），如图 5.10❶所示；第二个结构域在膜的内侧，它与 ATP 结合。ATP 为蛋白质提供能量，使蛋白质改变形状并将钙离子转运到细胞膜的另一侧（见图 5.10❷）。主动运输的能量来自连接 ATP 的三个磷酸基团中的最后一个的高能键。当这个高能键断裂并释放其存储的能量时，ATP 就会变成 ADP（二磷酸腺苷）加上一个游离的磷酸基团（见图 5.10❸）。主动运输蛋白通常称

为泵，因为它们利用能量使离子或分子沿浓度梯度上升的方向移动，就像将水泵到位置较高的罐中那样。

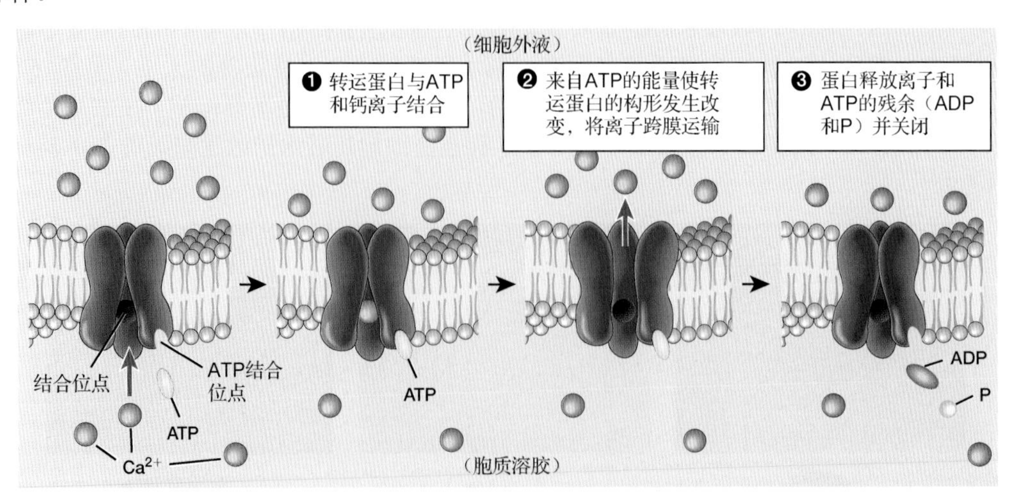

图 5.10 主动运输。主动运输通过消耗能量使分子发生沿浓度梯度上升的方向跨膜运动。一个转运蛋白（蓝色）有一个 ATP 结合位点和一个转运分子结合位点；图中，被转运的是 Ca^{2+}。注意，当 ATP 释放能量时，就会失去自己的第三个磷酸基团，变成 ADP 和一个自由的磷酸基团

2．细胞通过内吞摄入颗粒或流体

细胞从外环境中摄取的物质可能很大，以致不能直接穿过膜，但这些物质可被质膜包围形成囊泡，然后在细胞内运输。这个耗能过程称为内吞（endocytosis）。依据物质的大小、获取物质的类型及获取的方式，下面介绍三种类型的内吞：胞饮、受体介导的内吞和吞噬。

在胞饮过程中，质膜很小的一部分向内凹陷包围组织液，然后膜出芽形成小囊泡，进入胞质（见图 5.11）。胞饮将内陷的一块膜包含的组织液移入细胞。因此，细胞所吸收物质的浓度与组织液中的相同。

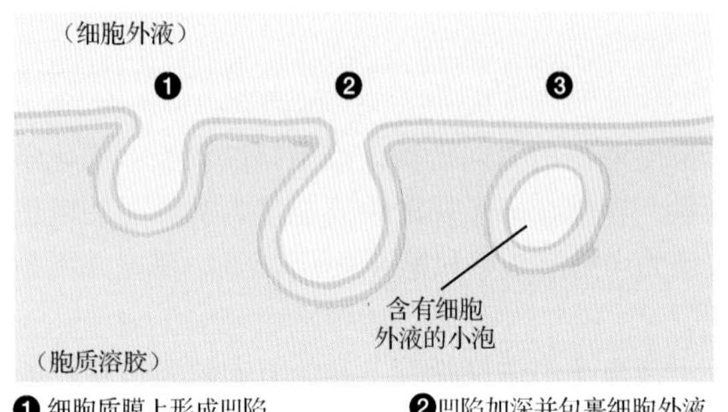

❶细胞质膜上形成凹陷 ❷凹陷加深并包裹细胞外液
❸膜闭合，将细胞外液包含在其中，形成小泡

(a) 胞饮作用

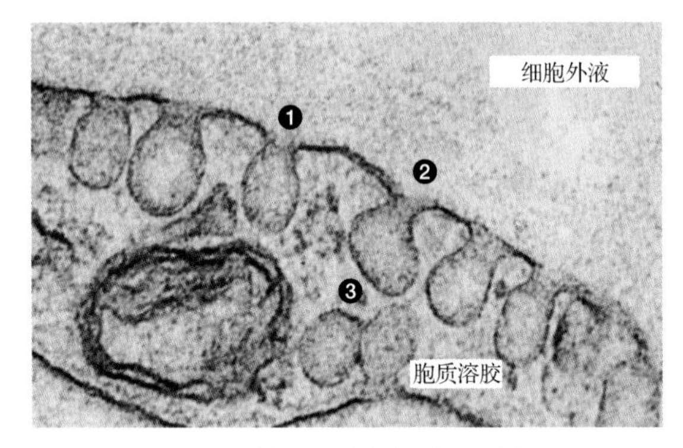

(b) 透射电子显微镜下的胞饮作用

图 5.11 胞饮。用圆圈圈住的数字既对应(a)中的图表，又对应(b)中的电子显微图像

细胞通过受体介导的内吞选择性摄取无法通过通道蛋白或扩散穿过质膜的特定分子或分子复合物（如包含蛋白质和胆固醇的“小囊”，见图 5.12）。受体介导的内吞依赖位于质膜变厚的凹槽位置的称为包被小窝的受体蛋白。适当的分子结合到这些受体上后，包被小窝向内陷入“小囊”，出芽形成囊泡，将分子带到胞质中。

吞噬（phagocytosis）将大粒子甚至整个微生物移入细胞（见图 5.13a）。例如，当在淡水中生

活的阿米巴虫感知到美味的草履虫时，阿米巴虫就会伸展其部分膜表面。这些伸展的细胞膜称为伪足。伪足在猎物周围与猎物融合，将猎物包裹在称为食物泡的囊泡中，供进一步消化（见图 5.13b）。像阿米巴虫那样，白细胞通过吞噬和消化来包裹并破坏入侵的细菌，因此人体内无时不在上演这样的剧情（见图 5.13c）。

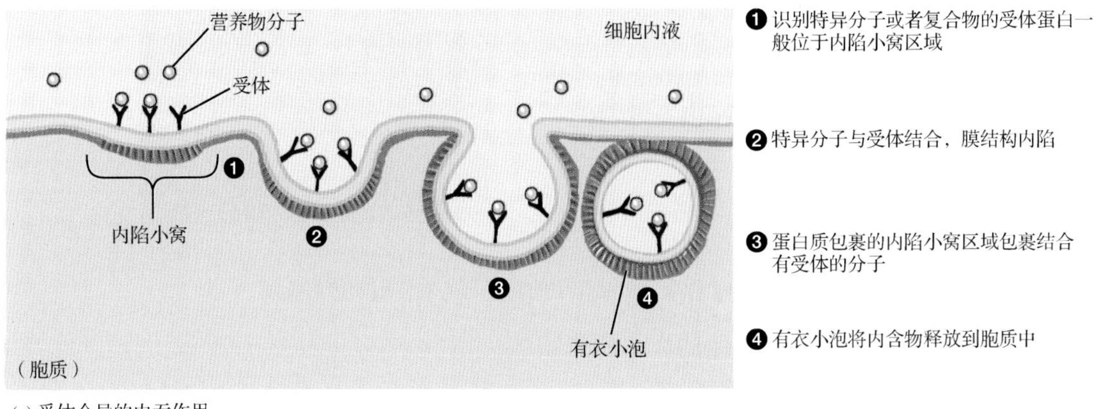

(a) 受体介导的内吞作用

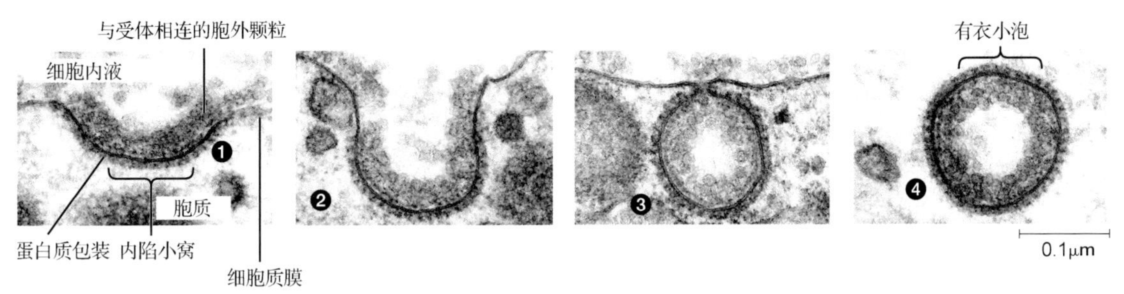

(b) 透射电子显微镜下受体介导的内吞作用

图 5.12　受体介导的内吞作用。用圆圈圈住的数字既对应(a)中的图表，又对应(b)中的电子显微图像

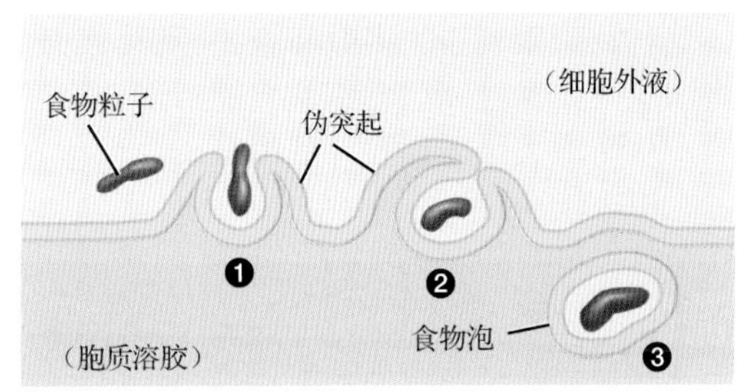

❶ 细胞质膜向细胞外的粒子（比如食物）伸出伪突起
❷ 伪突起的末端融合，包裹食物粒子
❸ 形成一个包裹着被吞噬粒子的称为食物泡的小泡

(a) 吞噬作用

(b) 阿米巴虫正吞噬草履虫

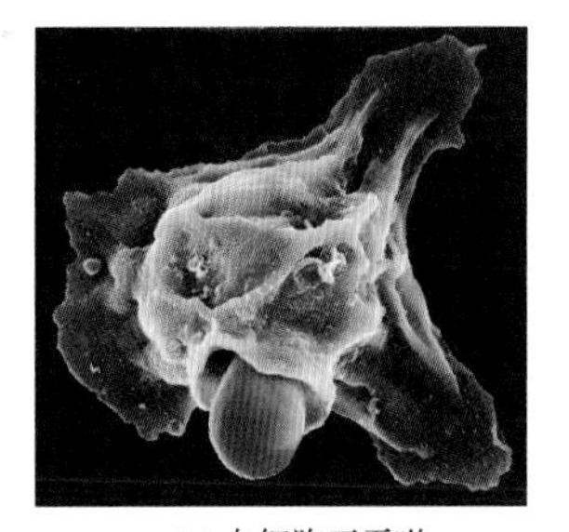

(c) 白细胞正吞噬致病真菌细胞

图 5.13　吞噬作用。(a)吞噬作用的机制；(b)阿米巴原虫吞噬食物；(c)白细胞吞噬致病微生物

3．细胞通过胞吐将物质排出细胞

细胞也利用能量向组织液中排出一些无法消化的废物粒子或分泌激素等物质，这个过程称为胞吐（见图 5.14）。在胞吐过程中，由膜包围的囊泡将要排出的物质移至细胞表面，囊泡膜与细胞质膜融合。囊泡的内容物随后扩散到细胞外液中。

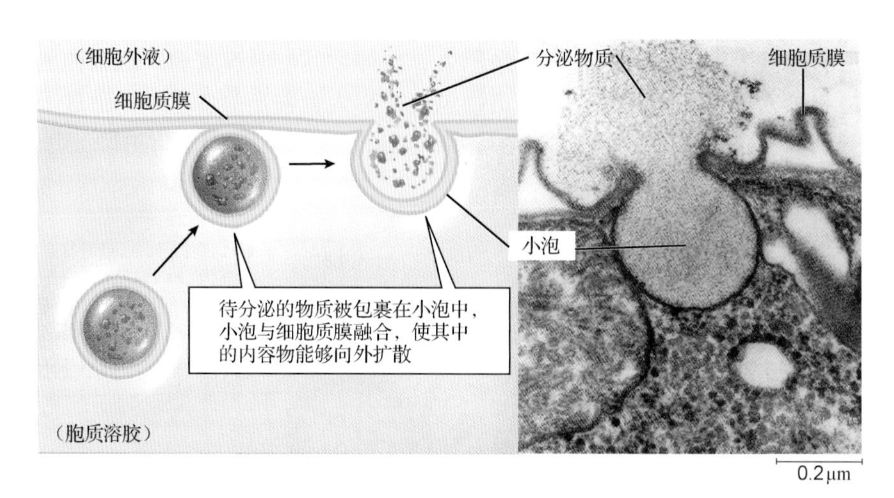

图 5.14　胞吐作用。胞吐作用的功能与内吞作用的恰好相反

5.2.5　跨膜的物质交换影响细胞的大小和形状

大多数细胞太小，裸眼无法看到，直径从 1 微米到 100 微米不等。为什么细胞这么小？假设细胞基本上呈球形，那么直径越大，靠内部的物质就离细胞质膜越远。为了获得营养或排出废物，细胞的所有部分都需要依赖缓慢的扩散过程。

假设有一个巨大的细胞，其直径为 20 厘米，氧气分子需要花 200 天以上的时间才能扩散到细胞的内部，而那时细胞早就因为缺氧而死亡。此外，随着球体变大，其容积比表面积增大得更快。因此，一个巨大的近似球形的细胞（比小细胞需要更多的营养物质，同时产生更多的废物）的膜相对较小，无法完成这样的交换（见图 5.15）。

这种约束限制了大多数细胞的容积。然而，有些细胞（如神经和肌肉细胞）的外形会极度延伸，从而增大膜表面积，使得其表面积与容积之比相对较高。

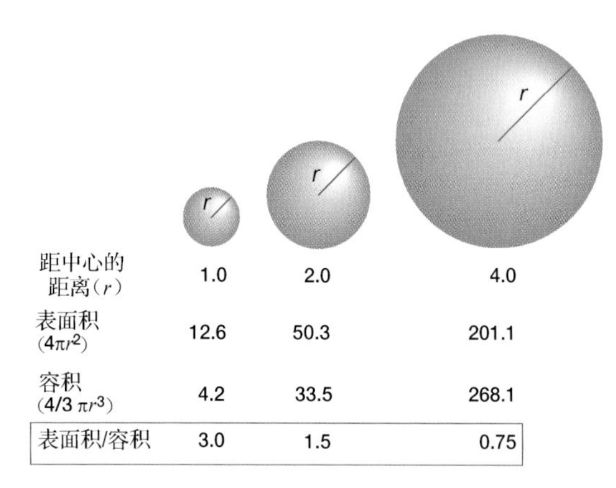

距中心的距离（r）	1.0	2.0	4.0
表面积（$4\pi r^2$）	12.6	50.3	201.1
容积（$4/3\ \pi r^3$）	4.2	33.5	268.1
表面积/容积	3.0	1.5	0.75

图 5.15　表面积和容积的关系。当一个球（或球状细胞）变大时，其容积（所包含的细胞质的量）比表面积（其质膜）增大得快得多。这说明球形细胞必须保持非常小的外形，以使其细胞表面积满足细胞质中的代谢需求

5.3　特化的连接是如何使细胞相连和交流的

在多细胞有机体中，质膜上的一些特化的结构将细胞连接在一起，其他的一些结构则为细胞与邻近细胞间的交流提供通道。下面讨论 4 种主要的细胞连接结构：桥粒、紧密连接、间隙连接和胞间连丝。前面三种连接只在动物细胞中存在，而胞间连丝只在植物细胞中存在。

5.3.1　桥粒将细胞黏附在一起

称为桥粒（见图 5.16a）的黏附结构将被反复拉伸的组织（如皮肤、小肠和心脏中的细胞）连接在一起。这些强有力的连接可避免施加到这些组织上的力将组织撕裂。在桥粒结构中，锚定蛋白位于相邻细胞两质膜的内表面。这些锚定蛋白黏附在整个细胞质中延伸的中间纤维上。连接蛋白从每个细胞的质膜上延伸出来，扩充黏附细胞间狭窄的空间并将它们紧密地连接在一起。

5.3.2 紧密连接使细胞黏附滴水不漏

紧密连接由位于相邻细胞通信位点的跨膜蛋白形成。如图 5.16b 所示，紧密连接使得细胞两个相邻的膜几乎缝在一起。互相结合的紧密连接蛋白在相连的细胞间形成一个阻止几乎所有物质通过的屏障。例如，膀胱内的紧密连接可以阻止尿液中的细胞废物回流到血液中。在消化道中，细胞间的紧密连接可以避免身体的其他部位受到酸、消化酶及存在于多种小室中的细菌的破坏。

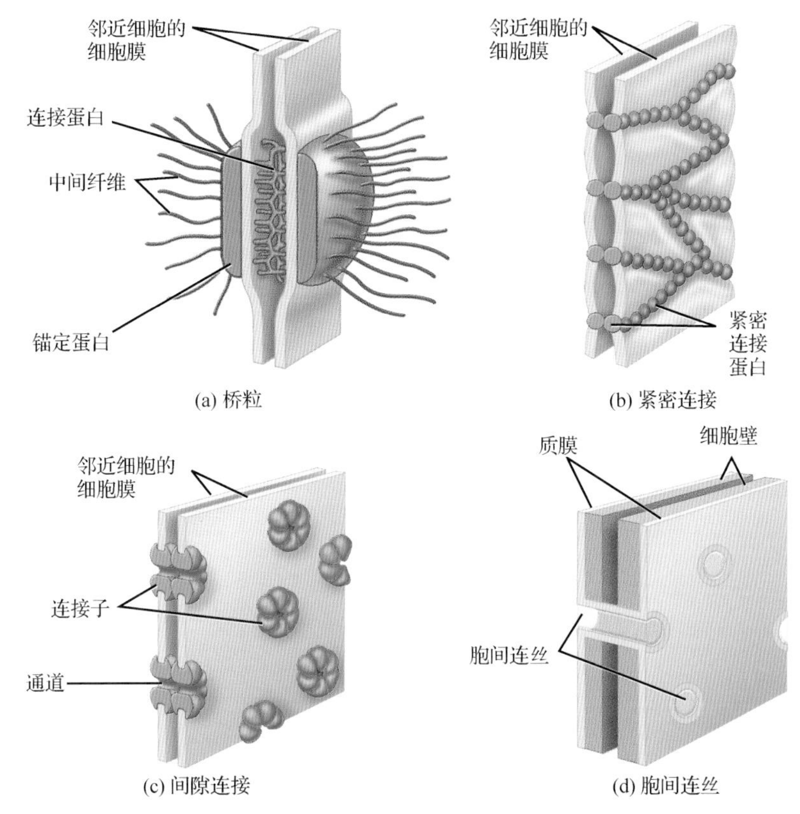

图 5.16 细胞连接结构。(a)桥粒形成很强的连接。相邻细胞质膜上的锚定蛋白由连接蛋白连接。蛋白质纤维（中间纤维）与每个细胞的细胞骨架连接，从而加强细胞连接。(b)邻近细胞之间的紧密连接互相融合，形成针脚状结构，防止邻近细胞的质膜之间发生物质交换。(c)间隙连接包含连接邻近细胞的细胞质的通道蛋白，可让小分子和离子通过。(d)胞间连丝连接相邻植物细胞的细胞质和质膜，使它们之间的代谢活动保持一致

5.3.3 间隙连接和胞间连丝使细胞之间可以直接交流

动物体内许多组织中的细胞通过间隙连接互相连在一起（见图 5.16c），成簇的通道可能有几个到上千个。通道由 6 个管状跨膜连接子侧向排列而成。连接子成对排列，以便中央孔洞可将相邻细胞的胞质连接起来。小孔洞允许小水溶性分子（包括糖分子和各种离子、氨基酸）和小信使分子如 cAMP 在细胞间通行，但会阻止细胞器及大分子如蛋白质的通行。间隙连接可以协调大量细胞的代谢活动。它们可以使电信号在特定神经细胞群中得以极快传播，还可以使心肌及消化道、膀胱及子宫内壁平滑肌的收缩同步。

胞间连丝是一种将几乎所有相邻的植物细胞连在一起的通道。胞间连丝的开口处排列有质膜并由胞浆填充，因此胞间连丝处相邻细胞的膜和胞浆是连续的（见图 5.16d）。许多植物细胞有成千上万的胞间连丝，使得水、营养物质和激素可在不同的细胞间自由通行。这些连接在协调代谢活动中起与动物细胞中间隙连接相同的功能。

了解膜脂和蛋白质的多样性不仅是理解单个细胞的关键，而且是理解整个器官的关键，没有细胞膜的特有属性，器官就无法完成相应的功能。

复习题

01. 描述并图解质膜的结构。质膜中的两种主要分子是什么？每种分子的功能是什么？
02. 画出 10 个磷脂分子在水中的构型，并解释它们为什么这样构型。
03. 质膜中常见的五类蛋白质是什么？每类蛋白质的功能是什么？
04. 定义扩散和渗透。渗透作用如何帮助植物叶片保持坚固？植物细胞内的水压术语是什么？
05. 定义低渗、高渗和等渗。浸泡在这三种溶液中的动物细胞的命运如何？
06. 描述细胞中的如下转运过程：简单扩散、协助扩散、主动转运、胞饮作用、受体介导的胞吞作用、吞噬作用和胞吐作用。
07. 说出促进水扩散的蛋白质的名称。什么实验证明了这种蛋白质的功能？
08. 想象一个装有葡萄糖溶液的容器，它被一层膜分成两个隔室（A 和 B），这层膜可以渗透水和葡萄糖，但不能渗透蔗糖。如果将一些蔗糖添加到隔室 A 中，隔室 B 的内容物将如何变化？解释原因。
09. 说出四种细胞间连接的类型，并描述每种类型的功能。哪些存在于植物中，哪些存在于动物中？

第 6 章　细胞中的能量流动

马拉松跑者的身体将存储的能量转化为动能和热能，踏过纽约韦拉扎诺海峡大桥

6.1 什么是能量

能量是指做功的能力，而做功是指将能量从一个物体传递到另一个物体。显然，在马拉松运动中，跑者昂首挺胸、手舞足蹈、一往无前地向 42 千米外的目标前进。这项运动需要消耗大量的化学能，即蕴含在生物大分子中的能量。生物大分子包括糖类、糖原和脂类，它们存储在细胞中，为马拉松跑者提供一往无前的能量。细胞通过 ATP 这样的特殊分子从一个接一个的化学反应中获得、存储和转移能量。

图 6.1 势能转化为动能。过山车在向下俯冲的过程中，重力势能转化为动能

能量通常有两种基本形式，即势能和动能。势能是存储的能量，包括生物大分子中蕴含的化学能、石油等燃料中含有的能量、上过发条的老式钟或已拉开的弓中保持的能量，以及水库和等下落过山车因受重力作用而带来的能量（见图 6.1）。动能则是运动带来的能量，包括辐射能（主要来源于光、X 射线和其他形式的电磁辐射）、热能（主要来源于分子和原子的运动）、电能（主要来源于带电粒子的运动），或者物体的运动，如正在高速下落的过山车或者奔跑中的马拉松运动员。特定情况下，动能可以转化为势能，势能也可以转化为动能。例如，在过山车从低处向高处攀爬时，过山车的动能就转化为重力势能。又如，当光合作用发生时，光线的动能被捕获，转化为生物大分子的化学键中的势能。为了更好地理解能量的流动和转化，就需要了解能量的性质和作用规律。

6.1.1 热力学定律描述了能量的基本特征

热力学定律描述了能量的数量特征（即总量）和质量特征（即用途）。热力学第一定律指出，在正常情况下，能量既不能被创造又不能凭空消失。这个定律定义了一个假想的闭合系统，在这个系统中，能量既不能流入又不能流出，无论系统内部发生何种变化，能量的总量总保持不变。因此，热力学第一定律又称能量守恒定律。然而，能量可从一种形式转化为另一种形式。

下面详细介绍热力学第一定律。假设有一辆轿车，在转动钥匙启动轿车前，轿车的所有能量都是势能，它们存储在燃料的化学键中。开动轿车时，只有约 20%的势能转化为动能。既然热力学第一定律称能量既不能被创造又不能凭空消失，那么剩下 80%的能量去了哪里？燃料的燃烧固然会使得轿车动起来，但是也会使得发动机、路面和周围的空气发热。因此，如热力学第一定律描述的那样，能量的总量依旧守恒，只是变成了另一种形式。当然，绝大部分能量通过转换为热能而浪费了。

热力学第二定律指出，当能量从一种形式转化为另一种形式时，有用的能量减少。换句话说，所有正常活动（除了核反应）都会导致能量转化为更加无用的能量。对前面的轿车来说，汽油中存储的能量的 80%都转化为热能，增大了轿车、空气和路面分子的运动速率（见图 6.2）。对大自然和人类来说，与存储在大分子中的化学键的键能，热能更加没有用处。

下面谈谈人体。当我们奔跑或阅读时，身体会消耗能量，这些能量来自所吃的食物——通过消化分解释放存储在营养物质中的能量。身体之所以暖烘烘的，是因为身体向外散发热量，同时温暖周围的环境。然而，这种能量并不能使肌肉收缩或者使大脑思考。因此，如热力学第二定律告诉我们的那样，任何能量的转换形式，包括那些实实在在发生在人体中的能量转换，都不能获得百分之百的收益。

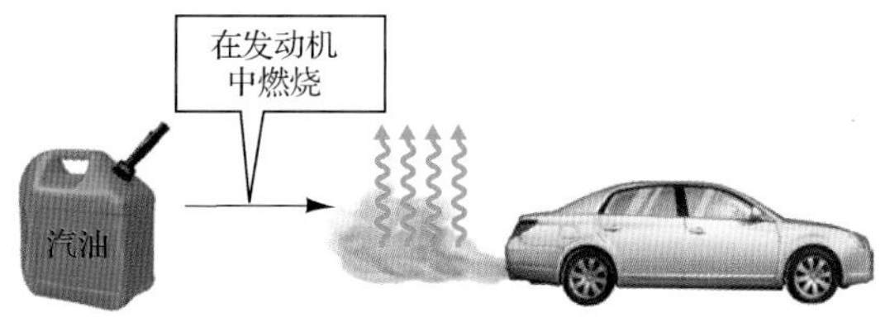

图 6.2　能量的转化导致了有用能量的损耗

热力学第二定律同样告诉了我们物质的组织形式。有用的能量通常存储在高度稳定和有序的物质中，如复杂分子的化学键中。因此，当能量在这个假想的闭合系统中释放和转化时，系统中物质的混乱和无序程度就会提高。例如，我们都能体会到如果不进行需要消耗能量的打扫和整理工作，家中就会乱成一片。

在分子水平上可以观察到同样的情况。燃烧的汽油进行化学反应的化学方程式如下

$$2C_8H_{18} + 25O_2 \rightarrow 16CO_2 + 18H_2O + \text{能量}$$

（辛烷）+（氧气）→（二氧化碳）+（水）+（能量）

（反应物）　　　　（生成物）

在该方程式的两侧，虽然原子的数量相同，但要注意左侧的反应物共有 27 个分子，右侧的生成物共有 34 个分子。反应散发的热能促进了生成物及其周围环境分子的不规则运动。这种由复杂趋于简单、由有序趋于无序、由有用能量趋于无用能量的趋势称为熵。与熵相对的有用能量则要从外界环境中注入系统。耶鲁大学著名科学家 G. Evelyn Hutchinson 说过“无序的事物遍布宇宙，人类就是要与无序斗争”，这句话对完美地诠释了熵和热力学第二定律。

6.1.2　生物利用太阳能为生命创造低熵的环境

热力学第二定律可能会让你费解的是，生物为何能在越来越无序的环境中生存？如果化学反应（包括发生在生物各个细胞中的化学反应）导致的无用能量越来越多，生命物质越来越随机和无序，那么生物体是如何应对这些无用的能量和物质的？答案是，无论是细胞、生物体还是人类赖以生存和发展的地球，都不是闭合的系统，它们从距离地球 9300 万千米的太阳那里获得源源不断的太阳能。太阳能是太阳不断发生核反应的结果，核反应生成源源不断的光能和各种形式的电磁能，同样会增大自身的熵。这些反应向外释放无法估量的热能，以致太阳中心的温度高达 1500 万摄氏度。

因此，生物体“对抗无序的战争”是通过首先获取太阳能，然后合成复杂的生物大分子，最终构建和维持生物体来实现的。于是，高度有序的系统（即低熵的系统）并不违反热力学第二定律，因为它们从太阳那里获得了源源不断的有用能量。熵一直在不断地增加，而发生在太阳中的化学反应迟早有一天会用尽能量，所幸的是，这会是几十亿年后的事情。

6.2　能量在化学反应中是如何转化的

化学反应破坏或者形成将原子组合在一起的化学键。化学反应将一群化学物质（又称反应物），转换为另一群化学物质（又称产物）。所有的化学反应要么释放能量，要么吸收能量。如果一个化学反应是放能反应，那么该化学反应释放能量，其反应物中包含的能量多于产物中包含的能量。所有化学反应都是通过热量的形式来释放部分能量的（见图 6.3）。如果一个化学反应是吸能反应，该化学反应就需要摄入能量，换句话说，其产物中包含的能量要多于反应物中包含的能量。吸能反应需要从外界系统获取能量（见图 6.4）。

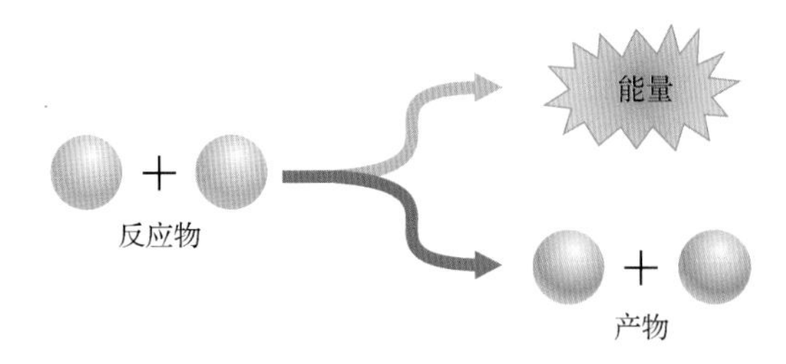

图 6.3　放能反应。产物比反应物包含的能量少

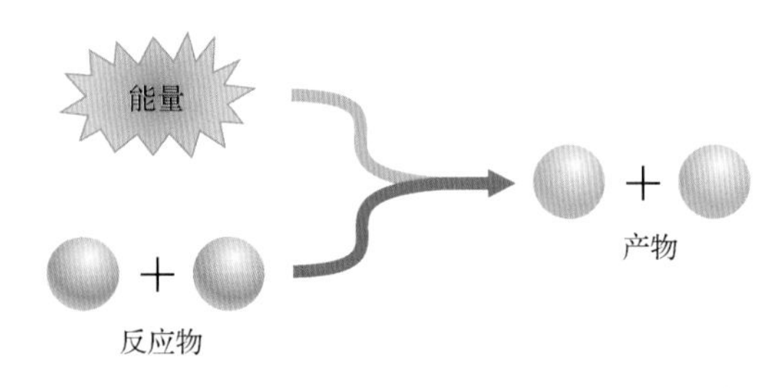

图 6.4　吸能反应。产物比反应物包含的能量多

6.2.1　放能反应释放能量

所有厨师都说糖可以燃烧。当糖（如葡萄糖）燃烧时，所发生的化学反应和人体内或其他生物体内的反应并无区别。糖和氧气作为反应物，生成二氧化碳和水，并且伴随着化学能和热能的释放。各反应物分子包含的总能量要远大于各生成物分子包含的总能量，因此葡萄糖的燃烧反应是放能反应（见图 6.5）。放能反应就像是从能量高的山顶路向能量低的山脚。

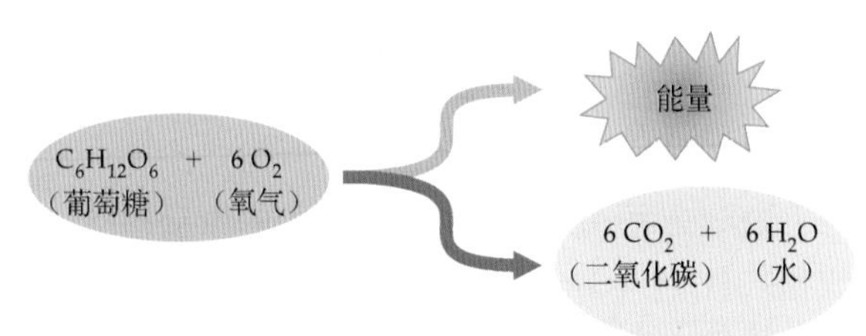

图 6.5　葡萄糖燃烧的反应物和产物

6.2.2　吸能反应需要吸收能量

与糖的燃烧相反，在许多化学反应中，产物分子中包含的能量多于反应物分子中包含的能量。例如，糖中包含的能量远大于形成它所需的二氧化碳和水分子中包含的能量。肌肉细胞的蛋白质分子中包含的能量远大于形成它所需的氨基酸分子中包含的能量。换句话说，合成复杂的生物分子需要能量的投入，也即这些反应是吸能反应。吸能反应不会自发发生。我们可将这种反应想象成爬山，反应物中包含的能量少于产物中包含的能量，就像将一块石头从低能量的山脚搬到高能量的山顶那样，需要耗费大量的能量。那么，生物的吸能反应如何获取能量呢？答案是光合作用。光合作用利用从太阳获得的光能，将能量低的水和二氧化碳转化成能量高的糖（见图 6.6），接着用糖类中包含的能量合成蛋白质和其他必需的复杂分子。从这个意义上说，所有生物都要利用光合作用得到的能量，并且通过吸能反应将这些能量存储在糖类和其他生物大分子中。

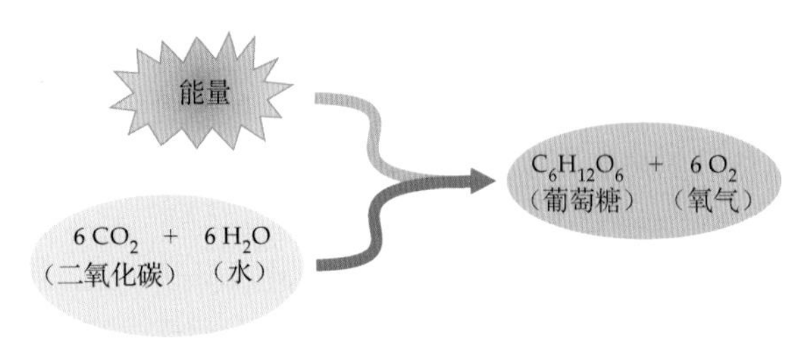

图 6.6　光合作用

1. 所有化学反应都需要能量来启动

所有的化学反应（包括那些可以持续自发发生的化学反应）都需要能量来启动。例如，如果没有神秘力量推动山顶的一块石头，它就会一直屹立在那里。在化学反应中，神秘力量的能量称为活化能（见图 6.7a）。所有的原子外面都环绕着带负电的电子，活化能的作用就是帮助原子克服外层电子的斥力，让原子彼此靠近，进而发生化学反应。

活化能由分子的动能提供。在任何高于热力学零度的温度下，原子和分子都会持续不断地运动。高速运动的反应分子彼此碰撞，使得它们的外层电子彼此缠绕而难以区分，最终发生化学反应。因为温度越高分子的运动越剧烈，所以高温下的化学反应更易发生。例如，“火花引燃气体”（见图 6.7b）是指稻草即糖类被点燃后，起始反应为糖类和氧气提供足够的热量，使反应持续下去。

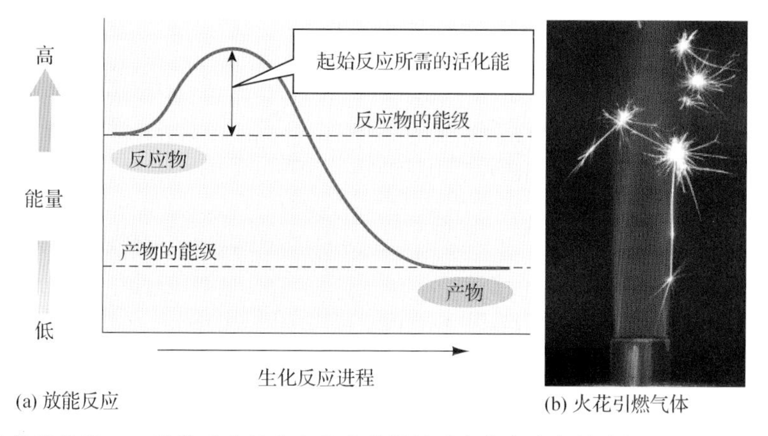

图 6.7 放能反应的活化能。(a)放能反应从含有较多能量的反应物向含有较少能量的产物方向进行，并释放能量。(b)摩擦煤气打火机产生的火花点燃了从本生灯中逸出的煤气。火花为放能反应提供活化能。此后，煤气燃烧释放的热量使反应自发地进行下去

6.3 能量在细胞中是如何转运的

几乎所有生物的生存和发展都依赖于葡萄糖分解这个放能反应所释放的能量，这些能量维持细胞的基本活动，包括细胞内各种分子的构建和肌肉收缩等。然而，葡萄糖释放的能量并不能被细胞直接利用，而要先转移到载能分子上。载能分子是指在放能反应中合成的、承载部分化学反应所释放能量的高能分子，这些分子就像是可充电的电池，通过放能反应充盈能量，再释放这些能量来启动下一个吸能反应。无论是获取能量还是转移能量，载能分子只在细胞内部发生作用，既不能将能量从一个细胞传递到另一个细胞，又不能长时间地存储能量。

6.3.1 ATP 和电子载体是细胞内的载能分子

细胞中发生的放能反应（如葡萄糖和脂类的分解）大部分都产生大量的三磷酸腺苷，三磷酸腺苷又称 **ATP**（见第 3 章）。ATP 是细胞中最常见的载能分子。ATP 是一种核苷酸，由含氮的腺嘌呤碱基、核糖和三个磷酸基团组成（见图 3.23）。ATP 在所到之处启动细胞内的大量吸能反应，因此也称细胞内的能量流。当细胞中发生葡萄糖分解这类放能反应时，释放的能量使处于低能状态的分子二磷酸腺苷（又称 **ADP**）与一个分子的无机磷酸基团结合，生成 ATP（见图 6.8a）。这个无机磷酸基团的化学式是 HPO_4^{2-}，通常表示为 P_i。这个过程需要消耗能量，所以 ATP 的合成反应是吸能反应。

广泛分布于细胞中的 ATP 将能量带到进行吸能反应的各个地方。在那里，ATP 分解为 ADP 和 P_i，并释放携带的能量（见图 6.8b）。在代谢旺盛的细胞中，ATP 的生存周期非常短暂，每个分子每天约轮回 1400 多次。马拉松跑者每分钟会消耗大量的 ATP 分子，如果 ATP 不迅速循环，马拉松跑者就没有足够的能量来奔跑。我们知道，ATP 并不能长时间地存储能量，而其他更稳定的分子（如植物中的淀粉、动物中的糖原和脂肪）可将能量存储数小时甚至数天，脂肪存储能量的时间甚至可达数年。

对细胞来说，ATP 并不是唯一能够携带能量的分子。对一些放能反应（如葡萄糖分解和光合作用）来说，有些能量并未传递给 ATP，而传递给了电子。携带能量的电子与细胞中的氢离子（H^+）被一种称为电子载体的分子捕获。接着，携带能量的电子载体将高能电子传递给其他分子，而这些分子通常会参与 ATP 的合成。细胞中最常见的电子载体包括烟酰胺腺嘌呤二核苷酸（NADH）和黄素腺嘌呤二核苷酸（$FADH_2$）。

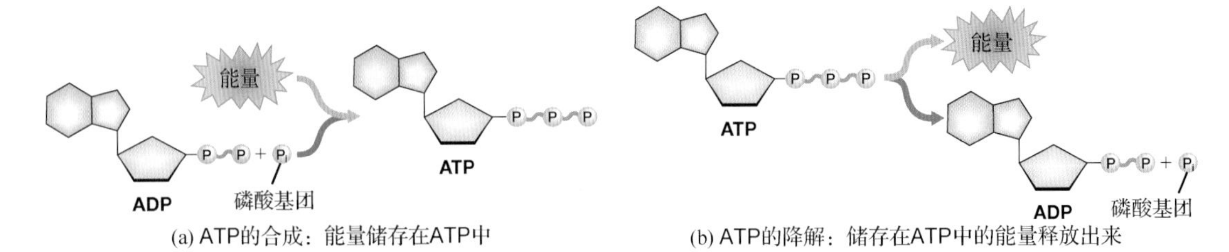

图 6.8 ADP 和 ATP 的转化。(a)当一个磷酸基团（P_i）加到二磷酸腺苷（ADP）上生成三磷酸腺苷（ATP）时，能量就被捕获。(b)当 ATP 被降解为 ADP 和 P_i时，就释放供细胞完成各种生命活动的能量

6.3.2 偶联反应联系放能反应和吸能反应

对偶联反应来说，放能反应可以 ATP 或电子载体来释放能量，进而启动吸能反应（见图 6.9）。例如，对光合作用来说，光线即光能来自太阳中心发生的放能反应，植物可以捕获光能并用这些能量将低能反应物（二氧化碳和水）合成为高能产物（葡萄糖），这是吸能反应。几乎所有生物都会利用放能反应（如葡萄糖分解为二氧化碳和水）释放的能量来启动和维持吸能反应（如氨基酸合成蛋白质）。因为能量在转化过程中无时无刻都以热能的形式损失，所以偶联反应中的放能反应释放的能量总要多于吸能反应所需的能量。

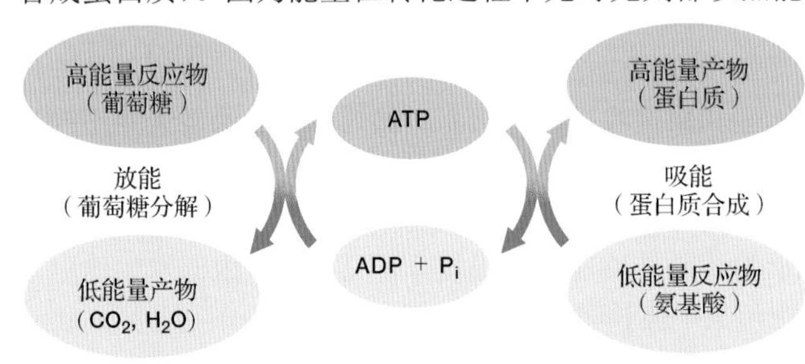

图 6.9 活细胞中的偶联反应。放能反应（如葡萄糖分解）驱动由 ADP 和 P_i 合成 ATP 的反应。ATP 分子将化学能携带到细胞中需要能量的地方，驱动吸能反应（如蛋白质合成）。ADP 和 P_i 在生成 ATP 的吸能反应中重新聚集

在细胞内部，偶联反应中的放能反应和吸能反应通常在细胞的不同部位发生，因此细胞必须寻求一种方式使得能量从放能反应发生的地方转移到吸能反应发生的地方，这一工作通常由 ATP 这样的载能分子完成。作为偶联反应的中间产物，放能反应持续合成 ATP，后者携带放能反应释放的能量，在吸能反应发生的地方释放能量（见图 6.9）。

6.4 酶是如何催化生物化学反应的

点燃碳水化合物，就会产生火焰，碳水化合物会和氧气发生反应生成二氧化碳和水。这个反应在人体细胞中也无时无刻不在发生，当然，细胞中发生的反应不会产生火焰，更没有失火的危险。碳水化合物在空气中燃烧所产生的大量热量对细胞来说是极其无用的和浪费的，如果能量的释放受到精密控制且与 ATP 的产生反应相偶联，一个葡萄糖分子所释放的能量就足以产生数十个 ATP 分子。

6.4.1 催化剂降低启动反应所需的能量

总体来说，化学反应的速率取决于由该反应的活化能，即由启动该化学反应所需的能量决定（见图 6.7a）。有些反应（如盐块溶于水中）所需的活化能非常低，在人的体温即 37℃下就可迅速发生。相对地，体温下的糖块也许过了几个世纪仍是糖块。

碳水化合物和氧气发生反应生成水和二氧化碳是放能反应，但这个反应的活化能很高。火焰的热量增大碳水化合物分子和附近氧气分子的运动速率，使它们彼此碰撞并发生反应的概率大大增加，并为这些反应提供足够的活化能，于是发生反应或者碳水化合物燃烧。催化剂的作用是，

在没有热能加入进而提供活化能的情况下，促使反应的发生。

所谓催化剂，是指在自身不发生变化的情况下提高化学反应速率的一类分子。催化剂通常通过降低反应的活化能来发挥作用（见图 6.10）。轿车排气系统中的催化装置就是一个例子。汽油的不完全燃烧产生有毒和有害的一氧化碳（CO），而一氧化碳可以缓慢和自发地与空气中的氧气发生反应，产生二氧化碳，该反应的化学式为

$$2CO + O_2 \rightarrow 2CO_2 + \text{热能}$$

对重型卡车来说，一氧化碳与氧气的自发反应程度远低于一氧化碳的释放量，因此一氧化碳会逐渐积累而危害人体。如果安装催化装置，催化装置中的催化剂（如铂金）就为氧气和一氧化碳的相遇与碰撞提供了平台，大大增加二者反应的发生概率，起到降低空气污染的作用。

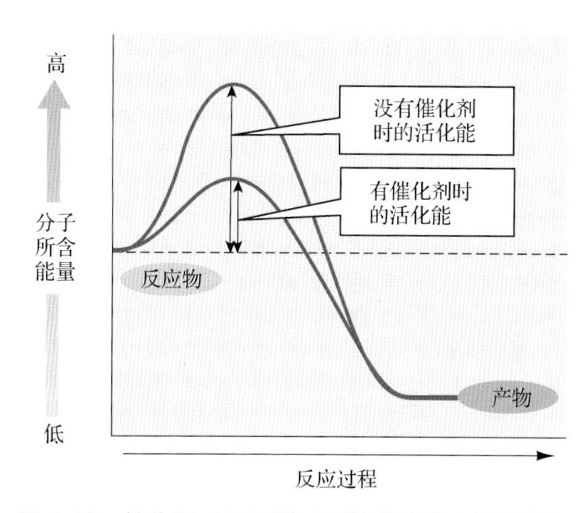

图 6.10　催化剂（比如酶）可以降低反应的活化能。高活化能（红色曲线）表示反应物分子必须发生强烈碰撞才能发生反应。催化剂降低反应的活化能（蓝色曲线），更多的分子达到足够快的运动速度时，相互碰撞便能发生反应。因此，该化学反应能更快地进行

所有催化剂都具有如下三个特点：

- 通过降低启动反应的活化能来发挥作用。
- 可以同时增大吸能反应和放能反应的反应速率，但不能使吸能反应自发地发生。
- 催化的反应并不消耗和改变催化剂自身。

6.4.2　酶是生物催化剂

无机催化剂可以加速多种不同的化学反应，但这些催化剂并不直接用于生物体，甚至无机催化剂对生物体是有害的和致命的。生物体有自己的生物催化剂，即生物酶，所有生物酶都是蛋白质。特定的生物酶最多可以催化几种化学反应，大多数生物酶只可催化唯一一种生物化学反应。

生物酶既可以催化放能反应，又可以催化吸能反应。例如，ADP 和 P_i 合成 ATP 这一反应可由 ATP 合成酶来催化。吸能反应发生时需要提供能量，ATP 的分解则需要 ATP 酶来催化。

1. 酶的结构使其可以催化特殊的反应

生物酶的功能与任何蛋白质一样取决于其结构（见第 3 章中的图 3.20）。生物酶的氨基酸序列和氨基酸链缠绕折叠的方式决定酶的独特形态与结构。生物酶利用其独特的形态结构引导、改变和重塑其他分子，使这些分子更易发生反应而自身不发生变化。

每种酶都有一个像口袋一样的区域，称为活化区域，反应物分子（又称底物）可以进入这个口袋区域。活化区域的形态及构成活化区域的氨基酸所携带的电荷，决定了什么样的分子可以进入该活化区域。例如，淀粉酶催化淀粉的水解反应，分解淀粉，但对纤维素却没有任何作用，尽管淀粉和纤维素的糖链完全相同。这是为什么？因为淀粉中单糖的空间排列方式与淀粉酶的活化区域相匹配，而纤维素的则不是如此。在胃中，蛋白质多肽链的多个区域都可与胃蛋白酶的活化区域相结合，进而被胃蛋白酶消化降解。有些分解蛋白质的特殊生物酶（如胰酶）破坏特定氨基酸之间的肽键，即只针对某类蛋白质进行降解。因此，对完善的蛋白质消化系统来说，需要多种消化酶的协同作用才能更好地将摄入的所有蛋白质消化为氨基酸。

生物酶是如何催化生物化学反应的？图 6.11 中给出了简单的解释。当两种反应底物分子发生反应生成一种生成物时，首先，生物酶活化区域的特定结构和所带的电荷使反应底物进入酶的活

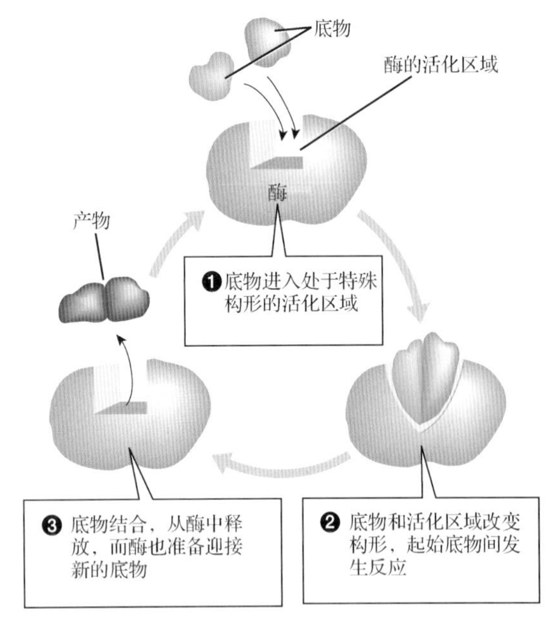

图 6.11 酶-底物相互作用的循环。尽管图中只显示了两个底物分子结合为一个产物分子的反应，但酶也可催化一个底物分子分裂为两个产物分子的反应

化区域，底物进入活化区域后，底物和生物酶的活化区域都改变构形。接着，活化区域的氨基酸链和反应底物因为所带电荷产生的相互作用很可能破坏底物的化学键。特定化学反应之所以被特定的生物酶催化，是由反应底物的选择性、底物的构形以及临时形成的化学键和变化扭曲的原有化学键决定的。这些因素决定了特定生物酶是否能够促使两种分子相互反应，或者促使一个大分子降解为多个小分子。一个化学反应结束后，如果反应的产物并不能与生物酶的活化区域相匹配，就会自然而然地离开。这时，酶将恢复其原本的构形，准备迎接下一轮的反应。如果底物足够充沛，一些催化效率较高的生物酶每秒就可催化成千上万个反应，使之迅速有效地进行，其他一些酶的催化速度可能要慢得多。

2. 生物酶降低活化能

细胞中分子的分解或合成需要很多精密且细小的步骤，而每个步骤需要特定的生物酶来催化（见图 6.12）。每种酶都可降低其催化的化学反应的活化能，使反应在体温条件下顺利进行。类似于登山运动员攀登时在路途上放置适合手抓或脚蹬的辅助设施那样，每个反应都需要一定的活化能，而活化能又被催化剂降低，进而让这些反应正常有序地在体温条件下进行。

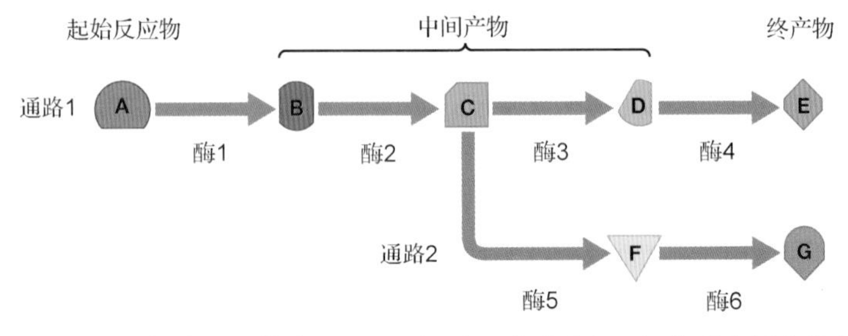

图 6.12 简化后的代谢通路。起始反应物分子（A）经历一系列反应，每个反应都由特定的酶催化，且产物都是下一反应的反应物。代谢通路通常是互相连接的，因此一步反应中的产物可能是这个通路中下一种酶的底物，也可能是另一个通路中某种酶的底物

6.5 生物酶是如何调节的

细胞代谢是指在细胞中运行的全部生物化学反应。许多化学反应（如将葡萄糖分解为二氧化碳和水的反应）与细胞代谢通路密切相关（见图 6.12）。在细胞代谢通路中，起始反应物在生物酶的催化作用下分解为几个比较相近的中间产物分子，接着在另一种酶的作用下转化为第二个中间产物，以此类推，直到产生最终的生成物。例如，光合作用可视为合成葡萄糖这些高能分子的代谢途径。另一个知名的代谢途径是糖酵解，即使葡萄糖分解和释放能量的过程。不同的代谢途径可能有着相同的分子，因此，细胞中这些代谢途径相互直接或间接的联系就构成了庞大的网络。

6.5.1 细胞通过控制生物酶的合成和活化来调节代谢途径

在试管中构建的理想环境中，特定反应的速率取决于特定时段内有多少底物分子与生物酶的活化区域相结合，即取决于酶和底物分子的浓度。总体来说，增大酶和/或反应底物的浓度，可以提高反应速率，因为这些方式可以大大增加酶和反应底物发生碰撞与反应的概率。但是，对于具有生命活性的细胞，每条代谢途径上的每个反应的速率都必须受到严密的调节，因此细胞中进行的反应远比试管中的复杂。细胞必须牢牢控制每条代谢途径产物的形成速率和数量，即使是在起始反应物的数量时常波动的情况下。例如，吃完午饭后，食物给人体带来大量葡萄糖，这些葡萄糖进入血液循环中，但我们并不希望这些葡萄糖马上被分解和代谢掉，因为这样产生的 ATP 远超人体所需的数量。于是，血液中的葡萄糖并未马上分解，而是部分转化为糖原或脂肪存储下来，以备不时之需。因为，为了更加有效地利用能量，细胞中的代谢反应必须受到精密调节，即这些反应必须在合适的时间以合适的速率进行。细胞通过控制生物酶的类型、数量和活化程度来调节代谢途径。

1. 细胞可以控制编码生物酶的基因的转录和翻译

控制生物酶最有效的手段之一是控制其合成数量，即随着需求的不同，控制编码该酶的基因的转录和翻译。当一个反应的底物非常充足时，通过基因水平的调节可以大大增加特定生物酶的合成数量。而随着生物酶浓度的升高，底物分子与酶相互碰撞作用的概率大大增加，反应发生的概率和速率也大大增加。例如，马拉松跑者在参加比赛前会食用高糖食物，高糖食物消化后，大量葡萄糖进入血液循环系统，启动和调节一系列的代谢反应，其中一种反应的作用是促使胰岛细胞分泌胰岛素。胰岛素的升高会启动一系列基因的合成，比如分解葡萄糖这条条代谢途径上的第一种生物酶，这些基因的转录和翻译将导致细胞合成大量的六碳糖激酶，这种酶给葡萄糖分子加上一个磷酸基团产生葡萄糖六磷酸。接着，葡萄糖六磷酸被分解，释放的能量传递给 ATP，进而提供给肌肉细胞。

有些酶的调节比较特别，它们只在生命周期的某个或某些时期表达，基因上的某个碱基的突变会完全影响该基因的表达。

2. 一些酶以非活化形式合成

有些酶是以非活化形式合成的，当有机体需要这种酶时才转化为活化形式。前面提到的消化蛋白质的蛋白酶和胰酶就属于这种情况。在细胞中，这两种酶以非活化形式合成与释放，这样，这些蛋白酶就不能消化和杀死合成它们的细胞。而在胃中，胃酸的强酸性使蛋白酶的前体解离，暴露出活化区域，起消化食物中蛋白质的作用。胰酶可以完成蛋白质的最终降解，非活化状态的胰酶则被释放到小肠中，小肠则分泌另一种去除胰酶非活化部分的酶，使胰酶具有相应的功能。

3. 生物酶的活性可通过竞争性抑制或非竞争性抑制来控制

生物酶随意作用会制造出大量质量低劣的产物，这对一个细胞来说并不是好的选择。因此，许多酶都长期处于抑制状态，以便细胞内的底物不会早早就耗尽，细胞也不会充斥大量无用的产物。生物酶的抑制主要有竞争性抑制和非竞争性抑制两种。

生物化学反应要顺利发生，反应底物就要与酶的活化区域相互作用（见图 6.13a）。竞争性抑制作用指的是，有一类物质，它们虽然不是这种生物酶的标准底物，但可以和酶的活化区域相结合，竞争性地阻止酶的底物和酶的结合（见图 6.13b）。通常情况下，酶的竞争性抑制物分子与其底物具有相似的结构，这就使得它可以与酶的活化区域发生作用。例如，在葡萄糖分解产生 ATP 的代谢途径中，酶与其中的一个中间产物草酰乙酸发生作用，产生柠檬酸，而细胞本身含有的柠檬酸会竞争性地抑制这一反应。这就是反应产物抑制酶的活性的一个例子。反应产物和反应底物都在生物酶的活化区域内进出，如果二者的浓度足够高，反应产物就不能挤走反应底物，底物也拿产物无可奈何。柠檬酸竞争性抑制的例子可以帮助细胞控制葡萄糖分解的反应速率，因为如果柠檬酸的浓度足够高，柠檬酸就可通过抑制酶的活性来降低柠檬酸产生的速率。另一个大名鼎鼎的竞争性例子是毒品，详见下面的介绍。

非竞争性抑制是指抑制剂并不与生物酶的活化区域结合，而与酶的另一个区域结合，使得酶的活化区域构象发生扭曲，大大降低酶的催化活性（见图 6.13c）。有些非竞争性抑制剂对机体具有很强的毒性，它们大部分都由细胞自身合成分泌，用以调节细胞的各个代谢途径。

4. 一些生物酶通过改变形态进行调节

细胞通过多种方式来调节其代谢途径，最主要的方式之一是通过活化或抑制通路上的生物酶来实现的。代谢途径上的许多生物酶都可进行形变，即生成变构酶。变构酶可以轻易和自发地从一种构形转变为另外一种构形，其中一种构形是活化形态的，另一种构形是非活化形态的，细胞通过改变酶的构形来对其进行调节。变构抑制是一种非竞争性抑制，即这种酶的抑制分子与酶的非竞争性抑制区域相结合，使酶稳定在非活化状态。变构活化则是在这样的情况下发生的，即这种酶的活化分子与酶的另一个区域（活化区域）相结合，使酶稳定在活化状态。酶的活化分子和抑制分子都可与酶的形变调节区域进行单一的可逆结合。这种短暂结合的结果是，在特定的时段内，处于活化（或抑制）状态的酶的数量与细胞中所含活化分子（或抑制分子）的数量成比例。

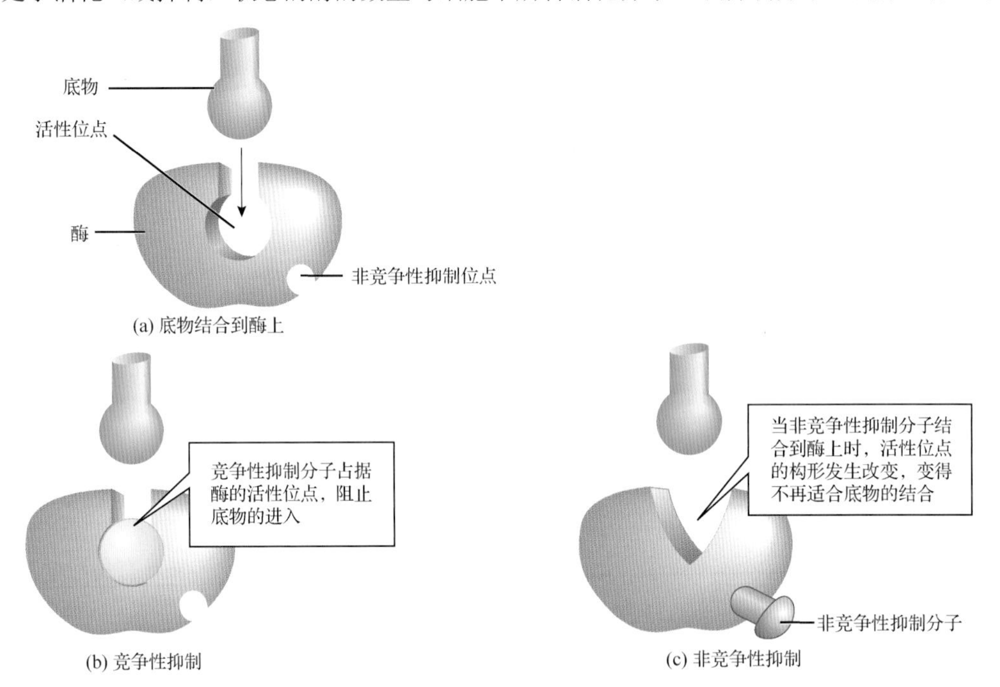

图 6.13　竞争性抑制和非竞争性抑制。(a)正常的底物在酶未受抑制的情况下，能够嵌入酶的活性位点。(b)在竞争性抑制的情况下，与底物相似的竞争性抑制分子进入酶的活性位点，阻止正常底物进入。(c)在非竞争性抑制的情况下，分子与酶的另一个位点结合，改变活性位点的形状，使底物无法与其结合

变构调节的一个著名例子是 ADP。ADP 由 ATP 分解而成，主要用来合成更多的新 ATP（见图 6.8）。当大量 ATP 被分解利用时，细胞中产生大量 ADP。这时，ADP 就会活化产生 ATP 这条代谢途径上的变形酶，使这条代谢途径处于活化状态，大大增加 ATP 的产量。

变构调节的重要形式是反馈抑制（见图 6.14）。反馈抑制的效果是，当这条代谢途径的最终产

物达到最佳水平时，就会抑制最终产物的合成，使最终产物不多不少。这种情况类似于空调在室内温度达到设定温度时就停止工作。在反馈抑制中，整条代谢途径起始位置的生物酶被最终产物抑制，也就是说，这条代谢途径的最终产物作为变构抑制分子而存在。

图 6.14 所示的代谢途径示意图中显示了一系列生物化学反应，每个反应都被一种特定的酶催化，反应结果是一种氨基酸转变成另一种氨基酸。随着反应的进行，最终产物异亮氨酸的水平越来越高，而异亮氨酸与这条代谢途径前面的酶相遇与结合的概率大大升高，与酶的抑制性形变区域结合后，酶的功能受到抑制。因此，当最终产物异亮氨酸足够多时，这条途径也就被减缓或阻塞。另一个形变抑制分子是 ATP，它可抑制 ATP 合成途径。当细胞中的 ATP 处于充足状态时，已有的 ATP 就会阻碍新 ATP 的合成。而当 ATP 逐渐耗尽时，ATP 合成途径就会重新开始工作。

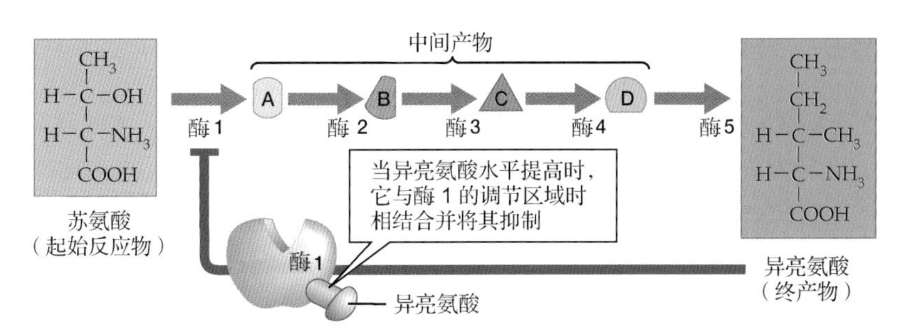

图 6.14 酶通过反馈抑制的变构调节。这条代谢途径通过一系列中间产物（用色块表示）将苏氨酸转变成异亮氨酸，这些中间产物由不同的酶（用箭头表示）催化。如果细胞缺乏异亮氨酸，反应就继续进行。当异亮氨酸不断积累时，就会抑制酶 1，阻塞代谢途径。当异亮氨酸的浓度降低时，对酶 1 的抑制作用降低，重新开始合成异亮氨酸

6.5.2 有毒物质、药物和环境因素都会影响酶的活性

对生物酶有作用的有毒物质和药剂通常具有抑制酶的作用，要么竞争性抑制，要么非竞争性抑制。另外，环境因素也可能使酶变性，因为三维构形的改变对酶的功能至关重要。

1. 一些有毒物质和药物是生物酶的竞争性或者非竞争性抑制剂

生物酶的竞争性抑制剂，包括一些神经毒气（如沙林毒气）和杀虫剂（如马拉硫磷），一旦与乙酰胆碱酯酶的活化区域结合，就会永久与其结合，从而持续地抑制乙酰胆碱的分解。乙酰胆碱是神经细胞分泌的作用于肌肉细胞，使肌肉细胞活化的一种神经递质。因此，乙酰胆碱酯酶的持续抑制会造成乙酰胆碱的积累，使肌肉持续处于活化状态，这就是癫痫，甚至造成死亡，因为肌肉细胞的持续和过度活化会令机体呼吸困难。另一些有毒物质是生物酶的非竞争性抑制剂，包括砷、汞和铅这些重金属物质。氰化钾之所以会在几分钟内造成机体死亡，是因为它是生物酶的非竞争性抑制剂，而这种酶在 ATP 生成途径上至关重要。

一些药物通过作为生物酶的竞争性抑制剂来发挥作用。例如，众所周知的抗生素盘尼西林（即青霉素）的作用机理是作为生物酶的竞争性抑制剂，而这种酶是细菌细胞壁合成通路上的重要组成部分，这种酶一旦受到抑制，细菌的细胞壁就会受到毁灭性的破坏。药物阿司匹林和布洛芬也是通过作为酶的竞争性抑制剂来发挥作用的，它们主要抑制参与机体肿、热和痛的分子的合成。一些抗癌药物也是生物酶的竞争性抑制剂。癌细胞时刻处于快速分裂的过程中，快速的分裂需要细胞持续合成新的 DNA。一些抗癌药是核酸的类似物，这些类似物插入新合成的 DNA 中，使细胞产生大量错误的 DNA，从而抑制癌细胞的分裂。遗憾的是，这些药物同样会影响其他高速分裂和生长的细胞，包括毛发和消化道中的细胞。这就解释了在化疗过程中化疗病人脱发、呕吐且伴有很多其他副作用的原因。

2．环境影响酶的活性

生物酶的三维结构对外界环境很敏感。前面说过，极性氨基酸之间的氢键是蛋白质三维结构的决定因素之一（见第 3 章），只有在一些非常特殊的化学和物理条件（如合适的 pH 值、温度和盐浓度）下，这样的化学键才能形成。因此，大多数生物酶的作用环境都非常苛刻，一旦这种环境发生变化，酶就会失活，即它的三维构形发生变化，不再能起到酶本来的作用。

对人类来说，细胞中的生物酶要发挥最大的作用，细胞内部和外部的 pH 值最好保持为 7.4 左右（见图 6.15a）。对这些酶来说，酸性环境通过给氨基酸连上氢离子来改变氨基酸所带的电荷水平，进而改变蛋白质的三维构形，最终改变其功能。在人体消化道中发生作用的酶，与在细胞中发生作用的生物酶要求的 pH 值不同。例如，消化蛋白质的胃蛋白酶需要胃部的强酸性环境，即 pH 值约为 2。而另一种消化蛋白质的胰酶在小肠中发挥作用，小肠中是碱性环境，其 pH 值约为 8（见图 6.15a）。

除了 pH 值，温度同样影响酶的催化效果，也就是说，温度越高催化效率就越高，温度越底催化效率就越低。这是因为随着温度的升高，分子的不规则运动速率加快，大大增加了反应底物分子与酶的活化区域相结合的概率（见图 6.15b）。降低体温会显著降低代谢反应。例如，在寒冬季节，一个小男孩不小心掉到了冰窟中，如果在 20 分钟内救出小男孩，其毫发无损的概率还是很大的。在体温环境下，如果一个人的大脑缺氧超过 4 分钟，就可能救不过来。这是因为在冰水中，体温显著降低，代谢速率也因此变得缓慢，耗氧量明显减少。

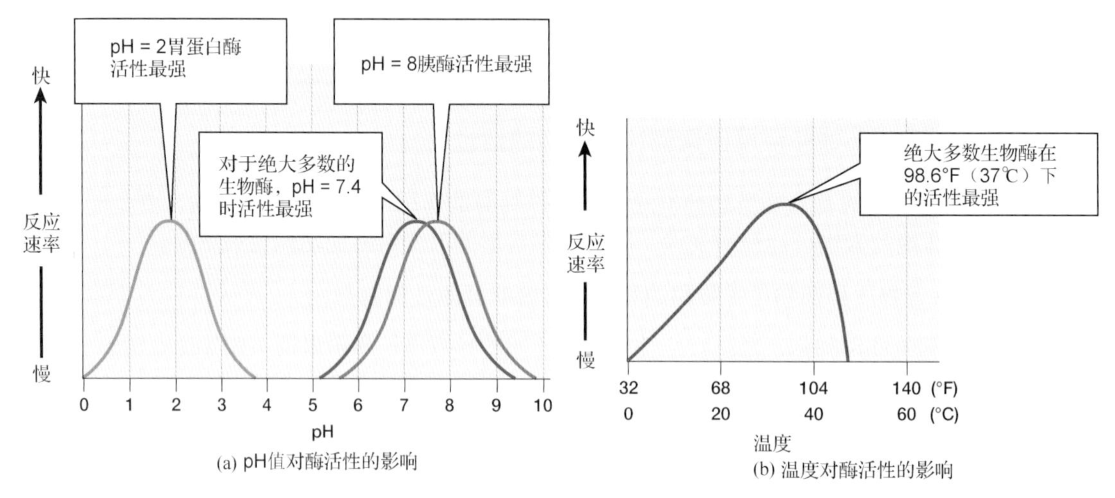

图 6.15　人体内的酶只能在很小的 pH 值和温度范围内发挥作用。(a)用来消化食物的胃蛋白酶释放到胃中，它在酸性条件下能够最有效地发挥作用。释放到小肠中的胰蛋白酶在碱性条件下能最有效地发挥作用。细胞中的大多数酶在细胞间隙液和胞浆的 pH 值（约 7.4）下能最好地发挥作用。(b)人体内的大多数酶在体温下达到活性峰值

相反，如果温度过高，分子运动就会加快，调节蛋白质三维结构的氢键处于不稳定状态甚至断开，使蛋白质失活。例如，生鸡蛋的蛋清和熟鸡蛋的蛋清，无论是外观还是质地，都有很大的变化。煮鸡蛋和煎鸡蛋的烹饪温度远高于使蛋白质变性的温度。人体摄取过多的热量有可能是致命的。在美国，每年夏天都有成百上千的孩子死于热休克，因为粗心的父母将孩子留在了未开空调的汽车中。

在冰箱或者冰柜中，食物保存的时间更长，因为低温会使食物中的细菌和真菌生长缓慢，但根本原因是低温会使那些促进微生物生长的酶不能有效发挥作用。在没有发明冰箱之前，肉类常用盐渍的方法来防腐。因为食盐解离成离子后，可与酶中的某些氨基酸形成化学键，盐分过低或

过高都会影响酶的三维结构，进而破坏其功能。腌黄瓜基本上不会变质，因为黄瓜处于高盐和强酸环境中。细胞中和细胞之间存在大量盐类，这些盐类也是酶维持其三维结构的主要原因之一。

复习题

01. 为什么生物体不违反热力学第二定律？地球上大多数生命形式的最终能量来源是什么？

02. 定义势能和动能，并分别提供两个具体的例子。解释一种形式的能量如何转化为另一种形式的能量。在这个转化过程中会损失一些能量吗？如果是这样，它将采取什么形式？

03. 定义新陈代谢，并解释反应如何相互偶联。

04. 什么是活化能？催化剂如何影响活化能？催化剂如何影响反应速率？

05. 将分解细胞中的葡萄糖比作用火柴点燃它。每种情况下活化能的来源是什么？

06. 比较酶的竞争性和非竞争性抑制机制。

07. 描述酶的结构和功能。酶活性是如何调节的？

第 7 章　光合作用

白垩纪撞击地球的一颗小行星可能是霸王龙、三角龙和其他恐龙灭绝的罪魁祸首

7.1 什么是光合作用

生命体必须持续不断地获得能量才能存活下去。地球上所有生命体赖以生存的能量基本上都直接或间接地来自太阳，仅有那些可以进行光合作用的生物才能直接从太阳那里获取能量。光合作用是指生物捕获太阳能并将其以化学键键能形式存储在有机物分子中的过程。可以毫不夸张地说，正是在生命的漫长演化中进化出光合作用这种获取能量的过程，生命才得以繁衍生息。这个神奇的过程不仅为生命体提供赖以生存的能量，而且提供利用这些能量所必需的氧气分子。在湖泊和海洋中，光合作用主要依靠可进行光合作用的原生动物和一些细菌，而在陆地上，光合作用则主要依靠植物。这些生物通过光合作用大约可以摄入 1 亿吨的碳元素并将其转化为有机物。而通过光合作用产生的这些富含能量的有机物最终会成为食物，供给地球上其他形式的生命。在这些可进行光合作用的生物中，光合作用的过程十分相似。下面主要介绍我们最熟悉的陆生光合作用生物，即植物。

7.1.1 叶片和叶片中的叶绿素是光合作用的必备条件

陆生植物的叶片好像就是为了光合作用而生的（见图 7.1）。叶片伸展开来，将自己暴露在阳光下。叶片很薄，阳光可以穿透叶片到达叶片内部的叶绿体。叶片的上表面和下表面中都含有一层透明的表皮，起到保护叶片不被阳光灼伤的作用。叶片表皮外面覆盖着一层角质层，角质层呈透明的蜡状，有防水的功能，保护叶片的水分不被过度蒸发。

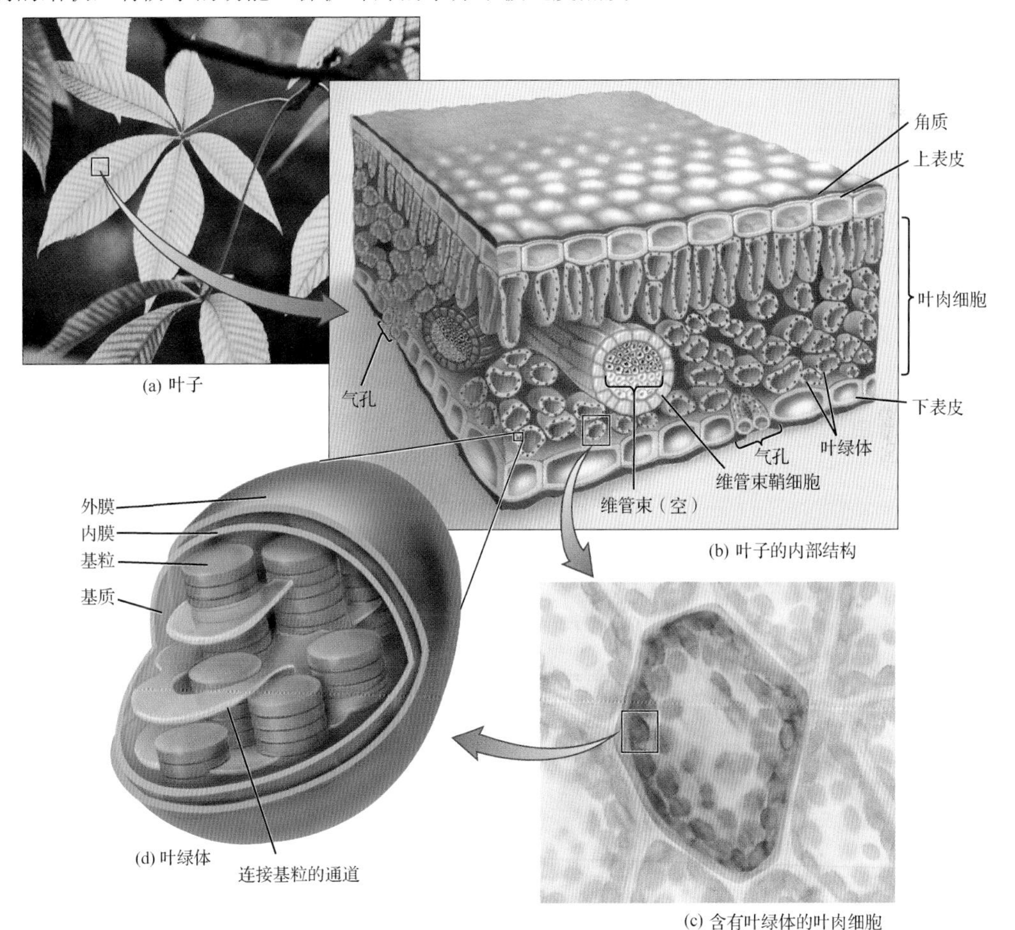

图 7.1 光合结构概况。(a)在陆生植物中，光合作用主要在叶子中进行；(b)一片叶子的一部分；(c)叶肉细胞的光学显微图像，其中堆积了大量叶绿体；(d)叶绿体，显示了其基质和类囊体，光合作用发生在叶绿体中

二氧化碳是光合作用的原料，叶片通过表皮上的气孔吸收空气中的二氧化碳（见图 7.2）。叶片内部的细胞统称叶肉组织，意思是叶片中间的物质，叶绿体是其中的主要成分（见图 7.1b）。叶肉组织中的维管束形成孔道结构，主要功能是供给叶肉细胞水分和矿物质，并将叶肉细胞合成的葡萄糖输送到植物的其他部位。包裹着维管束的那层细胞称为维管髓鞘细胞，这类细胞中通常是没有叶绿体的。

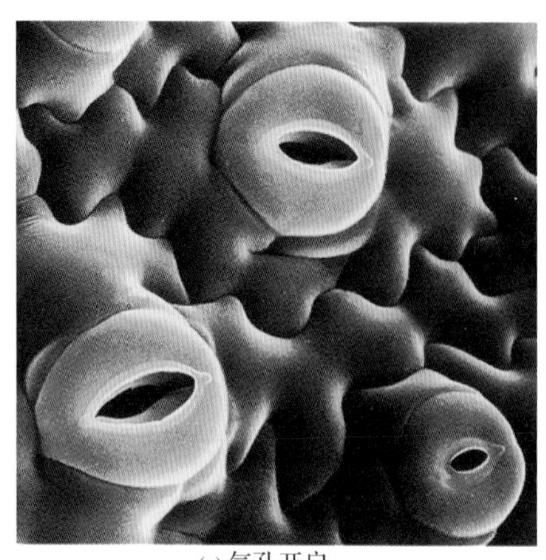

(a) 气孔开启

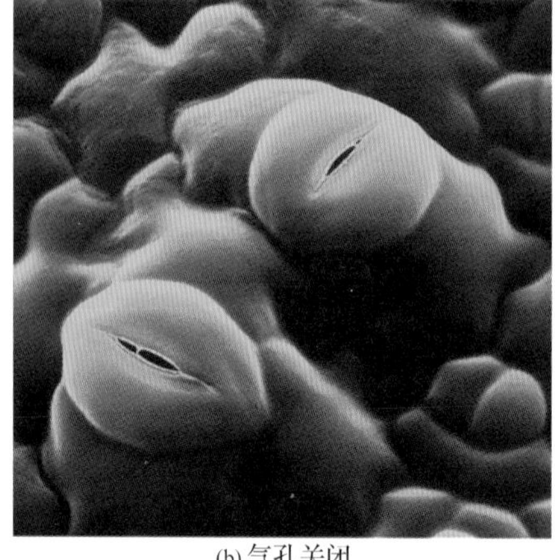

(b) 气孔关闭

图 7.2　气孔。(a)打开的气孔使 CO_2 可以扩散进来，O_2 可以扩散出去。(b)关闭的气孔减少了蒸发导致的水分流失，但同时阻止了 CO_2 的进入和 O_2 的排出

植物的光合作用发生在叶绿体中，植物的绝大多数叶绿体都位于叶肉组织中。单单一个叶肉细胞就含有 40～50 个叶绿体（见图 7.1c），叶绿体的体积非常小，直径约为 5 微米，形象地说，2500 个叶绿体排成直线后的长度也才有大拇指指甲盖那么宽。叶绿体是一种具有双层膜结构的细胞器，膜结构内包裹着半液态的物质，称为基质。基质中镶嵌着像碟片一样相互交联的囊泡状结构，称为基粒（见图 7.1d）。每个这样的囊泡都包裹着一个充满液态物质的空间，称为基粒间质。光合作用的一系列与光相关的化学反应（又称光反应）发生在基粒中，或者发生在基粒周围。而卡尔文循环（即将二氧化碳合成为葡萄糖的一系列生物化学反应）则发生在周围的基质中。

7.1.2　光合作用由光反应和卡尔文循环组成

光合作用的起始反应物是二氧化碳和水这样的简单分子，结果是将光能转化为葡萄糖的化学键键能并释放氧气这样的副产物（见图 7.3）。光合作用可归纳为下面的简单化学反应：

$$6CO_2 + 6H_2O + \text{光能} \rightarrow C_6H_{12}O_6\text{（葡萄糖）} + 6O_2$$

上式看起来只是一个简单的化学方程式，但光合作用其实包含了几十个相互独立的化学反应，每个化学反应都依靠其独特的生物酶来催化。这些反应大致分为两个阶段：一是光反应，二是卡尔文循环。每个阶段都发生在叶绿体的不同区域，但这两个截然不同的阶段依靠载能分子这个媒介而紧密联系。

在光反应阶段，叶绿体基粒中丰富的叶绿素和其他一些类似功能的分子捕获太阳能，并将这种能量转化为载能分子 ATP 和 NADPH 中化学键的键能。同时，水分子分解，并产生氧气分子。在卡尔文循环阶段，叶绿体基质中和基粒周围的大量生物酶催化两种反应物（即来源于空气的二氧化碳和来源于光反应阶段的载能分子）合成三碳糖，合成的三碳糖是接下来合成葡萄糖的原料。图 7.3 中显示了光反应阶段和卡尔文循环阶段发生的场所，还显示了这两个阶段是如何相互联系、依次进行的。光合作用中的“光”字表明在叶绿体基粒上发生了捕获光能的光反应阶段。这些反应

就像充电，为载能分子的前体 ADP 和 $NADP^+$充电，形成充满能量的载能分子 ATP 和 NADPH。光合作用中的“合”字则代表卡尔文循环阶段，这个阶段利用吸收的碳元素和 ATP 与 NADPH 的能量合成糖类。耗尽能量的 ADP 和 $NADP^+$将重新回到光反应发生的地方充电，如此循环不断。

下面几节详细介绍这两个阶段。

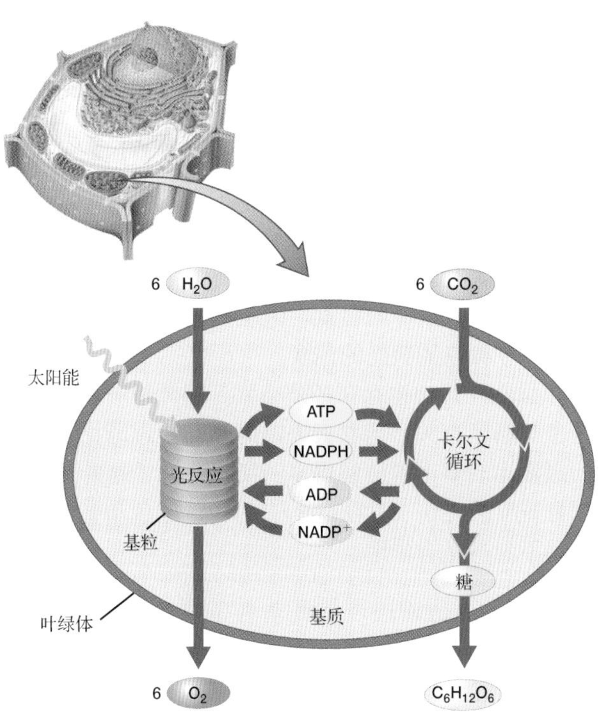

图 7.3 光反应和卡尔文循环之间的关系。为光合作用提供原料的简单小分子（H_2O 和 CO_2）在过程的不同阶段加入反应，并在叶绿体的不同位置被光合作用利用。光合作用释放的氧气来自水，而在合成糖的过程中用到的碳来自二氧化碳

7.2 光反应阶段：光能是如何转化为化学能的

光反应阶段的主要工作是捕获太阳能，并通过两种截然不同的载能分子 ATP 和 NADPH 将光能转化为化学能。光反应阶段的一个必备条件是，基粒的膜结构上需要有能够捕获光能的各种色素和催化反应的生物酶。阅读本节的内容时，需要注意基粒的膜结构及其包裹的基粒间质是如何发生并支持光反应的。

7.2.1 捕获光能的是叶绿体中的色素

太阳所释放能量（电磁能）的波谱很宽——从短波长的伽马射线到紫外线、可见光，再到波长很长的无线电波（见图 7.4）。光及其他电磁波是由独立的能量颗粒（即光子）构成的。光子的能量与其波长负相关，短波长光子（如伽马射线和 X 射线）具有很高的能量，而像无线电波这样的长波长光子具有很低的能量。可见光携带的能量不高也不低，足以启动像叶绿素这样的色素分子的功能（色素就是吸收能量的分子），却不足以破坏生物体内重要分子（如 DNA）的化学键。此外，可见光携带的能量刚好可以刺激人眼中的色素分子，让人看到光。这也是这个波段的光被称为可见光的原因。

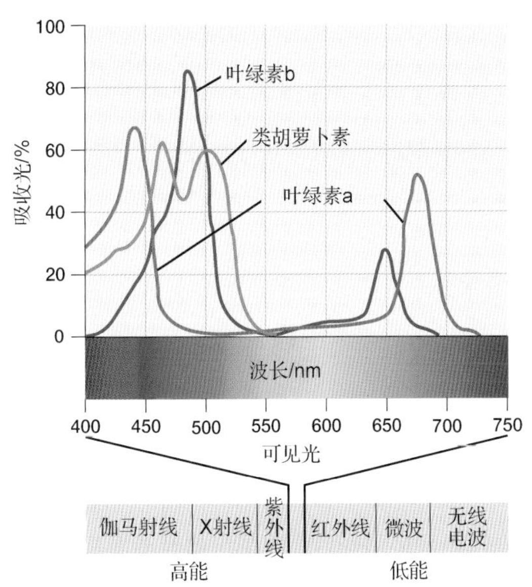

图 7.4 光和叶绿体中的色素。可见光仅为电磁辐射的一小部分，由与彩虹色对应的波长的光组成。叶绿素 a（绿色曲线）和叶绿素 b（蓝色曲线）能强有力地吸收紫光、蓝光和红光，而向人眼反射绿光或黄绿光。类胡萝卜素（橙色曲线）吸收蓝光和绿光

当一种特定波长的光照射一个物体（如一片树叶）时，将发生光反射、光透射或光吸收现象。位于反射和透射波长范围内的光可被观察者的眼睛接收，这些光的颜色就是我们所认为的物体的颜色，如树叶的绿色。被吸收的光则可启动像光合作用这样的生物反应。

叶绿体中含有种类和数量丰富的色素，因此可以吸收不同波长的光线。叶绿素 a（叶绿体中

最主要的捕获光能的色素分子）可以大量吸收紫光、蓝光和红光，反射绝大多数绿光，这就是叶片呈绿色的原因（见图 7.4）。叶绿体中其他的色素分子统称补充色素，吸收其他波长的光，并将光能传递给叶绿素 a。补充色素包括叶绿素 b，其结构和叶绿素 a 的相似，它吸收一部分叶绿素未吸收的蓝光和橘红光，并反射黄绿色光。胡萝卜素是所有叶绿体中都存在的辅助色素，它吸收蓝光和绿光，反射黄光和红光，所以富含胡萝卜素的叶片呈红色、黄色和橘色（见图 7.4）。β 胡萝卜素是辅助色素（胡萝卜素的一种），也是很多蔬菜和水果（如胡萝卜、西葫芦、橘子和甜瓜）呈橘色的原因。有趣的是，动物和人类可将 β 胡萝卜素转换为维生素 A，而维生素 A 的主要功能就是合成动物和人眼中的色素。因此，植物中捕获光能的 β 胡萝卜素被动物和人类消化吸收后，转化为另一种可以捕获光的色素。

虽然叶片中也存在胡萝卜素，但叶片一般呈绿色，因为反射绿光的叶绿素占大多数。然而，这也与温度有关。当秋天来临时，叶片逐渐枯萎，叶绿素比胡萝卜素分解得早，所以才有“霜叶红于二月花”的诗句（见图 7.5）。另外，红色和紫色色素并不参与光合作用。

图 7.5　叶片失去叶绿素，呈类胡萝卜素的颜色。冬天来临时，白杨树叶中的叶绿素被降解，呈黄色到橙色的类胡萝卜素的颜色

7.2.2　光反应阶段发生在基粒的膜结构上

在叶绿素基粒的膜结构周围或基粒上，光能被捕获并转化为化学能。这些膜结构上包含着大量的光系统，每个光系统都含有一系列叶绿素和其他辅助色素，色素周围还有大量的蛋白质。两类光系统（即光系统 I 和光系统 II）相辅相成，共同完成光反应。光系统根据发现时间的早晚来命名，事实上，在光反应阶段，光系统 II 先发挥作用，接着才由光系统 I 发挥作用。

每个光系统都配备一条电子传递链。每条电子传递链都包含镶嵌在基粒膜结构上的一系列电子载体。因此，如图 7.7 所示，在基粒膜结构上，电子传递的路径为：光系统 II→电子传递链 II→光系统 I→电子传递链 I→$NADP^+$。

我们可将光反应视为一场精彩的乒乓球比赛。能量由挥舞的球拍（叶绿素分子）通过撞击传递到乒乓球（电子）上。这时，乒乓球高高飞起，进入一个较高的能级。当乒乓球落下时，乒乓球的能量通过回旋（生成 ATP）或提拉（生成 NADPH）而释放。

1. 光系统 II 利用太阳能来维持氢离子梯度并吸收水分

光反应阶段始于光系统 II 中的色素分子吸收光中的光子（见图 7.6❶）。光子从一个色素分子传递到下一个色素分子，直至传递到光系统 II 的反应中心（见图 7.6❷）。每个光系统的反应中心都含有一对特别的叶绿素 a 分子和一个起始电子受体分子，这些分子镶嵌在多种蛋白质分子之间。当光能到达反应中心时，它促使一个位于反应中心的叶绿素分子上的电子转移到一个起始电子受体上，即捕获一个高能电子（见图 7.6❸）。

光系统 II 的反应中心必须持续不断地供给电子，以便替换那些已吸收携带的光能而离开光系统的电子。补充的电子都来源于水分子（见图 7.6❷）。水分子被光系统 II 中的酶分解，释放的电子用于填充叶绿素分子在反应中心释放的电子的位置。当然，水分子的分解同样会释放两个氢离子（H^+），这些氢离子用于生成和维持合成 ATP 所需的氢离子浓度梯度（见图 7.7），两个水分子被分解后，就产生并释放一个氧气分子。

光系统 II 中的起始电子受体一旦捕获电子，就会将该电子传递给电子传递链 II 上的第一个分子（见图 7.6❹）。电子从一个电子载体分子传递到下一个电子载体分子，在传递的过程中逐渐损失能量。一部分损失的能量用于促使氢离子穿过基粒膜进入基粒间质，并在那里合成 ATP（见图 7.6❺）。最终，耗尽能量的电子离开电子传递链 II，进入光系统 I 的反应中心，取代因吸收了光能而被释放的电子（见图 7.6❻）。

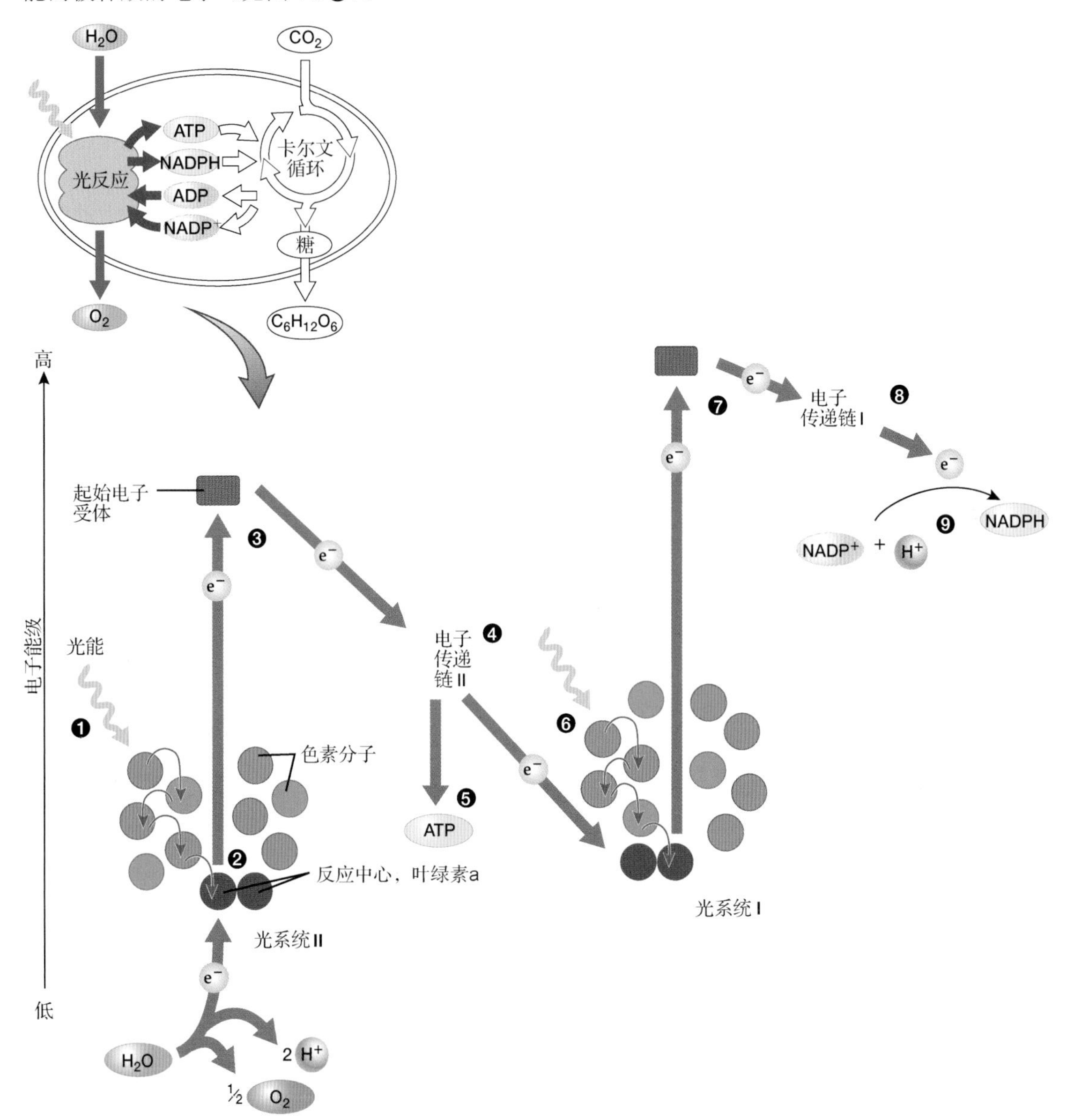

图 7.6　光合作用中的能量传递和光反应。光反应发生在类囊体中或类囊体膜附近。图中的纵轴指示了图中所涉分子的相对能级。❶光系统 II 吸收光，光能传递给反应中心内一个叶绿素 a 分子的电子。❷获得能量的电子从该叶绿素 II 分子中射出。❸获得能量的电子被反应中心的一个起始电子受体（紫色三角形）捕获。❹高能电子经由电子传递链 II 传递。❺在电子传递链 II 传递电子的同时，产生的能量的一部分用来合成 ATP。失去能量的电子进入光系统 I 的反应中心，代替从其中射出的一个电子。❻光照射光系统 I，能量传递给反应中心中叶绿素分子的电子。❼获得能量的电子从反应中心中射出，并被起始电子受体捕获。❽电子经由电子传递链 I 传递。❾基质中的 $NADP^+$吸收两个获得能量的电子，形成一个 NADPH 分子和一个 H^+

2．光系统 I 合成 NADPH

与此同时，光照射光系统 I 的色素分子。在反应中心，这些光能可以传递给叶绿素 a 分子（见图 7.6❻）。在这里，来自光系统 I 中起始电子受体的电子被赋予能量（见图 7.6❼），而携带能量的电子则迅速被来自电子传递链 II 的耗尽能量的电子取代。从光系统 I 中的起始电子受体传递而来的电子，携带能量后与 $NADP^+$发生作用。溶解在间质中的 $NADP^+$与两个高能电子和一个氢离子结合，生成载能分子 NADPH（见图 7.6❾）。

3．ATP 通过化学渗透形成的氢离子梯度来合成

图 7.7 显示了电子是如何通过基粒膜结构的，还显示了能量是如何通过化学渗透作用形成氢离子梯度并由该梯度来合成 ATP 的。当一个高能电子通过电子传递链 II 时，会释放一部分能量，用于将氢离子泵入基粒（见图 7.7❶），使氢离子在基粒内部高度富集，而基质中的氢离子浓度进一步降低，形成基粒内外的氢离子浓度梯度（见图 7.7❷）。在化学渗透过程中，氢离子依靠散布于基粒膜结构上的通道，沿浓度梯度下降的方向从基粒内部回流到基质中。这个通道蛋白称为 **ATP 合成酶**，其作用是，当氢离子通过通道时，基质中的 ADP 和磷酸基团随之合成 ATP（见图 7.7❸）。

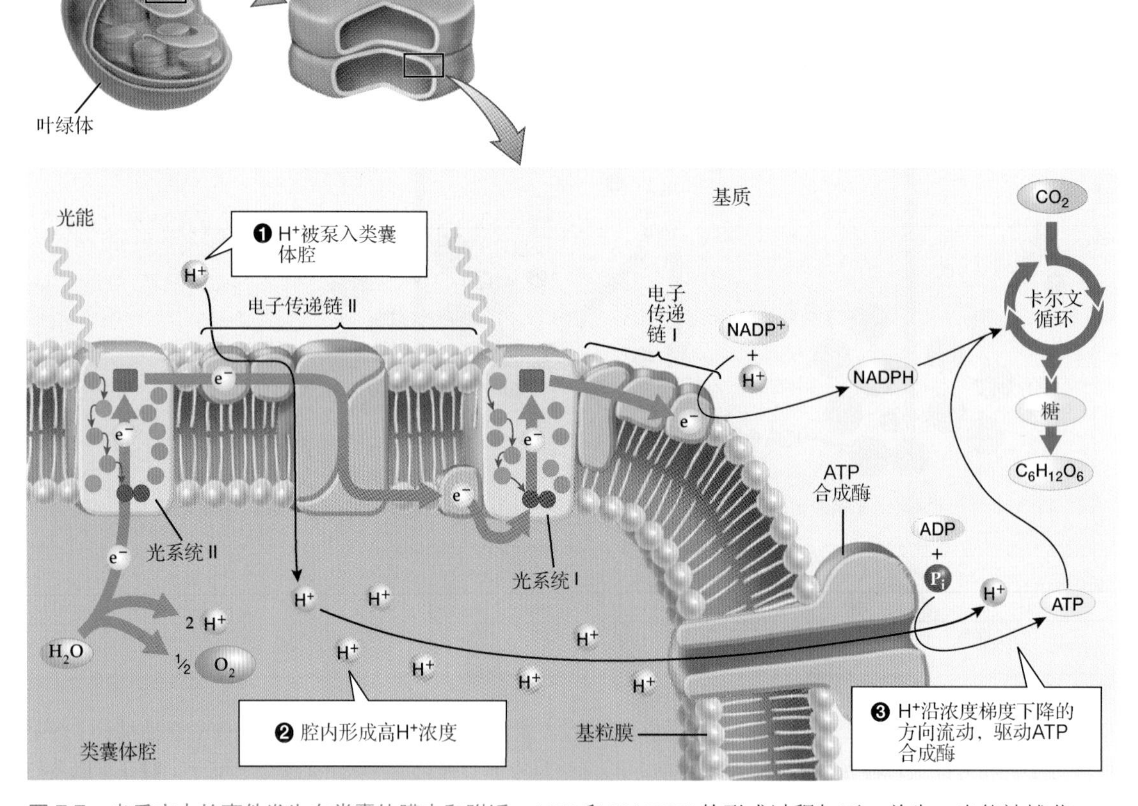

图 7.7　光反应中的事件发生在类囊体膜内和附近。ATP 和 NADPH 的形成过程如下。首先，光能被捕获，一个获得能量的电子在类囊体膜内的分子间运动。❶当电子经过电子传递链 II 时，释放一部分能量，用于将 H^+跨膜泵入类囊体腔。❷上述过程不断发生，产生极高的 H^+浓度梯度。❸在化学渗透过程中，H^+通过 ATP 合成酶上的通道向浓度梯度下降的方向流动，ATP 合成酶通过该过程合成 DNA。三个氢离子通过通道产生一个 ATP 分子

氢离子浓度梯度如何用来合成 ATP？我们可将氢离子浓度梯度视为水电站大坝中存储的水（见图 7.8）。大坝的水闸打开后，大坝中存储的水将倾泻而下，冲击涡轮并使其转动，将水流的能量转化为电能。如存储在大坝中的水一样，存储在基粒内部的氢离子也沿其浓度梯度下降的方向倾泻而下。就如水电站的水闸打开，水流一定冲击涡轮并使其转动那样，氢离子流出基粒内部，进入基质，也一定要通过 ATP 合成酶这个通道蛋白。如涡轮可将水的动能转化为电能那样，ATP 合成酶可以捕获氢离子释放的能量，用于将基质中游离的 ATP 和磷酸集团合成为 ATP。

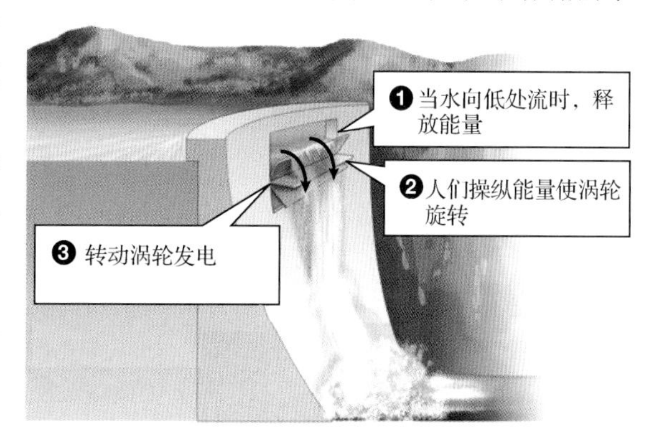

图 7.8 大坝可用水的“梯度”来发电

7.3 卡尔文循环：化学能是如何存储在糖类分子中的

当各个细胞消耗糖类来获取能量时（见第 8 章），会同时释放大量的二氧化碳。反之则不然，也就是说，机体并不能通过捕获和利用二氧化碳来合成糖类这样的有机物。虽然有些化学能合成细菌可通过破坏二氧化碳这样的无机物的化学键来获取能量，但所有无机物转化为有机物并存储能量的过程基本上都是由可以进行光合作用的生物来完成的。在卡尔文循环中，光合生物利用光反应获取的能量，从大气中获取二氧化碳并将其转化为有机物。20 世纪 50 年代，著名化学家卡尔文（Melvin Calvin）、本森（Andrew Benson）和巴萨姆（James Bassham）给出了卡尔文循环的详细过程（见第 2 章）。利用碳元素的同位素标记技术，科学家可以追踪碳元素从二氧化碳经过多次转化，最终形成糖类的过程。

7.3.1 卡尔文循环捕获二氧化碳

在光反应中，ATP 和 NADPH 被大量合成并存储在基粒周围的液态基质中。在卡尔文循环中，ATP 和 NADPH 携带的能量将吸收的二氧化碳转化为三碳糖甘油三磷酸（G3P）。卡尔文循环之所以称为循环，是因为它起始和终止于同一个五碳糖分子——二磷酸核酮糖（RuBP）。

为了更好地记忆和理解卡尔文循环，要时刻记住卡尔文循环的起始反应物和最终产物都是三个分子的五碳糖 RuBP，在接下来的一系列反应中，每步反应都会吸收三个分子的二氧化碳，产生一个分子的最终产物 G3P。为了更好地理解这一系列复杂的化学反应，我们可将卡尔文循环人为地分为三部分：碳元素固定、G3P 合成和 RuBP 再生（见图 7.9）。

在碳元素固定阶段，二氧化碳分子中的碳元素被整合到更大的有机物分子中，Rubisco 将三个分子的二氧化碳和三个分子的 RuBP 合成为三个分子的不稳定六碳糖，这个六碳糖很快就被分解，形成六个分子的三磷酸甘油酸（PGA，一种含有三个碳原子的分子）（见图 7.9❶）。因为碳元素固定阶段的最终产物是含有三个碳元素的 PGA 分子，所以卡尔文循环又称三羧酸循环。

G3P 合成是一系列化学反应的结果，而这些化学反应需要光反应阶段存储在 ATP 和 NADPH 中的能量。通过一系列的化学反应，6 个分子的三碳分子 PGA 最终形成 6 个分子的三碳糖 G3P（见图 7.9❷）。

在形成的 6 个分子的 G3P 中，5 个分子合成为 3 个分子的 RuBP；这个合成反应需要光反应中形成的 ATP 来供给能量（见图 7.9❸）。剩下来的一个分子的 G3P 则作为光合作用的最终产物（见图 7.9❹）。

碳元素固定阶段（卡尔文循环的第一阶段）很容易受到外界环境因素的干扰和破坏。遗憾的是，催化碳固定阶段的 Rubisco 对反应底物的选择性并不强：既可催化 CO_2 与 RuBP 的结合，又可催化 O_2 与 RuBP 的结合。如果结合和固定的是 O_2 而不是 CO_2，就不是我们希望见到的情况，这种使资源处于浪费状态的过程称为光呼吸。光呼吸的发生可以有效地验证卡尔文循环中糖类的合成，使光合作用不能顺利地进行。如果可以很好地规避光呼吸作用，光合作用将高效得多。截至目前，很多科学家投入了大量的精力和时间，试图从基因水平改造 Rubisco，使这种酶的专一性更强，即更加倾向于和 CO_2 发生反应。

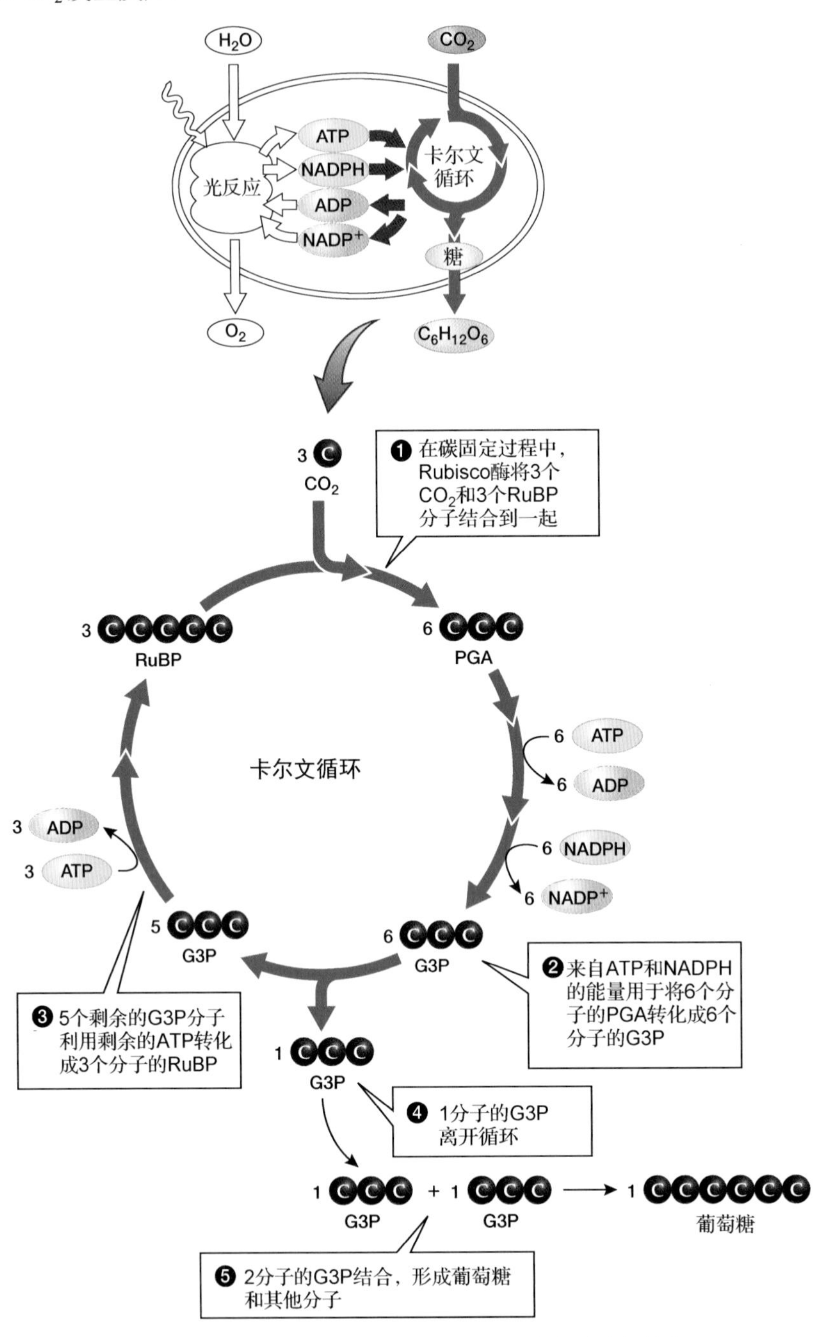

图 7.9　卡尔文循环从 CO_2 中固定碳元素，产生简单的糖类 G3P

地球上的一部分陆生植物还进化出了其他一些生化途径，虽然这些途径相对来说需要消耗更多的能量，但是可在炎热且干燥的环境中高效地固定碳。C_4 途径和景天科酸代谢途径（CAM）就是其中的两种。

7.3.2 卡尔文循环固定的碳元素用来合成葡萄糖

除了经典的卡尔文循环通路，还有一些旁支的反应，例如两个分子的 G3P 可以相互结合，形成一个分子的六碳糖（见图 7.9❺）。葡萄糖可用来合成蔗糖，即由一分子葡萄糖和一分子果糖组成的存储能量的二糖。葡萄糖分子同样可以相互连接形成长链的淀粉和纤维素，淀粉也是一种存储能量的方式，而纤维素是植物细胞壁的主要成分。一些葡萄糖分子在细胞呼吸作用中被分解并释放能量，用来维持植物细胞的基本功能。

光合作用产生和存储的物质被人类看中，随着地球上人口数量的不断增长和能量需求的不断增加，生物燃料的应用已提上日程。生物燃料最大的优势是不会向大气中排放更多的二氧化碳，众所周知，二氧化碳是造成全球气温变暖的温室效应的罪魁祸首之一。然而，生物燃料能否达到人类的期望仍有待探讨。

复习题

01. 解释如果光合作用停止，生命会发生什么。为什么会发生这种情况？
02. 写出并解释光合作用的方程式。
03. 画出叶片横截面的简图并进行标注，解释叶片的结构是如何支撑光合作用的。
04. 画出叶绿体的简图并进行标注，解释叶绿体的各个部分是如何支持光合作用的。
05. 解释光呼吸及其发生的原因。描述一些植物类群进化出的减少光呼吸的两种机制。
06. 追踪叶绿体中从阳光到ATP的能量流动，包括对化学渗透的解释。
07. 总结卡尔文循环的事件。它发生在哪里？什么分子是固定的？循环的产物是什么？驱动循环的能量从何而来？再生的是什么分子？

第 8 章　糖酵解和细胞呼吸作用

在 2008 年的环法自行车赛中，禁药丑闻不断

8.1 细胞是如何获得能量的

细胞需要持续不断的能量供给，以维持细胞生存所必需的诸多代谢反应。本章重点介绍细胞内的一些生物化学反应，这些反应将能量从存储能量的物质分子（尤其是葡萄糖）传递给载能分子（如 ATP）。

热力学第二定律告诉我们，当一个可以自发发生的反应发生时，可被利用的能量就会减少，减少的能量最终以热量的形式散发出去（见第 6 章）。当氧气资源丰富时，细胞在葡萄糖分解过程中获取能量的效率高，葡萄糖所释放能量的约 40%存储在 ATP 中，其余能量则以热量的形式释放出去。60%的能量被浪费，确实很浪费，但对使用传统发动机的轿车来说，汽油燃烧释放的能量大约只有 20%可被利用，其余 80%都以热量的形式消耗。

8.1.1 光合作用产生的能量是细胞能量的最终来源

地球上的生命利用的能量基本上都来自太阳，即植物和一些能够进行光合作用的其他生物通过光合作用获取能量，并将能量存储在糖类和其他有机物分子的化学键中（见第 7 章）。几乎所有生物（包括那些可以进行光合作用的生物）都利用糖酵解作用和呼吸作用来分解存储能量的糖类和其他有机物分子，并且利用由这些分子释放的 ATP 能量。如图 8.1 所示，光合作用和葡萄糖分子的分解（即糖酵解作用和呼吸作用）是密切相关的。葡萄糖（$C_6H_{12}O_6$）在细胞质中依靠糖酵解作用开始分解，同时释放少量的 ATP。接着，糖酵解作用的最终产物通过线粒体的呼吸作用进一步分解，同时释放大量以 ATP 形式存在的能量。在经由细胞呼吸作用形成 ATP 的过程中，细胞利用氧气分子（来自进行光合作用的生物）分解葡萄糖，最终释放水和二氧化碳——这些又是光合作用的原料。

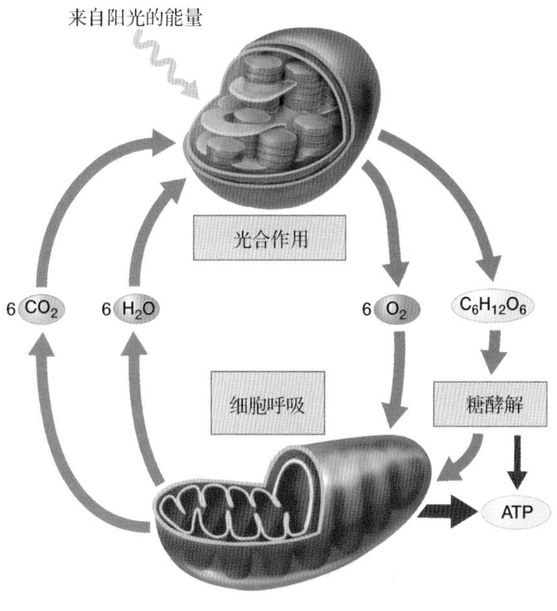

图 8.1 光合作用提供糖酵解和细胞呼吸所释放的能量。光合作用的产物用于糖酵解和细胞呼吸，糖酵解和细胞呼吸的产物又用于光合作用。光合作用捕获来自太阳的光能，并将其存储在葡萄糖中。在真核光合细胞中，光合作用在叶绿体中进行。然后，糖酵解（在细胞质中发生）和细胞呼吸（在真核细胞的线粒体中发生）释放存储在葡萄糖中的化学能

仔细研究接下来的化学方程式就会发现，通过糖酵解作用和呼吸作用进行的葡萄糖分子的完全分解，反过来看，与通过光合作用进行的葡萄糖的合成完全相同，唯一的区别是反应中利用的能量的形式。通过光合作用存储在葡萄糖中的光能，在葡萄糖分解过程中被释放并用来合成 ATP，同时有一些能量以热量的形式损失了。

光合作用的化学方程式为

$$6CO_2 + 6H_2O + \text{光能} \rightarrow C_6H_{12}O_6 + 6O_2$$

葡萄糖完全分解的化学方程式为

$$C_6H_{12}O_6 + 6O_2 \rightarrow 6CO_2 + 6H_2O + ATP + \text{热能}$$

8.1.2 葡萄糖是主要的储能分子

只有少数生物会以单糖的形式存储能量。植物一般将葡萄糖合成为蔗糖或淀粉，而人类和动物则将能量存储在糖原(即长链葡萄糖分子）和脂肪中（见第 3 章)。虽然绝大部分细胞可以利用多种多样的有机物来生成 ATP，但本章重点介绍葡萄糖的分解，这也是在所有细胞中获取能量的方式。葡萄糖的分解是一步一步地进行的，首先是糖酵解作用和无氧发酵过程，接着在有氧气环境下发生细胞呼吸作用。如图 8.2 所示，无论是在糖酵解过程中还是在呼吸作用中，能量均以 ATP 的形式存储。

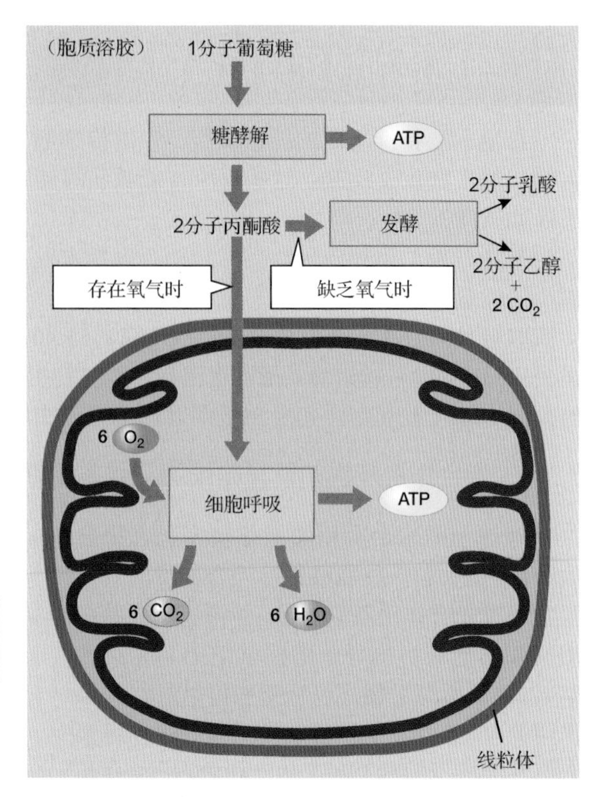

图 8.2 葡萄糖降解简图

8.2 什么是糖酵解作用

糖酵解（glycolysis）作用将一个分子的六碳糖分解为两个分子的丙酮酸。糖酵解作用分为吸能阶段和放能阶段两部分，每部分又有许多小步骤（见图 8.3)。葡萄糖的分解和最终 ATP 的释放，首先需要一些以 ATP 形式存在的能量投入。通过一系列化学反应，两个 ATP 分子中的每个都贡献一个磷酸基团和高能磷酸键中携带的能量，形成一个分子的携带能量的二磷酸果糖。果糖是一种与葡萄糖很相似的糖类分子，而“二磷酸”是指来自两个 ATP 分子中的两个磷酸基团。二磷酸果糖分子要比葡萄糖分子容易分解，因为它含有 ATP 释放的能量，处于能量较高的状态。

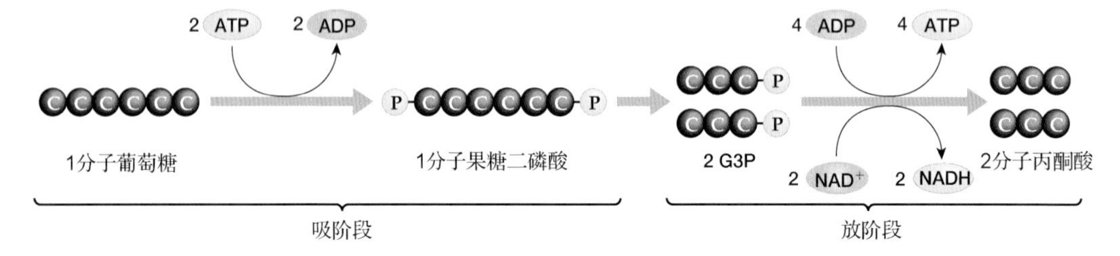

图 8.3 糖酵解的本质。吸能阶段：两个 ATP 分子产生的能量用于将葡萄糖转化为果糖二磷酸，接着果糖二磷酸降解成两分子的 G3P。放能阶段：两个 G3P 分子经过一系列反应，捕获包含在 4 个 ATP 和 2 个 NADH 分子中的能量

接下来是放能阶段，二磷酸果糖转化为两个分子的三碳糖甘油醛三磷酸（又称 **G3P**)。每个 G3P 分子都含一个磷酸基团和一些来自 ATP 的能量，接着通过一系列化学反应将 G3P 转化为丙酮酸。在这些反应发生的过程中，每个 G3P 分子都可释放两个 ATP 分子，即一个葡萄糖分子总共可以释放四个 ATP 分子。因为在合成二磷酸果糖的过程中需要消耗两个 ATP 分子，所以可以说在糖酵解过程中，每个葡萄糖分子的分解净产生两个 ATP 分子。其余能量以 NADH 的形式存储，即两个高能电子和一个氢离子与能量载体 NAD^+结合，形成一个分子的 NADH。每个葡萄糖分子的分解都产生两个分子的 NADH。

8.3 什么是细胞的呼吸作用

对绝大多数生物来说，存在氧气时，会发生葡萄糖分解的下一个步骤，即细胞的呼吸作用。细胞的呼吸作用使糖酵解作用形成的两个丙酮酸分子发生分解，形成6个二氧化碳分子和6个水分子，与此同时，两个丙酮酸分子释放32个ATP分子。

对真核细胞来说，线粒体是发生呼吸作用的场所，因此线粒体通常也称细胞的动力工厂。线粒体有两层膜，内膜包裹着大量的液态基质，外膜则包裹着整个细胞器，且在内膜与外膜之间形成了一个称为膜间腔的结构（见图8.4）。下面逐个讨论细胞呼吸作用的三个阶段：丙酮酸分解、电子沿电子传递链传递和化学渗透作用合成ATP。

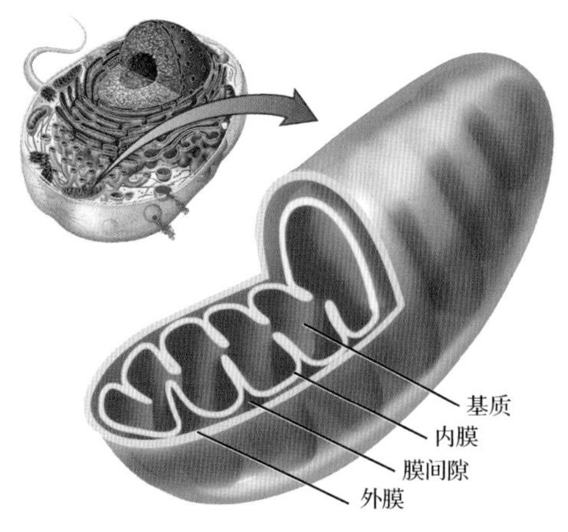

图 8.4　一个线粒体

8.3.1 丙酮酸分解

丙酮酸（糖酵解作用的最终产物）是在细胞质中形成的。在细胞呼吸作用发生之前，丙酮酸已通过主动运输作用从细胞质中转运到线粒体基质中，这里同时也是呼吸作用发生的场所。

如图8.5所示，在线粒体基质中发生的化学反应主要分为两个阶段：乙酰辅酶A（CoA）的形成阶段和克雷布斯（Krebs）循环阶段。乙酰CoA由一个二碳（乙酰）的功能基团与一个称为**CoA**的分子相连而成。为了形成乙酰 CoA，丙酮酸盐分解，释放二氧化碳，并且残留一个乙酰基团。这个乙酰基团与CoA发生作用，合成为乙酰CoA。这个反应释放能量，所释放的能量通过两个高能电子和一个氢离子与NAD^+相结合，形成NADH。

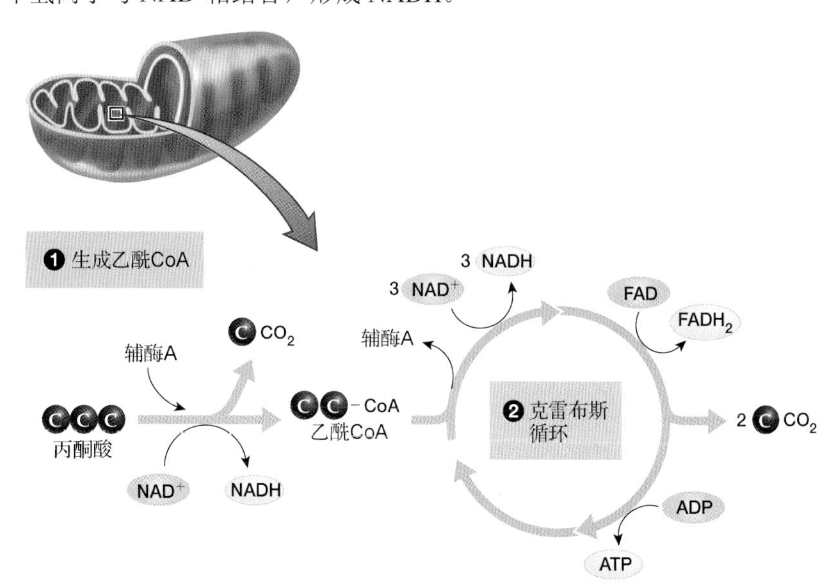

图8.5　线粒体基质中发生的反应。❶丙酮酸与CoA反应，生成乙酰CoA并释放CO_2。在这个反应中，NAD^+吸收两个高能电子和一个氢离子，形成NADH。❷当乙酰CoA进入科雷布斯循环时，CoA被释放以备重复利用，每个乙酰CoA分子通过克雷布斯循环产生一个ATP分子、三个NADH分子、一个$FADH_2$分子和两个CO_2分子

在线粒体基质中发生的下一步反应统称克雷布斯循环，是以其发现者克雷布斯（Hans Krebs）的名字命名的。克雷布斯于1953年获得诺贝尔奖。克雷布斯循环通常也称柠檬酸循环，因为柠檬酸盐（即溶解后处于离子状态的柠檬酸）是柠檬酸循环的第一个产物。

克雷布斯循环的起始反应是一个分子的乙酰CoA和一个四碳糖分子形成一个分子的六碳糖柠檬酸，并释放一个分子的CoA。在这些反应中，CoA并不经常发生变化，所以常被重复利用。随着克雷布斯循环的进行，线粒体基质上的酶分解乙酰基团，形成CO_2，CO_2中的碳元素通常来自乙酰基团，且该反应还会生成乙酰四碳糖分子，用于克雷布斯循环中接下来的反应。

随着克雷布斯循环的进行，释放的化学能被载能分子吸收。每个分子的乙酰CoA分解为一个乙酰基团和一个CoA，形成一个分子的ATP和三个分子的NADH。这个反应同样可以形成一个分子的核黄素腺嘌呤二核苷酸（也称$FADH_2$），即一种与NADH类似的高能电子载体。在克雷布斯循环中，FAD获得两个高能电子和两个氢离子，形成一个分子的$FADH_2$。记住，每个葡萄糖分子都可形成两个丙酮酸分子，所以一个葡萄糖分子存储的能量是一个丙酮酸分子存储的能量的两倍。

对这些在基质中发生的反应来说，CO_2是一种无用的产物。在人体中，这些CO_2释放到血液中，当血液到达肺部后，人体呼出的CO_2含量就高于空气中的CO_2含量。

8.3.2　电子沿电子传递链传递

线粒体基质反应结束后，细胞仅从最初的一个葡萄糖分子中获得4个分子的ATP，其中两个ATP分子来自糖酵解，而另外两个ATP分子来自克雷布斯循环。在糖酵解和线粒体基质反应中，细胞从一个葡萄糖分子中获得许多高能电子，包括10个分子的NADH和2个分子的$FADH_2$。而在细胞呼吸作用的下个阶段，这些高能电子载体释放两个高能电子，进入电子传递链（ETC）。电子传递链由许多电子传递分子组成，这些分子大多镶嵌在线粒体的内膜上（见图8.6）。释放了高能电子的载能分子可被重新利用，在糖酵解过程和克雷布斯循环中获得高能电子。

镶嵌在线粒体膜上的电子传递链与叶绿体基粒膜上的电子传递链基本上相同。高能电子沿电子传递链从一个分子传递给下一个分子，且每一步都释放少量的能量。虽然有些能量以热量的形式损失了，但剩余的能量则被用来使氢离子从线粒体基质穿过线粒体内膜，运输到膜间腔。通过这些离子泵的作用，使得膜内外维持稳定的氢离子浓度梯度，这就为ATP通过化学渗透作用而合成提供了条件。

最终，在电子传递链的最后部分，释放了能量的电子被传递给氧气分子，氧气分子在这里是一种电子受体。这一作用清除电子传递链中耗尽能量的电子，使其他高能电子进入电子传递链，而耗尽能量的电子连同氧气分子和氢离子最终形成水分子。每个水分子的形成都意味着两个电子穿过了电子传递链。

如果氧气分子不能吸收电子，电子就不可能穿过电子传递链，氢离子也就不可能被泵入线粒体内膜。这就意味着，如果氢离子浓度梯度无法维持，通过化学渗透作用进行的ATP形成过程就会终止。因此，如果缺氧几分钟，大多数哺乳动物细胞就会死亡。

8.3.3　化学渗透作用形成ATP

对化学渗透作用这个生物过程来说，能量用于维持氢离子浓度梯度，而当氢离子沿氢离子浓度梯度下降的方向传递时（见第7章），ATP就可获取能量。当电子传递链将氢离子泵入内膜时，在膜间腔形成高氢离子浓度，而在基质中形成低氢离子浓度（见图8.6）。细胞耗费能量来形成这种独特的氢离子分布，与为电池充电类似。能量沿氢离子浓度梯度下降的方向缓缓释放，就像是用电池点亮灯泡。

ATP是如何获取电子传递链释放的能量的？和叶绿体的基粒膜一样，线粒体内膜上的ATP合成酶通道只对氢离子通透，当氢离子从膜间腔通过ATP合成酶通道流入基质时，基质中溶解的ADP和磷酸基团就形成ATP。

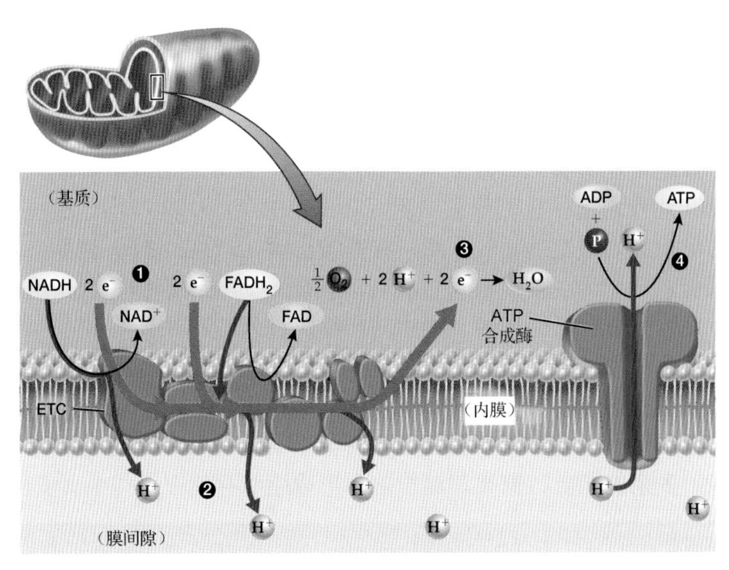

图 8.6　电子传递链。线粒体内膜下方存在很多电子传递链。❶NADH 和 $FADH_2$ 将它们含有的高能电子释放到电子传递链中，在电子经过传递链的过程中（灰色粗箭头），一部分能量将氢离子从基质中泵入膜间隙（红色箭头）。❷上述过程形成氢离子梯度，用于驱动 ATP 的合成。❸在电子传递链的末端，失能电子与线粒体基质中的氧气和氢离子结合生成水。❹氢离子从膜间隙通过 ATP 合成酶的通道沿浓度梯度下降的方向流入基质，用 ADP 和磷酸基团合成 ATP

ATP 是如何离开线粒体的？内膜上的载体蛋白利用氢离子浓度梯度的能量将 ATP 从线粒体基质中运到膜间腔中，同时将 ADP 从膜间腔运输到基质中。在线粒体膜间腔中，ATP 分子通过线粒体外膜的通道进入周围的细胞质，为细胞提供能量，发挥它们能量分子的作用。在细胞中，通过耗能过程将 ADP 源源不断地送入膜间腔，使 ATP 分子源源不绝地合成。如果没有这样的 ADP 循环，生命就会终止。据估算，一人一天生产、消耗和重新合成的 ATP 分子大约与其体重相当。

与糖酵解作用本身相比，糖酵解作用和细胞呼吸作用共同产生的 ATP 要多得多。图 8.7 中小结了哺乳动物细胞中存在氧气时，每个阶段的每个葡萄糖分子产生的能量，以及这个过程发生在细胞中的哪部分。通过化学渗透作用，在糖酵解作用和细胞呼吸作用过程中，高能电子载体总共可以合成 32 个 ATP 分子。

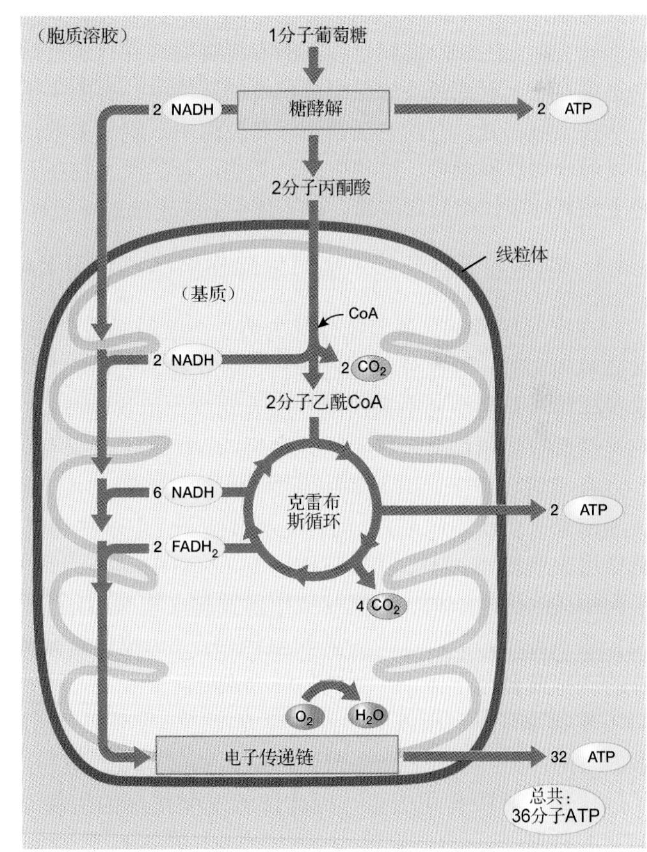

图 8.7　糖酵解和细胞呼吸中的能量来源和收获的 ATP。这里跟踪细胞从葡萄糖分子中捕获的能量。注意，葡萄糖降解所产生的大部分 ATP 都是 NADH 和 $FADH_2$ 贡献的高能电子经过电子传递链且发生化学渗透作用产生的

8.3.4 细胞的呼吸作用可从多种分子中获取能量

葡萄糖常以淀粉（长链葡萄糖分子）或蔗糖（一分子葡萄糖和一分子果糖形成的二糖）的形式进入人体，但人体通常还会摄入大量的脂类和蛋白质。人体之所以能够消化和利用这些物质提供的能量，是因为其他代谢途径也可形成细胞呼吸作用的某些中间产物。这些代谢途径产生的终产物以中间产物的形式进入细胞的呼吸作用，接着被分解，产生 ATP。例如，蛋白质分解产生的氨基酸可作为细胞能量的来源。丙氨酸可以转化为丙酮酸，进入细胞呼吸作用的最终阶段。其他一些氨基酸则可转化为克雷布斯循环的一些中间产物，进入细胞呼吸作用，为最终输出 ATP 分子做贡献。脂类（基本上由脂肪分子构成）同样是能量的优秀来源，是动物的主要储能分子。这些能量的释放主要依靠脂肪酸（脂肪分子的最基本单位，见第 3 章）与 CoA 结合，然后分解为乙酰 CoA，进入克雷布斯循环的最初阶段。如果某人开始节食，就要依靠存储的脂类来提供能量。然而，如果吃得过多，多余的脂质、糖类和淀粉就会形成脂肪存储在人体中而变胖。

8.4 发酵是如何发生的

地球上的每种生物都会进行糖酵解过程，这个事实表明糖酵解作用是地球上最古老的生化途径之一。科学家假设，地球上最初的生物生活在无氧环境下，接下来光合作用逐渐形成，地球上的氧气含量越来越多。地球之初生存的生物（我们姑且称其为地球生物的先行者）通过糖酵解过程，分解地球上存在生物之前就已存在的有机物质，并且通过这种方式获取能量。即使是在今天，很多生物也生存在无氧或氧气含量十分稀少的环境中：有的生活在动物（包括人类）的胃和小肠中，有的生活在土壤深处，有的生活在沼泽和泥潭中。绝大多数这样的生物都通过糖酵解作用和接下来要讲的发酵作用获取能量、维持生命，其中，有的微生物在无氧环境下依靠发酵获取能量，而在有氧环境下依赖呼吸作用获取能量。有的微生物缺乏细胞呼吸作用所需的生物酶，因此只能依赖发酵作用。

8.4.1 细胞在无氧环境下通过发酵作用循环利用 NAD^+

在无氧环境下，葡萄糖分解的第二个阶段是发酵作用。通过发酵作用，细胞质中的丙酮酸要么分解为乳酸，要么分解为乙醇和二氧化碳。发酵作用并不能产生更多的 ATP 分子，那么为什么这一作用又是生命所必需的呢？因为发酵作用将糖酵解过程中合成的 NADH 转化为了 NAD^+，这也是糖酵解作用能够持续不断地进行的原因和必备条件。

在有氧环境下，绝大多数生物利用细胞呼吸作用，通过将 NADH 的一个高能电子释放给电子传递链来重新获得 NAD^+。而在无氧环境下，电子传递链并不能行使正常的功能，细胞只能依靠发酵作用来获得 NAD^+。在发酵作用下，NADH 的一个电子与一些氢离子共同与丙酮酸结合，改变了丙酮酸的化学结构。虽然发酵作用看起来在 NADH 上浪费了一些能量（因为这些能量并不是用来合成 ATP 的），但是，如果 NAD^+耗尽（如果没有发酵作用，这种情况很快就会发生），细胞能量的产生就会完全停止，生物也就会濒临死亡。

生物体可以利用以下两种发酵方式之一来获取 NAD^+：一种是乳酸发酵，即由丙酮酸产生乳酸的发酵；另一种是乙醇发酵，即从丙酮酸获取乙醇和二氧化碳的发酵。发酵作用产生的 ATP 分子远比细胞呼吸作用的少，因此依赖发酵作用的生物必须获取更充足的能量物质来满足它们对 ATP 的需求。

8.4.2 有些细胞通过发酵作用将丙酮酸分解为乳酸

通过发酵作用将丙酮酸分解为乳酸的发酵过程称为乳酸发酵（在水溶液中，乳酸发生溶解并被离子化，形成乳酸盐）。当身体中的氧气耗尽时，我们仍旧没有立刻停止运动，这在进化上是说得通的，因为动物运动最剧烈的时候，就是打斗、逃跑或捕获猎物的时候。对这些运动来说，有时多坚持一小会就是生与死的差别。当肌肉开始缺氧时，发酵作用将一个分子的葡萄糖分解，获得两个分子的 ATP，这些能量可用来做最后的冲刺。也就是说，肌肉细胞可进行发酵作用，利用 NADH 的电子和一些游离的氢离子将丙酮酸分解为乳酸（见图 8.8）。

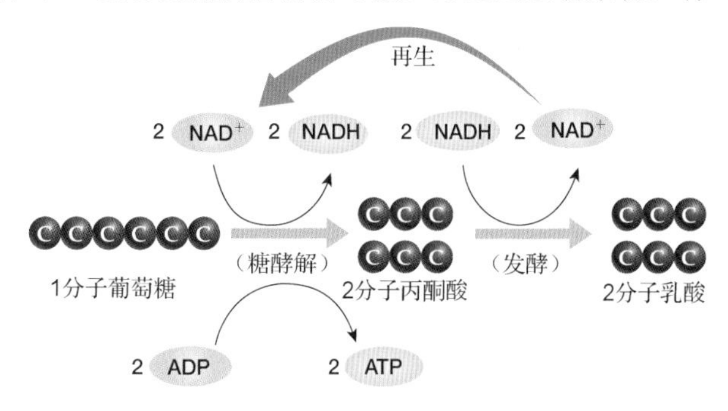

图 8.8　糖酵解之后发生乳酸发酵

例如，当学生以百米冲刺的速度飞奔到教室时，会感到呼吸困难，因为肌肉细胞正在通过呼吸作用获取能量，肺部需要吸收更多的氧气来供细胞呼吸（见图 8.9a）。如果可以立刻补充氧气，肌肉细胞中的乳酸就转化为丙酮酸，用于接下来的细胞呼吸作用。在肝脏中也会发生类似的过程，这时丙酮酸转化为葡萄糖，接着葡萄糖要么以糖原的形式存储，要么重新释放到血液中。人在剧烈运动后之所以腰酸腿疼，是因为肌肉细胞为了获取更多的能量进行了发酵作用，产生了大量的乳酸并积累在肌肉细胞中，当氧气逐渐变得丰富时，这些乳酸重新转化为丙酮酸，腰酸腿痛的感觉也就逐渐消失。

大量微生物会利用乳酸发酵来获取能量，包括将牛奶转化为酸奶、淡奶油和奶酪的细菌。醋也是发酵作用的产物，它尝起来酸酸的，可为食物增加风味。乳酸也可用来使牛奶蛋白变性，改变它们的三维结构。这也是奶油和酸奶是半固体结构的原因。

(a)

(b)

图 8.9　生活中的发酵作用。(a)赛跑选手依靠腿部肌肉细胞的乳酸发酵作用进行冲刺。(b)酵母细胞进行的细胞呼吸和酒精发酵产生大量 CO_2，使面包团膨胀

8.4.3　有些细胞通过发酵作用将丙酮酸转化为乙醇和二氧化碳

有些微生物［如酵母（一种单细胞真菌）］在无氧环境下会发生乙醇发酵作用。在乙醇发酵过程中，丙酮酸转化为乙醇和二氧化碳而非乳酸。这一过程释放 NAD^+，使 NAD^+在糖酵解过程中获得更多的高能电子（见图 8.10）。如果你曾无聊到看面团发酵，就会观察到发酵现象，即面团逐步变大、变松软的过程（见图 8.9b）。

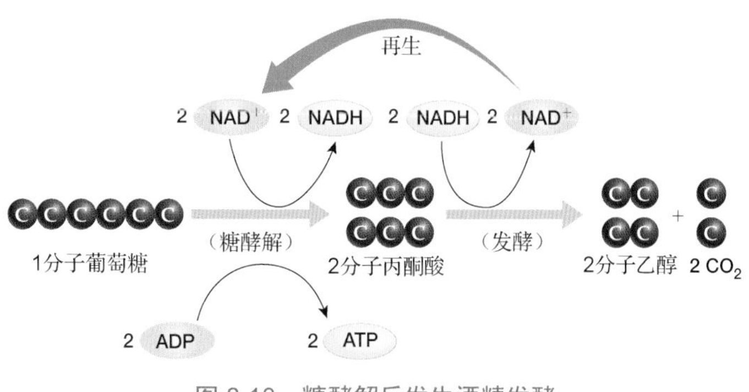

图 8.10　糖酵解后发生酒精发酵

复习题

01. 从葡萄糖（$C_6H_{12}O_6$）开始，写出葡萄糖分解为氧气的总方程式，将其与光合作用的总方程式进行比较，并解释方程式中的能量成分有何不同。

02. 绘制并标记线粒体，解释其结构与功能之间的关系。

03. 糖酵解、细胞呼吸、化学渗透、发酵和 NADH 在分解和获取葡萄糖能量中起什么作用？

04. 概述糖酵解的两个主要阶段。在糖酵解过程中，每个葡萄糖分子产生多少个 ATP 分子（总数）？糖酵解发生在细胞的什么部位？

05. 发酵在什么条件下发生？它可能的产物是什么？它的作用是什么？

06. 糖酵解的最终产物是哪个三碳分子？这个分子的碳在线粒体基质反应中是如何使用的？克雷布斯循环的大部分能量是以什么形式捕获的？

07. 描述电子传递链和化学渗透过程。

08. 为什么氧气是细胞呼吸所必需的？

09. 比较叶绿体和线粒体的结构，描述结构上的相似性与功能上的相似性之间的关系。

遗　传

犯错误的能力是 **DNA** 真正令人着迷之处。如果 **DNA** 不会犯错，那么我们现在也不过是一群厌氧细菌而已，也就不会有美妙的音乐了。

“DNA 是一个优雅得令人惊讶的结构，一架精密地扭转成双螺旋形梯子，包装成一个条带，囊括了创造生命所需的一切信息。”

——G. Santis

第9章　生命的延续：细胞增殖

匹兹堡钢人队的赫因斯·沃德用富血小板血浆疗法治疗扭伤的膝盖两周后，就回到了超级杯赛场

9.1　细胞为什么分裂

“所有细胞都来源于细胞。”这句言简意赅的话出自 19 世纪中叶德国著名医生魏尔肖之口，这充分说明了对所有生物来说细胞增殖有多么重要。细胞增殖是通过细胞分裂完成的，而细胞分裂指的是一个亲代细胞分裂为两个子代细胞的过程。作为经典的细胞分裂过程，每个子代细胞都会接收一套完整的、与亲代细胞完全相同的遗传信息，并接收亲代细胞一半的细胞质。

9.1.1　细胞分裂将遗传信息传递给每个子代细胞

对所有生命的细胞来说，遗传信息都存储在脱氧核糖核酸（DNA）中。DNA 分子是由核苷酸构成的聚合物（见图 9.1a）。每个核苷酸分子都由一个磷酸基团、一个糖分子（通常是脱氧核糖）和一个碱基构成，细胞中的碱基共有 4 种：腺嘌呤 A、鸟嘌呤 G、胞嘧啶 C 和胸腺嘧啶 T。染色体则由 DNA 分子和蛋白质分子构成，这些蛋白质分子维持染色体的三维结构并调节染色体的功能。染色体上的 DNA 分子由两条长链核苷酸构成，两条长链彼此缠绕，就像是螺旋状的梯子，这种结构称为双螺旋结构（见图 9.1b）。

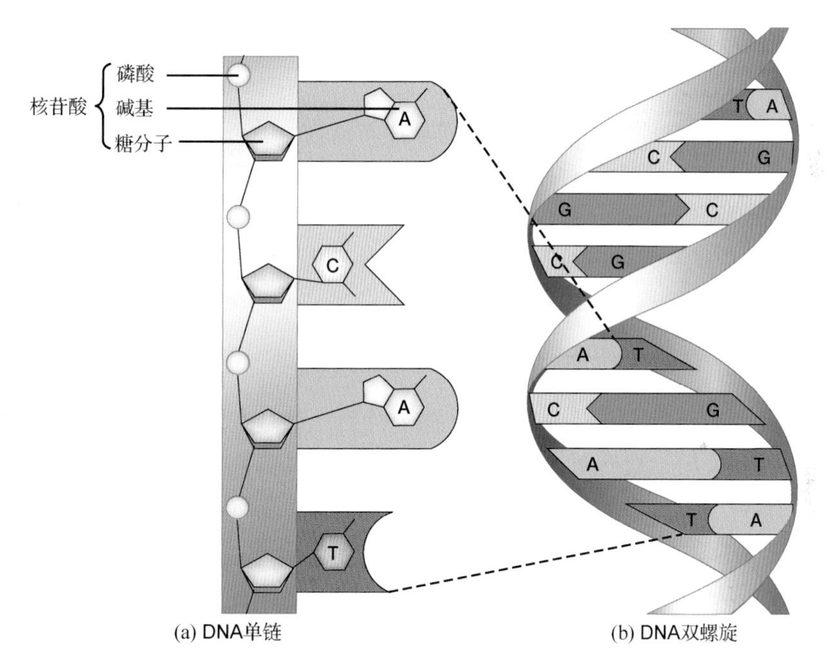

图 9.1　DNA 的结构。(a)核苷酸分子包含一个磷酸基团、一个糖分子和一个碱基。单链 DNA 分子包含一条核苷酸长链，它依靠一个核苷酸分子的磷酸基团与下一个核苷酸分子的糖形成的化学键联系起来。(b)两条 DNA 分子相互缠绕形成双螺旋结构

基因是遗传的基本单位，它是由几百个到数千个不等的核苷酸构成的 DNA 片段。就像字母表中的字母可按一定的顺序排列成优美的长句进而表达深奥的意思那样，基因按核苷酸的序列来表达组成细胞的各种蛋白质。

一个细胞要生存下去，就要含有整套遗传信息。因此，细胞分裂并不是简单地将基因一分为二，给每个子代细胞一半的基因，而是首先将自己的遗传信息复制一份（即自己原有的遗传信息和复制的那份一模一样），就像复印一份原有的文件那样。这样，每个子代细胞就都可以接收到一份含有全部亲代细胞基因的 DNA 副本。

9.1.2 细胞分裂是生长和发育所必需的

对于真核细胞，我们最熟悉的细胞分裂方式是分裂出的子代细胞与母代细胞完全一样，这种分裂方式又称有丝分裂（9.4 节和 9.5 节重点讲解）。从小小的受精卵开始，人体的每个细胞都是通过有丝分裂而来的，且对很多器官来说，有丝分裂每天仍在持续不断地进行。细胞有丝分裂后，子代细胞会生长和继续分裂。一些子代细胞会分化成一些具有特别功能的、高度分化的细胞，这些细胞包括具有伸缩功能的肌肉细胞、能够抵御外来病原体入侵的血细胞，或者那些位于胰岛、胃和肠中的可以分泌生物酶的细胞。这种细胞分裂、再生长、再分裂（或分化）的持续过程，称为细胞周期（9.2 节和 9.4 节重点讲解）。

通常，根据细胞的分裂和分化能力，多细胞生物中的细胞可以分为如下三类。

- 干细胞。大部分干细胞都是受精卵最初分裂而成的细胞，成人的有些器官中也含有少量干细胞，包括心脏、皮肤、脂肪、大脑和骨髓。干细胞有两个最重要的能力：一个是自我更新能力，另一个是分化为多种不同类型细胞的能力。自我更新的意思是，每个干细胞都具有分裂和分化为整个生物体的能力。一般来说，当一个干细胞开始分裂时，其中一个子代细胞会成为一个干细胞，干细胞的数量于是保持不变。另一个子代细胞通常会持续分裂下去，最终分化为一些高度分化的细胞。处于胚胎早期的一些干细胞通常可以产生整个身体中的任何一种高度分化的细胞类型。
- 具有分裂能力的其他细胞。胚胎、幼年或成年动物中的一些细胞一直具有分裂能力，但这些细胞通常只能分裂为一种或两种类型的细胞。例如，肝脏中处于分裂状态的细胞只能分裂成肝脏细胞，而不能分裂成其他器官的细胞。
- 高度分化且不能再分裂的细胞。一些高度分化的细胞不再具有分裂的能力。例如，心脏和大脑中的大部分细胞不能再分裂。

9.1.3 细胞分裂是有性繁殖和无性繁殖所必需的

生物的繁殖主要有两种方式：一种是有性繁殖，另一种是无性繁殖。生物要么采用这两种繁殖方式之一，要么都采用。真核细胞的有性繁殖指的是由成熟生物的生殖腺产生的配子（如精子或卵子）发生融合，产生子代细胞的生殖方式。成熟生物的生殖系统中的细胞进行一种特别的细胞分裂方式，称为减数分裂，这部分内容将在 9.8 节中重点讲解。通过减数分裂得到的细胞所包含的遗传信息刚好是亲代细胞的一半。对动物来说，这些减数分裂得到的子代细胞是精子和卵子。精子与卵子融合时，产生的受精卵含有与亲代细胞含量相同的遗传信息。

子代细胞由亲代细胞分裂而来，而不由精子和卵子结合而来的繁殖方式称为无性繁殖。无性繁殖产生的子代细胞与亲代细胞，包含的遗传信息完全一样，这也称克隆。图 9.2a 所示的细菌和图 9.2b 所示的像草履虫这样的单细胞生物，是通过细胞分裂进行无性繁殖的，即每两个新生的细胞都来源于一个已有的细胞。一些多细胞生物也可进行无性生殖。例如，水螅依靠出芽进行繁殖。首先，水螅在自己身上自我复制一个小水螅，称为芽（见图 9.2c）。然后，这个芽与母体分离，独立生活，形成一个新水螅。许多植物和真菌同时通过有性和无性两种方式进行繁殖。例如，生存在美国科罗拉多州、犹他州和新墨西哥州的山杨树是由一棵树的根系发展而来的（见图 9.2d）。虽然一片山杨树看起来像很多棵树，但它们其实只是一棵树而已，它们拥有同一套根系，只是枝干彼此分开。山杨树同样可以通过种子来繁殖，这就是有性生殖。

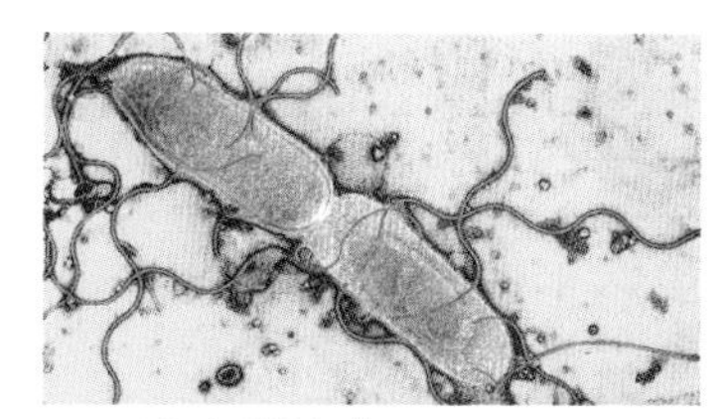

(a) 正在分裂的细菌

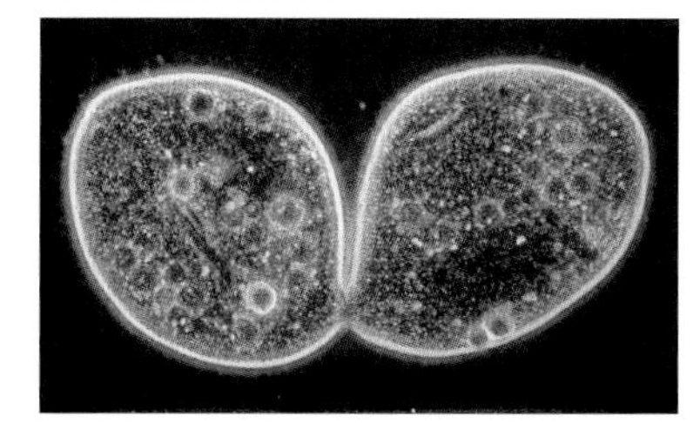

(b) 草履虫的分裂

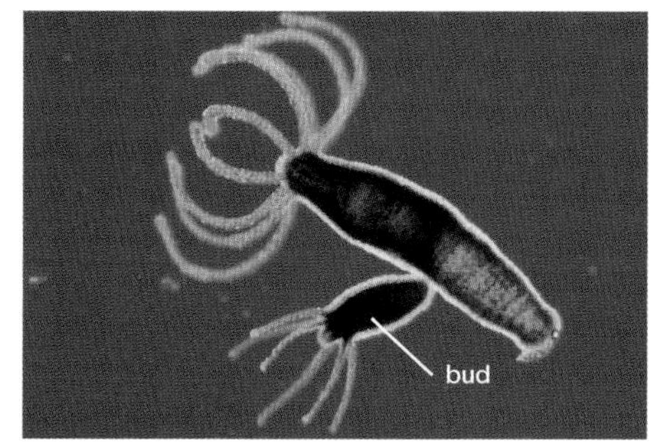

(c) 水螅通过出芽来进行无性繁殖

(d) 白杨树丛通常由通过无性繁殖产生的许多遗传物质完全相同的树组成

图 9.2 细胞通过分裂来进行无性繁殖。(a)细菌通过一分为二进行无性生殖。(b)对单细胞的真核微生物来说，如生活在池塘中的草履虫，细胞通过分裂可以形成两个新的、相互独立的草履虫。(c)水螅与海生生物海葵有着很近的亲缘关系，前者主要生活在淡水中。首先，水螅在自己身上复制一个小水螅，称为芽。然后，这个芽与母体分离，独立生活，形成一个新水螅。(d)生活在同一片树林中的山杨树通常具有相同的遗传背景。每棵树都由同一株树的根系发展而来。这张照片拍摄于科罗拉多州的阿斯彭，表示三片相互独立的树丛。当秋天来临时，山杨树叶的颜色显示了不同树丛的不同遗传背景

9.2 什么是原核细胞的细胞周期

原核细胞的 DNA 分子包含在一个环状的单链染色体中，正常情况下，该染色体的周长为 1～2 毫米。与真核细胞的染色体不同的是，原核细胞中的染色体并不包裹在细胞核中，因为原核细胞没有细胞核（见第 4 章）。

原核细胞的细胞周期包含一个相对较长的生长时期，在该时期中，细胞完成自身 DNA 的复制，接着进行细胞分裂。原核细胞的细胞分裂称为原核分裂或二分裂（见图 9.3a）。然而，许多生物学家认为，二分裂这种分裂方式既存在于原核生物中，又存在于单细胞的真核生物中。为避免混淆，这里用原核分裂这种表述方式来描述原核细胞的细胞分裂。原核细胞的染色体通常连在细胞质膜内侧的一点上（见图 9.3b❶）。在原核细胞细胞周期的生长时期，DNA 被复制，产生的两个完全相同的染色体连在细胞膜的两处，这两处比较接近（见图 9.3b❷）。随着细胞的生长，新的细胞膜逐渐充斥在两个染色体连接点的中间，两条染色体于是逐渐分离（见图 9.3b❸）。当细胞长大到原来的两倍时，两条染色体连接点之间的细胞膜向中间生长（见图 9.3b❹）。细胞膜沿细胞的中轴线融合，产生两个子代细胞，每个子代细胞都包含一条染色体（见图 9.3b❺）。因为通过细胞复制可以产生两个一模一样的 DNA 分子，两个子代细胞和母代细胞在遗传背景上就完全相同。

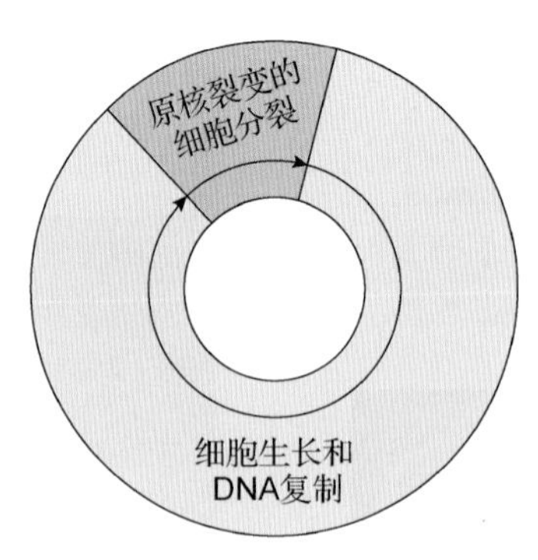

(a) 原核生物的细胞周期

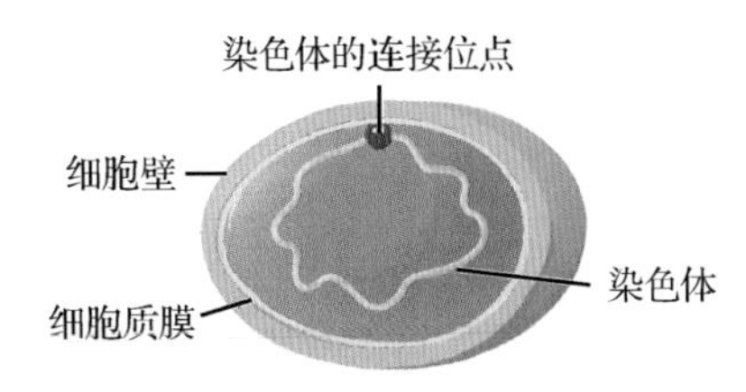

❶ 原核生物的染色体是环形的DNA双螺旋，它与细胞质膜在一个点上相连

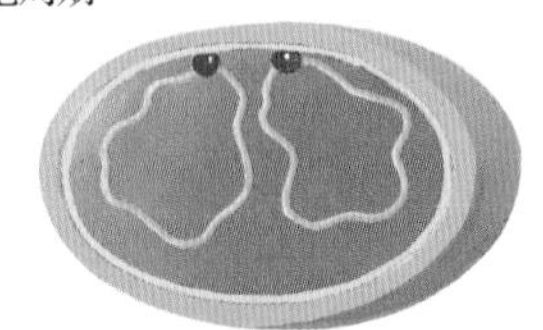

❷ DNA进行复制，产生两条染色体，它们与细胞质膜在相距很近的两个点上相连

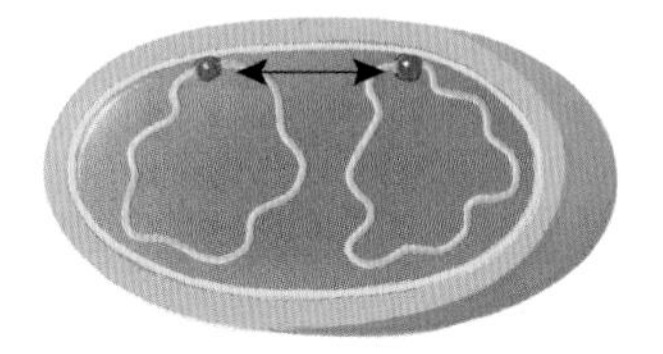

❸ 在两个连接位点之间加入新的细胞质膜，使两条染色体离得越来越远

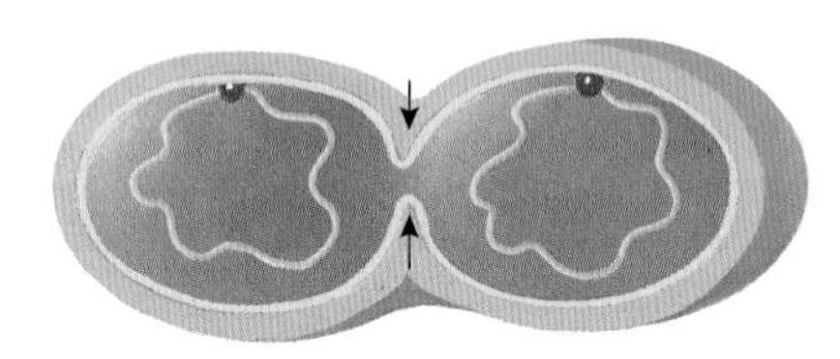

❹ 细胞质膜在细胞中央向内生长

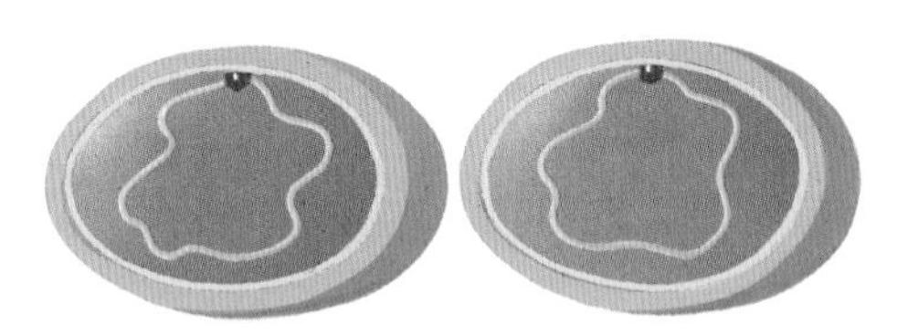

❺ 母细胞分裂为两个子细胞

(b) 原核细胞的分裂过程

图 9.3 原核细胞的细胞周期。(a)原核细胞的细胞周期主要由细胞生长、DNA 复制及接下来的细胞分裂组成。(b)原核细胞的分裂过程

理想状态下，原核细胞的细胞周期进行得很快。例如，肠道中的简单细菌即大肠杆菌（通常简写为 E. coli）完成生长、复制 DNA 和分裂这一细胞周期，大概只需要 20 分钟。所幸的是，对大肠杆菌来说，肠道并不是其生长的适宜环境，否则要不了多久，人体内的大肠杆菌就会比人体还重。

9.3 真核细胞的 DNA 分子是如何排列的

真核细胞的染色体与原核细胞的截然不同，因为真核细胞有细胞核这个结构。细胞核是一种由膜包裹着染色体的特殊结构，它分隔了染色体和细胞质。真核细胞通常不止一条染色体，染色体数量最少的真核生物是一种蚂蚁的雌性个体，它有两条染色体，但绝大多数真核生物都有十几

条到几十条染色体，一些蕨类植物甚至有1200条染色体！真核细胞的染色体包含的DNA分子数量远高于原核细胞。例如，人类的一条染色体包含的DNA分子数量，要比普通原核生物多10～50倍。真核细胞的细胞分裂更复杂、更耗时，这也是进化的结果，可以解决数量繁多且结构复杂的染色体的复制问题。因此，下面重点介绍真核细胞染色体的结构。

9.3.1 真核细胞的染色体由一条线性DNA双螺旋分子及其上连接的蛋白质构成

人类的每个染色体分子都包含一条DNA双螺旋，根据染色体长度的不同，DNA分子包含5000万到2.5亿不等的核苷酸。当这些DNA分子处于完全松弛的状态时，一条人类染色体的长度为15～75毫米，而一个普通人类细胞中大约包含1.8米长的DNA。

细胞核的直径最大约为1英寸（约2.54厘米）的百分之几，将很长的DNA分子装进小小的细胞核中是不折不扣的挑战。绝大多数细胞的DNA分子外面包含有一种称为组蛋白的蛋白质（见图9.4❶和❷）。这种DNA/蛋白质结构接下来就会缠绕，形成像弹簧一样的结构（见图9.4❸）。这些弹簧结构通过其上连接的蛋白质再次发生折叠和缠绕。经过几次压缩，DNA分子大约只有原长度的千分之一（见图9.4❹）。当然，即使发生这样大尺度的压缩，染色体仍然很大，仍然很难与子代细胞的细胞核相匹配。就好像棉线缠绕在线轱辘上更好用一样，染色体缠绕压缩起来更便于分离和运输。在细胞分裂时期，染色体上的其他一些蛋白质可将染色体压缩为更紧致的结构，这种结构的尺寸约小于1英寸的2%，仅为其处于细胞周期的静息期时的十分之一（见图9.4❺）。

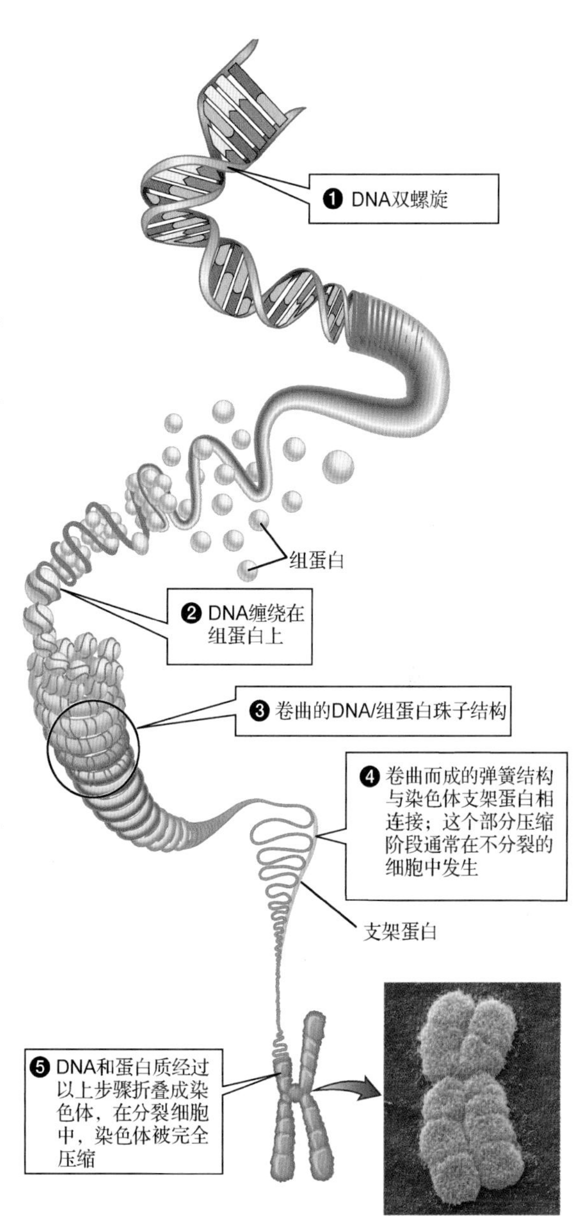

图9.4 染色体的结构。❶真核细胞的染色体含有一个DNA双螺旋结构。❷DNA缠绕在称为组蛋白的蛋白质上，因此可将DNA分子的长度压缩到原来的六分之一。❸其他蛋白质压缩DNA/组蛋白珠子结构，可将其长度压缩到原来的六分之一或七分之一。❹这些弹簧结构通染色体支架蛋白进一步压缩，形成我们通常可以观察到的染色体结构。经过几次压缩后，DNA分子大约只有原长度的千分之一。❺细胞分裂时，仍有许多其他蛋白质连在染色体上，可将染色体压缩至原来的十分之一。我们在电子显微镜下观察到的毛茸茸的结构就是压缩后的染色体的一圈圈弹簧状结构。

9.3.2 基因是染色体上的DNA片段

基因就是DNA序列，这些序列的长度约为几百个到几千个核苷酸的长度。每个基因都在染色体上拥有自己的位置，这个位置称为基因座（见图9.5a）。染色体不同，上面所含的基因数量也不同。虽然基因的确切数量目前并不十分确定，但人类的染色体上含有70多个基因（Y染色体，人类最短的染色体）到3000多个基因（一号染色体，人类最长的染色体）不等。

除了基因，每个染色体上还有两种对其结构和功能来说十分重要的区域，即两个端粒和一个中心粒（见图 9.5a）。端粒是位于染色体末端的像保护性帽子一样的结构。如果没有端粒，染色体末端的基因就很容易在 DNA 复制的过程中丢失。端粒的存在同样可以保护染色体，使两条染色体不会彼此连接而形成更长的染色体，因为如果染色体太长，在细胞分裂的过程中就不容易平均分配到两个子代细胞中。染色体中第二个特殊的区域称为中心粒。如后所述，中心粒最主要的两个功能是：①DNA 复制结束后，中心粒可暂时将两条子代的 DNA 双螺旋连接在一起；②当细胞分裂时，中心粒是牵引染色体运动的微管的连接区域。

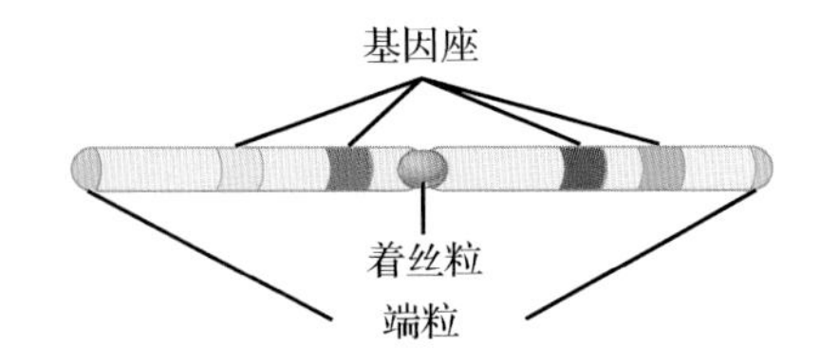

(a) DNA复制之前的真核生物染色体（一个DNA双螺旋）

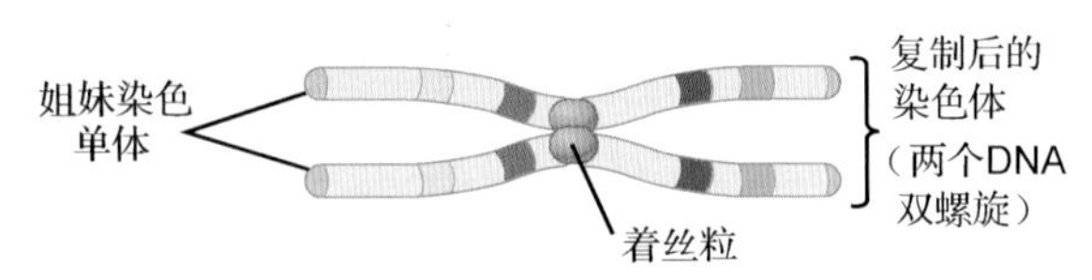

(b) DNA复制之后的真核生物染色体

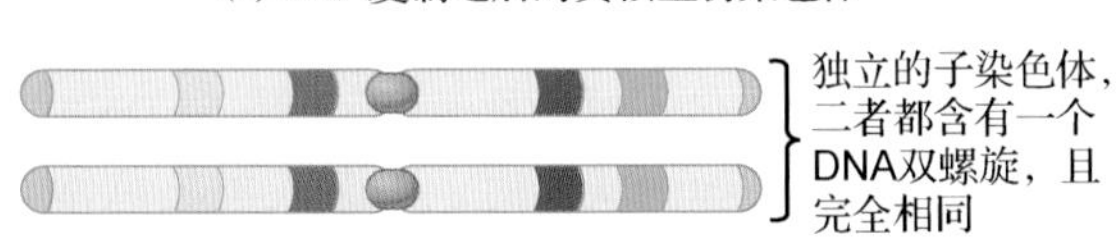

(c) 姐妹染色单体分离，称为独立的染色体

图 9.5 真核细胞遵循的细胞分裂法则。(a)在细胞分裂前，每个染色体都由一个单独的 DNA 双螺旋构成。基因就是 DNA 片段，通常含有成百上千个核苷酸分子。染色体的末端各由一个端粒保护。(b)一个复制后的染色体由两个姐妹染色单体构成，这两个姐妹染色单体通过中心粒相连。(c)当细胞分裂时，两个姐妹染色单体分开，形成两条相互独立的、基因背景完全相同的染色体

9.3.3 复制后的一对染色体在细胞分裂时分开

在细胞分裂前，每个染色体上的 DNA 都会复制一份。DNA 复制结束后，复制后的染色体包含两组完全一样的 DNA 双螺旋，这对染色体称为姐妹染色单体，姐妹染色单体通过中心粒彼此相连（见图 9.5b）。当细胞发生减数分裂时，这对姐妹染色单体彼此分开，分别进入一个子代细胞成为独立的染色体（见图 9.5c）。

9.3.4 真核细胞的染色体通常成对出现且包含相同的遗传信息

每种真核生物的染色体经过染料染色后，如果在显微镜下观察，就都可以观察到独特的长度、形状和条带类型。来自一个细胞的整组染色体称为染色体组型或核型（见图 9.6）。对绝大多数真核生物（包括人类）来说，一组染色体组型中的染色体是成对存在的。这两个成对存在的染色体称为同源染色体或同族体。拥有同源染色体的细胞又称二倍体。如图 9.6 所示的核型那样，典型的人类细胞都是二倍体，由 23 对或 46 条染色体组成。

同源染色体的长度通常相同，且具有相同的染色形态，因为一对同源染色体包含相同的基因，且这些基因的排列方式相同。具有相似表型和 DNA 序列的染色体又称常染色体，常染色体在不同性别的生物中成对存在。人类有 22 对常染色体。

1. 同源染色体通常不是完全相同的

尽管称为同源染色体，但并不是说这两条染色体是一模一样的。为什么会出现这种情况？因为细胞在进行 DNA 复制的过程中，可能一对同源染色体中的一条染色体出了错，而另一条未出错。也有可能是来源于太阳的紫外线损伤了其中一条染色体，而另一条完好无损。这些原因导致的 DNA 序列上的变化称为突变。突变使得一对同源染色体中的一条染色体上的基因与另一条存在细微差别。这种突变可能发生在昨天，也可能发生在万年以前的精子或卵子上，且被遗传下来。那些持续存在并代代相传的突变称为等位基因，等位基因产生多种多样的结构和功能，例如人类的黑发、棕发和金发，又如鸟类的不同叫声。因此，虽然一对同源染色体含有相同的基因，但可能含有一些完全相同的等位基因和一些不同的其他等位基因（见图 9.7）。

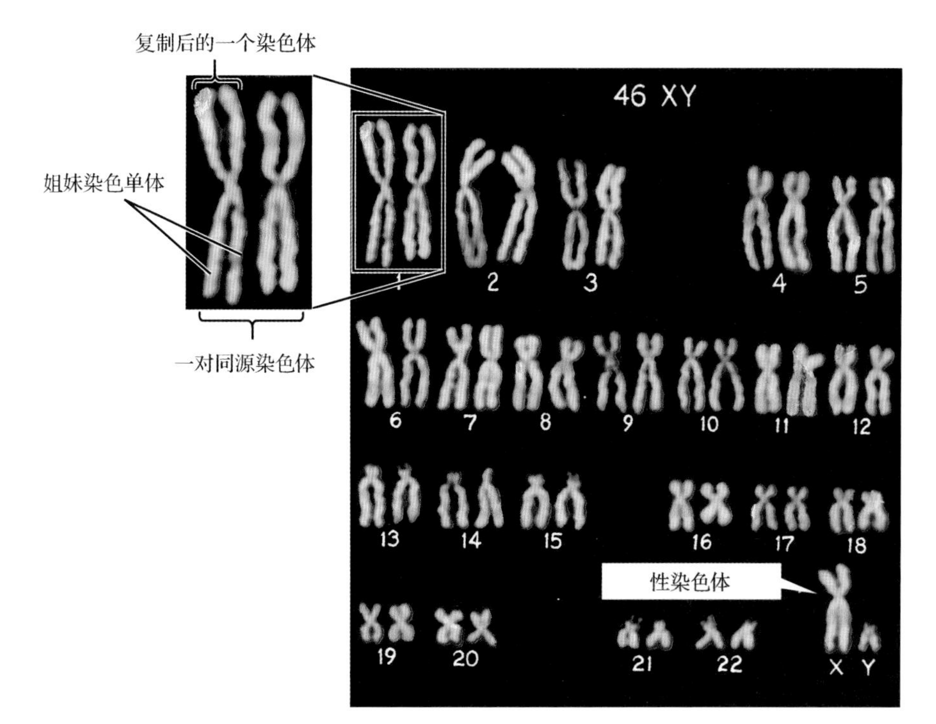

图 9.6　男性人类的核型。该图是从男人的一个细胞中提取一套染色体组后，进行染色和拍摄得到的。注意，每个染色体都是被单独取出并排列成图中样式的。每对染色体（同源染色体）的长度和大小相似，包含极其相似的遗传物质。1 号染色体到 22 号染色体是常染色体；X 染色体和 Y 染色体是性染色体。注意，Y 染色体远小于 X 染色体。如果是人类女性的染色体组，就会包含两条 X 染色体，女性没有 Y 染色体

如果将 DNA 当作构建细胞或生物体的蓝图，突变就是设计图纸上的错别字。虽然有时错别字不怎么影响阅读，但其他时候会造成极其严重的后果。例如，如果一些关键基因的等位基因有一个碱基发生了突变，就很可能造成遗传病，如镰刀型贫血或囊性纤维化。还存在一些偶然的情况：如果这些生物携带一些可使自身更易生存和繁殖的基因突变，此时的突变就会改造设计图纸，使其发生进化，并扩散到整个物种。

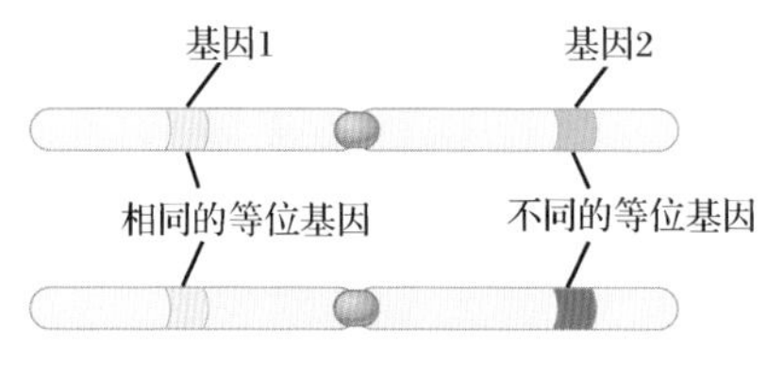

图 9.7　一对同源染色体包含一组相同或不同的等位基因。一对同源染色体在相同的部分（也称基因座）含有相同的基因。此外，同一对同源染色体在一个座位上含有完全相同的等位基因（左侧），而在另一个座位上含有不同的等位基因（右侧）

2. 并非所有细胞都有成对的染色体

构成人体的绝大多数细胞都是二倍体。然而，在进行有性生殖时，卵巢和睾丸中的细胞进行减数分裂（9.8 节重点介绍），产生配子（即精子和卵子）。每个配子都只含每对常染色体中的一条染色体及两条性染色体中的一条染色体。这种只含有每对染色体中的一条染色体的细胞称为单倍体。对人类来说，一个单倍体细胞含有 22 对常染色体中的每对中的一条，即 22 条单独的染色体，再加上 X 染色体和 Y 染色体中的一条。因此，人的单倍体细胞含有 23 条染色体。

当一个精子和一个卵子结合时，两个单倍体细胞融合成一个二倍体细胞，融合而成的二倍体细胞重新含有成对存在的同源染色体。一对同源染色体中的一条来源于母体，称为母源染色体；另一条来源于父体，称为父源染色体。

在生物学领域有一种简单的染色体表述方法。对一个物种来说，不同种类的染色体数量称为单倍数，用 n 表示。对人类来说，$n=23$，这意味着人类有 23 条不同的染色体（22 条不同的常染色体

和 1 条性染色体)。二倍体细胞含有 $2n$ 条染色体。因此,人类的体细胞中共有 $2\times23=46$ 条染色体。

并非所有真核生物都是二倍体。例如,面包霉 Neurospora 在绝大部分生命周期中都是由单倍体细胞组成的。另外,对许多植物来说,细胞中的每种染色体并不是一对($2n$),而是 $4n$(四倍体)、$6n$(六倍体)甚至更多。许多常见的开花植物(如黄花菜、兰花、百合和夹竹桃)是四倍体,大部分谷物不是四倍体就是六倍体。

9.4 真核细胞的细胞周期是如何发生的

在真核细胞的细胞周期中,新形成的细胞通常从周围环境获取养分,以便合成更多的细胞质和细胞器,并且会长得更大一些。一段时间(时间的长短由细胞的类型和环境中的营养状况决定)后,细胞开始分裂。每个子代细胞都会进入下一个细胞周期,产生更多的细胞。然而,许多细胞只在接收到特殊的信号后才开始分裂,这些信号包括一种称为生长因子的与荷尔蒙类似的分子,生长因子诱导细胞进入下一个细胞周期(详见 9.6 节)。其他的细胞会进行分化,但不再会分裂。

9.4.1 真核细胞的细胞周期包括分裂间期和有丝分裂期

真核细胞的细胞周期可以人为地分为两个主要时期:分裂间期和有丝分裂期(见图 9.8)。

1. 分裂间期

对绝大部分真核细胞来说,细胞周期的大部分时间都是分裂间期,即两次有丝分裂期之间的时期。例如,人类皮肤上的一些细胞处于分裂间期 22 小时,完成有丝分裂只花 2 小时。分裂间期分为三个时相:G_1 期、S 期和 G_2 期,其中,G_1 期表示第一个生长时相和 DNA 合成的第一个间歇阶段,S 期表示 DNA 合成阶段,G_2 期表示第二个生长时相和 DNA 合成的第二个间歇阶段。

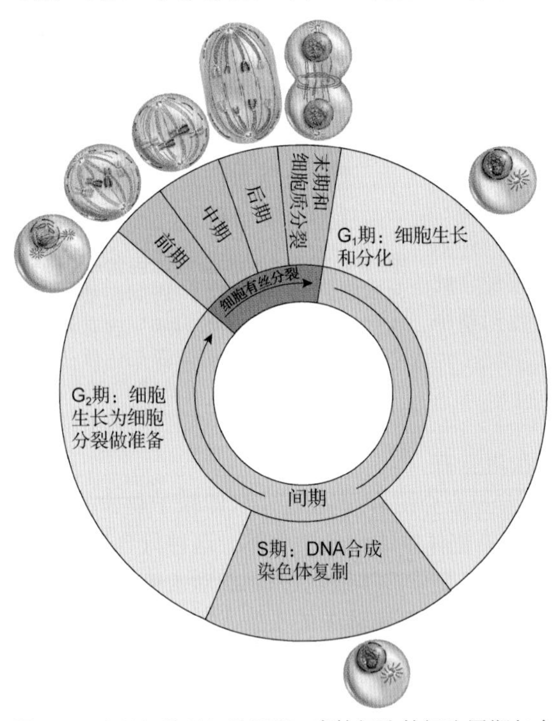

图 9.8 真核细胞的细胞周期。真核细胞的细胞周期包含两个阶段,即有丝分裂间期和有丝分裂期

一个新合成的子代细胞首先进入分裂间期的 G_1 期。在 G_1 期,细胞进行如下三种活动之一或全部:第一,体积长大。第二,细胞经常分化,发展出可以行使特殊功能的结构和生化途径。例如,绝大多数神经细胞会长出一种称为神经轴突的长链,轴突的主要功能是使神经细胞与其他细胞彼此联系。又如,肝细胞产生胆汁,胆汁中包含可以抑制血液凝固的蛋白质分子和具有解毒作用的酶。第三,细胞对内在信号和外在信号变得敏感,决定细胞是否应该开始分裂。如果细胞接收到分裂的信号,就进入 S 期,DNA 的合成和复制也便开始。接着,细胞进入 G_2 期,在这个时期,细胞长得更大,并且合成大量细胞分裂必需的蛋白质。

许多高度分化的细胞(如肝细胞)可从高度分化状态转变回分裂状态,而其他高度分化的细胞(如绝大部分心肌细胞和神经细胞)会一直处于细胞分裂间期,不再进行分裂。这也是心脏病如此致命的原因,因为死掉的心肌细胞不能被替换。然而，心脏和大脑中含有一部分可以分裂的干细胞。生物医学工作者希望有朝一日能够诱导这些干细胞重新进入细胞周期，进而修复受损的器官。9.6 节将介绍细胞周期是如何进行调节的。

2．有丝分裂期

细胞的有丝分裂是指一个亲代细胞分裂为两个子代细胞，这个分裂过程通常分为两部分：有丝分裂和细胞质分裂。有丝分裂指的是细胞核的分裂。在有丝分裂的早期，染色体发生压缩现象，在光学显微镜下观察时，染色体的这一结构清晰可见，就像螺纹那样。经过有丝分裂，可以形成两个子代的细胞核，每个细胞核都包含一整套亲代细胞的染色体。细胞质分裂指的是细胞质的分裂。细胞质分裂通常将自身的细胞质一分为二，其中包含线粒体、核糖体和高尔基体，以及新产生的细胞核，这些细胞器分配给两个子代细胞。因此，有丝分裂产生的两个子代细胞，彼此之间及与亲代细胞之间，从外形上看都很相似，遗传背景也完全相同。

所有真核细胞都会发生有丝分裂，这也是真核细胞中发生的无性繁殖的形式，可以进行这种有丝分裂的单细胞生物包括酵母、阿米巴虫和草履虫，而多细胞生物包括水螅和山杨树。细胞有丝分裂后就会进行子代细胞的分化，这个过程可使一个单独受精卵最终分化发育成一个成熟的生物个体，而这个个体包含数以亿计的高度分化的细胞。细胞的有丝分裂同样可以维持生物自身的生存，有些组织需要持续更新，而这一需求就依赖于有丝分裂。有丝分裂也可修复破损的机体，如出现外伤或者严重到需要更换一部分组织或器官。另外，干细胞的繁殖也由有丝分裂完成。

9.5　细胞如何通过有丝分裂生成遗传背景完全相同的两个子代细胞

我们知道，染色体在细胞间期的 S 期就已复制好。因此，当有丝分裂开始发生时，每个染色体都包含两个姐妹染色单体，并且这对姐妹染色单体连在中心粒上（见图 9.5b）。

为便于记忆和区分，生物学家根据染色体的状态和表现将有丝分裂人为地分为 4 个时相，分别是前期、中期、后期、末期和细胞质分裂（见图 9.9），但这些时相并没有明确的界限。

9.5.1　有丝分裂前期

有丝分裂的第一个时相称为有丝分裂前期。有丝分裂前期主要发生四大事件：①复制好的染色体发生压缩聚集（见图 9.4）；②纺锤体微管结构形成；③核膜破裂；④染色体与纺锤体微管相连（见图 9.9b 和 c）。染色体的聚集同样会破坏核仁结构，细胞核中的多条染色体上连有一些部分装配完全的核糖体，以及编码这些核糖体的 RNA 的基因（见第 4 章）。当染色体聚集时，核糖体的合成就会停止，也就不再有核仁这一结构。

复制好的染色体压缩后，微管开始聚集形成纺锤体。对所有真核细胞来说，有丝分裂时期染色体的运动都有依赖于纺锤体微管的牵引运动。对动物细胞来说，纺锤体微管是在一对中心体结构中形成的，这个结构富含丰富的微管。虽然许多植物、真菌、藻类甚至一些突变的果蝇都不含有中心体结构，但在有丝分裂时，这些细胞同样会形成具有功能的纺锤体结构，这表明中心体对有丝分裂来说并不是必需的。

处于有丝分裂间期的动物细胞会在已有的那对中心体周围形成一对新的中心体。在有丝分裂前期，这两对中心体迁移到细胞核的两侧（见图 9.9b）。当细胞开始分裂时，每个子代细胞接收到一对中心体，每对中心体都作为纺锤体微管向外辐射发散的中心（见图 9.9c）。这些部位称为纺锤体的两极（如果将细胞视为地球，那么纺锤体的两极就是地球的南极和北极，纺锤体的微管就是地球的经线，赤道将细胞从中间一分为二，平分两极）。

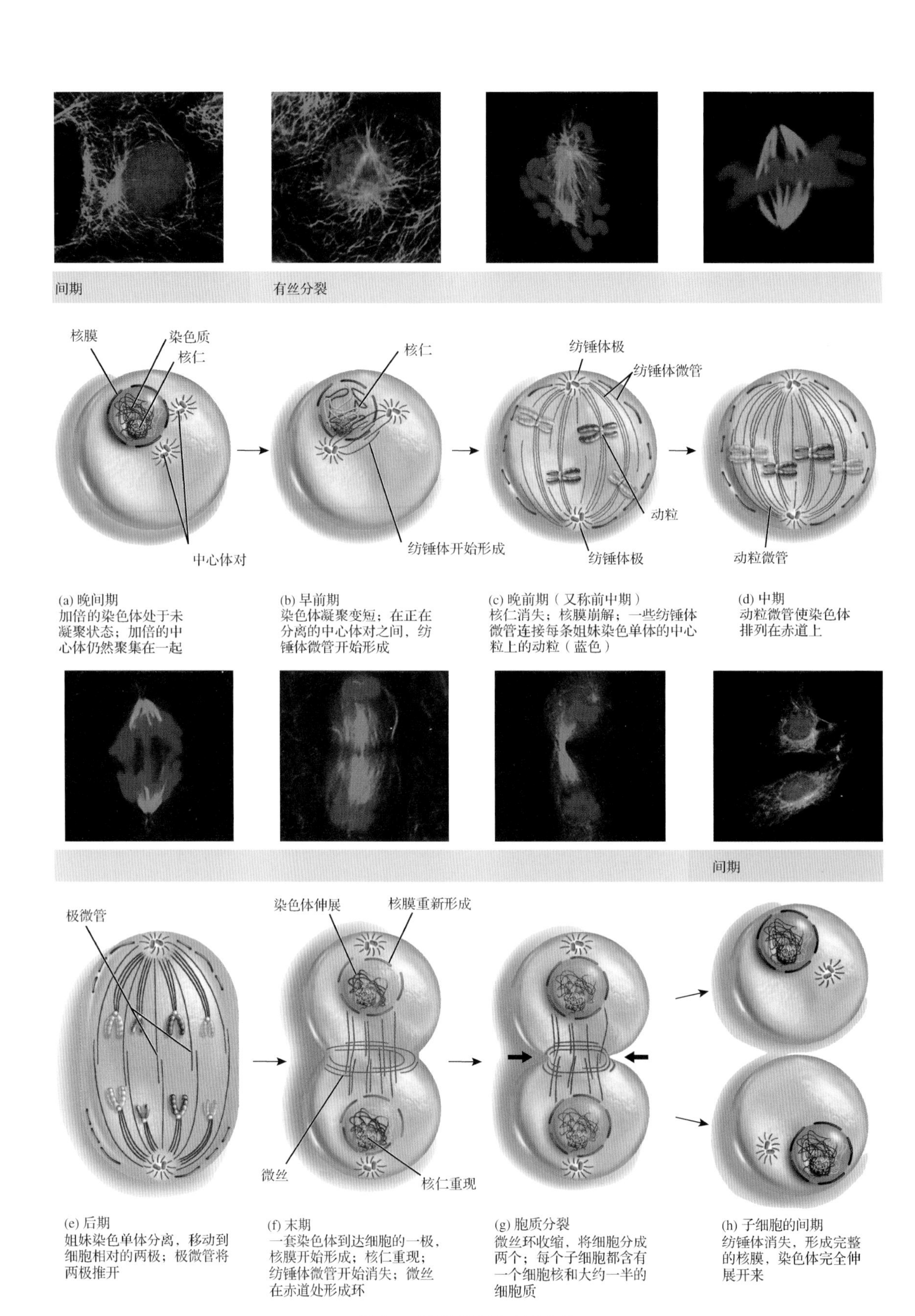

图 9.9　动物细胞的有丝分裂

因为纺锤体微管在细胞核周围形成一个完整的笼状框架结构，核膜逐渐解体，暴露复制完毕的染色体。复制好的每对姐妹染色单体都含有一个位于中心体上的、由蛋白质构成的称为动粒的结构，通过动粒，这对姐妹染色单体被背靠背地连接起来。每条姐妹染色单体的动粒都与纺锤体微管的末端相连，其中一条姐妹染色单体的动粒将它牵引到细胞的一极，另一条姐妹染色单体的动粒将它牵引到细胞的另一极（见图 9.9c）。与动粒相连的微管称为动粒微管，以区分于其他未连接动粒的微管（详见下一节）。姐妹染色单体彼此分开后，相互独立的染色体沿着动粒微管来到细胞对应的两极。

另一种纺锤体微管称为极微管，它并不与动粒或染色体的其他部分相连，而存在游离的末端，并沿细胞赤道排列。我们很快就会看到，极微管的作用是在有丝分裂期分形纺锤体的两极。

9.5.2 有丝分裂中期

在有丝分裂前期的最后，每条复制好的染色体的两个动点都与纺锤体微管相连，并随着微管牵引到细胞的两极。因此，每条复制好的染色体都与纺锤体的两极相连。在有丝分裂中期，一对姐妹染色单体上的动粒将它们反向牵引。在该过程中，微管要么伸长，要么缩短，直到每条染色体都排列在赤道上，且一对动粒朝向相反的两极（见图 9.9d）。

9.5.3 有丝分裂后期

有丝分裂后期开始的阶段（见图 9.9e），姐妹染色单体彼此分开，成为完全独立的子代染色体，使得每个动粒都将自身的染色体向细胞的两极牵引；与此同时，微管的末端渐渐降解，微管越来越短（微管逐渐缩短的机制称为 **Pac-Man** 运动）。这对姐妹染色单体分别被牵引到细胞的两极。因为子代细胞的染色体数量与母代细胞的完全相同，所以位于细胞两极的两套染色体与母代细胞完全一样。

与此同时，从细胞两极辐射出来的极微管在细胞的赤道上彼此相交。这些极性微管逐渐变长，推动细胞的两极远离，最终分开（见图 9.9e）。

9.5.4 有丝分裂末期

当染色体到达细胞的两极后，有丝分裂就到了末期（见图 9.9f）。这时，纺锤体的微管逐渐解离，且在每套染色体周围形成核膜。然后，染色体变成松散状态，核仁重新形成。对大部分细胞来说，细胞质分裂也在有丝分裂的末期发生，用细胞质分隔子代细胞的两个细胞核（见图 9.9g）。然而，有丝分裂有时并不伴随细胞质分裂，导致细胞产生多个细胞核。

9.5.5 细胞质分裂

动物细胞的细胞质分裂过程与植物细胞的截然不同。对动物细胞来说，连接细胞膜的微丝在赤道部位形成一个环状结构，这个结构往往形成于有丝分裂后期的末尾或者末期的开头（见图 9.9f）。环状结构逐渐收缩，挤压细胞的赤道，就像左右拉紧运动裤的拉绳就可将裤子固定在人的腰部那样（见图 9.9g）。最终，亲代细胞的腰部越来越细，直到消失。于是，就将亲代细胞的细胞质分配给了两个子代的细胞（见图 9.9h）。

植物细胞的细胞质分裂与动物细胞的截然不同，因为植物细胞存在坚硬的细胞壁，导致细胞质采用拉紧赤道以将亲代细胞的细胞质分开这样的分裂方式不太现实。植物细胞的细胞质分裂是这样发生的：高尔基体形成大量富含碳水化合物的囊泡结构，囊泡结构排列在细胞的赤道部位，分开两个成形的细胞核（见图 9.10）。囊泡结构渐渐融合，形成细胞板。细胞板就像扁平的囊泡结构，外面包裹着膜结构，内部含有大量具有黏性的碳水化合物。细胞板上融合足够多的囊泡后，就会与细胞膜融合。于是，细胞板的两边就成为新子代细胞的细胞膜，而细胞板中的碳水化合物就成为子代细胞的新细胞壁的合成原料。

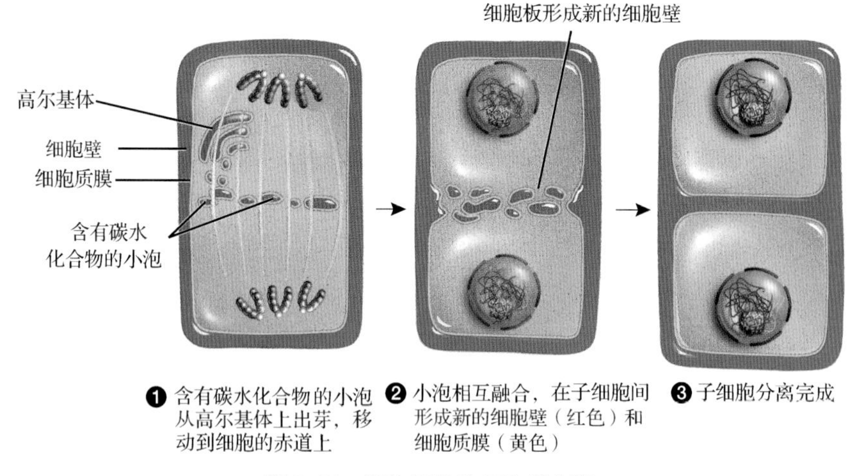

图 9.10　植物细胞的细胞质分裂

9.6　细胞周期是如何调节的

目前，研究人员认为细胞分裂的调节及其复制是通过一系列分子进行的，且还有许多调节分子未被发现或者研究清楚。尽管如此，对大多数真核细胞来说，有一些普遍适用的法则。

9.6.1　特定蛋白质的活化与失活推动细胞周期进程

正常的细胞周期是通过如下过程调节的：当细胞周期正在进行时，如果受了外伤或者维持机体的皮肤和毛发自然更新了，机体的一群细胞就会产生和分泌一类类似于荷尔蒙的分子，称为生长因子。大多数生长因子可通过刺激一类细胞周期调节蛋白的合成来调节细胞周期的进程，这种可以推动细胞周期进程的蛋白质统称细胞周期蛋白。接着，细胞周期蛋白又会调节一类酶的活性，这类酶称为细胞周期蛋白依赖激酶（Cyclin-dependent kinase，Cdk）。细胞周期蛋白可以直接调节细胞周期的进程。细胞周期蛋白依赖激酶之所以这样命名，基于两个原因：“激酶”指的是一类可给一个蛋白质添加磷酸基团的酶类，而“细胞周期蛋白依赖”指的是这类激酶只在与细胞周期蛋白结合后才处于活化状态。

下面介绍生长因子、细胞周期蛋白和细胞周期蛋白依赖的激酶是如何刺激与推动细胞周期进程的。例如，如果你不小心割破了自己的手指（见图 9.11），血小板（在血液凝结中发挥重要作用的一类血细胞）就会聚集在伤口周围，释放一些生长因子，包括来自血小板的生长因子和表皮生长因子。生长因子与破损皮肤区域细胞表面的生长因子受体结合（见图 9.11❶），刺激细胞合成大量的细胞周期蛋白（见图 9.11❷）。细胞周期蛋白与其对应的细胞周期蛋白依赖激酶结合（见图 9.11❸），形成细胞周期蛋白-细胞周期蛋白依赖激酶复合物，促进 DNA 合成所需蛋白质的合成（见图 9.11❹）。接着，细胞进入 S 期，复制自己的全套 DNA。DNA 复制完成后，作用于 G_2 期和有丝分裂期的细胞周期蛋白依赖激酶就会活化，导致细胞染色体的压缩、膜的破裂消失、纺锤体的形成，以及染色体与核纺锤体微管的结合。最终，另一组细胞周期蛋白依赖激酶发生作用，促使姐妹染色单体分开成为独立的染色体，并在细胞周期后期向细胞的两极移动。

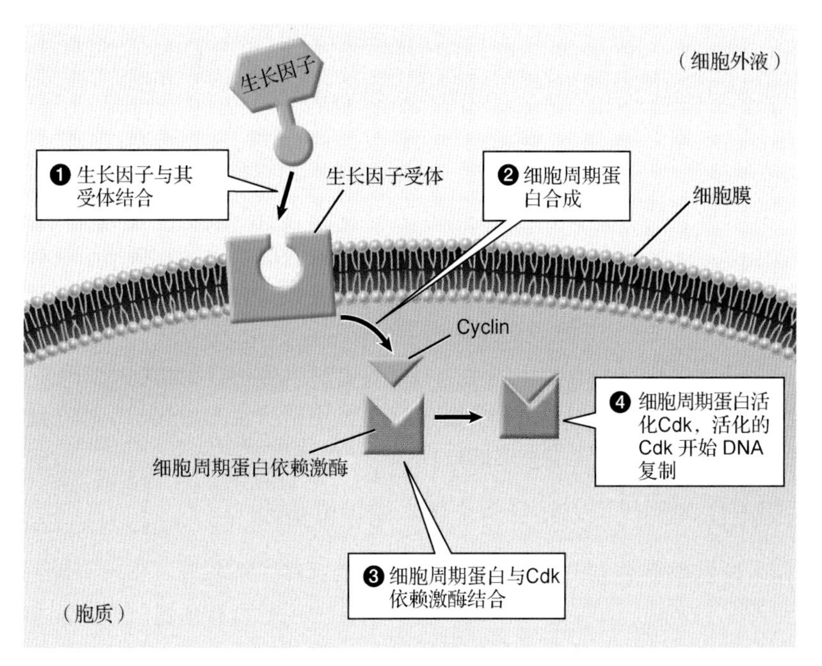

图 9.11　生长因子驱动细胞分裂。细胞周期进程的调节是通过细胞周期蛋白和细胞周期蛋白依赖激酶实现的。在大多数情况下，生长因子促进细胞周期蛋白的合成，活化细胞周期蛋白依赖激酶，启动导致 DNA 复制和细胞分裂的一系列细胞活动

9.6.2　细胞周期检查点调节细胞周期的进程

如果细胞周期没有任何调节措施，就是十分有害的，甚至是毁灭性的。如果一个细胞的 DNA 上含有一些突变，或者子代细胞得到了数量不对的染色体，子代细胞就会凋亡。如果这样的细胞没有凋亡，就可能产生癌症。为了防止这样的事情发生，真核细胞进化出了三个细胞周期检查点（见图 9.12）。就每个检查点来说，这些蛋白质决定细胞是否能够成功完成某一细胞周期时相的活动。

- G_1 期到 S 期：细胞复制出的 DNA 分子是否完好无损，并且适合进行复制？
- G_2 期到有丝分裂（M）期：DNA 是否已经完整而准确地进行了复制？
- 有丝分裂中期到后期：是否所有的染色体都连接到纺锤体，并有序地排列在细胞的赤道上？

细胞的检查点蛋白常用来调节细胞周期蛋白的产生或者细胞周期蛋白依赖激酶的活化，或者调节二者，进而调节细胞周期从一个时相进入下一个时相。

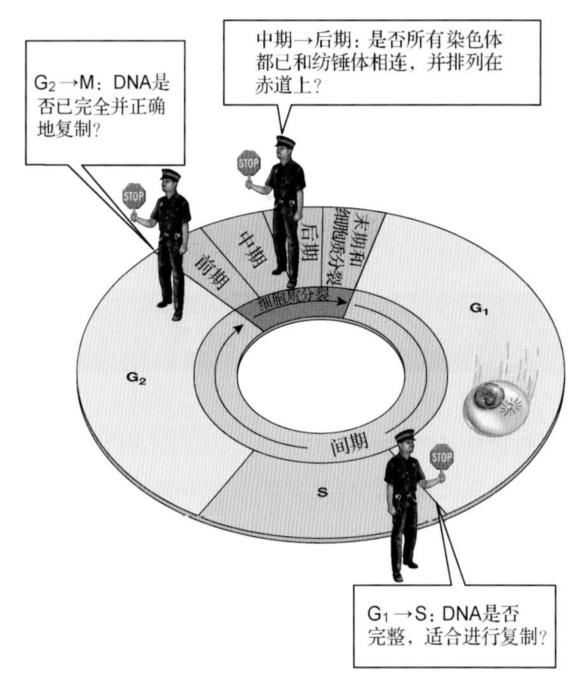

图 9.12　细胞周期的调节。三个细胞周期检查点控制细胞周期从一个时相进入下一个时相

9.7 为什么如此多的生物通过有性生殖进行繁殖

一些非常适合在地球上生存的生物是通过无性生殖进行繁殖的。例如，一些青霉菌（常用来合成青霉素）和曲霉菌（常用来制造维生素 C）的菌种通过形成有丝分裂孢子进行繁殖，有丝分裂孢子指的是通过有丝分裂形成的菌落状细胞群，这样的繁殖形式是无性生殖，并无任何有性生殖的迹象。在草坪中，许多草类和灌木通过从根系产生新的植株来进行繁殖。其他一些植物，比如肯塔基州的兰草和蒲公英，即使未经过受精，照样可以开花和结果。因此，无性生殖一定是适应自然界的。

但是，为什么基本上所有的真核生物都选择通过有性生殖进行繁殖呢（即使是兰草和蒲公英有时也进行有性生殖）？正如我们观察到的那样，无性生殖产生的后代与亲代在遗传背景上完全相同，而有性生殖可以产生遗传背景不同的后代。

9.7.1 有性生殖产生的后代可以结合两个亲本的等位基因

为什么有性生殖对生物来说十分有益呢？先来考虑这样一个假设：猎物躲避天敌，以免被吃掉。当猎物看到天敌到来时，如果静止不动，自身的保护色就可避免自己被发现和吃掉。当然，有保护色的动物不停地运动与颜色异常鲜艳的动物静止不动相比，被天敌捕获的概率都很大。于是问题就来了：动物如何既拥有保护色又具备能够静止不动的本领？假设一个动物具有高于平均水平的保护色，而同类中的另一个动物更擅长静止不动。那么，通过有性生殖将这两个优良的性状传递给下一代，下一代拥有的躲避天敌的本领就要比父母的本领强得多。因此，有性生殖广泛存在的原因是，这样可将对动物本身有利的遗传性状结合起来。

生物是如何通过有性生殖来将有利的性状结合起来的呢？减数分裂产生单倍体细胞，这种细胞含有亲代每对染色体中的一条。对动物来说，这些单倍体细胞通常形成配子。现在回到前面的动物躲避天敌模型。来源于 A 动物的单倍体精子含有保护色的等位基因，而来源于 B 动物的单倍体卵子则含有遇见天敌时静止不动的等位基因。两个配子融合后，在子代动物中同时含有保护色和静止不动两种等位基因，在天敌出现时更不易被捕获。

基因突变可以形成新的等位基因，这是生物遗传背景多样性的终极来源，生物的进化也是以此为基础来进行的，但基因突变的概率非常低。通过有性生殖将多种有利的基因结合起来，可以大大加快生物进化的速度，且产生的子代能够更加好地适应瞬息万变的自然环境。

9.8 减数分裂是如何产生单倍体细胞的

真核细胞有性生殖的关键部分是细胞的减数分裂，通过这一活动，含有成对染色体的二倍体细胞将自己的每对染色体中的一条传递给单倍体子代细胞。减数分裂主要由两部分组成：减数分裂（这里特指细胞核分裂并产生单倍体的细胞核）和细胞质分裂。每个子代细胞都会收到一对同源染色体中的一条。例如，人类的二倍体细胞共含有 23 对（46 条）染色体；通过减数分裂产生的精子或卵子都含有 23 条染色体，每条都来源于亲本的一对染色体。

减数分裂的许多结构和细胞活动都与有丝分裂类似。然而，对若干重要的细胞活动来说，减数分裂和有丝分裂截然不同。至关重要的区别在于 DNA 复制：在有丝分裂中，亲代细胞经历全部 DNA 的一次复制，接下来有一次细胞核分裂。在减数分裂中，亲代细胞虽然经历全部 DNA 的一次复制，但接下来有连续两次细胞核分裂（见图 9.13)。因此，对减数分裂来说，DNA 在第一次细胞核分裂时就已完成全部 DNA 的复制（见图 9.13a)，但在第一次和第二次细胞核分裂之间，DNA 不再进行复制。

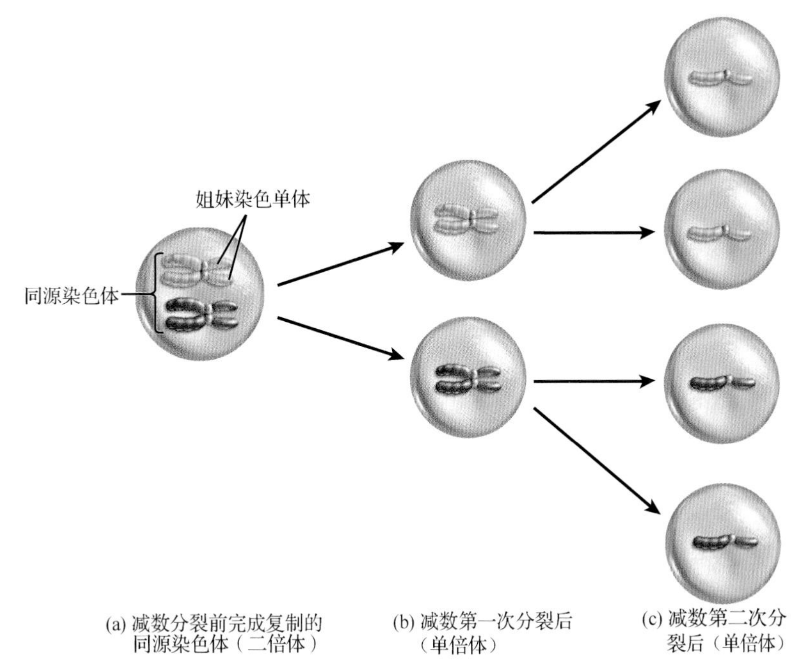

图 9.13　减数分裂的结果是染色体数量减半。(a)在减数分裂开始前，每条同源染色体都进行复制。(b)在减数第一次分裂期间，每个子代细胞都接收一对同源染色体中的一条。(c)在减数第二次分裂期间，姐妹染色单体分开，成为独立的染色体，每个子代细胞都接收姐妹染色单体中的一条

减数分裂的第一次细胞核分裂将成对的同源染色体分开，分别分配到两个子代细胞的细胞核中，产生两个单倍体细胞。然而，每条染色体仍然包含两个姐妹染色单体（见图 9.13b）。在减数分裂的第二次细胞核分裂过程中，两个姐妹染色单体分开，成为相互独立的染色体，各自进入两个子代细胞的细胞核。因此，减数分裂结束后，一共产生 4 个单倍体细胞，每个单倍体细胞都含有一个副本的同源染色体。因为产生的每个细胞核都进入新细胞，所以通过减数分裂，一个二倍体细胞最终产生 4 个单倍体细胞（见图 9.13c）。接着，当一个单倍体精子与一个单倍体卵子发生融合后，产生的后代又是二倍体细胞（见图 9.14）。下面详细介绍减数分裂。

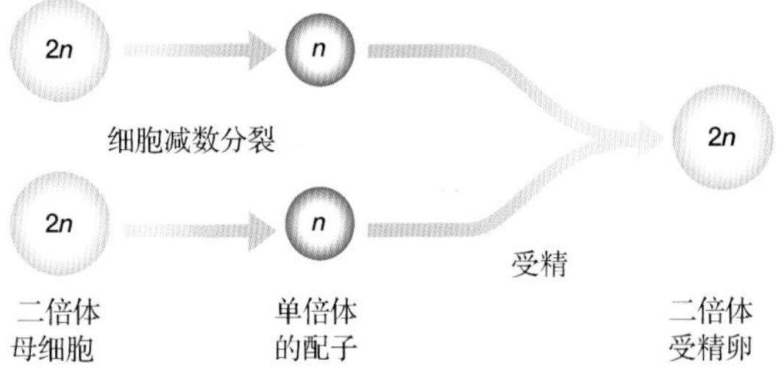

2n　n　2n
细胞减数分裂
2n　n
受精
二倍体母细胞　单倍体的配子　二倍体受精卵

图 9.14　对有性生殖来说，减数分裂至关重要。对有性生殖来说，高度分化的生殖细胞通过减数分裂产生单倍体细胞。动物的这些单倍体细胞最终成为配子（精子或卵子）。卵子与精子结合后，生成二倍体的受精卵或称合子

9.8.1　减数第一次分裂

减数分裂的时相定义与有丝分裂的类似，但减数分裂分为第一次分裂和第二次分裂，分别表征减数分裂中进行的两次细胞核分裂（见图 9.15）。当减数第一次分裂开始时，染色体在间期就已复制完毕，并且每个染色体的一对姐妹染色单体通过中心粒彼此连接。

1．减数第一次分裂前期

在有丝分裂中，同源染色体的运动相互独立。与此相反，在减数第一次分裂前期，同源染色体肩并肩地排列在一起，并且彼此互换一些 DNA 片段（见图 9.15a 和图 9.16）。我们定义一条染色体为“母源染色体”、一条染色体为“父源染色体”，因为这两条染色体中的一条来源于其母体，而另一条来源于其父体。

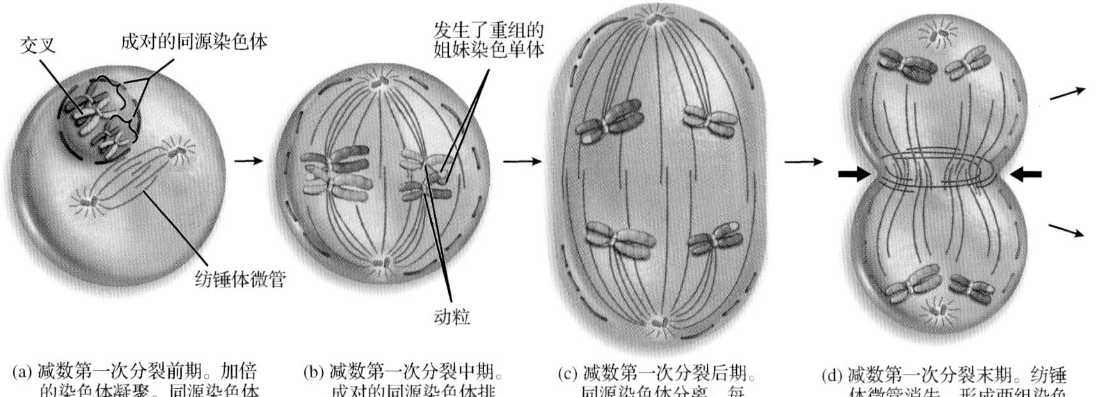

(a) 减数第一次分裂前期。加倍的染色体凝聚。同源染色体配对，同源染色体的姐妹染色单体发生交换。核膜崩解；形成纺锤体微管

(b) 减数第一次分裂中期。成对的同源染色体排列在赤道上。每对同源染色体中的一个面向细胞的一级，并通过动粒（蓝色）与纺锤体微管相连

(c) 减数第一次分裂后期。同源染色体分离，每对同源染色体中的一条向细胞的一极移动。姐妹染色单体不会分开

(d) 减数第一次分裂末期。纺锤体微管消失。形成两组染色体，每组含有每对同源染色体中的一条。因此，子细胞核是单倍体。这一阶段通常还会发生胞质分裂。减数第一次和第二次分裂之间的间期很短，甚至不存在

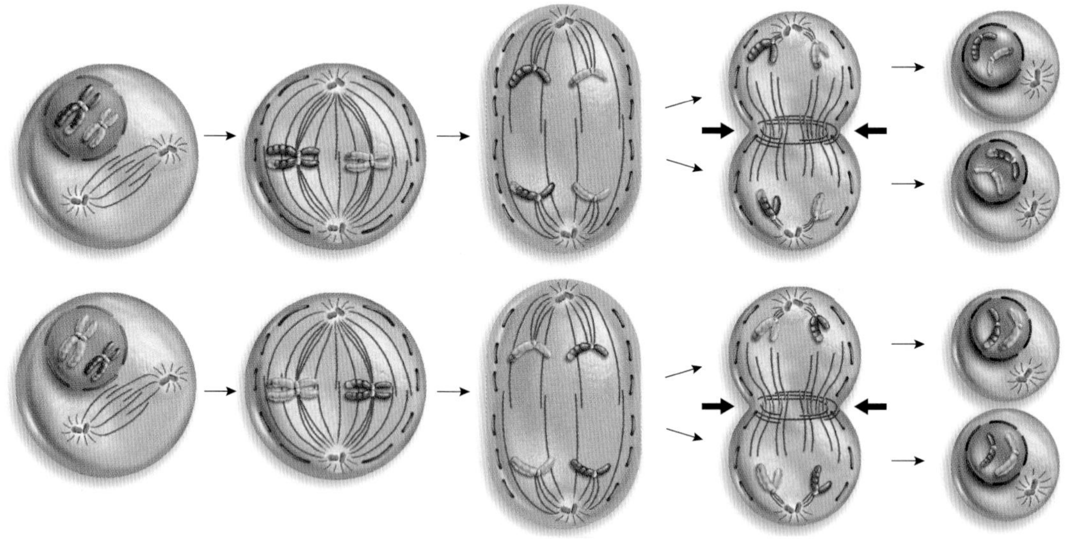

(e) 减数第二次分裂前期。纺锤体微管再次形成，和姐妹染色单体相连

(f) 减数第二次分裂中期。染色体在赤道上排列成行，每条染色体的姐妹染色单体都与通向细胞的不同极的动粒微管相连

(g) 减数第二次分裂后期。染色单体分裂成独立的子染色体，一条染色体的两条姐妹染色单体分裂后，向细胞的不同极移动

(h) 减数第二次分裂末期。染色体停止向细胞的两极移动。核膜重新形成，染色体再次凝聚（此处未画出）

(i) 4个单倍体细胞胞质分裂最终生成4个单倍体细胞，每个都携带有每对同源染色体中的一条单体（图中以凝聚态显示）

图 9.15 减数分裂。对进行减数分裂的细胞来说，一个二倍体细胞的每对同源染色体彼此分离，形成 4 个子代单倍体细胞。图中显示了两对代表性的同源染色体，黄色染色体来源于一个亲本（父本或母本），紫色来源于另一个亲本（母本或父本）

通过一些特殊的蛋白质，母体和父体的同源染色体可以相互连接，因此它们的各个基因座沿其长度精准配对。接着，一些酶类将同一位置的 DNA 剪切下来，且这对 DNA 片段彼此互换，互换后的末端重新粘贴到基因组上，即一段父源 DNA 片段连接到母源染色体，反之亦然。然后，那些连接蛋白的酶类解离，在父源染色体和母源染色体互换的部分留下一个十字结构或交叉结构（见图 9.16）。对人类细胞来说，在减数第一次分裂前期，每对同源染色体通常形成两到三个这种交叉结构。在这种交叉结构上发生的父源和母源染色体的 DNA 互换过程称为交换。如果染色体有不同

的等位基因，互换的结果就是基因重组（recombination）：在染色体上发生的等位基因的重新组合。甚至在 DNA 互换后，一对同源染色体的某些部分在交叉结构上仍旧"藕断丝连"。这会使得这对同源染色体仍旧彼此相连，直到减数第一次分裂末期，由外力将它们分开。

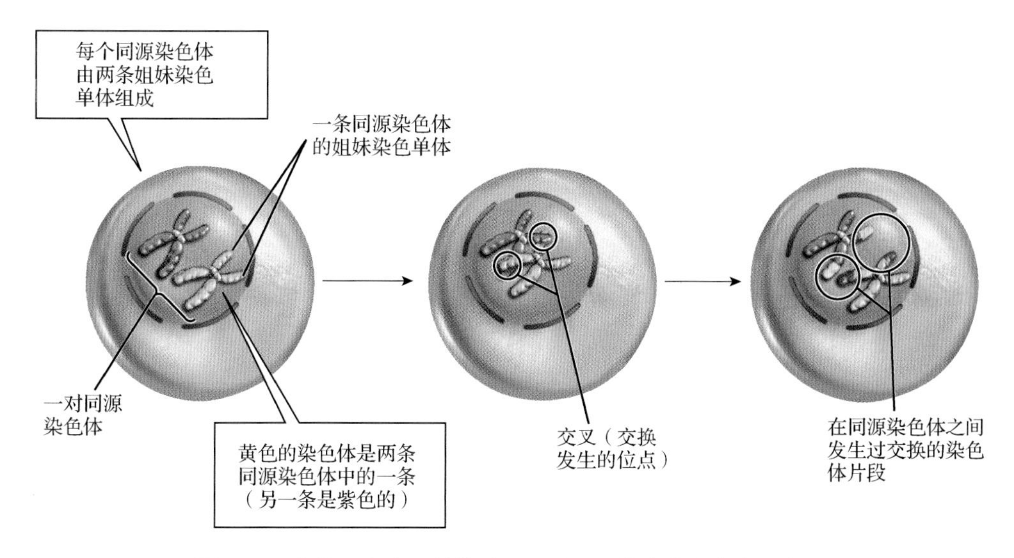

图 9.16 交换。在交叉结构处，一对同源染色体交换它们的 DNA

与有丝分裂一样，在减数第一次分裂前期，纺锤体微管在细胞核外开始形成。减数第一次分裂前期将要结束时，核膜破裂，纺锤体微管到达本来是细胞核的区域，通过与染色体的动点相连来捕获每个染色体。

2．减数第一次分裂中期

在减数第一次分裂中期，纺锤体微管通过与动粒之间的相互作用，将其牵引到细胞的赤道上（见图 9.15b）。有丝分裂中期与减数第一次分裂中期不同的是，前者的复制后的独立染色体排列在赤道上，后者的复制后的同源染色体对通过交联结构彼此联系而排列在赤道上。这对同源染色体分别被牵引到哪一极是完全随机的，即有些父源同源染色体迁移到"北极"，有些会迁移到"南极"。这种随机性（也称独立事件）与通过交换产生的基因重组一起，是通过减数分裂产生单倍体细胞的基因多态性的最主要原因。

3．减数第一次分裂后期

减数第一次分裂后期与有丝分裂后期截然不同。在有丝分裂后期，姐妹染色单体彼此分开，分别牵引到细胞的两极。与此相反，在减数第一次分裂后期，每对同源染色体经复制产生的姐妹染色单体仍旧彼此相连，并被牵引到细胞的同一极。当然，通过交叉结构相连的一对同源染色体彼此分开，分别被牵引到细胞的两极（见图 9.15c）。

4．减数第一次分裂末期

在减数第一次分裂后期，在细胞两极的两组染色体各含每对同源染色体中的一条。因此，每组都含有与单倍体数量同样多的染色体。在减数第一次分裂末期，纺锤体微管消失。细胞质分裂通常发生在减数第一次分裂末期（见图 9.15d）。对许多生物来说，细胞核膜会重新形成。减数第一次分裂末期结束后，减数第二次分裂就会开始，基本上没有间期。在减数第一次分裂和第二次分裂之间，不会进行 DNA 的复制。

9.8.2 减数第二次分裂

在减数第二次分裂中，每条复制好的姐妹染色单体彼此分开，这个过程与有丝分裂染色体分开的过程看起来极其类似，只是减数分裂中这一过程发生在单倍体细胞中。在减数第二次分裂前期，纺锤体微管重新合成（见图 9.15e）。与有丝分裂一样，每条复制好的染色体的姐妹染色单体的动点都与纺锤体微管相连，牵引它们向细胞的两极运动。在减数第二次分裂中期，复制好的染色体排列在细胞的赤道上（见图 9.15f）。在减数第二次分裂的后期，姐妹染色单体彼此分开，移动到细胞的两极（见图 9.15g）。在减数第二次分裂的末期和细胞质分裂阶段，细胞核膜重新形成，染色体解压缩成松散状态，细胞质也分开（见图 9.15h）。减数第一次分裂产生的一对子代细胞通常继续进行减数第二次分裂，由一个亲代细胞形成 4 个子代单倍体细胞（见图 9.15i）。

表 9.1 中详细比较了动物细胞的有丝分裂和减数分裂。

表 9.1 动物细胞的有丝分裂和减数分裂

特　征	有丝分裂	减数分裂
发生的细胞类型	体细胞	配子细胞
染色体的最终数量	二倍体（$2n$）；每条染色体都有两套	单倍体（$1n$）；每对同源染色体中的一条
子代细胞的数量	2 个，与亲代细胞和另一个子代细胞完全相同	4 个，因为交换而含有重组的同源染色体
每次 DNA 复制后细胞所分裂的数量	1	2
动物的功能	组织的发育、生长、修复和维持，非有性生殖	有性生殖中产生配子细胞

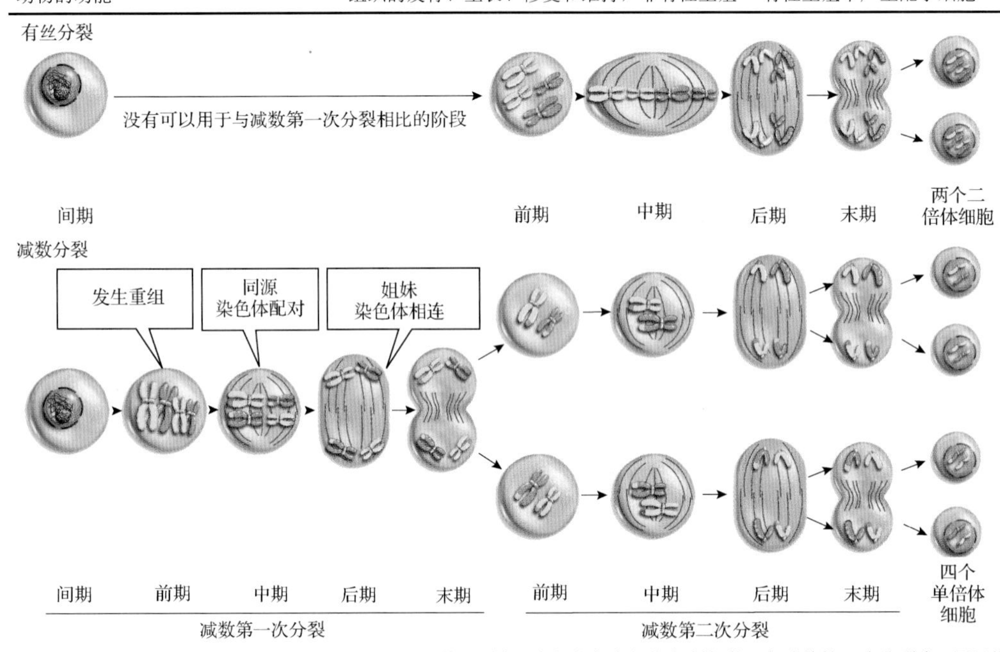

图中列出了可以相互比较的阶段。在有丝分裂和减数分裂中，染色体都在间期复制加倍。在减数第一次分裂中，同源染色体配对，形成交叉，交换染色体片段，同源染色体分离而产生单倍体子细胞核；在有丝分裂过程中，没有与之相似的过程。不过，减数第二次分裂实际上与单倍体细胞中发生的有丝分裂完全相同

9.9 真核细胞生命周期中的有丝分裂和减数分裂何时发生

所有真核生物的生命周期几乎都有一个共同的模式。首先，受精时，两个单倍体细胞融合，将来源于不同亲本的基因结合起来，通过新的基因重组形成二倍体细胞。其次，在生物生命周期

的某些阶段发生减数分裂，重新形成单倍体细胞。第三，在生物生命周期的某些阶段，无论是单倍体细胞还是二倍体细胞的有丝分裂，最终都导致多细胞的生成和无性生殖。

低等的蕨类植物与高等的人类在生命周期方面之所以千差万别，主要原因是存在如下方面的不同：①减数分裂与单倍体细胞融合之间的间期不同，②生物的生命周期中有丝分裂和减数分裂发生的时间点不同，③生物生命周期中处于二倍体和单倍体时期的相对时间不同。我们可以按是二倍体细胞还是单倍体细胞占相对主导地位来定义生命周期。

9.9.1 处于二倍体生命周期的生物的大多数细胞处于二倍体状态

对大多数动物来说，基本上全部生命周期都处于二倍体状态（见图 9.17）。二倍体的性成熟个体通过减数分裂产生生存时间较短的单倍体配子（雄性产生精子，雌性产生卵子）。精子和卵子相互结合形成受精卵。受精卵通过二倍体的有丝分裂和分化逐渐生长和发育为成熟的个体。

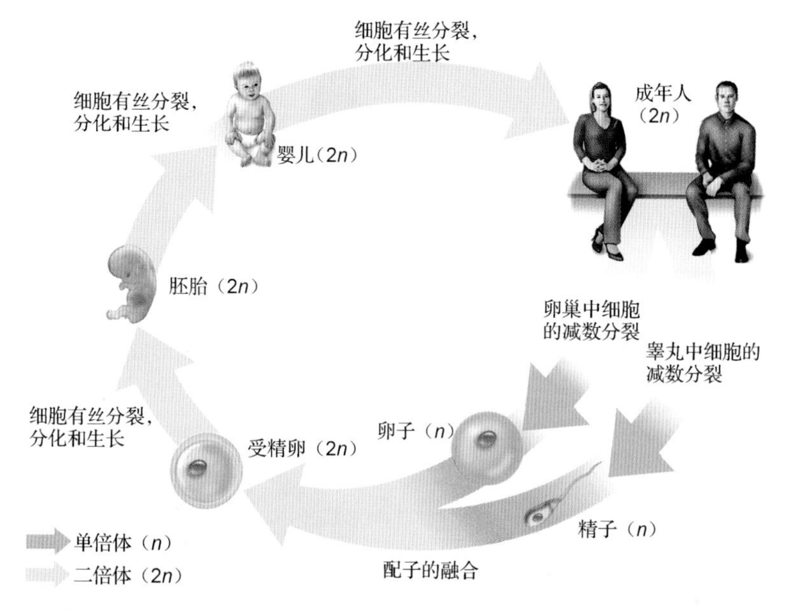

图 9.17　人类的生命周期。通过减数分裂产生的配子（雄性产生精子，雌性产生卵子）融合而形成受精卵。通过子代细胞的有丝分裂和分化，受精卵逐渐形成胚胎、幼儿，最终形成性成熟的个体。单倍体状态只持续几小时到几天，而二倍体状态持续一生

9.9.2 处于单倍体生命周期的生物的大多数细胞处于单倍体状态

一些真核生物，比如真菌和单细胞藻类，在其生命周期的大部分时间处于单倍体状态，每个细胞都包含每类染色体的一个副本（见图 9.18）。通过有丝分裂进行的无性生殖产生的细胞都是完全相同的单倍体细胞。在某些特殊情况下，也会产生一些高度分化的单倍体生殖细胞。两个这样的生殖细胞融合，形成一个生命周期较短的二倍体受精卵。受精卵接着进行减数分裂，重新形成单倍体细胞。对某些单倍体生活周期的生物来说，二倍体细胞从不发生有丝分裂。

9.9.3 在世代交替的生命周期中存在二倍体多细胞阶段和单倍体多细胞阶段

定义植物细胞的生命周期时，有一个专用名称——世代交替，因为植物会在单倍体的多细胞状态和二倍体的多细胞状态之间转变。在典型的模式中（图 19），多细胞二倍体成体阶段的特化细胞（“二倍体世代”）经历细胞减数分裂，产生称为孢子的单倍体细胞。这些孢子又经历多次有丝分裂，且产生的子代细胞发生分化，使生物过度到一个单倍体多细胞状态（“单倍体世代”）。在某

些时间点上，一些特定的单倍体细胞可分化为单倍体配子。两个配子接下来融合，形成一个二倍体受精卵。受精卵通过有丝分裂进入另一个二倍体多细胞状态。

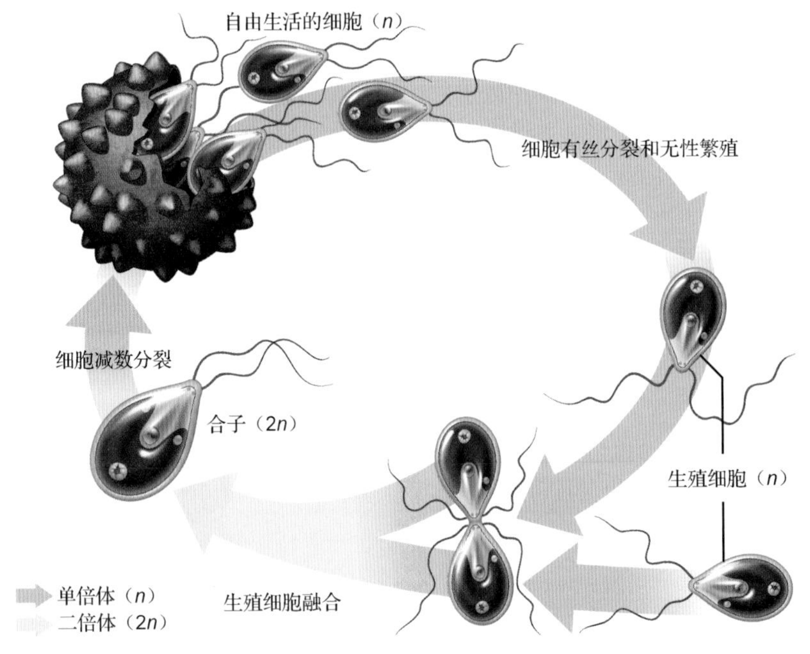

图 9.18　单细胞衣藻的生命周期。衣藻通过单倍体细胞的有丝分裂进行无性生殖。当营养条件不好时，高度分化的单倍体生殖细胞（通常来源于基因背景不同的两个种群）融合形成一个二倍体细胞。接着，通过减数分裂形成 4 个单倍体细胞，这 4 个子代细胞与母代细胞在遗传背景上通常并不相同

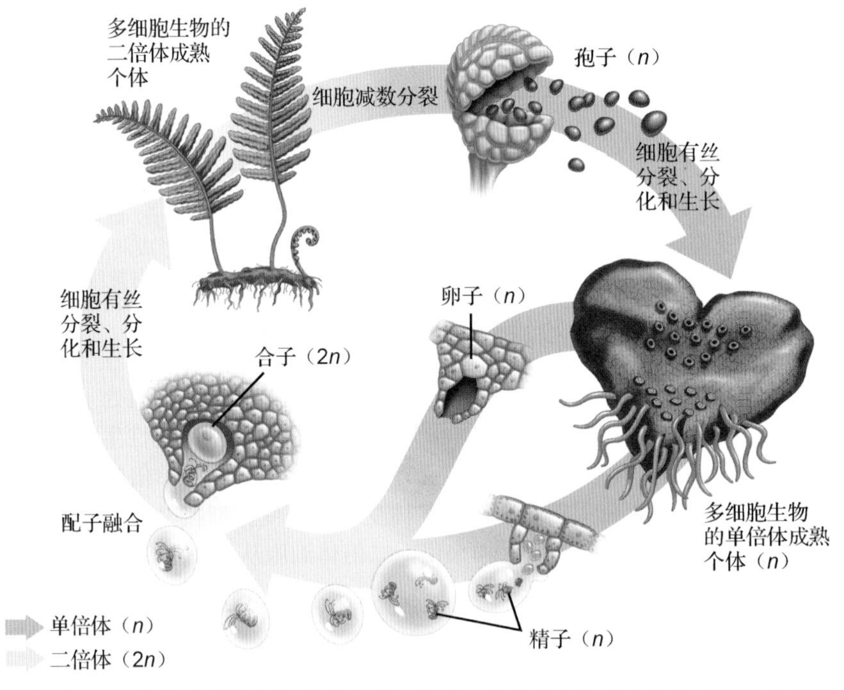

图 9.19　世代交替。对诸如蕨类这样的植物来说，处于二倍体多细胞状态的高度分化的细胞通过减数分裂产生单倍体孢子。孢子通过子代细胞进行有丝分裂和分化，进而进入单倍体的多细胞状态。一段时间后，部分这样的单倍体细胞分化为精子或卵子，它们再次融合形成受精卵。受精卵的有丝分裂和分化使生物进入下一个周期——二倍体多细胞时期

对某些植物（如蕨类）来说，无论是处于单倍体状态还是处于二倍体状态，都是能够自由生长、相互独立的植物个体。然而，开花植物处于单倍体时期的细胞相对较少，基本上只有花粉粒和花朵子房中的细胞处于单倍体状态（见第 21 章和第 44 章）。

9.10 生物如何通过减数分裂和有性生殖产生基因多态性

大多数物种的个体之间的基因背景不同。进一步说，父母双亲生出的子女之间、子女与父母之间的基因背景也是不同的。这些基因的多样性是如何而来的？万亿年基因突变的积累是基因多样性最初的源泉。然而，基因突变毕竟是小概率事件。因此，生物从一代到下一代的基因多样性基本上来源于减数分裂和有性生殖。

9.10.1 同源染色体的随机分离创造新的染色体组合

减数分裂是如何产生生物基因的多样性的？一种机制是这样的：在减数第二次分裂期间，源于父系和母系的染色体随机分配到子代细胞的细胞核中。注意，在减数第二次分裂中期，成对的同源染色体排列在细胞的赤道上。对每对同源染色体而言，母源染色体朝向细胞的一极，父源染色体则朝向细胞另一极，且同源染色体的朝向完全是随机的，与其他染色体完全没有关系。

下面考虑果蝇的减数分裂。果蝇共有三对同源染色体（$n = 3$，$2n = 6$）。在减数第一次分裂中期，这些染色体的排列方式有 4 种（见图 9.20a）。因此，减数第一次分裂后期可能产生 8 组不同的染色体组（$2^3 = 8$，见图 9.20b）。也就是说，一只含有三对同源染色体的果蝇最终产生的子代细胞的染色体组共有 8 种组合方式。人类具有 23 对同源染色体，通过减数分裂后，子代可能有超过 800 万（2^{23}）种染色体的组合方式。

(a) 减数第一次分裂中期的4种可能的染色体排列

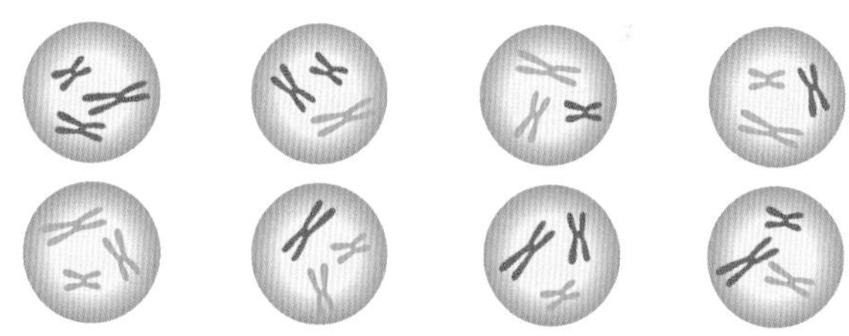

(b) 减数第一次分裂后可能产生的 8 套染色体组

图 9.20 同源染色体对的随机分裂是产生基因多样性的原因之一。为便于区分，这里将染色体画成大、中、小三组。父源染色体用黄色表示，母源染色体用紫色表示

9.10.2 交换创造具有新基因组合的染色体

在减数分裂中发生的交换产生与亲本不同的等位基因的组合。事实上，有些这样的新组合之前从未出现过，因为在每次减数分裂中，同源染色体的等位基因交换都发生在新的不同的位置上。对人类来说，发生相同的等位基因交换的概率是 800 万分之一。然而，交换的发生使子代的父源染色体不完全是父源染色体，而母源染色体也不完全是母源染色体。尽管成年男性每天可以产生 1 亿个精子，但也许永远不可能产生两个完全一样的同一等位基因发生交换的精子。最有可能的是，每个精子和每个卵子在基因背景上都是独一无二的。

9.10.3 配子的融合增加了子代基因的多样性

在受精过程中，两个配子中的每个都含有一个独特的等位基因交换，通过融合而形成一个二倍体子代。即使忽略交换造成的影响，基于同源染色体的随机分离和分配，人类的每个成员理论上可以产生超过 800 万种不同的配子。因此，两个人的精子和卵子的融合，可以产生 6400 亿个基因背景不同的孩子，远超过目前地球上所有人口的总和。换句话说，你的父母再生出一个和你完

全一样的孩子的概率只有 6400 亿分之一！当我们赞叹于几乎无穷的基因多样性时，我们可以自豪地说（只要不是双胞胎）自己绝对是独一无二的！

复习题

01. 比较有性生殖和无性生殖。
02. 图解并描述真核细胞周期。命名周期的各个阶段，并简要描述每个阶段中发生的事件。
03. 定义有丝分裂和胞质分裂。如果有丝分裂后不发生胞质分裂，细胞结构会发生什么变化？
04. 图解有丝分裂的各个阶段。有丝分裂如何确保每个子核获得全套染色体？
05. 定义下列术语：同源染色体、中心粒、动粒、染色单体、二倍体和单倍体。
06. 描述并比较动物细胞和植物细胞的胞质分裂过程。
07. 细胞周期是如何控制的？为什么调节细胞周期进程很重要？
08. 图解减数分裂事件。同源染色体在哪个阶段分离？
09. 描述交换。它发生在减数分裂的哪个阶段？说出交换的两个功能。
10. 有丝分裂和减数分裂在哪些方面相似？在哪些方面不同？
11. 描述或图解真核生物生命周期的三种主要类型。减数分裂和有丝分裂分别发生在什么时候？
12. 描述减数分裂如何提供遗传变异。如果某动物的单倍体数为2（没有性别染色体），它能产生多少个基因不同的配子（假设没有交换）？单倍体数是5呢？

第 10 章　遗传方式

奥运会排球银牌得主弗罗拉·海曼在职业生涯的巅峰被马方综合征击倒

10.1 遗传的物质基础是什么

遗传是指生物体将自身的特征传递给下一代的过程。在讲述遗传之前，先简单介绍构成遗传的物质基础。本章以二倍体生物为基本模型来加以介绍，包括通过单倍体配子融合进行有性生殖的绝大多数动植物。

10.1.1 基因是染色体特定区域的核苷酸序列

一条染色体包含一个包裹着大量蛋白质的DNA双螺旋分子（见图9.1和图9.4）。基因（一段DNA）的长度从几百个到数千个核苷酸不等，且可以编码产生蛋白质、细胞甚至整个生物体的全部信息。因此，基因就是染色体的某个部分（见图10.1）。基因在染色体上的位置称为基因座（locus）。对二倍体生物来说，成对的染色体称为同源染色体。每对同源染色体相同的基因座上包含相同的基因。然而，对于特定的基因，即使是同一物种，不同个体的基因序列也可能明显不同，甚至即使是同一个个体，一对同源染色体上的同一个基因序列也可能不同。一个基因座上产生的不同基因序列称为等位基因（见图10.1）。为了更好地了解基因与等位基因之间的联系，我们可将基因视为一个长长的句子，只是句子不由字母而由核苷酸组成。等位基因是指意思基本相同的两个句子，只是某些词不太一样。

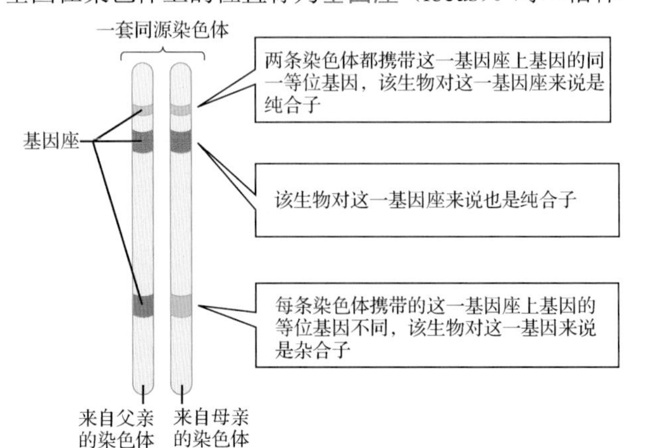

图 10.1 基因、等位基因和染色体之间的关系。每条同源染色体上都含有同一组基因。每个基因都位于染色体上的特定部位，又称基因座。同一基因座上核苷酸序列的差异产生该基因的不同等位基因。对二倍体生物来说，每个基因都有两个等位基因，即一条同源染色体上一个。一对同源染色体上的等位基因可能相同也可能不同

10.1.2 基因突变是等位基因的来源

你的染色体上的等位基因几乎都继承于父母。然而，这些等位基因最初从何而来呢？所有的等位基因最初都来源于基因突变，即一个基因的核苷酸分子发生了变化。如果在最终成为精子或卵子的细胞上发生了基因突变，这个突变就会从父母传递给子女。生物体DNA上几乎所有的等位基因最初都出现在这种生物的祖先的生殖细胞上，这也许发生在数百年甚至数百万年前，且从那时起就代代相传。有些等位基因（称为“新的基因突变”）来源于父母的生殖细胞，但这些都是小概率事件。

10.1.3 生物的一对等位基因可能相同也可能不同

一个二倍体生物有一对同源染色体，且这对染色体在有相同的基因座，也就是说，二倍体生物的每个基因都有两份。如果一对同源染色体的相同基因座上具有完全相同的基因，那么这种生物的这对基因就称为纯合子（homozygous）。在图10.1所示的染色体中，有两个基因座是纯合子。如果一对同源染色体的相同基因座上的基因是不同的，那么这种生物的这对基因就称为杂合子（heterozygous）。在图10.1所示的染色体中，有一个基因座是杂合子。在某些基因座上含有杂合子的生物也称杂交而成的生物，也称杂种。

10.2 遗传法则是如何被发现的

最经典的遗传法则是在19世纪中叶被发现的，发现者是奥地利修士孟德尔（Gregor Mendel，

见图 10.2）。虽然那时离 DNA、染色体、减数分裂这些概念的发现还有好几百年，但孟德尔的工作揭示了遗传学的一些基本规律，包括在有性生殖过程中基因、等位基因及配子和受精卵上等位基因是如何分布和分配的。孟德尔的工作可以说是科学研究简洁完美的范本。下面按照孟德尔的思路介绍遗传法则是如何被发现的。

图 10.2　孟德尔

10.2.1　做正确的事是孟德尔成功的秘诀

任何一个成功的生物学实验都有三个关键的步骤：选择合适的生物模型进行研究、正确地实验实施，以及合理地分析数据。孟德尔可以说是首个完成了所有这三步的遗传学家。

孟德尔的研究对象是人们平时吃的豌豆（见图 10.3）。豌豆花朵的雄性生殖器官（即花蕊）可以产生大量的花粉。每颗花粉中都含有精子。通过授粉过程，花粉中的精子给卵子受精，而豌豆的卵子通常存储在植物花朵的雌性生殖器官——子房的心皮上。对豌豆的花朵来说，花瓣包裹着完整的植物雌性生殖器官，以便防止其他物种花粉的授粉。于是，豌豆花朵中的卵子只能被自己花朵中的花蕊授粉。一个生物的精子只可能给自己的卵子受精，这种现象称为自体受精。

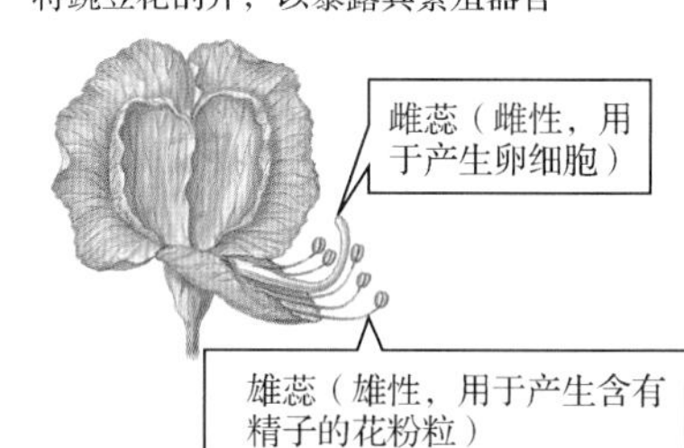

图 10.3　豌豆花朵。对完好无损的豌豆花朵来说（左图），花瓣形成了容器一样的结构，可包裹豌豆的生殖器官——花蕊（雄性）和心皮（雌性）。外界的花粉通常不能进入花朵内部，所以豌豆是自体授粉的，即自体受精的。花朵张开（右图）后就可进行人工授粉

孟德尔希望做到的事情是，使两株不同的豌豆结合，看看后代会遗传到什么样的特征。为了实现这一想法，他将豌豆花朵打开后去掉了花蕊，于是就阻止了自体受精。接着，他收集了另一株豌豆的花粉。这种一株植物的精子给另一株植物的卵子受精的方式，称为异体受精。

孟德尔的实验设计虽然简单，但是却机智无比。在他之前的科学家基本上都是通过研究整个生物的所有性状特征来研究遗传学的，甚至包括生物个体之间的一些微小差异。因此，我们丝毫不会觉得意外的是，这些科学家越研究越困惑，而非越清楚。孟德尔另辟蹊径，将豌豆的性状特征分门别类，比如开白花和开紫花属于同类特征，且每次只研究和统计一类性状特征。

孟德尔连续统计了数代豌豆的几类性状特征的数量。通过分析这些数据，孟德尔发现了遗传学的基本法则。如今，统计实验数据并进行统计学分析已是生物学各领域最基本的方法之一，但是在几百年前的孟德尔时代，数值分析则是一个创新。

10.3　单一性状是如何遗传的

如果是纯合生物，它的一个性状（如开紫色的花）就会一直通过自体受精而完整无缺地传递给后代。在孟德尔最初的实验中，他对两种不同性状的纯合豌豆进行杂交，接着保存杂交产生的种子，来年播种这些种子，以确定子代的性状。

在其中的一个实验中，孟德尔将纯合开白花的豌豆与纯合开紫花的豌豆进行了杂交。因为这两种豌豆是亲代，孟德尔将其简写为 P。当所有种子长出来后，孟德尔惊奇地发现所有第一代子代的豌豆都开紫花，第一代用 F_1 表示（见图 10.4）。开白花的豌豆到哪里去了？F_1 盛开的花朵与开紫花的纯合亲代豌豆一模一样，亲代豌豆开白花的这一性状好像消失不见了。

接着，孟德尔让 F_1 花朵自体杂交，并收集了种子来年播种。在子二代（F_2），孟德尔发现 705 株豌豆开紫花，224 株豌豆开白花，即紫花与白花的比例为三比一（见图 10.5）。这个结果显示了 F_1 开出白色豌豆花朵的能力并未消失，只是隐藏起来了。

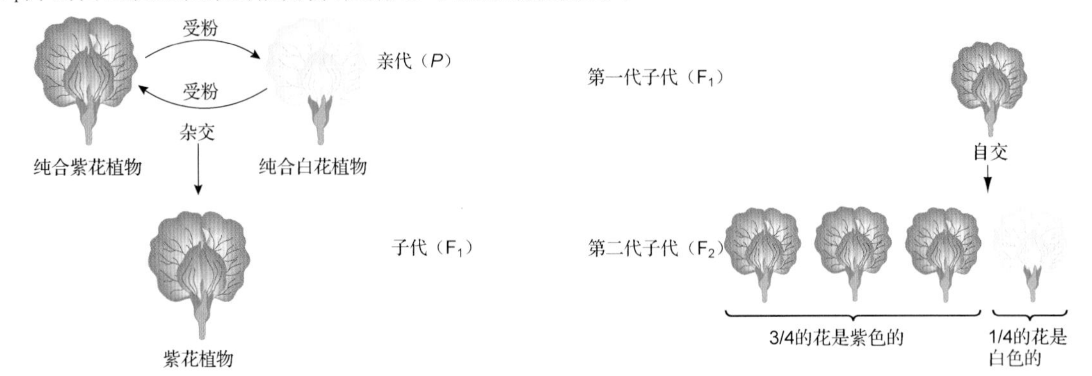

图 10.4　将纯合开白花的豌豆与开紫花的豌豆杂交。所有的子代都开紫花

图 10.5　开紫花的 F_1 豌豆自体受精。下一代中的四分之三开紫花，四分之一开白花

接下来，孟德尔又让 F_2 豌豆自体杂交，产生 F_3。孟德尔发现，所有开白花的 F_2 产生的 F_3 都开白花；也就是说，F_2 中开白花的豌豆都是纯合的。在孟德尔的时间和耐心范围内，这些开白花的豌豆代代都开白花。F_2 中开紫花的后代的情况则截然不同，它们通过自体受精后，后代出现两种情况。约三分之一的 F_3 是纯合开紫花的豌豆，剩下的三分之二是杂合的，既产生开紫花的豌豆，又产生开白花的豌豆，且紫色和白色的比例仍然是三比一。因此，F_3 的情况是，四分之一是开紫花的纯合豌豆，二分之一是开紫花的杂合豌豆，四分之一是开白花的纯合豌豆。

10.3.1　同源染色体上显性和隐性基因的遗传可解释孟德尔杂交实验的结果

有了孟德尔的实验结果，加上现代生物学基因和染色体的概念，我们就可以归纳出单一性状遗传的 5 条法则：

- 生物的每个性状都由一对基因决定，基因是遗传的最小物理单位。每个生物的每个基因都有两个等位基因，分别位于一对同源染色体上。纯合开白花的豌豆与纯合开紫花的豌豆相比，花朵颜色这一等位基因是截然不同的。
- 当一个生物体同时存在两个等位基因时，其中一个是显性等位基因，其表型可以掩盖另一个等位基因；另一个是隐性基因。但是，这个隐性基因也是一直存在的。对豌豆来说，决定开紫花的是显性基因，而决定开白花的基因是隐性基因。
- 减数分裂发生时，同源染色体彼此分开或分离，因此，它们携带的等位基因也分离。这就是经典遗传学中著名的孟德尔分离法则：每个配子都接收到一对等位基因中的一个。卵子受精成为受精卵后产生的后代的一个等位基因来自父本，另一个等位基因来自母本。
- 同源染色体在减数分裂过程中的分离是随机的，因此等位基因向配子的分配也是随机的。
- 纯种生物对一个指定的基因有两个相同的等位基因，因此它对该基因是纯合的。来自纯合子个体的配子对这个基因的所有等位基因都是相同的（见图 10.6a）。杂种生物对一个指定的基因有两个不同的等位基因，因此它对该基因是杂合的。一般来说，杂合子生物的一半配子携带其中的一个等位基因，另一半配子则携带另一个等位基因（见图 10.6b）。

下面介绍这个假说是如何解释孟德尔花色实验的结果的（见图 10.7）。这里用大写字母 *P* 表示使豌豆开紫花的显性等位基因，用小写字母 *p* 表示使豌豆开白花的隐性等位基因。一株纯合开紫花的植物有两个紫色基因（*PP*），而一株纯合开白花的植物有两个白色基因（*pp*）。因此，一株基因型为 *PP* 的植物产生的所有配子都携带 *P* 等位基因，而一株基因型为 *pp* 的植物产生的所有精子和卵子都携带 *p* 等位基因（见图 10.7a）。

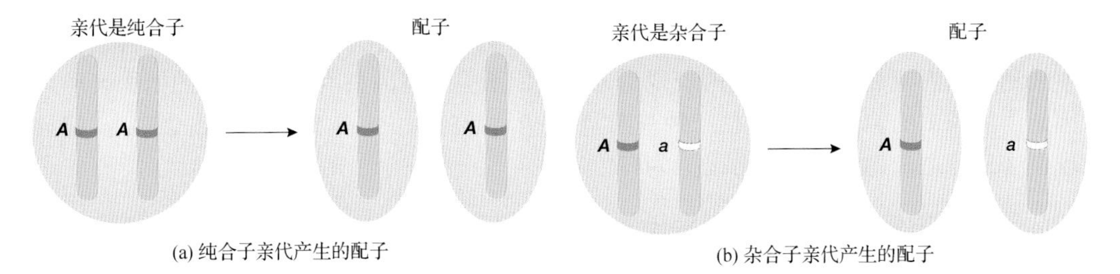

图 10.6　配子中等位基因的分配。(a)纯合子产生的所有配子都携带相同的等位基因。(b)杂合子产生的一半配子携带一个等位基因，另一半配子携带另一个等位基因

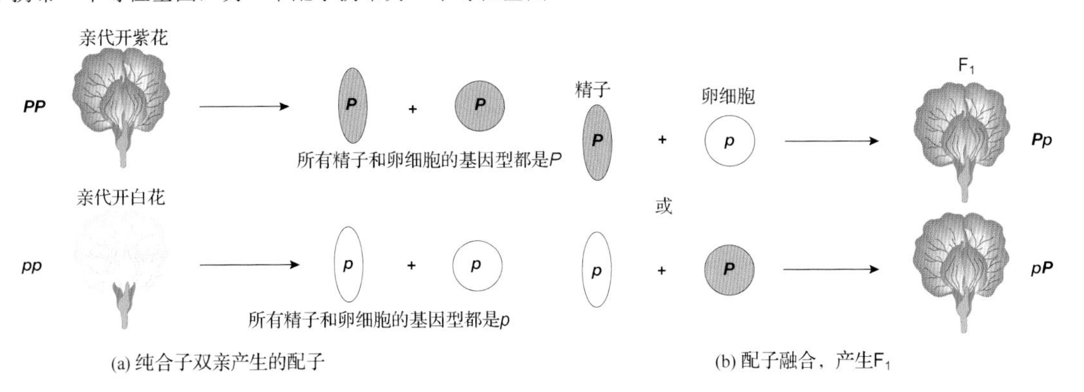

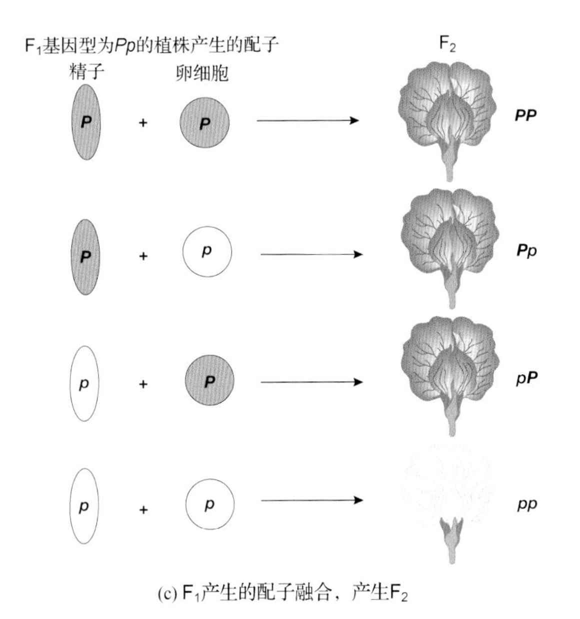

图 10.7　等位基因的分离和配子的融合决定豌豆花色遗传中等位基因和性状的比例。(a)亲代：所有纯合 *PP* 亲代产生的配子都含有等位基因 *P*，所有纯合 *pp* 亲代产生的配子都含有等位基因 *p*。(b)F_1：携带等位基因 *P* 和等位基因 *p* 的配子融合后只产生基因型为 *Pp* 的后代（注意 *Pp* 和 *pP* 是同一个基因型）。(c)F_2：杂合基因型为 *Pp* 的亲代产生的一半配子携带等位基因 *P*，另一半则携带等位基因 *p*。这些配子的融合产生基因型为 *PP*、*Pp* 和 *pp* 的后代

当基因型为 *P* 的精子使基因型为 *p* 的卵子受精时，或者当基因型为 *p* 的精子使基因型为 *P* 的卵子受精时，产生 F_1。在这两种情况下，F_1 的基因型都是 *Pp*。因为 *P* 相对于 *p* 是显性的，所以所有这些后代都开紫花（见图 10.7b）。

对于 F_2，孟德尔让杂合 F_1 植株进行自交。一株杂合植物会产生等量的基因型为 *P* 的精子和基因型为 *p* 的精子，卵子同样如此。当这样的植株发生自交时，每种精子都有相同的概率使每种卵细胞受精（见图 10.7c）。因此，F_2 包含三种基因型的豌豆，即 *PP*、*Pp* 和 *pp*。这三种基因型的比例约为 *PP*（纯合紫色）占 25%，*Pp*（杂合紫色）占 50%，而 *pp*（纯合白色）占 25%。

两个看上去很相似的生物的等位基因组合很可能是不同的。生物携带的等位基因组合（如 *PP*

或 *Pp*）称为生物的基因型。生物的特性（包括外表、行为、消化食物的酶、血型或其他任何一种能观察或测量出的特点）组成生物的表现型。如我们所见，基因型为 *PP* 或 *Pp* 的植物表现为开紫花。因此，孟德尔的豌豆的 F_2 包括三种基因型（*PP* 占 25%，*Pp* 占 50%，*pp* 占 25%），但只有两种表现型（三分之二为紫色，三分之一为白色）。

10.3.2 简单的遗传统计可以预测后代的基因型和表现型

庞纳特方格法以 20 世纪初著名遗传学家庞纳特（R. C. Punnett）的名字命名，是一种预测后代基因型和表现型的简单方法。图 10.8a 说明了如何使用庞纳特方格法来预测一株对花色性状是杂合植株进行自交产生的后代的比例（或将两个对某一性状都是杂合子的生物进行杂交所产生后代的比例）。图 10.8b 说明了如何用每种精子使每种卵细胞受精的可能性来计算后代的比例。

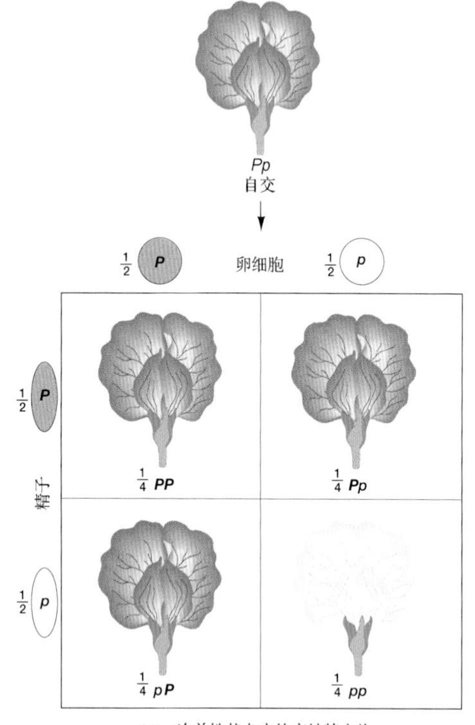

(a) 一次单性状杂交的庞纳特方格

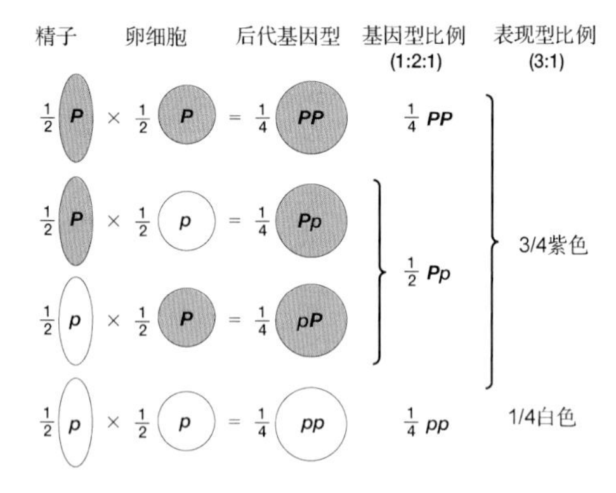

(b) 用概率的方式确定一次单性状杂交产生的后代的性状

图 10.8 确定单性状杂交的结果。(a)庞纳特方格法可以预测特定杂交方法的基因型和表现型。这里采用该方法来分析对一个性状（花的颜色）是杂合的豌豆的杂交过程。

（1）用不同字母代表不同的等位基因；用大写字母代表显性等位基因，用小写字母代表隐性等位基因。

（2）确定父本和母本能够产生的所有不同基因型的配子。

（3）画出庞纳特方格，每列代表卵细胞的所有可能基因型，每行代表精子的所有可能基因型，同时标出每个基因型所占的比例。

（4）将每个方格对应的精子和卵细胞的基因型组合到一起并填入方格（将每种精子在精子中所占的比例和每种卵细胞在卵细胞中所占的比例相乘，得到该基因型所占的比例）。

（5）对每种基因型的后代进行计数。注意 *Pp* 和 *pP* 是同一个基因型。

（6）将每个基因型的后代数量转换为后代总数的分数。在该例中，每四次受精只有一次可能产生 *pp* 基因型，所以预测所有后代总数的 $\frac{1}{4}$ 是白色的。为了确定不同表型所占的比例，将具有可能产生同样性状的基因型的后代数相加。例如，如果 $\frac{1}{4}PP+\frac{1}{4}Pp+\frac{1}{4}pP$ 的基因型产生紫花，那么紫花这一性状所占的比例就是 $\frac{3}{4}$ 。

(b) 概率还可用来预测单性状杂交的结果。确定每种基因型的精子和卵细胞在所有精子和卵细胞中所占的比例，然后将这些比例相乘，计算出具有某种基因型的后代在所有后代中所占的比例。当两个基因型产生相同的表现型（如 *Pp* 和 *pP*）时，将它们所占的比例相加，以确定这种表现型在后代中所占的比例。

在使用这些遗传统计方法时，要注意在真正的实验中，后代的实际比例不会与预测的比例完全相同。为什么？下面考虑一个熟悉的例子。胎儿为男孩的概率与为女孩的概率相等。然而，很多家庭有两个孩子，但两个孩子并不是一个男孩和一个女孩。这种女孩和男孩 1∶1 的比例只有在统计了很多家庭的孩子的性别后才能得到。

10.3.3 孟德尔的假说可用于预测新的单性状杂交的结果

前面的介绍表明，孟德尔使用了科学的研究方法：首先观察事物，然后形成自己的假说。然而，孟德尔的假说是否能够准确地预言进一步实验的结果呢？在 F_1 植物有一个紫色等位基因和一个白色等位基因（即它们的基因型是 *Pp*）这个假说的基础上，孟德尔预测了杂合 *Pp* 植物和纯合隐性白色植物（*pp*）的杂交结果：基因型为 *Pp*（紫色）和 *pp*（白色）的后代数应该相同。事实上，这一预测得到了实验的证实。

这个实验同时也存在实际应用价值。将一个具有显性性状（例子的显性性状是紫花）但基因型不明的生物与纯合隐性生物（例中是白花）进行杂交，以检验该生物是纯合子还是杂合子。这种方法称为测交（见图 10.9）。与隐性纯合子（*pp*）杂交时，如果是显性纯合子（*PP*），产生的后代的表现型就都是显性的，而如果是显性杂合子（*Pp*），产生的后代中显性和隐性表现型的比例就是 1∶1。

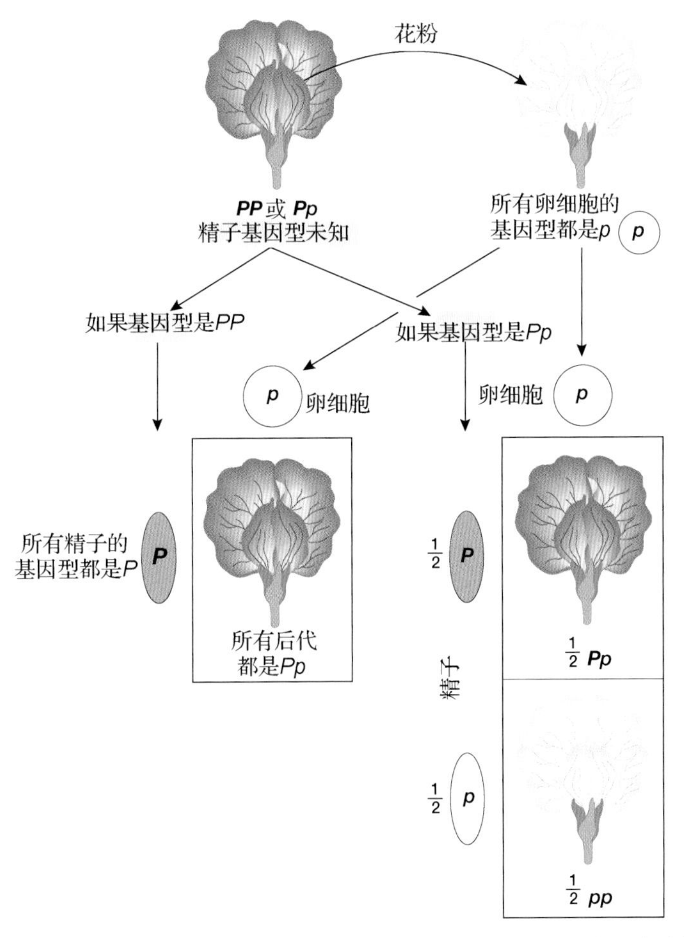

图 10.9 一次测交的庞纳特方格。一个表现型为显性的生物可能是纯合的，也可能是杂合的。将这样一个生物与一个隐性纯合生物进行杂交可以确定它到底是纯合的（左）还是杂合的（右）

10.4 多个性状是如何遗传的

确定单个性状遗传的方法后，孟德尔转而研究更复杂的问题，即多性状遗传问题（见图 10.10）。他让两个性状不同［如种子的颜色（黄色或绿色）和种子的形状（光滑或皱缩）］的植物杂交。从其他杂交实验中，孟德尔得知使种子光滑的等位基因（*S*）相对于使种子皱缩的等位基因（*s*）来说是显性的，使种子呈黄色的等位基因（*Y*）相对于使种子呈绿色的等位基因（*y*）是显性的。于是，他让产生黄色光滑种子的纯合植株（*SSYY*）与产生绿色、皱缩种子的纯合植株（*ssyy*）杂交。基因型为 *SSYY* 的植株只能产生基因型为 *SY* 的配子，而基因型为 *ssyy* 的植株只能产生基因型为 *sy* 的配子。因此，所有的 F_1 都是杂合的：它们的基因型是 *SsYy*，产生光滑的黄色种子。

孟德尔让这些杂合 F_1 植株自交。F_2 包括 315 株产生光滑、黄色种子的植物，101 株产生皱缩黄色种子的植物，108 株产生光滑、绿色种子的植物，以及 32 株产生皱缩、绿色种子的植物，比例约为 9∶3∶3∶1。其他对两个性状都杂合的植物之间杂交产生的后代比例也约为 9∶3∶3∶1。

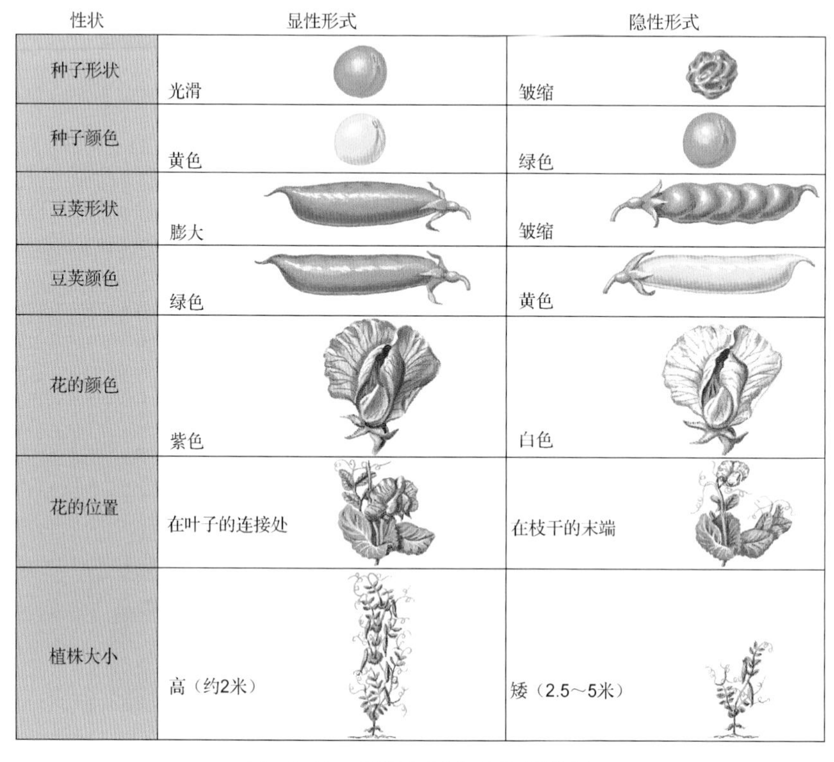

图 10.10 孟德尔研究的豌豆性状

10.4.1 孟德尔认为性状是独立遗传的

孟德尔发现，如果这些决定种子颜色和种子形状的基因独立遗传，在配子形成期间不互相影响，就可解释上述实验结果。如果这个假说是正确的，那么对于每个性状，3/4 的后代表现出显性性状，1/4 的后代表现出隐性性状。这个结果证实了孟德尔在实验中所观察到的。他发现了 423 株产生光滑种子的豌豆（绿色和黄色都有）和 133 株产生皱缩种子的豌豆（绿色和黄色都有），二者的比例约为 3∶1；他还发现了 416 株产生黄色种子的豌豆（两种形状都有）和 140 株产生绿色种子的豌豆（两种形状都有），比例也为 3∶1。图 10.11 显示了使用庞纳特方格概率计算法估计两种对两个性状都是杂合子的生物之间的杂交时，所产生后代的基因型和表现型的比例。

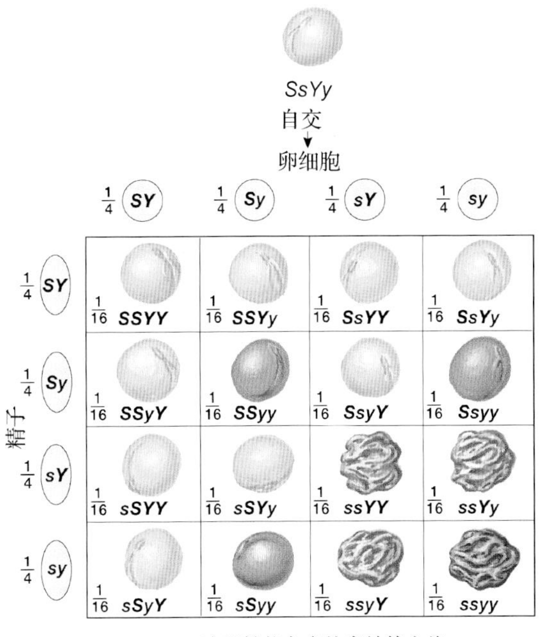

(a) 一次双性状杂交的庞纳特方格

种子形状		种子颜色		表现型的比例
3/4光滑	×	3/4黄色	=	9/16光滑黄色
3/4光滑	×	1/4绿色	=	3/16光滑绿色
1/4皱缩	×	3/4黄色	=	3/16皱缩黄色
1/4皱缩	×	1/4绿色	=	1/16皱缩绿色

(b) 用计算概率的方式确定一次双性状杂交产生的后代的性状

图 10.11　两个性状都是杂合子的亲本之间的杂交结果预测。在豌豆种子中，黄色（*Y*）相对于绿色（*y*）是显性的，光滑形状（*S*）相对于皱缩形状（*s*）是显性的。(a)庞纳特方格分析法。在这次杂交中，对两个性状都是杂合子的个体自交。在涉及两个独立基因的杂交中，每种基因型的配子数都相等——*SY*、*Sy*、*sY* 和 *sy*。将这些配子组合到一起并填入庞纳特方格，就可像在图 10.8 中那样算出后代的数量。注意，庞纳特方格既预测了不同性状组合的频率（$\frac{9}{16}$ 为黄色光滑，$\frac{3}{16}$ 为绿色光滑，$\frac{3}{16}$ 为黄色皱缩，$\frac{1}{16}$ 为绿色皱缩），又预测了单个性状的频率（$\frac{3}{4}$ 为黄色，$\frac{1}{4}$ 为绿色，$\frac{3}{4}$ 为光滑，$\frac{1}{4}$ 为皱缩）。(b)在概率论中，两个独立事件同时发生的概率是它们单独发生的概率的乘积。例如，为了算出随意抛两枚硬币都是正面向上的概率，我们将抛每枚硬币得到正面向上的概率相乘。种子的形状和种子的颜色是独立的。因此，将得到每个性状的不同表现型或基因型的单独频率相乘，就得到了我们预测的、后代的组合表现型或基因型的频率。这些频率和庞纳特方格法得到的完全相同。

两个或更多性状的独立遗传称为自由组合规则。如果控制任意给定性状的等位基因在形成配子时，其分配不受控制其他任何性状的等位基因影响，这些基因就是独立遗传的。当我们研究的这些性状由位于不同同源染色体对上的基因控制时，就会发生自由组合现象。为什么？在减数分裂过程中，成对的同源染色体在减数第一次分裂的中期排列成行。哪条同源染色体对着细胞的哪一侧完全是随机的，而一对同源染色体的朝向不影响其他同源染色体的朝向（见第 9 章）。因此，当同源染色体与减数第一次分裂后期分开时，其中一对同源染色体的分配方式不影响另一对同源染色体的分配。因此，位于不同染色体上的等位基因就被相互独立地分配到了配子中（见图 10.12）。

10.4.2　生不逢时的天才被埋没

1865 年，孟德尔将其研究成果提交到布吕恩自然科学研究会，并于第二年发表。然而，他的文章并不标志着遗传学的开端。实际上，孟德尔的文章在其有生之年对生物学界未产生任何影响。显然，只有寥寥几名科学家读过他的文章，且这几位科学家未能认识到它的重要性。

1900 年，科罗伦斯（Carl Correns）、德弗里斯（Hugo de Vries）和切尔马克（Erich von Tschermak）在不知道孟德尔的工作的情况下，分别独立地重新发现了遗传原理。毫无疑问，当他们在发表成果前查阅以前的文献时，发现孟德尔领先了他们 30 多年。值得称颂的是，他们仍然优雅地向世人介绍了这名奥地利修士的重要工作，但孟德尔已于 1884 年去世。

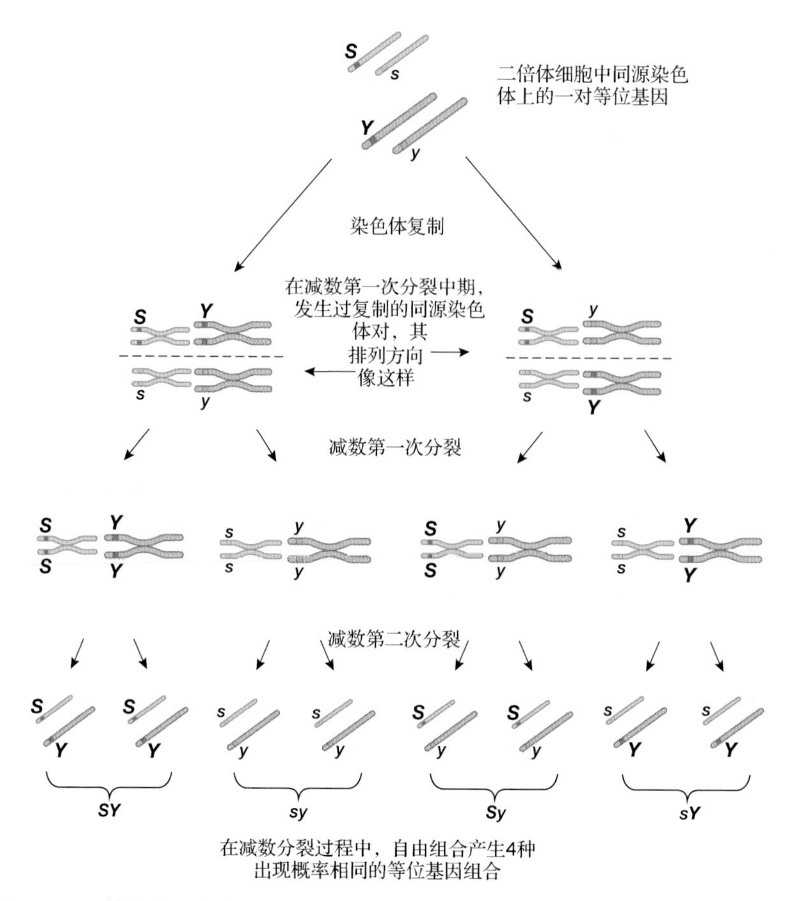

图 10.12 等位基因的自由组合。减数分裂期间的染色体运动使得等位基因自由组合，这里展示的是两个基因之间的自由组合。每种组合发生的概率都相同。最终，如预测的那样，在配子的基因型中，$\frac{1}{4}$ 是 *SY*，$\frac{1}{4}$ 是 *sy*，$\frac{1}{4}$ 是 *Sy*，$\frac{1}{4}$ 是 *sY*

10.5 孟德尔遗传规则对所有的性状都适用吗

到目前为止，我们都在使用简化的假说来讨论问题：每个性状都是由一个基因完全控制的，每个基因只有两种可能的等位基因，而其中一种对另一种是完全显性的。然而，然而，大多数性状都是以更多样和更微妙的方式受到影响的。

10.5.1 在不完全显性的情况下，杂合子的表现型介于两种纯合子之间

当一个等位基因相对于另一个等位基因完全显性时，拥有一个显性等位基因的杂合子的表现型与拥有两个显性等位基因的纯合子是相同的（见图 10.8 和图 10.9）。然而，在有些情况下，杂合子的表现型介于两种纯合子表现型之间，这种遗传模式称为不完全显性。人的发质这个性状由一个有着两种不完全显性的基因控制，我们将这两个基因称为 H_1 和 H_2（见图 10.13）。H_1 纯合的人的头发是卷曲的，H_2 纯合的人的头发是直的；基因型是 H_1H_2 的杂合子的头发是波浪状的。两个有着波浪状头发的人可能生出有着任何一种发质的孩子，有 $\frac{1}{4}$ 的可能性是卷发（H_1H_1），$\frac{1}{2}$ 的可能性是波浪状头发（H_1H_2），$\frac{1}{4}$ 的可能性是直发（H_2H_2）。

10.5.2 一个基因可能有多个等位基因

回顾可知，所有等位基因都起源于代代相传的突变（见图 10.1），一个基因在数十亿年的进化过程中可能会发生多种不同的突变，结果是很多基因可能存在很多不同的等位基因。尽管个体最多只能有两个不同的等位基因（分别位于不同的同源染色体上），但我们如果检查一个物种的所有个体就会发现，很多基因有几十到上百种不同的等位基因。后代继承哪些等位基因当然取决于父母携带了哪些等位基因。很多人类遗传病都对应于多个等位基因，包括马方综合征、杜兴氏肌营养不良和囊性纤维化等（见第 12 章）。

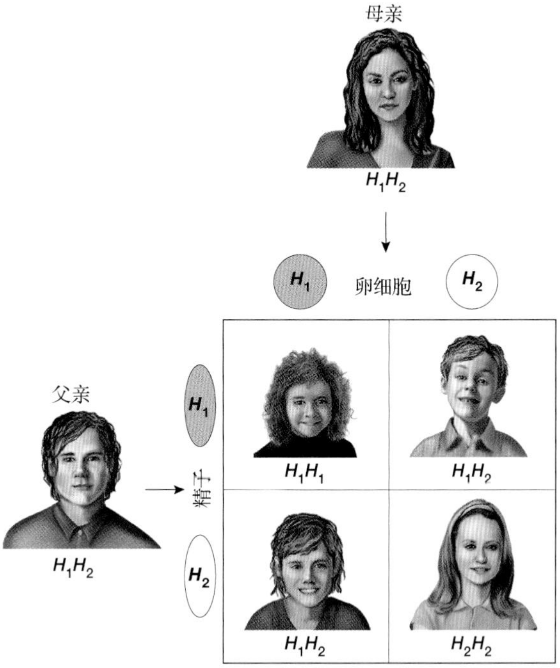

人类的血型是一个基因有多个等位基因的例子。A、B、AB、O 四种血型是一个基因的三种不同等位基因导致的（将这三种等位基因被命名为 A、B 和 O）。这个基因编码向红细胞膜上的糖蛋白上连接糖分子的酶。等位基因 A 和 B 编码向糖蛋白上连接不同糖分子的酶（由此产生的糖蛋白分别称为糖蛋白 A 和 B）；而等位基因 O 编码一种没有功能的酶，这种酶不会在蛋白上添加任何糖分子。

母亲
H_1H_2
卵细胞
H_1 H_2
父亲
H_1H_2
精子
H_1 H_2
H_1H_1 H_1H_2
H_1H_2 H_2H_2

图 10.13 不完全显性。人的发质遗传是不完全显性的一个例子。这时，两个等位基因都用大写字母表示，即 H_1 和 H_2。纯合子可能是卷发（H_1H_1）或直发（H_2H_2），杂合子（H_1H_2）可能是波浪状头发。波浪状头发的一对夫妇生出的孩子，其头发可能是卷发，可能是直发，也可能是波浪状头发，即 $\frac{1}{4}$ 为卷发、$\frac{1}{2}$ 为波浪状头发、$\frac{1}{4}$ 为直发

一个人可能具有如下 6 种基因型中的一种：AA、BB、AB、AO、BO 或 OO（见表 10.1）。等位基因 A 和 B 相对于 O 都是显性的。因此，基因型为 AA 或 AO 的人只能产生糖蛋白 A，血型为 A 型。基因型为 BB 或 BO 的人只能产生糖蛋白 B，血型为 B 型。纯合隐性的 OO 个体缺乏这两种糖蛋白，他们的血型为 O 型。基因型为 AB 的人同时拥有两种酶，因此红细胞上同时存在这两种糖蛋白。当一个杂合子同时表达两个纯合子的性状时（例中是 A 型和 B 型糖蛋白），这种遗传模式就被称为共显性，这些等位基因互相之间是共同显性的。

人们的血型可能不同对医疗而言极其重要。人类的免疫系统会产生称为抗体的蛋白质，它们与不由人体自身产生的复杂分子结合（如果它们的确与自身的分子结合，免疫系统就会杀死来自自身的细胞）。抵抗疾病时，抗体与入侵的细菌或病毒的表面分子相结合，帮助杀死这些入侵者。然而，它们也会使输血变得非常复杂。大多数抗体都是由免疫细胞分泌的，然后这些抗体在血液中循环。如果这些糖蛋白包含与该人自身红细胞上的糖类不一样的糖类分子，免疫系统就会产生可与红细胞上的糖蛋白结合的抗体。抗体导致具有外来糖蛋白的红细胞聚集到一起并破裂。产生的血凝块和细胞碎片会堵塞较细的血管，破坏诸如大脑、心脏、肺或肾这些重要器官。这个事实说明，在输血前，必须确保供血者和受血者的血型一致。

表 10.1 中简单小结了人类的几种不同血型和安全输血的注意事项。显然，一个人可以给任何与自己血型相同的人输血。此外，O 型血不含 A 和 B 中的任意一种糖蛋白，因此可被安全地用于给其他所有血型的人输血，因为血型为 O 的红细胞不会被 A 型血、B 型血或 AB 型血中的任何一种血液中的抗体攻击（供血者血液中的抗体被更多受血者体内的血液所稀释，因此不会导致严重

的问题）。O 型血的人是“万能供血者”，但 O 型血内含有针对 A 型糖蛋白和 B 型糖蛋白的抗体，因此 O 型血的人只能接受 O 型血的输血。AB 型血不含任何一种抗红细胞抗体，可以接受任何一种血型的输血，因此被称为万能受血者。

表 10.1　几种不同血型和安全输血的注意事项

血型	基因型	红细胞	血浆中存在的抗体	可以接受的血型	可给哪些人献血	在美国人中所占的百分比
A	AA 或 AO	A 型糖蛋白	抗 B 型糖蛋白的抗体	A 或 O（不含 B 型糖蛋白的血）	A 或 AB	42%
B	BB 或 BO	B 型糖蛋白	抗 A 型糖蛋白的抗体	B 或 O（不含 A 型糖蛋白的血）	B 或 AB	10%
AB	AB	A 型和 B 型糖蛋白	两种抗体均无	A、B、AB、O（万能受血者）	AB	4%
O	OO	既没有 A 型糖蛋白又没有 B 型糖蛋白	两种抗体均有	O（不含两种糖蛋白中任意一种的血）	O、AB、A、B（万能献血者）	44%

10.5.3 很多性状受几个基因的影响

班级学生的身高、肤色和体形可能有着很大的差异，而这些差异无法划分为容易定义的表现型。这种受到两个或更多基因影响的性状称为多基因遗传。影响一个性状的基因越多，可能的表现型就越多，表现型之间的差异也就越小。受多个基因影响的性状，一般受环境因素的影响较大，于是不同表现型之间的界限就变得愈发模糊。

例如，最近的研究结果表明，至少有 180 个基因影响人类的身高。再加上营养条件的影响，就很容易理解为什么人的身高是连续的而非离散的。人类的肤色可能由至少三个不同的基因控制，其中每个基因都有着不完全显性的等位基因。阳光照射量的多少会进一步影响人的肤色，造成这个表现型在不同人身上的连续变化（见图 10.14）。

人类的肤色范围非常广，从几乎全白到非常深的棕色都有

图 10.14　人类肤色的多基因遗传。至少有三个不同的基因决定人类的肤色，其中每个基因都有两个不完全显性的等位基因（遗传过程实际上比这还要复杂）。复杂的多基因遗传组合和阳光照射量的不同产生人类几乎连续分布的肤色种类

10.5.4 单个基因对表现型可能有许多影响

图 10.15 裸鼠

前面说过，一个表现型可能是很多基因相互作用的结果。这句话反过来说也正确：单个基因对表现型的影响不止一种，这种现象称为基因的多效性。例如，1962 年，实验室老鼠身上的一个突变产生了裸鼠（见图 10.15）。研究人员很快发现，裸鼠不仅没有毛，而且没有胸腺，没有免疫应答，且雌性裸鼠无法发育出乳腺，因此无法抚育后代。

10.5.5 环境影响基因的表达

生物体不仅仅是基因的总和。除了基因型，生存环境也影响表现型。暹罗猫的毛生来就是浅色的，但在出生后的前几周，它们的耳朵、鼻子、爪子和尾巴会变成黑色（见图 10.16）。暹罗猫所有部位的毛的基因型都使其变成黑色。然而，产生黑色色素的酶在 34℃以上就会失活。而在母亲的子宫中，未出生的小猫全身都处在温暖的环境中，因此新生暹罗猫全身的毛都是浅色的。出生后，它们的耳朵、鼻子、爪子和尾巴比身体的其他部位要冷一些，因此这些部位的毛皮中产生了黑色素。

图 10.16 环境因素影响表现型。暹罗猫身上深色毛的分布是其基因型与环境共同作用的结果，最终产生一种非常特殊的表现型。新生暹罗猫全身都是浅色的。而在成年的暹罗猫身上，使毛变成深色的等位基因只在温度较低的位置（鼻子、耳朵、爪子和尾巴）才会表达

大多数环境影响比上面的例子都要复杂和精巧。复杂的环境影响在人的性状中尤为常见。前面说过，光照会影响人的肤色，营养条件会影响人的身高。

10.6 同一染色体上的基因是如何遗传的

孟德尔对基因或染色体的物理本质一无所知。如今我们知道，基因是染色体的一部分，每条染色体上包含很多基因，较大的染色体上甚至有几千个基因。这些事实在遗传中有着重要意义。

10.6.1 同一条染色体上的基因倾向于共同遗传给下一代

染色体（而非单个基因）在减数第一次分裂期间独立分配。因此，位于不同染色体上的基因也会独立地分配给配子。相反，同一染色体上的基因则倾向于一起遗传给下一代，这种现象称为基因连锁（gene linkage）。人们最早发现的几对连锁基因之一是在甜豌豆中发现的，它与孟德尔用来做实验的食用豌豆不是一个品种。在甜豌豆中，控制花色的基因（紫色和红色）和控制花粉粒形状的基因（圆形和长形）位于同一条染色体上。因此，这些基因的等位基因通常在减数分裂时一起进入同一个配子，并且一起遗传。

考虑一株杂合甜豌豆，它有着紫色的花和长形的花粉（见图 10.17）。这两个显性基因位于一条同源染色体上（见图 10.17 中的上图），而两个隐性基因则位于另一条同源染色体上（见图 10.17 中的下图）。因此，这株植物产生的配子可能有着紫色、长形的等位基因或者红色、圆形的等位基因。这种遗传模式不符合组合规律，因为控制花的颜色和花粉粒的形状的等位基因在减数分裂时不会分离，而是连在一起。

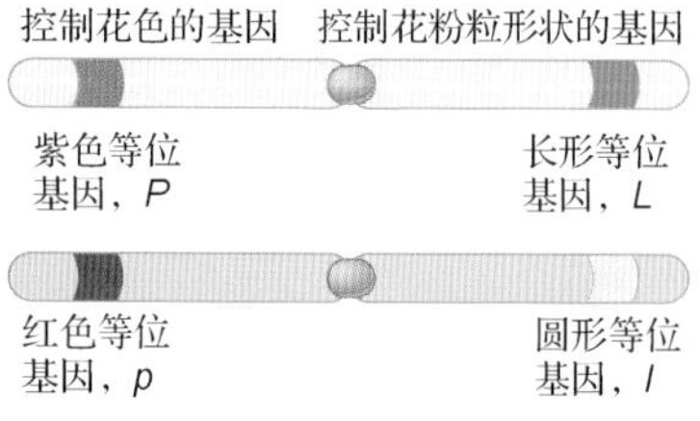

控制花色的基因　控制花粉粒形状的基因

紫色等位基因，P　长形等位基因，L

红色等位基因，p　圆形等位基因，l

图 10.17 甜豌豆中同源染色体上的连锁基因。控制花朵颜色和花粉形状的基因在同一条染色体上，所以它们在遗传给下一代的时候倾向于连在一起

10.6.2　交换产生新的连锁等位基因组合

尽管同一条染色体上的基因倾向于一起遗传，但它们并不总是在一起。如果将有着图 10.17 所示染色体的两株甜豌豆杂交，你可能认为所有后代要么产生开紫花的长形花粉，要么产生开红花的圆形花粉（试着用庞纳特方格法来解决这个问题）。然而，实际上，你通常还会发现几株开紫花的圆形花粉，几株开红花的长形花粉，就像有时控制花朵颜色和花粉形状的基因变得不再连锁了一样。这是怎么回事呢？

在减数第一次分裂的前期，同源染色体有时发生部分交换，这个过程称为交换（见第 9 章中的图 9.16）。在每次减数分裂中，每对同源染色体都至少发生一次交换，对应 DNA 的交换在两条同源染色体上都产生新的等位基因组合。之后，当同源染色体在减数第一次分裂后期分开时，单倍体子细胞获得的染色体就和母细胞中的染色体的等位基因组成不同了。

减数分裂期间的交换解释了遗传重组：同一条染色体上出现了新的等位基因组合。下面来看减数分裂期间的甜豌豆染色体。在减数第一次分裂前期，完成复制的同源染色体进行配对（见图 10.18a）。每条同源染色体上都有一处或几处发生了交换的部位。想象可知，交换使得两对同源染色体中非姐妹染色单体上编码花色的等位基因发生了交换（见图 10.18b）。在减数第一次分裂末期，分离的同源染色体中都有一条含有另一对同源染色体上的 DNA 片段的染色单体（见图 10.18c）。在减数第二次分裂中，4 条染色体被分配给 4 个子细胞，其中两条是未发生改变的同源染色体，另两条是重组同源染色体（见图 10.18d）。

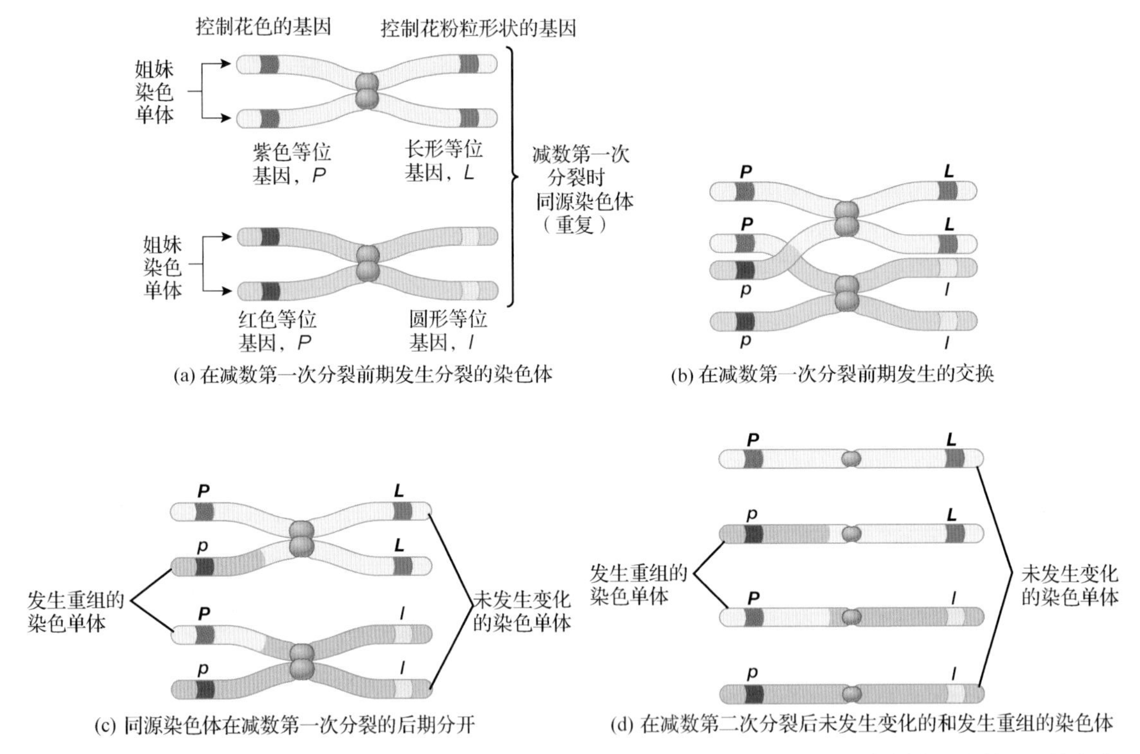

图 10.18　交换使同源染色体上的等位基因发生重组。(a)在减数第一次分裂前期，复制为两份的同源染色体两两配对。(b)同源染色体中的非姐妹染色单体交换部分片段。(c)当同源染色体在减数第一次分裂后期分开时，每条同源染色体上都有一条染色单体携带来自另一条与之同源的染色体中染色单体的基因。(d)在减数第二次分裂后，两个单倍体子细胞携带未发生改变的染色体，而两个子细胞则携带发生重组的染色体。发生重组的染色体包含亲本染色体中未出现过的等位基因构形

因此，减数分裂产生 4 种不同构形的配子：*PL* 和 *pl*（在最初的亲代染色体上），以及 *Pl* 和 *pL*（在重组的染色体上）。如果一个有 *Pl* 染色体的精子使一个有 *pl* 染色体的卵细胞受精，产生的后代就会开紫花（*Pp*）并产生圆形花粉（*ll*）。如果一个有 *pL* 染色体的精子使一个有 *pl* 染色体的卵细胞受精，产生的后代就会开红花并产生长形的花粉。

毫不意外，如果两个基因在同一个染色体上的距离越远，它们之间就越有可能发生交换。两个挨得非常近的基因之间的连锁性很强，很少会因为交换而分离。然而，如果两个基因相隔非常远，它们之间的交换就非常普遍，甚至是看上去位于不同染色体上的两个独立基因。孟德尔发现分离定律不仅因为他的机智和认真，还因为他很幸运。他当时研究的 7 个基因位于 4 条不同的染色体上，而他之所以能够发现分离定律，就是因为位于同一染色体上的基因之间离得非常远。

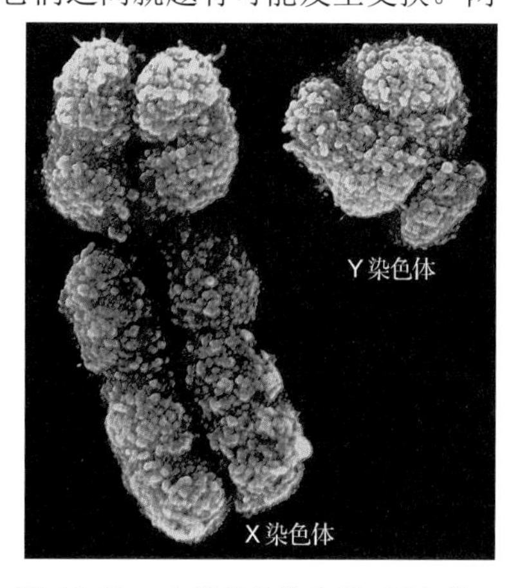

图 10.19　人类的性染色体。图右的 Y 染色体携带的基因相对较少，且比图左的 X 染色体小得多

10.7　性别及与其相关的性状是如何遗传的

对很多动物来说，个体的性别由其携带的性染色体决定。对于哺乳动物，雌性有两条相同的性染色体，称为 **X 染色体**，而雄性有一条 X 染色体和一条 Y 染色体（见图 10.19）。尽管 Y 染色体比 X 染色体小很多，但这两条染色体有一小部分是同源的。因此，这两条染色体在减数第一次分裂前期配对，并在减数第一次分裂后期分离。除性染色体外的其他染色体在雄性和雌性中的外观完全相同，这些染色体称为常染色体。

10.7.1　哺乳动物后代的性别由精子中的性染色体决定

在精子形成过程中，性染色体分离，每个精子得到一条 X 染色体或一条 Y 染色体（及每对常染色体中的一条）。性染色体在卵细胞形成过程中也会分离，但雌性哺乳动物的性染色体是两条 X 染色体，因此每个卵细胞都得到一条 X 染色体（及每对常染色体中的一条）。因此，如果一个携带 Y 染色体的精子使卵细胞受精，后代就是雄性，如果一个携带有 X 染色体的精子使卵细胞受精，后代就是雌性（见图 10.20）。

10.7.2　与性别相关的基因仅在 X 或 Y 染色体上存在

只在性染色体上存在的基因称为性连锁基因。对很多哺乳动物来说，Y 染色体只携带很少的几个基因。对人类来说，Y 染色体的 Y 连锁基因是决定性别的基因，称为 **SRY**。从胚胎期开始，SRY 基因就开始启动整个雄性发育的通路。正常情况下，SRY 会使得雄性 100%地与 Y 染色体连锁。

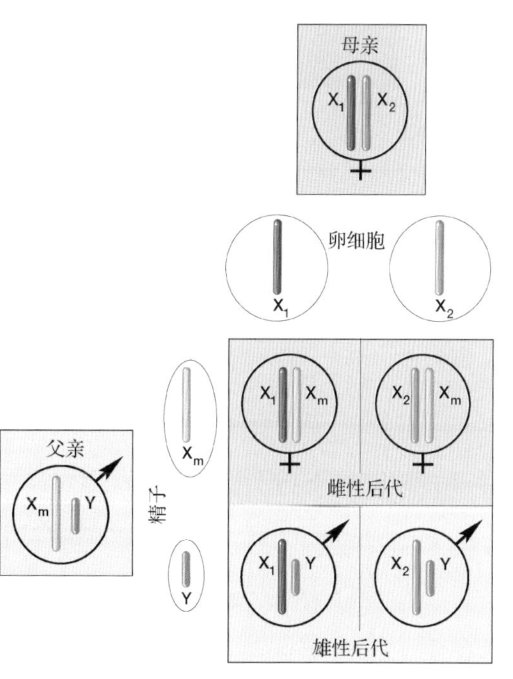

图 10.20　哺乳动物的性别决定。雄性个体从父亲那里遗传到 Y 染色体，雌性个体从父亲那里遗传到 X 染色体（X_m）。雄性和雌性都从母亲那里遗传到 X 染色体（X_1 或 X_2）

与小得可怜的Y染色体相反，人类的X染色体上有超过1000个基因，其中大多数在Y染色体上都没有对应的基因。少数几个基因在繁殖过程中起特定作用，而X染色体上的大多数基因决定了对两种性别都很重要的性状，如颜色视觉、血液凝固和肌肉中的特定结构蛋白。

基因对X染色体的连锁是如何影响遗传的？因为雌性有两条X染色体，所以对X染色体上的基因可能是纯合子，也可能是杂合子，而等位基因之间的显隐性关系也能表达出来。而在雄性中并非如此。雄性哺乳动物会表达这条唯一的X染色体上的所有基因，无论这些基因在雌性中是显性的还是隐性的。

下面来看一个熟悉的例子：红绿色觉障碍（通常称为色盲），注意这是不正确的叫法（见图10.21）。色觉障碍是由X染色体上两个基因中的任意一个的隐性等位基因导致的。这些基因的显性基因，也就是正常基因（用 *C* 表示）编码一些蛋白，这些蛋白可使人眼的一种颜色视觉细胞（视锥细胞）中的一部分对红光最敏感，而另一部分对绿光最敏感（见图 10.21a）。这些基因有几种缺陷等位基因（用 *c* 表示）。在最极端的例子中，X染色体上甚至会丢失其中一个基因，或者缺陷等位基因会编码受损的蛋白质，使得两种视锥细胞对红光和绿光一样敏感。这样，这个人就无法分辨红色和绿色（见图10.21b）。

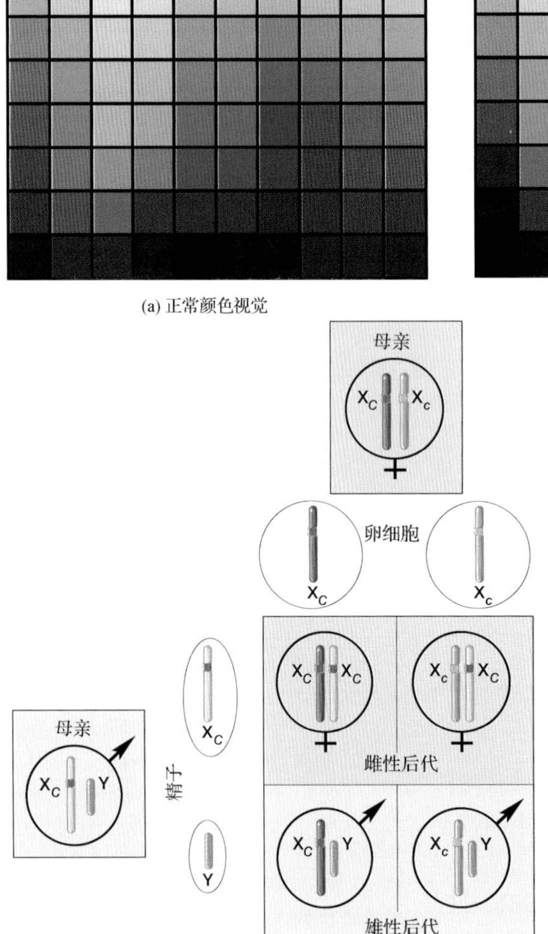

(a) 正常颜色视觉

(b) 红绿色盲

(c) 一名颜色视觉正常的男性（*CY*）和一名杂合的女性（*Cc*）生下的孩子的可能基因型

图 10.21　红绿色觉障碍的性连锁遗传。彩色网格可让具有正常色觉的人感受到色觉障碍者看到的世界。(a)正常色觉。(b)对真正的红绿“色盲”来说，两个网格看上去完全一样。不过，患者通常情况下并不是完全的色盲，即他们能看到正常人所能看到的大多数颜色，只是分辨能力较差。因此，这两个网格在他们看来是非常相似的，但是仍有差别。(c)庞纳特方格展示了一名杂合女性（*Cc*）是如何将色觉障碍遗传给儿子的

色觉障碍是怎样遗传的？一名男性的基因型组成可能是 CY 或 cY，说明其 X 染色体上有一个颜色视觉等位基因 C 或 c，而在其 Y 染色体上没有相应的基因。如果他的 X 染色体上携带 C 等位基因，他的颜色视觉就是正常的；如果他的 X 染色体上携带 c 等位基因，他就会患色觉障碍。女性的基因型可能是 CC、Cc 或 cc。基因型为 CC 或 Cc 的女性的颜色视觉正常；只有基因型为 cc 的女性才患色觉障碍。约有 7%的男性的颜色视觉有缺陷。在女性中，约 93%是纯合 CC，她们的颜色视觉是正常的，约 7%的基因型是 Cc，她们的颜色视觉也正常，只有不到 0.5%患有色觉障碍。

一名患色觉障碍的男性（cY）只将其缺陷等位基因传给女儿，因为只有女儿才会遗传到他的 X 染色体。然而，一般来说，他的女儿也可能具有正常的色觉，因为如果母亲的基因型是 CC，女儿可能会从母亲那里遗传到一个正常的等位基因 C。

对一名杂合女性来说（Cc），尽管其色觉正常，但她有 50%的概率将缺陷等位基因传给儿子（见图 10.21c）。遗传到这个缺陷等位基因的儿子会患有色觉障碍（cY），而遗传到正常等位基因的儿子会有正常的色觉（CY）。

10.8 人类的遗传缺陷是如何遗传的

很多人类疾病或多或少地受遗传的影响。因为不可能对人类进行杂交实验，所以人类遗传学家需要根据医学、历史和家族的记录来研究发生的杂交结果。跨越数个世代的记录可按家谱的方式整理，家谱是展示具有血缘关系人群的遗传关系的图表（见图 10.22）。

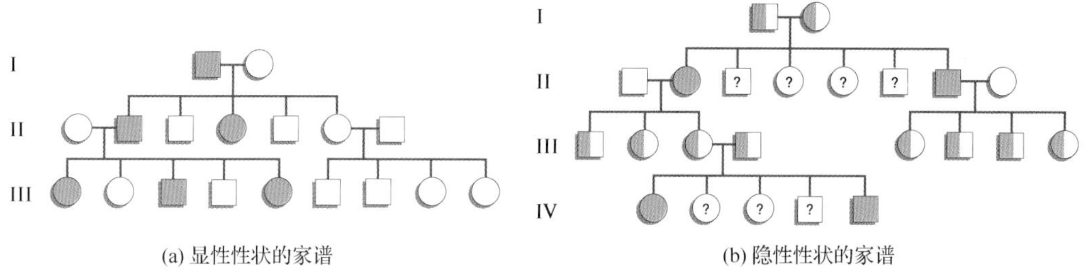

(a) 显性性状的家谱　　(b) 隐性性状的家谱

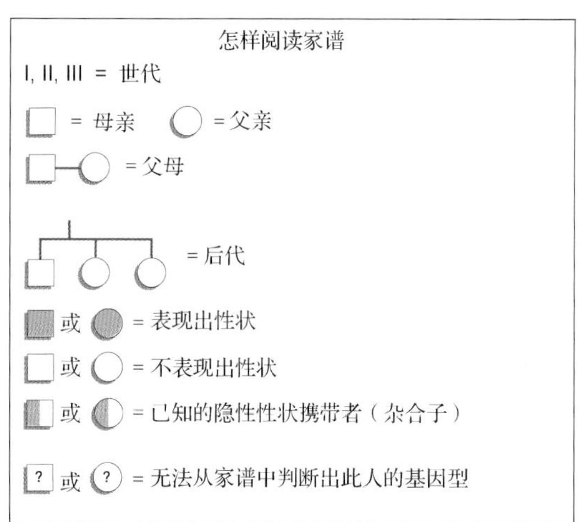

图 10.22　家谱。(a)一个显性性状的家谱。注意，每个表现出这个显性性状的后代，其母亲或父亲中至少有一人表现出这个性状（见图 10.8、图 10.9 和图 10.11）。(b)一个隐性性状的家谱。任何表现出隐形性状的个体都必须是隐性纯合的。如果其父母未表现出该性状，其双亲一定都是杂合子（携带者）。注意，有些后代的基因型无法确定，因为他们可能是携带者，也可能是显性纯合子

仔细研究家谱就可揭示某个特定的性状是显性的还是隐性的，以及是否是性连锁遗传的。从 20 世纪 60 年代中期开始，结合分子遗传学技术的人类家谱分析大大加深了我们对自身遗传病的了解。例如，遗传学家知道了几十种遗传病的相关基因，包括镰刀形红细胞贫血、血友病、肌肉萎缩症、马方综合征和囊性纤维化。分子遗传学研究大大增强了我们预测遗传病的能力及将来某天治愈遗传病的能力（见第 13 章）。

10.8.1 有些人类遗传病由单个基因控制

有些常见的人类性状，如雀斑、颏裂和酒窝遵循简单的孟德尔式遗传；也就是说，每个性状都由单独的一个基因控制，这个基因存在一个隐性等位基因和一个显性等位基因。有些人类遗传病也由单个基因的缺陷等位基因导致。

1. 有些人类遗传病是由隐性等位基因导致的

人体需要依赖成千上万种酶和其他蛋白质的活动来维持生存。在编码这些蛋白质的等位基因中，如果有一个发生了突变，就可能削弱或损伤其功能。不过，正常等位基因的存在也许能产生足够多的蛋白质，这样，杂合子就可能具有与有两个正常基因的纯合子一样的性状，以至于难以分辨。因此，对很多基因来说，一个编码功能正常的蛋白的正常等位基因对编码功能异常蛋白的突变等位基因来说是显性的。换言之，这些基因的突变等位基因对正常等位基因来说是隐性的。因此，不正常的表现型只在遗传到两个突变等位基因的人群中产生。

遗传病的携带者是指携带一个正常显性等位基因和一个缺陷隐性等位基因的杂合子。这样的人从表现型上来说是健康的，但能将其缺陷等位基因传递给后代。遗传学家估计，每个人都携带有 5～15 个基因的缺陷等位基因，这些基因会导致纯合子患上严重的遗传病。每生育一个孩子，都有一半的可能性将一个缺陷等位基因传给他。这通常是无害的，因为两个没有血缘关系的男性和女性一般不会有同一个基因的缺陷等位基因，因此一般不会产生患有隐性遗传病的纯合后代。然而，如果这对夫妇有血缘关系（尤其是堂兄弟姊妹，甚至关系更近），且从他们最近的共同祖先那里遗传了一些基因，就更可能携带同一个基因的缺陷等位基因。如果这对夫妇对同一个缺陷隐性等位基因都是杂合子，他们就有 1/4 的概率生出患有该遗传病的孩子（见图 10.22）。

1）白化病是产生黑色素的基因发生缺陷导致的

在产生黑色素（皮肤、毛发和眼睛虹膜中的深色色素）的过程中，一种称为酪氨酸酶的酶起着至关重要的作用。如果一个人有一个或两个正常的酪氨酸酶等位基因，这个人就会正常地产生黑色素。然而，如果这个人对编码有缺陷的酪氨酸酶的基因是纯合子，这个人就会患白化病（见图 10.23）。人类和其他哺乳动物的白化病会导致患病人或动物的皮肤和毛发变白。

2）镰刀形细胞贫血是由有缺陷的负责合成血红蛋白的等位基因导致的

红细胞中塞满了血红蛋白，它们负责输送氧气并赋予细胞红色。贫血是指许多具有低红细胞数或血液中血红蛋白含量低于正常值的疾病的遗传术语。镰刀形细胞贫血是由血红蛋白基因突变所致的遗传性贫血。单个核苷酸的改变会使得在血红蛋白的关键位置出现不正确的氨基酸（见 12.4 节）。当镰刀形细胞贫血症患者进行体育锻炼或登高时，血液中的氧含量下降，且血细胞中的镰刀形细胞血红蛋白粘在一起形成血红蛋白团簇，迫使红细胞由原本柔韧的碟形（见图 10.24a）变成长而僵硬的镰刀形（见图 10.24b），这些镰刀形细胞脆弱且易受损伤。贫血症的产生是因为这些镰刀形细胞在正常生涯结束之前就被破坏。

(a) 人类

(b) 袋鼠

图 10.23　白化病。(a)白化病症状可能出现在大多数脊椎动物身上，包括人。这名男孩的虹膜非常苍白，因此其眼睛对光线相当敏感。(b)前面的沙袋鼠在动物园性命无虞，但在野外其白毛对捕食者来说太过明显

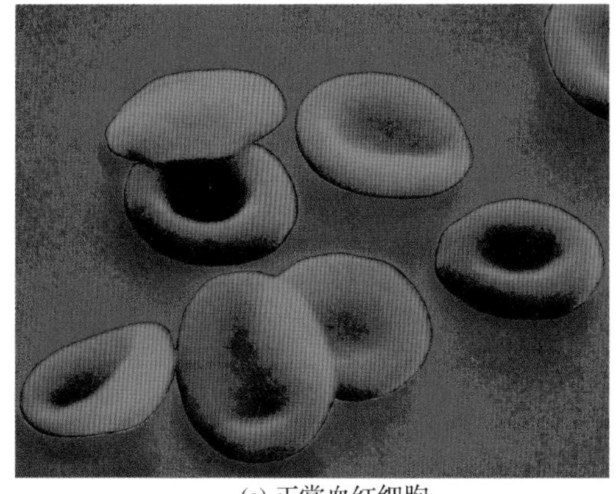

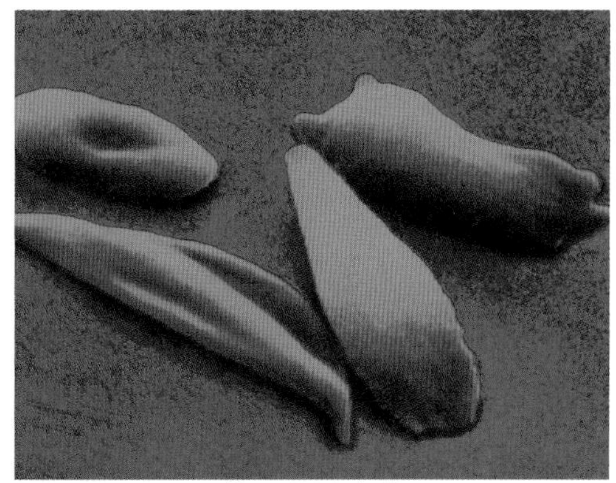

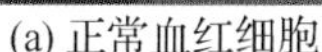

(a) 正常血红细胞　　　　(b) 镰刀形血红细胞

图 10.24　镰刀形红细胞贫血。(a)正常的血红细胞是碟形的，中心略下凹。(b)当血液中的氧气含量较低时，患镰刀形红细胞贫血的人，其体内的血红细胞变得细长且弯曲，就像镰刀一样

镰刀形细胞还会导致其他并发症。镰刀形细胞堵在毛细血管中，形成血栓。血栓下游的组织得不到足够的氧气。如果肿块发生在脑血管中，还会导致中风。

镰刀形细胞等位基因是纯合子的人只合成有缺陷的血红蛋白。于是，他们体内的许多血细胞都变成镰刀形而深受镰刀形细胞贫血之苦。尽管杂合子产生半数正常和半数镰刀形细胞的血红蛋白，但他们中只有极少的镰刀形红细胞且很少表现出病症。因为只有镰刀形细胞等位基因是纯合子的人才会表现出症状，所以镰刀形细胞贫血症被认为是隐性遗传病。然而，在极其特殊的条件下，一些杂合子也引发危及生命的并发症。

撒哈拉以南 5%～25%的非洲人和 8%的非裔美国人是镰刀形细胞贫血症的杂合子，但镰刀形细胞在白人中非常罕见。为什么有这样的差异？难道自然选择不应同时消灭具有镰刀形细胞的非洲人和白人吗？差异来源于杂合子对导致疟疾的寄生虫具有某种抗性，而疟疾在非洲和其他气候温暖的地方普遍存在，却绝迹于较冷的地方，譬如欧洲的大部分地区。“杂合子优势”解释了镰刀形细胞等位基因在非洲人中的起源。

2. 某些人类遗传病是由显性等位基因导致的

某些严重的遗传病（如亨廷顿症）是由显性等位基因导致的。正如豌豆植株只需要一个紫色显性等位基因就能开出紫花一样（见图 10.7 和图 10.8），人也只需要一个缺陷显性等位基因就可致病。因此，每个遗传了显性基因遗传病的人一定至少有一名双亲患病（见图 10.22a），这意味着有些具有显性遗传病的人必须保持健康到成人并拥有小孩。在罕见的情况下，显性致病基因也可能不来自遗传的等位基因，而来自未患病双亲精子或卵子中的基因突变，在这种情况下，双亲都未患病。

一个缺陷的等位基因是怎么变成对正常的、功能性等位基因显性的？一些显性等位基因编码了一种干扰正常基因工作的异常蛋白，有的显性等位基因也许编码了一种携带新的有毒反应的蛋白。最终，显性等位基因也许编码了一种反应过度、在不当时间和地点行使功能的蛋白。

亨廷顿症是由可杀死特定脑区细胞的缺陷蛋白导致的。亨廷顿症是一种会造成部分脑区迟缓的、进行性功能退化的显性遗传病，它会导致协调性丧失、动作失控、人格紊乱甚至死亡。亨廷顿症往往要到 30～50 岁时表现出来。因此，在患者经历初次发病前，许多亨廷顿症受害者已将等位基因传给了后代。遗传学家于 1993 年分离了亨廷顿症的致病基因，几年后，确认了该基因的产物，并将其命名为亨廷顿蛋白。正常亨廷顿蛋白的功能仍不为人们所知。变异的亨廷顿蛋白似乎会在脑细胞内分成有毒碎片，最终杀死脑细胞。

3. 某些人类遗传病是伴性遗传的

如前所述，X 染色体含有许多 Y 染色体上面没有等位基因的基因。因为男性只有一条 X 染色体，所以只有这些基因的一个等位基因。因此，男性会表现出这些单一等位基因的表现型，即使这些等位基因是隐性的，能在女性体内被显性的等位基因掩盖。

儿子从母亲那里得到 X 染色体，并将其传给自己的女儿。这样一来，伴 X 染色体隐性遗传病就有独特的遗传方式。这些病在男性中更频发，且通常隔代遗传：一名患病男子将形状传给表现型正常却携带致病基因的女儿，女儿则生下一些患病的儿子。为人熟知的伴 X 染色体隐性遗传病包括红绿色盲（见图 10.21）、肌肉萎缩症和血友病。

血友病由位于 X 染色体上的隐性等位基因导致，该基因使得促进血液凝聚的一种蛋白缺失。血友病患者很容易擦伤并因轻微伤势而流血过多，所以通常患有失血性贫血。然而，即使在有关血液凝聚的现代疗法出现前，一些血友病患病男性仍然能存活到将缺陷基因传给他们的女儿，后者又传给自己的儿子（见图 10.25）。肌肉萎缩症（一种发生在小男孩身上的致命退行性疾病）是另一种隐性伴 X 染色体遗传病。

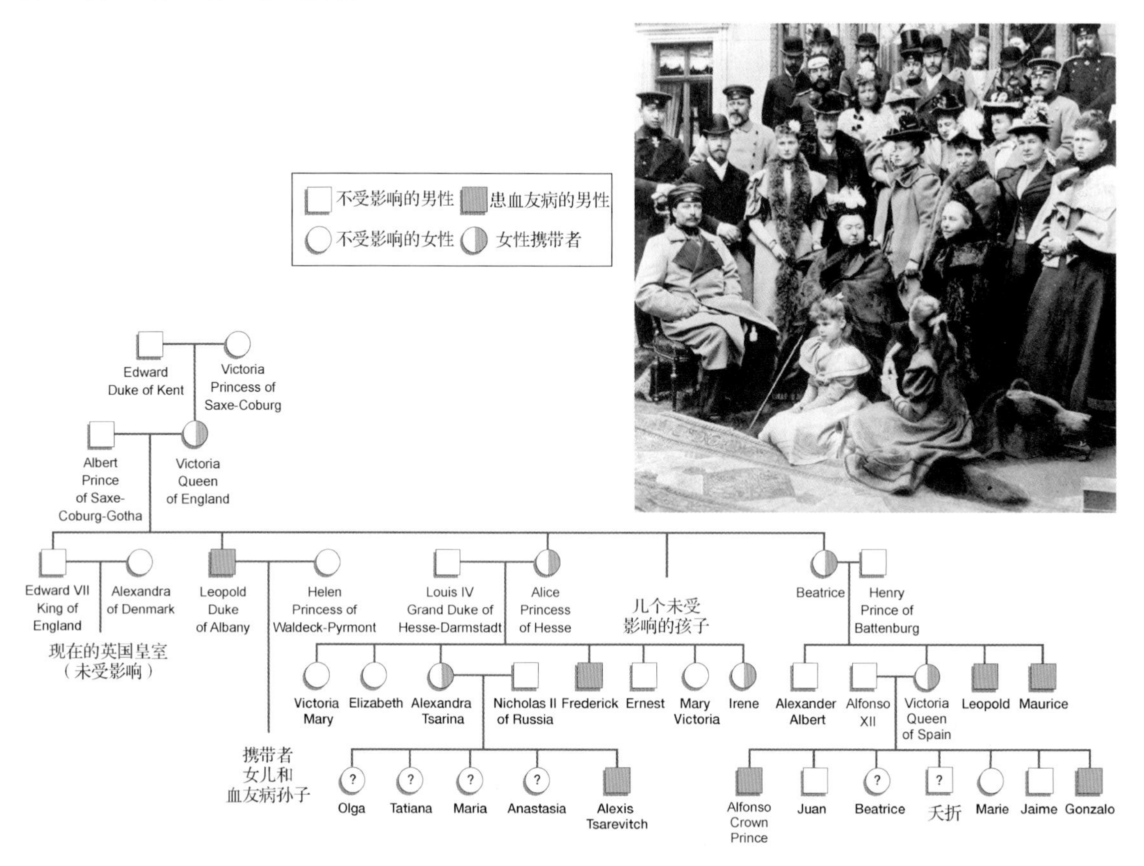

图 10.25 欧洲皇室中的血友病。一幅著名的遗传图谱展示了伴 X 染色体遗传的血友病的代代相传，从英格兰的维多利亚女王到她的后代，最后到几乎每个欧洲皇室（她的后代和欧洲其他国家联姻频繁）。因为维多利亚的先辈并不患血友病，所以血友病的等位基因要么来自她体内的基因变异，要么来自她父母体内的基因变异（要么是婚姻不忠的结果）

10.8.2 有些人类遗传病是由染色体数量异常导致的

通常，复杂的减数分裂机制会确保每个精子和卵子仅从同源染色体对中得到一条同源染色体（见第 9 章）。然而，这场繁复的“染色体之舞”偶尔会踏错一步，导致配子拥有过多或过少的染色体。这种减数分裂期中的错误称为不分离现象，会影响配子中的性染色体或常染色体的数量（见图 10.26）。大多数由携带不正常数量染色体的配子融合发育而来的胚胎都会自发地夭折，20%～50%的流产就源于此，但也有一些染色体数量不正常的胚胎会成活至出生甚至更久。

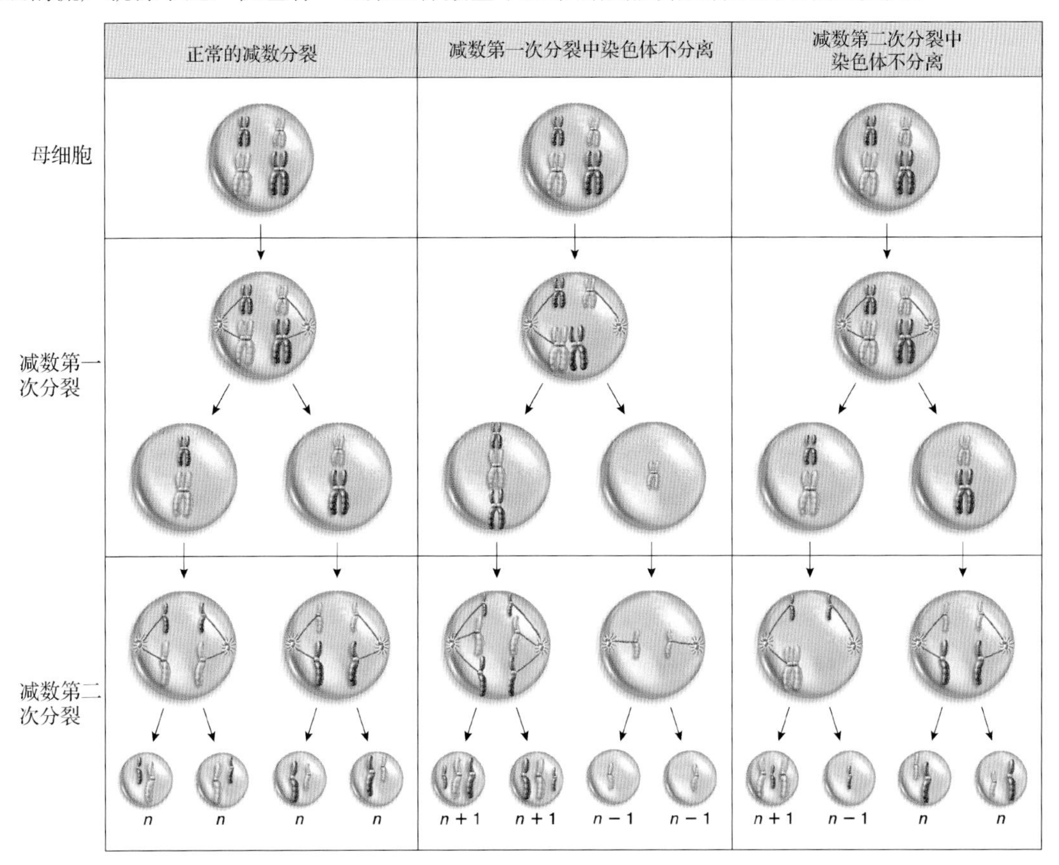

图 10.26　减数分裂期中的不分离现象。不分离可能发生在减数第一次分裂或减数第二次分裂，导致配子得到过多的（$n+1$ 条）染色体或过少的（$n-1$ 条）染色体

1．有些遗传病是由性染色体数量不正常导致的

精子通常携带一条 X 染色体或 Y 染色体（见图 10.20）。雄性性染色体的不分离现象要么产生没有性染色体的精子（一般称为 **O** 型精子），要么产生带有两条染色体的精子（带有 XX、YY 或 XY 染色体，取决于不分离现象是发生在减数第一次分裂还是发生在减数第二次分裂）。雌性性染色体的不分离现象产生 O 型卵子或 XX 型卵子，而不产生只有一条 X 染色体的正常卵子。当正常的配子与缺陷型精子或卵子融合时，受精卵将具有正常数量的常染色体和不正常数量的性染色体（见表 10.2）。最常见的病状是 XO 型、XXX 型、XXY 型和 XYY 型（X 染色体上的基因对生物体存活至关重要，因此任何没有至少一条 X 染色体的胚胎都会在发育早期夭折）。

特纳综合征（XO 型）　每 3000 名女婴中约有一名只有一条 X 染色体，这一症状称为特纳综合征（也称单 **X** 染色体症，意指只有一条 X 染色体）。在青春期，激素的缺乏会阻止 XO 型的女性行经或发育出第二性征，如乳房增大。伴雌性激素的治疗有助于促进生理发育。然而，由于大多数患特纳综合征的女性缺乏成熟卵子，荷尔蒙疗法并不能使她们有能力怀孕。特纳综合征的女性患者表现出来的一些常见症状还包括身材矮小、脖子周围的皮肤褶皱、患心血管疾病的高风险、肾部缺陷及听力受损。因为特纳综合征的女性患者只有一条 X 染色体，她们也会表现出伴 X 染色体隐性遗传病，如血友病和色盲，发病率都高于 XX 型的正常女子。

表 10.2　减数分裂中不分离现象对性染色体的影响

父亲体内的不分离现象			
缺陷精子中的性染色体	正常卵子中的性染色体	子代体内的性染色体	表　现　型
O	X	XO	女性——特纳综合征
XX	X	XXX	女性——X 三体综合征
XY	X	XXY	男性——克氏综合征
YY	X	XYY	男性——雅各氏综合征
母亲体内的不分离现象			
正常精子中的性染色体	缺陷卵子中的性染色体	子代体内的性染色体	表　现　型
X	O	XO	女性——特纳综合征
Y	O	YO	胚胎死亡
X	XX	XXX	女性——X 三体综合征
Y	XX	XXY	男性——克氏综合征

X 三体综合征（XXX 型）　每 1000 名女性中约有一名有三条 X 染色体，这一症状称为 **X** 三体综合征或三 **X**。大多数女性患者与正常的 XX 型女子相比并没有可察觉的差异，除了患者通常身材更高及有更高的患学习障碍的概率。和特纳综合征的女患者不同，大多数 X 三体综合征患者能够生育，且有意思的是，通常都会怀上正常的 XX 型或 XY 型孩子。某种未知的机理一定在减数分裂中阻止了多余的 X 染色体进入患者的卵子。

克氏综合征（XXY 型）　每 1000 名男性中约有一名生来就有两条 X 染色体和一条 Y 染色体。大多数此病患者走完一生也从未意识到他们有一条多余的 X 染色体。然而，在青春期，某些患者会表现出混合的第二性征，包括胸部发育、臀部变宽及睾丸较小。这些症状称为克氏综合征。XXY 型的男子有可能不育，这是由低精子数而非性无能导致的。当 XXY 型的男子及其伴侣因为不能拥有孩子而寻求医疗帮助时，他们通常会被诊断出来。

雅各氏综合征（XYY 型）　每 1000 名男性中约有一名是雅各氏综合征患者（XYY 型）。你可能认为多余的 Y 染色体上只有极少数的活性基因，不会有多大影响；大多数情况下确实如此。XYY 型男性最明显的效应是他们的身高高于平均值，也可能轻微增加患学习障碍症的概率。

2. 有些遗传病是由常染色体数量异常导致的

常染色体的不分离现象会产生缺少一条常染色体或具有两条同样常染色体的精子或卵子。这些异常精卵与正常配子（同样的常染色体只有一条）融合，会导致具有一条或三条同样的染色体。只有一条某种染色体的胚胎相当早就夭折，以致女性甚至不知道自己怀孕过。具有三条同样染色体的胚胎通常也会自发地夭折。然而，很少一部分具有 13 号、18 号和 21 号染色体的胚胎能够存活至出生。在 21 三体综合征的情况下，患童还可能长大成人。

21 三体综合征（唐氏综合征）　每 800 个新生儿中就有一例出现一条多余的 21 号染色体，这种症状称为 21 三体综合征或唐氏综合征，但患病概率随父母的年龄波动巨大（见图 10.27）。唐氏综合征的患童有一些特殊的生理特征，包括肌无力、小口半开、和异型眼睑（见图 10.27）。更严重的问题包括心脏畸形、对传染病的抵抗力较低及不同程度的神经迟钝。

不分离现象的频率随着双亲尤其是母亲的年龄增长而增加。在 20 岁女子所生的孩子中，只有 0.05%患唐氏综合征，而这一比例在 45 岁以上的女子所生的孩子中却超过 3%。精子中的不分离现象占唐氏综合征的 10%，随着父亲年龄的增加，缺陷型精子的概率小幅增长。自从 20 世纪 70 年代以来，双亲推迟要孩子的情况越来越普遍，而这增大了 21 三体综合征发生的概率。21 三体综合征可在出生之前通过胎儿细胞中的染色体检测到，或者通过确定性低一些的生化测试和胎儿超声检测手段检测到（见第 13 章）。

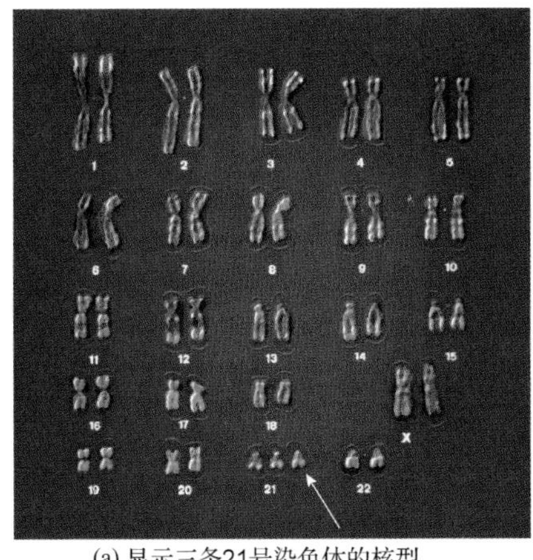

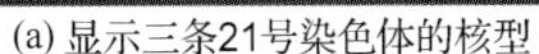
(a) 显示三条21号染色体的核型

(b) 患有唐氏综合征的女孩

图 10.27　21 三体综合征或唐氏综合征。(a)唐氏综合征患童的染色体组型分析揭示了三条同样的 21 号染色体（箭头）；(b)两姐妹中的妹妹表现出唐氏综合征患者的典型面部特征

复习题

01. 定义以下术语：基因、等位基因、显性、隐性、纯合、杂合、异体受精和自体受精。

02. 为什么说位于同一染色体上的基因是连锁的？为什么连锁基因的等位基因有时在减数分裂时分离？

03. 什么是多基因遗传？为什么多基因遗传有时会使父母生出的后代在肤色上明显不同于父母任何一方？

04. 什么是性连锁？在哺乳动物中，哪种性别最有可能表现出隐性的性连锁特征？

05. 表型和基因型之间的区别是什么？对生物体表型的了解是否总能让你确定基因型？你会进行什么类型的实验来确定表型显性个体的基因型？

06. 在图22(a)所示的家谱中，你认为表现出该特征的个体是纯合子还是杂合子？怎样从血型中辨别出来？

07. 什么是不分离？描述由性染色体和常染色体不分离引起的常见综合征。

第 11 章　DNA：遗传分子

有的公牛普普通通，有的却强壮如绿巨人。一切不同皆源于 DNA 的小小变化

11.1 科学家是如何发现基因由 DNA 组成的

19 世纪后期，科学家发现遗传信息以离散的单元形式存在，并将这些单元命名为基因。不过，他们并不知道基因到底是什么，只知道基因决定了很多遗传性状；例如，基因决定玫瑰是红色、粉色、黄色还是白色。到了 20 世纪初，对分裂的细胞的研究为基因是染色体的一部分提供了强有力的证据。之后不久，生物化学家发现原核生物的染色体仅由蛋白质和 DNA 组成，所以二者之一一定就是遗传分子。但是究竟是哪一个呢？

11.1.1 细菌转化实验揭示了基因和 DNA 之间的关系

20 世纪 20 年代末，英国研究员格里菲思（Frederick Griffith）试图研制一种防治细菌性肺炎的疫苗，这种肺炎在当时是一种主要的致死疾病。一些抗细菌疫苗是由该细菌的弱化毒株组成的，而这种弱化株不会导致疾病。将这种弱化的活细菌注射到动物体内可能引起抵抗致病毒株的免疫反应。还有几种疫苗使用经高温或化学物质灭菌的这种致病菌。

格里菲思用两种肺炎双球菌进行了实验，其中一种称为 R 形，将这种细菌注射到老鼠体内不会导致肺炎（见图 11.1a），而将另一种称为 S 形的细菌注射到老鼠体内会导致老鼠患上肺炎，并在一两天内死亡（见图 11.1b）。部分实验结果是符合预期的。将灭活的 S 形细菌注射到老鼠体内不会导致疾病（见图 11.1c），遗憾的是，活的 R 形细菌和灭活的 S 形细菌都无法引起动物抵抗活的 S 形细菌的免疫反应。

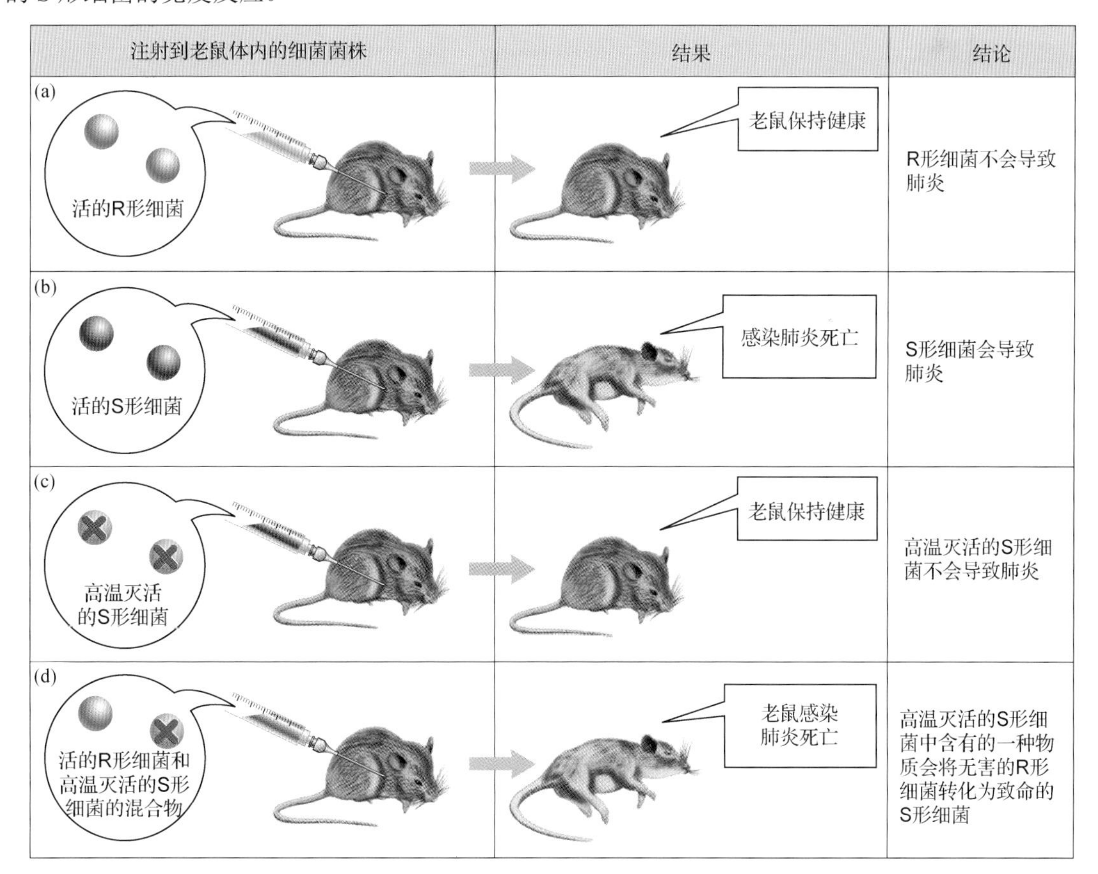

图 11.1 细菌转化。格里菲思关于无害细菌可以转化成致命细菌的实验，为基因是由 DNA 组成的这一发现奠定了基础

格里菲思还尝试过将活的R形细菌和高温灭活的S形细菌混合到一起，并将混合物注射到老鼠体内（见图 11.1d）。因为这两种疫苗中的任何一种都不会导致肺炎，所以他认为老鼠会保持健康。出人意料的是，老鼠生病死了。他解剖了死去的老鼠，在它们的体内发现了活的 S 形细菌。格里菲思认为高温灭活的S形细菌中含有的某些物质将无害的R形活细菌改造成了致命的S形细菌，并将这个过程称为转化。这些被转化的细菌会导致肺炎。

格里菲思未能成功地研制出肺炎双球菌疫苗，从这个意义上说，他的实验是失败的（实际上，有效的肺炎双球菌疫苗直到20世纪70年代后期才被研制出来）。然而，他的实验标志着对遗传学认识的一个转折点，因为其他科学家怀疑导致转化的物质可能就是人们苦苦追寻的遗传分子。

11.1.2 转化分子就是 DNA

1944年，埃弗里（Oswald Avery）、麦克劳德（Colin MacLeod）和麦克卡提（Maclyn McCarty）发现，转化分子是DNA。他们从S形细菌中分离出了DNA，将其与R形细菌混合，产生了活的S形细菌。他们用蛋白酶处理其中的一些样品，并用DNA酶处理另一些样品。蛋白酶不能阻止转化过程的发生。然而，用DNA酶处理样品却阻止了转化。因此，他们得出结论：转化是由DNA导致的，而不是由微量的蛋白质污染导致的。

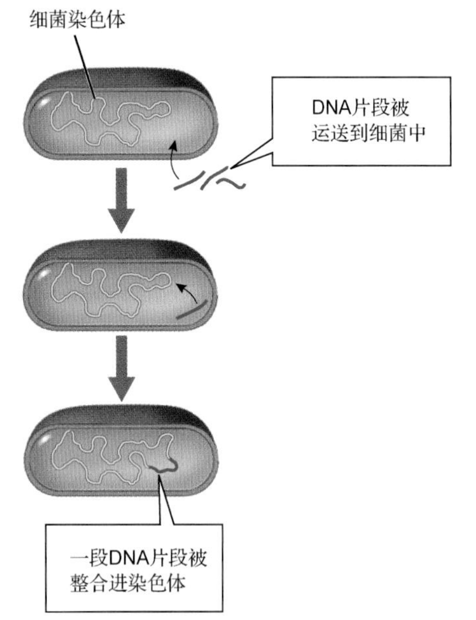

图 11.2 转化的分子机制。大多数细菌有一个由DNA组成的环状染色体。当活细菌从环境中摄入 DNA 片段并将这些片段整合到自己的染色体中时，就会发生转化过程

这一发现可以帮助我们理解格里菲思的实验结果。对 S 形细菌进行高温处理的确杀死了这些细菌，但并未完全破坏它们的DNA。当他把灭活的S形细菌和活的R形细菌混合到一起后，死去的S形细菌的DNA片段进入R形细菌，并整合到了它们的染色体中（见图 11.2）。其中一些DNA片段包含导致肺炎所需的基因，这些基因将R 形细菌转化为 S 形细菌。因此，埃弗里、麦克劳德和麦克卡提得出结论：DNA就是遗传分子。

在接下来的十年中，关于 DNA 是很多甚至所有生物的遗传物质的证据不断积累。比如，在进行细胞分裂前，真核细胞会先复制自身的染色体（见第 9 章），其DNA 含量恰好变为原来的正倍，但蛋白质含量不是这样。实际上，赫尔希（Alfred Hershey）和蔡斯（Martha Chase）于20世纪50年代所做的一系列精妙绝伦的实验说服了几乎所有的怀疑论者，这些实验结论性地说明DNA是一些病毒的遗传分子。

11.2 DNA 的结构是怎样的

我们现在知道基因是由DNA组成的，但这并未回答我们关于遗传的一些关键疑问：DNA是怎样编码遗传信息的？DNA是怎样进行复制从而使细胞可将其遗传物质传递给子细胞的？科学家在DNA的三维结构中发现了其功能和结构上的秘密。

11.2.1 DNA 由 4 种核苷酸组成

DNA是由称为核苷酸的亚单位组成的长链构成的。每个核苷酸都由三部分组成：一个磷酸基团、一种称为脱氧核糖的糖和 4 种含氮碱基中的一种。在 DNA 中发现的碱基是腺嘌呤（A）、鸟

嘌呤（G）、胸腺嘧啶（T）和尿嘧啶（C）（见图 11.3）。腺嘌呤和鸟嘌呤都由碳原子和氮原子形成的五元环和六元环组成，而在六元环上连接的基团的种类和位置不同。胸腺嘧啶和尿嘧啶都由一个由碳原子和氮原子形成的六元环组成，在六元环上连接的基团的种类和位置也有不同。

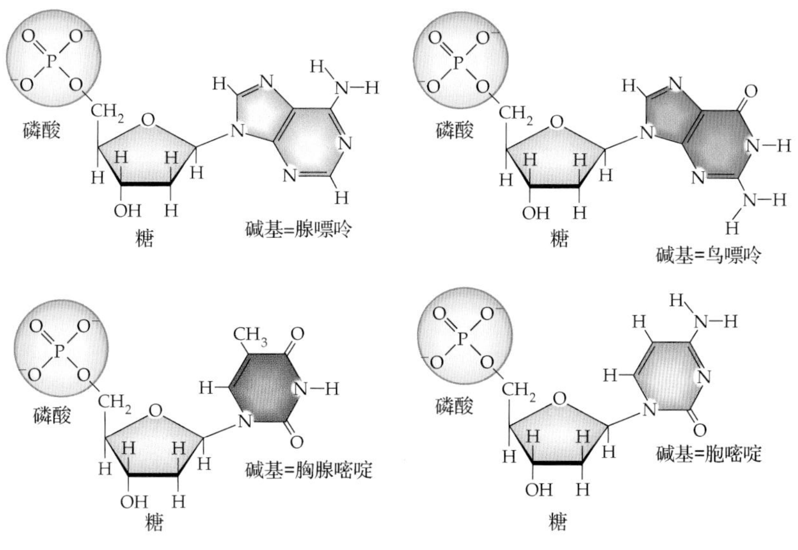

▲图 11.3　DNA 中的核苷酸

20 世纪 40 年代，哥伦比亚大学生物化学家查伽夫（Erwin Chargaff）分析了来自细菌、海胆、鱼和人类等 DNA 中的 4 种碱基的含量。他发现了有趣的一致性：尽管每种碱基的百分比含量在每个物种中各不相同，但对于给定的物种，腺嘌呤的含量和胸腺嘧啶的含量总是相同的，而鸟嘌呤的含量和胞嘧啶的含量也总是相同的。这种一致性通常称为查伽夫规则。这个规则看上去的确非常重要，但直到十年后才有人明白这条规则和 DNA 的结构之间存在着怎样的关系。

11.2.2　DNA 是由两条核苷酸链形成的双螺旋结构

就算是今天，确定生物大分子的结构都不是件容易的事情。不过，20 世纪 40 年代末就有几名科学家开始研究 DNA 的结构。英国科学家威尔金斯（Maurice Wilkins）和富兰克林（Rosalind Franklin）使用 X 射线衍射的方法研究了 DNA 分子。他们用 X 射线轰击 DNA 分子，并记录 DNA 分子是怎样弹开 X 射线的（见图 11.4）。如我们所见，实验结果未能直接产生 DNA 结构的直接图像。不过，像威尔金斯和富兰克林这样的专家可从结果中看出许多关于 DNA 的信息。首先，DNA 分子又细又长，总体直径约为 2 纳米。其次，DNA 是螺旋状的，像螺丝锥或螺旋状的楼梯一样扭曲。第三，DNA 具有双螺旋结构；也就是说，两条 DNA 链互相缠结。第四，DNA 由重复的亚单元组成。最后，磷酸基团很可能处于双螺旋结构的外侧。

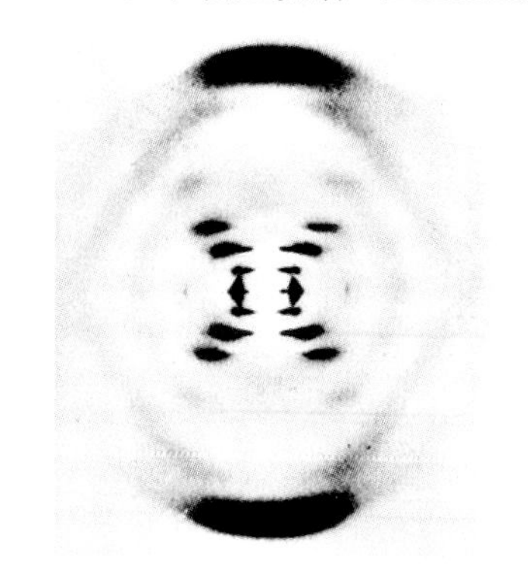

图 11.4　DNA 的 X 射线衍射图像。图中所示的暗点交叉结构是类似于 DNA 这样的螺旋结构分子的特征图像。对该图像不同特征的测量揭示了 DNA 螺旋的一些特征；比如，暗点之间的距离对应于螺旋的两个转角之间的距离

就算有了 X 射线衍射的数据，确定 DNA 的结构也不简单。不过，通过将 X 射线衍射的数据与我们对复杂的有机分子怎样结合在一起的知识，以及“重要的生物物质成对出现”这一直觉，沃森（James Watson）和克里克（Francis Crick）推断出了 DNA 的结构。

沃森和克里克提出，DNA 链是含有许多核苷酸亚单位的聚合

物。核苷酸分子的磷酸基团与这条链中下一个核苷酸的五碳糖分子之间形成化学键，从而形成一个由共价键连接的糖和磷酸基团组成的糖磷酸骨架（见图 11.5）。核苷酸的碱基从这条糖磷酸骨架中伸出。

DNA 链中所有的核苷酸都指向同一个方向。因此，DNA 链的两个末端是不同的；其中一个末端含有一个“自由的”或未结合磷酸的五碳糖分子，而另一个末端含有一个“自由的”或未结合五碳糖的磷酸基团（见图 11.5a）。我们可以想象一长串汽车晚上停在拥挤的单行道上的情景：车辆的前灯（自由的磷酸基团）总是朝向前方，而车辆的尾灯（自由的五碳糖）总是朝向后方。如果这些车紧密地停在一起，站在这列车前面的行人就只能看见第一辆车的前灯；而站在这列车后面的行人就只能看见最后一辆车的尾灯。

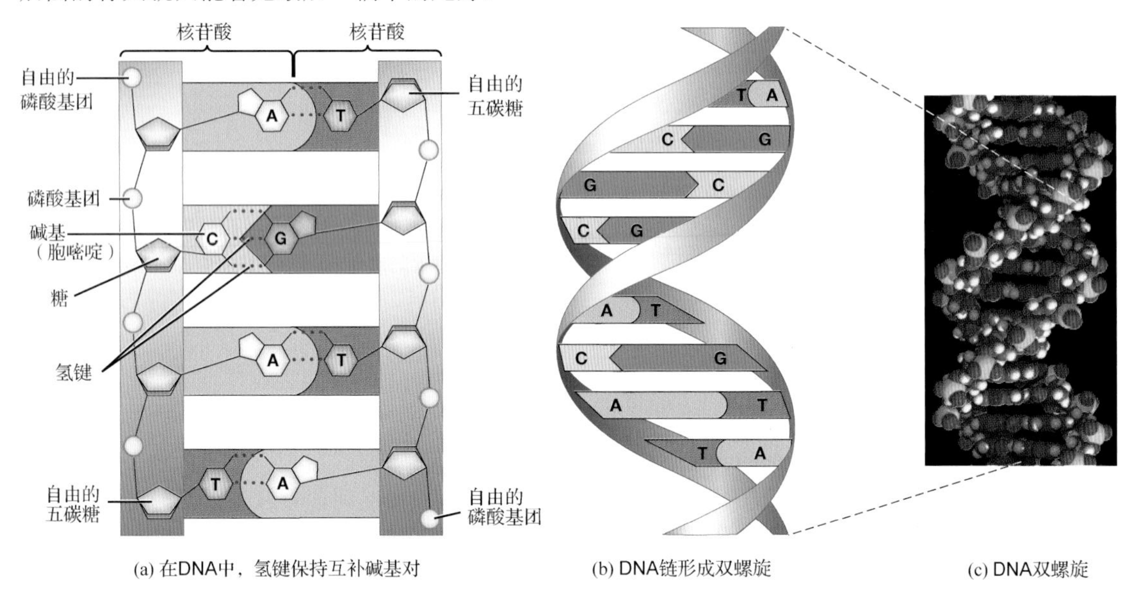

图 11.5 DNA 结构的沃森-克里克模型。(a)互补碱基对之间的氢键将两条 DNA 链连接在一起。鸟嘌呤与胞嘧啶由三个氢键连接，腺嘌呤与胸腺嘧啶由两个氢键连接。注意，每条 DNA 链的一端都有一个自由的磷酸基团，而另一端都有一个自由的五碳糖。此外，这两条链的方向是相反的。(b)DNA 的两条链在双螺旋结构中相互缠结，就像扭曲的梯子一样，其中糖磷酸基团骨架构成梯子的支柱，而互补碱基对形成阶梯。(c)一个 DNA 结构的空间填充模型

11.2.3 互补碱基之间形成的氢键将两条 DNA 连接起来形成双螺旋

沃森和克里克认为，活生物体中的完整 DNA 分子由两条 DNA 链组成，这两条 DNA 链像扭曲的梯子一样组装到一起。糖磷酸基团骨架形成 DNA 梯子的“支柱”。“阶梯”则由特定的碱基对组成，每对碱基之一从其中一条链的糖磷酸骨架中伸出，一个完整的阶梯由一对由氢键连接的碱基组成（见图 11.5a）。如 X 射线衍射的结果所示，DNA 梯子不是笔直的：DNA 的两条链互相缠结，形成一个双螺旋结构，就像梯子纵向扭曲成螺旋状一样（见图 11.5b）。此外，DNA 双螺旋的两条链是反向平行的；也就是说，它们的朝向不同。在图 11.5a 中，注意左边的 DNA 链的顶部有一个自由的磷酸基团，而在底部有一个自由的五碳糖分子；右边的 DNA 链上的情形正好相反。同样，我们可以想象一次深夜的堵车事件，这次是在拥挤的双车道公路上。公路上空的直升机飞行员只能看到其中一条车道上的车前灯和另一条车道上的车尾灯。

进一步观察形成双螺旋阶梯的这些碱基对（见图 11.5a 和 b）发现，腺嘌呤只与胸腺嘧啶形成氢键，而鸟嘌呤只与胞嘧啶形成氢键。这些 A-T 和 C-G 碱基对称为互补碱基对。DNA 双螺旋的两条链上的所有碱基都是一一配对的。比如，如果一条链上的序列是 A-T-T-C-C，另一条链上的序列一定是 T-A-A-G-G。

互补碱基对诠释了查伽夫规则：给定物种的 DNA 一定包含等量的腺嘌呤和胸腺嘧啶，以及等量的鸟嘌呤和胞嘧啶。因为一条 DNA 链上的一个腺嘌呤总与另一条链上的一个胸腺嘧啶配对，所以腺嘌呤的量总与胸腺嘧啶的量相等。同样，因为一条链上的一个鸟嘌呤总与另一条链上的胞嘧啶配对，所以鸟嘌呤的量一定与胞嘧啶的量相等。

最后，我们来看看这些碱基的分子大小。腺嘌呤和鸟嘌呤含有两个环，因此它们相对较大，而由一个环组成的胸腺嘧啶和胞嘧啶相对较小。因为双螺旋只含 A-T 和 G-C 碱基对，所以 DNA 梯子上的所有阶梯都是等宽的。因此，DNA 双螺旋结构具有恒定的直径，就如 X 射线衍射模式显示的那样。

于是，科学家成功地解出了 DNA 的结构。1953 年 3 月 7 日，在剑桥的老鹰酒吧，克里克对午餐中的人群宣告："我们发现了生命的奥秘。"这一说法确实就是事实。尽管科学家还需要一些数据来证实一些细节，但在短短的几年间，他们的 DNA 模型就使生物学的许多领域发生了翻天覆地的变化，包括遗传学、进化生物学和医药学。这一革命般的变化至今仍在进行着。

11.3 DNA 是如何编码遗传信息的

再次观察图 11.5 中的 DNA 结构，你能看出为什么很多科学家很难相信 DNA 是遗传信息的携带者吗？仅仅一个生物就可能具有很多特征，比如鸟的羽毛的颜色、喙的大小和形状、筑巢的能力及其歌声，这些性状怎么可能由一个仅由 4 种不同的核苷酸组成的分子确定呢？

11.3.1 遗传信息由核苷酸序列编码

上述问题的答案是，核苷酸的种类和数量并不重要，重要的是核苷酸序列。在一条 DNA 链中，4 种核苷酸可以按任意顺序排列，每个独一无二的核苷酸序列都代表一套独一无二的遗传指令。有一个推论可以帮助我们理解这一点：一种语言不需要很多不同的字母。英语有 26 个字母，夏威夷语只有 12 个字母，而计算机的二进制语言只有两个"字母"（0 和 1，或者"关"和"开"）。不过，这三种语言都能拼写出成千上万个不同的单词。一段仅有 10 个核苷酸长的 DNA 片段，仅用 4 种核苷酸就能形成超过 100 万个不同的序列。生物的 DNA 中有数百万个（细菌）到数十亿个（植物和动物）核苷酸，因此它们的 DNA 分子能够编码数量惊人的遗传信息。

当然，为了使语言有意义，字母的顺序必须正确。同样，基因的核苷酸序列也必须是正确的。就像 friend（朋友）和 fiend（魔鬼）代表不同的东西，而 fliend 什么也不代表一样，DNA 核苷酸的不同序列可能编码非常不同的信息，也可能不编码任何信息。

在本章的余下部分中，我们还将观察 DNA 在细胞分裂期间是怎样复制进而保证遗传信息复制的准确性的。

11.4 细胞分裂时 DNA 的复制机制如何确保遗传稳定性

19 世纪 50 年代，澳大利亚病理学家魏尔肖认识到"所有细胞都来自原有的细胞"。人体内的细胞数以万亿计，都由上一代细胞分裂而来，一直上溯到受精卵。此外，人体内几乎所有细胞的遗传信息都完全相同，和受精卵的也完全相同。细胞有丝分裂时，两个子细胞得到的遗传信息副本与母细胞的几乎完全一致。为此，在分裂前，母细胞要合成两份一模一样的 DNA，这个过程称为 DNA 的复制。

11.4.1 DNA 复制产生两条含有一条母链和一条子链的 DNA 双螺旋

细胞是如何准确复制 DNA 的？沃森和克里克在描述 DNA 结构的论文的一句话堪称科学史上最著名的保守陈述："我们注意到，假定碱基互补配对原则后，便可对遗传物质的复制机制提出假说。"事实上，碱基互补配对原则是 DNA 复制的基础。记住，碱基互补配对原则的内容是，一条链上的腺嘌呤与互补链的胸腺嘧啶相配，鸟嘌呤与胞嘧啶相配。因此，每条链上的碱基序列都包含合成互补链所需的全部信息。

DNA 复制的理论过程十分简单（见图 11.6）。基本原料包括：①DNA 模板（见图 11.6❶）；②由细胞质合成后转运到胞核中的核苷酸单体；③解开亲本 DNA 双链螺旋并合成新的 DNA 链的各种酶。

第一步，DNA 解旋酶（DNA helicases）解开模板的双螺旋结构，碱基不再互补配对（见图 11.6❷）。第二步，DNA 聚合酶沿两条模板单链移动，使游离的核苷酸单体与单链上的碱基互补配对（见图 11.6❸）。例如，在 DNA 聚合酶的作用下，模板链上的腺嘌呤与游离的胸腺嘧啶结合。DNA 聚合酶还催化这些游离的核苷酸相互连接，形成与模板链互补的 DNA 单链。这样，假设 DNA 模板链是 T-A-G，DNA 聚合酶合成的 DNA 单链就是 A-T-C。

复制完成后，模板链和新合成的互补子链形成新的双螺旋结构（见图 11.6❹）。由于子代 DNA 的双链一条是亲代的模板链，是一条是新合成的子链，这一复制机制称为半保留复制（见图 11.7）。

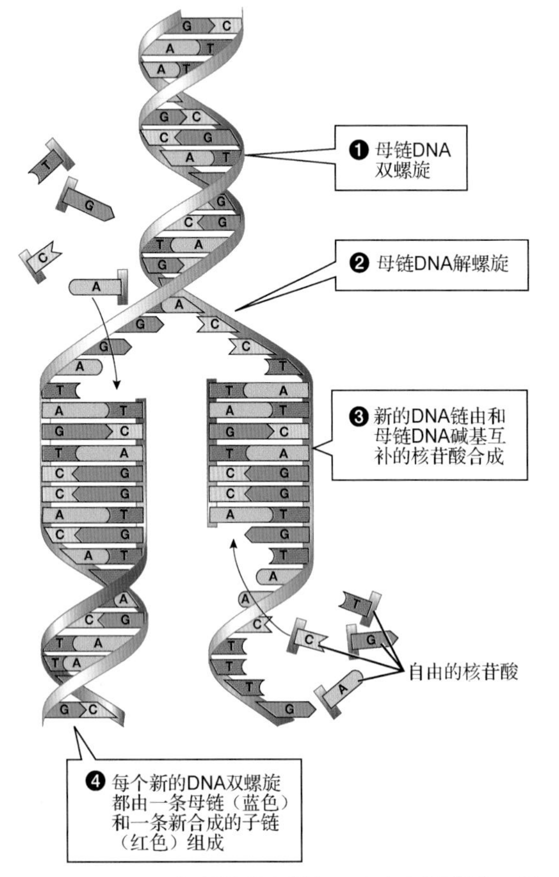

图 11.6 DNA 复制的基本特征。在复制过程中，母链 DNA 双螺旋的两条链分离。与每条链中的核苷酸互补的自由核苷酸结合到上面形成子链。之后，每条母链及其新生子链形成一个新的双螺旋

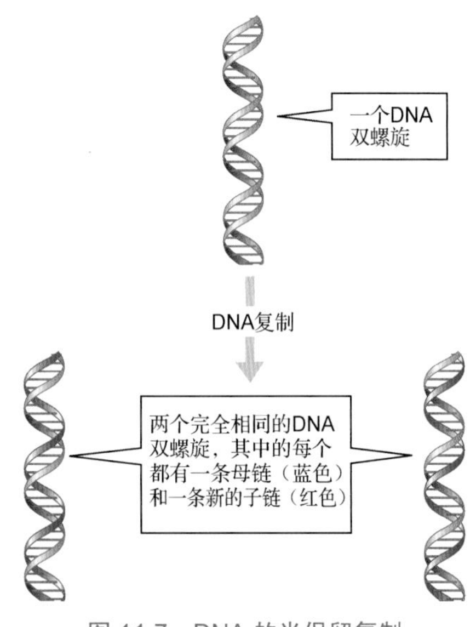

图 11.7 DNA 的半保留复制

若复制过程中未出现错误，子代 DNA 双螺旋与亲代双螺旋的碱基序列就是一模一样的。

11.5 突变的含义及其发生过程

在细胞分裂、代际相传的过程中，DNA 的核苷酸序列精确地传递下来。然而，在偶然情况下，

核苷酸序列会发生改变，这种变化称为突变（mutation）。就像在《哈姆雷特》中随机插入单词会破坏台词的连贯性一样，大部分突变是有害的。如果突变会造成危害，发生突变的细胞或器官很可能会死亡。不过，有些突变不造成任何影响，甚至在极个别情况下，突变是有利的。在特定环境下有利的突变，在自然选择中占据优势，这就是地球生命进化的基础（见第三篇）。

11.5.1 精确的复制、校对、修复机制产生几乎毫无瑕疵的 DNA

互补的碱基通过氢键牢固结合，使 DNA 复制十分准确。DNA 聚合酶的错误率约变每 1000～10000 个碱基对一个错误。然而，完整的 DNA 每 1 亿到 10 亿碱基对才有一个错误（在人体内，平均每条染色体每次复制产生的错误小于 1)。错误率之所以显著降低，是因为 DNA 修复酶在 DNA 的合成过程中和结束后都会对子代单链进行校对。比如，有些 DNA 聚合酶可在碱基配对过程中识别错误的配对，随即暂停合成，修复错误后再继续合成 DNA。细胞生命周期中出现的其他碱基序列变化通常由 DNA 修复酶进行修复。

11.5.2 有毒物质、辐射、复制过程中的随机错误造成突变

即使 DNA 复制机制如此精确，人类及任何其他生物都没有毫无瑕疵的 DNA。DNA 复制过程中产生的个别错误不会被被修复，而会混入基因组。有毒物质（如细胞正常代谢产生的自由基、烟草烟雾中的一些物质、某些霉菌分泌的毒素）和辐射（如阳光中的紫外线）也都可能损伤 DNA。DNA 的复制过程中，这些有毒物质和辐射使碱基错误配对的概率上升，甚至可能破坏 DNA。修复酶可以修复大部分损伤，但无法修复全部。这些未被修复的变化就是突变。

11.5.3 突变范围：从单个碱基到染色体片段

如果复制过程中一对碱基发生错配，修复酶通常会识别并切下错配的部分，并替换为正确的互补序列将。然而，有时候，修复酶替换的单链是模板链而不是发生错误的互补子链，导致碱基互补但序列错误。这种核苷酸替换也称点突变，因为 DNA 序列中的单个碱基发生了变化（见图 11.8a）。一对或多对碱基插入 DNA 双螺旋称为插入突变（见图 11.8b）。一对或多对碱基从 DNA 双螺旋中移除称为缺失突变（见图 11.8c）。

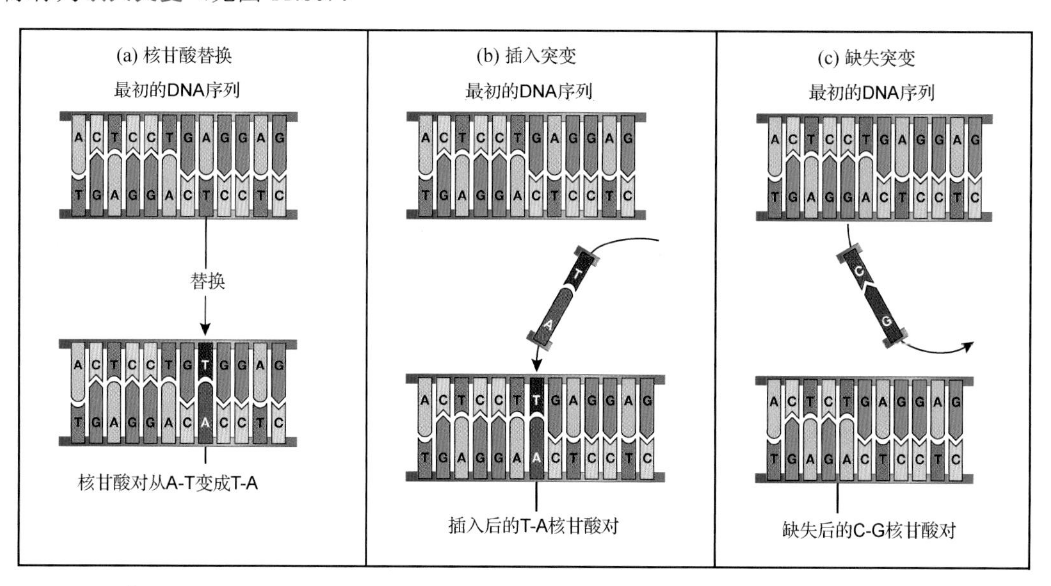

图 11.8 涉及单对核苷酸的突变。(a)核苷酸替换；(b)插入突变；(c)缺失突变。最初的 DNA 碱基以浅色表示，其字母是黑色的；突变以深色表示，其字母是白色的

从单个碱基对到成段的DNA，长短不一的染色体片段有时会发生重组。染色体中的一段DNA断裂后首尾颠倒地接到原位称为倒位（见图11.9a）。一条染色体上的一段DNA（通常很长）断裂后接到另一条染色体上称为易位（见图11.9b）。

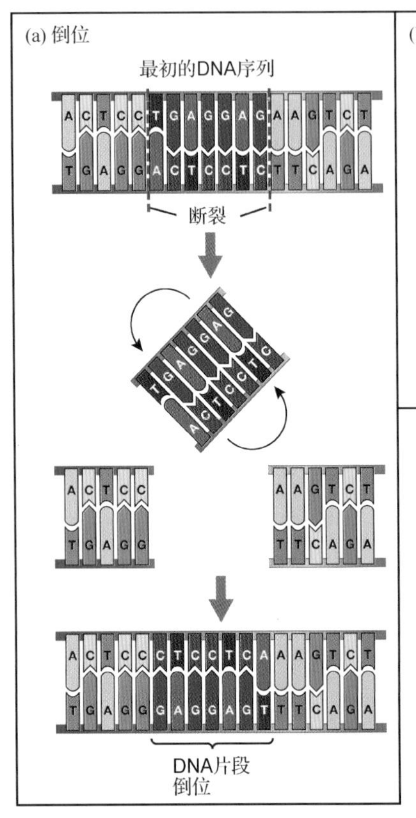

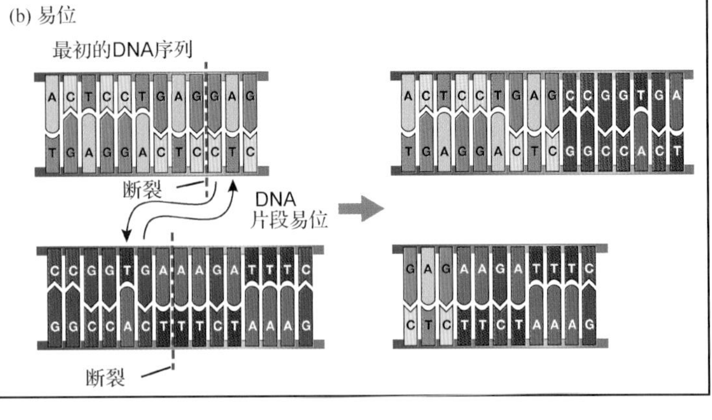

图 11.9 对染色体片段进行重排的突变。(a)倒位突变；(b)两条不同染色体之间的DNA片段易位。在图(a)中，最初的DNA碱基以浅色表示，其字母是黑色的，突变以深色表示，其字母是白色的。在图(b)中，其中一条染色体的DNA碱基以浅色表示，其字母是黑色的；第二条染色体的DNA碱基以深色表示，字母是白色的

复习题

01. 描述DNA是噬菌体遗传物质的实验证据。
02. 画出核苷酸的一般结构。在所有核苷酸中，哪些部分是相同的，哪些是可以变化的？
03. 命名在DNA中发现的四种类型的含氮碱基。
04. 描述DNA的结构。结构中的碱基、糖和磷酸盐在哪里？
05. 哪些碱基是互补的？在DNA的双螺旋结构中，它们是如何结合在一起的？
06. 信息是如何编码在DNA分子中的？
07. 描述DNA复制的过程。
08. 突变是如何发生的？描述突变的主要类型。

第 12 章　基因表达与调控

艾丽斯·马蒂诺的肖像画，画作出自其哥哥卢克之手。她希望：“……当人们听我的音乐时能够意识到，我只是一名‘碰巧生病了’的歌手和作曲人。”

12.1 细胞是如何利用 DNA 中的遗传信息的

遗传信息本身是什么都做不了的。比如，一幢房子的设计图可以提供建造它所需的所有信息，但除非有建筑工人根据设计图施工，否则永远造不出房子来。同样 3，尽管 DNA 的碱基序列（每个细胞的分子设计图）包含了海量的遗传信息，但是 DNA 本身却什么都不能做。那么，DNA 如何决定头发是黑色的、金色的还是红色的？是有正常的肺脏功能还是患有囊性纤维化？

12.1.1 大多数基因包含了合成蛋白质所需的信息

在科学家知道基因是由 DNA 组成的很长时间之前，就试图确定基因是怎样影响单个细胞和整个生物体的表现型的。20 世纪 40 年代，生物学家发现大多数基因都含有指导蛋白质合成所需的信息。蛋白质是细胞的“分子工人”，它们形成很多细胞结构及催化细胞内反应的酶。因此，遗传信息一定是从 DNA 流向蛋白质的。

12.1.2 DNA 以 RNA 为媒介指导蛋白质合成

DNA 不能直接合成蛋白质，但可通过媒介分子核糖核酸（RNA）指导蛋白质的合成。RNA 与 DNA 很相似，但二者在结构上有三点不同：①与在 DNA 中发现的脱氧核糖不同，组成 RNA 骨架的糖是核糖（即 RNA 中的“R”）；②RNA 通常是单链的；③RNA 中含有碱基尿嘧啶，而不含胸腺嘧啶（见表 12.1）。

表 12.1 DNA 和 RNA 的异同

	DNA	RNA
链的条数	2	1
糖的种类	脱氧核糖	核糖
碱基的种类	腺嘌呤（A） 胸腺嘧啶（T） 胞嘧啶（C） 鸟嘌呤（G）	腺嘌呤（A） 尿嘧啶（U） 胞嘧啶（C） 鸟嘌呤（G）
碱基配对方式	DNA-DNA A-T T-A C-G G-C	RNA-DNA RNA-RNA A-T A-U U-A U-A C-G C-G G-C G-C
功能	DNA 包含基因，大多数基因中的碱基序列决定一个蛋白质的氨基酸序列	信使 RNA（mRNA）：将编码蛋白质的基因中的遗传密码从 DNA 携带至核糖体 核糖体 RNA（rRNA）：与蛋白质结合，形成将氨基酸连接成蛋白质的结构——核糖体 转运 RNA（tRNA）：将氨基酸携带至核糖体

DNA 为不同种类 RNA 的合成提供遗传密码，其中 3 种 RNA 在蛋白质的合成过程中扮演重要角色：信使 RNA、核糖体 RNA 和转运 RNA（见图 12.1）。此外，还有其他几种 RNA：作为某些病毒（如 HIV）遗传物质的 RNA；具有酶活性、可催化特定化学反应的 RNA，又称核酶；本章稍后讨论的“调节”RNA。下面介绍信使 RNA、核糖体 RNA 和转运 RNA 的功能。12.3 节将讨论这

三者之间相互作用的更多细节。

1. 信使 RNA 将蛋白质合成的密码从 DNA 带到核糖体

在真核细胞中，DNA 像图书馆中的珍贵文件一样，始终存放在细胞核中，而信使 RNA（mRNA）像 DNA 的分子复印件，它将蛋白质合成中要用到的遗传信息携带到细胞质中（见图 12.1a）。如后面介绍的那样，mRNA 上三个一组的称为密码子的碱基决定了蛋白质中含有哪些氨基酸。

2. 核糖体 RNA 和蛋白质共同组成核糖体

按照存储在 mRNA 中的指令合成蛋白质的细胞结构——核糖体，是由核糖体 RNA（rRNA）和许多蛋白质组成的。每个核糖体都由一大一小两个亚基构成（见图 12.1b）。其中，小亚基含有 mRNA 和一个“起始”转运 RNA 的结合位点，以及几个在核糖体组装和蛋白质合成起始过程中所需的蛋白质。大亚基含有两个 tRNA 分子的结合位点，以及一个催化肽键形成进而使氨基酸连接到蛋白质上的催化位点。在蛋白质的合成过程中，这两个亚基结合到一起，将一个 mRNA 分子紧扣在它们之间。

3. 转运 RNA 携带氨基酸至核糖体

转运 RNA（tRNA）将氨基酸携带到核糖体，在此处氨基酸加入蛋白质。每个细胞为每种氨基酸合成至少一种 tRNA。在细胞质中有 20 种酶，每种酶对应一种氨基酸，这些酶能识别不同的 tRNA 分子并利用来自 ATP 的能量将氨基酸连接到与之对应的 tRNA 分子的一端（见图 12.1c）。这些“满载的”tRNA 分子将与之相连的氨基酸传递给核糖体。每个 tRNA 上都有三个碱基，它们称为反密码子。mRNA 上的密码子和 tRNA 上的反密码子之间的碱基互补配对决定了在蛋白质合成过程中使用哪些氨基酸。

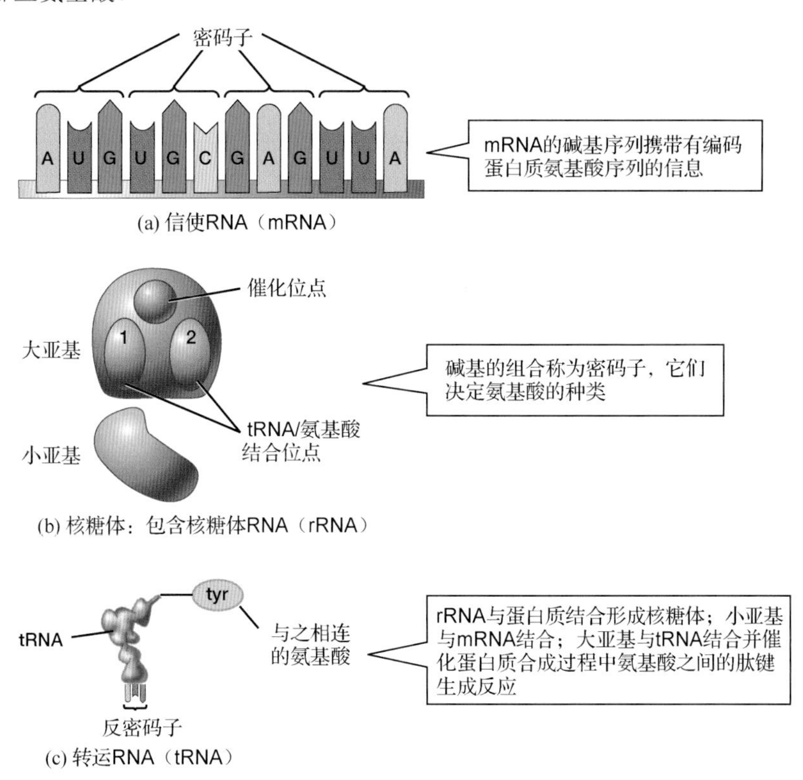

图 12.1 细胞合成蛋白质合成所需的 3 种主要 RNA

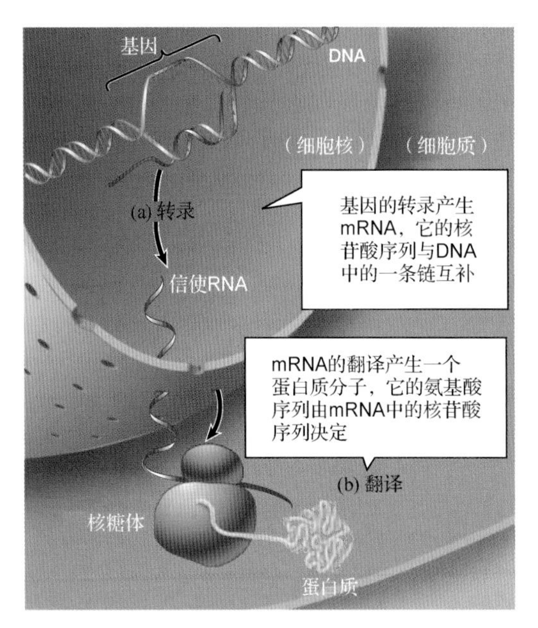

图 12.2 遗传信息从 DNA 流动到 RNA 再到蛋白质。(a)在转录过程中，基因的碱基序列指定与之互补的 RNA 分子的碱基序列。对编码蛋白质的基因来说，在上述过程中生成的 mRNA 分子离开细胞核，进入细胞质。(b)在翻译过程中，mRNA 分子的碱基序列指定蛋白质分子的氨基酸序列

12.1.3 综述：遗传信息经转录传递给 RNA，然后经翻译传递给蛋白质

DNA 中的遗传信息经两个步骤指导蛋白质的合成，这两个步骤分别称为转录和翻译（见图 12.2 和表 12.2）。

（1）在转录过程中（见图 12.2a），基因的 DNA 分子中包含的遗传信息被复制到 RNA 中。在真核细胞中，转录发生在细胞核中。

（2）mRNA 的碱基序列编码蛋白质的氨基酸序列。在蛋白质合成（又称翻译）过程（见图 12.2b）中，mRNA 碱基序列被解码。转运 RNA 将氨基酸带给核糖体。信使 RNA 与核糖体结合，在这里 mRNA 和 tRNA 之间的碱基互补配对将 mRNA 的碱基序列转化为蛋白质的氨基酸序列。由于真核细胞的核糖体存在于细胞质中，所以翻译也在细胞质中进行。

在生物学中，转录是指利用在 DNA 和 RNA 的核苷酸中发现的碱基“通用语言”将 DNA 中的遗传信息复制给 RNA，翻译是指将 RNA 的“碱基语言”转化为蛋白质的“氨基酸语言”。

表 12.2 转录和翻译

过　程	信息来源	产　物	过程中涉及的主要酶或结构	需要的碱基配对种类
转录（RNA 的合成）	DNA 一条链的一段	一个 RNA 分子（如 mRNA、tRNA 和 rRNA）	RNA 聚合酶	RNA 和 DNA：在 RNA 合成过程中，RNA 的碱基与 DNA 的碱基配对
翻译（蛋白质的合成）	mRNA	一个蛋白质分子	核糖体（也需要 tRNA）	mRNA 与 tRNA：mRNA 上的密码子与 tRNA 上的反密码子配对

12.1.4 遗传密码使用三个碱基指定一个氨基酸

在开始研究转录和翻译的细节之前，先来看遗传学家是怎样破译遗传密码的。遗传密码是说明将 DNA 和 mRNA 中的碱基序列翻译成蛋白质中的氨基酸序列的规则的生物学词典。DNA 和 RNA 都含有 4 种碱基：腺嘌呤（A）、胸腺嘧啶［T，在 RNA 中是尿嘧啶（U）］、鸟嘌呤（G）和胞嘧啶（C，见表 12.1）。然而，蛋白质是由 20 种不同的氨基酸组成的，因此一种碱基不可能直接翻译成一种氨基酸：碱基的种类不够多。如果两个碱基组成的序列编码一种氨基酸，则有 16 种不同的组合（4 种可能的第一个碱基分别与 4 种可能的第二个碱基配对，$4\times4=16$）。这样仍不足以编码 20 种氨基酸。三个碱基组成的序列提供了 64 种可能的组合（$4\times4\times4=64$），而这对编码 20 种氨基酸来说绰绰有余。这样推理后，物理学家伽莫夫（George Gamow）于 1954 年提出了一个假设：mRNA 中称为密码子的三个一组的碱基指定了每个氨基酸。1961 年，克里克（Francis Crick）和三位同事一同证明这个假设是正确的。

任何一种语言要被人看懂，使用这门语言的人就必须知道文字的意思、单词从哪里开始和结束、句子从哪里开始和结束。为了译解遗传密码的词汇——密码子，尼伦伯格（Marshall

Nirenberg）和马太（Heinrich Matthaei）将细菌碾碎，分离了合成蛋白质所需的组分。他们向混合物中加入人工合成的 mRNA，让其决定翻译哪些密码子，并观察蛋白质中加入了哪些氨基酸。例如，一条完全由尿嘧啶组成的 mRNA（UUUUUUUU…）会使混合物合成仅由苯丙氨酸组成的蛋白质。因此，三联体 UUU 一定是翻译成苯丙氨酸的密码子。由于密码子是通过使用人工 mRNA 而被解码的，所以人们通常用 mRNA（而非 DNA）上的碱基三联体的方式书写编码每种氨基酸的密码子（见表 12.3）。

细胞是怎样识别密码子从哪里开始和结束的？整个蛋白的密码从哪里开始和结束？翻译总从密码子 AUG 开始，后者也称起始密码子。因为 AUG 同时编码甲硫氨酸，所以所有的蛋白质最初都是由甲硫氨酸开始的，但在蛋白质合成后它可被去除。有三种终止密码子：UAG、UAA 和 UGA。当核糖体遇到这三种终止密码子之一时，便会释放新合成的蛋白质和 mRNA。由于所有密码子都由三个碱基构成，在指定蛋白质的开始和结束后，密码子“单词”之间的“空格”就不重要了。为什么？考虑英语只使用由三个字母组成的单词时会发生什么。例如，“狗看见猫”（THEDOGSAWTHECAT）这样的句子是完全可以理解的，尽管单词之间没有空格。

因为遗传密码含有 3 种终止密码子，还剩余 61 种密码子来指定仅有 20 种的氨基酸。因此，几种不同的密码子可能被翻译为同一种氨基酸。比如，6 种密码子 UUA、UUG、CUU、CUC、CUA 和 CUG 都编码亮氨酸（见表 12.3）。然而，一种密码子仅确定一种氨基酸，UUA 总编码亮氨酸，永远不会编码异亮氨酸、甘氨酸或其他任何一种氨基酸。

表 12.3　遗传密码（mRNA 上的密码子）*

		第二个碱基									
		U		C		A		G			
第一个碱基	U	UUU	苯丙氨酸（Phe）	UCU	丝氨酸（Ser）	UAU	酪氨酸（Tyr）	UGU	半胱氨酸（Cys）	U	第三个碱基
		UUC	苯丙氨酸	UCC	丝氨酸	UAC	酪氨酸	UGC	半胱氨酸	C	
		UUA	亮氨酸（Leu）	UCA	丝氨酸	UAA	终止	UGA	终止	A	
		UUG	亮氨酸	UCG	丝氨酸	UAG	终止	UGG	色氨酸（Trp）	G	
	C	CUU	亮氨酸	CCU	脯氨酸（Pro）	CAU	组氨酸（His）	CGU	精氨酸（Arg）	U	
		CUC	亮氨酸	CCC	脯氨酸	CAC	组氨酸	CGC	精氨酸	C	
		CUA	亮氨酸	CCA	脯氨酸	CAA	谷氨酰胺（Gln）	CGA	精氨酸	A	
		CUG	亮氨酸	CCG	脯氨酸	CAG	谷氨酰胺	CGG	精氨酸	G	
	A	AUU	异亮氨酸（Ile）	ACU	苏氨酸（Thr）	AAU	天冬酰胺（Asn）	AGU	丝氨酸（Ser）	U	
		AUC	异亮氨酸	ACC	苏氨酸	AAC	天冬酰胺	AGC	丝氨酸	C	
		AUA	异亮氨酸	ACA	苏氨酸	AAA	赖氨酸（Lys）	AGA	精氨酸（Arg）	A	
		AUG	甲硫氨酸（起始）	ACG	苏氨酸	AAG	赖氨酸	AGG	精氨酸	G	
	G	GUU	缬氨酸（Val）	GCU	丙氨酸（Ala）	GAU	天冬氨酸（Asp）	GGU	甘氨酸（Gly）	U	
		GUC	缬氨酸	GCC	丙氨酸	GAC	天冬氨酸	GGC	甘氨酸	C	
		GUA	缬氨酸	GCA	丙氨酸	GAA	谷氨酸（Glu）	GGA	甘氨酸	A	
		GUG	缬氨酸	GCG	丙氨酸	GAG	谷氨酸	GGG	甘氨酸	G	

那么密码子是怎样指导蛋白质合成的呢？tRNA 和核糖体负责解密 mRNA 的密码子。回忆可知，tRNA 将氨基酸运输到核糖体，特定的 tRNA 分子携带一种不同的氨基酸。这些独一无二的 tRNA 中的每个都含有三个称为反密码子的裸露碱基，与 mRNA 上的密码子互补。比如，mRNA 上的密码子 GUU 与携带缬氨酸的 tRNA 上的反密码子 CAA 配对。接着，核糖体将这个缬氨酸并入正在合成的蛋白质链。

12.2 基因中的信息是如何转录到 RNA 中的

转录（见图 12.3）包括三个步骤：①起始、②延伸和③终止。这三个步骤对应真核与原核生物中大多数基因的三个主要部分：①在基因的开始部位，转录起始处的启动子区域；②RNA 链延伸的位置，基因的“躯体”；③基因末端的终止信号，RNA 的合成在这里终止。

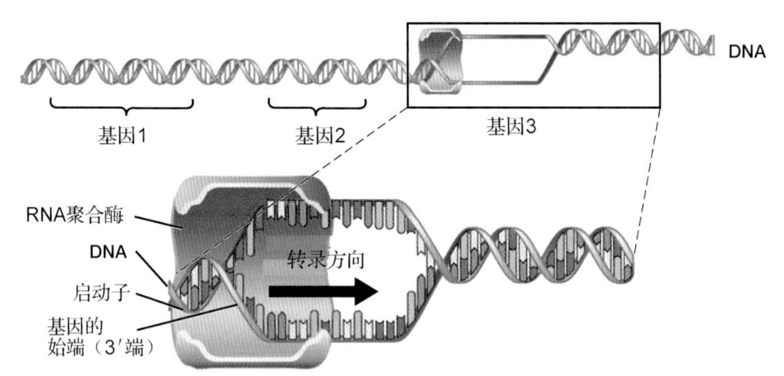

❶ 起始：RNA聚合酶与基因起始处附近DNA的启动子区域结合，并于启动子附近分开DNA双螺旋

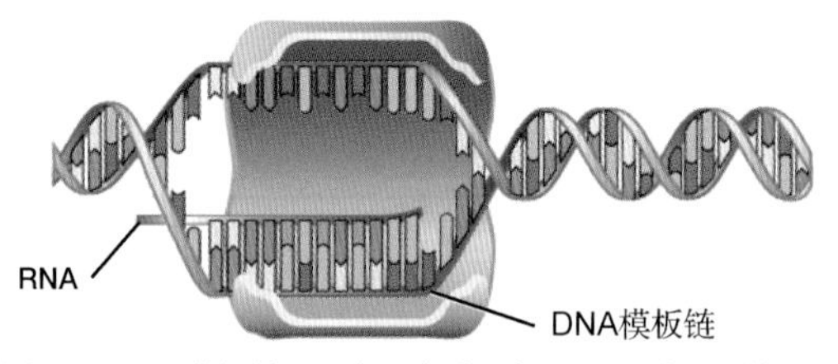

❷ 延伸：RNA聚合酶沿DNA模板链（蓝色）行进，解开DNA的双螺旋，同时通过催化核糖核苷酸加入RNA分子（红色）来合成RNA。RNA中的核苷酸与DNA模板链的互补

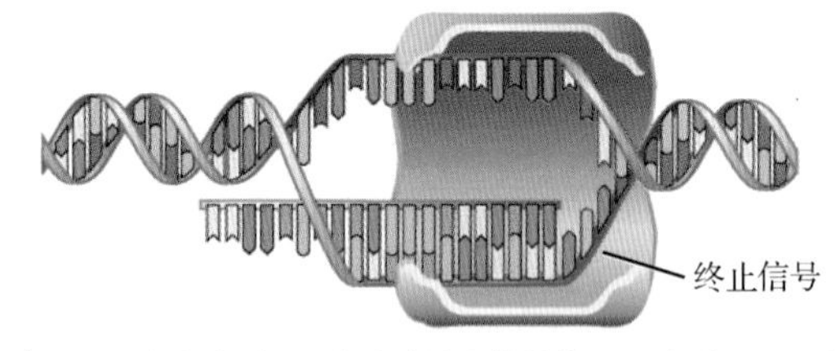

❸ 终止：在基因的末端，RNA聚合酶到达一段称为终止信号的DNA序列。RNA聚合酶与DNA脱离并释放RNA分子

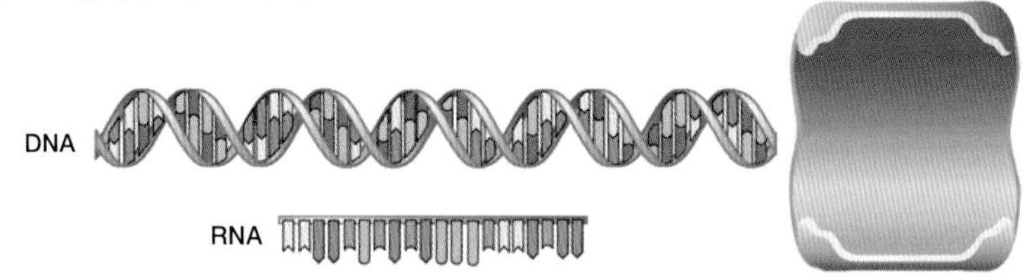

❹ 转录结果：转录终止后，DNA恢复完整的双螺旋，RNA可以从细胞核移至细胞质以进行翻译过程，RNA聚合酶则可能移动到另一个基因处，再次开始转录

图 12.3 转录是在 DNA 指导下的 RNA 合成过程。基因是染色体 DNA 的片段。形成双螺旋的两条 DNA 链中的一条充当合成与其碱基互补的 RNA 分子的模板链

12.2.1 当 RNA 聚合酶结合基因的启动子时，转录开始

RNA 聚合酶是负责合成 RNA 的酶。在每个基因的起点附近都有一段称为启动子的 DNA 序列。在真核细胞中，启动子由两个主要部分组成：①与 RNA 聚合酶结合的短序列，一般为 TATAAA；

②一或多个其他序列，通常称为转录因子结合位点，又称效应元件。当 RNA 聚合酶与基因的启动子结合时，基因起始处的 DNA 双螺旋开始解旋，转录开始（见图 12.3❶）。称为转录因子的蛋白质可与转录因子结合位点相结合，从而增强或抑制 RNA 聚合酶与启动子的结合，进而增强或抑制整个转录过程。12.5 节将继续讨论基因调节这个重要的话题。

12.2.2 在延伸过程中产生一条不断延长的 RNA 链

与启动子结合后，RNA 聚合酶沿着其中一条称为模板链的 DNA 链行进，合成一条与这条 DNA 链互补的 RNA 链(见图 12.3❷)。就像 DNA 聚合酶一样，RNA 聚合酶也总从基因的 3′ 端向 5′ 端移动。RNA 和 DNA 之间的碱基配对与 DNA 之间的一样，不过 RNA 中的尿嘧啶是与 DNA 中的腺嘌呤结合的（见表 12.1）。

正在延长的 RNA 链上加入约 10 个核苷酸后，RNA 的第一个核苷酸从 DNA 模板链上脱离。这个步骤使得打开的 DNA 双链恢复为双螺旋状态（图 12.3❸）。当 RNA 分子随着转录的进行而延长时，RNA 的一端从 DNA 上脱离，与此同时，RNA 聚合酶的另一端始终与 DNA 模板链相连（见图 12.3❸和图 12.4）。

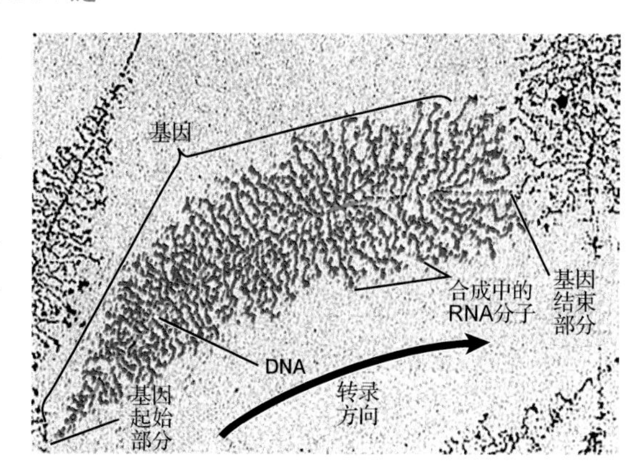

图 12.4 RNA 的转录。这幅上色的电子显微照片显示了非洲爪蟾卵细胞中的 RNA 转录过程。在每个树状结构中，中央的“树干”是 DNA，而“树枝”是 RNA 分子。一连串 RNA 聚合酶分子（由于太小在照片上无法看见）正在沿 DNA 行进，同时进行 RNA 的合成。基因的起点位于图的左侧。左侧的短 RNA 分子的合成刚刚开始，而右侧的长 RNA 分子的合成已接近尾声

12.2.3 当 RNA 聚合酶到达终止信号时，转录结束

RNA 聚合酶继续沿基因的模板链行进，直至到达称为终止信号的一段 DNA 序列。在这里，RNA 聚合酶释放合成完毕的 RNA 并脱离 DNA（见图 12.3❸和❹）。然后，这个 RNA 聚合酶就可以与另一个基因的启动子结合，开始合成另一个 RNA 分子。

12.3 mRNA 的碱基序列是如何翻译出蛋白质的

在基因的组成、如何在 DNA 的指导下合成功能性 mRNA 分子以及翻译发生的时间和地点方面，原核和真核细胞存在不同。

大多数原核细胞的基因都非常紧凑：基因中所有的核苷酸都参与编码蛋白质中的氨基酸。更重要的是，一个完整代谢通路的大多数或所有基因都在染色体上首尾相连（见图 12.5a）。因此，原核细胞通常从一系列相邻的基因中转录出单独一条很长的 mRNA，而这些基因中的每个都指定这条代谢通路中的一种蛋白质。因为原核细胞没有将细胞核和细胞质分开的核膜，所以转录和翻译无论在时间上还是在空间上通常都是不分离的（见图 4.19）。在大多数情况下，当 mRNA 分子在转录过程中开始与 DNA 分离时，核糖体就会立刻开始将 mRNA 翻译成蛋白质(见图 12.5b)。

相反，真核细胞的 DNA 包含在细胞核中，而核糖体位于细胞质中。此外，在真核生物中，编码一条代谢通路所需的蛋白质的基因不像在原核生物中那样聚集在一起，而可能分散在几条染色体上。最后，转录形成的 RNA 分子是没有功能的，不是可以立刻翻译并产生蛋白质的 mRNA。

12.3.1　在真核生物中，前体 RNA 经处理后形成可翻译出蛋白质的 mRNA

大多真核生物的基因包含两部分或者更多编码蛋白质的核苷酸序列，其中夹杂着不被翻译成蛋白质的序列。编码的片段称为外显子，因为它们在蛋白质中得到了表达，而非编码片段则称为内含子，意思是“包含在基因之内”（见图 12.6a）。

真核生物的转录会产生一条非常长的 RNA 链，通常称为前体 **mRNA** 或 **pre-mRNA**，它从第一个外显子之前开始一直延伸到最后一个外显子的末端（见图 12.6b❶）。pre-mRNA 分子的两端还会加上更多的核苷酸，形成“帽子”和“尾巴”（见图 12.6b❷）。这些核苷酸可以协助完成的 mRNA 穿过核膜上的孔进入细胞质，与核糖体结合，并保护 mRNA 分子，防止其被核酶降解。为了将前体 mRNA 分子转化为完成的 mRNA，细胞核内的酶在内含子和外显子的连接处将其切开，将外显子剪接到一起，并抛弃内含子（见图 12.6b❸）。完成的 mRNA 分子离开细胞核并从核膜上的核孔处进入细胞质（见图 12.6b❹）。在细胞质中，mRNA 与核糖体结合，后者在 mRNA 碱基序列的指导下合成蛋白质。

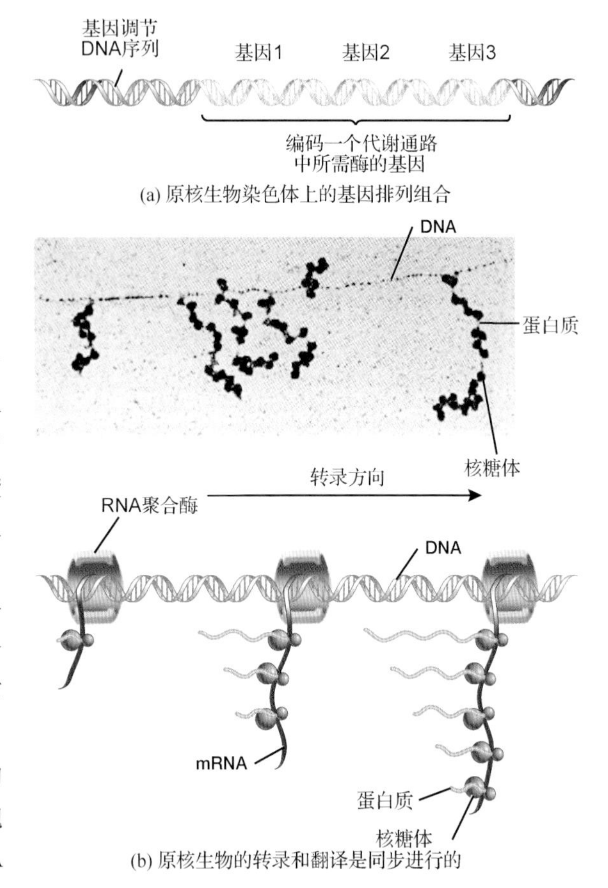

图 12.5　原核细胞中的信使 RNA 合成过程。(a)在原核生物中，很多或全部参与编码一条完整代谢通路的蛋白质的基因在染色体上首尾相连。(b)在原核生物中，转录与翻译是同步的。在电子显微图像中，RNA 聚合酶（在该放大倍数下无法看到）在一条 DNA 链上由左向右移动。在它合成 mRNA 分子的同时，许多核糖体结合到 mRNA 上并立刻开始合成蛋白质（图中无法看到）。电子显微图像下方的图解展示了所有参与该过程的重要分子

1. 内含子–外显子基因结构的作用

为什么真核生物的基因包含内含子和外显子？这个基因结构至少有两个功能。

第一个功能是让细胞以不同方式剪接外显子，从一个基因产生几种不同的蛋白质。比如，称为 CT/CGRP 的基因在甲状腺和大脑中都有表达。在甲状腺中，一种剪接方法的结果是合成一种称为降血钙素的激素，其作用是帮助调节血液中的钙离子浓度。在大脑中，一种不同的剪接方法的结果是合成一种在神经细胞的信息交流中充当信使的蛋白质。大多数真核生物基因转录出的 RNA 都会发生选择性剪接现象。因此，在真核生物中，规则“一个基因对应一个蛋白”需要改写为“一个基因对应一个或多个蛋白”。

第二个功能是，分裂的基因也许可以让真核生物进化出具有新功能的蛋白质这一过程变得更快捷和更高效。染色体有时会分裂开来，然后这些部分可能会与不同的染色体连接。如果断裂发生在基因的内含子中，外显子就可能原封不动地从一条染色体移动到另一条。大多数这样的错误是有害的。然而，基因间外显子的交换有时会产生对携带基因的生物的生存和繁殖更有利的新基因。

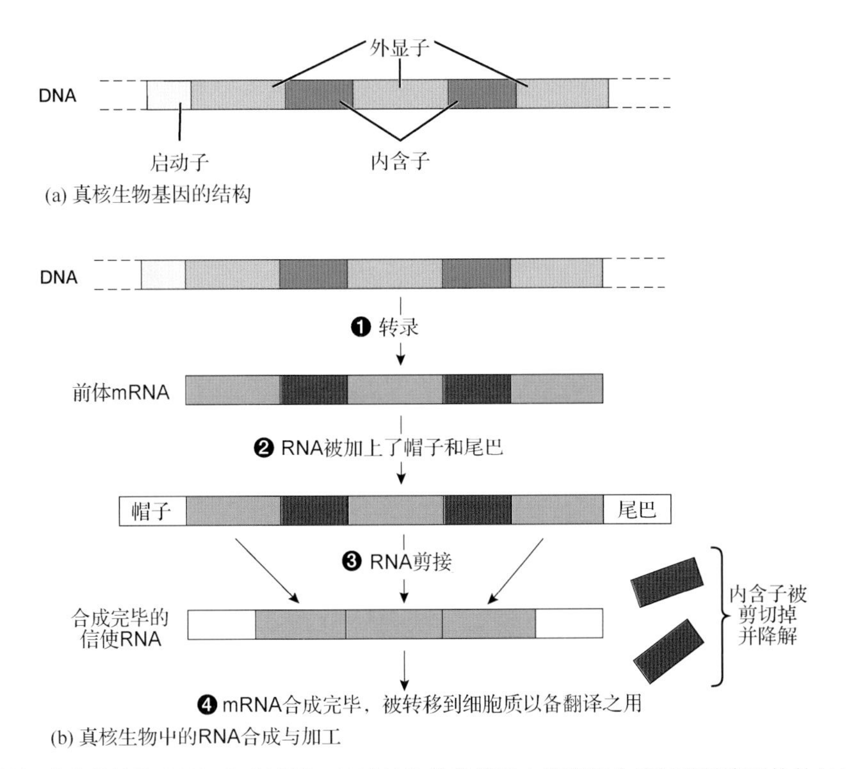

图 12.6 真核细胞中的信使 RNA 合成过程。(a)真核生物的基因由编码蛋白质氨基酸序列的外显子（中蓝色）和不编码氨基酸序列的内含子（深蓝色）组成。(b)真核细胞中的信使 RNA 合成过程包含以下几步：❶将基因转录成很长的前体 mRNA 分子；❷在前体上添加额外的核糖核苷酸以形成帽子和尾巴；❸切除内含子并将外显子剪接到一起形成完整的 mRNA；❹将合成完毕的 mRNA 从细胞核移动到细胞质以供翻译之用

12.3.2 在翻译过程中，mRNA、tRNA 和核糖体相互合作以合成蛋白质

就像转录那样，翻译分为三个步骤：①起始、②肽链延伸和③终止。这里只介绍真核细胞中的翻译过程（见图 12.7）。

1．起始：tRNA 和 mRNA 结合到核糖体上时翻译开始

由核糖体小亚基、一个起始（甲硫氨酸）tRNA 和其他几种蛋白质组成的起始前复合物（见图 12.7❶）与 mRNA 分子的起始处结合。起始前复合物沿着 mRNA 移动，直至找到起始密码子（AUG），后者与甲硫氨酸转移 tRNA 的反密码子 UAC 进行碱基互补配对（见图 12.7❷）。然后，一个核糖体大亚基依附到小亚基上，二者将 mRNA 夹在中间，并将甲硫氨酸转移 tRNA 保持在第一个 tRNA 结合位点上（见图 12.7❸）。现在，核糖体已做好开始翻译的准备。

2．延伸：氨基酸一次一个地加到延伸中的蛋白质链上

核糖体保持 mRNA 上的两个密码子与大亚基上的 tRNA 结合位点对齐。一个带有与 mRNA 上第二个密码子互补的反密码子的 tRNA 进入大亚基上的第二个 tRNA 结合位点（见图 12.7❶）。大亚基上的催化部位将第一个氨基酸（甲硫氨酸）与 tRNA 的化学键打开，并在这个氨基酸和第二个 tRNA 携带的氨基酸之间形成肽键（见图 12.7❺）。有趣的是，负责催化肽键形成的是 rRNA，而不是大亚基上的某个蛋白质。因此，核糖体的催化部位是一个核酶。

肽键形成后，第一个 tRNA 变“空”，而第二个 tRNA 携带了一条由两个氨基酸组成的链。核糖体释放空载的 tRNA，转移到 mRNA 分子的下一个密码子上（见图 12.7❻）。携带氨基酸链的 tRNA 也从核糖体的第二个结合位点转移到第一个结合位点。

起始

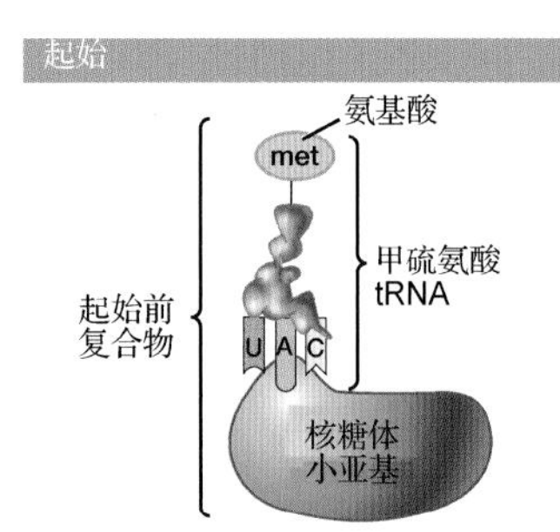

❶ 一个结合有甲硫氨酸的tRNA与一个核糖体小亚基结合，形成一个起始前复合物

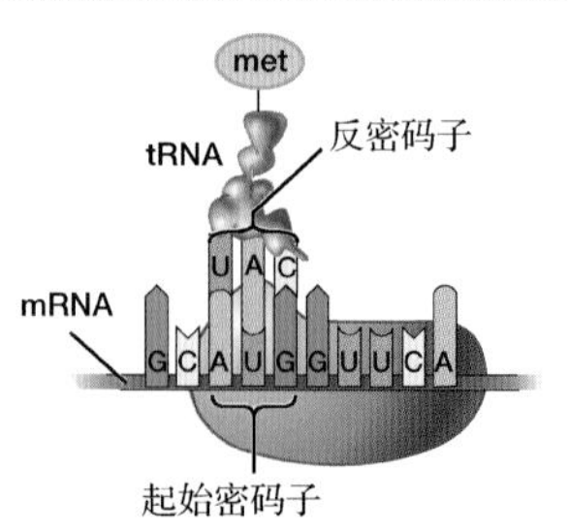

❷ 起始前复合物与mRNA分子结合。结合有甲硫氨酸（met）的tRNA的反密码子（UAC）与mRNA的起始密码子（AUG）进行碱基配对

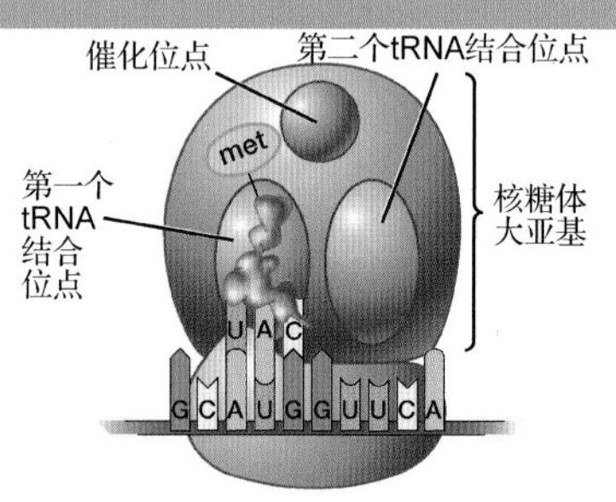

❸ 核糖体的大亚基与小亚基结合。甲硫氨酸转移tRNA与大亚基上的第一个tRNA位点结合

延伸

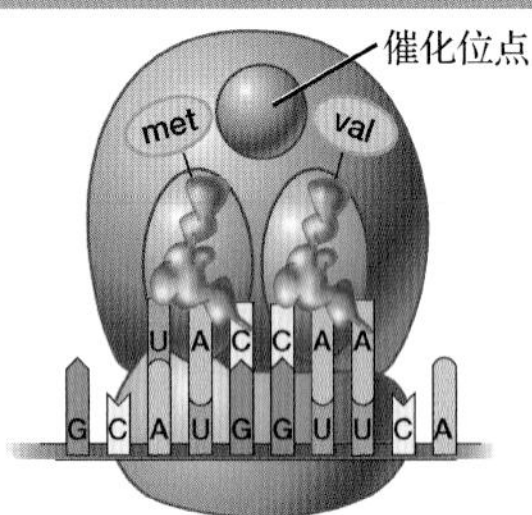

❹ mRNA的第二个密码子（GUU）与结合有缬氨酸的 tRNA 的反密码子（CAA）进行碱基配对。这个tRNA与大亚基上的第二个tRNA位点结合

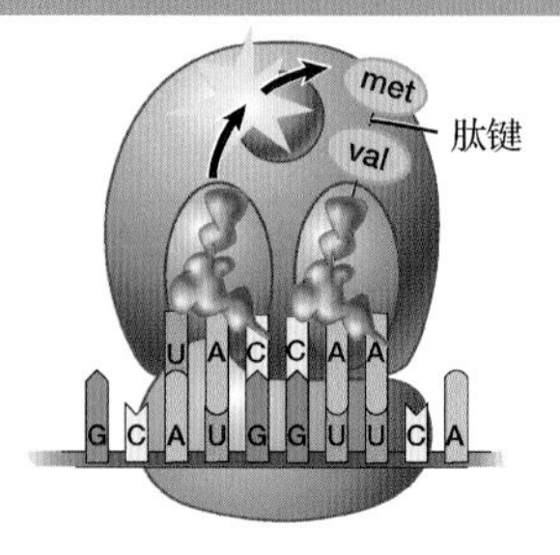

❺ 大亚基的催化部位催化连接甲硫氨酸和缬氨酸的肽键的形成。两个氨基酸现在与位于第二个结合位点的 tRNA 相连

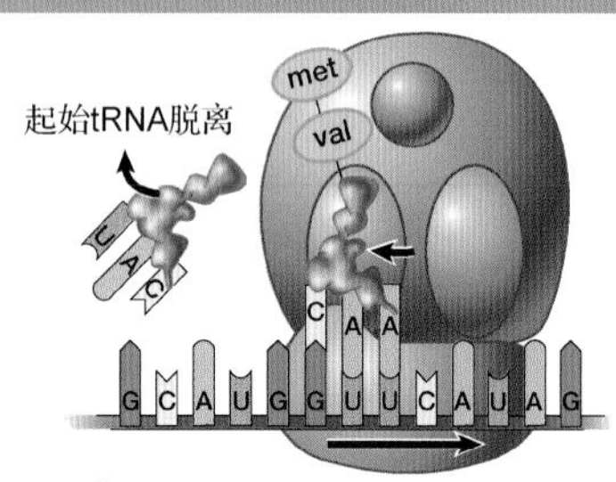

❻ 核糖体释放“空”tRNA，并沿mRNA向右移动一个密码子的距离。与两个氨基酸相连的tRNA现在位于第一个tRNA结合位点上，第二个位点是空的

终止

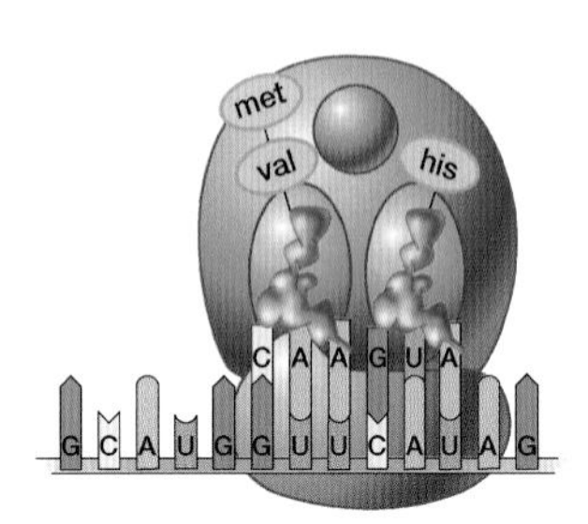

❼ mRNA的第三个密码子（CAU）与一个携带组氨酸（His）的tRNA的反密码子（GUA）进行碱基配对。这个tRNA进入大亚基上第二个tRNA结合位点

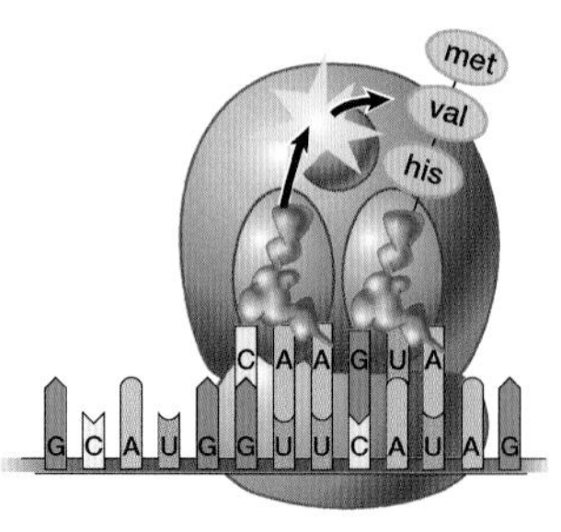

❽ 催化部位在缬氨酸和组氨酸之间形成肽键，将与tRNA相连的肽留在第二个结合位点上。第一个位点上的tRNA离开，而核糖体在mRNA上移动一个密码子的距离

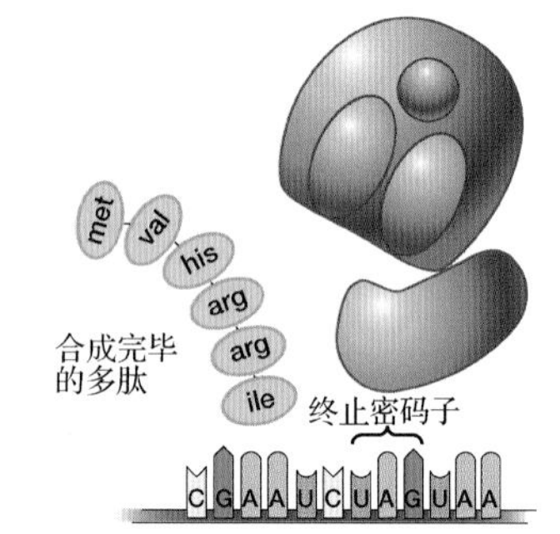

❾ 重复以上过程，直至到达一个终止密码子；mRNA和完成的肽链从核糖体上脱离，大小亚基分开

图 12.7　翻译是蛋白质的合成过程。在翻译过程中，mRNA 的碱基序列被解码成蛋白质的氨基酸序列

一个带有与 mRNA 上第三个密码子互补的反密码子的新 tRNA 与空的第二个位点结合（见图 12.7❼）。催化部位将第三个氨基酸加入生长中的蛋白质链（见图 12.7❽）。空的 tRNA 离开核糖体，核糖体转移到 mRNA 的下一个密码子，然后每次一个密码子地重复以上过程。

3．终止：终止密码子发出翻译停止的信号

当核糖体到达 mRNA 上的一个终止密码子时，蛋白质的合成即告终止。终止密码子不与 tRNA

结合，核糖体释放完成的蛋白质链和 mRNA（见图 12.7❾）。然后，核糖体分解为大小两个亚基。

12.3.3 总结：将 DNA 中的碱基序列解码为蛋白质中的氨基酸序列

下面概括了细胞是如何解码 DNA 中的遗传信息并合成蛋白质的（见图 12.8）。

（1）除了一些例外，如 tRNA 和 rRNA 对应的基因，每个基因都编码一个蛋白质的氨基酸序列。基因的 DNA 包含模板链（即转录出 mRNA 的链）及不被转录的互补链。

（2）转录过程产生一个与模板链互补的 mRNA 分子。从第一个密码子 AUG 开始，mRNA 中的每个密码子都是指定一种氨基酸或“终止”的由三个碱基组成的序列。

（3）细胞质中的酶将氨基酸连接到合适的 tRNA 上，该过程由 tRNA 的反密码子决定。

（4）mRNA 从细胞核移动到细胞质中的核糖体处。转运 RNA 携带相连的氨基酸到达核糖体。tRNA 反密码子的碱基在这里与 mRNA 密码子中的互补碱基配对。核糖体催化肽键形成，后者将氨基酸连接起来形成氨基酸序列由 mRNA 的碱基序列决定的蛋白质。当核糖体到达一个终止密码子时，完成的蛋白质被核糖体释放。这条从 DNA 的碱基到 mRNA 的密码子到 tRNA 的反密码子再到氨基酸的解码链，合成一个氨基酸序列由基因的碱基序列决定的蛋白质分子。

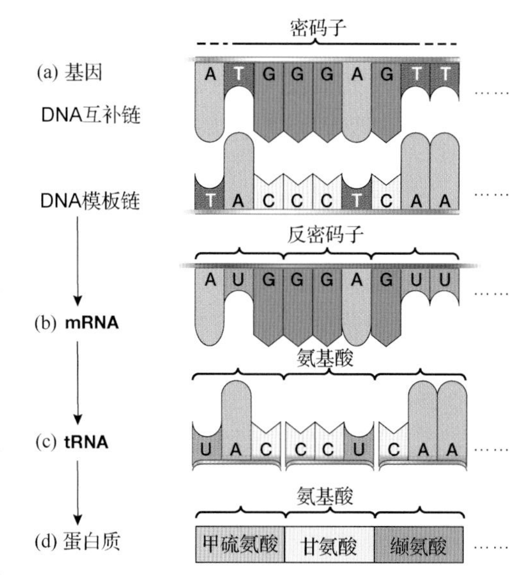

图 12.8 在解码遗传信息的过程中，碱基互补配对是必需的。(a)每个基因的 DNA 含有两条链；只有模板链被 RNA 聚合酶用于合成 RNA 分子。(b)DNA 模板链上的碱基被转录成一条与之互补的 mRNA。密码子是由三个碱基组成的序列，在蛋白质合成中指定氨基酸的种类或者发出终止信号。(c)除了终止密码子，mRNA 的每个密码子都与携带特定氨基酸的 tRNA 的反密码子进行碱基配对。(d)tRNA 携带的氨基酸加入已有的肽链中形成蛋白质

12.4 基因突变是如何影响蛋白质的结构与功能的

DNA 合成过程中的错误、阳光中的紫外线、香烟中的化学物质和许多其他环境因素可能导致突变，即 DNA 碱基序列的改变。突变对突变基因编码的蛋白质的影响将决定有机体结构和功能的变化。

12.4.1 突变效应由其改变 mRNA 密码子的方式决定

突变分为倒位、易位、缺失、插入和替换几种类型。不同类型的突变影响 DNA 的方式及产生蛋白质结构和功能上的显著改变的可能性都有很大的不同。

1. 倒位和易位

从染色体上切除一段 DNA 并反向重新插入时，就说发生了倒位突变。移除一段 DNA 后，连接到另一条染色体上的突变称为易位突变。如果发生突变的整个基因（包括启动子）仅移动了位置，倒位突变和易位突变就可能是相对良性的。在这种情况下，基因转录的 mRNA 包含所有最初的密码子，什么都不改变。然而，如果一个基因被分成了两半，它就不再编码一个完整的功能性蛋白质。例如，几乎一半的严重血友病患者是编码凝血所需蛋白质的基因发生倒位突变而导致的。

2. 缺失和插入

在缺失突变中，一对或多对核苷酸从基因中移除。而在插入突变中，基因中插入一对或多对核苷酸。如果有一对或两对核苷酸被移除或插入，蛋白质的功能通常就会被彻底破坏。为什么？回顾前面学到的遗传密码：三个核苷酸编码一个氨基酸。移除或插入一对核苷酸、两对核苷酸或者非三的整数倍的核苷酸，会改变移除或插入点之后的所有密码子。为什么？考虑以下仅由三个三字母单词组成的句子：THEDOGSAWTHECATSITANDTHEFOXRUN。移除或插入一个字母（如移除句子中的第一个 E）会改变后面的所有单词：THD OGS AWT HEC ATS ITA NDT HEF OXR UN。包含这样一个变异的 mRNA 翻译出的蛋白质中的大多数氨基酸都是不正确的，因此这个蛋白质会失去功能。

移除或插入三对核苷酸对蛋白质的影响通常较小，无论移除或插入的核苷酸是形成一个密码子还是重叠成两个密码子。回到前面的例句，现在假设从句子中删去 OGS 三个字母，句子变成：THE DAW THE CAT SIT AND THE FOX RUN，句子中的大多数词还是有意义的。如果在句子中加入一个新的三字母单词，如 FAT，即使我们在原有的单词中间加入这个词，句子的大部分还是有意义的，如 THE DOG SAF ATW THE CAT SIT AND THE FOX RUN。

3. 替换

核苷酸的替换（也称点突变）改变 DNA 中的一个碱基对。在编码蛋白质的基因中出现的替换突变将产生 4 种可能的结果。为了说明这些结果，考虑在编码 β-珠蛋白的基因上发生的替换突变，β-珠蛋白是红细胞中携带氧气的血红蛋白的一个亚基（见表 12.4）。血红蛋白的另一个亚基是 α-珠蛋白；一个正常的血红蛋白分子由两个 α 亚基和两个 β 亚基组成。在除最后一个外的所有例子中，考虑在 β-珠蛋白基因的第 6 个密码子（在 DNA 上是 CTC，在 mRNA 上是 GAG）上发生的突变，该密码子最初编码的是谷氨酸（一种带电荷且亲水的水溶性氨基酸）。

表 12.4　血红蛋白基因突变的效应

	DNA（模板链）	mRNA	氨　基　酸	氨基酸的性质	蛋白质的功能变化	疾　病
最初的第 6 个密码子	CTC	GAG	谷氨酸	亲水	正常的蛋白质功能	无
突变 1	CTT	GAA	谷氨酸	亲水	中性：正常的蛋白质功能	无
突变 2	GTC	CAG	谷氨酰胺	亲水	中性：正常的蛋白质功能	无
突变 3	CAC	GUG	缬氨酸	疏水	水溶性降低；蛋白质功能减退	镰刀形细胞贫血
最初的第 17 个密码子	TTC	AAG	赖氨酸	亲水	正常的蛋白质功能	无
突变 4	ATC	UAG	终止密码子	在第 16 个密码子处结束翻译	只合成蛋白质的一部分；蛋白质功能消失	β 地中海贫血

- **蛋白质的氨基酸序列可能不会发生改变**。回忆可知，大多数氨基酸可被几种不同的密码子编码。如果一个替换突变将 β-珠蛋白基因的 DNA 序列从 CTC 改成 CTT，那么这个序列仍编码谷氨酸。因此，突变基因合成的蛋白质保持不变。
- **蛋白质的功能可能不会发生改变**。在很多蛋白质中都有一些这样的区域，在这些区域中，确切的氨基酸序列相对来说不是很重要。在 β-珠蛋白中，蛋白质外部的氨基酸必须是亲水

的，以保证该蛋白质在红细胞的细胞质中能被溶解，但具体哪些氨基酸在蛋白质外部并不要紧。替换突变产生的氨基酸与原来的氨基酸相同或功能上等价时，称该突变为中性突变，因为这些突变不产生可观测到的蛋白质功能变化。

- 一个改变的氨基酸序列可能改变蛋白质的功能。使 CTC 变为 CAC 的突变会使谷氨酸（亲水）变为缬氨酸（疏水）。这种替换突变是导致镰刀形红细胞贫血症的基因缺陷。在血红蛋白外部的缬氨酸会使血红蛋白聚集成团，使红细胞的形状变得扭曲并导致严重的疾病。
- **过早出现的终止密码子可能彻底破坏蛋白质的功能**。一个灾难性的突变偶尔会在 β-珠蛋白基因的第 17 个密码子（在 DNA 上是 TTC，在 mRNA 上是 AAG）处发生。这个密码子编码的是赖氨酸。将 TTC 转变为 ATC（在 mRNA 上是 UAG）的突变结果是产生一个终止密码子，在蛋白质合成完成之前就停止 β-珠蛋白 mRNA 的翻译。从父母双方都遗传到这个突变的等位基因的人不能合成功能性 β-珠蛋白；他们的体内合成的血红蛋白完全由 α-珠蛋白亚基组成。这种“纯 α”血红蛋白无法很好地结合氧气。这种情况称为 β 地中海贫血，患有这种病的人一生都需要定期输血。

12.5 基因的表达是如何被调控的

人类的完整基因组包含 20000～25000 个基因。几乎所有的体细胞都含有全部这些基因，但每个细胞只表达（指的是转录，基因的产物是蛋白质时指的是翻译）其中的一小部分。有些基因在所有细胞中都有表达，因为它们编码的蛋白质或 RNA 分子对所有细胞的存活都是必需的。例如，所有细胞都需要合成蛋白质，所以它们都转录 tRNA、rRNA 和核糖体蛋白质的基因。其他基因则只在特定种类的细胞中表达，或者在有机体生命中的特定时间表达，抑或在特定的环境条件下表达。比如，尽管人体内的每个细胞都包含编码乳蛋白质（酪蛋白的基因），但该基因只在女性体内特定的乳腺细胞中表达，且只在哺乳期表达。

基因表达的调控可能发生在转录水平（在指定的细胞中，哪些基因用来转录 mRNA）、翻译水平（一个特定的 mRNA 合成多少蛋白质）或蛋白活性水平（蛋白质在细胞内存在多久，以及特定的酶促反应有多剧烈）上。尽管这些一般性的原则适用于原核和真核生物，但是二者之间还是有一些区别。

12.5.1 在原核生物中，基因的表达主要在转录水平上受到调控

细菌的 DNA 常被组织在称为操纵子的部件里。在操纵子中，编码功能相互联系的蛋白质的基因的位置都很接近（见图 12.9a）。一个操纵子由 4 部分组成：①一个控制其他基因转录的时间或速率的调节基因；②一个 RNA 聚合酶识别为转录的起始位置的启动子；③一个管理 RNA 聚合酶进入启动子或结构基因的操纵基因；④实际编码相关的酶或其他蛋白质的结构基因。整个操纵子是分单元被调控的，因此共同工作以执行特定功能的一系列蛋白质在（细胞）需要时是同时合成的。

调控原核生物操纵子的方式有多种。有些操纵子编码细胞几乎无时无刻不需要的酶，如合成多种氨基酸的酶。这样的操纵子一般都是连续转录的，除非细菌遇到某种特定氨基酸过剩的情况。其他操纵子编码细胞偶尔才需要的酶，如消化一种罕见的食物所需的酶。这些操纵子只在细胞遇到这种食物时才会转录。

考虑常见的肠道细菌——大肠杆菌（E. coli）。这种细菌须以其宿主食入的任一种营养物质为生，并能合成多种不同的酶来代谢各种各样的食物。编码这些酶的基因只在需要这些酶发挥作用时才会转录。代谢乳糖（牛奶中主要糖的酶）是一个很好的例子。乳糖操纵子包含三个结构基因，其中的每个都编码一个在乳糖代谢中有协助作用的酶（见图 12.9a）。

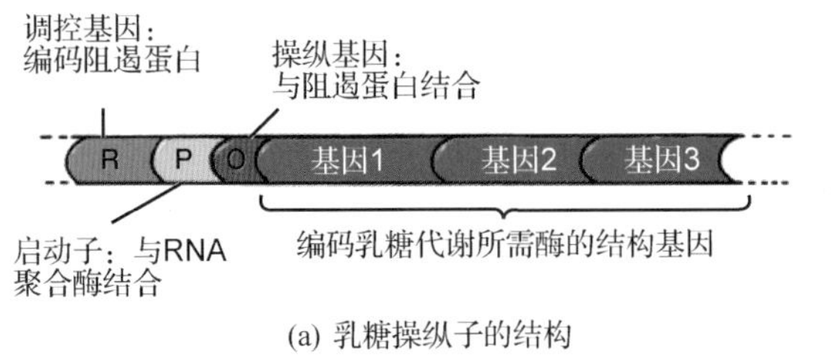

(a) 乳糖操纵子的结构

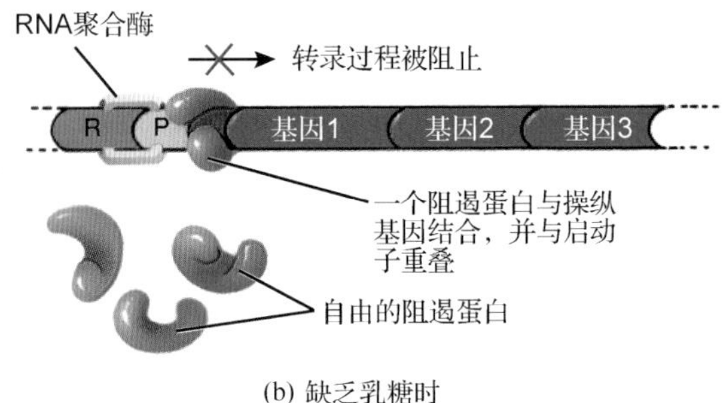

(b) 缺乏乳糖时

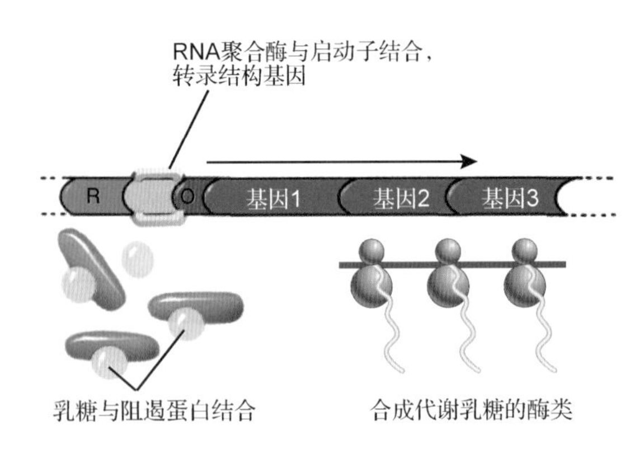

(c) 存在乳糖时

图 12.9　乳糖操纵子的调控。(a)乳糖操纵子由一个调节基因、一个启动子、一个操纵基因和三个编码代谢乳糖所需的酶的结构基因组成。(b)缺乏乳糖时，阻遏蛋白与乳糖操纵子的操纵基因结合，RNA 聚合酶能与启动子结合，但不能经过阻遏蛋白以转录结构基因。(c)存在乳糖时，乳糖与阻遏蛋白结合，使其不能结合操纵基因。RNA 聚合酶结合启动子，经过空操纵基因，并转录结构基因

除非有乳糖存在，否则乳糖操纵子就是关闭的，或者是被抑制的。乳糖操纵子的调控基因指导与操纵部位结合的阻遏蛋白的合成。此时，尽管 RNA 聚合酶仍能与启动子结合，但无法经过阻遏蛋白来转录结构基因。因此，细菌不会合成代谢乳糖的酶（见图 12.9b）。

然而，当大肠杆菌移居到新生的哺乳动物肠道内时，会发现当每次宿主的母亲为其哺乳时，它们都会沐浴在乳糖中。乳糖分子进入细菌并与阻遏蛋白结合，改变它们的形状（见图 12.9c）。这样，乳糖（阻遏蛋白复合体）便不能与操纵部位结合。因此，当 RNA 聚合酶与乳糖操纵子的启动子结合时，就可以转录代谢乳糖所需的酶的基因，使细菌能将乳糖作为能量来源。在这只年轻的哺乳动物断奶后，通常便不会再摄入牛奶。肠道细菌不再遇到乳糖，阻遏蛋白结合操纵基因，乳糖代谢的基因就被关闭。

12.5.2　在真核生物中，基因的表达受到许多水平上的调控

在某些方面，真核生物中的基因表达调控与原核生物中的类似。在两种生物中，并不是所有基因在任何时候都被转录和翻译的。此外，控制转录的速率在两种生物的基因表达调控中都是很重要的机制。然而，真核生物将它们的 DNA 隔离在由膜包裹的细胞核内，在基因组和单个基因的组成上都与原核生物有很大的不同，并用复杂的方式剪切和连接它们的 RNA 转录物。此外，多细胞真核生物含有多种细胞，其中的每种细胞都执行特定的功能并存在于一个机体中。这些不同点决定了真核生物需要更复杂的基因表达调控机制。

真核细胞中的基因表达是一个多级过程，从 DNA 的转录开始且常以一个执行特定功能的蛋白质结束。如图 12.10 所示，基因表达的调控可以发生在整个过程中的任何一步。

（1）细胞能控制基因转录的频率。特定基因转录的速率在不同的有机体中是不同的，在特定有机体的不同细胞中是不同的，在特定细胞范围内的有机体生命的不同阶段中是不同的，在外界环境不同的某个细胞或有机体中也是不同的。

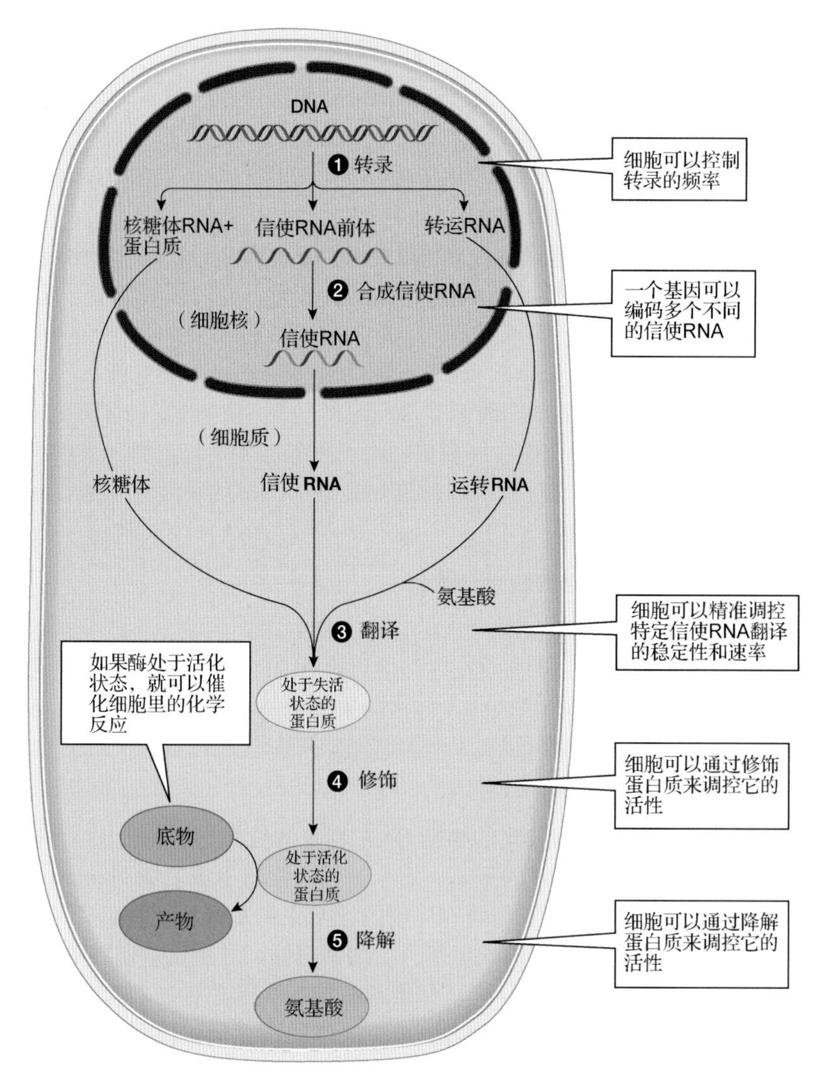

图 12.10　真核细胞内信息流的概述

（2）同一个基因可能产生不同的 mRNA 或蛋白质产物。同一个基因可能会用于产生几种不同的蛋白质产物（如 12.3 节提到的那样），而这依赖于前体 mRNA 是怎样被剪切进而形成在核糖体上得到翻译的 mRNA 的。

（3）细胞能控制 mRNA 的稳定性及其翻译。有些 mRNA 是长效的且被多次翻译成蛋白质，而其他 mRNA 在降解前只被翻译少数几次。最近，分子生物学家发现特定的小分子 RNA 能够阻断某些 mRNA 的翻译，或者靶向破坏某些 mRNA。

（4）蛋白质在执行其功能前可能需要被修饰。例如，胃壁和胰腺产生蛋白酶，为了防止胃消化产生这些酶的细胞，在刚合成时都处于无活性状态。在这些无活性的酶进入消化道后，会被剪切掉一部分，以暴露有活性的位点，使酶将食物中的蛋白质消化成更小的蛋白质分子或单个氨基酸。其他的修饰（如增加或移除磷酸基团）可以暂时性地使蛋白活化或失活，进而实现对蛋白活性的实时操控。在原核细胞中，也会发生类似对蛋白质结构和功能的调控。

（5）细胞能控制蛋白质降解的速率。通过防止或者加速蛋白质降解，细胞可迅速调整胞内某种特定蛋白质的含量。在原核细胞中，蛋白质的降解同样受到调控。

下面详细介绍这些调控的机制。

1．调控蛋白通过与基因的启动子结合以改变其转录速率

事实上，所有基因的启动子区域都包含几种不同的转录因子结合位点，又称效应元件。因此，这些基因是否转录取决于细胞会合成哪些转录因子，以及这些转录因子是否有活性。比如，当细胞暴露于自由基（见第 2 章）时，一种转录因子会与几个基因启动子上的抗氧化效应元件结合，细胞合成将自由基分解成无害物质的酶。

许多转录因子在它们能够影响基因的转录之前是需要活化的。一个最有名的例子是雌激素（一种性激素）在控制鸟类的卵细胞产生过程中所起的作用。冬天，当鸟类不繁殖且雌激素水平低时，编码蛋清中的主要蛋白质（白蛋白）的基因是不会转录的。在繁殖季节，雌鸟的卵巢释放雌激素，后者进入输卵管细胞，并与一个转录因子（常称雌激素受体）结合。由雌激素及其受体组成的复合体接下来与白蛋白基因启动子上的一个雌激素效应原件结合，使 RNA 聚合酶更容易结合启动子并转录 mRNA。mRNA 翻译出大量白蛋白。类似的由类固醇激素活化基因转录的情况在其他动物中也有发生，包括人类。在生长发育过程中，激素对转录的调节的重要性是通过对性激素受体无功能的基因缺陷个体的研究而阐明的。

2．表观遗传控制可以调节基因的转录和翻译

表观遗传学是研究细胞和有机体在不改变它们的 DNA 序列的情况下改变基因的表达和功能的学科。大体上，表观遗传控制在三个方面发挥作用：①对 DNA 的修饰；②对染色体蛋白质的修饰；③通过几种统称非编码 **RNA** 或调节 **RNA** 的活动来改变基因的转录和翻译。很多表观遗传控制都可从母细胞通过有丝分裂遗传给子细胞，有些甚至能从一代遗传给下一代。

1）DNA 的表观遗传学修饰可以抑制转录

在称为甲基化的过程中，细胞内特定的酶在 DNA 特定部位的胞嘧啶上加上甲基（$-CH_3$）基团。如果一个基因或其启动子含有大量的甲基，这个基因通常就不会复制到 mRNA 中，因此不会指导合成蛋白质。DNA 上甲基的数量和位置在生物的正常生长发育与某些疾病（如癌症）中都很重要。在癌细胞中，编码生长因子的基因的甲基含量通常很低，导致这些基因的转录水平非常高，产生高浓度的生长因子，促进细胞过度分裂。如果肿瘤抑制基因含有过多的甲基，使得它们的转录停止，机体就会失去对抗癌症的有效武器之一。有缺陷的表观遗传控制还牵涉心脏病、肥胖症和 II 型（成年型）糖尿病等多种多样的疾病。

2）组蛋白的表观遗传修饰可以促进转录

在真核生物的染色体中，DNA 在由组蛋白组成的“线轴”上缠绕（见第 9 章）。当 DNA 缠绕得很紧时，RNA 聚合酶无法到达基因的启动子。因此，即使可以转录，这个过程也非常缓慢。然而，当乙酰基（$-COCH_3$）加到组蛋白上时，DNA 会部分地展开，RNA 聚合酶更容易到达启动子，使基因的转录变得更容易一些。

3．非编码 RNA 可以调控转录或翻译

编码蛋白质的基因只占人类基因组的一小部分。但是，这是否说明余下的基因是无用的？答案恰好相反。最近，分子生物学家发现这些 DNA 中有一部分被转录成非编码 RNA，后者可能在基因的表达中发挥主要作用。

1）微小 RNA 和 RNA 干扰

众所周知，mRNA 是由 DNA 转录而成的，而后翻译出蛋白质，蛋白质接下来在细胞中发挥作用，如催化生物化学反应。合成蛋白质的多少由产生多少 mRNA 和 mRNA 翻译的速率和时长决定。下面讨论 RNA 干扰。在多种多样的有机体如植物、线虫和人类的 DNA 中，包含成百上千不编码蛋白质的基因，但这些基因仍然转录成了 RNA。在某些情况下，RNA 聚合酶转录很长一段非

编码 RNA。细胞中的酶将 RNA 转录体切割成很短的 RNA 链，称为微小 **RNA**。每个微小 RNA 都与一个特定 mRNA 的一部分互补。这些微小 RNA 分子会干扰 mRNA 的翻译过程（因此称该过程为 **RNA** 干扰）。在某些情况下，这些小 RNA 链与互补的 mRNA 进行碱基配对，形成一小段不能被翻译的双链 DNA。在其他情况下，这些短 RNA 链与酶结合，切断与其互补的 mRNA，也可以防止翻译发生。

为什么细胞会干扰自身 mRNA 的翻译过程呢？RNA 干扰对真核生物的生长发育很重要。比如，在哺乳动物中，微小 RNA 影响心脏和大脑的发育，影响胰脏分泌胰岛素，甚至影响学习和记忆。遗憾的是，微小 RNA 产生过程的缺陷（特定的微小 RNA 产生得过多或过少）都会导致癌症或心脏病。

有些有机体利用微小 mRNA 抵御疾病。很多植物会产生与植物病毒的核酸（通常是 RNA）互补的微小 RNA。当微小 RNA 发现与其互补的病毒 RNA 分子时，就诱导一些酶切割病毒 RNA，阻止病毒的复制。

2）用非编码 RNA 调控转录

其他种类的非编码 RNA 会影响基因的转录。有些非编码 RNA 抑制 RNA 聚合酶与特定的基因启动子结合，进而阻断转录过程。其他非编码 RNA 促进或抑制特定染色体上特定位置的 DNA 或组蛋白的表观遗传改变。这些非编码 RNA 可以增强或减弱转录，具体要视其影响的表观遗传控制的性质而定。

广为人知的非编码 RNA 使基因沉默的例子是在哺乳动物的 X 染色体上发现的。雄性哺乳动物有一条 X 染色体和一条 Y 染色体（XY），而雌性哺乳动物有两条 X 染色体（XX）。因此，雌性哺乳动物能够由两条 X 染色体上的基因合成 mRNA，而雄性只有一条 X 染色体，其 RNA 产生量只有雌性动物的一半。1961 年，英国遗传学家里昂（Mary Lyon）认为雌性动物两条 X 染色体中的一条由于某种途径失活，因此其上面的基因没有表达。后续研究证明了她是正确的。在雌性哺乳动物中，一条 X 染色体被灭活，约 85%的基因不被转录。在胚胎发育的早期，雌性动物每个细胞中的一条 X 染色体开始产生大量称为 **Xist** 的非编码 RNA 分子。Xist RNA 包裹了大部分 X 染色体，将其聚集成紧密的一团，防止其转录。聚集浓缩的 X 染色体以其发现者巴尔（Murray Barr）的名字命名为巴氏小体，它在雌性哺乳动物的细胞中呈现为离散的斑点（见图 12.11）。

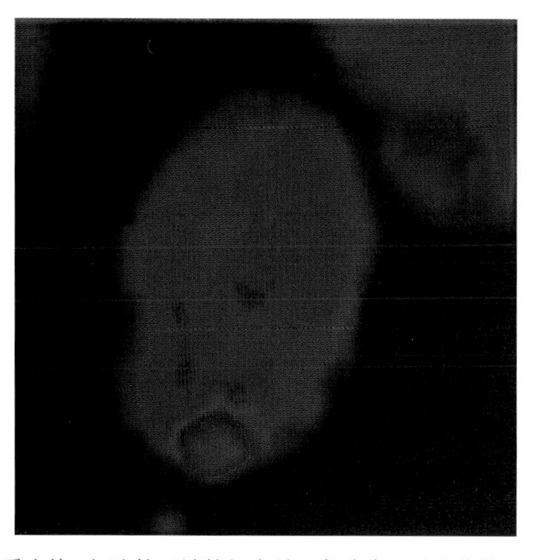

图 12.11　一个巴氏小体。细胞核下端的红点是一条称为巴氏小体的灭活 X 染色体。在这幅荧光显微照片中，巴氏小体被一种与包裹灭活 X 染色体的 Xist RNA 结合的染料染色

图 12.12　X 染色体的灭活调控基因的表达。这只雌性玳瑁猫的一条 X 染色体携带有橙色毛的基因，另一条染色体携带有黑色毛的基因。不同 X 染色体的失活产生黑色和橙色的斑点。白色的毛则归功于一个完全不同的阻止色素产生的酶

通常情况下，大细胞簇（每群细胞都由早期胚胎中的单个细胞分裂而来）中失活的 X 染色体是同一条。因此，雌性哺乳动物的身体由同一条 X 染色体完全有活性的几群细胞和另一条 X 染色体完全有活性的几群细胞组成，这个效应在玳瑁猫中很容易观察到（见图 12.12）。猫的 X 染色体包含编码一个产生毛内色素的酶的基因。这个基因有两个常见的等位基因：一种使猫产生橙色的毛，另一种则使猫产生黑色的毛。如果雌猫的一条 X 染色体带有使其产生橙色毛的等位基因，而另一条 X 染色体带有使其产生黑色毛的等位基因，这只猫的毛上就会有橙色和黑色的斑点。斑点代表从早期胚胎中不同 X 染色体失活的细胞发育而来的皮肤。这种现象只在雌猫中发现，因为雄猫通常只含有一条 X 染色体，且在它们的所有细胞中都有活性，所以雄猫通常有黑色或橙色的毛，但不会同时具有这两种颜色。

复习题

01. RNA与DNA有何不同？
02. 命名蛋白质合成所需的三种RNA。每种RNA的功能是什么？
03. 定义以下术语：遗传密码、密码子和反密码子。DNA中的碱基、mRNA的密码子和tRNA的反密码子之间的关系是什么？
04. 真核基因是如何形成mRNA的？
05. 图解并描述蛋白质合成。
06. 解释互补碱基配对如何参与转录和翻译。
07. 描述调控基因表达的主要机制。
08. 什么是突变？大多数突变是有益的还是有害的？解释你的答案。

第 13 章　生物技术

遗传指纹分析证明度过漫长 19 年牢狱生活的丹尼斯·马赫是无辜的。图中，他与律师卡普兰在一起

13.1 什么是生物技术

生物技术是指利用（尤其是改变）有机体、细胞或生物分子来生产食品、药品或其他商品的技术。生物技术的一些方面是相当原始的。例如，人们用酵母细胞来生产面包、啤酒和葡萄酒的历史长达 10000 年。史前艺术和考古发现表明，包括小麦、葡萄、狗、猪和水牛在内的多种动植物都在约 15000 年前到 6000 前被驯化，且为了得到想要的特性被人类选择性地繁殖。例如，对可遗传性状的选择性繁殖，很快就将长着獠牙且脾气火爆的瘦野猪转变成胖且温和的家猪。选择性繁殖在今天仍是改良牲畜和农作物的重要工具。

除了选择性繁殖，现代生物技术常用基因工程的方法分离并操纵控制遗传性状的基因。使用基因工程手段处理过的细胞和生物体可能有基因被删除、增加或改变。基因工程的作用如下：研究细胞和基因是怎样工作的；发展出更好的疾病治疗方法；生产珍贵的生物分子，包括激素和抗体；改良农业所需的植物和动物。现代生物技术为人熟知的应用之一是克隆，即制造与原有基因甚至整个生物体完全一样的副本。13.4 节中将介绍基因是怎样克隆的。

现代生物技术的一个重要工具是重组 DNA，即改造 DNA 以使其包含来自不同生物的基因或基因片段。人们可以用细菌、病毒或酵母生产大量的重组 DNA，并将其转移到其他物种体内。包含改造过的或者来自其他物种的 DNA 的植物和动物，称为转基因生物或基因改造生物（GMO）。

现代生物科技包含很多分析和操纵 DNA 的方法，但 DNA 可能不进入细胞或生物体。例如，确定 DNA 的核苷酸序列在法医学、药学和进化生物学等领域非常重要。

本章简要介绍生物技术的应用及其对社会的影响，以及这些应用中采用的一些重要手段。讨论的 5 个主要话题如下：①在自然界中发现的 DNA 重组机制；②犯罪法医学中的生物技术应用；③农业中的生物技术，特别是转基因植物和转基因动物；④对人类和其他生物的全基因组分析；⑤医药方面的生物技术，主要集中于对遗传病的诊断和治疗。

13.2 DNA 在自然界中是如何重组的

DNA 重组过程不止在现代实验室中发生，很多自然过程也能将 DNA 从一个生物体转移到另一个生物体，有时甚至转移到不同种的生物体。

13.2.1 有性生殖可以重组 DNA

在减数第一次分裂过程中，同源染色体通过交换来改变 DNA（见第 9 章），使得一个配子中的每条染色体都包含两条亲本染色体中等位基因的混合物。因此，每个卵细胞和精子都含有从亲代 DNA 衍生而来的重组 DNA。当精子使卵细胞受精时，产生的后代也含有重组 DNA。

13.2.2 转化作用可重组来自不同种细菌的 DNA

在转化过程中，细菌从环境中获得 DNA 片段（见图 13.1）。DNA 可能来自另一个细菌（见图 13.1a），甚至另一个物种，还可能是称为质粒的极小环状 DNA 分子（见图 13.1b）。多种细菌都含有质粒，其长度从约 1000 个核苷酸到 10 万个核苷酸不等（大肠杆菌的染色体长约 460 万个核苷酸）。一个细菌可能含有数十个甚至数百个副本的某种质粒。细菌死亡后，其含有的质粒释放到环境中，可能被同种或异种的细菌吸收。此外，活着的细菌经常可以直接将质粒交给另一个细菌。质粒也能从细菌移动到酵母中，将原核生物的基因传递到真核生物。

那么质粒有什么作用呢？细菌的染色体包含细胞正常情况下生存所需的所有基因。然而，质粒携带的基因会让细菌能够在异常环境下生存。有些质粒包含能让细菌代谢不正常的能量来源，如油脂的基因。其他质粒携带有能让细菌在含有抗生素的情况下存活的基因。在抗生素使用量很大的环境中，尤其是在医院，携带抗生素耐药性质粒的细菌能够很快地在病人和医疗工作者之间传播，使耐抗生素感染成为很严重的问题。

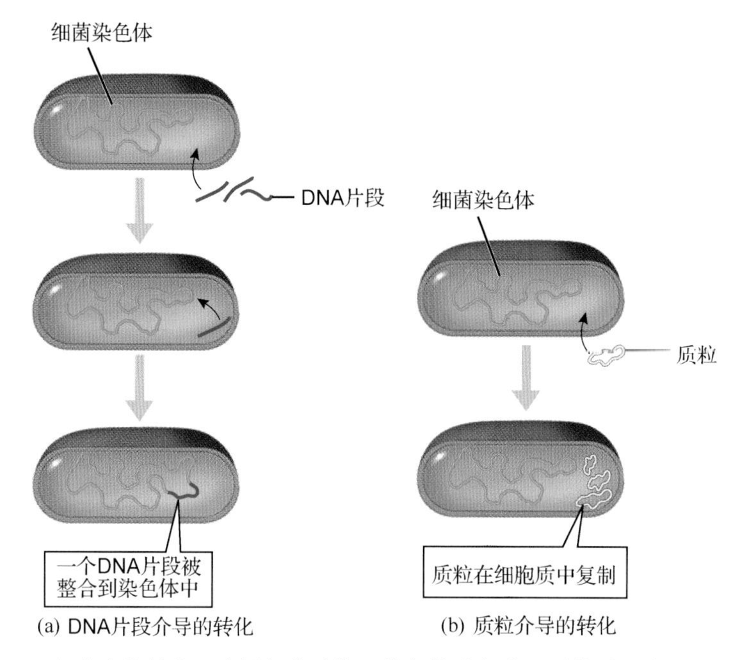

图 13.1 细菌中的转化。当活细菌吸收(a)染色体片段或(b)质粒时便发生转化过程

13.2.3 病毒能在物种间传递 DNA

病毒是包裹在蛋白质外壳中的遗传物质，只能在细胞内繁殖。病毒会黏附到合适宿主细胞表面的特定分子上（见图 13.2❶）。通常情况下，病毒会进入宿主细胞的细胞质（见图 13.2❷），在细胞质中，病毒释放出遗传物质（见图 13.2❸）。宿主细胞复制病毒的遗传物质（DNA 或 RNA），并且合成病毒蛋白（见图 13.2❹）。产生的基因和病毒蛋白在细胞内组装成新的病毒（见图 13.2❺）。最终，病毒从细胞中释放出来，可能感染其他细胞（见图 13.2❻）。

有些病毒能将基因从一个生物体带到另一个生物体。在这些例子中，病毒 DNA 被插入宿主细胞的一条染色体（见图 13.2❸）。病毒 DNA 可能在那里停留几天、几个月甚至几年。当这个细胞开始分裂时，它就一并复制病毒 DNA 和自己的 DNA（研究人员认为 3%的人类基因组是由“化石”病毒基因组成的，这些基因在几千年前到几百万年前就插入到了人类的 DNA 中）。当最终产生新的病毒时，一些宿主细胞的基因可能黏附在病毒 DNA 上。如果这样的重组病毒感染另一个细胞并将其 DNA 插入新宿主细胞的染色体，那么前一个宿主的基因片段也会一起插入。

大多数病毒只感染特定的细菌、动物或植物的细胞并在其中复制。因此，大多数情况下，病毒只在同一物种或亲缘关系很近的物种的个体之间传递宿主 DNA。然而，有些病毒能够感染亲缘关系很远的几个物种，如流感病毒会感染鸟、猪和人。感染多个物种的病毒之间的基因转移能够产生极其致命的病毒，这在 1957 年发生过一次，在 1968 年又发生过一次，在这两年中，禽流感病毒与人流感病毒之间进行了重组，造成流感的全球大流行，数十万人毙命。

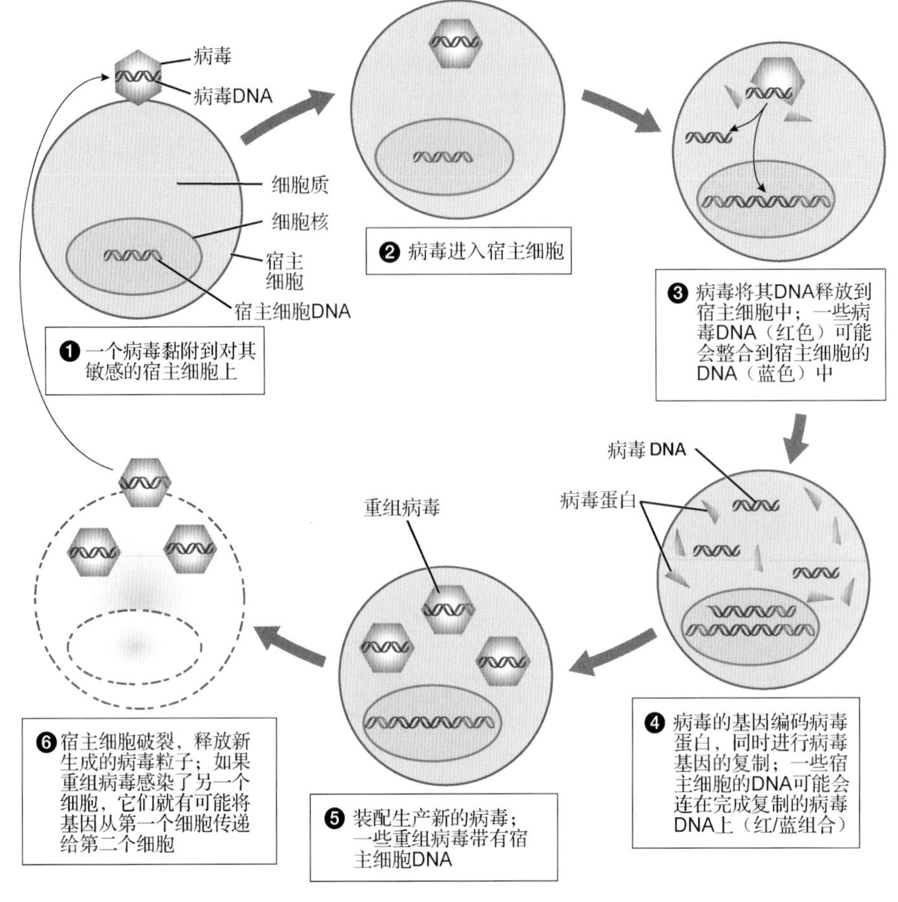

图 13.2　一个典型病毒的生存期。在有些情况下，病毒感染可能会将 DNA 从一个宿主细胞转移到另一个宿主细胞

13.3　生物技术是如何用于法医学的

DNA 生物技术的应用多种多样，具体取决于使用目的。法医学家需要鉴定受害人和罪犯；生物技术公司需要鉴定特定的基因并将它们插入到细菌、动物或植物中；生物制药公司和医师需要检测缺陷等位基因，设计能够修理这种缺陷的方法或者将能正常工作的等位基因导入病人体内。下面首先介绍几种常见的操纵 DNA 的方法，并讨论它们在法医学 DNA 分析中的应用；然后，介绍生物技术在农业和制药业方面的应用。

13.3.1　多聚酶链式反应能够扩增 DNA

多聚酶链式反应（PCR）能够产生数十亿甚至数百亿个选定 DNA 片段的副本，它由穆利斯（Kary Mullis）于 1986 年发明。PCR 在分子生物学方面非常重要，以致穆利斯因此获得 1993 年的诺贝尔化学奖。PCR 包括两个主要步骤：①标记需要复制的 DNA 片段；②进行重复反应以产生多个副本。首先，用称为引物的两个 DNA 短片段将需要扩增的 DNA 片段框起来。引物通常是用称为 **DNA 合成仪**的仪器制造出来的，这种仪器可以合成想要的任何一段 DNA 短片段。其中一个引物的核苷酸序列与目标 DNA 片段起始处的一条链是互补的，另一个引物的核苷酸序列与目标 DNA 起始处的另一条链是互补的。DNA 聚合酶将引物识别为 DNA 复制的起始位置。

然后，标记的 DNA 被复制。DNA 和引物、游离的核苷酸、DNA 聚合酶一起混合在一个小试管中。引物与目标 DNA 片段结合。接下来，反应混合物经历一系列温度变化的循环（见图 13.3a）：

（1）试管被加热到 90℃～95℃（见图 13.3a❶）。高温破坏互补碱基之间的氢键，使双链 DNA 变为单链。

（2）温度降到约 50℃（见图 13.3b❷），这时两个引物能和目标 DNA 之间形成互补碱基对。

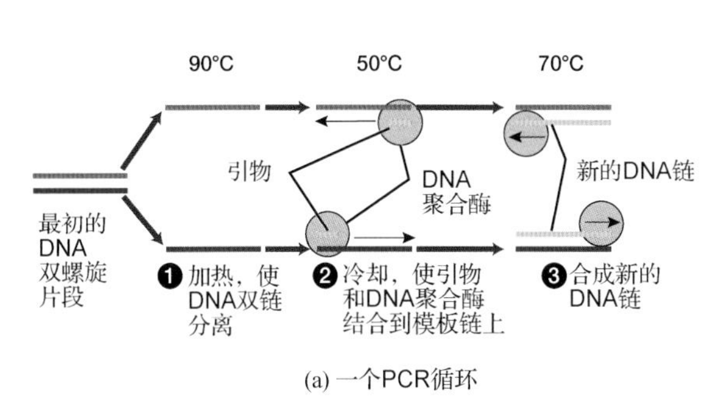

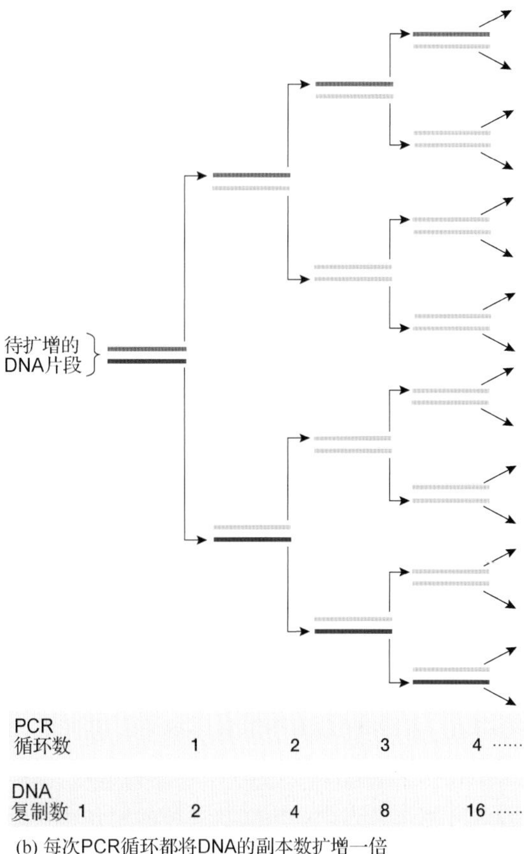

图 13.3 用 PCR 技术复制一个特定的 DNA 序列。(a)多聚酶链式反应由重复 30～40 次的加热、冷却和升温循环组成。(b)每次循环将目标 DNA 扩增一倍。三十多次循环后，合成 10 亿个目标 DNA 的副本

（3）将温度升高到 70℃～72℃（见图 13.3a❸），DNA 聚合酶利用游离核苷酸制造 DNA 片段，并结合到引物上。大多数 DNA 聚合酶无法在高于 40℃的温度下发挥作用。然而，PCR 技术使用的是一种特殊的 DNA 聚合酶，它是从一种生活在热泉中的细菌中分离出来的（见图 13.4），因此在这样的高温下能发挥最大的作用。

（4）重复这个循环，重复次数一般为 30～40 次，直到游离核苷酸被用完为止。

在 PCR 中，DNA 的量在每次温度循环后都加倍（见图 13.3b）。20 次 PCR 循环能产生约 100 万个副本，而三十多次循环就能产生 10 亿个副本。每次循环只需几分钟。这样，PCR 就可在一下午产生一个 DNA 片段的数十亿个副本，必要时，甚至可以只从 1 个 DNA 分子开始。这样产生的 DNA 可用于法医学、克隆、制造转基因生物或其他目的。

图13.4 托马斯·布鲁克调查蘑菇泉。布鲁克在美国黄石国家公园的蘑菇泉中发现了细菌 *Thermus aquaticus*。这种细菌中的 DNA 聚合酶在 PCR 所需的高温下能最好地发挥作用

13.3.2 短串联重复序列的差异被用来通过 DNA 识别个体

在很多刑事侦察中，警方会使用 PCR 扩增 DNA，以便有足够的留在犯罪现场的 DNA 来与嫌疑人的 DNA 比对。那么取证实验室是怎样比对 DNA 的？经过数年的努力，法医学专家发现称为短串联重复序列（STR）的特定 DNA 片段可用于鉴别不同的人，且这种方法有着惊人的精确性。我们可将 STR 视为很小的、患有口吃的基因（见图 13.5）。STR 是短的（20～250 个核苷酸）、重复的（由相同的 2～5 个核苷酸重复约 50 次组成），且是串联的（所有这些重复都紧密相连）。就像基因一样，STR 也存在替代形式或者等位基因。在任何给定的 STR 中，不同的等位基因只是对同一个短核苷酸序列的重复次数不同而已。为了通过 DNA 样本鉴别不同的个体，美国司法部制定了一套标准，它由 13 个 STR 组成，这些 STR 在不同人中的重复次数高度多样化。多数取证实验室还会检查决定样本来源人的性别的基因。

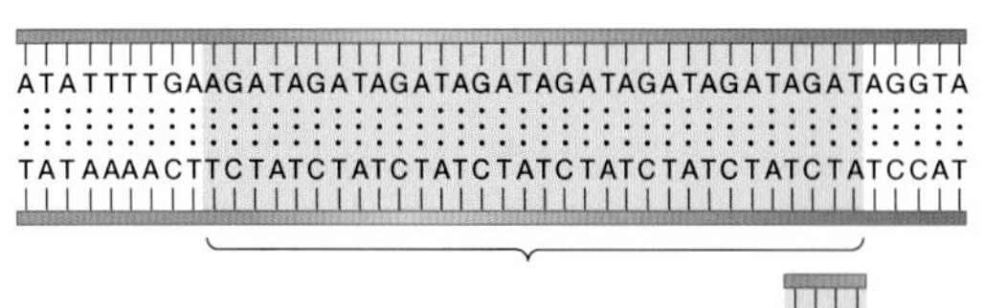

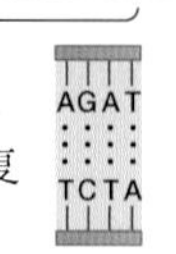

图13.5 短串联重复序列在 DNA 的非编码区域中很常见。这个 STR 包含序列 AGAT，在不同的个体中，其重复次数为 7～15 次

法医学实验室使用只扩增 STR 及与其紧密相连的 DNA 序列的引物。STR 等位基因间的差异体现在它们含有多少个重复序列上，因此它们的大小存在不同：有更多重复序列的 STR 等位基因要比有较少重复序列的 STR 等位基因大一些。因此，法医学实验室需要鉴定 DNA 样品中的每个 STR 并确定其大小，由此断定样品中存在哪些等位基因。

现代法医学实验室使用复杂且昂贵的仪器来检测 STR。大多数这种仪器都基于两种在世界各地的分子生物学实验室中广泛使用的技术：一种是根据 DNA 片段的大小分离不同的 DNA 分子，第二种是标记感兴趣的 DNA 分子。

13.3.3 用凝胶电泳来分离 DNA 片段

使用称为凝胶电泳（见图 13.6）的方法可以分离 DNA 片段的混合物。首先，实验师将 DNA 混合物加到琼脂糖平板上的浅沟或井中，琼脂糖是一种从特定的海草中分离纯化的碳水化合物（见图 13.6❶）。琼脂糖形成的胶具有网状结构，在纤维间存在大大小小的孔洞。将凝胶放到一个盒子里，盒子的两端连有电极，一端是正极，另一端是负极；电流通过凝胶，在两个电极之间流动。这个过程是怎样分离 DNA 的？记住，DNA 骨架中的磷酸基团带负电荷，当电流流过凝胶时，带负电荷的 DNA 片段向带正电荷的电极一端移动。因为较小的 DNA 片段能够更容易地通过凝胶中的孔洞，所以它们能够更快地向带正电荷的电极一端移动。最终，DNA 片段根据大小分开，在凝胶上形成明显的条带（见图 13.6❷）。

13.3.4 使用 DNA 探针标记特定的核苷酸序列

遗憾的是，DNA 条带是看不到的。可以使用几种染料给 DNA 染色，但它们通常不适用于法医学和药学。为什么？因为可能存在很多大小相差不多的 DNA 片段。例如，在同一条带中，可能混有五六个含有同样多重复序列的不同 STR。实验师怎样鉴定出一个特定的 STR？为了回答这个问题，我们先来看看大自然是怎样鉴定 DNA 序列的。答案是通过碱基配对。

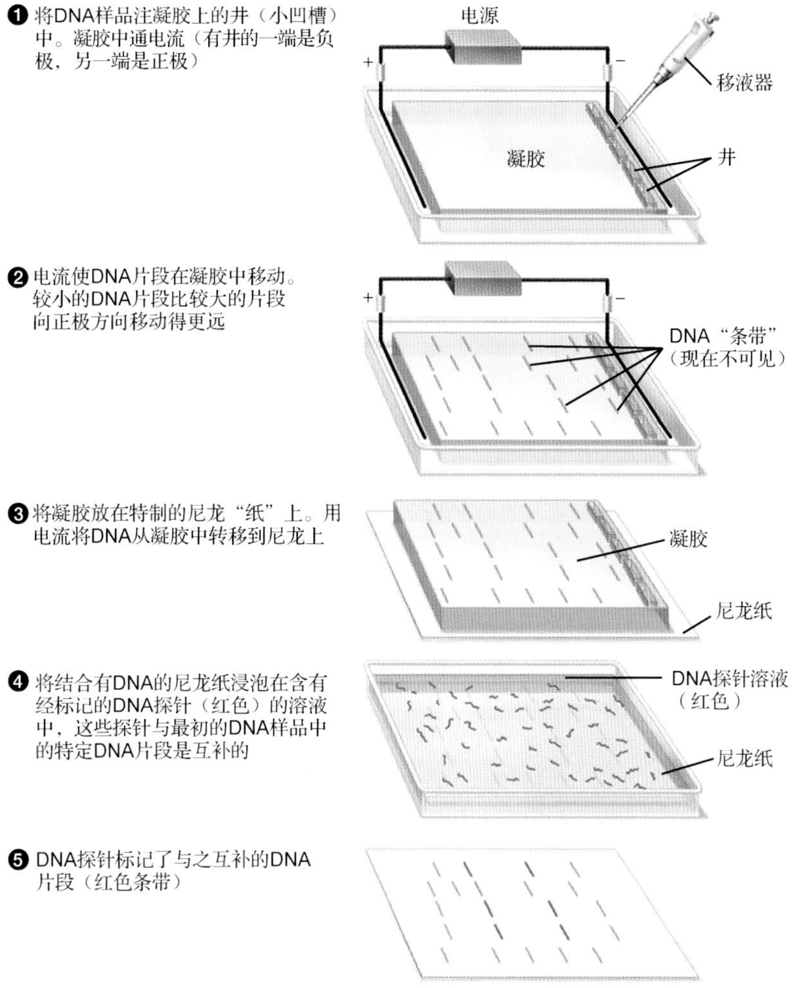

❶ 将DNA样品注凝胶上的井（小凹槽）中。凝胶中通电流（有井的一端是负极，另一端是正极）

电源 + − 移液器 凝胶 井

❷ 电流使DNA片段在凝胶中移动。较小的DNA片段比较大的片段向正极方向移动得更远

DNA“条带”（现在不可见）

❸ 将凝胶放在特制的尼龙“纸”上。用电流将DNA从凝胶中转移到尼龙上

凝胶 尼龙纸

❹ 将结合有DNA的尼龙纸浸泡在含有经标记的DNA探针（红色）的溶液中，这些探针与最初的DNA样品中的特定DNA片段是互补的

DNA探针溶液（红色） 尼龙纸

❺ DNA探针标记了与之互补的DNA片段（红色条带）

图 13.6　凝胶电泳和 DNA 探针标记可以分离和鉴定 DNA 片段

当凝胶电泳结束后，实验师使用将 DNA 双螺旋打开为 DNA 单链的试剂来处理凝胶。这些 DNA 链被从凝胶中转移到一块用尼龙制作的纸上（见图 13.6❸）。因为这些 DNA 样品现在是单链的，所以称为 **DNA** 探针的合成 DNA 就可与样品中的特定 DNA 片段进行碱基互补配对。DNA 探针是很短的单链 DNA 片段，它们与特定的 STR（或者凝胶中我们感兴趣的任意一个 DNA 片段）的序列是互补的。这些 DNA 探针是被标记过的，这种标记可能是放射性标记，也可能是上面连接有色分子的标记。因此，给定的 DNA 探针可以标记特定的 DNA 序列而非其他序列（见图 13.7）。

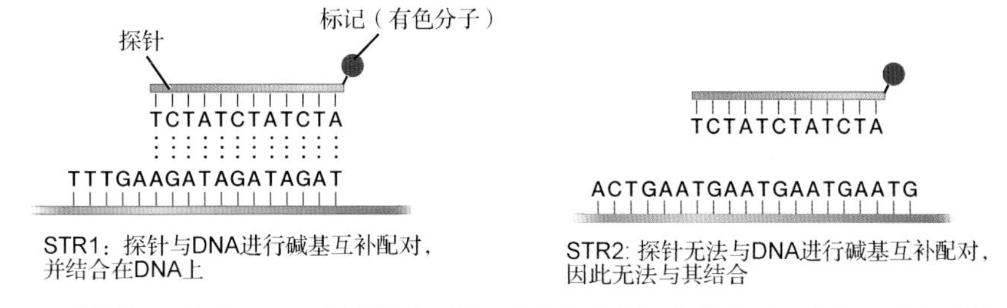

图 13.7　DNA 探针与互补的 DNA 序列配对。用一个有色分子（红色小球）标记一个短单键 DNA。这个被标记的 DNA 会和与其有互补序列的 DNA 靶链进行碱基互补配对（左图），但不会和与其不互补的靶链进行互补配对（右图）

为了定位特定的STR，这张纸被浸泡在含有与目标STR互补且与之结合的DNA探针的溶液中（见图13.6❹）。接着，洗掉多余的DNA探针，结果是DNA探针就指示凝胶中特定的STR的位置（见图13.6❺）（用带有放射性的探针或有色的DNA探针使DNA片段可见在很多研究中都是标准程序。在法医学实验室中，STR在PCR过程中直接被有色分子标记，因此不需要DNA探针）。

13.3.5 无血缘关系的人的DNA基因图几乎不可能相同

对DNA样品进行STR凝胶电泳操作会产生一个图案，称为**DNA基因图**（见图13.8）。凝胶上条带的位置是由每个STR等位基因中四核苷酸序列的重复次数决定的。如果STR是相同的，那么这个人的所有DNA样品都会产生相同的基因图。

DNA基因图能告诉我们什么？就像对任何一个基因那样，每个人对每个STR都有两个等位基因，它们在两条同源染色体上。这个STR的两个等位基因可能含有同样数量的重复序列（这个人对这个STR是纯合子）或者含有不同数量的重复序列（这个人对这个STR是杂合子）。例如，在图13.8右侧显示的D16 STR样品中，第一个人的DNA在12次重复处有一个条带（这个人对D16 STR是纯合子），但第二个人的DNA有两个条带，在13次和12次重复处（这个人对D16 STR是杂合子）。仔细观察图13.8中的所有DNA样品就会发现，尽管来自有些人的DNA对其中一个STR的重复次数相同（如第2个、第4个和第5个对D16有着相同的重复次数），但没有两个人的DNA对全部4个STR的重复次数都相同。

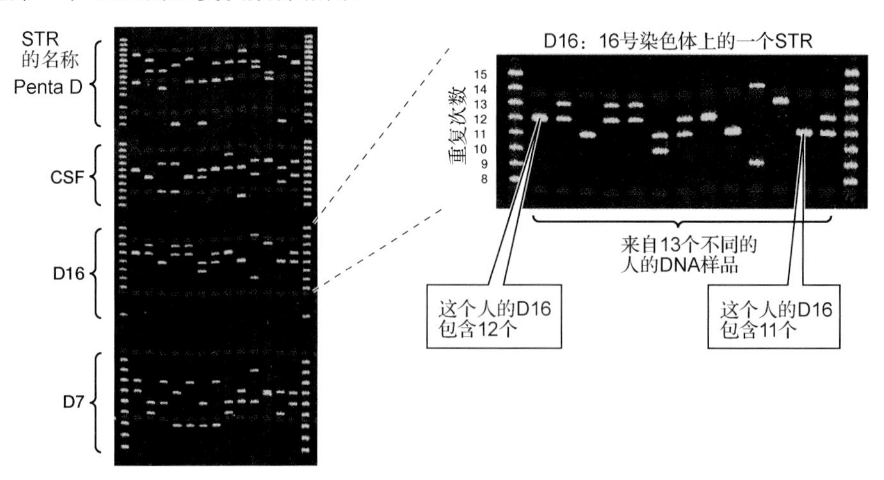

图13.8　DNA基因图。DNA短串联重复序列的长度在凝胶上形成特征性图谱。这块凝胶展示了4个不同的STR（Penta D、CSF等）。凝胶最左边和最右边的等间距黄色条带柱显示了不同STR等位基因中的重复序列数量。13个不同人的DNA样品的凝胶电泳结果在这些标准结果中间，显示为每个垂直泳道上的一个或两个黄色条带。每个条带的位置都对应那个STR等位基因中的重复序列数量（更多的重复序列意味着更多的核苷酸，也就说明这个等位基因更大）

那么，在世界人口极其庞大的情况下，13个STR是否足以唯一地标识某人呢？在世界范围内，不同的人在某个STR中可能有少至5个或多至38个重复序列。尽管法医学实验室还必须考虑一些复杂的因素。下面用一个简单的案件作为例子加以说明。假设一个取证实验室分析了5个STR，每个有10种可能的重复序列数量（例如，所有人的重复次数都是6、7、8、9、10、11、12、13、14、15中的一个），还假设所有的重复次数在所有人类中是等概率的，即10个中有一个（1/10）。最后，STR是独立组合的（见第10章），因此两个没有血缘关系的人在5个STR中都有相同的重复数量的可能性只是各个概率的乘积（$\frac{1}{10}\times\frac{1}{10}\times\frac{1}{10}\times\frac{1}{10}\times\frac{1}{10}=\frac{1}{100000}$），即十万分之一。

在有 13 个 STR 且每个的重复数量都可达到 38 的情况下，发生随机匹配的概率异乎寻常地小。在美国使用的 13 个 STR 的每个等位基因都完全匹配的概率，远小于百亿分之一。复杂的统计表明，世界上可能存在几个人，他们有着相同的 DNA 基因图，但任何一名犯罪嫌疑人被错误鉴定的概率是极小的。最后，DNA 基因图不匹配是这两个样品不来自同一个人的绝对证明。在马赫（Maher）案中，当 DNA 基因图显示精液中的 STR 等位基因与马赫的不匹配时，警方就排除了马赫是罪犯的可能性。

在美国，任何犯了罪（殴打、盗窃、试图杀人等）的人都必须给出血样。取证实验室的技术人员接下来会确定罪犯的 DNA 基因图，并将结果保存为每个 STR 的重复序列数量。这些档案将存储在州政府机构和/或 FBI 的计算机文件中（在《犯罪现场调查》和其他电视犯罪节目中，演员常提到 CODIS 一词，它表示的是 DNA 联合检索系统，即在 FBI 计算机中保存的 DNA 基因图数据库）。因为所有的美国法医学实验室都使用同样的 13 个 STR，通过计算机就可很容易地检测出在另一个犯罪现场遗留的 DNA 是否与保存在 CODIS 数据库中的 DNA 基因图匹配。如果这些 STR 是匹配的，犯罪现场的 DNA 就有极大可能是由这个具有与之匹配的基因图的人留下的。有时，几年后，一个新的 DNA 基因图会与一个已存档的犯罪现场基因图匹配，从而解开一起“悬案”。

当然，人类不是唯一能够通过 DNA 序列来鉴别的生物。一个由政府和私人组织的国际集团正在组装“生命条形码”，以使迅速鉴定地球上所有物种的 DNA 成为可能。

13.4 如何用生物技术制造转基因生物

使用 PCR、凝胶电泳和特定探针来鉴定 DNA 序列的这些技术，除了法医学应用，还有非常广泛的应用。与稍后介绍的一些方法结合后，生物技术可用来鉴定、分离和修饰基因，将来自不同生物的基因组合到一起，或将来自一个物种的基因导入另一个物种。下面来看科学家是如何用这些技术来制造转基因生物（GMO）的。

制造 GMO 的三个主要步骤如下：①获得目标基因；②对基因进行克隆；③将基因插入宿主生物的细胞。每步都可使用多种技术，每种技术都涉及非常复杂的过程。下面仅简述一般过程。

13.4.1 分离或合成目标基因

获得基因的方法有两种。在很长一段时间内，唯一的方法是从含有基因的生物体内分离出目标基因。人们可从基因供体的细胞中分离出染色体，用酶将它切开（见下文），然后采用凝胶电泳的方法将包含目的基因的 DNA 片段从其余 DNA 中分离出来（见图 13.6）。今天，生物技术学家常在实验室中用 DNA 合成仪直接合成基因，或者合成修饰过的基因。

13.4.2 克隆目的基因

一旦获得目的基因，就可用它制造转基因生物，与世界各地的科学家分享，或者用于治疗疾病。因此，获得大量目的基因是很有用的，甚至是必需的。产生许多基因副本的简单方法是让生物体通过 DNA 克隆来制造它们。在 DNA 克隆过程中，目的基因常被导入单细胞生物，例如细菌或酵母这些繁殖很快的生物，在它们的繁殖过程中扩增目的基因。

最常见的 DNA 克隆方法是将基因导入细菌的质粒（见图 13.1），当含有质粒的细菌分裂时，就会扩增目的基因。将目的基因插入质粒而非细菌染色体，也能使目的基因很容易地从细菌 DNA 的主体部分分离开来。目的基因可能会从质粒中进一步纯化出来，或者直接利用整个质粒来培育转基因生物，包括植物、动物或其他细菌。

科学家使用限制性内切酶来将基因插入质粒，每种限制性内切酶都在特定的核苷酸序列处切割 DNA。共有几百种不同的限制性内切酶。其中，很多酶直接横切 DNA 双螺旋。其他酶则做交错剪切，在两条链上的不同位置切割 DNA，因此，单链的部分悬挂在 DNA 的末端。这些单链的区域常称黏性末端，因为它们可以和具有与其互补的碱基的 DNA 单链部分发生配对并因此与其黏在一起（见图 13.9）。能够进行交错剪切的限制性内切酶被用于 DNA 克隆。

为了将基因插入质粒，要使用同样的限制性内切酶来切割基因 DNA 的两端及将质粒的环状 DNA 切开（见图 13.10❶）。因此，包含基因的 DNA 片段的末端和打开的质粒在其黏性末端都具有互补的核苷酸，并且能够相互配对。将被剪切的基因和质粒混合在一起后，一些基因会暂时性插入质粒的两个剪切末端之间，它们互补的黏性末端使它们能够结合在一起。此时，加入 DNA 连接酶就可将基因永久性地结合到质粒中（见图 13.10❷）。

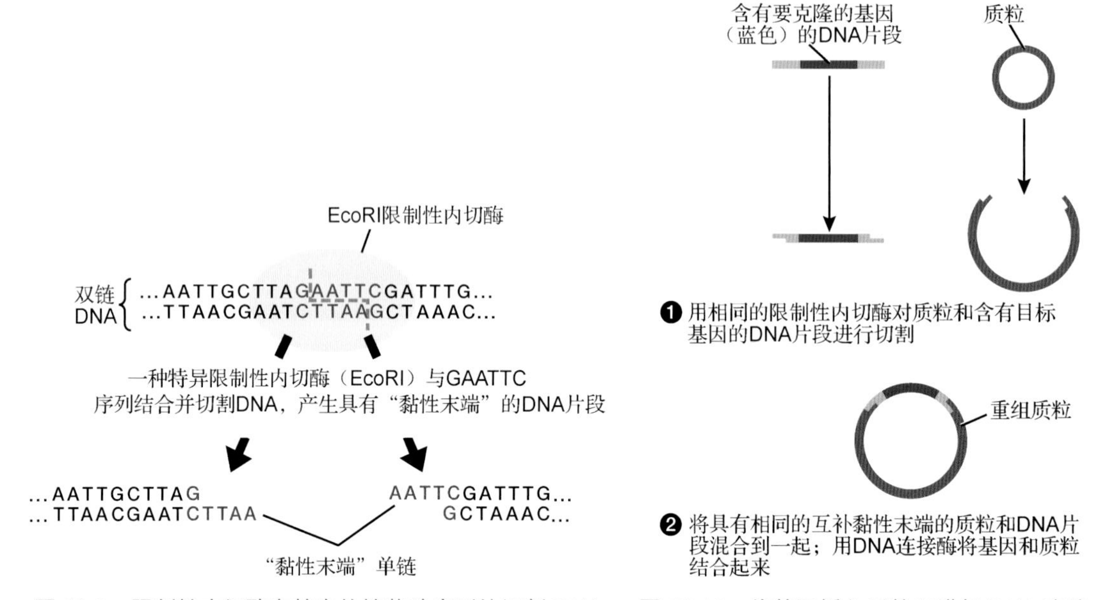

图 13.9 限制性内切酶在特定的核苷酸序列处切割 DNA

图 13.10 将基因插入质粒以进行 DNA 克隆

接下来，使用这些重组质粒来转化细菌。在适当的条件下，当细菌分裂时，它们也会扩增质粒。人们很容易培育整桶细菌，目的基因要多少有多少。

13.4.3 基因被导入宿主生物

最难的部分是转染宿主生物。基因必须导入宿主并在合适的细胞中以合适的时间和合适的量来表达。可以使用几种不同的方法来转染宿主生物。有些情况下，重组质粒或从中纯化出来的目的基因被插入称为载体的、无害的细菌或病毒，然后用这些细菌或病毒来感染宿主生物。理想情况下，细菌或病毒会将新基因插入宿主生物细胞的染色体，然后永久地成为宿主基因组的一部分，在宿主 DNA 复制的时候也进行复制。这就是给一些植物转染抗除草剂和抗虫基因的方法（见 13.5 节）。

更简单的方法是使用“基因枪”。显微级别大小的金球或钨球被包裹上 DNA（质粒或纯化的基因），然后向细胞或生物体发射。这个过程并不是百发百中的，但对于植物、培养的细胞来说，有时甚至对整个生物体（通常是类似线虫或果蝇这样的小生物）来说，通常是十分有效的。基因枪法通常在很容易获得大量宿主时使用，因此较低的成功率也就无关紧要。

最后，质粒或纯化的基因可以直接注射到动物细胞中，通常是注射到受精卵中（见图 13.11）。

可以向极小的玻璃吸管中加入含有DNA的合适溶液，吸管的头部很尖，可在插入细胞的同时不破坏细胞。在吸管的后部加压，就可将一些DNA注入细胞。

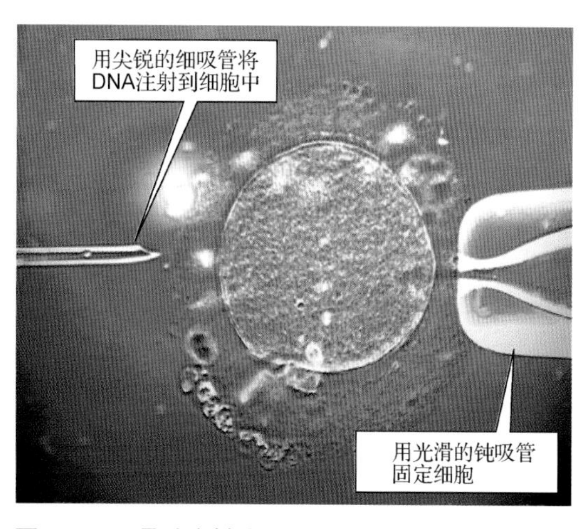

图 13.11 通过注射外源 DNA 来转染受精卵。右侧大吸管的作用是在该过程中保持细胞稳定。左边小而尖的吸管负责刺穿受精卵并注射 DNA

13.5 生物技术是如何应用于农业的

农业的主要目标是生产尽可能多、尽可能便宜的食物，同时尽量减少有害生物（如昆虫和杂草）带来的损失。很多农民和种子经销商为了实现这些目标，会寻求生物技术的帮助。然而，很多人认为转基因食物对人类健康和环境带来的潜在危害要大于其好处，详见13.8节中的介绍。

13.5.1 很多植物都是转基因的

美国农业部（USDA）的数据表明，2011年，美国种植的88%的玉米、90%的棉花和94%的大豆都是转基因的；也就是说，它们含有来自其他物种的基因（见表13.1）。在全球范围内，2010年，1540万农民种植了超过22.15亿亩转基因植物。

表 13.1 USDA 批准的转基因农作物

基因工程改造的性状	潜在优势	例　　子
抗除草剂	使用除草剂杀死杂草，但不杀死农作物，提高农作物产量	甜菜、油菜、玉米、棉花、亚麻、马铃薯、大米、大豆、番茄
抗虫	减少昆虫对农作物的破坏，提高农作物产量	玉米、棉花、马铃薯、大米、大豆
抗病	使植物对病毒、细菌或真菌不易感，提高农作物产量	番木瓜、马铃薯、南瓜
不育	转基因植物不能和野生植物杂交，使其对环境更安全，使种子公司获得更高的利润	菊苣、玉米
改变油脂含量	农作物产生的油脂可变得对人类更健康，也可变得类似于更昂贵的油（如棕榈油和椰子油这些油）	油菜、大豆

一般来说，对农作物进行基因修饰的目的是增强它们对害虫或除草剂的抗性，或者二者兼而有之。抗除草剂农作物可让农民在杀死杂草的同时不对农作物造成伤害。杂草少意味着农作物能够得到更多的水、养料和光，进而获得更好的收成。很多除草剂通过抑制一种植物、真菌和细菌（但不包括动物）含有的用来合成某种特定氨基酸的酶来杀死植物。一旦没了这些氨基酸，植物就会死亡，因为它们不能合成蛋白质了。很多抗除草剂转基因农作物都被导入了一种细菌基因，这种基因编码一种在这些除草剂存在时也能正常发挥作用的酶，因此转基因植物能够继续正常地合成氨基酸和蛋白质。

图 13.12 Bt 转基因植物可以抗虫。表达 Bt 基因的转基因抗虫棉（右侧）可以抗棉铃虫。因此，它们能生产出比非转基因棉（左侧）多得多的棉花

很多农作物的抗虫性是通过导入一个基因

而得到提高的，这个基因称为Bt，它来自一种称为*Bacillus thuringiensis*（苏云金杆菌）的细菌。Bt基因编码的蛋白质破坏昆虫的消化道，但并不破坏哺乳动物的消化道。转基因Bt农作物通常比普通农作物受到的虫害要轻得多，因此农民可以减少杀虫剂的使用（见图13.12）。

13.5.2 转基因植物可用于生产药物

生物技术工具还可将有医用价值的基因插入植物，从而在农场里生产药物。例如，可通过基因工程手段让某种植物产生常在致病细菌或病毒中发现的某种蛋白。如果这种蛋白在胃和小肠中不被消化，那么食用这种植物就能达到接种疫苗的效果。几年前，这种“可食用疫苗”被认为是一种极好的接种疫苗的方法：不需要生产纯化的疫苗，不需要冷藏，而且不需要打针。不过最近，很多生物医学研究人员警告称，可食用植物疫苗可能并不是个好主意，因为没有简单的方法来控制用量：用量太少，不会产生有效的免疫反应；用量太多，疫苗蛋白可能有害。不过，用植物来生产疫苗蛋白还是值得的，这样，制药公司只需在使用前从植物中提取并纯化这些蛋白质即可。用植物生产的乙肝病毒疫苗、麻疹疫苗、狂犬病疫苗、龋齿疫苗、流感疫苗、小儿腹泻疫苗和其他疫苗都在进行动物或临床实验。

分子生物学家还可通过基因工程手段用植物来生产人类抗体以对抗多种疾病。当致病微生物入侵人体时，免疫系统需要几天的时间做出响应并产生足够的抗体来克服感染。在此期间，人体会感到非常难受，如果疾病非常严重，还可能死掉。直接注射大量适合的抗体可能会很快治愈疾病。尽管还没有进入医疗实践，但植物来源的、抗致龋齿细菌的抗体和抗狂犬病毒抗体都已被研制出来。

13.5.3 转基因动物在农业和医学上可能有用

培育转基因动物通常包括注射目标DNA，而目标DNA常被整合到灭活的、不导致疾病的病毒中，然后导入受精卵。受精卵在培养基中进行几次分裂，然后植入代孕母亲的子宫。如果能够产生健康且能表达这种外源基因的后代，就让这些后代互相交配，产生纯合的转基因动物。迄今为止，培育有商业价值的转基因家畜被证明是十分困难的，但有几家公司正在努力这样做。

例如，生物技术公司已培育出能产生更多羊毛的绵羊、奶汁中含有更多蛋白质的奶牛、肉中含有ω-3脂肪酸的猪（ω-3脂肪酸被认为对健康有多种好处）。2010年，研究人员成功地培育出了不会传播导致禽流感的H5N1流感病毒的鸡。在全球范围内，人们不得不杀掉数以百万计的鸡来阻止禽流感的爆发，所以抗禽流感的鸡可能会变得非常珍贵。研究人员正在培育乳汁中分泌蛛丝蛋白的羊。蜘蛛丝与常用于防弹背心的钢或凯夫拉纤维相比，要坚韧得多。因此，人们希望用这些羊生产的蛛丝蛋白来制作重量轻且刀枪不入的防弹背心。

生物技术学家也在培育能生产药物（如人类抗体或其他重要蛋白质）的动物。例如，一种转基因绵羊的乳汁中含有一种蛋白质，称为α-1-抗胰蛋白酶，这种酶在治疗囊性纤维化和肺气肿方面可能具有重要的价值。一种转基因羊可以生产人凝血因子，这种蛋白质可以用来治疗血友病。还有一些家畜经过改造后，乳汁中含有促红细胞生成素原（一种促进红细胞合成的激素）或溶栓蛋白（可用于治疗冠状动脉中的血凝块导致的心脏病）。

最后，生物医学研究人员已成功培育出大量的转基因动物，主要是小鼠，这些小鼠携带与人类疾病相关的基因，如阿尔茨海默病、马氏综合征和囊性纤维化。这些动物用于研究这些疾病的成因及可能的治疗方法。

13.6 生物技术是如何用于研究人类和其他生物的基因组的

基因影响人类所有的性状，包括性别、体形、发色、智商和对致病生物体与环境中有毒物质的敏感性。为了了解基因是怎样影响人的生命的，研究人员于1990年启动了人类基因组计划，目的是确定人类的整套基因，即人类基因组的所有DNA核苷酸序列。

2003年，这个由许多国家的分子生物学家共同参与的项目以99.9%的精度完成了对人类基因组的测序。人类基因组含有20000～25000个基因，约占所有DNA的2%。剩下的98%包括启动子和调节单个基因转录频率的区域，但仍然不知道大部分DNA的作用是什么。

为什么科学家要对人类和其他生物的基因组进行测序？第一，有许多功能未知的基因。用遗传密码来翻译新基因的DNA序列，生物学家就能预测这些基因编码的蛋白质的氨基酸序列。将这些蛋白质与功能已知的蛋白质进行比较，就能够知道这些新发现的基因的作用。

第二，了解人类基因的核苷酸序列在医学研究上有重要作用。就目前所知，超过2000个基因与人类遗传病有关。这些基因的等位基因出现缺陷时，会使人患上或易感一些疾病，如镰刀形红细胞贫血、囊性纤维化、乳腺癌、酒精性肝类、精神分裂症、心脏病、阿尔茨海默病及许多其他遗传病。正在进行的人类基因组研究包括对许多不同的人的DNA进行测序，以找到等位基因DNA序列上的微小差别，这些微小差别可能会增大对传染病、有毒污染物、烟草中的化学物质的敏感性，或者改变人们对药物的反应。未来的某天，这些知识可让我们为病人量身定制许多疾病的疗法。研究病毒和传染性细菌的基因组，可帮助我们研发疫苗或者对它们造成的疾病的疗法。

第三，人类基因组计划及配套的对细菌、真菌、小鼠、黑猩猩等生物进行测序的计划，可以帮助人类理解自身在地球上的生命进化过程中所处的位置。例如，人类和黑猩猩的基因差别还不到5%。比较人类和黑猩猩的基因差异和相似性，可以帮助生物学家理解是哪些遗传学差异使人类成为人，以及人对一些黑猩猩不易感的疾病易感的原因。最近，研究人员解译了尼安德特人和最近发现的丹尼索瓦人的部分基因组。现代人类，取决于他们的起源地，可能含有最高达几个百分点的尼安德特人或丹尼索瓦人的基因。

13.7 生物技术是如何用于医学诊断和治疗的

生物技术已用于诊断一些遗传病长达20年的时间，而且可以用于胎儿。最近，医学研究人员开始使用生物技术来治愈或治疗一些基因疾病。

13.7.1 DNA技术可用于诊断遗传病

一个人遗传了某种基因疾病的原因是，他遗传了一个或多个缺陷基因，这些缺陷基因与能发挥作用的正常基因不同，因为它们的核苷酸序列不同。大多数诊断遗传病的方法都以PCR扩增目标基因（有时是目标等位基因）开始，接着用限制性内切酶或DNA探针来鉴定有缺陷的等位基因。

1. 用PCR技术获得疾病特异性等位基因

回顾可知，PCR使用特定的DNA引物来确定要扩增哪些DNA序列。由于成百上千的研究员进行了多年的研究，现在我们已经知道很多遗传疾病相关基因的DNA序列。人们可以用PCR技术来分离或扩增疾病相关基因，为多种多样的诊断手段做准备。在有些情况下，医学检验公司设计了只扩增导致疾病的缺陷等位基因，而不扩增不导致疾病的正常基因的引物，这时PCR本身就是一种诊断工具。

2. 限制性内切酶能在不同位置切割一个基因的不同等位基因

镰刀形红细胞贫血是一种遗传性贫血症（没有足够多的红细胞），这种疾病是由珠蛋白基因起始处发生的一个点突变导致的，在这个突变中，一个胸腺嘧啶替代了一个腺嘌呤。一种常见的镰刀形红细胞贫血诊断方法的原理是，限制性内切酶只在特定的核苷酸序列处切割DNA（见第10

章和第 12 章）。为了确定镰刀形红细胞等位基因的存在，研究人员从一位病人、一位可能是该等位基因携带者的父亲或母亲或者一名胎儿体内提取出 DNA。接下来，用 PCR 扩增包括突变位点在内的一段 DNA 片段。一种称为 MstII 的限制性内切酶能够切割正常序列（CCTGAGGAG），但不能切割会导致镰刀形红细胞贫血的突变序列（CCTGTGGAG）。结果是 MstII 将正常的珠蛋白等位基因切割成两半，但突变等位基因保持完整。通过凝胶电泳可很容易地将完整的突变等位基因和正常等位基因的两段分离开来。

3．不同的等位基因结合不同的 DNA 探针

囊性纤维化是称为 CFTR 的蛋白质发生突变导致的疾病。这种蛋白质正常情况下在很多细胞中介导氯离子的跨膜运输，包括肺、唾液腺和小肠。在肺细胞中，氯离子运输的缺乏会导致大量黏液堆积在气道表面及频繁的细菌感染，最终导致死亡。共有 1500 多种不同的 CFTR 等位基因，每种都编码一个有缺陷的不同 CFTR 蛋白。有一个或两个正常等位基因的人能够产生足够多的正常 CFTR 蛋白，因此他们不会患囊性纤维化。而携带两个缺陷等位基因的人（这两个等位基因可能相同也可能不同）无法合成功能性转运蛋白，因此会患囊性纤维化。

我们怎么能指望诊断一种可能由 1500 个不同等位基因中的任何一种导致的遗传病呢？所幸的是，其中的 32 个等位基因导致了 90% 的囊性纤维化病例，而其余的等位基因极其罕见。不过，为 32 个等位基因分别找到独一无二的限制性内切酶切割位点也几乎是不可能的，因此诊断镰刀形红细胞贫血的方法并不适用于诊断囊性纤维化。

不过，每个缺陷等位基因都有不同的核苷酸序列。众所周知，一条 DNA 链只能与其互补链才能完美配对。几家公司生产出了囊性纤维化“阵列”，即表面结合有单链 DNA 探针的特殊滤纸（见图 13.13）。每个探针都与一个不同的 CFTR 等位基因的一条链互补（见图 13.13a）。将一个人的 DNA 切割成小的片段，将片段分离为单链，然后用有色分子来标记这些单链（见图 13.13b）。然后，将制好的阵列浸泡在溶解有标记好的 DNA 的溶液中。条件适宜时，只与探针完全互补的 DNA 片段才与探针结合，说明这个人携带了哪些 CFTR 等位基因（见图 13.13c）。类似地，使用 DNA 探针方法也可诊断镰刀形红细胞贫血。

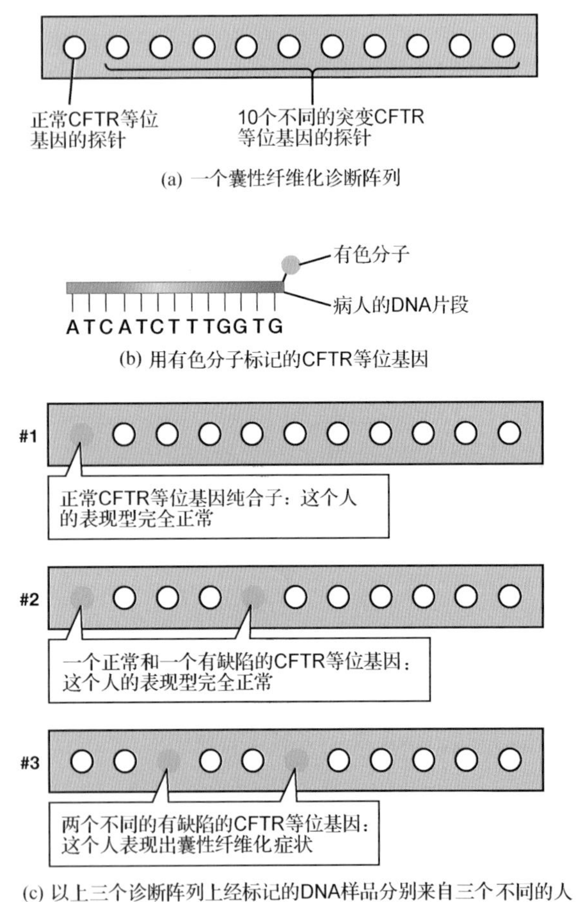

图 13.13　一个囊性纤维化诊断阵列。(a)一个典型囊性纤维化诊断阵列包括一张特殊的纸，上面附着与正常 CFTR 等位基因互补的 DNA 探针（最左边的点）及与几种常见 CFTR 缺陷基因的 DNA 互补的 DNA 探针（其余 10 个点）。(b)来自病人的 DNA 被切割成小片段，将片段分离成单链，然后用有色分子来标记 CFTR 等位基因。(c)将阵列浸泡在经过标记的病人 DNA 溶液中。病人携带哪些 CFTR 等位基因，标记的 DNA 就和阵列上相应的点结合

在不久的将来，例行的医学诊断可能会应用到称为**DNA 微阵列**的上述方法的扩展版本，以确定是哪种细菌或病毒引发了感染。在一种称为**病毒芯片**的应用中，一块小芯片上放置了数千个 DNA 探针，其中的每个探针都与一种

病毒基因的一部分互补。从病人体内分离出核酸，并用一种荧光染料标记。将芯片浸泡在荧光标记的核酸溶液中。如果哪种病毒感染了病人，芯片上与之对应的位点就会发光。科学家还在研究用于诊断细菌感染的类似阵列。

DNA 微阵列也可帮助我们提供更有效、更定制化的医疗护理。不同人的基因中有成千上百个等位基因，这些等位基因可能会让他们对很多疾病更敏感或更不敏感，而不同的治疗方法对他们来说更有效或更低效。将来的某一天，医生或许就能使用包含几千个疾病相关基因的 DNA 探针的 DNA 微阵列来确定病人携带有哪些易感的等位基因，并据此为病人量身定制治疗方案。几家公司已经生产出用于研究特定疾病如乳腺癌、胰腺癌和免疫系统癌症中的基因活动的小 DNA 阵列。有些医院用这些阵列给病人提供最可能治愈他们所患癌症的治疗方法。

最后，有些公司对公众提供个人 DNA 扫描服务。这些检查使用 DNA 微阵列来寻找可能使人易患心脏病、乳腺癌、关节炎或其他疾病的等位基因。这些公司还根据个体 DNA 分析的结果来提供健康建议，大多数建议（运动、控制血压和胆固醇含量、控制体重、戒烟等）对任何人来说都是好建议，无论他们携带什么样的等位基因。

13.7.2 DNA 技术有助于治疗疾病

用 DNA 技术治疗疾病有两个主要应用：①在细菌中用 DNA 重组技术来生产药物；②基因疗法，这种方法试图通过在病人的细胞中插入、删除或改变基因来治疗疾病。

1. 用生物技术生产药物

由于DNA重组技术的出现，几种在医学上有重要作用的蛋白质现在大多都是用细菌生产的。第一个用 DNA 重组技术制造的蛋白质是胰岛素。在 1982 年重组人胰岛素被批准使用之前，糖尿病人所需的胰岛素是从被屠宰的牛或猪的胰腺中提取的。尽管这些动物的胰岛素和人的非常相似，但它们的细微不同导致了大于 5%的糖尿病人出现了过敏反应。重组人胰岛素则不会引发过敏反应。

其他的人类蛋白（如生长激素和凝血因子）同样可以在转基因细菌中生产。在这些蛋白中，有些曾是从人的血液甚至尸体中获得的，这样的来源十分昂贵，有时还很危险。要知道，血液可能会被人类免疫缺陷病毒（HIV）污染，这种病毒会导致获得性免疫缺陷综合征（AIDS）。尸体也可能含有几种很难诊断的传染病，如克雅氏病，在这个病例中，一种异常蛋白可从被感染的尸体传递到病人体内，导致致死性大脑退行性病变（见第 3 章）。细菌或其他培养细胞生产的工程蛋白则可以避开这些危险。几种用 DNA 重组技术生产的人类蛋白列在表 13.2 中。

表 13.2 几种用 DNA 重组技术生产的人类蛋白

蛋白质种类	目 的	例 子	生产方法
人类激素	治疗糖尿病和生长障碍	Humulin（人胰岛素）	将人类基因插入细菌
人类细胞因子（调节免疫系统功能）	用于骨髓移植及治疗癌症和病毒感染，包括肝炎和生殖道疣	Leukine（粒-巨噬细胞集落刺激因子）	将人类基因插入酵母菌
抗体（免疫系统蛋白质）	用于抵抗感染、癌症、糖尿病、器官排斥以及多发性硬化症	Herceptin（一种乳腺癌细胞表达的蛋白质的抗体）	将重组抗体基因插入培养的仓鼠细胞
病毒蛋白	用于制造对抗病毒感染的疫苗及诊断病毒感染	Engerix-B（乙型肝炎疫苗）	将病毒基因插入酵母菌
酶	用于治疗心脏病、囊性纤维化和其他疾病，并在奶酪和去污剂的生产中发挥作用	Activase（组织纤溶酶原激活物）	将人类基因插入培养的仓鼠细胞

2. 用基因疗法治疗艾滋病

人类免疫缺陷病毒感染几种免疫细胞（主要是白细胞），包括一种在对感染的免疫应答过程中起重要作用的辅助 T 细胞。HIV 杀死辅助 T 细胞。当体内的辅助 T 细胞数量过少时，免疫系统就会摇摇欲坠，正常情况下轻微的感染此时都会威胁生命。此时病情发展为晚期艾滋病，如果不加以治疗，艾滋病在几年内就会致命。

为什么艾滋病不总是致命的？HIV 与易感免疫细胞表面的一种蛋白质 CCR5 相结合。然后，HIV 进入细胞并开始它致命的感染周期。但有极少人携带一种基因突变，这些人不产生 CCR5 受体，因此通常的艾滋病毒毒株不会感染他们。

生物技术为我们清除艾滋病患者体内的 CCR5 受体提供了可能，如果能做到这一点，就可治愈或者至少大大缓解他们的病情。分子生物学家能够制造切割特定基因的酶，如切割编码 CCR5 的基因的酶。这种疗法是按如下方式发挥作用的：将免疫细胞从病人体内移出，用这种酶破坏编码 CCR5 的基因，尽管细胞会试图修复受损的 DNA，但其中的四分之一会失败，从此再也不会产生 CCR5。将这些清除了 CCR5 的细胞输入病人体内。在两个小规模的临床试验中，接受这种疗法的病人体内的功能性免疫细胞的数量大大增加。

成熟的免疫细胞不会永久存活，因此接受这种疗法的病人可能要终生间歇性地重复接受这种疗法。不过，所有免疫细胞都起源于骨髓中的干细胞（见第 9 章）。在人的一生中，干细胞都能分裂，不断产生一种或多种（通常是多种）不同的子细胞。理想条件下，从病人体内分离出干细胞，进行基因“修复”，然后注入病人体内以替代其他干细胞。在 HIV 的例子中，这些清除了 CCR5 的干细胞产生的辅助 T 细胞也缺乏 CCR5，且能抵抗 HIV 感染。此外，病人体内也会发生自然选择：HIV 还会继续杀死未修饰过的细胞，但不会杀死清除了 CCR5 的细胞。最终，病人的所有辅助 T 细胞都是清除了 CCR5 的细胞，从而永久治愈艾滋病。

3. 用基因疗法治疗严重联合免疫缺陷

严重联合免疫缺陷（SCID）是一种罕见的疾病，患儿的免疫系统无法正常发育。80000 名新生儿中约有 1 名患有某种形式的 SCID。对正常儿童来说，轻微的感染就会威胁患儿的生命。在有些情况下，如果患儿有一位不受影响的亲戚与之具有类似的基因组成，那么将这位健康亲戚的骨髓移植给患儿，可给患儿提供能正常工作的干细胞，从而使患儿的免疫系统正常发育。然而，大多数患有 SCID 的儿童都会在长到一岁前死亡。

大多数形式的 SCID 是由几个基因中的一个发生隐性缺陷突变导致的。在一种 SCID 中，患儿对一个在正常情况下编码腺苷脱氨基酶的缺陷等位基因是隐性纯合的（这种情况常称 ADA-SCID）。1990 年，医生对一名罹患 ADA-SCID 的 4 岁女童 Ashanti DeSilva 进行了基因治疗。医生们取出她的一些白血球，用一种携带有缺陷等位基因的正常病毒对其进行基因改造，然后将这些白血球送回她的血液中。这次治疗获得了部分成功，但并未彻底治愈 Ashanti DeSilva 的病。如今，Ashanti DeSilva 已是一名健康的成年人，但她还需要定期注射一种腺苷脱氨基酶来增强免疫力。最近的临床试验使用一种和上述疗法稍有不同的方法来治疗 ADA-SCID。研究人员从患有 ADA-SCID 的儿童的骨髓中取出骨髓干细胞，插入功能正常的腺苷脱氨基酶基因，然后将这些细胞送回患儿体内。因为骨髓干细胞在一生中都持续产生新的白血球，所以研究人员希望这样能彻底治愈这些孩子。到 2011 年底，所有 27 名接受这种疗法的孩子都还健康地活着，其中 19 名无须接受额外的治疗来增强免疫应答。

另一种称为 **X-连锁严重联合免疫缺陷**的 SCID，是由位于 X 染色体上的一个隐性缺陷等位基因导致的。研究人员对 20 名患有 X-SCID 的儿童使用基因疗法，在他们的骨髓干细胞中插入一个有功能的这种基因。其中 18 儿童名看上去治愈，有些在治疗 10 年后还保持健康。然而，用基因疗法治疗 X-SCID 不是没有风险的：几名儿童患上了白血病，原因是在基因插入过程中激活了某个原癌基因（见第 9 章）。较新的疗法看上去会减少甚至消除这种风险。

尽管孩子们的母亲知道基因疗法伴随着风险，但就像其中一位母亲所说的那样，“我们别无选择。”今天，这些孩子可以过正常人的生活：可以上学、踢足球、骑马，而不是在婴儿期就死去或者活在一个无菌的泡泡里，无法和他人接触。

13.8 现代生物技术的主要伦理问题是什么

虽然现代生物技术改变了人们的生活，但也有人将它视为威胁。人类是否要有能力承担生物技术带来的责任呢？下面探讨两个重要话题：在农业生产中使用转基因植物和对人类进行基因修改的前景。

13.8.1 应该允许在农业生产中使用转基因植物吗

传统和现代农业生物技术的目的是一样的：改变生物的基因组成，让它们变得更加有用。不过，二者之间存在三个方面的差异：首先，传统生物技术发挥作用非常缓慢；为了产生新品种的植物或动物，通常需要经过多代的选择性繁殖。相反，基因工程可在一代中引入大量的基因变化。第二，传统生物技术几乎总在相同或亲缘关系很近的物种之间进行基因重组，而基因工程能将来自不同物种的 DNA 在一种生物中重组。第三，传统生物技术无法直接操纵基因的 DNA 序列，而人们通过基因工程则可以培育出地球上从未出现过的生物。

显然，最好的转基因农作物对农民来说是非常有好处的。抗除草剂农作物可使农民摆脱杂草的困扰，因为这样他们就可在农作物生长的任何时期使用强有力的除草剂，而杂草会使收成降低10%甚至更多。抗虫农作物减少了对杀虫剂的需求，进而降低了杀虫剂本身的成本、拖拉机的燃油成本和人力成本。因此，转基因农作物能以较低的成本获得更好的收成。此外，转基因农作物还可能变得比正常农作物更有营养。

不过，很多人极力反对转基因农作物或家畜。人们主要担心的是转基因生物可能对人类健康有害或者危害环境。

1．食用转基因食物有危险吗

在大多数情况下，没有理由认为食用转基因生物是危险的。例如，研究表明 Bt 基因编码的蛋白对哺乳动物是无毒的，因此不会威胁到人类健康。促生长家畜上市后，只会产生更多的肉，而这些肉也由与非转基因动物相同的蛋白质组成，不会有危险。例如，一家名为 AquaBounty 的公司培育了表达额外生长激素的转基因三文鱼，三文鱼长得更快，但肉中含有的蛋白质和其他（非转基因）三文鱼是一样的。美国食品和药品管理局宣布，食用这种三文鱼是安全的。

另一方面，有些人可能会对转基因植物过敏。20 世纪 90 年代，科学家为了改善大豆蛋白中的氨基酸平衡，将一个来自巴西坚果的基因植入到了大豆中。不久后，他们发现，对巴西坚果过敏的人可能会对这种转基因大豆过敏。因此，这种转基因大豆未获准投入农业生产。现在，美国食品和药品管理局规定，所有转基因农作物必须经过潜在致敏性检查。

2．转基因生物会对环境造成危害吗

转基因生物对自然环境的作用更富争议。Bt 农作物的积极效果是减少了农民对杀虫剂的使用，进而减少了对环境的污染。例如，2002 年和 2003 年，种植 Bt 稻米的农民比种植普通稻米的农民少用了 80%的杀虫剂。此外，农民未出现杀虫剂中毒的案例，而种植普通稻米的农民中，约 5%出现了杀虫剂中毒。在亚利桑那州进行的一项长达 10 年的研究表明，Bt 转基因棉花在使农民保持同

样的棉花产量的同时，减少了杀虫剂的使用。

Bt 基因或抗除草剂基因可能会扩散到农场外面。因为这些基因被转入转基因农作物的基因组，所以也存在于农作物的花粉中，而农民无法控制转基因植物的花粉去哪里。2006 年，美国环境保护署的研究人员在距离俄勒冈州一个试验点超过 3 千米的地方发现了抗除草剂的草。遗传学分析科学家推断，其中一些抗除草剂基因是通过花粉传播的，而另一些是通过种子传播的。2010 年，研究人员发现，携带抗除草剂基因的芸苔在北达科他州广为分布。

这有关系吗？很多农作物，包括美洲的玉米、芸苔和向日葵，以及东欧和中东的小麦、大麦与燕麦，它们附近都生活着野生的亲戚。假设它们与转基因农作物进行了杂交，变得能够抗除草剂或抗虫。这些意外被转入基因的野生植物会不会导致严重的杂草问题呢？它们会不会因为不容易被昆虫吃掉而取代其他野生植物？就算转基因农作物在野外没有近亲，细菌和病毒有时也会在本无亲缘关系的植物物种之间传递基因。病毒会不会将我们不希望散布出去的基因散布到野生植物种群中去？没有人知道答案。

那么转基因动物呢？不像花粉和很轻的种子那样，大多数家畜（如牛或羊）都是不容易移动的。此外，它们大都没有可以与之进行基因交换的野生近亲，因此对自然生态系统的危险看上去很小。然而，有些转基因动物（如鱼）可能会带来更严重的威胁。因为它们分散得非常快，而且几乎不可能重新捕捉。如果转基因鱼更具攻击性，长得更快或比野生鱼更快成熟，那么它们就可能取代当地种群。AquaBounty 公司倡导的摆脱这种困境的方式是只养殖不育的转基因鱼，因此任何逃脱的个体都会死去而无法繁殖，对自然生态系统几乎不会产生影响。然而，怀疑论者担心，绝育的手段并非 100%有效，因此还是可能有可育的转基因鱼逃到野外。

13.8.2 人们应该使用生物技术改变人类基因组吗

人们对生物技术的应用的许多伦理含义，从根本上说与其他医学手段相关的技术是相同的。例如，早在生物技术使我们能够在产前检查囊性纤维化或镰刀形红细胞贫血之前，通过对从羊水中提取出来的细胞染色体进行计数就可以简单地诊断 21 三体综合征（唐氏综合征）。在父母是否应该用这些信息来决定是流产还是为照顾患儿做准备这一问题上产生了巨大的争议。不过，其他的道德关注纯粹是发达的生物技术造成的结果。例如，是否应该允许人们选择甚至改变他们后代的基因组呢？

1994 年 7 月 4 日，一名在科罗拉多出生的女孩患上了范科尼贫血。这是一种致命的遗传病，如果不能用一个与其基因兼容的供体的骨髓干细胞进行骨髓移植，那么她必死无疑。她的父母想再生一个健康的孩子，以便作为其女儿的干细胞供体。于是，他们向 Yury Verlinsky 生殖遗传学研究所寻求帮助。Yury Verlinsky 生殖遗传学研究所用这对父母的精子和卵细胞产生了许多个胚胎并进行了培养，并且对这些胚胎进行了遗传缺陷检查及与其女儿的组织相容性检查。Yury Verlinsky 生殖遗传学研究所选择了一个具有所需基因型的胚胎，并将其移植到那位母亲的子宫里。9 个月后，她生下了一名男孩，男孩的脐带血为其姐姐的骨髓移植提供了干细胞。现在，姐姐的骨髓缺陷已治愈，但还患有贫血及很多并发症状。这是不是在合理地利用遗传筛检呢？我们可以制造许多胚胎，同时知道其中的大部分都要被抛弃吗？如果这是唯一能够拯救另一个孩子的生命的方法，那么这符合伦理吗？

与将基因导入干细胞来治疗 SCID 相同的技术可用来改造受精卵的基因（见图 13.14）。假设我们可将有功能的 CFTR 等位基因导入人类卵细胞，以便防止囊性纤维化。这种对人类基因组的改造符合伦理吗？培育更高大的橄榄球运动员或更漂亮的超级模特符合伦理吗？如果这种技术可用来治疗疾病，就很难防止它被用于非医疗用途。这样，由谁来决定哪些应用是合适的、哪些应用不过是微不足道的虚荣？

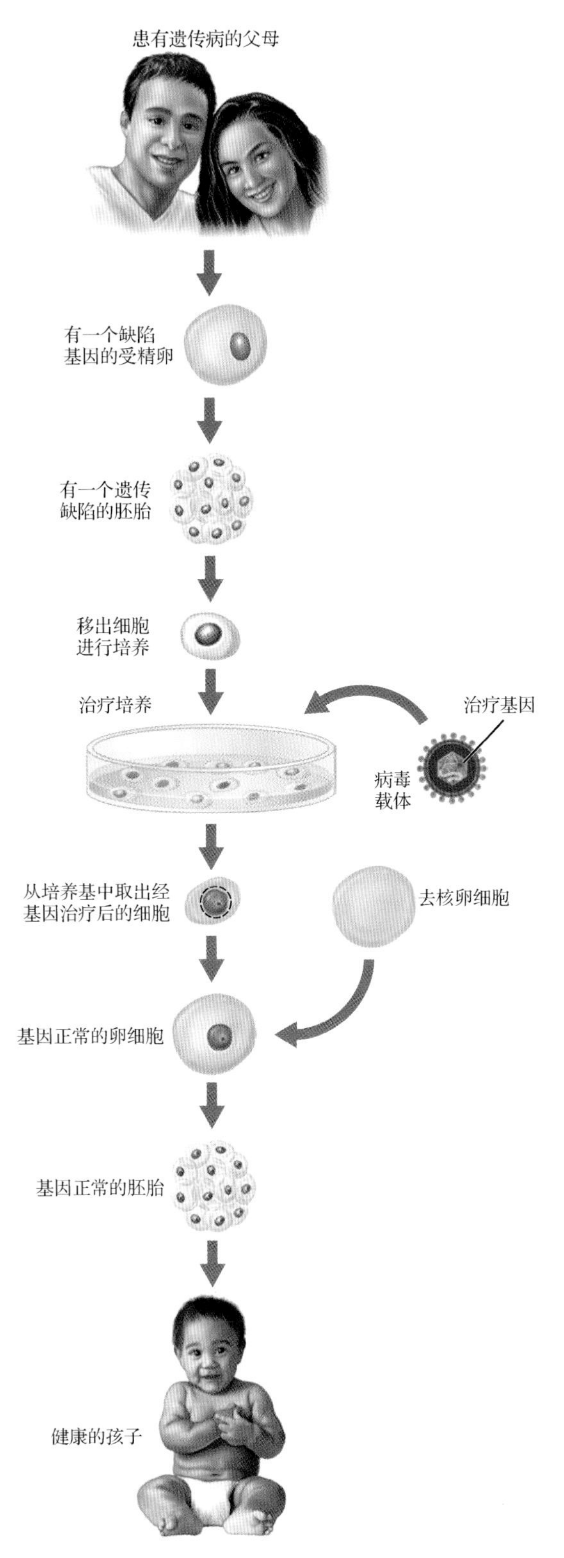

图 13.14　用生物技术来校正人类胚胎的基因缺陷。在这个假想的例子中，人类胚胎由卵细胞在体外受精得到，父母双方或其中一方有一种遗传病。当一个携带有缺陷基因的胚胎长成一小团细胞时，从胚胎中移出一个细胞，用合适的载体（通常是灭活的病毒）取代缺陷基因。取出另一个卵细胞（来自同一个母亲）的细胞核。将经过基因改造的细胞注射到去核卵细胞中。接着，就可将改造过的卵细胞移植到母亲的子宫内进行发育

复习题

01. 描述基因重组的三种自然形式，并讨论重组DNA技术与这些自然形式的基因重组的异同。
02. 什么是质粒？质粒是如何参与细菌转化的？
03. 什么是限制性内切酶？如何使用限制性内切酶将一段人类DNA拼接成质粒？
04. 描述聚合酶链式反应。
05. 什么是短串联重复？短串联重复序列是如何在取证中使用的？
06. 凝胶电泳是如何分离DNA片段的？
07. DNA探针是如何用于鉴定DNA的特定核苷酸序列的？它们是如何用于遗传疾病的诊断的？
08. 描述基因工程在农业和医学中的几种用途。
09. 描述羊水穿刺和绒毛取样，包括每种方法的优点和缺点。它们的医疗用途是什么？

第三篇

生命的进化和多样性

地球上所有的物种，包括这只颜色醒目的变色龙，都是一个共同祖先的后代。

"……无数最美丽、最奇特的物种，都从这极为简单的开端演化而来，并继续进行着演化。"

——达尔文《物种起源》

第 14 章　进化的原理

这只巨大的鸵鸟无法飞行却有一对翅膀，这对翅膀是进化过程的遗产

14.1 进化的思想是如何发展起来的

刚开始学习生物学时，你可能看不出你的智齿和鸵鸟的翅膀之间有什么联系，但这种联系是存在的，将生物界全体联合起来的概念［进化，或者说随着时间的流逝，种群（种群由特定区域中一个物种的所有个体组成）中产生的性状差异］提供了这种联系。

现代生物学建立在我们对生命进化的理解上，但早期的科学家并未认识到这一基本原则。进化生物学的主要观点只是在 19 世纪达尔文的工作成果发表后才被广泛接受。不过，这些观点的知识基础在达尔文之前的几个世纪就一直都在发展着。

14.1.1 早期生物学思想不包括进化的概念

受神学影响的前达尔文科学认为，所有生物都是同时由上帝创造的，且不同的生命形式从被创造的那一刻起就保持不变。古希腊哲学家，尤其是柏拉图和亚里士多德，给出了这种对生命多样性产生原因的一种优美解释。柏拉图（公元前 427—前 347 年）提出，地球上的每个物体都只是它受神灵启示的"理想形态"的一个暂时映像。柏拉图的学生亚里士多德（公元前 384—前 322 年）则将所有生物列入被他称为自然梯级的线性谱系中（见图 14.1）。

这些观念形成了每种生物体的性状都是永久固定的基础，这一见解在近 2000 年间都占统治地位。然而，到了 18 世纪，几个新出现的证据开始破坏这个静态的创生观。

14.1.2 对新大陆的探索揭示了生命的多样性

欧洲人探索并殖民统治了非洲、亚洲和美洲。在探索的旅途中，他们与博物学家同行，这些博物学家经常观察并收集一些（对欧洲人来说）未知大陆的动植物。在 18 世纪，博物学家积累的观察结果和收藏品开始揭示生命多样性的真正广度。物种的数量，或者说生物的种类数量，比任何人想象的都要巨大。

受生命不可思议的多样性这一证据的鼓舞，18 世纪的一些博物学家开始注意一些有趣的现象。例如，他们发现每个地理区域都有着与众不同的一组物种。另外，博物学家发现，特定地点的一些物种之间彼此非常相似，但在有些性状上存在不同。在不同的地理位置，既有互不相同的物种，又有十分相似的物种，这些事实与当时很多科学家笃信的物种固定不变的观点是矛盾的。在阅读接下来的史料时，可参考图 14.2 中的时间线。

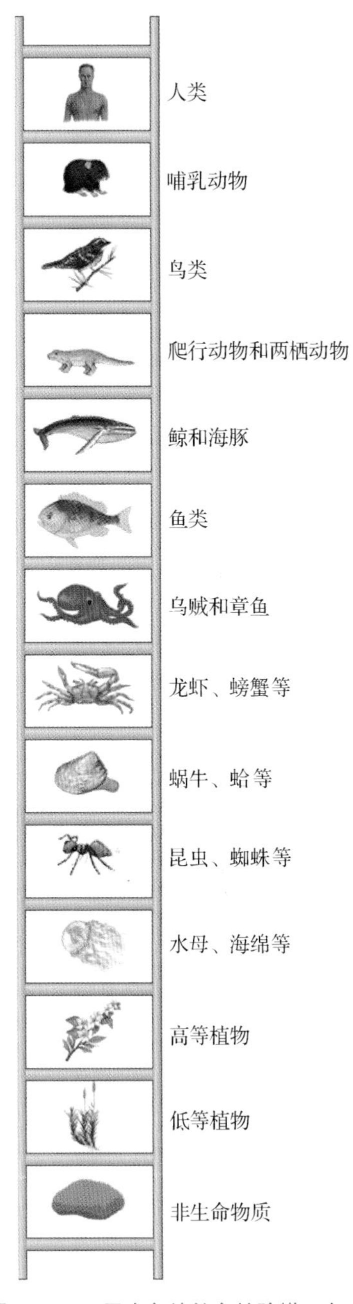

图 14.1 亚里士多德的自然阶梯。在亚里士多德看来，固定的、不变的物种可以按接近完美的程度升序排列，低级的种类位于底端，高级的种类则位于顶端

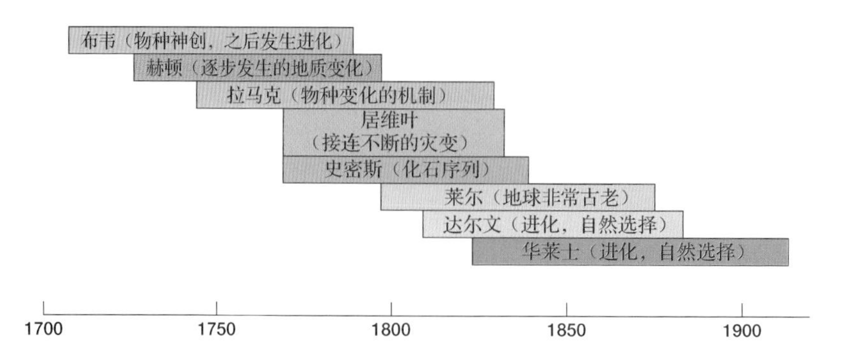

图 14.2 进化思想根源的时间线。每个条形都代表在现代进化生物学发展中起重要作用的科学家的寿命

14.1.3 少数科学家推测生命是经过进化的

少数几位 18 世纪的科学家迈出了一大步，他们推测物种实际上随时间发生了改变。例如，人称布丰（Buffon）伯爵的法国博物学家雷克勒（Georges Louis LeClerc，1707—1788）提出，最初的创生提供了少量基础物种，此后，也许是在迁移到新的地理区域后，其中的一些可能发生“改善”或“退化”。也就是说，布丰伯爵提出了物种通过自然途径随时间发生变化的观点。

14.1.4 化石的发现表明生命随时间而变化

当布丰及同时代的科学家思考新的生物学发现的含义时，地质学的发展对物种永久固定不变这一观点提出了进一步的质疑。尤其重要的证据是在挖掘道路、矿井和运河时发现的类似活物的岩石碎片。人们从 15 世纪起就知道有这样的物体存在，但是大多数人都认为它们只是被风、水或人力加工成了类似生物的样子。然而，当越来越多的具有生物形状的石头被人们发现后，一个事实越来越明显：它们是死去了很长时间的生物被保存下来的遗体或活动痕迹——化石（见图 14.3）。很多化石是骨骼、树木、贝壳或它们在泥土中的印记石化后产生的。化石也包括其他被保存下来的痕迹，如足迹、洞穴、花粉粒、卵和粪便。

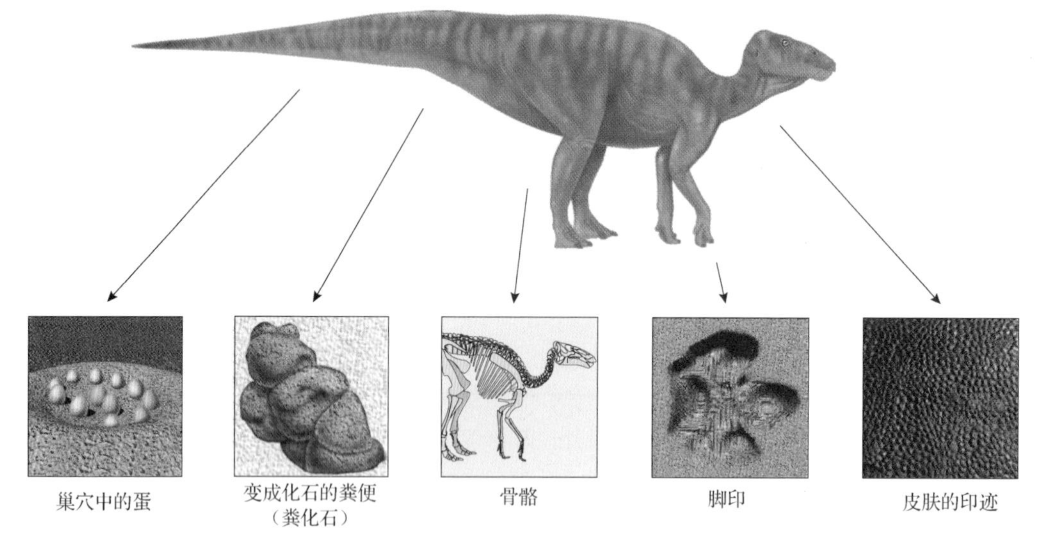

图 14.3 化石的种类。生物的任何被保存下来的部分或痕迹都称为化石

19 世纪早期，一些具有开拓精神的研究人员认识到，化石在岩石中的分布也很重要。很多岩石存在分层，新的岩层位于更老的岩层之上。英国测量员史密斯（William Smith，1769—1839）

研究岩层和其中埋藏的化石后，发现特定种类的化石总是在相同的岩层中被人们发现的。此外，化石和岩层的组织在不同的地点是一致的：例如，A 类化石总是在位于更年轻、含有 B 类化石的岩层之下的岩层中发现的，而前者又位于一个比其更年轻、含有 C 类化石的岩层之下，以此类推。

那个时代的科学家还发现，化石遗物展现了显著的发展过程。在最古老岩层中发现的大多数化石与现代生物非常不同，且与现代生物的相似度在越来越年轻的岩层中逐渐递增（见图 14.4）。在发现的化石中，很多都来自已经灭绝的植物或动物。

图 14.4　不同的化石发现于不同的岩层。化石为“今天的生物不是被突然创造出来的，而是随着时间的推移进化而来的”这一观点提供了强有力的支持。如果所有物种都是被同时创造出来的，(a)最早的三叶虫就不可能在比(b)最早的种子蕨更古老的岩层中发现，而后者也不可能在比(c)恐龙（如异特龙）更古老的岩层中发现。三叶虫最早在约 5.2 亿年前出现，种子蕨（非蕨类植物，但有着类似蕨类植物的叶子）在约 3.8 亿年前出现，而恐龙则在约 2.3 亿年前出现

罗列这些事实后，一些科学家得出了如下结论：不同种类的生物曾生存在过去的不同时段内。

14.1.5　一些科学家对化石给出了非进化学上的解释

尽管有越来越多的化石证据被发现，但是那个时代的很多科学家还是不接受物种发生变化且随着时间的推移而产生新物种的主张。为了解释物种的灭绝，同时保留物种都是由上帝同时创造的这一观念，法国解剖学家和古生物学者居维叶（Georges Cuvier，1769—1832）提出了灾变说：最初上帝创造了大量的物种；接连的灾变（如《圣经》中描述的大洪水）产生了岩层，毁灭了许

多物种，并在这个过程中将其残余物的一部分变成了化石。他还推测，现代生物是从灾变中生存下来的物种。

14.1.6 地质学提供了地球极其古老的证据

居维叶的灾变说认为接连的灾难塑造了世界，但这受到了地质学家莱尔（Charles Lyell，1797—1875）的质疑。居维叶在赫顿（James Hutton，1726—1797）的思想的基础上，考虑风、水和火山等因素后，认为没有必要用灾变理论来解释地质学的发现。泛滥的河流难道不会产生一层层的沉积物？岩浆流难道不会产生一层层的玄武岩？由此，我们难道不应该得出岩层是正常自然现象在漫长时间中重复发生的证据的结论？我们现在观察到的渐变地质过程过去也在发生，进而产生了地球如今的景象，这一理论称为均变说。当时的科学家对均变论的接受产生了深远的影响，因为这一观点暗示地球非常古老。

在莱尔支持均变说的证据于 1830 年发表前，只有少数科学家怀疑地球的年龄可能不止几千年。例如，如果对《旧约全书》中的世代进行计数，会得到地球的最大年龄为 4000～6000 年的结论。地球如此年轻的理论强烈地质疑了生命发生过进化的观点。例如，古代作家（如亚里士多德）对狼、鹿、狮子及其他生物的描述，与两千多年后欧洲存在的这些生物一模一样。如果生物在这段时间内改变得如此之少，那么如果地球仅仅是在亚里士多德的时代之前几千年被创造出来的，怎么可能产生新的物种呢？

但是，如果像莱尔提出的那样，即几千米厚的岩层是由缓慢的自然过程产生的，那么地球一定是非常古老的，可能有几百万年的历史。实际上，莱尔得出的结论是地球是永恒的。现代地质学家估计地球的年龄约为 45 亿年。

莱尔和赫顿指出存在足够的时间使生物进化。但进化的机制是什么？什么过程使进化发生？

14.1.7 达尔文之前的生物学家提出了进化机制

最早提出进化机制的科学家之一是法国科学家拉马克（Jean Baptiste Lamarck，1744—1829）。岩层中生物的排列顺序给他留下了深刻的印象。他观察发现，与年轻化石相比，古老化石与现有的生物更不相似。

1809 年，拉马克在出版了一本书中认为，生物通过对获得性特征的遗传而进化，在这个过程中，器官的使用与否会使生物的身体发生变化，而这些变化会遗传给下一代。为什么生物体会发生变化呢？拉马克认为，所有生物都拥有先天的、向往完美的内驱力。例如，如果长颈鹿的祖先试图通过向上伸展脖子来食用长在很高的树上的叶子，那么它们的脖子就会因此而略微变长，它们的下一代就会遗传这些更长的脖子，并且伸展得更远，以便吃到更高处的叶子。最终，这个过程产生了脖子很长的现代长颈鹿。

如今，我们已经知道遗传是怎样起作用的，因此知道拉马克提出的进化过程不会像他描述的那样发挥作用。后天获得的特征是不会遗传的。锻炼哑铃的父亲不能指望其孩子因此而具有运动员的体格。但要记住的是，在拉马克的时代还未发现遗传学原理（孟德尔在拉马克去世的几年前出生，他用豌豆进行的遗传学实验直到 1900 年才被人们广泛认可）。无论如何，拉马克对遗传在进化中发挥重要作用的洞见，对日后发现进化的主要机制的生物学家产生了重要的影响。

14.1.8 达尔文和华莱士提出了一种进化的机制

19 世纪中期，越来越多的生物学家断定，现今的物种是从更早的物种进化而来的。这个过程是怎样发生的？1858 年，达尔文（1809—1882）和华莱士（1823—1913）分别提供证据，证明了进化是由一种简单却强有力的过程驱动的。

尽管他们的社会背景和教育背景非常不同，但是达尔文和华莱士在有些方面是非常相似的。他们都曾在热带地区广泛游历，研究了在那里生活的动植物。他们都发现有些物种只在少数几个特征上存在不同（见图 14.5）。他们都非常熟悉当时已发现的化石，其中的很多化石都显示了随着时间的变化，与现代生物的相似性增加的趋势。最后，他们都了解赫顿和莱尔的研究及地球极其古老的观点。这些事实使两人想到种群是随时间变化的。两人都找到了一种也许会导致这种进化变化的机制。

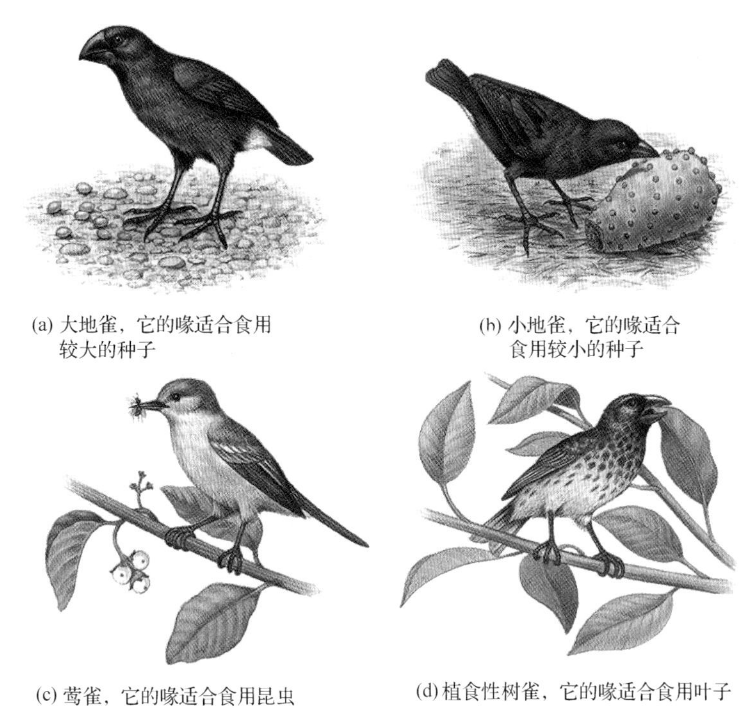

图 14.5　达尔文研究过的雀类——加拉帕戈斯群岛上的留鸟。达尔文研究了加拉帕戈斯群岛上亲缘关系很近的几种雀科鸟类。每个物种都特化成食用不同的食物，且有着大小和形状不同的喙，因为具有最适合利用当地食物来源的喙的原始个体与具有不太有效的喙的个体相比，能产生更多的后代

在两人中，达尔文是第一个提出进化机制的。达尔文于 1842 年概述了这种机制，并于 1844 年在一篇论文中详细地描述了这种机制。也许是因为害怕发表论文后引发争论，他将论文寄给了几位同事，但是未交付给出版商出版。一些历史学家怀疑，如果达尔文未在其初稿完成约 16 年后收到华莱士的论文，发现华莱士论文中的主要观点与自己的观点惊人地一致，也许永远都不会公开发表自己的观点。但在收到华莱士的论文后，达尔文认识到他不能再拖延下去了。

达尔文和华莱士分别在两篇于 1858 年递交给伦敦林奈学会的论文中描述了相同的进化机制。最初他们的论文影响很小。事实上，学会的秘书在年度报告上说那一年没有发生什么特别有趣的事情。所幸的是，达尔文于第二年出版了他的不朽著作《物种起源》，这本书的出版引发了人们对物种进化方式的极大兴趣。

14.2　自然选择是如何发挥作用的

达尔文和华莱士提出，生命巨大的多样性是由带有修饰的遗传过程产生的，在这个过程中，每代的个体都与上一代的有些许不同。经过很长时间后，这些微小的不同积累起来使生物产生较大的变化。

14.2.1 达尔文和华莱士的理论依赖于四个假设

达尔文和华莱士关于进化过程的假设的逻辑链实际上是直截了当的，而这条逻辑链是以关于种群的如下四个假设为基础的：

假设 1 种群中的成员在许多方面是存在不同的。

假设 2 在种群成员之间的不同中，至少有一部分要归结于可从亲代传递给后代的性状。

假设 3 在每代中，种群中的一些个体能存活下来并成功繁殖，而其余的不能。

假设 4 个体的命运不完全由机遇或运气决定。相反，个体能够存活并繁殖的可能性取决于其性状。具有有利特性的个体活得最长且产生更多的后代，这个过程称为自然选择（natural selection）。

两人知道，如果这四个假设都是正确的，种群将不可避免地随时间而发生变化。如果种群中的成员有着不同的性状，最适应环境的个体能留下更多的后代，且这些个体能够将有利的性状传递给后代，这些有利的性状在下一代中就会变得更普遍。种群的性状会随着每代发生微小的改变。这个过程就是自然选择导致的进化。

这四个假设正确吗？达尔文认为是正确的，并在《物种起源》中用了大量篇幅来描述支持的证据。下面简要地介绍每个假设。

14.2.2 假设 1：种群中的个体互不相同

只要环视一下一个拥挤的房间，任何人都会显而易见地相信假设 1 的正确性。人们在体形、眼睛的颜色、皮肤的颜色和许多其他身体特征上都有不同。类似的差异性在其他生物的种群中也存在，尽管对漫不经心的旁观者来说差异并不明显（见图 14.6）。

图 14.6 一个蜗牛种群中的差异。尽管这些蜗牛同属一个种群，但没有两只是完全一样的。

14.2.3 假设 2：性状从亲代传递给子代

在达尔文出版《物种起源》时，遗传学原理尚未被发现。因此，尽管对人、宠物和农场动物的观察似乎表明子代与亲代相似，但达尔文和华莱士却没有支持假设 2 的科学依据。不过，孟德尔的研究确凿地证明了特定的性状可以传递给子代。从孟德尔的时代开始，遗传学家就构建了遗传作用的详细图景。

14.2.4 假设 3：有些个体未能存活并繁殖

达尔文的假设 3 的形成受到了马尔萨斯《人口论》（1798 年）的很大影响。在那本书中，马尔萨斯描述了不受抑制的人口增长的危险性。达尔文敏锐地意识到，生物产生子代的数量远大于取代亲代所需的数量。例如，他计算出，如果每个后代都产生 6 个能存活并繁殖的后代，那么两头大象在 750 年后能繁殖到 190 万头，但大象并未泛滥成灾。

大象的数量就像大多数自然种群中个体的数量一样，倾向于保持相对稳定的状态。因此，生物体的数量一定大于可存活到繁殖后代的生物体数量。在每代中，很多个体必定会夭折。即使是那些存活下来的个体，很多也未繁殖后代，或者产生很少的后代，或者产生因不够强健而无法存活且繁殖的后代。如料想的那样，生物学家无论何时检测一个种群的出生率都会发现，有些个体要比其他个体产生更多的后代。

14.2.5 假设 4：存活和繁殖不是由运气决定的

如果繁殖不平等在种群中是常态，那么是什么决定了哪些个体留下更多的后代？大量的科学证据显示，繁殖的成功取决于个体的性状。例如，科学家发现，在加利福尼亚州的海象种群中，体形大一些的雄性海象要比小一些的雄性海象产生更多的后代（因为雌性海象更可能和体形大的雄性海象交配）。在科罗拉多州的金鱼草种群中，开白花的植株比开黄花的植株的后代多（因为对传粉者来说白花更有吸引力）。这些结果及许多其他相似的结果表明，在生存与繁殖的竞赛中，胜者大多数不是由运气决定的，而是由其自身具有的性状决定的。

14.2.6 自然选择随着时间的推移改变了种群

观察和实验证明，达尔文和华莱士的 4 个假设是合理的。逻辑表明四个假设的结果应该是种群的性状随时间发生变化。在《物种起源》中，达尔文给出了下面的例子："让我们以狩猎多种动物的狼为例，它们通过……抓捕（猎物）……快速……动作最敏捷、体形最苗条的狼有最好的机会存活，因此会被保留下来，或者说被选中……于是，如果任何轻微的习性或结构上的遗传变化使得某只狼获益，它就会有最好的机会存活下来并留下后代，其中的一部分可能会遗传到相同的习性或结构，重复这个过程，就可能产生一个新的品种。"同样的逻辑对狼的猎物也适用：那些跑得最快、最机警或伪装得最好的，最有可能避免被捕食，并将这些性状传递给它们的后代。

注意，自然选择作用于种群中的个体。自然选择对个体命运的影响最终会影响整个种群。随着世代的更替，遗传得到有利性状的个体在种群中所占的比例增大，使得种群发生变化。个体不会发生进化，而种群会。

尽管更容易理解的是自然选择怎样使种群内部发生变化，但这个过程在适当的条件下可能会产生全新的物种。

14.3 我们是如何知道进化曾经发生的

今天，进化论已经是被人们广为接受的科学理论。科学理论是通过大量可重复观测发展起来的、对重要自然现象的一般解释。压倒性的证据支持发生了进化这一结论。主要证据来源于化石、比较解剖学（研究不同物种之间身体构造的不同）、胚胎学（研究生物体从受精到出生或孵化期间的发育过程）、生物化学和遗传学。

14.3.1 化石为随时间的进化变化提供了证据

如果化石是现代生物祖先的残留物这一点是真的，我们就会发现一系列循序渐进的化石：从一种古代生物开始，经过几个中间阶段的发展，结束于现代物种。科学家的确发现了这样的序列。例如，现代鲸的祖先的化石阐明了从陆栖祖先进化到水生动物的中间状态（见图 14.7）。长颈鹿、大象、马和软体动物的一系列化石都显示了随时间发生的生物身体结构的变化。这些化石显示，新物种是由早先的物种进化而来的，并且取代了早先的物种。

14.3.2 比较解剖学提供了后代渐变的证据

化石将过去定格，让科学家得以追踪进化变化；然而，仔细审视今天的物种也能揭露进化的证据。比较不同物种的生物的身体，可以发现一些相似之处来揭露只能用共同祖先解释的，也可以发现一些不同之处来揭露只能用来自共同祖先的进化变化解释的。采用这样的方法，比较解剖学研究提供了证明不同物种可通过进化上的共同祖先产生关联的证据。

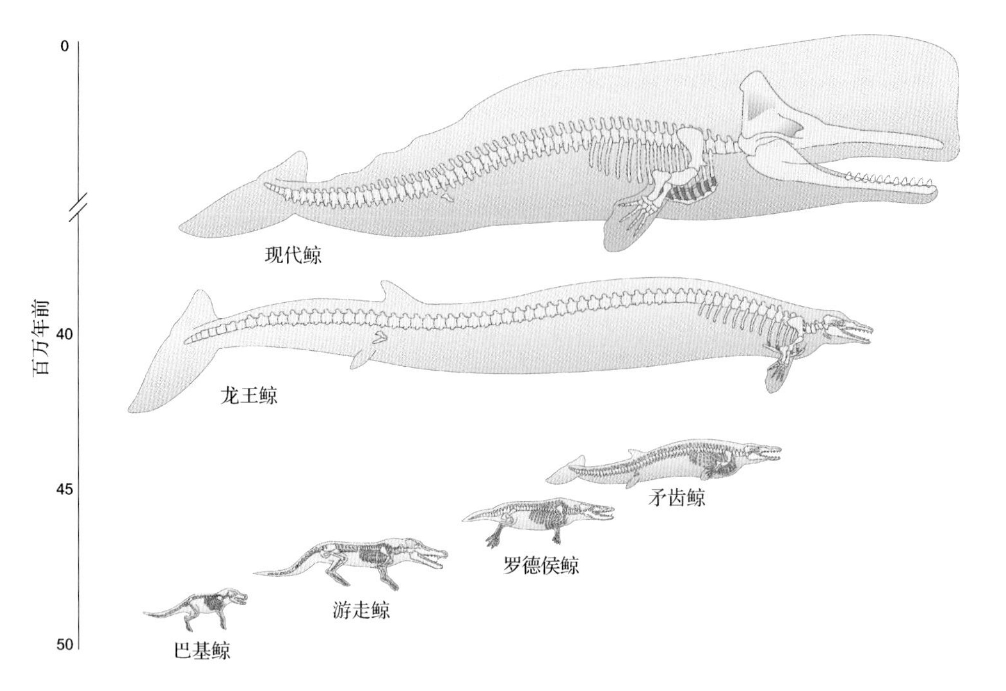

图 14.7　鲸的进化。在过去的5000万年间，鲸从长有四条腿的陆地生物进化成半水生生物，再进化成后腿萎缩的全水生生物，最终进化成今天的海洋生物

1. 同源结构提供了存在共同祖先的证据

对于不同的物种，进化对同一个身体结构进行修饰可能会得到不同的结果。例如，鸟类和哺乳类的前肢可用来飞行、游泳、在各种地形上奔跑，或者抓握树枝等物体。尽管具有如此多种多样的功能，但是所有鸟类和哺乳类前肢的内部构造都非常相似（见图 14.8）。骨骼排列相同而功能却如此迥异，使得每种动物各自单独创生显得很没有说服力。然而，如果鸟类和哺乳动物的前肢得自同一祖先，这样的相似性就正是我们预料中的。通过自然选择，不同动物祖先的前肢发生了不同的变化。

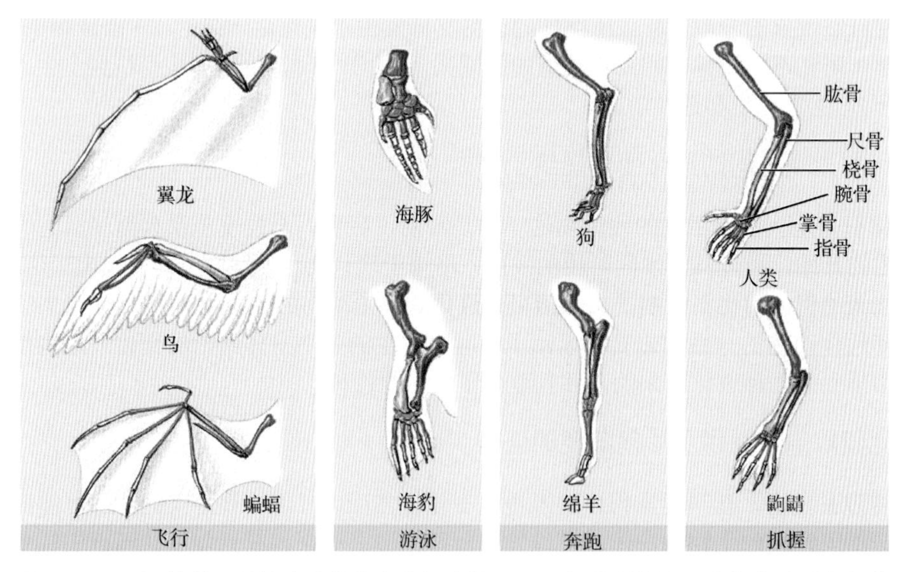

图 14.8　同源结构。尽管在功能上存在极大的不同，但是所有这些生物的前肢都包含从一个共同祖先遗传而来的同一组骨骼。骨骼的不同颜色提示了不同物种间的对应关系

这种结果上相似的内部构造称为同源结构，意思是它们具有同样的遗传起源，而不论现在它们的功能或外表有多么不同。

2. 无功能的结构遗传自祖先

自然选择导致的遗传也帮助我们解释了另一种奇怪的情况，即存在无明显基本功能的遗迹构造，例如吸血蝙蝠（靠吸食血液为生，因此不需要咀嚼食物）的臼齿、鲸，以及特定蛇类体内的骨盆（见图 14.9）。这两种遗迹构造显然与在其他脊椎动物（有脊椎骨的动物）中发现的有用结构是同源的。这些结构在不再需要它们的动物体内仍然持续存在，对此最好的解释是“进化辎重”。例如，作为鲸的祖先的哺乳动物有四条腿和发育良好的骨盆（见图 14.7）；鲸没有后腿，但有很小的骨盆和嵌在两边的腿骨。在鲸的进化过程中，失去后腿为其提供了有利条件，即身体变成了可在水中更好地运动的流线型。因此，现代鲸存留了无用的小骨盆。

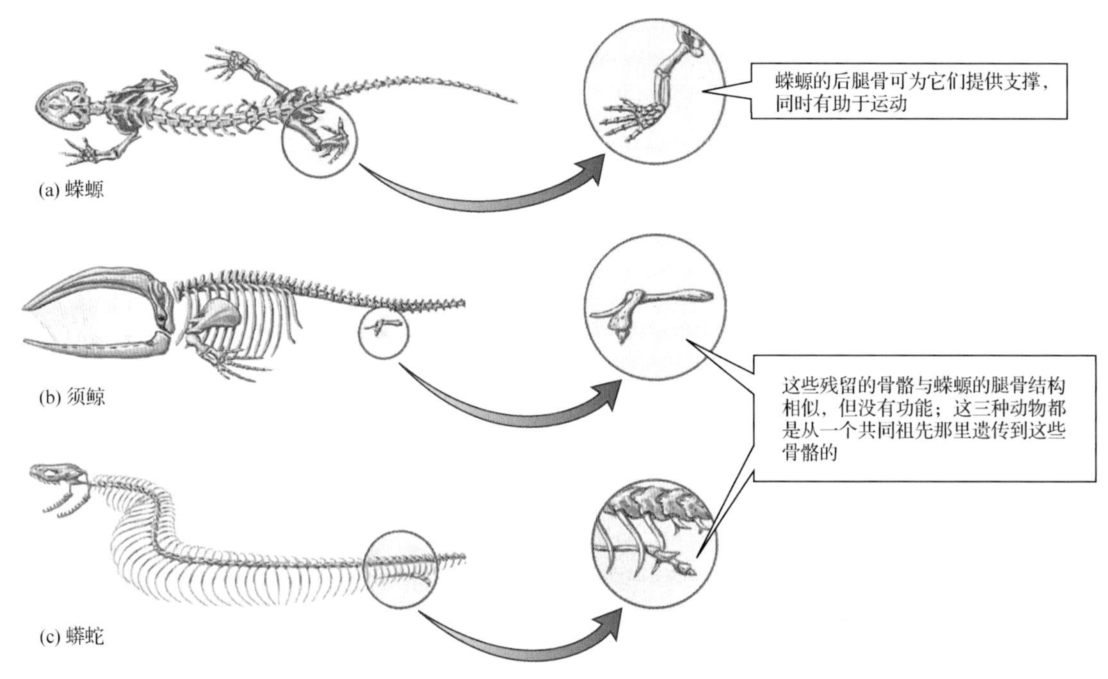

图 14.9 遗迹结构。很多生物体有着无明显功能的遗迹结构。图中(a)蝾螈、(b)须鲸和(c)蟒蛇都从共同祖先遗传到了下肢骨。这些骨骼在蝾螈中仍然保持着功能，但在鲸和蛇中则不然

3. 一些解剖学上的相似性是在相似环境下进化的结果

比较解剖学的研究通过鉴别一组不同物种从共同祖先遗传来的同源结构，阐明了生命的共同祖先。然而，比较解剖学家同样鉴定了许多不起源于共同祖先的解剖学上的相似性。实际上，这些相似性起源于趋同进化，在此过程中，自然选择导致具有相同功能但不同源的结构彼此相似。例如，鸟类和昆虫都有翅膀，但这种相似性并不是鸟类和昆虫从二者的共同祖先遗传来的构造逐渐演化而产生的，而是从两个不同的非同源结构经相似的改变而产生的。因为自然选择偏爱鸟与昆虫中会飞行的个体，所以这两个物种进化出了外观上大致相似的翅膀，但这种相似只是表面上的。这种表面上相似但非同源的结构称为同功结构（见图 14.10）。同功结构通常在内部构造上非常不同，因为这些部位不是从共同祖先的结构得来的。

4. 胚胎学的相似性暗示了共同祖先的存在

19 世纪早期，德国胚胎学家贝尔（Karl von Baer）注意到，所有脊椎动物的胚胎在其早期发

育过程中彼此极为相似（见图 14.11）。在早期胚胎阶段，鱼、龟、鸡、鼠和人类都会发育出尾巴和腮裂（又称腮蜗）。但是在这几种动物中，只有鱼成年后还保留腮，只有鱼、龟和鼠保留实质上的尾巴。

(a) 豆娘

(b) 燕子

图 14.10　同功结构。趋同进化会产生解剖学上不同但表面上类似的结构，如(a)昆虫和(b)鸟类的翅膀

为什么如此不同的脊椎动物会有相似的发展阶段？看上去合理的唯一解释是，脊椎动物的祖先有指导腮和尾巴发育的基因，它们的所有后代都会保留这些基因。在鱼体内，这些基因在发育全程都处于激活状态，使得成体带有发育完整的尾巴和腮。在人和鸡的体内，这些基因只在早期发育阶段处于激活状态，而在成体中则被丢掉或者不再显著。

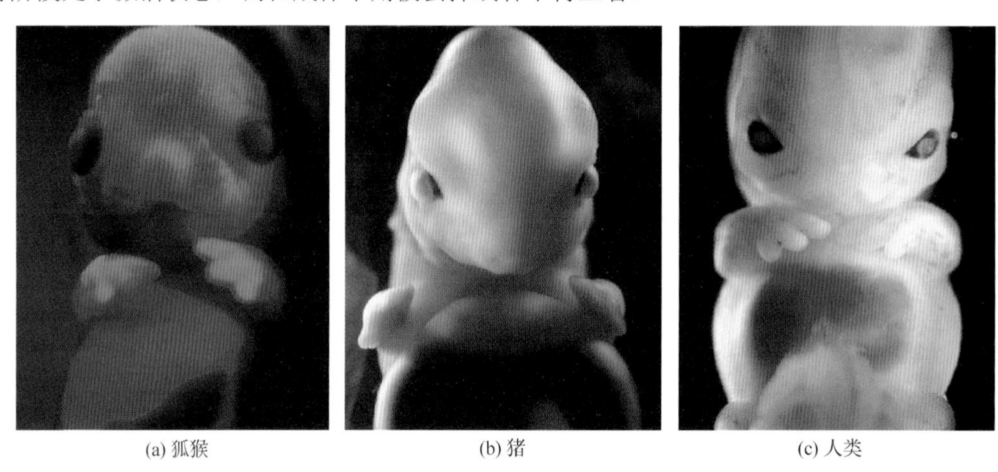
(a) 狐猴　(b) 猪　(c) 人类

图 14.11　胚胎学阶段揭示了进化上的关系。(a)狐猴、(b)猪和(c)人类的早期胚胎阶段，显示了解剖学特征上惊人的一致性

5. 现代生物化学和遗传学分析揭露了不同生物之间的亲缘关系

几个世纪以来，生物学家知道了生物之间解剖学和胚胎学方面的相似性，但是直到现代技术出现后才在分子层面上揭示了这些相似性。生物体生物化学方面的相似性提供了可能是它们进化上的亲缘关系的显著证据。如解剖学上的同源结构揭示了生物间的亲缘关系一样，同源分子也揭示了生物间的亲缘关系。

今天的科学家能够使用揭示分子同源性的有力工具：DNA 测序。如今，我们可以很快地确定一个 DNA 分子的核苷酸序列，比较不同生物体的 DNA。例如，考虑编码细胞色素 c 的基因（见第 11 章和第 12 章）。细胞色素 c 在所有动植物（和许多单细胞生物）中都存在，且在这些生物中都起相同的作用。编码细胞色素 c 的基因的核苷酸序列在这些不同的物种中都很相似(见图 14.12)。广泛分布的相同的复杂蛋白质由相同的基因编码，行使相同的功能，这是植物和动物的共同祖先的细胞中含有细胞色素 c 的证据。与此同时，细胞色素 c 的基因在不同物种间存在些许不同表明，在地球上大量植物和动物物种的独立进化过程中发生了一些变化。

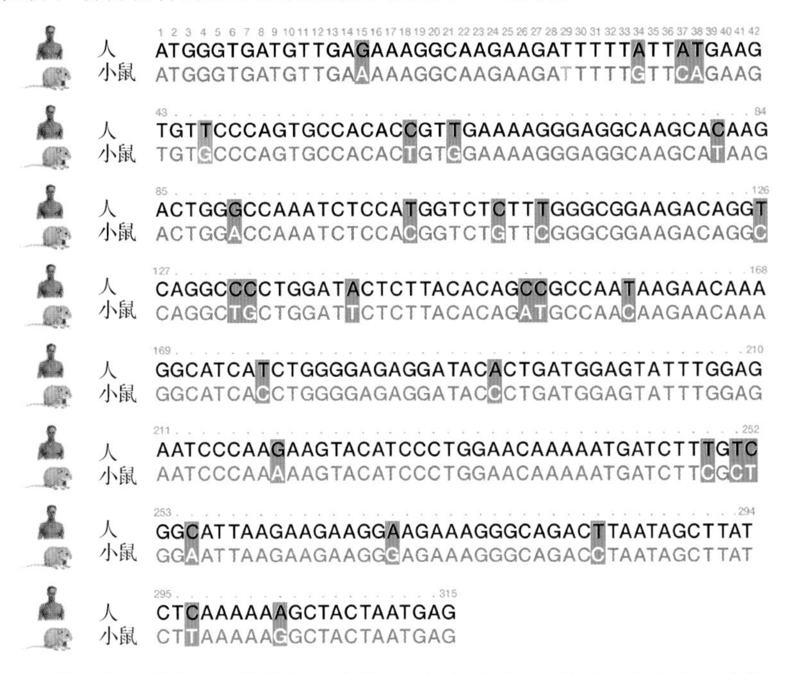

图 14.12 分子上的相似性显示了进化上的关系。在人类和鼠中编码细胞色素 c 的基因的 DNA 序列。在该基因的 315 个核苷酸中，只有 30 个（蓝色底色）在这两个物种之间是不同的

一些生物的化学相似性非常基础，以至于对所有活细胞都适用：

- 所有细胞都具有作为遗传信息载体的 DNA。
- 所有细胞都有 RNA、核糖体，以及大致相同的、用来将遗传信息翻译成蛋白质的遗传密码。
- 所有细胞都由大致相同的一套 20 种氨基酸来组建蛋白质。
- 所有细胞都以 ATP 作为细胞的能量载体。

对于这样广泛、复杂和具体的生物化学特点的相似性，最好的解释是这些特点是同源的。也就是说，这些特点在所有生物的祖先中产生过一次，且现在的所有生物都遗传到了这些特点。

14.4 种群通过自然选择进化的证据是什么

前面介绍了关于进化的证据，但进化经由自然选择而发生的证据究竟是什么？

14.4.1 受控繁殖使生物发生了改变

自然选择导致进化的证据之一是人工选择，即繁殖驯养动植物以便产生想要的性状。狗的多样性是人工选择的一个惊人例子（见图 14.13）。狗是狼的后裔，并且直到今天它们也很容易杂交。但是除了少数几个特例，现代的狗并不像狼。有些品种之间如此不同，以至于如果在野外发现它们，会被人们认为是不同的物种。人们只是通过不断地重复选择有着人们想要性状的个体进行繁殖，就在几千年内产生了这些完全不同的狗。因此，自然选择能够通过类似的过程在几亿年间产生现有生物的谱系，这一点似乎也是可以接受的了。人工选择和自然选择之间的联系给达尔文留

下了深刻的印象，因此他在《物种起源》中用了整整一章来讨论这个话题。

(a) 灰狼

(b) 多种多样的狗

图 14.13 狗的多样性揭示了人工选择的成果。(a)狗的祖先（灰狼）和(b)不同品种的狗的比较。人类的人工选择在短短几千年间就使狗的体形和形态产生了极大差异

14.4.2 自然选择导致的进化今天也存在

自然选择的其他证据来自科学观察和实验。自然选择的逻辑让我们没有理由认为进化变化只限于过去。毕竟，遗传变异和为获得生存资源的竞争当然不限于过去。达尔文和华莱士认为，这些条件将无法避免地导向自然选择引起的进化，于是在进化变化发生的同时，研究人员应该可以观测到它们。事实上，这样的变化已被人们观测到。下面介绍自然选择过程的一些例子。

1. 捕食者数量较少时，被捕食者会进化出更鲜艳的颜色

在千里达岛上，虹鳉在溪流中生存，同时溪流中还生存着几种更大的、常以虹鳉为食的捕食性鱼类（见图 14.14）。不过，在这些溪流的上游，水太浅以至于这些捕食者无法生存，因此虹鳉可以摆脱捕食者的威胁。科学家比较生活在上游的雄性虹鳉和生活在下游的雄性虹鳉发现，上游的虹鳉比下游的虹鳉的身体颜色要鲜艳得多。科学家知道，上游的种群来源于许多代以前能找到去浅水区的路的虹鳉。

图 14.14 虹鳉在缺乏捕食者的环境中进化得颜色更鲜艳。雄性虹鳉（上）的颜色雌性虹鳉（下）的更鲜艳。一些雄性虹鳉的颜色比其他雄性虹鳉的更鲜艳。在没有捕食者的环境中，自然会选择色彩鲜艳的雄性；在有捕食者的环境中，自然会选择颜色更暗淡的雄性

对这两个种群的不同颜色的解释来源于雌性虹鳉的性偏好。雌性虹鳉更喜欢与颜色最鲜艳的雄性交配，因此在繁殖方面，颜色鲜艳的雄性有着很大的优势。在没有捕食者的区域，颜色鲜艳的雄性比颜色暗淡的雄性产生更多的后代。不过，鲜艳的颜色会使虹鳉更易被捕食者发现，也更容易被吃掉。因此，在捕食者很常见的环境中，它们就会作为自然选择的因子，在颜色鲜艳的雄性能够繁殖前就将它们淘汰。在这些环境中，颜色暗淡的雄性占优势，并且能产生更多的后代。上游和下游虹鳉种群的颜色差别是自然选择的直接结果。

2. 自然选择会导致对除草剂和杀虫剂的耐受性

在对用于控制杂草生长的除草剂进化出耐受性的杂草种类方面，自然选择同样非常明显。农

业生产是否成功，取决于农民杀死与农作物竞争的杂草的能力。然而，世界上使用最广泛的除草剂“农达”的活性物质草甘膦现在即使以过去的致死剂量施用，对很多种杂草也效果不大。这些抗草甘膦的“超级杂草”是怎样产生的？答案是草甘膦已成为自然选择的一个因子。例如，三裂叶豚草是一种破坏力很大的杂草，在有些地方，这种杂草对草甘膦具有耐受性。如果对一片田野喷洒“农达”，几乎所有的三裂叶豚草植株都会被杀死，因为草甘膦会使一种植物生存必需的酶失活。然而，有少数几株三裂叶豚草会存活下来，研究人员发现，在这些幸存者中，有些携带一种突变，这种突变会使它们产生极多的草甘膦所攻击的酶，比正常用量的草甘膦所能破坏的要多得多。在重复使用“农达”的情况下，这种以前非常稀少的保护性突变会在很多三裂叶豚草种群中变得普遍。

耐草甘膦的超级杂草的进化历程是农业实践发生变化的直接结果。20 世纪 90 年代，生物科技公司孟山都开始销售经基因工程设计而不会被草甘膦伤害的农作物种子。这些“农达”耐受的农作物现在包括美国和其他一些国家的大部分大豆、玉米和棉花，它们让农民得以无限制地在田地里使用草甘膦而不必担心伤害到植物。结果是草甘膦的使用量飙升。如今，大规模农业生产极度依赖这种除草剂，尽管它的有效性因耐药杂草的进化而稳步降低。

就像杂草进化以抵抗除草剂一样，很多吃农作物的昆虫也进化出了抵抗农民用来控制它们的数量的杀虫剂。这种抵抗力在超过 500 种破坏农作物的昆虫中都有记录，且事实上每种杀虫剂都使至少一种昆虫产生了耐药的进化。人们为这种进化效应付出了严重的代价。农民为了控制耐药昆虫而使用额外的杀虫剂，仅在美国，每年便要花费 20 亿美元，还向土壤和水中多排放了几百万吨的有毒物质。

3. 实验可以证明自然选择的存在

除了观察野外的自然选择现象，科学家还设计了数量众多的实验以确定自然选择的作用。例如，一组进化生物学家将一小群变色龙放到了巴哈马群岛中 14 个此前没有蜥蜴生存的小岛上（见图 14.15）。最初，这些蜥蜴都来自史坦尼尔礁上的一个种群。史坦尼尔礁是一个有着高大植物的小岛，包括很多树木。相反，这些蜥蜴被投放到的岛屿上只有很少的树木，甚至根本没有树木。这些岛上覆盖着矮小的灌木和其他低矮的植物。

图 14.15　变色龙的腿发生进化，以适应改变了的环境

释放这些“殖民者”14 年后，生物学家回到了这些小岛上，发现最初的小群蜥蜴已发展得欣欣向荣，产生了成百上千的个体。在所有 14 个实验岛屿上，蜥蜴的腿都要比史坦尼尔礁上的蜥蜴的短且细。这表明在短短十余年的时间内，蜥蜴的种群就发生了改变，以适应新的环境。

为什么新的蜥蜴种群会进化出更短、更细的腿呢？更短、更细的腿使蜥蜴在狭窄的表面上能更灵活地机动，而更长、更粗的腿让蜥蜴能够跑得更快。史坦尼尔礁上有着枝叶茂密的大树，在这种条件下，与机动性相比，速度对躲避捕食者来说更重要，因此，自然选择更青睐有着尽可能粗且长的腿的蜥蜴，因为它们跑得较快。然而，当蜥蜴被放到只有稀疏灌木的环境中时，有着更长、更粗的腿的蜥蜴便处于劣势。在新的环境中，有着更短、更细的腿的个体，更易逃离捕食者的捕猎而存活下来，产生更多的后代。因此，平均来说，后代便具有更短、更细的腿。

14.4.3 自然选择作用于随机变异并选择最适应特定环境的性状

以下两点是上述进化变化的基础：

- **自然选择起作用的变异是由随机突变产生的**。千里达岛虹鳉的鲜艳颜色、三裂叶豚草中多出的酶和巴哈马蜥蜴的短腿，不是由雌性的择偶偏好、"农达"除草剂和稀疏枝叶产生的。产生这些有利性状的突变是自发出现的。
- **自然选择偏爱最适应特定环境的生物体**。自然选择不是产生越来越接近完美的生物的过程。自然选择并不选择任何绝对意义上的"最好"，而只选择在某种特定环境下的"最好"，这种"最好"随地点的不同而不同，并且可能随时间变化。在一系列条件下，占优势的性状可能在条件改变时变成不利的性状。例如，在草甘膦除草剂存在的情况下，产生大量必需的酶对三裂叶豚草是有利的，但是在自然条件下，产生不必要的、多余的酶是对宝贵能量和营养素的极大浪费。

复习题

01. 选择作用于个体，但只有种群在进化。解释为什么这种说法是正确的。
02. 区分灾变论和均变论。这些假说对进化论的发展有何贡献？
03. 描述拉马克的获得性特征遗传理论。它为什么无效？
04. 什么是自然选择？描述自然选择如何导致快速游动的掠食性鱼类（如梭鱼）的祖先之间的不平等繁殖。
05. 描述进化是如何发生的。在你的描述中，包括讨论物种的繁殖潜力、自然种群大小的稳定性、物种个体间的变异，以及遗传和自然选择。
06. 什么是趋同进化？举个例子。
07. 生物化学和分子遗传学是如何为进化的发生提供证据的？

第 15 章　种群如何进化

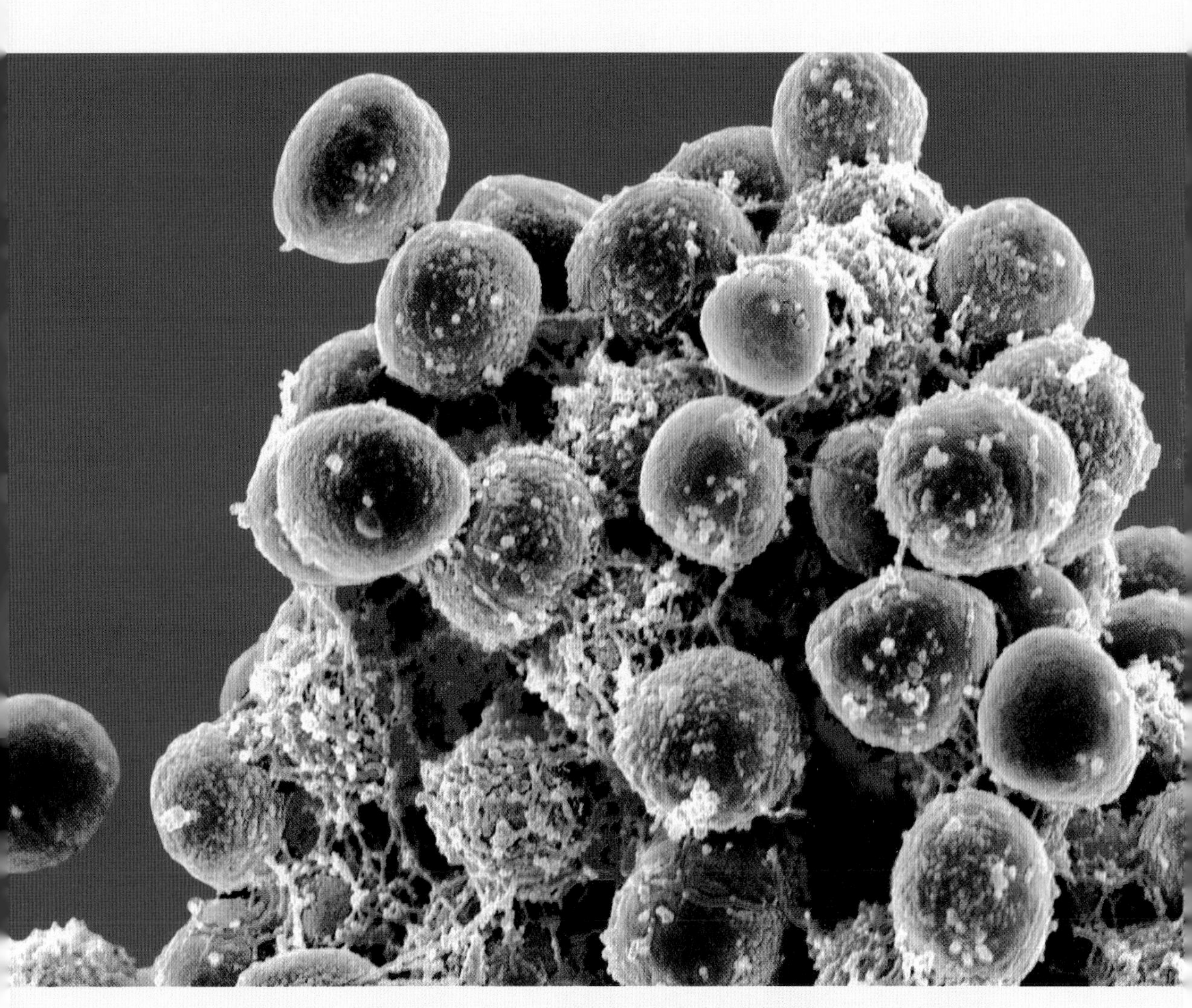

金黄色葡萄球菌是人类感染的常见来源，包括它在内的多种细菌都进化出了对抗生素的抗性

15.1 种群、基因和进化之间有何关联

如果养狗或养猫的你住在气候季节性变化的地区，就会注意到宠物的毛皮在冬天来临时变得更厚重。它发生进化了吗？答案是没有。我们在生物个体上看到的在其生命过程中发生的变化不是进化上的变化。相反，进化变化是在代代相传的过程中发生的，它使后代与其祖先不尽相同。

此外，我们不能通过仅观察一组双亲和后代就观测到进化变化。例如，如果看到一名身高 2 米的男性有一名身高 1.75 米的成年儿子，就能得出人类进化得越来越矮的结论吗？显然不能。相反，如果要了解人类在身高方面发生的进化变化，就应该首先测量许多世代中的许多人的身高，然后判断人们的平均身高是否在随时间发生变化。进化不是个体上的概念，而是种群上的概念。种群是包括给定区域内某个物种的所有个体的一个群体。

进化是种群层面上的效应这一观点，是达尔文的关键领悟之一。然而，种群是由个体组成的，且个体的行为和命运决定了哪些性状会传递给后代。通过这种方式，遗传成为生物个体的生命和种群的进化之间的连接点。下面回顾一些对个体适用的遗传学原理，并将这些原理扩展到种群遗传学的层面上。

15.1.1 基因和环境共同作用以决定性状

每个生物体的每个细胞都包含其染色体中 DNA 编码的遗传信息。基因是位于染色体上特定位置的 DNA 片段（见第 10 章）。基因中核苷酸的序列编码蛋白质中氨基酸的序列。通常情况下，这个蛋白质是一个催化细胞中的特定反应的酶。在给定的基因上，一个物种中不同个体之间可能在核苷酸序列上存在少许不同，称为等位基因。不同的等位基因产生同一种酶的不同形式。例如，影响人类眼睛颜色的不同等位基因帮助产生棕色、蓝色、绿色等颜色的眼睛。

在任何一个生物种群中，每个基因通常有两个或更多的等位基因。对二倍体物种的个体来说，如果对于特定的基因，它的两个等位基因相同，那么对这个基因来说，这个个体就是纯合子；如果对于这个基因，它的两个等位基因不同，那么这个个体就是杂合子。生物染色体上特定的等位基因（它的基因型）与环境相互作用，影响其身体和行为性状（它的表现型）的发育。

下面用一个例子来阐明这些原理。黑色仓鼠的毛皮是黑色的，因为其毛囊中发生的一个化学反应会产生一种黑色色素。当我们说一只仓鼠有产生黑色毛皮的等位基因时，意思是说这只仓鼠的一条染色体上一段特定的 DNA 片段，包含一段编码催化一个产生色素并形成黑色毛皮的酶的核苷酸序列。有着产生棕色毛皮的等位基因的仓鼠在对应的染色体区域上有着不同的核苷酸序列，这个不同的序列编码一种不能产生黑色素的酶。如果一只仓鼠对黑色等位基因来说是纯合的（有两个黑色的等位基因），或者是杂合的（有一个黑色的等位基因和一个棕色的等位基因），它的毛皮就会含有黑色素，而且是黑色的。然而，如果它对棕色的等位基因是纯合的，其毛囊就不能产生黑色素，其毛皮就是棕色的（见图 15.1）。因为就算只有一个黑色的等位基因存在，仓鼠的毛皮也会是黑色的，所以黑色的等位基因被认为是显性的，而棕色的等位基因被认为是隐性的。

15.1.2 基因库包含一个种群中的所有等位基因

在对进化的研究过程中，通过某个过程对基因的影响方式来研究这个过程，已被证明是一种极有用的方法。特别地，进化生物学家出色地运用了遗传学的一个分支作为工具。种群遗传学是处理种群中等位基因的出现频率、分配和遗传的科学。为了充分利用这个强大的工具来理解进化的过程，首先就要知道种群遗传学中的几个基本概念。

种群遗传学将基因库定义为包含一个种群中所有个体的所有等位基因的集合。我们可将基因

库想象成一个桶，种群中的每个个体都向这个桶中放入自己的基因型的一个副本。因此，基因库中每个等位基因的副本数等于：①只携带这个等位基因的一个副本的个体数，②携带两个副本的个体数的两倍。基因库不是一个物理实体，而是一个想象的能够帮助我们理解进化过程的构造。

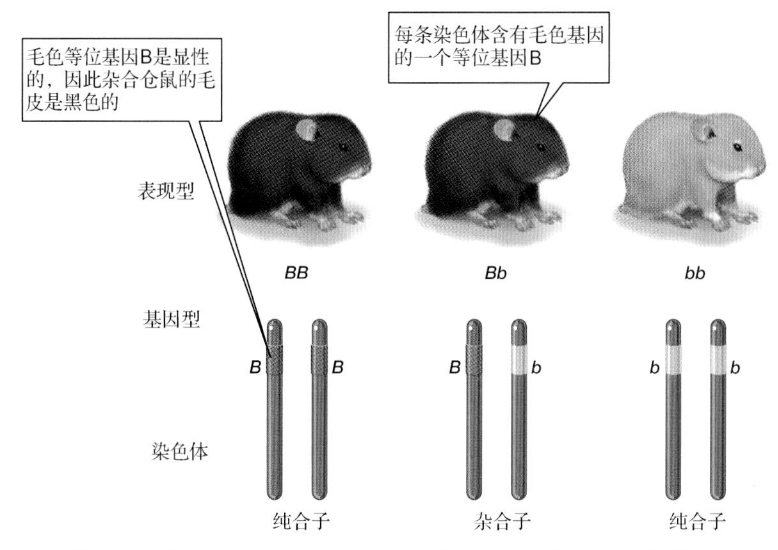

图 15.1　个体的等位基因、基因型和表现型。个体等位基因的组合是其基因型。基因型指代单个基因的等位基因（如图所示）、一组基因或一个生物的所有基因。个体的表现型由其基因型和环境共同决定。表现型指代一个性状、一组性状或者一个生物的所有性状

此外，每个特定的基因都可视为拥有自己的基因库，而这个基因库由种群中该特定基因的所有等位基因组成（见图 15.2）。如果对种群内每个个体中的每个等位基因进行计数，就能确定每个等位基因在基因库中所占的比例。等位基因在基因库中所占的比例称为其等位基因频率。例如，图 15.2 中描述的由 25 只仓鼠组成的种群含有 50 个控制皮毛颜色的等位基因（仓鼠是二倍体，因此每只仓鼠含有每个基因的两个副本）。50 个等位基因中的 20 个是编码黑色皮毛的，因此这个等位基因在种群中所占的比例为 20/50 = 0.40（或 40%）。

15.1.3　进化是种群中等位基因频率的改变

普通的观察者可能在种群个体的外观或外在行为发生变化的基础上定义进化。然而，种群遗传学家会对种群进行观察时，看到的是恰好划分到我们称为生物个体组中的基因库。因此，我们在构成种群的个体身上看到的许多外在变化，也可视为基因库中潜在变化的表现。因此，种群遗传学家将进化定义为基因库中等位基因频率随时间发生的变化。进化是种群的基因组成随世代发生的改变。

15.1.4　平衡种群是一种不发生进化的假想种群

如果先考虑一个不发生进化的种群具有什么特征，就更容易理解是什么导致了种群的进化。1908 年，英国数学家哈迪（Godfrey H. Hardy）和德国医生温伯格（Wilhelm Weinberg）各自独立地发展出了一个不发生进化的种群的简单数学模型。这个如今称为哈迪-温伯格定律的数学模型表明，在特定情况下，种群中的等位基因频率和基因型频率保持恒定，而不管过了多少代。换句话说，这个种群不发生进化。种群遗传学家称这种假设的不发生进化的种群为平衡种群（equilibrium population），在这样的种群中，只要满足如下这些条件，等位基因频率就不会发生变化：

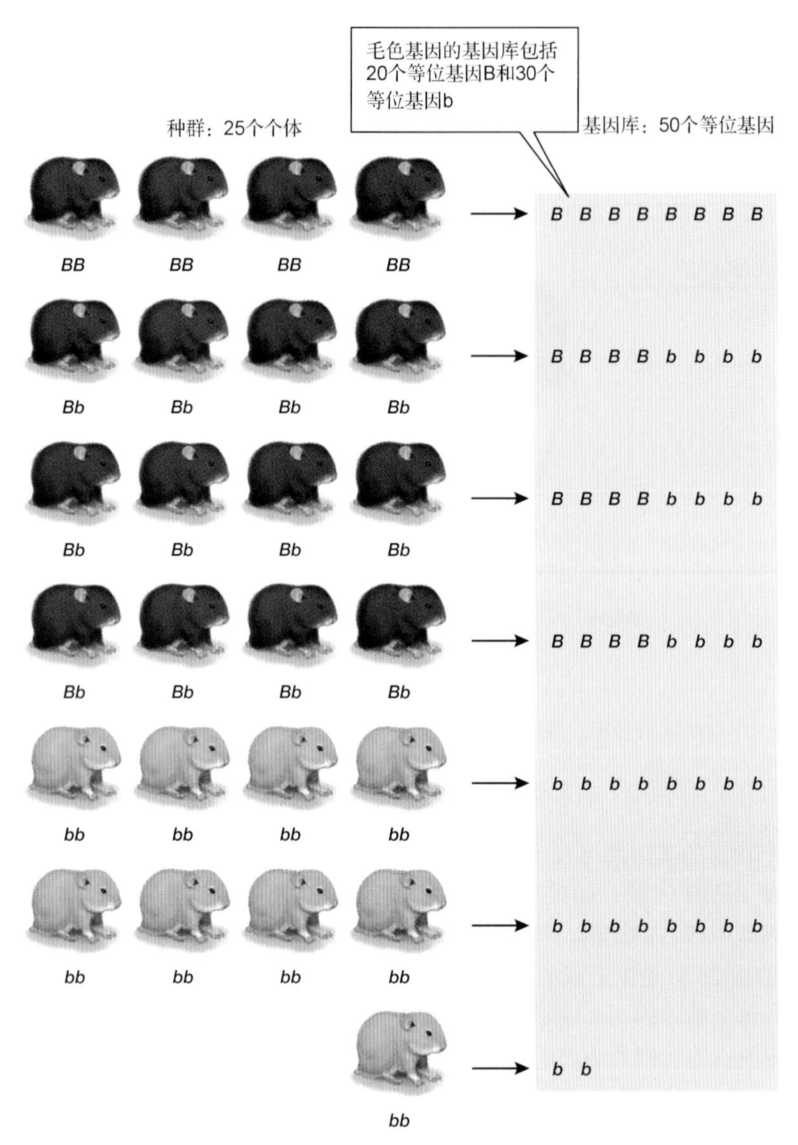

图 15.2　一个基因库。在二倍体生物中，种群中的每个个体向基因库中贡献每个基因的两个等位基因

- 不发生突变。
- 不存在基因流。也就是说，等位基因不得移入或移出种群（例如，种群外的生物体加入种群，或者种群内的生物体离开种群）。
- 种群必须很大。
- 所有的交配必须是随机的，不存在具有特定基因型的生物体倾向于与具有其他特定基因型的生物体交配的情况。
- 不存在自然选择。也就是说，具有所有基因型的生物体都要以同样的成功率进行繁殖。在这些条件下，种群中的等位基因频率将无限期地保持不变。

如果这些条件中的一个或多个得不到满足，等位基因频率就会发生变化，种群就会发生进化。

不出所料，几乎不存在处于平衡状态的自然种群。那么哈迪-温伯格定律的重要性是什么呢？哈迪-温伯格条件是研究进化机制的起点。在接下来的几节中，我们将检验其中的一些条件，说明自然种群无法满足这些条件的典型例子，并阐述其结果。

15.2 导致进化的是什么

种群遗传学理论预测，哈迪-温伯格平衡所需的 5 个条件之一发生偏差，平衡就会受到干扰。因此，我们可以预测出进化变化的 5 个主要原因：突变、基因流、种群过小、非随机的交配和自然选择。

15.2.1 突变是遗传多样性的最初来源

一个种群只有在不存在突变（DNA 序列的改变）的情况下才可能处于遗传平衡状态。大多数突变在细胞分裂时产生，细胞在这个时段对自己的 DNA 进行复制。有时，错误在复制过程中发生，使得复制的 DNA 与原 DNA 不匹配。修复 DNA 复制错误的细胞系统会很快地修复大多数这样的错误，但有些核苷酸序列的变化避开了修复系统。在产生配子（卵细胞或精子）的细胞中发生的未修复的突变可能会传递给下一代，并进入种群的基因库。

1. 可遗传的突变很少但很重要

突变在改变一个种群的基因库的过程中有多重要？对于任何一个给定的基因，在种群中只有极少一部分从上一代遗传到一个新的突变。例如，一个典型的人类基因的突变在十万个配子中才会出现一个，且由于新的个体是由两个配子的融合而形成的，在五万个新生儿中才会出现一个。因此，自发的突变通常只会导致任何一个特定的等位基因频率很小的变化。

尽管任何一个特定的基因产生可遗传突变的可能性都很小，但突变的累积效应对进化却至关重要。大多数生物有着大量不同的基因，因此，即使对任何一个基因来说其突变率很低，发生突变的绝对数也表明一个种群的每代都包含一些突变。例如，遗传学家估计，人类有 20000～25000 万个不同的基因，且由于每个人对每个基因来说都有两个副本，所以一个人携带有 40000～50000 个等位基因。因此，尽管每个等位基因平均只有十万分之一的概率发生突变，但是大多数新生儿可能携带一到两个突变。这些突变是新的等位基因，即其他遗传进程能在其中发挥作用的新的改变。于是，它们便成为发生变化的基石。没有突变，就不会有进化。

2. 突变是无目标导向的

突变不是因为生物体的需要而产生的。突变是随机发生的，可能会使生物体的某个结构或功能发生变化。无论这种变化是有利的、有害的还是中性的，是发生在现在还是发生在未来，都与生物体几乎无法控制的环境条件无关（见图 15.3）。突变不过是为进化变化提供了可能性。其他过程，尤其是自然选择，能将突变传遍整个种群，或者将这种突变淘汰。

15.2.2 种群间的基因流改变等位基因频率

等位基因在种群间的移动称为基因流，它会改变等位基因在种群之间的分布。生物个体从一个种群转移到另一个种群，并在新的地点进行种间杂交时，就会将等位基因从一个基因库转移到另一个基因库。例如，狒狒群居生活，一些个体（通常是少年狒狒）通常会离开群体而进入新的群体。如果这些狒狒足够幸运，它们加入新群体后会取得较高的社会地位，并且能够繁殖后代。通过这种方式，一个群体的雄性后代就能够将等位基因带到其他群体的基因库中。

在有些生物中，等位基因仅在生命周期的特定阶段才会在种群之间移动。例如，在开花植物中，大多数基因的流动是由种子和花粉的移动而产生的（见图 15.4）。风或者作为传粉者的动物可以携带包含精细胞的花粉至很远的地方。如果某粒花粉最终到达与其属于同一物种但不同种群的一株植物的花朵，就可使其受精并将自己的等位基因加入当地的基因库。类似地，种子也可能会被风、水或者动物携带至很远的地方，在那里发芽并成长为新种群中的一员，而这个种群距其起源地已经很远。

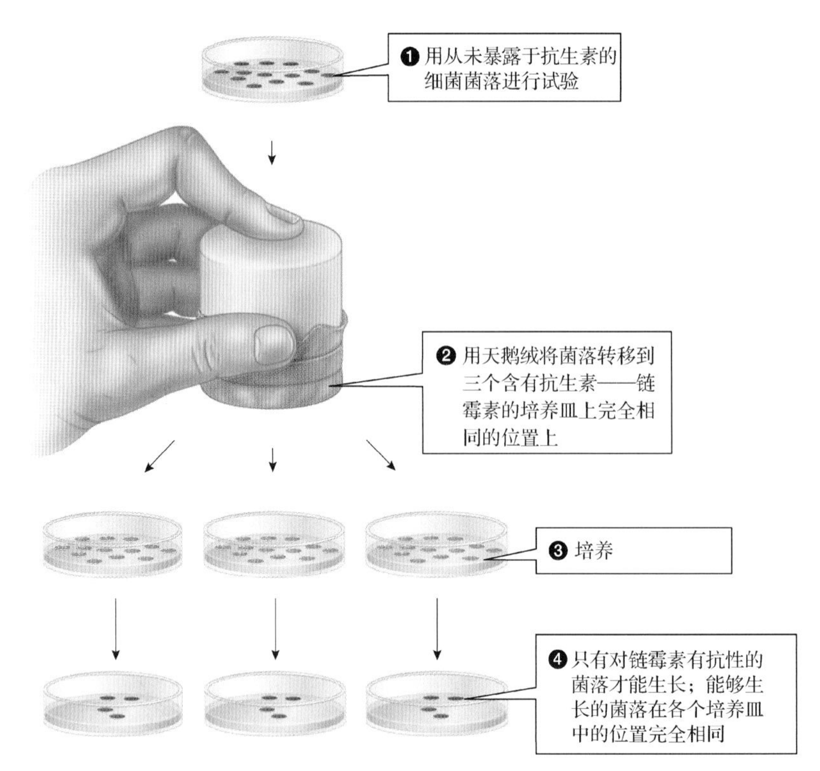

图 15.3 突变是自发产生的。这个实验表明突变是自发产生的，而不是响应环境条件而发生的。当从未暴露于链霉素的菌群暴露，只有很少的几个菌落能够存活。观察显示，这些存活下来的菌落在每个培养皿中都长在完全相同的位置，表明链霉素抗性突变在暴露于链霉素之前就已在原来的培养皿中出现

基因流的主要进化效应是增加一个物种的不同种群之间的遗传学相似性。为了理解这一点，想象两个杯子，其中一个装有淡水，另一个装有咸水。如果将几勺咸水转移到装有淡水的杯中子，淡水杯子中的水就会变咸。同样，等位基因从一个种群移动到另一个种群时，倾向于改变后者的基因库，使之变得更像源种群的基因库。

如果等位基因在不同种群之间持续不断地来回移动，不同种群的基因库就会因此发生混合。这种混合防止了不同种群的基因库之间产生很大的差别。但是，如果同一物种的不同种群之间的基因流被阻断，由此产生的遗传学上的差异就会持续增长，最终使其中一个种群成为一个新物种（见第 16 章）。

图 15.4 花粉可以成为基因流的媒介。在风中飘浮的花粉能够将等位基因从一个种群携带至另一个种群

15.2.3 小种群中的等位基因频率会发生偶然性改变

种群的等位基因频率可能会因偶然事件（非突变）而发生变化。例如，如果一个种群中的某些个体因运气不好而没能繁殖下一代，它们的等位基因就会被彻底地从基因库中清除，进而使基因库的组成发生变化。哪些运气不好的事件会随

机地让一些个体无法繁殖？种子可能会掉入池塘或停车场而无法发芽；花朵可能在受粉之前被冰雹或野火毁掉；任何生物都可能在繁殖后代前被洪水或火山爆发杀死。任何缩短生物寿命或者仅允许种群的任意几个亚群繁殖后代的事件，都会引发等位基因的随机改变。偶然事件改变等位基因频率的过程称为遗传漂变（genetic drift）。

为了理解遗传漂变是怎样起作用的，可以想象一个由20只仓鼠组成的种群。在这个种群中，黑色皮毛的等位基因B的频率是0.50，棕色皮毛的等位基因b的频率是0.50（见图15.5的上图）。如果种群中的所有仓鼠都能互相杂交而产生新的20只动物，那么在下一代中，这两个等位基因的频率不发生变化。但是，如果只让两只随机选出的仓鼠（图15.5的上图中圈出的仓鼠）交配，并成为下一代的20只动物的父母，那么在第二代中，等位基因频率可能变得相当不同（见图15.5的中图；B的基因频率下降，而b的基因频率上升）。如果第二代的繁殖又被限制在两只随机选出的仓鼠（图15.5的中图中圈出的仓鼠）之间，第三代的等位基因频率就可能再次发生变化（见图15.5的下图）。只要繁殖被限制在种群的随机亚群中，等位基因频率就会持续地发生变化。注意，遗传漂变产生的变化可以包括一个等位基因从种群中消失。例如，在图15.5所示的例子中，B等位基因在第三代中消失（导致黑色皮毛这个表现型也消失）。

1. 种群的大小很重要

遗传漂变在所有种群中都会发生，只是程度不同而已，但小种群中的遗传漂变发生得更迅速、影响更大。如果一个种群足够大，偶然事件就不太可能显著地改变其基因组成，因为随机地移除几个个体的等位基因不会对种群的整体基因频率产生很大的影响。不过，在较小的种群中，一个特定的等位基因可能只存在于几个生物体中，偶然事件可能会将这个等位基因的大多数甚至全部副本从种群中移除。

为了理解种群的大小是怎样影响遗传漂变的，下面回到假想仓鼠种群的第一代（见图15.5的上图）。四分之三的仓鼠是黑色的，四分之一的仓鼠是棕色的；等位基因B和b的基因频率都是50%。现在想象另外两个种群，它们的毛色和等位基因频率都与图15.5中的相同，只是其中一个种群只有8个个体，另一个种群有20000个个体。

下面考虑这两个种群的繁殖情况。从每个种群中随机选出四分之一的个体进行繁殖。每对仓鼠产生8只子代，然后死亡。在大种群中，5000只仓鼠进行繁殖，产生一个含有2万只仓鼠的新种群。在这个新种群中，所有个体的毛皮都是棕色的概率是多少？答案是，这个概率基本上为零，即仅当这5000只随机选择的动物都恰巧是棕色（bb）仓鼠时才会发生。实际上，就算只有1.5万只或1.2万只仓鼠是棕色的，也是极其不可能的事情。最可能的结果是约有四分之一的繁殖者是棕色的，约四分之三的繁殖者是黑色的，于是产生同样由25%的棕色仓鼠和75%的黑色仓鼠组成的一个新种群（其中等位基因B的基因频率为50%，等位基因b的基因频率为50%），就像原有的种群一样。因此，在较大的种群中，等位基因频率在不同世代之间不会发生重大变化。

然而，在由8只仓鼠组成的小种群中，情况就不一样了。如果再次选择种群的四分之一进行繁殖，那么只有两只仓鼠能够繁殖。考虑到种群原来的基因频率，这两只能够繁殖的仓鼠都是棕色的概率为12.5%。如果这件事情发生了（并非不可能），下一代的8只仓鼠将全部是棕色的个体。因此，黑色皮毛的等位基因在一代之后于小种群中消失的事件是有可能发生。

对上述预言的一种测试方法是，编写一个计算机程序，模拟在很多世代中每代都只有随机的亚群中的个体能够繁殖后代的情况下，等位基因频率会发生怎样的变化。图15.6a显示了在大种群中运行4次模拟的结果。每个等位基因的初始频率都设为50%。注意，等位基因B的频率始终保持接近其初始频率的状态。

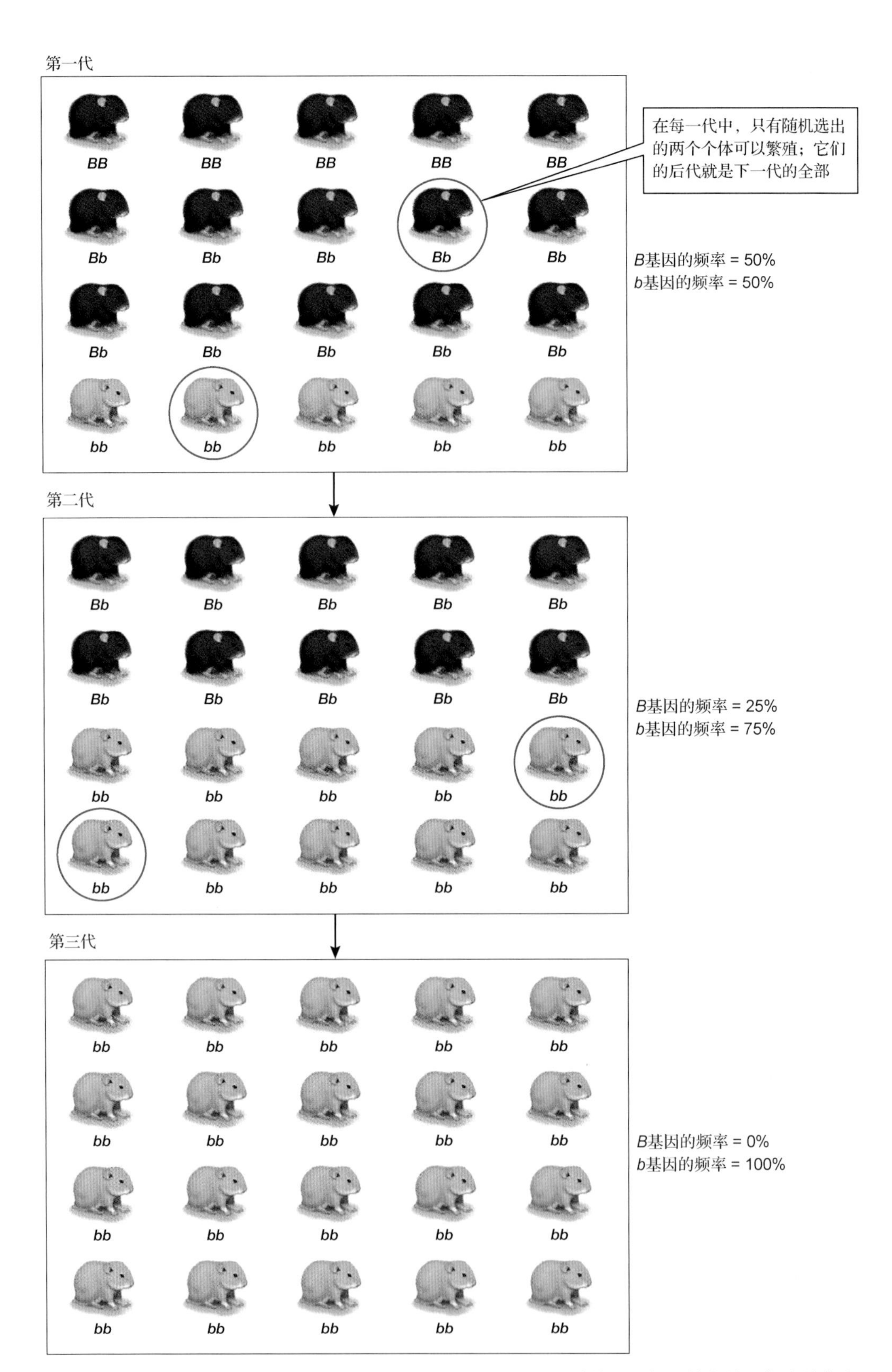

图 15.5　遗传漂变。如果偶然事件使一个种群中的部分个体无法繁殖后代，等位基因频率将发生随机改变

图 15.6b 显示了在小种群中运行 4 次模拟后等位基因 B 的命运。在其中的一次模拟（红线）中，等位基因 B 在第二代中的基因频率达 100%，也就是说，在第二代及以后的世代中，所有仓鼠都是黑色的。在另一次模拟中，B 的频率在第三代降到了零（蓝线），因此在之后的世代中，所有个体都是棕色的。在半数的模拟中都有一个表现型消失，因此可以看出给定模拟方法的模拟结果在小种群中比在大种群中更难预料。

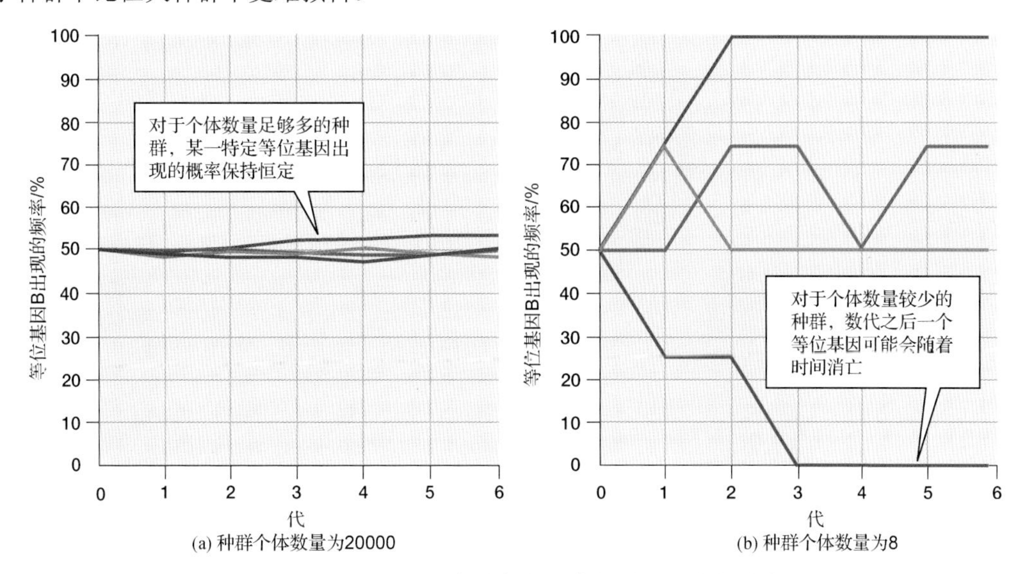

图 15.6　种群大小对遗传漂变的作用。彩色线条代表等位基因 B 的频率在(a)大种群和(b)小种群中随时间发生变化的一次电脑模拟。每次模拟开始时，等位基因 B 的频率都是 50%，且在每代中只有随机选择的一些个体能够繁殖

2. 种群瓶颈导致遗传漂变

遗传漂变的两种形式（种群瓶颈和建立者效应）进一步说明了小种群可能对物种中等位基因频率产生的影响。在种群瓶颈中，一个种群的个体数会因诸如自然灾害或过度狩猎等原因而急剧减少。在种群瓶颈之后，只有少数个体能够存活下来并将基因传递给下一代。种群瓶颈能够急剧改变等位基因频率，并通过消灭等位基因来减少种群的遗传学多样性（见图 15.7a）。即使种群在一段时间后变大，种群瓶颈的遗传学效应也可能持续存在几百代甚至几千代。

种群瓶颈导致的遗传学多样性减少曾发生在很多种群中（见图 15.7b）。19 世纪，象海豹在人类的捕猎下几乎灭绝。19 世纪 90 年代，只有约 20 个个体幸存。作为种群头领的雄性象海豹会垄断交配权，因此在这个极端的种群瓶颈时期，一只雄性象海豹可能是这个种群所有后代的父本。自 19 世纪末以来，象海豹的数量持续增长到了约 30000 只。然而，生物化学检查表明，所有这些北方象海豹在遗传上几乎是一模一样的。由于遗传学多样性如此匮乏，象海豹这个物种几乎没有发生进化变化以适应环境的潜能。因为这个物种的遗传学多样性非常有限，所以无论存在多少只象海豹，这个物种都很容易灭绝。

3. 孤立创始的种群可能产生瓶颈

当很少的生物体建立孤立的群体时，就会发生奠基者效应（founder effect）。例如，在迁徙途中迷路或被风暴吹离航线的一群鸟可能会在一个孤岛上停留下来。这个小小的奠基者群体可能会碰巧含有与其亲代非常不同的等位基因频率。如果是这样，新地点的种群基因库就会与它来自的更大种群非常不同。例如，考虑居住在宾夕法尼亚州兰开斯特郡的安曼派教徒，他们起源于约 200 人的 18 世纪移民。在今天的兰开斯特郡的安曼派教徒中，一种称为软骨外胚层发育不良的

疾病就比在一般人群中常见得多（见图 15.8）。该病在安曼派教徒中的流行起源于一对携带这种疾病的等位基因的原初移民。由于奠基者群体如此之小，这个病例表明该等位基因在种群中的频率相对较高（200 人中有 1～2 名携带者，而一般人群的 1000 人中仅有 1 名携带者）。较高的原初等位基因频率、奠基者效应及接下来的遗传漂变，使得软骨外胚层发育不良出现在这个安曼派教徒群体中。

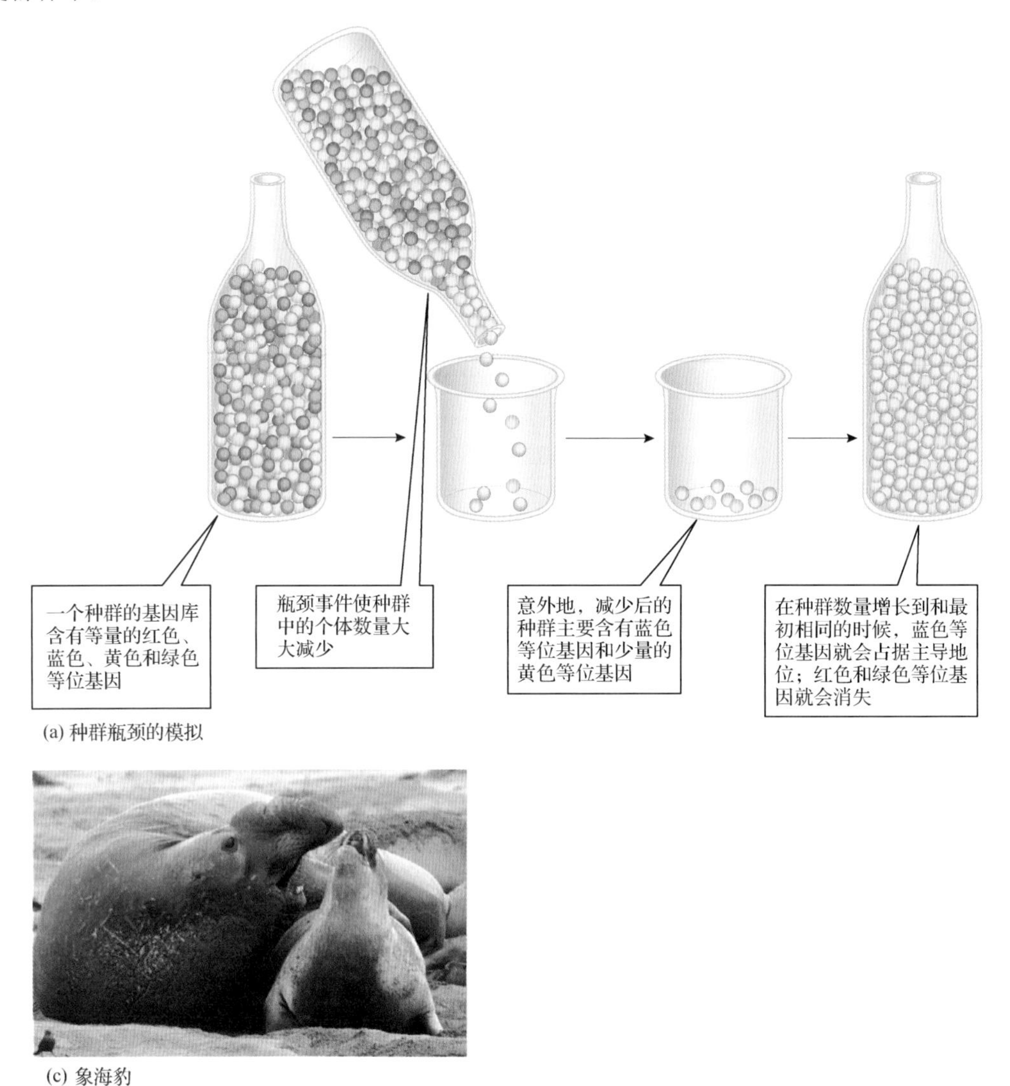

图15.7　种群瓶颈减少多样性。(a)种群瓶颈可能急剧减少基因型和表现型的多样性，因为少数存活下来的个体可能携带类似的一套等位基因。(b)北方象海豹在不久的过去经历了一次种群瓶颈，导致该种群的遗传学多样性非常低

15.2.4　种群内的交配几乎从来都不是随机的

不随机交配会在进化中起到很重要的作用，因为生物极少会严格地随机交配。例如，许多生物的移动性很差，倾向于留在接近其出生、孵化或萌发的地方。在这样的物种中，一对父母的大多数后代都生活在同一片区域，因此当它们繁殖后代时，它们和自己的生殖伴侣之间很可能存在亲缘关系。这种在亲属之间发生的有性繁殖过程称为近亲交配。

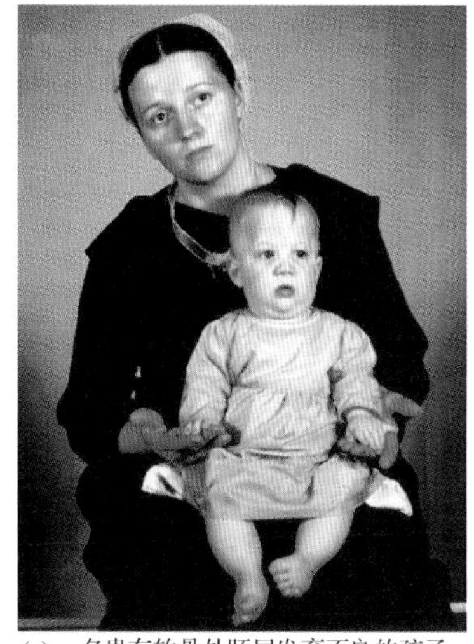

(a) 一名患有软骨外胚层发育不良的孩子

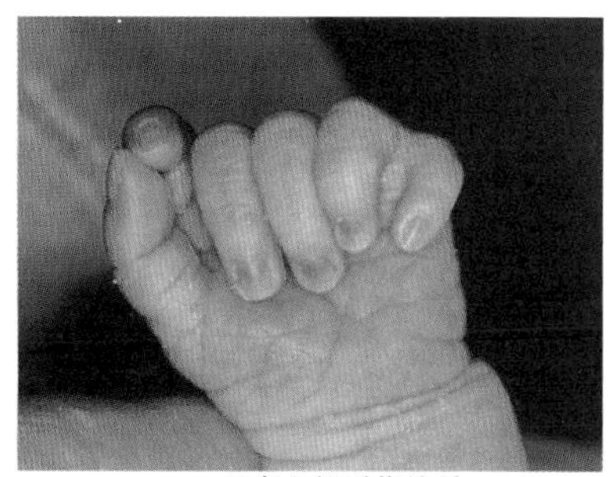

(b) 一只有六根手指的手

图 15.8 奠基者效应在人类中的例子。(a)一名女性安曼派教徒及其患有软骨外胚层发育不良病的孩子。这种疾病的症状包括较短的胳膊和腿、(b)多余的手指，以及在有些病例中出现的心脏发育缺陷。在宾夕法尼亚州兰开斯特郡的安曼派教徒中，这种疾病流行的原因是奠基者效应。

由于亲属在遗传上相似，近亲繁殖往往会增加从父母双方遗传相同等位基因的个体数量，因此许多基因是纯合的。纯合子增加会带来很多害处，比如有更多的遗传疾病或遗传缺陷发生。很多基因库都包含有害的隐性等位基因，这些基因在种群中持续存在，因为它们存在于杂合子（只携带一个副本的有害等位基因）中，其效应被掩盖。然而，近亲交配会增大产生携带两个有害等位基因的纯合子的概率。

在动物中，如果动物个体存在影响其选择交配对象的偏好或偏见，就会发生非随机交配。雪雁就是一个很好的例子。这个物种的个体存在两个“颜色相位”：一些雪雁是白色的，另一些则是蓝灰色的（见图 15.9）。尽管白色和蓝灰色的雪雁属于同一个物种，但它们对交配对象的选择就颜色而言却不是随机的。它们强烈倾向于与和自己有同样颜色的异常交配。这种偏好与自己相似的配偶的现象称为选择性交配。

图 15.9 雪雁的非随机交配。有着白色羽毛或蓝灰色羽毛的雪雁，最可能与和其具有相同颜色的异性交配

近亲交配或选择性交配本身不改变种群中的基因频率。不过，它们在不同基因型的分配中有着很大的作用，因此在种群表现型的分配中起很大的作用。

15.2.5 不同的基因型不是同等有益的

在一个假想的平衡种群中，具有不同基因型的所有个体在存活和繁殖方面都是同等有利的；没有任何一种基因型相对于其他基因型是优越的。然而，这种情况很少在真实的种群中出现，甚至从来不会出现。尽管很多等位基因是中性的，即含有这些不同等位基因的生物体具有同样的可能性存活下来并进行繁殖，但有些等位基因会使得携带它的生物体具有优势。每当一个等位基因为其携带者提供，那么就像华莱士（Alfred Russel Wallace）所说的“一点小小的优势”那样，携带该基因的个体就会在自然选择中脱颖而出，在这个过程中，具有能帮助其存活并繁殖的性状的个体要比不具有这些性状的个体产生更多的后代。下一节将深入研究自然选择的影响。

表 15.1 简要说明了引发进化的不同原因。

表 15.1　引发进化的不同原因

过　程	结　果
突变	产生新等位基因，增加多样性
基因流	增加不同种群的相似性
遗传漂变	导致等位基因频率随机改变，能够消灭等位基因
非随机交配	改变基因型的频率，但不改变等位基因频率
自然选择和性选择	增加有利的等位基因的频率，产生适应性

15.3　自然选择是如何发挥作用的

与前面介绍的引发进化的原因不同，自然选择会在种群适应环境变化的同时塑造种群的进化模式。对自然选择引发的适应性进化的研究一直都是进化生物学的焦点。

15.3.1　自然选择起源于不平等的繁殖

英国经济学家赫伯特·斯宾塞（Herbert Spencer）于 1864 年创造了“适者生存”一词，以概括达尔文称为自然选择的过程。然而，这一表述并不十分准确：自然选择偏好能增加其携带者存活率的性状，但只在增大存活率的同时还能增大繁殖率的情况下这样做。增大存活率的性状可能是使个体活得足够长而增大繁殖后代的概率，或者是延长个体的寿命而增大繁殖的概率。最终，只有成功的繁殖才能决定个体的等位基因的未来，以及下一代中与这些等位基因有关的性状的普及率。因此，自然选择的主要驱动力是繁殖上的差别：携带特定等位基因的个体较携带其他等位基因的个体能够留下更多的后代（这些后代会遗传到这些等位基因），用进化生物学的术语来说是，具有更大繁殖成功率的个体要比具有更低繁殖成功率的个体有着更好的适应性。

15.3.2　自然选择作用于表现型

尽管我们将遗传定义为一个种群在基因组成上发生的变化，但还要认识到自然选择并不是直接作用于生物个体的基因型的。相反，自然选择作用于表现型，作用于种群中的个体所表现出来的结构和行为。然而，这种对表现型的选择不可避免地会影响到种群中存在的基因型，因为表现型和基因型是紧密相连的。例如，我们知道一株豌豆的高度受其特定等位基因的很大影响。如果一个豌豆种群遇到偏好高植株的环境条件，较高的豌豆就会留下更多的后代。这些后代携带有助于其亲代长高的等位基因。因此，如果自然选择对某种特定的表现型有利，它也需要同时对其潜在的基因型有利。

15.3.3　一些表现型相对于其他表现型存在繁殖优势

如我们所见的那样，自然选择只表明有些表现型要比其他表现型更成功地繁殖。这个简单的过程却是进化变化中非常重要的因素，因为只有最适宜的表现型才能将性状传递给后代。但是什么让表现型适应呢？成功的表现型是有最好适应性的表现型，即可帮助个体在特定环境下存活并繁殖的特性。

1. 环境包含非生物成分和生物成分

生物个体必须适应外界环境，而环境不仅包含非生物的物理因素，而且包括与该个体存在相互作用的其他生物。环境中的非生物因素包括气候、水和土壤养分等因素，这些非生物因素在决定帮助生物体存活和繁殖的性状方面起很大的作用。不过，适应性产生的原因还包括与环境中的其他生物成分（即其他生物体）发生的相互作用。下面用一个非常简单的例子来说明这个概念。

考虑在怀俄明州西部平原一小片泥土中生长的一株水牛草。这株植物的根必须吸收足够的水和矿物质才能生长繁殖，即它必须适应所处的非生物环境。然而，就算是在怀俄明州的干旱草原上，这种需求也只是轻微的，条件是这株植物是单独生长的，且是在那片土地上被保护起来的。然而，实际上，很多其他植物（其他水牛草，以及其他种类的野草、三齿蒿灌木和一年生的野花）也在同一片土地上发芽生长。这株水牛草要存活，就必须与其他植物争夺资源。它长而深的根系及高效吸收矿物质的方式不是因平原干燥而进化出来的，而是因必须与其他植物共享干旱草原而进化出来的。此外，水牛草必须与以其为食的动物（如牛和这片草原上的其他食草动物）共存。因此，随着时间的流逝，更强韧和更难吃的水牛草就要比普通水牛草更好地存活下来，在草原上产生更多的后代。结果是水牛草的叶子由嵌入其中的二氧化硅化合物加固，非常强韧。

2．竞争是自然选择的一个因素

如水牛草的例子那样，自然选择的一个主要来源是为了稀有资源而与其他生物进行的竞争。资源的竞争在同一物种的个体之间尤为激烈，原因就如达尔文在《物种起源》中所写的那样：“它们经常出没的地点是相同的，需要相同的食物，并且暴露在相同的危险之中。”换句话说，没有哪两个互相竞争的物种像两个属于同一物种的个体那样，有着如此相似的生存需求。尽管不同的物种可能也会为了相同的资源而竞争，但是它们的竞争不会达到同一物种中个体之间那样的激烈程度。

3．捕食者和猎物都是自然选择的因素

当两个物种之间具有广泛的联系时，每个物种都会对对方产生很强的选择作用。当其中一个物种进化出新特征或者旧特征发生改变时，另一个物种就会进化出新的适应性作为回应。两个物种互相等同地影响对方进化的过程称为协同进化（coevolution）。我们最熟悉的一种协同进化方式可能是在捕食者和猎物之间的关系中发现的。

捕食作用描述了一个物种消费另一个物种的相互作用的关系。在某些例子中，捕食者（负责消费的物种）和猎物（被消费的物种）之间的协同进化是一种生物军备竞赛，其中的每方都会发生进化以适应对方的升级。达尔文用狼和鹿之间的关系作为例子：狼主要捕食跑得慢的或粗心大意的鹿，从而留下跑得快且更警觉的鹿进行繁殖并传递这些性状。由此产生警觉的敏捷的鹿反过来又对迟缓、笨拙的狼进行选择，因为这样的捕食者无法获得足够的食物。

4．抗生素耐药性阐明了自然选择的关键

抗生素耐药性的例子突出强调了自然选择的一些重要特点。

（1）*自然选择不会造成个体的遗传学改变*。对抗生素存在耐药性的等位基因是在某些细菌中自发产生的，远在该细菌遭遇抗生素之前。抗生素不是耐药性产生的原因；它们的存在仅有利于具有抗生素破坏等位基因的细菌的生存，而不利于没有这种等位基因的细菌的生存。

（2）*自然选择作用于个体，但进化改变的是种群*。自然选择的媒介（本例中是抗生素）作用于细菌个体。因此，有些个体能够繁殖，有的则不能。然而，当细菌的等位基因频率发生变化时，整个种群就发生了进化。

（3）*自然选择导致的进化不是进步的，它不会让生物体变得“更好”*。当环境发生变化时，自然选择所偏好的性状随之发生变化。只有使用抗生素时，抗药细菌才会受到青睐。一段时间后，当环境不再含抗生素时，抗药细菌相对于其他细菌反而可能处于不利的地位。

15.3.4 性选择偏好那些帮助生物交配的性状

在多种动物中，雄性都有着突出的外表，如明亮的颜色、长长的羽毛或鳍、精致的角。雄性还可能表现出复杂的求偶行为。尽管这些“奢侈”的特性通常会在交配中发挥作用，但它们看起来与有效的生存和繁殖存在矛盾。夸张的装饰和炫耀行为可能会帮助雄性接近雌性，同时也会让雄性变得更加显眼，因此易被捕食者攻击。这种明显的矛盾深深吸引了达尔文，他创造了“性选择”一词来描述这种特殊的、用来帮助动物获得配偶的选择作用。

达尔文认识到，性选择是被雄性之间的性竞赛或雌性对特定雄性表现型的偏好驱使的。雄性之间争夺交配权的竞赛会促使那些有利于打斗或具有侵略性仪式性行为的特征进化（见图 15.10）。雌性对配偶的选择是性选择的第二个来源。在雌性可以主动选择配偶的物种中，雌性通常更喜欢具有最精致装饰或最夸张炫耀行为的雄性（见图 15.11）。这是为什么？

图 15.10 通过性选择，雄性之间的竞争有利于仪式性战斗结构的进化。两只雄性大角羊在交配季节（秋季）的争斗。在很多物种中，这些竞争的失败者很难获得交配权，而胜者则有着极大的繁殖成功率

图 15.11 孔雀艳丽的尾巴是通过性选择进化出来的。显然，现代母孔雀的祖先在决定和哪只雄性交配时十分挑剔，它们喜欢更长、更艳丽的尾巴

一种假设是，雄性的结构、颜色和炫耀行为等不提高生存能力的特征，对雌性动物来说是雄性动物的状态的外在信号。只有强健的雄性才能在拥有一条更易受捕食者攻击的艳丽大尾巴的同时存活下来。相反，生病或携带寄生虫的雄性相比健康的雄性来说是迟钝且呆滞的。当雌性选择颜色最鲜艳、装饰最精致的雄性时，就相当于在选择最健康、最强壮的雄性。例如，最强壮的雄性能够更好地抚育下一代，或者携带有抗病的等位基因，这些基因能够遗传给后代并保证它们的存活，于是雌性就增大了适应度。因此，雌性通过选择装饰最精致的雄性来增加生殖优势，同时这些光鲜华丽的雄性的性状（包括夸张的装饰物）将传递给后代。

15.3.5 选择以三种方式影响种群

自然选择和性选择会导致各种各样的进化模式。进化生物学家将这些模式归类为如下三种（见图 15.12）：

- 定向选择有利于具有某种性状极值的个体，而不利于具有平均值和相反极值的个体。例如，定向选择可能更青睐小的体形，并对体形中等和较大的个体进行负选择。
- 稳定化选择有利于具有平均性状的个体（如中等体形），并对具有极端性状的个体进行负选择。

- 歧化选择有利于具有不同极端性状的个体（如大体形和小体形），并对具有中间性状的个体进行负选择。

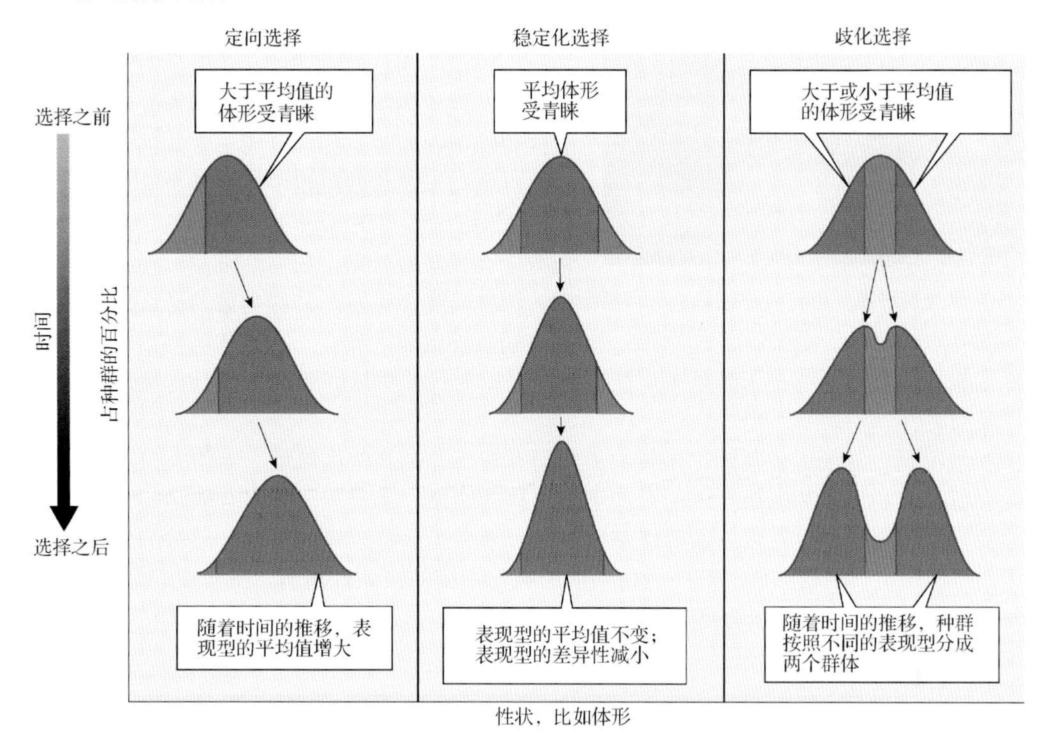

图 15.12 选择随时间对种群产生影响的三种方式。自然和/或性选择的三种方式的图示，作用于表型的正态分布，可以随着时间的推移影响种群。在所有图表中，蓝色区域代表被选中的个体，即不能像紫色范围内的个体那样成功繁殖的个体

1. 定向选择使性状向特定的方向改变

如果环境条件的变化始终如一，那么作为应答，物种便可能向一个始终如一的方向进化。例如，在过去的“冰河时代”，地球的气候变得非常寒冷，许多哺乳动物便都进化出了更厚的毛皮。细菌耐抗生素的进化是另一个定向选择的例子：当细菌的生存环境中存在抗生素时，对抗生素有更强抗性的个体要比抗性较弱的个体繁殖更多的后代。

2. 稳定化选择消灭偏离平均值太远的个体

定向选择不可能永远持续下去。当一个物种很好地适应特定的环境时会发生什么？如果环境保持不变，出现的大多数新突变就都是有害的。在这种情况下，我们认为物种服从稳定化选择。稳定化选择有利于平均性状个体的生存和繁殖。稳定化选择通常在一个性状受到两个相对的、来源不同的环境压力时发生。例如，在须虎属蜥蜴中，最小的蜥蜴很难保卫自己的领地，但最大的蜥蜴又更容易被猫头鹰吃掉。因此，须虎属蜥蜴服从有利于中等体形的稳定化选择。

3. 歧化选择使同一种群中的不同个体适应不同的栖息地

当一个种群在有着一种以上有用资源的区域居住时，就可能发生歧化选择。在这种情况下，最适宜的性状可能根据资源种类不同而有所不同。例如，在非洲丛林发现的食用种子的黑腹裂籽雀（见图 15.13），其食物来源包括硬种子和软种子。打开硬种子需要大而强壮的喙，但小而尖的喙对于进食软种子来说更有效。因此，黑腹裂籽雀有两种尺寸的喙。一只裂籽雀的喙可大可小，但很少有中等大小的喙；具有中等大小喙的个体相对于具有大喙或小喙的个体来说，生存率较低。

图 15.13 黑腹裂籽雀。由于歧化选择，每只黑腹裂籽雀都有较大（左）或较小（右）的喙

因此，黑腹裂籽雀中的歧化选择有利于具有大喙或小喙的个体，但不利于具有中等大小喙的个体。

黑腹裂籽雀是平衡多态现象的一个例子，也就是在一个种群中保持两种或两种以上的表现型。在很多平衡多态现象的案例中，表现型因为受到个别环境因子的青睐而存留。例如，考虑一些非洲人中存在的两种血红蛋白。在这些种群中，对某个等位基因是纯合子的人们的血红蛋白分子是有缺陷的。这样的血红蛋白分子会聚集成长链，扭曲红细胞，使红细胞变得衰弱。这种畸变会引发一种称为镰刀形红细胞贫血的严重疾病，导致病人死亡。在现代药物出现之前，这种镰刀形细胞等位基因的纯合子甚至不可能活到能繁殖后代的时候。那么为什么自然选择未消灭这个等位基因呢？

实际情况是，这个等位基因远未被消灭，而存在于非洲某些区域近一半的人口中。这个等位基因的存留是有利于该基因杂合子的对冲平衡选择的结果。携带一个编码有缺陷的血红蛋白的等位基因和一个编码正常血红蛋白的等位基因的杂合子会患症状较轻的贫血，但对疟疾的抵抗力却增强了，而疟疾是一种在赤道非洲广为传播的影响红细胞的致死性疾病。在非洲疟疾的高危地带，杂合子能够存活且比两种纯合子繁殖得更成功。因此，正常的血红蛋白等位基因和镰刀形细胞等位基因都被保留下来。

复习题

01. 什么是基因库？如何确定基因库中的等位基因频率？

02. 定义平衡种群，概述种群保持遗传平衡必须满足的条件。

03. 人口规模如何影响等位基因频率变化的可能性？遗传漂变是否会导致等位基因频率发生显著变化？

04. 如果你测量了一个基因的等位基因频率，且发现与哈迪-温伯格原理预测的频率有较大差异，这会证明自然选择正在你研究的人群中发生吗？回顾导致平衡人口的条件，并解释你的答案。

05. 人们喜欢说“你不能证明否定”。再次研究图15.3中的实验，对其演示的内容进行评论。

06. 描述自然选择随着时间的推移影响种群的三种方式。哪种方式最可能发生在稳定的环境中，哪种方式可能发生在快速变化的环境中？

07. 什么是性选择？性选择与其他形式的自然选择有何异同？

第 16 章　物种的起源

中南大羚是一种深藏于越南山区的动物，直到 1992 年科学家才发现它们

16.1　什么是物种

尽管达尔文出色地解释了进化是怎样一步步塑造出复杂的生物体的，但其观点未能完全解释生命的多样性，尤其是自然选择的过程本身并不能解释生物是怎样被划分成许多种类的。观察大型猫科动物时，我们无法找到从一系列连续且不同的老虎性状逐渐变成狮子的性状的证据。我们将狮子和老虎视为独立的、不同的种类，二者不存在重叠。每个独特的种类称为一个物种。

在日常生活中，大多数人都会不假思索地给"物种"一词一个非正式的、不科学的概念。我们能看出麻雀和鹰之间存在显著差别，而鹰又显然与鸭子不同。但当我们试图做更好的区分时，就会遇到困难；区分不同种的麻雀并不简单，尤其是在我们不了解是什么组成了一个物种情况下。那么，科学家是怎样更好地区分不同物种的呢？

16.1.1　每个物种都是独立进化的

今天，生物学家将物种定义为独立进化的一组种群。每个物种都沿一条独立的路径进化，因为等位基因很少在不同物种的基因库间移动。不过，这个定义未清楚地说明判断这样的进化独立性的标准是什么。最广泛使用的标准将物种定义为"*事实上或潜在地具有相互交配能力的自然种群的集体，而这个集体与其他集体之间存在生殖隔离*"。这种称为**生物种概念**的定义建立在对生殖隔离能够保证进化独立性的观察之上。

生物种概念有两个主要的局限性。首先，因为这个定义建立在有性繁殖的模式上，因此无法帮助我们确定无性繁殖生物的物种界限。其次，直接观察到两个不同集体的成员是否发生相互交配不总是现实的，有时甚至是不可能的。因此，希望确定一群生物体是不是一个独立的物种的生物学家，必须经常在不确定这个集体的成员是否会和集体外的成员交配时就给出论断。

尽管生物种概念存在局限性，但大多数生物学家还是接受它为鉴定有性繁殖生物物种的方法。然而，研究细菌和其他主要无性繁殖的生物的生物学家需要一个替代定义，甚至有些研究有性繁殖的生物的生物学家也更喜欢不依赖于很难测量的特质（生殖隔离）的定义。人们还提出了生物种概念的几个替代方案（见第 18 章）。

16.1.2　外表可能具有误导性

生物学家发现，有些外表非常相似的生物属于不同的物种。例如，科迪勒拉蚊霸鹟和北美蚊霸鹟非常相似，经验丰富的观鸟者都无法分辨它们（见图 16.1）。同样，亚洲的大劣按蚊和哈里森按蚊也没有可见的差别，但这种外表的相似性掩盖了对人们来说很重要的不同：前者在人与人之间传播致命的疟疾，但后者通常不会传播疟疾。

(a) 科迪勒拉蚊霸鹟

(b) 北美蚊霸鹟

图 16.1　不同物种的个体的外观可能是相似的。(a)科迪勒拉蚊霸鹟和(b)北美蚊霸鹟属于不同的物种

表面上的相似性有时候会隐藏多个物种。最近，研究人员发现过去称为双条纹闪光蝶的物种实际上是一个包含至少 10 个不同物种的集体。这些物种的毛虫外表上的确存在不同，但它们的成虫却极其相似，以至于在科学家首次描述和命名这种蝴蝶后两个世纪的时间里都未被区分出来。

反过来说，外表上的不同也不总是表明两个种群属于不同的物种（见图 16.2）。例如，当我们遭遇一条西北乌蛇时，它可能是棕色的、黑色的、灰色的、绿色的，或者是杂色的，它可能有条纹，也可能没有条纹。如果有条纹，这些条纹可能宽，也可能窄，并且可能是多种颜色中的任何一种。然而，尽管它们的外观多种多样，但是所有西北乌蛇都属于同一个物种。

(a) 有着绿色条纹的西北乌蛇

(b) 有着红色条纹的西北乌蛇

图 16.2　同一物种的不同个体的外观可能不同。(a)有着绿色条纹的西北乌蛇和(b)有着红色条纹的西北乌蛇属于同一个物种

16.2　物种之间的生殖隔离是如何维持的

是什么阻止了进行有性繁殖的物种之间的交配？阻止交配并维持生殖隔离的性状称为隔离机制（见表 16.1）。隔离机制为个体提供了显著的益处。与另一个物种的个体进行交配的个体可能无法产生后代（或产生不适应环境的后代或不育的后代），从而浪费其为繁殖所做的努力，且使其无法对后代做出贡献。因此，自然选择对于防止物种间交配的性状是有利的。

表 16.1　生殖隔离的机制

交配前隔离机制：防止分属于两个物种的个体进行交配的因素
• 地理隔离：物种之间不相互交配，因为有物理障碍将二者隔离开来
• 生态隔离：物种之间不相互交配，即使它们处于同一区域也是如此，因为它们占据不同的栖息地
• 时间隔离：物种之间不相互交配，因为它们在不同的时间段交配
• 行为隔离：物种之间不相互交配，因为它们的求偶动作和交配仪式不同
• 机制不相容性：物种之间不相互交配，因为它们的生殖器官不相容
交配后隔离机制：防止分属于两个物种的个体在交配后产生强壮、可育的后代的因素
• 配子不亲和性：一个物种的精子无法使另一个物种的卵细胞受精
• 杂种无活力：杂种后代无法存活
• 杂种不可育：杂种后代不育，或者生育力很弱

16.2.1　交配前隔离机制防止跨物种交配

很多机制都可维持生殖隔离，但阻止交配发生的隔离尤为有效。预防物种间交配的机制称为交配前隔离机制。下面介绍最重要的几种交配前隔离机制。

1. 属于不同物种的个体可能无法相遇

如果属于不同物种的个体无法接近对方，它们就无法交配。地理隔离防止种群间的相互交配，因为它们生活在不同的、物理上分离的地点（见图 16.3）。然而，我们无法确定地理上分离的种群是否属于不同的物种。如果将两个种群分离开的物理屏障不复存在（例如，新通道将两个此前并不相连的湖泊连在一起），再次结合的种群可能会自由杂交，最终仍属于同一个物种。因此，一般来说，地理隔离不被视为维持物种间生殖隔离的机制。相反，它是一个产生新物种的机制。如果在除去地理屏障的情况下种群之间仍不能相互杂交，那么一定发展出了其他的交配前隔离机制。

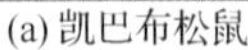

(a) 凯巴布松鼠

(b) 艾伯特松鼠

图 16.3　地理隔离。为了确定这两只松鼠是否是同一物种，我们必须知道它们是否“事实上在相互交配或者具有潜在的相互交配能力”。遗憾的是，这一点很难确定，因为(a)凯巴布松鼠只在科罗拉多大峡谷的北边生活，而(b)艾伯特松鼠在大峡谷的南边生活。这两个种群地理上是相互隔离的，但仍然很相似。自从它们分离开来后，它们是否有了足够的分歧以至于在它们之间出现了生殖隔离呢？因为它们仍然保持着地理隔离，所以无法确定

图 16.4　生态隔离。雌性无花果小蜂携带着在一个无花果中交配得到的受精卵。它将找到另一个属于同一物种的无花果，通过孔洞进入无花果，产卵后死亡。它的后代在无花果中孵化、生长并交配。因为每种无花果小蜂都只在属于自己的特定无花果中繁殖，所以每种无花果小蜂种间都存在生殖隔离

2. 不同物种可能占据不同的栖息地

利用不同资源的两个种群可能生活在同一个综合区域的不同栖息地，并因此表现出生态隔离。例如，白冠带鹀和白喉带鹀的地理分布区域广泛重叠。然而，白喉带鹀主要出没于密集的灌木丛，而白冠带鹀主要栖息在原野和草甸地区，极少进入植被密集的区域。在繁殖季节，这两个物种的个体可能只相距几百米，却极少能见到对方。一个更具戏剧性的例子来自 300 多种不同的无花果小蜂（见图 16.4）。在大多数情况下，特定种类的无花果小蜂在特定无花果的果实中繁殖（同时为其传粉），且每种无花果都仅是一种或两种为其传粉的小蜂的宿主。因此，属于不同物种的无花果小蜂在繁殖期间极少遇到另一种小蜂，同时一种无花果的花粉通常不会带到另一种无花果的花中。

3. 不同物种在不同的时间繁殖

就算两个物种占据相同的栖息地，如果繁殖季节不同，它们也无法交配，这种效应称为时间隔离（以时间为基础的隔离）。例如，春蟋蟀和秋蟋蟀都在北美的很多地方生活着，但就像它们的名字所示的那样，前者在春季繁殖，而后者在秋季繁殖。因此，两个物种不会发生种间杂交。

对植物来说，不同物种的繁殖器官可能在不同的时间成熟。例如，加州沼松和辐射松都生长

在美国加州蒙特利岛附近的海岸上（见图 16.5），但它们在不同的时间释放装有精子的花粉（且在不同的时间使卵细胞做好准备接受花粉）：辐射松在早春时节释放花粉，而加州沼松则在夏季释放花粉。因此，这两个物种在自然条件下不会发生杂交。

(a) 加州沼松　　(b) 辐射松

图 16.5　时间隔离。(a)加州沼松和(b)辐射松在自然界中共存。在实验室中，它们能产生可育杂种；在野外，它们不会相互杂交，因为它们在一年中的不同时间释放花粉

4．不同物种的求偶信号可能不同

动物复杂的求偶颜色和行为能够防止与其他物种的个体进行交配。物种之间不同的信号和行为产生了行为隔离。例如，求偶期的雄性艳粉天堂鸟的夸张羽毛及引人注目的姿势明显表明了其所属的物种，因此其他物种的雌性意外地与之交配的概率非常小（见图 16.6）。在蛙类中，雄性的无差别交配给人留下了深刻的印象。受交配欲望驱使时，它们会扑向视力所及范围内的所有雌性，而无论对方属于什么物种。不过，雌性则只接受发出与其物种对应叫声的雄性。如果雌性发现自己被与不属于同一物种的雄性抱住，就会发出让雄性放开自己的“叫声”，因此只会产生极少数的杂种，即属于不同物种的双亲交配产生的后代。

图 16.6　行为隔离。一只艳粉天堂鸟为了吸引异性而进行表演，包括与众不同的姿态、动作、羽毛和叫声。这些行为与其他天堂鸟并不相似

5．不同的性器官阻止交配企图

在极少情况下，属于不同物种的雄性和雌性个体会试图交配，但它们的尝试通常会失败。在体内受精（精子存储在雌性的生殖道内）的动物物种之间，雄性和雌性动物的生殖器官无法组合到一起。不相容的身体形状让物种之间的交配变得不可能。例如，壳有左手螺旋的蜗牛就无法与壳有右手螺旋的蜗牛成功交配，因为壳的不匹配会使身体朝向不匹配。在植物之间，花的大小和结构的差别会阻止花粉在种间传递，因为不同的花会吸引不同的传粉者。这种隔离机制称为机制不相容性。

16.2.2　交配后隔离机制限制杂种后代的生存

当交配前隔离机制失败或尚未进化出来时，属于不同物种的个体可能会相互交配。然而，如果产生的所有杂种后代都在生长发育的过程中死亡，那么这两个物种之间仍然存在生殖隔离。即

使杂种后代能够存活，如果这些杂种后代对环境的适应性弱于亲代，或者杂种本身是不可育的，那么这两个物种仍然保持相互隔离，二者之间的基因流动很少或者不存在。防止物种间产生强壮、可育杂种的机制称为交配后隔离机制。

1. 一个物种的精子无法使另一个物种的卵细胞受精

即使一只雄性动物和另一个物种的一只雌性动物完成了交配，其精子也有可能无法使对方的卵细胞受精，这种隔离机制称为配子不亲和性。例如，在体内受精的动物中，雌性生殖道内的液体能够弱化或杀死来自其他物种的精子。

配子不亲和性在有些物种中可能是非常重要的隔离机制，例如水生无脊椎动物和风媒植物，二者分别通过将配子分散到水中或空气中来繁殖。例如，海胆的精子中含有一种让它们与卵细胞结合的蛋白质。这种蛋白质的结构在不同物种的海胆中是不同的，因此一种海胆的精子不能与另一种海胆的卵细胞结合。鲍鱼（一种软体动物）的卵细胞被一层膜包裹着，这层膜只能被含有特定酶的精子穿透。这种酶在每种鲍鱼中都是不同的，因此杂种是极其罕见的，尽管几种鲍鱼在同一片水域中共存且在同一时段内产卵。在植物之间，类似的化学不亲和性也可防止来自一个物种的花粉在另一个物种的柱头（捕捉花粉的结构）上萌发。

2. 杂种后代无法存活或繁殖

若物种间的受精的确发生，则产生的杂种可能无法存活，这种情况称为杂种无活力。指导两个物种生长发育的遗传指令非常不同，以至于杂种后代在发育早期就夭折了。例如，俘虏豹蛙可与树蛙交配，且能产生受精卵。然而，产生的胚胎不可避免地会在几天后死亡。

在其他动物中，杂种可能会活到成年，但无法繁殖，因为它表现出无效的生育行为。例如，特定种类的相思鸟之间产生的杂种很难筑巢。杂种的每个亲代个体都遗传到了一种特定的搬运筑巢原料的先天行为；其中一种将材料塞到臀部的羽毛下面，而另一种则用喙来搬运材料。不过，杂种则使用这两种行为的一种奇怪的混合体。它们一次又一次地试图将筑巢材料塞到羽毛下，但又无法做到，因为它们不肯将材料从喙间放开。有着这种无效筑巢行为的杂种在野外很可能无法繁殖。

图 16.7 杂种不可育。这只狮虎兽是不可育的。它的两个亲代物种的基因库维持隔离状态

3. 杂种后代不可育

大多数杂种动物，例如骡（马和驴杂交）和狮虎兽（在动物园中产生的狮子和虎的杂交），都是不育的（见图 16.7）。这种杂种不可育性可防止杂种将遗传物质传递给后代，从而阻断两个亲代物种之间的基因流。杂种不可育的普遍原因是，染色体在减数分裂阶段无法适当配对，因此卵细胞和精子无法发育。

16.3 新物种是如何产生的

尽管达尔文对自然选择的过程探索得十分详尽，但他并未提出物种形成（即新物种的形成过程）的完整机制。不过今天，生物学家认为，物种形成要依靠两个过程：隔离和基因趋异。

- **种群的隔离**：如果个体能在两个种群间自由移动，由于相互交配和因此发生的基因流动，其中一个种群中发生的变化很快就会广泛分布于另一个种群中。因此，除非有什么阻断了两个种群之间的相互杂交，否则两个种群不可能变得越来越不同。物种的形成要依靠隔离才能产生。

- **种群间的基因趋异：**两个种群只是彼此隔离并不够。只有在隔离时段内进化出足够大的差别，它们才会成为独立的物种。这种差别必须大到被隔离的两个种群重聚时，也无法进行杂交并产生强壮、可育的后代。也就是说，只有在趋异的结果是进化出隔离机制时，新物种才宣告形成。这些差异可能是偶然发生的（遗传漂变），尤其是被隔离的种群中至少有一个是较小的种群时。如果被隔离的种群经历不同的环境条件，那么也会通过自然选择产生较大的遗传学差异。

物种生成需要隔离及其后发生的趋异，但这些步骤可能以不同的方式发生。进化生物学家将物种生成的不同通路分成了两大类：*异域物种形成*，这时两个种群地理上是相互分离的；*同域物种形成*，这时两个种群共享一片地理区域。

16.3.1 种群的地理隔离导致同域物种形成

当不可跨越的物理屏障分开一个种群的不同部分时，就会经由同域物种形成的方式生成新物种。

1. 生物体可能移居到隔绝的栖息地

如果一个小种群迁移到新位置，它便可能被隔离（见图 16.8）。例如，一些陆地生物可能移居到大洋中的一个岛屿上。这些殖民者可能是鸟、会飞的昆虫、真菌孢子或被风暴携带的风媒种子。更多附着于土地上的生物可能会靠从海岸上漂走的植物到达小岛。不管通过什么途径，我们知道这样的迁移经常发生，因此就算是最偏僻的岛屿也存在生命。

通过迁移而产生的隔离并不限于岛屿。例如，不同的珊瑚礁可能会被几千米宽的海域分开，因此许多被洋流带到远处的珊瑚礁的礁生海绵、鱼或藻类会与原种群形成有效的隔离。任何有界的栖息地，如湖泊或山顶，都会将到来的移居者与外界隔离。

2. 地质和气候变化可能对种群进行分隔

将种群分离的地形变化也可能导致隔离。例如，上升的海平面可能将沿海的小山变成岛屿，从而隔离上面的居民。火山爆发产生的岩石能将连续的海或湖分开，从而分裂种群。改道的河流也能将种群分开，新生成的山脉也能做到这一点。气候变化，如冰河时期发生的几次气候变化，能够改变植物的分布和种群的链状布局，这些种群当时分布在相互隔离的一片片适宜居住的栖息地。

图 16.8　异域物种形成和趋异。在异域物种形成过程中，一些事件导致种群被不可跨越的地理屏障分开。这种划分的一种方式是迁移到一个孤岛上。两个被分开的种群可能会在遗传上产生趋异的现象。如果两个种群之间的遗传差异大到使二者不能进行杂交，这两个种群就组成了两个独立的物种

在地球的历史上，很多种群曾因大陆漂移而分开。大陆漂浮在熔融的岩石上，在地球表面缓慢移动。在地球悠久的历史中，大陆多次分裂为许多小块，且随后互相分离（见图 17.11）。这样的分裂每次都会将许多种群分开。

3. 自然选择和遗传漂变被隔离的种群产生差异

如果两个种群之间产生了地理隔离，不管出于什么原因，它们之间都将不存在基因流。如果这些地点的环境存在不同，那么自然选择在不同的地点会偏好不同的性状，这两个种群便会积累遗传差异。如果一个或更多种群小到可以发生实质上的遗传漂变，或者少数几个个体和种群的主体隔离开来而产生奠基者效应，那么尤其容易产生这样的结果。在任何一种情况下，分离的种群之间的遗传差异都会逐渐累积，最终使得二者之间无法杂交。此时，两个种群就分属于不同的物种。大多数进化生物学家相信，地理隔离后发生的异域物种形成是最普遍的新物种来源，在动物中尤其如此。

16.3.2 不存在地理分离的遗传学隔离导致同域物种形成

遗传隔离（受限的基因流）对物种的形成是必需的，但种群的基因隔离可以不依靠地理分离而产生。因此，同域物种形成也可以产生新物种。

图 16.9 同域隔离和趋异。在同域物种形成过程中，有些事件会阻止同一地理区域的一个种群的两部分之间的基因流。导致这种遗传隔离的一种方法是种群的一部分开始使用一种此前未用过的资源，如昆虫种群的一部分转移到另一种宿主植物上。这两个现在被隔离开来的种群产生遗传差异。如果两个种群之间的遗传差异变得足够大，以至于能够防止二者之间发生杂交，那么这两个种群就成为不同的物种

1. 生态隔离可以减少基因流

如果一个地理区域包括两个不同种类的栖息地（其中的每个都有自己独立的食物来源、抚育后代的场所等），一个物种中不同的个体可能会开始聚集在其中一个或另一个栖息地。如果条件合适，两个不同栖息地中的不同自然选择可能导致这两组个体的性状朝不同的方向进化。最终，这些差异可能会变得大到使两组成员之间不再发生杂交，于是一个物种就分裂为两个物种。这样的分裂可以说就在生物学家的眼前发生，例如一种称为苹果实蝇的果蝇就发生了这样的现象。

苹果实蝇是一种寄生于美国山楂树上的寄生虫。这种蝇类在山楂树的果实中产卵，在孵化出蛆后，它们便以果实为食。大约 150 年前，科学家发现，苹果实蝇开始寄生在从欧洲引入北美的苹果树上。现在看来，苹果实蝇正分裂为两个物种：一种在苹果中繁殖，另一种在山楂中繁殖（见图 16.9）。这两组苹果实蝇已进化出了遗传物质上的差异，其中有些（如影响成年蝇在一年中的什么时候产生并开始交配的基因）对在特定的宿主植物中生存是至关重要的。

只有当这两种蝇保持生殖隔离时，它们才是两个物种。苹果树和山楂树生活在相同的区域，而苹果实蝇毕竟是蝇类，是可以飞的。那么寄生在山楂中的苹果实蝇和寄生在苹果中的苹果实蝇为什么不会相互杂交并消除彼此之间的遗传差异呢？

首先，雌蝇通常会将卵产在与它们完成生长发育过程相同的果实中，雄蝇也更偏好与其完成生长发育过程相同的果实。因此，偏好苹果的雄蝇会遇到偏好苹果的雌蝇并与之交配。其次，苹果比山楂晚成熟 2～3 周，而这两种苹果实蝇都会在它们选择的宿主的合适发育期出生。因此，这两种果蝇相遇的可能性非常小。尽管这两种果蝇之间的杂交也时而发生，但看起来两种苹果实蝇还是走在物种形成的道路上。它们会形成不同的物种吗？昆虫学家布什（Guy Bush）说道：“这个问题要等几千年之后再来问我。”

2. 突变会导致遗传隔离

在某些情况下，细胞中染色体数量的改变会瞬间产生新的物种。每条染色体获得多个副本称为多倍性，而多倍性是同域物种形成的常见原因。一般来说，多倍体个体无法与正常的二倍体个体成功交配。因此，多倍突变体和其亲本物种之间存在遗传隔离。然而，如果它能通过某种方式繁殖并留下后代，那么其后代就能形成一个新的、与之存在生殖隔离的物种。

相对于多倍体动物来说，多倍体植物更可能具备繁殖能力，因此经由多倍性的物种形成在植物中比在动物中多见。很多植物可以自我受精或者进行无性生殖，或者两者均可。不过，大多数动物无法做到这两点。因此，一株多倍体植物比一只多倍体动物更可能成为一个新的、多倍体物种的创始成员。

16.3.3 有些条件可能产生很多新的物种

正像用家谱来表示家族的历史一样，生命的历史用进化树来表示。生命进化树的基石代表了地球上最早的生物体，每个末端分支代表今天存活在地球上的一个物种。分支上的每个分叉代表一个物种形成事件，在这些事件中，一个物种分裂为两个。不同物种在进化上的联系的假设和发现，经常是由对生命进化树的一部分进行描述而产生的（见图 16.10a）。

有些情况下会在一段相对较短的时间内产生很多新物种（见图 16.10b）。这一过程称为适应辐射，它发生在物种大规模入侵各种新栖息地时，并受到栖息地不同环境压力的影响而发生进化。

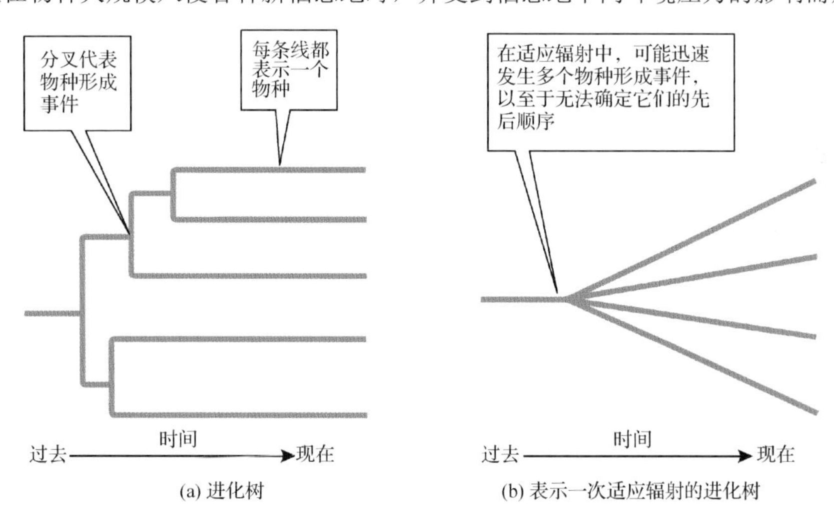

图 16.10 解释进化树。进化历史常用(a)进化树表示，进化树是一种图表，其水平轴表示时间。(b)表示一次适应辐射的进化树，从一个点可能分出多条线。这种结构也表明生物学家并不确定适应辐射过程中的许多物种形成事件的发生顺序。随着更多研究的进行，将来也许能够用一种可以提供更多信息的模型来代替这种“星暴”式的模型

适应辐射已在不同种类的生物中发生过多次。通常，当物种遇到多种多样的空闲栖息地时，就会发生这种现象。例如，当一些地雀移居到加拉帕戈斯群岛时，当一群丽鱼到达与世隔绝的马

拉维湖时，当一种银剑树祖先抵达夏威夷岛时，都发生了适应辐射现象（见图 16.11）。这些事件产生的适应辐射导致了达尔文在加拉帕戈斯群岛观察到的 13 种地雀、马拉维湖中超过 300 种的丽鱼，以及夏威夷岛上的 30 种银剑树。在这些例子中，入侵物种遭遇的唯一竞争对手是同物种的其他个体，而所有可用的栖息地都会被从初始入侵者进化而来的新物种快速占据。

(a) 银剑树　(b) 龙舌菊　(c) 龙胆　(d) 菊科银剑树

图 16.11　适应辐射。夏威夷岛上栖息着约 30 种银剑树。这些物种在其他任何地方都没有分布，且都由几百万年前的一个原始物种进化而来。这次适应辐射产生了一群形态多样、亲缘关系很近的物种，在这些不同的物种中，我们能够看出，为了适应夏威夷岛上从温暖潮湿的热带雨林到凉爽、贫瘠的火山山顶的多种多样的栖息地，它们也产生了一系列特殊适应性性状

16.4　导致物种灭绝的是什么

每个生物体最终都会经历死亡，对物种来说也是这样。就像个体一样，物种“诞生”（通过物种形成过程），存在一段时间，然后消亡。任何一个物种的最终命运都是灭绝，即最后一个成员的死亡。事实上，在曾经存在的物种中，至少有 99.9%的物种现在已经灭绝。正像化石所揭示的那样，进化的自然过程就是新物种诞生、旧物种灭绝的不断循环。

大多数物种灭绝的直接原因都是环境变化，这种变化可能发生在环境的非生物部分或生物部分。导致灭绝的环境变化包括栖息地被破坏和种间竞争加剧。在面临这样的变化时，只存活在很小地理范围内的物种或进化出高度专门化适应的物种对灭绝尤其敏感。

16.4.1　集中分布使物种变得脆弱

不同物种的分布范围非常不同，因此在对灭绝的易损性上也非常不同。有些物种（如银鸥、白尾鹿和人类）在整个大陆甚至整个地球上都有存活；而其他物种，比如魔鳉（见图 16.12），分布范围及其有限。显然，如果一个物种只栖息在一个非常小的区域内，那么对这个区域的任何扰动都很容易导致物种灭绝。如果间歇泉因干旱或附近的钻井活动而干枯，那么魔鳉将立即灭绝。相反，分布广泛的物种则不会因为局部的环境灾难而灭绝。

图 16.12　非常集中的分布对物种来说可能很危险。魔鳉只在内华达沙漠的一个间歇泉中生活，它们及其他被隔离的小种群极有可能灭绝

16.4.2 过度特化增加灭绝风险

图 16.13 过度特化增加灭绝风险。卡纳蓝蝴蝶只以蓝花羽扇豆为食，而后者生长在美国东北部的干燥森林和空地上。这样的行为特化使得这种蝴蝶对任何能消灭其宿主物种的环境变化都极其脆弱

另一个使得物种容易灭绝的因素可能是过度特化。每个物种都会进化出能帮助它们在生存环境中存活并繁殖的特殊适应性。在有些情况下，这些特殊适应性包括只偏好在特定且非常有限的环境下生存的特化。例如，卡纳蓝蝴蝶只以蓝花羽扇豆为食（见图 16.13）。因此，这种蝴蝶也只在该植物生长茂盛的情况下才会被发现。然而，蓝花羽扇豆已很稀少，因为在美国东北部，农场和城市已取代大部分砂质的开放树林和空地，而开放树林和空地正是蓝花羽扇豆的栖息地。如果这种羽扇豆消失，那么卡纳蓝蝴蝶必将随之灭绝。

16.4.3 与其他物种的相互作用可能使物种灭绝

与其他物种的相互作用（如竞争和捕食）是自然选择的因子（见第 15 章）。在有些情况下，这些相互作用会导致物种的灭绝而非适应性。

生物在所有环境中都会为了有限的资源而竞争。如果一个物种的竞争者进化出了更加优秀的特殊适应性，而这个物种又未能进化得足够快来跟上竞争者的步伐，这个物种就可能灭绝。因竞争而灭绝的一个尤其显著的例子发生在南美洲，始于约 300 万年前。那时，巴拿马地峡在海平面之上，北美洲和南美洲之间形成陆桥。

在这两个原本分离的大陆被连接起来后，原来被隔离在两个大陆上分别进行进化的哺乳动物就能混在一起。在北美洲的哺乳动物向南方迁移、南美洲的哺乳动物向北方迁移的过程中，很多物种的确扩大了自己的生存范围。当它们迁移时，每个物种都会遇到占据同一栖息地、利用同样资源的当地物种。接着发生的竞争的结果是，迁移到南方的北美物种变得多样化且发生了适应辐射，取代了大多数南美物种，而后者中的很多都灭绝了。显然，进化给予了北美物种一些（至今未知的）特殊适应性，这些适应性使得它们的后代能够更有效地利用资源。

16.4.4 栖息地的改变和毁坏是物种灭绝的主要原因

不管是当代还是史前，栖息地的改变都是物种灭绝的最大原因。今天，人类活动正导致栖息地被快速破坏。很多生物学家认为，我们现在正处于生命史上速度最快、影响范围最广的一次物种灭绝中。热带雨林的消失对生物多样性的打击尤其巨大。在未来 50 年里，随着人们为获取木材或给牲畜和农作物清理出空间而不断砍伐热带雨林，繁衍于其中的占地球半数的物种都可能消失。

复习题

01. 定义下列术语：物种、物种形成、异域物种形成和同域物种形成。解释异域和同域物种形成是如何发生的，并且分别给出一个假设的例子。

02. 北美中部和东部的许多橡树品种都会杂交，它们是“真正的物种”吗？

03. 回顾关于苹果实蝇同域物种形成的可能性内容。什么类型的基因型、表型或行为数据会让你相信这两种蝇已成为不同的物种？

04. 减数分裂开始后，当染色体加倍时，一种称为秋水仙碱的药物会阻止细胞分裂。描述如何使用秋水仙素来产生新的多倍体植物物种。

05. 生殖隔离机制的两种主要类型是什么？给出每种类型的示例，并描述它们的工作原理。

第 17 章　生命的历史

佛罗勒斯人的头骨。佛罗勒斯人是最近发现的人类的小型近亲，它的头骨旁边是一个现代智人头骨，相比之下，佛罗勒斯看上去就像小矮人一样

17.1 生命是如何产生的

达尔文之前的学说认为，所有的物种都是上帝在几千年前同时创造的。此外，直到 19 世纪，大多数人还认为物种的新成员是通过自然发生的，即由非生物物质变成的。1609 年，一名法国植物学家写道：“在苏格兰有一种常见的树。这种树的叶子在一边落入水中，慢慢地变成了鱼，在另一边落到陆地上，变成了鸟。”中世纪的著作中也充满了同样的说法。当时的人们认为，微生物是自发地从肉汤中产生的，蛆是自发地从肉中产生的，老鼠则是自发地从汗湿的衬衫和小麦的混合物中产生的。

1668 年，意大利医生雷迪（Francesco Redi）仅通过防止苍蝇（苍蝇的卵会孵化出蛆）碰到未受污染的肉，就简单地证明了蛆自发地从肉中产生的假说是不正确的。19 世纪中期，法国科学家路易斯·巴斯德（Louis Pasteur）和英国科学家约翰·廷德尔（John Tyndall）证明了微生物自发地从肉汤中产生的假说也是不正确的。他们的实验表明，除非肉汤暴露在环境中已有的微生物下，否则消过毒的肉汤中是不会出现微生物的（见图 17.1）。尽管巴斯德和廷德尔推翻了自然发生假说，但是他们并未回答生命最早是怎样产生的这一问题。生物化学家米勒（Stanley Miller）说道：“巴斯德没有证明这种事情从未发生过，只是证明了这种事情不会一直发生。”

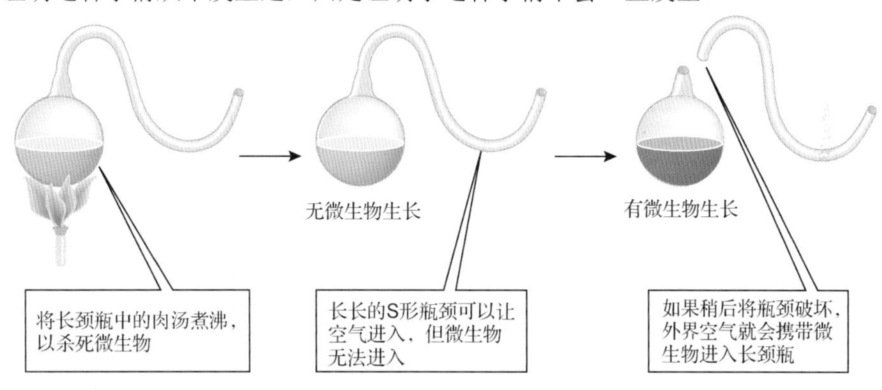

图 17.1 自然发生假设被推翻。路易斯·巴斯德的实验证明了微生物在肉汤中自然发生的假说不成立

17.1.1 第一个生物来源于非生命物质

现代科学对生命起源的假说是从 20 世纪 20 年代开始产生的。20 世纪 20 年代，俄国科学家奥巴林（Alexander Oparin）和英国科学家霍尔丹（John B. S. Haldane）注意到，在今天的高含氧量的大气中无法自发地产生生命所需的有机大分子。氧气很容易和其他分子发生反应，并且打断化学键。因此，富氧的环境倾向于使分子变得简单。

奥巴林和霍尔丹推测，早期地球大气中的含氧量一定很低，在这样的大气条件下，通过普通的化学反应就可能产生复杂的有机分子。有些分子在地球早期的无生命环境中可能更容易存留，随着时间的推移，它们变得较为普遍。这种“适者生存”的化学版本称为前生命演化（即生命出现之前的演化）。在奥巴林和霍尔丹提出的假说中，前生命演化产生了越来越复杂的分子，并且最终产生了生命。

1. 前生命条件下会自发形成有机分子

受到奥巴林和霍尔丹的启发，米勒（Stanley Miller）和尤雷（Harold Urey）1953 年在实验室中模拟了前生命演化过程。他们了解到，地质学家在地球早期形成的岩石的化学组成基础上，推断出早期的大气中实际上不含氧气，但的确含有其他成分，包括甲烷（CH_4）、氨气（NH_3）、氢气

（H_2）和水蒸气（H_2O）。米勒和尤雷通过在烧瓶中将上述气体加以混合来模拟不含氧气的早期地球大气，并用电火花来模拟早期地球大气中的雷暴。在这个实验生态系统中，研究人员发现，仅仅几天后就产生了简单的有机分子（见图 17.2）。这次实验证明，早期大气中可能含有的一些小分子在存在电能的情况下能够结合起来，形成更大的有机分子（由小分子生成生物大分子的反应是吸能反应，它们消耗能量）。米勒和其他人做的类似实验产生了氨基酸、多肽、核苷酸、腺苷三磷酸（ATP）和许多其他生物特有的分子。

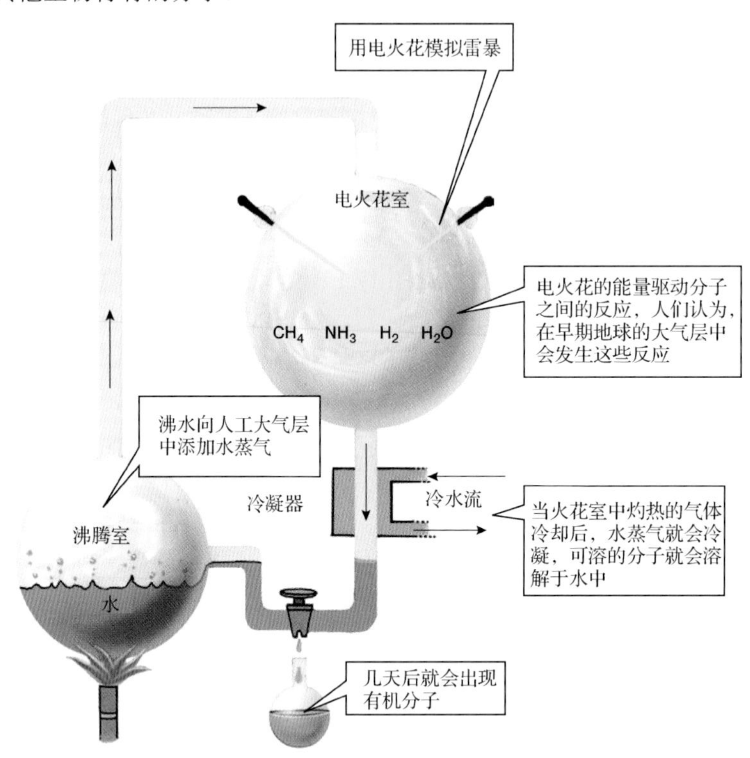

图 17.2　米勒和尤雷的实验装置。生命最原始的阶段没有留下任何化石证据，因此进化生物学家提出在实验室中重现可能在早期地球上占优势的环境条件。电火花室中的混合气体用来模拟地球早期的大气

最近几年，新的证据表明，地球早期大气的实际组成可能和米勒-尤雷的实验中的气体混合物并不相同。不过，对早期大气的进一步了解并未否定米勒-尤雷实验的基本发现。进一步的实验使用了更接近真实的模拟大气（仍然不含氧气）或早期海洋，且在这些实验中同样产生了有机分子。此外，这些实验表明电能不是唯一合适的能量来源。早期地球上存在的其他能量来源，比如热能和紫外线（UV），在实验模拟的前生命条件下能够促进有机分子的形成。因此，尽管我们可能永远都不知道最早的大气是什么样的，但对早期地球上能够形成有机分子这一点还是有信心的。

其他的有机分子可能来自宇宙。当小行星或彗星撞击地球表面时，可能会将有机分子带到地球上。研究人员对从当代陨石坑中找到的小行星进行分析，发现有些小行星含有高浓度的氨基酸和其他简单的有机分子。实验结果表明，这些分子可能是在撞击地球之前于星际空间形成的。当一些已知存在于宇宙空间的小分子处于类似宇宙的低温低压条件并受到紫外线轰击时，就产生了更大的有机分子。

2．有机分子在前生命条件下积累

前生命合成的效率很低，速度也很慢。不过，在几亿年的漫长时光中，早期地球的海洋中积聚了大量的有机分子。今天，大多数有机分子的寿命都非常短，因为它们要么被生物消化，要么

与大气中的氧气反应。不过，早期的地球上没有生命，也没有自由氧，所以有机分子不会面临这些威胁。

然而，前生命分子还是会被太阳的高能紫外线威胁，因为早期地球缺乏臭氧层。臭氧层是如今地球大气中的较高区域，在该区域中，臭氧的含量非常丰富。太阳能会将一些氧气分子分裂成单独的氧原子（O），这些氧原子再和 O_2 反应形成 O_3（臭氧）。由此形成的位于极高海拔的臭氧层会吸收太阳发射的部分紫外线，防止它们到达地球表面。然而，早期地球是没有臭氧层的，因为那时的大气中不含氧气，或者只含少量的氧气，因此大气层中不会生成臭氧。

在臭氧层形成之前，紫外线的辐射一定十分严重。我们刚刚看到，紫外辐射能够为有机分子的形成提供能量，但也可将有机分子分开。不过，在有些地方，比如在突出的岩石下面或者海底，甚至很浅的海底，有机分子都可免受紫外线的辐射。因此，在这些地方可能出现有机分子的积累。

3. 黏土可能催化了形成有机大分子的反应

在前生命演化的下一个阶段，简单的分子结合起来形成更大的分子。形成大分子的反应要求反应分子离得足够近。科学家提出了在早期地球上可能发生的达到高浓度的几个可能的过程。一种可能是小分子在黏土颗粒的表面上积累，黏土可能带有少量的电荷，这样就可吸引溶液中带有异种电荷的小分子。聚集在黏土颗粒上的小分子可以离得足够近，以至于能够发生化学反应。研究人员已经证明了这种方案的可行性。他们做了实验，在有机小分子溶液中加入黏土能够催化形成更大、更复杂分子的反应，包括形成 RNA 的反应。这样的分子可能在早期地球的海洋或湖泊底部的黏土表面上形成，然后成为第一个生命形成的基石。

17.1.2 RNA 可能是第一个能自我复制的分子

尽管所有现代生物都使用 DNA 来编码和存储遗传信息，但 DNA 不太可能是最早出现的信息分子。DNA 只有在大而复杂的蛋白质酶的帮助下才能自我复制，但制造这些酶的指令却是 DNA 本身所编码的。因此，DNA 作为生命的信息存储分子的起源这一假说就存在“是先有鸡还是先有蛋”的难题：DNA 需要蛋白质才能产生，但这些蛋白质也需要 DNA 才能产生。这样，构建一个生命起源于自我复制的 DNA 的可信假说就极其困难。因此，当前以 DNA 为基础的信息存储系统很可能是由一个更早的系统进化而来的。

1. RNA 可以作为催化剂

首个自我复制的信息分子的主要备选是 RNA。20 世纪 80 年代，切赫（Thomas Cech）和奥尔特曼（Sidney Altman）用四膜虫做实验时，发现了一个不由蛋白质而由一个小分子 RNA 催化的细胞反应。这种特殊的 RNA 分子行使了此前被认为只有蛋白质酶才能行使的功能，因此切赫和奥尔特曼将这种具有催化功能的 RNA 分子命名为核酶（见图 17.3）。

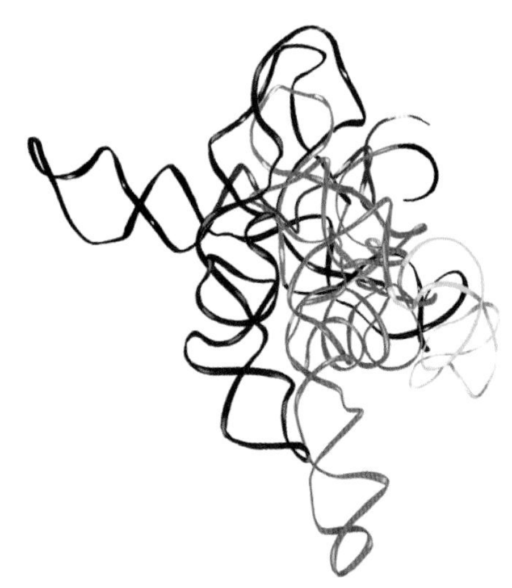

图 17.3 用计算机生成的一个核酶模型。这个 RNA 分子是从单细胞生物四膜虫中分离出来的，它可以和酶一样起到催化代谢反应的作用

在这两人发现核酶几年后，研究人员发现了十几种自然产生的核酶，它们能催化各种各样的反应，包括切割其他 RNA 分子和连接 RNA 片段的反应。在核糖体中也发现了核酶，它们的作用是催化氨基酸连接到正在生长的蛋白质上的反应。此外，研究人员已能在实验室中合成许多种核酶，包括一些能催化小 RNA 分子复制的核酶。目前合成的最有效的复制核酶能够

复制长达 95 个核苷酸的 RNA 序列。

2. 地球可能曾经是一个 RNA 世界

能催化多种反应（包括 RNA 复制）的 RNA 分子的发现，为生命在一个“RNA 世界”中产生的假说提供了支持。根据这一观点，在现代以 DNA 为基础的生命纪元之前，是一个 RNA 既充当携带信息的遗传分子又负责催化其自身的复制的纪元。这个 RNA 世界可能是在几亿年前的前生命化学合成后出现的，在前生命化学合成过程中，RNA 的核苷酸是合成的分子之一（最近的实验表明核糖核苷酸能够自发地从简单分子装配而来）。在核糖核苷酸达到较高的浓度后（可能在黏土颗粒上），这些核苷酸就会结合到一起形成短 RNA 链。

假设其中一条 RNA 链恰好是一个可以催化其自身复制的核酶。这个世界上第一个催化自身复制的核酶并不能很好地发挥作用，且在复制时会产生很多错误。这些错误就是世界上的第一次突变。就像现在的突变一样，其中的大多数突变都破坏了“子分子”的催化能力，但也可能有几个突变会增强这种能力。这些改进为 RNA 分子之间的自然选择奠定了基础。能越来越好、越来越快地复制自身的核酶比效率较低的核酶复制得更快，因此变得越来越普遍。RNA 世界中的分子进化一直继续着，直到因某些现在还不清楚的一连串事件，RNA 逐渐退回到其如今的位置——DNA 和由蛋白质组成的酶之间的媒介物。

17.1.3 在类膜囊泡中可能存在闭合的核酶

能够复制自身的分子本身并不能组成生命；在所有的活细胞中，这样的分子都包含在某种闭合的膜内。最早的生物膜的前体可能是通过纯粹的物理、力学过程自发形成的简单结构。例如，化学家证明，如果我们摇动含有蛋白质和脂质的水，就像波浪拍打史前的海岸那样，这些蛋白质和脂质就会结合到一起，形成称为**囊泡**的空心结构。这些空心的球体在许多方面都很像活细胞。它们有着定义良好的边界，可以隔开它们的内容物与外界。如果囊泡的组成是正确的，就能形成看上去和真正的细胞膜极其相似的“膜”。在特定条件下，囊泡可以从外界溶液中吸收物质、生长甚至分裂。

如果一个囊泡恰好包含了正确的核酶，它就能形成一个类似于活细胞的东西。我们可以将它称为**原始细胞**，它的结构与细胞的类似，但不是活的。在原始细胞中，核酶和其他被包裹在其中的分子可以避免被原始的外界溶液中散布的活性分子降解。核苷酸和其他小分子可能会扩散穿过膜，然后用来合成新的核酶和其他复杂的分子。在充分成长后，囊泡可能会分裂，每个子囊泡中都会并入一些核酶分子。如果发生了这个过程，第一个细胞的进化就几乎完成了。

非生命形式的原始细胞是否会在特定的时间点产生活的生命呢？就像很多其他的进化变化一样，从原始细胞到细胞的变化是连续的过程，在两个状态之间并不存在明显的界限。

17.1.4 所有这些真的发生过吗

尽管前面描述的过程貌似有理，且与许多研究的结果相吻合，但并非确凿无疑。对生命起源研究的一个显著特征是，它包含了多种多样的设想、实验和矛盾的假设。研究人员对生命是在平静的水塘、海中产生的，还是在酷热的深海烟囱或冰雪中产生的仍然存在争议。有些研究人员甚至认为生命是从外太空来到地球的。我们能从目前进行的实验中得出任何明确的结论吗？不能，但可以做出几个合理的推论。

首先，米勒等人的实验表明，早期的地球上可能形成了丰富的氨基酸、核苷酸、其他有机分子和类膜结构。其次，地球为化学进化提供了漫长的时间和巨大的空间。如果有充足的空间和很多反应活性分子，就算是极少见的事件也可能发生多次。考虑到漫长的时间和广袤的空间，从原始“汤”到活细胞的路上的每一步都有充分的可能性发生。

大多数生物学家认为生命的起源可能是自然法则无可避免的结果。但要强调的是，我们无法确定地检测这种说法。生命的起源没有留下记录，探索这个秘密的研究人员只能首先提出假说，然后在实验室中进行研究，确定假说的每一步在化学和生物学上是否可能发生以及是否合理，进而检验这个假说是否正确。

17.2 最早的生物是什么样的

当地球在 45 亿年前形成时，它是一个炽热的星球（见图 17.4）。许多小行星撞击了这颗正在形成的行星。撞击时，这些天外来客的动能被转化成热能。更多的热能是由放射性元素衰变释放的。组成地球的岩石融化，较重的金属（如铁和锡）沉入地心，并在地心保持融熔状态直到今天。不过，地质学的证据证明，大概在 43 亿年前，地球的温度就冷却到允许液态水存在。一旦出现液态水，就可以开始形成世界上第一个生命的前生命演化。

图 17.4　早期地球。生命在火山活动、雷暴、陨石撞击频繁且缺乏氧气的星球上出现了

到目前为止，人们找到的最古老的生物化石位于约 34 亿年前形成的岩层中。更古老岩石中的化学印迹使得许多古生物学家认为生命的出现比这更早，可能要追溯到 39 亿年前。

生命开始的时期称为前寒武纪。这个时期是由地质学家和古生物学家指定的，他们还设计了一种使用代、纪、世的分级命名系统来描绘跨度巨大的地质年代（见表 17.1）。

17.2.1　最早的生物是厌氧原核生物

海洋中最早产生的细胞是原核细胞，这些细胞的遗传物质未装在细胞核中。这些细胞可能是通过从环境中吸收有机分子来获得营养物质和能量的。当时的大气中没有氧气，因此这些细胞一定是通过厌氧代谢来利用这些有机分子的（第 8 章说过厌氧代谢只产生少量的能量）。

因此，最早的细胞是原始的厌氧细菌。随着这些细胞不断分裂，它们总有一天会耗尽前生命化学反应产生的有机物。不过，诸如二氧化碳和水这样的简单分子仍然充足，太阳的光能同样充足。因此，缺少的不是原料或能量，而是高能分子（这些分子的化学键中存储了能量）。

17.2.2　一些生物进化出捕获太阳光能的能力

最终，一些细胞进化出利用太阳光能的能力，进而驱动用简单的小分子合成复杂的高能大分子的过程；换句话说，光合作用出现了。光合作用需要氢源，而最早的光合细菌很可能是用溶解在水中的硫化氢作为氢源的（就像现在的紫光合细菌一样）。不过最终，地球上的硫化氢（主要由火山产生）储备大大减少。硫化氢的短缺为进化出能够使用这个星球上最丰富的氢源——水（H_2O）的细菌提供了基础。

水基光合作用将水和二氧化碳转化成活性分子（糖），同时释放副产品（氧气）。这种新的捕获能量的方法第一次给大气中带来了大量的自由氧。最初，这些新生的氧气很快就被与大气和地壳中其他分子的反应所消耗。地壳中一种尤其常见的活泼原子是铁，因此很大一部分新生氧气与铁原子结合形成了大量的氧化铁沉积（铁锈）。因此，在这个时期形成的岩石中，氧化铁的含量非常丰富。

在所有能与氧气接触的铁都变成铁锈后，大气中的氧气浓度开始增加。对这个时期生成的岩石的化学分析表明，大约在 23 亿年前，大气中首次出现了大量的氧气，这些氧气是由类似于如今的蓝细菌的细菌制造的（因为地球上的氧气分子是被不断重复利用的，所以我们现在肯定会吸入一些由 20 亿年前的一个细菌所释放的氧气分子）。

17.2.3 为了应对氧气带来的危险，出现了有氧代谢

对生物体来说，氧气是十分危险的，因为氧气可与有机分子发生反应，将它们分解。许多现代的厌氧细菌暴露在氧气中时会死亡，氧气对它们来说就是致命的毒气。早期地球大气中氧气的积累在当时可能使很多生物灭绝了，但也促进了解除氧气毒性的细胞代谢的进化。这次危机还为下一个伟大的进步（利用氧气进行代谢）提供了环境压力。这种能力不但为氧气的化学作用提供了防御手段，而且以有氧呼吸的方式利用了氧气的毁灭性威力，为细胞提供了有用的能量。因为使用氧气来代谢食物分子后，细胞获得的能量大大增加，所以需氧细胞有了显著的选择优势。

表 17.1　地球上生命的历史

代	纪	世	百万年前	主要事件
新生代	第三纪	全新世 更新世	现在 2.6～0.01	进化出人属（Genus Homo）
	第四纪	上新世 中新世 渐新世 始新世 古新世	5～2.6 23～5 34～23 56～34 65～56	鸟、哺乳动物、昆虫和开花植物变得繁盛
中生代	白垩纪		146～65	出现开花植物并占主导地位。水生和陆生生物大灭绝，包括恐龙
	侏罗纪		202～146	恐龙和针叶植物占主导地位 出现最早的鸟
	三叠纪		251～202	出现最早的哺乳动物和恐龙 裸子植物和树蕨森林
古生代	二叠纪		299～251	水生生物大灭绝，包括三叶虫 爬行动物繁荣，两栖动物减少

续表

代	纪	世	百万年前	主要事件	
古生代	石炭纪		359～299	树蕨类和石松类森林 两栖动物和昆虫占主导地位 最早的爬行动物和针叶植物	
	泥盆纪		416～359	鱼和三叶虫繁盛 最早的两栖动物、昆虫，出现种子和花粉	
	志留纪		444～416	很多鱼、三叶虫和软体动物 最早的维管植物	
	奥陶纪		488～444	节肢动物和海洋中的软体动物占主导地位 植物和节肢动物进军陆地 最早的真菌	
	寒武纪		542～488	水生藻类繁荣 大多数无脊椎动物源起 最早的鱼	
前寒武纪			约 1000 1200 2000 2200 3500 3900～3500 4000～3900 4600	最早的动物（软体海洋无脊椎动物） 最早的多细胞生物 最早的真核生物 大气中积累氧气 光合作用的起源（蓝细菌） 最早的活细胞（原核生物） 地球上最早的岩石出现 太阳系和地球的源起	

17.2.4 一些生物获得了膜性细胞器

一群细菌对任何一个可以食用它们的生物来说都是丰富的食物来源。古生物学家推测，一旦产生这种潜在的猎物种群，很快就会进化出捕食关系。早期的捕食者可能是比典型细菌要大一些的原核生物。此外，它们一定失去了包裹在大多数细菌细胞外的硬质细胞壁，这样它们柔软的细胞膜才能接触周围的环境。因此，这些捕食细胞能够将小细菌装入细胞膜内陷形成的小囊中，并用这种方式将整个细菌作为猎物吞下。

早期的捕食者可能既无法进行光合作用又无法进行有氧代谢。尽管它们能够吞噬较小的细菌，但无法有效消化这些细菌。不过，在大约 17 亿年前，这样的捕食者可能变成了第一个真核细胞。真核细胞与原核细胞不同，前者有着精心设计的内部膜系统，其中很多内膜包裹着细胞器，比如含有该细胞的遗传物质的细胞核。由一个或多个真核细胞组成的生物称为**真核生物**。

1. 真核生物的内膜可能由细胞质膜内陷形成

真核细胞的内膜可能起源于单细胞捕食者的细胞质膜内陷。如果像今天的大多数细菌一样，真核生物祖先的 DNA 是附在细胞膜的内壁上的，靠近 DNA 连接处的细胞膜内陷就可能成为细胞核的祖先。

除了细胞核，真核生物还有其他几种重要的结构，包括用于能量代谢的细胞器：线粒体（存在于所有真核生物中）和叶绿体（存在于植物和藻类中）。这些细胞器是怎样进化出来的？

2. 线粒体和叶绿体可能由被吞噬的细菌进化而来

内共生假说认为，早期的真核细胞通过吞噬特定种类的细菌来获得线粒体和叶绿体的前体。

这些细胞和被困在它们内部的细菌逐渐形成了共生关系，这是一种不同种生物在漫长的时间内形成的密切关系。那么这是怎样发生的？

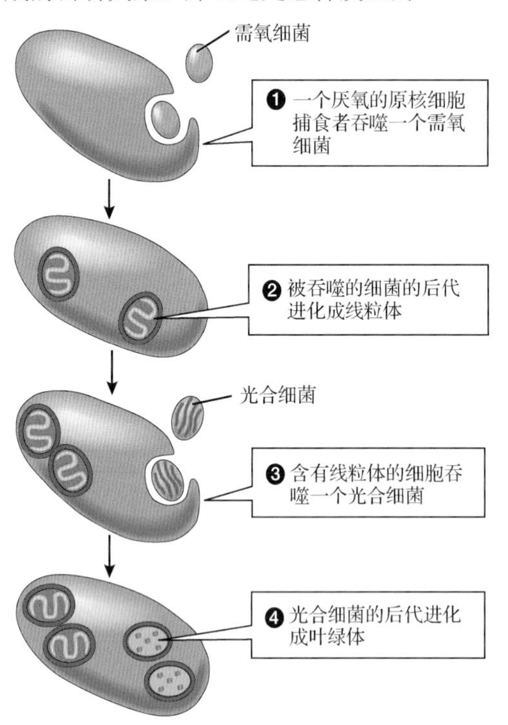

图 17.5　真核细胞中线粒体和叶绿体的可能起源

假设一个厌氧单细胞捕食者捕食了一个需氧细菌，但是出于某种原因未能消化这个猎物（见图 17.5❶）。需氧细菌很好地存活了，在细胞内，它可免受其他捕食细胞的捕食。实际上，它比以往任何时候都过得好，因为捕食者宿主的细胞质中充满了处于半消化状态的食物分子——无氧呼吸的残留物。这个需氧细菌吸收这些分子，利用氧气对它们进行代谢，并由此获得大量能量。这个需氧细菌的食物来源如此丰富，且这些食物能够产生大量的能量，以至于它必须将一些能量以 ATP 或类似分子的形式送回宿主的细胞质。这个有共生细菌的厌氧单细胞捕食者现在可以通过有氧代谢消化食物，于是相对于其他厌氧细胞就具有极大的优势，且能留下更多的后代。最终，这个内共生菌失去了离开宿主而单独存活的能力，于是线粒体出现了（见图 17.5❷）。

成功地形成伙伴关系后，有一个细胞完成了第二个壮举：它捕获了一个光合细菌，并且同样未能消化这个细菌（见图 17.5❸）。这个细菌在新宿主体内茁壮成长，逐渐进化成了第一个叶绿体（见图 17.5❹）。其他真核细胞器可能也起源于内共生。很多科学家认为，纤毛、鞭毛、中心粒和微管都是从一种螺旋细菌（有着细长螺旋形状的细菌）和早期真核细胞的共生进化而来的。

3. 有强有力的证据支持内共生体假说

支持内共生体假说的证据包括真核细胞器和活细菌共同具有的许多特殊的生物化学特征。此外，线粒体和叶绿体都包含自己的少量 DNA，很多研究人员认为，这些 DNA 是最初被吞噬的细菌内含有的 DNA 的残余。

另一个支持该假说的证据来自生活中间体，它们是与假想祖先相似的、生活在当代的生物。因此，它们可以帮助说明我们提出的进化途径是否可行。例如，一种称为**池沼多核变形虫**的阿米巴原虫缺乏线粒体，但它是一群永久寄居在其体内的需氧细菌的宿主。这些需氧细菌与线粒体的功能基本相同。类似地，很多种珊瑚虫、一些蛤、几种蜗牛和至少一种草履虫的细胞内都含有一些光合藻类（见图 17.6）。这些寄生有细菌内共生体的现代细胞说明，类似的共生关系在几乎 20 亿年前也可能发生了，并且形成了最初的真核细胞。

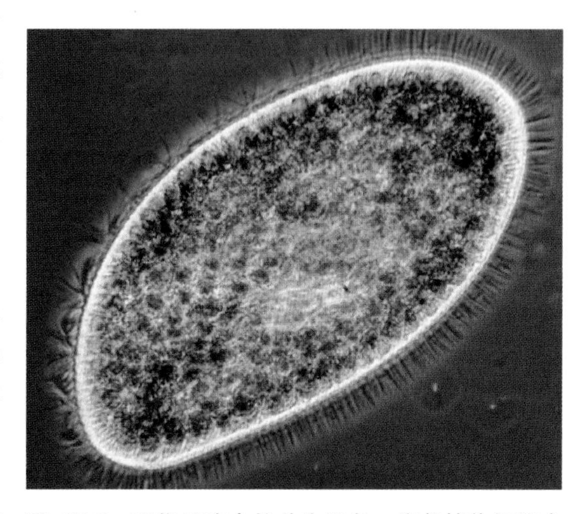

图 17.6　现代细胞中的共生现象。当代植物细胞中叶绿体的祖先可能与小球藻相似，后者是绿色的能进行光合作用的单细胞藻类，图中显示的是与在草履虫的细胞质中与之共生的小球藻

17.3 最早的多细胞生物是什么样的

一旦进化出捕食关系，更大的体形就成为一种优势。当生命局限于水中时，较大的细胞很容易吞噬较小的细胞，也更不容易被其他捕食细胞吞噬。然而，单个细胞长得过大也会出现问题。一个细胞长得越大，其表面积与细胞质的体积之比就越小（见图 5.16）。因此，在细胞长大的过程中，通过跨膜扩散来给细胞提供氧气和养分及排出废物的过程就越来越难以满足需要。

只有两种方式能让一个直径达 1 毫米的生物活下来。其一，它可以降低代谢速率，这样就不需要很多氧气，也不会产生很多二氧化碳。这种策略似乎对某种非常大的单细胞藻类有效。其二，这个生物是多细胞生物，即它是由许多小细胞组成的更大的统一体。

17.3.1 有些藻类成为了多细胞生物

最古老的多细胞生物化石大概有 12 亿年的历史。它们是由从含有叶绿体的单细胞真核生物进化而来的多细胞藻类在岩石上留下的印记形成的。多细胞使这些生物至少具有两个优点：首先，大的多细胞藻类很难被单细胞捕食者吞噬；其次，细胞的专门化使它能够停留在海岸线旁光照良好的海水中，类似于根的结构可以钻到沙子里，或者附着在岩石上，而像叶子一样的结构可以浮在水面上，暴露于阳光下。现在，海岸线上的绿色、棕色和红色海藻就是这些早期的多细胞藻类的后代。

17.3.2 动物的多样性在前寒武纪大大增加

最早的已知动物印迹包括在前寒武纪沉积物中发现的胚胎化石，它有 6.3 亿年的历史。更古老的能够说明动物存在的化石包括有 8.5 亿年历史的网状结构，它长得很像现代海绵死亡且腐烂后留下的胶原蛋白网。确定是成年动物躯体的化石最初是在距今 6.1 亿年和 5.44 亿年之间的岩层中发现的。在这些古老的无脊椎动物中，有些外表上看来与在此后的化石层中发现的任何生物都非常不同，可能代表未能留下后代的动物种类。然而，这些岩层中的其他化石看上去是如今一些动物的祖先。古海绵和古水母在最古老的岩层中出现，之后出现了蠕虫、软体动物和节肢动物。

然而，所有的现代无脊椎动物直到寒武纪才在化石记录中出现，标志着古生代的开端。这是在约 5.42 亿年前（“化石记录”一词是对迄今为止发现的所有化石证据的简略说法）。这些寒武纪化石展现了一次产生多种多样的复杂身体结构的适应性辐射。当代地球上几乎所有的主要动物群体都能在寒武纪早期找到。多种动物的突然出现表明，这些动物实际上在更早的时间就已出现，但它们更早的进化史未保存到化石记录中。

1. 捕食关系偏好那些提高机动性和感官灵敏度的进化

早期的动物种类多样，部分原因可能是捕食习性的出现。例如，捕食者和猎物的共同进化更偏好那些比祖先更灵活的动物。灵活的捕食者能在更广阔的区域移动来寻找猎物，因而具有优势；而灵活的猎物能够快速逃脱捕食，因而也会受益。向更有效的运动方式的进化经常伴随着向更好的感官和更复杂的神经系统的进化。用来感知接触、化学物质和光的感官迅速发展，能够处理这些感官信号和指导动物做出合适行为的神经系统同时也在高速进化中。

到了志留纪（约 4.44 亿年前—4.16 亿年前），地球海洋中的生物包括一批在解剖学上较复杂的动物，如披甲三叶虫、带壳的菊石和鹦鹉螺（见图 17.7）。鹦鹉螺直到今天还在太平洋深处生活，它的外形几乎没有任何改变。

(a) 志留纪的景象　(b) 三叶虫　(c) 菊石　(d) 鹦鹉螺

图 17.7　寒武纪的生命多样化。(a)寒武纪的生命特征。这个时期最常见的化石是(b)三叶虫和它们的捕食者鹦鹉螺以及(c)菊石。(d)这只活体鹦鹉螺与寒武纪的鹦鹉螺身体结构极其相似，说明成功的身体结构可以保持几亿年不变

2. 骨骼提高了灵活性并提供保护作用

很多古生代动物物种通过产生称为外骨骼的坚硬体外覆盖物来提高灵活性。外骨骼通过提供附着肌肉的坚硬表面来提高灵活性。因此，动物可使用肌肉来移动这些附属物，从而在水中游泳或在海床上爬行。外骨骼还为动物的身体提供支持，并且保护它们不被捕食者吃掉。

在约 5.3 亿年前，一群动物（鱼）进化出了支撑身体和附着肌肉的新方式——内骨骼。这些早期的鱼类在海洋生物中只是不起眼的一小部分，但在 4 亿年前，鱼类的种类变得非常多，同时鱼类在海洋中的地位开始凸显。总体来说，鱼类要比无脊椎动物游得快，同时它们的感官更敏锐、大脑也更大。最终，它们成为外海中主要的捕食者。

17.4　生命是如何登陆的

在生命史这个漫长的故事中，一个引人注目的情节是生命登陆的过程。在超过 30 亿年的水生历史后，生命来到了坚实的大地上。它们需要克服许多困难。在海洋中生活时，海水提供浮力来抵抗重力，但在陆地上，生物必须承受自己的重量，用自身的结构来对抗重力。在海洋中，生命无时无刻不在接触生命必需的水，但陆地生物很难获得足够的水。海生植物和动物能够产生可以活动的精子或卵细胞（或者二者兼而有之），它们可在水中游或漂到对方所处的位置。然而，陆地生物必须保证自己的配子不会干死。

尽管在陆地上生存有诸多障碍，但古生代大陆上广袤的空白空间意味着巨大的进化机遇。陆生植物的潜在奖赏尤其丰厚。水的吸光能力极强，因此就算是在最清澈的水中，光合作用也被限制在表层的几百米深处，而通常这个数字要小得多。植物一旦离开水，阳光就会使其更快地进行光合作用。此外，陆地上的土壤是营养丰富的仓库，而海水所含的有些营养物质的量要低得多，尤其是氮元素和磷元素。最后，古生代的海洋充满了食用植物的动物，但陆地上没有动物。因此，第一批登上陆地的植物可以享受充足的阳光和丰富的营养，同时没有捕食者的威胁。

17.4.1 一些植物适应了干燥陆地上的生活

在水边的潮湿土壤中，一些小绿藻利用更充足的阳光和营养物质开始生长。这些藻类没有能够支撑它们对抗重力的大身体，而且生活在土壤上面的水膜中，因此很容易获得水。大约在 4.75 亿年前，其中的一部分藻类进化成了第一种多细胞陆地植物。最初，陆地植物的结构很简单，长得也很低，不过总算进化到了可以应对两大难题：获得并存储水，以及在重力和风的作用下保持直立。这些植物的地上部分包裹着防水层，可减少蒸发导致的水分流失，类似于根的结构扎到土中来吸收水和矿物质。特化的细胞形成了特殊的组织（称为维管组织），其中包含了将水从根输送到叶子的管道。有些特化的细胞具有加厚的细胞壁，用于让主干保持直立。

1. 原始陆地植物保留了会游泳的精子，需要水来繁殖

离水繁殖是一大挑战。植物就像动物一样产生精子和卵细胞，精子必须和卵细胞接触才能繁殖下一代。最早的陆地植物具有会游泳的精子，类似于今天的苔藓和蕨类植物。因此，最早的植物只能在沼泽、湿地或多雨的地方生存，这些地方的土壤经常被水覆盖。在这些地方，植物可以将精子和卵细胞释放到水中，精子可以游到卵细胞旁，与之接触。一段时间后，带有会游泳的精子的植物在气候温暖潮湿的时候达到繁荣期。例如，石炭纪（约 3.59 亿年前—2.99 亿年前）的特征就是巨大的树蕨、石松和木贼组成的广袤森林（见图 17.8）。

图 17.8 石炭纪的湿地森林。艺术家重现的、长得像树一样的这些植物是巨大的木贼，它的大多数种类已经灭绝

2. 种子植物将精子包装在花粉中

同时，一些占据较干燥地区的植物进化出了一种不需要水的繁殖方式。这些植物的卵细胞固定在亲本植物上，而精子则包装在可抵抗干旱的花粉粒中，由风携带花粉在植物之间传播。当花粉粒落到卵细胞附近时，就会直接将精子释放到活的组织中，因此它们的繁殖不需要水。受精卵继续固定在亲本植物上，在种子中生长发育。种子可以为发育中的胚胎提供保护和营养。

最早的种子植物出现于泥盆纪晚期（3.75 亿年前），这些植物在枝桠上产生种子，但没有负责保存种子的特化结构。不过，到了石炭纪中期，出现了一种新的种子植物。这种植物称为针叶植物，它们用一种锥体结构来保护自己的种子。针叶植物是靠风力传粉的，繁殖不需要水，并且长得非常茂盛。到了二叠纪，山系抬升，湿地干涸，气候变得更干燥。于是，针叶植物大量繁殖。然而，树蕨和巨大的石松因为需要水来繁殖，几乎都灭绝了。

3. 开花植物引诱动物携带花粉

在约 1.4 亿年前的白垩纪，一群类似针叶树的植物进化出了开花植物。很多开花植物都是由昆虫或其他动物来传粉的，这种传粉模式似乎有着进化上的优势。由动物给花传粉要比由风力传粉有效得多，风媒植物必须产生大量的花粉，因为大部分花粉粒都无法抵达目标。如今，开花植物统治着陆地。

17.4.2 一些动物适应了干燥陆地上的生活

进化出陆地植物后，它们就成了其他生物的潜在食物来源，于是动物也从海中来到陆地上。最早的陆地生物的证据来自约 4.3 亿年前的化石。第一种登上陆地的动物是节肢动物（现代节肢动

物包括昆虫、蜘蛛、蝎子、蜈蚣和螃蟹等)。为什么是节肢动物?答案似乎是它们纯粹出于偶然而具有了适合在陆地上生存的特定结构。在这些结构中,最重要的是外骨骼,如龙虾或螃蟹的壳。外骨骼不仅防水,而且足够强壮,能够让小动物对抗重力。

数百万年来,节肢动物拥有自己的土地和植物,且在此后的几千万年间都是陆地的统治者。翼展达 70 厘米的蜻蜓在石炭纪的树蕨之间飞行,长达 2 米的千足虫在湿地森林的地面大吃特吃。最后,节肢动物独霸一方的历史结束。

1. 两栖动物从肉鳍鱼进化而来

在约 4 亿年前的志留纪,出现了一群称为肉鳍鱼的鱼,它们可能是在清水中出现的。肉鳍鱼的两个重要特征使得它们的后代能够移居陆地:①它们有着强壮的肉质鳍,它们用这些鳍在安静的浅水中四处爬行;②外翻的、可以灌入空气的消化道,就像原始的肺一样。一群肉鳍鱼栖息在非常浅的池塘和溪流中,这些水域在干旱时收缩,且经常缺乏氧气。通过将空气灌入它们的肺部,肉鳍鱼仍然能够获得氧气。有些肉鳍鱼开始用鳍从一个池塘爬到另一个池塘来寻找猎物和水,就像如今的有些鱼所做的那样(见图 17.9)。

图 17.9 能在陆地上行走的鱼。有些现代鱼,比如弹涂鱼,能在陆地上行走。就像两栖动物的祖先肉鳍鱼那样,弹涂鱼用其强壮的胸鳍在沼泽的干燥区域中行走

在陆地上进食和在池塘之间移动的好处是,一群动物开始能够离开水较长的时间,能够在陆地上更有效地移动。两栖动物由肉鳍鱼进化而来,它们具有更完善的肺和更强壮的腿。最早的两栖动物化石记录是在 3.7 亿年前。对于两栖动物来说,石炭纪的湿地森林简直就是天堂:没有捕食者,猎物丰富,环境温暖潮湿。就像昆虫和千足虫那样,有些两栖动物进化出了庞大的身躯,包括超过长达 3 米的蝾螈。

尽管它们发展得很成功,但早期的两栖动物并未完全适应陆上的生活。它们的肺只是表面积很小的简单气囊,不得不通过皮肤来吸收部分氧气。因此,它们必须保持皮肤湿润,而这种需求就将它们的栖息地限制为湿地。此外,两栖动物的精子和受精卵无法在干燥的环境下存活,必须保存在水中。因此,尽管两栖动物可以在陆地上四处移动,但无法离开水边太远。在约 2.99 亿年前的二叠纪初期,两栖动物和树蕨、石松在气候开始变干燥后便大大减少。

2. 爬行动物由两栖动物进化而来

当针叶植物在湿地森林的周边进化时,一群两栖动物也在向适应干燥条件的方向进化。这些两栖动物最终产生了爬行动物,后者有对陆地环境的三种主要适应。第一,爬行动物进化出带壳的、防水的蛋。蛋为发育的胚胎提供了水。因此,爬行动物可在陆地上产卵,避开充满鱼和两栖动物捕食者的危险沼泽。第二,爬行动物的祖先进化出鳞状的防水皮肤,这种皮肤可以防止体内的水分流失到干燥的空气中。第三,爬行动物的肺发生了进化,能够为活跃的动物提供足够的氧气。当气候在二叠纪逐渐变得干燥时,爬行动物就成为占主导地位的陆地脊椎动物,它们将两栖动物赶到了沼泽的角落。

几千万年后,气候又开始变得潮湿。在这个时期,出现了一些非常大的爬行动物,特别是恐龙(见图 17.10)。恐龙的多样性极其丰富:有大有小,行动有快有慢,有捕食者,也有植食性的。如果我们将存活时间作为一个物种是否成功的标准,恐龙就是史上最成功的动物之一。它们的繁荣期超过 1 亿年,直到约 6500 万年前最后一只恐龙灭绝。没有人知道它们为何灭绝,但一颗巨大的小行星撞击地球似乎是对恐龙的最终打击。

就算是在恐龙的年代，许多爬行动物的体形仍然很小。小型爬行动物面临的一个主要难题是维持较高的体温。温暖的身体对于活跃的动物十分有利，因为温暖的神经和肌肉工作起来更高效。但是，除非空气也很温暖，否则温暖的身体会不断地向环境中流失热量。这对小动物来说是个大问题，因为它们的表面积和体积之比比大动物的要大。很多小型爬行动物开始向代谢缓慢的方向进化，通过将活动限制在足够暖和的时段来应对热量流失。然而，有一群爬行动物走上了一条不同的进化道路。它们中的成员之一如鸟类进化出了绝缘的方法，即用羽毛来维持体温（鸟类和爬行动物以前是分开的，但现在人们认为鸟类是爬行动物的一种。）

图 17.10　重建的白垩纪森林。到了白垩纪，开花植物在陆生植物中占主导地位。恐龙是卓越的陆地动物，如图中 2 米长的迅猛龙。尽管在所有恐龙中，迅猛龙的体形较小，却是非常可怕的捕食者。它们的奔跑速度极快，牙齿非常锋利，后腿上带有致命的镰刀状爪子

鸟类的祖先通过改良鳞片，产生羽毛保持体温。因此，它们可在较冷的栖息地和夜晚活动，晚上，它们的有鳞近亲会变得迟钝。一段时间后，一些鸟类祖先就在前肢进化出了更长、更强壮的羽毛，因为自然选择更青睐于能在树间更好地滑行和跳跃的鸟类。最终，羽毛进化成能够支持动力飞行的结构。充分发育的、能支持飞行的羽毛在 1.5 亿年前的化石中就被人们发现，因此更早出现的用于隔绝外界的结构一定很早就已存在。

3. 哺乳动物由爬行动物进化而来

与卵生的爬行动物不同，哺乳动物进化出了胎生和用乳腺（产生乳汁的腺体）分泌物喂养孩子的能力。哺乳动物的祖先还进化出了毛发，可用于隔热。因为子宫和乳腺这些软组织通常不会变成化石，所以我们可能永远不会知道这些器官最初是在什么时候出现的，以及它们的过渡形式是什么样子。不过，毛发有时能以化石的形式保存下来，但很少见。最早的已知毛发来自一只水生哺乳动物。它在约 1.6 亿年前变成了化石，因此哺乳动物大概至少从那时起就有了毛发。

迄今为止，发掘出的最早哺乳动物化石有着约 2 亿年的历史。因此，早期的哺乳动物是和恐龙同时存在的。我们可以通过特殊的骨骼结构来辨认这些哺乳动物。早期的哺乳动物大多数是一些小动物。在恐龙时代，已知的最大哺乳动物大概和如今的浣熊差不多大，而大多数早期的哺乳动物都比这还要小。不过，在恐龙灭绝后，哺乳动物占据了恐龙留下的栖息地。于是，哺乳动物迎来了大繁荣，并进化成了我们今天看到的诸多样子。

17.5 灭绝在进化史中起什么作用

如果我们能在生命史中总结出什么，就是没有什么是永恒的。生命的故事可视为一系列进化的王朝，在每个王朝都有新的统治者发展壮大，并在一段时间内统治大地或海洋，然后无可避免地衰败和灭绝。恐龙王朝是其中最有名的一个，我们仅从化石了解到的已灭绝物种数量就非常惊人。不过，尽管灭绝是无可避免的，大趋势仍是物种产生的速度要快于灭绝的速度，因此随着时间的推移，地球上的物种数量趋于增加。

17.5.1 我们用周期性大灭绝来标记进化史

在生命史上的大部分时间里，物种的起源和灭绝都是稳定进行的。然而，这种缓慢且稳定的物种循环过程会时不时地被大灭绝打断。大灭绝的特征是在地球上的巨大范围内，很多物种相对突然地消失。最引人注目的大灭绝发生在 2.51 亿年前的二叠纪末期。这次灭绝消灭了地球上 90% 的物种，并将整个生态系统破坏殆尽。生命离完全消失只有一步之遥。

1. 气候变化是大灭绝的重要原因

大灭绝在生命史上有着深远的影响，它们一次又一次地改写着生命的多样性。那么是什么导致这些物种的命运如此多舛呢？很多进化生物学家认为，气候变化可能在其中起重要作用。当气候发生改变时，就像在地球历史上多次发生过的那样，在某种气候下已适应生存的生物可能无法在另一种完全不同的气候下生存。当温暖潮湿的气候演变成寒冷干燥且温度多变的气候时，很多物种尤其可能会因为无法适应严酷的新环境而灭绝。

造成气候变化的一个原因是大陆位置的移动。这些移动称为大陆漂移。大陆漂移是由板块运动引起的。地球的表面（包括大陆和海底）被划分成位于黏稠岩浆层上缓慢移动的板块。在板块运动的过程中，它们的地理纬度会发生变化（见图 17.11）。例如，3.4 亿年前，北美洲的大部分位于赤道附近，其气候特征是温暖潮湿的热带气候。但随着时间的推移，板块将大陆带到温带和寒带。因此，曾经的热带气候就被具有季节变化、较低温度和较少降水的气候取代。板块运动今天仍在进行着，例如大西洋每年会变宽几厘米。

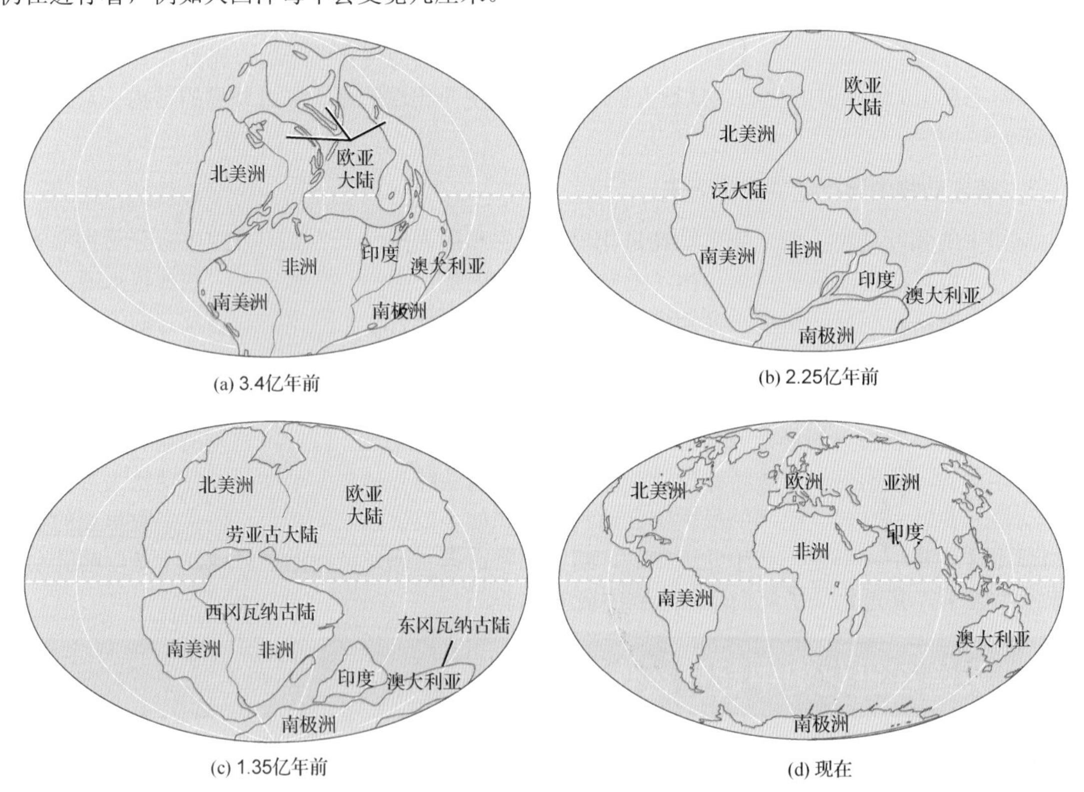

图 17.11 板块构造论中的大陆漂移。根据板块构造论，大陆是在地球表面移动的板块上的过客。(a)3.4 亿年前，现在属于北美洲的大部分地区都位于赤道附近；(b)所有板块最终汇聚，形成地质学家称为泛古陆的巨大陆地；(c)泛古陆逐步分裂为劳亚古大陆和冈瓦纳古大陆，而冈瓦纳古大陆又分裂为西冈瓦纳和东冈瓦纳两块大陆；(d)进一步的板块运动使大陆移动到了如今所在的位置

2. 灾难性事件可能造成了最大规模的灭绝

地质学资料证实，大多数大灭绝事件和气候变化时期是重叠的。不过，有些科学家认为，大灭绝的速度太快了，因此缓慢的气候变化本身无法导致大规模的物种灭绝，可能有些突发事件在其中也起了作用。灾难性地质学事件（如大规模火山喷发）能够很快地杀死所有生物。地质学家已经发现过去火山大喷发事件的证据，在这些大喷发事件面前，1980 年的圣海伦斯火山喷发看上去就像是打着火打火机。

20 世纪 80 年代初，寻找大灭绝原因的过程华丽转身：路易斯（Luis）和阿尔瓦雷茨（Walter Alvarez）提出，6500 万年前恐龙和许多物种从地球上消失的原因是一颗巨大的小行星撞击了地球。当他们首次介绍这个假说时，人们非常怀疑它的正确性。不过，从那时起，地质学研究发现了 6500 万年前发生过一次大撞击的许多证据。实际上，研究人员对希克苏鲁伯陨石坑进行了研究，这是深埋在墨西哥尤卡坦半岛下方的宽 160 千米的陨石坑，它是由直径达 10 千米的一颗小行星撞击地球导致的。

这颗巨大的小行星撞击地球会是同时发生大灭绝的原因吗？没有人能确定，不过科学家认为，如此强烈的撞击会将大量岩屑抛入大气层，以至于整个星球在几年时间里都被黑暗笼罩。在几乎没有阳光到达地面的情况下，气温急剧下降，同时光合作用捕获的能量（这些能量是所有生物的最终能量来源）也大大减少。整个地球都经历了“撞击冬天”，这可能就是恐龙和许多其他物种灭绝的原因。

17.6 人类是如何进化而来的

科学家对人类的起源和进化有着无限的兴趣。本节介绍已被大多数古生物学家接受的人类进化解释。人类进化的化石证据相对较少，因此有多种解释。

17.6.1 人类继承了灵长类动物在树上生活的一些特殊适应

人类是被称为灵长类的哺乳动物群体中的一员，灵长类还包括狐猴、猴和猩猩等。最早的灵长类动物化石有 5500 万年的历史，但因为灵长类动物的化石比很多其他动物的化石要少，因此最早的灵长类可能出现得比那要早得多，只不过没有留下化石记录。早期灵长类很可能以水果和叶子为食，适合在树上生活。很多现代灵长类动物继承了祖先在树上的生活方式（见图 17.12）。人类和其他灵长类动物共同继承了一些身体特征，这些身体特征在最早的灵长类动物中就已出现，而现在还存在于很多现代灵长类动物上。

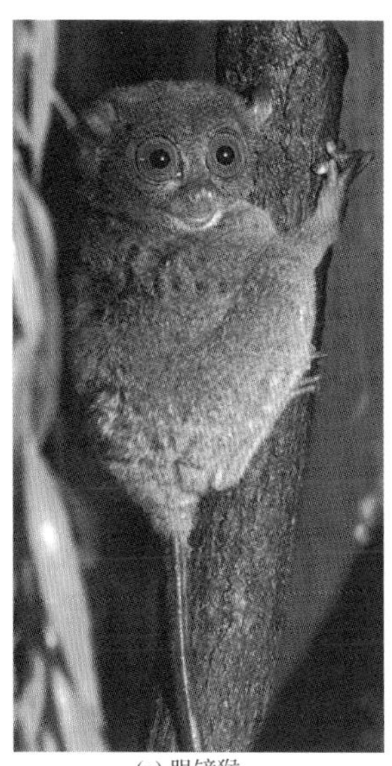

(a) 眼镜猴

(b) 狐猴

(c) 狮尾狒狒

图 17.12　典型的灵长类动物。(a)眼镜猴、(b)狐猴和(c)狮尾狒狒的脸都相对较平，且都有向前直视的眼睛，因而具有双眼视力。它们都有颜色视觉和可以抓握的手。这些特点都是从最早的灵长类动物那里继承来的，人类也具有这些特点

1. 双眼视力使早期灵长类动物有着准确的深度知觉

灵长类动物最早的适应是大而

向前直视的眼睛（见图 17.12）。如果不能准确地判断下一根树枝在哪里，在树枝之间跳跃就是很危险的。双眼视力使准确的深度知觉成为可能，因为向前直视的眼睛具有重叠的视野。另一个重要的适应是颜色视觉。当然，我们无法判断一个已成为化石的生物是否具有颜色视觉，但既然现代灵长类动物具有非常好的颜色视觉，我们就有理由认为更早的灵长类动物也具有颜色视觉。很多灵长类动物以水果为食，颜色视觉能够帮助它们区分熟透的果子和绿叶。

2．早期灵长类动物有能抓握的手

早期灵长类动物具有能够抓握的长手，可环绕在树枝上或者抓住树枝。这种对树上生活的适应是此后能够精细抓握和力量抓握的人手的基础。

3．较大的大脑促进手眼协调和复杂的社交活动

相对于身体来说，灵长类动物的大脑几乎比所有其他动物的都要大。我们不知道具体什么样的环境因素会青睐更大的大脑。不过，有了更强的脑力后，控制和协调树上的快速行动、手的灵活运动、双眼视觉和颜色视觉都容易一些，这一点看上去是合理的。大多灵长类动物的社会系统相对复杂，这也需要较高的智力。如果社会性能够促进生存和繁殖，成功的社交给个体带来的利益就可能支持大脑进化得更大。

17.6.2 最古老的猿人化石来自非洲

通过比对现代黑猩猩、大猩猩和人的 DNA，研究估计古人类（包括人类和人类的已灭绝近亲）在 800 万年前到 500 万年前之间与古猿分离。然而，化石记录显示，这次分离应该更接近这个范围的早期，即 800 万年前。在非洲乍得工作的古生物学家发现了一种猿人的化石（称为乍得沙赫人），其历史超过 600 万年（见图 17.13）。乍得沙赫人无疑是一种猿人，因为它与此后的几种猿人有几种共同的解剖学特征。不过因为这种猿人家族最古老的成员同时还具有更多猿类的特征，所以可能代表了人类家谱上接近猿和人的分歧点的位置。

图 17.13 最早的猿人。这是一个几乎完整的乍得沙赫人头骨，它已有超过 600 万年的历史，是目前为止找到的最早的猿人化石

除了乍得沙赫人，在非洲的岩石中还发现了两种猿人的化石——图根原人和始祖地猿，这两种猿人生活在 600 万年前到 400 万年前之间。我们对这些物种的了解大多建立在只包含头骨的少量化石基础上。不过，其中一个样本是还算完整的始祖地猿骨骼，它有着 440 万年的历史，揭示了这种猿人的一些有趣特点。它的腿、脚、手和骨盆证明它能够直立行走，但在栖息的森林中它也可能会爬树。它的犬齿很小，类似于今天的人类，而不像那些现代猿类的大獠牙。

在大约 400 万年前开始，出现了更多早期猿人进化的化石记录。这个时间标志着南猿（见图 17.14）的化石记录的出现。南猿是一种非洲古猿人，它们有着比祖先更大的大脑，不过仍然比现代人的大脑要小得多。

1．早期猿人能够站立并直立行走

最早的猿人很可能已经能够直立行走。乍得沙赫人和图根原人的发现认为，最早猿人的腿骨和足骨的有些特征表明它们是可以进行双足行走的，但这个结论在发现更多的化石之前还只是推测。不过，地猿的骨骼化石表明，在 440 万年前，猿人就能保持直立，而最早的南方古猿（各种南猿的统称）有膝关节，这一结构可让它们将腿完全伸直来进行两足运动。利基（Mary Leakey）在坦桑尼亚发现的有着 400 万年历史的脚印化石表明，最早的南方古猿能够直立行走，至少有时会直立行走。

我们对早期猿人进化出两足行走的原因仍知之甚少，或许能够直立的古人类在采集或搬运食物时具有优势。不管原因为何，直立姿势的进化在人类的进化史中极其重要，因为直立行走解放了人的双手。因此，之后的猿人就可用手拿武器和使用工具，最终现代智人发起了文化上的变革。

2. 非洲出现了几种南方古猿

由牙齿、头骨碎片和臂骨化石代表的最早南方古猿出土于肯尼亚的一个原始湖床附近，它们当时被埋在 410 万年前到 390 万年前的沉积物中。这个物种被其发现者命名为湖畔南方古猿。第二古老的南方古猿称为阿法南方古猿，发现于埃塞俄比亚的阿法地区。这个物种的化石残余是从距今 390 万年的沉积层中出土的。显然，阿法南方古猿至少发展成两个不同的种类：非洲古猿（体形和食性与南方古猿很相似）和更大的食草动物（如罗百氏傍人和鲍氏傍人）。所有这些南方古猿在 120 万年前就已灭绝，但在它们灭绝之前，其中的一个物种产生了人类家谱中的一个新分支：人属（见图 17.14）。

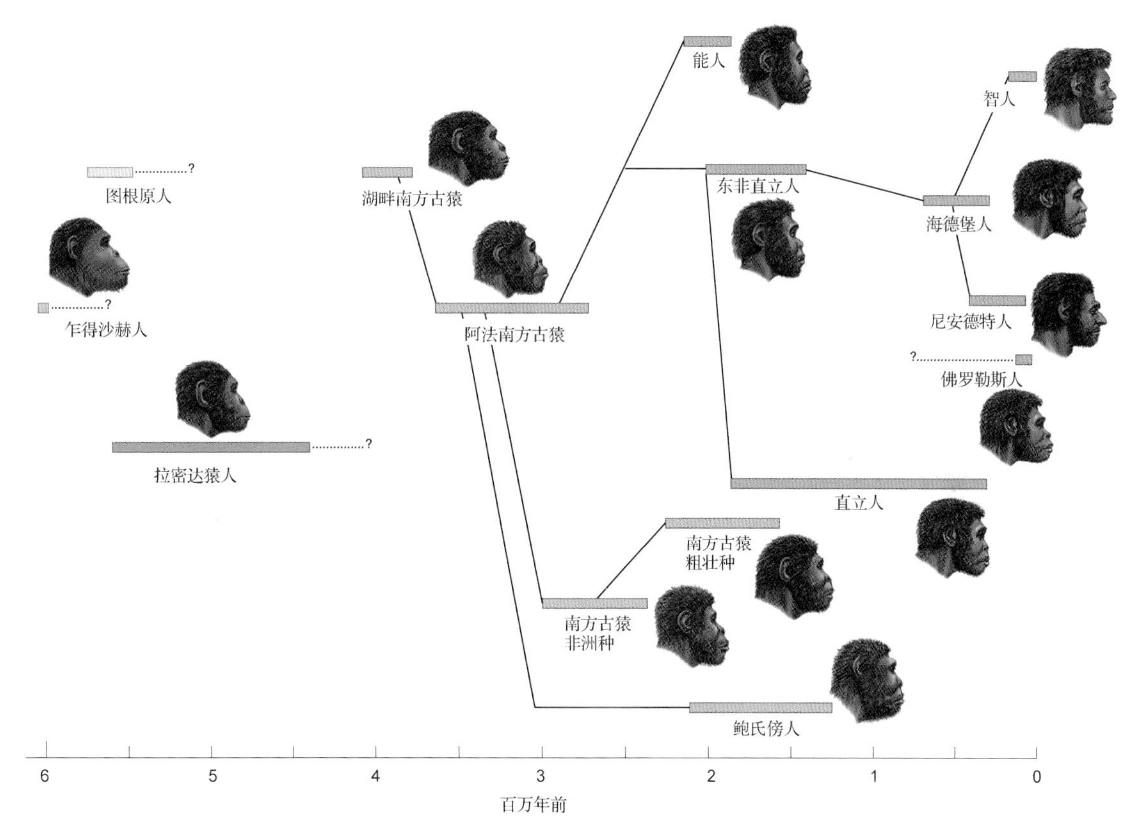

图 17.14 可能的人类进化树。这个设想中的人类家谱展示了代表性物种的面部结构。尽管很多古生物学家认为这是最可信的人类家谱，但对已知的猿人化石还存在几种解释。最早的猿人化石非常稀少且不完整，因此我们仍然不清楚这些物种和以后出现的物种之间的关系

17.6.3 人属在约 250 万年前从南方古猿中分离出来

与现代人类相似，可被放在人属中的猿人的化石最早是在非洲发现的，距今有 250 万年的历史。最早的非洲人类化石是一种称为能人（见图 17.14）的人类化石，能人的体形和大脑都比南方

古猿的要大，但保持了来自它们祖先的像猿猴一样的长手臂和短腿。相反，在 200 万年前出现的东非直立人的肢体比例更接近现代人。很多古人类学家（研究人类起源的科学家）认为这个物种位于最终产生我们（智人）的进化分支上。这样看来，东非直立人是至少两个进化分支的人的直接祖先。第一个分支最终进化出直立人，它们是第一个离开非洲的人类物种，第二个分支最终进化出海德堡人，其中一些迁移到欧洲，进化出尼安德特人；同时，在非洲，另一个分支从海德堡人中分离出来，最终进化成了智人——现代人类。

1. 人属的进化伴随着工具的发展

人的进化与工具的发展紧密相关，使用工具是人类的代表性特征。到目前为止，最早的工具发现于距今 250 万年的东非岩层中。早期人的磨牙比其南方古猿祖先要小得多，因此它们最初可能是用石头砸碎难以咀嚼的食物的。最早的人类让石头互相击打来削去碎片。在接下来的几十万年间，非洲人类制造工具的本领越来越高明。到了 170 万年前，工具变得更加复杂。古人将石头的两边对称地削去一些鳞片状的碎石，制造出了双刃的工具，包括用来切割和劈砍的手斧，以及可能用在长矛上的枪头（见图 17.15a 和 b）。东非直立人和其他使用这种工具的人可能是吃肉的，它们可能通过捕猎或清理其他捕食者的猎物残余来获取肉类。在至少 60 万年前，海德堡人通过迁徙将双刃工具带到欧洲，而这些移民的后代尼安德特人将石器制造的技巧和精密程度发展到了一个新高度（见图 17.15c）。

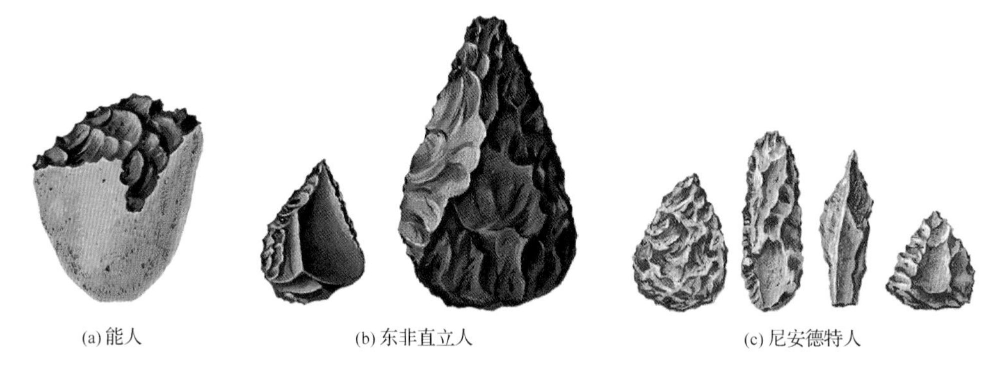

图 17.15　典型的早期人类工具。(a)能人只能制造相当粗糙的劈砍工具（手斧），为了将其握在手中，一端未经过加工。(b)东非直立人能够制造精良得多的工具。这些工具通常是边缘锋利的石头，至少有些是用来绑在长矛上的。(c)尼安德特人的工具是精美的艺术品，在边缘削去小片后，它们的边缘变得极其锋利

2. 有着巨大大脑的尼安德特人能够制造出色的工具

尼安德特人首次出现在欧洲距今 15 万年的化石记录中。到了 7 万年前，它们已广泛分布在欧洲和西亚地区。然而，到了 3 万年前，尼安德特人却灭绝了。

“穴居人”在人们心目中的印象通常是笨拙的、粗陋的和驼背的，但尼安德特人却不是这样，它们与现代人类在很多方面十分相似。尽管它们的肌肉更多，但已可完全直立行走，而且还很聪明，能够制作精巧的石器。它们的平均脑容量甚至比现代人的还要大一些。很多欧洲尼安德特人的化石显示，它们有着沉重的眉弓和平坦的颅骨，但其他尼安德特人（尤其是居住在地中海东岸的尼安德特人）已非常接近现代人。

尽管尼安德特人和现代人在身体结构和技术上都具有相似性，但没有确凿的考古学证据证明尼安德特人曾经发展出包括艺术、音乐和宗教活动等人类活动的先进文化。有些人类学家认为，对尼安德特人的头骨的解剖学研究表明，它们能够发出语言所需的声音，因此它们可能发展出语言。不过，这种对尼安德特人的解释并未得到人们的一致认可。总体来说，尼安德特人的生活证据非常有限，我们可以对此做出多种解释，人类学家现在还经常争论尼安德特人的文明究竟有多

发达，这些争论有时会变得十分激烈。

3. 尼安德特人可能和智人进行过杂交

尽管有些人类学家争论说尼安德特人不过是智人的一种，但大多数人认为尼安德特人是一个单独的物种。支持这个假说的戏剧性证据来自从尼安德特人的骨骼中提取出 DNA 的研究人员。最近，科学家从在克罗埃西亚的一个山洞中发现的、距今 38000 年的骨骼中提取出了尼安德特人的完整基因组。在成功分离出尼安德特人的 DNA 后，研究人员确定了基因组中的大部分核苷酸序列，并将它与几个现代人的基因组进行了比较。根据这些比较，研究人员推断在 44 万年前至 27 万年前，进化出尼安德特人的分支和进化出智人的分支分开，几千年后才产生智人。不过，序列比较的结果还表明，高达 4%的非裔现代人的 DNA 与特殊的尼安德特人的 DNA 相似。这一发现认为，我们的祖先在 6 万年前可能曾和尼安德特人杂交过。因为现代非洲人不携带尼安德特人的基因序列，但其他人携带，所以和尼安德特人的杂交一定发生在智人离开非洲后，在现代人类在世界上广泛分布之前。

科学家在提取原始骨骼中的 DNA 的同时，发现了一种此前不知道其存在的人类。科学家在对于西伯利亚的丹尼索瓦洞中发现的、埋藏在距今 3 万到 0.5 万年前的沉积物中的指骨提取 DNA 进行测序时，发现了这种人类。对 DNA 序列的分析表明，这根骨头来自一种和尼安德特人及智人都不同的人类。尽管目前我们对这种人类的了解仅限于其 DNA、一块骨头和几颗牙齿，但人类学家认为发现它们的头骨只是时间问题。

17.6.4 现代人类在不到 20 万年前才出现

化石证据表明，解剖学意义上的现代人类至少是在 16 万年前出现在非洲的，也可能是在 19.5 万年前。这些化石的发现地点暗示着智人起源于非洲，但我们对自身早期历史的认知大多数来自欧洲和东亚的智人化石，我们将这些人称为**克罗马农人**（克罗马农是法国一个地区的名字，在这个地区首次发现了这种人的遗址）。克罗马农人大约在 9 万年前出现，它们有着圆形的头顶、光滑的眉毛和突出的下巴，就像现代人一样。它们的工具非常精细，类似的石器在有些文明中一直使用到了 20 世纪 60 年代。

克罗马农人和尼安德特人的行为很相似，但更加复杂。人们从一个有着 3 万年历史的克罗马农人遗址中发现了漂亮的骨笛、做工精美的象牙雕等人造物，还发现了复杂葬礼仪式的证据（见图 17.16）。克罗马农人最惊人的成就可能是在西班牙的阿尔塔米拉、法国的拉斯科和肖维的洞窟中留下的壁画（见图 17.17）。迄今为止，人们发现的最古老的壁画有着超过 3 万年的历史，而当时的人们在绘制这些壁画时就开始运用成熟的艺术技巧。没有人知道克罗马农人为什么画这些壁画，但这些壁画证明了它们的思维能力几乎和我们一样强大。

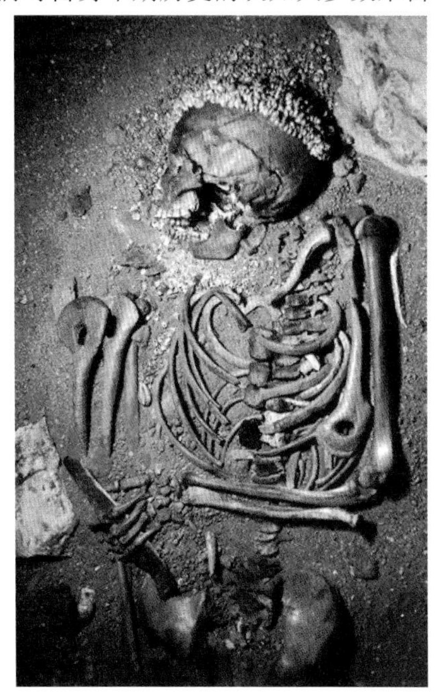

图 17.16 旧石器时代的墓葬。这个有着 2.4 万年历史的墓穴表明克罗马农人埋葬死者时会举行特殊的仪式。它们在尸体上涂抹红赭石，然后给尸体戴上用蜗牛壳制作的头饰，并在手中放用于打火的工具

1. 克罗马农人和尼安德特人共存

克罗马农人和尼安德特人在欧洲及中东可能共同生活了 5 万年之久，直到尼安德特人灭绝为止。遗传学分析表明，克罗马农人曾和尼安德特人进行过杂交，因此有些研究人员

图 17.17　克罗马农人的复杂文明。克罗马农人的壁画在条件相对稳定的法国肖维-蓬达尔克洞穴中保存良好

提出假说认为尼安德特人实际上被人类的遗传主流所吸收，不过其他科学家不同意这一点，因为 DNA 证据只显示了相对有限的杂交，他们认为，作为后来者的克罗马农人侵占了尼安德特人的栖息地，并且最终取代了它们。

然而，这两个假说都未能很好地解释两种人类为何会在长时间内占据相同的地理区域。一个区域内存在两个类似却不同的物种，且过程持续了上万年，这个事实似乎并不能用杂交或者直接的竞争来解释。也许尼安德特人和智人之间的竞争并不是直接的，因此这两个物种可在相同的栖息地共存很长一段时间，而在开发可用资源方面更具优势的智人逐渐导致了尼安德特人的灭绝。

2．人类从非洲移民的几次浪潮

人类的家族树扎根在非洲，但人类在很多条件下会迁出非洲。例如，直立人在约 200 万年前到达亚洲的热带地区，在那里达到繁荣期，最终广泛分布于亚洲（见图 17.18a）。类似地，海德堡人在至少 78000 年前从非洲迁移到欧洲。人类进行过多次长距离迁移，这一点我们现在已很清楚。然而，我们并不清楚这些迁移和现代智人的产生之间有着怎样的联系。根据“非洲替代假说”，智人在非洲出现，并在不到 15 万年前分散开来，到达近东地区、欧洲和亚洲，取代了所有的其他人类（见图 17.18a）。然而，有些人类学家认为智人是从已经广为分布的直立人直接进化来的，这种进化同时发生在很多地区。根据这种“多地起源假说”，在世界上的许多不同地区，直立人持续不断的迁移和杂交使得它们一直是同一个物种，并且逐渐进化为智人（见图 17.18b）。尽管对现代人类 DNA 越来越多的研究支持智人起源的非洲替代模型，但两个假说都与化石证据吻合。因此，这个问题仍未得到解决。

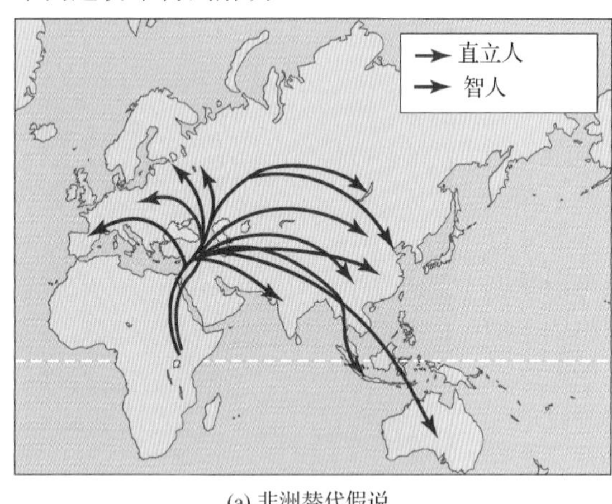

(a) 非洲替代假说

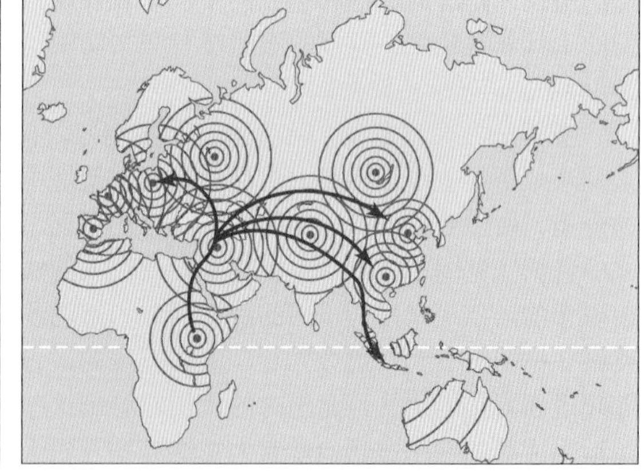

(b) 多地起源假说

图 17.18　智人进化的两个竞争性假设。(a)非洲替代假说认为，智人在非洲进化出来后，迁移到了近东地区、欧洲和亚洲，在迁移过程中，智人取代了这些地区的原有人种；(b)多地起源假说认为，智人是在很多地区同时由直立人进化而来的

17.6.5　巨大大脑的进化起源可能与食用肉及烹饪有关

将人类与最近的近亲猿类区分开的主要身体结构特征，是直立的姿势和发达的巨大大脑。如

前面描述的那样，直立的姿势在人类的进化史上出现得非常早，在人属出现前的几百万年前，猿人就开始直立行走了。那么是什么样的条件导致人类的大脑进化得越来越大呢？人们提出了很多解释，但几乎没有直接证据；因此，巨大大脑的进化起源的假说只能是推测。

对于巨大大脑的起源，人们提出的一种解释是，它们是对越来越复杂的社会关系的响应。尤其是，化石证据表明，从 200 万年前开始，人类的社会生活就开始包括一种新的活动：大型合作狩猎。这种活动的结果是，当时的人类获得了大量的肉。于是，人们就需要研究出一种方法来分配这些珍贵的资源。一些人类学家假设说，最擅长处理这些社会关系的个体更容易获得更多的肉，并且有利地使用它们。或许，拥有更大、更强大脑的个体最擅长处理这些社会关系，于是自然选择就更青睐这些个体。对黑猩猩群体的观察表明，对群体狩猎所获肉的分配包含着错综复杂的社会关系，这些肉被用于结成同盟、回报帮助、获得配偶、安抚对手等。或许计划、分析、记忆这些关系所需的脑力技能就是我们更大、更聪明的脑的进化原动力。

无论青睐拥有更大大脑的个体的本质是什么，这样的大脑都只在有某种机制来提供生长和维持如此巨大的脑组织所需的巨大能量时，才能进化出来。有些研究人员推测，烹饪是节约所需的额外能量的一种突破。经过烹饪的食物比生食物更易消化，而且可以大大减少咀嚼的次数，因此熟食可在消耗更少体力的同时提供更多的营养。因此，早期人类的烹饪可能去除了此前一直限制脑容量的障碍。然而，较大的大脑最开始是在距今 200 万年前的直立人身上出现的，而人类控制火的最早的直接考古记录只有 79 万年的历史。烹饪假说的支持者认为，烹饪的确就是在 200 万年前出现的，而没有那么早的烹饪用火的证据只是因为人类化石记录还不完整。

17.6.6 复杂的文化直到不久前才出现

尽管诸如直立人这些物种已进化出相对较大的大脑，但现代人类及其大脑的起源要在那之后 100 多万年。在现代智人第一次出现后，又过了超过 10 万年才出现人类特有的一些特征，如语言、抽象思维和先进文化的考古学证据。这些特征只有当人类具有足够大的大脑时才可能出现。这些人类特征的进化起源是另一个未解决的难题，部分原因是可能永远都找不到从落后文化向先进文化转变的直接证据。有语言能力和象征性思维的早期人类并不需要发明意象来指代这些能力。从对我们的近亲——猿猴的研究中，就能够发现一些线索。它们也具有很多类似于人类的行为和情感，但比人类的要简单一些。它们的行为可能和古人类的行为很相似。尽管如此，人类先进文化的起源现在仍是谜。

1. 生物进化在人类身上继续进行

最近，大多数进化生物学家认为，自然选择导致的人体进化在人类开始生活于先进的社会之中后，就变慢甚至停顿了。我们可以不必每天挣扎求生，但这正是其他所有生物生活的主旋律。不过现在，我们对 DNA 快速测序的能力越来越强，因此研究人员能够对越来越多的人的基因组进行分析，根据这些分析的结果得出一个出人意料的结论：自从音乐、艺术、语言及其他先进文化出现以来，人类进化迅速，且直到今天人类还在进化着。我们的很多基因都显示出最近一千年间自然选择导致我们发生进化的证据。在很多情况下，我们并不知道这些基因的确切作用，但研究人员已经确定最近发生的一些进化变化的作用。例如，消化牛奶所需的基因在过去 7000 年间的频率大幅上升，在有些种群中甚至固定下来。类似地，研究人员已经鉴定出西藏人身上 20 种最近进化迅速的基因；所有这些基因都和在高海拔低氧环境下的生理反应有关。

2. 文化也会发生进化

在最近的一千年间，人类的进化还包括大量的文化进化，即通过学习代代相传的信息和行为的进化。例如，我们最近的成功进化几乎不是由新的身体结构方面的适应导致的，而更多的是由一系列文化和工业革命导致的。第一次这样的革命是工具的发展，它在早期人类的时代就已开始。工具使人们更容易获得食物和庇护所，因此增加了在特定生态系统中存活下来的个体数量。在大约 1 万年前，人类文化发生了第二次革命，在这次革命中，人们学会了种植农作物和驯养动物。这次农业革命使人们能从环境中获得更多的食物，人类的数量从刚开始时的 500 万猛增到 1750 年的 7.5 亿。接下来的工业革命产生了现代经济，并帮助改善了公共卫生问题。更长的寿命和更低的新生儿死亡率导致了人口的爆发式增长，到了今天，地球上的人口已达 70 亿，而这个数字还在不断增长。

人类的文化进化和随之发生的人口增长对其他生物的进化过程产生了深远的影响。我们灵活的手和思想已经改变了地球上很大一部分陆生与水生生境。人类已成为自然选择最强大的代理，用已故进化生物学家古尔德（Stephen Jay Gould）的话说，“*借助名为智力这一可怕的进化事故的力量，我们已经成为生命在地球上的连续性的管理员。我们并未要求获得这个角色，但我们无法放弃。我们可能并不适合这个角色，但我们已经在扮演这个角色。*”

复习题

01. 在早期的地球上，生命可能起源于无生命物质的证据是什么？在你接受这个假设前，你希望看到什么样的证据？

02. 解释叶绿体和线粒体起源的内共生体假说。

03. 列举植物和动物多细胞的两个优点。

04. 陆地生存对第一批入侵陆地的植物有什么好处和坏处？对第一批陆地动物呢？

05. 概述脊椎动物从鱼类到两栖动物、从爬行动物到鸟类及哺乳动物的进化过程中出现的主要适应。解释这些适应是如何提高不同群体对陆地生活的适应性的。

06. 勾勒人类从早期灵长类进化而来的轮廓，讨论中包括双眼视觉、抓握的手、双足运动、工具制造和大脑扩展等特征。

第 18 章　系统分类学

研究 HIV-1 进化史的科学家发现，导致 AIDS 的病毒可能起源于黑猩猩

18.1 科学家是如何对生物命名和分类的

为了对生物进行研究和讨论，生物学家必须对其进行命名。与生物的命名和分类有关的生物学分支称为**生物分类学**（taxonomy）。现代生物分类学的基础是由瑞典自然学家卡尔·冯·林奈（Carlvon linné，1707—1778）建立的，他自称卡洛斯·林涅（Carolus Linnaeus），即其名字的拉丁文形式。林涅最伟大的成就之一是引入了由两部分组成的生物的学名。

18.1.1 每个物种都有由两部分组成的唯一名字

物种的学名是由两部分组成的拉丁文名，这两部分分别表示属和种。属是指几种亲缘关系非常近的种的集合，种是在自然条件下可以相互交配的种群的集合。例如，蓝鸲属（一种蓝色的鸟）包括三个种：东方蓝鸟（*Sialia sialis*）、西方蓝鸟（*Sialia mexicana*）和山地蓝鸟（*Sialia currucoides*），如图 18.1 所示。尽管这三个物种非常相似，但它们通常只会和与自己同属一个物种的蓝鸟交配。

(a) 东方蓝鸟

(b) 西方蓝鸟

(c) 山地蓝鸟

图 18.1 三种蓝鸟。它们的外表显然很相似，但(a)东方蓝鸟（*Sialia sialis*）、(b)西方蓝鸟（*Sialia mexicana*）和(c)山地蓝鸟（*Sialia currucoides*）是独立进化的，因为它们之间并不发生杂交

在学名中，属名放在前面，种名放在后面。根据惯例，学名通常要加下画线，或者用斜体表示。属名的第一个字母要大写，而种名的第一个字母要小写。种名不能单独使用，而要和其属名放在一起使用。

每个由两部分组成的学名都是独一无二的，因此用学名来表示一个生物时，就杜绝了任何产生歧义或混淆的可能。例如，*Gavia immer* 这种鸟在北美常称普通潜鸟（*common loon*），在英国称为北方潜水鸟（*the northern diver*），而在其他非英语国家则为其他名字。然而，世界各地的生物学家都知道 *Gavia immer* 这个拉丁文学名，因此学名可以克服语言障碍，使交流更精确。

18.1.2 现代分类方法强调进化血统的模式

除了给物种命名，生物学家还需要给物种分类。在 1859 年达尔文出版《物种起源》之前，分类的目的主要是使人们对生物的研究和讨论变得容易一些，就像图书馆的在线目录让人们更容易找到图书那样。然而，在达尔文阐明所有生物都有一个共同的祖先后，生物学家开始认识到分类应该反映并描述生物之间的进化关系。如今，对生物进行分类的过程几乎都集中在重建种系（phylogeny）发生史或进化史上。重建种系发生史的科学称为**系统分类学**（systematics）。系统分类学家通过构建进化树（见图 16.10）来交流种系发生的假说。

18.1.3 系统分类学家识别揭示进化关系的特征

系统分类学家试图构建进化树，并且需要在对进化史没有多少直接了解的情况下进行。因为系统分类学家无法了解过去发生的事情，所以必须在现有生物的相似性基础上尽力推断。然而，在这些相似性中，并非所有相似性都对构建种系发生树有用。有些相似性是亲缘关系较远的生物趋同进化产生的，对推断进化史没有什么用处。系统分类学家采用的相似性是生物从共同祖先那里遗传到的性状。于是，设计分类法的科学家就必须区分由共同祖先导致的有用相似性和由趋同进化导致的无用相似性。在寻找有用相似性的过程中，生物学家需要对很多种特征进行观察。

历史上，最重要和最有用的区别特征是解剖学特征。系统分类学家仔细地观察了生物体的外部结构和内部结构，如骨骼和肌肉。例如，像海豚、蝙蝠、海豹和人的手指骨这样的同源结构提供了它们来自共同祖先的证据（见图 14.8）。为了识别亲缘关系更近的物种间的关系，生物学家可用显微镜来分辨精细的结构，如开花植物花粉粒的外部结构（见图 18.2）。

图 18.2　显微结构可用于对生物进行分类。花粉粒的结构和表面特征是非常精细的结构，可用于分类。通过观察显微结构，可在更大、更容易观察的结构上区分不明显的物种，揭示它们的异同点

18.1.4　系统分类学家依靠分子相似性来重建种系发生树

最近，分子遗传学上的技术进步在进化关系的研究领域导致了一场变革，因为分子遗传学技术可让科学家识别生物之间的遗传相似性。如今，系统分类学家主要依赖 DNA 的核苷酸序列（即生物的基因型）来识别不同种生物之间的关系。

分子系统分类学的逻辑非常简单。科学家观察发现，当一个物种变成两个物种后，每个物种的基因库都开始积累突变。分子系统分类学就建立在这一基础之上。然而，在每个物种的基因库中出现的特定突变是不同的，因为这两个物种现在是独立进化的，它们之间不存在基因交流。随着时间的推移，两个物种之间将积累越来越多的遗传学差异。因此，系统分类学家只要从两个物种的代表性个体体内获得 DNA 序列，就可对比两个物种基因组上任何一个位置的核苷酸序列。差异越少，就说明明两个生物的亲缘关系越近（两个物种的共同祖先存在的时间距现在相对较近）。

在有些情况下，DNA 序列的相似性会反映在染色体结构中。例如，黑猩猩和人的 DNA 序列及染色体的结构极其相似，表明这两个物种在不远的过去有着共同的祖先（见图 18.3）。

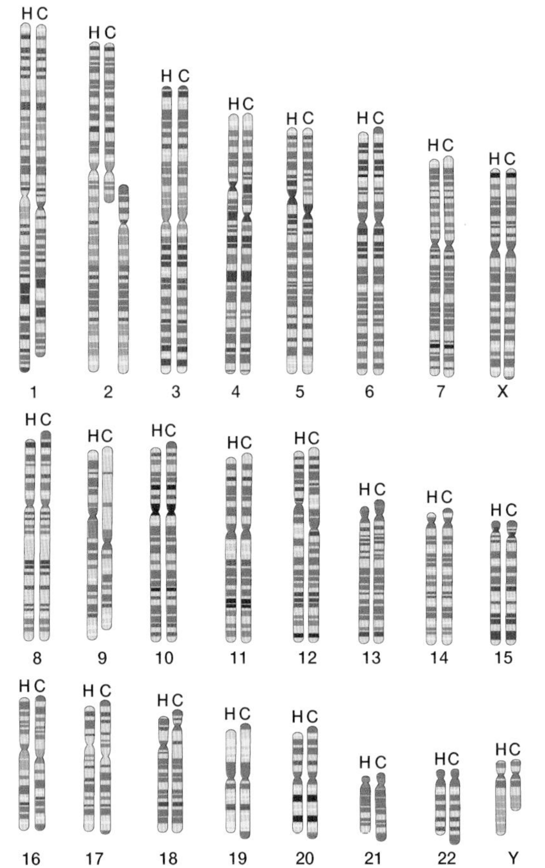

图 18.3　人和黑猩猩的染色体极其相似。通过染色可以比对来自不同物种的染色体带型。这里比较了人的染色体（每对染色体中左边的那个，用 H 表示）和黑猩猩的染色体（用 C 表示）。比对结果表明，这两个物种遗传上非常相似。实际上，科学家对两个物种都进行了全基因组测序，发现 96%的染色体完全相同。图中的编号系统是对人的染色体进行编号的，注意人的 2 号染色体对应黑猩猩的两条染色体

18.1.5　系统分类学家对存在关联的物种群体进行命名

尽管系统分类学家主要通过构建进化树来交流他们在种系发生上的发现，但也会对物种群体进

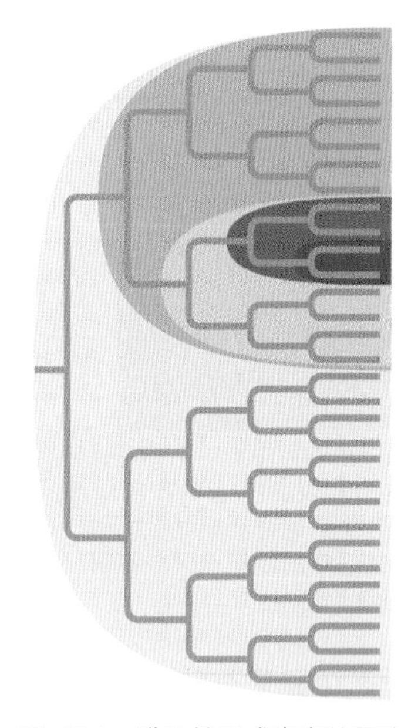

图 18.4　进化枝形成嵌套的层次结构。任何一个包含共同祖先的所有后代的群体都是一个进化枝。这棵进化树上显示的一些进化枝已用不同的颜色表示。注意小进化枝位于大进化枝的内部

行命名。为了强调重构进化史，系统分类学家只给来自一个共同祖先的所有后代群体正式命名。这样的群体称为**进化枝**（clades）。如果观察一棵进化树，就会发现进化枝可以组织成层次结构，其中的小进化枝位于大进化枝的内部（见图 18.4）。

当系统分类学家对一个进化枝进行命名时，名字本身并不包含该进化枝的很多信息。例如，名字并不能告诉我们该进化枝的大小或宽度。该进化枝是像包含所有哺乳动物的进化枝那样宽大和内容丰富吗？还是只包含三种斑马？如果观察该进化枝所属的进化树，进化枝的大小和宽度就很明显。然而，如果无法看到进化树，要知道它的范围，就需要该进化枝的名字之外的线索。

对已命名进化枝的相对大小和范围进行标记的一种可能方法是，将它们放到称为**分类等级**（taxonomic rank）的目录中。这种方法有着悠久的历史：林涅根据物种和其他物种的相似性，将每个物种放到分级的目录中。林涅分类系统最终包含 8 个主要的等级：域、界、门、纲、目、科、属、种。这些等级形成嵌套的层次结构，其中的每个等级都包含下属的所有等级，每个域都包含几个界、每个界都包含几个门、每个门都包含几个纲、每个纲都包含几个目等。当我们沿着层次结构向下看时，就会发现其包括越来越小的群体。因此，如果知道一个具有特定名字的进化枝是一个门，且另一个有名字的进化枝是该门中的一个属，就能对这两个进化枝的相对大小和范围就一定的了解。

不过，分类学等级系统也存在一些问题。例如，传统分类学等级会导致具有等效等级的不同群体之间的等价错觉。例如，猫科和兰科都是科。你可能认为既然这两个群体的等级相同，从某种意义上说它们就具有进化上的等价性。然而，这种结论是错误的。例如，猫科动物的共同祖先生活在约 3000 万年前，而兰科植物的共同祖先生活在 1 亿多年前。此外，猫科约有 35 个种，而兰科有两万多个种。这两个群体在大小和进化史上都是不同的，而且对很多系统分类学家来说，暗示这两个群体等价的等级制度不是很有用。

分类学等级的另一个问题是由关于进化史的新发现导致的，这些新发现可能需要看上去非常荒谬的分类等级。例如，科学家发现现代鸟类是存活下来的恐龙的后裔，因此现代鸟类是恐龙进化枝的一部分。传统上，恐龙目（包括所有恐龙）是爬行纲（爬行动物）中的一个目，但如果恐龙形成了一个目，而鸟类是恐龙的一个亚类，那么鸟纲（包括所有鸟）就必须是一个科（下一个等级）。然而，传统分类学家已将鸟纲分成了 29 个目，而这些目又包含 235 个科，所以我们不能这样做。传统鸟类中的科由一个群体组成，如果这个群体中有 120 种林柳莺，就意味着现在需要将 1 万种鸟（其中有些在进化关系上离得非常远，如火烈鸟和蜂鸟）放到一个科中。对于鸟类和其他的许多生物，似乎无法调和传统的等级分类和关于进化史的知识。

18.1.6　分类等级系统的作用正在减小

分类等级系统无法精确地传达关于进化史的信息，因此现代系统分类学家已不那么看重林涅的分类系统。很多分类学家甚至不给他们发现的进化枝指定等级，他们更看重使用数据来构建准确的进化树，而不关心某个进化枝是称为界、纲、目还是称为科。因此，林涅分类等级系统的作用正在减小。

在描述生命多样性的章节（第 19 章到第 24 章）中，对分类等级的使用取决于研究所讨论生物的生物学家的实际工作。在大多数章节中，我们都遵循新惯例而避免等级分类，即使用“分类

群”来描述一群相关的物种。我们将用概念和解释来说明特定进化枝的相对范围和宽度。然而，在有些章中仍会选择性地使用几种林涅等级。例如，我们仍然沿用“界”来指代三个分别包含所有动物、所有植物和真菌的进化枝。类似地，在关于动物的两章中，我们称特定的几个进化枝为门，以与动物的系统命名保持一致，并且称三个最大的包含生物最多的进化枝为域。

18.2 生命有哪些域

如果将所有生命的共同祖先放到生命树树干的底部，我们就可能问树干最早的分支产生了哪些进化枝。每个最早的进化枝一定产生了大量的进化枝，其中包含数不清的后代物种。这些较早的进化枝分支是系统命名学能够识别的最大进化枝。

20 世纪 70 年代，大多数分类学家根据当时的证据得出结论：生命树早期的分支将所有物种分成五个界。五界系统将所有原核生物放到一个界中，并将所有真核生物分成四个界。在真核生物中，五界系统确立三个多细胞生物界（植物、动物和真菌），并将其他真核生物（大多数是单细胞生物）放到一个界中。

然而，随着数据的积累以及对种系了解的深入，对生命基础分类的科学判断逐渐发生变化。这种变化的关键因素来自微生物学家乌斯（Carl Woese），乌斯声称生物学家忽略了生命早期历史上的一个关键事件，这个事件使得我们需要一个进化上更准确的新生命分类系统。

乌斯和其他对微生物进化史感兴趣的生物学家研究了原核生物的生物化学。他们通过研究在生物的核糖体中发现的 RNA 序列，发现原核生物分为两种，其中的每一种都有特征性的核糖体 RNA。乌斯将这两种原核生物分别命名为细菌和古细菌（见图 18.5）。细菌和古细菌的核糖体 RNA 序列有很大的不同，说明它们的共同祖先生活在很久以前。

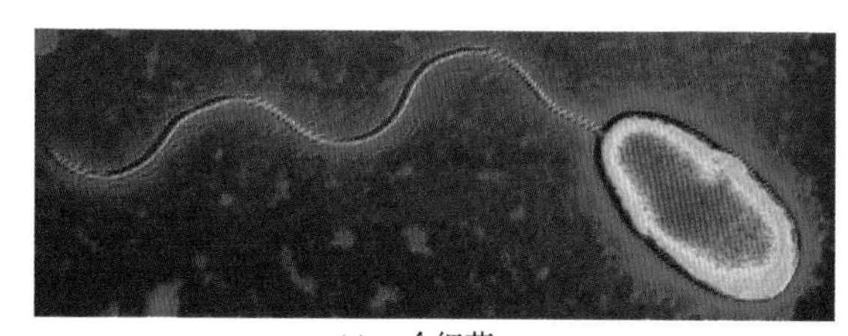
(a) 一个细菌

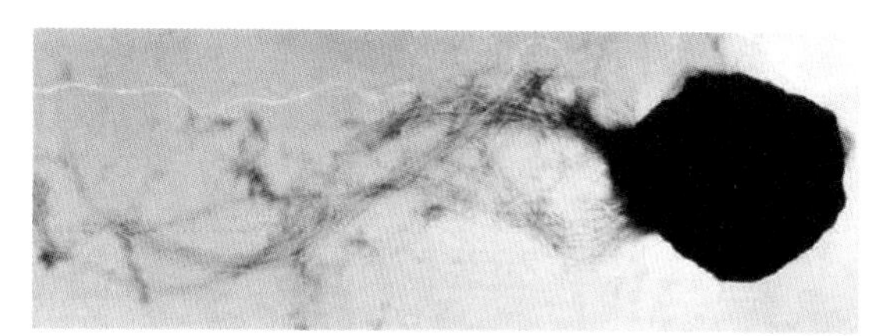
(b) 一个古细菌

图 18.5　两个原核生物界。尽管外表十分相似，但(a)绿脓杆菌和(b)詹氏甲烷球菌之间的关系比蘑菇和大象之间的亲缘关系更远。绿脓杆菌是一种细菌，而詹氏甲烷球菌属于古细菌

尽管显微镜下细菌和古细菌的外表非常相似，但它们在分子水平上是存在差异的。例如，它们的细胞壁组成截然不同，RNA 聚合酶同样如此。

细菌和古细菌之间的差异，与二者中任何一个和任何一种真核生物的差异一样大。在生命史的早期，早在植物、动物和真菌出现之前，生命树就已分裂为三部分。现代分类方法将生命分为三个域：细菌域、古细菌域和真核生物域（见图 18.6）。真核生物域包括所有具有真核细胞的生物，如植物、动物、真菌及一些统称原生生物的单细胞生物。图 18.7 中显示了真核生物域中的一些成员之间的进化关系。

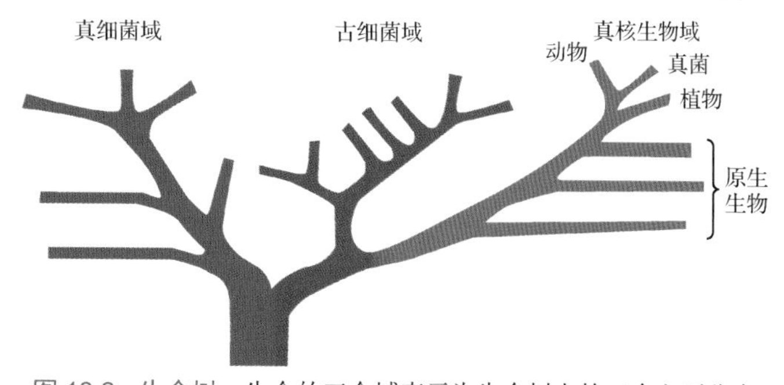

图 18.6　生命树。生命的三个域表示为生命树上的三个主要分支

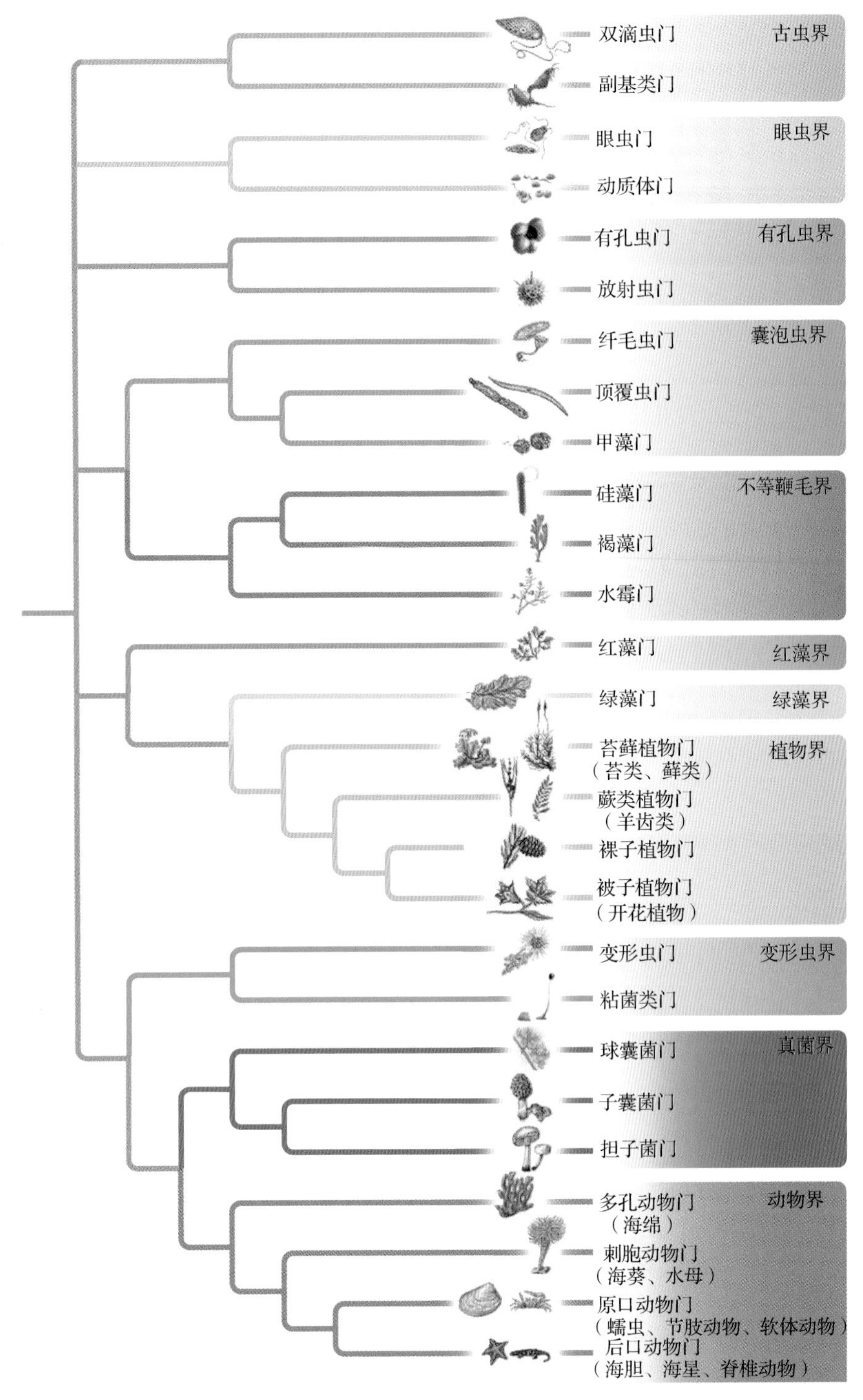

图 18.7　真核生物的生命树。图中显示了真核生物域中的一些主要进化谱系。原生生物指代许多不属于植物、动物或真菌的真核生物

18.3　为什么分类方法会发生改变

正如三域系统的出现所表明的，出现新数据时，就需要修正作为分类学基础的进化关系。即

使是包含物种最多的进化枝（代表生命树的最早分支），有时也需要重新组织。在分类最高等级上的这些改变很少见，但在层次分类的另一端即物种命名之间经常发生改变。

18.3.1 科学家发现新信息时就会改变物种的名称

当研究人员发现新信息时，分类学家就常在物种层面的分类上做出改变。例如，最近，分类学家将大象分为两个物种：非洲象和印度象。然而，现在我们将其分为三个物种：从前的非洲象被划分成两个物种——稀树草原象和森林象，加上印度象。为什么要做出这种改变？对非洲大象的遗传学分析表明，栖息在森林中的非洲象和栖息在稀树草原上的非洲象之间几乎没有基因交流。因此，两种大象之间的遗传学相似性不比狮子和老虎之间的相似性多。

18.3.2 生物学对物种的定义可能很难或者无法应用

在有些情况下，分类学家发现他们无法确定一个物种是从何时得开始变成另一个物种的。就像前面讨论的那样（见第 16 章），无性生殖的生物对分类学家来说尤其难分类，因为杂交判据（本书对生物物种定义的基础）无法用于鉴别不同的物种。因为这种判据无法用来研究无性繁殖生物，所以研究人员在哪些无性繁殖生物构成一个物种方面很难达成一致，尤其是在比较表现型非常相似的群体时。例如，有些分类学家将英国黑莓（一种可无性繁殖的生物）分成 200 个物种，而有些分类学家只将它分成 20 个物种。

我们很难将生物物种的定义应用到无性繁殖的生物上，而无性繁殖的生物占据了地球生物的很大一部分。例如，大部分细菌、古细菌和原核生物在大多数时间都是无性繁殖的。有些分类学家认为需要一个更普适的定义来定义物种，它不会将无性繁殖生物排除在外，也不依赖于生殖隔离判据。

为了重新定义物种，人们提出了多种方案，但任何一种方案都不能令人信服地替代生物物种的定义。然而，其中一种方案最近有了许多支持者。系统发育种概念将物种定义为可以判断出包括一个共同祖先的最小群体。换句话说，如果我们画出一个描述一群生物祖先模式的进化树，树上的每个树枝就构成一个单独的物种，而不管该树枝表示的物种是否能与其他树枝上的生物杂交。如你怀疑的那样，系统发育种概念的严格应用将极大地增加系统学家所认识的不同物种的数量。

系统发育种概念的支持者和反对者正在激烈争论这个定义物种的方式的优缺点。也许有一天人们会用系统发育种概念替代教科书上的生物物种概念。同时，随着分类学家不断了解生物之间的进化关系，尤其是在分子遗传学技术获得大规模应用后，分类学家还会不断争论并修改物种的分类。

18.4 有多少个物种

重构物种进化史的过程非常复杂，因为大多数物种实际上不为人知。科学家甚至不知道地球上物种的数量级是多少。每年人们都会命名 7000～10000 个新物种，其中大多数是昆虫，很多来自热带雨林。迄今为止，已命名的物种总数约为 150 万个。然而，很多科学家认为，可能存在 700 万到 1000 万个不同的物种，有人甚至认为地球上存在 1 亿个物种。

地球上物种的数量和种类构成了生物多样性。在迄今为止鉴定出的所有物种中，约 5%是原核生物和原生生物，约 20%是植物和真菌，剩下的都是动物。这样的分布和这些生物的实际多样性没有什么关系，而更多地与它们的大小、鉴定的难度、稀有性和研究它们的科学家的数量有关。历史上，分类学家主要关注的是生活在温暖环境中的大而明显的生物，而在热带地区的小而不明显的生物中，生物多样性是最大的。除了人们忽视的那些生活在陆地和浅水中的物种，深海海底也是发现物种的新大陆。科学家根据现有的少量样品，估计海底可能有数十万个未知物种。

尽管人们描述或命名了约 5000 种原核生物，但大多数原核生物还未被人们发现。挪威科学家分析了一小块森林泥土中的 DNA，以便统计样品中的细菌物种数量。为了分辨不同的物种，研究人员以与样品中其他物种 DNA 相差至少 30%作为鉴定物种的标准。使用这个判据，他们在泥土样品中发现了超过 4000 种细菌，在浅表层的沉积物中也发现了相同数量的物种。

图 18.8　黑脸狮面狨。研究人员估计，黑脸狮面狨的野生数量现在不足 400 只；圈养繁殖可能是它们存下来活的唯一希望

我们对生命多样性的无知，给热带雨林遭到破坏的悲剧增添了新的内容。尽管这些森林只覆盖约 6%的陆地，但我们认为热带雨林中含有地球上现有物种的 2/3，其中很多物种都未被研究过，有的甚至未被命名。由于人们破坏热带雨林的速度非常快，所以每时每刻地球都在失去很多我们永远都不会知道的曾经存在的物种。例如，1990 年，人们在巴西东海岸附近一个小岛的茂密雨林中发现了一种新灵长类动物——黑脸狮面狨（见图 18.8）。如果这片森林在人们发现这种松鼠大小的猴子前就被砍伐，就不会有人记录它的存在。在今天的森林砍伐速率下，未来的一个世纪，地球上大部分热带雨林连同它们未被描述的生命宝藏就会从地球上彻底消失。

复习题

01. 林奈和达尔文对现代分类学的贡献是什么？
02. 你会研究什么特征来确定海豚是更接近鱼还是更接近熊？
03. 你可以使用什么技术来确定已灭绝的洞熊是与灰熊更接近还是与黑熊更接近？
04. 地球上只有一小部分物种被科学地描述过。为什么？
05. 在英国，“长腿爸爸”指的是一种长腿苍蝇；但在美国，这个名字指的是一种类似蜘蛛的动物。科学家如何试图避免这种混乱？
06. 为什么无性繁殖生物的物种命名比有性繁殖生物的物种命名更可能在不同的系统学家之间存在差异？

第 19 章　原核生物和病毒的多样性

汉堡要做成全熟的才能杀死其中的有害细菌

19.1 哪些生物属于古细菌域和细菌域

地球上最早出现的生物是原核生物。原核生物是缺少诸如细胞核、叶绿体和线粒体这些细胞器的单细胞生物。在生命史前 15 亿年甚至更久的时间内，所有的生命都是原核的。就算到了今天，原核生物仍然极其丰富。例如，一滴海水就包含了数十万个原核生物，一匙土中就包含了几十亿个原核生物，正常人体中包含几百亿个原核生物（它们居住在皮肤、嘴巴、胃和肠道中）。就丰度而言，原核生物是地球上最主要的生命形式。

细菌和古细菌通常很小，直径为 0.2～10 微米。相比之下，真核细胞的直径为 10～100 微米。例如，在前面这个句号上可以聚集 25 万个正常大小的细菌，但几种细菌要大一些。已知最大的细菌（纳米比亚嗜硫珠菌）的直径达 700 微米，与圆珠笔的笔尖一样大，甚至肉眼可见。

原核生物产生的细胞壁使得不同细菌和古细菌具有不同的特征性形状。最常见的形状是球状、杆状和螺旋状（见图 19.1）。

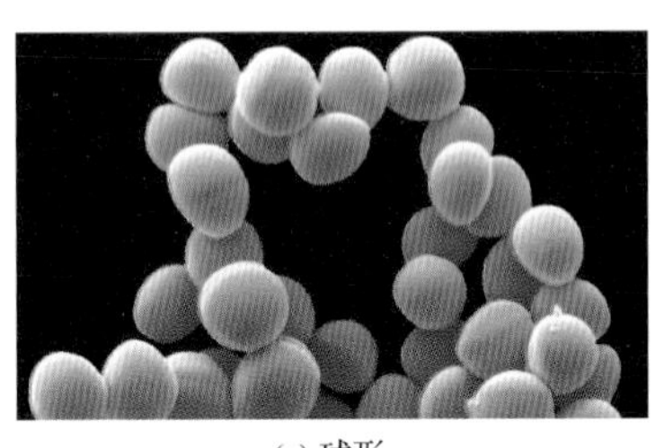

(a) 球形

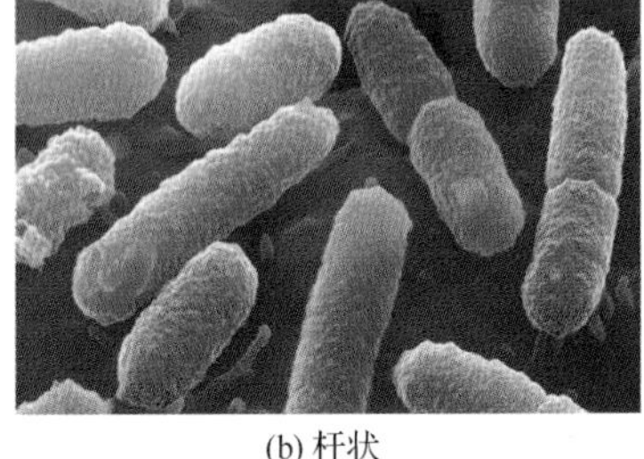

(b) 杆状

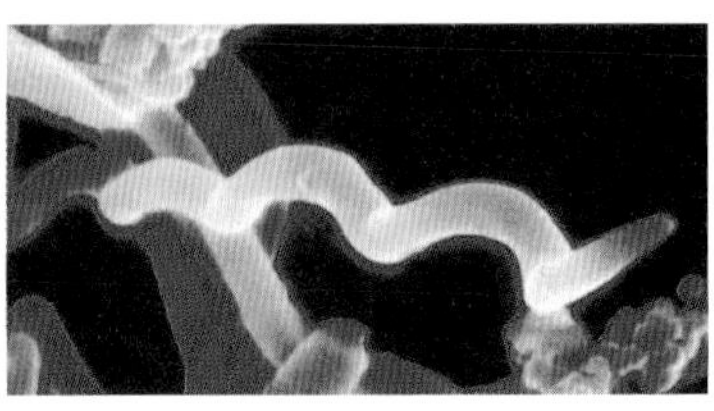

(c) 螺旋状

图 19.1　三种常见原核生物的特征性形状。(a)葡萄球菌属的球形细菌；(b)埃希氏杆菌属的杆状细菌；(c)疏螺旋体属螺旋形细菌

19.1.1　细菌和古细菌是根本不同的

原核生物组成了三个生命域中的两个：细菌域和古细菌域。在显微镜下，细菌和古细菌的外观看起来很相似，但它们之间存在结构和生物化学上的显著差异，这些差异表明二者在远古时期发生过进化上的分离。例如，细菌的细胞壁由肽聚糖加强（肽聚糖是一种包含一些氨基酸的多糖）。肽聚糖为细菌所独有，古细菌的细胞壁中没有这种物质。细菌和古细菌在细胞质膜、核糖体及与 RNA 合成有关的酶的结构和组成上存在不同，在一些基本生命过程的细节方面也存在不同，如转录 DNA 编码的指令和合成蛋白质。

19.1.2　对原核生物进行分类非常困难

因为古细菌和细菌之间存在明显的差别，所以识别这两个不同的域很简单，但在每个域中进行分类却是富有挑战性的。历史上的主要难点是原核生物非常小，结构也非常简单，不像植物、动物和其他真核生物那样显示一系列解剖学特征。因此，历史上，原核生物都是以其形状、运动方式、色素、营养方式、菌落（由单个细胞产生的一群个体的聚集体）形态和染色性质等为基础命名的。例如，革兰氏染色可以识别细菌的两种不同细胞壁结构。根据革兰氏染色的不同结果，可将细菌分为革兰氏阳性菌和革兰氏阴性菌。

近年来，对 DNA 序列的比对表明，许多用于传统原核生物命名的异同并不能准确地描述其进化史。新的 DNA 测序数据使得分类学家能够识别在细菌和古细菌中新发现的进化枝。序列比对也使我们认识到哪些传统分类方法最有可能代表真正的进化枝。

然而，DNA 测序数据还表明对原核生物进行分类比我们此前想象的还要困难。例如，现在我们知道，原核生物的进化史包括大量的侧向基因转移，即从一个物种到另一个物种之间的基因移动。过去（和正在进行）的基因混合可以发生在亲缘关系很远的原核生物之间，这种现象产生了极难重构的进化史。分类学家如果使用标准方法来构建一群原核生物的进化树，那么他们基于某套特定的基因构建的进化树与基于另一套基因构建的进化树可能截然不同。因此，用由相互连接的线（这些线既表示祖先-后裔，又表示侧向基因转移）组成的网状图才能最好地描述原核生物的进化史，而使用代表种系发生的典型树状图就不是好主意。考虑到原核生物之间基因的不断交换，一些系统学家甚至怀疑原核生物结构域包含相当于真核生物物种的独立进化单位的说法概念上是否准确。原核生物体系的构建在理论上和实际中都遇到了困难，这意味着对原核生物进行分类的工作任重道远。

19.2 原核生物是如何生存和繁殖的

原核生物对各种环境的适应和利用是其丰富的重要原因。本节讨论帮助原核生物生存下来并繁盛的一些性状。

19.2.1 一些原核生物可以移动

很多细菌和古细菌会附着在某个表面不动，或者在液体环境中被动地漂流，但有些原核生物是可以移动的。这些可以移动的原核生物中的很多含有鞭毛，鞭毛是像头发一样的延伸结构，能够迅速旋转，推动生物在液体环境中移动。原核生物的鞭毛可能单独位于细胞的一端，可能成对（在细胞的两端），也可能在细胞的一端成簇存在（见图 19.2a），还可能分散在整个细胞表面。用鞭毛运动的能力使得原核生物能够分散到新环境中，向营养物质移动或离开不适合生存的环境。

原核生物的鞭毛和真核生物的鞭毛的结构有所不同。在细菌的鞭毛中，有一个包被细胞膜和细胞壁的轮状结构，它可以带动鞭毛旋转（见图 19.2b）。古细菌的鞭毛要比细菌的鞭毛细，蛋白质组成也不相同。不过，我们对古细菌的鞭毛知之甚少。

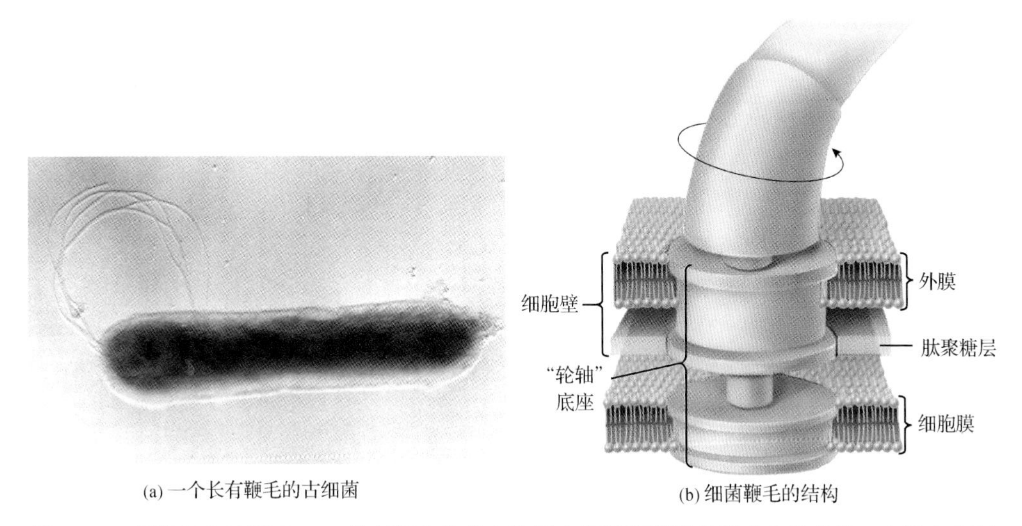

图 19.2 原核生物的鞭毛。(a)带有鞭毛的产水菌属古细菌利用鞭毛推动自身前进，向适宜生存的环境移动。(b)在细菌中，独一无二的“轮轴”结构在细胞壁和细胞膜中固定鞭毛，并使其迅速旋转。图中所示为革兰氏阴性菌的鞭毛，它缺少最外面的“轮子”

19.2.2 很多细菌在表面上形成保护膜

很多原核生物会不断地合成信号分子，并将它们释放到周围环境中。如果很多原核生物在

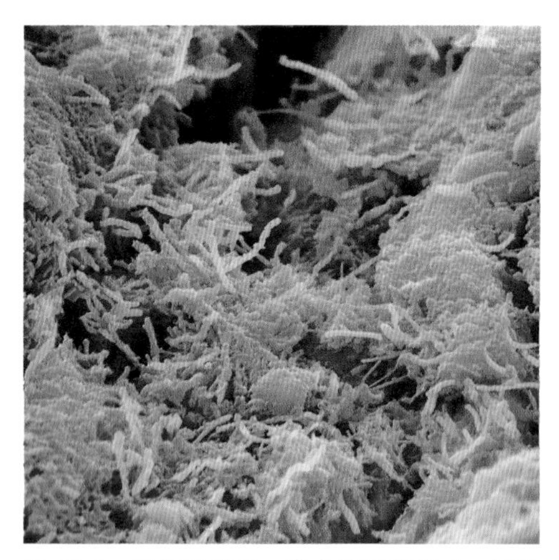

图 19.3　龋齿的成因。嘴中的细菌形成一层黏糊糊的生物被膜，这层膜帮助细菌附着在牙釉质上并且保护细菌不受环境威胁。在这幅显微图像中，我们能看到单个包被在棕色生物被膜中的细菌（染成绿色或黄色）。充满细菌的生物被膜会导致龋齿

一个地方聚集，这些信号分子的浓度就会非常高，甚至可以穿过细胞膜扩散到邻近的细胞中并与细胞内的受体结合。被激活的受体会启动一些只在这种情况下才会启动的过程。因此，当种群密度变得相当大时，原核生物的行为就可能发生变化，这个过程称为群体感应。

群体感应造成的最常见的变化之一就是生物被膜的形成。在生物被膜中，一种或多种原核生物聚集成一个群体，通常由具有保护作用的黏液包围。这种由多糖或蛋白质组成的黏液是由这些原核生物分泌的。黏液不仅能保护它们，还能帮助它们黏附在物体表面上。牙菌斑是一种常见的生物被膜，它由一种在口腔内生存的细菌的分泌物组成（见图 19.3）。

生物被膜提供保护，即帮助被膜中的细菌抵抗多种多样的攻击，包括抗生素和消毒剂的攻击。因此，对人类有害的细菌形成的生物被膜很难被消灭。许多对人类身体的感染都以生物被膜的形式存在，包括导致龋齿、牙龈病和耳部感染的感染。很多生物被膜导致的感染需要住院治疗。每年有 200 万美国人感染，其中有 9 万人死亡。这样的生物被膜可在伤口或手术切口中形成，也可在植入医学器件如导管、起搏器和人造髋关节和膝关节中形成。

19.2.3　具有保护作用的内生孢子使细菌能够抵御不利环境

当环境条件变得不适合细菌生存时，很多杆菌为了保护自己，会形成称为内生孢子的结构。内生孢子在细菌内形成，包含细菌的遗传物质和几种酶，内生孢子的外面包裹着一层厚厚的具有保护作用的壳（见图 19.4）。形成内生孢子后，包含内生孢子的细菌就会破裂，将孢子散布到环境中。在孢子到达适宜生存的环境前，其代谢是停止的。当孢子到达适宜的环境后，其代谢恢复，孢子就会长成活细菌。

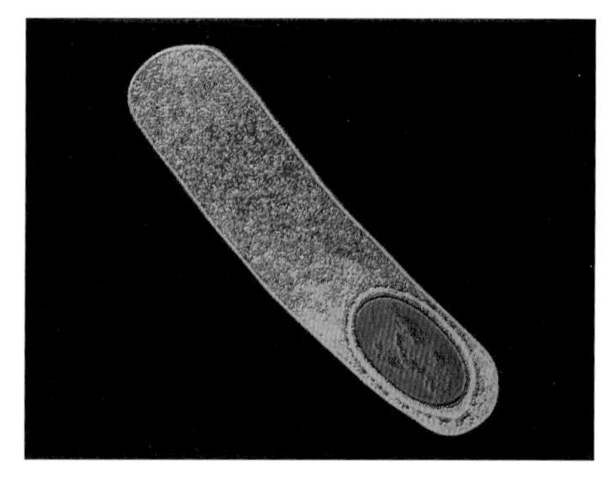

图 19.4　孢子可为一些细菌提供保护。在一个梭菌属细菌中生成了可以抵抗不利环境的内生孢子（红色卵状结构）

内生孢子甚至可以抵抗极端环境。有些孢子在沸水中还能存活长达一小时或更长的时间。此外，内生孢子可以存活极长的时间。在最惊人的例子中，科学家发现了在岩石中已密封 2.5 亿年的内生孢子。科学家小心翼翼地将其从岩石中取出并放在试管中培养，不久后发生了惊人的事情：这些比最早的恐龙化石还要古老的孢子中长出了活细菌。

19.2.4　原核生物对特定栖息地产生特化

原核生物实际上存在于几乎所有栖息地中，包括那些因为环境过于恶劣的其他生物无法生存的栖息地。例如，有些细菌在接近沸水温度的环境中生长旺盛，如美国黄石国家公园中的热泉（见图 19.5）。很多古细菌生活在更热的环境中，如深海烟囱。在这些环境中，高温的水从地壳的裂缝中喷出，水温可达 110℃。原核生物能够在地球表面以下具有极高压力的地方存活，也能够在非常

冷的环境中存活，如南极的海冰。

极端的化学条件也无法妨碍原核生物的生存。例如，死海中分布着极多的细菌和古细菌。在死海中，盐的浓度是海洋中的 7 倍，任何其他生命都无法生存。原核生物还能在酸性像醋一样强或者碱性像家用氨水一样强的地方生存。鉴于它们能够在如此极端的环境下生存，在几乎所有更适宜的环境（如人的体表和体内）中，原核生物也能生存就不足为奇了。

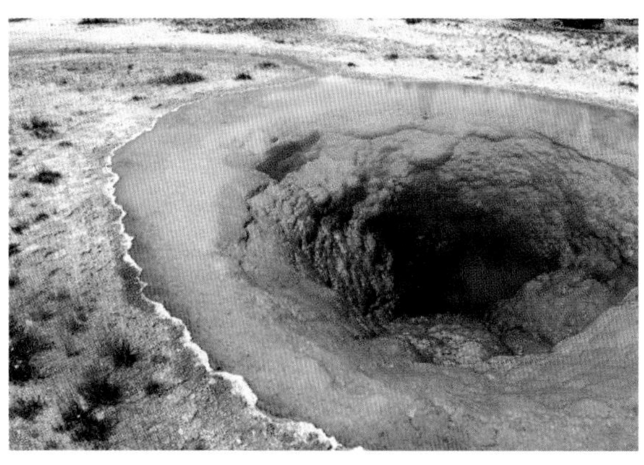

图 19.5　有些原核生物在极端条件下还能旺盛地生长。在热泉中生活着既耐热又耐矿物质的细菌和古细菌。几种蓝细菌将黄石国家公园的热泉染成了鲜艳的颜色；每个物种都被限定在一个由温度决定的特定区域中

不过，没有单独一种原核生物像例子中所说的那样是全能的。实际上，大多数原核生物都是特化物种。例如，一种在深海烟囱中生活的古细菌在温度为 106℃时生长最好，但在温度低于 90℃时完全停止生长。在人体内生活的细菌也是特化的，在皮肤、嘴、呼吸道、大肠和泌尿生殖道中存活的细菌各不相同。

19.2.5　原核生物的代谢方式多种多样

原核生物能在各种各样的环境中存活，其中一个可能的原因是，它们进化出了多种多样的从环境中获得能量和营养物质的方法。例如，与真核生物不同的是，许多原核生物是厌氧菌，其代谢过程不需要氧气。它们在缺乏氧气的环境中生存的能力，使得它们可以利用真核生物无法利用的环境。氧气对有些厌氧菌甚至是有毒的，比如很多生活在热泉中的古细菌和导致破伤风的细菌。其他厌氧菌是机会主义者，缺乏氧气时，它们进行无氧呼吸，存在氧气时则进行有氧呼吸（有氧呼吸的效率更高）。很多原核生物是严格需氧菌，它们的生存无时无刻不需要氧气。

不管是需氧菌还是厌氧菌，不同的原核生物都能从很多种物质中获得能量。原核生物不仅可以将碳水化合物、脂肪和蛋白质这几种我们通常视为食物的物质作为能量来源，还可以将我们不能食用甚至对我们有毒的化合物（如石油、甲烷、苯和甲苯）作为能量来源。有些原核生物甚至可以代谢无机分子，如氢气、硫、氨气和铁。原核生物代谢无机分子的过程有时会产生一些对其他生物有用的副产品。例如，有些细菌会向土壤中释放硫酸盐和硝酸盐，它们是植物的重要养分。

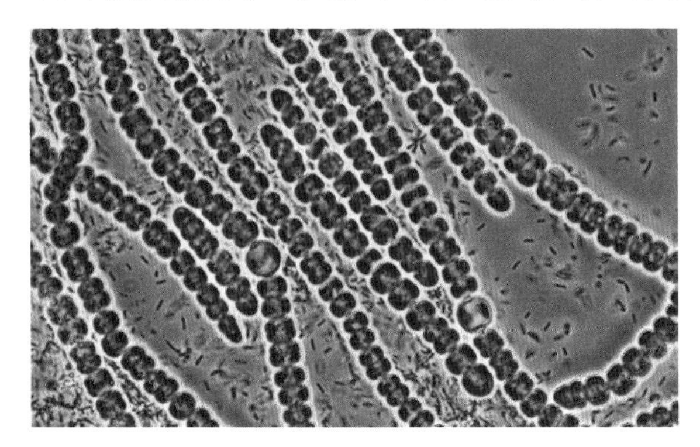

图 19.6　蓝细菌。蓝细菌丝的显微照片

有些种类的细菌，比如蓝细菌（见图 19.6），通过光合作用直接从阳光中获取能量。就像绿色植物一样，光合细菌也含有叶绿素。大多数光合细菌的光合作用的副产品都是氧气，但有些称为硫细菌的品种用硫化氢（H_2S）而非水（H_2O）来进行光合作用，因此释放的是硫而不是氧气。至今没有发现古细菌能进行光合作用。

19.2.6　原核生物通过分裂繁殖

大多数原核生物通过原核分裂（也称二分裂）进行无性繁殖，这种分裂方法比有丝分裂简单

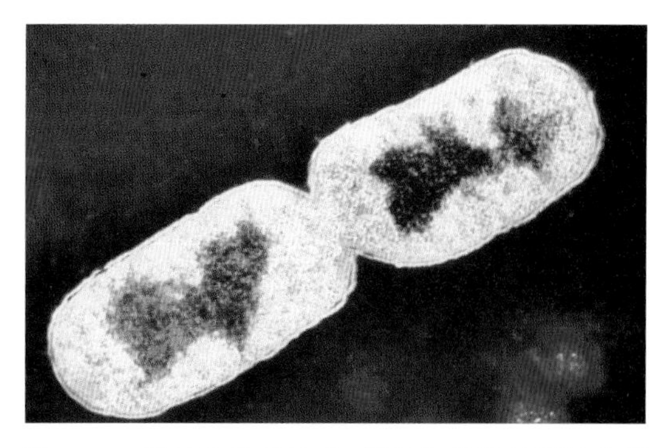

图 19.7　原核生物的繁殖。原核细胞通过原核分裂来繁殖。在这张彩色增强电镜图像中下，一个大肠杆菌正在分裂，它是人类大肠中的正常居民

得多。原核分裂产生与原有细胞的基因完全一致的子细胞（见图 19.7）。在适宜的环境下，有些原核细胞每 20 分钟分裂一次，一天内能产生 10^{21} 个后代。如此之快的繁殖速度使得原核生物可以开拓很多暂时的栖息地，如泥潭或热乎的布丁。

快速的繁殖也使得细菌的进化变得非常快。回顾可知，许多突变（遗传多样性的来源）都是由细胞分裂中的 DNA 复制错误引起的。因此，原核生物迅速、频繁的分裂为新突变的产生提供了充足的机会，同时也使得有利于存活的突变能够迅速传播。

19.2.7　原核生物能在不进行繁殖的情况下交换遗传物质

尽管总体来说原核生物的繁殖是无性繁殖，并不涉及基因重组，但有些细菌和古细菌还是会交换遗传物质。在这些物种中，DNA 从供体转移到受体，这个过程称为接合。发生接合的两个原核生物的细胞质膜短暂地融合，形成一个细胞质桥，可用来传递 DNA。在细菌中，供体细胞可能使用一种称为性菌毛的特化结构接触受体细胞，将它拉近以便进行接合（见图 19.8）。接合会产生新的基因组合，可能使受体细胞在更多的环境下存活。在有些情况下，这种遗传物质的交换甚至可能发生在不同的物种之间。

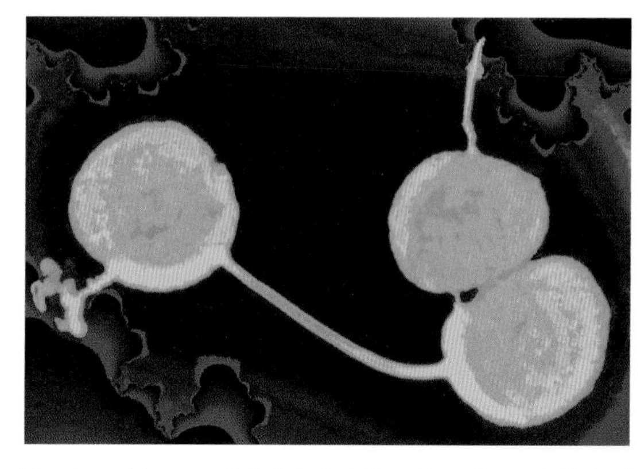

图 19.8　接合：原核生物之间的“交配”。在接合过程中，一个原核生物作为供体，它将 DNA 转移给受体细胞。在显微图像中，两个淋病奈瑟氏菌被很长的性菌毛连接在一起。性菌毛收缩，将受体细菌（左侧）拉向供体细菌

细菌接合过程中转移的大部分 DNA 包含在一个称为质粒的结构中。质粒是细菌染色体之外的小环状 DNA。质粒可能携带耐抗生素基因或细菌染色体上的基因。

19.3　原核生物是如何影响人类和其他生物的

尽管原核生物大多数都是肉眼不可见的，但它们在地球上的生物中扮演着重要角色。植物和动物（包括人类）完全依赖于原核生物。原核生物帮助植物和动物获得必要的养分，降解和循环废弃物与生物尸体。没有原核生物，我们就无法生存。然而，原核生物对我们的影响不总是积极的，如几种最致命的人类疾病就是由它们导致的。

19.3.1　原核生物在动物营养方面起重要作用

很多真核生物都依靠与原核生物的关系生存。例如，大多数吃叶子的动物（包括水牛、兔子、考拉和鹿等）无法自己消化纤维素（纤维素是植物细胞壁的主要成分）。这些动物依靠能降解纤维素的特殊细菌来消化纤维素，这些细菌生活在这些动物的消化道内，将动物自己无法降解的营养物质从植物组织中释放出来。没有这样的细菌，以叶子为食的动物就无法生存。

原核生物在人类营养方面也起重要作用。很多食物（包括奶酪、酸奶和酸白菜）都是由细菌

活动产生的。人的肠道中也有很多细菌以未消化的食物为食，并且合成维生素 K 和维生素 B_{12} 等养料供人体吸收。

19.3.2 原核生物固定植物所需的氮元素

离开植物，人类就无法生存，而植物完全依赖于细菌。例如，植物的生长需要氮元素，但它无法从氮元素含量最丰富的储库（大气）中提取氮元素。为了获得氮，它们只能依靠生活在泥土和根瘤［一些植物（豆类，包括紫花苜蓿、大豆、白羽扇豆和三叶苜蓿，见图 19.9）根部的小瘤状物］中的固氮细菌。固氮细菌从空气中捕获氮气（N_2）并使其与氢气反应，生成铵离子（NH_4^+），铵离子是一种植物可以直接利用的含氮营养物质。

(a) 植物根上的根瘤

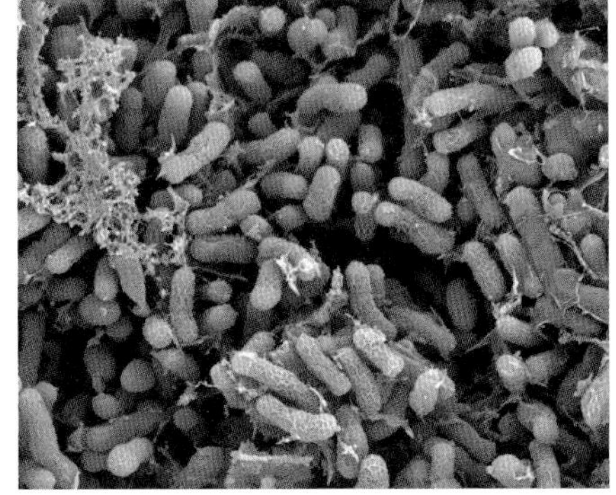

(b) 根瘤中的固氮细菌

图 19.9 根瘤中的固氮细菌。(a)豆类植物根部称为根瘤的小室为固氮细菌提供一个受保护的生存环境。(b)这幅扫描电子显微图像中显示了根瘤中小室内的固氮细菌

19.3.3 原核生物是自然界的回收站

原核生物在废物循环中起重要作用。大多数原核生物通过降解复杂的有机分子（含有碳元素和氢元素的分子）来获得能量。排泄物和动植物尸体中含有充足的有机物资源，可供这些原核生物利用。原核生物通过食用并分解这些废弃物来防止它们在环境中积累。此外，原核生物分解这些废弃物后，将其中含有的营养物质释放到环境中。于是，活的生物就可利用这些营养物质。

在任何存在这些有机物质的地方都有原核生物存在。原核生物是重要的分解者，存在于江河湖海中，森林、草原、沙漠的土壤中，以地下水和其他陆地环境中。原核生物和其他分解者对营养物质的回收提供地球上生命持续发展的原材料。

19.3.4 原核生物能清除污染

人类活动产生的很多副产品（污染物）都是有机化合物。因此，它们同样也能作为细菌和古细菌的食物，其中的部分污染物已被原核生物降解。原核生物能够降解的化合物数量是惊人的。人类合成的几乎所有东西［包括去污剂、很多有毒杀虫剂及有害的化工原料（如苯和甲苯）］都能被某些原核生物降解。

原核生物甚至能降解石油。1989 年，埃克森・瓦尔迪兹号油轮上的 4165 万升原油泄漏到了阿拉斯加州威廉王子湾。之后，科学家在被油浸泡的海滩上喷洒了促进一种自然食油细菌生长的肥料。15 天后，海滩上的石油肉眼可见地减少了。不过，食油细菌在对付 2010 年深水地平线油井爆炸后流入墨西哥湾的 7.5 亿升石油时就不那么得心应手。这次爆炸使得大多数石油留在深水中，那里的温度很低，原核生物的代谢非常慢。此外，被石油污染的海域十分广阔，向其中投放肥料

来促进细菌生长也是不可能的。

通过控制环境条件来促进活的生物对污染物的降解的方法称为生物修复。经过改良的生物修复方法能够大大增强我们清理有毒物质污染点和受污染的地下水的能力。因此，很多科学家目前都在对这一方面进行研究，他们正试图寻找能够有效进行生物修复的原核生物，以及能够控制这些生物的实用方法。

19.3.5 有些细菌威胁人类的健康

尽管有些细菌能给人类带来好处，但有些细菌的习性威胁到了人类的生命安全。这些致病菌（导致疾病的细菌）会合成导致疾病的有毒物质。迄今为止，人们还没有发现致病的古细菌。

1. 有些厌氧菌会产生危险的毒素

有些细菌会产生攻击神经系统的毒素。例如，破伤风梭菌会导致破伤风，这是使得全身肌肉不受控制地收缩和疼痛症状的疾病，有时是致命的。破伤风梭菌是一种厌氧菌，在来到其适应的无氧环境前，它都是以孢子的形式存在的。较深的刺伤可能会使破伤风梭菌进入人体内部，并且到达可避免与氧气接触的地方。在复制的同时，这种细菌会将它们分泌的毒素释放到血流中。

另一种产生危险神经毒素的厌氧菌是肉毒杆菌。肉毒杆菌在自然条件下的土壤中产生，但在未经过良好消毒的罐头食品中也能旺盛生长。这种食物传播的肉毒杆菌极其危险，因为肉毒毒素是世界上已知毒性最强的物质之一，1 克肉毒毒素足以杀死 1500 万人。

2. 人类一直在和细菌疾病作斗争

细菌疾病在人类历史上有着重大的影响。最臭名昭著的例子是淋巴腺鼠疫，又称黑死病，在 14 世纪中期杀死了约 1 亿人。世界上的很多地区都有高达三分之一或更多的人口死于此病。鼠疫由一种具有高度传染性的细菌导致，主要通过跳蚤传播。跳蚤会在被感染的老鼠身上吸血，然后将这种细菌传播给人类宿主。尽管此后再未发生过淋巴腺鼠疫的大规模流行，但世界上每年仍有 2000～3000 人被诊断患有此病。

有些细菌病原体看上去是突然出现的。例如，莱姆病到 1975 年才为人所知。这种疾病是以最早报告它的地点——美国康涅狄格州的莱姆镇命名的。莱姆病由螺旋状细菌伯氏疏螺旋体导致。这种细菌由鹿蜱携带，会传播给被叮咬的人类。最初，症状和流感很像，包括寒颤、发热和疼痛。如果不加以治疗，几周或几个月后病人就会出现疹子，关节炎发作，在有些病例中还会出现心脏和神经系统异常。医生和公众开始认识这种疾病，因此越来越多的病人在发展出严重症状前就得到了治疗。

有些病原体最令人沮丧：我们认为已经控制住它们，但它们又卷土重来。结核是一种在发达国家一度被战胜的细菌疾病，但现在又开始在美国和其他地区出现。两种通过性传播的细菌疾病——淋病和梅毒已在世界范围内流行。霍乱（一种通过水传播的细菌疾病）在污水污染了饮用水或渔区时会流行开来。这种疾病在发达国家已被控制，但在世界上比较穷困的地方仍是人口死亡的主要原因之一。

3. 常见的细菌也可能是有害的

有些致病菌非常常见，分布很广，因此我们几乎永远无法完全避免它们带来的负面影响。例如，环境中非常丰富的几种链球菌会导致多种疾病。其中一种链球菌导致龋齿，另一种链球菌通过激活人体的免疫应答使肺脏被液体阻塞而导致肺炎。还有一种链球菌获得了“食肉细菌”的名号。每年有 500～1000 名美国人患坏死性筋膜炎［“食肉”细菌感染的正式名称（见第 36 章）］，其中 15%的病人会死亡。这种链球菌通过破损的皮肤进入人体并产生毒素。这些毒素有的直接攻击人体组织，有的激活错误的免疫应答，使免疫系统攻击自身的细胞。这种细菌只需要几小时就能破坏肢体。在有些情况下，只有截肢才能停止组织的损伤。在另外一些病例中，这种罕见的链球菌感染迅速横扫整个人体，几天内就会导致病人死亡。

19.4 什么是病毒、类病毒和朊病毒

尽管病毒通常是和生物体紧密关联的，但大多数科学家并不将病毒视为生物，因为它们缺乏生命所具有的许多特征。例如，病毒不是细胞，也不是由细胞组成的。此外，它们无法自己完成活细胞进行的基本生命活动。病毒没有能合成蛋白质的核糖体，没有细胞质，不能合成有机分子，也不能提取并利用有机分子中存储的能量。病毒本身没有膜结构，也无法生长或繁殖。病毒因过于简单而未被归入生物界。

19.4.1 病毒由 DNA 或 RNA 以及包裹在其外的蛋白质外壳组成

病毒非常小，大多数比最小的原核生物还小（见图 19.10）。病毒粒子非常小（直径为 0.05～0.2 微米），以至于只有在电子显微镜巨大的放大倍数下才能看到。在这样的放大倍数下，人们发现病毒的外形多种多样（见图 19.11）。

病毒由两个主要部分组成：遗传物质分子及包围在遗传分子外的蛋白质外壳。根据病毒种类的不同，遗传分子可能是 DNA 或 RNA，可能是单链的或双链的，也可能是线形的或环状的。蛋白质外壳外面可能会包裹一层由宿主细胞的细胞膜形成的膜（见图 19.12）。

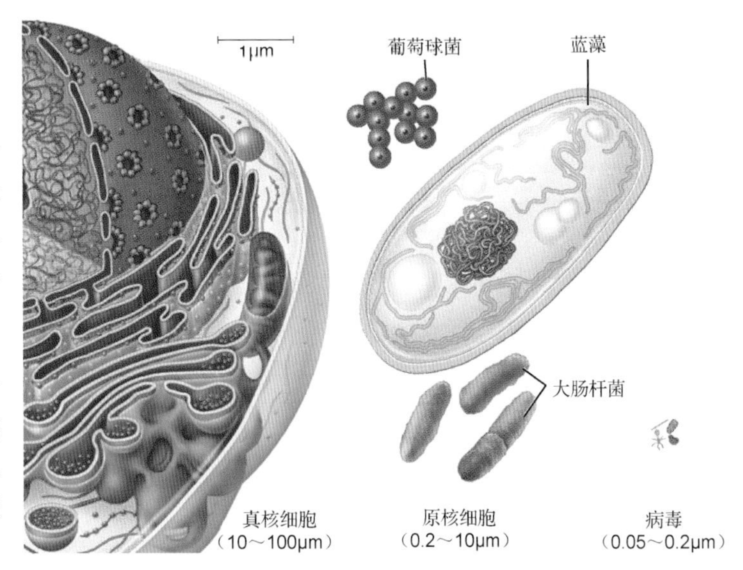

图 19.10 微生物的大小。真核细胞、原核细胞和病毒的相对大小

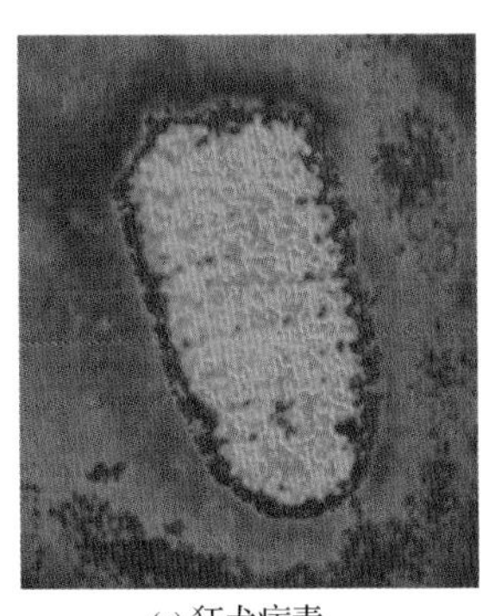

(a) 狂犬病毒

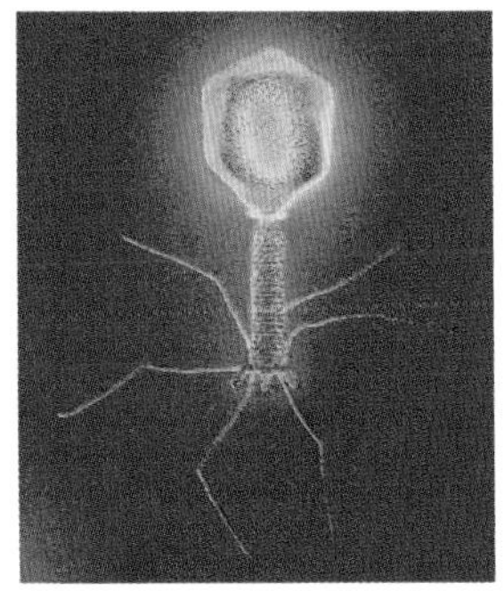

(b) 噬菌体

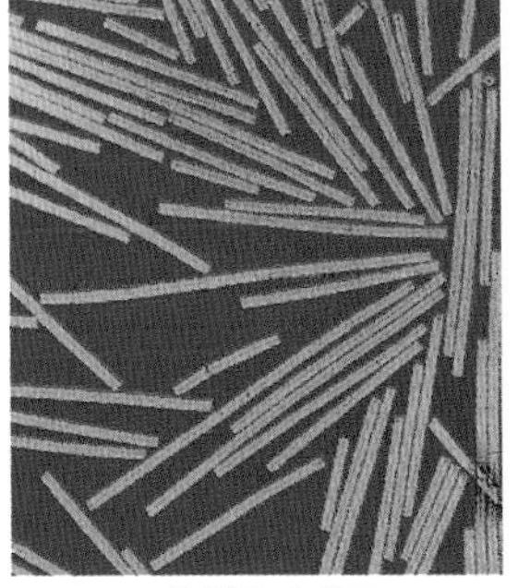

(c) 烟草花叶病毒

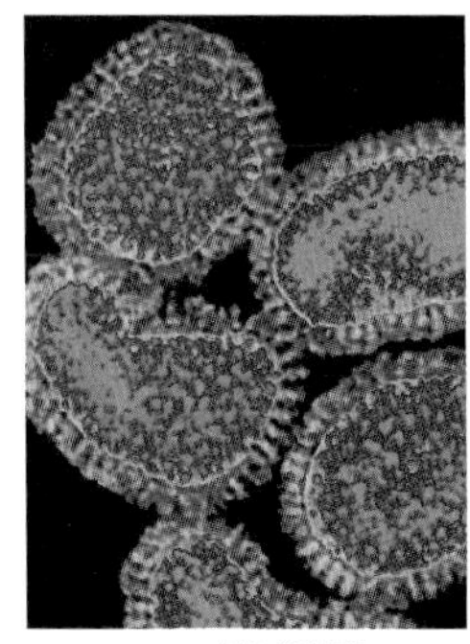

(d) 流感病毒

图 19.11 病毒的形状多种多样。病毒的形状由其蛋白质外壳的性状决定

19.4.2 病毒的复制需要宿主

病毒只能在宿主细胞（病毒感染的细胞）中复制。当病毒穿过宿主细胞膜时，病毒的复制就开始了。在病毒进入宿主细胞后，病毒的遗传物质开始控制细胞。被劫持的宿主细胞接着使用病毒基因中编码的指令来合成新病毒的成分。这些成分快速组装，然后一群新生病毒涌出宿主细胞，开始入侵并征服周围的细胞。

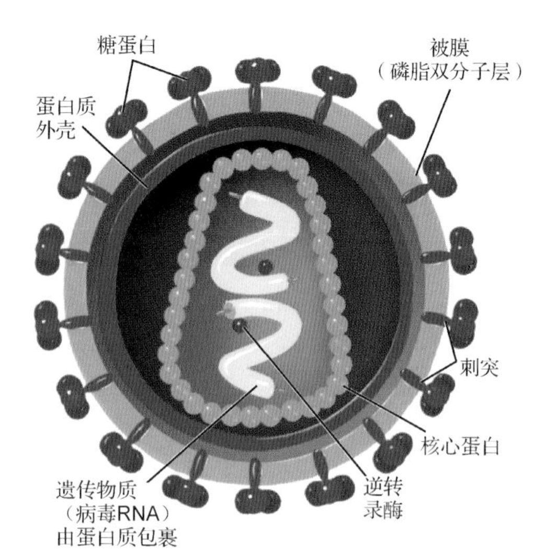

图 19.12 病毒的结构和复制。导致 AIDS 的病毒——HIV 的横截面。在膜内，蛋白质外壳包裹着遗传物质和逆转录酶分子，逆转录酶是一种在病毒进入细胞后催化从病毒的 RNA 转录出 DNA 的反应的酶。这种病毒属于有外膜的病毒，它的膜来自宿主细胞的细胞膜。糖蛋白形成的刺突从膜中伸出，作用是帮助病毒附着在宿主细胞上

1. 病毒具有宿主特异性

每种病毒都特化为攻击特定的宿主细胞。据我们所知，没有哪种生物可以免疫所有病毒，就连细菌也是称为噬菌体的病毒入侵者的牺牲品（见图 19.13）。噬菌体可能会在治疗细菌疾病中发挥重要作用，因为很多致病菌对抗生素的抗性越来越强。用噬菌体来治疗疾病的方法还有病毒的特异性优势，因为它们只针对特定的细菌，而不会攻击人体中很多其他无害或有益的细菌。

在动植物这类多细胞生物中，不同的病毒专门攻击一些特定的细胞。例如，导致普通感冒的病毒攻击呼吸道黏膜，狂犬病毒攻击神经元。一种疱疹病毒专门攻击口腔和嘴唇黏膜，导致口腔疱疹；另一种疱疹病毒在生殖器上或其附近造成类似的溃疡症状。疱疹病毒在体内永久存在，且间歇性发作（通常在压力下）形成有传染性的溃疡。破坏性极强的 AIDS（获得性免疫缺陷综合征）削弱人体的免疫系统，它由攻击一种特殊白细胞的病毒引起，这种白细胞控制机体的免疫应答。病毒还会导致几种癌症，如T细胞白血病（白细胞的癌症）、肝癌和宫颈癌。

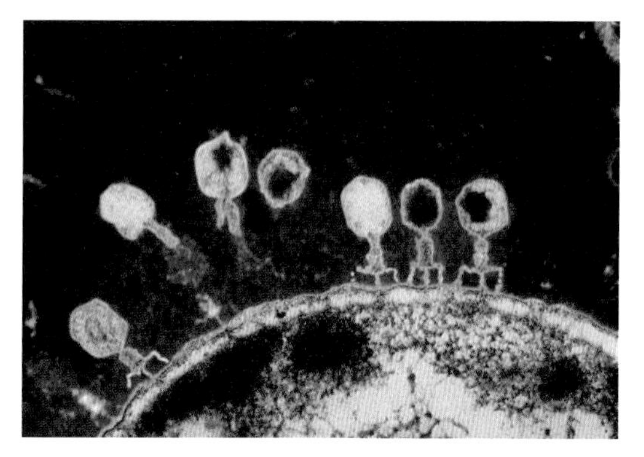

图 19.13 有些病毒会感染细菌。在这幅电镜图像中，我们看到许多噬菌体正在感染细菌。它们已将自己的遗传物质注入细菌，将附着在细胞壁上的蛋白质外壳留在外面

2. 病毒感染很难治疗

病毒依赖于宿主的细胞机器，因此它们导致的疾病很难治疗。在对抗细菌感染时，效果很好的抗生素对病毒完全没有用处，而抗病毒因子可能会在杀死病毒的同时杀死宿主细胞。尽管攻击病毒非常困难，因为它们“藏在”细胞中，但研究人员仍然开发出了一些抗病毒药物。这些药物中的很多都是用来破坏或阻断病毒复制所需的酶的活性的。

遗憾的是，大多数抗病毒药物的作用很有限，因为很多病毒会很快进化出对药物的抗性。病毒的突变率非常高，部分原因是病毒遗传物质复制时缺少纠错机制。因此，当一种药物攻击一群病毒时，经常产生使病毒具有抗药性的突变。具有抗药性的病毒存活下来并大量复制，最后传播给新的人类宿主。最终，抗药病毒占据主导地位，一种曾经有效的抗病毒药物就会失效。

19.4.3 有些传染因子比病毒还要简单

类病毒是缺少蛋白质外壳的仅由短环状 RNA 构成的传染粒子。尽管它们的结构非常简单，但类病毒能够进入宿主细胞核，并且指导新的类病毒的合成。几十种农作物疾病（包括黄瓜苍白病、鳄梨日斑病和马铃薯纺锤块茎病）都是由类病毒导致的。人们尚未发现能够感染动物的类病毒。

称为朊病毒的简单感染因子攻击哺乳动物的神经系统。20 世纪 50 年代，研究新几内亚一个原始部落（弗尔族）的医生观察到了很多致命的退行性神经系统疾病的案例，这种被弗尔族称为库鲁病的疾病让医生们困惑不解。库鲁病的症状（失去协调性、痴呆，最终死亡）与稀少但更广为传播的人的克雅氏症、羊瘙痒病和牛的海绵状脑病这些家畜病很相似。这些疾病的结果都是产生充满孔洞的海绵状脑组织。新几内亚的研究人员最终确定，库鲁病是通过吃人肉的仪式传播的。弗尔族的成员通过食用死者的大脑来表达对死者的敬意。自从发现这一点后，人们就停止了这样的仪式，于是库鲁病消失了。显然，库鲁病是由某种感染因子通过被感染的脑组织传播的，但这种感染因子是什么呢？

1982 年，神经学家普鲁希纳（Stanley Prusiner）发表文章，证明羊瘙痒病（及引申而来的库鲁病、克雅氏症和许多其他类似疾病）是由一种仅由蛋白质组成的感染因子导致的。这个说法在当时看来是荒谬的，因为大多数科学家认为感染因子一定包含 DNA 或 RNA 这样的遗传物质才能进行复制。然而，普鲁希纳及其同事从感染瘙痒症的仓鼠身上分离出了感染因子，且证明它不含核酸。研究人员将这些蛋白质性感染因子命名为朊病毒（见图 19.14）。

蛋白质是怎样在自我复制的同时还具有感染性的？在普鲁希纳的发现后，科学家进行了几十年的研究，表明朊病毒是一种常见蛋白 PrP 的错误折叠形式。PrP 存在于神经元的细胞膜中，对正常的神经元形成是必需的，但其确切作用仍不为人所知。有时，PrP 分子折叠成错误形状，因此转化成具有感染性的朊病毒。如果错误折叠的朊病毒进入健康哺乳动物体内，就会诱导其他正常 PrP 分子转化成朊病毒，而这些朊病毒又会诱导其他正常的 PrP 变成朊病毒。最终，这个链式反应导致朊病毒的浓度非常高，以至于导致神经细胞损坏和退化。为什么在正常良性蛋白上做出的小小改变就会将其变成危险的细胞杀手？没有人知道。

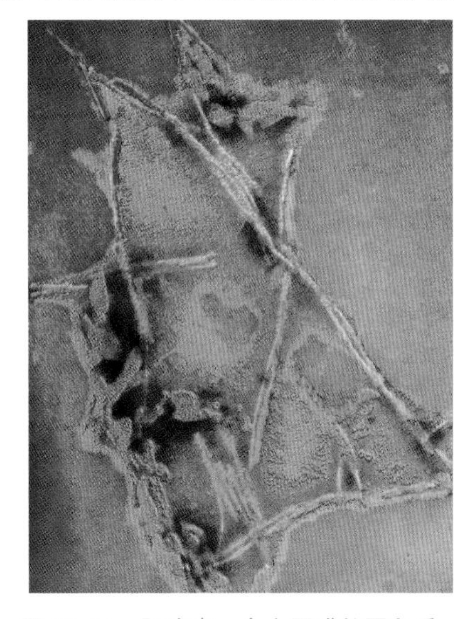

图 19.14 朊病毒：令人困惑的蛋白质。一头感染了牛海绵状脑病的奶牛的大脑切片，其中包含了朊病毒蛋白的纤维簇

19.4.4 无人能确定这些感染粒子是如何起源的

病毒、类病毒和朊病毒的起源至今不为人知。有些科学家认为病毒中多种多样的自我复制模式说明它们是早期生命史的进化残留，在它们之后才产生我们熟知的较大双链 DNA 分子。另一种可能是，病毒和类病毒可能是早期寄生细胞的后代，它们在进化过程中失去了独立代谢的能力。这些古老的寄生生物可能过度利用了宿主的能力，导致最终失去合成其生存所需分子的能力，成为完全依赖于宿主的生物化学机器。无论这些感染因子的起源为何，它们的成功存活对所有生物来说都是持续的挑战。

复习题

01. 描述原核生物获取能量和营养的一些方式。

02. 什么是固氮菌？它们在生态系统中扮演什么角色？
03. 描述一些原核生物生存的极端环境。原核生物栖息在人体的哪些部位？
04. 什么是内生孢子？它的作用是什么？
05. 什么是接合？质粒在接合中起什么作用？
06. 为什么原核生物在生物修复中特别有用？
07. 描述典型病毒的结构。病毒是如何复制的？
08. 描述原核生物如何对人类有益的一些例子，以及它们如何对人类有害的一些例子。
09. 古生菌和细菌有什么不同？原核生物和病毒有何不同？

第 20 章　原生生物的多样性

光合原生生物杉叶蕨藻是温带海洋中的不速之客

20.1 什么是原生生物

生物的两个域（真细菌域和古细菌域）都只包括原核生物，而第三个域（真核生物域）包括所有的真核生物，其中最引人注目的是植物、真菌和动物。其余的真核生物包括一系列统称原生生物（protists）的生物。原生生物未形成进化枝（即一群包含来自一个特定共同祖先的所有后代的群体），因此分类学家也未将“原生生物”作为正式的组名。“原生生物”一词只是为了方便，用来表示不属于植物、动物或真菌的真核生物。

我们身边的大多数原生生物都是单细胞生物，无法用肉眼看到它们。如果能以某种方式将我们自己缩小到像它们一样的微观尺度，它们美丽的外形、多种多样的生活方式、极其多样化的繁殖模式，以及它们在一个小细胞中所容纳的结构和生理学上的复杂程度，一定会给我们留下更深刻的印象。

20.1.1 原生生物有各种各样的营养方式

原生生物有三种主要的营养方式。原生生物可能会摄取食物，从周围的环境中吸收营养物质，或者直接经由光合作用获取能量。摄取食物的原生生物大多是捕食者。捕食性单细胞原生生物的细胞膜非常柔韧，能够自如地改变形状以吞下诸如细菌之类的食物。这些原生生物通常使用指状伪足来吞噬猎物。其他靠捕食生活的原生生物会产生微小的水流，借此将食物微粒推到细胞上的开口中。无论消化食物的方式如何，只要食物进入细胞，通常就被包裹到由膜包被的食物泡中以待后续消化。

直接从周围环境中摄取营养物质的原生生物可能自由生活，也可能生活在其他生物的体内。自由生活的种类生活在土壤或其他含有死亡有机物质的环境中，作为分解者发挥作用。不过，大多数这样的原生生物都生活在其他生物的体内。大多数情况下，这些原生生物寄生生活，它们的活动会给宿主造成伤害。

光合原生生物在海洋、湖泊和池塘中很常见。这些物种大多在水中自由悬浮，但有些会与其他生物（如珊瑚或蛤）产生密切的联系。这样的联系对双方都有益；宿主生物可以利用光合原生生物摄取部分太阳能，同时为原生生物提供庇护。

原生生物的光合作用在叶绿体中进行。叶绿体是古代光合细菌的后代。这些细菌经由内共生过程在更大细胞的内部生存下来（见第 17 章）。除了产生第一个原生生物叶绿体的内共生的例子，还存在称为二次内共生的情况。在这种情况下，一个非光合原生生物吞下一个含有叶绿体的光合原生生物。最终，被吞噬的原生生物的大多数细胞成分消失，只留下一个由四层生物膜包裹着的叶绿体，其中两层膜来自最早的、由细菌变化而来的叶绿体，一层膜来自被吞噬的原生生物本身，另一层膜来自最初装有被吞噬原生生物的食物泡。正是因为存在很多这样的二次内共生的情况，在很多没有亲缘关系的原生生物群体中出现了可以进行光合作用的物种。

20.1.2 原生生物有多种繁殖方式

大多数原生生物无性生殖，即一个个体经由有丝分裂产生两个基因组成与自己完全相同的新个体（见图 20.1a）。不过，还有很多原生生物能进行有性生殖，即两个个体贡献出遗传物质，产生一个基因组成与两亲代个体不同的后代。将来自不同个体的遗传物质进行组合的非繁殖过程在原生生物中非常常见（见图 20.1b）。

在很多可以进行有性生殖的原生生物中，大多数繁殖还是以无性生殖方式进行的。有性生殖不常发生，只在一年中的特定时间或特定条件下（如环境拥挤或食物短缺时）发生。有性生殖的具体细节及由此产生的生活史在不同种类的原生生物之间有着极大的差别。

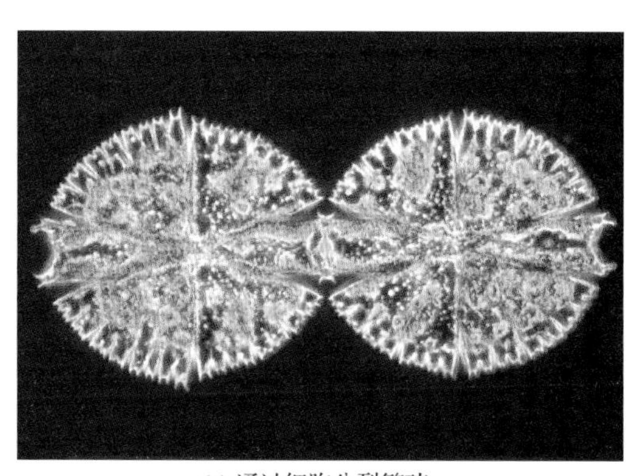

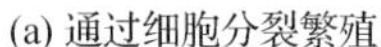

(a) 通过细胞分裂繁殖

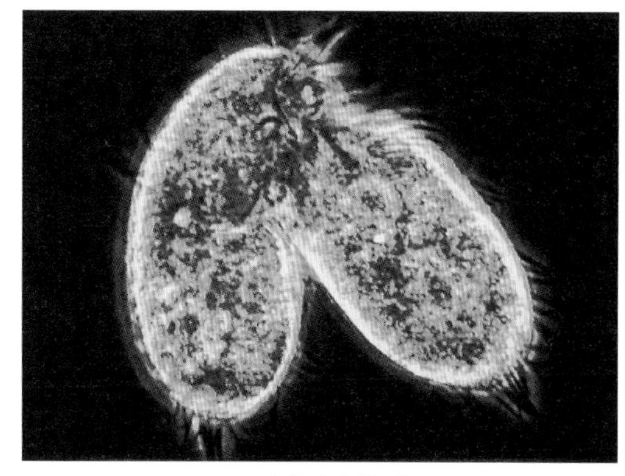

(b) 交换遗传物质

图 20.1　原生生物的繁殖和基因交换。(a)小星藻是一种绿藻，它通过细胞分裂来进行无性生殖；(b)两只游仆虫属纤毛虫通过胞质桥交换遗传物质

20.1.3　原生生物影响人类和其他生物

原生生物对人类生活既有很大的正面影响，又有很大的负面影响。最主要的正面影响实际上对所有生命来说都是有利的，即海生光合原生生物的生态作用。如植物在陆上所做的那样，海洋中的光合原生生物捕获太阳能，使太阳能能被生态系统中的其他生物利用。因此，人们赖以获得食物的海洋生态系统需要依赖原生生物才能运转。此外，在通过光合作用捕捉能量的同时，这些原生生物还产生氧气，作为对呼吸作用所消耗的大气层中的氧气的补充（注意，细胞的呼吸作用是要消耗氧气的）。

不过，原生生物也存在不好的一面。很多人类疾病都是由原生寄生虫导致的，其中包括许多非常流行和致命的人类疾病。原生生物还会导致许多植物疾病，有些原生动物还会攻击对人类非常重要的农作物。除了导致疾病，有些海生原生生物还释放毒素，这些毒素在沿岸地区可能会积聚到对生物有害的浓度。

20.2　原生生物主要包括哪些

遗传比对能够帮助分类学家更好地理解原生生物的进化史。因为分类学家正在努力设计一个能够反映进化史的分类系统，所以这些新遗传信息可让他们对原生生物的分类进行修改。有些原生生物曾因外观相似而被划分到一起，但实际上它们分别属于独立的遗传谱系，这两个谱系在真核生物的历史上很早就已分开。相反，有些彼此之间外观上几乎毫无相似性的原生生物实际上有一个共同的祖先，因此被划分到一起。不过，这一工作还远未完成。因此，我们对真核生物进化树的了解还在进行中；这棵树的很多枝干都已就位，但还有很多正在等待新信息的到来，以便让分类学家将它们放到进化上最接近的物种旁边。

过去的分类系统根据营养方式将原生生物划分成不同的物种，但这种旧分类方法无法准确地反映我们现在对种系发生的理解。然而，生物学家至今仍在使用旧的命名术语。例如，光合作用原生生物称为藻类，而不进行光合作用的单细胞原生生物称为原生动物。

接下来的几节简要介绍原生生物的多样性。表 20.1 中小结了待描述原生生物的一些主要特征。

表 20.1 描述原生生物的一些主要特征

种 类	亚 种	运动方式	营养方式	代表性特征	代表种属
古虫类	双滴虫	借由多鞭毛游泳	异养（如食用其他生物）	缺乏线粒体；在土壤或水中生存，也可能是寄生性的	贾第虫（哺乳动物肠道寄生虫）
	副基类	借由多鞭毛游泳	异养	缺乏线粒体；寄生或与其他生物共生	毛滴虫（导致性传播的滴虫病）
眼虫类	眼虫	借由单鞭毛游泳	光合	有一个眼点；在清水中生活	眼虫藻（池塘中常见）
	动质体类	借由单鞭毛游泳	异养	在土壤或水中生活，也可能是寄生虫	锥体虫（导致非洲昏睡病）
不等鞭毛类（色混类）	水霉	借由多鞭毛游泳（配子）	异养	细丝状	单轴霉（导致大豆霜霉病）
	硅藻	在表面滑行	光合	具有由二氧化硅形成的壳；多数生活在海洋中	舟形藻（向光滑行）
	褐藻	无运动能力	光合	温带海洋中的海草	巨藻（可形成海藻林）
囊泡虫类	甲藻	借由两条鞭毛游泳	光合	很多能进行生物发光；常有以纤维素为主要成分的细胞壁	膝沟藻（导致赤潮）
	顶覆虫	无运动能力	异养	都是寄生性的；形成有感染性的孢子	疟原虫（导致疟疾）
	纤毛虫	借由纤毛游泳	异养	包括最复杂的单细胞	草履虫（移动很快，生活在池塘中）
有孔虫类	有孔虫	伸出细伪足	异养	具有由碳酸钙形成的壳	球房虫
	放射虫	伸出细足	异养	具有由二氧化硅形成的壳	光眼虫
变形虫门	变形虫	伸出粗足	异养	无壳	变形虫（在池塘中很常见）
	非集胞黏菌	像软泥一样在表面上流动	异养	形成多核的合胞体	绒胞菌（形成很大的亮橙色团块）
	细胞状黏菌	变形虫样细胞，伸出伪突；像软泥一样在表面上流动	光合	由单个变形虫样细胞形成假原质团	网柄菌（常用做实验室研究）
红藻		无运动能力	光合	有些产生碳酸钙；大多数生活在海洋中	紫菜（常包裹寿司）
绿藻		借由多鞭毛游泳（有些物种）		陆地植物最近的亲戚	石莼（海莴苣）

20.2.1 古虫缺乏线粒体

古虫是根据其看上去像是从细胞表面“挖出来一块”的摄食槽命名的。古虫是厌氧生物（不需要氧气就可存活），而且没有线粒体。古虫的祖先很可能是有线粒体的，但这些细胞器可能在该群体的进化早期就已遗失。古虫最大的两个群体是双滴虫和副基类。

1．双滴虫有两个细胞核

双滴虫是一种单细胞生物，它有两个细胞核，借由多条鞭毛四处移动。一种寄生性双滴虫——贾第虫，会威胁到人们的健康，尤其是当徒步者在山上痛饮看上去很干净的溪水时，很可能感染双滴虫。这种生物的囊孢由被感染的人、狗或其他动物的粪便排放出来；1 克囊孢就可能含 3 亿个个体。一旦离开动物的体内，这些囊孢就会进入溪流甚至公共水库中。哺乳动物喝了被污染的水后，这些囊孢就会在其小肠中发育成成体（见图 20.2）。双滴虫感染会造成人类严重腹泻、脱水、呕吐和痉挛。所幸的是，这种感染有药可医，且死亡率非常低。

2．副基类包括共生生物和寄生虫

副基类是一种带有鞭毛的厌氧原生生物，它们的名字来自细胞中所含的称为副基体的特殊结构，这个结构由紧密聚集的高尔基体囊泡组成（见第 4 章）。所有已知的副基类原生生物都在动物体内生存。例如，副基类包含几种生活在以木头为食的白蚁体内的物种。这些白蚁自己无法消化木头中的纤维素，但这些原生生物却可以。因此，白蚁和这些副基类生物之间是一种互利共生的关系。白蚁给这些原生生物提供食物；这些原生生物消化食物，其中一部分可被白蚁利用。

在其他情况下，宿主动物不会因副基体生物的存在获利，而会对它们造成伤害。例如，在人类中，阴道毛滴虫会导致经由性传播的滴虫病（见图 20.3）。毛滴虫生活在尿道和生殖道的黏膜层，并且利用鞭毛在其中移动。当条件适合时，毛滴虫的种群数量会大幅增加。被感染的女性可能产生非常难受的症状，包括阴道瘙痒和排液。被感染的男性通常不产生症状，但可将该病传染给性伴侣。

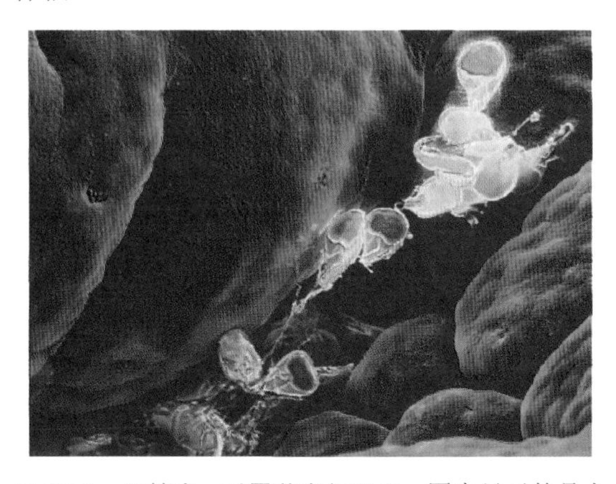

图 20.2　贾第虫：对露营者的诅咒。图中显示的是人类小肠中的一个双滴虫（贾第虫），它们可能污染水，造成饮用该水的人的胃肠道不适

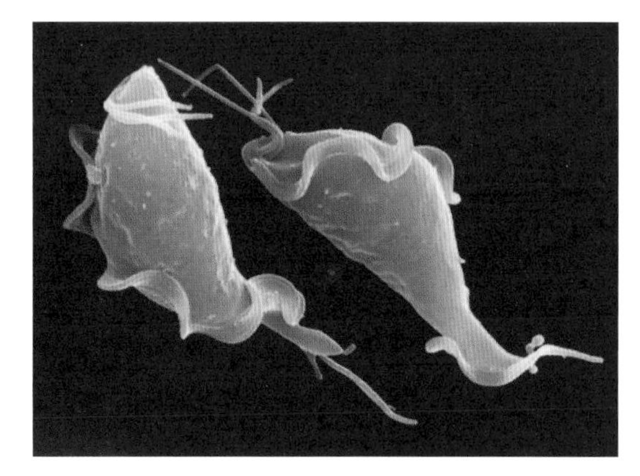

图 20.3　毛滴虫导致经由性传播的感染。阴道毛滴虫感染男性和女性的尿道与生殖道。不过，女性比男性更易产生不舒服的症状

20.2.2　眼虫类具有与众不同的线粒体

大多数眼虫类生物细胞中的线粒体内膜的折叠方式都很特殊，在显微镜下看起来就像一堆碟子。两种主要的眼虫类生物是眼虫和动质体类生物。

1．眼虫没有硬质的细胞壁，借由鞭毛游泳

眼虫是一种单细胞原生生物，主要生活在淡水中。眼虫是以群体中最有代表性的种类（眼虫藻，一种在水中舞动鞭毛来移动的复杂单细胞生物）命名的（见图 20.4）。眼虫缺少硬质的细胞壁，因此有些种类除了用鞭毛游泳，还可通过蠕动来四处移动。很多眼虫可以进行光合作用，不过也有些物种通过吸收或吞噬食物来维持生命。有些眼虫有着简单的感光细胞器，这种细胞器由一个称为眼点的光感受器及其旁边的一小片色素组成。当光从特定方向照射眼点时，这片色素就会挡住光感受器，于是这个小生命就能确定光来自哪个方向。通过用眼点对光的来源进行分析，它就可以用鞭毛游向有光的方向。

2. 有些动质体类生物会导致人类疾病

动质体类生物线粒体中的 DNA 被安置在复杂的集群中，这些集群称为动质体。在动质体中，环状线粒体基因组的很多副本相互连接，形成特殊的碟状结构。大多数动质体类生物至少有一条鞭毛，这条鞭毛可作为推进器，也可感知外界环境或诱捕食物。有些动质体类生物是自由生活的，居住在土壤或水中；而其他动质体类生物则生活在其他生物的体内，它们与宿主的关系可能是互惠互利的，也可能是对宿主有害的。锥虫属的一种非常危险的寄生虫会导致非洲昏睡病，该病有可能致人死亡（见图 20.5）。和很多其他寄生虫一样，这种生物的生活史也非常复杂，其中一部分是在采采蝇的体内度过的。当被锥虫感染的采采蝇进食哺乳动物的血液时，就会将含有锥虫的唾液注入哺乳动物体内。这样，锥虫就可在新宿主（可能是人类）体内生长发育，并且进入血流。接着，锥虫可能会被另一只吸食宿主血的采采蝇摄入体内，开始新一轮的感染过程。

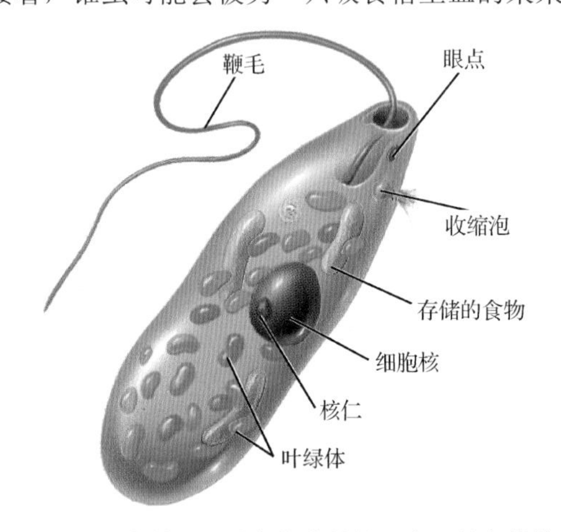

图 20.4 眼虫藻：一种有代表性的眼虫。眼虫藻的精密单细胞中含有绿色的叶绿体，如果在黑暗中的时间过长，叶绿体就会消失

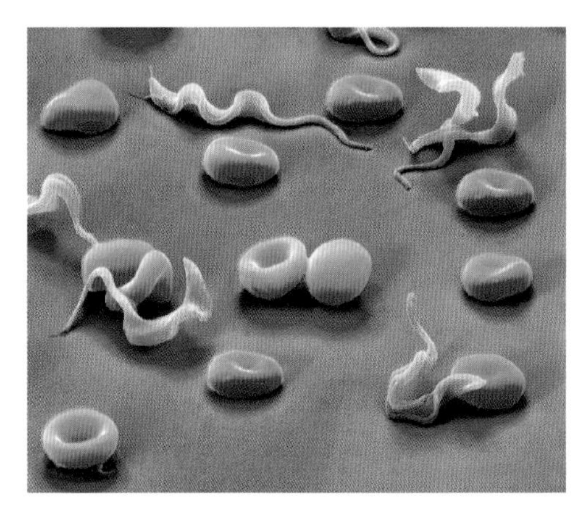

图 20.5 一种导致疾病的动质体类原生生物。这幅光学显微图像中显示了人类的红细胞被锥虫严重侵袭的景象

20.2.3 不等鞭毛类的鞭毛很特别

不等鞭毛类原生生物（也称色混类）是通过基因比对确定共同祖先的。这个群体的所有种类的鞭毛上都有着纤细的像头发一般的突起（但在某些不等鞭毛类中，鞭毛只在生活史中的特定阶段才出现）。然而，它们尽管共享进化史，却表现出多种多样的形态。有些可以进行光合作用，有些则不能；大多数是单细胞的，但有些是多细胞的。共有三种主要的不等鞭毛类原生生物，分别是水霉、硅藻和褐藻。

1. 水霉对人类有着很大的作用

水霉（也称卵菌）包括一小群原生生物，其中很多看起来就像长长的纤维聚集成棉簇的形状一样。这些簇看起来像某些真菌产生的，不过这种相似性实际上是会聚进化的结果，并不表明它们与这些真菌具有共同的祖先。许多水霉是居住在水和潮湿泥土中的分解者。有些水霉对人类的经济有着重大影响。例如，一种水霉会导致葡萄出现霜霉病。19 世纪 70 年代，这种水霉被人不经意间从美国带到法国，几乎毁掉法国的葡萄酒业。另一种水霉还会导致一种称为晚疫病的植物疾

图 20.6 一些典型的硅藻。这幅光学显微图像显示了硅藻壳的复杂结构，可以看出它们极其美丽且形态多样

病，这种疾病对土豆来说几乎是灭顶之灾。1845 年，人们不小心将这种原生生物带到爱尔兰，几乎毁掉了全部的土豆收成，导致 100 余万人饿死，更多的人则移民到美国以躲避饥荒。

2. 硅藻被精心包装在玻璃壳里

硅藻是一种可以进行光合作用的不等鞭毛类原生生物，既可以在淡水中生活，又可以在咸水中生活。硅藻能产生二氧化硅（玻璃）壳来保护自己，其中有些极其美丽（见图 20.6）。这些壳由上半部分和下半部分组成，看上去像药盒或有盖的培养皿。在有些地方，硅藻的玻璃壳积聚了几千年，最终产生可能厚达几百米的“硅藻土”层。这种粗糙的物质用途广泛，从牙膏到金属抛光都要用到它。

硅藻是浮游植物的一种。浮游植物是那些被动飘浮在湖泊和海洋中的单细胞光合生物。浮游植物的生态学地位极其重要。海洋中的浮游植物贡献了地球上 50% 的光合作用，它们吸收二氧化碳，补充大气层中的氧气，支撑着海洋中复杂的食物网。

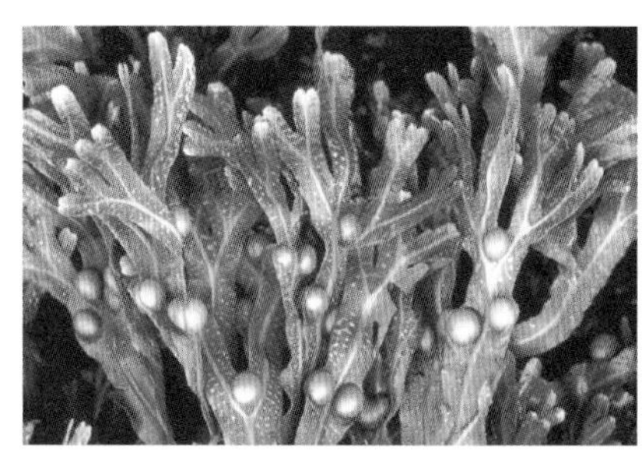

(a) 墨角藻

(b) 大昆布丛林

图 20.7 褐藻，一种多细胞原生生物。(a)墨角藻，一种生活在海岸附近的褐藻。从图中可以看出，低潮时它露出水面。注意那些充满气体的浮囊，它们可为墨角藻提供浮力。(b)大型褐藻（大昆布）在加州南部附近的海域形成了水下丛林

3. 褐藻是多细胞生物

虽然大多数光合原生生物（如硅藻）是单细胞生物，但有些也会形成多细胞的聚集体，我们称它们为海草。尽管有些海草看上去像植物，但它们缺少很多植物所特有的特征。例如，没有哪种海草有真正的根或芽。

不等鞭毛类包括一种海草——褐藻。褐藻的名字来源于其所含有的褐黄色色素，这种色素（和叶绿素一起）可以增强这种海草吸收光的能力。几乎所有的褐藻都生活在海里。有些褐藻几乎统治了温带（较冷）海洋的岩石海岸，它们在美国的东海岸和西海岸都有分布。褐藻可以栖息在靠近海岸的水中，它们附着在低潮时露出水面的岩石上；也可栖息在距离海岸很远的地方。几种褐藻用装有气体的浮囊来支撑身体（见图 20.7a）。有些生活在太平洋沿岸的大型褐藻高达 53 米，每天能够长高约 15 厘米。因为长得非常密集且庞大，它们可为海洋生物提供食物、庇护所和繁殖场所（见图 20.7b）。

20.2.4 囊泡虫可能是寄生虫、捕食者或浮游生物

囊泡虫是一种在细胞表面带有特殊小洞的单细胞生物。就像原生藻菌一样，囊泡虫之间的进化关系长期被其细胞结构和生活方式的多样性所掩盖，不过科学家还是通过分子比对揭示了它们之间的亲缘关系。有些囊泡虫能够进行光合作用，有些靠寄生生活，有些是捕食

者。主要的囊泡虫包括甲藻、顶覆虫和纤毛虫。

1. 甲藻用两条像鞭子一样的鞭毛游泳

虽然绝大多数甲藻都是光合生物，但也存在一些不进行光合作用的种类。甲藻的命名来源于推动其前行的两条鞭子一样的鞭毛（见图 20.8）。其中，一条鞭毛环绕细胞，而另一条向后伸出。有些甲藻只有质膜包裹，而其他种类则有着装甲一样的纤维素细胞壁。尽管有些种类生活在淡水中，但甲藻在海洋中的分布更丰富，它们是浮游植物的重要组成部分，且是更大生物的食物来源。很多甲藻可以发光，当它们在水中受到扰动时会发出明亮的蓝绿色光。

富含营养物质的温暖海水可能造成甲藻爆发式增长。在这种情况下，大量甲藻可能会将海水染成红色，导致“赤潮”（见图 20.9）。在赤潮中，常有成千上万的鱼死去，因为数以十亿计的甲藻会堵塞它们的腮，使其窒息，同时甲藻的腐烂也会耗竭水中的氧气。不过，甲藻大爆发对牡蛎、蚌和蛤反而是好事，因为它们可通过从海水中过滤出数百万甲藻而美餐一顿。然而，在这个过程中，这些软体动物的身体中会富集一种由甲藻产生的神经毒素。吃了这些软体动物的海豚、海豹、海獭和人类就会遭殃，因为这种麻痹性贝类中毒可能是致死的。

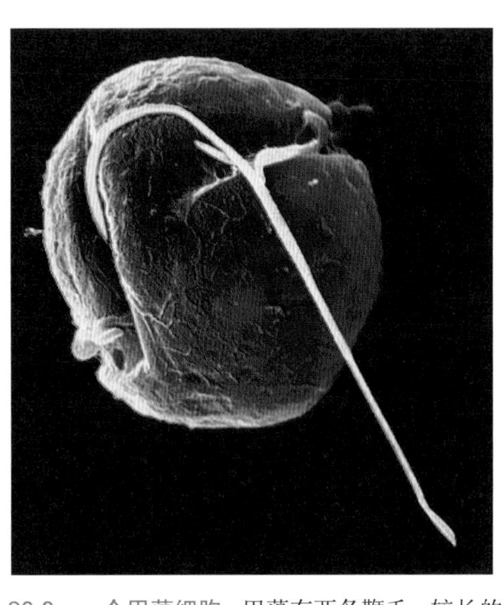

图 20.8　一个甲藻细胞。甲藻有两条鞭毛：较长的鞭毛从一个槽中长出，较短的鞭毛埋藏在环绕细胞体的沟槽中

图 20.9　赤潮。在适宜的环境下，特定种类甲藻的爆炸式增长导致甲藻的浓度极高，以至于它们极其微小的身体能将海水染成红色或褐色

2. 顶覆虫是没有运动能力的寄生虫

所有顶覆虫（有时也称孢子虫）都是寄生虫，它们在宿主的体内有时是在细胞内存活的。它们形成具有感染性的孢子（一种对外界环境有强抵抗力的结构），这些孢子在宿主之间通过食物、水或被感染的昆虫的叮咬而传播。成熟的顶覆虫没有运动能力。很多顶覆虫的生活史十分复杂，这也是寄生虫的共性。一个广为人知的例子就是导致疟疾的寄生虫疟原虫（见图 20.10），其生活史的一部分是在雌性按蚊的体内完成的，按蚊可能叮咬人类，并将疟原虫传染给的受害者。疟原虫在受害者的肝脏中复制，然后进入血液，在血红细胞中大量繁殖。当血细胞破裂后，它们就会释放大量孢子，这些孢子是造成疟疾反复发热的元凶。未受感染的按蚊可能通过叮咬被感染的哺乳动物而感染疟原虫，并在叮咬下一个人时将这种寄生虫散播出去。

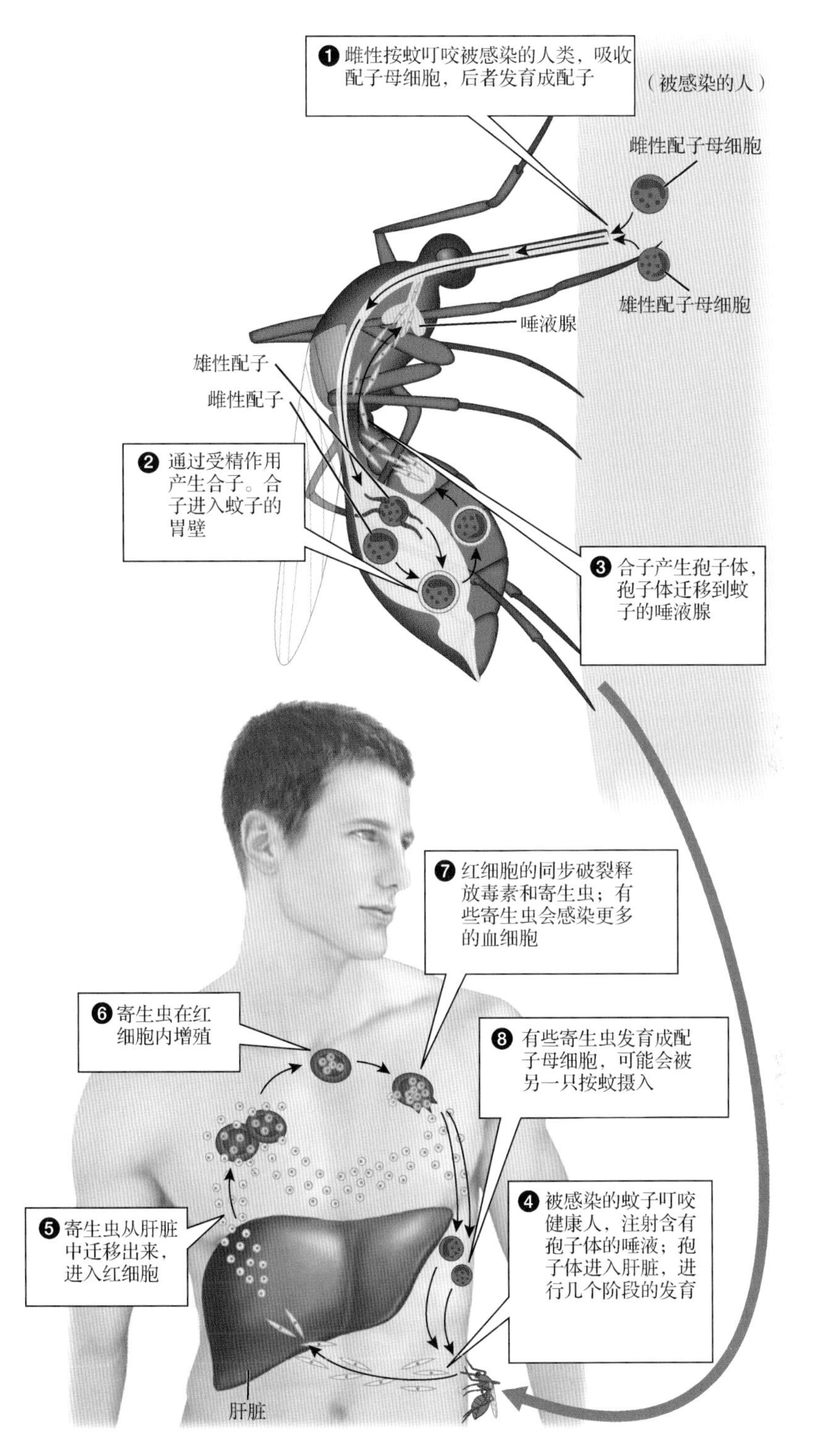

图 20.10　疟原虫的生命周期

3．纤毛虫是最复杂的囊泡虫

纤毛虫在淡水和咸水中都有存活，是单细胞生物中最复杂的种类。它们有着许多特化的细胞器，包括纤毛。纤毛是一种短的发丝状突起，这也是其名称的由来。一种广为人知的淡水纤毛虫是草履虫，它的整个身体表面都覆盖着纤毛（见图 20.11）。纤毛协调一致的搏动使细胞能在水中以 1 毫米/秒的速度前进；注意，这个速度已是原生生物的世界记录。尽管草履虫是单细胞生物，但它对环境的反应看上去就像它有着非常完善的神经系统一样。当遭遇有毒化学物质或物理屏障时，草履虫会通过反转纤毛搏动的方向迅速退后，然后继续向新方向前进。有些纤毛虫（如栉毛虫）是非常熟练的捕食者（见图 20.12）。

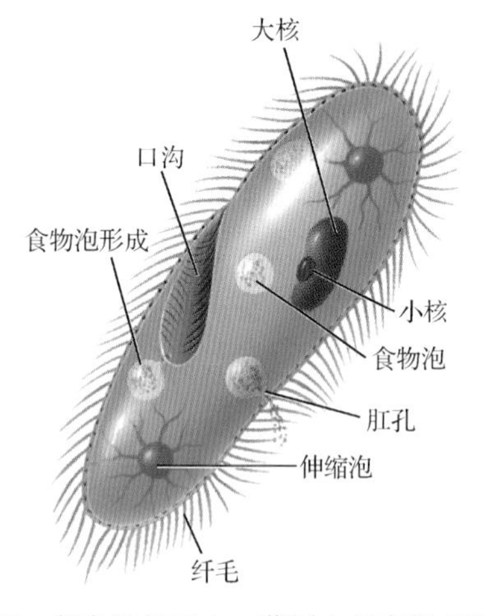

图 20.11 复杂的纤毛虫。草履虫具有很多纤毛虫的代表性细胞器。口沟起嘴的作用，食物泡（微型消化系统）在其尖部形成，废物则通过肛孔以胞吐作用的形式排出。具有收缩性的空泡负责调节水平衡

图 20.12 微观捕食者。在这幅扫描电镜图像中，捕食性栉毛虫正在捕食一只草履虫。注意，栉毛虫的纤毛形成了两个环，而草履虫的整个身体上都有纤毛。最终，捕食者吞噬并消化猎物。这场微观大戏在针尖大的地方就能上演

20.2.5 有孔虫类具有纤细的伪足

很多分属不同种类的原生生物都有着柔软的细胞质膜，可向任何方向延伸，形成手指状的称为伪足的突起，原生生物可通过它们进行运动和吞噬食物。有孔虫类的伪足细得像丝线那样。在这个种类的很多物种中，伪足是从坚硬的壳里面伸出的。有孔虫类包括有孔虫和放射虫。

1. 有孔虫的壳化石形成白垩土

有孔虫主要生活在海洋中，它们能产生非常美丽的壳，这些壳主要由碳酸钙组成（白垩，见图 20.13a）。这些精细的壳上有着无数的小洞，伪足从这些小洞中伸出。死亡后的有孔虫的壳沉到大洋底部，经过几百万年的积累，形成巨量石灰岩，英国的多佛白崖就是这样形成的。

(a) 有孔虫

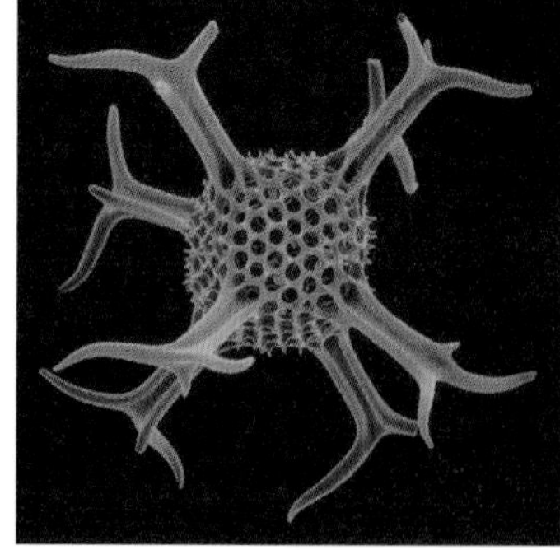

(b) 放射虫

图 20.13 有孔虫和放射虫。(a)有孔虫的白垩质外壳和(b)放射虫的精致玻璃壳。当它们活着时，纤细的伪足从壳上的小洞中伸出

2. 放射虫有着玻璃质的壳

和有孔虫一样，放射虫也有着从坚硬的壳中伸出的伪足。不过，放射虫的壳是由像玻璃一样的二氧化硅组成的（图 20.13b）。在海洋中的有些地方，放射虫的壳在漫长的岁月中形成厚厚的沉积层。

20.2.6 变形虫门原生生物有伪足但无外壳

变形虫门的原生生物通过伸长它们的指状伪足四处移动，它们也可用这些伪突起获取食物。变形虫门原生生物通常是没有外壳的，它们主要包括变形虫和黏菌。

1. 变形虫有着较粗的伪突起

变形虫在淡水湖和池塘中常见（见图 20.14）。很多变形虫是捕食者，它们追踪并吞噬猎物，但也有一些种类是寄生虫。其中一种寄生虫会导致阿米巴痢疾，这种疾病在温暖天气下很容易大流行。导致阿米巴痢疾的变形虫会在宿主的小肠中繁殖，导致严重腹泻。

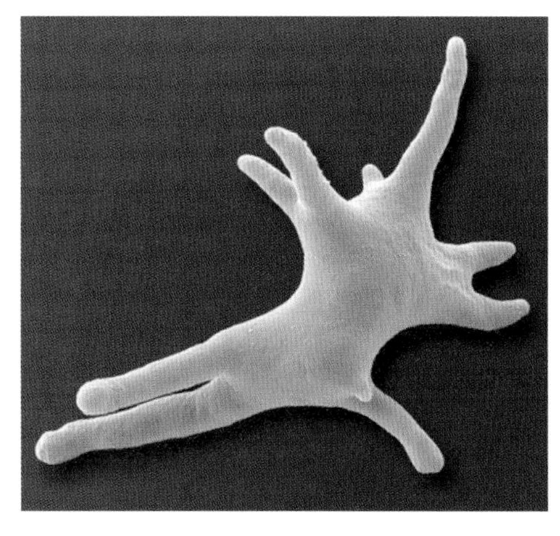

图 20.14　一只变形虫。变形虫是非常活跃的捕食者，它们可在水中四处游动，用粗钝的伪足吞噬食物

2. 黏菌是生存于森林地面的分解者

黏菌模糊了一群单细胞个体和一个多细胞个体之间的界限。黏菌的生活史由两个时相组成：活动的摄食阶段和静止不动的繁殖阶段，其中后者称为子实体。共有两种黏菌：非集胞黏菌和细胞状黏菌。

（1）非集胞黏菌形成称为合胞体的多核胞浆结构。非集胞黏菌也称合胞体黏菌，由一团胞浆组成，这块胞浆会形成很薄的一层，铺满几平方米的地面。尽管这团胞浆中有着成千上万个二倍体细胞核，但这些细胞核并不被质膜限制在独立的细胞中。这种称为合胞体的结构解释了这些黏菌被描述成“非细胞”的原因。黏菌合胞体在腐烂的叶子和树干上缓慢流动，并在该过程中吞食细菌和有机物质。非集胞黏菌的颜色可能是黄色或橙色；长得较大的黏菌看上去可能很吓人（见图 20.15a）。干燥的环境或饥饿会促使黏菌形成子实体，并在子实体上产生二倍体的孢子（见图 20.15b）。在适宜的环境下，被释放的孢子发芽并最终产生新的黏菌。

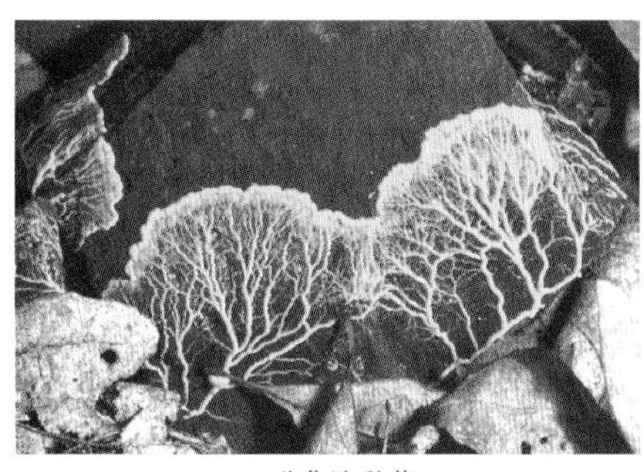

(a) 非集胞黏菌

(b) 子实体

图 20.15　一个非集胞黏菌。(a)黏菌流过森林潮湿地面上一块石头的表面。(b)当食物短缺时，黏菌会分化出子实体，在子实体中产生孢子

（2）细胞状黏菌以独立的细胞形式生存，但在缺乏食物时会形成假合胞体。细胞状黏菌又称社会性阿米巴原虫，它们在土壤中以独立的二倍体细胞形式生存，借助伪突起四处移动并摄取食物。在细胞状黏菌中，网柄菌是人们研究得最透彻的一个属。对网柄菌来说，当食物变得稀少时，单个细胞会分泌一种化学信号，吸引周边的细胞形成稠密的聚集体，这个聚集体称为假合胞体，因为与真正的合胞体不同，它实际上是由单个细胞组成的（见图 20.16）。一个假合胞体可视为一群个体的集落，因为组成它的细胞在遗传学上不都是相同的。不过，在某些方面，假合胞体

看上去更像一个多细胞的个体，因为组成它的细胞分化成了不同种类的细胞，不同种类细胞的功能也不相同。长得像烂泥一样的假合胞体四处移动，最终移动到地面上适合播撒孢子的地方，在这里组成它的细胞再次分化，形成子实体结构。子实体中形成的二倍体孢子随风飘散，并且直接发育成单细胞的个体。

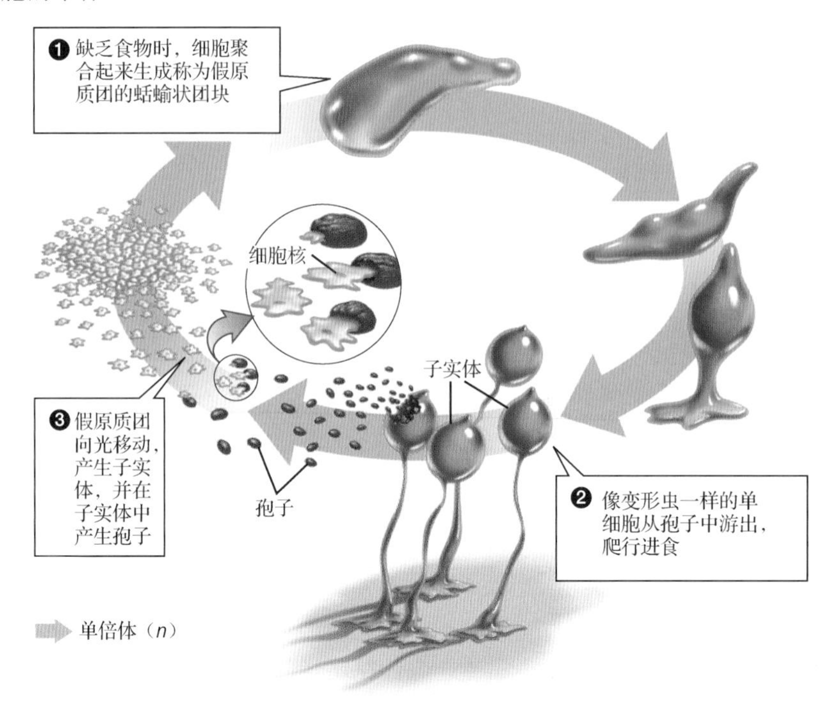

图 20.16　细胞状黏菌的生活史

20.2.7　红藻含有红色的光合色素

红藻是一种多细胞的光合藻类（见图 20.17）。这些原生生物的颜色从亮红色到近乎黑色都有，原因是它们所含的红色色素遮蔽了叶绿素。红藻几乎只分布在海洋中。它们在热带地区清澈的深海中生活，在那里，它们的红色色素可吸收穿透力很强的蓝绿色光，并将光能传递给叶绿素进行光合作用。

图 20.17　红藻。地中海的红珊瑚藻。珊瑚藻的体内能产生碳酸钙，有助于热带水域中珊瑚礁的形成

有些种类的红藻的组织中会产生碳酸钙（石灰石的主要成分），它们在珊瑚礁的产生中起重要作用。红藻还含有一种胶状物质，它在涂料、化妆品和食物生产过程中都有应用。然而，它们及其他所有藻类的主要作用是进行光合作用；它们固定的太阳能支撑了海洋生态系统中所有无法进行光合作用的生物的生存。

20.2.8　绿藻与陆地植物关系密切

绿藻是一大类包含很多物种的原生生物群体，其中既含有多细胞物种，又含有单细胞物种。大多数绿藻生活在淡水池塘和湖泊中，也有一些生活在海中。有些绿藻（如水绵）通过将很多细胞连接成链来形成细长的纤维状结构（见图 20.18a）。其他种类的绿藻形成包含一些在某种程度上相互依存的细胞的群体，并且形成介于单细胞和多细胞之间的结构。这些群体可能只包含几个细胞，也可能包含几千个细胞，就像团藻虫属那样。大多数绿藻的体积很小，但有些海生品种可以长得非常大。例如，一种称为石莼的绿藻（又名海莴苣）与真莴苣的叶子差不多一样大（见图 20.18b）。

一些公司正在大量种植某些种类的绿藻，希望能用它们生产商品化的生物燃料（见图 20.18c）。以绿藻为基础的燃料理论上说可以代替正在减少的化石燃料，而生物燃料无论是在生产上还是应用上都比化石燃料排放更少的二氧化碳。然而，迄今为止，人们还未成功找出将绿藻转化成燃料的有效方法。

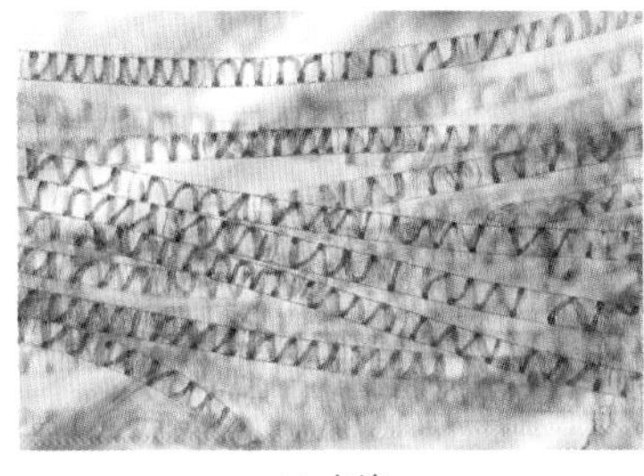

(a) 水绵

(b) 生产绿藻作为生物燃料

(c) 石莼

图 20.18 绿藻。(a)水绵是一种由一个细胞粗的丝组成的纤维状藻类。(b)石莼是一种多细胞藻类，其形状与叶子非常相似。(c)如图中所示的那样，如果能在未来的某天解决一些技术难题，那么用藻类生产的生物燃料或许能够满足人类很大一部分的能源需求

绿藻是非常有趣的一种藻类。因为和其他含有多细胞的能进行光合作用的原生生物种类不同的是，绿藻与陆地植物的关系十分密切。植物与有些种类的绿藻有着共同的祖先，而且很多研究人员都认为最早的植物和今天的多细胞绿藻十分相似。

复习题

01. 列出原核生物和原生生物之间的主要区别。
02. 什么是二次内共生？
03. 甲藻在海洋生态系统中的重要性是什么？当它们快速繁殖时会发生什么？
04. 单细胞藻类的主要生态作用是什么？
05. 哪种原生生物完全由寄生形式组成？
06. 哪些原生生物包括海藻？
07. 哪些原生生物类群包括使用伪足的物种？

第 21 章　植物的多样性

散发出恶臭的大王花是亚洲热带雨林对来访者的“盛情款待”

21.1 植物的关键特征是什么

在地球上的几乎任何地方，植物都是最引人注目的生命。除非你居住在冰天雪地的南北极地区、干旱炎热的沙漠地区或人口稠密的城市，否则你的周围都会是各种各样的植物。植物统治了整个地球的森林、草原、公园、草坪、果园和农场。植物对我们来说太过熟悉，已成为我们日常生活的背景，我们很容易将它们的存在视为理所当然。然而，如果我们花时间仔细观察这些绿色的邻居，就更容易欣赏那些让它们如此成功的适应性变化，以及那些使它们对人类的生存来说如此重要的特点。

是什么将植物与其他生物区分开的？植物有三个最主要的特征：进行光合作用、具有多细胞的胚胎以及世代交替，后面将进一步解释它们。在这三个特征中，其他生物可能具有其中的任何一个特征，但只有植物同时具有这三个特征。

21.1.1 植物能进行光合作用

植物最引人注目的特征可能是绿色的外表。植物是绿色的，因为植物的很多组织中都含有色素——叶绿素。叶绿素在光合作用中起至关重要的作用，而植物通过光合作用，利用阳光的能量将水和二氧化碳转化成糖类（见第 7 章）。不过，叶绿素和光合作用也不是植物独有的特征，很多原生生物和原核生物也具有这些特征。

21.1.2 植物具有多细胞的依赖性胚胎

将植物和其他光合生物区分开来的依据是它们的特征性胚胎。植物的胚胎是多细胞的，附着在亲本植株上，并且依赖亲本存活。在生长和发育过程中，胚胎从亲本植株的组织中吸收营养物质。这样的多细胞依赖性胚胎在光合原生生物中是不存在的。

21.1.3 植物具有交替的多细胞单倍体和二倍体世代

植物繁殖的特点可以概括为存在世代交替的生活史（见图 21.1）。存在世代交替的生物具有独立的单倍体和二倍体世代，两个世代相互交替（回顾可知，二倍体生物的染色体是成对存在的，而单倍体生物的染色体是单个存在的）。在二倍体（$2n$）世代，植物体由二倍体细胞组成，称为孢子体（sporophyte，前述多细胞胚胎是孢子体世代的一部分）。孢子体的特定细胞进行减数分裂，形成单倍体的繁殖细胞，称为孢子。单倍体的孢子发育为多细胞的单倍体结构，称为配子体（gametophyte）。

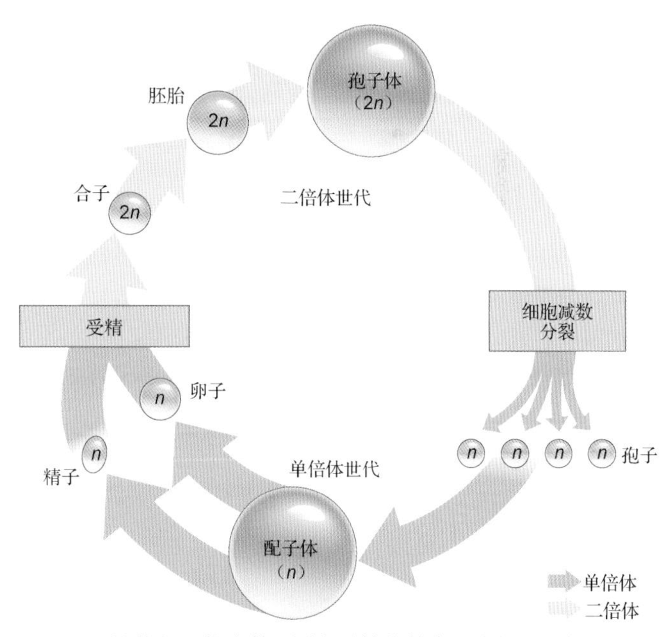

图 21.1 植物的世代交替。图中对植物的生活史做了一般性描述。植物二倍体的孢子体世代通过减数分裂产生单倍体孢子。这些孢子通过有丝分裂，发育成单倍体的配子世代。配子的融合产生二倍体的合子，合子进一步发育成二倍体的孢子体

配子体最终通过有丝分裂产生雌性和雄性单倍体配子（精子和卵细胞）。配子像孢子一样是繁殖细胞，但和孢子不同的是，单个配子本身无法形成一个新个体，必须由两个性别不

同的配子进行融合产生合子（受精卵），由受精卵发育成一个二倍体胚胎，胚胎再发育成成熟的孢子体，然后再次进行这一循环。

21.2 植物是如何进化而来的

现代绿藻中的轮藻（见图 21.2）在现有生物中与植物的亲缘关系最近。植物和轮藻之间的进化关系是通过 DNA 比对鉴定得出的，且植物和绿藻之间的其他相似性也表明了这一点。例如，绿藻和植物在光合作用过程中使用的叶绿素和辅助色素是一样的。此外，植物和绿藻都以淀粉的形式存储食物，它们的细胞壁也都是由纤维素组成的。相反，其他光合原生生物（如红藻和褐藻）中的光合色素和存储食物的分子与植物的不同。

图 21.2　轮藻。这种称为轮藻的绿藻是与植物亲缘关系最近的生物

21.2.1 植物的祖先生活在水中

植物的祖先是光合原生生物，可能与轮藻类似。像现代轮藻一样，最终进化为植物的原生生物可能缺乏真正的根、茎、叶以及复杂的繁殖器官，如花朵和球果，这些特征在植物进化史的后期才出现。此外，植物的祖先只能在水中生存。

对这些植物的祖先来说，在水中生活有诸多好处。例如，在水中，植物体浸泡在富含养分的溶液里，受浮力支撑，而且不太可能因缺水而死。此外，生活在水中会使繁殖更简单，因为配子和合子可被水流携带着游动，也可由自身的鞭毛推动。

21.2.2 早期植物的登陆

尽管水生环境极其优越，早期的植物还是向陆地上的栖息地进发了。今天，大多数的植物都生活在陆地上。迁移到陆地上会给植物带来许多固有的好处，例如可以接收到不被水体阻挡的阳光，可以获得岩石表面的营养物质。然而，迁移到陆地上也会带来一些挑战：植物无法再依赖周围的水体来支撑自己的身体，获得潮湿的环境或营养物质，配子和合子无法在水中游动。因此，陆地生活偏爱那些可以帮助植物适应这些挑战的性状：可以支撑身体和保存水分的身体结构，可以将水和营养物质传递到身体各处的传导细胞，以及不依赖水散播配子和合子的方式。

21.2.3 植物体发生进化以抵抗重力和干旱

对陆地生活的一些重要适应在植物进化的早期就已发生，且在所有陆地植物中都发现了这些性状。早期的适应包括：

- 可以固定植物并在土壤中吸收水和营养物质的根或根状结构。
- 覆盖叶子和茎表面的限制水的蒸发的蜡状角质层（见图 7.1）。
- 叶子和茎中称为气孔的孔洞，它们可以打开以便进行气体交换，但在缺乏水分时可以关闭，以减少水分的蒸发（见图 7.2）。

其他一些重要的适应在植物开始于陆地上生活后的一段时间发生，现在广为分布，但并非所有植物都有这些性状（稍后介绍的大多数非维管束植物就缺乏这些性状）：

- 具有传导细胞，可将适合的矿物质从根部向上转运，也可将叶子光合作用的产物转运到植物体的其他部分。
- 硬化物质木质素，木质素是一种坚硬的化合物，广泛分布于传导细胞中，可以支撑植物，抵抗地心引力。

21.2.4 植物进化出了对胚胎和性细胞的保护

分布最广泛的植物称为**种子植物**，它们的一个特征就是能够产生被保护得很好且营养供应充足的胚胎，以及不需要水就可散播的性细胞。这些植物的重要适应是种子和花粉，在开花植物中还有花和果实。

早期的种子植物可以产生种子，因此比竞争对手多一大优势，因为种子可为发育中的胚胎提供更好的保护和营养条件，同时发育的成功率要高得多。早期的种子植物还能产生干燥的显微尺度的花粉粒，这样便可由风而非水来携带雄性配子。之后，植物进化出花，花引诱动物传粉，比风力传粉更准确、更有效。果实吸引以它们为食的动物，动物消化果实，并将种子连同粪便一起排出。

21.2.5 最近进化的植物具有较小的配子体

在植物的进化史中，孢子体越来越突出，而配子体的寿命和大小却在逐渐降低和减小（见表 21.1）。因此，人们认为最早的植物和今天的非维管束植物很像，它们的孢子体比配子体要小，且附着在配子体上。相反，一段时间之后起源的植物（如蕨类植物和其他一些无种子维管束植物）的生活史是这样的：孢子体比较突出，但配子体要小得多。最后，在最新进化的种子植物中，配子体的大小是显微尺度的，几乎无法看出世代交替。不过，这些微小的配子体仍会产生卵细胞和精子，二者发生融合，形成合子，再由合子发育成二倍体的孢子体。

表 21.1 主要植物种类的特征

种　类	亚　类	孢子体和配子体的关系	繁殖细胞的迁移方法	早期胚胎发育	散　布	水和营养物质的传导通道
非维管束植物	苔类 角苔类 藓类	配子体占主要地位，合子发育而成的孢子体固定在配子体上	可移动的精子游到固定在配子体中且静止的卵细胞处	在配子体的颈卵器中进行	由风携带单倍体孢子	无
维管束植物	石松类 木贼类和蕨类	孢子体占主要地位，合子发育而成的孢子体固定在配子体上	可移动的精子游到固定在配子体中且静止的卵细胞处	在配子体的颈卵器中进行	由风携带单倍体孢子	有

续表

种　类	亚　类	孢子体和配子体的关系	繁殖细胞的迁移方法	早期胚胎发育	散　布	水和营养物质的传导通道
维管束植物	裸子植物	孢子体占主要地位，微观尺度的配子体在孢子体内发育	由风散布的花粉将精子带到球果中静止的卵细胞处	在含有食物来源的被保护种子中进行	由风或动物散播含有二倍体孢子体胚胎的种子	有
	被子植物	孢子体占主要地位，微观尺度的配子体在孢子体内发育	由风或动物传播的花粉将精子带到花朵中静止的卵细胞处	在含有食物来源的种子中进行；种子被包裹在果实中	动物、风或水散播含有种子的果实	有

21.3　植物的主要种类有哪些

植物古老的藻类祖先进化出两个主要的植物种类（见图 21.3 和表 21.1）：一种植物是非维管束植物（也称苔藓植物），它需要潮湿的环境来进行繁殖，因此横跨水生和陆生植物的界限，就像动物王国中的两栖动物一样；另一种植物是维管束植物（也称维管植物），它可在更干燥的环境中生存。

21.3.1　非维管束植物缺乏传导结构

非维管束植物保持着它们的藻类祖先的一些特性。它们的配子要靠水传播，没有真正的根、茎和叶。它们的确有一种类似于根的结构，称为假根。假根可将水和营养物质带到植物体内，但非维管束植物缺乏能输导水和营养物质的结构。非维管束植物依靠缓慢的扩散或者简单的传导组织对水和营养物质进行分配，因此它们的躯体不可能长得很大。同时，它们的体内缺乏木质素，因此大小受到进一步的限制。因为没有木质素，非维管束植物不可能长得很高。大多数非维管束植物的高度都不到 2.5 厘米。

1. 非维管束植物包括苔类、角苔类和藓类

苔类和角苔类的名字来源于它们的性状。有些苔类植物的形状很像动物的肝脏（见图 21.4a）。角苔类的孢子体通常具有尖尖的外形（见图 21.4b）。苔类和角苔类植物在非常潮湿的地方广泛分布，如潮湿的森林和溪流或池塘边。

藓类是非维管束植物中最丰富、分布也最广泛的类群（见图 21.4c）。像苔类和角苔类一样，藓类通常也分布在潮湿的栖息地。不过，有些藓类植物表面带有防水的覆盖物，可以防止水分流失。在这些藓类植物中，很多在体内缺水时也能存活；当气候干燥时，它们会脱水进入休眠状态，然后在气候潮湿时吸收水分继续生长。这样的藓类植物可在沙漠、裸石和高纬度地区生活，在这些地方，湿度非常低，而且在一年中的大多数时间里，水都是很稀少的。

泥炭藓属藓类植物的分布尤其广泛，它们在北半球各地的潮湿区域都有分布。在很多这样的区域中，泥炭藓都是最丰富的植物，它们可以形成巨大的草垫（见图 21.4d）。因为在寒冷气候下分解作用进行得非常慢，而且泥炭藓含有可以抑制细菌生长的化学物质，所以死亡的泥炭藓分解得尤其缓慢。因此，部分腐烂的组织会积累成千上万年，达到上百米厚。这些沉积物称为泥炭。很长时间以来，很多国家的人们一直在收集泥炭作为燃料，如爱尔兰、芬兰、俄罗斯等国家。不过，现在泥炭的作用主要是在园艺学方面。干燥的泥炭可以吸收比其自身重量大很多倍的水分，因此可以作为很好的土壤调节剂，同时在运输活植物时也可作为包装物质。

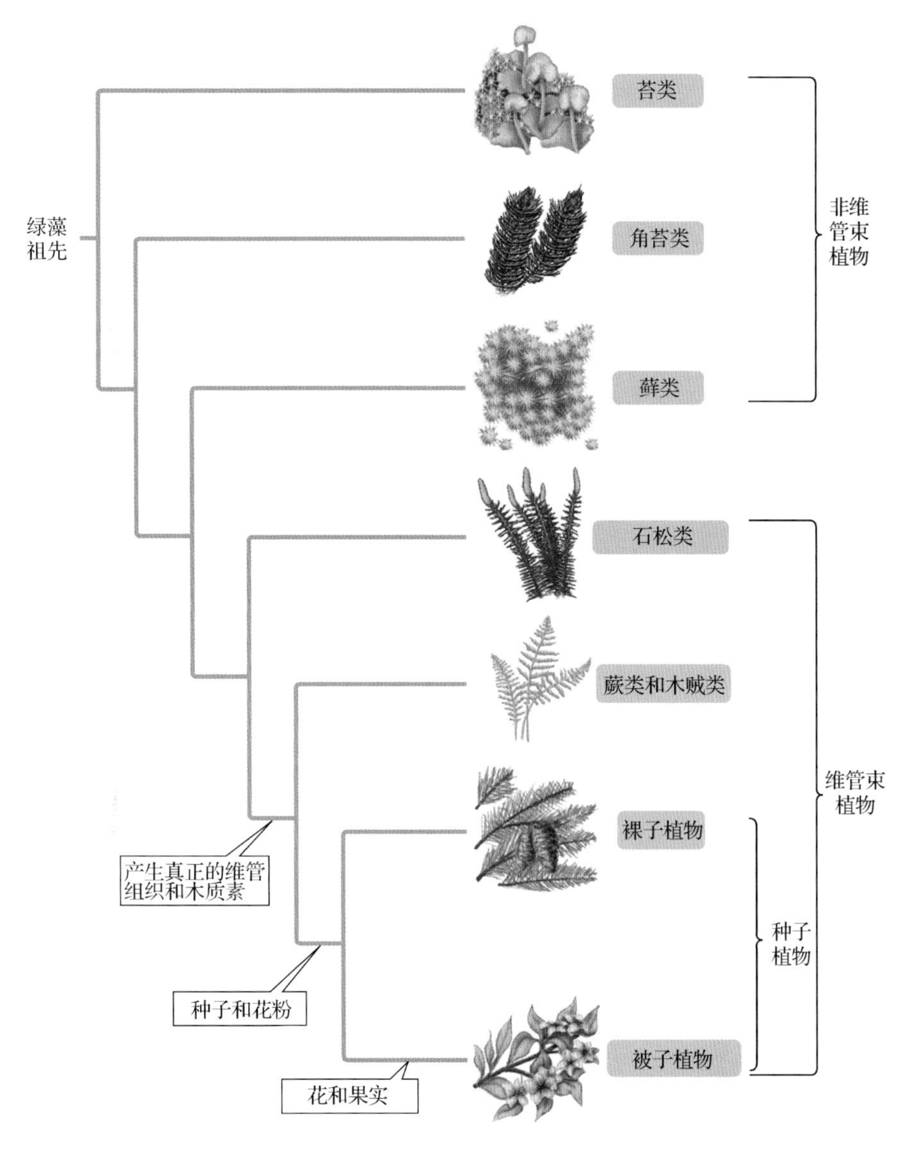

图 21.3　一些主要植物种类的进化树

2. 非维管束植物的繁殖结构是受到保护的

非维管束植物需要潮湿的环境才能繁殖，但它们已进化出许多适应在陆地上繁殖的性状（见图 21.5）。例如，非维管束植物的繁殖结构是被包裹着的，可以防止配子因干燥而死。非维管束植物有两种繁殖结构：颈卵器，卵细胞在其中生长发育；雄器，即精子形成的地方（见图 21.5❶）。在有些非维管束植物中，颈卵器和雄器位于一株植物上；在其他一些物种中，每株植物都是单性别的。

对所有非维管束植物来说，精子必须游过一层水才能到达卵细胞（见图 21.5❷）。在干燥地区生存的非维管束植物，只有在下雨时才能繁殖。受精后，合子在颈卵器中生长和发育，直到长成小小的二倍体孢子体，且这个孢子体仍然附着在亲代配子体植物上（见图 21.5❸）。成熟后，孢子体产生有繁殖功能的小囊，每个小囊中都在进行着减数分裂，减数分裂过程产生单倍体的孢子（见图 21.5❹）。小囊打开后，孢子随风飘走（见图 21.5❺）。如果孢子落到适宜的环境，就可以长出另一个单倍体的配子体植株（见图 21.5❻）。

图 21.4　非维管束植物。这里展示的植物还没有 1 厘米高。(a)苔类植物在阴暗潮湿的地方生长。雌性植物像手掌一样的结构中携带有卵细胞。雄性植物产生精子，精子游过一层水使卵细胞受精。(b)角苔类像角一样的孢子体从配子体上长出。(c)藓类植物，图中展示了它们的梗，梗上有装着孢子的小囊。(d)由泥炭藓组成的地毯覆盖了北方地区的许多沼泽地

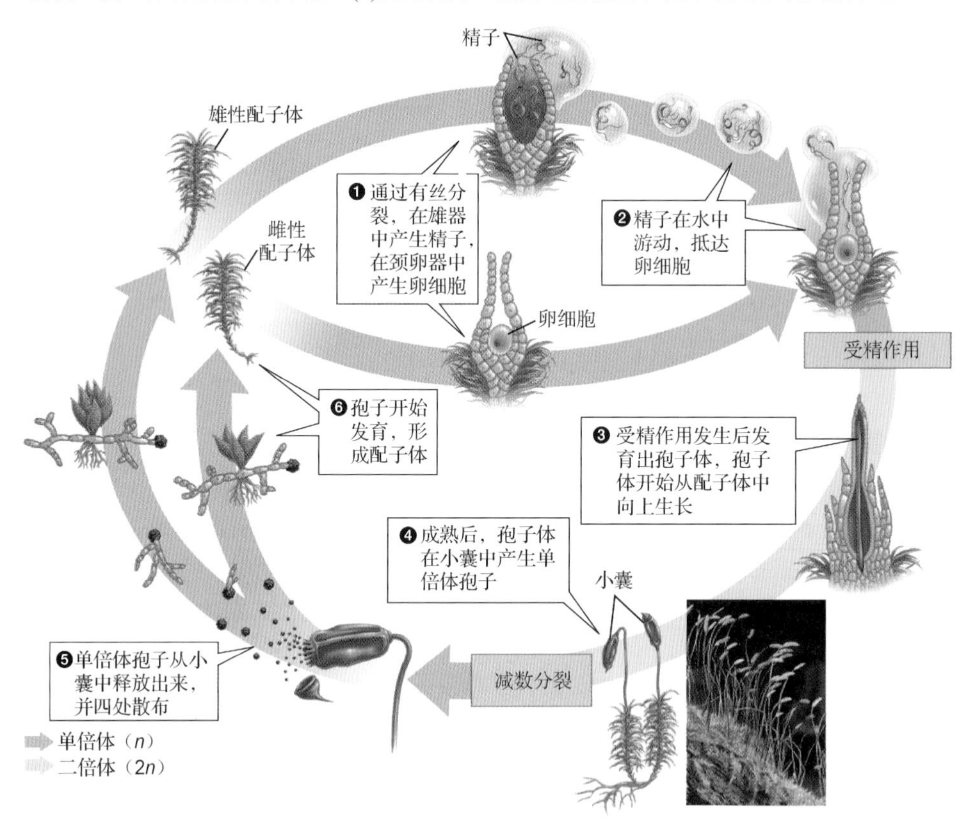

图 21.5　藓类植物的生命周期。图中展示了藓类植物的生活史；低矮和多叶的绿色植物是单倍体的配子体，红褐色的梗是二倍体的孢子体

21.3.2 维管束植物具有提供支撑的传导细胞

维管束植物的特征是具有一群特化的管状传导细胞。这些细胞中含有大量木质素，既可为植物提供支撑，又可起到运输作用。这些细胞就是维管束植物比非维管束植物长得高的原因，因为木质素能够提供更大的支持力，同时根吸收的水和营养物质也可经由传导细胞移到植物长得较高的部分。维管束植物和非维管束植物之间的另一个不同是，前者的孢子体更大，后者的配子体更大。

维管束植物可分为两类：无种子维管束植物和种子植物。

21.3.3 无种子维管束植物包括石松类、木贼和蕨类植物

和非维管束植物一样，无种子维管束植物具有能够四处游动的精子，它们的繁殖需要水。如其名字所示的那样，它们不产生种子，而靠产生孢子进行繁殖。现代无种子维管束植物（石松、木贼和蕨类植物）要比它们的祖先小得多，它们的祖先在石炭纪（3.59 亿年前到 2.99 亿年前，见图 17.8）就主宰了陆地（今天，种子植物更有优势）。

1. 石松和木贼小到毫不起眼

石松（club mosses）不是苔藓，但它们的代表种现在也只有几厘米高（见图 21.6a）。它们的叶子非常小，且是鳞状的，就像苔藓的叶子那样。石松属植物也称地松，它们在许多温带针叶林和落叶林中会形成美丽的“地毯”。

(a) 石松 (b) 木贼 (c) 蕨类 (d) 树蕨

图 21.6 一些无种子维管束植物。在潮湿树林中可看到一些无种子维管束植物。(a)石松在温带丛林中生长。(b)巨木贼从茎上等间距地伸出许多长且细的花状分支，它的叶子非常小。图片右侧是圆锥形产孢子结构。(c)这株穗乌毛蕨的叶子是由羊齿蕨卷曲且不成熟的叶子进化而来的。(d)尽管大多数蕨类植物都很矮，但也有一些（如图中的这株树蕨）还保留着石炭纪植物常有的巨大体形

现代木贼只有一个属，即木贼属，它包含 15 个物种，其中大多数不足 1 米高（见图 21.6b）。有些物种的分支看上去像马尾一样，因此俗名为马尾；枝干上的叶子非常小。它们还有另一个名

字即清洁草，原因是木贼属的所有植物的外层细胞中含有大量的二氧化硅（玻璃），导致外表非常粗糙。最早在美国定居的欧洲人就是用这些植物来擦洗瓶瓶罐罐和地板的。

2. 种类丰富的蕨类植物有着宽阔的叶子

蕨类植物包含约 1.2 万个物种，它们是无种子维管束植物中多样化程度最高的种类（见图 21.6c）。在热带地区，唯一能达到其石炭纪祖先的高度的是树蕨（见图 21.6d）。蕨类植物是唯一带有阔叶的无种子维管束植物。

在蕨类植物的繁殖过程中，小配子体上的颈卵器和雄器是产生配子的场所（见图 21.7❶）。精子被释放到水中，游到位于颈卵器的卵细胞处（见图 21.7❷）。如果卵细胞受精，合子就发育出一个孢子体，孢子体从配子体的母体上长出（见图 21.7❸）。在成熟的蕨类植物孢子体（比配子体要大很多）中，一些特殊的叶子上存在孢子囊结构，其中会产生单倍体的孢子（见图 21.7❹）。孢子囊打开后，释放其中的孢子，孢子然后随风传播（见图 21.7❺）。如果孢子在环境适宜的地方着陆，就会发芽并长成配子体植株（见图 21.7❻）。

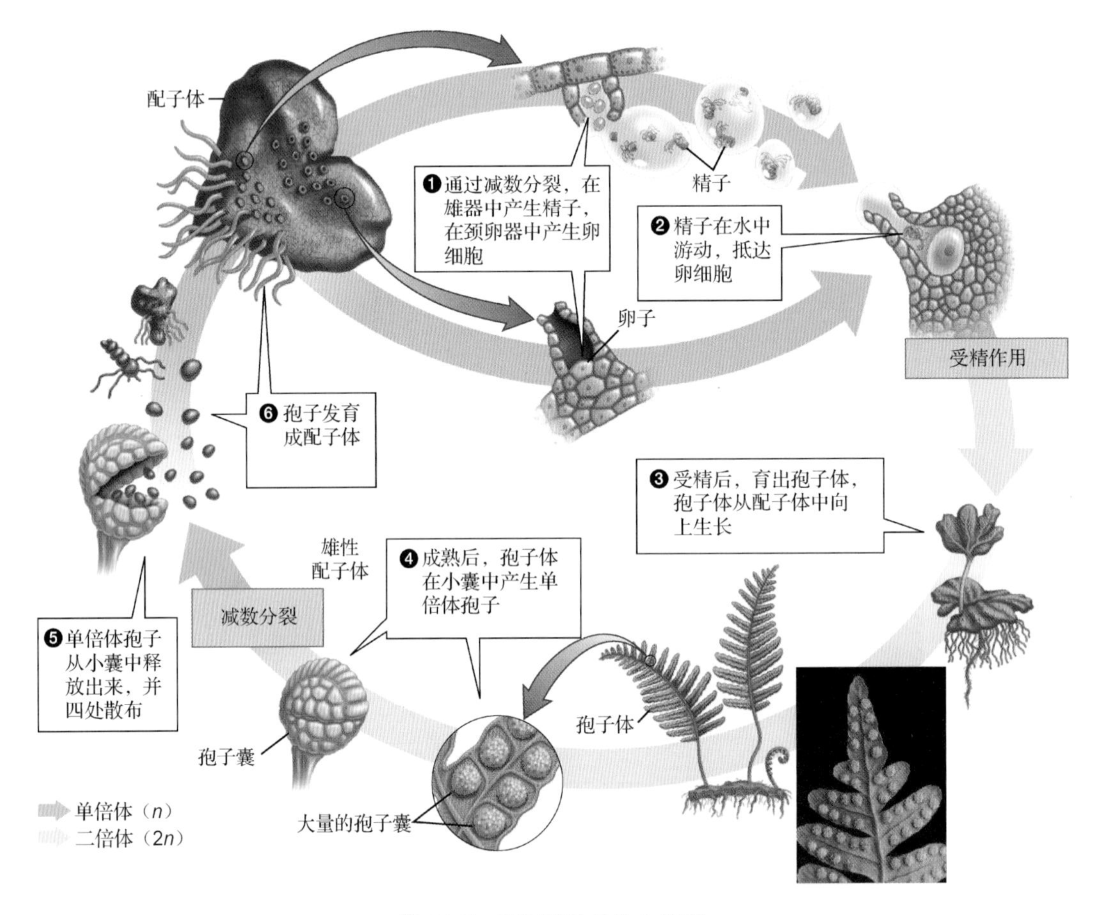

图 21.7　蕨类植物的生命周期

蕨类植物的孢子通过风传播，因此很容易在缺乏植物的地方快速生长。例如，1883 年，喀拉喀托火山喷发，毁灭了岛上几乎所有的生物。两年后，就有游客报告称一些蕨类植物覆盖了曾经的不毛之地。类似地，6500 万年前，导致恐龙和其他许多物种灭绝的“小行星撞击地球”后，蕨类植物迅速增加。蕨类植物的孢子化石在 6500 万年前的岩层中极其丰富；根据这个“孢子峰”，人们认为小行星撞击地球后的大火毁掉了大多数植物，为蕨类植物的发展提供了更大的空间。

21.3.4 种子植物受助于花粉和种子这两个重要的适应

区分种子植物和非维管束植物及无种子维管束植物的主要性状是，前者会产生花粉和种子。对种子植物来说，配子体（产生性细胞的结构）非常小。雌性配子体是产生卵细胞的一小群单倍体细胞，雄性配子体是花粉粒。风或者传粉动物（如蜜蜂）负责散播花粉。采用这种方式，花粉粒在空气中运动，最终使卵细胞受精。这种空中传播的方式表明，种子植物的分布不再受受精所需的水的制约。

与鸟和爬行动物相似，种子由孢子体植物的胚胎、为胚胎准备的食物以及具有保护作用的外壳组成（见图 21.8）。种皮使种子处于假死或休眠状态，直到环境适宜植物的生长为止。种子中存储的营养物质在植物长出根和叶、能通过光合作用养活自己之前，为其提供养料。

种子植物分为两个种类：不开花的裸子植物和开花的被子植物。

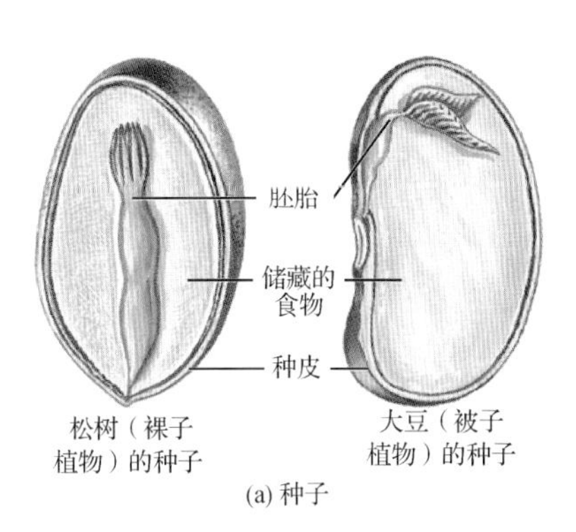

(a) 种子

(b) 蒲公英

图 21.8 种子。(a)裸子植物的种子（左）和被子植物的种子（右）。两种种子都由植物胚胎和营养物质组成，且由种皮保护。(b)蒲公英微小的种子借风力传播，其果实的一部分具有类似于降落伞一样的结构，可以帮助它们乘风而行。(c)椰子树巨大而结实的种子在海水中漂流时，可以忍受海水的长期浸泡

(c) 椰子

21.3.5 裸子植物是不开花的种子植物

裸子植物比被子植物更早进化出来。早期的裸子植物与占优势的无种子维管束植物在石炭纪共存。然而，在接下来的二叠纪（2.99 亿年前到 2.51 亿年前），裸子植物成为最主要的植物种类，且保持这一地位直到 1 亿多年后出现被子植物。那时的大多数裸子植物现在已灭绝。现在，只有 4 种裸子植物还存活于世：银杏类、苏铁类、麻藤类和松柏类。

1. 只有一种银杏类存活至今

银杏类的进化史很长。它们在距今 2.2 亿年前的侏罗纪广为分布，但如今只剩下一个代表物种——银杏，又称白果树（见图 21.9a）。银杏树是雌雄异体的；雌树产生散发着恶臭的和多肉的种子，种子的大小几乎和樱桃一样。因为比其他树抵抗污染的能力强，所以银杏树（通常是雄性）在美国的城市中广泛种植。在过去的几十年间，银杏树的叶子因为据称能显著提高记忆力而开始受到人们的广泛关注。

2. 苏铁类植物只能在温暖的气候下生存

与银杏一样，苏铁类植物在侏罗纪时期也广为分布，且物种多样。不过，在那之后，苏铁类日渐式微。在今天的地球上，还存活着约 160 种苏铁类植物，其中大多数都生活在热带或者亚热带地区。苏铁类植物有很多很大的、分裂的叶子，它们和棕榈植物以及大蕨类植物在外表上非常相似（见图 21.9b）。大多数苏铁类植物的高度都在 1 米左右，有些种类的高度可达 20 米。

(a) 银杏　(b) 苏铁　(c) 麻藤　(d) 松柏

图 21.9　裸子植物。(a)被人们广为种植的银杏树。(b)苏铁类植物。它们在恐龙时代很常见，但如今只剩下 160 个物种。和银杏树一样，苏铁类也是雌雄异体的。(c)麻藤类植物千岁兰的叶子可活几百年。(d)松柏类植物的针状叶表面有一层蜡状保护层

苏铁类植物的组织中含有剧毒。尽管存在这些毒素，还是有些地方的人会食用它们的种子、茎和根。小心处理后，可在食用之前除去植物中的毒素。尽管如此，苏铁毒素仍然可能是导致一些地区人们的神经问题的原因，如生活在马里亚纳群岛的查莫洛人，他们会食用苏铁类植物。苏铁毒素也会使食草的牲畜中毒。

3. 麻藤类植物包括奇特的千岁兰

麻藤类植物包含约 70 种灌木、藤蔓和矮小的树木。其中，麻黄属植物的叶子中含有一种生物碱，可作为人类的中枢神经系统兴奋剂和食欲抑制剂。因此，麻黄属植物曾被大量用作增能剂和减肥药。然而，有些服用麻黄属药物的人会发生猝死现象，一些研究结果表明服用麻黄属植物会增大患心脏病的概率。因此，美国食品和药品管理局（FDA）禁止销售含有麻黄属植物的药物。

同属麻藤类的千岁兰是植物界最奇特的植物之一（见图 21.9c），它们只在非洲西南部极其干燥的沙漠中存在，其主根可延伸到地下约 30 米的位置，地上部分包括纤维状的茎，茎上长着两片叶子（只有两片）。这些长得很长的叶子永远不会自然脱落，直到植物死亡。最古老的千岁兰已有 2000 岁，而普通千岁兰也可以活 1000 岁左右。千岁兰的舌形叶子在这段时间内不断生长，覆盖很大一片土地。叶子上最古老的部分历经几个世纪的风霜，可能会被撕碎或者分裂成条状，因此整株植物看上去就是一副破破烂烂的样子。

4. 松柏能适应寒冷的气候

尽管其他一些裸子植物（如银杏和苏铁）已经不复昔日辉煌，但松柏仍然主宰着地球上的大片区域。松柏类包含 500 多个物种，如松树、云杉、铁杉和柏树等，它们在干燥的北方高纬度地区和高海拔地区广泛分布，这些地区不仅降水很少，而且在漫长的冬天，土壤中的水分都被冻结成冰，无法被植物利用。

松柏类以三种方式适应这些干燥、寒冷的环境条件。首先，大多数松柏类的叶子一年四季都是绿色的，因此它们在一年四季都可以缓慢生长，甚至在其他植物处于休眠状态时也如此。其次，松柏类的叶子呈针状，且表面上覆盖着一层防水的蜡，可以最大限度地减少水分蒸发（见图 21.9d）。第三，松柏类的树液中含有一种抗寒物质，可让它们在零度以下的环境中传递营养物质。这种抗寒物质就是它们的特殊香气的来源。

所有松柏类植物的繁殖过程都是类似的，下面以松树的繁殖周期为代表加以介绍（见图 21.10）。树本身是一个二倍体孢子体，它既能产生雄性的球果，又能产生雌性的球果（见图 21.10❶）。大多数球果相对很小（长约 1.9 厘米），非常精致，由鳞状小室组成，花粉（即雄性配子体）在其中发育。每个雌性球果由一系列木质鳞状结构螺旋状环绕一个中心轴组成。每个鳞状结构的基部都有两个肚珠（未受精的种子），胚珠是二倍体的生孢子细胞产生的地方。

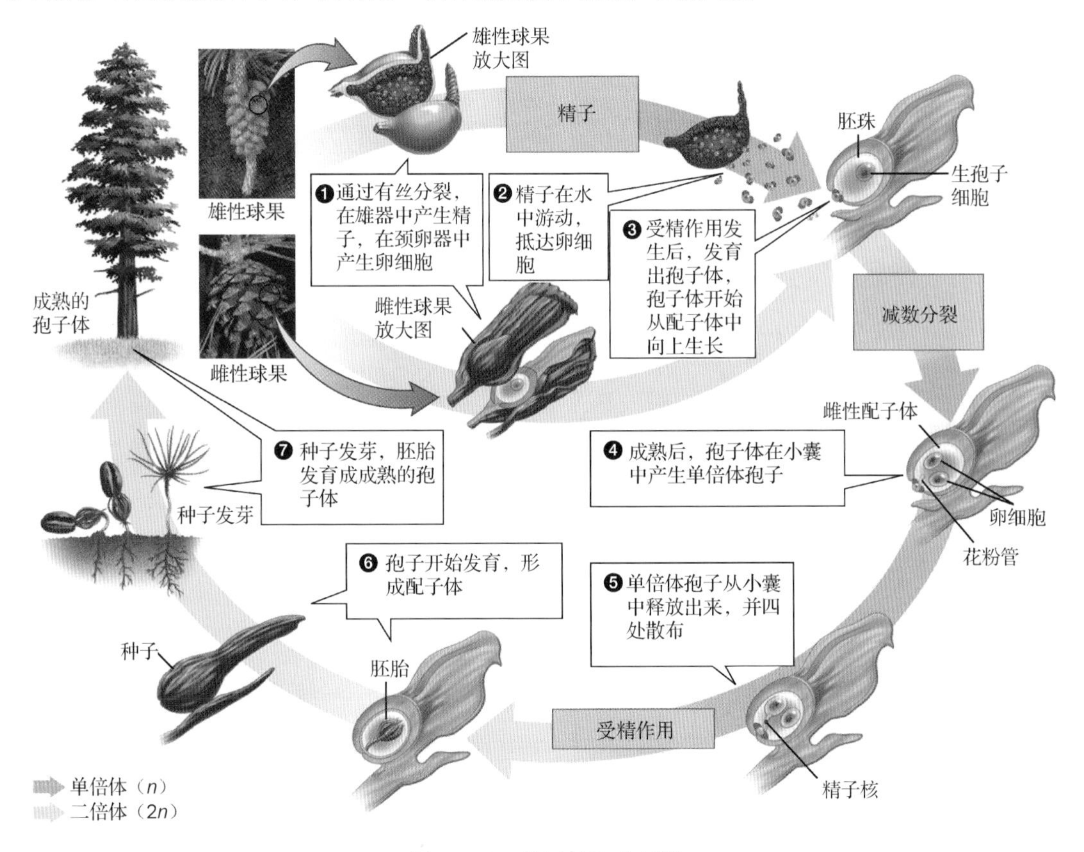

图 21.10　松树的生命周期

在繁殖季节，雄性球果释放花粉，然后碎裂（见图 21.10❷）。雄性球果释放非常多的花粉粒，有些花粉粒无可避免地落到雌性球果的鳞状结构上（见图 21.10❸）。授粉后，花粉粒伸出花粉管，后者缓慢地延伸到胚珠中。在花粉管伸长的同时，胚珠中的生孢子细胞进行减数分裂，以产生单倍体的孢子。其中一个孢子产生单倍体的雌性配子体，即卵细胞发育的地方（见图 21.10❹）。约

14 个月后，花粉管终于到达卵细胞，前者释放出精子使后者受精（见图 21.10❺）。受精作用产生的合子被包裹在种子中，同时它缓慢地发育成一个胚胎，即极其微小的孢子体植物（见图 21.10❻）。球果成熟后，鳞状结构散开，种子从中释放。如果落到适合其生长的土地上，种子就会发芽并长成一棵孢子体树（见图 21.10❼）。

21.3.6　被子植物是开花的种子植物

开花植物又称被子植物，它们在 1 亿多年前就是地球上的优势植物。这一群体的成员多种多样，超过 23 万个物种。被子植物的尺寸范围从极小的浮萍（见图 21.11a）一直到高耸入云的尤加利树（见图 21.11b）。从沙漠中的仙人掌到生活在热带的兰花，再到发出恶臭的寄生生物大花草（大王花），被子植物统治了整个植物王国。它们取得巨大成功的部分原因是三个主要适应性：花、果实和宽大的叶子。

(a) 浮萍　(c) 草　(b) 尤加利树　(d) 块根马利筋

图 21.11　被子植物。(a)最小的被子植物是飘浮在池塘中的浮萍，其直径约为 3 毫米。(b)最大的被子植物是尤加利树，它可长高到约 100 米。(c)草（及很多种树）的花很不明显，它们借风力传粉。有些物种的花比较明显，如(d)块根马利筋和尤加利树［(b)中的插图］的花，可引诱昆虫和其他动物给自己传粉

1．花吸引传粉者

花是雄性和雌性配子产生的地方，可能是在被子植物的裸子植物祖先和动物（最可能的是昆虫）之间形成某种联系时进化出来的，这些动物可将花粉从一株植物带到另一株植物。根据这一情节，裸子植物与动物传粉者之间关系的好处很大，因此自然选择偏爱这种植物将花粉的存在“告知”昆虫和其他动物的进化（见图 21.11b 和 d）。传粉动物因吃到部分富含蛋白质的花粉而受益，而植物因为传粉者不经意地将花粉从一株植物带到另一株植物而受益。有了动物的帮助，很多开

花植物不再需要产生数量惊人的花粉，以及依靠变化无常的风来将花粉散播出去来确保受精。不过，仍然存在很多风媒传粉的被子植物（见图 21.11c）。

在被子植物的生命周期中（见图 21.12），花长在占主要地位的孢子体上。在花中，雌性配子体在称为子房的结构中由胚珠发育而来，雄性配子体（花粉）在称为花药的结构中形成（见图 21.12❶）。在繁殖季节，花粉从花药中释放，随风飘走或者由传粉动物带走（见图 21.12❷）。花的柱头是捕获花粉的器官。如果一粒花粉落到柱头上，花粉中就会长出一条花粉管（见图 21.12❸）。花粉管穿过柱头并向雌性配子体的方向延伸，而在雌性配子体中已有了发育好的卵细胞。当花粉管抵达卵细胞时，发生受精作用（见图 21.12❹）。产生的合子发育成植物胚胎，包裹在由胚珠形成的种子中（见图 21.12❺）。种子被散播出去后，可能发芽并产生一个新的孢子体（见图 21.12❻）。

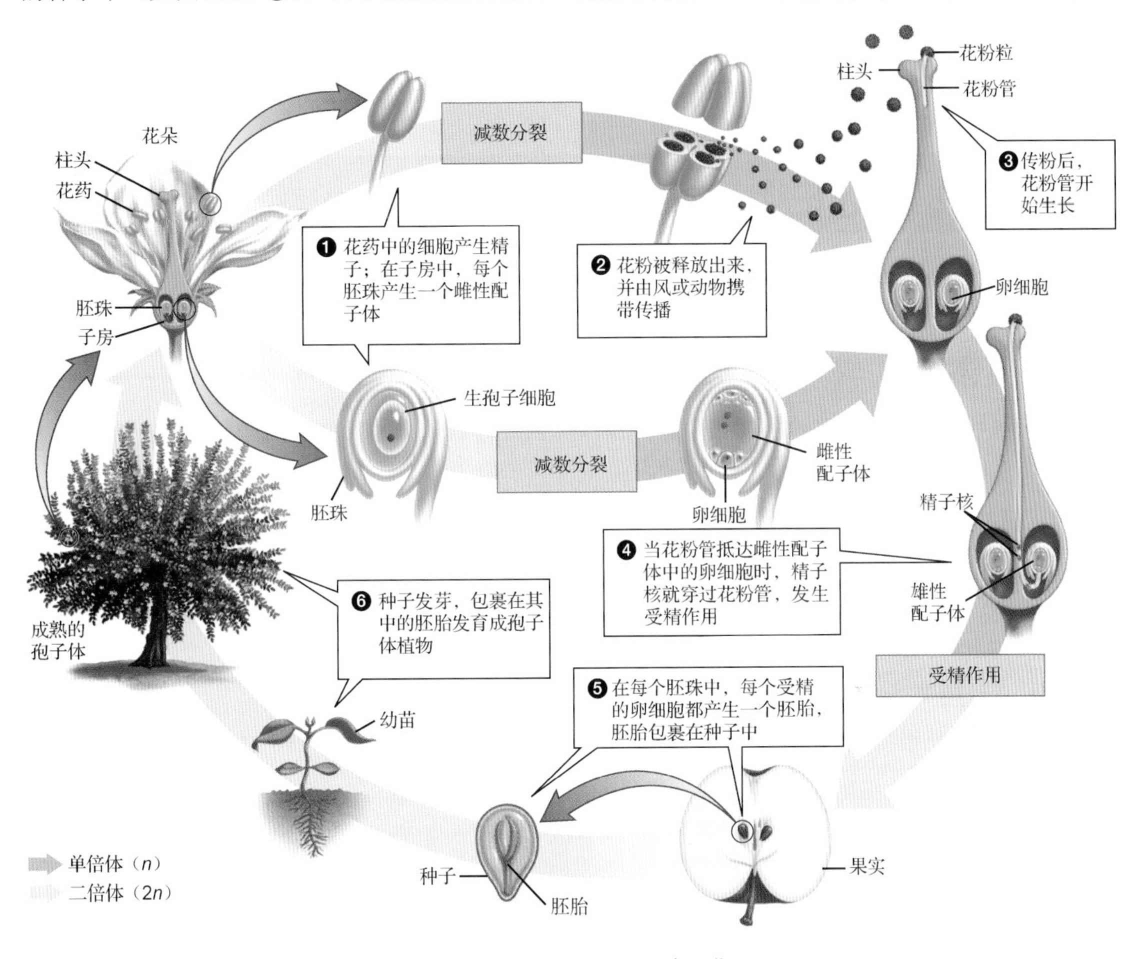

图 21.12 开花植物的生命周期

2. 果实促进种子的散播

包裹被子植物种子的子房发育成果实，是对被子植物的成功做了巨大贡献的第二个适应。就像花引诱动物传粉一样，很多果实引诱动物来散播种子。动物吃掉果实后，果实包裹的种子中的很大一部分毫发无损地通过动物的消化道，落到适合其生长的地方。然而，并非所有果实都依靠其可食用性来让动物散播种子。例如，养狗的人都知道，有些果实（称为刺蒺藜）通过附着在动物的毛皮上来散播。其他果实（如枫树的果实）会长出翅膀状的结构，使种子在空中滑翔。果实使得多种多样的散播机制变为可能，因此被子植物占据了几乎所有的陆地栖息地。

3．宽大的叶子使被子植物捕获更多阳光

使得被子植物在温暖潮湿的气候下更有优势的第三个特征是宽大的叶子。当水分充足时，比如在温带和热带地区温暖的生长季节，宽大的叶子与松柏类植物的针状叶子相比，能够收集更多的阳光。在季节性变化的地区，很多乔木和灌木缺水时发生落叶现象，因为没有叶子后可以降低水分蒸发。在温带地区，这样的时段通常是秋天和冬天。在热带和亚热带地区，大多数被子植物是常青的，但热带地区的物种在旱季时也常通过落叶来保存体内的水分。

宽大叶子带来的好处也被一些进化代价抵消。对食草动物来说，宽大柔软的叶子比松柏的针叶更有吸引力。因此，被子植物进化出一系列抵御哺乳动物和昆虫的方法。这些适应包括物理防御，如荆棘、尖刺和用于加固叶子的树脂。同时，为了生存，它们进化出了化学防御武器——使植物变得对潜在捕食者有毒或者不好吃的化合物，其中的很多化合物已被人类开发成药品和调味品。例如，阿司匹林和可卡因等药物、烟碱和咖啡因等中枢神经兴奋剂以及芥末和胡椒等香料，都来自被子植物。

21.4　植物是如何影响其他生物的

在生存、生长和繁殖的过程中，植物改变和影响了地球的景观与大气，这对地球上的其他居民（包括人类）来说是非常有益的。人类通过研究植物更是获得了额外的收益。

21.4.1　植物的生态学地位极其重要

没有植物，无数陆地生物栖息的生态系统就无法维持。植物为其他陆地生命提供食物、空气、土壤和水，维持它们的生存。

1．植物捕获能量，这些能量可被其他生物利用

植物直接或者间接地为陆地上的所有动物、真菌和非光合细菌提供食物。植物通过光合作用捕获太阳能，将捕获的部分能量转化成叶子、根、种子和果实，这些器官随即被其他生物吃掉，而食用植物组织的消费者中的很多会被其他生物吃掉。植物是陆地生态系统中主要能量和营养物质的提供者，陆地上的生命依靠植物通过阳光制造食物的能力才能生存。

2．植物对于维持大气层起重要作用

除了为其他生物提供食物，植物还对大气层做出了重要贡献。例如，植物在进行光合作用的同时产生副产品——氧气，以对大气层中的氧气进行补充。如果没有植物的贡献，大气中的氧气将很快被地球上生物的有氧呼吸消耗干净。

3．植物构建并保护土壤

植物在构建和保护土壤的过程中也发挥着重要作用。植物死亡后，其茎、叶和根成为真菌、原核生物和其他分解者的粮食。分解作用将植物组织分解成小分子有机物，而这些有机物正是土壤的组成部分。有机物可以提升土壤保存水和营养物质的能力，因此土壤变得更肥沃，能更好地支持活植物的生长。这些植物的根系可以固定土壤。如果移走植物，土壤就很容易受到风和水的侵蚀（见图 21.13）。

4．植物帮助生态系统保持潮湿

植物从土壤中吸收水分，并将其中的一部分保存到自己的组织中。在这一过程中，植物会减慢水从陆地生态系统中逸出的过程，增加生态系统中其他居民的可用水量。通过减少水分流失，

植物还可减小发生灾难性洪水的概率。因此，在森林、草原或湿地被人类活动破坏的地方，洪水更加频繁。

21.4.2 植物给人类提供生存必需品和奢侈品

人类极其依赖植物，这一点怎样强调都不为过。如果没有植物，人口增长和技术革命就不可能成为现实。

1. 植物为人类提供庇护所、燃料和药物

植物是用来给很多人建造房屋的木料的来源。在人类历史上的很长一段时间内，木柴也是人类用于使住所保暖和烹饪的主要燃料。木柴在世界上的很多地区仍然是最重要的燃料。另一种重要的燃料——煤是由古植物经地质过程转化而来的。

现代卫生保健需要很多药物，而植物是药物的重要来源。最初在植物中发现并提取的药物包括阿司匹林、治疗心脏病的药物地高辛、治疗癌症的紫杉醇和长春碱、治疗疟疾的药物奎宁、止痛药可待因和吗啡等。

图 21.13 植物保护土壤。如果自然植被受到破坏，比如图中山腹处的植被被大量砍伐，土壤就很容易受到侵蚀

除了从野生植物中获取有用的物质，人们还驯化了许多重要的植物。通过一代又一代的选择性繁殖，人们改造了一些植物的种子、茎、根、花和果实，为自己提供食物和纤维。现在很难想象，没有玉米、大米、土豆、苹果、西红柿、食用油、棉花等植物提供的数不胜数的产品，我们的生活会怎样。

2. 植物给人类带来快乐

除了植物给人类生存带来的明显好处，我们与植物的关系似乎建立在某种比满足人类物质需求更深刻的东西之上。尽管小麦和木材的实用价值很高，但我们与植物之间最强的感情联系纯粹是感官上的。生命中许多快乐的事情都是由植物伙伴带来的。我们在看到花的美丽、闻到花的芬芳时很快乐，并且将它们作为最崇高、最无法用言语形容的感情标志送给他人。很多人每天都会花几小时的空闲时间在花园和草坪上，这样做没有报酬，但会在观察辛苦种出的水果的过程中感到开心和满足。在家中，我们不仅给家庭成员留出空间，而且给家养植物保留一小块天地。我们会在街道两旁栽满树，会在生活压力大时到植物很多的公园中放松身心。

复习题

01. 什么是世代交替？它涉及哪两个世代？每个世代都是如何繁殖的？
02. 解释植物繁殖时适应日益干旱环境的进化变化。
03. 描述植物生活史中的进化趋势。强调配子体和孢子体的相对大小。
04. 绿色植物可能起源于哪种藻类？解释支持这一假设的证据。
05. 列出植物入侵旱地所需的结构适应。非维管植物有哪些适应能力？蕨类植物、裸子植物和被子植物呢？
06. 显花植物的物种数量比植物界其他物种的总和还要多。被子植物获得巨大成功的原因是什么？
07. 列出裸子植物成为干燥寒冷气候中的优势树种的适应能力。
08. 什么是花粉粒？它在帮助植物在旱地上定居方面发挥了什么作用？
09. 所有植物中的大多数都是种子植物。种子的优势是什么？缺乏种子的植物如何满足种子的需求？

第 22 章　真菌的多样性

蜜环菌四处飘荡，无处不在

22.1 真菌的主要特征是什么

当我们提到真菌时，脑海中出现的可能是蘑菇。然而，大多数真菌并不产生蘑菇，即使是对那些产生蘑菇的真菌来说，蘑菇本身也只是暂时性的繁殖器官。真菌身体的主要部分通常埋在土中，或者埋在腐朽的木头中。因此，要完全了解真菌，就必须把目光放得更远，如超越在森林的地面上、草坪上看到的真菌的明显结构。这样，当我们近距离地观察真菌时，就会发现这是一群真核生物，其中的大多数是多细胞生物，它们在食物网中起重要作用，且它们的生活方式与植物和动物的都不同。

22.1.1 真菌的主体由细丝组成

几乎所有真菌的主体都是菌丝体（见图 22.1a），菌丝体由只有一个细胞粗细的丝线状纤维——菌丝编织而成（见图 22.1b 和 c）。对有些物种来说，菌丝由很长的单个细胞组成，不过这个细胞有很多细胞核；对其他物种来说，菌丝还可进一步由隔膜分割成许多细胞，其中的每个细胞含有一个或多个细胞核。隔膜上的小孔可使细胞质在细胞之间流动，从而完成对营养物质的分配。就像植物细胞那样，真菌细胞也有细胞壁。不过，与植物细胞不同的是，真菌细胞的细胞壁是由壳多糖加固的，这种物质还形成了昆虫、螃蟹及其近亲的坚硬外表面（又称外骨骼）。

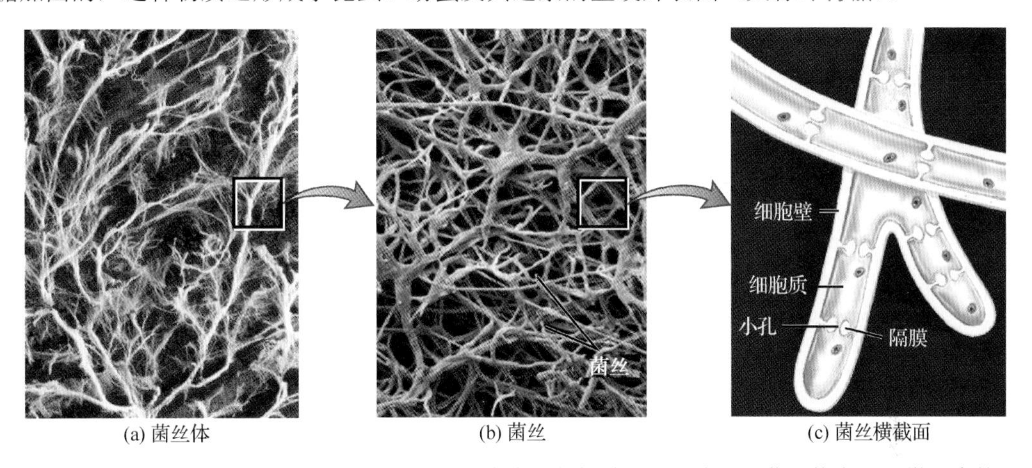

图 22.1　真菌丝状的外形。(a)真菌的菌丝体在腐烂的植被中迅速生长。菌丝体由(b)显微尺度的菌毛缠结而成，且菌毛只有一个细胞那么粗。(c)菌丝的横截面

真菌不能移动。作为对这一缺憾的补偿，菌丝在适宜的环境下可向任何方向快速生长。通过这种方式，真菌的菌丝体可在放久的面包或奶酪中、正在腐烂的原木树皮下或者土壤中迅速散布。菌丝周期性地分化成繁殖器官并伸出菌丝体生长于其下的表面。这些器官包括蘑菇、马勃和腐烂食物上的粉末状霉块，它们只代表真菌身体的一部分，我们能轻易看到的只有这一部分。

22.1.2 真菌从其他生物获取营养

和动物一样，真菌靠降解存储在其他生物体或排泄物中的营养物质为生。有些真菌消化死亡生物的尸体。其他真菌则是寄生性的，它们在活着的生物身上取食。有些真菌与其他可为它们提供食物的生物之间存在平等互惠的关系，甚至有几种捕食性真菌靠捕食土壤中的小虫为生（见图 22.2）。

和大多数动物不一样的是，真菌不摄入食物。相反，它们将可以消化复杂分子的酶排出体外，

并将它们能够消化的大分子物质消化成小分子物质。真菌的菌丝可深深地插入营养物质的来源，而且因为菌丝只有一个细胞那么粗，菌丝体中的每个细胞都可直接从周围环境中吸收营养物质。这种获得营养物质的方式能让它们活得很好。几乎任何一种生物材料都能被至少一种真菌消化，因此几乎所有的栖息地都存在某种或某些真菌的营养来源。

图 22.2　线虫杀手。一种称为线虫捕捉菌的真菌用套索般的菌毛捕捉猎物——线虫。线虫不小心进入套索后，就会激发套索中的细胞吸水膨胀。在不到一秒的时间内，套索收紧，将线虫牢牢捉住。然后，其菌丝刺穿线虫的表皮而美餐一顿

22.1.3　真菌既可以无性生殖又可以有性生殖

真菌由孢子发育而来，而孢子是单倍体（细胞中的每个染色体只含一个副本）的细胞，它们可以产生新的个体。真菌的孢子非常小，而且移动能力非常强，虽然其中的大多数都缺乏自我推进的机制。它们的分布非常广泛，可以分布在动物身体上，可以是动物消化系统中的过客，还可以在空中飘浮；它们飞起来可能是运气使然，也可能是特殊的繁殖器官将它们射到了天上（见图 22.3）。真菌通常会产生大量的孢子，如一个大马勃可能会产生 5 万亿个孢子。

(a) 尖顶地星

(b) 水玉霉

图 22.3　有些真菌能够射出孢子。(a)当水滴到成熟的尖顶地星上时，它会释放一些孢子，气流然后带走这些孢子。(b)水玉霉属的半透明繁殖器官。水玉霉在马粪中生活，当它们成熟时，繁殖器官可将含有孢子的黑色头部射出 1 米远。黏在草上的孢子会一直待在那里，直到被食草动物（如马）吃掉。之后，马排泄出马粪，其中含有水玉霉的孢子，这些孢子完好无损地通过了马的消化道

总体来说，真菌既能进行无性生殖，又能进行有性生殖（见图 22.4）。在大多数情况下，真菌在稳定的环境条件下无性生殖，而在环境发生改变或存在生存压力时才进行有性生殖。无性生殖和有性生殖通常都包括在伸出菌丝体的子实体中产生孢子的过程。

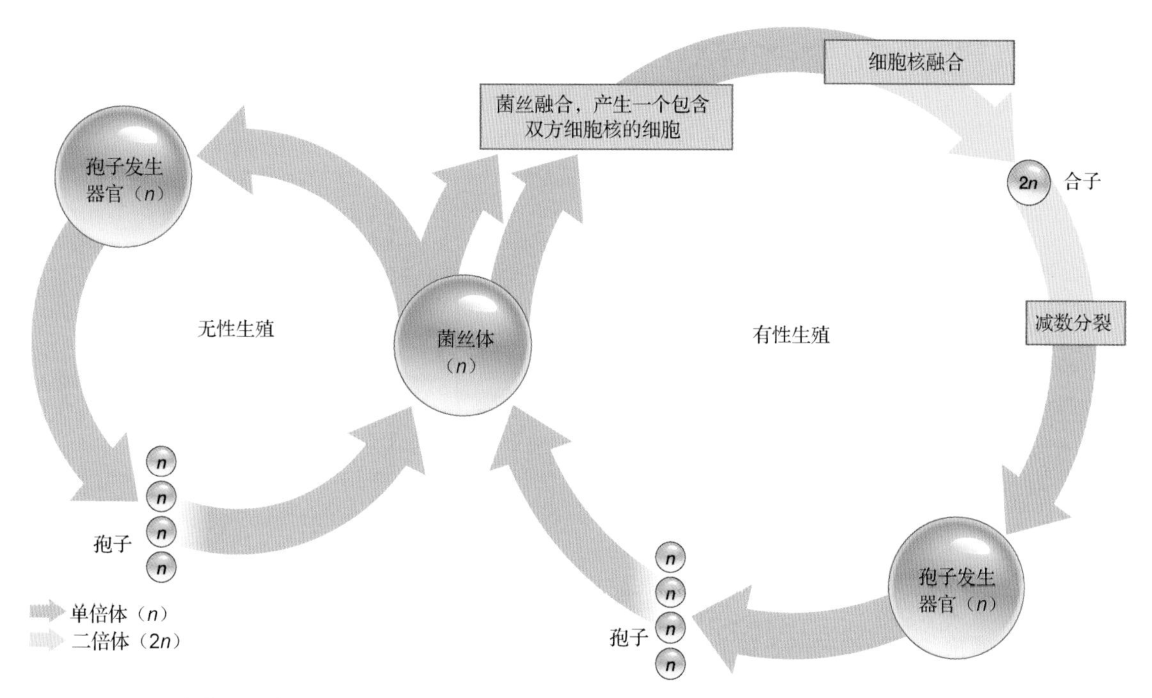

图 22.4 一般真菌的生命周期。在无性生殖过程中，菌丝体中单倍体的菌丝会生成可通过有丝分裂形成单倍体的孢子。在有性生殖过程中，彼此之间可以交配的不同单倍体菌丝融合，产生包括双亲细胞核的新细胞。这些细胞核接下来融合，产生二倍体的合子，合子接着通过减数分裂产生单倍体的孢子

1. 在无性生殖过程中，真菌通过有丝分裂产生单倍体的孢子

真菌的菌丝体和孢子是单倍体。单倍体的菌丝体通过有丝分裂产生单倍体的无性繁殖孢子。如果无性生殖的孢子落到适宜的地点，就会进行有丝分裂，产生一个新菌丝体。这个简单过程的结果是，迅速产生很多和原有菌丝体遗传物质完全相同的克隆体。

2. 在有性生殖过程中，真菌通过减数分裂产生单倍体的孢子

在真菌的生命周期中，二倍体结构只在其有性生殖部分的很短一段时间内出现。当一个菌丝体的纤维和另一个不同但可与之交配的菌丝体的纤维接触时，便会开始有性生殖（真菌不同的交配型和动物的不同性别是同源的，但真菌通常有不止两种交配型）。如果环境条件适宜，这两条菌丝就发生融合，因此来自两条菌丝的细胞核就属于一个共同的新细胞。这种菌丝的合并过程通常伴随着两个不同的单倍体细胞核融合成一个二倍体合子的过程。接着，合子进行减数分裂，产生单倍体的生殖孢子。这些孢子被散播出去后，开始发育，并且进行有丝分裂，形成新的单倍体菌丝体。与无性繁殖孢子产生的克隆体后代不同，这些经由有性繁殖产生的真菌与其双亲在遗传物质上均不相同。

22.2 真菌主要有哪些

迄今为止，人们已经描述了近 10 万种真菌，但这仅是真菌真正种类数的一小部分。人们每年都会发现许多新的物种，而真菌学家估计至今未被发现的真菌物种数远超 100 万。真菌被划分为六个主要的分类学群：壶菌门（壶菌类）、新美鞭菌门（瘤胃真菌）、芽枝霉门（芽枝霉类）、球囊菌门（球囊菌类）、担子菌门（担子菌类）和子囊菌门（子囊菌类），如图 22.5 和表 22.1 所示。不过，有些真菌不属于这六种中的任何一种。这些未分类的真菌历来都放在接合菌门中，但最近对

它们进行的 DNA 序列分析显示，它们并不能形成一个进化枝（进化枝是包括来自特定共同祖先的所有后代的群体）。因为只有进化枝才能得到分类学家的正式命名，所以真菌的分类可能很快就会被改写，将此前称为接合菌的物种分到几个新的分类群中。

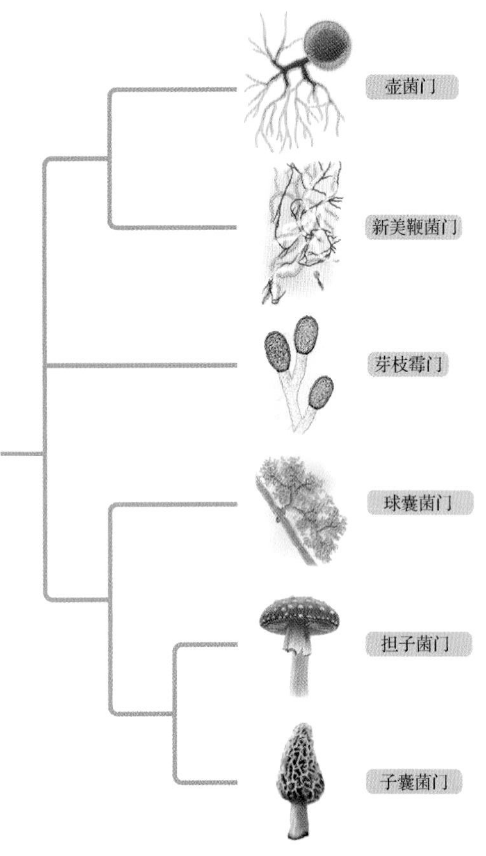

图 22.5　几种主要真菌的进化树

22.2.1　壶菌、芽枝霉和新美鞭菌产生游动的孢子

真菌三个分类群的成员（壶菌、芽枝霉和新美鞭菌）的特征是具有可以游动的孢子，因此它们需要水才能繁殖（三个群体中的许多成员都生活在水中，就算是生活在陆地上的种类也需要水膜来繁殖）。这些孢子用一条或多条鞭毛推动自身在水中行进。

22.2.2　壶菌大多在水中生存

大多数壶菌都在淡水中生存，也有几种在海洋中生存。壶菌的孢子的一端有一条鞭毛。已知最早的真菌化石是在 6 亿多年的岩石中发现的壶菌。真菌的祖先可能和如今在淡水和海水中生存的壶菌非常相似，因此真菌很可能是在含水的环境中起源的，之后才登上陆地。

大多数壶菌都以死亡的水生植物或者水环境中的其他碎屑物质为食，也有些物种寄生于植物或动物身上，其中一种寄生壶菌在世界各地造成了蛙类的大量死亡，威胁到了很多物种，甚至造成了几个物种的灭绝。

表 22.1　真菌的主要分类群

常用名（拉丁文名）	繁殖器官	细胞特征	对人类经济和健康的影响	代　表　属
壶菌（*Chytridiomycota*）	形成单倍体或二倍体的孢子，有鞭毛	无隔膜	造成蛙类的数量减少	蛙壶菌属（感染蛙类的病原体）
瘤胃真菌（*Neocallimastigomycota*）	形成单倍体或二倍体的孢子，有鞭毛	无隔膜	帮助牛、马、羊等动物消化植物	新美鞭菌属（在食草动物的消化道中生存）
芽枝霉（*Blastocladiomycota*）	形成单倍体或二倍体的孢子，有鞭毛	无隔膜	未知	异水霉属（水生分解者）
球囊菌（*Glomeromycota*）	形成单倍体的无性繁殖孢子，经常成簇出现	无隔膜	形成菌根（与植物的根共生）	球囊霉属（广泛分布的菌根伴侣）
担子菌（*Basidiomycota*）	有性繁殖包括在棒形担子上形成的单倍体担子孢子	有隔膜	导致农作物发生黑粉病和锈病；包括一些可食用的蘑菇	鹅膏菌属（毒蘑菇）；多孔菌属（层孔菌）
子囊菌（*Ascomycota*）	在子囊中形成单倍体有性繁殖子囊孢子	有隔膜	导致水果长霉；破坏纺织品；导致荷兰榆树病和栗疫病；包括酵母和羊肚菌	酵母属（酵母）；长喙壳菌属（导致荷兰榆树病）
“接合菌”（非正式分类群）	形成二倍体有性接合孢子	无隔膜	导致水果变软腐烂和面包上的黑霉	根霉（导致面包上的黑色霉变）；水玉霉属（粪真菌）

22.2.3 瘤胃真菌生活在动物的消化道中

瘤胃真菌是厌氧生物（即生存不需要氧气的生物），且只在食草动物（如牛、羊、袋鼠、大象或鬣蜥蜴）的消化道中生存。这些动物自身无法消化纤维素（植物组织的主要成分之一），因此需要在消化道内与之共生的其他生物来消化这种物质。瘤胃真菌就是这些生物中的一种；它们能够分泌消化纤维素的酶，而纤维素的降解产物可被真菌和它们的宿主共同利用。大多数瘤胃真菌的孢子都有不止一条鞭毛，这些鞭毛在孢子的一段聚集成簇。

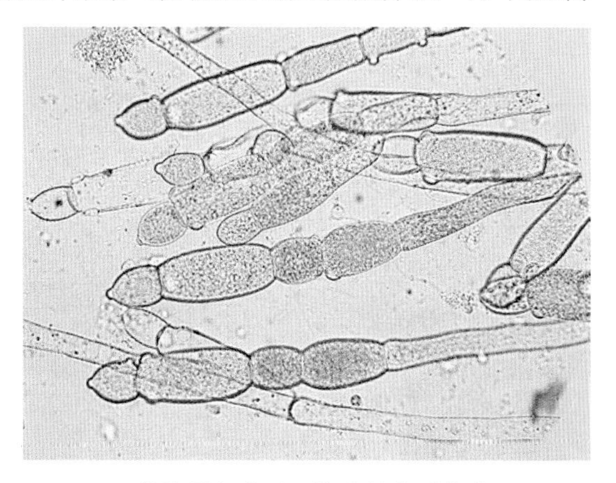

图 22.6 芽枝霉的菌丝。这些异水霉的菌丝正处于有性生殖期间。图中很多菌丝上的橙色结构释放出雄性配子；清晰的肿大结构释放出雌性配子。芽枝霉的配子有鞭毛，这些能够游动的繁殖器官可以帮助大部分生活在水中的这个群体向远处散播

22.2.4 芽枝霉有一个核帽结构

芽枝霉（见图 22.6）有许多特征，例如在孢子的细胞核附近有一个称为核帽的特殊结构。核帽是由孢子的核糖体产生的。芽枝霉生活在淡水或土壤中，一部分是植物和水生无脊椎动物，如水蚤或孑孓身上的寄生虫，它们的孢子上有一条鞭毛。

22.2.5 球囊菌与植物的根共生

几乎所有球囊菌都和植物的根有着密切的联系。实际上，球囊菌的菌丝会穿过植物根部的细胞，并在细胞中形成分支结构（见图 22.7）。它们对植物细胞的入侵看上去并不会伤害植物。相反，球囊菌还会给这些植物带来好处。真菌和植物根之间的这种互助组合称为菌根，稍后将详细介绍这种关系。

我们还未完全了解球囊菌的繁殖过程，且其中一种球囊菌的有性生殖过程还有待观察。在无性繁殖过程中，球囊菌通过有丝分裂生成一群孢子。在菌丝末端形成的这些孢子通常会留在宿主植物细胞之外。当孢子开始发育时，菌丝向附近的土壤中生长，但除非它能到达植物的根部，否则无法存活。

图 22.7 植物细胞中的球囊菌。球囊菌的菌丝穿透植物的细胞，并与植物建立互利共生的关系。球囊菌在宿主植物的根部细胞中形成了特征性的分支结构

22.2.6 担子菌产生棒状繁殖器官

担子菌又称棒状真菌，因为它们产生的繁殖器官是棒状的。属于这个门的真菌通常进行有性繁殖（见图 22.8）。属于不同交配型的担子菌（用“+”和“-”表示）发生融合（见图 22.8❶）形成菌丝，在菌丝中，每个细胞都有来自双亲的两个核（见图 22.8❷）。这些菌丝会长成地下菌丝体，在适当的环境下，菌丝体上长出位于地上的子实体，子实体由紧密堆积的菌丝构成（见图 22.8❸）。子实体中的部分菌丝发育成棒状的繁殖细胞，称为担子。担子和它们的前体细胞一样，含有两个单倍体细胞核（见图 22.8❹）。在担子中，两个细胞核融合成一个二倍体细胞核（见图 22.8❺）。二倍体的细胞核随即进行减数分裂，形成 4 个单倍体担子孢子（见图 22.8❻）如果担子孢子能够落到适宜生长的土地上，就会发育成单倍体的菌丝（见图 22.8❼）。

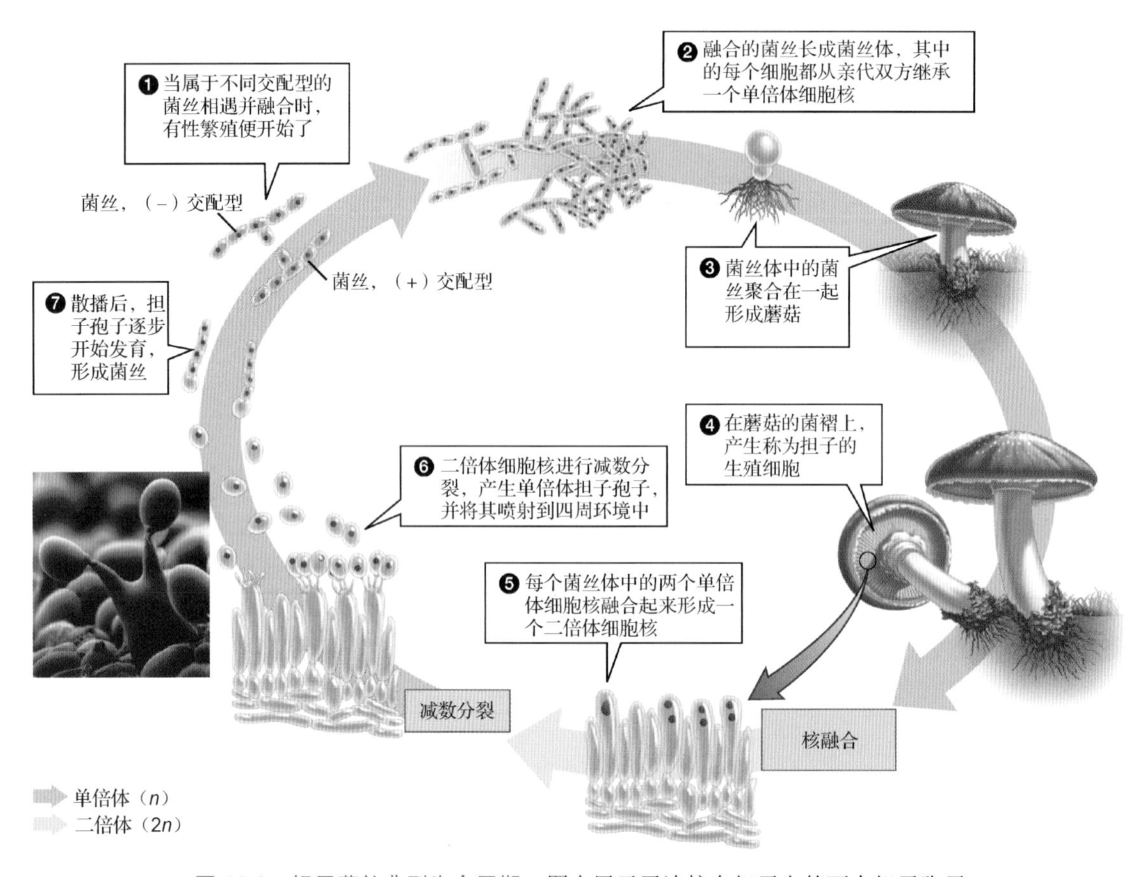

图 22.8　担子菌的典型生命周期。图中展示了连接在担子上的两个担子孢子

大多数人对担子菌的子实体都不陌生：蘑菇、马勃、层孔菌、鬼笔菌等都是某种担子菌的子实体（见图 22.9）。蘑菇的下表面是叶状的菌褶，即担子产生的地方。担子菌在马勃顶部的开口处或蘑菇的菌褶处数以十亿计地释放，并且随风或水散播到其他地方。在很多情况下，孢子长出的菌丝从原位置大致呈圆形向四周生长，在这一过程中，位于中心的较老菌丝将死亡。担子菌位于地下的菌丝体周期性地长出无数的蘑菇，这些蘑菇呈圆形排列，称为仙女环（见图 22.10）。

(a) 马勃　(b) 层孔菌　(c) 鬼笔菌

图 22.9　多种多样的担子菌。(a)巨大的马勃口蘑能产生 5 万亿个孢子。(b)层孔菌在树上显得非常明显，其中有些长得像盘子那么大。(c)鬼笔菌的孢子位于黏糊糊的帽状结构上。这种黏液散发出一种对人类来说很难闻的气味，但苍蝇却很喜欢这种味道。苍蝇将卵产在鬼笔菌上，然后无意地将黏在身上的孢子散播到别处

22.2.7　子囊菌在囊状的小室中产生孢子

子囊菌既可进行无性繁殖，又可进行有性繁殖（见图 22.11）。在无性繁殖过程中，特化的菌丝末端产生孢子，散播出去后孢子形成新的菌丝（见图 22.11❶）。在有性繁殖过程中，孢子的产

生过程更复杂。通常来说，当两条交配型不同的菌丝接触时，就会进行有性繁殖（见图 22.11❷）。这两条菌丝会形成由一个桥状结构连接起来的繁殖器官。来自（–）端的繁殖器官的单倍体细胞核向（+）端的繁殖器官移动，使（+）端的繁殖器官含有来自双亲的多个细胞核（见图 22.11❸）。接着，（+）端的繁殖器官发育成一条菌丝，随即并入子实体（见图 22.11❹）。在一些菌丝的末端，会形成称为子囊的囊状小室（见图 22.11❺）。在这个阶段，每个子囊都含有两个单倍体细胞核。这两个细胞核融合成一个二倍体细胞核（见图 22.11❻），二倍体细胞核接下来进行减数分裂，形成 4 个单倍体细胞核（见图 22.11❼）。4 个细胞核通过有丝分裂进行自我复制，然后发育成 8 个称为子囊孢子的单倍体孢子（见图 22.11❽）。最终，子囊破裂，释放子囊孢子。如果孢子落在适宜的地点，就会发育成菌丝（见图 22.11❾）。

图 22.10　蘑菇仙女环。蘑菇从地下的真菌菌丝中长出，形成环状。这些菌丝从有孢子发育成熟的一个中心位置开始向外生长

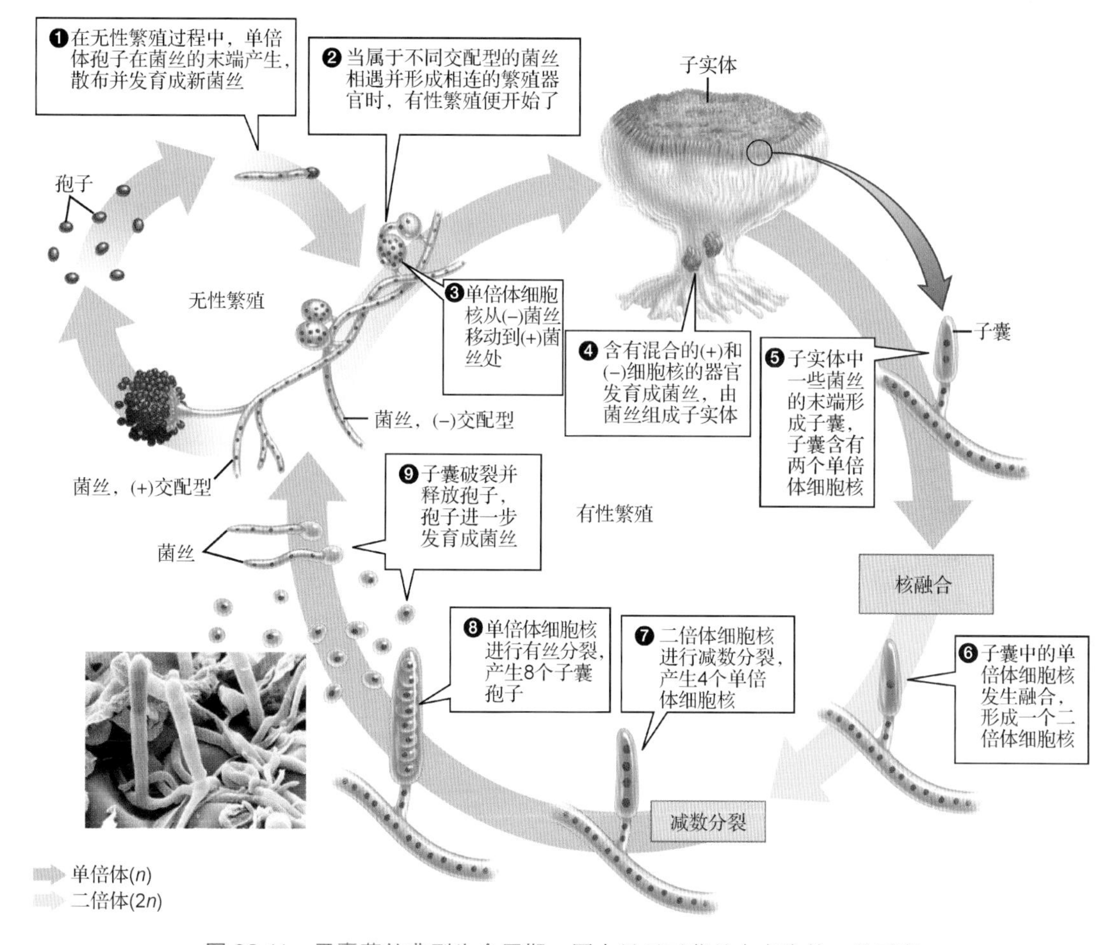

图 22.11　子囊菌的典型生命周期。图中显示了菌丝中产生的一些子囊

有些子囊菌在腐烂的森林植被中生活，它们产生美丽的杯状繁殖器官（见图 22.12a），或者产生长得像蘑菇的皱状子实体，称为羊肚菌（见图 22.12b）。子囊菌还包括很多破坏水果、谷物和其他植物的颜色的霉菌，以及产生青霉素的青霉菌。酵母菌是不多见的非多细胞真菌，它也是一种子囊菌。

图 22.12　子囊菌。(a)红色盘菌的杯状子实体。(b)羊肚菌，一种可食用的美味（在采集任何野生真菌前都要咨询专家，有些真菌可能是致命的）

22.2.8　面包霉是一种通过产生二倍体孢子繁殖的真菌

很多曾被视为属于接合菌门的物种在土壤、腐烂的植物或动物性材料中生活。这些物种包括属于根霉菌属的真菌，它们会导致我们非常熟悉的水果腐烂现象以及面包上的黑色霉斑。图 22.13 中显示了既可进行无性生殖又可进行有性生殖的黑面包霉的生命周期。无性生殖始于黑色孢子囊（见图 22.13❶）中单倍体孢子的形成，这些孢子随风飘散，落到合适的基质（如一块面包）上后，就会发育成新的单倍体菌丝。

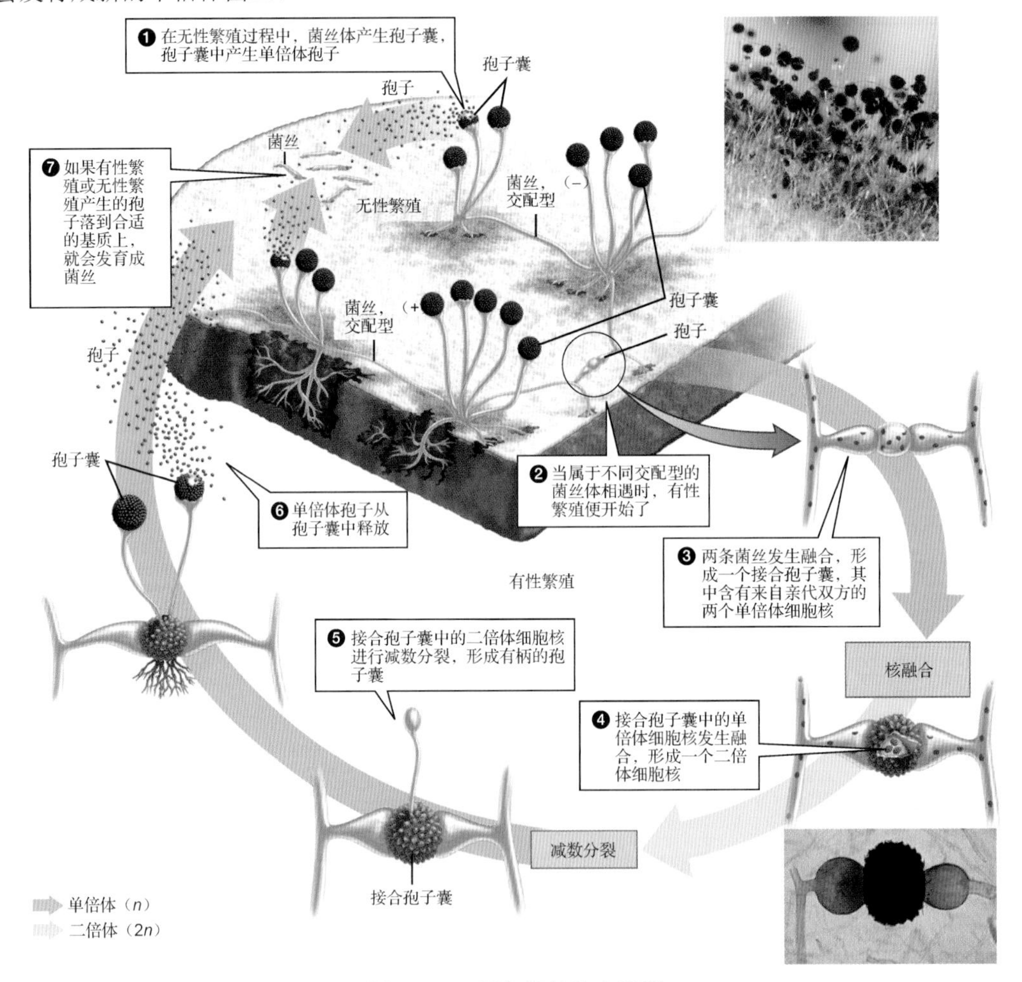

图 22.13　面包霉的生命周期

如果两条交配型不同的菌丝发生接触，就可能发生有性生殖（见图 22.13❷）。两条菌丝发生融合，形成接合孢子囊，后者包含来自双亲的很多单倍体核（见图 22.13❸）。在接合孢子囊发育的过程中，它变得坚硬，可抵抗外界的不良环境，可保持休眠状态很长时间，直到环境条件适合其生长为止。在接合孢子囊中，单倍体核融合产生二倍体核（见图 22.13❹）。当条件适宜时，二倍体核进行减数分裂，产生有茎孢子囊（见图 22.13❺）。孢子囊产生单倍体的孢子，后者向外散播（见图 22.13❻），发育成新的单倍体菌丝（见图 22.13❼）。

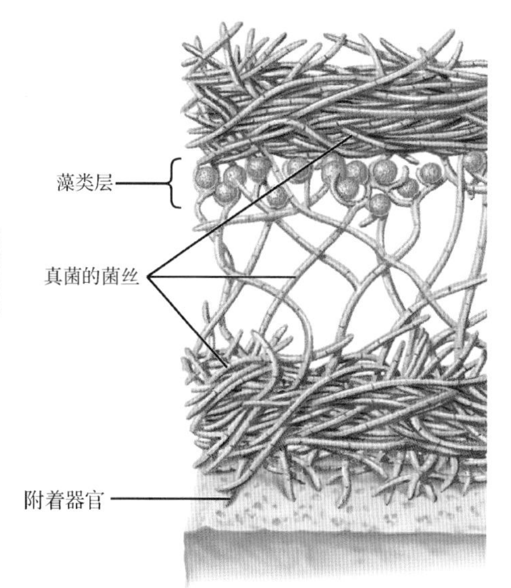

图 22.14 地衣：一种共生合作关系。大多数地衣的顶部和底部都有着由真菌菌丝形成的层状结构。真菌菌丝从底部伸出，形成连接装置，将地衣锚定在某些东西（如岩石或树）的表面上。在菌丝层上层的下面有一个藻类层，在该层中藻类和真菌的联系十分紧密

22.3 真菌是如何与其他物种相互作用的

很多真菌的生命过程和其他物种直接相关联，且已持续相当长的时间。这种直接的长期关系称为共生关系。在很多情况下，共生关系中的真菌是寄生性的，会伤害到它们的宿主。不过，也有一些共生关系是互利的。

22.3.1 地衣由和光合藻类或细菌共生的真菌形成

地衣是真菌和单细胞绿藻或蓝藻之间的一种共生关系（见图 22.14）。有时，人们将地衣描述为学会种花的真菌，因为这些真菌通过提供庇护所和保护它们不受恶劣环境伤害来使光合藻类或细菌趋于与之共生。在受保护的环境中，光合藻类或细菌利用阳光产生单糖，为自己提供养料，同时剩余的糖被真菌利用。事实上，真菌消耗的光合产物通常比藻类消耗的多得多（有些物种达到 90%）。因此，有些研究人员认为地衣中的共生关系比我们通常认为的更加单边化。

成千上万种真菌（大多数是子囊菌）可以形成地衣（见图 22.15），相应的藻类和细菌的种类则要少得多。真菌和藻类或细菌一起形成了生命力非常顽强且自给自足的组合体，以至于地衣是最先在新生成的火山岛上定居的生物之一，因为很多地衣可以生长在裸岩上。色彩鲜艳的地衣也能在其他荒凉的栖息地生存，从沙漠到北极都有它们的踪迹。同时，可以理解的是，极端环境下的地衣生长得很慢；例如，北极的地衣可能 1000 年才能向扩张 2.5～5 厘米。不过，虽然生长速度很慢，但它们可以存活很长时间；有些生活在北极的地衣已超过 4000 岁。

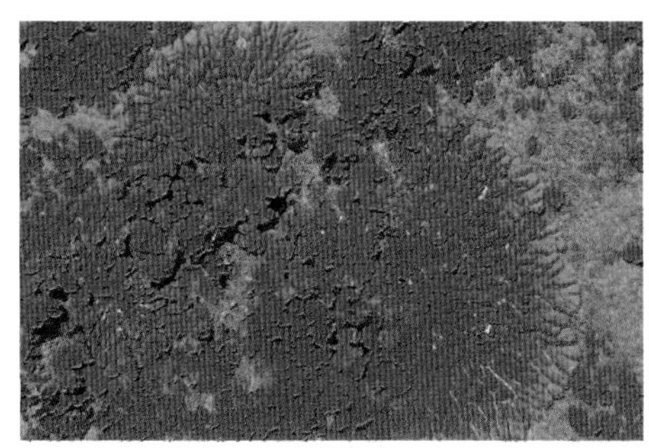
(a) 壳地衣

(b) 叶状地衣

图 22.15 多种多样的地衣。(a)颜色鲜艳的壳地衣，这种地衣生长在干燥的岩石上，表明这种真菌和藻类的共生体生命力非常顽强，其中真菌产生的色素是地衣亮橙色外表的来源。(b)长在岩石上的叶状地衣

22.3.2 菌根是真菌与植物根的共生体

菌根是真菌和植物根形成的共生体。超过 5000 种菌根真菌和植物的根的关系十分密切，包括大多数的树。菌根真菌的菌丝环绕植物的根部，并入侵根部的细胞（见图 22.16）。

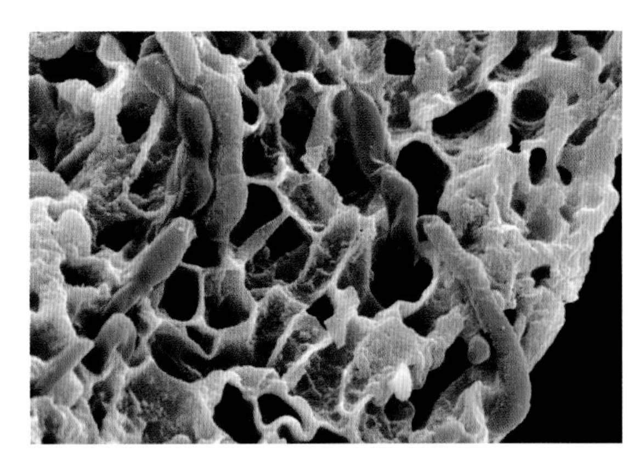

图 22.16 菌根促进植物的生长。菌根的菌丝穿透植物根部的组织。与这些真菌共生的植物的生长情况明显变好，前者可为根部提供营养物质和水

1. 菌根给植物提供营养

植物和菌根之间的联系对真菌及其植物伙伴都有益处。菌根真菌从植物的根部获得植物光合作用生成的富含能量的糖类分子。作为回报，真菌从土壤中吸收矿物质和有机营养物质，并将其中的一部分直接输送给植物。菌根输送给植物的物质包括磷和氮，这两种元素是植物生长所必需的重要元素。菌根真菌还可以吸收水，并将水输送给植物，这对生长在干燥沙土中的植物来说是一个很大的优势。

菌根和植物之间的合作关系对地球上植物的健康做出了巨大贡献。去除了与之共生的菌根真菌的植物相对那些有真菌伙伴的植物来说体形更小，而且没有后者生长得旺盛。因此，菌根的存在增加了地球上植物的总生产力，提高了植物对需要依赖它们活着的动物和其他生物的支持能力。

22.3.3 内生菌是在植物的茎和叶中生活的真菌

真菌和植物之间的紧密联系当然不限于菌根。科学家发现，真菌生活在他们检测过的所有植物物种的地上部分中。在这些内生菌（生活在其他生物体内的生物）中，有些是会导致植物疾病的寄生物种，但也有很多甚至大多数对宿主植物是有利的。研究得最透彻的是在很多种草的叶肉细胞中生活的几种子囊菌。这些真菌会产生对昆虫或食草类哺乳动物来说味道很差或者有毒的化学物质，且因此保护这些草不被捕食者吃掉。

真菌内共生体提供的这种反捕食者的保护作用十分有效，农业科学家正在努力研究，试图使得草中不再含有内生菌，变得对食草动物更加可口。马、牛和其他重要的农业食草动物倾向于避开含有内生菌的草。如果动物只能找到含有内生菌的草，食用这种草的动物的健康状况就会变差，生长速度也会变慢。

22.3.4 有些真菌是重要的分解者

有些真菌作为菌根或内生菌，在植物组织的生长和保护中起重要作用。不过，其他真菌在破坏方面也可起同样重要的作用，这些真菌在环境中作为分解者存在。很多种真菌可以消化木质素或纤维素，即组成木头的物质分子；有些种类的真菌可以同时消化这两种物质。因此，当一棵树或其他木本植物死亡时，真菌就可完全降解其残留物。

真菌不但可以降解死亡的树木，而且可以降解来自所有界的生物。腐生菌（进食死亡生物的真菌）将死亡组织的组成物质还给它们来自的生态系统。腐生菌的细胞外降解活动可以释放营养物质，使得它们被植物利用。如果真菌和细菌突然消失，结果将是灾难性的：营养物质锁在死亡植物和动物的体内，营养物质的循环停止，土壤肥力迅速下降，排泄物和有机废料大量累积。简言之，生态系统将崩溃。

22.4 真菌是如何影响人类的

除了偶尔欣赏比萨饼上的蘑菇，普通人一般很少想到真菌。不过，真菌对人类生活的影响要比我们想到的多得多。

22.4.1 真菌会侵袭对人类很重要的植物

大多数植物疾病都是由真菌引起的，而真菌感染的很多植物对人类来说非常重要。例如，真菌病原体对世界上的食物储备有着破坏性的影响。破坏力尤其大的是属于担子菌的锈菌和黑粉菌，它们每年给谷物带来数十亿美元的损失（见图 22.17）。例如，Ug99 是一种致命的小麦疾病——黑锈病的菌株，是世界小麦供应的主要威胁。供养世界上很大一部分人口的所有小麦种类几乎都对 Ug99 毫无抗性，而 Ug99 的孢子可以随风传播到很远的地方。因此，非洲、中亚和中东的一大片区域内的小麦被毁去了十分之一。如果 Ug99 传播到印度，就很可能发生粮食紧缺。

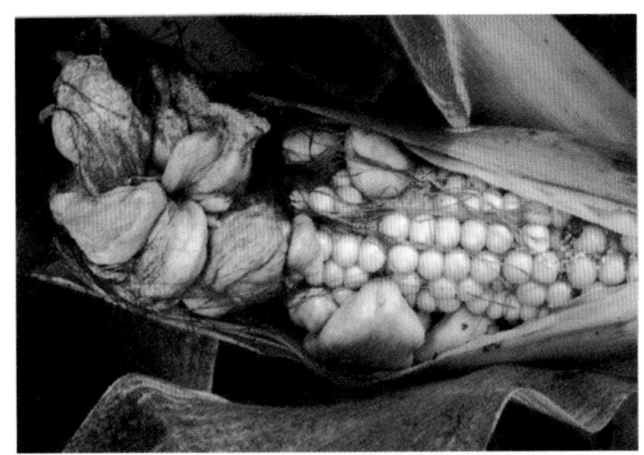

(a) 玉米黑粉病

(b) 黑锈病

图 22.17　黑粉病和锈菌病。(a)玉米黑粉病是由一种担子菌导致的疾病，它每年会毁掉价值数百万美元的玉米。然而，竟然有人会赞美这种有害生物。在墨西哥，这种真菌被称为墨西哥松露，被人们视为一种美味佳肴。(b)另一种担子菌导致的黑锈病，对非洲和亚洲的数百万亩小麦构成了极大的威胁

真菌疾病还会影响地球上的景观。美国榆树和美国栗子树在公园、庭院和森林中一度是优势种，但它们却被导致荷兰榆树病和栗疫病的子囊菌完全毁掉了。今天，几乎没有人记得那些榆树和栗子树，自然景观中已经完全见不到它们。

在植物组织被收割并准备为人所用的很长一段时间内，真菌都会持续侵袭它们。令很多房主感到沮丧的是，一大群不同的真菌会侵袭木材，使得它们腐烂。真菌还会严重破坏棉花和羊毛织物，在温暖潮湿的气候下尤其如此，因为这样的气候非常适合霉菌的生长。

不过，真菌对农业和林业的影响不完全是负面的。感染昆虫和其他一些节肢动物的寄生真菌在控制病虫害方面起很大的作用（见图 22.18a）。很多农民希望减少使用有毒且昂贵的化学杀虫剂，逐渐转向使用生物方法来控制病虫害，包括使用“真菌杀虫剂”。真菌病原体经常用于控制白蚁、米象、黄褐天幕毛虫、蚜虫、柑橘螨虫以及其他害虫。此外，生物学家还发现，特定种类的真菌可以感染并杀死传播疟疾的按蚊（见图 22.18b）。疟疾是地球上最致命的疾病之一，人们正在计划使用这些真菌来对抗疟疾。

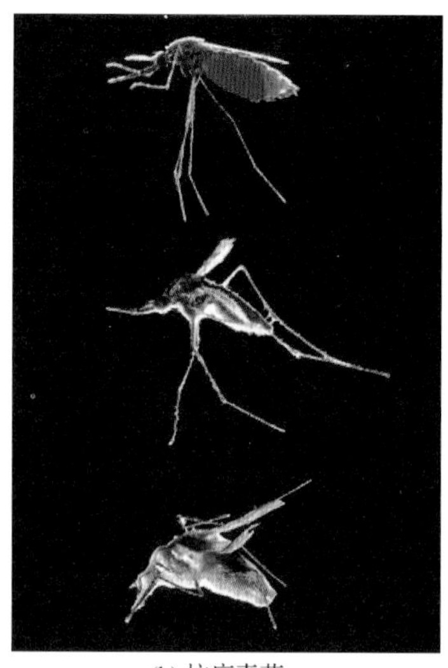

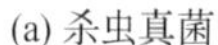

(a) 杀虫真菌　　(b) 抗病真菌

图 22.18　有益的寄生真菌。(a)农民使用类似于冬虫夏草等的真菌来防治病虫害。(b)携带疟原虫的健康按蚊被白僵菌感染不到两周后就变成了死尸

22.4.2　真菌会导致人类疾病

有些真菌会直接感染人类。我们最熟悉的一些真菌疾病包括子囊菌导致的皮肤疾病，如足癣、股癣和皮癣。尽管这些疾病让人很不舒服，但并不会威胁到生命，而且通常可用药膏治好。迅速疗法也可治愈另一种常见的真菌疾病，即白色念珠菌导致的阴道感染（见图 22.19）。真菌在受害者吸入导致疾病的真菌孢子（如那些导致溪谷热和组织胞浆菌病的真菌）后，也会感染人的肺部。就像其他真菌感染一样，如果诊断正确，这些疾病可用抗真菌药物治愈。然而，如果不接受治疗，这些疾病就会发展成严重的全身感染。例如，歌手迪伦（Bob Dylan）就因为感染了组织胞浆菌病而几乎死去，因为真菌感染了他的心包膜。

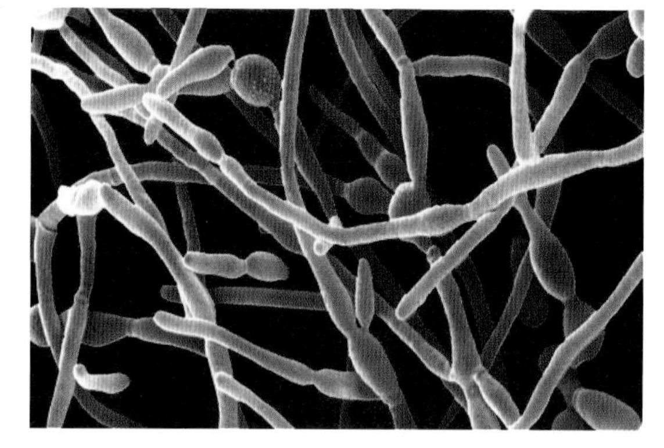

图 22.19　不寻常的酵母。大多数酵母都是单细胞生物，但有些酵母（如假丝酵母或念珠菌）可能会形成多细胞的细丝。念珠菌是阴道感染的常见病原体

22.4.3　真菌会产生毒素

除了是传染病的病原，很多真菌会产生对人类有害的毒素。人们尤其关注的是潮湿环境下谷物和其他食物上出现的真菌。例如，曲霉属真菌会产生剧毒的致癌物质黄曲霉。有些食物（如花生）极易感染黄曲霉。黄曲霉早在 20 世纪 60 年代就被人们发现，因此种植粮食的农民和食品加工人员研究出了能够抑制黄曲霉在食物上生长的方法，美国的花生酱中已经几乎没有黄曲霉素的踪迹。

一种臭名昭著的产生毒素的真菌是麦角菌，它会感染黑麦并引发称为麦角病的疾病。这种真菌会产生几种毒素，如果被感染的黑麦被揉进面粉并被人类吃掉，就会影响人类。在中世纪，麦角中毒现象在北欧屡见不鲜，而且产生过非常严重的后果。那时，麦角中毒非常致命，且受害者在死亡之前会表现出非常可怕的症状。一种麦角毒素会使得血管收缩并减少血流量，导致坏疽，甚至使得肢体萎缩和脱落。其他麦角毒素会导致烧伤感、呕吐、抽搐和幻觉。今天，新农业技术

有效防止了麦角中毒的发生，但出现了从麦角毒素中的一种成分衍生而来的致幻剂。

22.4.4　很多抗生素来自真菌

真菌在人类健康方面也有正面影响。现代抗生素纪元始于青霉素的发现，而青霉素就是由一种子囊菌（青霉）产生的（见图 22.20）。如今，人们仍在使用青霉素和夹竹桃霉素、头孢菌素等来自真菌的抗生素挽救病人的生命，与细菌疾病作战。此外，还有很多重要的药物来自真菌，如环孢菌素，这是在器官移植后抑制人体免疫反应，减少身体排斥供体器官的药物。

图 22.20　青霉。图中的青霉正在一个橘子上生长。包裹橘子表面的繁殖器官非常明显，而它下面的菌丝则从果实内部吸收养分。青霉素最初就是从这种真菌中分离出来的

22.4.5　真菌对美食做出重大贡献

真菌对人类的食物贡献重大。我们可以直接食用多种真菌，包括野生和种植的担子菌的蘑菇，以及包括羊肚菌和松露在内的一些子囊菌（见图 22.21）。除了直接食用，真菌还在美食中扮演一些不为人知的角色。例如，世界上的一些知名奶酪（包括罗克福、卡芒贝尔、斯提尔顿和戈贡佐拉奶酪）的特殊味道，都来自奶酪中的子囊霉菌。不过，对食物贡献最重要、分布最广泛的真菌还是单细胞的子囊菌（和几种担子菌）——酵母。

图 22.21　松露。松露是一种子囊菌含有孢子的地下结构。它们与橡树的根形成了菌根共生体

22.4.6　葡萄酒和啤酒使用酵母制作

酵母使得烹饪丰富多彩，这一发现无疑是人类历史上的一个重大事件。在如此众多需要酵母才能生产的食物和饮料中，面包、葡萄酒和啤酒可能是食用范围最广的，我们几乎无法想象没有这些美食的世界会是什么样子。这几种食物和饮料的特殊性质都是酵母的发酵过程所带来的。酵母从糖类中获得能量，并在进行代谢的同时释放二氧化碳和酒精。

酵母在消耗葡萄汁中的果糖时，将果糖转化成酒精，这就是葡萄酒的产生原理。酒精的浓度不断升高，酵母被酒精杀死，终止发酵进程。如果酵母在葡萄汁中的糖被消耗完之前就死掉，酒就是甜的；反之，酒就是涩的。

啤酒是用谷物（一般为大麦）酿造的，但酵母无法有效地利用谷物中的糖类。因此，用来酿酒的大麦必须是已发芽的（回顾可知谷物实际上是种子）。发芽过程将谷物中的多糖变成单糖，因此发芽后的大麦是酵母绝佳的食粮。就像生产葡萄酒那样，酵母通过发酵过程将糖转化成酒精，但同时保留了副产物二氧化碳，因此啤酒拥有特征性的碳酸气泡。

22.4.7　酵母使面包“长高”

在面包的生产过程中，二氧化碳是发酵过程中最重要的产物。加入面包团的酵母在产生二氧化碳的同时的确会产生酒精，但酒精在烤制过程就已挥发。相反，二氧化碳会被锁在面团中，使面包变得更轻且充满空气。没有真菌的帮助，我们的食谱会变得无趣很多。

复习题

01. 描述真菌体的结构。真菌细胞与大多数植物和动物细胞有何不同？
02. 蘑菇、马勃菌和类似的结构代表真菌体的哪一部分？为什么这些结构要高出地面？
03. 哪两种由寄生真菌引起的植物疾病对美国的森林影响巨大？这些真菌是在哪个分类群中发现的？
04. 列出一些侵袭农作物的真菌。它们属于哪个分类组？
05. 描述真菌的无性繁殖。
06. 列出真菌的主要分类类群，描述每个类群的关键特征，并给出每个类群中的一个真菌的例子。
07. 描述蘑菇圈是如何产生的。为什么直径与其年龄有关？
08. 描述真菌和另一种生物之间的两种共生关系。这些关系中的合作伙伴是如何受到影响的？

第 23 章　动物多样性 I：无脊椎动物

医用水蛭，曾象征着近代医学的愚昧，现在却已进入现代医学的工具箱

23.1 动物的主要特征是什么

很难给“动物”一词下一个简明扼要的定义。没有哪个特征能够独立地定义动物。实际上，动物这一群体是由一系列特征定义的。在这些特征中，没有哪个是动物所特有的，但这些特征可以共同将动物和其他分类群中的成员区分开来：

- 动物是真核生物。
- 动物是多细胞生物。
- 动物没有细胞壁。
- 动物通过食用其他生物获取能量。
- 动物通常进行有性生殖。
- 动物在生命中的一些阶段是可移动的。
- 大多数动物对外界的刺激会迅速产生反应。

23.2 哪些解剖学特征标记了动物进化树上的分支点

在始于 5.42 亿年前的寒武纪，现在生活于地球上的大多数动物门都已存在。遗憾的是，寒武纪之前的化石证据非常稀少，并未揭示出动物早期的进化史。因此，分类学家将目光投向动物的解剖学特征、它们的胚胎发育及 DNA 序列，以期找到动物进化史的线索。这些研究表明，有些特定的特征标记了动物进化树上的主要分支点，它们上现代动物不同身体结构进化过程中的里程碑（见图 23.1）。接下来的几节探讨这些进化过程中的里程碑，以及它们留给现代动物的遗产。

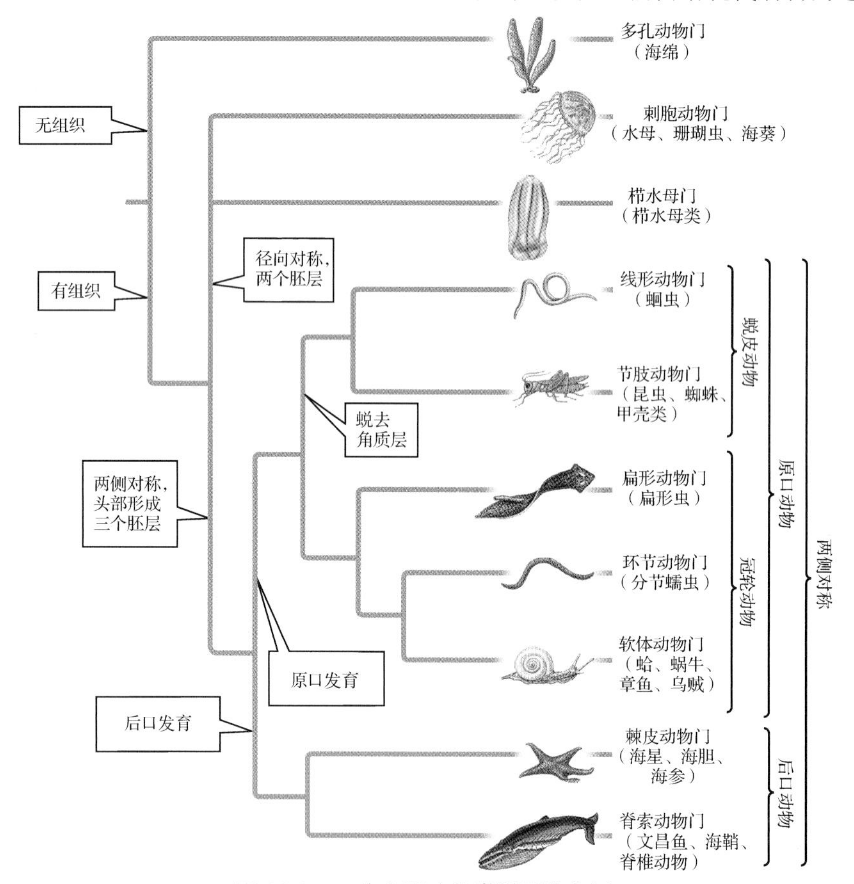

图 23.1 一些主要动物类群的进化树

23.2.1 组织的缺乏将海绵动物和其他所有动物划分开来

动物进化史上最早的变革之一就是组织的出现。组织是一群整合到一个功能单位中的彼此类似的细胞。今天，几乎所有的动物都有组织；唯一继承了无组织特性的动物是海绵动物。对于海绵动物，单个细胞可能会有特化的功能，但它们的活动从某种意义上说是独立的，没有整合到组织中。海绵动物的这个独一无二的特性表明，将海绵动物和进化成其他所有动物的进化枝划分开来的事件一定发生得非常早。

23.2.2 有组织的动物表现出径向对称或两侧对称

组织的形成与身体对称性的首次出现时间上发生了重叠；所有有组织的动物的身体都是对称的。如果动物的身体能从至少一个平面对切开来，产生的两半互为对方的镜像，就可以说它是对称的。

有组织的对称动物分为两类：一类是表现出径向对称的动物（见图 23.2a），另一类是表现出两侧对称的动物（见图 23.2b）。在径向对称中，通过中心轴的任何一个平面都都能将动物分成大致相同的两部分。相反，只有通过中心轴的一个特定平面才能将动物分成大致呈镜面对称的两部分。

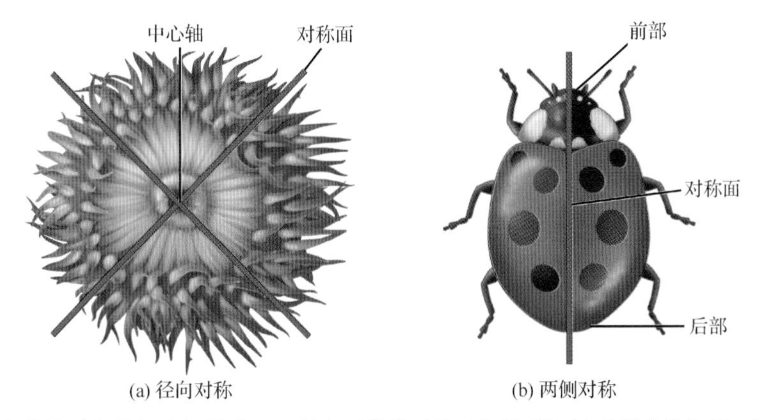

图 23.2　身体的对称性和头部形成。(a)径向对称的动物（如海葵）缺乏明确的头部，通过中心轴的任意一个平面都能将其分成镜面对称的两部分。(b)两侧对称的动物（如瓢虫）有一个位于前部的头端和一个位于后部的尾端。只有通过中心轴的一个特定平面才能将它分成镜面对称的两部分

径向对称动物和两侧对称动物的不同之处反映了动物进化树上的又一个很早的分支。这一划分将径向对称的刺胞动物（水母、珊瑚虫和海葵）以及栉水母的祖先与其余两侧对称动物的祖先划分开来。

1. 径向对称的动物有两个胚层，两侧对称的动物有三个胚层

径向对称和两侧对称动物之间的差别，与在胚胎发育过程中出现的称为胚层的组织层的数量紧密相关。径向对称动物的胚胎有两个胚层：一个内胚层（产生包裹肠腔的组织）和一个外胚层（产生覆盖于身体外侧的组织）。两侧对称动物的胚胎还有第三个胚层：中胚层，它位于内胚层和外胚层之间。对于两侧对称动物，内胚层分化并形成那些包裹大多数有空腔器官的组织、呼吸道表面和消化道，外胚层形成神经组织和位于身体外表面的组织，中胚层则形成肌肉以及循环和骨骼系统。

对称形式的平行进化和胚层的数量帮助人们理解了可能令人困惑的棘皮动物（海星、海胆和海参）的例子。成年棘皮动物是径向对称动物，但我们的进化树将它们放在两侧对称动物中。棘皮动物有三个胚层，还有其他几个特征（稍后会讲到），所以将它们放在两侧对称动物的群体内。

因此，棘皮动物的直接祖先一定是两侧对称的，而它们却进化出径向对称的身体结构（这是趋同进化的结果）。直到今天，棘皮动物的幼体还是两侧对称的。

2．两侧对称的动物有头部

径向对称动物倾向于保持固定不动（如海葵）或者随海流四处流动（如水母）。因为这样的动物不会让自己朝某个特定的方向推进，而其身体的所有部分遇到食物的机会几乎相等。相反，大多数两侧对称动物都是能动的（靠它们自己的力量移动），而资源（如食物）更容易被距离运动方向近的部分获得。因此，两侧对称的动物进化出头部。头部是感觉器官的集合体，而且在其中一个特定的区域中还有大脑。头部的形成使动物产生前端，即感觉细胞、感觉器官、神经细胞的聚集体以及摄取食物的器官聚集地。另一端则称为尾端，且可能会长出尾巴（见图 23.2b）。

23.2.3 大多数两侧对称动物有体腔

很多两侧对称动物在消化管（或消化道）和身体的外壁之间有着充满液体的体腔。对于有体腔的动物来说，消化道和身体外壁被充满液体的空间隔开，形成一个“管中管”的身体结构。体腔在径向对称动物体内是不存在的，因此这个特征可能是在径向对称和两侧对称动物分开之后的一段时间内形成的。

体腔有很多功能。对蚯蚓来说，体腔起骨骼的作用，为身体提供支撑，也是肌肉依托于其上行使功能的框架。对其他动物来说，体内器官悬浮在充满液体的体腔中，于是体腔起在器官和外界环境之间提供缓冲的作用。

1．体腔的结构对不同类群的动物是不同的

分布最广泛的体腔是体腔囊，它是从中胚层发育而来的一个充满液体的空腔，由很细的一层组织包围（见图 23.3a）。有体腔囊的动物称为体腔动物。环节动物（分节的蠕虫）、节肢动物（昆虫、蜘蛛、甲壳类动物等）、软体动物（蛤和蜗牛）、棘皮动物和脊索动物（包括人类在内）都是体腔动物。

有些动物的体腔不完全由从中胚层发育而来的组织包围，这种体腔称为假体腔。有假体腔的动物统称假体腔动物（见图 23.3b）。线虫是最大的假体腔动物类群。

有些两侧对称的动物没有体腔，这些动物称为无体腔动物。例如，扁形虫在消化道和身体外壁之间不存在体腔，这部分是由固态的组织填充的（见图 23.3c）。

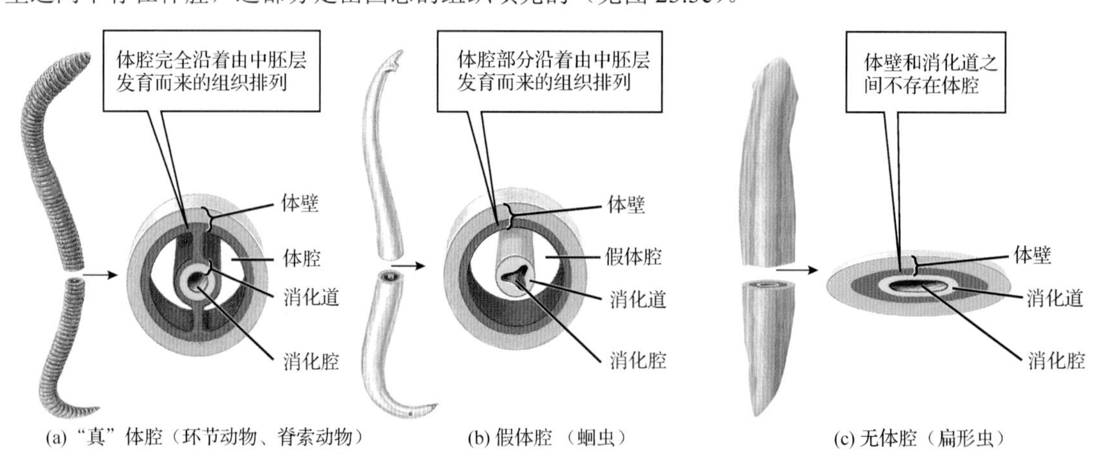

图 23.3 体腔。(a)环节动物有真正的体腔囊。(b)线虫是假体腔动物。(c)扁形虫在身体外壁和消化管之间没有体腔（蓝色组织由外胚层发育而来，红色组织由中胚层发育而来，黄色组织由内胚层发育而来）

23.2.4 两侧对称动物的发育方式有两种

在两侧对称动物中，胚胎发育之后有多种多样的发育方式。不过，这些发育方式可以总结为两类，分别是原口发育和后口发育（见图 23.4）。对于原口发育，体腔在身体外壁和消化道中间形成。而对于后口发育，体腔来自消化道的向外生长。两种发育方式在受精后的细胞分裂模式以及口和肛门的形成方式上都有着不同。原口动物和后口动物代表两侧对称动物中的两个进化枝。环节动物、节肢动物、线虫和软体动物都是原口动物，而棘皮动物和脊索动物都是后口动物。

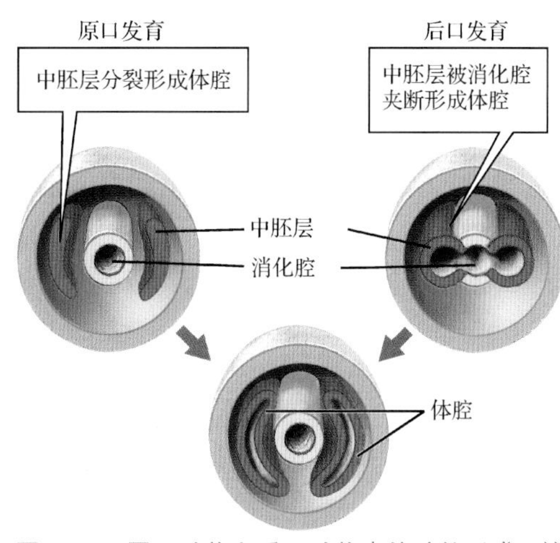

图 23.4 原口动物和后口动物中体腔的形成。这里显示了原口动物和后口动物在胚胎发育时期的几个不同点

23.2.5 原口动物包含两个截然不同的进化路线

原口动物包括两类动物，对应于原口动物进化史上很早就分开的两个不同谱系，其中一类称为蜕皮动物，包括节肢动物和线虫，它们身体的表层会周期性脱落。另一类称为冠轮动物，包括有着特殊摄食器官——触手冠（见图 23.5a）的动物，以及那些经过一个称为担轮幼虫的发育阶段的动物（见图 23.5b）。扁形虫、环节动物和软体动物都属于冠轮动物门。

(a) 触手冠

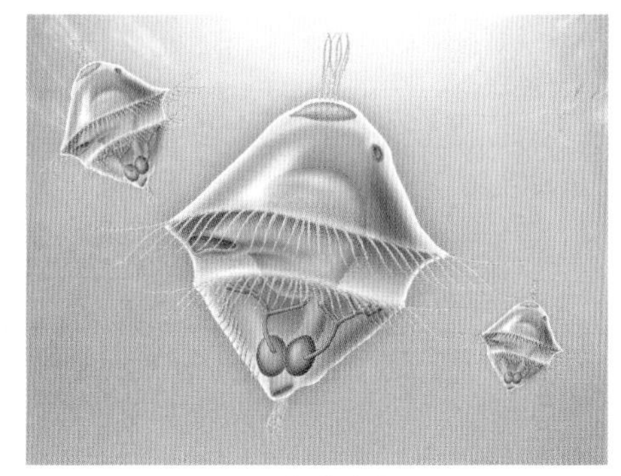

(b) 担轮幼虫

图 23.5 冠轮动物的特征。冠轮动物门的成员（包括扁形虫、环节动物和软体动物）或者具有(a)触手冠，或者(b)经历称为担轮幼虫的与众不同的水生幼虫阶段

23.3 主要的动物类群有哪些

为了方便，生物学家通常将动物归为两个主要类群中的一个：有脊椎骨的脊椎动物或者无脊椎骨的无脊椎动物。脊椎动物［鱼、两栖动物、爬行动物和哺乳动物等（见第 24 章）］在人类看来可能是最显眼的动物，但实际上在已发现的动物中，只有 3%是脊椎动物。大多数动物都是无脊椎动物。生物学家将动物分成 27 个门，表 23.1 中总结了几个主要门的一些特征。

最早的动物可能起源于单细胞原生生物群体，其中的每个细胞都经过特化，在群体中发挥特定的功能。下面从海绵这种身体结构和原生生物群体最接近的动物开始介绍无脊椎动物类群。

表 23.1　主要的几种动物类群的比较

常用名（门）		海绵（多孔动物门）	水母、珊瑚虫、海葵（刺胞动物门）	扁形虫（扁形动物门）	分节蠕虫（环节动物门）	蛤，蜗牛，章鱼，乌贼（软体动物门）	昆虫，蜘蛛，甲壳类（节肢动物门）	线虫（线形动物门）	海星，海胆，海参（棘皮动物门）
身体结构	机体组成层次	细胞——没有组织和器官	组织——没有器官	器官系统	器官系统	器官系统	器官系统	器官系统	器官系统
	胚层	无	2个	3个	3	3	3	3	3
	对称性	无	辐射对称	左右对称	左右对称	左右对称	左右对称	左右对称	幼体左右对称，成体辐射对称
	头部形成	无	无	有	有	有	有	有	无
	体腔	无	无	无	体腔	体腔	体腔	假体腔	体腔
	分节	无	无	无	有	无	有	无	无
体内系统	消化系统	细胞内消化	消化循环两用的空腔；有些是细胞内消化	消化循环两用的空腔	独立的嘴和肛门	独立的嘴和肛门	独立的嘴和肛门	独立的嘴和肛门	独立的嘴和肛门（一般情况下）
	循环系统	无	无	无	关	开	开	无	无
	呼吸系统	无	无	无	无	腮，肺	呼吸管，腮或肺	无	管足，皮肤腮
	排泄系统（液体调节系统）	无	无	含有有纤毛细胞的管道	肾管	肾管	类似于肾管的外分泌腺	外分泌腺	无
	神经系统	无	神经网	头部神经节和径向的神经束	头神经节和成对的腹神经束；每节中都有神经节	有些头足类动物有发达的大脑；几对成对的神经节，多数位于头部；体壁中有神经网络	有头神经节和成对的腹神经束；在节中有神经节，有一些发生了融合	有头神经节、背神经束和腹神经束	没有头神经节；有神经环和辐射神经；皮肤中存在神经络
	繁殖	有性生殖；无性生殖（出芽）	有性生殖；无性生殖（出芽）	有性生殖（有些雌雄同体）；无性生殖（身体分裂）	有性繁殖（有些雌雄同体）	有性繁殖（有些雌雄同体）	通常进行有性繁殖	有性繁殖（有些雌雄同体）	有性繁殖（有些雌雄同体）；可通过无性繁殖再生（少见）
	支撑	海绵具内骨骼	液压骨骼	液压骨骼	液压骨骼	液压骨骼	外骨骼	液压骨骼	外皮下有盘状内骨骼
	已知物种数	5000	9000	20000	9000	50000	1000000	12000	6500

23.3.1 海绵动物是简单的固着动物

海绵动物（属于多孔动物门）在大多数水生环境中都有分布。地球上存在的5000多种海绵动物大多数在咸水中生活，在深海、浅海、暖水和冰水中都能见到它们的身影。此外，有些海绵生活在淡水湖泊和河流中。成年海绵附着在岩石或其他水下的表面上。大多数海绵是固着动物，但研究人员也称有些海绵至少在水族馆中是可以到处移动的（每天只能移动几毫米）。海绵的形状和大小是多种多样的。有些物种有着界限清晰的外形，但有些物种会在水下的岩石上随意生长（见图23.6）。最大的海绵可以长到约1米高。

(a) 壳海绵　(b) 管状海绵　(c) 花瓶状海绵

图23.6　多种多样的海绵。海绵的大小、形状和颜色各不相同。有些海绵如(a)壳海绵在海底的岩石上随意生长，而其他海绵可能呈(b)管状或(c)花瓶状

大多数海绵都是雌雄同体动物，即它们既有雄性生殖器官，又有雌性生殖器官。它们通常进行有性生殖：首先向水中释放精子，精子然后进入另一个海绵的体内并被转移到卵细胞（卵细胞位于水绵体内）中。水流将幼虫带到新的地方后，它们就定居下来并发育成熟。

1. 海绵动物没有身体组织

海绵动物的身体没有组织；在某些方面，海绵动物很像一群单细胞生物。1907年，胚胎学家威尔逊（H. V. Wilson）的实验揭示了海绵动物的这种性质。威尔逊将海绵动物用丝绸磨碎，使之分散成单个细胞和细胞团块。然后，将这些小海绵细胞放到海水中，等待三周后，他发现海绵动物细胞重新形成了活的海绵动物，也就是说，单个海绵动物细胞能够独自存活并发挥功能。

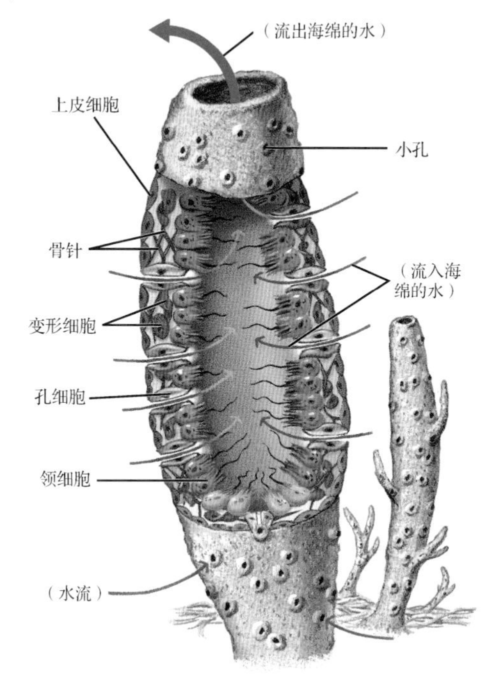

图23.7　海绵动物的身体构造。水从海绵动物身体上数不清的小孔进入海绵动物体内，并从一个较大的孔中排出。在此过程中，海绵动物从水中过滤出微观尺度的食物

海绵动物的身体上有无数的小孔，水从这些小孔进入海绵动物体内，并从一些更大的孔中排出（见图23.7）。水在海绵动物体内的管道中流动。在水流过海绵动物的过程中，海绵动物从水中汲取氧气，过滤出微生物并送到单个细胞中消化掉，然后

将废物排出体外。

2. 海绵动物细胞经过特化以发挥不同的功能

海绵动物有三种主要的细胞类型，每种都有其特殊的功能（见图 23.7）。扁平的上皮细胞覆盖着海绵的外表面。有些外皮细胞经过修饰变成孔细胞，这些细胞围绕海绵上的小孔，负责控制它们的大小，并且调节水的进入。当环境中存在有害物质时，这些孔就会关闭。领细胞上有伸入海绵内腔的鞭毛。搏动的鞭毛在海绵体内维持水的流动。领细胞起筛子的作用，它们将微生物从海水中筛出后吃掉。有些食物会传递给变形细胞。这些细胞在上皮细胞和领细胞之间自由移动，负责消化并分配营养物质，产生繁殖细胞，形成很小的骨质突起，称为骨针。骨针可能是由碳酸钙（白垩）、二氧化硅（玻璃）或蛋白质组成的，它们形成内骨骼，在海绵体内起支撑作用（见图 23.7）。

3. 有些海绵动物含有对人类有用的化学物质

因为海绵动物几乎无法移动，而且没有对身体起保护作用的壳，所以在鱼、海龟和海蛞蝓等捕食者面前几乎只能任人宰割。不过，很多海绵含有对潜在捕食者来说有毒或“味道”不好的化学物质。对人类来说，幸运的一件事情是在这些化学物质中，很多是珍贵的药物。例如，一种称为软海绵素的药物最初就是从海绵体内分离出来的。这种药物用于治疗艾滋病患者的真菌感染。海绵中提取的其他药物包括一些很有希望的新抗癌药。这些药物的发现给人们带来了新的希望。我们希望在研究人员发现更多新物种后，海绵将成为新药物的主要来源之一。

23.3.2 刺胞动物是全副武装的捕食者

刺胞动物（刺胞动物门）包括海蜇（又称水母）、珊瑚虫、海葵和水螅。约有 9000 种刺胞动物，它们生活在水中，其中大多数是海生动物。大多数刺胞动物都非常小，直径从几毫米到几厘米不等，但最大水母的直径可达 2.7 米，其触须长达 50 米。所有的刺胞动物都是捕食者。

1. 刺胞动物有组织和两种身体形态

刺胞动物的细胞形成界限清晰的组织，包括一些可像肌肉那样收缩的组织。刺胞动物的神经细胞形成称为神经网的组织，它在整个身体内都有分支，负责控制有收缩功能的组织，以控制身体的移动和捕食行为。不过，大多数刺胞动物都没有器官，也没有大脑。

刺胞动物的形态多种多样（见图 23.8），但都属于两种基本的身体结构之一：水螅体（见图 23.9a）或水母体（见图 23.9b）。管状水螅体附着在岩石上安静地生活，其触须向上伸展，用于抓住并固定猎物。水母体在水中飘荡，被海流裹挟着四处游动，钟形身体上的触须就像钓鱼线一样。

很多刺胞动物的生命周期包括水螅体和水母体两个阶段，也有一些物种只以水螅体或水母体的形式存活。水螅体和水母体从两个胚层（内胚层和外胚层）中发育而来；在这两层之间是果冻状的物质。水螅体和水母体都是径向对称的，它们的身体结构围绕嘴和消化腔形成圆形（见图 23.2a）。

不同刺胞动物的繁殖过程非常不同，但有一个模式在既有水螅体阶段又有水母体阶段的物种中非常常见。对于这样的物种，水螅体通常通过无性的出芽繁殖，产生比自己小的复制品。这些较小的水螅体从母体上脱落并独立生存。然而，在特定环境下，出芽过程可能产生水母体而非水螅体。水母体成熟后，向水中释放配子（精子或卵细胞）。如果异性配子相遇，就融合并产生合子。合子发育成能自由移动的有纤毛的幼体。幼体最后会在坚硬的表面上安顿下来并发育成水螅体。

图 23.8　多种多样的刺胞动物。(a)红色斑点海葵正伸展其触须捕食猎物。(b)水母在海洋中漂荡，其触须悬在身体下面。(c)珊瑚虫特写显示了水螅体上的触须。(d)海黄蜂（一种水母）在其刺细胞中含有世界上已知毒性最强的毒素之一，这种毒素很快就会杀死被海黄蜂的触须碰到的猎物，如图中的虾

2．刺胞动物有刺细胞

刺胞动物的触须上有刺细胞，刺细胞上有一种特殊的结构，若猎物碰到它，它就向猎物体内注入毒素或者很黏的细丝（见图 23.10）。这些刺细胞只在刺胞动物中存在，是捕捉猎物的绝妙武器。刺胞动物不会主动捕食，而只需等待猎物不小心地撞入触须的范围内。猎物被刺中并被紧紧抓住后，经由张开的嘴进入消化囊——消化循环腔（见图 23.9）。消化循环腔中的酶消化一部分食物，剩下的食物在体腔壁细胞中消化。消化循环腔只有一个出口，因此未被消化的物质在消化结束后就从嘴中排出。尽管这一双向运输方式使得刺胞动物无法持续进食，但这些动物对能量的要求也很少，因此这样也足以支撑它们的生命活动。

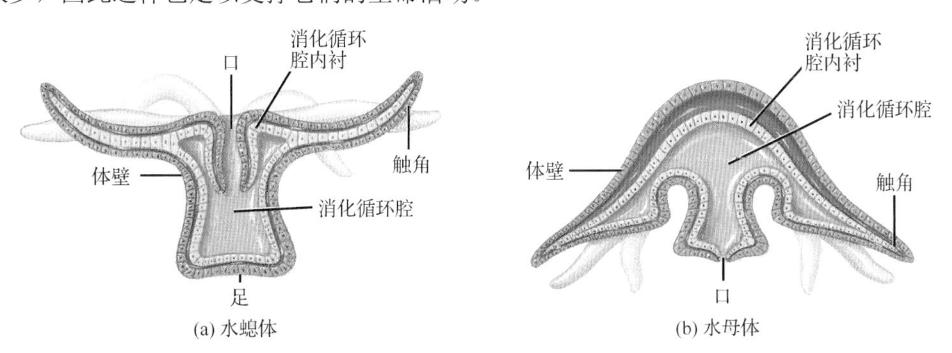

图 23.9　水螅体和水母体。(a)海葵（见图 23.8a）和珊瑚（见图 23.8c）中的水螅体个体都呈水螅体形态。(b)水母体形态见于海蜇（见图 23.8b），它就像一个倒过来的水螅体（蓝色组织由外胚层发育而来，黄色组织由内胚层发育而来）

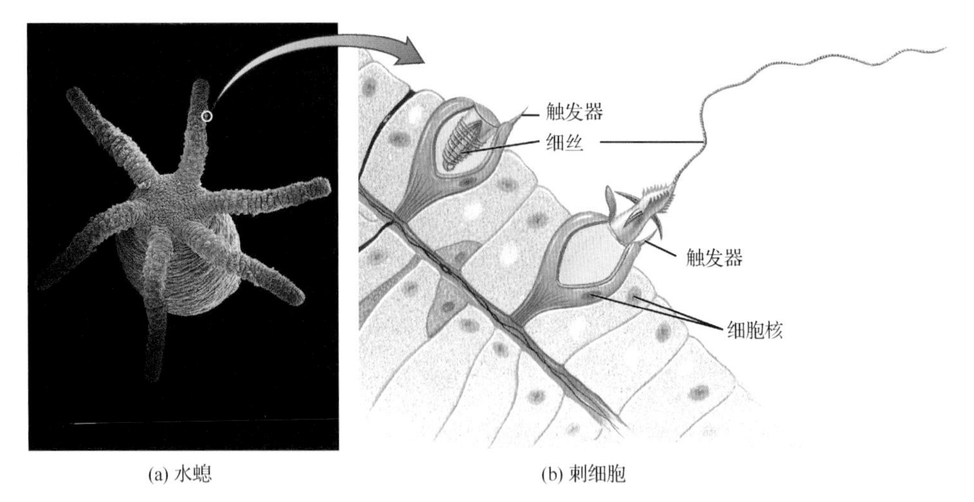

图 23.10　刺胞动物的武器：刺细胞。(a)刺胞动物（如图中的水螅）触须上有很多刺细胞。(b)对触发器最轻微的刺激都会使刺细胞中的一个结构将有毒细丝向外射入猎物体内

有些刺胞动物的毒素会严刺痛人类，几种水母的蜇伤甚至会致命。最危险的物种是海黄蜂，即澳大利亚箱形水母（见图 23.8d），它生活在澳大利亚北部和东南亚海域，直径可达 30 厘米。一只海黄蜂携带的毒素可以杀死 60 人，受伤严重者可能会在几分钟内死亡。

3. 很多珊瑚虫可以分泌出坚硬的骨骼

一群刺胞动物——珊瑚虫具有非常重要的生态学价值（见图 23.8c）。很多种珊瑚虫的水螅体都会形成集群，而群体中的每只珊瑚虫都会分泌出坚硬的碳酸钙外骨骼。这些骨骼在珊瑚虫死去后的很长时间内都一直存在，且可作为其他个体附着在上面的基础。这一循环不断进行，成千上万年后，就会形成巨大的珊瑚礁。

珊瑚礁在寒冷和温暖的海洋中都有分布。冷水珊瑚礁位于深海中，尽管它们分布很广，但直到最近才引起研究人员的注意，因此对它们的研究并不透彻。我们更熟悉的温水珊瑚在热带清澈的浅海中分布。在这里，珊瑚礁是许多海洋生物的水下栖息地，也是一个具有多样性的无与伦比的生态系统。

23.3.3　栉水母借助纤毛四处游动

栉水母有 150 余种，是径向对称动物。从表面上看，它们和一些刺胞动物非常相似，却是一个独立的进化谱系。大多数栉水母的直径不足 2.5 厘米，但有些种类的直径超过 1 米。栉水母借助纤毛运动，这些纤毛共有 8 排，看上去就像梳子一样。尽管大多数栉水母没有颜色，看上去是透明或半透明的，但“梳子”上搏动的纤毛会散射光，看上去就像栉水母身体上的 8 道彩虹一样（见图 23.11）。

图 23.11　栉水母。这只栉水母的身体中不含色素，但其一排排的纤毛会使光发生折射，产生彩虹状的颜色分布

所有的栉水母都是肉食动物。大多数种类生活在沿海或者海洋中，以非常小的无脊椎动物为食（有些情况下还包括其他更小的栉水母），它们用带有黏性的触须捕捉猎物（栉水母缺少刺胞动物特有的刺细胞）。几乎所有的栉水母都是雌雄同体的。每个个体都向周围的海水中排放精子和卵细胞。受精卵可在水里自由飘浮，产生幼体并最终发育为成年栉水母。

23.3.4 扁形虫可能寄生生活，也可能自由生活

扁形虫（扁形动物门）这个名字非常合适，因为它们的形状就像丝带一样扁平。扁形虫是两侧对称动物（见图 23.2b）。共有约 2 万种扁形虫，其中的很多是寄生虫［见图 23.12a；寄生虫是生活在其他生物（宿主）体内的生物，在这一关系中，宿主会受到伤害］。而自由生活的扁形虫在淡水、海水和潮湿的陆地环境中生存。它们一般很小，很不起眼（见图 23.12b），但有些扁形虫的色彩十分鲜艳，非常引人注目，这些种类一般都生活在热带的珊瑚礁上（见图 23.12c）。

扁形虫既可进行有性生殖又可进行无性生殖。自由生活的品种可在中间对折自己的身体，并分为两半来进行繁殖，之后，分裂的两半重新长出缺失的部分。所有的扁形动物都能进行有性生殖，大多数还是雌雄异体的。这一特性使得扁形虫可通过自受精进行繁殖，这对寄生在宿主体内的唯一一只扁形虫来说是十分有利的生存策略。

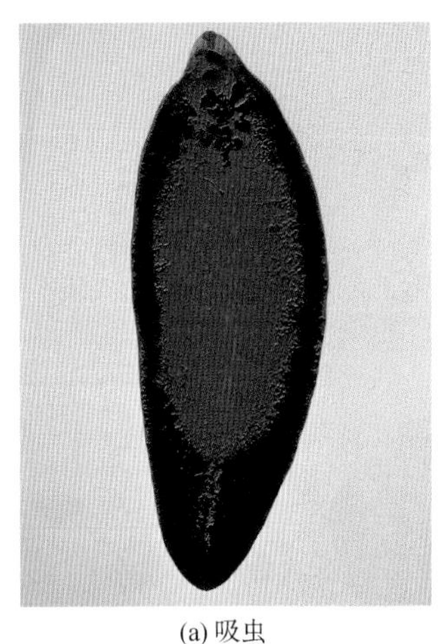

(a) 吸虫

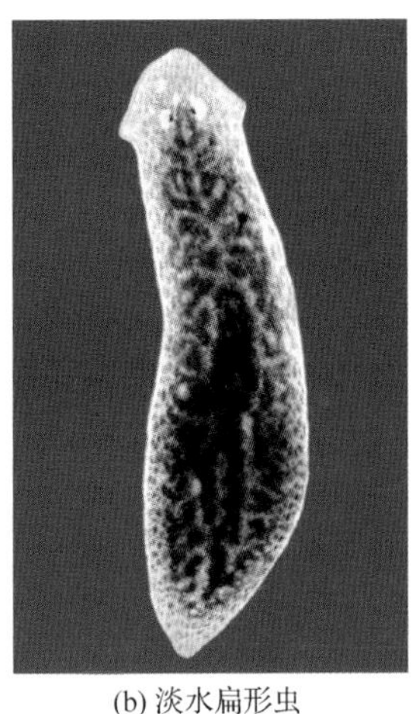

(b) 淡水扁形虫

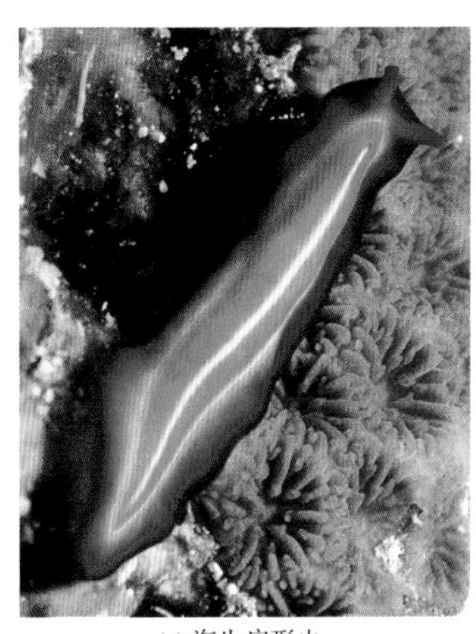

(c) 海生扁形虫

图 23.12 各种各样的扁形虫。(a)这只吸虫寄生生活。(b)在淡水中自由生活的扁形虫头部的眼点结构清晰可见。(c)很多生活在热带珊瑚礁的扁形虫都有着色彩鲜艳的外衣

1. 扁形虫有器官结构，但缺少呼吸和循环系统

与刺胞动物不同的是，扁形虫有器官结构，即组织成群而成的功能单位。例如，大多数自由生活的扁形虫都有感觉器官，包括可以分辨亮和暗的眼点（见图 23.12b）、能够响应化学和触觉信号的细胞群。为了对信息进行处理，扁形虫的头部存在由一群神经细胞组成的神经节，它们形成了简单的大脑。称为神经束的成对神经结构负责在神经节中传入和传出神经信号。

扁形虫没有呼吸和循环系统。因为没有呼吸系统，所以只能在其体细胞和环境之间以简单扩散的方式来完成气体交换。这种呼吸方式是可行的，因为扁形虫的外形扁平，身体很小，所以体细胞距离周围环境都不是很远。因为没有循环系统，所以在扁形虫的体内营养物质直接从消化道转移到体细胞中。它的消化道中有分支结构，延伸到躯体的所有部分，可让消化后的营养物质扩散到周围的细胞中。消化腔只有一个开口，因此其排泄物也是通过嘴排出的。

2. 有些扁形虫对人类有害

有些寄生生活的扁形虫会感染人类。例如，绦虫会感染食用了被绦虫感染且未煮熟的牛肉、猪肉或鱼的人类。绦虫的幼体在这些动物的肌肉中可以形成有荚膜的静止结构——囊孢。这些囊孢在人类的消化道中孵化，孵化出来的绦虫幼体附着在人类的小肠上皮上。在这里，它们可能会长到超过 7 米。它们的外表皮直接吸收被消化的营养物质以维持自身生存，繁殖时，它们将卵和

宿主的粪便一起排出宿主体外。如果猪、牛或鱼食用了被人类粪便污染的食物，绦虫的卵就会在新宿主的消化道中孵化，释放出可钻入宿主肌肉的幼虫并形成囊孢，重复这一感染循环（见图 23.13）。

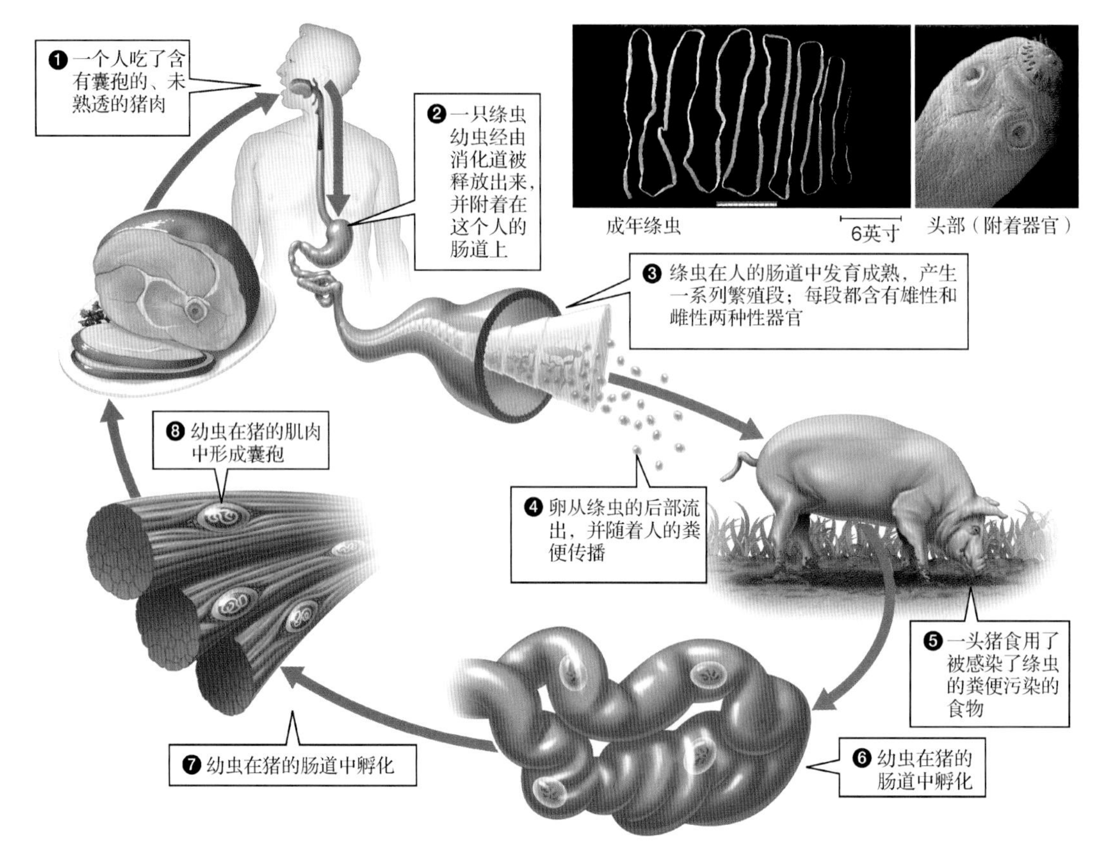

图 23.13　人类猪肉绦虫的生命周期

除了绦虫，还有一些寄生生活的扁形虫，包括吸虫（见图 23.12a）。在吸虫中，破坏性最大的是肝吸虫（在亚洲很常见）和血吸虫。血吸虫属会导致严重的血吸虫病。和大多数寄生虫一样，吸虫的生命周期非常复杂，包含中间宿主（血吸虫的中间宿主是一种蜗牛）。血吸虫在非洲和南美洲的一些地方非常流行，受感染的人约有 2 亿。血吸虫病的症状包括腹泻和贫血，且可能伴有脑损伤。

23.3.5　环节动物是分节的蠕虫

环节动物（环节动物门）的身体被分成一系列类似的环节。从外面看，这种分节看上去就像身体表面的一系列环状凹陷。而在内部，大多数环节有着几乎相同的神经、排泄器官和肌肉排列。

在环节动物中，有性生殖非常普遍。有些种类是雌雄同体的，而其他种类则是雌雄异体的。受精可能发生在体外，也可能发生在体内。对体外受精来说，精子和卵细胞被释放到周围环境中并受精，这种方式主要为那些生活在水中的种类采用。而在体内受精过程中，两个不同的个体进行交配，然后精子从其中的一个个体直接传递给另一个个体。在雌雄同体的种类中，精子的传递可能是相互的，即进行交配的两个个体既把自己的精子传递给对方，又从对方那里接受精子。此外，有些环节动物能够进行无性生殖，这个过程通常是经由将身体分裂成两段实现的，分裂成的两段分别再生出缺少的部分。

1. 环节动物是体腔动物，而且有器官系统

在环节动物的体壁和消化道之间存在充满液体的真体腔（见图 23.3a）。在很多环节动物中，体腔中不可压缩的液体被关在各节之间的区域，形成肌肉可附着在上面行动的支持结构——液压骨骼。液压骨骼的存在使得蚯蚓可在土壤中挖洞。

环节动物有发达的器官系统。例如，环节动物有封闭的循环系统，它负责将气体和营养物质分配到体内的各个部位。在封闭的循环系统中，血液密封在心脏和血管中。例如，对蚯蚓来说，含有可以携带氧气的血红蛋白的血液在发达的血管中流动，而这个过程是由五对“心脏”的泵血功能实现的（见图 23.14）。这些心脏实际上只是一小段特化的、可以进行节律性收缩的血管。血液在称为肾管的排泄器官中过滤，并排出废物，废物通过小孔排到环境中。肾管就像脊椎动物肾中的单个小管一样。环节动物的神经系统由头部的简单大脑和一系列成对的、由腹神经束相连的神经节组成。腹神经束是一条经过整个身体的神经。环节动物的消化系统包括一条从嘴通到肛门的肠道。这种有两个开口的单向消化道比刺胞动物和扁形动物只有一个开口的消化道要有效得多。环节动物的消化作用发生在消化道的一系列小室中，每个小室都专门负责食物消化的一个环节。

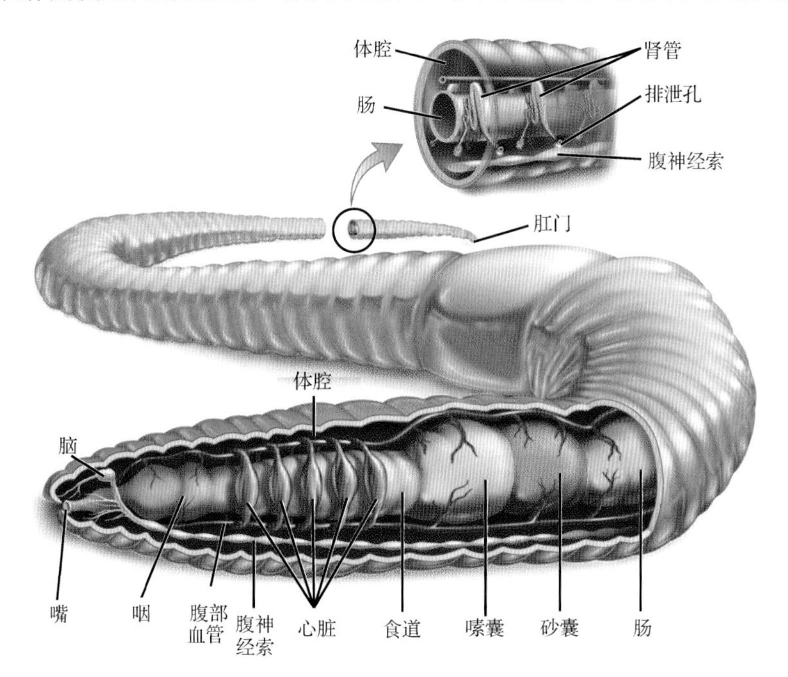

图 23.14　环节动物——蚯蚓。图中展示的是放大后的环节，其中很多都是在重复相似的结构，中间有分隔

2. 环节动物包括寡毛环节动物、多毛环节动物和蛭类

9000 种环节动物包括 3 个主要的种类：寡毛环节动物、多毛环节动物和蛭类。寡毛环节动物包括我们熟悉的蚯蚓及其近亲。查尔斯 • 达尔文花了大量的时间研究蚯蚓。蚯蚓能够增加土壤肥力这一点给他留下了深刻的印象。4000 平方米的土地中可能生活着 100 万条蚯蚓，它们在土壤中钻洞，食用并排泄出土壤粒子和有机物。这些活动使得空气和水更易在土壤中流动，且有机物也可不断地与土壤混合，形成有助于植物生长的环境条件。在达尔文看来，蚯蚓的活动对农业的贡献非常巨大，以至于“在世界历史上几乎没有别的生物起到如此重要的作用”。不过，蚯蚓的影响也有可能是负面的。例如，在北美洲的一些地区，外来的入侵蚯蚓扰乱了森林土壤的原有结构，对当地的树木造成了损害。

多毛环节动物主要在海洋中生活。有些多毛环节动物在它们的大多数环节上都有成对的肉鳍，

它们可用这些鳍四处游动。其他一些生活在管子中，它们从居所伸出羽状腮，这些腮既可进行气体交换，又可对水进行过滤，以获取微生物作为食物（见图 23.15a 和 b）。

蛭类（见图 23.15c）生活在淡水或潮湿的陆地环境中，其中有的是食肉动物，有些是寄生动物。很多肉食性水蛭以较小的无脊椎动物为食，有些以较大动物的血液为食。

(a) 多毛虫的腮

(b) 深海多毛虫

(c) 水蛭

图 23.15　多种多样的环节动物。(a)多毛环节动物颜色艳丽的腮。这只多毛虫身体的其余部分藏在珊瑚礁中的一根管子里。(b)这只多毛环节动物生活在深海的通气口附近，那里的水温可达 80℃。(c)这只水蛭是生活在淡水中的环节动物，其身体分成了多段。它的吸盘绕嘴一圈，使其可附着在猎物身上

23.3.6　大多数软体动物都有壳

如果你吃过蛤肉、生蚝或扇贝，就会对软体动物（软体动物门）心怀感激。软体动物有很多种类；就物种数量而言，软体动物共有 50000 种，只比节肢动物少（但二者的差距颇大）。这些物种有着多种多样的生活方式，从成年后就一直不动的从水中过滤微生物的蚌，到诸如巨型乌贼这样生活在大洋底部的贪婪捕食者一应俱全。大多数软体动物的身体都有一个由碳酸钙构成的壳，也有一些软体动物没有壳。一些没有壳的软体动物通过快速移动来追捕猎物和逃避捕食者；其他一些没有壳的软体动物虽然移动得很慢，但身体可以分泌出有毒或味道不好的化学物质。除了一些蜗牛和蛞蝓，软体动物都生活在水中。

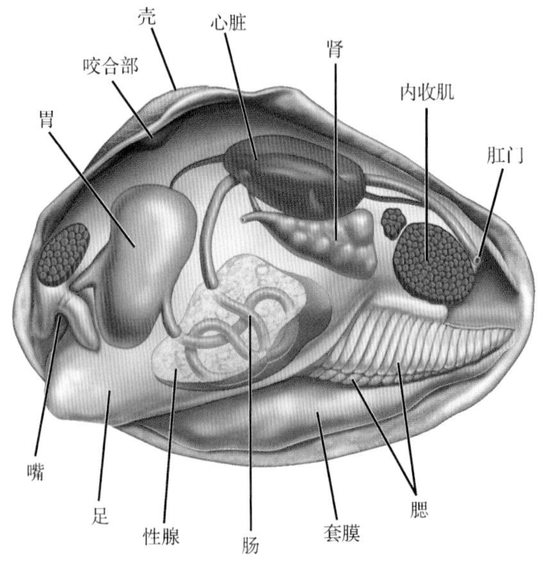

图 23.16　双壳软体动物。蛤的身体结构，显示了外套膜、伪足、腮、壳和其他在大多数（但非全部）软体动物中都能见到的特征。蛤用内收肌来开关壳

大多数软体动物的循环系统都包括环节动物所没有的一个结构——血腔。血液注入血腔，并在这里直接和内部器官接触。这样的结构排列称为开放循环系统。软体动物还有外套膜，这是体壁的延伸结构，外套膜形成腮室结构，且对有壳的软体动物来说，外套膜还是负责产生壳的器官（见图 23.16）。软体动物的神经系统像环节动物的一样，也由神经连接的神经节组成，但在很多软体动物中，大脑内含有的神经节更多。软体动物都进行有性生殖；有些是雌雄异体的，有些是雌雄同体的。

软体动物有多种；这里只详细讨论三种：腹足类动物、双壳类动物和头足类动物。

1. 腹足类动物用一只足爬行

蜗牛和蛞蝓（统称腹足类动物）用肉质的足爬行，而且很多被保护在形状和颜色各异的壳中

（见图 23.17a）。不过，并非所有的腹足类动物都有壳。例如，海蛞蝓就没有壳，但它们艳丽夺目的颜色会警告潜在的捕食者：它们有毒或者不好吃（见图 23.17b）。

(a) 蜗牛

(b) 海蛞蝓

图 23.17　多种多样的腹足类软体动物。(a)佛罗里达树蜗牛的壳上有着明亮的条纹。它的眼睛长在触须末端，如果被人碰到就会立刻缩回。(b)很多海蛞蝓都有着绚丽的颜色，这样的外观是对潜在捕食者的警告

腹足类动物用齿舌取食，齿舌是上面布满棘刺的灵活带状组织，可用来从石头上刮下藻类，或者抓取体积更大的植物或其他猎物。大多数蜗牛都用腮呼吸，它们的腮一般位于壳下方的一个空腔中。气体也可直接扩散通过很多腹足类动物的皮肤。生活在陆地环境中的少数几种腹足类动物（包括花园中那些破坏性极强的蜗牛和蛞蝓）用简单的肺呼吸。

2. 双壳类动物是滤食生物

扇贝、牡蛎、蚌和蛤都是双壳类动物（见图 23.18）。双壳类动物有两个由灵活的铰链结构连接在一起的壳。双壳类动物还有一块强壮的肌肉，可在遇到危险时将壳关闭；我们在餐馆吃扇贝时，店员端来的就是这块肌肉。

(a) 扇贝

(b) 蚌

图 23.18　多种多样的双壳类软体动物。(a)这只扇贝分开由铰链连接的两片贝壳，让水流进入。它通过过滤水中的微生物取食。位于外套膜边缘的两片贝壳中的蓝色小点是简单的眼睛。(b)退潮时，我们可以看到大量的蚌附着在岩石上。白色的藤壶（节肢动物）黏着在蚌的贝壳和周围的岩石上

蛤用肉质的足在沙子或泥土中挖洞。对附着在岩石上生活的蚌来说，它们的足比蛤的要小一些，可以分泌一些纤维来使自己更容易附着在岩石上。扇贝没有足，它们通过拍打壳来喷射水流行进。

双壳类动物是滤食生物，它们用腮呼吸，也用腮捕食。腮的表面有一层薄薄的黏膜，在水流过时可以捕捉微生物。腮中纤毛的搏动则将这些食物送入嘴中。

3. 头足类动物是海洋中的捕食者

头足类动物包括章鱼、鹦鹉螺、墨鱼和鱿鱼（见图 23.19）。最大的无脊椎动物（巨型乌贼和

大王乌贼）都属于头足类动物。所有的头足类动物都是肉食动物，而且都生活在海中。对这些软体动物来说，它们的足进化成触须，这些触须具有非常灵敏的感知能力，能够感应到猎物的存在。触须上的吸盘可抓住猎物，唾液中的神经毒素将猎物麻痹，然后猎物就会被鸟喙状的嘴撕成碎块。

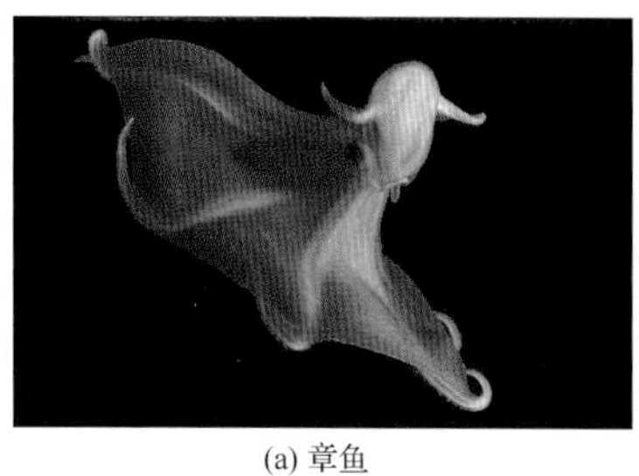

(a) 章鱼

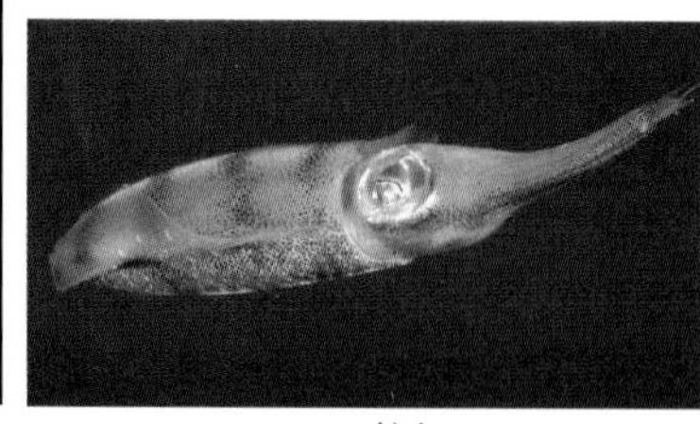

(b) 鱿鱼

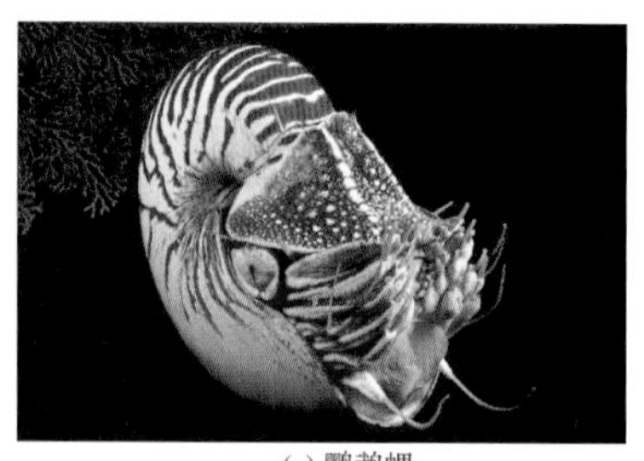

(c) 鹦鹉螺

图 23.19 多种多样的头足类软体动物。(a)在紧急情况下，章鱼可通过剧烈收缩外套膜来迅速后退。章鱼和鱿鱼都可通过喷射暗紫色的墨汁来迷惑捕食者。(b)鱿鱼可通过收缩外套膜来进行喷射推进。(c)鹦鹉螺的壳中含有许多充满气体的小室，注意它们发达的眼睛和用于捕捉猎物的触须

头足类动物以喷射推进的方式四处移动，速度很快。这种移动方式是通过将水从外套膜腔有力地排出而实现的。章鱼还可用触须在海底移动，这些触须就像很多上下起伏的腿一样。头足类动物闭合的循环系统也是它们能够迅速移动并积极捕猎的原因之一。头足类动物是唯一有着闭合循环系统的软体动物，闭合的循环系统比开放的循环系统能更有效地运输氧气和营养物质。

头足类动物有发达的脑和感知系统。它们的眼睛非常复杂，几乎与人类的眼睛不相上下。头足类动物，尤其是章鱼的大脑非常大，而且很复杂。章鱼的大脑位于类似于头骨的软骨壳中，给予了章鱼高度发达的学习和记忆能力。在实验室中，章鱼可以很快学会走迷宫，将符号和食物联系起来，或者打开带有螺旋盖的罐头来获得食物。在自然环境中，有些章鱼会使用工具：纹理章鱼可将海底埋藏的椰子壳清理干净并堆积起来，变成自己的庇护所。

23.3.7 节肢动物是种类最多、数量最大的动物

无论是在个体数量方面还是在物种数量方面，都没有哪类动物比得上节肢动物（节肢动物门）。节肢动物包括昆虫类、蛛形类、多足虫类和甲壳类。人们已发现约 100 万种节肢动物，科学家估计还有数百万种节肢动物未被发现。

1. 节肢动物有附肢和外骨骼

所有节肢动物都有成对的、分节的附肢和外骨骼，外骨骼是像盔甲一样覆盖在节肢动物体表的外置骨骼系统。外骨骼是由节肢动物的表皮分泌的，主要由蛋白质和称为甲壳质的多糖组成（见图 3.11）。外骨骼帮助节肢动物抵抗捕食者，可使它们比自己的蠕虫样祖先灵活得多。外骨骼给肌肉提供坚硬的附着点，但在关节处又变得非常细而灵活，因此增大了附肢的活动范围。这一强度和灵活度的完美结合使得黄蜂可以自由飞行，蜘蛛在织网时也可进行错综复杂的操作（见图 23.20）。外骨骼还对节肢动物进军陆地做出了巨大贡献，因为它为用于交换气体的脆弱组织提供了防水的外套（节肢动物是最早在陆地上生活的动物）。

不过，就像盔甲一样，节肢动物的外骨骼也存在一些问题。首先，因为它不能随着动物的生长而生长，因此每隔一段时间外骨骼就要脱落一次，又称蜕皮，然后用一套更大的外骨骼来取代它（见图 23.21）。蜕皮需要大量的能量，而且蜕皮动物在新外骨骼变得坚硬之前很容易受到捕食者的攻击。此外，外骨骼还很重，且其重量随着动物的长大指数级增长。毫不意外，最大的节肢动物是生活在水中的甲壳类（蟹和龙虾），水可支撑它们的大部分重量。

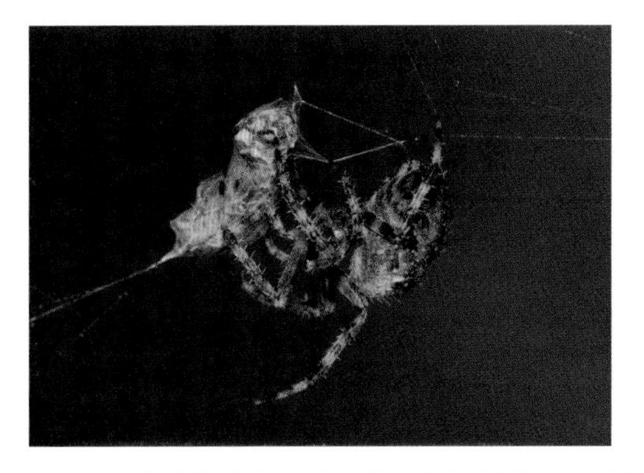

图 23.20　外骨骼使得节肢动物能够灵活运动。花园中的金蜘蛛用丝线裹起抓到的黄蜂。节肢动物特有的外骨骼和有关节的附肢使得这种精巧活动成为可能

图 23.21　节肢动物每隔一段时间就会蜕皮。蝉刚刚蜕去其旧外骨骼

2．节肢动物有特化的体节，适应活跃的生活方式

节肢动物是分节的，但体节较少，并且特化为行使不同功能的部分，如感知外界环境、取食和运动（见图 23.22）。例如，对昆虫来说，感知和取食器官集中在称为头部的前段，而消化器官则主要位于腹部，也就是后部。头部和腹部之间是胸部，胸部附着有运动所需的结构，如翅膀和用于行走的腿。

很多节肢动物可以快速飞行、游泳或奔跑。为了给肌肉提供足够的氧气，需要非常有效的气体交换方案。对水生节肢动物如甲壳类来说，气体交换是通过腮进行的。而对陆生节肢动物来说，气体交换是通过肺（蜘蛛）或呼吸管进行的。呼吸管是狭窄而分支的呼吸管道网，它和外界环境是连通的，在身体的所有部位都有分布。大多数节肢动物的循环系统都是开放的，就像软体动物的一样，血液直接浸泡着位于血腔中的器官。

大多数节肢动物的感知和神经系统都非常发达。节肢动物的感知系统通常包括有多个光感受器的复眼（见图 23.23），以及灵敏的化学和触觉感受器。节肢动物的神经系统包括一个由神经节融合而成的大脑以及一系列由腹神经束连接并沿身体排列的神经节。这样发达的神经系统以及高超的感知能力使很多节肢动物进化出了复杂的行为。

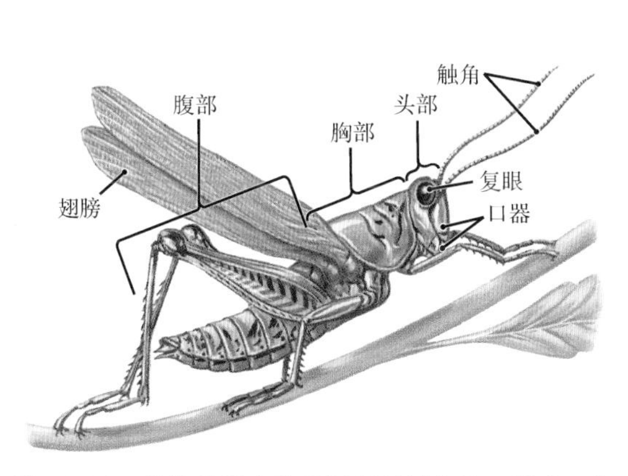

图 23.22　特化的昆虫体节是经过融合的。昆虫，如图中蝗虫的体节经融合和特化形成了明显的头、胸和腹部。腹部的分节状况清晰可见

图 23.23　节肢动物有复眼。这幅扫描电子显微图像显示了牛虻的复眼。复眼由一系列类似的集光和感知元件组成，它们使得牛虻的视野非常宽广。昆虫的成像和颜色鉴别能力相当不错

3．昆虫是唯一能飞的无脊椎动物

目前，人们已发现约 85 万种昆虫，约为所有其他已知动物种类数量的 3 倍（见图 23.24）。昆虫有一对触角和三对腿，通常有两对翅膀。昆虫的飞行能力将它们与所有其他节肢动物分开，并且使得它们获得了极大的成功。打过苍蝇的人都可证明飞行在逃脱捕食者时非常有用。飞行能力还使得昆虫能够找到广泛分布的食物。蝗群每天可飞行 320 千米的距离来寻找食物；研究人员曾经跟踪过一群蝗虫，它们共飞行了 4800 千米。飞行需要迅速且有效的气体交换，昆虫通过呼吸管做到了这一点。

(a) 蚜虫　(b) 蚂蚁　(c) 正在飞行的甲虫　(d) 蛾的幼虫

图 23.24　各种各样的昆虫。(a)蚜虫从植物中吸食富含糖分的果汁。(b)子弹蚁的叮咬让人非常痛苦。(c)鳃角金龟降落时的两对翅膀。外翼保护腹部和相对较薄、较脆弱的内翼。(d)毛虫是蛾或蝴蝶的幼虫。蚕蛾的幼虫能用口器发出“啧啧”声。这种声音可能是用来警告捕食者的

在发育过程中，昆虫需要经历变态过程。变态过程是一次巨变，是昆虫从不成熟的身体状态变为成熟的身体状态的一个过程。对进行完全变态发育的昆虫来说，在不成熟的阶段——幼虫期，它的外形和蠕虫的类似［如丽蝇的幼虫（蛆和蛾）或蝴蝶的幼虫（毛虫)］。幼虫从卵孵化而来，在贪得无厌地进食并且几次蜕去外骨骼后，进入无须进食的休眠阶段——蛹。蛹的外面包裹着一层罩子，在罩子中，蛹经历一次剧烈的变形。之后，成虫从蛹中爬出。成虫相互交配并产卵，如此不断循环。在变态过程中，昆虫的食性和外形都发生改变，排除了成虫和幼虫竞争食物的可能性。在有些情况下，食性的改变会使得昆虫在不同阶段都能吃到当时含量最丰富的食物。例如，在春天食用新生绿芽的毛虫经变态发育成为蝴蝶后，可以享受夏天盛开花朵中的花蜜。有些昆虫（如蝗虫和蟋蟀）的变态发育是一个循序渐进的过程（称为**不完全变态发育**)，它们从卵中孵化出来后，幼体形态和成虫的有些相似，在长大并蜕皮的过程中，逐渐发育出更多的成虫特征。

昆虫的多样性简直不可思议。生物学家将多种多样的昆虫分成了几十个类别。这里只介绍其

中三个最大的类别。

（1）蝴蝶和蛾。蝴蝶和蛾可能是最引人注目的昆虫，也是人们对其研究得最透彻的昆虫。

很多蝴蝶和蛾的翅膀都鲜艳夺目，闪闪发亮，因为蝴蝶和蛾翅膀上的鳞屑中存在色素和反光的结构（鳞屑是触摸蝴蝶或蛾时手上沾到的粉末状物质）。蝴蝶主要在白天活动，而蛾主要在晚上活动（但这一规则也有例外，例如在白天的花园中经常见到正在取食的蜂鸟鹰蛾）。

蝴蝶和蛾的进化与开花植物的进化紧密相连。蝴蝶和蛾几乎只食用开花植物，无论是幼虫还是成虫都如此。很多开花植物反过来依靠蝴蝶和蛾类传粉。

（2）蜜蜂、蚂蚁和黄蜂。蜜蜂、蚂蚁和黄蜂都会叮咬人，而且很痛，许多人通过这一特征认识了它们。在这个群体中，很多物种的尾部都有一根从腹部伸出的毒刺，用于在蜇伤敌人时将毒液注入对方的体内。毒液的毒性很强，但每只昆虫的体内只携带很少的毒素。只有雌性昆虫才有毒刺，很多长有毒刺的种类用它们来保护巢穴免遭潜在的捕食者侵袭。不过，防御不是毒刺唯一的作用。例如，很多黄蜂以寄生的方式繁殖：它们在另一种昆虫的体内产卵，这种昆虫通常是蛾或蝴蝶的毛虫。黄蜂的幼虫孵化出来后，毛虫就沦为前者的食物。在产卵前，黄蜂可能会蜇毛虫，使之麻痹。

有些蚂蚁和蜜蜂的社会行为极其复杂。它们能形成巨大的集群，其中的组织关系非常复杂，每个个体都有专门的工作，如觅食、防卫、繁殖或喂养幼虫。这种组织关系和分工需要它们具有很好的交流和学习能力。社会性昆虫能完成一些惊人的壮举。例如，蜜蜂可以制作并存储食物（蜂蜜），有些蚂蚁可在地下的小室“种植”真菌，或者给蚜虫“挤奶”。

（3）甲虫。在已知的昆虫中，三分之一的种类是甲虫。甲虫的外形、大小和生活方式多种多样。不过，所有甲虫的翅膀上都覆盖有起保护作用的坚硬“铠甲”。很多甲虫是农业上的害虫，如科罗拉多马铃薯甲虫、谷类象鼻虫和日本甲虫。不过，其他甲虫（如七星瓢虫）会捕食害虫，在控制病虫害方面起重要作用。

在所有甲虫中，最令人惊叹的一种适应性变化是在称为投弹甲虫的物种中发现的。投弹甲虫可从自己腹部末端的喷口中喷出毒雾来抵御蚂蚁和其他敌人。投弹甲虫在进行猛烈的喷射时，还可以进行精确的瞄准，让温度高达 93℃的毒雾准确击中对手。为了防止伤到自己，投弹甲虫只在需要时才制造这种喷雾，而这一过程是通过混合两种无害物质实现的。

4. 大多数蛛形类都是肉食性掠食动物

蛛形类包括蜘蛛、螨虫、扁虱和蝎子（见图 23.25）。所有蛛形类动物都有 8 条用来行走的腿，而且大多数都是肉食动物。很多蛛形类动物都以血液或经过预消化的食物为食。例如，种类最多的蛛形类动物——蜘蛛在捕食时，首先会用神经毒素麻痹猎物，然后向动弹不得的猎物（通常是昆虫）体内注入具有消化作用的酶，将猎物的肉体变成“汤”后吸食。蛛形类动物用呼吸管或肺呼吸，也有两者都用的。

与昆虫类和甲壳类的复眼不同的是，蛛形类的眼睛非常简单，且每只眼睛只有一个晶状体。大多数蜘蛛有 8 只眼睛，8 只眼睛的排列可让它们将捕食者和猎物尽收眼底。它们的眼睛对运动的物体非常敏感，且有几种蜘蛛（尤其是那些积极捕猎且不织网的蜘蛛）的眼睛被认为具有成像功能。不过，蜘蛛大多数的感觉功能不是通过眼睛完成的，而是通过覆盖身体大部分的感觉毛来完成的。蜘蛛的一部分毛对碰触很敏感，可以帮助它们感知猎物、配偶和周围环境。还有一些毛对化学物质很敏感，它们具有感知气味和味道的功能。感觉毛还对空气、大地或蜘蛛网的振动有感，能让蜘蛛感觉到捕食者、猎物或其他蜘蛛的接近。

蜘蛛的代表性特征之一是它们能产生由蛋白质构成的蜘蛛丝。蜘蛛在腹部的一个特殊腺体中分泌蛛丝，并用它来完成各种各样的功能，如织网捕捉和捆住猎物（见图 23.20）、为自身制造掩蔽所、制造用来包裹卵的茧，以及制造将自身连到蛛网上或从高处落下时支撑重量的拖丝。蜘蛛丝是一种极轻、极坚固且弹性极好的纤维。如果粗细相同，它比钢丝还坚韧，同时又像橡胶一样有弹性。人类工程师很久以来一直试图发明一种和蛛丝一样的能够完美结合强度和弹性的纤维。不过，尽管对蛛丝的结构研究已非常仔细，但人们仍然未能成功造出可与蛛丝相比的纤维。

(a) 狼蛛

(b) 蝎子

(c) 扁虱

图 23.25 各种各样的蛛形类动物。(a)狼蛛是世界上最大的几种蜘蛛之一，但它们是相对无害的。(b)蝎子生活在温暖的环境中，如美国西南部的沙漠里。它们用腹部尖端毒刺中的毒液麻痹猎物。几种蝎子会对人类造成伤害。(c)扁虱吸血前（左）和吸血后（右）的样子。它们未加压的外骨骼的延展性很强，且可以折叠，因此在进食时会变得非常臃肿

5. 多足虫有很多条腿

多足虫包括百足虫和千足虫，它们的主要特征是有多条腿（见图 23.26）。大多数千足虫有 100～300 条腿；腿最多的物种有 750 条腿。百足虫的腿没有这么多，只有约 70 条腿。百足虫和千足虫都只有一对触角。百足虫的腿和触角要比千足虫的长且精致。多足虫的眼睛构造非常简单，只能辨别亮和暗，而不能成像。有些物种的眼睛数量非常多，可达 200 只，还有些物种完全没有眼睛。多足虫用呼吸管呼吸。

(a) 百足虫

(b) 千足虫

图 23.26 多种多样的多足虫。(a)百足虫和(b)千足虫是常见的夜行性多足虫。百足虫的每个体节上都附着一对腿，千足虫的每个体节上则有两对腿

多足虫的生活环境比较单一，大多数在土壤、落叶层、原木和岩石下生活。百足虫大多是肉食动物，可以用最靠前的腿来抓住猎物（一般是其他节肢动物），这些腿发生了变化，类似于尖利

的爪子，可向猎物体内注入毒液。体形较大的百足虫的叮咬会导致人的剧烈疼痛。相反，大多数千足虫都不是捕食者，它们以腐烂的植物和其他杂物为食。受到攻击时，很多千足虫会分泌具有恶臭的液体来保护自己。

6. 大多数甲壳类动物生活在水里

甲壳类动物包括蟹、螯虾、龙虾、对虾和藤壶。它们是主要生活在水中的节肢动物（见图 23.27）。甲壳类动物的大小相差悬殊，从生活在沙粒间的空隙中需要借助显微镜才能看清的种类，到世界上最大的节肢动物——日本蜘蛛蟹，其腿伸开后长约 4 米。甲壳类动物有两对有感知作用的触须，但其他附肢的形态、数量和物种的栖息地与生活方式有关，因此高度多样化。大多数甲壳类动物有类似于昆虫的复眼，并用腮呼吸。

(a) 水蚤　(b) 鼠妇　(c) 寄居蟹　(d) 鹅颈藤壶

图 23.27　多种多样的甲壳类动物。(a)微小的水蚤在淡水中非常常见。注意水蚤身体中正在发育的卵。(b)鼠妇常出没于阴暗且潮湿的地方，如岩石、树叶和腐烂木头的下面，是很少几种成功进军陆地的甲壳类动物之一。(c)寄居蟹通过寄居在被遗弃的蜗牛壳中来保护其柔软的腹部。(d)鹅颈藤壶用其坚韧、灵活的柄将自身固定在岩石、船只甚至类似于鲸这样的动物身上。其他种类的藤壶通过类似于小型火山的壳（见图 23.18b）将自身固定在其他物体上。早期的博物学者在发现它们有关节的腿之前，一直以为它们是软体动物（图中可见它们伸入水中的腿）

甲壳类动物是体形更大的动物的重要食物来源。例如，在南半球的海洋中生活着很多较小的甲壳类动物磷虾，它们是鲸、海豹、海鸟及其他动物的主要食物来源。人类也食用很多甲壳类动物。例如，在美国，对虾是人们消耗量最大的海产品。在过去的 20 年间，对虾的人均食用量已翻番。今天，我们吃到的大部分对虾都是人工养殖的，养殖场主要位于亚洲和南美洲的沿海地区。遗憾的是，广泛的对虾养殖对生态环境造成了不利的影响，因为大量红树林被人们砍伐用来养殖对虾，而红树林对生态环境来说是非常重要的。

23.3.8　线虫在自然界中大量存在但大多数体形很小

线虫（线形动物门）几乎无处不在。在地球上几乎所有的栖息地中，都能找到线虫的身影，它们在降解有机物方面起重要作用。它们的个体数量极大，一个正在腐烂的苹果上就可能有 10 万只线虫。在 4000 平方米的表层土壤中，就有数十亿只线虫正在旺盛生长。此外，几乎所有植物和动物都是几种线虫的宿主。

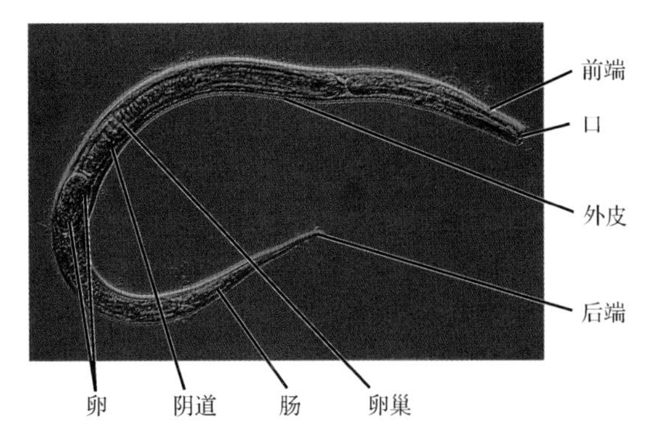

图 23.28　生活在淡水中的线虫。这只雌性淡水线虫体内的卵清晰可见

除了数量很大且普遍存在，线虫的种类也很多。尽管人们目前只命名了 12000 种不同的线虫，但线虫种类的总数实际上可能有 50 万种。其中大多数就像图 23.28 中的那只一样，非常微小，但有些寄生生活的线虫可以长到几米长。

1．线虫是简化身体结构的假体腔动物

线虫的身体结构相对简单，特征是具有管状的肠道、器官浸泡在充满液体的假体腔中，且形成了液压骨骼（见图 23.3b）。由非生命物质构成的角质层覆盖在细长的身体表面，起保护作用。每隔一段时间，线虫就将角质层蜕掉，长出新的角质层。线虫头部的感知器官将信息传递到简单的“脑”中。线虫的脑是由神经环组成的。

线形动物没有循环和呼吸系统。因为大多数线虫都很细，对能量的需求较低，因此简单的扩散就可满足它们对气体交换和营养物质分配的要求。大多数线虫有性生殖，且是雌雄异体动物；雄性（通常比雌性要小）通过将精子放入雌性的体内来使其受精。

2．几种线虫对人类有害

在人的一生中，可能会被 50 种线虫中的一种侵袭。大多数这样的线虫相对无害，但有些重要的特例。例如，十二指肠虫幼虫（存在于某些热带地区的土壤中）会钻入脚中，进入血液后顺着血流到达小肠，造成持续的出血症状。另一种危险的寄生线虫是旋毛虫，它会导致旋毛虫病。旋毛虫会感染食用了未全熟的被污染猪肉的人类。在被污染的猪肉中，每克肉中含有 15000 个幼虫囊孢（见图 23.29a）。囊孢在人类的消化道中孵化，入侵血管和肌肉，导致出血和肌肉损伤。

寄生线虫还会威胁到家养动物。例如，狗很容易被犬恶丝虫感染（见图 23.29b），后者可通过蚊子传播。在美国南部，犬恶丝虫对未受保护宠物的生命构成了重大威胁。

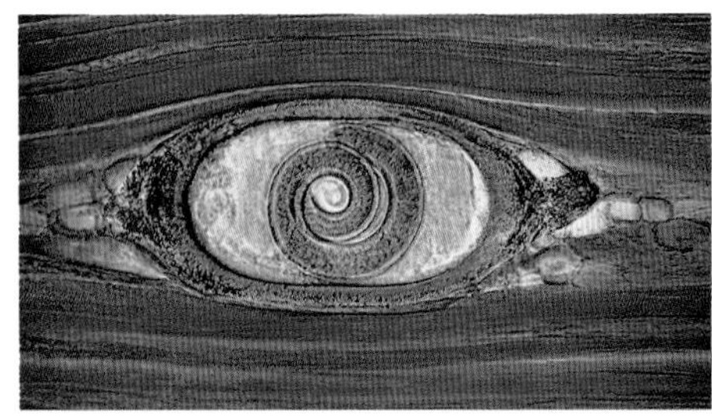

(a) 旋毛虫

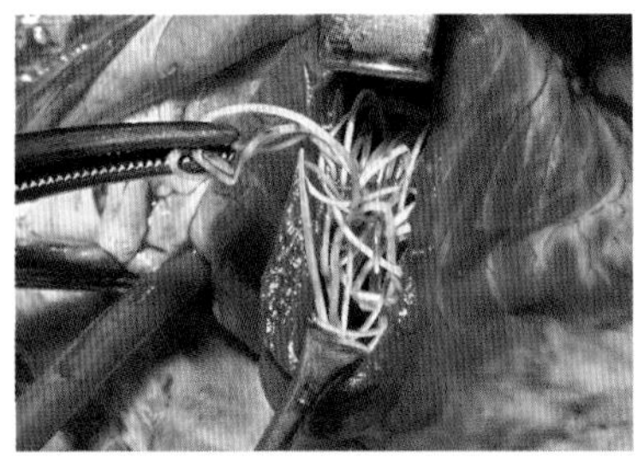

(b) 犬恶丝虫

图 23.29　一些寄生线虫。(a)旋毛虫包裹在囊孢中的幼虫，位于猪的肌肉组织中，可在那里生活长达 20 年之久。(b)狗的心脏中的犬恶丝虫成虫。犬恶丝虫的幼虫进入血流，在血流中可能被蚊子摄入体内，通过叮咬传染给另一条狗

23.3.9　棘皮动物具有由碳酸钙构成的骨骼

棘皮动物（棘皮动物门）只在海洋中生存，而且它们的常用名容易让人们想起它们的栖息地：饼海胆、海胆、海星、海参和海百合等（见图 23.30）。“棘皮动物”这个名字来源于大多数棘皮动物皮肤中长出的隆起或尖刺。海胆身上的这些尖刺尤其发达，而海星和海参身上的尖刺就要少得多。棘皮动物的隆起和尖刺实际上是内骨骼的延长部分。内骨骼由碳酸钙板构成，它们位于外皮之下。

(a) 海参　　(b) 海胆　　(c) 海星

图 23.30　多种多样的棘皮动物。(a)海参正在吃沙子上的碎屑。(b)海胆的尖刺实际上是内骨骼的突起。(c)海星通常有 5 条臂

1. 棘皮动物在幼体时期是两侧对称动物，在成体时期是径向对称动物

棘皮动物表现出后口发育方式，且和包括脊索动物在内的其他后口动物有着共同的祖先（见第 24 章）。棘皮动物是两侧对称动物这棵进化树上的成员，但它们的两侧对称只表现在胚胎时期和能自由游动的幼年时期。相反，成年棘皮动物是径向对称的，且没有头部。头部形成的缺失和它们缓慢呆滞的生活习性是相符的。大多数棘皮动物移动得很慢，以藻类或从沙子和水中滤出的小块物质为食。有些棘皮动物是捕食者，如海星就以比其移动得还慢的蜗牛或蛤为食。

2. 棘皮动物具有水管系统

棘皮动物用无数微小的管足移动，管足是从身体下表面伸出并终止于吸盘的圆柱状突起。管足是棘皮动物所特有的水管系统的组成部分，水管系统在运动、呼吸和捕捉食物方面都有作用（见图 23.31）。海水通过棘皮动物上表面的一个开口（筛板）进入环状的中心管道，中心管道又向四周辐射出很多管道。这些管道将水带到管足处，后者则受壶状体（一块有伸缩功能的肌肉器官）控制。壶状体的收缩将水挤入管足并使其伸长。这样，吸盘就被压在海底或食物上，并且牢牢附着在上面，直到内在的压力释放完毕。

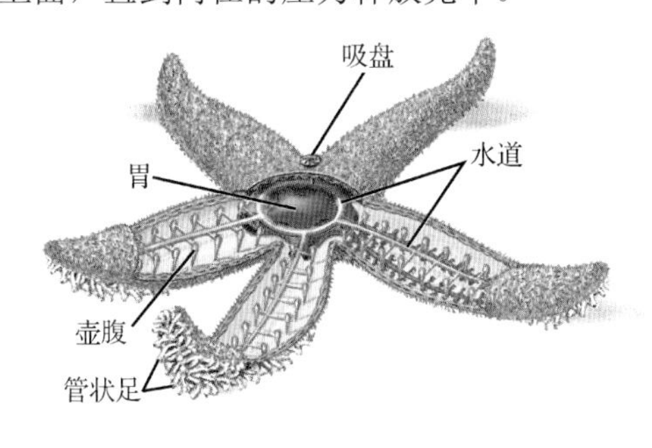

(a) 海星的身体设计

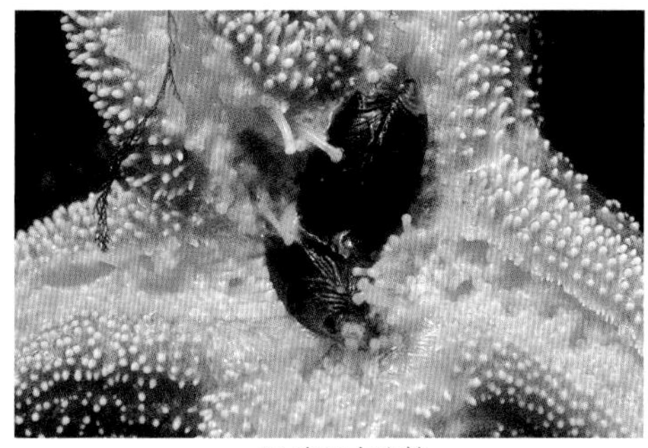

(b) 海星在吃蚌

图 23.31　棘皮动物的水管系统。(a)充满海水的水管系统内部压力的改变使管足伸长或收缩。(b)海星常以软体动物（如图中的蛤）为食。正在进食的海星将无数的管足附着在蛤壳上，对其施加拉力。之后，海星通过位于中心部位的嘴将其脆弱的胃翻出。海星的胃可钻入双壳类的壳之间 1 毫米宽的缝隙。一旦进入两壳之间，海星的胃就分泌消化酶，使软体动物变得虚弱，进一步打开壳。已部分消化的食物会转移到胃的上半部分完成消化

3. 棘皮动物的一些器官系统被简化

棘皮动物的神经系统相对简单，而且没有大脑。它们的活动受到的调控并不精确；对活动的调控由一个环绕食道的神经环、辐射到身体其余部位的辐射神经和通过表皮的神经完成。海星的臂尖处集中分布有一些简单的光合化学物质受体，而感觉细胞散布在表皮上。对一些蛇尾类棘皮

动物来说，它们的光受体和非常微小的透镜偶联在一起，这些比人类头发直径还要细小的棱镜能捕获光，将光汇聚到受体上。这些“显微透镜”是由方解石（碳酸钙）晶体组成的。它们的光学性能无与伦比，远比人类制造的同等尺寸的透镜要好。研究人员认为，成千上万个透镜中的每个都会形成一个微小的像，动物可以集合这些透镜成的像，形成周围环境的图像。

棘皮动物没有循环系统，但在其发达的体腔中流动的液体可以代替循环系统。气体交换通过伪足进行，但有些种类是由穿透表皮的无数微小“皮肤腮”完成的。大多数棘皮动物都是雌雄异体的，它们将精子和卵细胞排到水里来完成受精作用并进行繁殖。

很多棘皮动物可再生失去的身体部位，海星的再生能力尤其强大。实际上，只要臂上连有身体中心的一部分，海星的一条臂就可长成一整只海星。在大家广泛认识到海星的这一能力之前，捕捞蛤的渔民为了保护蛤不被海星吃掉，常将海星砍成几块再扔回海里。不用说，这一策略的效果适得其反。

23.3.10 脊索动物包括脊椎动物

脊索动物（脊索动物门）包括脊椎动物和几种无脊椎动物，后者包括海鞘和文昌鱼等。

复习题

01. 列出将动物与其他种类的生物区分开来的特征。
02. 列出本章讨论的每个门的区别性特征，并且为每个门给出个体的例子。
03. 简要描述如下适应并解释其意义：双侧对称、头化、封闭循环系统、体腔、径向对称、分割。
04. 描述和比较四个主要节肢动物类群的呼吸系统。
05. 描述节肢动物外骨骼的优缺点。
06. 在三个主要软体动物类群的哪个中发现了以下特征？a. 两个铰链壳；b. 一个齿舌；c. 触手；d. 一些固着的个体；e. 最发达的大脑；f. 无数的眼睛。
07. 给出棘皮动物水管系统的三种功能。
08. 什么生活方式是径向对称的一种适应？什么生活方式是两侧对称的一种适应？
09. 列出一些可能伤害人类的无脊椎动物，并为列出的每种动物命名分类组。

第 24 章　动物多样性 II：脊椎动物

现代腔棘鱼这一霸王龙般的存在，迄今还生活在我们的地球上，不能不说是个奇迹

24.1 脊索动物的主要特征是什么

人类在分类学上属于脊索动物（脊索动物门）这一分类群。脊索动物（见图 24.1）不仅包括有骨骼的鸟和类人猿这样的动物，而且包括被囊动物（海鞘）和体形娇小的鱼形动物文昌鱼。这些动物和我们之间有着很大的不同。那么我们和它们有哪些共同特征呢？

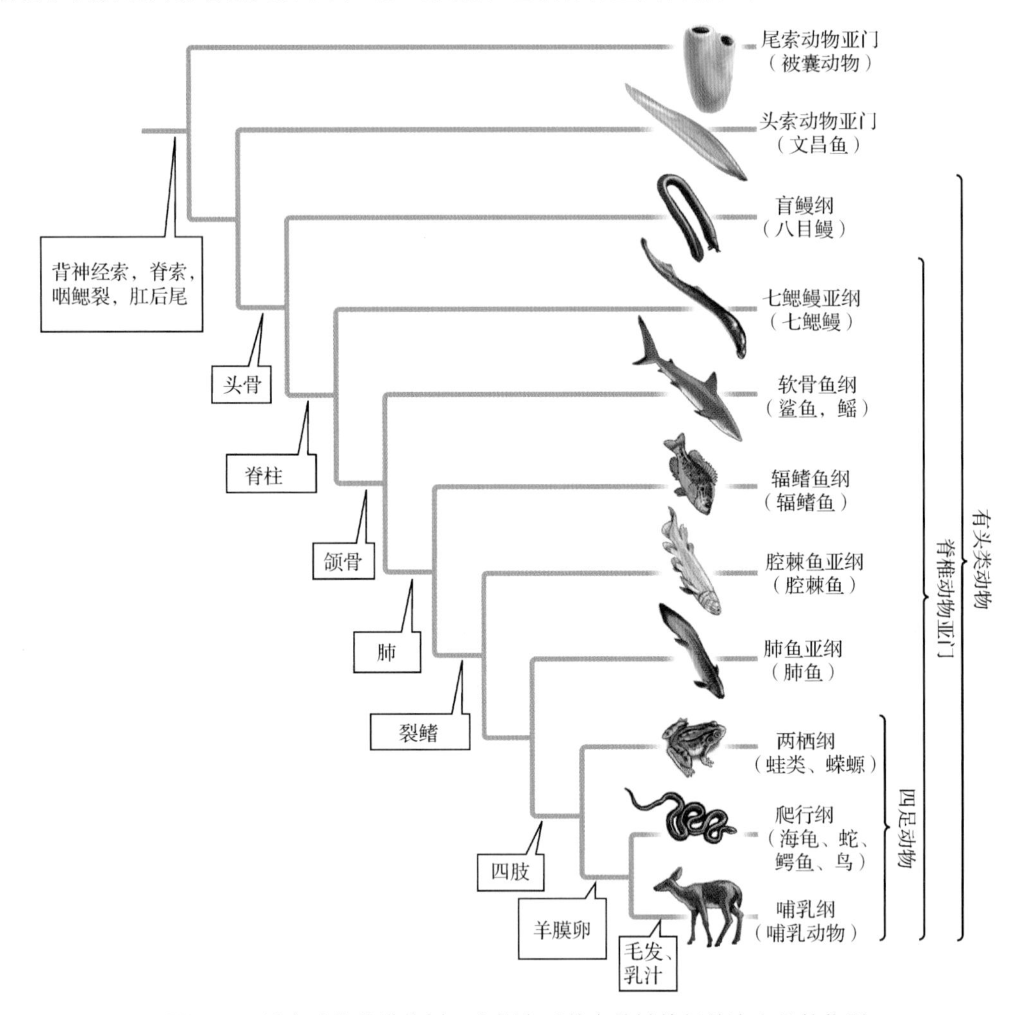

图 24.1　脊索动物的进化树。方框表示某个关键特征首次出现的位置

24.1.1　所有脊索动物都有四个独特的结构

所有脊索动物的发育方式都是后口的（这也是棘皮动物的特征），且在生命周期的某个阶段同时具有如下四个特征：背神经索、脊索、咽鳃裂和肛后尾。

1. 背神经索

脊索动物的神经索位于消化道上方，沿身体的背部（上部）纵向分布。相反，其他动物的神经索位于身体腹侧的消化道下方。脊索动物的背神经索是空心的，中央充满了液体，这一点与其他动物不同。其他动物的神经索不是空心的，整条神经索都由实心的神经组织组成。在脊索动物的胚胎发育过程中，神经索的前端变厚，最终发育成大脑。

2. 脊索

脊索是沿身体纵向分布的位于消化道和神经索之间的坚硬而灵活的杆状结构，为身体提供支撑，也是肌肉附着的位点。在很多脊索动物中，脊索只在早期发育阶段才存在，在骨骼发育后就会消失。

3. 咽鳃裂

咽鳃裂位于咽部。在有些脊索动物中，这些裂痕形成有功能的腮（用于在水中进行气体交换的器官）的开口，而在其他脊索动物中，无功能的咽鳃裂只在发育的早期出现。

4. 肛后尾

肛后尾是脊索动物后部的延伸，即延伸到肛门后包含肌肉组织和神经索的末端部分。其他动物没有这种尾。

脊索动物的这几个特征结构可能令人困惑，因为虽然人属于脊索动物，但第一眼看去，除了神经索，这几个特征人似乎一个都没有。不过，进化关系有时在发育早期才能清楚地表现出来，在胚胎时期，人是有脊索、咽鳃裂和尾巴的，但在接下来的发育过程中又失去了这些构造（见图 24.2）。

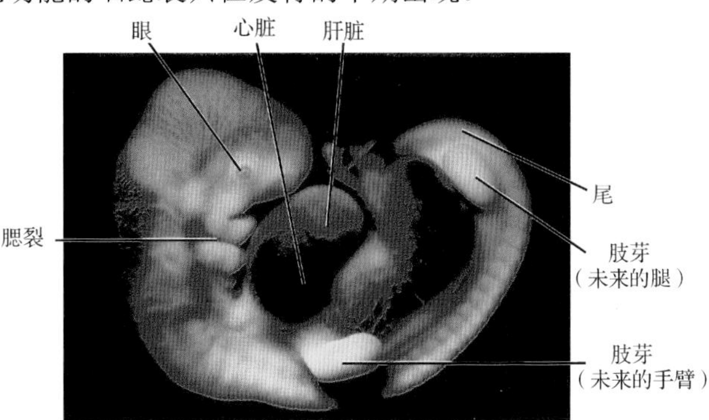

图 24.2　人类胚胎的脊索动物特征。这个五周大的人类胚胎长约 1 厘米。它有尾巴和外腮裂（外腮槽可能是个更好的名称，因为它们不穿透体壁）。尽管尾巴很快就会消失，但其腮裂却对下颚的形成起重要作用

24.2　哪些动物是脊索动物

脊索动物包含三个进化枝（包括来自同一祖先的所有后代的类群）：被囊动物、文昌鱼和脊椎动物。

24.2.1　被囊动物包括海鞘和樽海鞘

被囊动物（尾索动物亚门）包括大约 1600 种海生无脊椎脊索动物。被囊动物都很小，长度从几毫米到约 30 厘米不等。被囊动物包括一种称为海鞘（见图 24.3a）的动物。这种动物无法移动，靠过滤海水进食，形状像花瓶。海鞘身体的大部分由咽部占据，且咽部长得像提篮，上面有腮裂，表面衬有黏液。水通过入水管进入海鞘体内，从咽的顶端进入咽部，通过腮裂，从出水管离开海鞘的身体。食物颗粒会被黏液粘住。

成年的海鞘是固着生物，即它们会死死地附着在坚硬的表面上。它们的运动能力仅限于剧烈收缩其囊状的身体，向将它们从海底拔下来的人的脸上喷水。尽管成年海鞘无法移动，但它们的幼体可以自由移动，而且具有脊索动物的四大特征（见图 24.3a 中的左图）。有些被囊动物在一生中都可以移动。例如，长得像桶的樽海鞘生活在公海中，它们通过收缩环绕身体的肌肉带四处游动，肌肉的收缩使樽海鞘向后喷水，以推进它前进。

大多数被囊动物都是雌雄同体的（个体身上有雄性和雌性两套生殖器官）。它们既可进行有性生殖，又可进行无性生殖。在有性生殖过程中，被囊动物将精子散播到水中，使卵细胞受精。卵细胞（视具体物种而定）有的散播到水中，有的在被囊动物体内。在后一种情况下，精子必须进入被囊动物体内才能使卵细胞受精，而产生的下一代幼体必须从母体体内游出。

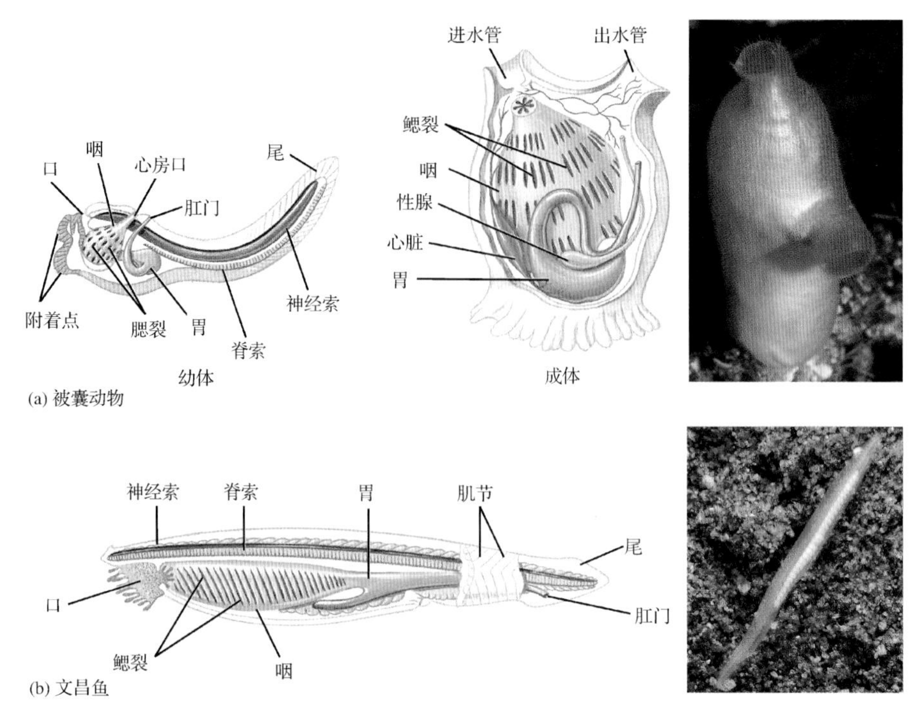

图 24.3 无脊椎脊索动物。(a)海鞘的幼体（左图）表现出脊索动物的所有四个形态特征。成年海鞘（中图）的尾和脊索都脱落不见，同时也没有了运动能力（右图）。(b)文昌鱼，类似鱼的无脊椎脊索动物。成年文昌鱼个体表现出脊索动物的全部四个特征。

24.2.2 文昌鱼是生活在海中的滤食动物

共有约 30 种文昌鱼（头索动物亚门），它们是另一种无脊椎脊索动物。文昌鱼很小（长约 5 厘米），长得很像鱼类。成年文昌鱼表现出了脊索动物特有的所有四个性状（见图 24.3b）。成年文昌鱼一生中的大部分时间都被半埋在海底的细沙中，只露出身体的前半部分。咽部的纤毛帮助文昌鱼将海水吸入口中。在海水流过其咽鳃裂的同时，一层黏膜将海水中微小的食物颗粒过滤出来。被捕捉到的食物颗粒则被送往文昌鱼的消化道进行消化。

文昌鱼是雌雄异体动物，进行有性生殖。在一年中的特定时段，一个地区的大多数雄性和雌性文昌鱼都会向周围的水中散播配子（卵细胞和精子）。受精卵发育成非常微小的幼体，可以缓慢游泳并四处飘浮，几周后就会完成生长发育过程，一头扎进海床，发育成为成体。

24.2.3 有头动物有头骨

有头动物包括所有有着被头骨包裹的大脑的脊索动物。头骨可能由骨或软骨组成，软骨是一种类似骨的结构，但不像骨那样易碎，而且更柔韧。已知最早的有头动物是在 5.3 亿年前的岩石中发现的，它们和文昌鱼很相似，不过有大脑、头骨和眼睛。最早的有头动物没有颌骨。

今天，有头动物包含两个类群：八目鳗和脊椎动物。表 24.1 中小结了一些有头动物的特征。

表 24.1 一些有头动物的特征

类　别	受精方式	呼吸器官	心　腔　数	体温调节方式
八目鳗（盲鳗纲）	体外	腮	2	变温
七鳃鳗（七鳃鳗亚纲）	体外	腮	2	变温
软骨鱼类（软骨鱼纲）	体内	腮	2	变温

续表

类　别	受精方式	呼吸器官	心　腔　数	体温调节方式
条鳍鱼类（辐鳍鱼纲）	体外[1]	腮	2	变温
空棘鱼类（腔棘鱼亚纲）	体内	腮	2	变温
肺鱼（肺鱼亚纲）	体外	腮和肺	2	变温
两栖动物（两栖纲）	体外或体内[2]	皮肤、腮和肺	3	变温
爬行动物（爬行纲）	体内	肺	3^3	变温[4]
哺乳动物（哺乳纲）	体内	肺	4	恒温

[1] 少数几种条鳍鱼能进行体内受精。[2] 大多数蛙和蟾蜍体外受精，蚓螈和大多数蝾螈体内受精。[3] 除了有 4 个心腔的鸟类和鳄鱼。[4] 鸟除外，鸟是恒温动物。

1. 八目鳗身体纤细，生活在大洋底部

和它们的祖先一样，八目鳗（盲鳗纲）没有颌骨，它们用一种类似舌头的上面长着牙齿的器官来磨碎并撕裂食物。八目鳗的身体由脊索加固，但骨骼只包括几小块软骨，其中一块形成不发达的头骨。因为八目鳗缺少环绕神经索的骨骼，所以没有脊柱。因此，大多数分类学家不认为它们是脊椎动物，而是与脊椎动物亲缘关系最近的有头动物的代表。

图 24.4　八目鳗。八目鳗在泥土里的公共洞穴中居住，主要以蠕虫为食

约有 75 种不同的八目鳗，且毫无例外都生活在海洋中（见图 24.4）。它们用腮呼吸，心脏有两个室，且是变温动物；也就是说，它们依赖外界环境来调节自己的体温。八目鳗在大洋底部附近生活，常在泥土里挖洞，主要以蠕虫为食。不过，它们也会吃已死和快要死亡的鱼类，它们会用牙齿钻进鱼的体内并吃掉它们柔软的内脏。

八目鳗会分泌大量的黏液，这也是它们对付捕食者的方法。尽管它们有“深海黏球”的外号，但仍有渔夫贪得无厌地捕捞它们，因为世界上有些地方的制皮工业用到了八目鳗。大多数材质标注为“鳗鱼皮”的皮制品实际上是用经鞣酸处理的八目鳗的皮制作的。

2. 脊椎动物有脊柱

脊椎动物是脊索在胚胎发育时期就被由骨或软骨构成的脊柱取代的动物。脊椎动物的脊柱能够支撑它们的身体，为肌肉提供附着位点，还可保护脆弱的神经索和脑部。脊柱也是内骨骼活着的一部分，可以生长并自我修复。

代表性的早期脊椎动物是一系列长相奇特的无颌骨的鱼，现已灭绝。其中很多种类的身体外部都有骨质的盘状结构，用于保护自己。4.25 亿年前，无颌鱼进化出重要的新器官——颌骨。颌骨使鱼类可以抓住、撕裂或磨碎食物，相比无颌鱼有了更多的食物来源。今天，大多数（但非所有）脊椎动物都有颌骨。

除了上面介绍的适应性，其他几种适应性变化也帮助脊椎动物成功进军了世界上的大多数环境。一种成功的适应性变化是偶肢。这种结构首先在鱼类中以鳍的形式存在，作用是作为游泳时的稳定器。经过几百万年的进化，有些鳍在自然选择中变成可让动物爬到干燥陆地上的腿，之后又进化成让有些动物可在空中飞行的翅膀。另一种成功的适应性变化是脊椎动物的大脑和感觉器官变得越来越复杂，使脊椎动物能够感知生存环境的更多细节，并以多种方式来应对它们。

24.3 脊椎动物主要有哪些

今天，脊椎动物包括七鳃鳗、软骨鱼类、条鳍鱼类、空棘鱼类、肺鱼类、两栖动物、爬行动物和哺乳动物。

24.3.1 有些七鳃鳗寄生在鱼身上

和八目鳗一样，35 种七鳃鳗（七鳃鳗亚纲）都没有颌骨。七鳃鳗两个鲜明的特征是围绕在其嘴边的圆形大吸盘及头上的鼻孔。七鳃鳗的神经索被一节节的软骨保护，因此我们认为它是真正的脊椎动物。它们既可生活在淡水中，也可生活在海水中，但必须返回淡水中产卵。七鳃鳗会迁移到很浅的溪流中产卵；会在砾石河床上挖坑，然后将卵产在里面。产卵后不久，成年七鳃鳗就会死亡。新生七鳃鳗孵出后，会在溪流中生活多年，以藻类为食。成熟后，它们就向溪流下游迁移，在海洋、湖泊或河流中度过成年时光。

图 24.5　七鳃鳗。有些成年七鳃鳗寄生生活，它们用长着锉样牙齿的嘴钻入大鱼的身体，附着在其上面

几种七鳃鳗的成年体寄生生活。寄生性七鳃鳗靠长满牙齿的嘴将自身附着在大鱼身上（见图 24.5）。七鳃鳗可用舌头上锉刀样的牙齿在宿主的体壁上钻孔，以吸食血和体液。从 20 世纪 20 年代起，七鳃鳗就蔓延到了五大湖。由于那里五大湖有效的捕食者，它们便大量繁殖，大大减少了商业鱼类的种群数量，包括有名的湖红点鲑。之后，人们控制住了五大湖中的七鳃鳗数量，让其他几种鱼的种群数量有所回升。

24.3.2 软骨鱼是海洋中的捕食者

软骨鱼（软骨鱼纲）包含 625 个生活在海洋中的物种，其中包括鲨、鳐和魟（见图 24.6）。和八目鳗、七鳃鳗不同的是（但与其他所有脊椎动物都相似），软骨鱼有颌骨。它们的骨骼都由软骨组成，是优雅的猎手。它们的体表覆盖有皮肤，皮肤表面有极小的鳞片，起保护作用。尽管其中有些种类必须持续游动才能使海水通过腮循环，但大多数种类可以主动地将水抽到腮中。与其他几乎所有鱼类的特征（体外受精）不同的是，软骨鱼进行的是体内受精——雄性软骨鱼直接将精子放入雌性的生殖道内。有些软骨鱼可以长得非常长。例如，鲸鲨可以长到约 14 米长，而蝠鲼可以长到超过 6 米宽。

虽然有些鲨鱼以浮游生物（微小动物和原生生物）为食，但大多数鲨鱼是捕食更大猎物的捕食者。它们的菜单上有其他种类的鱼、海洋哺乳动物、海龟、蟹和鱿鱼。很多鲨鱼用其强壮的颌来攻击猎物，颌中长有几排像剃刀一样锋利的牙齿；在前面一排牙齿因老化而脱落后，后面的一排牙齿会移动到前排来补上空缺（见图 24.6a）。

大多数鲨鱼都会躲避人类，有些种类的鲨鱼长得非常大，是游泳者或潜水员的威胁。不过，鲨鱼攻击人的事件非常少见。一个美国居民死于闪电的可能性比死于鲨鱼攻击的可能性要大 30 倍，海滩边人溺水的概率远高于被鲨鱼咬到的概率。不过，鲨鱼攻击人的事件还是时有发生。例如，2011 年，世界上共记录了 75 例攻击事件，其中 12 例是致命的。

鳐和魟通常生活在海底，身体呈扁平状，有长得像翅膀一样的鳍和细小的尾巴（见图 24.6b）。魟通常比鳐要大一些，但这两种鱼最明显的区别是，魟是胎生动物而鳐是卵生动物。大多数鳐和魟都以无脊椎动物为食。有些魟用尾部附近的棘刺保护自己，这根刺会造成危险的伤痕，还有些种类能够产生强有力的电击将猎物击昏。

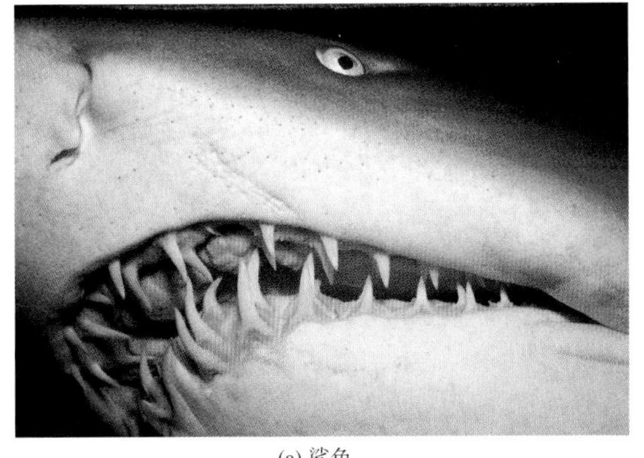

(a) 鲨鱼

(b) 黄貂鱼

图 24.6　软骨鱼。(a)鲨鱼显露出几排牙齿。最前排的牙齿脱落后，后排的牙齿会向前移动来代替它们。鲨鱼和鳐都没有鱼鳔，如果它们停止游泳，就会下沉。(b)热带蓝点黄貂鱼靠其身体横向延伸的部分在水中游动

24.3.3　条鳍鱼是最具多样性的脊椎动物

脊椎动物的多样性之王是条鳍鱼（辐鳍鱼纲）。人们已识别约 2.4 万种条鳍鱼，科学家估计，地球上现存的条鳍鱼种类数量可能是这个数字的两倍，因为还有很多栖息在深海和人迹罕至地区的条鳍鱼尚未被人们所知。条鳍鱼几乎存在于所有有水的栖息地，无论是淡水还是海水中都有它们的踪迹。

条鳍鱼的特征是其特殊结构的鳍，它们的鳍是由骨质的棘刺外包皮肤形成的。此外，条鳍鱼有由硬骨组成的骨骼系统，这是它们与鳍鱼和有叶肢的脊椎动物的共有性状。条鳍鱼的皮肤表面覆盖着互相咬合的鳞片，鳞片在保护鱼的同时还让鱼保持了灵活性。大多数条鳍鱼都有鱼鳔，鱼鳔是位于鱼体内的气球，它可使鱼随意地飘浮在水中的任何深度。鱼鳔是从肺演变而来的，肺（和腮一起）存在于现代条鳍鱼的祖先身上。

条鳍鱼不仅包括很多不同的物种，而且包括很多不同的形态和生活方式（见图 24.7）。条鳍鱼包括长得像蛇的鳗鱼、扁平的比目鱼、栖息在海底的懒散鱼类，也包括身体呈流线形、游得飞快的公海猎手。条鳍鱼有的栖息在珊瑚礁附近，颜色艳丽，有的居住在深海，身体呈半透明状，还会发光；有质量约为 1350 千克的翻车鲀，也有质量约为 1 毫克的婴儿鱼。

(a) 安康鱼

(b) 绿鳗

(c) 海马

图 24.7　多种多样的条鳍鱼。条鳍鱼几乎分布于所有的水生环境中。(a)雌性安康鱼用伸到嘴前方的诱饵来吸引猎物。安康鱼色泽雪白，生活在约 1800 米深的水中。雄性深海安康鱼的体形很小，附着在雌性身上寄生生活，时刻准备使对方的卵细胞受精。图中的两条雄性安康鱼就附着在雌性身上。(b)热带绿鳗生存于岩缝中，其下颌上的小鱼（带状清洁虾虎鱼）正在消灭附着在绿鳗皮肤上的寄生虫。(c)海马在食用小型甲壳类动物时，可用其适合抓握的尾巴将自身锚定在附近的物体上

条鳍鱼还是人类极其重要的食物来源。遗憾的是，我们对美味条鳍鱼的追求，加上越发高效的高科技捕鱼方法，对鱼类的种群造成了近乎毁灭性的打击。几乎所有具有重要经济价值的条鳍鱼的种群数量都在大幅下降，如果我们继续过度捕捞，鱼类资源很快就会枯竭。

24.3.4 空棘鱼和肺鱼的鳍呈叶状

尽管几乎所有的硬骨鱼都属于辐鳍鱼纲，但还有一些硬骨鱼属于其他两个类群：空棘鱼（腔棘鱼亚纲）和肺鱼（肺鱼亚纲）。肺鱼共有 6 种，分布在非洲、南美洲和澳大利亚的淡水流域（见图 24.8）。肺鱼既有腮又有肺，喜欢生活在不流动的水中，这样的水中氧气含量很低，而它们的肺可通过直接呼吸空气来补充所需的氧气。几种肺鱼甚至在池塘完全干涸后仍然可以生存。这些肺鱼将自己埋进泥巴里，把自己封闭在含有黏液的小室中。在那里，它们可用肺呼吸，同时代谢水平大幅下降。当雨季来临，池塘中又充满水时，它们就可离开藏身之处，重新开始水下生活。

图 24.8 肺鱼是肉鳍鱼。在所有鱼类中，肺鱼是和生活在陆地上的脊椎动物亲缘关系最近的

肺鱼和空棘鱼有时称为肉鳍鱼，因为这两种鱼都有着肉质鳍，它们的鳍中含有杆状的硬骨，外面包着厚厚的一层肌肉。这一性状表明这两种鱼有着共同的祖先，尽管这两个谱系已分别独立进化了上亿年。

除了空棘鱼和肺鱼，在有颌鱼进化的早期还出现过几种肉鳍鱼，其中一种肉鳍鱼的肉鳍经过进化后，在紧急时刻可以当作腿来使用，于是就可从干涸的泥潭中爬到水更深的池塘中生活。这一谱系产生了一些活到今天的后代，即四足动物。它们的叶状鳍进化成了肢体，可在陆地上支撑它们的身体，且肢体的末端有趾（手指或脚趾）。四足动物包括两栖动物、爬行动物和哺乳动物。

24.3.5 两栖动物过着双重生活

最早进军陆地的四足脊椎动物是两栖动物。今天，约有 6300 种两栖动物（两栖纲）在水陆之间生活着（见图 24.9）。两栖动物的肢体表现出对陆地生活的不同适应程度，有拖着肚子爬行的蝾螈，也有跳得很远的蛙类。两栖动物的心脏中有三个腔（鱼类的心脏中只有两个腔），能够更有效地促进血液循环，且大多数两栖动物成体都用肺代替腮呼吸。不过，两栖动物的肺不是很有效，必须由皮肤来辅助呼吸。这种呼吸方式需要它们时刻保持皮肤潮湿，因此大大限制了两栖动物在陆地上的活动范围。

很多两栖动物需要水的繁殖行为也将它们牢牢限制在潮湿的环境中。例如，和大多数鱼一样，蛙和蟾蜍的繁殖过程通常在体外进行，且是在水中进行的。在水中，精子可以游到卵细胞处使之受精。卵细胞也必须保持潮湿，因为其表面只由一层胶状物质包裹，因此十分脆弱，无法对抗蒸发失水。不同的两栖动物用不同的方式来保证卵细胞是潮湿的，不过有些物种只是简单地将卵产在水中。对有些两栖动物来说，如蛙和蟾蜍，它们的受精卵发育成在水中生活的幼体——蝌蚪。幼体发生巨大的变化，变成可以两栖生活的成体，这一变态发育方式就是两栖动物的名称由来。它们的双重生活方式及具有渗透性的纤薄皮肤，使得它们对污染和环境质量的下降非常敏感。

1. 蛙和蟾蜍可以跳跃

蛙和蟾蜍有 5600 种，是两栖动物中最具多样性的类群。成年蛙和蟾蜍通过跳跃四处移动，身体已非常适应这种运动方式。相对体形来说，它们的后腿很长（比前腿长得多），且没有尾巴。“蛙”和“蟾蜍”这两个名字不是用来描述两个特定进化群的，而是用来区分这一两栖动物类群中两套常见性状组合的非正式命名的。大体上说，蛙的皮肤光滑而潮湿，在水中或水边居住，后腿很长，适合跳跃；而蟾蜍的皮肤坑坑洼洼，相对较为干燥，主要在陆地上生活，且后肢相对较短，更适合单足跳。很多蛙和蟾蜍（以及其他两栖动物）携带有使捕食者厌恶的有毒物质。有些种类体内含有的化学物质的毒性极强，例如一只金镖蛙体内的毒素就可毒死数个成年人。

2. 大多数蝾螈都有尾巴

大多数蝾螈长得都像蜥蜴：身体纤细，有 4 条大小基本相同的腿和长长的尾巴（见图 24.9c）。不过，有些蝾螈的腿非常小；这样的蝾螈外形上类似于鳗鱼。共有约 550 种蝾螈，大多数生活在陆地上的潮湿区域，如森林地面上的岩石或圆木之下。有些蝾螈生活在水中，终其一生都不会到陆地上来。生活在陆地上的种类通常会移动到池塘或溪流中繁殖。几乎所有蝾螈的卵都会发育成用腮呼吸的幼体。

有些蝾螈的幼体不进行变态发育，终生都维持着幼体的状态。

(a) 蝌蚪　(b) 蛙　(c) 蝾螈　(d) 蚓螈

图 24.9　“两栖动物”意为“双重生活”。图中用牛蛙从(a)完全生活在水中的蝌蚪形态转变成(b)半陆生的成体形态的过程来描述两栖动物的双重生活。(c)红蝾螈只生活在美国东部的潮湿地区。(d)蚓螈没有腿，是主要穴居生活的两栖动物

蝾螈是脊椎动物中唯一一种可以再生出肢体的动物。很多研究人员正致力于寻找可使人体坏死组织或器官再生的药物，蝾螈的这一能力引起了他们的注意。研究人员希望随着人们对蝾螈再生能力认识的深入，终将摸索出对人类有效的治疗方法。

3. 蚓螈是没有四肢的穴居两栖动物

蚓螈的种类很少，只有 175 种，是没有四肢的两栖动物，主要生活在热带地区。第一眼看去，蚓螈的外观会让你想起蚯蚓，而体形可达 1.5 米长的较大种类有时会被误认为蛇（见图 24.9d）。大

多数蚓螈都是穴居生物，它们居住在地下，但也有几种蚓螈生活在水中。蚓螈的眼睛非常小，上面通常覆盖有皮肤。因此，它们的视力非常弱，也许只能感受光的强弱。

24.3.6 爬行动物适应了陆地生活

爬行动物（爬行纲）包括蜥蜴、蛇、短吻鳄、鳄鱼、海龟和鸟类（见图 24.10）。爬行动物是在约 2.5 亿年前从两栖动物祖先进化而来的。

(a) 蛇

(b) 短吻鳄

(c) 龟

图 24.10 多种多样的爬行动物（未包括鸟类）。(a)猩红王蛇身上的颜色和条纹使其看上去非常像有毒珊瑚蛇，潜在的捕食者都会躲避珊瑚蛇。这一拟态帮助无毒王蛇逃避捕食。(b)在美国南部的潮湿地区发现的美洲短吻鳄的外形与 1.5 亿年前的短吻鳄化石几乎一模一样。(c)生活在加拉帕戈斯群岛上的龟可活到 100 多岁

1. 爬行动物有鳞片，会生下有壳的蛋

有些爬行动物，尤其是生活在沙漠中的种类，如一些龟和蜥蜴，已可完全不依赖有水的环境生存。它们通过一系列进化适应这样的环境，其中有三种适应尤其重要：①爬行动物进化出覆盖有鳞片的坚硬皮肤，可以防止水分流失，对身体起保护作用。②爬行动物进化出体内受精方式，雄性动物将精子注入雌性的体内。③爬行动物进化出有壳的羊膜卵，可埋到沙子或泥土中，远离水的存在。蛋壳可以防止蛋在陆地上失水。一层内膜（羊膜）包裹着胚胎，使胚胎处于水环境中（见图 24.11）。

图 24.11 羊膜卵。小鳄鱼正努力地从卵中爬出。羊膜卵将正在发育的胚胎包裹在一层充满液体的膜（羊膜）中，从而在卵距离水很远的情况下确保胚胎发育过程可在水环境中进行

除了这些特征，爬行动物的肺比两栖动物的要有效得多，而且它们不再使用皮肤呼吸。爬行动物的循环系统包括有三个腔或四个腔（鸟类、短吻鳄和鳄鱼）的心脏，可以更有效地分离富氧血和缺氧血。

2. 蜥蜴和蛇之间存在进化共性

蜥蜴和蛇共同形成了一个包含 6800 个物种的类群。蛇和蜥蜴的共同祖先是有腿的，大多数蜥蜴仍然保留着这一性状，但蛇却舍弃了这个性状。现存的有些蛇的体内还有残余的后腿骨，表明蛇是从有腿的祖先进化而来的。

大多数蜥蜴都是吃昆虫或其他小型无脊椎动物的小型捕食者，不过有些蜥蜴也可长得非常大。例如，科莫多龙可以长到长约 3 米、质量约 90 千克。这些巨型蜥蜴生活在印度尼西亚，有着强有力的颌和长达 2.54 厘米的牙齿，捕捉包括鹿、羊和猪在内的动物。不过，科莫多龙不仅仅依赖其牙齿来杀死猎物，还能分泌一种毒液，这种毒液可其嘴中的腺体流到被咬猎物的伤口中。即使被科莫多龙咬过的动物未立刻死亡，因毒液的缘故也活不了多久。

很多蛇都是活跃的掠食动物，它们进化出了很多适应性来帮助获得食物。例如，很多蛇有特殊的感觉器官，这种器官可让蛇根据猎物身体和周围环境温度的不同来追踪猎物。有些蛇会从空心的毒牙中分泌出毒液麻痹猎物。蛇的颌关节很特殊，使得蛇的颌骨可以扩张，于是蛇能吞下比自己的头大得多的猎物。

3．短吻鳄和鳄鱼适应了水中的生活

21 种短吻鳄和鳄鱼统称鳄目动物，它们生活在地球上较为温暖的沿海和内陆水域。它们非常适应水中的生活，眼睛和鼻子位于头的上方，可以潜水很长时间，只需将头部最上面的部分露出水面即可。鳄目动物的颌非常有力，圆锥形牙齿可帮助它们压碎并杀死鱼类、鸟类、哺乳动物、龟和两栖动物。

在鳄目动物中，亲代抚育非常常见。它们将卵埋在泥制的巢中，亲代双方共同看守巢穴，直到小鳄鱼出生，然后用嘴将新生的后代搬运到安全的水域。小鳄鱼可能在母亲身边生活多年。

4．龟的身上长有壳

龟类包括 240 个物种，生活在各种各样的环境中，包括沙漠、溪流、池塘和海洋。环境的多样性催生出多种多样的适应性变化，但所有龟类都长有坚硬的箱状壳来保护自己。壳和脊椎、肋骨及锁骨融合在一起。龟类没有牙齿，但进化出了角状喙，可用于进食各种各样的食物；有些龟是食肉动物，有些是食草动物，有些是食腐动物。最大的龟（棱皮龟）生活在海洋中，可以长到 2 米甚至更长，主要以水母为食。棱皮龟和其他海龟必须回到陆地上进行繁殖，需要长途跋涉才能到达繁殖的沙滩，并在那里将产下的卵埋到沙子中。

5．鸟类是有羽毛的爬行动物

鸟类是一种非常特殊的爬行动物（见图 24.12）。尽管 9600 种鸟在传统分类学上被划分为独立于爬行动物的一个类群，但生物学家证明，鸟类实际上是爬行动物的一个亚群。鸟类最早在约 1.5 亿年前的化石记录中出现（见图 24.13），当时因为它们有羽毛而与其他爬行动物划分开，不过羽毛本质上是爬行动物的鳞片特化而成的。现代鸟类的腿上仍然有鳞片，这是它们和其余爬行动物有着共同祖先的证据。

(a) 蜂鸟

(b) 军舰鸟

(c) 鸵鸟

图 24.12　多种多样的鸟类。(a)灵巧的蜂鸟每秒可以拍打约 60 次翅膀，质量约为 4 克。(b)这只年轻的军舰鸟生活在加拉帕戈斯群岛，以鱼为食，已快要离开自己长大的巢。(c)鸵鸟是世界上最大的鸟，其质量高达 135 千克，蛋的质量也超过 1500 克

鸟类最主要的适应性变化是让它们可在空中飞行的变化，最主要的一点是鸟类相对其体形来说格外轻。轻质硬骨使骨骼变轻，且其他爬行动物含有的一些骨头在鸟类的进化过程中丢失，或者与其他骨骼发生融合。鸟类的生殖器官在非繁殖季节严重萎缩，雌鸟只有一个卵巢，进一步减

图 24.13 始祖鸟是已知最早的鸟类。这只始祖鸟被保存在 1.5 亿年前的石灰岩中。鸟类独一无二的特征（羽毛）在化石上清晰可见，不过鸟类祖先的性状也很明显：和现代鸟类不同，始祖鸟长有牙齿，有骨质的尾巴，而且前肢上长有爪

小了重量。羽毛是翅膀和尾巴表面的轻质延伸，提供飞行所需的升力，同时还可控制身体平衡；羽毛在身体表面起保护和绝缘的作用。

鸟类可以维持足够高的体温，使其肌肉和代谢过程能以最高的效率工作，在任何温度下都能源源不断地为飞行提供所需的能量。这种保持比周围环境高的体内温度的能力是鸟类和哺乳动物的共同特征，这些动物有时称为温血动物或恒温动物。相反，变温动物或冷血动物（包括无脊椎动物、鱼类、两栖动物和除鸟类外的爬行动物）的体温随环境变化而变化，但这些动物也会通过一些行为来调节它们的体温（如晒太阳或寻找阴凉的地方）。

鸟类等恒温动物的代谢速率很快，它们对能量的需求较高，且需要有效的组织氧合能力。因此，鸟类必须经常进食，其循环系统和呼吸系统的效率都非常高。鸟的心脏有两个心房和两个心室，以防止富氧血和缺氧血混合。鸟类的呼吸系统有气囊作为补充，气囊可向肺中源源不断地提供富氧空气，即使是在吸气时也能如此。

24.3.7 哺乳动物用乳汁喂养下一代

四足动物进化树的一支进化出了毛发，最终进化成哺乳动物（哺乳纲）。最早的哺乳动物大约出现在 2.5 亿年前，但那时的种类并不丰富，也未成为陆地的主宰者。直到恐龙在约 6500 万年前灭绝，哺乳动物才真正在历史舞台上大显身手。多数哺乳动物的体表都覆盖有具有保护和绝缘作用的毛皮。和鸟类、短吻鳄和鳄鱼一样，哺乳动物的心脏也有两个心房和两个心室，可为组织提供更多的氧气。很多哺乳动物非常灵活敏捷，它们的腿更适合奔跑而非爬行。

哺乳动物是根据雌性动物都具有的器官（可以产生乳汁的乳腺）命名的，雌性哺乳动物用乳汁喂养后代。除了这些特殊的腺体，哺乳动物还有汗腺、味腺和皮脂腺（产生脂肪），这些腺体只存在于哺乳动物身上，而不存在于其他脊椎动物身上。哺乳动物的大脑要比其他任何一种生物的大脑发达，因此具有无与伦比的好奇心和学习能力。哺乳动物在出生后需要父母较长时间的照料，这使得它们可在父母的教导下广泛学习。人类和其他灵长类动物是特殊的例子。事实上，人类较大的大脑正是日后人类统治地球的主要原因。

4600 个物种的哺乳动物包括三个谱系：单孔类动物、有袋类动物和胎盘哺乳动物。

1. 单孔类动物是卵生哺乳动物

和其他哺乳动物不同，单孔类动物是卵生而不是胎生的。单孔类动物只包含三个物种：鸭嘴兽和两种刺食蚁兽，又称针鼹（见图 24.14）。单孔动物只分布在澳大利亚（鸭嘴兽和短吻针鼹）和新几内亚（长吻针鼹）。

针鼹是陆栖动物，主要以从土中挖出的昆虫和蚯蚓为食。鸭嘴兽在水中寻找食物，食物主要是小型脊椎和无脊椎动物。鸭嘴兽的流线形身体非常适应水中的生活，足间有蹼，有宽大的尾巴和胖胖的嘴。

单孔类动物的蛋表面覆盖着坚韧的壳，需要母亲孵化 10～12 天后方能孵出幼仔。针鼹有着特殊的孵蛋袋，但雌性鸭嘴兽孵蛋时要将蛋放在尾巴和腹部之间。新生的单孔类动物非常小，而且

没有单独生存的能力，需要靠母亲分泌的乳汁过活。但单孔类动物没有乳头，乳腺分泌的乳汁直接通过位于母亲腹部的导管渗到导管周围的毛皮中，然后幼小的单孔类动物就可从毛皮中吸奶。

(a) 鸭嘴兽

(b) 针鼹

图 24.14 单孔类动物。(a)单孔类动物（如鸭嘴兽）会产下与爬行动物类似的蛋。鸭嘴兽在河流、湖泊或溪流的岸边挖洞居住。(b)刺食蚁兽（即针鼹）粗短的四肢和爪子可帮助它们从地下挖出食物（昆虫和蚯蚓）。针鼹体表坚硬的尖刺是变性的毛发

2. 澳大利亚是有袋类动物种类最丰富的地区

对除单孔类动物外的哺乳动物来说，胚胎都是在子宫（雌性动物生殖道内的一个肉质器官）内发育的。子宫的内层与来自胚胎的膜共同形成胎盘，母亲和胚胎之间可通过胎盘来进行气体、营养物质和代谢废物的交换。

有袋类动物的胚胎只在子宫中发育很短的一段时间。有袋类动物的幼仔在发育的较早阶段就会出生。出生后，新生的有袋类动物会爬到乳头附近，靠乳汁滋养完成发育。对大多数（但非全部）有袋类动物来说，这一过程发生在育儿袋里。

北美洲唯一的有袋类动物是弗吉尼亚负鼠。在所有 275 种有袋类动物中，绝大多数分布在澳大利亚，有袋类动物（如袋鼠）已视为澳洲的象征。袋鼠是澳大利亚最大、最引人注目的有袋类动物；其中体形最大的品种是红袋鼠，可以长到约 2 米高，其全速前进时，每步能跳出约 9 米远。虽然袋鼠可能是我们最熟悉的有袋类动物，但实际上这一群体还包括大小、外形和生活方式各异的其他物种，包括考拉、袋熊和袋獾（见图 24.15）。

(a) 小袋鼠

(b) 袋熊

(c) 袋獾

图 24.15 有袋类动物。(a)有袋类动物（如小袋鼠）会产下不成熟的后代，需要在母亲的育儿袋中完成发育。(b)袋熊是一种穴居有袋类动物，其育儿袋的开口朝向身体后面，可防止在挖洞时有灰尘或其他杂物进入。(c)袋獾，最大的肉食性有袋类动物

袋獾是一种体形和小狗差不多的肉食动物，也是一种濒临灭绝的有袋类。狩猎极大地减少了袋獾的物种数量，直到 20 世纪 40 年代政府立法保护袋獾，种群数量才开始回升。不过，1996 年

突然出现的一种新型癌症又对袋獾造成了巨大的威胁。和大多数癌症不同的是，这种癌症可在袋獾之间传播。肿瘤长在被感染袋獾的脸上，而它们（和所有其他袋獾一样）在打架和交配时会咬其他动物的脸。这样，肿瘤细胞可能会进入伤口。这种面部肿瘤通常会在几个月内杀死一只动物。研究人员估计，自从这种肿瘤蔓延开来，袋獾的种群数量减少了 60%～80%。

3．胎盘哺乳动物居住在陆地、空中和海洋中

大多数哺乳动物都是胎盘哺乳动物（见图 24.16），这样命名的原因是它们的胎盘比有袋类动物的要复杂得多。和有袋类动物相比，胎盘哺乳动物在子宫内发育的时间要长得多，因此它们的后代在出生前就完成了胚胎发育过程。

(a) 水豚　(b) 座头鲸　(c) 蝙蝠　(d) 猎豹　(e) 猩猩

图 24.16　多种多样的胎盘哺乳动物。(a)南美洲的水豚是世界上最大的啮齿类动物。(b)座头鲸每年会迁移 24 万多千米。(c)蝙蝠是唯一能够真正飞行的哺乳动物，它通过声呐导航，大耳朵可帮助它更好地探测由远处物体反射回来的超声波。(d)哺乳动物是根据雌性动物用来喂养下一代的乳腺命名的，照片中的猎豹正在给其孩子哺乳。(e)猩猩是一种温和且聪明的动物，它们居住在热带地区的少数几片潮湿森林中。人类的捕猎活动和对它们栖息地的破坏使它们到了灭绝的边缘

物种数量最多的胎盘哺乳动物要数啮齿类和蝙蝠。啮齿类的物种数量占所有哺乳动物的 40%。大多数啮齿类动物是大鼠或小鼠，不过啮齿类动物还包括松鼠、仓鼠、天竺鼠、豪猪、海狸、旱獭、金花鼠和田鼠。最大的啮齿类动物水豚生活在南美洲，其质量可达 50 千克。

蝙蝠的物种数量占所有哺乳动物的 20%，是唯一进化出翅膀的可以飞行的哺乳动物。蝙蝠昼伏夜出，白天在山洞、石缝、树上或人们的家中休息。大多数蝙蝠都进化出了对特定食物的适应性变化。有些蝙蝠以水果为食，有些以夜晚开放的花的花蜜为食。大多数蝙蝠都是捕食者，有些蝙蝠以青蛙、鱼甚至其他蝙蝠为食。

少数几种蝙蝠（吸血蝙蝠）完全以血液为食。它们会咬伤熟睡的哺乳动物或鸟类，然后舔食

伤口处的血液。不过，大多数捕食生活的蝙蝠都以会飞的昆虫为食，它们通过回声定位法确定昆虫的位置：首先产生短脉冲的高频声波（音调高到人类听不见），声波被周围环境中的物体反射，产生回声，蝙蝠通过回声来识别猎物并确认其位置。

虽然大多数胎盘哺乳动物都是啮齿动物或蝙蝠，但是其他胎盘哺乳动物形态各异，而且包括很多在人类的想象力中占重要地位的物种。例如，很多人都为我们的近亲（黑猩猩、大猩猩和其他类人猿）和我们非常相似的社会行为着迷。狮子、豹、虎和狼的优雅与力量也让我们心生敬畏，尽管因为捕猎及对栖息地的破坏，这些关键捕食者的种群数量已大大减少（见第 27 章）。从陆地祖先进化而来并重新占领海洋的鲸类也令人神往。最大的鲸即蓝鲸可以长到 30 多米长，是地球上已知存在过的最大动物。由于过度狩猎，蓝鲸现在已濒临灭绝。目前，全世界最多只有 8000～9000 头蓝鲸。

复习题

01. 简要描述以下每种适应并解释其含义：脊柱，颚，四肢，羊膜卵，羽毛，胎盘。
02. 列出具有以下特征的脊椎动物类群：由软骨构成的骨骼，两腔心脏，羊膜卵，恒温，四腔心脏，胎盘，由气囊补充的肺。
03. 列出脊索动物的四个显著特征。
04. 描述两栖动物适应陆地生活的方式。两栖动物在哪些方面仍然被限制在水或潮湿的环境中？
05. 列出爬行动物区别于两栖动物的帮助爬行动物适应干燥陆地环境生活的适应性。
06. 列出鸟类对飞行能力的适应。
07. 哺乳动物与鸟类有何不同？它们有哪些共同的适应能力？
08. 哺乳动物的神经系统是如何促成哺乳动物的成功的？

第四篇

行为与生态学

人们常为珊瑚礁的美轮美奂所折服，但往往忽视了它是一个变化多姿、极具扩张能力却又极度脆弱的生态系统。

“世间万物皆有联系，我们不可能选择一棵树而遗忘了滋养它的森林。”

——约翰·缪尔，《我在塞拉利昂的第一个夏天》，1911

第 25 章　动物的行为

“颜值”不但适用于人类，也适用于日本蝎蛉，它的魅力可能来自匀称的身材

25.1 先天的行为与后天习得的行为如何不同

行为指的是有生命的个体所进行的任何可观察到的活动。飞蛾扑火、蜜蜂逐蜜、苍蝇叮有缝的蛋，飞翔是生命体的一种行为；蓝色知更鸟婉转歌唱、野狼对月长啸、青蛙在荷叶上呱呱叫，发声是生命体的一种行为；山羊角斗、大猩猩通过装扮自己争奇斗艳、蚂蚁通过攻击白蚁群以彰显对蚁冢的所有权，竞争是生命体的一种行为。人类的行为最丰富，如歌唱、运动、战争等。我们周围无时无刻不发生着各种各样的行为。

25.1.1 先天的行为不需经验就能进行

什么样的行为是先天的行为呢？动物在初次遇到某种情况或受到某种刺激时，自然而然地进行与之对应的反应的行为，就是先天的行为（例如，动物受到饥饿这种刺激时，会想着要吃东西，这里的饥饿就是刺激，吃东西就是与之对应的反应，也称本能）。科学家可以通过人为干扰动物的学习机会来区分哪些行为是本能，哪些行为不是本能。也就是说，如果人为干扰了动物学习某种行为的过程，且动物仍然做出这种行为，这种行为就是本能，反之则不是本能。例如，寒冬来临之前，野生红松鼠会大量储藏各种野生坚果作为过冬的食物。科学家对这种行为进行人为干扰，从红松鼠出生起就定期喂养流质食物，这样的红松鼠从未见过坚果，相信它们不会寻觅食物、挖洞储藏。出乎意料的是，这样长大的红松鼠见到坚果后，仍会不自觉地将它们搬运到窝中的角落里藏起来，这说明储藏坚果是红松鼠的本能。

有些本能是动物与生俱来的，科学家甚至不需要去费力地区分它们。例如，布谷鸟有一种奇特的本能：它们会将蛋产在其他鸟的巢中，蛋中的幼鸟破壳而出后，会本能地将鸟巢中原来的幼鸟或蛋挤出去，以保证自己获得足够的食物和宠爱（见图 25.1）。

(a) 布谷鸟幼鸟将蛋挤出鸟巢

(b) 养母给布谷鸟幼鸟喂食

图 25.1 动物的本能。(a)刚出生的布谷鸟将巢中本来的鸟蛋挤出鸟巢。(b)鸟巢的主人喂养布谷鸟，并未发现它不是自己的孩子

25.1.2 习得行为需要经验

在很多情况下，本能可以很好地让动物适应环境，繁衍生息。例如，小海鸥一出生就会啄爸爸妈妈的嘴，表示饿了，想要爸爸妈妈喂它们吃东西。但是，在另外一些情况下，本能不一定可让动物生活得更好。例如，雄性红翅黑鹂会和普通雌性黑鹂交配，但无法产生后代。因此，如果

本能可根据环境和需求做出适当的调整，对动物会更有利。

对动物来说，通过种种经历而对本来的行为做出改善和修正，就称为学习。当然，学习的方式多种多样。癞蛤蟆会挑选美味的虫子作为食物，树鹡会寻寻觅觅地找妈妈，麻雀会用星星辨寻方向，人类可以掌握语言。动物学习的例子几乎都是精彩纷呈的进化史，不同动物有着不同的学习方式和特点。虽然将动物的学习分门别类对科学研究来说很有好处，但我们要时刻记住的是，大千世界无奇不有，这些粗略的分类并不能概括所有动物的行为。

1. 习惯是对重复刺激的响应的减弱

动物学习的最简单的形式称为习惯，意思是当反复遇到同一种情况或者受到同一种刺激时，动物会渐渐对这种情况或刺激不再做出反应，或者做出的反应渐渐减弱。习惯这种行为对动物是有利的，可以避免动物将精力和能量浪费在一些无关紧要的情况或刺激上。即使结构最简单的动物也具有养成习惯的能力。例如，海葵是一种结构简单的海洋生物，第一次触碰其触角时，其触角会迅速收回，缩成一团以保护自己，但如果反复触碰，它渐渐就不再收回触角（见图 25.2）。

图 25.2　渐渐习惯的海葵

习惯的形成不是一蹴而就的，而是逐渐形成的。如果每次遇到洋流的波动、海草的摇摆和海生生物的触碰时海葵都缩回触角，这些缩回触角的过程就会消耗大量的能量，让海葵失去捕食猎物的大量机会，对海葵的生长是不利的。人类也会对周围环境逐渐适应，形成习惯。例如，夜晚的城市居民习惯了灯火通明、车水马龙，而乡村居民对虫叫蛙鸣习以为常。当他们更换居住环境后，最初会觉得周围充满噪声而难以入睡，但最终都会习惯。

2. 条件反射是刺激和响应之间的一种习得关联

还有一种更复杂的学习形式，就是在不断尝试和犯错中学习如何正确有效地应对环境和刺激。野生动物需要直面自然，自然也许会给予它们充足的食物和水源，让它们生活得惬意无忧；也许让它们每日为了觅食而疲于奔命、相互抢夺。动物在日常生活中学习更好地适应环境。环境优越，它们就生活惬意，缺乏危机意识；环境恶劣，它们就精力充沛、充满斗志，并渐渐掌握如何趋利避害。例如，一只极其饥饿的癞蛤蟆无意中吞下了一只蜜蜂，这只蜜蜂让它舌头肿胀、疼痛不已，它马上就意识到蜜蜂这种虫子并不是理想的食物，这次惨痛的经历让癞蛤蟆从此不再捕食蜜蜂，甚至也不会将那些外形有些像蜜蜂的虫子作为食物（见图 25.3）。

❶ 一只癞蛤蟆看见了一只蜜蜂

❷ 当它试图吃掉蜜蜂时，舌头被蜜蜂蜇了一口，它感到非常疼痛

❸ 当再看到一只无害的橡皮蜜蜂时，癞蛤蟆畏缩不前

❹ 癞蛤蟆看见了一只蜻蜓

❺ 癞蛤蟆立刻吃掉蜻蜓，说明这一习得的反感只针对蜜蜂

图 25.3　在不断尝试和犯错中学习的癞蛤蟆

在不断尝试和犯错中学习是一种最有效的学习方式。动物在玩耍中学习，在探索未到过的地域中学习，在做从未做过的事情中学习。人类同样也通过这种方式学习，小朋友通过这种学习方式学会基本生活常识，如什么好吃、什么不好吃、夏天穿短袖、冬天穿棉袄、水壶中的开水会将自己烫伤、挑逗猫咪可能会被毫不客气地抓伤等。

动物学中有一种常用的、称为操作性条件反射的实验技术，这种实验技术可以充分地体现动物是如何在不断尝试和犯错中学习的。进行操作性条件反射训练时，动物会做出一种动作或行为（如推竹竿或按按钮），如果做得完全符合训练者的心意，动物就会得到奖赏，或者免于惩罚。这种技术与美国著名比较心理学家斯金纳（B. F. Skinner）所设计的“斯金纳箱”有异曲同工之妙。将动物放到这个箱子中，动物就会通过箱子中的设置自发且自觉地学习。箱子中有根杆，动物如果正确地推杆，就会触发机关，得到奖励，当然，奖励通常是动物所钟爱的食物。偶尔几次后，动物就有了足够的经验，知道推杆就会有食物，于是当动物感到饥饿时，就会推杆以获得食物。

比起推杆，操作性条件反射这种技术常用于训练动物完成更复杂的任务。训练结果显示，不同动物适应不同的学习任务。通常，学习任务与动物自身的生存生活越密切相关，动物学习得就越快。例如，给老鼠喂食美味却含毒药的食物，慢慢地老鼠就不再吃这种食物。因此，老鼠可以很快区分何种食物可以食用，从而完成这种学习任务。相反，训练老鼠像狗那样仅用后腿站立几乎是不可能的，即使给予再多的奖励也是如此。这种现象可以这样解释：觅食远比用后腿站立与老鼠的生存生活更相关，尤其是对经常需要接触各种食物的野生老鼠来说，因此它可以很快学会区分食物，而学不会对自己的生存基本上没有影响的仅取悦人类的后腿站立。总之，各种动物孜孜不倦地进行各种学习是为了更好地生存和生活。

3. 洞察是不需试错的问题解决能力

在一些特定情况下，动物在从未遇到过的困难面前也会迅速解决问题，这种迅速解决问题的行为常称洞察学习。洞察一词常用在人类身上，用在这里是因为洞察学习过程与人类通过思考解决问题的过程十分类似。当然，我们不知道动物在洞察学习过程中是否像人类一样进行思考。

1917 年，著名动物行为学家柯勒（Wolfgang Kohler）做了一个实验。他发现，未经过任何训练的大猩猩在饥饿情况下会踩着箱子抓取悬挂在天花板下的香蕉。科学家一度认为，这种洞察学习行为只会发生在进化程度较高的动物身上，如大猩猩；但是，越来越多的证据表明，这种行为也会发生在进化程度较低的动物身上。例如，爱泼斯坦（Robert Epstein）及其同事发现，鸽子同样可以进行洞察学习。实验是这样进行的：将鸽子的翅膀剪去，然后有针对性地训练鸽子两个动作，一个是在笼子中搬运箱子，另一个是啄塑料水果。接下来，训练过的鸽子就要经历挑战，它们会遇到一种全新的情况，即塑料水果悬挂在笼子顶端，当然，笼子里还有一个小箱子。结果基本上符合科学家的推测：大部分鸽子会将小箱子推到塑料水果的下方，然后站在箱子上啄塑料水果。这个实验告诉我们，低等生物（比如鸽子）经过必要的训练，也可像高等生物一样进行洞察学习。

25.1.3 先天的行为与习得的行为并非截然不同

虽然本能和后天习得的行为可以帮助我们描述与理解动物的诸多行为，但动物的行为远没有这么简单。事实上，没有哪种行为仅是本能或习得的行为，而应是两者的综合。

1. 实践可以修正本能

在初次遇到一种情况或受到一种刺激时，动物通常会做出本能的反应，但是，接下来动物的本能反应就会由于经验的不断积累而不断修正，以便更好地适应环境。例如，刚出生的海鸥宝宝会啄海鸥爸爸和海鸥妈妈的嘴，表示它们饿了，希望爸爸妈妈喂它们，这就是海鸥的本能（见图 25.4）。著名生物学家廷伯根（Niko Tinbergen）研究了这一现象，发现海鸥宝宝之所以啄爸爸妈妈的嘴，是因为被它们狭长的外形和鲜红的颜色所吸引。廷伯根做了下面的尝试：制作一根细长的棒子，并涂以鲜红的颜色和白色的条纹。实验结果出乎意料：比起爸爸妈妈的嘴，海鸥宝宝似乎更喜欢啄这根棒子。但是，几天过去后，海鸥宝宝意识到啄爸爸妈妈的嘴可以获得食物，而啄棒子不会，所以它们渐渐更喜欢啄爸爸妈妈的嘴。一周过去后，海鸥宝宝就只啄爸爸妈妈的嘴。

图 25.4 实践可以修正天生行为。海欧宝宝啄妈妈嘴上的红点，让妈妈吐出食物

随着环境的变化和刺激的不同，动物的本能也会慢慢进行细微的调整。例如，当老鹰飞过时，小鸟会伏低身体，尽量不让老鹰发现而成为猎物；当无害的天鹅飞过时，小鸟就会视而不见。早期的科学家认为，这种现象也许是因为小鸟只对食肉的飞禽心生恐惧，想要躲藏。动物行为学之父、著名生物学家廷伯根和劳伦兹（Konrad Lorenz）证实了这一假设。他们的实验是这样的：当天鹅模型飞过小鸟上方时，小鸟无动于衷，而当老鹰模型飞过时，小鸟伏地躲藏。为了进一步研究这种现象，他们采用新生的小鸟。他们发现，对于新生的小鸟，当任何东西从头顶上方飞过，小鸟都会伏地躲藏。而随

着时间的推移，当越来越多无害的东西（如飘落的树叶、歌唱的百灵或者翱翔的天鹅）从头顶上方飞过时，小鸟的胆子渐渐大起来，不再躲藏。当食肉的老鹰第一次飞过时，小鸟依旧伏地躲藏。因此，本能会在不断的经历和学习中慢慢修正，让动物更加适应环境，更好地生存。

2. 本能会限制动物的学习范围

动物的学习也是有选择性的，而不是什么都学，这就保证了它们可以保持本色而不会在大千世界中迷失。例如，虽然知更鸟宝宝从出生起就听到各种鸟类的歌声，如麻雀、夜莺、云雀等，但知更鸟并不模仿它们的鸣叫声，而只跟自己的爸爸妈妈学习知更鸟的歌声。鸟类只学习自身这一物种特有的鸣叫，而对其他鸟类的鸣叫声听而不闻，表明它们的学习是局限在一定范围内的，而不是什么都学的。

科学家认为，动物的这种学习内容受到本能限制的现象可能是由胚教引起的。胚教指的是什么？胚教指的是，在特定的生长发育阶段，动物的神经系统被设定为只对某类行为进行认知学习。今后无论遇到什么样的情况或刺激，这种已设定的信息基本上不会改变。

很多鸟类的胚教都很成功，如天鹅、鸭子和鸡。在发育早期，它们会认真地向最接近它们的动物或物体学习。当然，出于天性，它们的爸爸妈妈一定是最接近它们的，所以它们会向爸爸妈妈而非其他动物学习。科学家做了这样的实验：人为地带走新生小鸟的爸爸妈妈，这时的小鸟会向离它们最近的东西学习，如开动着的玩具小火车（见图 25.5）。当然，如果可以选择，它们会优先选择向成年小鸟学习。

图 25.5　劳伦兹和胚教。一队刚刚出生的小天鹅在向最接近的物体——动物行为学之父劳伦兹学习，它们俨然已把劳伦兹当成了自己的妈妈。

3. 所有行为的养成都是遗传与环境相互作用的结果

早期的动物行为学家认为，本能的形成取决于遗传因素，而习得行为取决于环境。当然，这样的观点并不全面。当代动物行为学家修正了这一观点，认为行为不能简单地定义为本能或后天习得的技能，行为的养成也不单纯地取决于遗传因素或者环境因素。事实上，所有行为的养成都是遗传因素和环境因素相互妥协、相互融合形成的。对不同动物或者同种动物的不同行为，这两种因素的重要程度也不同。

我们可以举出大量的例子来说明“遗传和环境这两个因素共同决定了行为的养成”这一观点，如候鸟的迁徙。我们知道，在夜晚，候鸟会通过观察星象来辨别飞行的方向。刚出生没多久从未迁徙过的候鸟，就不具备以星象辨别方向的能力。在迁徙过程中，学习观察星象来辨别方向并不仅由环境因素决定，候鸟天生就会迁徙，这是由遗传因素决定的。

夏末秋初，候鸟成群结队地离开居住的地方，飞往更温暖的地方度过寒冬。它们的目的地往往在几百千米甚至几千千米之外。对很多候鸟来讲，这是它们生命中的第一次旅行，因为它们刚出生没多久。令人惊奇的是，这些小鸟在没有经验丰富的候鸟的带领下也会在正确的时间出发，也会飞向正确的方向，也会飞到正确的目的地（当然，经验丰富的候鸟通常会早几天出发）。对初次迁徙的小鸟来讲，这的确是非常艰难且前路茫茫的旅程。因此，候鸟一定具有与生俱来的一些保证它们可以顺利迁徙的能力，这就是遗传因素。事实上，在实验室中出生和生长的候鸟不必经历寒冷的冬天，但秋天到来时，它们也会不自觉地迁徙，尽管这并没有什么必要。显然，候鸟迁徙的习性是天生的，并不需要后天的学习。

以上观点可通过下面的实验进一步证实。一种称为黑顶林莺的候鸟生长在欧洲，随后会迁徙到非洲过冬。不同地方的黑顶林莺会有不同的迁徙路径，西欧的会沿西南方向到达非洲，东欧的会沿东南方向达到非洲（见图 25.6）。科学家将来自这两个地方的黑顶林莺进行杂交，生下来的林莺宝宝就会沿一条折中的路线即向南迁徙。这个结果表明，林莺宝宝会继承父母双方迁徙的本能并融会贯通，最终决定迁徙的路径。

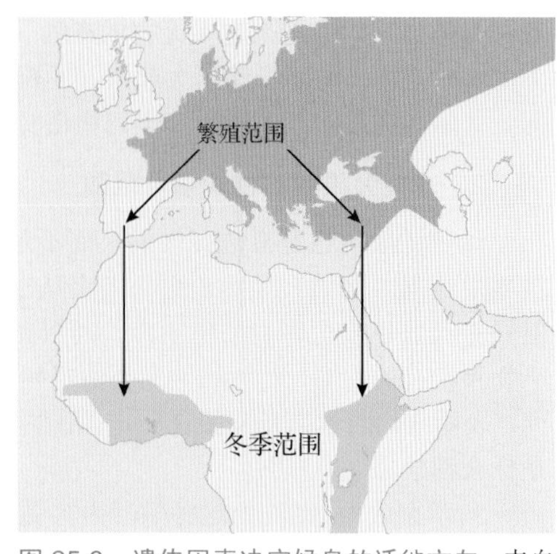

图 25.6　遗传因素决定候鸟的迁徙方向。来自西欧的黑顶林莺沿西南方向进行迁徙，而来自东欧的黑顶林莺沿东南方向进行迁徙

25.2　动物是如何与小伙伴交流的

动物经常广播信息。动物通过声音、动作和释放信息外激素来传递自己所处位置、外敌入侵及向异性示爱等信息。如果释放的信息得到其他小伙伴的回应，或者可以使得自身和接收信息的同伴获益，我们就认为能够建立交流通道。一个生物发出信号，另一个生物接收信号并根据信号改变自己的行为，以使信号发出者和接收者都从中获益，这就是成功的交流。

不同物种的动物有时也会有所交流（想象一只猫翘起尾巴向一只狗喵喵叫的场景有多搞笑），但动物基本上只会和同物种的小伙伴交流。信息的传递最常发生在同伴之间或者父母和子女之间。还有一种情况需要动物进行有效的交流，即同伴之间需要争夺食物、地盘或配偶。

动物交流的方式多种多样，基本上所有我们能想到的手段，动物都会将其用于交流。下面几节介绍动物通过视觉信号、声音、信息外激素和触碰进行交流。

25.2.1　短距离内视觉信号交流最有效

视觉系统发育良好的动物通常采用视觉信号传递信息。视觉信号可以是主动的，简单的动作（如露出锋利的牙齿）或姿势（如低头）就可传递信息（见图 25.7）。当然，视觉信号也可以是被动的，动物的大小、形态和皮毛的颜色都可传达重要的信息，尤其是有关求偶和繁育后代的信息。例如，在求偶季节，雌性大狒狒的臀部颜色会变得明亮粉嫩（见图 25.8）。主动信号和被动信号可以结合起来传递更复杂的信息，如图 25.9 中的变色龙。

图 25.7　主动视觉信号。狼要进行攻击时，会低下头，竖起背上的毛，虎视眈眈地注视着对手，并露出尖利的牙齿。进行不同程度的攻击时，这些视觉信号会有所变化

与其他传递信息的方式一样，视觉信号交流有利有弊。有利的是，视觉信号实时、快速，可以随外界环境的变化迅速做出反应。此外，视觉信号不需要发出声音，不太会惊动距离较远的捕食者或入侵者；当然，信号的发出者相对要危险一些。不利的是，在浓密的草丛或树林中、在黑夜中或者当距离比较遥远时，视觉信号就无法传递。

图 25.8　被动视觉信号。雌性大狒狒露出粉嫩的臀部时，就表示已准备好进行交配

图 25.9　主动与被动视觉信号相结合。南美变色龙高昂起头（主动信号）和下颚变色（被动信号）时，就表示宣布它对地域的所有权

25.2.2　长距离内声音交流最有效

通过声音传递信息可以克服视觉信号交流的很多弊端。与视觉信号类似，声音信号也可实时、快速地传递。与视觉信号不同的是，无论是在黑夜还是在茂密的丛林中，甚至是在浑浊的水流中，声音信号都能很好地传递。而且，对于长距离的信息传递，声音信号比起视觉信号的优势显而易见。例如，非洲大象的呢喃声可以传递到几千米之外的同伴耳中，而座头鲸的歌声在几百千米以外仍然清晰可辨。寂静的夜晚，狼群的嚎叫足以震慑几千米外的羊群和牧羊人。甚至小老鼠前足踢踏地面的声音也可以传递约 45 米远。声音信号的长距离传递也有自身的弱点，即声音交流者的天敌和入侵者也可利用这些声音信号快速找到发出声音的它们。

与视觉信号类似的是，声音信号也会随环境实时改变。动物通过改变发声的形式、音量的大小和音调的高低来传递不同的信息。20 世纪 60 年代，著名动物行为学家斯特鲁萨克（Thomas Struhsaker）利用生长在肯尼亚的非洲长尾黑颚猴做了一组实验。实验结果显示，当长尾黑颚猴遇到不同的天敌（如蛇、豹子和老鹰）时，会发出不同的预警声音。稍后，其他科学家重复得出了这个结果，还找到了不同声音信号对应的不同天敌。例如，如果长尾黑颚猴大声吠叫，则表示附近有豹子一类的天敌，这时，地面上的长尾黑颚猴开始迅速爬树，已在树上的会爬得更高。如果它们啧啧尖叫，则表示附近有老鹰一类的食肉鸟类，这时，地面上的就要寻找掩护，而树上的迅速爬下来躲到草丛中。如果它们发出轧轧声，则表示附近有蛇一类的天敌，这时，长尾黑颚猴会迅速站立起来，警觉地环视四周，寻找捕食者。

不只有高等鸟类和哺乳动物才通过声音传递信息，其他低等动物如昆虫也能通过声音进行交流。雄性蟋蟀用独特的歌声来吸引异性蟋蟀，当雌性蚊子发出高调的呜呜声时，表示它们马上就会吸足血液，从而有足够的营养繁育后代。雄性水黾通过高速振动双腿发出信号，这种信号可以通过水体传递，从而吸引异性，并宣布水域的所有权（见图 25.10）。另外，鱼类也会发出多种多样的声音。

25.2.3 信息外激素持续时间久但难以实时变化

由动物自身散发并能影响周围同伴的行为与情绪的化学物质称为信息外激素。信息外激素的耗能极少，传播区域广泛，是一种十分有效的交流方式。与能引起天敌注意的视觉和声音信号不同，信息外激素只能被同一物种的动物识别。另外，信息外激素可作为一种特定的路标，即使散发者早已离去，信息外激素仍会经久不散。野生狼群的狩猎范围往往可达41000平方千米，这时，在它们的狩猎区域内往往存在大量信息外激素，提醒或威慑其他狼群不要侵犯它们的领地。家里养狗的人或许会注意到，作为狼的近亲，狗也会通过自己的尿液来划分势力范围。

图 25.10　通过振动进行交流。轻盈的水黾依靠水面张力支撑自己的体重。通过振动腿，水黾发出在水表面上径向扩散的求偶信号

要依靠信息外激素传递信息，动物就需要合成多种不同的信息外激素来对应不同的信息。因此，相对视觉和声音信号来讲，信息外激素传递的消息更少也更简单。另外，信息外激素不能传递实时消息。因此，信息外激素一般用来传递长期和稳定的信息。

信息外激素通常可以直接影响接收者的行为。例如，外出觅食的蚂蚁如果发现了食物，就会在食物上留下信息外激素，这时，其他蚂蚁会停下手中的工作，马上赶到有食物的地方（见图 25.11）。信息外激素通常也可直接影响接收者的生理状况。例如，蜂王可以分泌出一种称为蜂王素的信息外激素，这种物质可以影响其他工蜂的性成熟，从而消除其他工蜂竞争蜂王的可能性。与之相似的是，性成熟的雄鼠的尿液中含有一种信息外激素，这种物质可促使同窝的雌鼠产生交配的欲望，更神奇的是，这种物质还会促使怀有其他雄鼠后代的雌鼠流产。

图 25.11　通过信息外激素进行交流的蚂蚁。蚂蚁在蚁穴和食物之间分泌了信息外激素，指引蚂蚁去搬运食物

人类利用动物的信息外激素来防治虫害。科学家已成功合成一些害虫的性外激素，如日本瓢虫和舞毒蛾。在害虫的繁殖季节投放性外激素，可以有效干扰害虫的交配繁殖，或者聚而歼之。相对于传统的杀虫剂，信息外激素对环境几乎没有影响，因为投放杀虫剂不仅会杀死害虫，也会杀死益虫，还会造成众多具有抗药性的害虫，使得消灭它们更加困难。而特定的信息外激素只对特定的物种起作用，不会造成抗药性，因为这些害虫已经因为交配被干预而越来越少。

25.2.4 触碰交流有利于动物建立群居关系

通过身体接触来传递信息往往发生在群居动物的各成员之间。这种情况在灵长类和人类身上尤其明显。灵长类通过亲吻、触碰鼻尖、轻拍、抚摸及为对方梳理毛发等方式表达情感（见图 25.12a）。

这种交流方式并不仅限于灵长类，很多哺乳动物也用触碰来巩固父母与子女的亲缘联系。另外，众多的动物交配时都会伴随着亲密触碰，这也许表达了它们的激情与爱意（见图 25.12b）。

(a) 狒狒

(b) 蜗牛

图 25.12　通过触碰进行交流的动物。(a)成年的东非狒狒正在帮孩子梳理皮毛。这种触碰行为不仅可增进与孩子的感情，而且可帮孩子清理皮毛上的寄生虫和脏东西。(b)触碰在动物交配时也很重要。蜗牛的求偶交配以彼此相拥而结束

25.3　动物是如何竞争资源的

动物为什么要竞争呢？生存和繁衍后代所需的资源总是相对贫乏的，它们必须通过竞争来获得足够的资源。竞争使得动物发生各种形式的交流与摩擦，有时甚至大打出手、至死方休。

25.3.1　侵犯性行为有利于动物保护自己的资源

侵犯性行为这种竞争模式是动物中最常见的保护食物、领地和配偶的方式，通常发生在同一物种之间，因为它们所需的资源基本相同。侵犯性行为包括竞争对手之间的身体搏斗。打架会导致参与者的身体受伤，即使获胜的一方也会因身受重伤、命不久矣而无法完成繁衍。因此，自然选择法则更偏爱以展示或仪式来解决冲突。侵犯性展示就是让竞争者在相互估量对方实力而非在造成伤口的基础上决出优胜者，这里的实力包括体格、力量和运动能力。这样的交流方式使得大多数冲突得以避免。

在侵犯性展示中，动物展示它们的武器，如利爪和尖牙（见图 25.13a），让自己看起来更加强大和勇猛（见图 25.13b）。竞争者通常会严阵以待、眼观六路、耳听八方，竖起皮毛（哺乳动物，见图 25.7）、羽毛（鸟类）和鱼鳍（鱼类）等。竞争者在做这些展示（“秀肌肉”）的同时，也会伴随带有威胁性质的鸣叫与嚎叫。如果这些还不足以决出胜负，那么大打出手将是最后的选择。

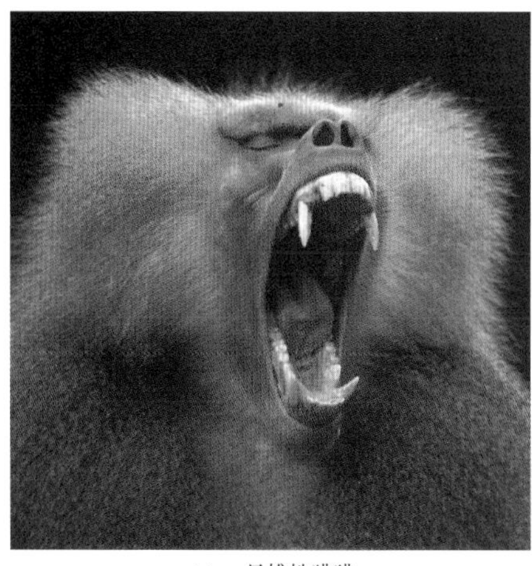

(a) 一只雄性狒狒

(b) 勃氏新热鳚

图 25.13　动物通过主动展示自己的实力来竞争。(a)雄性大狒狒通过展示利牙来竞争，一旦开打，利牙就是致命的武器，但狒狒鲜有伤亡，因为它们只是比比看而已。(b)雄性的鱼类也会竞争，就像图中的这种形状奇特的鱼类（学名为勃氏新热鳚），它们会竖起鳞片和张大腮来显得自己更大、更强壮

在侵犯性的视觉和声音展示之外，很多动物物种形成了仪式性的打斗。致命性的武器只是相互撞击而不动真格（见图 25.14）。例如，图中的螃蟹亮出前爪，只是彼此推来推去地比力气，而不攻击对方。这种仪式让竞争者了解对方的力气和攻击能力，失败者会缩小身体，以顺从的姿态低调地溜走。

25.3.2　支配等级有助于管理侵犯性互动

侵犯性互动会消耗大量的能量，导致身体受损，且会耽误其他的重要任务，如觅食、放哨或抚育后代等。因此，以最小的侵犯性来解决冲突最有利。在动物的支配等级中，动物建立起等级以确定其获得资源的权力。尽管在建立等级的过程中侵犯性冲突不断发生，但动物一旦了解到自己在等级中的地位，抵抗就会渐渐变少，支配阶层可以获得繁殖所需的最多资源，包括食物、空间和配偶。例如，家养的小鸡就有等级划分。在最初的竞争比较后，等级就产生了，这时，其他的小鸡就要服从竞争中的优胜者，也就是小鸡的头领。头领会享有优先啄米之类的权力。同样，在狼群中，雌狼和雄狼各有一个头领，狼群中的其他成员都要听从头领的指挥。对大角羊来说，谁的角大，谁就可能成为头领（见图 25.15）。

图 25.14　动物展示自己的力量。招潮蟹有只超乎寻常的大钳子，它们通过彼此比较钳子的大小来竞争。输掉的那只会完好无损地溜掉

图 25.15　动物的等级制度。大角羊的等级制度是很森严的。它们通过头上大角的大小来划分三六九等，角最大的那只就是头领

25.3.3　动物常需保护领地

很多动物需要保护自己赖以为生的领地，保护的重点通常是交配、抚养后代、进食和存储食物的场所等。动物为了保护领地和宣示领地的所有权可谓是不遗余力。领地的保护通常是雄性、雌性、夫妻甚至全民参与。但是，保护领地的重任往往落在雄性动物的肩上，而侵犯领地的主要敌人通常来自直接争夺相同资源的同一物种。

动物的领地多种多样。例如，对啄木鸟来说，一棵存储了橡子的大树就是它的领地（见图 25.16）。对丽鱼（一种常见的热带淡水鱼）来说，湖底的一个小小坑洼就是它的领地。对大螃蟹来说，沙滩上的洞穴就是它们的领地。对小松鼠来说，领地是供给它们食物坚果的森林。

图 25.16　进食领地。群居的橡子啄木鸟在死树上挖出橡子大小的孔，填入橡子以在缺少食物的冬季能够饱腹。啄木鸟群体严守树木以防其他啄木鸟群体或其他鸟类进犯

1. 领地减少侵犯

获取和保护动物领地需要大量的时间和精力，即使如此，动物还是会不遗余力地保卫它们，无论是低等的蠕虫还是较高等的哺乳动物。动物都在多年的进化中形成了这种习俗，表明这种习俗对动物一定是有利的。不同动物保护领地的类型不同，但其中还是有共同点的。因为动物的等级制度，虽然在获取领地过程中存在大量的侵犯和冲突，但领地一旦划分好，就很少再被打破。因为动物为了保卫领地可以费尽心力、舍生忘死，在这种精神的支持下，它们往往可以打败比自己更强大的敌人。相反，入侵者因为没有自己的领地，孤苦无依之下往往缺乏安全感和斗志，即使有时实力强大，但获胜机会也不会太大。著名动物行为学家廷伯根（Niko Tinbergen）采用棘鱼证实了这种说法（见图 25.17）。

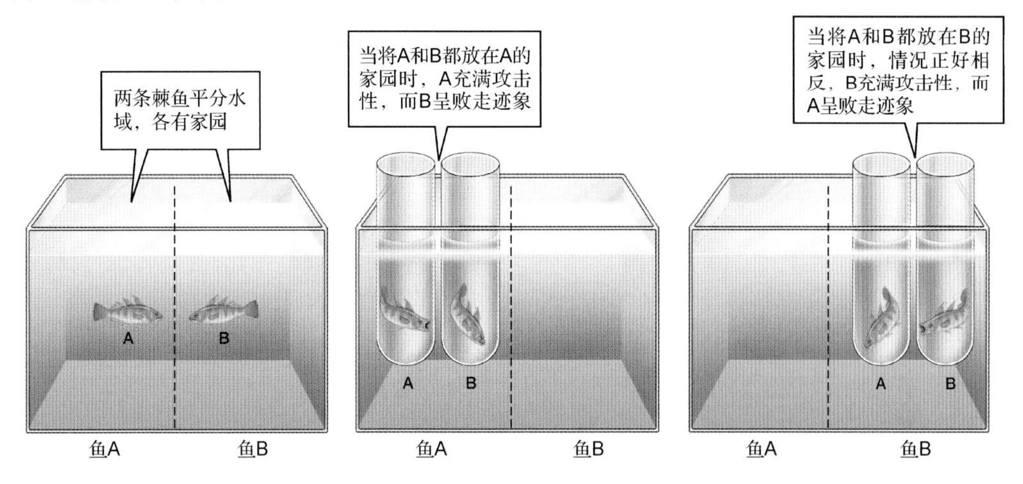

图 25.17　领地所有权与侵犯。廷伯根的实验展示了侵犯动机上的领地所有权

2. 动物求婚也需要先买房

对很多物种的雄性来说，成功地保卫领地对生殖繁衍具有直接的影响。在这些物种中，雄性保卫领地，雌性被吸引到高质量的领地，高质量领地的特征包括区域宽大、食物充足、有牢固的筑巢区域等。成功护卫最好领地的雄性拥有最大的交配机会。例如，实验证明，对雄性棘鱼来说，拥有的水域越广，成功获得配偶的机会就越大。而对雌性棘鱼来说，配偶拥有的资源越丰富，其孕育后代的成功率也就越大。

3. 动物常需要宣示占有权

动物通过标记、声音或气味来宣示自己的领地。如果领地很小，动物通常就要亲身上阵，通过展示自己的实力来维护主权。另外一些动物则通过释放信息外激素来划分自己的势力范围。例如，雄兔通过消化系统和内分泌系统的腺体分泌的信息外激素来宣示自己的领地。

声音同样也常被动物用来宣示自己的领地主权。不同动物的方式稍有不同，雄性海狮会沿海岸线奋力游动，边游边叫；雄性蟋蟀则会在家门口不停地发出啾啾声；小鸟通常通过自己的歌唱来捍卫领地，如果海鸟发出沙哑婉转的低鸣声，那么它们就在表示这片海滩是它们的，如有侵犯，它们会殊死捍卫自己的家园（见图 25.18）。那些声腺发不出沙哑婉转声音的小鸟，通常就没有自己的家园。这种现象被著名鸟类学家麦克唐纳（M. Victoria

图 25.18　小鸟通过歌声来保卫领地。一只雄性海鸟通过歌唱来宣示领地的所有权

McDonald）所证实。她捕捉到一些拥有家园的雄性海鸟，对它们施以小手术，让它们间歇性失声。当这些雄性海鸟失声时，它们就会丢失自己的家园，而一旦声音恢复，它们又会夺回家园。

25.4 动物是如何找到配偶的

对很多需要通过交配来繁衍的动物来说，交配就是雄性和雌性动物通过交合及其他亲密动作繁育后代的过程。动物在成功交配之前，需要先确认对方是否是同物种的一员、是否是异性、是否接受自己等。对很多动物来讲，发现适合的潜在交配伙伴只是第一步，雄性通常需要在雌性面前不遗余力地展示自己，直到对方接受自己为伴侣。斗转星移、沧海桑田，动物为满足所有这些需求进化出了多种多样的求偶行为。

25.4.1 动物表征自身性别、物种和能力的信号

如果动物与同物种同性别或不同物种不同性别的动物交配，它们就不会产生后代，是对资源和能量的极大浪费，且对物种的繁衍极为不利。因此，动物进化出了可让它们正确寻找交配对象的能力。

1. 很多求偶信号是声音信号

动物通常用声音来广告自己的性别和物种。在寂静的夜晚，蛙鸣声此起彼伏，每只树蛙的歌声都独一无二。蚱蜢和蟋蟀也靠独特的叫声来表达自己的性别和种属；而果蝇稍有不同，它依靠快速扇动翅膀来完成发声。

声音信号也可让动物从众多竞争者中脱颖而出。例如，雄性铃鸟依靠其高亢嘹亮的鸣叫声打败竞争者，吸引远处的异性；雌性铃鸟从远处飞来，在每只雄性铃鸟的家门口停留，这时，雄性铃鸟就会靠近雌性铃鸟，和它呢喃耳语。雌性铃鸟比较众多候选者的叫声后，会选择最合心意的雄性并与之结为连理。

2. 视觉信号也是常见的求偶信号

很多动物用发送视觉信号的方式求偶，而这些求偶信号千奇百怪、无奇不有。例如，篱笆蟋蟀（蟋蟀的一种）以一种特定的节奏点头来吸引异性；雄性园丁鸟用树枝等材料建造美观且实用的鸟巢来吸引异性；军舰鸟嚣张地展示自己色彩艳红的喉囊（见图 25.19）来吸引异性。采用这些方式发送求偶信号存在一定的风险，因为这些信号同样会吸引天敌。但是，从进化的角度讲，动物是要冒这个风险的，因为若没有这些信号，动物就无法彼此识别配对，更别说繁衍后代。而对很多雌性动物来说，因不必发出明显的视觉信号来求偶，也不必面对发出信号而招来天敌，所以外形并不出众，行动不够灵巧，危机意识也不够强（见图 25.20）。

(a) 园丁鸟的鸟巢

(b) 雄性军舰鸟

图 25.19 动物的性展示。(a)园丁鸟。求偶期，园丁鸟用树枝搭建美观舒适的鸟巢，并进行色彩艳丽的装饰。(b)军舰鸟。求偶期，军舰鸟鼓起色彩艳红的喉囊来吸引异性

图 25.20　雌雄古比鱼的性差异。与很多动物类似，雄性古比鱼要比雌性古比鱼色彩艳丽得多

动物要成功寻找伴侣并交配，就需要一系列复杂的信号（无论是主动的还是被动的，无论是雄性动物发出的还是雌性动物发出的）来标榜自己的性别、种属、能力和迫切的求偶心情。三刺鱼（一种生活在深海的鱼类）将这一过程演绎得淋漓尽致（见图 25.21）。

3. 化学信号促使动物交配

信息外激素在动物寻找配偶繁育后代的过程中发挥着至关重要的作用。处于求偶期的蚕蛾会静静地释放一种信息外激素，这种物质可被远在 5 千米外的雄性蚕蛾感受到，感受到的雄蛾会沿信息外激素的释放途径迅速找到雌蛾（见图 25.22a）。

水同样是信息外激素传递的优良媒介，鱼类在排卵的同时通常会向水中释放雄性激素，并且伴随一些求偶动作。哺乳动物类依靠发达的嗅觉迅速感应到发情期雌性动物释放的信息外激素（见图 25.22b）。

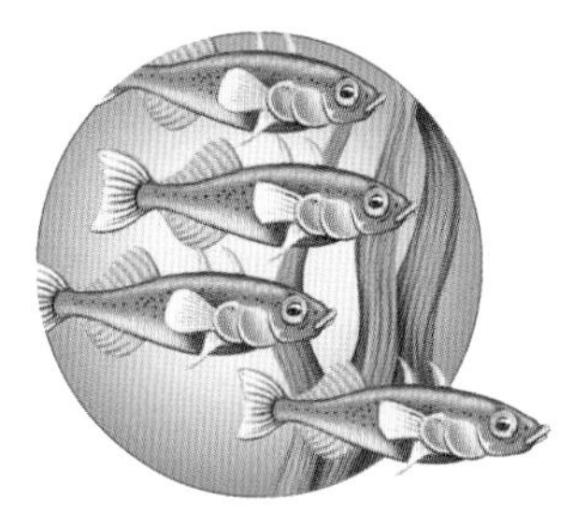

❶ 一条颜色平淡无奇的雄鱼离开鱼群，建立自己的繁殖领地

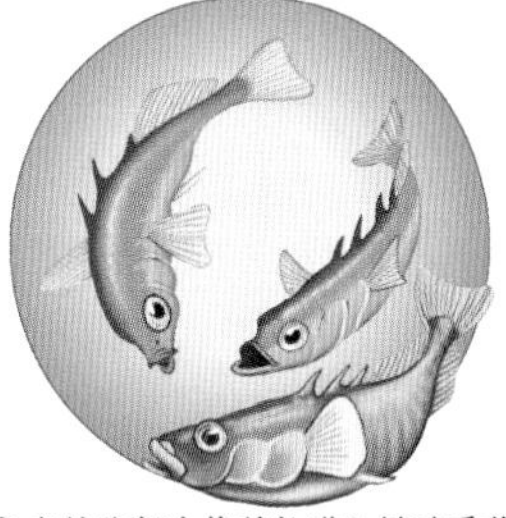

❷ 它的腹部会像其他进入繁殖季节的雄鱼一样变红，并对其他雄鱼气势汹汹地展示红色的腹部

❸ 建立领地后，它就开始筑巢。挖一个浅坑，用一点水藻填满，并用它肾脏的分泌物将藻类黏合起来

❹ 穿过巢来制造一个洞，之后它的背部变成蓝色，这对雌性具有吸引力

❺ 一只携带有卵的雌鱼会在它面前摆出头向上的姿势展示膨大的腹部。雌鱼膨大的腹部和雄鱼求偶的颜色是被动的直观显示

❻ 雄鱼用之字形舞蹈带雌鱼来到巢穴

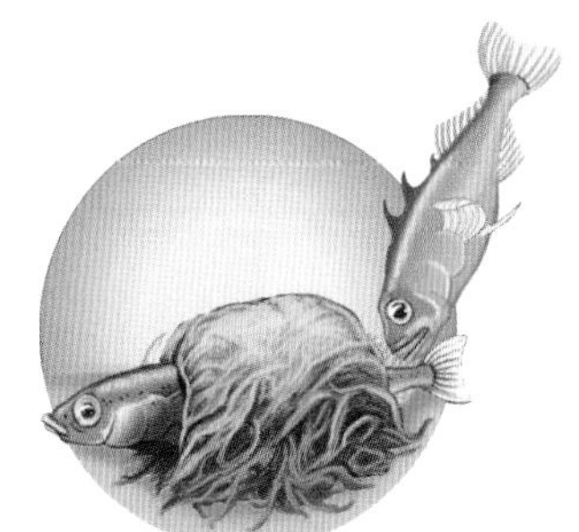

❼ 雌鱼来到巢穴后，雄鱼通过刺雌鱼的尾巴来促使其产卵

❽ 雌鱼离开后，雄鱼进入巢穴，释放出精子使卵细胞受精

图 25.21　三刺鱼的求偶现象

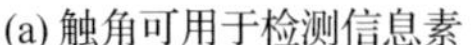

(a) 触角可用于检测信息素

(b) 嗅觉也可用于检测信息素

图 25.22　信息外激素的感受器。(a)触角。雄性蚕蛾寻找伴侣并不用眼睛看，而通过接收雌性蚕蛾释放的信息外激素。雄性蚕蛾具有巨大的触角，这对触角呈羽毛状，大大增加了其接触面积，使得接收到雌性蚕蛾的信息的概率大大增加。(b)嗅觉。狗狗相遇时，常常会闻对方尾巴的下方，因为此处腺体释放的信息外激素会告诉对方自己的性别及是否处于发情期

25.5　动物为什么玩耍

很多动物都会玩耍。河马相互推搡，前后左右扭动硕大的头颅，拍水嬉戏，甚至还会做出芭蕾舞式的单足旋转。水獭虽然身躯笨拙，却能做出很多高难度的杂技动作，以此自娱。宽吻海豚最喜欢调戏小鱼，它们在游泳的同时将小鱼抛到空中，再用自己宽大的嘴接住小鱼。小蝙蝠喜欢用翅膀互相拍打、追逐，有时还打打小架。例如，“猪头”是一只来自非洲的巨型海龟，它在华盛顿的国家公园中生活了 50 多年，每天最喜欢做的事情就是沿自己的窝拍打一只皮球。甚至连低等的八爪鱼都会玩耍，它们会将小玩物推到水中，然后坐等小玩物自己浮上来，然后再推。

25.5.1　动物既会独自玩耍也会一起嬉戏

动物会独自玩耍。有的动物喜欢玩一些小玩意，如猫喜欢玩线团、海豚喜欢捉弄小鱼、恒河猴喜欢滚雪球等。动物也喜欢一起嬉戏，如年幼的小动物会成群结伙，相互嬉戏打闹，有时它们的父母也会加入其中（见图 25.23）。

(a) 黑猩猩

(b) 北极熊

(c) 红狐

图 25.23　年幼动物正在玩耍嬉戏

动物的玩耍与繁衍后代和躲避天敌这些必需的活动相比，似乎没有什么明显的作用。相对成年动物来说，年幼动物更喜欢玩耍。动物会在一追一逃、打打闹闹中消耗大量的能量，还可能造

成严重伤亡。动物玩得不亦乐乎时通常会放松警惕，这就使得天敌有机可乘。既然有这么多害处，为什么动物还是喜欢玩耍呢？

25.5.2 玩耍有助于行为开发

在亿万年的进化中，动物玩耍这种活动大量存在定然有其道理。有种假说称为练习假说，这种假说认为动物在玩耍中不断学习和练习成年后所需的基本技能，如觅食、跑路和交流。

玩耍有助于动物脑部和神经系统的早期发育。爱达荷大学著名生物学家拜尔斯（John Byers）发现，大脑越发达的动物越喜欢玩耍。思考和认知能力越强的动物，其大脑越发达，这种思考和认知能力通常是从幼年的玩耍中逐渐获得而形成的。人类年幼时喜欢打群架和捉迷藏，这些游戏有助于培养我们的体力、智力、耐力和协调能力。

25.6 动物结成的群体是什么类型的

群居，也就是动物相互联系、成群结伴地一起生活，是动物的又一个重要特征。大多数动物都会与自己的同伴或多或少有所联系。有些动物会成群结伴地生活，有些动物甚至会形成一种与人类社会类似的、分工明确、等级清晰、结构复杂的群居生活。

25.6.1 群居生活有利有弊

群居生活有付出也有回报，除非回报大于付出，否则一个物种不会进化出群居行为。动物群居生活的好处如下：

- 增强发现、击退和迷惑天敌的能力。
- 提高狩猎效率或者找到食物的能力。
- 群体内劳动分工的潜在收益。
- 增加找到配偶的可能性。

群居生活的弊端如下：

- 增加对有限资源的竞争。
- 增加传染性疾病的感染风险。
- 增加后代被群体内同伴杀死的风险。
- 增加被猎杀者找到的风险。

25.6.2 不同物种形成的群居模式多种多样

动物形成的群居模式不是一成不变的，而会根据环境和自身的情况不断调整。有些比较彪悍的动物如狮子通常是独来独往的，只在竞争领地和发情求偶时才会和其他狮子接触。另外一些动物，选择是独处还是群居，主要视当时的生存环境而定。例如，郊狼（北美洲西部原野上的一种小狼）在食物充沛的情况下会独来独往，而在食物匮乏的情况下会自发地集结成群，共同觅食和抵御天敌。

许多动物选择形成相对松散的群居结构，如海豚、鱼群、鸟群和麝香牛群（见图 25.24）。这样的群居生活对动物大有好处。例如，鱼群和鸟群在游泳与飞翔时会形成 V 字形或金字塔状的结构，这样的运动会形成强大的水流或气流，处于中部的小鱼或小鸟不用费力就能随着水流或气流前进，大大节省了能量。有的生物学家甚至认为它们形成的这种形状可以迷惑天敌，因为小鱼或小鸟数量庞大、整齐有序，使得天敌很难将目光集中于某条鱼或某只鸟身上。

图 25.24 动物形成临时的群体。麝香牛通常单独活动，但在遇到狼群这样的天敌袭击时会迅速聚集，公牛围成一圈，牛角向外，将母牛和小牛围在中间

一小部分物种，尤其是昆虫类和哺乳动物，会形成复杂有序、等级分明的群居结构，这种结构有时称为社会。接下来的章节会提到，这种社会结构常常要牺牲小我、成就大我，不以个体的利益为依归，而追求整个动物群体的利益最大化。例如，刚成年的灌丛鸦并不离开双亲去繁衍后代，而是留在双亲身边，帮助觅食喂养新生的弟弟妹妹；公蚁常常为了保护蚁冢而浴血奋战、前赴后继、死而后已；当天敌来临时，地松鼠往往会牺牲自己来提醒大家。这些行为都是利他行为的例子，利他行为就是牺牲个体的繁衍可能性而使他者受益。

25.6.3 与亲人群居的动物更易培养出利他精神

动物的利他精神是如何培养出来的？这种明显会伤害到动物个体的行为为何不在漫长的进化过程中被淘汰掉？最可能的原因之一是，动物之所以选择牺牲，是因为要保护一同生活的亲人。动物个体的牺牲可使其他亲人存活下来，而活下来的亲人与它具有相同或相似的遗传背景，可使这种利他行为的基因薪火相传、永不磨灭。生物学上将这种现象称为亲缘选择（kin selection）。亲缘选择有助于解释协作社群成功的自我牺牲行为。后续几节将介绍协作行为，我们会举两个例子来说明动物形成的结构复杂分工明确的小型社群，其中一个例子来自昆虫，另一个例子来自哺乳动物。

25.6.4 蜜蜂生活在有着刚性结构的社群中

这个世界上最令科学家迷惑不解的群居结构也许是蜜蜂、白蚁和蚂蚁形成的社群。究竟是什么伟大而神奇的力量使得这些昆虫不繁衍自己的后代，一生忘我无私地工作，并将工作成果无偿地奉献给少数头领？不管如何解释，它们形成的这个制度森严、等级分明的群居结构都是令人惊叹不已的。它们就像是一部运转顺畅且精密的大型仪器上的一颗颗小螺丝钉，默默奉献，不求任何回报。

社群中的每个个体自出生起就被赋予了特定的任务。行使相同任务的动物会自发、自觉地集结在一起。拿蜜蜂来说，它们需要完成三类任务，因此分为三个功能小组。第一组是蜂王，一个蜂巢内通常只有一只蜂王，其主要任务是产卵（蜂王的寿命通常是 5～10 年，平均每天要产 1000 多个卵），而这些卵则发育成工蜂。第二组是雄蜂，它们只负责与蜂王交配，接收到蜂王发出的交配信号后就迅速来到蜂王周围。一只蜂王可与多达 15 只以上的雄蜂交配。交配结束后，雄蜂就完成了其历史使命，认命地退出历史舞台，也就是被驱逐或被杀死。

第三组是工蜂，蜂窝内的所有工作基本上都由工蜂（不育的雌性）完成。工蜂的任务随其年龄和经验而不断变化的。刚开始工作时，它们通常完成一些简单的搬运工作，如在蜂窝内搬运蜂蜜一类的食物给蜂王、其他工蜂或幼虫。当成熟到可以分泌蜂蜡时，它们就开始建造蜂窝以供蜂王产卵，有时还需要打扫蜂窝、清理尸体；工蜂还是家园的保卫者，一旦有天敌入侵，就会毫不犹豫地冲上前去攻击敌人。当年华老去时，它们就会进行最后一项工作，即寻找和收集食物，给蜂窝提供源源不断的花粉和花蜜。在短短两个月的一生中，工蜂约有一半的时间都在做这项工作。它每天都会辛勤地飞出去寻找花草繁盛的地方，一旦找到，就会飞回蜂窝，在蜂窝门口激动地跳着特定的舞蹈，告诉同伴哪里有食物（见图 25.25）。

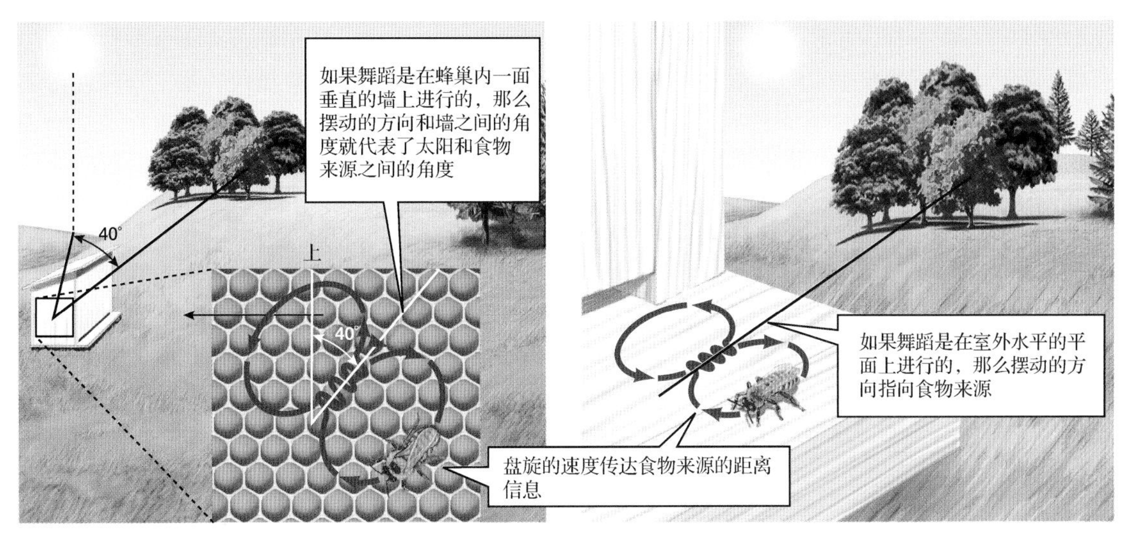

图 25.25 蜜蜂的语言：神奇的摇摆舞步。外出觅食的蜜蜂找到食物丰富的地方时，就会立刻飞回蜂巢，开始跳一种神奇的摇摆舞步。这种舞步通过展示方向和距离，告诉同伴食物所在的确切位置

信息外激素在这种群居生活中起着至关重要的作用。蜂王在发情期会释放一种激素使得雄蜂性成熟，这种激素还可防止其他工蜂发育成具有繁殖能力的蜂王。当然，这种激素也可表征蜂王的身体状况，一旦蜂王开始衰老，工蜂就会开始建造体积更大的蜂巢，用蜂王浆而非普通花粉或是花蜜喂养其中的幼虫，幼虫并不发育成普通的工蜂，而发育成下一代蜂王。退位的蜂王会带着一小群蜜蜂离开蜂窝，安静地养老。另外，如果新发育的蜂王不止一只，这些蜂王就会展开殊死搏斗，不死不休，直到剩下最后一只成为新一代蜂王。

25.6.5 裸滨鼠这种脊椎动物可以形成更复杂的社群

脊椎动物的神经系统远比昆虫发达，因此，可以预见脊椎动物形成的群居结构比蜜蜂之类的昆虫要复杂多样。除了人类形成的社会，裸滨鼠形成的社会恐怕是最复杂的（见图 25.26）。裸滨鼠是豚鼠的近亲，主要活跃在南非。因为长期生活在地下的洞穴中，它们的双目不能看见东西，全身也没有毛发覆盖。它们形成一种类似于蜜蜂的群居结构，在一群裸滨鼠中有一只鼠王，鼠王是雌性的，承担着为整个鼠群繁衍后代的重任，而鼠群中的其他鼠都是为鼠王服务的。

图 25.26 劳作中的裸滨鼠

鼠王往往是整个鼠群中个头最大的，它通过各种手段统御部下，维护自己的权威。它鼓励和教育工作不够卖力的裸滨鼠，让它们更积极地工作。与蜜蜂类似，裸滨鼠依据体形大小的不同而有不同的分工。体形较小的幼年裸滨鼠的工作通常是清理地下隧道、收集食物和挖更多的地下隧道。裸滨鼠首尾相连，将隧道中的垃圾废物传递出隧道。在隧道的出口，年长的裸滨鼠则将垃圾抛出隧道，久而久之，在隧道边就会形成一个四周隆起、周围凹陷的土堆。生物学家将这种现象形象地称为火山堆。除了堆火山，年长的裸滨鼠还负责抵抗外敌的入侵，保卫家园。

鼠王可以敏锐地察觉到鼠群中的变化，比如有的裸滨鼠逐渐开始性成熟，其尿液中特定的激素就会告诉鼠王，有鼠要夺权了，这时鼠王会对那只裸滨鼠实施各种压力，让其绝望地放弃。老

鼠王死去后，就会有一些裸滨鼠的体形开始增大，然后它们会通过一连串厮杀来决定王位的最后归属，最终诞生新的鼠王。当鼠王的体形增大到一定程度时，就开始繁育后代。鼠王一年通常生育 4 次，每次大概可以生育十四五只小裸滨鼠。鼠王产下小鼠后，会亲自喂养新生鼠，自己则靠其他鼠来喂养。一个月后，新生裸滨鼠会断奶。

25.7 生物学能解释人类行为吗

与其他所有动物的行为一样，人类的行为也有进化的历史。因此，动物行为学的技术和概念可以帮助我们理解和解释人类的行为。因为人和动物毕竟不同，科学家不能直接拿人来做实验，所以有关人类行为学的研究就显得不那么严谨和可靠。即便如此，科学家仍然用行为学和遗传化学的一些基本方法来研究人类的行为，这些研究为人类更好地认识自己起到了至关重要的作用。

25.7.1 新生儿的行为有大量的本能成分

因为刚出生的婴儿还没有什么机会进行学习，所以人们通常认为婴儿的行为基本上属于本能。自出生起就寻找母亲的怀抱来寻求温暖和喂养，这大概是人类的第一个本能。还在母亲腹中时，胎儿就会吮吸自己的手指或别的东西，这也可称为本能（见图 25.27）。婴儿或胎儿的其他动作，如行走、手脚舞动挣扎等，也是与生俱来的本能。

婴儿出生没多久就会没心没肺地绽放笑容，这也是一种本能。最初，几乎所有在婴儿眼前掠过的小玩意儿都会使他们发笑。当然，婴儿很快就会增长经验，分辨好笑与不好笑的东西。大约在婴儿两个月大时，比起真正的人脸，婴儿更会对着淡色背景上人眼大的两个黑点发笑，这也许是婴儿对笑容最早的认知。随着婴儿逐渐长大和神经系统渐渐发育，他会逐渐识别人脸上更多更复杂的标志。

刚出生三天的婴儿就可从众多声音中辨别出妈妈的声音，并且会牙牙学语似地回应。实验表明，与其他人的声音相比，婴儿最喜欢妈妈的声音（见图 25.28）。这种婴儿与妈妈之间的特别联系，很可能是在妈妈体内十个月的漫长时光中建立的。

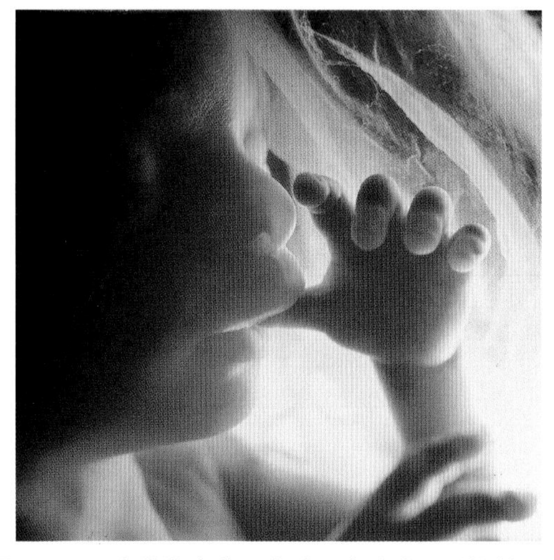

图 25.27 人类的本能。小孩子喜欢吮吸手指的毛病很难改掉，因为这个习惯从胎儿期就已养成。4 个月大的胎儿开始吮吸手指，这是一种寻找食物的表现

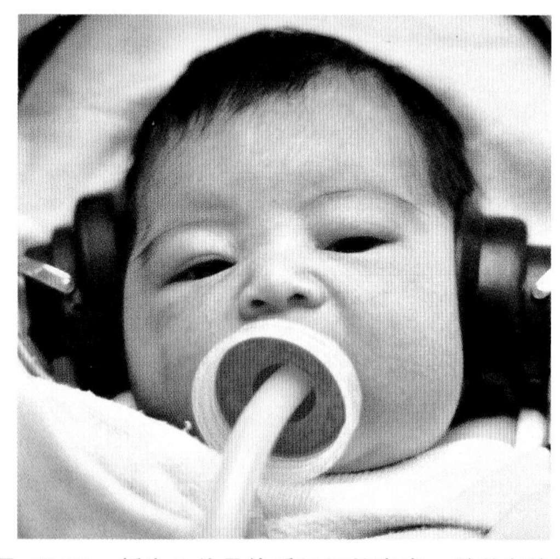

图 25.28 新生儿总是偏爱妈妈的声音。科学家给婴儿带上耳机，记录婴儿的牙牙声。实验结果发现，耳边播放妈妈的声音时婴儿的牙牙声加快，播放其他女人的声音时牙牙声减慢

25.7.2 年龄越小，语言学习能力就越强

动物自出生起就会不自觉地开始学习一些赖以为生的技能，而对人类来说，学习语言就是这种技能之一。孩子都是天生的语言学家，他们每天都会孜孜不倦地攫取词汇、短语和句子。统计结果表明，8 岁大的孩子大约可以掌握 2.8 万个词汇。科学家甚至认为婴儿自出生的那一刻起，大脑就已做好学习语言的充分准备。例如，胎儿在妊娠晚期会对声音做出反应，婴儿出生 6 周后就可能会区分清辅音和浊辅音。科学家还用专门的仪器记录了婴儿牙牙学语的反应，然后在其耳旁边发出不同的声音。当婴儿听到之前未听过的“ba”时，学语的频率会加快，反复出现这个声音时，学语频率会逐渐下降，直到听到从未听过的“pa”时，频率又会加快。

25.7.3 不同文化共有的行为可能就是本能

除了研究新生儿的行为，比较来自不同文化的人的行为并找出其中的共性，也是研究人类本能的方法之一。通过这种方法，科学家确定了不少人类共通的本能行为，如人类的一些表情或手势。全人类在表达喜、怒、哀、乐时都有相同或相似的表情，原因可能是在人类还未进化出语言时就依靠这些表情和手势进行交流，而流传下来后就成了人类的一种本能。

不同文化的人们也遵循许多复杂的社会行为准则。例如，在所有的文化中，近亲婚配基本上都是明令禁止的，而无关乎遗传。于是，科学家认为这种社会准则或禁忌是本能在人类文明中的一种体现，即人类在婴幼儿时期长期接触自己的亲人，彼此之间没有更加亲密的欲望，后来人们逐渐认识到近亲婚配的后代通常不健康，近亲婚配就渐渐消亡。

25.7.4 人类对信息外激素也有响应

虽然人类的主要交流渠道是眼睛和耳朵，但信息外激素也会产生反应。20 世纪 70 年代，著名生物学家麦克林托克（Martha McClintock）发现，室友或闺蜜间的月经周期会渐趋一致。因此，她假设女人会释放一种信息外激素来影响周围人的生理周期，近 30 年后，麦克林托克及其同事证实了这个假设。

1998 年，麦克林托克研究小组做了这样一个实验：当 9 名女性志愿者的生理周期来临时，在她们的腋下放一种可以吸收分泌物的棉条，每天放 8 小时，直到生理周期结束。接着，用酒精萃取出棉条中的分泌物，并涂到另外 20 名女性志愿者的下嘴唇，涂抹过程持续两个月。两个月后发现，涂抹了月经早期（或排卵早期）女性分泌物的 10 名志愿者的生理周期缩短了，而涂抹了月经晚期（或排卵晚期）分泌物的志愿者的生理周期延长了。由这些结果可以看出，女性在月经周期的不同阶段会分泌不同的物质，这些物质对周围的女性会有不同的影响。

另一组研究证明，人类在恐惧和压力下也可释放信息外激素并被周围的人接收。例如，2009 年，帕罗蒂（Lilianne Mujica-Parodi）研究小组做了这样一个实验：他们收集了 144 名志愿者的汗液样本，一半样本是在志愿者初次滑雪并初次经历 1 分钟自由落体运动时收集的，另一半样木则是志愿者在做常规运动时收集的。接着，被试在闻过两种汗液之一后做大脑成像，成像结果显示，闻过初次滑雪者（即处于紧张和恐惧状态的人）汗液的被试，其大脑的杏仁核（通常与人类的极端情绪如恐惧、愤怒等有关）处于活跃状态，而闻常规运动者的汗液的被试，其大脑的杏仁核并不活跃。由此说明，人类处于一些极端情绪（如紧张或恐惧）时，会释放一种信息外激素，这种物质可以引起他人同样的情绪，或者至少会让他人大脑的相同区域处于活跃状态。

虽然麦克林托克和帕罗蒂的多项工作告诉我们，人类也存在信息外激素，但是关于这些外激素是如何影响别人的却知之甚少，且未发现这些信息外激素的确切分子结构和特性。

25.7.5 通过双胞胎研究人类行为的遗传因素

通过对双胞胎进行研究，可以证实遗传因素决定人类很多行为的假设。如果一种行为主要是由遗传因素决定的，同卵双生（来自同一个受精卵，遗传背景完全相同）的双胞胎就会遗传相同的行为，而异卵双生（来自不同的两个受精卵，遗传背景不同）的双胞胎则不大可能。众多研究表明，同卵双生的双胞胎一般会有相同的灵活程度、酒精耐受度、智力、性格和交际能力，而异卵双生的双胞胎的相似程度远不如同卵双生的双胞胎。

若将出生后的同卵双生双胞胎分开，让他们在不同的环境下长大成人，双胞胎的上述行为仍然会惊人地相似：具有相同的服饰品味和幽默感，喜爱同样的食物，具有相同的笑容和饮酒方式，甚至会给他们的孩子和宠物起相同的名字。有时，他们还会有相同的怪癖，如咬指甲、强迫症和轻微抑郁症等。也就是说，环境因素几乎不对人格的形成产生影响，遗传因素占主导作用。

25.7.6 对人类行为学的研究极富争议

对人类行为学的研究是极富争议的，因为遗传因素决定人类行为这一观点大大挑战了传统观念，即环境是人类行为的决定性因素。如前所述，所有动物的复杂活动都是本能和习得相结合产生的；人类的活动或多或少受遗传因素的影响，并且受进化历史和文化传承的双重影响。这一争论仍在进行，且会一直进行下去。

复习题

01. 解释为什么“先天”和“后天习得”两词都不能充分描述任何特定生物体的行为。
02. 解释动物为什么玩耍。
03. 列出动物交流的四种形式，并给出每种交流形式的一个例子。
04. 一只鸟会忽视它领地内的松鼠，但会对同类成员表现出攻击性。解释原因。
05. 为什么同一物种成员之间最具攻击性的遭遇相对无害？
06. 讨论群居的利弊。
07. 裸鼹鼠的社会与蜜蜂的社会有哪些相似之处？
08. 哪些证据可能表明某个特定的人类行为是先天的，或者人类行为的变异受到遗传差异的影响？

第 26 章　种群数量的增长和调节

茫然的石像注视着森林被毁坏的复活节岛

26.1 种群的大小是如何变化的

种群包括生活在生态系统中的一个物种的所有成员，生态系统则是包括一片确定地理区域内所有生物和非生物组成部分的一个有机整体。例如，校园内可能有鸟、松鼠、草、树、灌木，这些都属于种群。每个种群都是一个更大的群落（一群相互影响的种群）的组成部分，而群落又隶属于生态系统。自然生态系统可以小到一方池塘、一片田野、一片森林、一个岛屿，也可以大到一片海洋。包含地球上所有适合居住的表面的自然生态系统称为生物圈。生态学是研究生物之间关系以及生物与生存环境之间关系的学科。下面首先简要介绍种群。

26.1.1 自然增长量和净移民量是改变种群大小的原因

在自然生态系统中，有些种群的数量始终保持相对稳定，有些种群的数量会以年为单位发生波动，还有些种群的数量会随环境的复杂变化而偶尔改变。例如，当一个种群入侵新的生态系统时，这个种群的数量可能会剧烈增长，然后变得稳定或者急速下跌。

种群的大小随出生量、死亡量和净移民量的变化而变化。种群的自然增长量是种群的出生量和死亡量之差。当死亡量高于出生量时，自然“增长量”就是负的（减少）。种群的净移民量是迁入（从外界向种群迁入）量与迁出（从种群向外界迁出）量之差。于是，当自然增长量与净移民量之和为正数时，种群数量就增加；反之，种群数量就减少。一段时间内种群数量变化的简单方程如下：

种群数量的变化量 = 自然增长量 + 净移民量

（出生量 – 死亡量）（迁入量 – 迁出量）

在野外，大多数迁移都是年轻动物从种群中迁出。例如，蝗虫在种群数量过多时会形成数量巨大的分出群；又如，独狼是离开家族的年轻狼，它会加入一个新狼群，或者组建一个自己的狼群。因为种群中的成员会进行繁殖，所以对有些物种来说，迁移是使原有种群保持相对稳定，使其与环境资源所能承载的量相一致的有效方法。虽然迁移在某些自然种群中十分重要，但为了简化问题，我们暂时忽略它，只用出生率和死亡率来计算种群数量的增长。

1. 种群的增长与出生率、死亡率和种群大小有关

大多数自然种群的大小在一年中都会发生波动，因为繁殖活动与季节有关，且很多新生生物会早早地结束生命。研究这类种群的科学家必须在该物种的繁殖周期的同一个阶段对种群进行计数，也就是在每年相同的时间进行计数。

在一个数量正在增长的种群中，个体数量的增加数与种群大小成比例。如果条件保持不变，个体数量的增加数占种群大小的百分比会在一定时间内保持稳定不变。种群的增长率（r）是单位时间（1 年）内种群大小的变化率，它等于出生率（b）和死亡率（d）之差（因为忽略了种群的迁入和迁出，所以种群的增长率就等于其自然增长率）：

$$b - d = r$$

（出生率）（死亡率）（增长率）

如果出生率超过死亡率，增长率就是正的，种群数量增加。反之，增长率是负的，种群数量减少。下面来计算一群鹿的增长率，表示出生率、死亡率和增长率的数字都是占整个种群的百分比。假设在一年中，一群总数为 100 头的鹿中的母鹿生了 30 头小鹿，但有 10 头小鹿和 10 头成年鹿死亡。出生率是 30%（100 头中有 30 头），死亡率是 20%，年增长率为 10%：

30 − 20 = 10
［出生率（百分比）］ ［死亡率（百分比）］ ［增长率（百分比）］

为了计算种群的增长（G），即一定时间内种群数量的增加量，我们用增长率（r）乘以计时开始时的种群大小（N）：

$$G = r \times N$$
（单位时间内的种群增长） （增长率） （种群大小）

由上式可知，当增长率（r）恒定不变时，G 的值在每个连续的时间间隔内都增加。为了计算特定时间内鹿的数量的增长，我们用小数来表示百分比，如用 0.10 来表示 10%。在第一年内，这群鹿（N）的增长（G）等于 $0.1 \times 100 = 10$。如果增长率保持不变，那么在第二年年初这群鹿（N）就有 110 头，在这一年鹿的数量同样会增加 10%（$110 \times 0.10 = 11$ 头鹿）。第三年年初，这群鹿有 121 头，以此类推。当然，第四年年初这群鹿不可能增加 12.1 头鹿。在真实的种群中，这个公式只能得出估计值，因为只有在环境条件保持稳定的情况下，出生率和死亡率才会保持稳定，我们才能用一个种群的增长率来预测未来的种群大小。然而，环境可能保持不变吗？接下来的几节将介绍这个问题。

2．如果出生率超过死亡率，种群会发生指数级增长

恒定的生长率（r）会产生指数级增长。在指数级增长过程中，每段连续时间间隔内的种群数量会增加得越来越多。只要种群中的每个个体在一生中产生的存活后代多于一个，这个种群就会发生指数级增长。如果将指数级增长的种群大小对时间作图，就会得到一条特征性的 J 形曲线。下面用金雕的例子来解释 J 形曲线。假定金雕可以活 30 年，每对金雕性成熟后每年可以产出两个后代。图 26.1 描述了两个金雕种群在金雕一生中的增长（两个种群都由一对可以生育的金雕夫妇建立）情况。红线代表金雕从 4 岁开始繁殖的情况，蓝线代表金雕从 6 岁开始繁殖的情况。在两种情况下，都发生了指数级增长。然而，24 年后，从 4 岁开始繁殖的金雕种群的数量是另一个种群的 6 倍有余（见图 26.1 中的表格）。通过推迟生育，人类也可大大放慢人口增长的速度。例如，如果每名女性在少年早期就生三个孩子，人口增长速度就要比每名女性在 30 岁后生 5 个孩子快得多。

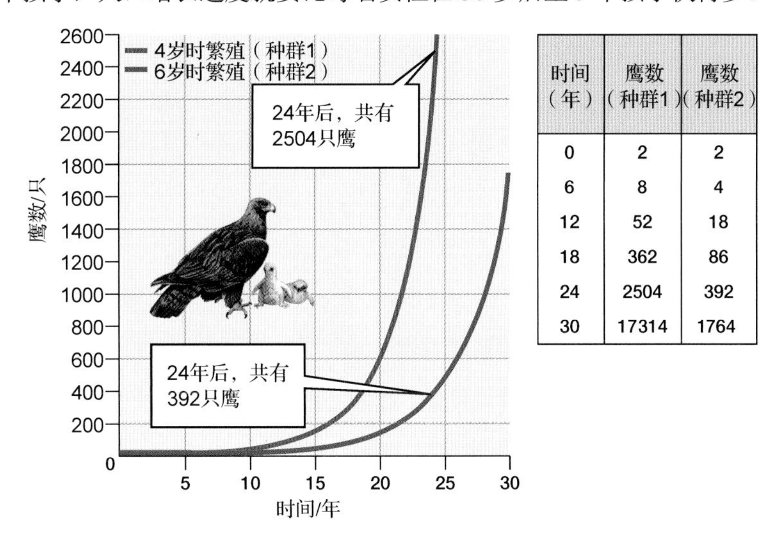

时间（年）	鹰数（种群1）	鹰数（种群2）
0	2	2
6	8	4
12	52	18
18	362	86
24	2504	392
30	17314	1764

图 26.1　指数级增长曲线是 J 形曲线。左图显示了两个假设的金雕种群的增长过程，它们都从一对金雕开始，但开始繁殖的年龄不同。在这对金雕 30 年的生命中，从 4 岁开始繁殖的种群数量几乎是从 6 岁开始繁殖的种群数量的 10 倍

死亡率也对种群大小有着重要影响。图 26.2 中模拟了三种不同死亡率下细菌种群的增长过程。注意这三条曲线都是 J 形曲线。

26.1.2 生物潜能决定种群增长的最大速度

产生很多后代的能力是一种遗传性状。自然选择偏爱那些能将性状传递给更多后代的生物。生物潜能是指一个特定种群的最大增长速度。在对生物潜能进行计算时，需要假设情况发生在理想条件（具有无限的资源，同时没有捕食者）下，出生率可以达到可能的最高值，且死亡率最低。虽然单个个体每年能够产生的后代从上百万个（牡蛎）到一个或几个，但每个健康的生物在繁殖生命时都有着产生很多个体进而取代自己的潜力。

在较为稳定的条件下，平均来说每个个体只能产生一个可以活到能产生下一代的后代。因为野外的生活充满危险，较高的生物潜能总会使得有些后代活得够久并完成繁殖过程。不同物种的生物潜能是不同的。影响生物潜能的因素包括：

- 生物第一次繁殖时的年龄。
- 繁殖的频率。
- 生物每次繁殖产生后代的平均数。
- 生物的生殖寿命。
- 理想条件下生物的死亡率。

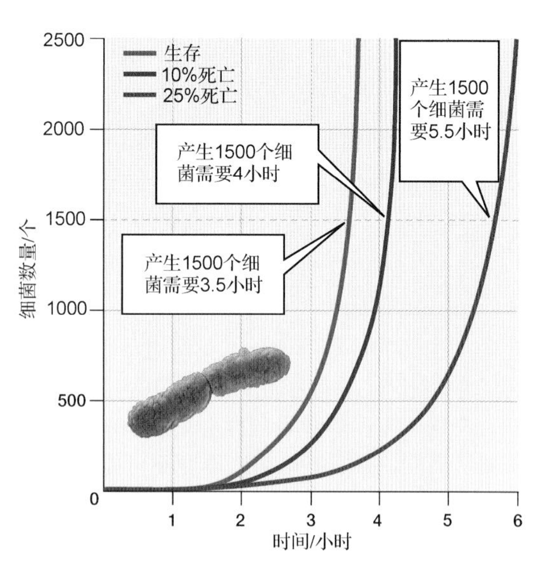

图 26.2 死亡率对种群增长的影响。图中假设细菌的种群数量每隔 20 分钟翻倍。注意每种情况下都存在特征性的 J 形曲线，但死亡率较高的种群要经过更长的时间才能达到给定的大小

26.2 种群增长是如何被调节的

1859 年，达尔文写道：“任何一种生物，它们自然增长的速度都会达到令人惊骇的程度。如果过多的生物不被毁灭，整个地球将被一对生物的后裔充满，毫无例外。”显然，种群的增长不可能无休止地进行。接下来的几节讨论种群的大小是怎样受到生物潜能和环境阻力调节的。环境阻力的例子包括生物之间的相互作用，如捕食及为有限的生存资源而竞争等。环境阻力还包括自然事件，如寒冷的天气、风暴、火灾、洪水和干旱。

26.2.1 指数级增长只在非正常条件下发生

在不正常的条件下，自然种群会表现出指数级增长，产生 J 形增长曲线。下面介绍这种情况。

1. 指数级增长以繁荣–衰退的循环形式存在

在发生种群数量大起大落的种群中，会发生指数增长。这样的循环在很多物种身上都会发生，原因多种多样，非常复杂。很多生命周期短、繁殖速度快的物种（从能进行光合作用的微生物到昆虫）都会经历季节性的种群数量循环，这些循环和降雨量、温度或营养物质的改变有关。下面以图 26.3a 中光合细菌的例子来加以说明，因为光合细菌和其他水生微生物的繁荣–衰退循环会对人类的健康产生影响。

在适宜的气候下，昆虫种群的数量会在春天和夏天大幅增长，而随着冬天的来临，霜冻会杀死大部分昆虫，因此种群数量又会暴跌。例如，雌性家蝇一次可产下约 120 个卵。这些卵在两周内孵化并成熟，在一个春天或夏天经历 7 个世代。家蝇的生物潜能非常大（假设没有环境阻力），第 7 代将包括约 6 万亿只家蝇。所有这些家蝇都是从一只怀孕的雌蝇发展而来的。更复杂的因素

会导致较小的啮齿类动物，比如田鼠和旅鼠（见图 26.3b），经历周期约为 4 年的循环，而野兔、麝鼠和松鸡的种群数量循环历时更长。例如，这些物种可能会持续增长，直到威胁到它们所生存的脆弱北极冻原生态系统，种群数量才会下跌。缺乏食物、捕食者的种群数量增加，以及拥挤带来的社会压力，都会使种群的死亡率突然上升。在旅鼠从种群密度过大的栖息地向外迁移时，会有大量旅鼠死亡。在这些令人注目的巨大迁移中，旅鼠很容易被捕食者捕杀，很多在遭遇水体并试图游过去时会淹死。旅鼠种群数量的大大减少使得捕食者的种群数量也减少，同时旅鼠栖息地的植被得到恢复。这些效应反过来又为下一轮旅鼠的指数级增长做好准备（见图 26.3b）。

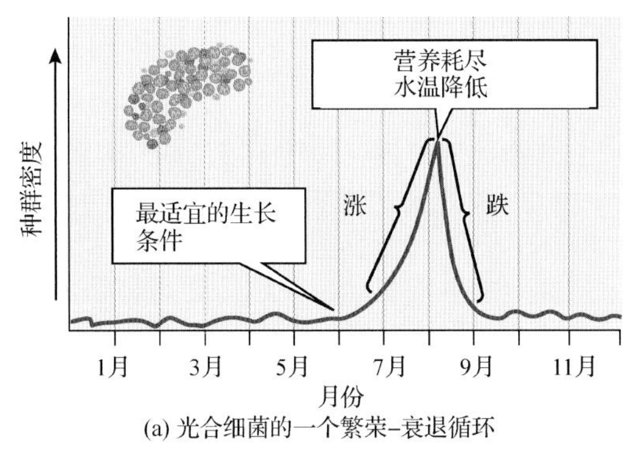

(a) 光合细菌的一个繁荣–衰退循环

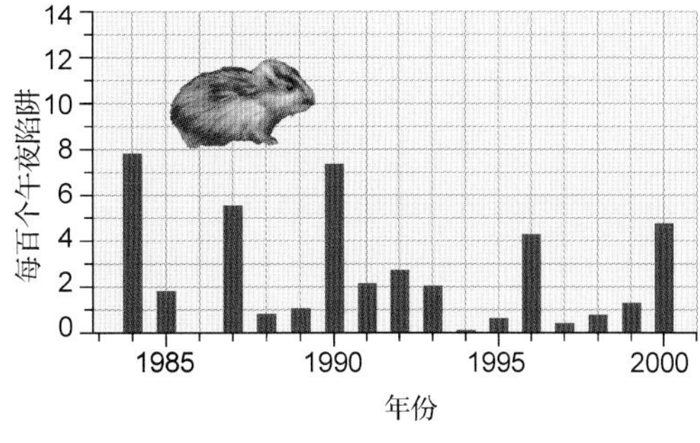

(b) 生活在加拿大北极圈内的一个旅鼠种群的繁荣–衰退循环

图 26.3　繁荣–衰退的种群循环。(a)某个湖泊中光合细菌种群的假设密度。这些微生物直到 6 月初都维持着非常低的种群密度。6 月，环境条件开始变得有利于它们的生长，于是光合细菌指数增长，9 月发生种群数量暴跌。(b)生活在北极圈内的旅鼠种群会经历以 3～4 年为一个周期的繁荣–衰退循环

2．环境阻力减小时种群数量暂时以指数级增长

对那些不经历繁荣–衰退循环的种群来说，特殊情况下（如食物供应增加、栖息地扩大或捕食者减少）的种群数量会指数级增长。例如，由于栖息地减少和捕猎，高鸣鹤一度近乎灭绝。1940 年，只有 15 只高鸣鹤活在世上，人们被禁止捕捉这种鸟。高鸣鹤的栖息地得到保护和恢复。由于来自人类的环境阻力减小，高鸣鹤种群数量正在进行 J 形增长，即指数级增长（见图 26.4）。它仍然是世界上最稀有的鸟类之一，因此种群必须进一步增长，以确保这一物种在较长的一段时间内不会灭绝。

当生物个体来到一个环境适宜且缺少竞争的新栖息地时，种群数量也会发生指数级增长。入侵物种是被（故意或无意）引入与它们原来不同且环境阻力较小的生态系统的，具有高生物潜能的生物。入侵物种常表现出爆炸性的种群数量增长。例如，人们在 1935 年将 100 只海蟾蜍引入澳大利亚，以求控制那里破坏甘蔗地的甲虫。雌性海蟾蜍每次产出 7000～35000 个卵，且在这个全新的环境中能捕食它们的动物很少。因此，海蟾蜍就从最初被引进的地点向外大肆扩张，现在已占据澳大利亚近百万平方千米的土地。不仅如此，它们现在仍然在快速进军新的栖息地，通过吃掉或取代对方的方式，对当地生物构成极大威胁。人们估计，海蟾蜍的种群数量已远超 2 亿，而且仍然在进行指数级增长。入侵物种可能还是毁灭复活节岛上森林的元凶。

所有进行指数级增长的种群的数量最后都会稳定或下降。

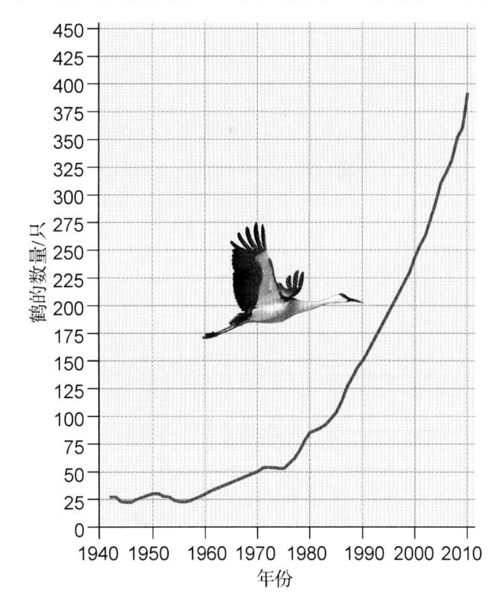

图 26.4　野生高鸣鹤的指数增长。捕猎和对栖息地的破坏使世界上高鸣鹤的数量在 1940 年被人们保护起来前下降到了 21 只。2005 年，它们的种群数量达到 340 只，2010 年达到 383 只。注意它们指数级增长的特征性 J 形曲线

26.2.2 环境阻力限制种群数量的增长

环境阻力最终会终止指数级增长，理想状态下会在种群大小和生存资源之间找到平衡点。例如，设想一个无菌的培养皿。我们不断地向其中加入营养物质，并移走废物。如果向培养皿中加入少量活的皮肤细胞，它们就会贴壁生长，并通过有丝分裂进行增殖。如果每天都在显微镜下对细胞进行计数，并对它们的数量作图，那么在一段时间内就会观察到所画的图形与指数级增长的特征性 J 形曲线非常相似。不过，在细胞占据培养皿中的所有空间后，它们的生长率就会开始变慢，并且最终降到零；细胞的种群数量会受到空间资源的限制。

1. 新种群的数量因环境阻力而稳定时，就会发生逻辑斯蒂增长

在某个特定的时间点，你在上述实验中得出的皮肤细胞数量的图表和图 26.5a 中的非常相似。这一增长模式被命名为逻辑斯蒂增长，逻辑斯蒂增长是指个体数量迅速增加到环境能够容纳的种群数量的最大值，而后变得稳定的种群的特征性增长模式。在不受到伤害的情况下，一个生态系统在很长时间内能够容纳的最大种群个体数称为该生态系统的环境容纳量（*K*）。逻辑斯蒂增长曲线被称为 S 形曲线，因为它的整体形状类似于 S 形。

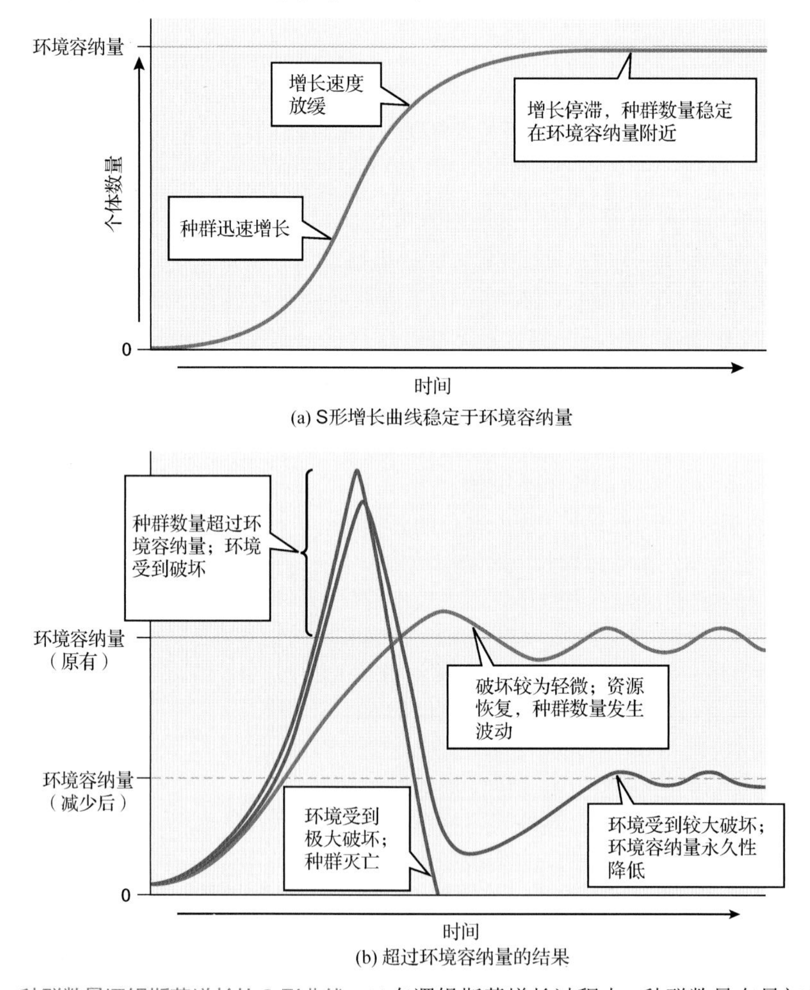

图 26.5　种群数量逻辑斯蒂增长的 S 形曲线。(a)在逻辑斯蒂增长过程中，种群数量在最初的一段时间内较小，之后迅速增长。最后，当种群遭遇依赖种群密度的环境阻力时，种群增长率就会变小。最后，种群的增长停止在环境容纳量（*K*）附近。因此，增长曲线看上去就是舒缓的 S 形。(b)种群数量可以超过环境容纳量（*K*），但该状态只能维持很短的一段时间。图中展示了三种结果

在自然界中，种群大小（N）可在短时间内超过环境容纳量（K），但这是十分危险的，因为在这种情况下种群消耗资源的速度比资源再生的速度快。越过 K 的一小段曲线后，K 和 N 很可能共同减小，直到被消耗掉的资源恢复原状为止。

如果种群的大小远超环境容纳量，结果会更严重，因为在这种情况下，施加到生态系统上的额外需求很可能破坏掉重要的资源（如复活节岛上的森林），而这些资源可能无法再生。于是，K 值可能永久性地减小，该种群也减少到此前的几分之一，甚至完全消失（见图 26.5b）。例如，当驯鹿被引入没有大型捕食者的岛屿时，种群数量会急剧上升，它们赖以为生的地衣会因过度放牧而大量减少。之后，饥饿会导致驯鹿的种群数量暴跌，如图 26.6 所示。

当一个物种迁移到新栖息地时，就会发生种群数量的逻辑斯蒂增长。生态学家康奈尔（John Connell）用这个规律解释了藤壶在岩石海岸的裸岩上定居时的种群数量变化（见图 26.7）。最初，新移民发现了可进行指数级增长的适宜环境。然而，在种群密度上升后，个体之间就会发生对空间、能量和营养物质的竞争。科学家在实验室中用果蝇做的实验表明，对资源的竞争可以通过降低出生率和对手的平均寿命来控制种群的大小。在种群的逻辑斯蒂增长过程中，当环境阻力不断增大时，种群的增长速度变慢，种群大小最终会停留在环境容纳量的附近。在自然界中，环境条件从来都不是完全稳定的，因此一个群落中的环境容纳量和种群大小每年都有些许不同。

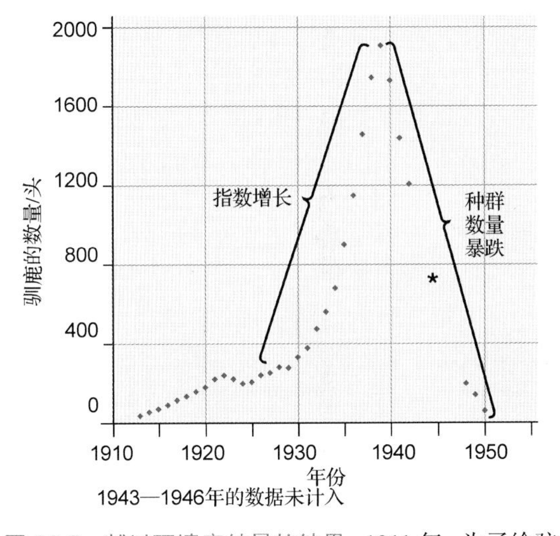

图 26.6 越过环境容纳量的结果。1911 年，为了给驻岛人员持续供应肉类，美国政府将 25 头驯鹿引入阿拉斯加海岸附近的圣保罗岛。因为岛上食物充足且没有大型捕食者，鹿群发生指数级增长。1938 年，该种群已有 2046 头，约为这个岛的环境容纳量估计值的 3 倍。冬天，驯鹿赖以为食的地衣损耗严重。1950 年，整个岛上只剩下 8 头驯鹿

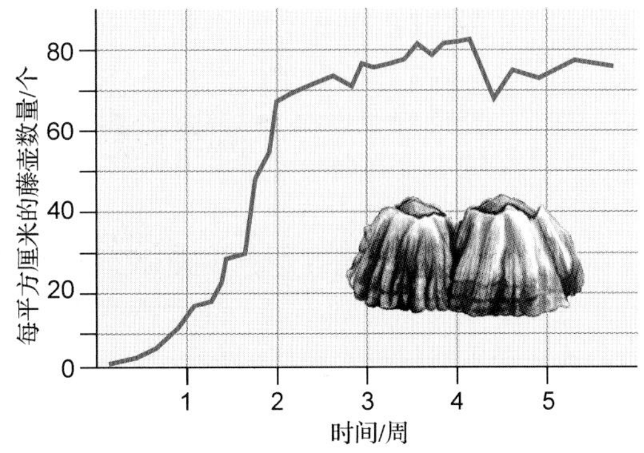

图 26.7 自然界中的逻辑斯蒂增长曲线。藤壶是一种甲壳类动物，它们的幼体会被洋流携带到岩石海岸上并在岩石上定居。它们永久性地附着在岩石上，并发育成成体形态。在裸露的岩石上，定居的幼体和刚刚完成变态发育的非成熟体的数量符合逻辑斯蒂增长曲线，因为对空间的竞争会限制它们的种群密度

两种形式的环境阻力共同作用，将种群数量控制在环境容纳量以内。密度无关因子会控制种群数量，但与种群的密度无关；相反，密度相关因子随着种群密度的增大，其有效性增加。营养物质、能量和空间是环境容纳量的三个主要决定因素，三者都是调控种群数量的密度相关因子。下面详细介绍这些因子是如何限制种群数量增长的。

2. 密度无关因子对种群数量的调节与种群密度无关

最重要的自然密度无关因子是气候和天气，它们是产生大多数繁荣-衰退循环的原因。很多昆虫和一年生植物的种群数量就是由第一次解冻前能够产生的个体数量所限制的。这样的种群受气

候因素调控，因为它们通常在冬天到来之前都无法达到环境容纳量。天气也会一年又一年地对自然种群产生重大影响。飓风、干旱、洪水和火灾对当地的种群数量都会产生深远的影响，无论其种群密度如何。

人类活动以密度无关的方式限制着自然种群的增长。杀虫剂和污染物都会导致自然种群的数量锐减。在杀虫剂 DDT 于 1970 年被禁止使用前，它已使多种猛禽的种群数量大大减少，包括鹰、鹗和鹈鹕；多种污染物至今还在危害着野生动物的生命安全。尽管适度的捕猎可在动物种群和环境资源之间形成良好的平衡，但人类的过度捕猎已使许多动物灭绝。在美国，旅鸽和颜色鲜艳的卡罗莱纳长尾小鹦鹉已经灭绝。此外，人类对生物栖息地的破坏是一个密度无关因子，也是目前对全球野生生物的最大威胁；在美国，对栖息地的破坏就是象牙嘴啄木鸟灭绝的原因。

3. 随着种群密度逐渐增大，密度相关因子变得更加重要

寿命超过一年的生物种群进化出了可让它们活过季节变化产生的密度无关调控的适应性变化。例如，它们可活过寒冷少食的冬天。很多哺乳动物进化出了厚厚的皮毛，且能够大量存储脂肪以度过冬天；有的还会冬眠。迁移是另一种适应方式；很多鸟类会迁移到很远的地方，以求找到食物和适合生存的气候。大多数树和灌木也通过进入休眠期来度过酷寒的冬天，在这段时间内，它们的叶子会脱落，代谢活动也会变得缓慢。

对稳定栖息地中寿命较长的物种来说，最重要的环境阻力因素是密度相关的。密度相关因子会对种群数量产生负反馈，因为在种群密度逐渐增大时，它们会变得越来越有效。

（1）*捕食者对种群施加密度相关的调控*。捕食者是以其他生物（猎物）为食的生物。通常情况下，它们会直接杀死并吃掉猎物（见图 26.8a），但并非总是如此。例如，鹿会以枫树的芽为食，舞毒蛾幼虫会吃掉橡树的叶子。这些树受到了伤害，但并未死掉。

随着猎物的种群数量不断增长，捕食关系对种群数量的影响变得越来越大，因为大多数捕食者以多种猎物为食，而更多地捕食哪种猎物则取决于这种猎物的数量最丰富、最容易被发现。当鼠的种群数量升高时，郊狼主要以田鼠为食，鼠的种群数量下降后，郊狼又会将地松鼠作为其主要食粮。捕食者就是通过这种方式对多种猎物的种群数量进行密度相关的调控的。

如果猎物变得更加丰富，捕食者的种群数量就会增加，进而使它们成为更重要的调控因子。对北极狐和雪鸮这样严重依赖旅鼠为生的捕食者来说，它们产生的后代数量是由猎物的种群数量决定的。当旅鼠数量非常丰富时，雪鸮（见图 26.8b）一窝可以孵出 12 只幼鸟，但在旅鼠种群数量暴跌的年份可能完全不生育。

(a) 捕食者杀死的常是变得虚弱的猎物

(b) 猎物充足时，捕食者的种群数量往往增加

图 26.8 捕食者帮助控制猎物的数量。(a)一群灰狼杀死了一头可能因年迈而变得虚弱的麋鹿。(b)当猎物（如旅鼠）充足时，雪鸮会产生更多的后代

有些情况下，捕食者数量的增加可能导致猎物种群数量的急剧减少，而这反过来又导致捕食者种群数量的减少。这一模式导致捕食者和猎物具有不同相的种群循环。在自然生态系统中，捕

食者和猎物都受到其他很多因素的影响，因此这种非常简单的循环极为少见。不过，在受控的实验室条件下，科学家证明了捕食者和猎物之间种群数量循环的存在（见图 26.9）。

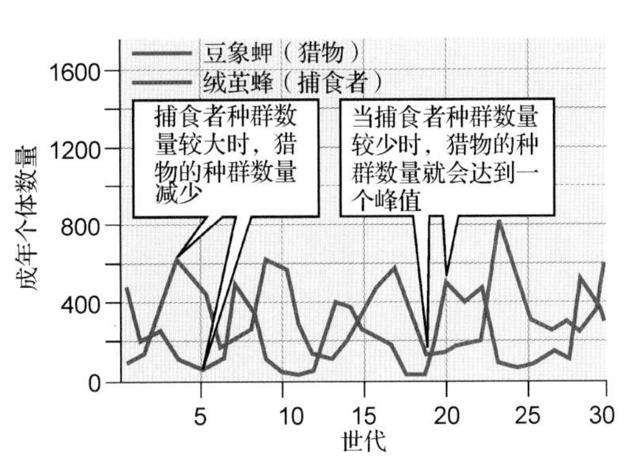

图 26.9 实验条件下的捕食者–猎物循环。体形极小的绒茧蜂将卵产在豆象蝉幼虫的体内，后者可作为新生小蜂的食物。如果豆象蝉的种群数量很大，绒茧蜂后代的存活率就很高，进而增加捕食者的种群数量。然后，在大量捕食的情况下，豆象蝉的种群数量暴跌，这大大减少了下一代绒茧蜂的食粮。于是，绒茧蜂的种群数量减少。由于捕食作用减弱，豆象蝉的种群数量又迅速增长，如此循环往复

捕食者对猎物种群的总体健康水平是有一定贡献的，因为捕食者挑选的个体通常是不适应环境的个体、因年迈而虚弱的个体，或者是无法找到适当的食物或掩蔽所的个体。采用这种方式，捕食作用可将健康猎物的种群密度控制在生态系统能够维持的范围内。

（2）寄生虫在密度较大的种群中传播得更快。寄生虫以比自己大的宿主动物为食，并对其造成伤害。虽然有些寄生虫会杀死宿主，但很多寄生虫都不这样做，因为这对它们有利。寄生虫包括生活在哺乳动物肠道中的绦虫、紧贴在宿主身上的扁虱，以及一些导致疾病的微生物等。大多数寄生虫无法进行长途旅行，因此它们在密度较大的宿主种群中更易传播。例如，植物疾病会迅速地在农作物中传播，而儿童疾病也会时不时地横扫学校和儿童日托中心。就算寄生虫不会直接杀死宿主，也会使宿主变得虚弱，进而更易受其他因素（如严酷的天气或捕食者）的影响而死亡。受寄生虫影响而变得虚弱的生物能够进行繁殖的可能性也会降低。就像捕食者一样，寄生虫的作用主要是导致不那么强健的生物死亡，同时维持种群数量的平衡，使其不过多也不灭绝。

不过，如果将寄生虫或捕食者引入新的环境，且当地物种没有机会进化出对抗它们的防御措施，这种平衡就会遭受破坏。在几乎不存在环境阻力的情况下，入侵物种会爆发性地繁殖，这对它们的宿主或猎物是十分有害的。例如，欧洲人在殖民时代无意地将天花病毒带到世界各地，导致北美洲、夏威夷、南美洲和澳大利亚众多的当地人死亡。从亚洲引入美国的栗疫病菌使野生栗子树在美国几乎绝迹。从外界引入的大鼠几乎可以确定是导致复活节岛上大多数当地鸟类死亡的元凶，从外界引入的大鼠和猫鼬也灭绝了夏威夷当地的数种鸟类。

（3）对资源的竞争有助于控制种群数量。决定一个生态系统的环境承载量的资源（空间、能量和营养物质），可能不足以维持所有需要这些资源的生物的生存。因此，试图利用同样资源的个体之间的相互作用关系——竞争，可通过密度相关的方式控制种群数量。有两种主要的竞争方式：种间竞争（不同物种的个体之间的竞争）和种内竞争（同一物种的个体之间的竞争）。因为同属一个物种的个体对水、营养物质、藏身处、繁殖地点、光和其他资源的要求几乎完全相同，所以种内竞争是一个非常重要的密度相关因子。

不同的生物进化出了各种各样应对种内竞争的措施。包括大多数植物和很多昆虫在内的一些生物会进行分摊型竞争，分摊型竞争是一场自由竞赛，生存所需的资源是对胜者的奖励。例如，一只生活在北美的雌性舞毒蛾在树干上产下了约 1000 个卵的卵块。在卵孵出后，树上便会爬满毛虫（见图 26.10）。这一入侵物种的大爆发可在短短几天内就吃光一棵大树上的所有叶子。在这样的情况下，对食物的争夺非常激烈，大多数毛虫在变态发育为可产卵的成体前就会死掉。争夺竞争的另一个例子见于一些植物，这些植物的种子分布得很密集。发芽生长后，发芽较早的种子遮住发芽较晚的种子，使它们无法见到阳光；而发芽较早的种子的根也较长，它们会吸收土壤中大部分可被利用的水分，于是发芽较晚的种子只能枯死。

(a) 正在产卵的舞毒蛾

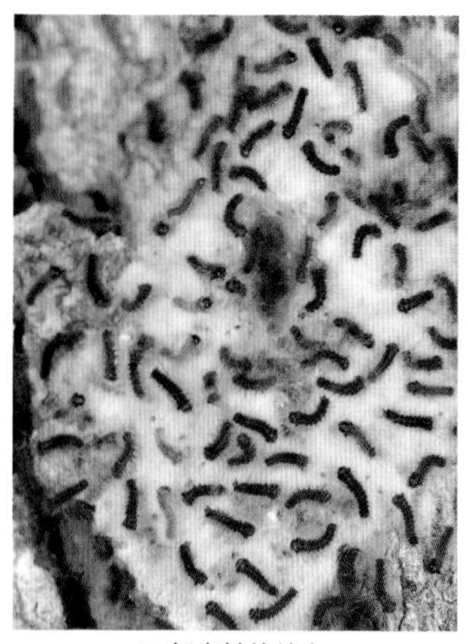
(b) 舞毒蛾的幼虫

图 26.10　分摊型竞争。(a)几只舞毒蛾群集在树干上，产出卵块。(b)卵块会孵出成百上千只相互竞争的毛虫

很多动物（甚至包括几种植物）进化出了争夺型竞争方式，在这种竞争中，社会关系或化学相互作用决定了对重要资源的分配。领地动物，包括狼、多种鱼类、兔子和多种鸣禽，会保卫自己的领地。领地中含有重要的生存资源，如食物或哺育后代的场地。当种群数量超过环境容纳量时，只有能最好地适应环境的个体才能保卫自己的领地。那些没有领地的个体将不能进行繁殖（减少未来的种群数量），或者无法获得足够的食物或藏身处而被捕食者轻易猎杀。

种群密度不断增加，各种竞争变得越发激烈，于是有些动物（包括旅鼠和蝗虫）就会进行迁徙。迁徙的蝗群是非洲部分地区周期性出现的灾祸，因为它们会吃掉遇到的所有植物（见图 26.11）。

4．密度无关因子和密度相关因子相互作用，共同调节种群大小

一个种群在任意时刻的个体数量都是密度无关环境阻力和密度相关环境阻力之间发生复杂相互作用后的结果。例如，一群因为干旱（密度无关因子）而变得衰弱的松树更易成为松树甲虫（密度相关因子）的牺牲品。同样，遭受饥饿（密度相关因子）和寄生虫侵袭（密度相关因子）而变得虚弱的北美驯鹿更易在寒冷的冬天（密度无关因子）丧命。

图 26.11　迁徙。过度拥挤和食物缺乏导致蝗虫迁徙。在迁徙途中，它们会吃掉遇到的所有植物

人类活动对自然种群的影响日益凸显，现已成为限制种群增长的重要密度无关因子。例如，我们推平了许多草场和土拨鼠保护区来建造商场和住宅，我们还砍伐了大量雨林，在上面种植农作物。这些活动会降低环境容纳量，反过来对未来的动物种群数量施加密度相关的限制。

26.3　种群在空间和时间上是如何分布的

不同生物的种群个体表现出特征性空间分布，这一分布特点是由它们的特征性行为和环境因素共同决定的。此外，每个种群都表现出了其物种特有的繁殖和生存模式。

26.3.1 不同种群表现出不同的空间分布

空间分布描述了一个种群的个体在特定地区内是怎样分布的。空间分布随时间的变化而变化，例如在繁殖季节，种群的空间分布就会发生变化。生态学家提出了三种主要的空间分布模式：集群分布、均匀分布和随机分布（见图 26.12）。

如果一个种群中的个体成群生活，这个种群就会表现出集群分布模式。以家庭或社会团体生活的生物，如象群、狼群、狮群、鸟群和鱼群，呈集群分布（见图 26.12a）。那么群居生活的好处是什么？群居生活的鸟因为数量众多，相比单个个体来说更易发现食物，如一棵长满果子的树。鱼群和鸟群因为数量巨大，可以迷惑捕食者。反过来，捕食者有时也会成群捕猎，合作杀死更大的猎物（见图 26.8a）。有些物种短暂地群居生活，以完成交配和照顾下一代。还有一些植物和动物集结成群的原因是资源被局限在一定的区域内，例如在草原上，成群的杨树矗立在溪流旁。

有些种群在空间上呈均匀分布，这些种群的个体之间存在着相对稳定的距离。一般来说，表现出领地行为的动物在空间上常呈均匀分布。领地行为在动物的繁殖季节尤其常见。海鸟会在海岸上相隔相同的距离均匀筑巢，巢与巢之间的距离刚好使对方不会碰到自己（见图 26.12b）。在植物中，成熟的石炭酸灌木通常分布得十分均匀。研究表明，这种分布的原因是它们的根系系统之间的竞争。石炭酸灌木的根在其周围占据一片大致呈圆形的区域，根从土壤中有效地吸收水和营养物质，阻止在附近发芽的同种植物的生长。

表现出随机分布的生物种群十分少见。这样的种群个体通常不会形成社会化的群体。它们所需要的资源在栖息地的分布大致均匀，且这些资源并不罕见，因此这些生物无须划分领地。生活在雨林中的树和其他植物接近于随机分布（见图 26.12c）。可能不存在在一年内的所有时段都能保持随机分布的脊椎动物；它们大多数存在社会性的相互作用关系，至少繁殖季节如此。

(a) 集群分布

(b) 均匀分布

(c) 随机分布

图 26.12 种群的空间分布。(a)鱼群利用其数量迷惑捕食者。(b)塘鹅在海岸上等间距筑巢。(c)因为生长条件非常好，很多生活在雨林中的植物种子落到任何一块土地上后都能发芽生长

26.3.2 种群表现出不同的年龄分布

不同种类的动物死于生命周期的某个阶段的概率有着显著差异。有些物种产生大量的后代，但这些后代只能享有很少的资源；这些后代大多数在繁殖之前死掉。其他物种则产生较少的后代，这些后代享有多得多的资源，大多数可以活到成功繁殖之后。为了确定物种的生存模式，研究人员通过跟踪生物的一生，记录它们每年活下来的数量（或其他单位时间内活下来的数量；见图 26.13a），构建出了生存表。如果对生存表作图，就可得到在收集数据的环境中物种的特征性生存曲线。图 26.13b 中显示了三条不同的生存曲线，这三条生存曲线是根据生物死亡率最高的年龄段来划分的，分别称为晚衰型、渐变型和早衰型。

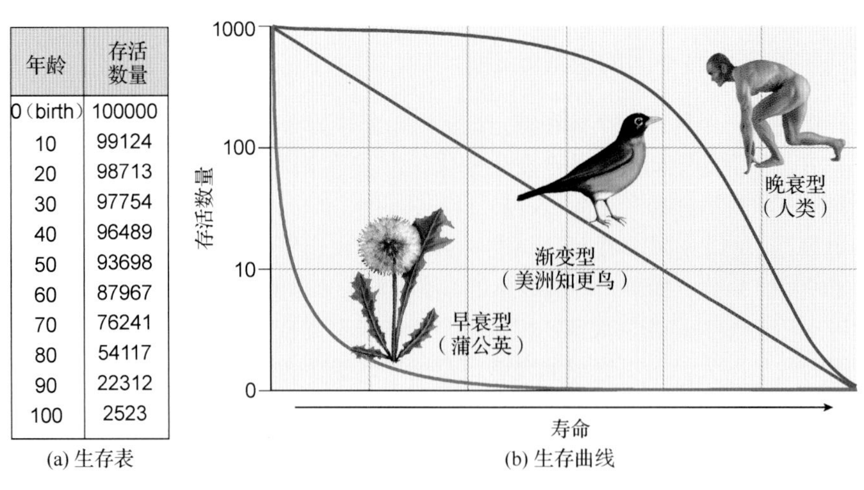

年龄	存活数量
0（birth）	100000
10	99124
20	98713
30	97754
40	96489
50	93698
60	87967
70	76241
80	54117
90	22312
100	2523

图 26.13　生存表和生存曲线。(a)美国 2004 年的人口生存表，显示了 100000 名新生儿中，随着年龄的增加，有多少人还活着。对这些数据作图会得到类似于(b)图中的蓝色曲线。(b)图中显示了三条不同的生存曲线

晚衰型种群的生存曲线是凸型曲线。这样的种群的幼体死亡率较低，大多数个体都能活到老年。这种生存曲线是人类和其他体形较大、寿命较长动物（如大象和绵羊）的特征性曲线。这些物种会产生数量相对较少的后代，后代在生命的早期会得到父母的保护和精心照料。

渐变型种群的生存曲线是直线。这些物种的个体在一生中任何时段的死亡概率都几乎相等。这一模式常见于鸟类，如海鸥和美洲知更鸟，还常见于一些种类的海龟及进行无性繁殖的实验室种群，如水螅和细菌。

早衰型种群的生存曲线是凹型曲线。产生大量后代但在后代孵化或发芽后未得到双亲任何照顾或资源的生物，具有这样的曲线。在这些种群中，很多个体会在生命早期进行分摊型竞争。年轻个体的死亡率非常高，能够活到成年的个体的死亡率会变低，更易活到老年。大多数无脊椎动物、很多鱼类和两栖类动物，以及大多数植物都会表现出早衰型生存曲线。例如，雌性牡蛎每年可以产下数百万个卵，海蟾蜍可以产下 3.5 万个卵，而一根香蒲茎就可向风中释放 25 万粒种子。上述后代都不会得到双亲的照料，因此大多数会死亡。

26.4　人类的种群数量是如何变化的

地球上，几乎没有任何一种力量能与人类抗衡。我们拥有极强的大脑和灵活的双手，可以按照需要改造环境。在我们进化的过程中，自然选择偏爱那些能够生养很多后代的个体，因为这样有助于确保一定数量的个体存活。讽刺的是，这一特征现在对我们和我们赖以为生的生物圈造成了巨大的威胁。

26.4.1　人口持续快速增长

比较图 26.14 中的人口增长图与图 26.1 和图 26.2 中的指数增长曲线发现，尽管它们的时间跨度不同，但每幅图都具有特征性的 J 形曲线。人口数量最初增长缓慢；大约过了 20 万年，世界上的人口数量才达到 10 亿。在图 26.14 左侧的表中，注意人口增加 10 亿所需的时间，这是指数级增长的特征。同时还要注意自 1970 年以来，每增加 10 亿人口所需的时间开始变得恒定。这说明尽管人口还在持续地快速增长，但已不是指数型增长。当人类进入逻辑斯蒂增长曲线（见图 26.5a）的“S”段后，人口将变得稳定吗？这个问题只能交给时间来回答。不过，尽管人口的年增长率（自

然增长率）已从 1960 年的 1.8%下降到 2011 年的 1.2%，地球上人口的增加速度还是比历史上任何时候都要快。世界人口在 2011 年年末达到 70 亿，此后每年增加 8300 万，也就是说，平均每天会有超过 22.7 万人出生。环境阻力为什么没有阻止持续性的人口增长呢？

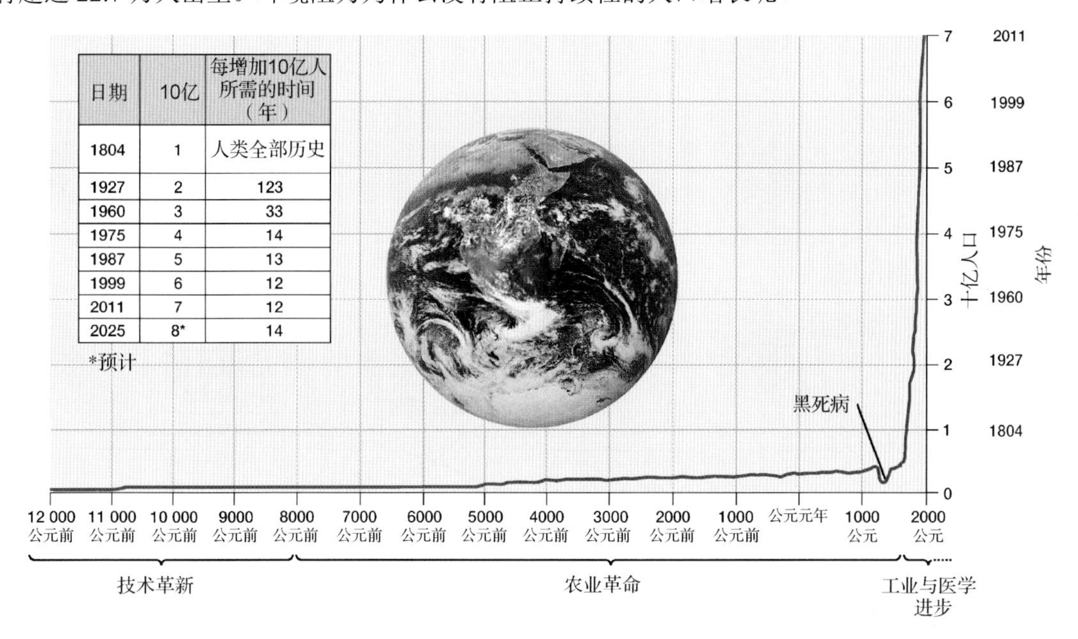

日期	10亿	每增加10亿人所需的时间（年）
1804	1	人类全部历史
1927	2	123
1960	3	33
1975	4	14
1987	5	13
1999	6	12
2011	7	12
2025	8*	14

*预计

图 26.14 人口增长。从石器时代至今，各种各样的进步使人类逐步克服各种各样的环境阻力，人口呈指数级增长。注意每增加 10 亿人所需的时间

和非人类种群不同的是，人类应对自然阻力的方式是发明能够克服它的方法。为了适应日益增加的人口，我们已对地表做了大量改造。然而，地球的容纳量无限吗？人口数量是否已经到达地球的环境容纳量甚至超过它？

26.4.2 人类的进步增加了地球对人类的容纳量

在人口增长过程中，每隔一段时间就会出现一些进步，这或多或少地减小了环境阻力，增加了地球对人类的环境容纳量。早期的人类发现了火，发明了工具和武器，建造了藏身之处，设计了具有保护作用的衣服，这些技术进步增加了地球的环境容纳量。工具和武器使得狩猎变得更有效率，同时能够得到额外的高质量食物、藏身之处和衣服，扩大了地球上的可居住范围。

在公元前 8000 年左右，驯养农作物和家畜在地球上的许多地方取代了狩猎和采集。这一农业进步为人们提供了更大、更可靠的食物来源。食物增加后，人均寿命相继延长，有更多的时间照顾下一代，不过疾病导致的高死亡率仍然限制着人口的增长。在之后的几千年间，人口一直保持缓慢增长，直到重要的工业和医学进步使得人口爆炸性增长成为可能。这些进步最早始于 18 世纪中叶的英国，并于 19 世纪中叶和 20 世纪席卷整个欧洲和北美洲。医学进步通过减小由疾病带来的环境阻力，大大降低了人类的死亡率。细菌和它们在感染中所起作用的发现导致了卫生条件的进步，使得人类能够更好地控制细菌疾病。天花等疾病的疫苗降低了病毒感染导致的死亡。

26.4.3 人口转型解释了人口规模的趋势

今天，生活在发达国家的人们的生活水平相对较高，他们能够享受先进的现代科技和医疗护理，以及随时可用的避孕技术。在这些国家，人们的平均收入水平较高，无论是男性还是女性，都有几乎相同的接受高等教育和找到工作的机会，且感染病引起的死亡率较低。然而，在这个世

界上，只有不到 20%的人口生活在发达国家，对中美洲、南美洲、非洲和亚洲的大部分发展中国家来说，普通人并没有这些便利。

在发达国家的历史上，人口增长的过程随时间变化，经历了几个可以预测的阶段，产生了人口转型（见图 26.15）。在主要的工业和医学进步发生前，今天的发达国家处于前工业阶段，人口相对较少，较为稳定，人口的高出生率与高死亡率基本平衡。紧随其后的是转型阶段，在这个阶段，食物产量大大增加，医疗护理水平也有所提高。这些进步导致了死亡率的降低，同时出生率保持较高的水平，因此人口发生了爆炸性增长。在工业阶段，随着越来越多的人从小农场移居到城市（孩子不再作为重要的劳动力来源），出生率降低，避孕药变得随手可得，而女性离开家庭外出工作的机会也增加了。大多数发达国家现在处于人口转型的后工业阶段，人口变得相对稳定，出生率和死亡率都较低。

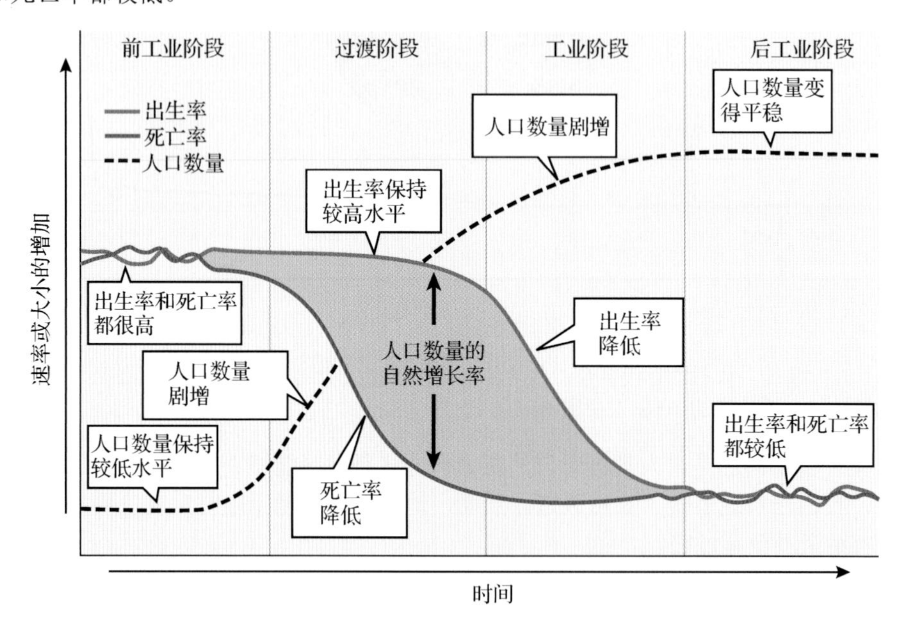

图 26.15 人口转型。人口转型常以相对稳定且数量较小的人口开始，这时出生率和死亡率都很高。首先，死亡率降低，人口增加。然后，出生率降低，人口稳定在更大的数量上，同时出生率和死亡率都相对较低

种群的生育率表征一名女性所生孩子的平均数量。如果迁入率和迁出率平衡，平均每对父母所生孩子的数量正好可以取代父母双方（称为生育更替水平），这一种群最终就会达到稳定状态。生育更替水平是每名女性生育 2.1 个孩子而非 2 个孩子，因为并不是所有孩子都能活到成年的。

26.4.4 世界人口增长的地理分布很不均匀

对发展中国家来说，医学的进步也降低了死亡率和延长了寿命，但是出生率仍然相对较高。大多数发展中国家正处在人口转型的末期阶段。在许多这样的国家中，成年的孩子可为父母提供经济保障，年轻的孩子可在农场或工厂工作以增加家庭的收入。

今天，人口增长率最高的地方是那些最不能承受高增长率的地方。由于很多人为了有限的资源而相互竞争，国家会变得越来越贫穷。贫困会使孩子们无法上学，而必须去工作以补贴家用。教育和避孕药的缺失又会维持高生育率。由于社会变化和避孕药的普及，有些国家的生育率开始下降，但全球人口在不远的将来达到稳定几乎是不可能的。

26.4.5 人口的年龄结构决定未来的增长

年龄结构图的竖轴上显示的是横轴上每个年龄段的人数（或人数占总人口的百分比）。年龄结构图会达到顶峰，顶峰代表人类的最长寿命，其余部分的形状则表示人口是处于增长中、稳定中还是处于减少中。如果生育年龄组的成年人（15～44 岁）生育的孩子（0～14 岁）不但能够代替他们，而且有剩余，人口就位于生育更替水平之上，年龄结构大致呈三角形（见图 26.16a）。

如果处于生育年龄的成年人生育的孩子刚好能取代他们，人口就位于生育更替水平。位于生育更替水平多年的人类种群的年龄结构图的两边相对很直（见图 26.16b）。对于正在衰退的人类种群，能够生育的成年人生育的孩子不足以取代他们，因此年龄结构图的底部变窄（见图 26.16c）。中位数年龄和年龄结构有关，中位数年龄越小，种群扩张的速度就越快。

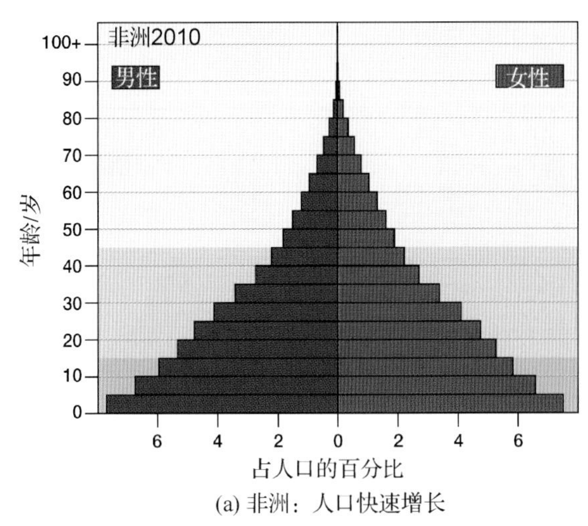

(a) 非洲：人口快速增长

北美洲2010
男性
女性
年龄/岁
占人口的百分比

(b) 北美洲：人口缓慢增长

图 26.16 年龄结构图。(a)非洲的年龄结构显示当地人口正在迅速增加，到 2050 年，非洲的人口数量将至少为现在的两倍。(b)北美洲的人口增长较慢，但到 2050 年人口仍会增加 1 亿。(c)欧洲的年龄结构属于衰退型。到 2050 年，欧洲的人口会比现在减少 1900 万。自下而上的背景色代表不同的年龄组：处于生育前期的儿童（0～14 岁）、处于生育期的成年人（15～44 岁）和处于生育后期的成年人（45～100 岁）

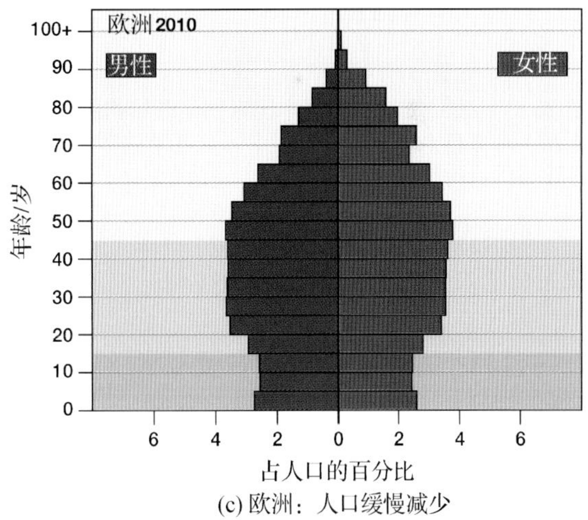

(c) 欧洲：人口缓慢减少

图 26.17 显示了 2010 年发达国家和发展中国家的年龄结构，以及人们对 2050 年人类年龄结构的预测。就算人口增长很快的国家能够立刻达到生育更替水平，它们的人口还是会持续增长几十年，为什么？当儿童的数量超过能够生育的成年人的数量时，就为未来的人口增长提供了动力，因为这些孩子终将成熟并达到生育年龄。

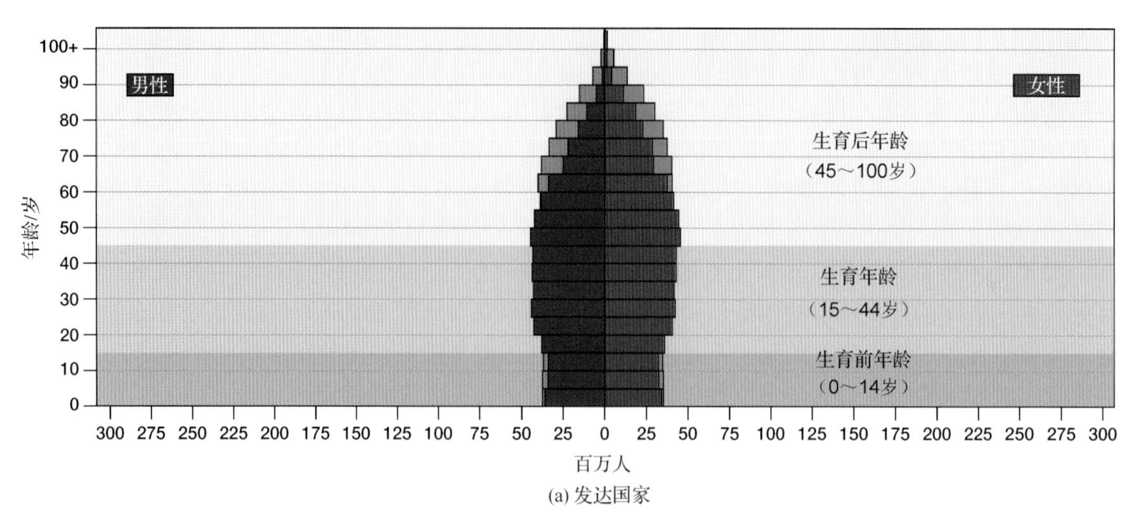

(a) 发达国家

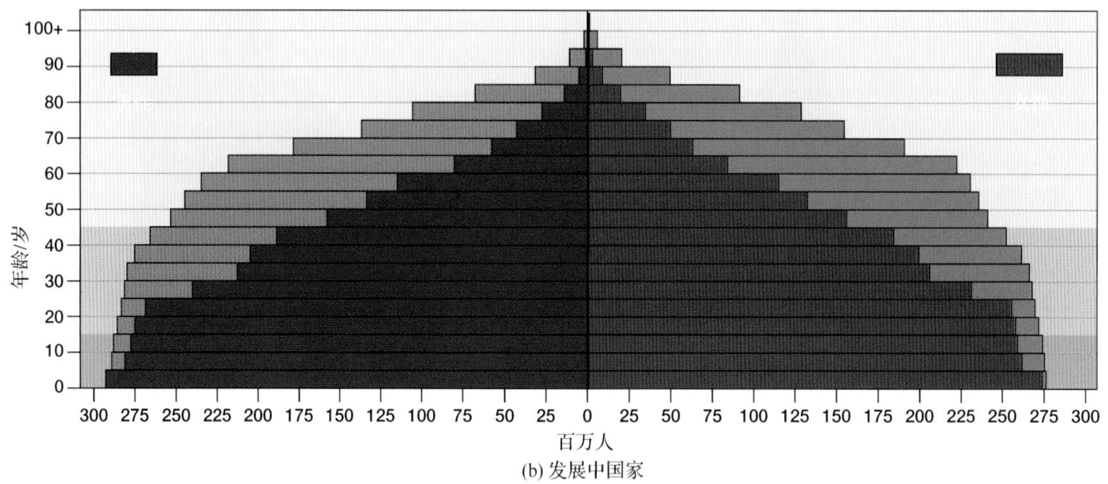

(b) 发展中国家

图 26.17 发达国家和发展中国家的年龄结构图。注意，根据图中的预测，到 2050 年，当发展中国家的人口达到生育更替水平之际，发展中国家儿童的数量相比成年人来说变化较小。大量即将进入生育年龄的年轻人将导致人口持续增长

联合国根据对生育率的估计，对全球人口的未来增长做出了高、中、低三种预测（见图 26.18）。到 2050 年，联合国预测全球人口将比现在增长约 33%，总人口超过 93 亿。就算到那时，人口也会持续增长，只是增长速率要比现在慢得多。

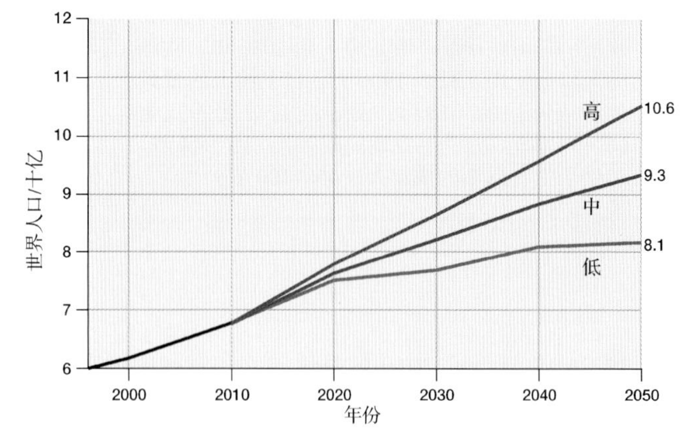

图 26.18 联合国对全球人口的预测。只在最低预测下，人口才可能于 2050 年达到稳定

26.4.6 有些国家的生育率低于生育更替水平

表 26.1 中给出了世界上不同地区的人口增长率。欧洲每年的平均人口增

长率约为 0%，平均生育率为 1.6%（基本上在生育更替水平以下），因为很多女性推迟了生育时间或干脆不想生育下一代。这种情况令人担忧，因为未来供养退休人员的纳税人可能严重不足。有些欧洲国家开始奖励早育的夫妇，因为早育可缩短世代时间和增加人口。日本政府也在为国家的低生育率（1.4%）而担忧，并且通过提供补助金的方式来鼓励人们生育更多的孩子。

表 26.1　世界上不同区域的平均人口数据：2011 年

地　　区	生 育 率	自然增长率
全球	2.5%	1.2%
发展中国家	2.6%	1.4%
非洲	4.7%	2.4%
拉丁美洲/加勒比海地区	2.2%	1.2%
亚洲*	2.6%	1.4%
中国	1.5%	0.5%
发达国家	1.7%	0.2%
欧洲	1.6%	0.0%
北美洲	1.9%	0.5%

*不含中国。

尽管人口减少最终对世界上的所有人及生物圈来说都有好处，但当前所有国家的经济结构都是建立在人口正增长之上的。因此，如果人口减少或者稳定不变，政府就会鼓励生育而使人口继续增长。

复习题

01. 定义生物潜能，列出影响它的因素，并解释为什么自然选择偏爱它。
02. 用变量 G、r 和 N 写出并描述种群增长方程的含义。
03. 绘制、命名和描述无环境抗性的种群的生长曲线的性质。
04. 定义环境抗性，并区分环境抗性的密度无关形式和密度相关形式。
05. 什么是逻辑斯蒂人口增长？描述超过承载能力的三种不同的可能后果。
06. 区分生存曲线为凹型和凸型的种群。
07. 解释为什么自史前时代以来，环境阻力并未阻止人口的指数级增长。
08. 绘制种群扩张、种群稳定和种群萎缩时的年龄结构图。
09. 绘制并标注显示人口转型一般阶段的图表，解释影响增长的变化。

第 27 章　群落中的相互作用

斑驴贻贝主要生活在五大湖区，但在内华达州的密德湖中发现一只长满了它的凉鞋

27.1　群落中的相互作用关系为何如此重要

一个生态群落包含特定区域中所有发生相互作用的种群。群落中的相互作用，比如竞争、捕食和寄生，都可限制种群的大小（见第 26 章），从而维持资源与利用资源的生物个体数量之间的平衡。

群落的相互作用是十分强大的进化动力。例如，捕食者吃掉最容易被捉到的猎物，因此那些更能适应捕食的个体就能够存活下来，更好地适应环境的个体就能够产生下一代，随着时间的推移，它们的遗传性状在猎物种群中的比例升高。因此，群落中的相互作用在限制种群大小的同时，也塑造了相互影响的种群的身体结构和行为。这种两个相互影响的物种之间发生相互作用关系、互相作为对方的自然选择因子的过程称为共同进化。

群落中主要的相互作用包括竞争、捕食、寄生和互利共生。表 27.1 中显示了物种之间的相互作用。

表 27.1　物种之间的相互作用

关系种类	对物种 A 的影响	对物种 B 的影响
A 和 B 之间相互竞争	有害	有害
A 捕食 B	有利	有害
A 寄生 B	有利	有害
A 与 B 互利共生	有利	有利

27.2　生态位是如何影响竞争的

每个物种都占据一个独一无二的生态位，生态位包含其生活方式的全部方面。生态位的概念对于我们理解物种内部和物种之间的竞争是怎样对身体形态和行为进行选择的非常重要。生态位非常重要的方面是生物的住所或栖息地。例如，美国白尾鹿的主要栖息地是美国西部的落叶林。此外，生态位还包括一个特定物种存活和繁殖所需的所有物理环境条件，如筑巢的位置或洞穴、气候、营养物质、生命活动的最佳温度、所需的水量、水或土壤的 pH 值和含盐量，以及（对植物来说）能够承受的光照和阴暗程度。最后，生态位还包括一个特定物种在生态系统中所起的所有作用，如食物（或是否通过光合作用获得能量）以及与之竞争的物种有哪些。虽然不同物种和其他物种共享一部分生态位，但没有哪两个生活在同一自然群落中的物种的生态位是相同的。

27.2.1　两个生物试图利用相同且有限的资源时发生竞争

竞争是指属于相同或不同物种的两个个体试图利用相同且有限的资源（尤其是能量、营养物质或空间）时，二者之间产生的相互作用。种间竞争是指属于不同物种的生物之间的竞争关系，一般发生在这些生物进食同样的食物或需要同样的繁殖区域时。例如，在斑纹贻贝和淡菜之间会发生种间竞争，两种动物都以浮游生物为食。两个物种生态位的重叠程度越大，二者之间的竞争就越激烈。种间竞争对涉及的物种都是有害的，因为种间竞争会减少它们获得的资源。

27.2.2　适应性变化可以减少共存的物种之间生态位的重叠

就像没有两个生物在空间中的位置完全相同那样，也没有两个物种会独立并连续地占据相同的生态位。这个重要的概念称为竞争排斥原理，是由俄国生物学家高斯（G. F. Gause）在 1934 年提出的。这一原理使人们猜想，如果研究者迫使两个具有相似生态位的物种为有限的相同资源进行竞争，那么无可避免地其中一方会战胜另一方，而较不适应实验条件的物种则会灭亡。

为了验证这一猜想，高斯用两种草履虫（双小核草履虫和大草履虫）进行了实验。在用相同的食物（悬浮在水中的细菌）喂养这两种草履虫时，二者在试管中都活得很好（见图 27.1a）。但当高斯将两种草履虫放到一起培养时，其中一种（双小核草履虫）生长得更旺盛，常将试管中的大草履虫完全消灭（见图 27.1b）。然后，高斯重复了实验，用另一个物种绿草履虫代替双小核草履虫，前者主要以在试管底部生活的细菌为食。这两种草履虫可以无限期地共存，因为它们占据的生态位存在一些不同。

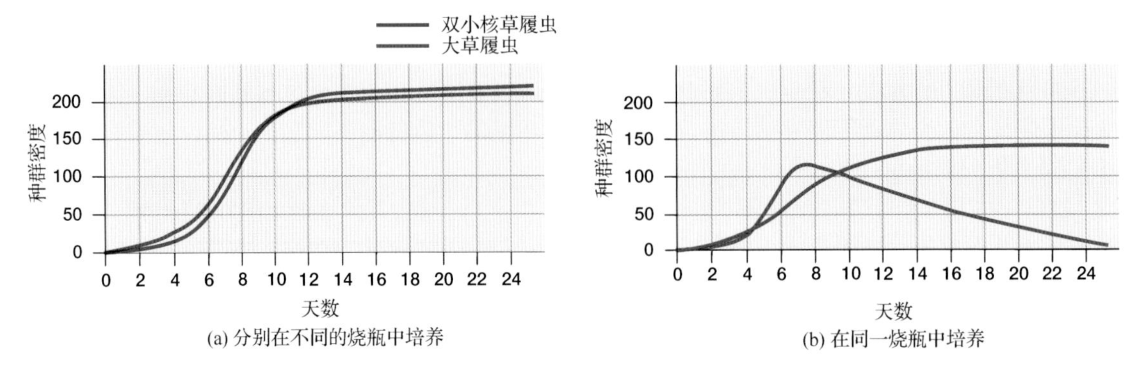

图 27.1 竞争排斥。(a)如果分别培养并且持续不断地给予足够的食物，双小核草履虫和大草履虫都表现出 S 形增长曲线，它们的种群数量迅速上升并达到稳定状态。(b)如果将这两种草履虫放到一起培养并强迫它们占据相同的生态位，那么双小核草履虫最终总会战胜大草履虫，导致后者全部死亡

生态学家麦克阿瑟（Robert MacArthur）进一步对该原理进行了研究。这次，他是在自然条件下进行实验的。他仔细观察了美国北部生活着的五种鸣鸟。这些鸟以昆虫为食，在云杉树上筑巢。虽然这些鸟的生态位看上去具有很大的重叠，但麦克阿瑟发现，每个物种在云杉树的特定区域寻找食物，表现出不同的捕猎技巧，且筑巢的时间也稍有不同。这五种鸣鸟进化出了可以减少它们的生态位重叠程度的行为，降低了种间竞争（见图 27.2）。

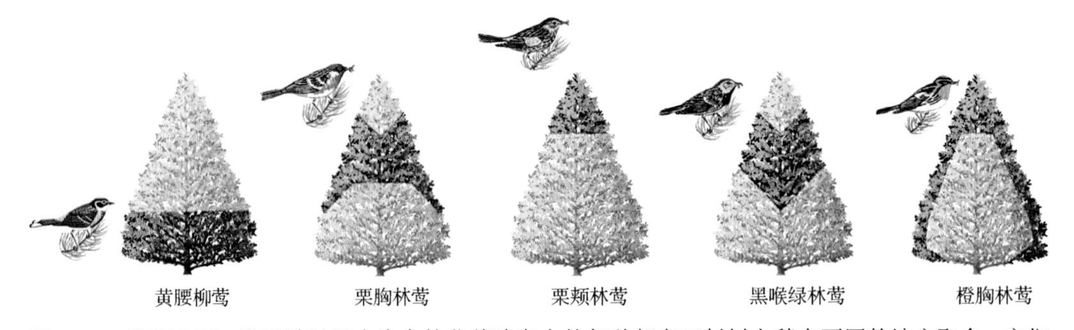

图 27.2 资源分配。这五种以昆虫为食的北美鸣鸟中的每种都在云杉树上稍有不同的地方取食。它们通过占据相似但不完全相同的生态位来减少竞争

这种对资源进行划分的过程称为资源分配，它是生态位广泛重叠的不同种群之间发生的共同进化的结果。资源分配的一个著名例子是达尔文在加拉帕戈斯群岛的雀类中有亲缘关系的物种之间发现的。在同一个岛上生活的不同雀类进化出了不同大小和形状的喙及进食行为，从而减少彼此之间的竞争（见第 14 章）。

27.2.3 种间竞争使种群变小，并减少各方的分布

虽然自然选择会减少不同物种之间的生态位重叠，但有着相似生态位的物种还是会为了有限的资源而竞争，从而限制两个种群的大小和分布。生态学家康奈尔（Joseph Connell）用藤壶和小藤壶做了一个经典的实验，后者是一种有壳的甲壳类动物，它会永久地附着在岩石和其他表面上。

藤壶和小藤壶都在岩石海岸上生活，它们的生态位具有很大一部分的重叠。二者都生活在潮

间带，这是一个在涨潮时会被潮水淹没、在退潮时会露出水面的区域。康奈尔发现，小藤壶主要在上潮间带生活，而藤壶主要在中潮间带生活，虽然中潮间带对于两个物种的生活都十分适宜。当他将藤壶从岩石上刮掉之后，小藤壶的种群数量就增加了，并向中潮间带扩张。这说明，如果没有藤壶的存在（它比小藤壶大且长得更快），小藤壶就无须面对藤壶的竞争，可以高枕无忧地进军中潮间带。但小藤壶比藤壶更能忍受较为干燥的环境条件，因此它生活在上潮间带，只有潮水最高的时候才能浸没它们。正如这一例子所述，种间竞争会限制参与竞争的种群的大小和分布。

27.2.4 物种之间的竞争可能会减少各自的种群规模与分布

属于同一物种的个体需要的资源完全相同，因此它们占据相同的生态位。因此，种内竞争是最激烈的竞争，因为一个种群的所有个体需要为完全相同的资源而竞争。种内竞争产生非常强的密度相关环境阻力，从而限制种群的大小（见第 26 章）。种间竞争是驱动自然选择导致的进化的一个主要因素，那些更适应环境、更容易获得稀少资源的个体更易成功地繁殖，将它们的遗传性状传递给下一代。

27.3 捕食者-猎物关系如何塑造适应性进化

捕食者以其他生物为食。尽管我们通常认为捕食者是食肉动物（以其他动物为食的动物），但生态学家有时也将食草动物（以植物为食的动物）视为捕食者。接下来的讨论将使用较广泛的捕食者定义，包括在水中以过滤浮游生物为食的藤壶、吃草的鼠兔（见图 27.3a）、吃蛾子的蝙蝠（见图 27.3b）和吃老鼠的雕鸮（见图 27.3c）。捕食者通常要比猎物的数量少。为了生存，捕食者必须吃掉猎物，而猎物必须避免被捕食者吃掉。因此，捕食者和猎物相互给对方施加了极大的选择压力而共同进化。

(a) 鼠兔

(b) 长耳蝙蝠

(c) 雕鸮

图 27.3 捕食的形式。(a)喜欢吃草的鼠兔，它是兔子的小型近亲，生活在洛基山脉。(b)长耳蝙蝠用回声定位系统捕杀蛾子，而蛾子也进化出了特殊的声音感受器以及防止被捉住的行为。(c)雕鸮正在吃老鼠

在猎物越来越难捉到时，捕食者必须变得越来越擅长捕猎。共同进化赋予了狮子尖利的牙齿和爪子，赋予了鹿用于伪装的斑纹及母亲不在时保持完全静止的行为。共同进化使得鹰和猫头鹰的视力变得极其敏锐，而它们的猎物（老鼠和地松鼠）则进化出了类似大地的颜色，以防止被辨认出来。响应捕食的进化让马利筋产生了剧毒化学物质，让臭鼬进化出了有毒的喷雾，让珊瑚蛇进化出了毒液（分别见图 27.4、图 27.8 和图 27.10c）。

27.3.1 一些捕食者和猎物进化出了相互抵消的适应性变化

通过进化，植物可以散发多种化学物质，防止食草类捕食者食用它们。草的叶片内含有硅物

质，使它们变得很难咀嚼。这对食草类动物产生了选择压力，于是出现了具有更长、更坚硬牙齿的食草动物。在进化过程中，在草进化出更坚硬的叶子以试图阻止食草动物捕食的同时，马也进化出了有着更厚珐琅质的更长的牙，以便减少坚硬的草对牙的磨损和消耗。

采用回声定位的蝙蝠和它们的蛾类食物的适应性变化，是共同进化塑造身体结构和行为的绝佳例子（见图 27.3b）。大多数蝙蝠都是夜行捕食者，它们发出超声波并借此捕食。蝙蝠通过接收从周围物体反射回来的回声来对周围的环境进行感知，从而探测并追捕猎物。

在这个不同寻常的猎物定位系统的强大选择压力下，有些蛾子（蝙蝠最喜欢的食物）进化出了对蝙蝠所用超声波最敏感的耳朵。听到蝙蝠的超声波时，它们会立刻躲避，进行不规则飞行，或者干脆掉到地上。反过来，蝙蝠也进化出了可以应对这种防御措施的方法，如它们可以改变自己发出的声音的频率，使之远离蛾子的探测范围。有些蛾子通过自己发出滴答声来干扰蝙蝠的回声定位。而在另一种由于共同进化产生的适应性变化中，正在捕猎蛾子的蝙蝠会暂时关闭自己的超声波（防止被蛾子察觉到），然后跟踪蛾子发出的滴答声来捉住它。

27.3.2 捕食者和猎物之间可能发生化学战争

在抵消防御的进化过程中，捕食者和猎物之间可能发生化学战争。很多植物（包括马利筋）能够合成有毒且难闻的化学物质。在植物进化出这些防御性毒素的同时，特定种类的昆虫进化出了更有效的解毒方法，甚至会利用这些毒素。因此，对几乎所有有毒植物来说，都至少有一种可以吃它们的昆虫。例如，帝王蝶将卵产在马利筋上；卵孵出幼虫后，幼虫以这种有毒的植物为食（见图 27.4）。毛虫不仅可以忍受马利筋的毒性，而且能将有毒物质存储在自己的组织中，用以抵御捕食者。发生变态发育后，帝王蝶的成虫体内还保留这些毒素（见图 27.9a）。副王蛱蝶（见图 27.9b）采用类似的策略来抵御捕食者，它们在体内存储了一种来自柳树（幼虫的食物）的苦味物质。

图 27.4 化学战争。帝王蝶幼虫正在吃马利筋的叶子，后者有剧毒

毒素既可以用来进攻，又可以用来防御。蜘蛛和蛇，比如珊瑚蛇（见图 27.10c）的毒素，能麻痹它们的猎物，同时吓走捕食者。还有一些化学物质纯粹是防御性的，包括有些软体动物分泌的墨汁（如鱿鱼、章鱼和一些海蛞蝓），它们在受到捕食者的袭击时会释放墨汁。这些“烟幕”既可迷惑捕食者，又可使它们看不到自己。化学防御的另一个引人注目的例子是投弹甲虫。如果被蚂蚁咬了，投弹甲虫就会从腹腔特殊的腺体中分泌出液体。之后，其体内的酶催化爆炸性的化学反应，将滚烫的毒雾喷向袭击者。

27.3.3 捕食者和猎物的外貌都可能有欺骗性

有句老话说，“最危险的地方就是最安全的地方”。捕食者和猎物都进化出了使自己看上去和周围环境相似的颜色、花纹与形状。这种方式称为伪装，可使植物和动物变得不再显眼（见图 27.5）。

有些动物与特定的物体（如叶子、小树枝、海草、荆棘甚至鸟粪）非常相似（见图 27.6a～c）。伪装动物通常保持静止不动；如果鸟粪在爬行，那么显而易见伪装就没用了。很多伪装动物和植物的一部分非常类似，而几种肉质的沙漠植物进化得就像小石头，以避免被试图在它们的体内寻找水的动物发现（见图 27.6d）。

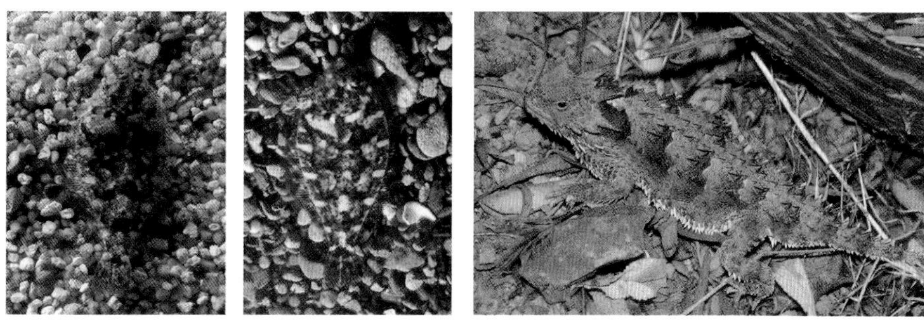

(a) 沙鲆可以改变自己的伪装，融入不同的背景　　(b) 一只有角蜥蜴的伪装

图 27.5　通过融入环境达到伪装的效果。(a)沙鲆（比目鱼）身体扁平，生活在海底，其颜色斑驳的身体和身下的沙子几乎一模一样。它们的颜色和花纹都可通过神经信号来改变，以便更易融入背景。(b)有角蜥蜴在加拿大的海岸到山麓丘陵都有分布，其形状和颜色都很像周边的落叶，以防止自己被蛇和鹰捕食

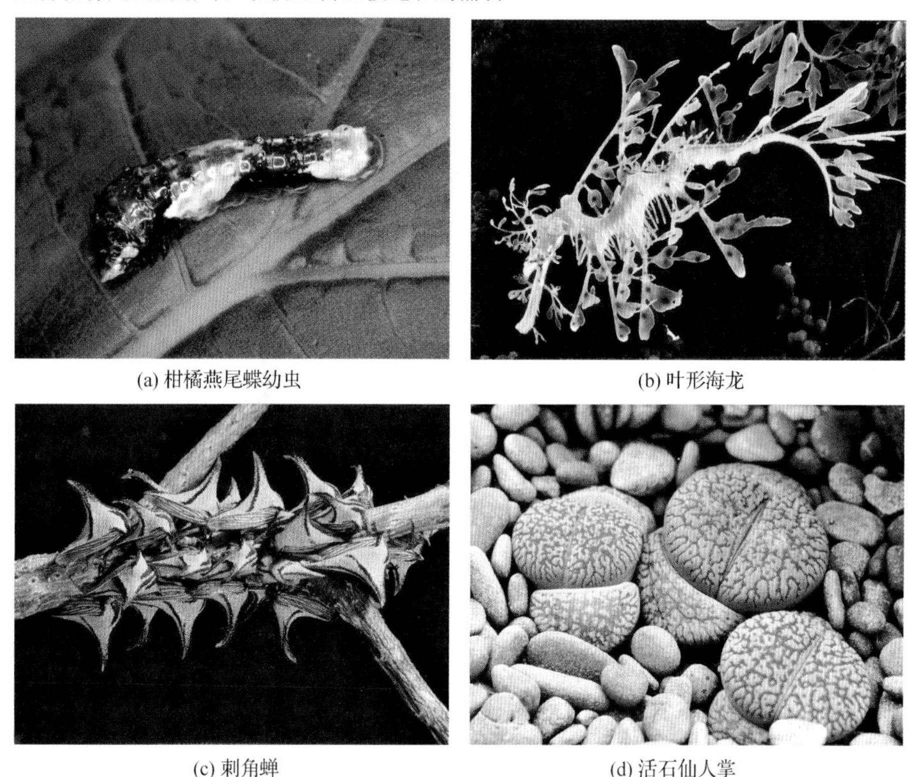

(a) 柑橘燕尾蝶幼虫　　(b) 叶形海龙

(c) 刺角蝉　　(d) 活石仙人掌

图 27.6　通过模拟特定的物体达到伪装的效果。(a)柑橘燕尾蝶幼虫的颜色和形状都很像鸟粪，它趴在叶子上一动不动。(b)叶形海龙（一种生活在澳大利亚的海马）的身体进化得非常像其经常躲藏于其中的海草。(c)佛罗里达刺角蝉通过模仿枝条上的荆棘来防止被捕食者发现。(d)生活在美国西南部的仙人掌的合适名称是“活石仙人掌”

通过埋伏来捕捉猎物的捕食者也通过伪装来达到目的。例如，斑点雪豹在搜寻食物的山上看上去非常难以辨认（见图 27.7a）。鮟鱇鱼与表面覆盖有海绵和海藻的岩石非常相似，它会在大洋底部静静地等候小鱼的到来（见图 27.7b）。

有些作为猎物的动物的进化方向与这些是不同的：它们会进化出鲜艳的警戒色。这些动物要么不好吃，要么被它们叮咬后可能会中毒（如蜜蜂和珊瑚蛇），要么打扰它们后会产生难闻的气味（见图 27.8）。

(a) 雪豹的伪装

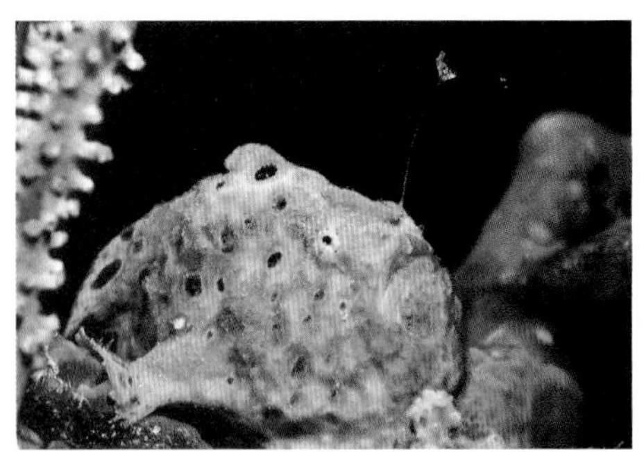

(b) 躄鱼的伪装

图 27.7 伪装可以帮助捕食者捕猎。(a)雪豹的伪装色可在它们等待猎物（羚羊、野绵羊和鹿）时防止被猎物发现。(b)将伪装和攻击拟态结合起来的躄鱼在海底耐心地等待着猎物，其多瘤的黄色身体非常像身下长有海绵的岩石。它的嘴巴上有一个非常小的诱饵，和小鱼长得非常相似。诱饵吸引小型捕食者，后者很快就会发现自己变成了猎物。躄鱼可在几毫秒内将嘴张大 12 倍，瞬间将猎物吸入口中

图 27.8 警戒色。臭鼬身上鲜明的条纹和高举的尾巴像是在说它会让所有袭击者生不如死

拟态是指一个物种的个体进化得很像另一个物种。通过共享类似的警戒色，一些无毒物种可能受惠。这种味道较差的不同物种之间的拟态称为缪勒拟态。例如，有毒帝王蝶翅膀上的花纹和味道较差的副王蛱蝶翅膀上的花纹十分相似（见图 27.9）。吃了一种蝴蝶而生病的鸟，此后会躲避另一种蝴蝶。试图吃掉蜜蜂时被蛰的蟾蜍，很可能不但会躲避蜜蜂，而且会躲避其他带有黑黄条纹的昆虫（如黄蜂）。

一旦有毒动物进化出警戒色，对无毒动物来说，有着类似于有毒动物的颜色就会使它们在生存中占据优势。这种适应性变化称为贝茨拟态。无毒的食蚜蝇通过模拟蜜蜂的颜色来防止被捕食者吃掉，这就是一种贝茨拟态（见图 27.10b）。此外，无毒猩红王蛇由于具有和剧毒珊瑚蛇非常相似的颜色而不易被捕食者捕食（见图 27.10b）。

有些猎物会使用另一种拟态——惊吓色。几种昆虫，甚至几种脊椎动物（如假眼蛙），在身体上进化出了类似更大、更危险动物的眼睛的图案和颜色（见图 27.11）。如果捕食者靠近它们，它们就会突然显露出自己身上的图案，惊吓捕食者，并趁机逃跑。

(a) 帝王蝶（味道不好）

(b) 副王蛱蝶（味道不好）

图 27.9 缪勒拟态。近乎相同的警戒色可以保护(a)难吃的帝王蝶和(b)同样难吃的副王蛱蝶

(a) 蜜蜂（有毒） (b) 食蚜蝇（无毒）

(c) 珊瑚蛇（有毒） (d) 猩红王蛇（无毒）

图 27.10 贝茨拟态。没有毒刺的食蚜蝇(b)模仿可用毒刺攻击对手的蜜蜂(a)，无毒猩红王蛇(d)模仿有毒珊瑚蛇(c)的警戒色

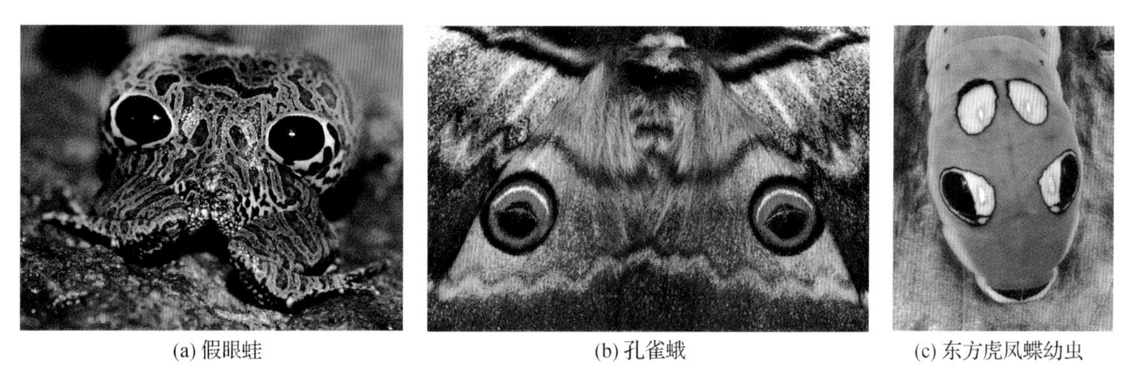

(a) 假眼蛙 (b) 孔雀蛾 (c) 东方虎凤蝶幼虫

图 27.11 惊吓色。(a)受到威胁时，南美洲的假眼蛙会抬起臀部，臀部的图案看上去很像大型捕食者的眼睛。(b)特立尼达岛的孔雀蛾伪装得非常好，如果捕食者接近它，它就会张开翅膀，露出长得很像大眼睛的两个斑点。(c)东方虎凤蝶的幼虫长得很像蛇，因此可以吓走捕食者。毛虫的头很像蛇鼻，且有两对眼点

惊吓色还有一种复杂的变体，它出现在雪果蝇身上，而雪果蝇是一种跳蛛的猎物（见图 27.12）。当跳蛛靠近时，雪果蝇展开并急速抖动翅膀。跳蛛很可能会被吓跑。这是为什么？因为雪果蝇翅膀上的图案很像一只跳蛛，而急速抖动翅膀的行为是在模拟一只跳蛛将对方赶出领地的行为。

有些捕食者进化出了攻击拟态，它们会用吸引猎物注意力的拟态来吸引猎物。例如，利用对每个物种都不相同的闪光模式，雌性萤火虫可吸引雄性萤火虫，以便进行交配。但有些种类的雌性萤火虫会模仿其他物种的萤火虫的闪光，将属于其他物种的雄性萤火虫吸引到自己身边并吃掉。鮟鱇鱼（见图 27.7b）不只会伪装，还是攻击拟态高手。鮟鱇鱼在嘴上方悬挂长得很像小鱼的诱饵来吸引猎物。被诱饵吸引过来的小鱼离得太近时就会被瞬间吃掉。

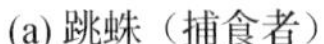

(a) 跳蛛（捕食者）　　(b) 雪果蝇（猎物）

图 27.12　猎物模仿成捕食者。(a)当跳蛛接近时，(b)雪果蝇会展开翅膀，展示出类似于蜘蛛腿的图案。雪果蝇通过快速向两边抖动翅膀来增强模仿的效果，使之非常像保护领地的另一只跳蛛

27.4　寄生关系和互利共生关系是什么

寄生生物在猎物体表或体内生活，后者称为寄生生物的宿主，寄生过程通常会对宿主造成伤害或使它们变得虚弱，但通常不会立刻杀死它们。有些寄生虫和宿主是共生的，也就是说，它们之间存在紧密的、历时较长的关系。寄生生物通常比宿主要小得多，数量也要多得多。我们熟悉的寄生生物包括绦虫、跳蚤、蜱和无数导致疾病的原生生物、细菌和病毒。很多生物的生命周期非常复杂，涉及两个或更多的宿主，如导致疟疾的疟原虫（见图 20.12）。寄生生活的脊椎动物极为少见，不过八目鳗会将自己附着在其宿主即更大的鱼身上，并以吸食对方的血液为食，也是寄生生物的一种（见图 24.5）。

27.4.1　寄生生物和宿主对对方而言都是自然选择因素

各种各样的感染性细菌和病毒及防御它们入侵的免疫系统，是寄生微生物和宿主之间共同进化的证据。其中一个例子是疟原虫，在生命周期中，它有一部分时间是在血红细胞中度过的，由此促成了对导致人血红细胞出现变形并可抵抗疟原虫感染的等位基因的进化。虽然遗传到两个这样的等位基因的人会患镰刀形红细胞贫血，但在非洲撒哈拉沙漠以南的地区，5%～25%的人携带有该基因，因为它可提供对疟疾的防护。

27.4.2　在互惠的相互作用中双方都受益

互利共生关系是指对两个种群都有好处的相互作用关系。很多共生关系是互利的。有些岩石上有许多有色斑点，它们可能是地衣，而地衣是由一种藻类和一种真菌组成的互利共生体（见图 27.13a）。真菌给藻类提供支撑和庇护，同时藻类给真菌提供光合作用合成的有机物。藻类鲜艳的颜色实际上是捕光色素的颜色。互利共生关系同样存在于牛和白蚁的消化道中，这里是原生动物和细菌的避难所，而且它们还可在这里找到食物。这些微生物可以消化纤维素，将纤维素分解成简单的糖类，为宿主和它们自身所用。在我们的肠道中，也有许多与我们共生的细菌。这些细菌可以分泌维生素（如维生素 K）让我们吸收利用。豆类植物的根部有小室，里面住着很多固氮细菌，它们是为数不多的可将大气中的氮气固定成植物所能利用的形式的生物（见图 19.9）。

南太平洋的小丑鱼的身体表面有一层起到保护作用的黏液，因此它可在一些种类的海葵的触须中寻求庇护（见图 27.13b）。在这种互利共生关系中，海葵给小丑鱼提供保护，而小丑鱼则清洁海葵的触须，防止海葵被捕食者捕食，同时给海葵带来食物。

(a) 地衣

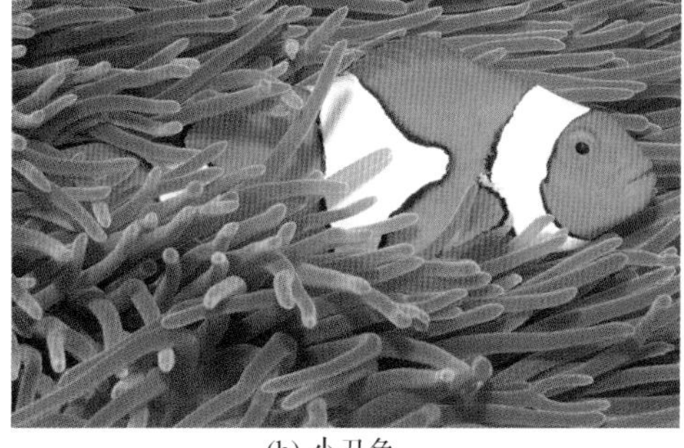

(b) 小丑鱼

图 27.13　互利共生。(a)在裸岩上生长的颜色鲜艳的地衣是藻类和真菌的互利共生体。(b)小丑鱼依偎在海葵的触须中，毫发无损

很多共生关系并不紧密，因此不能称为互利共生，比如植物和给植物传粉的昆虫之间的相互作用关系。昆虫携带植物的精子（包裹在花粉粒中）给植物传粉，同时吸食植物的花蜜且偶尔食用花粉。图 27.10a 中的蜜蜂和食蚜蝇都是重要的传粉生物。

27.5　关键物种是如何影响群落结构的

在有些群落中，一个特殊的物种（关键物种）对决定群落的结构起重要作用，这一作用不仅仅局限于提供物种多样性。如果关键物种从群落中消失，原有群落中的相互作用就会发生重大变化，其他物种的多样性也会改变。

在非洲的热带稀树草原中，非洲象是关键的捕食者。它们通过吃掉低矮乔木和灌木上的叶子来防止森林取代草原群落（见图 27.14a），草原上的食草动物和食肉动物才得以一直在草原上生存下去。

虽然非洲象会直接改变植物群落，但大型捕食者［如狼和美洲豹（见图 27.14b 和图 26.8a）］对当地森林和河岸的植被也起重要作用。这些大型食肉动物通过控制鹿和麋鹿的种群数量来保持森林和河岸生态系统的健康。如果鹿和麋鹿的种群数量无休止地增长，森林和河岸的植物就会被吃光。所有这些植物为更小的动物提供食物、筑巢地点和庇护所，因此这些捕食者的存在其实是整个群落结构的基石。

(a) 非洲象

(b) 美洲豹

(c) 北方海獭

图 27.14　关键物种。(a)非洲象是非洲热带稀树草原上的关键物种；(b)生活在北美洲和南美洲孤立栖息地的美洲豹有助于控制鹿等食草动物的种群数量；(c)北方海獭躺在海草床上享用美味

鉴定关键物种有时很困难。很多关键物种只在完全消失且产生严重后果后才会显露。阿拉斯加西南部阿留申群岛上北方海獭的困境是群落中关系网错综复杂的一个具体例子（见图 27.14c）。这个海獭的种群数量在 1911 年政府禁止为毛皮而狩猎海獭后发生了反弹。海带林有时会被人们称

为“海洋中的雨林”，它们在海獭数量非常丰富的岛屿附近的水域中茂盛生长。然而，从 20 世纪 90 年代中期开始，海獭的数量诡异地下降，有些种群的数量甚至减少了 90%。于是，海獭最喜欢的食物之一海胆的数量开始剧增。海胆是海带的主要捕食者，在海胆的数量暴增后，它们迅速将海床采伐一空，使得在海带林中生活的鱼、软体动物和甲壳类动物无家可归。显然，海獭是阿留申群岛附近群落的关键物种，但是什么杀死了它们？人们发现，曾经和海獭一起生活并相安无事的逆戟鲸变得开始经常以海獭为食。这又是为什么？因为海豹和阿留申群岛海狮的种群数量（这两种动物是逆戟鲸最喜欢的食物）大大下降，所以逆戟鲸不得不以更小的动物如海獭为食。野生动物学家猜测，海豹和海狮数量的减少，至少部分是因为人们在北太平洋的过度捕捞严重地耗竭了它们的食物来源。

27.6 群落中的相互作用如何随时间而引起变化

在一个成熟的生态系统中，组成群落的种群之间、种群和周围的非生命自然条件之间存在着错综复杂的相互作用。但是，如此复杂的生物网并不是由裸岩或裸露的泥土瞬间发展出来的，而是在漫长时间内经过一个个阶段缓慢发展出来的。这些阶段就称为演替。演替是群落和非生命环境的逐渐变化。在变化过程中，一组植物和动物逐渐代替另一组植物和动物，且整个过程是可以合理预知的。在演替过程中，①早期的生物对环境做出改造，使其适应之后出现的生物的生存；②末期生物压制早期的生物，但它们可以共存，产生一个稳定的群落；③演替有一个普遍倾向，就是会向有着更多、更长寿物种的方向发展。

演替通常始于生态失调，生态失调是通过改变生态系统的群落和/或非生物环境的事件，会使生态系统变得紊乱。在演替过程中发生的具体变化就和发生演替的环境一样多种多样，但总体来说，演替是分阶段进行的。演替始于坚硬的地衣或植物，这些生物称为先驱生物。先驱生物会使环境发生改变，令其更加适应竞争植物的生存，后者则逐渐代替先驱生物。如果演替可以继续进行，就发展为多样且相对稳定的顶级群落。或者，再次发生的干扰使群落无法到达顶级群落，而停留在亚顶级群落。这里对演替的讨论主要关注植物群落，因为植物决定了自然景观，并为动物和微生物提供了食物和栖息地。

27.6.1 两种主要的演替方式是原生演替和次生演替

演替主要按下面两种方式进行：原生演替和次生演替。在原生演替过程中，一个群落逐渐从一个原本不存在群落的残余区域发展而来，通常情况下，这种区域几乎没有什么生物生存。为原生演替建立基础的干扰可能是冰川或火山爆发，后者可能会在海洋中形成一个岛屿，或者在原有土地上覆盖一层凝固的岩浆（见图 27.15a）。从原有生命完全被抹除的区域经由原生演替发展出群落的过程，通常需要几千年甚至数万年。

在次生演替过程中，原有的生态系统受到干扰，但会留下原有群落的残留物，如土壤和种子，在此情况下发展出新群落。例如，河狸、滑坡或人类活动会造出水坝，产生沼泽、池塘或湖泊。滑坡或雪崩可能会携带长在山腹的树。当圣海伦斯火山于 1980 年在华盛顿州爆发时，虽然对附近的森林造成了极大的破坏，但留下了森林的部分残余以及厚厚的一层富含营养物质的火山灰，这促进了新生命的旺盛生长（见图 27.15b）。火灾是另一个常见的导致次生演替的干扰因素。被火烧过的乔木和灌木的残余物中富含植物所需要的营养物质。同时，还有一些植物和很多健康的根可以免受火灾的侵袭。有些植物会产生可以忍受火烧的种子，还有些种子甚至需要火才能发芽。美国黑松的球果（见图 27.15c）就需要火焰的热量来打开和释放种子。因此，火灾会促进森林和其他群落的快速恢复。

(a) 基拉韦厄，夏威夷（原生演替）

(b) 圣海伦斯火山，华盛顿州（次生演替）

(c) 黄石国家公园，怀俄明州（次生演替）

图 27.15 演替的过程。(a)原生演替。左图：夏威夷基拉韦厄火山自从 1983 年以来发生过数次喷发，其周围地区广布岩浆。右图：一小株蕨类植物在变硬后的岩浆裂缝中生根。(b)次生演替。左图：1980 年 5 月 18 日，华盛顿州圣海伦斯火山的爆发毁灭了附近的松树林生态系统。右图：这张摄于 2009 年的照片显示了 30 年间生物在这片区域的复苏。原有生态系统的一部分在火山喷发后保留下来，因此发生了次生演替。(c)次生演替。左图：1988 年夏天，大火席卷了怀俄明州的黄石国家公园。右图：树和开花植物在阳光下茂盛生长，而且随着次生演替的进行，野生动物种群也在复苏

1. 原生演替可能始于裸露的岩石

图 27.16 中显示了密歇根州苏必利尔湖罗亚尔岛上的原生演替过程，在约 1 万年前，由于冰川退却，该岛的表面遍布光秃秃的岩石。天气变化产生的冰冻-融化作用使得岩石上出现裂缝，产生了龟裂，并且侵蚀了岩石的表层，产生了细小的石块。雨水溶解小石块中的一些矿物质，使其可以被先驱生物所用。

风化的岩石为地衣提供附着的地方，后者通过光合作用获得能量，同时用它们分泌的酸性物质来溶解岩石，以便获得矿物质。在地衣广泛分布于岩石上后，有些耐旱的苔藓开始在石缝中生长。这些苔藓吸收地衣分泌的营养物质，长得非常旺盛。它们形成厚厚的毯子，吸引尘埃、小石块和有机碎屑。苔藓上最终覆盖大部分地衣而死亡。

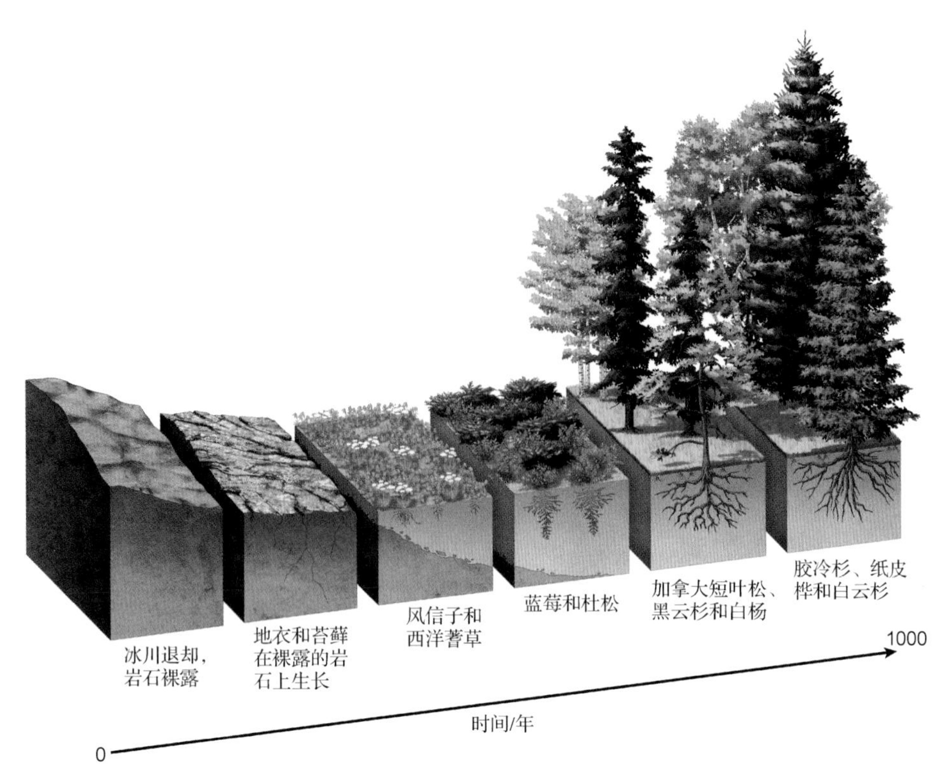

图 27.16 原生演替。由于冰川退却，发生在表面遍布裸岩的罗亚尔岛上的原生演替。注意土层随着时间的推移越来越深，树木得以生根

每年都有一些苔藓死亡并降解，为新生的土壤增加养分，而活着的苔藓就像海绵一样吸收并固定水分。在苔藓内部，更大植物的种子如风信子和西洋蓍草的种子悄然萌发。当这些植物死亡后，尸体降解成为泥土的一部分。

在诸如蓝莓或杜松之类的灌木占据新生成的土地后，苔藓和还活着的地衣被遮住而无法获得阳光，继而被埋在正腐烂的叶子和植被下面。最终，诸如加拿大短叶松、黑云杉和白杨等乔木在更深的裂缝中扎根，而喜阳的灌木因无法获得足够的阳光而死掉。在森林中，长得更高或更快的树产生耐阴苗，且可以旺盛生长。这些植物包括胶冷杉、纸皮桦和白云杉。随着时间的推移，这些树代替原有树木。在 1000 年或更多年后，高高的顶级森林就会矗立在曾经只是裸岩的地方。

2. 废弃的农田经历次生演替

图 27.17 显示了在美国东南部一块废弃农田上发生的次生演替。先驱物种是喜阳且生长很快的一年生植物，如豚草、马唐草和强森草，它们先在肥沃的土壤中扎根。这样的物种逐渐产生大量很容易散播的种子，帮助它们占满空缺的位置，但它们无法与多年生的物种竞争，因为后者随着时间的推移一年长得比一年高，最终遮蔽了这些一年生的植物。

几年后，多年生植物（如紫菀、秋麒麟草、野胡萝卜花）和多年生牧草移居这里，之后出现了木本灌木（如黑莓和滑麸杨）。这些植物迅速繁殖，并在很长的时间内占据这片土地。不过，之后它们会被松和雪松取代。于是，在农田被荒废约 20 年后，一片以松树为主要植物的常绿林就会形成，并且持续存在几十年。

如在演替过程中常见的那样，新生的森林会使环境发生改变，有利于其竞争者的生长。松树林抑制自身的幼苗生长，因为它们不耐阴，但会促进拥有可耐阴幼苗的硬木树种的生长。长得很慢的硬木树（如橡树和山核桃树）会在松树之下生根，约 70 年后开始取代松树。在这片农田被废弃的约 1 个世纪后，这片土地被相对稳定的顶级森林所覆盖，主要树种为橡树和山核桃树。

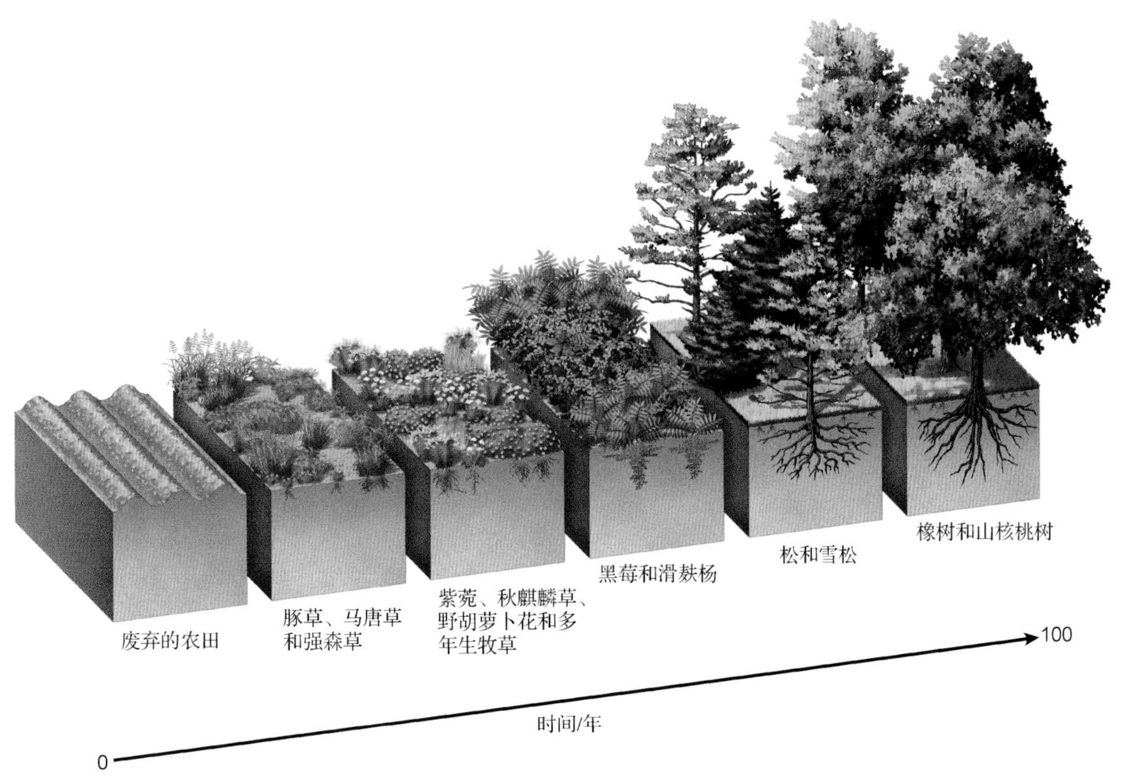

图 27.17 次生演替。在美国北卡罗来纳州一片废弃农田上可能发生的次生演替。注意，这片农田最初就有较厚的土层，相比原生演替的裸岩来说，厚土层大大加快了演替的速度

3. 演替也会在池塘和湖泊中发生

在淡水池塘或湖泊中，演替不仅会因为池塘或湖泊内部的原因发生，而且会因为来自生态系统外的营养物质的流入而发生。来自周围陆地的径流会向湖中注入沉淀物和营养物质，而这会给小型湖泊、池塘和沼泽造成很大的影响，使之慢慢地演替成干燥的陆地（见图 27.18）。在森林中，湖泊可能通过演替变成草甸。在湖泊逐渐从湖边开始干涸时，杂草在新生的土地上扎根生长。随着湖泊不断收缩，草甸的面积不断扩大，乔木也开始入侵草甸。

27.6.2 顶级群落中不发生演替

演替终于相当稳定的顶级群落。如果不被外力（如火灾、寄生虫、入侵物种或人类活动）打扰，顶级群落几乎是永存的。顶级群落中的种群都有合适的生态位，无须取代另一个种群就可生存下去。总体上说，顶级群落与演替的任何其他阶段相比，有着更多的物种和更多的群落相互作用。主宰顶级群落的植物通常比先驱植物更高大，在顶级森林中尤其如此。广袤的特征性顶级植物群落称为生物群系，包括沙漠、草地和几种森林（详见第 28 章）。

如果你曾在美国旅行过，就可能注意到几种顶级群落之间的很大不同。例如，开车经过科罗拉多州或怀俄明州时，你会在东部平原上看到矮草草原顶级群落、山区的松树-云杉森林、山顶的冻原，以及美国西部山谷中的山艾树林。顶级群落的真正含义是由无数地质学和气候学变量决定的，包括温度、降水量、海拔、纬度、岩性、光照和风力等。自然灾害（如风暴、闪电等）引发的大火会毁掉顶级森林的一部分，再次引发次生演替，在一个生态系统中创造出一片片属于演替不同阶段的区域。

图 27.18　小型淡水池塘中发生的演替。在小型池塘中，由于周围环境向其中注入物质，大大加速了演替过程。随着时间的推移，水生植物腐烂的尸体和生活在沼泽中的杂草形成沉淀物，最终形成土壤。这为更多的植物提供了生存空间。最终，池塘被填满，形成干燥的陆地

在美国的很多森林中，护林员现在已不再干涉由闪电引发的大火，因为他们认识到这个自然过程对整个生态系统的维护非常重要。火灾会释放一些营养物质，并杀死一些树。于是，森林的地面上就可以接收到更多的光照和营养物质，次顶级植物可在这里生长。一个生态系统中顶级和次顶级区域的共存可为更多的物种提供栖息地。

27.6.3　有些生态系统会维持在次顶级阶段

频繁的干扰会使许多生态系统始终保持在次顶级阶段。一度覆盖密苏里州北部和伊利诺伊州的高草草原是一个顶级群落为落叶森林的生态系统的次顶级阶段。由于周期性的大火，这片区域始终维持着高草草原这一次顶级阶段。有些火灾是由闪电导致的，而当地的居民也会故意放火，因为他们需要放牧野牛的草地。如今，森林已开始侵占这片区域，但政府还是通过小心的放火在一些保护区保留了一些高草草地。

农田、花园和草坪是我们通过频繁且故意的干扰来维持的次顶级群落。庄稼是特化的杂草，它们实际上是演替早期的特征性植物，农民花费大量的时间、精力和除草剂来除掉庄稼的竞争对手，如杂草、野花和灌木，防止它们占据农田。郊区的草坪是通过频繁的修剪来维持的一个次顶级生态系统。通过修剪草坪，人们除掉了木本植物。人们还使用除草剂来选择性地除掉如马唐草和蒲公英一类的先驱植物。

复习题

01. 定义生态群落，并解释群落相互作用的四种重要类型。
02. 描述特定动植物保护自己不被吃掉的几种主要方式。
03. 解释资源分割是竞争排斥原理的逻辑结果。
04. 定义寄生和互利共生，并给出各自的例子。
05. 定义继承。在皆伐的森林中会发生哪种类型的演替？为什么？
06. 给出两个顶级群落和两个亚顶级群落的例子。它们有何不同？
07. 什么是入侵物种？为什么它们是破坏性的？入侵物种具有哪些适应能力？
08. 什么是关键物种？如何识别群落中的关键物种？

第 28 章　生态系统中的能量流动和养分循环

棕熊正在捕食返回家园产卵的大马哈鱼

28.1 养分和能量在生态系统中如何运动

所有生态系统都由两部分组成。生态系统的生物成分是特定区域内由活生物（细菌、真菌、原生生物、植物和动物）组成的群落。生态系统的非生物成分包括环境中所有非生物的物理和化学成分，如气候、光照、温度、水和土壤中的矿物质。生物群落内和群落与群落之间的相互作用，以及群落与环境之间的相互作用，决定了生态系统中的物质和能量流动方式。该运动的基础是两条原则：养分在生态系统内部和生态系统之间循环，而能量在生态系统中流动（见图 28.1）。

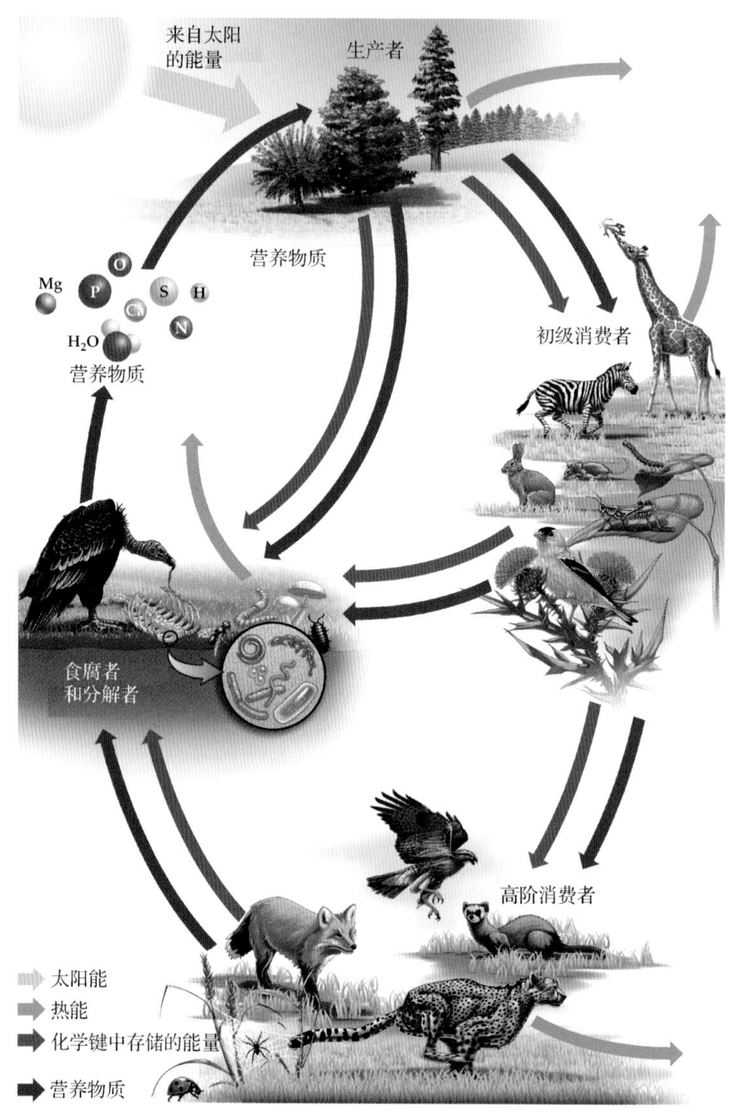

图 28.1 生态系统中的能量流动、养分循环和摄食关系。阳光中蕴含的能量（黄色箭头）通过生物的光合作用进入生态系统，这些生物称为生产者，它们将能量的一部分存储在体内的生物分子中。然后，生物能量（红色箭头）传递给非光合生物，即消费者。排泄物和尸体中的能量支撑着食腐质者和分解者的生命活动。每个生物体都以热量的形式丢失部分能量（橙色箭头），因此对活生物来说，有用的能量逐渐减少。因此，生态系统需要持续不断的能量输入。相反，养分（紫色箭头）可在生态系统中不断循环

养分是指生物从周围环境中吸收的原子和分子。在过去的 35 亿年间，支撑地球上生命的一直

是相同的养分原子。毫无疑问，人体中也含有曾是恐龙或长毛猛犸象的一部分的氧原子、碳原子、氢原子和氮原子。养分在整个地球上循环流动，并转化成不同的分子形式，但一般不会离开地球。

相反，能量在生态系统中单向行进。能够进行光合作用的细菌、藻类和植物捕获太阳能。然后，太阳能从一个生物流动到另一个生物的体内。最后，所有生物的能量都转化为热能，返还给环境，无法再被用于驱动活生物体内的化学反应。因此，生命的存在需要持续不断的能量输入。

28.2 生态系统中的能量是如何流动的

在距离地球 1.5 亿千米的地方，太阳内部的核反应将氢转换成氦，并将少量物质转化成大量的能量。这些能量中的少部分以电磁波的形式到达地球，包括热量（红外线）、可见光和紫外线，其中约有一半能量都是以可见光的形式到达地球的。到达地球的大部分太阳能被大气层、云和地球表面反射回宇宙空间，一部分被地球和大气层吸收，以维持地球的温度。在到达地球的太阳能中，只有不到 0.03%的能量被光合生物捕获，但这些能量足以支撑地球上所有生命的生存。

28.2.1 能量通过光合作用进入生态系统

植物、藻类和光合细菌从生态系统的非生物成分中吸收碳、氮、氧和磷等元素。光合生物捕获阳光中的能量，并用这些能量将能量原子结合到一起，形成单糖、淀粉、蛋白质、核酸，以及身体中的其他生物分子，进而将捕获到的能量的一部分存储在这些化学物质的化学键中。如我们将要看到的那样，生物分子中存储的养分和能量会从光合生物移动到非光合生物（如动物、真菌和大多数细菌）体内。于是，光合生物将能量和养分带入了生态系统。

28.2.2 能量从一个营养级进入下一营养级

生态系统中的能量流动始于光合生物，并且经过几级以光合生物或非光合生物为食的非光合生物。每级生物称为一个营养级。从森林中的橡树到海洋中的单细胞藻类，所有的光合生物形成第一营养级。这些生物称为生产者或自养生物，因为它们用无机物质和太阳能为自己生产食物。在这一过程中，它们还直接或间接地为其他生物制造食物。称为消费者或异养生物的一些无法进行光合作用的生物，必须从其他生物的体内获得预先“包装”在生物分子中的能量和大多数养分。

消费者占据数个营养级。初级消费者直接以生产者为食。这些食草动物（包括蝗虫、小鼠和斑马等动物）形成第二营养级。食肉动物（如蜘蛛、鹰和三文鱼）形成更高级的消费者。食肉动物在以食草动物为食的时候是次级消费者。有些食肉动物至少在有些时候会以其他食肉动物为食；此时，它们占据第四营养级，称为三级消费者。在有些例子中，尤其是在海洋中，还存在更高的营养级。

28.2.3 净初级生产量是对生产者体内存储能量的衡量

一个生态系统能够容纳的生命的量，是由该生态系统中生产者所捕获的能量决定的。在单位时间内，特定区域内的光合生物捕获并存储在身体中的能量（如每年在每平方米面积内存储的能量，单位为卡路里）称为净初级生产量。质量要比能量容易确定得多。生物质量或干生物物质通常是对存储在生物体内的能量的优秀衡量方法。因此，净初级生产量通常以每年每平方米区域内生产的生物质量（单位为克）来表示（见图 28.2）。

生态系统的净初级生产量受到很多因素的影响，包括生产者接收的光照量、水和养分的丰富程度以及温度。例如，沙漠中的水含量极低，因此生产量受到极大的限制。深海中几乎没有光，因此光照是限制生产量的一个因素，而养分的缺乏限制了大多数水面的生产量。在所有资源都非常丰富的生态系统（如热带雨林）中，生产量非常高。

图 28.2　生态系统中的净初级生产量。图中显示了一些陆地和水生生态系统的平均净初级生产量，即每年每平方米面积内生产的生物物质的质量（克）

生态系统对地球整体生产量的贡献，由该生态系统的生产力及其占地球表面面积的百分比决定。例如，海洋的净初级生产量很低，但它们占据了地球表面约 70%的面积，因此它们贡献了地球整体生产量的 25%，与热带雨林的总贡献基本相当，热带雨林只覆盖地球表面不到 5%的面积。

28.2.4　食物链和食物网描述了群落中的营养关系

食物链的营养关系是线性的，每个营养级一个物种，且是上个营养级的物种的食物（见图 28.3）。不同的生态系统容纳不同的食物链。植物在陆地生态系统中是主要生产者（见图 28.3a）。植物支撑着食草昆虫、爬行动物、鸟类和哺乳动物的生存，而这几种动物中的每种都会被其他动物捕食。相反，统称浮游植物（phytoplankton）的光合原生生物和细菌等微生物是大多数水生食物链的主要生产者，如位于湖泊和海洋中的食物链（见图 28.3b）。浮游植物支撑着多种多样的浮游动物的生命，浮游动物主要包括原生生物和类似于小虾的甲壳类动物。这些动物主要被鱼吃掉，而鱼反过来又会被更大的鱼吃掉。

(a) 一个简单的陆地食物链

图 28.3　陆地和海洋中的食物链

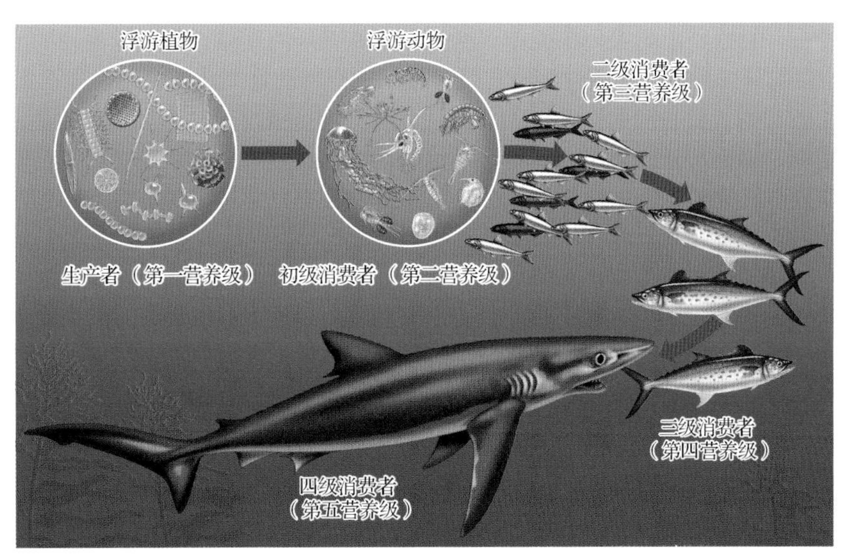

(b) 一个简单的海洋食物链

图 28.3 陆地和海洋中的食物链（续）

自然群落中的动物通常不是简单食物链中的初级、次级和三级消费者。食物网展示了许多相互联系的食物链，它可准确地描述群落中的真实营养关系（见图 28.4）。有些动物，比如浣熊、熊、大鼠和人类称为杂食动物，因此可作为初级、次级消费者存在，有时还可作为三级消费者存在。例如，当鹰以老鼠（食草动物）为食时，它是次级消费者，而当它吃以昆虫为食的草地鹨时，就变成了三级消费者。食肉植物（如捕蝇草）会使食物网变得更加错综复杂：它既是进行光合作用的生产者，又是会捕食蜘蛛的三级消费者。

图 28.4 简化的草地食物网。图中前面的动物包括秃鹫、牛蛇、地松鼠、穴居猫头鹰、獾、老鼠和地鼠，中间的动物包括松鸡、草地鹨、蝗虫和长耳大野兔，后面的动物包括叉角羚、鹰、狼和野牛

1. 食腐者和分解者将养分释放到环境中以备重复利用

食物网中最重要的组成部分之一是食腐者和分解者。食腐者通常是一群很小而不引人注目的

生物，包括线虫、蚯蚓、千足虫、屎壳郎、蛞蝓和一些苍蝇的幼虫。它们以生物的废弃物为食，如落叶和其他生物死去后的尸体或排泄物。几种较大的脊椎动物（如秃鹫）也属于食腐者。

分解者主要包括真菌和细菌。它们和食腐者食用的物质相同，但不会像食腐者那样进食大量的有机物质团块。相反，它们会向体外分泌消化酶，由这些酶来降解附近的有机物质。分解者吸收产生的一部分有机分子，但大部分有机分子留在自然界中。草坪上的蘑菇或面包上的蓝灰色痕迹都是正在努力工作的真菌分解者，而腐肉上难闻的黏液表明存在细菌分解者。

食腐者和分解者对地球上的生命来说极其重要，它们将其他生物的尸体和排泄物降解为简单的分子（如二氧化碳、铵盐和矿物质）并交还给大气、土壤和水。如果没有食腐者和分解者，生态系统就会逐渐被越来越多的排泄物和死尸堆满，它们体内的养分将无法用来使土地和水变得肥沃。最后，植物和其他光合生物无法获得足够的养分。如果生产者灭绝，能量和养分都将无法再进入生态系统，位于更高营养级的生物（包括人类）都将消失。

28.2.5 营养级之间的能量传递效率很低

物理学的分支热力学中的一个基本原理是，能量不能被完全利用。例如，汽车燃烧汽油时，只有约 20%的能量用来驱动汽车前进，其余 80%的能量以热量的形式损失了。这同样也是生命系统的规则：所有维持细胞生命的化学反应都以热量的形式损失能量。例如，我们使用三磷酸腺苷（ATP）高能化学键中的能量来收缩肌肉收缩，这个过程要释放热量，是在冷天颤抖及快走让身体变得暖和的原因。

从一个营养级到下一个营养级的能量传递效率很低。当蝗虫（初级消费者）吃草（生产者）时，草中固定的太阳能只有一部分传递给蝗虫，另一部分能量被转化为纤维素中的化学键，而蝗虫无法消化纤维素。此外，尽管草摸起来并不暖和，但其叶子、茎和根中发生的每个化学反应都会释放少量的热量，而这些热量显然不能为其他生物所用。因此，在被第一营养级的生产者固定的能量中，只有一小部分被第二营养级的生物利用。如果知更鸟（第三营养级）吃掉蝗虫，知更鸟也无法获得蝗虫从植物那里得来的全部能量，因为部分能量已被蝗虫用来跳跃、飞行和进食，还有部分能量被蝗虫存储到了外骨骼中，而知更鸟无法消化外骨骼，能量的大部分以热量的形式损失了。同样，吃掉这只知更鸟的老鹰也无法获得知更鸟的全部能量。

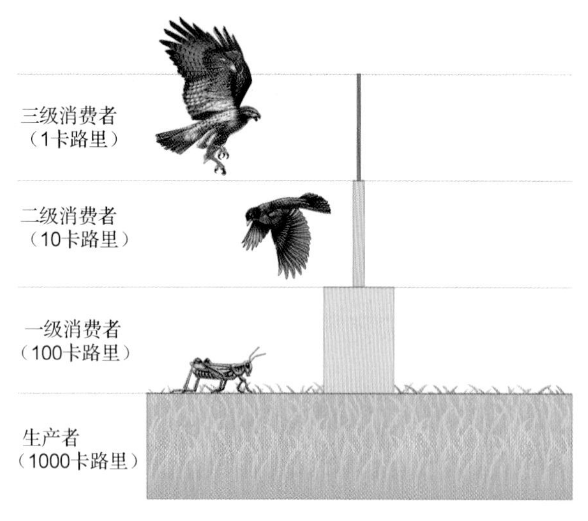

图 28.5 草地生态系统的能量金字塔。每个矩形的宽度与该营养级存储的能量成正比。这里用到了美国草地生态系统中常见的四种生物：草、蝗虫、知更鸟和红尾鹰

虽然在不同的群落中，营养级之间的能量传递存在很大的不同，但能量在两个营养级之间传递的效率约为 10%，即存储在初级消费者中的能量只有存储在生产者体内的能量的 10%左右，次级消费者体内的能量又是初级消费者体内能量的 10%左右。这种营养级之间低效率的能量传递规律称为“10%定律”。我们可用能量金字塔来说明营养级之间的能量关系：基部最宽，营养级越高就越窄（见图 28.5）。特定群落的生物量金字塔通常与该群落的营养级金字塔的形状相似。

由于营养级之间能量传递的效率较低，一个群落中最主要的生物几乎永远是植物，因为它们的能量来源最庞大（阳光）。最多的动物是食草动物。相对来说，食肉动物较为少见，因为能支撑它们存活的能量要少得多。

营养级内和营养级之间的能量流失说明寿命较长、位于较高营养级的动物从更低的营养级中摄入了超过其体重很多倍的食物。例如，你每年会吃掉多少食物？就算你的体重保持不变，这个数字也不会小。如果食物中含有特定种类的有毒物质，它就会在位于较高营养级的生物体内富集。这一生物富集作用会导致有害的结果，甚至是致命的。

28.3 养分是如何在生态系统中和生态系统之间循环的

前面说过，养分（元素和小分子）是形成生命的化学基石。有些养分（称为大量营养素）是生物大量需要的养分，包括水、碳元素、氢元素、氧元素、氮元素、磷元素、硫元素和钙元素。微量营养素包括锌元素、钼元素、铁元素、硒元素和碘元素，我们只需要微量的这些元素。物质循环又称生物地球化学循环，它描述了大量营养素和微量营养素的循环过程：从生态系统中非生物部分的主要来源（称为存储库）开始，经过生物群落，循环回来。下面介绍水、碳元素、氮元素和磷元素的循环过程。

28.3.1 水循环的主要存储库是海洋

水循环（见图 28.6）是指水从其主要存储库（海洋）经历大气层、更小存储库（如淡水湖泊、河流和地下水），然后回到海洋。水循环和其他大多数物质循环不同，在水循环过程中，生物只起非常小的作用，换句话说，就算地球上的生物都消失，水循环仍会继续进行。

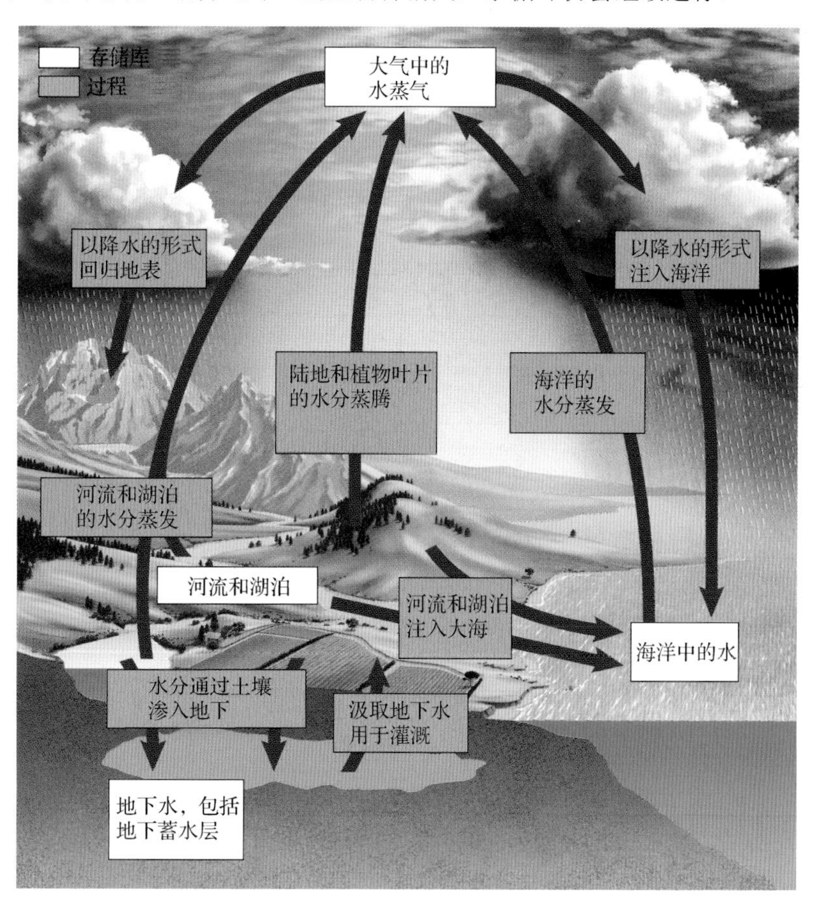

图 28.6 水循环

水循环的动力是太阳的热能，它使水从海洋、湖泊和溪流中蒸发出来。水汽在大气层中凝结后，以雨或雪的形式落回到大地，然后水形成河流，最终流入大海。海洋覆盖了地球表面约70%的面积，含有地球上全部水量的97%，2%的水包含在冰层中，只有1%的水以液态淡水的形式存在。因为海洋所占的地球面积太大，绝大多数蒸发作用都发生在海洋上，且绝大多数降水也发生在海洋上。

在降落到陆地上的水中，一部分会被植物的根吸收，这些水中的大部分被植物以蒸腾作用返还给大气层。落到陆地上的其余水大多数从土壤、湖泊或溪流中蒸发；一部分流回到海洋中；极小的一部分存储在生物体内；还有一部分进入水在地底的存储库即含水层中。含水层是由可以透过水的岩石（如砂岩）或一些类似于沙子或小石块等的沉积物组成的。这些物质都浸透了水。人们常将这些水从地底抽上来，作为家庭用水或灌溉用水。水从地表移动到含水层的过程通常极其缓慢，且在世界上的很多地方（包括中国、印度、北非和美国的中西部）水从地底被抽出的过程要比它获得补给的过程快很多。最终，如果含水层消失，人们就会被迫改变农业生产方式。

水循环对陆地群落而言十分重要，因为后者需要持续储备陆地生物所需的淡水。在了解接下来的几种物质循环的过程中，要记住土壤中的养分必须溶解在土壤中的水里才能被植物或细菌吸收。只有在二氧化碳溶解于植物叶肉细胞外的一层水中时，才能被植物细胞吸收。水循环并不依赖陆地生物，但若没有水循环，陆地生物将很快灭绝。

28.3.2 碳循环的主要存储库是大气层和海洋

碳原子是所有有机分子的框架，碳循环（见图 28.7）是指碳元素从其在大气和海洋中的暂时存储库中，通过生产者进入消费者、食腐者和分解者的体内，然后返回存储库的过程。当生产者在光合作用过程中捕获二氧化碳（CO_2）时，碳元素就进入生物群落。在陆地上，光合生物直接从大气中吸收二氧化碳，后者在大气的所有气体中所占的比例约为0.039%。溶解于水的二氧化碳给水生生产者（如浮游植物）提供光合作用所需的二氧化碳。

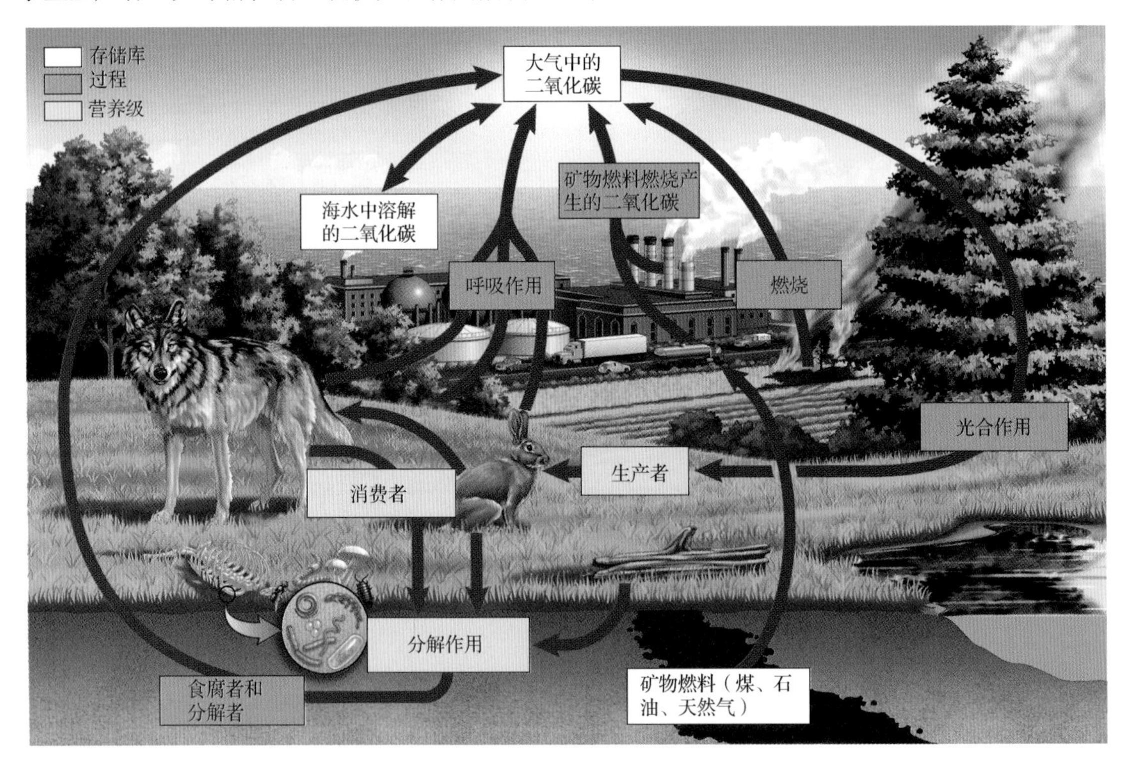

图 28.7　碳循环

光合生物吸收的二氧化碳会被“固定”在生物分子（如糖类和蛋白质）中。生产者通过细胞呼吸将一部分碳元素还给大气或水，但大部分碳元素被存储在它们的体内。当初级消费者吃掉生产者时，它们就获得这部分碳元素。初级消费者及位于更高营养级的消费者通过呼吸作用释放二氧化碳，通过粪便排出碳的化合物，并将剩余的碳元素存储在体内。所有生物最终都会死亡，尸体被食腐者和分解者降解，后两者通过细胞呼吸作用将二氧化碳还给大气层和海洋。生物通过光合作用摄入二氧化碳，通过呼吸作用释放二氧化碳，这两个互补的过程不断地将碳元素从生态系统的非生物成分转换为生物成分，然后转换回去。

不过，有些碳元素的循环速度要慢得多。地球上的大部分碳元素位于石灰岩中，石灰岩由碳酸钙（$CaCO_3$）组成，而碳酸钙又由史前浮游植物的壳沉积到大洋底部形成。碳元素从这一来源移动到大气中再循环回来的过程需要几百万年。因此，这个过程对于支撑着生态系统的碳循环过程的贡献微乎其微。化石燃料包括煤、石油和天然气，它们是额外的碳存储库。这些物质是在数百万年间由深埋在地层中的史前生物的残余经高温高压处理而逐渐形成的。除了碳元素，史前阳光的能量（最初被史前光合生物吸收）也存储在这些沉积物中。当人们燃烧化石燃料来获得储藏的能量时，会将二氧化碳释放到大气层中，而这可能产生非常严重的后果，详见28.4节。

28.3.3　氮循环的主要存储库是大气层

氮元素是蛋白质、多种维生素、核苷酸（如ATP）和核酸（如DNA）的重要组成成分。氮循环（见图28.8）是指氮元素从其最主要的存储库——大气层中的氮气移动到土壤和水中的铵盐和硝酸盐，随后通过生产者、消费者、食腐者和分解者回到存储库中的过程。

大气层的78%是氮气，但植物和大多数其他生产者无法直接利用氮元素，而需要通过铵盐（NH_3）或硝酸盐（NO_3^-）来利用。几种生活在土壤或水中的细菌可通过称为固氮作用的过程，将N_2转化成铵盐。有些固氮细菌与豆科植物形成了一种互利共生的关系，它们居住在豆科植物根部的瘤状物中（见第19章）。诸如苜蓿、大豆、三叶草和豌豆这些豆科植物在农田中广为种植，部分原因是它们会释放出根瘤菌合成的多余铵盐，使土壤变得肥沃。其他一些生活在土壤和水中的细菌可将铵盐转变成硝酸盐。雷暴也会产生少量硝酸盐，闪电可让氮气和氧气生成氮氧化物。这些氮氧化物溶解在雨水中，落到地面上，最终被转化成硝酸盐。

铵盐和硝酸盐被生产者吸收，然后被整合到蛋白质和核酸等生物分子中。这些物质经过各个营养级，每个营养级的尸体和排泄物都被分解者降解，然后将铵盐交还给土壤和水。反硝化细菌负责完成氮循环的最后一步。这些生活在潮湿泥土、沼泽和河口的细菌降解硝酸盐，将氮气交还给大气（见图28.8）。

人类也在有意无意地操纵氮循环。如前所述，农民通过种植豆科植物使土地变得肥沃。化肥厂将大气中的氮气与由天然气得到的氢气结合，以氨的形式固定氮元素，然后转换成硝酸盐或尿素（一种有机氮化合物）。每年有1.5亿吨氮肥进入农田。此外，燃烧化石燃料产生的热量会将大气中的氮气和氧气结合在一起，产生氮氧化物，进而形成硝酸盐。这些人类活动现在已对氮循环起主要作用。

28.3.4　磷循环的主要存储库在岩石中

磷元素在核酸和构成细胞膜的磷脂分子等生物分子中存在，也是脊椎动物牙齿和骨骼的主要组成成分。磷循环（见图28.9）是指磷元素从其主要存储库即岩石中移动到土壤和水这两个较小的存储库，通过生产者进入消费者、食腐者和分解者体内，再回到存储库中的过程。

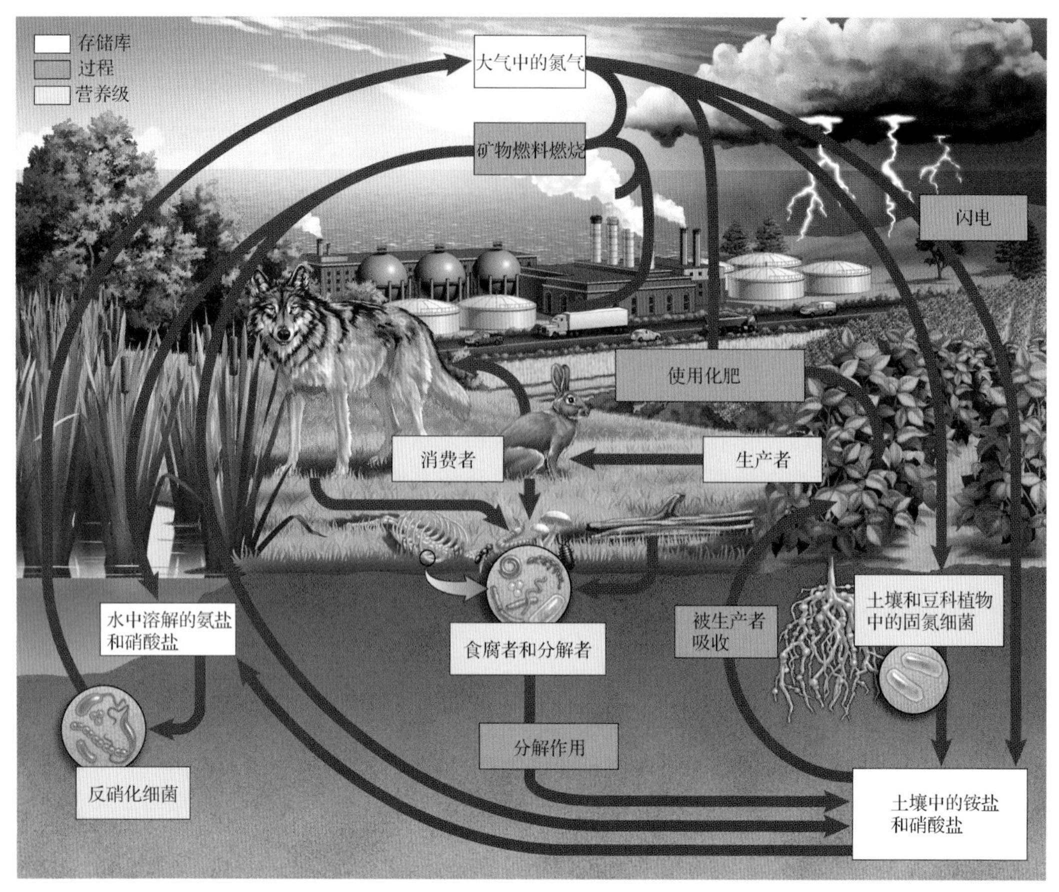

图 28.8　氮循环

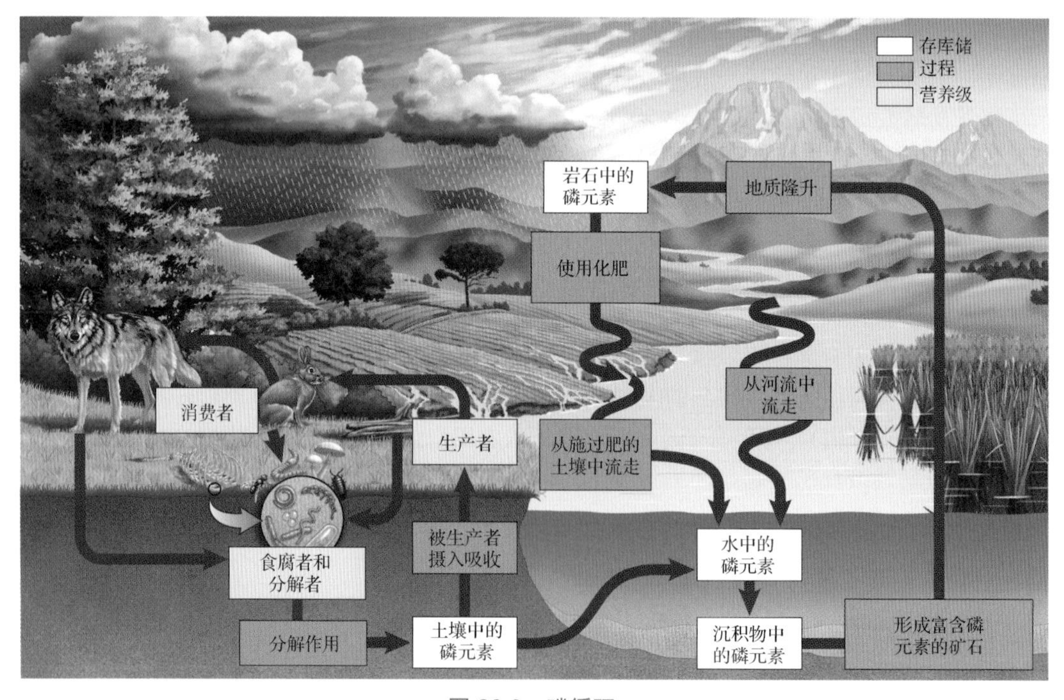

图 28.9　磷循环

在整个循环中，几乎所有磷元素都和氧气结合形成磷酸根（PO_4^{3-}）。磷元素没有气体形式，因此在磷元素的循环中没有大气存储库。地质活动将富含磷元素的岩石暴露在外，其中一部分磷元素溶解于雨水或地表径流中，进入土壤、湖泊和海洋中，形成生态群落能够直接获得的小存储库。溶解于水的磷元素被生产者吸收，并用其合成生物分子。之后，磷元素经过整个食物网；在每个营养级，都有额外的磷元素被排出。最终，食腐者和分解者将磷元素交还给土壤和水，然后可能再次被分解者所吸收，或者与土壤和水中的沉淀物结合，再次生成岩石。

淡水中的一部分磷酸盐会被带到海洋中。虽然这些磷酸盐中的大部分会成为海洋中的沉淀物，但也有一部分被海洋中的生产者吸收，并且最后进入无脊椎动物和鱼的体内。其中的一部分被海鸟摄入，海鸟又通过排泄将大量的磷酸盐交还给陆地。南美洲西海岸的鸟粪曾是世界上磷肥的主要来源，但如今人们对磷肥的需求非常高，以至于大部分磷肥都是从富含磷酸盐的岩石中提取的。

28.4 人类扰乱养分循环时会发生什么

古代的人口很少，科技水平非常有限，对物质循环的影响也非常有限。不过，随着人口的增长及科学技术的进步，人们可更独立于自然生态系统的过程而开展行动。始于 19 世纪中期的工业革命使得我们对化石燃料中存储的能量的依赖性大大增加：我们需要它提供热量和光，我们的交通、工业和农业都离不开化石燃料。农田中使用的化肥量正呈指数上升。如今，人类对化石燃料和化学肥料的使用严重扰乱了氮、磷、硫和碳元素的循环。

28.4.1 氮循环和磷循环的过载危害海洋生态系统

每年，人们从岩石中生产出约 4000 万吨磷肥，从大气中生产出约 1.5 亿吨氮肥。这些化学肥料被我们施加到农田中，以便生产出足够的农业产品供越来越多的人口利用。

雨水和灌溉用水冲刷地面时，会溶解并带走部分磷肥和氮肥。当这些水流入湖泊、河流并最终进入海洋时，这些养分会通过促进浮游植物的生长而严重干扰食物网的平衡。浮游植物的“爆发”将清水变成不透明的绿“汤”。浮游植物死后，身体沉入更深的水中，成为分解者——细菌的美餐。分解者的呼吸作用会用掉水中的大部分溶解氧。因为没了氧气，水生无脊椎动物和鱼类如果不离开那里，就会死亡并腐烂。一个引人注目的例子发生在路易斯安那州的墨西哥湾。在美国中西部，春雨和融雪将大量硝酸盐和磷酸盐从施过肥的农田中冲到溪流中，而溪流又流入密西西比河。密西西比河将这富营养化的水流注入墨西哥湾。到了夏天，当光照变强、墨西哥湾变暖时，这些营养就会导致水华（见图 28.10）。藻类的死亡及它们尸体的降解，形成了一个“死区”，这里的氧气浓度非常低，几乎不会有任何生物存活。飓风和热带风暴每年秋天会将死区吹散，但在第二年夏天它又会出现。墨西哥湾的死区范围如今为 15000～22000 平方千米。在全球范围内，死区的大小和数量都在随着农业的发展而不断增加。

图 28.10 墨西哥湾的水华。从美国中西部农田冲来养分（尤其是硝酸盐和磷酸盐）进入密西西比河，最终流入海洋。当这些养分到达墨西哥湾后，会促进藻类的爆炸性增长

28.4.2　硫循环和氮循环的过载造成酸雨

氮氧化物和二氧化硫会通过自然过程排入大气。火灾和闪电会产生几种氮氧化物和硝酸，火山、温泉及分解者释放出二氧化硫（SO_2）。然而，目前矿物燃料的燃烧是进入大气的氮氧化物和二氧化硫的主要来源。例如，富含硫元素的矿物燃料（主要是煤）的燃烧占全球二氧化硫排放量的75%。当它们在大气中与水蒸气结合后，氮氧化物和二氧化硫转化成硝酸和硫酸。几天后，在几百千米外，这些酸以雨或雪的形式降落到地面上。这种“酸水”首先在新汉普郡被人们发现：1963年，人们发现在新汉普郡采集的雨水样本的pH值达到3.7，比未污染雨水酸20～200倍。

图28.11　酸雨具有腐蚀性。这两张完全相同的楼饰照片摄于纽约布鲁克林区，显示了酸雨的威力。左侧的楼饰为原样，右侧的几乎被酸雨完全破坏

酸雨破坏森林，使湖泊变得生机全无，甚至腐蚀建筑和雕像（见图28.11）。美国中西部地区和佛罗里达州的酸雨最严重，在这些地方，大多数岩石和土壤已经没有中和酸的能力，在纽约，情况更加严重，因为西风将中西部燃煤电站及工业区排放的硫酸和硝酸直接吹到了其上空。

酸雨是怎样破坏生态系统的？酸雨使生物更易接触有毒金属（如铝、汞、铅和镉），这些金属都易溶于酸性水。例如，铝元素是土壤中最常见的矿物质之一。酸性物质可将铝溶解，使之进入土壤和湖泊的水体中，抑制植物生长和杀死鱼类。钙和镁是两种植物生长所必需的元素，由于酸的沉淀作用，它们会被滤出土壤。

生长在酸化土壤中的植物会变得非常脆弱，更易被病菌感染及被昆虫侵袭。在美国东北部的大部分地区，红云杉和糖枫树的种群数量都在减少，这种现象已被证明是酸性环境以及干旱、昆虫和气候变化导致的。在佛蒙特州的格林山脉，一半的红云杉和三分之一的糖枫树已经死亡（见图28.12）。

图28.12　酸雨破坏森林。在佛蒙特州的驼峰山上，可以看到酸沉降造成的破坏，大树都已枯死。自20世纪90年代以来，火电站排放的硫化物和氮化物减少，缓解了新英格兰的酸雨，新生的小树又开始萌发

从20世纪90年以来，政府出台的法规使得美国火电站排放的硫化物和氮化物大大减少：二氧化硫的排放量减少了40%，氮氧化物的排放量减少了50%以上。空气质量有所上升，雨的酸度也下降了，但美国东北部大片地区雨水的pH值仍在5以下。

被破坏的生态系统需要很长时间才能恢复。阿迪朗达克山脉附近的湖水酸度正不断降低，但很多湖泊中的水仍要比酸沉降开始前的酸很多。如果酸沉降可被完全消除，那么这些湖泊的pH值最终会恢复到从前那样。在之后的3～10年中，大部分水生生物也会恢复。不过，这些湖泊中的鳟鱼可能需要人工补充。森林恢复的时间要慢得多，因为树的寿命很长，且土壤的化学性质改变得更慢。

28.4.3 人类对碳循环的干涉导致地球气候发生改变

图 28.13 中显示了到达地球的阳光的去向。来自太阳的部分能量（见图 28.13❶）被大气层（尤其是云）和地球表面（尤其是覆盖着冰雪的区域）（见图 28.13❷）反射回宇宙空间。不过，大部分阳光会到达相对较暗的区域（陆地、植被和水面）并转化成热量（见图 28.13❸），而这些热量会被辐射到大气层中（见图 28.13❹）。虽然这些能量大多数被辐射到宇宙空间（见图 28.13❺），但水蒸气、二氧化碳和其他几种温室气体会将部分热量留在大气层中（见图 28.13❻）。这个自然过程称为温室效应，它会使大气层变暖，进而使地球上的生命得以生存下去。

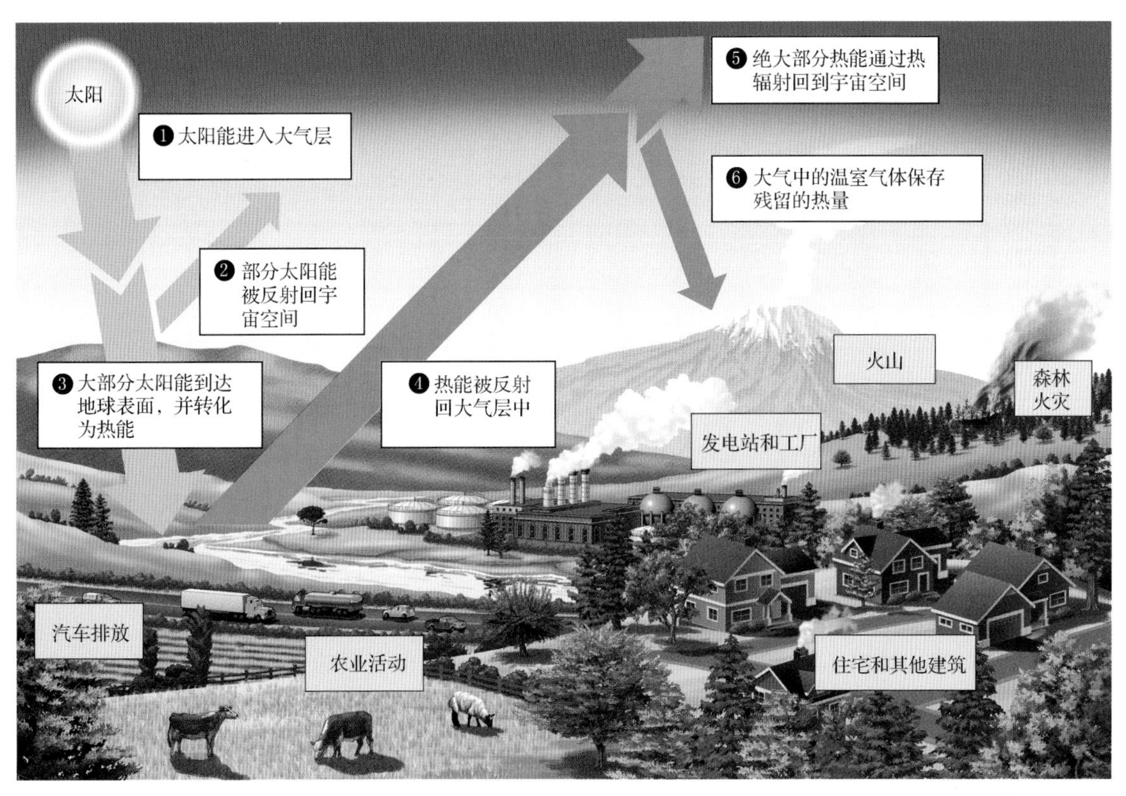

图 28.13 温室效应。阳光加热地球表面，且被从地球表面辐射回大气。自然过程和人类活动释放的温室气体（都用黄色矩形表示）吸收这些热量，使得地球的温度上升

为了让地球的温度保持恒定，进入和离开地球大气层的热量必须相等。如果大气中的温室气体浓度升高，固定下来的热量就比辐射到宇宙空间中的热量多，地球变暖。实际上，温室气体的确正在增加，很大程度上是因为人类燃烧化石燃料释放出了二氧化碳。其他重要的温室气体包括甲烷（CH_4）和一氧化二氮（N_2O）。不过，人类活动排放的二氧化碳对温室效应的贡献是最大的。

1. 燃烧化石燃料导致气候恶化

从 19 世纪中叶起，人类社会就开始越来越依赖于化石燃料产生的能量。发电站、工厂和汽车在燃烧化石燃料的同时，收获来自史前的太阳能，并向大气中排出二氧化碳。在每年人类活动向大气排放的二氧化碳中，燃烧化石燃料产生的二氧化碳占 80%～85%。

大气中二氧化碳增加的另一个原因是我们砍伐了大量的森林。我们每年都会砍伐数千万亩森林，且由这一活动产生的二氧化碳占人类活动排放的二氧化碳的 15%～20%。在热带地区，砍伐森林并改造成农田的现象尤其严重，因为需要供养越来越多的人口。存储在树木中的碳元素在其

被砍伐并烧掉后。会回到大气中。二氧化碳的第三个来源是火山活动，后者释放的二氧化碳相对来说较少。火山活动向大气中排放的二氧化碳量只占人类活动排放的二氧化碳量的 1%。

总体上说，人类活动每年会向大气中排放 350 亿到 400 亿吨二氧化碳。这些碳元素中的一半被海洋、植物和土壤吸收，剩下的则留在大气中。自 1850 年以来，大气中的二氧化碳量增加了约 40%（见图 28.14a）。根据对南极洲冰层中的史前气泡分析，科学家断定现在大气中的二氧化碳含量要比过去 65 万年的任何一年的都高。

越来越多的证据显示，人类活动释放的二氧化碳和其他温室气体大大增强了温室效应，改变了地球的气候。世界上几千个气象站记录的地表温度数据以及气象卫星记录的地球海洋温度显示，自 1970 年以来，地球的温度升高了 0.6℃（见图 28.14b），从 2001 年到 2010 年的 10 年是有记录以来最温暖的 10 年。

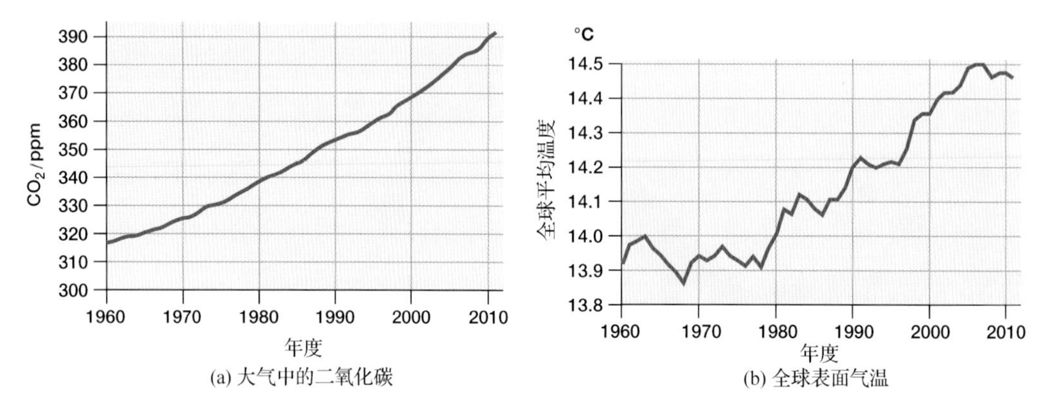

图 28.14 随着大气中二氧化碳含量的增加，全球温度升高。(a)历年来大气中的二氧化碳浓度。这些数据是在海平面以上约 3400 米处记录的，地点是夏威夷的莫纳罗亚火山。(b)全球表面气温。因为全球气温每年都会发生较大的波动，图中每年的气温是该年前四年的气温平均值

温室气体增加产生的效应通常称为气候变化，既包括全球变暖，又包括对地球气候和生态系统的其他影响。虽然 1 华氏度的温度变化听起来并不高，但变暖的气候产生了广泛的影响。春天，北半球被冰雪覆盖地区的面积显著减小。全球的冰川都在衰退；世界冰川监测机构报告，在全球所有山峰的冰川中，90%正在缩小，且这一趋势正在加快（见图 28.15）。蒙大拿州的冰川湾国家公园以丰富的冰川闻名，1910 年时有 150 座冰川，现在只剩 25 座。海洋也在变暖，导致海平面上升。在过去的 30 年间，北极有些地方的冰盖厚度如今仅为原来的 50%，大小也减小了 35%。

气候学家预测，变暖的大气层会产生更强的风暴和更频繁的干旱。大气中二氧化碳的增加还会使海水的酸度增大，干扰很多正常的过程。

2. 持续的气候变化干扰生态系统，使很多物种濒临灭绝

未来会是怎样的？世界各地的气候学家构建了复杂的模型，并在世界各地的许多超级电脑上独立地运行，试图给出对未来气候变化的预测。随着模型的改进，预测结果已能越来越好地与过去的气候相吻合，气候学家对于成功预测气候也也越来越有信心。这些模型还表明太阳输出能量的变化不是导致全球变暖的原因，只有当计算中包括人类的碳排放时，模型才和数据相吻合。政府间气候变化专门委员会（IPCC）在 2007 年的报告中预测，如果世界各国能够协调一致地减少温室气体的排放，到 2100 年，全球气温仍会上升至少 1.8℃。IPCC 的高排放方案预测，到 2100 年，全球的气温会升高 4.0℃（见图 28.16）。这些气候变化很难阻止，更不用说反转气候。

(a) 缪尔冰川，1941年

(b) 缪尔冰川，2004年

图 28.15　冰川正在融化。这些照片是在(a)1941 年和(b)2004 年于同一地点拍摄的，记录了美国阿拉斯加州冰川湾国家公园中缪尔冰川的衰退

即使预测结果较为乐观，气候变化对自然生态系统产生的影响也是深远的。成千上万的物种将改变活动区域，从赤道向两极或高山地区迁移。有些动植物相对来说更容易移动，原因是它们更加灵活机动，或者繁殖时能够移动到很远的地方。然而，整个群落的所有物种不可能都完好无损地“打包走人”。有些动植物要比其他动植物移动得快。例如，如果一种捕食者的主要食物比该捕食者迁移得更快，这种捕食者就会失去食物来源。

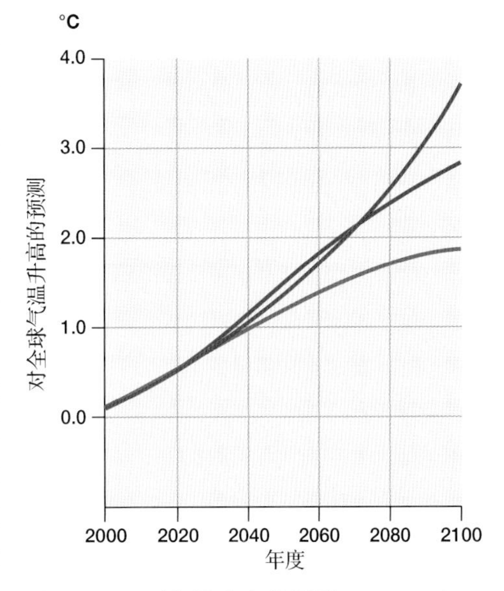

图 28.16　对气温升高的预测。IPCC 对 21 世纪气温的预测基于三种不同温室气体的排放方案。红线、蓝线和绿线分别基于高、中、低温室气体排放量的数据。即使是最乐观的预测，全球气温也会持续升高。注意，气温变化是相对于 1980 年至 1999 年的平均温度的

有些物种（尤其是居住在高山或两极的物种）则无处可去。例如，夏季浮冰的消失对北极熊和其他需要依赖浮冰抚育后代、捕食鱼类和海豹的海洋哺乳动物来说是个噩耗。随着夏季浮冰的消失，海象和北极熊向陆地迁移产仔，导致成年动物远离主要的狩猎场。因为大量成年动物聚集在狭小的海滩而非分散在浮冰上，有时会对后代造成威胁；例如，2009 年，131 只海象幼仔在海滩上被踩踏至死，因为成年海象受到惊吓而四处奔逃。2008 年，因为北极熊大量减少，且科学家预测它们的栖息地在未来会继续缩小，美国渔业与野生动物服务局将北极熊认定为濒危物种：首个因全球气候变暖而被认定为濒危的物种。气候模型预测海冰将在 22 世纪完全消失，而这可能导致野生北极熊灭绝。南极企鹅也可能会面临同样的危险。多种企鹅需要在冰上走行数千米才能到达它们的繁殖地。由于冰的融化和破裂，它们的繁殖之路变得越来越艰难。在所有 17 种企鹅中，10 种已纳入国际自然及自然资源保护联盟的红色名录。

一些物种的迁移会对人类健康产生直接影响。很多疾病如今只存在于热带和亚热带地区。像其他动物一样，携带疾病的物种也可因气候变暖而向两极扩散，导致携带的疾病如疟疾、登革热、黄热病和里夫特裂谷热随之扩散。在部分热带地区，气候变得异常炎热，以至于蚊子和其他昆虫的寿命变短，进而降低虫媒疾病的发病率。尽管用超级电脑制作的模型可以预测气温变化，但无人敢预测气温变化对人类健康产生的整体影响。

复习题

01. 是什么使得能量在生态系统中的运动与养分的运动有着根本的不同？
02. 什么是生产者？它占据什么营养级？它在生态系统中的重要性是什么？
03. 定义净初级生产力。农场池塘或高山湖泊的生产力更高吗？
04. 列出前三个营养级。在消费者中，哪些是最丰富的？
05. 食物链和食物网有何不同？哪个更准确地代表了生态系统中的实际摄食关系？
06. 定义食腐者和分解者，并解释它们在生态系统中的重要性。
07. 追踪碳从一个存储库通过生物群落再回到存储库的运动。人类活动是如何改变碳循环的？对地球未来气候有何影响？

第 29 章　多姿多彩的地球生态系统

如今，南美洲的很多农民回归到了传统的可可豆种植方法。这是一颗破壳的可可果，从中可以看到深藏在甘甜白色果肉中的种子

29.1 是什么决定了地球上生物的地理分布

在太阳系的所有星球中，大约只有地球上有生物在繁衍生息。当然，在我们这个星球上生存的生物，无论是从类型还是从数量来说，都是多种多样的和丰富多彩的。生物在地球上的什么地方生存主要由下面 4 个因素决定：

- 物质：构成生物体的各种元素。
- 能源：供给生物体各代谢活动需要的能量。
- 液态环境：生物体各生物化学反应发生需要的液态水环境。
- 温度：外界适宜的温度使水保持液态，以及维持各生物化学反应所需的温度。

除个别特殊的例子，能量首先以太阳能的形式进入生态系统，随后被植物和其他一些进行光合作用的生物吸收，然后转化为被不能进行光合作用的生物获取和吸收的能量进入食物链。因此，能够进行光合作用的生物在地球上的分布情况基本上决定了全部生物的分布情况。虽然有例外存在，但我们大体上可根据上述 4 个决定性因素将生物在地球上的分布分为两大类。

第一类是水环境，即海洋、湖泊、河流等主要由水构成的环境，即使水覆盖在厚厚的冰层下，也属于水环境。当然，在水环境中，只有表层的 200 米才能接收到太阳光，也只有这里的水生光合生物才能进行光合作用，而对有的水环境来说，能接收到太阳能的水要比这浅得多。此外，因为水体的表层所蕴含的营养物质并不丰富，光合作用常因此受到限制。对生存环境来说，温度同样重要，因为对像珊瑚这样的水生生物来说，通常只在狭窄的温度范围内才会生长。

第二类是陆地环境，这里的太阳能和营养物质相对丰富。陆生植物生长时，至少在一年中的部分时段是需要土壤中的水分的，因为植物的所有生物化学活动都需要水分，同时从植物叶片蒸发的水分也需要及时得到补充。不同类型的植物，如仙人掌、红木或普通的青草，无论在需求的总量还是在需求的时段上，对土壤中水分的需求都是截然不同的。土壤中的水分含量依赖于降水量及环境的温度。一般来说，降水量越大，土壤就越湿润。另外，在高温天气里，水分从土壤中蒸发出来，使得土壤变得无比干燥，而在持续低温的天气，土壤中的水分会冻结成冰，这样的水分不能被植物吸收。因此，从某种意义上说，温度和降水这两个因素决定了陆地上生物的分布。

地球上的生物对生存环境的需求不同，不同类型的生物有其独特的生存模式，这就形成了在以数千平方千米为单位的土地上或在以数百万平方千米为单位的海洋里，生存着特定的生物种群。这种大规模的生物种群又称生物群落，生物群落常以其所处的植被环境来定义，如森林或草原。

通常需要观测数小时甚至数天的温度和降水这两个因素，是最重要的两个天气因素。在某个特定区域内可能持续数年、数十年甚至数个世纪的天气模式称为气候。对陆生生物的生物种群内部生长的各种植物来说，区域的温度和降水情况是决定性因素，因此知道某个特定区域内的气候条件，基本上就可预知该区域所生活的生物种群（见图 29.1）。在介绍陆生生物的生物种群之前，需要了解地球本身的物理特性及日升月落是如何影响气候的。

29.2 影响地球气候的因素有哪些

地球上的天气和气候由太阳中的核聚变决定。太阳能到达地球的光线具有广谱性：从短波长的高能量紫外线（UV）到中波长的可见光，再到长波长的红外线（见第 7 章）。这些光能在到达地球表面之前，会在大气层中发生衰减和变化。其中，一部分太阳光被反射回去，一部分太阳光被大气层中的分子吸收，剩下的太阳光则到达地球表面，转化为热能，使地球温度升高。值得欣慰的是，绝大部分紫外线并不能到达地球表面，而紫外线是损伤生物大分子包括 DNA 的元凶之一。

紫外线常被大气层中间层（又称平流层）中的臭氧层吸收。20 世纪，人类毫无节制地产生了大量的有害化学物质，对臭氧层造成了严重破坏。随着人们认识的逐渐深入，各国的有识之士纷纷发出呼吁限制产生有害化学物质。到目前为止，基本上所有国家都同意减少和限制对臭氧层有害化学物质的生产和排放。

图 29.1 降水和温度影响陆生生态系统的具体分布。在陆地上，降水和温度决定了土壤中可用于维持植物生长的含水量

地球上不同区域的气候截然不同，这是由地球不同区域的地理环境决定的。为什么地球上的地理环境不同呢？地球是一个球体，球体表面的不同部位到太阳的距离不同，且太阳与地球表面上某个具体位置之间的距离也不是一成不变的，随着地球的转动，太阳照射地球的不同区域。因此，太阳并不是均匀而无私地照耀着地球的每个角落的。这种不均匀的照射，加上地球的自转，导致气流和洋流运动，进而导致地球气候的多样性，最终导致地球表面上不同区域的地理环境不同。

29.2.1 地球的曲率和地轴的倾角决定了阳光照射地表的角度

在地球上，某个区域的平均温度是由到达该区域的太阳光总强度决定的，而这由该区域所处的纬度决定。赤道的纬度为 0°，两极的纬度为 90，某个地方的纬度表明了其与赤道之间的距离。阳光基本上全年直射赤道。地球是一个球体，所以离赤道越远，阳光照射得越倾斜。因此，在同一时段内，地球上的大部分区域都沐浴在阳光中。另外，在高纬度地区，光线是倾斜的，阳光到达地面所需通过的大气层较厚，因此进一步减少了到达地球表面的太阳能。

地球自转时的倾角为 23.5°（见图 29.2）。日复一日、年复一年，地球上不同纬度的地区沐浴着截然不同但有规律的阳光照射，因此产生了四季。当北半球朝向太阳时，接收到的直射阳光更多，此时是北半球的夏季。与此同时，南半球距离太阳较远，接收到的是斜射阳光，此时南半球的冬季。6 个月后，两个半球的情况与变得截然相反（见图 29.2 中的右图）：南半球为夏季，北半球为冬季。因为一年中太阳基本上都直射赤道，所以赤道一年四季都是夏季。

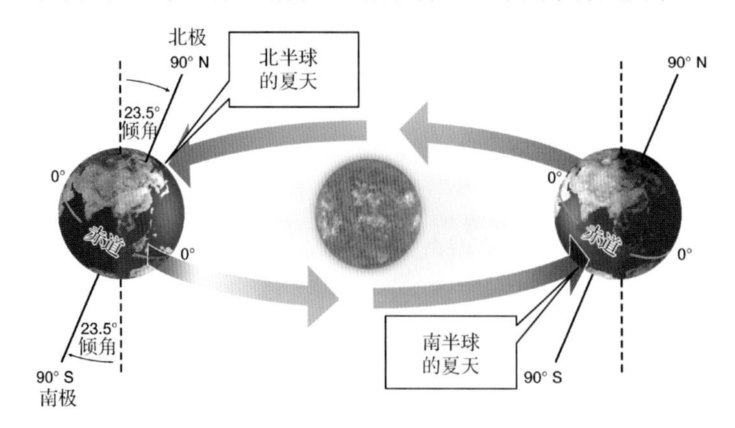

图 29.2　地球的四季。在地球上，赤道的温度最高，两极的温度最低。在一年中，阳光基本上都直射赤道。从赤道开始到两极，阳光以特定的角度到达地球表面。地球表面接收阳光的多少随时间变化，由此产生了四季

29.2.2　气流产生了温度和降水不同的大规模气候带

阳光照射地球表面的角度的不同，使得地球表面上不同区域的温度和降水截然不同，进而形成了不同的气候区域（见图 29.3）。一般来说，在一年内，当阳光直射赤道时，穿过大气层的路径最短，供给地球的热量最多。热空气比冷空气的密度低一些，因此地球表面上的热空气漂浮在赤道上空。与此同时，热空气所含的水分比冷空气的多。因此，赤道上空的热空气富含因高温而蒸发形成的水蒸气。在含有饱和水蒸气的热空气上升的过程中，热空气渐渐冷却，水蒸气凝结成水滴，最终以降水的形式回到地面。在赤道上，直射的阳光和丰富的降水最终导致湿热的气候，所以赤道上的热带雨林格外丰富。

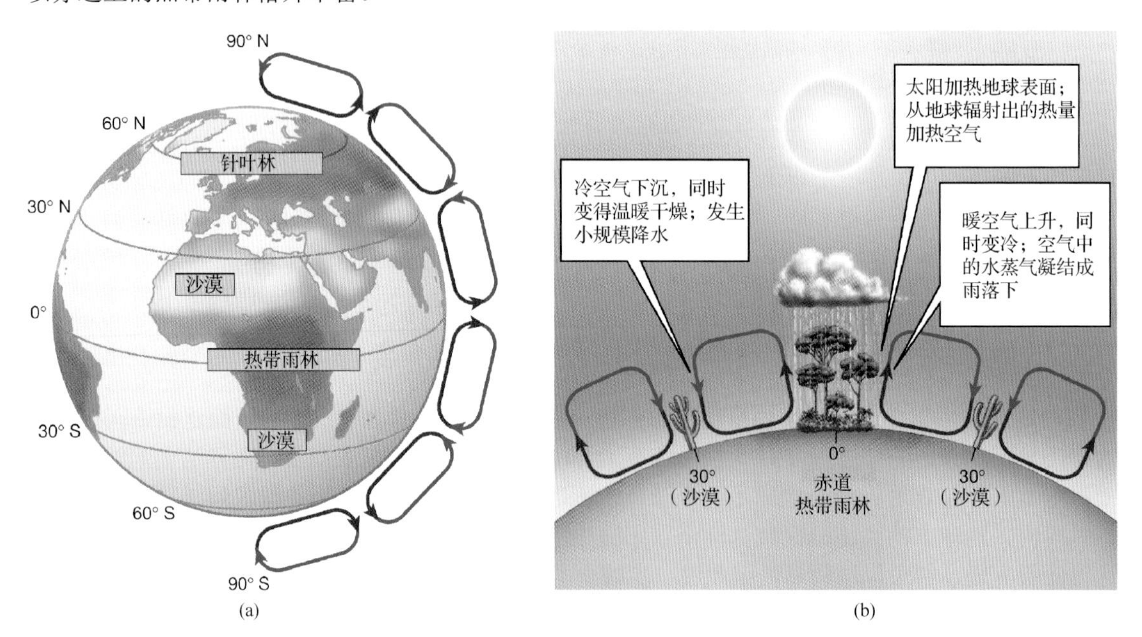

图 29.3　气流和气候带。(a)热空气（红色）在赤道和南北纬 60°处上升，冷空气（蓝色）在南北纬 30°和 90°处下沉。(b)大气环流模式产生了多种多样的气候带

水蒸气以降水的形式重新回到地面后，赤道上空的热空气变冷、变干。持续上升的赤道热空气会将这些逐渐干冷的空气向南或向北推动。约在南北纬 30°的上空，这些空气会冷却到向地面下沉。干冷空气在下沉过程中会吸收赤道向外辐射的热量，所以这些空气的温度变得较高且十分干燥。地球上绝大部分沙漠都分布在这个纬度范围内，干热空气向南或向北到达沙漠的表面后，一部分气流重新流回赤道，另外一部分气流则向两极流动。这样的气流流动模式接着向南北两极延伸，在约南北纬 60°的纬度区域内重新形成上升气流，该区域内的气流富含水分，但温度相比于赤道有所降低。这股气流的存在为这个纬度区域带来了丰富的降水，非常适合针叶林和落叶植被生长。两极接收到的阳光很少，所以十分寒冷。同时，下沉的气流使得这里非常干燥。

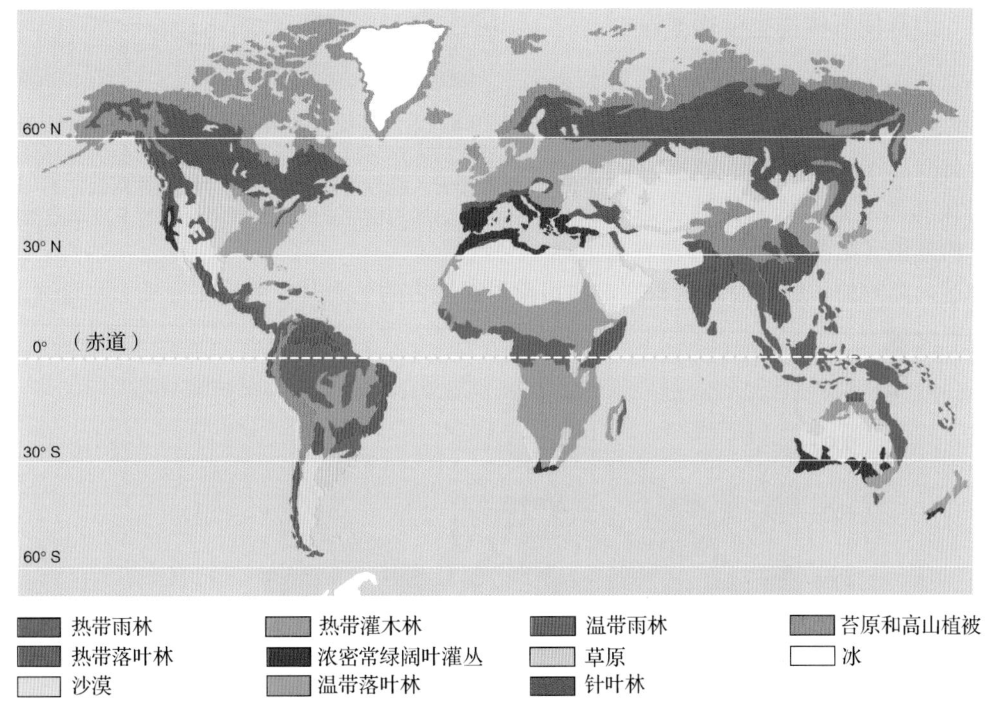

图 29.4 地球上的陆地生物群落。虽然不同陆地板块和山脉的地形复杂多样，但是生物群落的分布仍有规律可循。绝大部分针叶林和落叶林分布在北半球的北部，而墨西哥、撒哈拉地区、沙特阿拉伯、南非和澳大利亚的沙漠基本上分布在南北纬 30°附近。热带雨林基本沿赤道分布。在南半球，南纬 45°和南极之间基本上没有陆地，所以南半球的针叶林和落叶林分布很少

29.2.3 气候的多样性与到海洋的距离密切相关

地球的自转与南北纬之间的大气环流基本上决定了地球上的风向：在赤道到南北纬 30°之间，风从西向东吹。气流流过海洋的表面时，风与水面的摩擦力带动水流运动，形成洋流。如果没有陆地，洋流就会围绕地球流动，在赤道附近从东向西，在南北纬 30°附近从西向东。当然，陆地阻止了洋流的规律性流动，使得洋流形成了一个个巨大的漩涡，这种洋流漩涡在北半球顺时针方向运动，在南半球逆时针方向运动（见图 29.5）。

盛行风、洋流以及大陆的规模和形状等因素相互影响、相互作用，决定了陆地的气候。对水来说，温度的升高或降低比陆地和空气的慢得多，因此大陆上的极限温度和气候情况远比海洋复杂。例如，旧金山的冬季平均气温是 14℃，夏季平均气温是 22℃。萨克拉门托位于离海岸 130 千米的内陆，冬季平均气温是 12℃，夏季平均气温是 33℃。旧金山以东 2700 千米的圣路易斯，冬

季平均气温是 3℃，夏季平均气温是 32℃。

大洋环流也会影响沿海气候。一些环流将热带温暖的海水带到远离赤道的海岸，导致了温暖湿润的气候。例如，墨西哥湾暖流将加勒比海的温暖海水带到北美海岸并跨越大西洋（见图 29.5），造成了英伦诸岛温暖湿润的气候。其他洋流（如加利福尼亚洋流）将极地冰冷的海水带回赤道，在洋流途径之地，气候比原来预期的更冷。

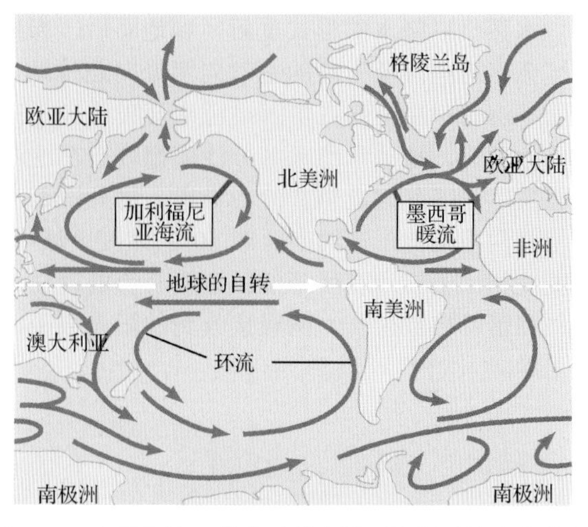

图 29.5 大洋环流。北半球的大洋环流顺时针方向流动，南半球的大洋环流逆时针方向流动。一些大洋环流（如墨西哥暖流）将赤道附近的湿热洋流带往两极，另一些大洋环流（如加利福尼亚海流）则将两极的干冷洋流带往赤道

29.2.4 山脉使气候类型变得复杂

同一块大陆上，海拔的高低对气候影响显著。随着海拔的升高，空气逐渐变得稀薄凉爽。每升高 300 米，气温大约下降 2℃，所以海拔和纬度的增大对陆地生态系统具有同样的效果（见图 29.6）。甚至在邻近赤道的地区，高耸的山脉也会终年积雪，如坦桑尼亚境内的乞力马扎罗山和厄瓜多尔境内的钦博拉索山。

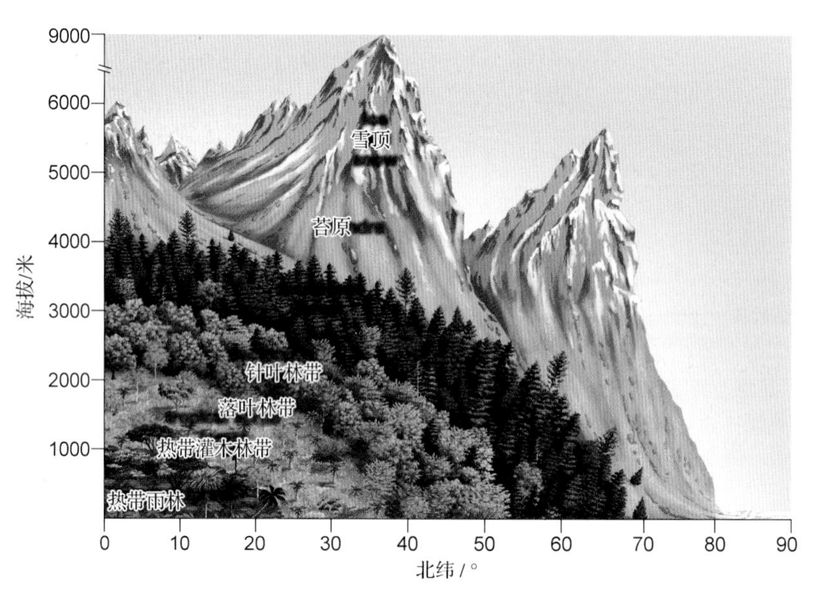

图 29.6 海拔升高对气温的影响。在北半球爬山就像往北走。这时，越来越低的气温产生一系列类似的生物群落

山脉同样影响降水类型。载有水蒸气的空气遇到山脉时被迫抬升而渐渐冷却。然而，由于冷却降低了空气载水的能力，这些水便在山脉的迎风面冷凝成雨雪。在空气沿山脉下滑的过程中，温度再次升高，于是吸收山地的水分，导致当地干旱的气候，这种地区被称为雨影区域（见图 29.7），如加州的内华达山脉从太平洋刮过来的西风中吸收湿气。在山脉西侧，冬季的暴雪为松林、冷杉和红杉提供水分。而在山脉东侧的“雨影”区域，莫哈维沙漠的年降水量只有 12.7 厘米，只有仙人掌和耐旱的灌木丛能够勉强存活。

图 29.7　山脉造就“雨影”

29.3　主要的陆生生物群落有哪些

下面讨论从赤道延伸到极地的主要陆生生物群落，以及人类活动对这些生物群落的影响。

29.3.1　热带雨林

赤道附近的平均温度为 25℃～30℃，这一温度几乎终年不变。这里的年降水量为 250～400 厘米。如此温暖湿润的气候造就了地球上最活跃的生物群落——热带雨林，热带雨林主要是常绿阔叶林（见图 29.8），大多数位于中南美洲、非洲和东南亚地区。

图 29.8　热带雨林群落。热带雨林中的树木长得很高，以便在树木茂密的雨林中获得阳光。它们的枝干之间栖息着世界上种类最丰富的生物，包括树栖兰花、红眼树蛙和巨嘴鸟

雨林在地球上的生物群落中具有最高的生物多样性，或者说具有最丰富的物种数量。尽管热带雨林只占地球总陆地面积的 5%，但生态学家估计雨林包含 500 万～800 万个物种，代表了世界上 1/2～2/3 的生物多样性。例如，在秘鲁一块大小为 5 平方千米的雨林里，科学家统计到 1300 种蝴蝶和 600 种鸟类。相比之下，整个美国也只有 600 种蝴蝶和 700 种鸟类。

热带雨林具有典型的植被分层现象。最高的树木高达 50 米，远高于雨林中的其他树木。往下

是连续的树冠，再往下是位于树冠下的低矮树木。藤蔓沿着树木攀援而上。总体来说，这些树木捕获绝大多数阳光。较矮小的植物通常具有更大和更绿的叶片，以便在森林底部微弱的光照下进行光合作用。

在热带雨林中，长在地面上的可食用植物相当稀少，所以大多数动物（包括鸟类、灵长类和昆虫）居住在树上。动植物对地面上营养物质的竞争十分激烈。例如，当猴子从树冠上排泄时，成百上千的屎壳郎数分钟内便会聚集在地面上的粪便周围。植物也几乎是在土壤分解者从粪便和尸体中刚分解出营养时就立刻将其吸收。迅速的循环意味着热带雨林几乎所有的营养都储藏在植被体内，导致土壤相对贫瘠。

人类影响 由于贫瘠的土壤和暴雨，热带雨林的农业生产具有风险性和破坏性。如果树木被砍伐并作为木材运走，土壤中能支持农作物生长的营养物质就会很少。如果烧毁树木让营养渗入土壤，营养很快就会分解并被暴雨冲走，导致土壤肥力在耕种几次后彻底枯竭。

图 29.9 焚烧亚马逊雨林。焚烧的区域将改造成农场或牧场。焚烧产生的火和烟同样威胁着邻近森林及其居民，增加大气中二氧化碳的含量

然而，为了得到木材和耕地，雨林正在以值得警惕的速度被人们砍伐和焚烧（见图 29.9）。保守估计，每年有 320 万～600 万平方千米的热带雨林消失（有的年份可能更高），即每 1.5～3 秒就有足球场大的雨林凭空消失。占世界总数一半的雨林已经消失，带走了在地球生态中举足轻重的生物多样性，而这样的损失是不可恢复的。另外，像其他森林一样，雨林吸收二氧化碳并释放氧气，排放到大气中的二氧化碳中，10%～20%来自人类对热带雨林的砍伐和焚烧，这加剧了温室效应，加速了气候变化。所幸的是，有些地区已被隔离起来作为保护区，退耕还林行动正在进行。

29.3.2 热带落叶林

在稍微远离赤道的地方，尽管年降水量仍然居高不下，却出现了泾渭分明的雨季和旱季。在这些地区，包括印度的大部分地区和东南亚的部分地区、南美洲和中美洲，热带落叶林蓬勃生长。旱季，树木无法从土壤中吸收足够的水分来补偿树叶表面的蒸发。许多植物在旱季通过落叶来减少水分损失。如果降水量不能回到正常状态，树木在旱季结束前都不会长出新叶子。

人类影响 人类活动对落叶阔叶林的影响和对热带雨林的影响并无二致。滥砍滥伐、刀耕火种，都导致了热带落叶林的毁灭。所幸的是，许多热带落叶林在被砍伐后竟从树桩上长出了新枝。因此，如果人类活动不太剧烈、太频繁，热带落叶林通常恢复得相当快，几乎能恢复到干扰前的水平。

29.3.3 热带灌木森林和热带稀树草原

在热带落叶林的周围，降水量的减少产生了热带灌木林，热带灌木林由比落叶阔叶林矮得多且分布更广泛的落叶林主导。在分散的树木中间，阳光洒落到地面，让草本植物得以生长。在离赤道更远的地方，气候愈发干燥，草本植物成为主要的植被，只有稀疏的树木，这样的生物群落称为热带稀树草原（见图 29.10）。

热带稀树草原的年降水量为 30～100 厘米，几乎集中在长达三四个月的雨季中。当旱季来到

时，连续几个月都没有降水，土壤变得板结且沙尘化。适应这种气候的草类在雨季长势迅猛，在旱季则退化为耐旱的草根。只有少数特殊的树木（如荆棘仙人掌和储水的猴面包树）能在热带稀树草原上难以忍受的旱季存活。

图 29.10　非洲稀树草原。长颈鹿以热带稀树草原为食，并与其他动物共享这一生物群落

非洲的热带稀树草原养育着地球上最多样化和引人注目的大型哺乳动物，包括许多大型食草动物（如羚羊、角马、水牛、大象和长颈鹿）和食肉动物（如狮子、猎豹、鬣狗和野狗）。

人类影响　非洲快速增长的人口威胁着热带稀树草原的野生动物。例如，偷猎犀牛角已将黑犀牛逼至濒临灭绝的境地。偷猎同时也威胁着非洲象，而非洲象是热带稀树草原生态系统的基石。水草丰美的热带稀树草原不仅是众多野生动物的家，也适宜放牧家畜。然而，圈养家畜的篱笆破坏了野生食草动物为寻找食物和水源的迁徙之路。

29.3.4　沙漠

即使耐旱的草类也至少需要 25～50 厘米的年降水量，具体多少降水量则取决于气温和降水的季节分布。年降水量少于 25 厘米的生物群落称为沙漠。尽管我们想当然地认为沙漠很炎热，但沙漠是由降水的缺乏而非温度来定义的。例如，亚洲的戈壁滩尽管夏季十分炎热，但一年中约有一半时间的平均气温在零度以下。沙漠生物群落在每块大陆上都能找到，通常位于北纬 30°到南纬 30°之间，同时也是重要山脉的“雨影” 区域。

沙漠之间的不同仅在于它们的干燥程度。在智利阿塔卡玛沙漠和非洲撒哈拉沙漠的部分地区，几乎从来都不下雨，也没有植被生长（见图 29.11a）。然而，更常见的是以广袤的贫瘠地区和分布稀疏的植被著称的沙漠（见图 29.11b）。

只有高度特异化的植物才能在沙漠中存活。尽管彼此之间不存在亲缘关系，但仙人掌（主要生活在西半球）和大戟属植物（主要生活在东半球，见图 29.12）的根都很浅，且向四面八方伸展，这样的根可在雨水蒸发前迅速将其吸收。它们的茎可以存储水；它们的表面遍布尖刺，可防止食草动物为获得水和食物而将它们吃掉。这些植物能够尽可能地减少蒸发量，即使它们有叶子，叶子也长得很小（仙人掌的尖刺是高度特化的叶子）；通常情况下，光合作用发生在它们绿色且多肉的茎中，茎表面覆盖着一层厚厚的蜡，可以进一步减少蒸发失水。

有些沙漠有非常短的雨季，特化的一年生野花会利用这短短的潮湿时期发芽和生长，在一个月甚至更短的时间内产生自己的种子（见图 29.13）。

(a) 撒哈拉大沙漠的沙丘

(b) 犹他沙漠

图 29.11　沙漠生物群落。(a)在极端干旱和炎热的情况下，沙漠几乎毫无生机，如非洲撒哈拉沙漠的这些沙丘。(b)贯穿犹他州和内华达州的大盆地沙漠展现了广泛分布的灌木丛，如山艾和藜科灌木

(a) 仙人掌

(b) 大戟植物

图 29.12　环境需求决定物理特征。针对相似沙漠环境的共同进化将(a)仙人掌和(b)大戟植物塑造成了相似的形状，但它们不是亲缘关系较近的物种

图 29.13　沙漠中的野花。经过相对湿润的春季后，亚利桑那州的沙漠被野花覆盖

沙漠动物也适应了沙漠中炎热干旱的生活。大多数动物在炎热的夏季白天都不活跃。许多沙漠动物通过打地洞的方式躲避高温，保持相对的凉爽湿润。在北美的沙漠中，夜行动物包括北美野兔、蝙蝠、长鼻袋鼠和穴居猫头鹰（见图 29.14）等。爬行类动物，比如蛇、乌龟和蜥蜴，则根据气温来调整活动周期。夏天，它们可能在早餐和黄昏时较为活跃。长鼻袋鼠和许多沙漠小动物甚至不用喝水就能生存。它们通过食物和细胞呼吸得到水分。体形更大的动物（如沙漠大角羊）在一年中最干旱的时节依靠永久水潭补充水分。

人类影响　沙漠生态系统非常脆弱。在加州的莫哈维沙漠，20 世纪 40 年代坦克碾过的痕迹如今依旧清晰可辨。沙漠的土壤通过细菌与沙砾的作用得以固定。坦克和偏离道路的车辆破坏了这个关键的网络，导致土壤侵蚀和沙漠中缓慢生长的植物赖以生存的有机物减少。沙漠土壤也许需要上百年才能完全从重型车辆的碾压中复原。

人类活动同时也会加速沙漠化，沙漠化是指相对干旱的地区由于旱灾和土地使用不当所造成的向沙漠的转变。当人们过度采集灌木和木材用于生火、放牧家畜，以及过度使用地表水和地下水来灌溉农作物时，本土植被就会变得极易受到干旱的影响。植被损失的同时也让土壤易于被侵

蚀，从而减弱土壤肥力。沙漠化严重影响了非洲的撒哈拉沙漠南部（见图 29.15）。2011 年，11 个非洲国家联合全球环境基金，提出建立由灌木和树丛组成的“绿色长城”，以防止环境恶化并阻止该地区的沙漠化。

(a) 长鼻袋鼠

(b) 穴居猫头鹰

图 29.14　沙漠中的动物。(a)长鼻袋鼠和(b)穴居猫头鹰在洞穴中度过一天中最炎热的时刻，晚上则出来觅食

29.3.5　常绿阔叶灌丛

在许多邻近沙漠的沿海地区，如南加州和地中海的大部分地区，生长着常绿阔叶灌丛（见图 29.16）。常绿阔叶灌丛的年降水量达 76 厘米；降水集中在凉爽湿润的冬季，夏天干燥炎热。常绿阔叶灌丛的植物主要由抗旱灌木和小型乔木组成。它们的叶子通常很小，并且总是覆盖着细小的纤毛或蜡质层，以此减少叶片在干旱季节的水分挥发。常绿阔叶灌丛并不惧怕火灾。大火烧过后，许多灌木都从根部重新长出。

图 29.15　沙漠化。快速增长的人口伴随着干旱和不恰当的土壤使用，将减少许多干旱地区养育生命的能力，如非洲的稀树草原

图 29.16　常绿阔叶灌丛。仅存在于温暖干燥的沿海地区，且通过闪电引发的森林大火维持，这种适应力强的生物群系的特征是耐旱的灌木和小树林

人类影响。人们乐于住在温暖干燥的沿海地区，所以房屋建造是常绿阔叶灌丛面临的主要威胁。在地形崎岖的地区，尤其是南欧，常绿阔叶灌丛常被人们清理，以用于放牧等农业活动。

29.3.6　草地

草地或草原生物群落通常位于大陆中央区域，如北美和欧亚大陆，这些地区的年降水量为 25～

图 29.17 高草草原。在美国中部，从墨西哥湾吹来的湿润风形成夏季降水，促进了高草和野花的生长。周期性的森林火灾现在已被控制，以阻止高草草原变成森林

75 厘米。一般来说，这些生物群落被连绵不断的草原覆盖，除了沿河地段，几乎没有树木。在高草草原（最初发现于得克萨斯州和加拿大南部）上，草可以长高到 2 米。6 亩自然高草草原可以养育 200～400 种不同的本地物种（见图 29.17）。降水量更少的西部地区，养育了中等高度的草和矮草草原（见图 29.18）。在这些草地上，草原犬和地松鼠为鹰、狐狸、丛林狼、短尾猫提供了食物。叉角羚在西部的草地生活，而野牛主要生活在保护区中。

为什么草地上缺乏树木？水和火是草地和树木之间竞争的关键因素，草可以忍受干热的夏天和频繁的旱灾，而这对树木而言却是致命的。在高草草地上，森林是顶级生态系统。然而，树木的生长历来都被干旱和频繁的火灾抑制，火灾往往由闪电或当地居民引发。尽管火灾毁掉了树木，草根却活了下来。

人类影响 19 世纪初，北美的草地养育着约 6000 万头野牛。今天，美国中西部的草地大部分已被改造为农场和牧场，家畜则取代了野牛。

如今，成群的草原犬、鹰和雪貂成了难得一见的景象，因为它们的栖息地正被牧场取代，甚至受到了近来城镇化的影响。曾经常见的草原狼也从草原上销声匿迹。在某些地区，过度放牧摧毁了本土草本植物，却让灌木丛繁盛（见图 29.19）。未受干扰的草原现在仅限于保护区。高草草原是世界上最濒危的生态系统。全世界的高草草原只有约 1%剩余，主要见于在种植当地植物而受到保护的地区，人们通过周期性地纵火来维持高草高原的存在。

图 29.18 矮草草原。矮草草原的标志是低矮的草类。除了树木众多的野花，生长在矮草草原上的生物还包括野牛、叉角羚和草原犬鼠

图 29.19 是灌木丛还是矮草草原。生物群落同时受到人类活动及气温、降水和土壤的影响。图右侧的矮草草原由于过度放牧，导致草被灌木丛取代

29.3.7 温带落叶林

北美草地向东混入温带落叶林生物群落（见图 29.20）。温带落叶林同时也存在于欧洲和东亚。温带落叶林的降水比草原上的多（75～150 厘米）。土壤保有足够的水分以供树木生长。

温带落叶林漫长冬季的温度通常低于零度。树木秋天落叶，整个冬季都处于休眠状态，保存着少量的水分。在短暂的春天，刚长出的树叶还未遮蔽阳光时，可以看到漫山遍野开放的野花。

在落叶林中，昆虫和其他的节肢动物数量众多且非常常见。森林地表腐烂的树叶同时也为细菌、蚯蚓、真菌和其他小植物提供了栖息地。许多脊椎动物（包括老鼠、地鼠、松鼠、浣熊、鹿、熊和多种多样的鸟类）都住在落叶森林里。

人类影响 大型哺乳动物（如黑熊、狼、短尾猫和山地狮）在美国东部一度数量繁多，但是捕猎和栖息地丧失使其数量严重减少。由于缺乏天敌，鹿得以幸存。皆伐、开垦农田和建造房屋给美国的落叶林带来了巨大的改变。未经砍伐的落叶林几乎绝迹，但 20 世纪人们却发现，在废弃的农场和曾经砍伐过的土地上，落叶林又长了出来。

29.3.8 温带雨林

在美国太平洋沿岸，从华盛顿州奥林匹克半岛的低地到阿拉斯加州，存在一大片温带雨林（见图 29.21）。温带雨林位于澳大利亚的东南海岸、新西兰的西南海岸，以及智利和阿根廷的部分地区。如热带雨林一样，温带雨林降水丰富。在北美，温带雨林的年降水量通常超过 140 厘米，有的地方的年降水量甚至达 3.6 米。由于地处沿海，雨林气候温和。

温带雨林中的大部分树木是针叶林，如云杉、道格拉斯冷杉和铁杉。森林地表和树干上通常覆盖着苔藓和蕨类。真菌在湿润的土壤中蓬勃生长，同时使土壤更加肥沃。如热带雨林一样，能抵达森林地表的阳光很少，导致树苗通常不能茁壮成长。

人类影响 又高又直的树木是珍贵的木材，因此许多温带雨林都在劫难逃。不过，在温和湿润的气候条件下，森林能够迅速成长并恢复。然而，有些动物，如斑点猫头鹰，主要栖息在有着上百年历史的原始森林中，由于人类对森林的过度砍伐而变得稀少。

图 29.21 温带雨林。奥林匹克国家公园霍恩河温带雨林的年降水量可达 3.6 米。蕨类、苔藓和野花在森林地表苍白的绿光中生长。雨林中的生物包括冷杉、驼鹿和毛地黄

29.3.9 北方针叶林

草地和温带森林的北边延伸至北方针叶林（见图 29.22）。北方针叶林是地球上最大的生物群落，贯穿北美、斯堪的纳维亚和西伯利亚，几乎环绕整个地球。它还分布在阿拉斯加和美国北部地区，以及加拿大南部的大部分地区。极其相似的森林也出现在许多山脉中，如喀斯喀特山脉、内华达山脉和洛基山脉。

图 29.22　北方针叶生物群落。针叶林的小针和圆锥形让它们能够有效地抖落积雪。（左下）正在抓捕雪兔的加拿大猞猁，（右上）等待夜幕降临的大猫头鹰

北方针叶林的环境要比温带落叶林严峻许多，它面临着漫长寒冷的冬季和短暂的生长季节。每年有 40～100 厘米的降水量，其中大部分是雪。针叶有助于抖落积雪。冬季，当水还呈冰冻状态时，小小的蜡质针叶会将冬季失水降至最低的水平。这些常绿植物可以通过保留树叶来存储能量，落叶树将这些能量用在长新叶上，而针叶树已准备抓住春天来临的最佳生长机会。大型哺乳动物，如黑熊、麋鹿、梅花鹿和狼，以及体形较小的动物，如狼獾、猞猁、狐狸、短尾猫和雪兔，在北方针叶林里生活着。针叶林同时哺育着北美众多的鸟类。

人类影响　皆伐使得美国西北太平洋地区和加拿大的北方针叶林付出了巨大的代价（见图 29.23）。从非传统源头开采天然气和石油的需求也逐渐上升。不过，大部分加拿大针叶林完好无损。令人振奋的是，2008 年，渥太华和魁北克的当地政府宣布保护半数公有的针叶林，并以可持续发展的方式管理余下的针叶林。

图 29.23　皆伐。针叶林在皆伐面前十分脆弱，就如加拿大艾伯塔省的森林。皆伐相对于间伐来说更简单，但人们却为此付出了高昂的环境代价：土壤侵蚀降低土壤的肥力，树木更易遭到虫害

29.3.10 苔原

位于地球最北边的生物群落是北极苔原，这是北冰洋附近一片广阔且没有树木的地区（见图 29.24）。苔原的气候恶劣，冬季气温常低至-55℃以下，且伴随着狂风。年降雪量约为 25 厘米，因此是一片荒凉的雪原。即使是在夏天，苔原也常有霜冻，而适合万物生长的季节只有短暂的几周。类似的苔原气候在世界上的高海拔地区也能见到。

图 29.24　苔原生物群落。阿拉斯加迪纳利国家公园的苔原秋天变成了金黄色。苔原动物（如北美驯鹿和北极狐）通过调节血流量，适当降低腿部温度来抵御霜冻，而将热量用于保护大脑和其他重要器官。多年生植物（如被霜冻覆盖的熊莓）身形低矮，避过了苔原上刺骨的寒风

北极苔原寒冷的气候造就了永久冻土层，即一层不会融化的结冰土壤。永久冻土层以上厚约 60 厘米的土壤夏天会融化。当夏季的融雪到来时，永久冻土层就限制了土壤从融雪中吸收水分的能力，苔原由此变成一片沼泽。

由于极端严寒，短暂的生长季节和土壤下的永久冻土层限制了植物根部的深度，因此苔原上长不出树木。不过，多年生野花、矮柳和北美驯鹿钟爱的驯鹿苔却在这片土地上争奇斗艳。夏天，苔原沼泽为蚊子提供了完美的栖息地。蚊子和其他昆虫为 100 种左右不同的鸟类提供食物，这些鸟类中的大部分是迁徙而来的，它们利用这里短暂却食物丰富的生长季节来养育雏鸟。苔原植被同样为北极兔和旅鼠提供食物，而狼、猫头鹰和北极狐又以北极兔和旅鼠为食。

人类影响　由于生长季节短暂，苔原是最脆弱的陆生生物群落之一。高山苔原极易受到越野车甚至徒步者的破坏。所幸是，对北极苔原来说，人类文明的影响仅集中在石油钻井平台、管道、矿井和散布的军事基地周围。气候变化是苔原最显著的威胁，在苔原南端，灌木和树林逐渐取代苔原。由于气候剧变，专家预测，到 21 世纪末，地球上超过三分之一的苔原将消失殆尽。

29.4　最重要的水生生物群落是什么

在生命的四大要素中，水生生态系统通常提供充足的水源和适宜的温度。然而，水生生态系

统的阳光随着水逐渐变深而减少，因为光线会被水吸收，或者被水中的悬浮物阻挡。另外，水生生态系统中的营养物往往集中在底部，因此营养丰富的地方，其光照强度往往较弱。

29.4.1 淡水湖泊

淡水湖泊是由渗出的地下水、溪流、雨水、融雪导致的径流盈满洼地形成的。温和气候带中的大型湖泊中具有不同的生物区（见图 29.25）。靠近湖岸的是较浅的沿岸区，对植被而言，沿岸区阳光充沛、营养充足。沿岸区群落也是淡水湖泊中最多样的区域，这里不仅有水藻，更有香蒲、芦苇和水莲生长在靠近岸边的水底，在略深的水域中，沉水植物十分茂盛。

沿岸区的动物最具多样性，但大多数动物尤其是鱼类出没于不止一个区域。沿岸区的脊椎动物有青蛙、水蛇、乌龟、梭鱼、翻车鱼和鲈鱼等，无脊椎动物有昆虫幼虫、蜗牛和扁形虫，以及淡水螯虾等甲壳动物。沿岸区的水域同样有着数量巨大、体积微小的生物，这些生物统称浮游生物。可以进行光合作用的原生动物和细菌称为浮游植物，不是浮游植物的原生动物和以浮游植物为食的小型甲壳类动物则属于浮游动物。

随着水深的不断增加，植物难以在底部站稳和获得充足的阳光用于光合作用。开阔水域分为上层的湖沼区和较深的深水区，前者有足够的光照来维持浮游植物的光合作用，后者因光照太弱而难以发生光合作用（见图 29.25）。浮游植物和鱼类在湖沼区占主导。深水区的生物体主要依靠从沿岸区和湖沼区下沉的有机物和从泥土中冲来的沉淀物。深水区的动物有主要在底部捕食的鲶鱼，以及淡水螯虾、水虫、蛤、水蛭和细菌等食腐者和分解者。

图 29.25 湖泊生态区域。典型的大型湖泊有三个生物区：生长有根植物的沿岸区、水域开阔的湖沼区和阴暗的深水区

1. 淡水湖泊根据营养含量分类

淡水湖泊可分为贫营养、富营养和中营养湖泊。下面介绍贫营养和富营养湖泊的特征。

（1）贫营养湖泊。含有极少的营养物，生活着相对少量的生物体。许多贫营养湖泊是裸岩上的冰川洼地形成。这些湖泊现由山中的溪流和融雪供水。因为水中没有沉淀物和微生物搅浑湖水，贫营养湖泊往往十分清澈，阳光可以直射到湖底。由于缺少争夺氧气的细菌，对水质含氧量要求较高的鱼（如鳟鱼）在贫营养湖泊中繁衍兴盛。

（2）富营养湖泊。富营养湖泊从周围环境的沉淀物、有机物和无机物（比如磷和氮的化合物）中汲取充足的养分，可以养育密集的植物群落（见图 29.26）。富营养湖泊往往是浑浊的，因为水中悬浮着沉淀物和密集的浮游植物，所以湖沼区较浅。湖沼区的动物遗骸会下沉到深水区中，并在那里分解成有机物。分解者的新陈代谢会耗尽氧气，所以富营养湖泊的深水区的含氧量往往很低，能在那里生存的生物很小。

图 29.26 富营养湖泊。由于来自土壤的丰富营养物，富营养湖泊支撑着高密度水藻、浮游植物、浮根植物和生根植物的生长

富营养沉淀物逐渐聚集，贫营养湖泊变得富营养，这个过程称为富营养化。大型湖泊的富营养化可能会持续数百万年，而富营养化最终促使湖泊演替成干旱的陆地（见第 27 章）。

29.4.2 溪流和河流

溪流通常发源于山脉中，如图 29.27 所示的发源地，这里不透水岩石上的降水和融雪汇成径流。溪水中基本上不存在沉积物和浮游植物，水质清澈凛冽。水藻长在溪流的岩床上，昆虫的幼虫则在水藻上栖息和觅食。湍流为山中的溪流充满氧气，为以昆虫幼虫和小鱼为食的鳟鱼提供了理想的家园。

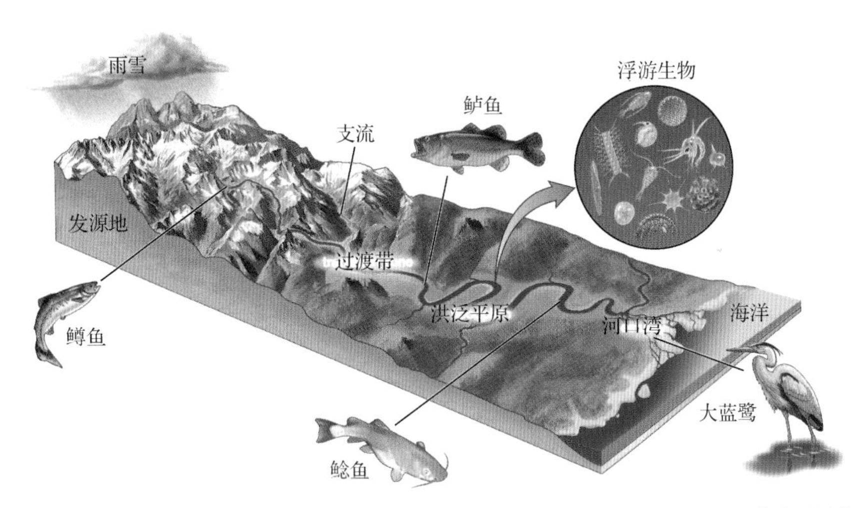

图 29.27 从溪流到河流再到海洋。在高海拔地区，降水为清澈的激流补充水源，激流到达低海拔地区后，由于支流的汇入而流速减缓。许多激流变成洪积平原上缓慢流动的河流，沉淀下富营养的沉积物。许多河流在入海口形成河口湾。在水从高山流向大海的过程中，淡水生物群落的组成随之变化

在海拔较低的过渡带，小溪汇聚成宽阔的流动缓慢的溪流和小河。随着水温的逐渐升高，掺杂的沉积物更多，为水生植物、水藻和浮游植物提供了营养。比鳟鱼所需氧气少的鲈鱼、翻车鱼和黄鲈鱼就出没于这样的水域中。

当陆地变得更加低矮平缓时，河流的水温上升，变得更宽，流速随之减缓，曲折蜿蜒地向前流动。由于沉积物和浮游植物越来越密集，水变得更浑浊。细菌分解者消耗深水区的氧气，但鲤鱼和鲶鱼仍能在低氧水域中存活。当降水量和融雪较多时，河流会冲刷周围平坦的陆地，形成洪

积平原。

河流可能流入湖泊或者其他河流，而其他河流最终会流入海洋。在靠近大海的地方，大多数河流流动缓慢，沉积了大量的沉积物。这些沉积物阻碍河流的流动，将河流截断为蜿蜒的小河道，并在河流入海的地方形成河口湾。

人类影响 河流有时会被疏浚，以促进航运和沿岸农业的发展，防止洪涝。疏浚会加剧侵蚀，因为水会急速流过变得更直的河流。此外，在自然洪灾可被预防的地区，洪水不再像以前那样为洪积平原的土壤带来营养丰富的沉积物。

在美国，由于水电站的修建、河流的改道、水土流失和过度捕捞，太平洋和大西洋的大马哈鱼数量急剧下降。在美国的东西海岸，联邦、各州和当地的团体致力于恢复干净、自由流动的河流，帮助大马哈鱼和丰富的野生动物群落的生长。人们还拆除了华盛顿州和缅因州的一些水坝，以让大马哈鱼得以洄游到上游产卵。

29.4.3 淡水湿地

淡水湿地，也称沼泽、水洼或泥塘，是指那些土壤表面富含水的地区。在湿地中，水藻和浮游植物密集生长，包括漂浮和有根植物、耐水草和一些树木，如凸柏。湿地也为一些鸟类（鹤、潜水鸟、鹭、翠鸟和野鸭）、哺乳动物（河狸、麝鼠和水獭）、淡水鱼、淡水螯虾和蜻蜓等无脊椎动物提供繁殖地、食物和栖息地。

淡水湿地是北美最高产的生态系统，大多位于湖泊边缘或河流洪积平原。湿地就像是一块巨型海绵，可以吸收水，然后缓慢地将水释放到河流中，这使得湿地成为防止洪涝和侵蚀的重要守卫者。湿地也是水的过滤器和纯化器。当水缓慢流经湿地时，悬浮在水中的颗粒物沉到底部。湿地植物和浮游植物从土壤中冲来的氮磷无机盐中吸收养分。有毒物质，包括杀虫剂和重金属（如铅和汞）会被湿地植物和沉淀物吸收，土壤中的细菌则将这些杀虫剂分解成无害的物质。

人类影响 在美国，约有一半淡水湿地由于农业造田、房屋建造和商业原因遭到破坏。湿地的破坏使得邻近水域更易受到污染，野生动物栖息地随之减少，洪灾变得更严重。

所幸的是，许多团体意识到湿地的作用后修建了一些小型湿地以便净化水。另外，地方、州和联邦的机构也在团结协作来保护现有湿地，并且修复了情况发生恶化的一些湿地。最宏大的生态系统修复计划是综合湿地修复计划，目前正在佛罗里达州开展（见第 30 章）。

29.4.4 海洋生物群落

海洋可根据其光照情况及离岸的远近来划分生物区（见图 29.28）。透光区主要是相对较浅的水域（水深约 200 米），这里光照较强，足以支持光合作用。透光区下方是无光区，无光区一直延伸至海底，最深可达约 11 千米。无光区的光照不足以支持光合作用。无光区上层有微光穿过，但深水区十分黑暗。在无光区，几乎所有维持生命的能量都来自从无光区上层下沉的有机排泄物和遗骸。

海水随着潮汐涨落起伏，因此海洋并无明确的海岸线。相反，潮间带（即陆地和海洋相接的区域）则随着潮起潮落被海水覆盖或裸露。近岸区从低潮线延伸至海洋，随大陆架坡度下降，海水逐渐变深。近岸区结束的地方就是开阔海面的开始之处，这里足够的水深可让海浪不影响海底。

1. 浅海生物群落

如在淡水湖泊中那样，海洋中的生物主要集中在浅水区，因为这里营养丰富、日光充足。浅水区包括河口、潮间带、海草森林和珊瑚礁。

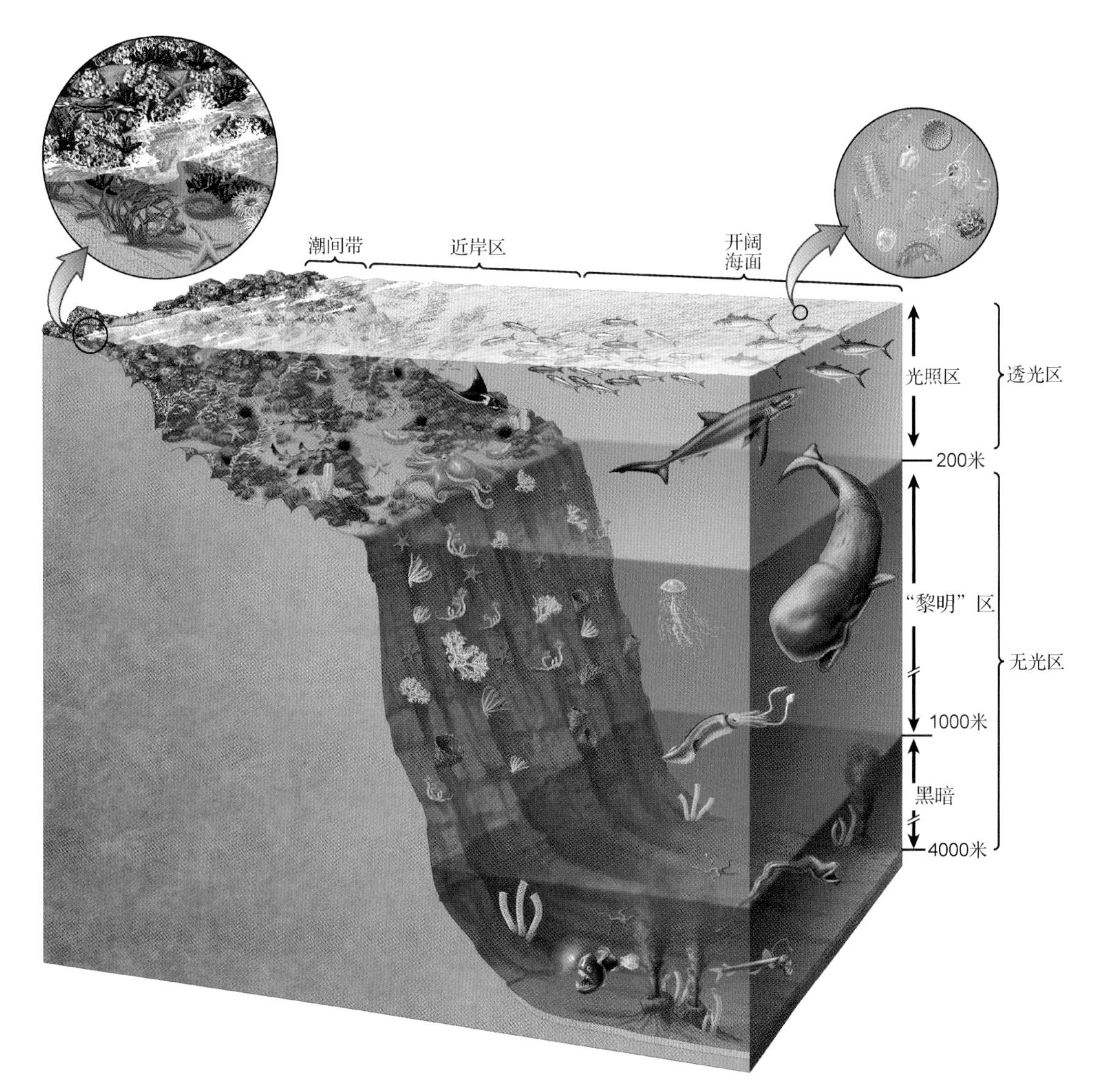

图 29.28　海洋生物群落。光合作用只能发生在有阳光的区域，包括潮间带、近岸区和开阔海域的上层水面。不同区域的大致深度如图所示，注意深度未按比例画出。无光层中的生物几乎都依赖于下沉自光照层的有机物。海床的平均深度约为 4 千米，但马里亚纳海沟的深度达 11 千米

（1）河口。在海洋和河流汇合的地方形成河口（见图 29.29a）。不同河口水体的含盐量是不同的。涨潮时海水涌入，下暴雨时则淡水汹涌。河口形成了巨大的生物丰度和多样性。许多重要的商业品种（包括虾、牡蛎、蛤、螃蟹和多种多样的鱼）都在河口生活。数十种鸟类（包括野鸭、天鹅和沙禽）在河口筑巢和抚育后代。

（2）潮间带。在潮间带，随着潮起潮落，生物适应了在空气和海水的双重环境中生存。在暴雨中，潮汐水洼和滩涂处的海水被明显稀释。在岸礁上，藤壶和贻贝（软体动物）在涨潮时从水中过滤浮游植物，在退潮时通过紧闭贝壳来抵抗干旱。一步步向海中移动，我们可以看到海星以蚌为食，海胆以覆盖在岩石上的海藻为食，银莲花张开触角捕获来往的甲壳动物和小鱼（见图 29.29b）。沙滩和滩涂上潮间带的生物种类较少，但也不乏生物，如沙蟹和穴居虫等。

（3）海草森林。海草是巨大的棕色海藻，最高可达 50 米。密集地聚集在一起的海草称为海草森林，它生存于全世界沿岸区域的冷水中（见图 29.29c）。理想情况下，海草一天可长高 50 厘米。

海草森林为数量惊人的动物提供了食物和掩蔽所，包括环节虫、海莲花、海胆、蜗牛、海星、龙虾、螃蟹、鱼、海豹和水獭。

（4）珊瑚礁。珊瑚是银莲花和水母的近亲。一些珊瑚使用碳酸钙构建骨架，这些骨架经历千百年积累后形成珊瑚礁（见图 29.29d）。珊瑚礁在热带的太平洋、印度洋、加勒比海和佛罗里达以南的墨西哥湾最丰富，这些地区的水温通常为 20℃～30℃。珊瑚礁为数量惊人的群落提供了居所和食物，包括海藻、鱼类和无脊椎动物（如虾、海绵动物和章鱼）。珊瑚礁上栖息着数目庞大的生物，目前已知的物种超过 9 万，还有约 100 万种有待探索。

(a) 河口　(b) 潮汐水洼　(c) 水下海草森林　(d) 热带珊瑚礁

图 29.29　浅海生物群落。(a)在淡水河流和海水交界处的河口湾中，生物众多。盐水沼泽中的草类长势喜人，为鱼类和无脊椎动物提供了栖息地，而白鹭和其他鸟儿则以这些鱼类和动物为食。(b)尽管受到潮汐的侵蚀和太阳的暴晒，潮间带的潮汐水洼仍是种类繁多的无脊椎动物的家园。(c)水下海草森林是许多无脊椎动物和鱼类（如橘黄色加州红鱼）的家园。(d)热带珊瑚礁为很多鱼类和无脊椎动物群落提供栖息地

大多数造礁珊瑚体内都住着可进行光合作用的单细胞原生动物，这种动物称为甲藻。珊瑚和甲藻的关系是互利互惠的：甲藻得益于珊瑚体内的营养物质和二氧化碳，甲藻则通过光合作用为珊瑚提供食物。因为甲藻需要光照才能进行光合作用，造礁珊瑚只能在光照层蓬勃生长，通常是在水深不超过 40 米的地方。甲藻还会赋予珊瑚亮丽的颜色。

人类影响　随着人口的急剧增长，对作为野生动物栖息地的海岸生态系统是加以保护还是进行开发，是我们的两难抉择。开发活动包括开采能源、建造房屋、修建港口和小船坞等。河口湾还受到农业径流污染的威胁，因为农业径流携带着大量的营养物质（如肥料和牲畜排泄物），促使了藻类和光合细菌的过度繁殖。当这些有机物死亡后，遗骸提供的营养物又会刺激分解者的生长，而这会耗尽水中的氧气，使鱼类和无脊椎动物窒息而亡。

珊瑚礁面临着多重威胁。任何使得水质浑浊的因素都会妨碍珊瑚的光合作用并且阻碍珊瑚生长。来自畜牧、耕作、伐木和建筑物的地表径流裹挟着泥沙和富营养物质。寄居于珊瑚丛的软体动物、龟、鱼和甲壳类动物正被过度捕捞，而它们的恢复速度远低于捕捞速度。人们从珊瑚礁中

除去猎食性鱼类和无脊椎动物的行为，有时会使得水藻大爆发式地生长，进而使得珊瑚窒息；海胆或海星的数量增加也会对珊瑚造成不利影响。

虽然珊瑚需要温暖的水体，但也容易受全球变暖的影响。当水温升得太高时，珊瑚会喷出可进行光合作用的甲藻而变得无色（见第 30 章）。甲藻只在水温降低后才回到珊瑚体内，如果水温很长时间内都较高，珊瑚最终会被饿死。

好消息是，许多国家意识到珊瑚礁的巨大好处后，开始致力于保护珊瑚礁。例如，澳大利亚大堡礁海洋公园和夏威夷帕帕哈瑙莫夸基亚海洋国家保护区就保护了庞大的珊瑚系统。

2. 开阔海面

沿岸区域之外的是广阔无垠的海洋，这里深不见底，植物既无法固定生长，也无法吸收充足的阳光。因此，大多数位于开阔海洋的生物依赖于漂流在光照区内的浮游植物的光合作用。浮游植物被浮游动物所食，后者包括像小虾一样的甲壳类动物，这些动物又被较大的无脊椎动物所食，比如小鱼，甚至一些海洋哺乳动物，如座头鲸甚至蓝鲸（见图 29.30）。

开阔海面不同地方的生物数量有所不同，主要由营养物分布的差异所致。光照区的营养物主要存在于生物体体内，一旦生物死亡，它们的尸骸便会沉入海洋深处。这些营养物从两个渠道得到补充：一是土壤的地表径流，二是海洋深处的涌流。涌流将富营养化的冷水带到表面。涌流主要出现在北冰洋及其西海岸，包括加州、秘鲁和西非。这些碧蓝清澈的热带海水由营养物质缺少所致。富营养化的水体养育着庞大的浮游生物群落，一般泛着绿色且略显浑浊。

图 29.30　开阔海面。开阔海面的光照层养育着相当丰富的生物，包括作为浮游动物一员的小水母；图中还显示了浮游植物和哺乳动物（如座头鲸及其幼崽）

人类影响　开阔海面面临的两个主要威胁是污染和过度捕捞。例如，塑料垃圾从陆地上被吹到海里或被人们故意倾倒到海里，它们常被海龟、海鸥、海豚、海豹和鲸等误食。误食塑料垃圾的动物可能死于消化道堵塞。油轮泄漏、陆地垃圾堆的径流、海洋钻井油气泄漏都会对开阔海面造成污染。

由于人们对鱼类日益增长的需求，众多鱼类正被人们不加节制地捕捞（见第 30 章）。例如，加拿大东岸曾经数量庞大的鳕鱼在 1992 年数量暴跌，由此促进了延续至今的捕鱼禁令。如今，人们正在致力于预防过度捕捞。许多国家都对濒危鱼类设立了捕捞限额。海洋保护区正在全球范围内兴起。

3. 海床

无光区的光照不足以支持光合作用，大多数海床生物的食物都是上层生物的排泄物和遗骸。然而，海床上的生物种类却非常丰富，如蠕虫、海参、海星、软体动物、乌贼和奇形怪状的鱼类（见图 29.31），其中的一些动物自己会发光，这一现象称为生物发光现象。一些鱼类体内可见的腔室中生长着发光的细菌。生物荧光也许会帮助底层的生物吸引猎物或配偶。对这些海底的奇特生物，人类还知之甚少，因为它们一旦被带到海面上就会死亡。

近来，在鲸的尸体中发现了完整的群落，包括一些我们新认识的物种。当鲸的尸体到达海床底部时，鱼、蟹、蠕虫和蜗牛会蜂拥而至，从其血肉中吸取营养。2005年，人们发现了噬骨的僵尸蠕虫，这种蠕虫有着树根样的结构，可扎进鲸的骨头中吸取营养。厌氧细菌对骨头进行分解，而蛤、蠕虫、软体动物和甲壳类动物则吃掉这些细菌。

（1）热液喷口群落。1977 年，地质学家研究加拉帕戈斯断裂时发现了热液喷口，他们将其称为黑烟囱，这些热液喷口向外喷射过热的水，而这些水会被硫化物和其他矿物质染成黑色。热液喷口附近存在粉红鱼、盲白蟹和巨大的软体动物、白蛤、海莲花和巨型管蠕虫，以及身上长着“钢板装甲”的蜗牛（见图 29.32）。在特殊的栖息地有着成百上千的新生物，它们往往出现在深海中，因为板块断裂会让地球内部的物质喷涌而出。

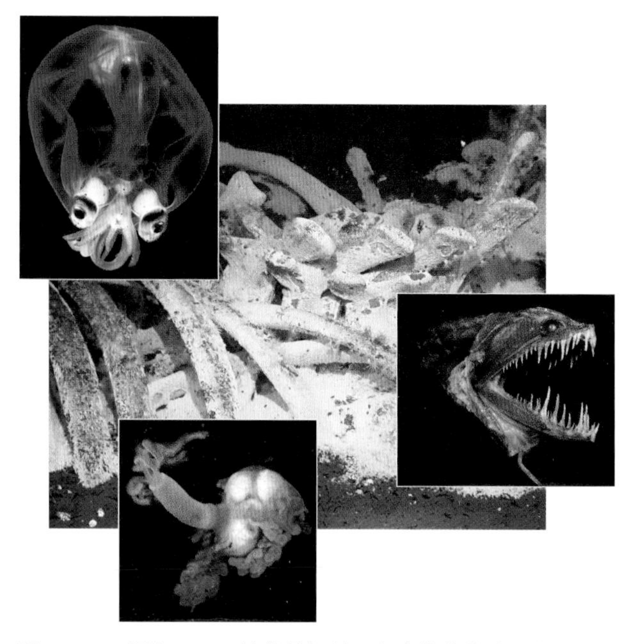

图 29.31　深海居民。鲸的骨架是深海生物的营养矿藏。僵尸蠕虫（左下）可将其根状下肢扎入鲸骨。其他深海动物包括几乎完全透明的海乌贼（左上，其突出的眼睛下方有着短短的触角）和蝰鱼（右下，其巨大的下颚和尖利的牙齿能够抓住并咽下整个猎物）

在这个生态系统中，硫化细菌扮演分解者的角色。它们从地壳裂缝中逸出的硫化氢中得到能量，而硫化氢对其他物种却是致命的。就像光合作用一样，硫化细菌通过化能合成作用将硫化氢和二氧化碳合成为有机分子。然而，化能合成作用的能量来源是硫化氢而不是阳光。许多热液喷口生物直接以硫化细菌为食，另一些生物如巨型管蠕虫则在体内寄养化能合成细菌，并以细菌新陈代谢的副产物为食。管蠕虫的红色来自一种独特的血红素，它将硫化氢搬运给化能合成细菌。

图 29.32　热液喷口群落。“黑烟囱”喷出过热的富含矿物质的水，为热液喷口群落提供能量和营养。巨大红管蠕虫长达 3 米，寿命达 250 年。（左）蜗牛底部被成分为硫化铁的鳞甲覆盖

生活在热液喷口的细菌和古细菌可在极端高温下存活，科学家正在研究这些嗜热微生物的酶和其他蛋白质是如何在极端高温下正常工作的。

复习题

01. 解释气流如何促进雨林和大沙漠的形成。圆形大洋流称为什么？它们对气候有什么影响？
02. 为什么在北半球爬山时你会穿过生物群落？热带雨林生物群落的养分集中在哪里？
03. 解释热带雨林生物群落对农业的两个不利影响，列举沙漠仙人掌和沙漠动物对高温与干旱的适应。
04. 什么是沙漠化？北方针叶林是如何适应缺水和短暂的生长季节的？
05. 落叶林和针叶林的生物群落有何不同？
06. 海洋中哪里的生命最丰富？为什么？
07. 根据它们的位置和所支持的群落，区分湖泊的沿岸带、湖沼带和深水区。
08. 区分贫营养湖泊和富营养湖泊。比较溪流和河流的源头、过渡区和洪泛区。
09. 区分透光区和无光区。透光层中的生物是如何获取营养物质的？无光区的营养物质是如何获得的？

第 30 章　保护地球的生物多样性

墨西哥中部一棵树上的大量帝王蝶呈现出“一树蝴蝶压海棠”的奇观

30.1　什么是生物保护学

生物保护学是致力于理解并保护地球生物多样性的学科。生物保护学家从不同层面研究并寻求保护生物多样性。

- 基因多样性。物种的生存与繁荣取决于种群基因库中不同等位基因的种类和基因频率。基因多样性对一个物种适应多变的环境至关重要。
- 物种多样性。组成群落的不同物种的类型和相对丰度影响群落的正常运作，甚至决定群落能否存活。
- 生态系统多样性。生态系统多样性包括群落和群落赖以生存的非生物环境。多元化的群落通过减缓径流、融雪、降解垃圾和产生氧气等方式来保护生态环境。

30.2　为什么生物多样性很重要

我们中的大部分人居住在城市或市郊，食物是超市中的包装食品，也许好几周都没有机会看到生态系统的自然样貌。那么我们为什么要关注保护生物多样性呢？大多数人会说种群和生态系统值得保护是因为它们自身的缘故。然而，即使你不同意这个说法，保护生物多样性的一个现实理由其实是我们自身的利益：生态系统的确对人类至关重要。

30.2.1　生态系统服务是生物多样性的实际用途

生态系统服务是人类从生态系统得到的诸多利益（见图 30.1），大致可以分为如下两类：①人类可以直接利用的自然资源和其他利益；②维持直接利益所需的支持服务。

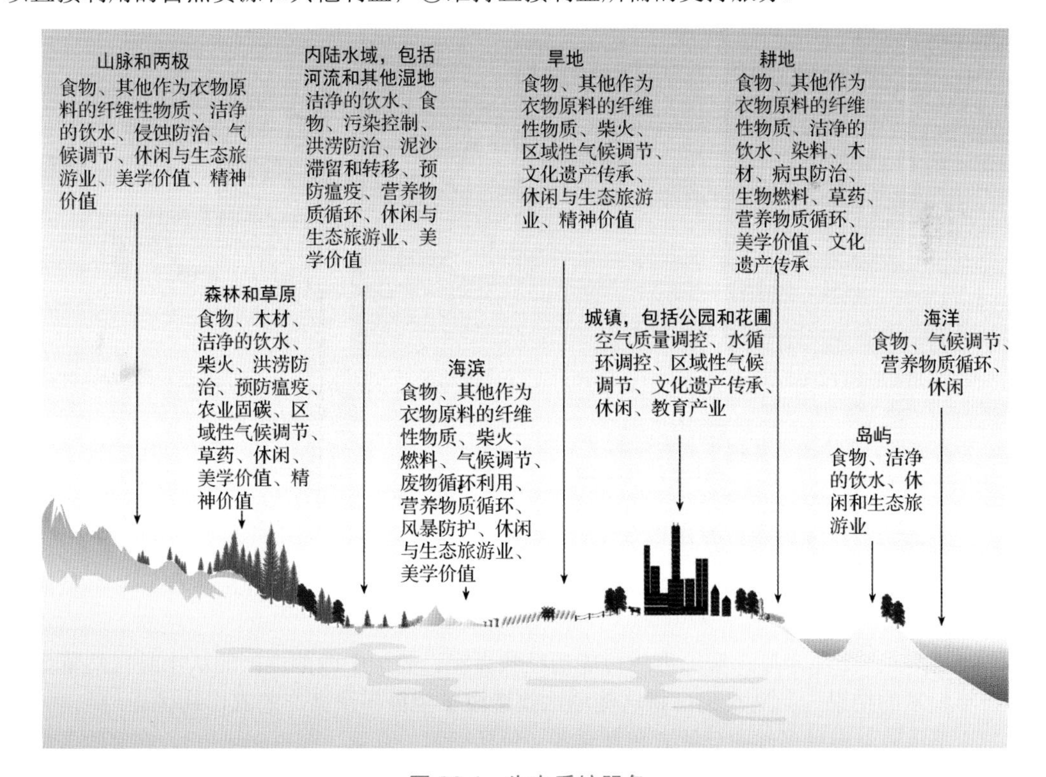

图 30.1　生态系统服务

1．一些生态系统服务为人类带来直接利益

人们广泛使用的物品和服务都建立或依靠于一个健康的生态系统。

- 氧气。氧气是人类和其他动物生存呼吸必不可少的，基本上由陆生植物和海洋中进行光合作用的微生物产生。
- 水。自然生态系统，包括森林、草地和湿地，通过除去沉淀和污染物来净化水。
- 食物。全世界的人都会吃一些野生生物。例如，据联合国粮食与农业组织估计，2008 年全球平均每人大约吃掉了 9 千克野生鱼类和其他海鲜。在非洲、亚洲和南美洲，野生动物为长期缺乏营养的人群提供重要的蛋白质来源。即使是在发达国家，捕食和狩猎对广大农村地区的经济也意义非凡。
- 木材。在许多发展中国家，农民依靠本地的森林资源取暖和做饭。可持续砍伐可保证热带雨林始终为人类提供有价值的硬木，如柚木和重蚁木。这些木材可能就地使用，也可能出口到发达国家。
- 药材。在许多发展中国家，大部分人仍然用草药来治病，而草药就是来源于野生植物的传统药材。即使是在美国这样的发达国家，超过四分之三的常用处方药中都含有自草药提取的活性物质。
- 休闲。几乎所有人都在从“重返自然”中找乐。在美国，每年超过 4.5 亿人次的游客前往国家公园和国家森林，数以亿计的游人前往野生动物保护区和州立公园。许多农村地区的经济基本上依赖于徒步、露营、打猎、钓鱼和摄影的游客。在世界范围内，户外消遣产业估值达每年 3000 亿美元。

生态旅游业是一种迅速兴起的休闲产业。生态旅游的目的地包括热带珊瑚礁、雨林、群岛、大草原甚至南极（见图 30.2）。因为每年都有成千上万的游客涌入，帝王蝶生存环境的维护还需要生态旅游业的持续发展。

(a) 潜水爱好者携带潜水设备在红海珊瑚礁之中穿梭

(b) 非洲大陆上的神奇物种

(c) 在南极近距离接触企鹅宝宝

图 30.2　生态旅游。生态旅游体现了自然生态系统的可持续利用性，在获利的同时增强了当地居民保护野生动物栖息地的动力

2．一些生态系统服务维持着直接效益

在生态系统中，人类需要的源源不断的直接利益（如氧气、食物和清洁水源等）都是需要支持服务来辅助的。

- 土壤形成。2 厘米厚土壤的形成可能历经数百年。美国中西部地区的沃土是自然草地几千年积累的结果。当地农民已将这些草地改造成了全世界最高产的农作物区。

  土壤承载着多种多样的分解者和食腐者（包括细菌、真菌、蠕虫和昆虫），在废物降解和营养物质循环过程中起着关键作用。人们也依靠土壤来分解各种垃圾。因此，土壤的作用类似于净水植物。土壤群落对每个营养循环都举足轻重。例如，固氮菌可将大气中的氮气转变成植物体可以利用的形式。

- 侵蚀与防洪。植被具有强大的挡风作用，可防止松散土壤被风刮走。它们的根系可使土壤更加牢固，并增强土壤的蓄水能力，减少风沙侵蚀和洪涝的发生。滥伐森林不仅是墨西哥马德雷山脉 1998 年和 2005 年特大洪水的罪魁祸首，而且间接引发了 2008 年海地、2010 年巴基斯坦和 2011 年澳大利亚等地的洪水（见图 30.3）。

图 30.3　防洪服务损失。尽管洪涝灾害是由暴雨引发的，但滥伐森林加重了 2010 年巴基斯坦的洪灾

- 气候调节。植物群落通过提供荫蔽、降低气温和阻挡风沙的方式，影响着区域性气候。森林极大程度地影响了水循环，即水分从树叶中蒸发，进入大气，最终以降水的形式回到地面的过程。在亚马孙雨林，三分之一到二分之一的雨水来自树叶蒸发的水。过度砍伐树木对当地气候产生了重大影响，包括气温升高和空气湿度降低，使得被砍伐的森林更难以复原，对附近的森林也造成了难以估量的影响。森林同样影响全球气候。它们从大气中吸收二氧化碳，并在树干、树根和树叶中存储。树木被分解或燃烧时，释放出使全球气候改变的 CO_2。在人类活动产生的二氧化碳中，10%～20%来自人类对森林的破坏。
- 基因资源。野生植物的丰富基因资源往往是生态服务中被忽略的方面。根据联合国粮食和农业组织的报告，我们的主食仅来自 12 种农作物，如大米、小麦和玉米等。研究人员已在这些农作物的野生近亲中找到一些基因，如果将这些基因转移到农作物中，就可以提高农作物产量，增强农作物的抗药性、抗旱能力和抗盐碱能力。例如，一些小麦的野生近亲具有极高的耐盐性，研究人员正致力于将这些基因转移到小麦中。此外，某些作物的野生近亲也许会发展成更有营养和适合当地气候的农作物。

30.2.2　生态经济学试图估量生态系统服务的价值

自古以来，人们都认为生态系统服务是无偿的，并且取之不尽、用之不竭。因此，在进行土地规划、耕作、获取能源等人类活动时，生态系统服务的价值很少被纳入考虑范畴。好在这一切正在改变。生态经济学这门新兴的学科正在试图估量生态系统服务的经济价值，权衡因为进行人类活动而破坏自然生态环境的利弊。例如，打算从湿地引水灌溉农作物的农民通常会思考作物增产量与取水工程开支孰轻孰重。

湿地可为人类提供许多弥足珍贵的服务，如净化污染物、防洪等，还是花鸟鱼虫、飞禽走兽的生存场所。如果对生态系统服务的损失进行“成本效益”分析，就会发现湿地的完整性也许比在湿地上种植农作物更有价值。然而，现实是这些（破坏生态系统服务的）工程的经济利益使个人受益，而整个社会却要共同承担损失。因此，在市场经济中，除非项目由政府部门设计并资助，否则生态经济学很难应用。

纽约市是通过政府规划来保护生态系统的成功范例。纽约市的大部分水源来自距纽约州北部 200 千米的卡茨基尔山脉（见图 30.4）。1997 年，市政官员发现，由于卡茨基尔山脉的开发，水源已被工业污水和农业径流污染，需要花费 60 亿～80 亿美元建立污水处理系统，每年还需要 3 亿美元的维护费用。当市政官员意识到卡茨基尔山脉自身也能提供同样的净水服务时，决定投资保护

图 30.4 阿肖肯水库。卡茨基尔山脉中为纽约市供水的水库清澈见底

山脉，于是买下了大片林地并让它们保持自然样貌。美国环境保护局确认，如果继续保护卡茨基尔山脉的土地，那么到 2017 年纽约市将不再需要使用污水处理系统。

人们意识到获益于生态系统服务的最好方式，往往是使被污染的生态系统恢复健康。

生态系统服务的经济价值是什么？1997 年，一个由生态学家、经济学家和地理学家共同组成的国际团队算出，全球生态系统服务每年为人类提供了约 33 万亿美元的价值，这约为全球年均生产总值的 2 倍。而 2002 年的一项研究称，生态系统服务提供了超过全球生产总值约 4 倍的价值。从经济学角度看，这两个数据都说明了生态系统服务具有惊人的价值。然而，2005 年，由 95 个国家超过 1300 名科学家提出的报告《千年生态系统评估》指出：60%的地球生态系统服务已退化。尽管我们依赖于地球生态系统服务产生的巨大价值，但对生态系统无节制的剥削却使其不堪重负。

30.2.3 生物多样性支持生态系统功能

许多为保护生物多样性努力的人们是为了多样性本身，但还有一个实用的理由：生物多样性对生态系统提供各类服务的能力至关重要。近来的一项研究表明，生物多样性最丰富的地区同时也提供最多元化的生态系统服务。为什么生物多样性对生态系统功能意义重大呢？

生物多样性保护生态系统的一种可能方式称为冗余假说，即一个群落中的不同物种起着相同的作用。例如，不少种类的蜜蜂在生态系统中的作用是传粉。如果人类活动导致少数蜜蜂物种灭绝，只要生态系统能够正常运转，剩下的物种也许就能扩大种群数量并为大多数花传粉。然而，如果生态系统压力较大，如干旱导致在人类活动中幸存的蜜蜂大批死亡，就会导致传粉量锐减，进而严重影响植物的繁殖。

“铆钉假说”则认为，看来相似的物种在生态系统稳定性网络中其实占据着不同的位置。在飞机机翼上，一对松开的铆钉也许不会引来灾祸，但在关键部位松开的铆钉却会使整个机翼散架。同理，在生态学中，少数关键物种的丧失可能直接导致整个生态系统的崩盘。回到蜜蜂的例子，假设一些种类的蜜蜂只给特定品种的花传粉。消灭某种蜜蜂则意味着一些品种的植物不能再繁殖，而以这些植物为食的动物也将相继死亡。如果少数关键的蜜蜂物种消失，许多动植物就会随之灭绝，进而导致整个生态系统的崩塌。

一些称为关键物种的物种不是冗余的，而是整个生态系统必不可少的成员。在生物群落中，关键物种扮演着至关重要的角色，如果仅对它们的种群数量和食物网中的位置匆匆一瞥，是体会不到它们的重要性的。

总之，物种多样性对生态环境功能影响重大。实际上，人们对生态系统功能的理解还未深入到能够区分物种各自扮演的角色的地步，因此所有物种的保护都很重要。

30.3 地球的生物多样性正在减少吗

没有物种能永恒存在。在进化之路上，物种诞生、兴起，然后走向灭亡。如果所有物种都注定灭绝，我们为什么还要担忧现代物种的灭绝？答案是，现代物种的灭绝速率前所未有地快。

30.3.1 物种灭绝是一个自然过程

化石记录显示，在未出现灾难性事件的情况下，自发的物种灭绝极其缓慢。《千年生态系统评估》指出，物种的自发灭绝速度为每 1000 年每 1000 个物种中有 0.1～1 个物种灭绝。然而，化石也记录了 5 次主要的物种大灭绝，即短时间内大量物种的迅速消亡。最近一次大灭绝发生在 6500 万年前，它使得恐龙时代戛然而止。环境剧变（如巨大的陨石撞击和急剧的气候变化）是物种大灭绝最可能的解释。

《千年生态系统评估》估计，人类活动导致的物种灭绝速度为每 1000 年每 1000 个物种中有 50～100 个物种灭绝，即在没有人类活动干扰情况下的灭绝速度的 50～1000 倍。这个速度高到了使整个生物多样性产生实质性衰减的程度，大多数生物学家甚至得出人类正在导致第六次物种大灭绝的结论。

鸟类和哺乳动物类的灭绝记录得最详尽，尽管它们只占全世界物种的 0.1%。自 16 世纪以来，世界上已损失 2%的哺乳动物和 1.3%的鸟类。鸟类的灭绝速度是每 400 年灭绝 1 个物种。然而，在过去的 500 年里，灭绝速度达到了每年 1 个物种，而这几乎要全部归咎于人类活动。

每年，世界自然保护联盟（IUCN）都会发布濒危物种的“红色名单”。IUCN 是全球最大的生物保护组织，涵盖了来自 140 个国家和地区的组织、200 个政府机构、超过 800 个非政府组织的约 11000 名科学家和其他专家。根据各物种在未来灭绝的可能性，物种被划分为“脆弱”“濒危”和“极度濒危”三类。任意落入这三项的物种都是“受到威胁”的物种。2011 年，“红色名单”中包含了 19265 个“受到威胁”的物种，包括 12%的鸟类、21%的哺乳动物和 28%的两栖类动物。2011 年，美国渔业和野生动物局仅在美国境内就列出了约 1400 种“受到威胁”的物种和“濒危”物种。为什么这么多物种都存在灭绝的危险呢？

30.4 生物多样性面临的主要威胁是什么

全球范围内的生物多样性衰减有两个主要原因：①用来维持人类生活的地球资源的比例正在上升；②人类活动的直接影响，包括栖息地破坏、野生物种的过度开发、外来生物入侵、环境污染和全球气候变化。

30.4.1 人类生态足迹超过了地球的资源

“人类生态足迹”是对生产人们使用的资源和吸收人们产生的废物所需的地球表面面积的估计。生态容量是一个与之互补的概念，指的是对地球提供可持续资源和降解垃圾的实际能力的估计。生态足迹和生态容量不仅和负荷量有关，它们的计算方式也在时刻发生改变，因为新技术正在影响人们利用资源的方式。计算方式是保守的，以避免高估人类的影响，同时假定人类可以利用整个地球，并且不保护其他任何物种。

2007 年，可支持当时 67 亿人生存的平均生态容量是 1.8 公顷每人，但平均人类生态足迹是 2.7 公顷每人。换句话说，我们的生态足迹已超出了生态容量的 50%：长此以往，我们将需要 1 个半地球才能维持人类在 2007 年的消费水平（见图 30.5）。国与国之间的生态足迹差异巨大，欧洲、加拿大、澳大利亚、新西兰和美国这些发达地区和国家，生态足迹为 5～10 公顷每人，而大多数非洲国家的这个数字仅为 0.4～0.8 公顷每人。

这样生态赤字的存在并不是人类发展的长久之计。假设你必须依赖一个储蓄账户度过余生。如果你存好本金只靠利息为生，那么可以依靠这个账户一直活下去。如果你将本金取出用于花天酒地，或者生儿育女，你很快就会变得一文不名。人类破坏地球生态系统的行为无异于取出地球的生态本金。

30.4.2 人类活动直接威胁生物多样性

栖息地破坏、过度开发、生物入侵、环境污染和全球气候变化导致生物多样性出现重重危机。受到危险的物种通常同时面临几重威胁。例如，全球蛙类数量的减少就来自栖息地破坏、生物入侵、环境污染及由气候变化引起的有毒真菌感染（见第 24 章）。珊瑚礁正遭受着过度采伐、环境污染和全球变暖的威胁。

1. 栖息地破坏是对生物多样性最严重的威胁

IUCN 将栖息地破坏视为全球生物灭绝的头号原因。栖息地丧失威胁着超过 85%的濒危哺乳动物、鸟类和两栖类。尽管所有类型栖息地的质量恶化和面积减少都将危及生物多样性，但最严重的威胁来自热带雨林的丧失，这约为地球上一半动植物的家园。据保守估计，每年有 5 万到 10 万平方千米的热带雨林从地球上消失。破坏热带雨林最主要的原因是伐木种植粮食、咖啡、大豆、棕榈、甘蔗等（见图 30.6）。

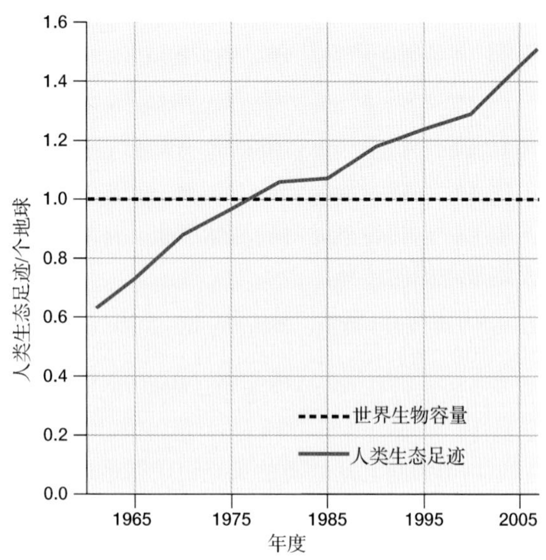

图 30.5 人类需求超过了预估的地球生态容量。1961 年到 2007 年间的人类生态足迹由地球的总可持续生态容量表示（虚线）

(a) 热带雨林中伐木后光秃秃的地方可能要数十年才能恢复

(b) 从国际空间站上航拍的玻利维亚热带雨林中的大豆种植园

图 30.6 栖息地破坏。人类活动导致的栖息地丧失是全球生物多样性面临的最大威胁。(a)热带雨林被砍伐后需要数十年才能恢复。(b)国际空间站拍摄的玻利维亚热带雨林中的大豆种植园

有时，自然生态系统即使未被完全摧毁，也已四分五裂（见图 30.7）。栖息地碎片化对野生动物是严重威胁。美国的一些鸣禽（如灶鸟和阿卡迪亚翔食雀）需要约 2.5 平方千米的连片森林来觅食、交配和筑巢。大型猫科动物同样深受栖息地碎片化之苦。佛罗里达州的美洲狮常在穿过分开栖息地的公路时丧命。20 世纪 70 年代，印度建造了一系列森林保护区，旨在拯救濒危的孟加拉虎。保护区原本是紧密相连的，但经过一系列开发后，保护区变成了一片片孤岛，约 1400 只现存的孟加拉虎不得不生活在孤立的林地里。

真正能够运行的保护区必须能够支持最小存活种群（Minimum Viable Population，MVP），即一个物种在隔离状态下能够不受自然事件的干扰而存续下去的最少种群数量，这里的自然事件包括近亲繁殖、疾病、火灾和洪水。任何物种的 MVP 都受诸多因素的影响，包括环境质量、物种平均寿命、繁殖率和成熟期。大多数野生动物专家认为孟加拉虎的 MVP 需要至少 50 只雌虎，

而这一数字超过了大多数孟加拉虎保护区的雌性数量。

好消息是，许多国家开始致力于保护关键栖息地。例如，最大一片保护区是 2006 年划出的夏威夷帕帕哈瑙莫夸基亚国家海洋保护区，这个保护区包含的海域面积达 34 万平方千米，是约 7000 种鸟类、鱼类和海洋哺乳类物种的家园。一些物种需要依靠面积广阔的保护区生存；而对另一些物种而言，关键栖息地可能只是几片沙滩。

图 30.7　栖息地碎片化。在巴拉圭，田野将森林分割成片

2. 过度开发对诸多物种造成威胁

过度开发是指以超过种群恢复自身数量能力的速度进行渔猎或耕作。技术的发展极大地提高了人类渔猎和耕作的效率，同时人们对野生动植物的需求日益增长，对物种的过度开发随之加剧。例如，过度捕捞是对海洋生物最大的威胁，它导致包括鳕鱼、多种鲨鱼、红鲷鱼、五种金枪鱼和剑鱼在内的诸多物种数量锐减。联合国粮食与农业组织估计全球约 32%的鱼群正遭受过度捕捞，另外，约 53%的鱼群面临着可持续捕捞的上限。

矛盾的是，无论是发展中国家还是发达国家都对过度开发难辞其咎，尤其是对濒危物种。发展中国家急速增长的人口增加了对动物产品的需求。富有消费者同样助长了对濒危物种过度开发的气焰，他们会高价购买诸如象牙、珍品兰花、奇珍异兽等违法商品。尽管黑市活动的详细数据很难得到，濒危物种及其衍生品的销售却是一本万利。

3. 入侵物种取代了本地野生物种，破坏了群落关系

人类在全球范围内运送着各种各样的物种：小到蓟草，大到骆驼。在许多情况下，引入的物种人畜无害。然而，有时非本土物种却是侵入性的：它们以牺牲本土物种为代价实现自身数量的增长，和本土物种竞争食物与栖息地，或者直接以它们为食（见第 27 章）。尽管科学家对入侵生物的定义存在分歧，美国入侵物种与生态系统健康中心仍然列举了约 2800 种入侵物种，其中的大多数是植物和昆虫。

岛屿生态系统面对入侵物种时尤其脆弱。在岛上，本土动植物数量稀少，一旦不能和入侵物种竞争，就也难以离开小岛找到新家园。例如，自从人类定居以来，夏威夷群岛已损失约 1000 种本土动植物，绝大部分是由于过度开发或物种入侵带来的捕食与竞争。

许多入侵物种是被人无意中运到新地区的，但有些确实是有意引进的。由早期波利尼西亚殖民者引入作为食物的猪和山羊，使得夏威夷群岛及其他太平洋岛屿上的本土植物惨遭蹂躏。猫鼬作为亚非地区土生土长的小型猫科食肉动物，在 19 世纪早期被引入夏威夷，用来对付此前不小心引进的老鼠。如今，猫鼬和老鼠对夏威夷本土的鸟类构成了重大威胁。

湖泊同样对入侵生物毫无抵抗力。美国和加拿大边境的五大湖地区居住着几十种入侵物种，包括斑马蚌（通过食用进行光合作用的浮游植物，破坏整个食物网）和八目鳗（粘在湖鳟身上吸食其体液）。非洲的维多利亚湖一度是四五百种不同丽鱼的家（见图 30.8a）。体形庞大的猎食性尼罗河鲈鱼（见图 30.8b）和小得多的以浮游植物为食的罗非鱼在 20 世纪中叶被引入维多利亚湖。受尼罗河鲈鱼捕食、罗非鱼竞争、环境污染和藻类爆发的多重影响，丽鱼遭到灭顶之灾，现在仅存约两百种。

(a) 蓝岩捕手丽鱼

(b) 尼罗河鲈鱼

图 30.8　入侵物种威胁到本土野生动物。(a)维多利亚湖中栖息着几百种丽鱼，如蓝岩捕手丽鱼；(b)渔民引入的尼罗河鲈鱼是本土鱼类的劫难

4．污染是生物多样性的多面威胁

污染的种类多种多样，包括塑化剂、阻燃剂和杀虫剂等化工产品，汞、铅和镉等有毒金属，下水道污物和农业废水等富营养化物质。

化工合成产品是脂溶性的，即使在环境中微量存在，也可能在动物脂肪组织中累积到致毒水平（见第 28 章）。20 世纪中叶，杀虫剂 DDT 在许多捕食性鸟类中累积，使其产下了容易破裂的薄壳蛋。近年来，在塑料中广泛应用的化学物质“双酚 A”引发了人们的争议。双酚 A 似乎模仿了雌性激素的功能，扰乱了人和动物的正常繁殖。

许多重金属都与岩石结合，不会对生物造成危害。然而，采矿、工业生产流程和化石燃料燃烧会向环境中释放重金属元素。某些重金属（如汞和铅）即使含量极微，也几乎对所有生物体有毒害作用。过剩的营养物质也会成为污染物。例如，化石燃料的燃烧会释放氮化物和硫化物，形成威胁森林和湖泊的酸雨。

5．全球气候变化对生物多样性的威胁日益凸显

伴随着森林的毁坏，化石燃料燃烧显著增加了大气中的二氧化碳含量。气象学家预计的那样，二氧化碳含量的增长伴随着全球气温升高（见第 28 章）。为了应对变暖的趋势，一些物种开始向极地迁移，许多动植物则更早地开始春季活动。

人为导致的急剧气候变化对物种的适应能力提出了挑战。科学家认为，全球变暖已导致一些物种灭绝，且很可能殃及更多的物种。全球气候变化的影响难以预料，但通常包括如下内容。

- 沙漠变得更热、更干燥，导致沙漠生物的存活愈发困难。
- 更温暖的气候可能迫使一些物种向极地或高海拔地区迁移，以便继续待在它们生存和繁殖所需的温度范围内。而一些不能移动的物种，尤其是植物，就不能足够快地移动以待在合适的温度范围内，因为它们的移动速度由传播种子的风或动物决定。
- 山顶的凉爽栖息地可能完全消失。生活在高海拔地区的动物，如洛基山脉的鼠兔（见图 30.9a），面临着山中变暖进而导致栖息地减少的局面。一些孤山上的种群已快要消失。
- 之前可能被霜冻或持续严寒消灭的昆虫开始蠢蠢欲动。例如，在洛基山脉中北部地区，松树甲虫一度被持久酷寒的严冬限制。然而，在过去的 20 年间，这些甲壳虫的数量达到了峰值，因此洛基山脉中许多成熟的黑松可能在下个十年消亡（见图 30.9b）。
- 珊瑚礁需要温暖的海水，但温度太高会导致珊瑚礁死亡（见图 30.9c）。塞舌尔群岛、萨摩

亚群岛、斯里兰卡、坦桑尼亚和肯尼亚海滨以及澳大利亚大堡礁的珊瑚已遭受重创。

(a) 收集植物准备过冬的鼠兔

(b) 松树树皮甲虫杀死了这些美国黑松

图 30.9　气候变化对生物多样性造成威胁。(a)鼠兔居住在洛基山脉的高纬度地区，气候变暖后，适合其生存的山顶会消失。(b)松树甲虫已消灭山中的许多黑松。红棕色的树上挂着许多枯死的松针；在一两年内，这些松针将从树上坠落。(c)活珊瑚通常包含可为其提供营养的进行光合作用的藻类。水温升高后，珊瑚会损失藻类并变得惨白；没有藻类的供养，它们就会死掉

(c) 被漂白的珊瑚已经死亡或正在死亡

30.5　生物保护学是如何保护生物多样性的

生物保护学可以帮助制定保护生物多样性的战略，其四个重要目标如下：

- 理解人类活动对物种数量、群落和生态系统的影响。
- 保护并复原自然群落。
- 阻止生物多样性的进一步损失。
- 促进地球资源的可持续利用。

在生命科学领域，生物保护学家与地质学家、野生动物管理员、基因学家、植物学家和动物学家通力协作。卓有成效的生物保护工作同样依赖于其他领域专家的意见和支持，包括为环境保护制定政策法规的各级政府领导人、帮助实施法律保护物种及其栖息地的环境律师，以及为生态系统估值的生态经济学家。社会学家也为不同文化背景的民族如何利用环境提供指导。教育家则帮助学生更好地理解生态系统功能是如何支撑人类生活而人类是如何破坏或保护它们的。环保组织提出需要保护的区域，提供教育资料，并通过个人和团体的运动促进环保事业。最后，每个人的选择与行动都会或多或少地决定环保事业是否能够成功。

30.5.1　保护栖息地对保护生物多样性来说至关重要

因为栖息地破坏和碎片化是威胁生物多样性的关键因素，所以对栖息地的保护意义非凡。自然保护区和野生动物的绿色通道都对保护自然生态系统意义重大。

1. 核心保护区保护所有层次的生物多样性

核心保护区是指免受人类活动干扰破坏的受保护的自然区域，但几乎对环境没有影响的一些观光游览活动不在此列。理想状态下，核心保护区有足够的面积来保护生态系统各个层面的物种和环境多样性。核心保护区还要能经受风暴、火灾和洪水侵袭而不损失物种。

为了建立有效的核心保护区，生态学家必须估算出最小关键面积，即能够维持最占面积的物种生存的最小空间。最小关键面积在不同物种之间相差甚远，还取决于食物获得的难易程度、水源覆盖范围和掩蔽物的大小与多寡。一般来说，干燥环境中的大型捕食者比水草丰美环境中的小型食草动物的最小关键面积要大得多。然而，对众多物种做出精确的最小面积估算较为困难。

2. 连接关键物种栖息地的绿色通道

在估算最小关键面积的过程中，尤其是当物种中包含大型捕食者时，逐渐凸显的一个事实是，在日益拥挤的地球上，单个核心保护区已经很难独立承担起维持生物多样性和群落之间繁衍交流的作用。野生动物绿色通道作为连接核心保护区的纽带，允许动物在原本隔离的保护区之间相对安全地穿行（见图 30.10）。通过将不同的保护区连接起来，绿色通道有效地增加了小型保护区的面积。理论上，核心保护区和绿色通道都被缓冲区包围，而缓冲区只支持与野生动物生存兼容的人类活动。缓冲区中不允许进行高影响活动，如砍伐、采矿和影响核心地区野生动物的筑居行为。

有时，有效的野生动物绿色通道可能和公路的地道一样窄。在人口密集的南加州，在洛杉矶南部山丘修建超过 1000 栋新型住宅的计划被搁置，现有的高速公路也被关闭，因为野生动物学家发现，美洲狮会通过煤谷的地下通道，在高速公路北部的奇洛岗栖息地和南部的圣安娜山栖息地之间迁徙。如今，地下通道和周围的环境都已恢复至更原始的状态，这鼓励了美洲狮和其他野生动物安全地从高速公路下通过（见图 30.11）。

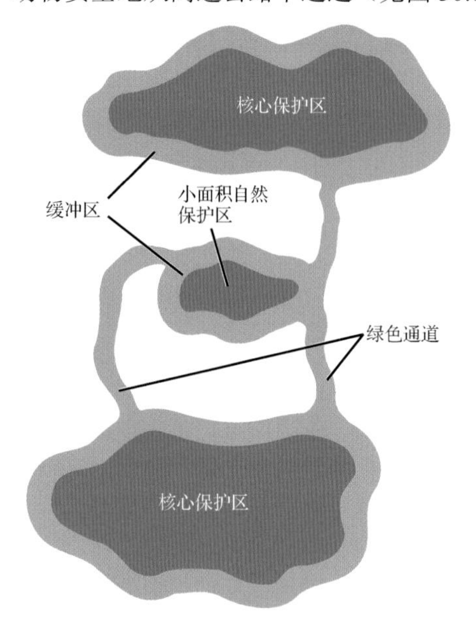

图 30.10 绿色通道连接不同的自然保护区

图 30.11 野生动物绿色通道连接不同的栖息地。南加州河滨高速公路煤谷的地下通道被关闭，以让美洲狮安全地穿行于两侧的栖息地

在洛基山脉北部，生物保护组织和科学家联合发起了一系列连接现有核心保护区的野生动物绿色通道的倡议，如黄石、大提顿和国家冰川公园，它们都处于非常相似的生态系统内。将这些栖息地相互连接起来有助于维持灰熊、驼鹿、狼和美洲狮的种群数量。

30.6 环境可持续性发展为何对人类未来至关重要

平衡和可持续发展的生态系统有一些让其存活并繁盛的特征，其中下述特征最重要：

- 多样化的种群。
- 在环境最大容量范围内，种群的数量相对稳定。
- 原材料循环和有效利用。
- 对可再生能源的依赖性。

被人类开发过的环境通常不具备上述特征。事实上，许多经人类改造的生态系统长期来看并不是可持续发展的。如何在保证生态系统可持续发展的情况下满足自身需求？

30.6.1 可持续发展促进生态和人类长远福祉

在《关爱地球：可持续生存战略》中，IUCN 声明可持续发展是指“既满足当代人类的需求，又不损害子孙后代满足自身需求的能力”，并且声称“人类向自然界的索取不能超过自然的恢复能力。这意味着要采取符合自然限度的生活与发展方式。如果科技在限度以内，那么也可在不拒绝科技带来的诸多好处的情况下做到这些”。

遗憾的是，在现代人类社会，“可持续发展”几乎是个矛盾的词汇，因为“发展”总是要用人造建筑如房屋、工厂和购物中心等来取代自然生态系统。大多数发达国家的居民都过着优渥的生活，但他们却以不可持续发展的方式剥削生态系统服务，并使用大量不可再生资源。

然而，来自全球各地的证据表明，这类活动正在拆解自然群落并破坏地球供养生命的能力。个人和政府意识到了改变的迫切性，开展了一系列项目，以便能够可持续地满足人类需求。

1. 生物圈保护区为保护与可持续发展提供样板

联合国规划了一个全球生物圈保护区网络，目的是维护生物多样性，且在保护当地文化价值的同时，评估人类可持续发展的技术。生物圈保护区通常由三个区域组成，即核心保护区、缓冲区和过渡区。在核心保护区中，只允许进行研究、旅游等；在缓冲区中，可以进行研究、环境教育和规范的林业与放牧；在过渡区中，发展居民点、旅游业、渔业和农业（见图 30.12）。第一批生物圈保护区已于 1976 年设立。如今，包括美国在内，全球 114 个国家设立了 580 多个保护区。

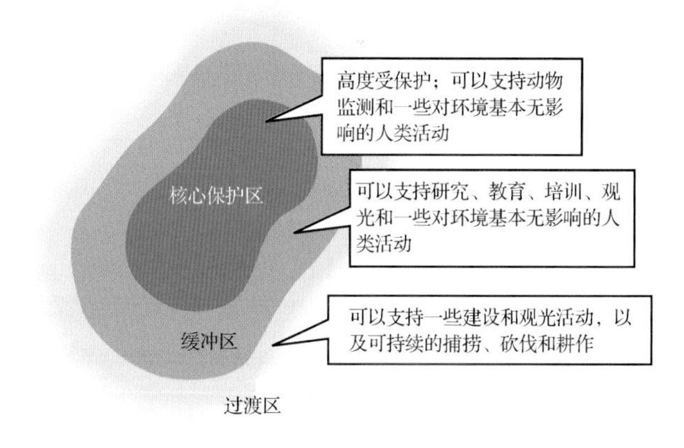

图 30.12 理想生物圈保护区设计图

政府划定保护区范围后，享有保护区的所有权和监管权。这极大地减少了建立保护区的阻力，但作为自愿性质的结果，只有很少保护区还维持着理想生物圈保护区的模样。在美国，47 个生物圈保护区中的绝大多数是国家公园和国家森林公园。大部分缓冲区和过渡区的土地是私有的，土地持有者也许并未意识到他们的土地是被指定的保护区。一般来说，用于补偿土地持有者限制开发或促进可持续开发的资金并不充足。

然而，许多州、县甚至城市都提供保护地役权，即用税额减免来换取土地持有者放弃开发的权利。保护地役权可以成为保护自然栖息地的强有力手段。例如，弗吉尼亚州就有超过 2000 平方千米的林地、农场和野生动物栖息地通过保护地役权的方式得到了保护。

2. 可持续发展农业兼顾了高产率与对自然群落的低影响

自然栖息地在人类伐木造田时损失最惨重。例如，在美国中部地区，上千万亩草地被开垦为农场，主要用于种植玉米、小麦和大豆。因为农场中通常只种植一种或少数几种作物，且大多数作物都被收获用于人类消费，所以与开垦之前相比，农场里的动植物多样性水平极其低下。

农业对于养育人类不可或缺。进一步说，为了维持合理的生活水平，农民必须以较低的代价获得高产量。而这通常导致了不可持续发展的耕种方式，并且干涉了生态系统的服务。例如，在收获后任由土地荒芜会增加水土流失，因为风雨会冲刷表层土壤。杀虫剂的使用也会不加区别地杀死昆虫、昆虫的天敌和植物的传粉者。在世界上的许多角落，灌溉所依赖的地下水资源正以比雨雪回填更快的速度被抽干。另外，因为地下水和表层水含有同样的盐分，灌溉用水的蒸发通常会留下盐分，进而使土壤变得贫瘠。

所幸的是，大多数农民都意识到了可持续发展农业的优点（见表 30.1）。免耕法通过在土地上保留收获谷物的残留作为来年作物的护根，代表了可持续农业的一种可能方式（见图 30.13）。2009 年，免耕法在美国约 3500 万公顷的土地上得到了应用。

表 30.1　农业实践影响可持续性

	不可持续农业	可持续农业
土壤流失	土壤流失更快，因为谷物残留被埋，土壤暴露在外，直到新的谷物长出	免耕法减少了土壤流失。树木带作为挡风带减少了风蚀
害虫防治	使用大量杀虫剂控制谷物害虫	土地周围的树林和灌木丛为鸟类和其他害虫天敌提供栖身之地。保护鸟类和其他害虫天敌减少了农药使用
增肥	使用大量合成肥料	免耕法农业保持了土壤肥力。动物排泄物可用作肥料。豆科植物补充土壤中的氮（如大豆和苜蓿），是耗氮作物（如玉米和小麦）的替代作物
水质	流经裸露土壤的地表径流被杀虫剂、肥料和动物排泄物污染	动物排泄物被用作肥料，免耕法留下的植物减少地表径流
灌溉	过度灌溉，且抽取地下水的速率大于雨雪回填速率	现代灌溉技术减少了蒸发且只在需要水的时间地点灌溉
作物多样性	依赖少量高产作物，造成害虫爆发并大量使用杀虫剂	作物轮换和更多的作物种植减少了虫害与疾病爆发的可能
燃料使用	大量使用不可再生化石燃料驱动农药设备，生产和应用肥料及杀虫剂	免耕法减少了对犁地与灌溉的需求

(a) 在北卡罗来纳州的一片免耕田地中，棉花幼苗茁壮成长

(b) 一个月后的同一块田地

图 30.13　农业中的免耕法。(a)除草剂将残留的小麦杀死，而棉花却在小麦田中茁壮生长，因为小麦的根系起到了防止水土流失的作用。(b)季末，小麦被棉花取代

另一方面，大多数使用免耕法的农民通过喷洒除草剂来消灭杂草，其中一些除草剂也许会流入土地并影响附近的自然栖息地，还有一些除草剂也许会伤害动物。尽管存在争议，一些研究表明莠去津（一种在免耕法农业中广泛使用的除草剂）会损伤两栖动物和其他动物的生殖系统。上年作物的残留也许包含病原体，而这本可在传统农业中通过深耕减少，而在免耕的土地中却要用到杀虫剂。

种植有机作物的农民通常不使用合成除草剂、杀虫剂或化肥。一些农民使用免耕法，但是大多数人每年都会至少犁地一次以便除去杂草。有机农业依赖自然天敌控制虫害和土壤微生物分解动植物废渣，由此实现营养循环。多样化的农作物减少了针对单一作物的虫害爆发和疾病暴发。

最好的设想是，农民种植多种农作物，使用能够保有土壤肥力的生产方法，并且利用尽可能少的能量和无毒的化学物质。农民通过鸟类和其他天敌以及作物轮种来控制害虫的数量，这样，针对单一作物的害虫将不再有机可乘。土地面积应相对较小，且被自然树木和动物的带状栖息地分隔。因为生态系统服务的损失并未算入不可持续农业的成本，因此以不可持续发展方式生产的食物至少会在短期内更便宜。长期来看，如果典型的商业化耕作导致土地盐碱化、农作物疾病和虫害，或者表层土壤损失，那么我们要付出的代价将远比可持续农业昂贵。

30.6.2 地球的未来在你手中

我们如何管理这颗星球，才能在为当代人类提供健康的、令人满意的生活的同时，为后代保护生物多样性和资源？没人能够给出简单明确的答案。然而，我们需要考虑三个相互关联的问题：①人类的生活方式是什么样的？②什么样的科技能够可持续地支持以上生活方式？③地球可以养育多少人？用何种生活方式养育这些人？

1. 改变生活方式和使用恰当的科技至关重要

地球上的数十亿人永远都不会在什么才是快乐安逸的生活这个问题上达成一致。然而，几乎所有人都会同意，这样的生活方式至少必须包括充足的食品、衣物、干净的空气和水、良好的医疗服务和工作环境、平等的受教育和就业机会，以及和自然环境接触的机会。地球上居住在发展中国家的大部分人都缺少上述条件中的一个或多个。

没有可持续发展，就没有人类生活质量的长期提高；事实上，人类的生活质量甚至可能恶化。我们必须做出关于可持续科技的选择，以及如何实现从今日现实到明日愿望的过渡。例如，长远来看，除非类似核聚变之类的能源成为现实，否则可持续生活方式必须依赖可再生能源（太阳能、风能、地热和潮汐能），在我们利用这些能源时，不会产生过高浓度的有毒废物或排放超过地球循环能力的二氧化碳。

2. 人口增长是不可持续的

环境恶化的根本原因是太多人使用了太多的资源，同时产生了太多的废物。如 IUCN 在《谁来照顾地球》一书中详述的那样："中心议题是如何在人口与自然环境之间寻找平衡。"

如果人口持续增长，那么这样的平衡将永无达到。考虑到地球上大多数人向往的生活方式，许多人认为，即使人口保持在现在的数量，我们也无法达到平衡。不管我们的饮食如何简单、房屋的利用率如何高、农业技术对环境的影响如何低、回收利用了多少资源，持续的人口增长终将使我们的努力功亏一篑。

下面比较地球生物容量与人类生态足迹。如图 30.14 所示，人类在 1961 年到 2007 年之间，生态足迹的猛增（红线）大约平行于剧增的人口（蓝线）。每人的生态足迹（绿线）在 40 年间几乎保持不变，换句话说，人均生物容量在 2007 年和 1970 年并无二致。如果人口不增长，总生态足迹将远低于地球生物容量，但是因为人口增长，总人类足迹已经远超地球生态容量。如果要提高 70 亿人的生活质量，为后代留下创造同样生活方式的可能及为后代保留生物多样性，那么停止甚至反转人口增长至关重要。

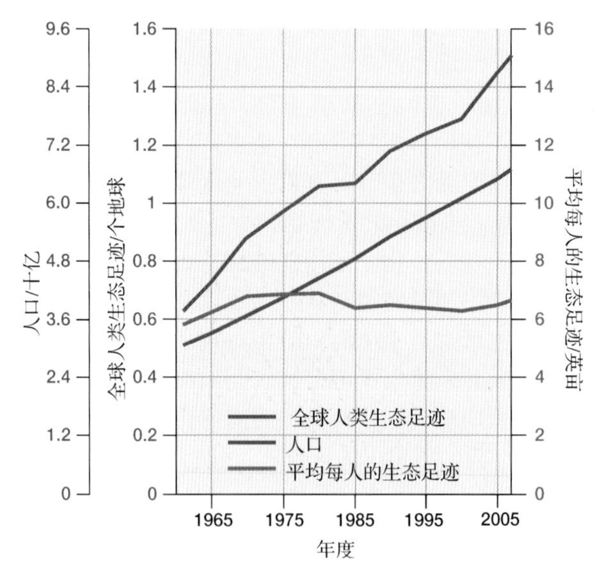

图 30.14　人口持续增长严重威胁着可持续发展。在 1961 年到 2007 年间，人口数量的增长（蓝线）与生态足迹的增长（红线）基本持平。在这 40 年间，人均生态足迹（绿线）几乎保持不变，即全球人口增长基本上是全球生态足迹增长的原因

3．现在该做出选择了

本章介绍了一些保护生物多样性，使物种免于灭绝及促进可持续发展的人类活动的例子。你周围的人们实施了哪些可持续发展方式？

复习题

01. 定义生物保护学。它借鉴了哪些学科，每个学科对它有什么贡献？
02. 生物多样性的三个不同层次是什么？为什么每个层次都很重要？
03. 什么是生态经济学？为什么它很重要？
04. 列出自然生态系统提供的商品和服务的类型。
05. 本章描述了对生物多样性的哪五种具体威胁？给出每种威胁的例子。